S. GIEDION

The Growth of a New Tradition

Space, Time and Architecture

역자 **김경준**

1961년 부산에서 출생하여 성균관대학교 건축공학과를 졸업후 연세대학교 대학원 건축공학과에서 석 · 박사 학위를 취득함.

이 책 이외의 번역서로, 『건축 시학(국제』", 『침묵과 빛(spacetime)』, 『건축 영한 · 한영단어사전(시공문화사)』, 『건축이론의 창조(국제)』, 『20세기 건축가와 사조(국제)』, 『건축형태 언어(국제)』, 『뉴 모더니즘과 해체주의(청람)』, 『영 · 한 건축용어 표현사전(국제)』, 『깨달음과 형태(시공문화사)』, 등이 있음.

(주)삼우설계 기술연구소 근무
현, 두원공과대학교 건축디자인과 교수

2023년 3월 12일 발행 저자 | Sigfried Giedion 역자 | 김경준 발행인겸 편집장 | 김기현 발행처 **Spacetime** · 시공문화사
편집디자인 | 간향미디어 인쇄 | 예림인쇄 제본 | 보경문화사 종이 | (주)대림지업사

120-796 서울시 서대문구 독립문공원길 13 극동프라자 5층 전화 3147-1212 · 2323 팩스 3147-2626
spacetime@korea.com www.spacetime.co.kr
ISBN 89-5592-038-5

정가 35,000원

옮긴이 글

진솔한 삶의 가치가 영원하듯이, 건축이란 '삶의 장'에 대한 진솔한 성찰을 담은 이 책의 가치 또한 변함없다고 생각합니다. 진정한 의미의 '고전'이라 할 수 있는 이 책의 저자에 관한 건축관과 사상을 언급하는 것 자체가 그의 의도를 왜곡할 것같은 생각에 본문에 실린 그의 글로써 역자 서문에 대신하고자 합니다.

"사고와 감정의 분열은 심적인 발달 과정이 순탄하지 못하고 내적 평정력이 부족한 사람 즉 분열된 인격체를 낳았다. 여기서 논하고자 하는 대상은 정신병리학상의 분열된 성격이 아니라, 정상적인 이성구조에서 발견되는 내적 부조화이다."

"오늘날 교육은 학문적인 전문화에 그 초점이 맞추어져 있다. 사고하는 능력은 개발되고 있지만, 느끼는 능력은 개발되지 않은 채 방치되고 있다. 지적능력이 개발된 사람은 어려운 과학적 연구를 수행할 수 있지만, 감성적 반응의 폭을 넓히는 새로운 예술적 수단에 직면할 때는 당황한다."

"상상의 세계와 실제의 세계 사이에 교류가 이루어진 시대에만 통합된 문화가 존재하였다. 인간의 모든 행동은 사회적, 경제적 충동에 의해 조장되지만, 특정한 감성적 상황에 의해 영향을 받기도 한다."

"역사란 변하지 않는 것을 담고 있는 그릇이 아니라, 하나의 과정이다."

"역사가는 자신의 시각에 비추어 시대를 재구성하는 것이 아니다. 그는 시대를 있는 그대로 기술해야 하며, 역사가 왜 어떤 특정한 방향으로 흐르게 되었는가를 설명해야 한다."

"정신에 의해 창조된 것을 인간화해야 한다. 여기서 인간화란 감성적으로 재흡수한다는 것을 의미한다."

"현대의 건축은 우리 시대에 걸맞는 생활방식을 제시하고 밝히는 쪽으로 나아갈 때, 그 가치를 인정받게 될 것이다."

드러나지 않는 곳에서 이 책의 번역이 가능하도록 불을 붙힌 한 분의 노력에 진심으로 감사드리며, 편집에 참여하신 여러분들의 노고에 감사드린다.

또한 어려운 시기임에도 불구하고, 건전한 출판인으로서 삶을 살아가는 출판사 관계자 여러분들의 의지와 노력에 감사드린다.

1998년 1월
옮긴이 김경준

제 5판에 관한 서문

이 책의 제 5판을 준비하면서 필자는 현대 건축의 전통에 관한 역사를 최신의 경향까지 다루려고 했다. 아테네에 지은 그로피우스의 미국 대사관, 하버드 대학에 지은 르 꼬르뷔제의 시각예술을 위한 카펜터 센터, 라 투레트 수도원, 미스 반 데 로에가 멕시코에 설계한 바카디 관리 건물, 알바 알토의 여러 커뮤니티 센터와 같은 새로운 작품들을 많이 포함시켰다. 취리히의 르 꼬르뷔제 센터같은 그의 후기 작품들과 더불어 "르 꼬르뷔제의 유산"에 관한 논의를 첨가시켰다.

"요른 웃존과 제 삼세대"란 제목으로, 덴마크 건축가인 요른 웃존에 관해 한 장을 새롭게 첨가했으며 근대 건축을 위한 국제 회의(CIAM)에 관한 짧은 논의를 첨가 했다.

겐조 당게와 후미히꼬 마끼의 작품이나 J. L. 서트의 기혼자 하버드 대학 기숙사나 피바디 테라스 등에서 볼 수 있는 현대의 다양한 여러 경향들을 살펴볼 때, "변화하고 있는 도시 개념"을 다룬 새로운 장인 '도시계획의 시 · 공간' 을 보완시킬 필요가 있었다.

새로운 자료를 번역하고 이번 판의 발행을 준비하는데 아주 중요한 조언을 해준 자클린 티르휘드 교수에게 감사를 드린다.

1966년

로마의 미국 아카데미에서

초판에 관한 서문

『공간, 시간, 건축』은 현대 문화의 현상태에 대해서 경종을 울리고 그 문화의 모순된 경향을 야기시킨 혼돈을 치유할 수 있는 방법을 찾으려고 갈망하는 사람들을 위해서 쓰였다.

겉으로 인식되는 혼란에도 불구하고, 현대 문명속에 숨겨져 있는 진실되고 비밀스러운 통합의 시도가 있었음을 논의와 객관적 증거물을 통해 증명하려 했다. 이 통합이 겉으로 드러나지 못하고 실제적인 현실이 되지 못한 이유를 지적하는 것이 필자의 주된 의도이다.

건축과 다른 인간 활동분야 사이의 관계를 제시하고 건축과 공학, 회화, 도시 계획, 과학 등에서 이용되는 방법론상의 유사성을 보여주기 위해, 새로운 건축적 전통의 발전과정을 집중적으로 다루었다.

새로운 전통의 성장과정을 정확하고 완전하게 이해하기 위해서는 이용가능한 수많은 역사적 자료중에서 상대적으로 소수의 사실들만 축출하는 일이 더 이롭다는 것을 알았다. 역사는 사실들을 모아놓은 것이 아니라 앞으로 펼칠 삶의 여정에 대한 하나의 통찰력이다. 게다가 이러한 통찰력은 새의 시각처럼 파노라마적인 조사방법을 통해 얻을 수 있는 것이 아니라 중요한 특정 사건들을 따로 분리해서 자세하게 조사하거나 밀착된 조사방법을 이용하여 그 사건 속으로 들어가거나 그 사건들을 완벽하게 이해할 때 비로소 가능하다. 이런 일련의 과정을 통해 문화의 속과 겉을 평가할 수 있게 된다.

이러한 방식을 따르기 위해 도서목록적인 서술은 최소화 하였다. 이 주제에 관해 더 깊게 연구하거나 조사하려는 사람들을 위해 머리말에 필요한 정보를 담아놓았다. 일반적인 도서목록은 다루지 않았다. 더욱 이 책의 주제에 맞는 구성을 보여주기 위해 더 부가되는 부분은 과학적 정확도가 검증되지 않은 50페이지 분량의 부록때문에 책의 부피만를 증가시킬 것으로 생각해하였다.

『**공간, 시간, 건축**』은 젊은 미국인들의 참여하는 과정을 거치면서 그 모습을 드러낸 이 책은 하버드 대학의 찰스 엘리엇 노턴 교수의 자격으로 필자가 행한 강의나 세미나에서 비롯된 것이다. 이 책이 안고 있는 구성적인 문제는 강의나 토론에서 언급한 내용을 책이라는 전혀 다른 수단으로 탈바꿈하는 과정에서 비롯되었다.

강의용 영어판은 R. 보톰리씨에 의해 작성되었다. W. J. 칼라간 씨와 에르와트 메류 씨가 이 책의 영어판을 만들었으며, 이 영어판은 1940년 봄 매사추세츠주 켐브리지에서 완성되었다.

제 3판에 관한 서문

야곱 부르크하르트와 하인리히 뵐플린은 한 번 쓴책에 결코 손을 대지 않았다. 즉 그들은 나중에 출판되는 책을 다른 사람이 보완할 수 있게 했다. 부르크하르트는 그 자신의 저서 『**관광안내원(Cicerone)**』의 후판을 거론하면서 제자들에게 다음과 같이 지적한 적이 있다. "책의 90%가 다른 사람에 의해서 다시 쓰여졌지만 나는 이 책을 여러분에게 꺼리김없이 추천할 수 있습니다."

사실, 책은 특정한 순간에 탄생된다. 따라서 나중에 가서 그 책에 다시 손을 대는 것은 좋은 일이 아니다. 『**공간, 시간, 건축**』 8번째 인쇄본(제 2판)에는 책의 여기저기에 편성되어 있는 새로운 삽화와 "구스타프 에펠과 그의 탑" 관한 몇페이지, 로버트 마일라트의 작품에 관한 부연과 알바 알토에 관한 새로운 장이 첨가되었을 뿐이다.

"10번째 인쇄본(제 3판)을 만들기 위해서 『**공간, 시간, 건축**』"을 다시 구성해야 했기 때문에 특히 2장에서 새로운 논의를 몇 개 첨가 할 수 있었다. "투시도와 도시 계획" 논의는 르네상스의 도시 요소 형성에 대한 윤곽을 다루고 있다. 이 논의에는 바티칸에 설계된 브라만테의 벨베드르 궁전과 미켈란젤로의 캄피돌리오 언덕과 지구계획에 관한 레오나르도의 선구자적인 작업과 같은 거장들의 공헌이 실려있다. "식스투스 5세"와 바로크 로마의 도시 계획 논의에서는 중세의 로마와 르네상스 로마의 환경에서 성장한 최초의 근대 도시 계획가가 이루어 낸 작품이 평가되어 있다.

"미스 반 데 로에와 형태의 통합", "미국의 그로피우스", 그리고 "1938년 이후의 르 꼬르뷔제의 발전" 등에 관한 논의들을 6장에 실었다.

1953년 6월

취리히에서

열세번째 인쇄본의 서문(제 4판)

이 열세번째 인쇄본의 경우에는 지난 20년 동안에 걸친 발전에 관한 제 2권을 왜 첨가하지 않는가에 대한 의문이 제기되었다. 필요한 자료가 충분이 준비되었지만, 필자는 이 의문에 별로 신경쓰지 않았다. 그 이유중의 하나는, 여러 가지 결점에도 불구하고 『공간, 시간, 건축』은 다른 부분이 개입되어서는 안 될 하나의 실체로 존재하기 때문이었다.

대신에 필자는 짧은 서문을 첨가시키기로 했다. 필자는 현대 인간의 형성 과정에 늘 관심을 가지고 있었으며, 현대 건축이나 도시 계획을 항상 접했으며, 때론 이에 대한 설명을 책으로 내기도 했다. 일종의 시집 형식으로 쓰여진 『현대건축 10년(A Decade of Contemporary Arhitecture, 취리히, 1954)』는 1937년과 1947년 사이의 혼란스러운 시절에 일어난 일들을 다루고 있다. 그로피우스가 상파울로의 비엔날레에서 건축부분에 주어진 국제적인 상을 받았던 1954년, 브라질 관리들은 그의 전 작품을 하나하나 열거해 달라고 내게 요청했다. 『월터 그로피우스, 작품과 팀작업(1954)』은 독일 현대 건축의 초기에 관한 내용을 담고 있다. "발전에 관한 소고(a diary of development)"라는 부제를 달고 있는 『건축, 당신과 나(Achitecture, You and Me: 매사추세츠, 캠브리지, 1958)』는 1937년 이후에 전개되는 문제에 관한 필자의 입장을 담고 있다.

이번 판에는 취리히와 하버드에서 행한 익명적인 교육활동이 첨가될 것이며, 또한, 현대 도시발전과 건축발전과 긴밀한 관련이 있는 "휴먼 스케일"에 관한 여러 차례의 긴 세미나 내용을 담았다.

현대 인간과 현대 건축에 대한 통찰력을 얻기 위해서 취하는 가장 직접적인 방법만이 항상 좋은 결과를 가져오는 것은 아니다. 방법론의 틀이 끊임없이 확대되어야 한다. 나는 미리 정해진 방침을 가지고 있지 않다. 나는 그때그때의 문제들을 고려하고 있다. 무언가를 회고할 때에만 각 문제들의 윤곽이 이전의 문제들에 이미 나타나고 있다는 점을 알게 된다. 조각가가 재료의 속성에 따라 작업을 해 나가는 것처럼 나는 전개되는 문제들에 전적으로 의존한다.

『공간, 시간, 건축』은 현대 인간에게 나타나는 지성과 감성사이의 분열(혹은 분열된 자아)과 예술과 과학에 적용되는 각 방법론들 사이의 무의식적인 고립화에 초점을 맞추고 있다.

『기계화의 지배(Machanization Takes Command, 뉴욕, 1948)』에서 나는 감성과 지성사이의 단절이 어떻게 발생하고, 동일한 이 문제에 대해서 각 세대들이 나름대로의 해결책을 어떻게 찾아내고, 외적 현실과 내적 현실의 관계를 지배하는 동적인 균형을 다시 설정함으로써 두 현실사이의 단절을 어떻게 극복할 수 있는지 밝히고자 노력했다.

현대 인간의 정신적 구조를 밝히는데 있어서 이 정도의 논의는 너무 미약하다고 할 수 있다. 20세기의 중심을 파고들고 있고 여러 곳에서 중요하게 떠오르고 있는 문제는 불변성과 변화사이의 관계이다. 다시말해 쓰디쓴 경험을 통해서 우리는 인간 본성의 균형을 깨뜨리지 않고 그 본성에서 변하는 것과 변하지 않는 것을 밝히는 문제에 관심을 갖게 된 것이다. 나는 10년이상 이 문제에 관심을 가지고 있었다. 현대 예술은 근본적인 표현으로 회귀하려는 열망에서 나온 것이다. 심리학자들과 마찬가지로 예술가들도 인간 경험의 깊숙한 곳을 파헤쳐 간다. 예술가들은 자신들의 숨겨진 내면을 발견하기 위한 바람으로 원시 인간과 현대 인간의 표현사이에 유사성이 있음을 보여준다. 이러한 예술가들의 노력에 힘입어 연구의 3번째 단계, 즉 원시 예술과 고도로 발전된 최초의 문명에 있었던 건축과 연관된 "불변성과 변화(Constancy and Change)"를 주목하게 되었다. 이러한 논의는 볼린겐 시리즈의 1, 2권으로 출판되었다. 즉, 『영원한 현재 : 예술의 시작과 영원한 현재 : 건축의 시작(The Eternal Present : The Beginnings of Arts and The Eternal Poesent : The Beginnings of Architecture)』에 관한 것이었다

1961년 12월,

취리히에서

차례

서론

ARCHITECTURE OF THE 1960'S: HOPES AND FEARS

1960년대의 건축 : 희망과 위기

- 혼란과 권태
- 발전하는 전통의 기운
- 도시 개발
- 보편적인 건축
- 보편적인 건축과 지역 발전
- 건설과 그 공간적 의미
- 과거에 대한 여러 가지 접근방법
- 건축의 현재 상황
- 3가지 공간 개념

혼란과 권태
Confusion and Boredom

1960년대에 이르러 현대건축에 일종의 혼란이 야기되고 있고 이 혼란은 회화에서 볼 수 있는 일종의 '중지(pause)', 더 심하게 말해 '고갈(exhaustion)' 상태와 유사한 양상을 보여주고 있다. 모든 사람이 이러한 혼란을 감지하고 있다. 무엇을 해야 하고 어디로 가야할지를 결정하지 못할 때 소모에 따르는 피로가 발생하기 마련이다. 피로는 현실도피와 총체적 피상성을 조장하면서 우유부단함의 결정적인 원인이 된다.

1961년 봄, 뉴욕의 메트로폴리탄 미술관에서 "근대건축은 죽었는가 아니면 변했는가."라는 주제의 심포지움이 열렸다. 이 주제가 언급하듯이, 몇몇 사람들은 현대건축을 유행으로 간주하였고, 어느 미국건축가의 표현에 따르자면, '국제주의 양식'의 유행적 양상들을 받아들였던 다수의 디자이너들이 그 유행의 고갈을 인식하고 낭만적 유홍에 눈을 돌렸다는 것이다. 임의로 추출된 역사적 단편들이 난무하는 유행이 재능있는 많은 건축가들에게 급속도로 퍼져나갔다. 60년대에 가서 이런 식의 유행을 모든 곳에서 보게 될 것이다. 즉, 벽면이 약간 볼록하게 생긴 고딕양식의 대학 건물과 내외장 디테일에서 볼 수 있는 현란한 세공술과, 대규모의 건물들이 각각의 독립된 형태로 하나의 무리를 이루고 있는 건물들과 마치 이쑤시개 같이 가는 지주(stilt)등에서 이러한 유행을 쉽게 발견하게 될 것이다.

쉽게 모든 것에 싫증을 내고 이리 저리 관심을 옮겨다니며 살아가는 플레이보이 같은 건축이 유행하게 될 것이다.

나는 내적인 불안에서 비롯된 이러한 유행은 곧 진부한 것으로 결론지워질 것이라 확신 하지만, 전세계에 대한 미국의 영향력을 고려해 볼 때 그 결과에 대해 염려가 앞선다.

우리는 여전히 새로운 전통이 형성되는 시대, 즉 새로운 전통이 탄생하는 시대에 살고 있다. 나는『Architecture, You and Me』에서 건축에 대한 접근이 19세기와 20세기가 서로 다르다는 점을 지적한 바 있다. 현대 건축을 정의할 때 사용하는 용어중에 우리가 조심해야 하는 용어는 바로 "양식(style)"이다. 건축을 양식이란 틀속에 종속시킬 때, 우리는 결국 형식적 접근방법에 문을 열어주는 꼴이 된다. '현대 운동(the contemporary movement)' 은 19세기의 형태를 특성화할 때 사용하는 의미로 사용되는 '양식'이 아니라, 우리 모두의 무의식에 내재된 '삶(life)'을 향한 움직임이다.

건축분야에서는 "국제주의"란 수식어가 "양식"이란 단어와 종종 결합되어 사용되기는 하였지만, 유럽에서 이러한 수식어가 인정된 적은 없다. '국제주의 양식'이란 용어는 그 어디에도 뿌리를 내리지 못하였고 겉도는 건축양식으로 인식되기 시작하여 결국 부정적인 이미지를 남겼을 뿐이다. 현대건축은 우리 시대에 걸맞는 생활방식을 제시하고 밝히는 쪽으로 나아갈 때 그 가치를 인정받게 될 것이다.

발전하는 전통의 기운
Signs of the evolving tradition

1910년대 무렵 시각적인 새바람이 불기시작한 이래, 건축분야에서도 대중의 취향에 쉽게 영합하려는 시도가 여러번 있었다. 이러한 현상이 언제나 반짝하다가 사라지는 속성을 가지고 있듯이, 1960년대의 플레이보이 건축관 역시 마찬가지일 것이다. 그러나 한편, 일시적인 걸림돌임에도 불구하고 새로운 전통을 발견하려는 일련의 과정들이 계속되고 있다는 결정적인 증거들이 있다.

언젠가는 인류가 스스로를 파괴할지도 모른다는 두려움과 더불어, 13세기 이래 결코 없었던 새로운 도시를 만들려는 열망에 사로잡혀 있기도 하다.

또 하나의 현상으로, 건축분야나 도시계획 분야 모두 풍요해지고 있다는 점이다. 즉, 서구문명의 그림자에 덮혀 있었던 핀란드와 브라질 그리고 일본과 같은 몇몇 나라들이 현대 건축에 한 몫을 하고 있다는 점이다.

건축이 어느 방향으로 발전하여갈 지는 곧 명백해질 것이다. 그 방향은 바로 현대건축이 형성될 수 있는 배경을 강화하고, 더 나은 발전을 위한 발판을 확고히 하는 쪽일 것이다.

우리시대가 상실한 휴먼 스케일과 개인의 권리, 도시에서 활동할 수 있는 최소한의 안전성 등의 가치를 회복하려는 노력에 모두 동감하고 있다. 이러한 가치를 추구하는 열망 뒤에는 무엇인가를 채우려는 인간생활의 변함없는 항구성이 내재되어 있다. 옛날에는 흙과 접하려는 욕구를 충족시키면서 정주지를 만드는 것이 비교적 간단한 일이었지만, 오늘날 가장 단순한 욕구조차도 생활속에서 해소하기가 어렵다. 기계화와 그에 따라 점점 복잡해지는 사회현상은 단순한 바람조차 갖는 것을 어렵게 만들고 있다.

결국, 우리 시대가 안고 있는 문제는 전 세계적인 해결책을 필요로 한다. 개별적인 도시나 지역계획의 차원을 넘어, 대량생산이 가능한 계획체제로 그 규모는 점점 대형화되고 있다.

그러나 오늘날 우리가 직면하고 있는 복잡한 상황에도 불구하고 변하지 않는 삶의 가치는 여전히 남아 존재하고 있다. 오늘날 가치실현을 방해하는 많은 것들이 지금의 현실에서 우리 스스로 반문하는 것은 "우리는 어떤 삶을 원하는가?" 지금의 도시계획은 이러한 경향을 잘 보여주고 있다.

도시 개발
Urban Development

미래의 삶이 어떻게 이루어질 것인가 하는 문제는 친밀한 삶을 회복하는데 달려 있다. 도시 인구가 만 명에서 천만 명으로 증가함에 따라 물리적인 상황이 급변하고 있다. 이러한 폭발적인 인구증가는 인간 자체에 대한 공포를 조장하고 있다. 북적대는 도시는 삶 그 자체를 침체되고 파괴되고 있다. 그러나 삶의 중심을 잃게 하는 물리적 상황에 저항하여, 삶의 무게를 회복하려는 끈질긴 열망 또한 다시 감지되기도 하다.

예전에는 시인과 화가들이 은둔생활을 했지만, 오늘날에는 연구소와 대규모 사무소나 보험회사들이 거대 도시에서 탈출하여 방해받지 않는 그들만의 녹지대로 은둔하고 있다.

도시에 대한 불안감과 불만족이 전 세계에 만연하고 있다. 과거의 밀집된 도시 중심을 훼손시키지 않고서도, 도시의 중심을 옮겨가면서 도시를 확산시키려는 계획이 거의 대부분의 대도시(헬싱키, 아테네, 바그다드, 하르툼, 이슬라마드, 샌디에고, 브라질리아 등과 같은 구도시의 개발지역과 신도시)에서 이루어지고 있다.

찬디가르는 도시의 중심을 벽으로 둘러싸인 중세 도시와는 달리 도시의 머리부분에 해당하는 곳에 위치한 행정중심의 수도로서, 매우 훌륭한 신도시로 평가받고 있다. 브라질리아 역시 비행기 모양의 계획안 끝부분에 삼권(입법부, 행정부, 사법부)을 상징하는 건물들로 둘러싸인 광장을 가진 행정 중심도시로서, 찬디가르와 유사하게 도시 문제를 풀어나간 예이다.(**도판**. III)

행정중심지구를 도시의 머리 부분에 두려는 개념은 결코 새로운 것은 아니지만 기존의 형태에 새로운 해석을 시도하려는 노력이 엿보인다. 또 다른 도시 형태의 기원으로 베르사유 궁전을 들 수 있다. 베르사유는 중요한 구성적 특성으로, 정부청사를 포함한 대규모 복합단지가 자연과 직접 접한다는 점이다. 도시의 팽창 역시 이러한 구성적 특성을 통해 이루어질 수 있음을 다시 한 번 강조하고 싶다. 19세기와 20세기의 도시계획가들의 베르사유가 던진 새로운 메시지를 좀 더 일찍 깨달았다면, 상황은 지금과 전혀 달랐을 것이다. 그러나 우리는 여기서 타성적인 의사결정으로 인해, 상황이 악화되어 도저히 해결할 수 없는 상황에 이르러야 비로소 그 문제를 인식하게 되는 것이 인간의 나태한 습성을 엿볼 수 있다.

도시중심은 결코 소멸되지 않는다. 상황에 따라 도시중심은 계속 새로와지고, 더 나아가 더욱 더 새롭게 형성되기도 한다. 1953년 초 몇명의 대학교수들이 보스톤의 옛 기차역 광장을 새로운 도시중심으로 바꾸려는 계획을 시도하였다. 이 계획이 실현되었다면, 모든 도시의 전형이 되었을 지도 모른다.(**도판. 306; 월터 그로피우스의 백 베이 센터 계획안**) 공간 속에 볼륨 배치측면에서 보면, 진보적 특성을 보여주는 필라델피아의 펜 센터 계획보다 오히려 시대적으로 앞서는 록펠러 센터가 더 훌륭하다고 할 수 있다.

50년대, 미국에서 도시재개발 열풍이 일 것이라고 어느 누구도 예상하지 못했다. 그 후 10년후, 도시재개발의 진척 속도는 재개발의 건축적 해결방안에 대한 연구노력보다 훨씬 앞서고 있었다

새로운 도시 개발 이론은 일본에서 유래되었다. 동경의 혼잡과 혼란을 줄이기 위해 만(灣)을 중심으로 새로운 땅을 만들어가려는 계획안(案)이 제시되었다. 이 계획안은 불과 20년만에 천만명 이상의 인구가 몰려드는 엄청난 인구성장 속도에서 비롯된 것이다.

각각의 안은 서로 다른 근대적인 기술을 이용하고, 어떤 프로젝트는 철근 콘크리트 기둥을 이용하여 고층건물의 기초가 해저까지 닿는 기둥을 제안하고, 또 다른 프로젝트는 수 많은 철근 콘크리트를 뗏목 형태로 엮어 띄우는 방법을 제안하기도 했다. 이 중, 가장 설득력 있는 계획안은 바로 겐조 당게의 계획안(1960, **도판 24**)이었

다. 수상가옥에 쓰는 각주 위에 세운 그 구조물은 베니치아적인 전통에 포함된 것으로서, 그 기원은 원시 호상주거에서 찾을 수 있다. 이 유래를 찾는데 그렇게 오랜 시간이 걸렸다는 것은 실로 놀라운 일이다.

모든 것은 서로 비교해 보면 더욱 명확해진다. 19세기에 이루어진 도시탐험의 흔적과 지난 20년 동안의 도시개발 정도를 비교해 보자. 그 결과는 극명한 차이를 보여줄 것이다.

이 책 『**공간, 시간, 건축**(Spae, Time and Architecture)』의 초판에서 우리는 다음과 같은 질문을 던졌다. "도시의 파괴인가 변형인가?" 도시의 철저한 파멸을 보고자 했던 프랭크 로이드 라이트의 기대는 어긋났다. 도시는 사멸하지 않는다. 문명이 성숙해지기 시작한 바로 그 순간부터 도시는 이미 제거할 수 없는 하나의 현상으로 남는다. 그러나 도시의 형태는 끊임없이 변한다. 오늘날 도시개발 형태를 보면 대도시를 전원처럼 계획하려고 작은 시골 마을을 여러 개 합친 듯한 형태의 도시적 특성으로 나아가고 있음을 알 수 있다. 비록 아직도 미숙한 점은 많지만, 친근한 삶과 인간적인 스케일을 회복하고 앞을 향해 나아가는 길을 접하게 된다. 여러 가지 문제에 봉착하겠지만, 헤쳐나갈 수 있는 길을 찾을 수 있을 것이다.

보편적인 건축
Universal Architecture

19세기 후반, 현대건축의 발전에 활력을 불어넣는 신선한 바람의 원천이 유럽에만 있었던 것은 아니다. 보편적인 문명이 형성되기는 했지만, 모든 나라가 동시에 같은 속도로 발전하지는 않았다.

보편적인 문명은 일반적으로 어떤 '공간 개념(space concept)'을 내재하고 있다. 그 개념은 보편적인 문명의 정신적 태도이자 감정의 한 부분이다. 오늘날 건축의 목표는 서로 고립된 '형태(form)'가 아니라 '공간(space)'을 통해 형태를 만드는 공간 개념에 있다. 이는 오늘날은 물론 모든 시대에 적용되어 왔다. 오늘날의 '시간 · 공간' 개념은 모든 현대건축의 밑바탕에 깔린 보편적인 태도이다. 더 자세히 말해, '시간 · 공간' 개념은 공간 속의 불륨 배치는 다른 볼륨들과 관계를 맺는 방식을 뜻하며, 내부공간을 외부공간과 분리하는 방식과 내 · 외부공간의 상호관입을 이루기 위해 내부공간에 구멍을 내는 방식이다.

여기에 현대건축의 훌륭한 기반을 이루는 매우 중요한 요소를 생각해 볼수 있다. 이 요소의 확산적인 힘은 특정한 지역이 직면한 변하지 않는 두 가지 측면, 즉 범우주적이고 토속적인 환경을 존중하는 태도에서 나온다. 이러한 환경을 해결해야 할 역대상이 아니라 예술적 상상력의 원동력으로 생각하는 것이다. 선조들과 정신적인 교감을 갖고, 이러한 접촉을 통해 새로운 힘을 얻기 위해 과거와의 연을 지속적으로 유지해 온 금세기 회화분야의 경우처럼, 건축 역시 과거의 형태를 채용하면서 발전한 것이 아니라, 정신적인 유대감을 통해 성장해왔다.

나는 언제나 어떤 한 지역이 갖는 우주적이고 토속적인 요소와 유대감을 갖는 것을 "새로운 지역주의(new regionalism)"라고 불렀다. 현대적인 공간개념과 표현 수단은 변하지 않는 이러한 요소들과의 대화를 통해 재발견할 수 있다.

창조적인 정신의 건축가들이 표방한 '새로운 지역주의' 표현 방식은 전적으로 실질적인 작업과 그 작업의 요구에 달려 있다. 이러한 표현 방식은 지역마다, 나라마다 서로 다른 양상을 띈다. 우리는 현대적인 공간개념이란 보편적인 이름 아래 다양한 건축형태로 발전을 접하게 되는 것이다.

전체적으로 유사한 접근방법이 적용된 건축적 구조물에서 나타나는 개별적 차이는 곧 미래를 향한 발전의 희망적인 조짐이라 할 수 있다.

보편적인 건축과 지역 발전
Universal Architecture and Regional Development

처음에는 핀란드에서, 그 다음에는 브라질에서 창조적인 힘이 가득찬 구조물들이 갑작스럽게 등장하였다. 각 나라마다 지역적 발전에 기여하는 고유의 방식을 가지고 있다. 특히 강력한 민주주의가 뿌리를 내리고 있는 핀란드의 경우, 지역적이면서 동시에 보편적인 특성을 가진 현대건축을 어떻게 만들어질 수 있는 가를 잘 보여주고 있다. 끊임없이 폭동에 시달리는 브라질 역시, 화려한 파사드와 매우 인상적인 프로젝트들이 멋지게 연출하는 아름다운 선과 형태들을 보여주고 있다.

일본은 현대건축의 주류에 올라서면서 극동의 목소리를 처음으로 전달하기 시작했다. 앞서, 일본과 중국의 전통문화는 18세기 유럽의 로코코에 원동력을 제공했으며, 19세기에는 일본의 목판화가 인상주의자들에게 상상력의 원천을 제공하기도 했다.

그러나 60년대의 상황은 매우 다르다. 일본의 전통적인 작품만이 영향력을 발휘한 것은 아니다. 1953년, 이 책의 일본어판 서문에서 꼭 지적하고 싶었던 것은 생산을 위한 생산에 집착하는 서구인의 태도를 비판하면서, 새롭게 형성되고 있는 문명은 동·서양의 교류를 가능하게 할 것이라는 점이었다. 서양은 일본 문명이 결코 잊지 않고 지속해 온 인간경험의 연속성을 다시 한번 의식하기 시작하고 있다. 일본건축이 다시 활기를 찾은 것은 일본 고유의 전통속에서 면면히 전해온 요소들을 통해 가능했던 것이다. 이를 자극한 창조적인 힘은 몇몇 젊은 일본 건축가에게서 나온 것이었으며 이들은 쉘브르 가(街) 35번지의 르 꼬르뷔제 아틀리에에서 작업하면서 영감을 얻었다.

일본에서 현대건축의 출현은 예상보다 늦었다. 동경에 위치한 프랭크 로이드 라이트의 제국호텔(1917~22)이 새로운 움직임을 일게 한 것처럼 보일지 모르지만, 실상은 그렇지 않았다. 제국 호텔은 일본의 현대 정신을 함축하고 있지 않았다. 이 건물은 중국의 영향을 받은 작품이다. 1923년의 지진에서 기적처럼 무너지지 않았음에도 불구하고, 그 건물의 사치스러운 장식적 특성을 볼 때 앞서 가는 새로운 움직임을 위한 추진력을 제공했다고 볼 수는 없다.

서양정신과 동양정신의 통합은 다른 측면에서 해석되어야 한다. 통합의 열쇠는 결국 마에가와와 사카구라와 같은 일본의 젊은 건축가들의 손에 달려 있었다. 이들은 르 꼬르뷔제의 아틀리에에서 자신들의 길을 발견했다. 여기서 그들은 무엇이 필요한지를 알게 되었다. 르 꼬르뷔제는 모든 시대의 창조적인 예술품에 살아 있는 '영원한 현재(Eternal Present)'에 관해 다른 어떤 사람보다 가까이 접근한 사람이었다.

일본인들은 서양인들과는 대조적으로 결코 지나간 시대와 자신들을 분리하지 않았다. 그들은 결코 전(前)시대의 '양식'을 모방하려고 하지 않았다. 왜냐하면 과거는 끊임없이 살아있는 것이기 때문이다. 일본의 주거형태를 보면, 매우 세련되어 있음에도 불구하고 그 단순성은 태고적인 상태를 그대로 간직하고 있다. 그들이 오늘날 사용하는 콘크리트 보와 지주(支柱) 사용법 역시 옛 방식이면서 동시에 새로운 방식이다.

오늘날 일본의 젊은 건축가들 중에 마에가와의 사무실에서 일한 적이 있는 겐조 당게가 가장 잘 알려진 인물이다. 일본건축의 비밀은 살아있는 과거와의 교감과 미래를 향한 열망에서 찾을 수 있다.

건설과 그 공간적 의미
Construction and its spatial implications

19세기의 구조공학은 당시의 건축에 내재된 열망을 실현할 수 있게 하였지만, 지금의 상황은 건축이 선두에 나서 공학자들이 성취한 것 이상을 요구하고 있다.

구조공학은 새로운 계산 방법 및 철금속 제조업의 발전에서 유래된 것이다. 구조계산을 위해서는 모든 구조 요소가 선형적 요소로 간주되고 지정된 방향으로 힘이 전달되고 작용해야만 한다. 따라서 힘의 움직임은 미리 제어되고 측정되어야 한다. 이 힘들은 마치 파이프 선처럼 보와 트러스에 의해서 전달된다. 기성제 제조업과 표준화에서는 당연히 이러한 직선적 과정을 따라야 한다. 에펠탑이 바로 이러한 제조업과 표준화를 적용한 예로서 가장 널리 알려져 있다.

공중에 모습을 드리운 멋진 교각들과 에펠탑, 그리고 기계관(Palais des Machines) 등의 등장은 1890년을 기점으로 절정에 달했다. 이즈음, 미국 시카고에서는 근대적인 고층 빌딩이 등장했다. 미리 제조된 직선 부재를 이용한 고층 빌딩의 건설은 오늘날까지 계속되고 있다. 미리 계산된 프리스트레스트 콘크리트를 제작하는 고도의 정교한 과정에도 19세기의 선형적 구조방식의 흔적을 찾아 볼 수 있다.

20세기 구조공학은 19세기와 다른 방향으로 나아가고 있다. 힘의 흐름을 단선이나 하나의 통로로 집중시키기 보다는 구조시스템의 모든 부분에 적용하려는 경향이 점점 더 강해지고 있다. 이러한 시스템은 모든 방향으로 자유롭게 팽창할 수 있다. 이 때문에 힘을 제어하기가 쉽지 않아 문제가 발생하기도 한다. 정확한 계산 결과가 제대로 들어맞지 않는 경우도 있기 때문에, 모델과 모의 실험에 의한 진단을 통해 도움을 얻어야 하는 경우가 발생한다. 이제, 건설분야에도 비합리성과 순발력이 강조되고 있다.

이로 인해, 직선형의 강철 트러스보다 더 유연한 재료를 필요하게 되었다. 1900년 무렵, 쉘구조를 만들 정도의 강한 콘크리트가 등장하기 시작했다. 현대미술의 순수미에 길들여진 시각적 측면에서 로버트 마일라트의 교각을 살펴보자. 이러한 순수미는 자의적인 아름다움이 아니다. 마일라트는 자신이 설계한 교각의 평슬래브와 굽이 진 슬래브, 모든 선형적 요소를 제거하고 버섯 모양의 천장에 표면장력을 이용하는 개념을 처음 제안한 사람이다. 1930년 무렵, 프레이시네트와 마일라트는 달걀껍질모양의 볼트를 만들었다. 마일라트는 증기보일러에서 자신의 영감을 얻었다고 말한다. 각 공간의 힘을 직접적으로 전체 구조에 분배하는 개념은 많은 분야로 확대되어 가고 있다. 취리히에서 가르쳤고,지금은 하바드와 콜롬비아대학교에서 건축 교육을 하고 있는 갤런타이는 여러분야로 확산되어 가는 이러한 경향을 잘 기술하고 있다. 그의 기록에 의하면, 자동차와 기차의 섀시나 몸체 등이 단일 응력 막 구조(single stressed - skin structure)로 대체되고 있음을 알 수 있다. 비행기 제작시 오픈 트러스(open - truss)에서 스트레스트 - 스킨 바디(stressed - skin body)로 전환한 것은 매우 놀라운 것이지만 선박에 쉘구조가 사용된 것도 대단한 발전이다. 프랑스에서 처음 개발된 대규모의 얇은 쉘 구조 형식이 점차적으로 거대한 아치와 버트레스 구조 방식을 대신하고 있다. 심지어 가구디자인에서도 이러한 경향이 나타나고 있다. 건축분야에서의 원숙미를 보여주기 전에 세상을 떠난 에로 사리넨의 외다리 의자 역시 순수한 쉘 구조로 되어있다.

1941년 마일라트가 죽은 이후, 쉘구조와 공간 틀(space frame)은 계속 발전을 거듭하여 다방면에서 놀랄만한 성과를 거두었을 뿐만 아니라, 건축적 상상력을 불러일으킬 수 있는 더 많은 가능성을 제공했다.

매우 가벼운 재료를 사용해야지만 가능했던 형상도 콘크리트 쉘로 만들 수 있게 되었다. 초기의 거주형태인 유랑민의 텐트와 선사시대 러시아 거주지에서 사용된 매닮지붕(hanging roof), 금란(金欄, baldachin), 닫집(canopy) 등이 다시 출현한 것이다. 심지어 해먹(hammock, 역주: 달아매는 그물침대)의 원리도 오목지붕틀에 다시 사용되었고, 드럼(drum)의 원리도 프리스트레스트 콘크리트에 적용되었다.

순환 쉘구조와 단일곡선이나 복합곡선, 혹은 직선 발생기(straight line generator)에서 솟아 오르는 형태의 쌍곡선과 같은 복잡한 공간 형태의 조합을 통해서 놀랄 정도의 무한한 가능성을 제공하기 시작했다. 건물 재료중에 가장 유연한 케이블 역시 기성제 콘크리트와 결합을 예고하는 중요한 재료가 되었다.

형태의 가벼움과 고도의 유연성을 특징으로 하는 쉘구조는 궁륭공사(vaulting)와 관련하여 역사상 처음으로 어떤 측면 응력도 수반하지 않는 구조물을 선보였다. 구조 시스템 그 자체만으로 힘의 평형상태를 이룬 것이다. 쉘구조는 볼팅과 관련된 문제해결에 중요한 실마리를 제공한다.

그렇다고 직선적인 구조 부재가 사라진 것은 아니다. 직선적인 부재는 대규모 혹은 소규모 건설작업에 계속 사용되고 있다. 대규모 볼트와 돔의 스팬에 기성제 직선 부재를 사용했던 피에르 뤼기 네르비와 같은 위대한 공학자들이 이러한 구조부재를 발전시켜 나갔다. 네르비의 대표적인 작품이라 할 수 있는 튜린 전시홀(1961)은 부채꼴 모양으로 손가락처럼 서로 다른 크기로 뻗어나가는 형태의 구조물인 거대한 무지주(free standing) 기둥을 사용한 것으로서, 매우 복잡한 공간을 연출하고 있다. 이러한 각각의 구조 부재들의 형태와 평천장으로 된 상자모양의 외피 사이에서 어떤 괴리가 발생하고 있다. 이는 길고 긴 발전과정의 정점과 그 끝점을 암시하는 것처럼 보인다.

이와 유사한 쉘구조는 멕시코의 칸델라와 건축가이자 공학자인 카탈라노, 그리고 스페인의 토로자 등에 의해 더욱 발전되었다. 1961년 6월 사망한 에두아르 토로자는 위대한 예술가이자 심오한 이론가였다. 그의 마드리드 경마장(1943)은 자연의 유기적인 힘을 구조화시킨 훌륭한 작품이다. 비바스와 같이 작업한 최근 작품의 하나인 베네주엘라의 카라카스에 위치한 타치라 클럽(1957)은 항해하는 돛단배에서 느낄 수 있는 경쾌함과 우아함이 돋보이는 작품이다.

요른 웃존은 이와는 다른 방식으로 궁륭공사의 문제점을 해결하고 있다. 시드니 오페라 하우스 위로 60m 이상 솟아 올라가는 10개의 거대한 쉘을 하나의 연속적인 구조물로 사용하고 있다.(**도판**. Ⅰ) 비계를 사용하지 않고 세워진 거대한 각 쉘들은 이 복합 건물의 한쪽 단면 위로 기울어져 있으며, 공간상 볼트쪽으로 빨려들어가는 듯하게 디자인된 '오목 유리벽'에 의해 닫혀 있다.(**도판**. 436) 이러한 쉘들의 형태를 통해 확실히 알 수 있는 점은 그것들이 육중한 재료로 미리 제조된 것들로 세워졌다는 점이다. 이 방식은 1964년 동경올림픽을 위해 겐조 당게가 설계한 올림픽 경기장의 경우와 상당히 다르다. 그 내부는 고대의 텐트같은 형태에 새롭고 환상적인 분위기를 가미했고, 외부는 바닷조개에서 느낄 수 있는 동적인 긴장감을 주고 있다. 현

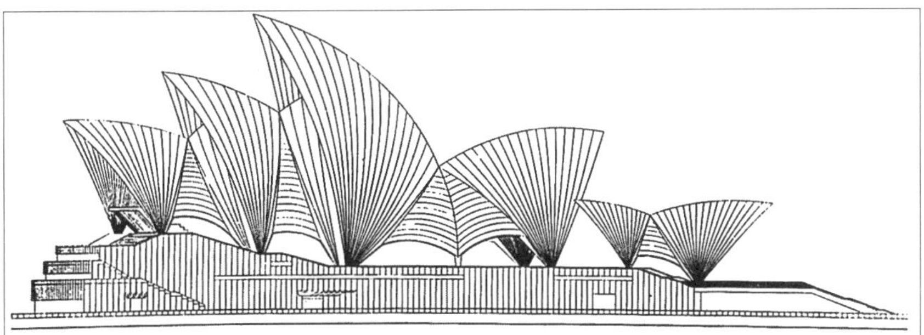

Ⅰ. 요른 웃존, 시드니 오페라 하우스, 오스트레일리아, 1957. 서쪽에서 본 보습. 커다란 쉘들의 흐름은 단형 플랫폼에서부터 솟아오르고 있으며, 강철판에서부터 시작되고 있다.

실적인 여러 가지 어려움이 뒤따랐지만, 전체적인 건설 과정은 강철로 된 거대한 단선 케이블을 통해 이루어졌다.

우리 시대의 볼팅 문제에 대한 해결안들은 일종의 놀라운 '공생'을 보여준다. 각 해결안들은 가장 진보된 건설 방법을 사용하면서 동시에 유기적인 형태에 더욱 근접해 갔다는 점이다.

과거에 대한 여러 가지 접근방법
Different Approaches to the Past

나는, 과거는 끊임없이 미래로 침식해 들어간다는 베르그송과 같은 견해를 조금씩 이해해 가면서, 과거란 사멸한 무엇이 아니라 존재의 필수적인 부분이라고 생각해왔다. 문제는 과거를 어떻게 바라보느냐에 달려 있다. 그 한 가지 방식은, 과거를 특정한 형태나 모양을 골라낼 수 있는 하나의 유용한 사전으로 보는 것이다. 19세기는 이러한 방식이 만연했던 시기였다. 지나간 시대의 껍질로 그 시대를 위장하면서 현재로부터 도피하기 위한 수단으로 과거를 이용한 것이다.

1860년대의 유행은 좀 더 세련되기는 하였지만, 첨두형 아치나 르네상스의 포르티코(Porticoes)와 둥근지붕(cupolas)과 같은 디테일을 닥치는대로 사용하면서 일종의 초현실적인 양념(flavoring)을 가미하여 '시적'인 표현을 얻는 정도였다. 하지만, 그러한 행동은 단지 과거에 대한 희롱에 지나지 않았다.

이 시대의 창조적인 예술가들－시인들, 화가들, 조각가들, 그리고 건축가들－은 다른 길을 선택했다. 이들의 작품에는 과거, 현재, 미래가 마치 인간 운명의 불가분의 전체로 서로 어우러져 있다.

20세기초, 대가들이 그린 그림들에는 여러 가지 표현 수단－추상과 전이, 그리고 동시성－이 사용되었으며, 이 수단들은 원시 예술의 표현수단에 밀접한 관계가 있었다. 이 그림들은 갑작스레, 그리고 매우 빠르게 평가절하된 어떤 유행을 재현한 것이 아니라, 요소성, 비합리성, 그리고 상징적 표현의 원천을 면밀히 조사하려는 열망에서 비롯된 '무의식적 병행론(unconscious parallelism)'의 결과였다. 이는 근대화로 인한 손상에 대항하려는 노력의 산물인 것이다. 지면상 더 자세한 내용을 기술할 수 없지만, 더 자세한 내용은 본인의 저서인 『**예술의 기원**(The Eternal Present, **제 1권**)』을 참조하기 바란다.

선도적인 역할을 수행한 건축가들의 작품에서 찾아볼 수 있는 과거에 대한 이러한 태도는 형태의 차용이 아니라 내적인 친밀감의 표현을 통해 잘 나타나고 있다. 1960년 르 꼬르뷔제의 '라 투레트 수도원(도판. 337)'에서 관습적인 사물의 배치 방식이 급격히 변하고 있음을 엿볼 수 있다. 즉, 클로이스터(cloister, 역주: 마당 한쪽 면이 개방된 주랑 또는 아케이드로 이루어져 있는 지붕 딸린 회랑)와 교회, 그리고 탑의 조형적 윤곽들이 모두 수도원 건물(monastic buildings)에 편입되었다. 이런 변화에도 불구하고 이 건축물의 기원은 여전히 12세기 프랑스 수도원에서 찾을 수 있으며, 그 안에는 당시의 수도원 정신이 살아 있음을 알 수 있다.

이러한 접근 방법의 또 다른 예로, 현대 건축에 다시 소개된 파티오(patio)－차단된 주거부분이라 할 수 있는 스페인식 집의 안뜰－를 들 수 있다. 기원전 2000년경에 지어진 우르의 사택(私宅)과 세부기능을 충족시키는 연속적인 안뜰을 가진 로마시대의 시골주택에서 그 기원을 찾을 수 있다. 1949년, 호세 뤼 서트는 페루의 침보트에 위치한 노동자 주거에 파티오를 도입하여 이웃과의 일정한 거리를 유지하면서 필요한 프라이버시를 확보하였다.(도판. 527) 무어식 파티오와 스페인식 파티오에 대한 기억을 가진 그는 밀도가 매우 높은 평면임에도 불구하고 공간의 풍부함을 훌륭하게 연출하였다. 이러한 풍부함은 1958년에 매사추세츠주 캠브리지에 지은 자신의 집에서 가장 잘 나타난다. 이 집 내부의 파티오는 밀집된 주택 평면에 공간적 대담성을 부여하고 있다.

이번 책에 첨가된 새로운 글인 "요른 웃존과 제 3세대"에서는 이처럼 변하고 있는 과거사에 대한 접근방법과 함께, 그의 건축세대와 근대 운동의 창시자들과의 관계를 중심으로 다루었다.

건축가가 과거의 내적 의미와 내용을 파고 들어갈 수 있을 때 과거에 대한 접근방법은 창조적인 것이 될 수 있다. 그러나, 단순히 형태를 모방하여 겨우 '플레이보이 건축' 정도를 만드는데 그친다면, 그것은 일종의 '위험스러운 지난 시절'로 뒷걸음질하는 것에 불과한 것이다.

건축의 현재 상황

The Present State of Architecture

많은 건축가들은 현대건축에서 주로 나타나고 있는 조각적 경향때문에 혼란스러워 하고 있다. 그 예로, 르 꼬르뷔제의 롱샹교회(1955)와 요른 웃존의 시드니 오페라 하우스(1957), 구니오 마에까와 동경 페스티발 홀(1961), 그리고 겐조 당게 도쿄 국립 실내 경기장(1964) 등을 들 수 있다. 건축은 조각에 접근하고 있고 조각은 건축에 접근하고 있다. 이런 징후는 무엇을 의미하는 것일까?

현재 무슨 일이 일어나고 있고 우리가 어디로 가고 있는지 인식하고 진단하기 위해서는 임시 방편의 역사적 과거만을 보기보다 더 넓은 시각에서 역사를 이해할 필요가 있다. 역사적인 발전이란 거대한 스크린에 비추어 현재의 사건을 바라보는 것이 좋을 것 같다. 우리는 편견을 가지고 현재를 바라보고 있다. 건축공간을 파헤친 공간(hollowed - out space)이나 내부공간과 같은 뜻으로 이해하는 경향이 그 좋은 예이다.

이러한 믿음은 지난 2천년간의 발전과정에 그 뿌리를 두고 있다. 로마제국 이후 내부공간 구성은 건축술의 주요문제였다. 『Architecture, You and Me(p. 119)』 등과 같은 책에서 이미 언급했듯이, 우리는 이러한 건축공간의 경험에 너무 익숙해 있기 때문에 진정한 의미의 건축공간의 상대적인 본질을 이해하기 위해서는 상당한 노력이 필요하다고 생각한다.

공간의 볼륨
Volumes in Space

한편, 우리가 인정해야 할 또 다른 공간개념이 있다. 이 개념은 최초의 고대 문명을 이룬 이집트와 수메르, 그리스 등을 거쳐 계속 남아 있다. 이들 모두 내부공간의 구성을 중요하게 여기지 않았다. 후대의 시각에서 보면, 당시의 건축종사자들이 내부공간을 무시하거나 별로 중요하게 생각하지도 않았다고 생각할 수 있다. 그들은 후대에 와서 인정받게 된 볼팅의 상징적 중요성을 결코 의도하지 않았다는 점에서 이와 관련한 문제를 해결하기 위한 첫 시도자였다고 할 수 있다.

이와 같은 고대 문명이 고유의 공간개념을 가지고 있다는 점을 일깨워준 사람은 바로 우리의 시각을 더욱 예리하게 만들어준 근대미술의 대가들이었다. 그들은 이러한 공간개념을 통해 기제 피라밋의 배치와 아테네의 아크로폴리스에 군락으로 무리지어진 사원들과 같은 위대한 업적들에 눈을 돌리게 된 것이다.

역사의 여명기에는 인간과 우주의 관계가 단절되지 않았다. 이러한 관계를 표현한 것의 하나가 바로 무한한 공간 속의 볼륨 설정이었다. 내부공간은 거의 빛을 받

Ⅱ. 마에카와 구니오, 페스티발 홀, 도쿄, 1961.

아들이지 않는다. 내부는 어둠, 즉 지구의 포근한 안식처를 의미하는 것이었다. 이와 같은 상황은 오늘날 건축분야에서 일어나고 있는 현상들의 근간을 이룬다고 할 수 있으며, 그 내용은 『**건축의 기원**(The Beginning of Architecture/ The Eternal Present, **제 2권**)』에서 언급하였다.

형태는 그 자체의 물리적 한계에 구속되지 않는다. 형태는 공간에서 우러나고 공간의 형상을 따른다. 오늘날 우리는 형상, 표면, 평면 등이 단순히 내부공간을 따르지 않는다는 것을 재인식하게 되었다. 그것은 실제 측정되는 차원의 한계를 넘어서서 공간 속에 자유롭게 서있는 볼륨들의 구성적 요소들로 강력하게 작용하고 있다. 여기서 중요한 점은 피라밋의 크기나 판테온의 완벽성에 있는 것이 아니라 최초의 건축적인 공간개념을 완전히 통합 가능하게 한 볼륨들간의 상호작용에 있다.

오늘날 우리는 공간을 만들어내는 볼륨들의 힘을 다시 감지하게 됨으로써, 초기의 건축적 기원에 민감하게 다가가게 되었다. 외피가 내부공간에 형상을 부여하는 것처럼 볼륨이 공간에 영향을 미친다는 사실을 다시 깨닫게 된 것이다. 우리는 서로 다른 형태와, 높이, 위치를 가진 볼륨간의 관계에 대한 이해를 잘 보여주는 사례인 조각작품에 관심을 갖게 된다. 알베르토 자코메티는 20년 동안 원시형태들의 상호작용에 대한 실험을 해왔다. 1948년의 작품인 '광장의 통행자들(Passers - by on a Square)'이란 이름의 소규모 브론즈 군상은 1930년의 '장소를 위해(Pour une Place)'와 1932년의 '오전 4시의 궁전(Palace at 4 a.m)'과 같은 실험작품을 통한 디자인 결과였다. 여기에 등장하는 통행인의 형태는 극도로 비(非)물질화되어 있지만, 전체적인 구성과 위치 선정이 훌륭하여 그들 사이의 공간과 그들 후면의 공간을 가득 채우고 있다.

공간 속의 볼륨관계를 최초로 디자인한 현대건축 작품은 르 꼬르뷔제의 생 디 시티센터 계획안(1945)이라고 생각한다. 서로 다른 건물들이 각각의 공간적 분위기를 발산하면서도 전체와 친숙한 관계를 갖는 방식으로 디자인되어 있다. 오늘날 건축가들은 항상 크기와 형태가 서로 다른 여러 가지 볼륨을 상호 관련있도록 배치해야 하는 과제를 안고 있지만, 이 문제를 제대로 해결할 수 있는 인재는 드문 실정이다. 내부공간의 형상화가 오랜동안 건축에서 가장 중요한 문제로 여겨온 것도 그 한 이유가 될 것 같다. 심지어 후기 바로크의 훌륭한 도시 중정과 광장, 그리고 그것들을 둘러싸고 있는 벽도 열린 하늘에 의해 형성된 지붕을 가진 내부공간의 형태를 보여주고 있다.

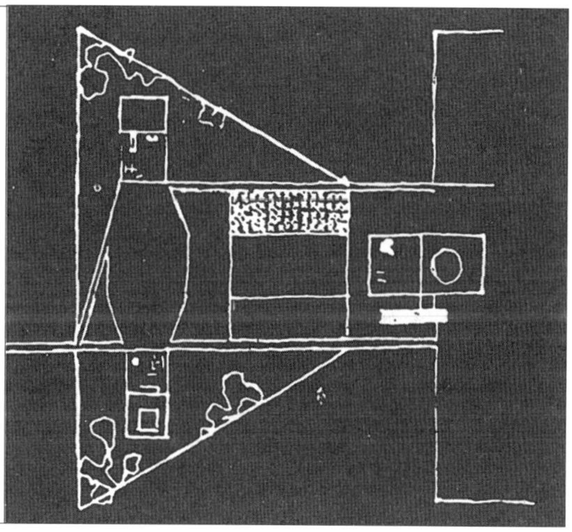

Ⅲ. 루치오 코스타, 삼권 광장, 브라질리아, 1957. 파일럿 평면을 스케치한 그림.

지금의 상황은 근본적으로 다르다. 둘러싸는 벽은 사라져 가고 있다. 높은 탑들은 저층 건물들과 어떤 관련성을 가져야 한다. 벽 없는 광장이 등장하고 있다. 이러한 방식의 최초의 계획안은 브라질리아에 위치한 삼각형 모양의 '세 개의 탑으로 구성된 광장(Plaza of the Three Tower, 1957~60, **도판**. Ⅲ)'이다. 입법부, 사법부, 행정부 건물들로 이루어진 건물군은 대통령궁과 대법원에 해당하는 삼각형의 코너에 위치한 저층건물과 자유로운 관계를 유지하고 있다. 여기에는 벽이 전혀 없다. "공간을 만들어내는 멋진 볼륨만이 있을 뿐이다.(le jeu savant des volumes dans l'espace.)"

건축과 조각
Architecture and Sculpture

건축이 조각에 근접해지는 것과 조각이 건축에 근접해지는 것은 현대건축의 발전과정에서 벗어난 현상은 아니다.

이와 같이 발전하는 전통의 특질들 중의 하나는 자유로움과 관계가 함께 한다는 것이다. 이를 통해 볼륨들은 문명의 여명기에 가졌던 중요성을 다시 얻게 되었고, 발산체(emanating bodies)로서 적극적인 역할을 하게 되었다. 롱샹과 도쿄 페스티발홀, 시드니 오페라 하우스 등과 같은 건축물들이 조형적인 특징을 강하게 드러내는 것도 바로 이러한 이유 중의 하나이다. 롱샹의 형상은 내·외부공간의 상호 연결성을 끊임없이 생각나게 한다. 르 꼬르뷔제는 이러한 공간을 "청각적 공간(acoustic space)"라고 불렀다.

현대건축의 초기에서는 회화분야가 주도적인 영향력을 행사했지만, 지금은 조각영역이 그 자리를 차지하고 있다.

평범한 건축가가 롱샹과 같은 건물을 설계한다면 그 결과는 끔직할 것이라는 염려의 소리들이 여러 방면에서 흘러나오고 있다. 이러한 염려에는 나름대로 이유가 있다. 르 꼬르뷔제의 작품이 지닌 비밀의 열쇠는 그가 건축가이며 화가이며 조각가라는 사실이다. 오늘날에는 보통 이러한 재능은 각각의 사람들에게 분산되어 있다. 평범한 건축가는 볼륨을 어떻게 배열하고 조각하는지를 잘 모른다. 반면에 조각가는 이러한 감각을 키워왔다. 그렇지만, 조각가와 건축가 사이의 연결고리는 없다. 건축물에 관한 모든 것이 이미 결정된 후에 화가를 불러 건축물에 장식할 부분을 의뢰하는 경우에만 연결고리가 생긴다. 이러한 상황에서 아무리 훌륭하고 명망있는 화가라 하더라도 박물관의 전시품 이상의 무언가를 만들지는 못할 것이다. 영역간의 통합은 불가능한 것이지만 몇 번의 산고의 고통을 경험한 후에야, 대부분의 훌륭한 조각가는 기대를 버리고 다시 자신만의 작업장으로 돌아간다. 건축가와 화가가 서로 겸손함을 가질 때 비로소 그들은 초기단계부터 함께할 수 있는 희망을 조금이나마 갖게 될 것이다. 이것이 바로 앞을 향해 나아갈 수 있는 유일한 방안일 것이다.

볼팅 문제
The Vaulting Problem

지난 2천년 동안 로마, 비잔틴, 로마네스크, 고딕, 르네상스, 바로크 등의 시대는 볼트로 된 내부공간을 선보였다. 각 시대의 독특한 볼트 형태는 거의 그 시대의 상징물로 자리 잡았다.

우리는 여전히 한 시대의 여명기에 서 있다. 우리 시대의 공학자들이 건축가에게 제공한 다양한 종류의 볼트 처리에서 나타나는 가능성에 비추어 볼 때, 어떤 성급한 결정을 내리기는 아직 이르지만, 지난 시대와 비교해 그 가능성이 매우 높다고 생각한다.

마치 홍합껍질처럼 천장과 바닥이 서로 비출 수 있는 것도 가능하다. 그 예로, 소비에트 궁전 회의장을 위한 나움 가보의 초기 디자인(1931)을 들 수 있다. 르 꼬르뷔제는 뉴욕의 UN건물 회의장에서 그 가능성을 훌륭하게 보여주었다. 그의 계획안은 아마도 우리 시대에서 가장 놀랄만한 내부공간중들의 하나가 될 것이다.

가능성이 가장 높은 것은 쉘형태의 콘크리트 볼트이다. 지금까지는 볼형태의 천장의 중심은 언제나 가장 높은 입면의 정점에 해당되었다. 그러나 지금은 천장의 형태도 오목한 모양을 띨 수 있고, 볼트 중심의 가장 낮은 지점이 될 수도 있다. 그 대표적인 예로 르 꼬르뷔제의 롱샹교회(1955)와 베를린 국제회의장(Stubbins and Severud, 1957)를 들 수 있다. 이는 심리학적으로 중요한 의미가 있다. 새로운 전통의 초기단계에서 근본적인 것이라 할 수 있는 내・외부 공간의 상호 관통은 더욱 정제된 형태로 변형되었다. 오목한 천장은 벽과 만나는 지점에서 천장이 끝나지 않고 더 확장되어 가는 것을 보여주면서 천장을 둘러싼 벽으로 올라가는 형태를 보여주고 있다. 롱샹교회에서 천장과 벽을 분리시켜 주는 가장자리의 좁은 유리 테에는 이러한 의도가 강조되어 있다. 천장은 마치 하강하는 새처럼 벽에 의존하고 있다.

하이퍼파라볼로이드(Hyperparaboloid, 역주: 원호의 곡률을 최소화한 포물선)공간 프레임은 공간적인 상상력의 새로운 출발점을 제공하고 있다. 목재 쉘이나 콘크리트 쉘이나, 그 재료에 상관없이 공간 균형은 프레임 자체에서 해결되고 있으며, 공중에 떠 있는 듯한 이미지는 그 내부조직에서 비롯된다.

Ⅳ. 루치오 코스타, 삼권 광장, 브라질리아, 1957~60

벽의 활성화
The Revitalization of the Wall

벽이 하나의 볼륨을 이루는 구성적 요소가 되기 위해서는 먼저 19세기의 장식적인 잔재들을 제거해야 한다. 이집트시대 이후 사라져버린 순수한 표면의 미학적 가치를 재발견하려는 노력이 일고 있다.

공간개념의 측면에서 볼 때 이런 식의 재발견은 육중한 분위기의 전통 주거를 해체하는 것에 해당한다. 되스부르크, 반 에스트렌, 리트벨트, 미스 반 데 로에 등이 이와같은 변형을 시도한 시기는 20세기초였다. 주택은 평평한 직사각형의 평면들로 해체된 것이다.

표면에 대한 이와 같은 재발견은 필수적인 것이었다. 이를 바탕으로 두 번째 단계로 나아갈 수 있었다. 이 두 번째 단계에서 중요한 근본 요소는 면이었다. 이 단계에서는, 벽을 양각새김(relief)을 위한 배경막으로 사용한 것이 아니라 그 반대로 사용하였다. 벽을 배경막으로 사용한 전형적인 예로 거의 독립적으로 서있는 후기 헬레니즘 시대의 양각새김(페르가몬의 제단)을 들 수 있다. 이 두 번째 단계에서 우리의 관심을 끄는 것은 표면과 소조의 조형적 통합이다. 이러한 통합은 벽의 양각새김과 아울러 건축적 - 조각적 처리를 가능하게 한다. 바위에 파묻힌 원시 양각새김과 돌에 새겨진 이집트의 양각새김이 갖고 있는 그 본질이 새롭게 되살아나고 있다.

조각과 조형적인 건축의 가능성에 대한 관심이 증대됨에 따라, 조각가들은 벽화의 양각새김에, 그리고 건축가들은 벽에 새로운 생명을 불어넣는 일에 큰 관심을 쏟고 있다. 1920년 전에도 이러한 분야의 선구자적인 역할을 한 예술가로 립쉬츠, 뒤샹 빌롱, 마르셀 뒤샹 등이 있다. 로마의 포에 아르디틴에 있는 미르코의 아름다운 양각 문(1953, 전쟁포로소에서 살해당한 사람들을 기리는 기념비)과 벽돌벽에 새긴 헨리 무어의 벽돌 양각(로텔담, 1955), 그리고 에틴 헤이듀의 작품등은 1950년대 초의 커다란 추진력이 되었다.

롱샹교회처럼 벽이 건축적으로 소생되는 것은 어느 면에서 위험할 수 있다. 이 건물은 1960년대 플레이보이적인 유행을 야기시킨 불쾌한 덮개로 여겨지고 있다. 거의 모든 곳에서 벽이 새로운 장식적 요소로 전락하고 있음을 알 수 있다. 벽을 소생시키려 하는 것이 이런 목적 때문만은 아니다. 근본적으로 건축영역내에서 벽을 소생시키려는데 주 목적이 있다. 르 꼬르뷔제는 개척자로 언급되어야 한다. 마르세유의 유니테 다비타시옹에서는 이미 벽이 조형석으로 다듬어져 있다. 벽의 표면은 수직과 수평이 자아내는 거대한 규모의 리듬과 서로 얽혀져 있다. 아파트의 유리벽은 구멍이 뚫린 스크린 뒤로 후퇴되어 있다.

그의 찬디가르 사무국(1952~56 ; **도판**. VII 참조)은 벽의 소생을 통해 그 당시까지 이루지 못했던 강력한 표현을 성취하였다. 이것은 수직 난간과 수직 및 수평으로 나 있는 차양(brise - soleils)과 같은 건축요소들의 조각적인 사용에서 비롯되었다. 이 건물을 4등분하는 섬세한 수직 익스팬션 조인트는 254m의 전체 건물을 교묘하게 분절되어 있다. 장관 집무실 부분은 육중하면서도 구멍이 뚫린 건축적 요소들의 조형적 차별성과 다양성을 통해 독특한 매력을 풍기고 있다. 그러나 이 건물에서 가장 눈에 띄는 곳은 연속된 거대한 표면으로 이루어져 있으면서도 뾰족한 손가락처럼 날카로운 각도로 앞을 향해 돌출한 형태를 보여주는 40미터 높이의 경사로 부분이다. 섬세한 장식물(filigree)처럼 보이는 벽의 분절 형태와 날씬한 경사로 구조체가 자아내는 대비로 건물의 벽면은 긴장감을 더 해주고 있다.

유기적 성질과 기하학적 성질
Organic and Geometric

대체로 건축의 유기적 특성과 기하학적 특성은 서로 엄격하게 분리되어 있다. 즉 각각은 서로 다른 길을 평행하게 달려갈 뿐이며, 결코 서로 만나지 않는다. 유기적 건축에 대한 개념은 안토니 가우디(1852~1958)와 휴고 헤링(1882~1958), 한스 샤로운(1893~)등의 작품과 밀접한 관계가 있다.

합리적이고 기하학적인 형태는 현대건축의 초기 특징이었다. 이러한 형태들은 특히 데 스틸 운동에서 발전되어 그 이후의 모든 운동에 큰 영향을 끼쳤다.

유기적인 성향의 건축 역시 여러 건물들을 통해 다시 그 권위를 찾고 있다. 그 숫자는 얼마 안 되지만 대표적인 예로 알바 알토의 작품과 르 꼬르뷔제의 후기 작품, 그리고 1964년 겐조 당게의 도쿄올림픽 국립 실내 경기장(**도판**. VI), 요른 웃존의 작품을 들 수 있다. 이러한 건물들은 모두 유기적인 형태에 기하학적인 구조방식을 결합해야하는 문제를 안고 있었다.

이와 같은 두 가지 극적인 성질이 직접적으로 대립하는 상황은 르 꼬르뷔제의 작품에서 찾을 수 있다. 곡선 형태와 직각 형태들이 나란히 서있는 사보이 주택(1928~30, **도판**. 315)의 지붕구조에서 잘 나타나고 있다. 이 외에, 기하학적인 특성 곁에 유기적인 특성이 눈에 띄는 부분으로 유니테 다비타시옹(1947~52)의 지붕부분을 들 수 있다.(**도판**. 326)

Ⅴ. 르 꼬르뷔제, 노틀 담 듀 호의 순례 교회(롱샹교회), 1957~60.

Ⅵ. 겐조 당게, 국립 실내 경기장 별관, 도쿄, 1964.

찬디가르 의사당(1957)의 유기적인 쌍곡선 형태는 전체 내부공간의 주된 요소로 간주된다. 롱샹(1955, **도판.** V)교회 역시 유기적인 원리가 건물 전체에 스며들어 있다. 라 투레트 교회(1960)의 지하예배당은 진보적인 기하학적인 요소와 유기적으로 굽이치는 곡선 형태 사이의 멋진 상호작용이 돋보이는 작품이다.(**도판.** 344)

많은 예는 아니지만, 합리적인 기하학적 성질과 신비한 유기적 성질의 통합은 그의 모든 후기 작품에 적용되고 있다. 그는 순수한 기하학적 특성과 순수한 유기적 특성을 명확하게 구분하려 하지 않았다. 그의 그림에서도 이러한 경향이 잘 나타나고 있다. 겉으로 보기에 서로 다른 두 영역을 조화롭게 하는 방법을 알고 있던 그가 합리적 성질과 유기적 성질 중 어느 한 쪽이 우세하지 않은 작품을 만들어낼 수 있었던 것은 바로 그의 통합적인 존재의식 때문이었다.

3가지 공간 개념
Three Space Conceptions

오늘날 건축에서 일어나고 있는 상황을 건축관련 참고물이란 폭넓은 틀을 통해서 보면 더 쉽게 이해할 수 있다. 간단히 말해, 건축의 발전에는 세 가지 단계가 있

Ⅶ. 르 꼬르뷔제, 사무국 건물, 찬디가르, 1952~56. 사진 앞부분에 보이는 것은 의사당의 출입구이다.

다. 공간개념의 첫 출현에 해당하는 제 1단계의 공간은 볼륨들 사이의 상호작용에 의해 만들어졌지만, 내부공간은 무시되었다. 이집트와 수메르, 그리스의 건축이 그 예에 해당된다.

두 번째 공간개념은 로마시대 중반에 등장했으며 이 때는 내부공간과 그 공간을 형성하는 볼팅이 건축의 주목적이었다. 로마의 판테온이 그 서막을 예고한 작품이다. 두 번째 공간개념의 단계에서 내부공간을 형성한다는 것은 내부공간을 텅비게 만드는 것과 같은 것이었다. 이러한 현상을 처음으로 인식한 사람은 알로와 리글이었다. 두 번째 공간개념은 시간이 흐름에 따라 몇몇 큰 차이를 보여주기는 했지만, 로마의 판테온에서 18세기에 이르기까지 그 개념은 지속되었다.

19세기는 2단계와 3단계를 연결하는 매개역할을 하였다. 19세기 건물의 공간을 분석해보면 두 번째 단계를 구성하는 여러 가지 현상들이 서로 얽혀있다는 것을 알 수 있다.(폴 플랭클) 그러나 초기의 공간적 통합은 점점 사라져 갔고, 진정으로 한 시대를 표현했던 건물들은 대중들에 의해 외면당했다.

세 번째 단계의 공간개념은 투시도의 1소점을 파괴한 광학혁명과 함께 20세기 초에 등장했다. 이 개념은 건축과 도시환경의 근본적인 변화를 낳았다. 자유롭게 서 있는 건물에서 유래한 공간의 특성을 다시 감상할 수 있게 되었다. 이 개념은 최초의 공간개념과 유사하다는 것을 알 수 있다. 초기의 공간개념처럼 건축은 다시 조각영역에 가까워지고 조각도 건축영역에 접근하고 있다. 두 번째 공간개념에서 가장 중요했던 것(내부공간을 비우는 개념)이 동시에 지속되고 있다. 그러나 볼팅 문제를 해결하기 위한 접근 방법은 완전히 달라졌다. 새로운 요소들이 소개되고 있다. 즉 지금까지 알려지지 않았던 내・외부공간의 상호 관입과 상이한 레벨의 상호 관입(대부분이 자동차에서 유래된 결과임)이 건축의 필수적인 요소로서 현대건축의 움직임에 편입되고 있다. 이러한 모든 것들이 오늘날의 공간개념에 활력을 불어넣고 있으며, 발전하고 있는 공간개념의 전통을 부각시키고 있다.

1장

HISTORY A PART OF LIFE

삶의 일부로서의 역사

- 서문
- 역사가와 그 자신이 속한 시대의 관계
- 연속성에 대한 요구
- 오늘날의 역사
- 방법론의 동일성
- 일시적 사실과 구성적 사실
- 유기체로서 건축
- 경과

1 서문

Introduction

미국에 알려지지도 않았고 때로는 나에게 조차도 생소하게 느껴지는 언어를 사용하는 입장에서, 미국인과 직접적인 접촉을 할 수 있는 가장 빠른 방법에 대한 생각을 하지 않을 수 없다. 개인적인 문제든 일반적인 문제든, 이해를 위한 가장 빠른 접근 방법은 개인적인 접촉이라 생각한다. '나는 어디서 와서 어디로 갈 것인가'란 문제는 앞으로 전개될 논의와 관계있는 사실을 담고 있기 때문에 이에 관해 몇 마디 언급하고자 한다.

Fifth Edition 2쪽 09줄

예술사가(藝術史家)로서 나는 하인리히 뵐플린의 제자이다. 그와의 개인적인 접촉과 그의 훌륭한 강의를 통해서 시대정신을 이해하는 법을 배웠다. 그의 탁월한 분석을 통해 조각품이나 회화의 중요성과 진정한 의미를 명확히 알게 되었다.

뵐플린은 한 시대와 다른 시대를 대조하는 것을 좋아했다. 그는 수업과 저서를 통해 이런 방식을 매우 효과적으로 사용했다. 이와 관련있는 대표적인 저서로, **『르네상스와 바로크(1889)』**, 그리고 15세기와 16세기를 비교한 **『고전예술(1899)』**이 있으며, 내가 뮌헨에서 그의 밑에서 연구하던 시기에 출판된 **『예술의 원리(Kunst - Geschichtliche Grundbegriffe, 1915)』**도 마찬가지 방식을 적용하고 있는 책이다. 그의 제자들 중 많은 사람들이 양식을 대조하는 그의 방식을 흉내내려 하였으나 누구도 그의 깊이와 이해를 성취하지 못했다.

나의 첫 번째 책인 **『후기바로크와 낭만적 고전주의(뮌헨, 1922, 논문형식으로 작성됨)』**는 뵐플린의 방법론을 따르려한 책이다. 이 책에서 대비되는 시대는 고전주의에 속하는 18세기말과 19세기초이다. 루이 14세 양식은 그 형상과 구조에 있어서 후기 바로크 말기의 경향을 보여주고 있으며, 그 전체적인 틀은 고전주의를 채택하고 있다. 19세기 초반의 고전주의는 독일과 같은 낭만적인 풍토의 나라에서 가장 중요한 돌파구를 발견하였다. 당시의 건축적 조류에서 각 실들의 독립적인 성향이 가장 뚜렷했던 나라는 독일이며, 그 대표적인 예로 쉥켈의 작품을 들 수 있다. 이 작품은 낭만주의 시인들이 보여준 개인주의에 상응하는 건축적 등가물로 볼 수 있다.

나는 이 시대를 낭만적 고전주의 시대라 이름 붙였다. 18세기말과 19세기초의 고전주의는 단지 색깔만 입힌 '일시적인 현상'에 불과한 것이다. 이 시기의 본질적인 특징은 고전적인 외관이 주를 이루었다는 점과 바로크의 유산이 이미 와해되고 19세기적 경향이 나타나기 시작했다는 점이다.

내가 몰두했던 문제는 우리 시대가 어떻게 구성되고 현재의 사상이 어디에 뿌리를 두고 있는가였다. 이 문제는 의문을 품기 시작한 때부터 지금까지 나를 사로잡고 있다.

하인리히 뵐플린은 야콥 부르크하르트의 제자로서, 27세의 젊은 나이에 부르크하르트를 이어 바질대학의 교수가 되었다. 그는 후에 베를린과 뮌헨에서 상당한 명성을 얻었다. 그는 항상 부르크하르트의 넓은 식견을 중요하게 생각하였고, 강의는 물론 대화를 할 때에도 부르크하르트의 말을 자주 인용하였다. 이와 같은 스위스의 역사적 전통은 예술학 분야 교육의 바탕을 이루었다. 그러나 많은 시간이 흘렀음에도 우리들 중 많은 사람들이 부르크하르트의 중요성, 어쩌면 그의 분야를 넘어설 정도의 중요성을 깨닫지 못하고 있다는 것은 매우 안타까운 일이다.

부르크하르트(1818~1897)는 르네상스 시대를 발견한 위대한 인물이다. 일상생활속의 사회구조는 물론 회화, 조각 그리고 건축 등 모든 것에 관해 한 시대를 총체적인 관점에서 어떻게 다룰 수 있는 가를 보여준 최초의 인물이었다.

나는 이러한 맥락에서 유일한 책이라 할 수 있는 부르크하르트의 『**르네상스 문명**(1860)』에 대해 언급하고자 한다. 이 책의 영문판은 1878년에 출판되었다. 1880년 10월 20일자 뉴욕 해럴드지에 이 책에 대한 저명한 시사 비평이 실렸다. 남의 칭찬에 별로 관심이 없던 부르크하르트도 이 글에 대해서만은 '브라보!'라고 외칠 정도로 좋아했다.

『**르네상스 문명**』에서 부르크하르트는 자신의 견해보다는 기록이나 자료를 더 중요하게 다루고 있다. 그는 이 시대의 단편적인 삶의 모습 만을 다룬 것이 아니라, 독자들이 이 시대의 전체적인 상을 마음속에 그릴 수 있을 정도로 심도있게 다루었다. 그는 강압적인 힘의 물결이 압도하는 인위적인 유럽의 형성과정을 보았기 때문에 그 자신이 속한 시대를 좋아하지 않았다.

그 당시 남유럽은 역사의 중심에서 벗어나 있는 것처럼 보였다. 부르크하르트에게는 마치 무덤과 같이 조용한 곳이었다. 그는 혐오와 증오로 가득찬 곳을 피해 남유럽, 즉 이탈리아에 관심을 갖기 시작하였다. 그는 적극적인 사람이었기 때문에 자신이 속한 시대를 완전히 거부하지는 않았다. 이탈리아에 관한 그의 관심은 지금까지 그 어떤 여행안내서보다 훌륭한 안내서인 『**키케로네**(Cicerone, 1855)』의 탄생을 가져왔다. 이 책은 이탈리아 문화의 고유한 특성에 대한 4세대에 걸친 시각을 잘 보여주고 있다. 그의 책인 『**르네상스 문명**』은 사실적인 자료들의 객관적인 정리에 초점이 맞추어져 있지만, 정작 그 내용을 보면 오늘날의 '인간형'은 어디서 비롯되었는 지를 밝히는데 더 큰 관심이 있음을 알 수 있다. 부르크하르트와 동시대 인물인 존 러스킨 역시 르네상스 시대를 좋아하지 않았다. 그는 다른 여러시대들로부터 르네상스의 부활과 관련있는 수단(이 스위스 역사가가 애초에 관심을 가졌던 수단은 아니었지만)을 추출하고자 애썼다.

한편, 나는 젊은 시절의 이와 같은 가르침과 더불어 오늘날의 예술가들로부터도 많은 영향을 받고 있다. 그들은 전문가들의 관심은 끌지 모르지만, 그렇지 않은 사람들에게는 별로 가치가 없어 보이는 대상도 세심하게 생각할 수 있게 만든 사람들이다. 근대 예술가들은 한 시대의 삶에서 추출한 단편적인 것들도 그 시대의 습관과 정서를 들어낼 수 있음을 잘 보여주었다. 즉, 하찮은 사물들도 소홀하게 대하지 않고 그것들을 더 큰 차원으로 끌어올릴 수 있는 용기가 필요함을 보여주었던 것이다.

이러한 예술가들은 자신의 회화를 통해 일상 생활용품인 가구와 대량 생산에 의한 사소한 물건들(스푼, 병, 유리잔등 세심하게 주의를 기울이지 않고 그냥 지나치는 경우가 많은 일상품들)이 우리 시대의 본질이 되어가고 있음을 보여주었다. 이들은 우리가 알지 못하는 가운데 우리의 삶과 자신들의 예술 세계를 융합해가고 있었다.

나는 직업상 우리 시대의 건축가들과 친밀한 관계를 갖게 되었다. 우리는 스톡홀름에서 아테네에 이르는 유럽의 다양한 정세에 대해서 소단위로 그룹을 지어 토론하였다. 이 회합에서 예술에 관한 논의는 세분화된 전문 분야의 문제가 아니라, 주거문화와 도시개발과 같은 지역개발의 방향을 가능한한 명확하게 결정하는 것이었다. 나는 "**근대건축 국제회의**(CIAM; Congres Internationaux d'Architectur Modernre)"의 존속 기간(1928~1956)동안 사무관으로 활동했던 시기를 통해, '현대건축(contemporary architecture)'이 애초부터 안고 있던 문제점들을 깊이있게 생각할 수 있는 기회를 가졌다.

역사가와 그 자신이 속한 시대의 관계

The Historian's Relation to his age

Fifth Edition | 5쪽 02줄

역사가들, 특히 건축사가들은 우리 시대의 개념들을 숙지해야만 한다. 역사가들은 그 자신이 처한 시대정신을 통찰하고 있을 때에만 이전 시대에서 간과되었던 과거의 흔적들을 파악할 수 있을 것이다.

역사는 정적인 것이 아니라 동적인 것이다. 어떤 세대도 모든 측면을 담고 있는 예술작품을 소유할 권한을 가지고 있지 않다. 한 시대를 살아가는 새로운 세대는 그 나름대로의 새로운 측면을 발견하지만, 그러한 측면도 예술가들이 자신의 시대에 발전된 자신들만의 방법을 이용하여 표현해온 용기와 열의를 역사가들이 드러내 보일 때 가능한 것이다.

건축가들은 덧없는 작품세계에서 벗어나 영원한 진실의 세계를 얻고자 다른 시대의 특정한 형상과 기법을 채용・모방해왔다. 그러나 영원한 미를 간직한 작품에서 따온 디테일을 적용한 건물들은 얼마 지나지 않아 생명이 없는 돌덩어리로 전락하였다. 이 건축가들은 '미다스의 손길(Midas Touch)'과는 정반대의 행동을 하고 있다. 그들의 손에 닿는 모든 것들은 미다스(역주: 그리스 신화에 등장하는 프리지아의 왕) 가 한 것처럼 황금으로 변한게 아니라 먼지로 변한 것이다. 오늘날 우리는 그 이유를 찾을 수 있다. **역사란 '변하지 않는 것들'을 단순하게 담고 있는 그릇이 아니라, 하나의 과정이다.** 즉, 삶의 방식이자 변하는 삶의 태도와 해석의 방식인 것이다. 과거를 되돌이켜 보는 것이 단순히 과거를 조사하거나, 미래에 펼쳐질 동일한 방식을 찾는 것은 아니다. 과거의 회고는 곧 대상의 변형을 뜻한다. 즉 어떤 시대 어느 순간이나 과거를 살펴보는 사람들은 각자의 성향에 따라 과거를 변형시킬 수밖에 없다. 역사가나 물리학자나, 어떤 특정한 상황과 관련있는 견해를 표명하는 것은 마찬가지이지만, 역사가는 물리학자처럼 어떤 관점에 절대적으로 매달리는 태도를 취해서는 곤란하다.

예술분야 역시 절대적인 기준이란 존재하지 않는다. 어떤 특정한 형태가 모든 시대에 적합하다고 생각했던 19세기 화가와 건축가들은 실수를 범 한 것이다. 역사란 접근하는 그 순간에 변하는 것이다.

오늘날의 화가들은 19세기와 다른 태도를 취하고 있다. 관찰자들은 그림의 외부가 아니라 그림의 한 가운데에서 살펴보아야 한다. 근대 과학처럼 근대 예술 역시 '관찰과 관찰되는 것'은 하나의 복잡한 상황을 형성한다는 사실을 잘 이해하고 있다. 즉 무엇인가를 관찰한다는 것은 그 대상에 대해 행동을 취하고 그 대상을 변화시킨다는 것이다.

역사가들은 일반적으로 당대의 사상과 감정에 몰두하는 것이 과학적인 분석과 권위, 그리고 미래를 향한 통찰력에 대한 위협이라고는 생각하지 않는다. 인간은 철저하게 그 시대의 산물이며, 그 시대의 방식들에 내포된 특성들의 희생없이 그 방식에 젖어들어갈 수밖에 없다. 진정, 모든 분야의 역사가들은 가능한 한 그 시대의 근원이 되는 체계를 발전시킬 때 비로소 자신이 속한 시대와 하나가 될 수 있는 것이다. 자연의 세계처럼 역사의 세계 역시 올바른 질문을 던지고 적절한 문제를 제기하는 사람들에게만 그 모습을 드러낸다. '과거에 관한 어떤 물음'이 그 자신이 속한 시대에 중요한가를 알기 위해서는 그 시대와 직접적인 관계가 있는 일부로 남아야 한다.

이러한 역사관과 동떨어진 역사는 그 어떤 창의적인 작업도 불가능한 허황된 사건들로 가득찬 황무지로 남을 것이다. 단지 죽은 연대기와 제한된 특정 연구들만이 남을 것이다. 자신의 시대에서 펼쳐지는 삶과 유리된 역사가들은 무의미한 역사를 쓸 뿐이며, 얼어붙은 사실들만 다룰 뿐이다. 한편, 자신이 속한 시대를 위해 과거와의 중요한 상호 관계성을 밝히는 것 역시, 역사가의 변하지 않는 고유 업무이다.

역사가는 현실적인 사실을 다룰 때 그 자신과 관련하여 '자신과 자신의 삶'을 분리할 수 없다.

왜냐하면 **그 또한 역사의 큰 물결속에** 서 있기 때문이다. 일상적인 사건들의 압력에서 벗어나 더 높은 받침대 위에서 모든 시대 모든 존재들을 살펴볼 수 있는 이상적인 역사가는 허구일 뿐이다.

다른 사람들과 마찬가지로 역사가들 역시 당대의 산물이며 자신의 시대로부터 그 자신의 강점과 약점을 끌어낸다. 역사가란 호칭 때문에 당대의 시대보다 더 큰 맥락의 사건들을 다루어야 할지는 모르지만 이러한 태도 때문에 그 자신의 시대와 유리되어서는 안 된다. 그에게 부여된 고유한 임무에 속박되면서도 한 시점에 대한 공론에 참여할 수 있다는 것 역시 그 나름의 이점이라 할 수 있다. 왜냐하면 역사가는 일상과 일상에 필요한 것들과의 직접적인 접촉을 통해, 인쇄기록물들의 정글을 지나 실제 행위자들의 참된 목소리를 들을 수 있는 능력을 연마할 수 있기 때문이다.

Fifth Edition 6쪽 38줄

불행하게도, 역사가는 정적인 과거의 영원한 정당성을 규명하는데 그 직위를 종종 사용하였다. 지금까지 인간은 객관적인 판단이 불가능하다는 것을 인식해왔기 때문에 이러한 역사가의 태도는 신뢰받지 못했다. 오늘날 우리는 현재를 더 큰 시간의 맥락에서 파악하기 위해 의식적으로 현재에 바탕을 두면서 과거를 고찰한다. 따라서 여전히 살아있는 과거의 여러 양상 덕분에 현재는 더 풍부하게 된다. 이는 모방 차원이 아니라, 연속성 차원과 관계가 있다.

연속성에 대한 요구

The Demand for Continuity

우리의 지식은 어떤 종류의 계획을 위해 실제로 펼쳐지는 현상 그 자체를 넘어서야 한다. 계획을 세우기 위해서는 과거에 사라진 것을 알아야 할 뿐만 아니라, 미래에 다가올 것을 느껴야 한다. 이는 가설의 초대가 아니라, 세상을 바라보는 **보편적인 시각에 대한 요구**를 뜻한다.

오늘날 어려움을 겪고 있는 도시계획(town planning)은 다루어야 할 모든 상황들을 거부하는 것처럼 보인다. 보편적인 관점이 존재하는 시대에는 당대를 넘어 오랫동안 영향력을 미칠 수 있는 수준 높은 도시계획을 이루는데 천재의 도움을 필요로 하지 않았다. 특정한 사회적 계층과 특정 목적을 위한 업적들이 전혀 다른 시대에 다른 목적과 다른 집단들에게도 기여할 수 있다는 것이 입증되었다. 이는 독창적인 창조란 보편적인 관점에서 비롯되기 때문에 가능한 것이다.

오늘날 모든 사람들이 이와 같은 보편성을 간절하게 열망하고 있다. 이러한 열망은 하루 하루를 살아가는데 급급해 하면서 우리 시대 전체를 소모해 버리는 것에 대한 반(反)작용이다. 주변에서 우리가 보는 것들은 이러한 근시안적 삶의 태도가 쌓아온 벌이다.

삶의 관계들을 상실한 채 하루 하루 살아가고, 순간 순간을 살아가는 이러한 태도는 품위도 없을 뿐만 아니라 자연스럽지도 인간답지도 못하게 보인다. 이러한 삶은 사건들을 역사에 이르는 과정의 일부분으로 인식하게 하기 보다는 고립된 점으로 인식하게 한다. 역사와 좀 더 친밀하게 접촉하려는 욕구는 이러한 상황에서 자연스럽게 나타난다. 즉, 역사와 좀 더 친밀하게 접촉한다는 것은 우리의 삶을 더 넓은 시간의 차원으로 끌어 올린다는 것이다. 오늘날 일어나고 있는 일들은 연속체(continuum)의 가장 중요한 부분들이다. 이는 사람의 눈에 보이는 색상들로 변화하는 자외선과 적외선 사이에 있는 작은 파장들과 같다.

오늘날 세계 도처에서 일어나고 있는 사건들이 너무 파괴적인 혼란을 일으켜서 보편성을 향한 움직임이 과학과 학문의 분야에서 강하게 나타나고 있다. 사회과학을 포함하여 철학과 예술분야의 각 학문들에서 나타나는 연구방법론의 유사성에 대한 요구는 더욱 명확해지고 있다. 이미 대학에서는 보편적인 세계관에 대한 요구가 나타나고 있으며, 여러 학부들 사이의 지적 교류 또한 활발히 진행되고 있다.

이전의 다른 어떠한 시대보다 우리 시대가 넓은 안목하에 변화를 가져올 수 있는 수단을 더 많이 가지고 있다는 사실은 누구나 알고 있다. 수많은 사람들의 새롭고 균형잡힌 생활을 보장해주는 중요한 열쇠는 바로 '새로운 가능성들(the new potentialities)'이다.

보편성에 대한 바램은 이와 같은 새로운 가능성들을 완성하고 조절하기 위해 필요하다고 느끼는 것의 표현이라 할 수 있다.

자신이 속한 시대가 예외적인 중요성을 가진다고 생각하는 것은 언제나 위험하다. 그렇다 하더라도, 우리가 살아가고 있는 시간들은 인류를 위한 시험 기간이자, 한 인간이 자신의 삶을 이루어가는 능력을 시험하는 기간이 될 것이다.

오늘날의 역사

Contemporary History

Fifth Edition 8쪽 22줄

인간 활동의 전 영역을 광범위하게 고찰하는 것은 시대마다 반드시 필요하다. 역사의 역할이 중요한 것도 바로 이러한 맥락에서이다. 그 **역할중의 하나는** 우리로 하여금 더 큰 의미와 더 넓은 차원에서 살아갈 수 있도록 돕는 것이다. 이 말이 19세기의 경우처럼 지난 시대의 방식과 형태를 그대로 복사해도 좋다는 것이 아니라, 더 넓은 **역사적 배경하에 삶을 영위해야 한다는 것을 뜻한다.**

앞으로 우리가 다루게 될 현대 역사에서 가장 중요한 발전은 일상에서 일어나고 있는 변화이다.

19세기에서 보편적인 불만은 바로 일상생활에서 모든 고결함이 사라졌다는 것이었다. 그리고 일상 생활이 오로지 '하루 하루의 생활'에 기초를 두는 바로 그 순간, **일상생활의 고결함**은 사라졌다.

사람들은 역사에 대한 참여의식을 잃었다. 즉 그들은 자신이 살아가는 시대에 대해 무관심해지고 그 시대를 싫어했다. 다른 시대의 사람들과 자신들을 비교할 때 자신들의 활동을 중요하게 여기지 않았을 뿐만 아니라, 좋은지 나쁜지 조차도 관심이 없었다.

또한 **이러한 감정은 오늘날의 역사 그 자체인 바로 전의 과거를 극도로 무시하게 만들었다.** 19세기 사람들은 별생각없이 단조로운 건설행위를 하면서 미래에 가서나 그 구조형태를 취할 수 있는 구성적 사실들만을 만들어냈다. 그러나 실제로 그들은 이러한 구조를 보지 못했다. 오늘날도 때때로 이러한 구조를 인식하지 못하고 있는 것은 마찬가지이다. 그 결과 현대의 역사는 무시되었다. 더 나쁜 결과는 현대 역사를 이해하는데 필수적인 객체와 기록들이 무자비하게 파괴되었다는 점이다. 후세대들은 19세기와 20세기 존재 양식과 이 두 세기의 발단을 설명하는데 있어서 어쩔 수 없는 커다란 공백을 물려받게 될 것이다.

우리의 전통에 대한 무관심으로 인해 중요한 자료들이 사장되고 있다는 우려의 소리를 각 분야로부터 듣고 있다. 예를 들어, **도시계획**가는 연구에 필요한 대규모 도시의 발달 과정에 대한 상세한 자료를 찾을 수 없다는 것이다. 지속적이고 종합적인 연구가 이제까지 없었기 때문에 여러 종류의 도시들(정부청사지역, 항구, 공장지역 등)이 가지고 있는 장 · 단점을 비교할 수 없다. 연구를 하려 해도 그 연구 수단이 일정하지 않기 때문에 완전한 조사 연구를 위한 역사가의 노력도 결국 각자의 조사 방법에 의지해야 하는 정도에 그치고 있다. 이로 인해 항상 과대강조의 위험에 빠지기 쉽다.

19세기 산업의 역사는 전통에 대한 무관심 때문에 큰 곤란을 겪어 왔고 공백으로 가득차있다. 그 한 예로서, 도구의 발달과 관련하여 19세기의 중요한 자료로 찾아볼 수 있는 것은 철물 목록 몇 가지 정도에 불과한 실정이다. 30년대와 50년대 그리고 70년대에 나왔던 대부분의 목록은 없어졌기 때문이다. 이와 같이 중요한 자료를 보관하고 있는 곳도 런던의 빅토리아 도서관과 알바트 박물관 정도에 불과하다.

9쪽 29줄 Fifth Edition

미국에서 무역 활동이 수작업을 없애고 기계생산을 이끌었던 시기는 세계 어느 곳과도 비교할 수 없는 독특한 성향을 가지고 있었다. 보스턴 외곽지대에 있는 공장을 방문했을 때, 그곳에는 1850년이후 표준화된 부품들을 조립하여 최초로 손목시계와 괘종시계를 만들고 있었다.(이 조립원리는 후에 자동차 생산에 가장 많이 이용되었다.) 70년대 몇몇 유럽의 관찰자들은 이러한 공장에서 만든 초기 생산물들에 관해 관심을 갖게 되었다. 나 역시 그러한 생산물들의 실례를 보고 싶었고, 관련 회사의 목록을 연구하고 싶었다. 그러나 오래된 목록은 전혀 남아있지 않았다.(작성후 3년이 지나면 폐기하는 것을 원칙으로 하고 있었다.) 그나마 유일하게 남아있는 손목시계는 수리중에 있었다. 한편, 유럽에는 크고 금전적 가치는 높지만 유럽 시계의 역사란 관점에서는 별로 중요하지 않은 것들 뿐이었다.

시카고에는 년간 5억 달러의 사업량을 가진 오래된 우체국이 있다. 남북전쟁 이래 일상생활에서 어떤 변화가 있었는지를 살펴보기 위해 그곳을 방문하였다. 그 회사는 불충분하지만 약간의 자료들을 가지고 있었고, 비교적 양호하게 보관하고 있었다. 뉴욕의 오티스 승강기 회사는 자사 제품에 관해 비교적 상세한 기록물(승강기

관련 문헌은 정확하지 않았다.)을 갖고 있었지만, 이 회사 역시 초창기 제품에 관한 내용은 갖고 있지 않았다.

Fifth Edition 10쪽 23줄

유럽건축이 혼란스럽고 불명확한 절망적인 미래를 향하던 1880년대에, 새로운 건축이 미국의 초원에서 성장하기 시작했다. 1880년부터 콜롬비아 세계박람회가 개최된 1893년에 이르기까지, 시카고의 "상업중심지역(The Loop)"은 미국은 물론 전세계 건축발전의 중심지로 자리 잡았다.

몇 십 년 이후, 고층빌딩은 자동적으로 황폐화된 지역으로 바뀔 것이며, 종국에는 파괴될 것이다. 헨리 홉슨 리차드슨이 설계한 최고의 작품이라 할 수 있는 마샬필드 도매상 건물은 시카고의 멋진 건축물임에도 불구하고 결국 주차장 부지조성을 위해 헐리게 될 것이다. 또한 간선도로 건설을 위해 자리를 내주어야 할 아들러와 설리반의 오디토리움(독특한 실내설계가 돋보임)도 파괴될 것이다. 다행스럽게도, 1962년에도 이 건물은 여전히 서 있지만, 설리반의 게릭극장과 같이 시대를 증언할 수 있는 가치있는 몇몇 다른 건물들은 파괴되었다.

우리는 파괴되어 가는 것에 대해 어떤 특별한 느낌을 전혀 가지지 않는다는 것에 더 관심이 간다. 시카고는 시카고학파(Chicago school)의 중요성을 전혀 인식하지 않는 것처럼 보인다. 내가 시카고에 간 목적은 80년대의 대규모 호텔 내부와 집합주택, 그리고 전체적인 구성을 통해 지금의 건축 발전을 예견했던 건물들을 사진에 담기 위해서였다. 한 사진사는 내게 건물 내부를 찍은 수천 장의 사진을 없앴다고 내게 말했다. 그는 자신이 원하는 공간은 필요했지만, 건물 내부를 찍은 사진을 간직해야 할 이유는 알지 못했다. 지난 몇 년간 시카고의 몇몇 단체들이 이런 종류의 자료들을 보존하려고 노력하고 있지만, 계속해서 일어나는 손실을 막기에는 역부족인 것처럼 보인다.

단순히 바로 전의 과거, 즉 우리 시대의 성장과 우리 삶의 기본적 요소들의 근간이 되던 세기(역주: 19세기)에 대한 무관심 때문에 이렇게 언급하는 것은 아니다. 시카고는 하나의 실예로서 다루었지만, 과거로부터 물려받은 사물을 미친 듯이 파괴하는 행위는 시카고나 미국에만 국한되는 것은 아니다. 이러한 파괴 행위는 확산되는 전염병처럼 유럽의 옛 도시들에도 퍼져가고 있다.

방법론의 동일성
The Identity of Methods

우리시대는 과도기에 해당한다. 과거로부터 계속되고 있는 경향과 미래의 예견과 관련있는 경향들이 서로 분간할 수 없을 정도로 뒤섞여 있을 뿐만 아니라, 매 순간마다 상호 침투하는 경향들로 인해 나아갈 방향이 확실하지 않은 것처럼 보인다. 어느 면에서 이러한 과도기는 모순된 충동들의 혼돈상태로 나타나고 있다. 최근, 프랑스의 저명한 한 학자는 "격정적이고 목표없는 동요와 자신감 없는 견해들, 그리고 우유부단한 사고들을 고칠 수 있는 것은 우리 주변에는 없다"라고 말하고 있다.

그러나 이러한 독특한 과도기가 한 세기에 걸쳐 지속되어 왔다는 점을 잊어서는 안 된다. 나라마다 이런 점을 비슷하게 느끼고 있으며, 산업화 과정이 모든 곳에 남긴 무질서 역시 비슷하게 인식되고 있다.

이러한 과도기가 시작된 이래 우리의 정신적 삶은 내내 평정을 잃어 왔다. 우리의 내적 존재는 분열에 빠져버린 것이다. 이와 같은 지금의 정신적인 상황을 충분히 인식하고는 있지만, 그 결과가 어떤 모습을 보여줄지는 아직 모호하다.

만일 혼란(chaos)이라는 말이 서로 상반된 경향들의 공존을 뜻하는 유일한 표현이라면 우리 시대는 확실히 혼란스럽다고 말할 수 있다. 그렇기는 하지만, 이러한 모순들이 피상적인 것임을 알고 있다.

12쪽 04줄 Fifth Edition

오늘날 우리는 다음과 같은 상황들을 관찰할 수가 있다. 과학의 각 분야는 그 목적을 달리하지만 방법론에서는 유사해지고 있다는 것이다. 이와 같이 증가하는 유사성의 근저에는 정확한 지식의 지속적이고 확장적인 연구에 대한 열망이 내재되어 있다. 우리가 과거로부터 물려받은 사상들이 너무 복잡하고 정교하지 않다는 점은 모든 분야에서 인식되고 있다.

과도기는 두 가지 타입의 관찰자에게 매우 상이한 방식으로 영향을 미칠 수 있다. 어떤 사람은 모순된 특질들과 상호 파괴적인 원리들의 혼돈상태만 볼 수 있으며, 또 다른 사람은 이러한 혼돈의 내면에서 새로운 해결책을 위해 서로 조화를 이루는 요소들을 볼 수 있을 것이다. 이러한 두 가지 판단 사이에서 무엇인가를 결정하는 것, 즉 어떤 판단이 우리 시대의 본질적인 특질을 강조하고 있는 지를 결정하는 것은 결코 쉬운 일이 아니다. 우리 시대의 심연속에서 이루어지는 일들을 분석할 수 있는 객관적인 수단이 있어야 하며 우리 시대의 분산된 에너지들이 통합된 활동에서 비롯되었는지 아닌지를 결정해 줄 수 있는 몇 가지 표시(sign)가 필요하다. 우리 시대의 심연속에서 이루어지고 있는 중요한 활동들과 사고, 그리고 느낌들을 지배하고 있는 방식들간의 비교를 통해 그러한 객관적인 범주를 찾을 수 있을 것이다.

Fifth Edition 12쪽 28줄

존 듀이는 『**경험으로서의 예술**』이란 책에서 다음과 같이 언급하고 있다. "업무와 관심의 구분은 보통 '실천(practice)'이라 불리는 활동양식으로부터 통찰력의 분리와 실행으로부터 상상력의 분리, 작업으로부터 의미있는 목적의 분리, 그리고 사고와 행동으로부터 감정의 분리 등을 야기시킨다." 그 다음, 이러한 각 활동들은 머물러야 되는 고유한 장소를 부여받게 된다. 경험에 관한 분석을 기술하려는 사람들은 이러한 분리들이 인간본성을 구성하는데 본질적인 것임을 추측할 수 있다.

과학과 예술이 서로 유사한 점을 가지고 있는가에 대한 의구심 뒤에는 바로 위와 같은 내용이 내재되어 있다. 이러한 문제는 사고와 감정이 서로 다른 수준에서 진행되는 시대에만 제기된다.

이와같은 시대의 사람들은 감정의 영역에 영향을 미칠 수 있는 어떤 과학적 발견도 기대하지 않는다. 수리 물리학 분야의 어떤 이론에 비견할 수 있는 이론을 예술 분야에서 찾는다는 것은 거의 불가능한 것처럼 보인다. 그러나 이러한 생각에는 과학과 예술이 같은 시대에 살고 있는 사람들에 의해 규정되고 유사한 동기에 의해 자극받았다는 사실이 간과되어 있다.

우리는 **사고와 감정이 분리되었던 시대**를 가지고 있다. 이러한 분열은 심적인 발달과정이 순탄하지 못하고 내적 평정력이 부족한 사람, 즉 분열된 인격체를 낳았다. 여기서 우리가 논하고자 하는 대상은 정신병리학상의 '분열된 성격'이 아니라, 정상적인 인성 구조에서 발견되는 내적 부조화이다.

이러한 내적 분열의 결과는 어떤 것일까? 어떤 한 분야에서 뛰어난 능력을 가진 사람이 다른 분야에서도 그 분야와 비슷한 능력과 성향을 보여주는 경우는 극히 드물다. 오늘날의 **예술가와 과학자들은 서로 접촉을 하지 않는다.** 그들은 각자의 분야에서 자신이 속한 시대의 언어를 말하지만, 다른 분야에서 그 언어가 표현되었을 때는 이해조차 하지 못한다. 위대한 물리학자도 그 자신의 아이디어를 예술적으로 표현한 그림을 전혀 이해하지 못할 수 있으며, 위대한 화가 역시 그 자신의 원리에 기초를 두고 발전된 건축을 전혀 이해하지 못할 수 있다. 이 시대를 순수하게 표현한 시인들도 동일한 수준의 같은 감각을 담은 지금의 음악에는 무관심하다. 이러한 현상은 19세기의 유산이라 할 수 있으며, 19세기를 거치는 동안 여러 분야의 인간활동들은 서로간의 교류가 없는 상태로 지속되어왔다. 자유방임주의(laisser - faire)와 방종(laissezaller)이 정신적인 삶까지 확산된 것이다.

19세기 동안 자연과학은 2백년 전에 완성된 위대한 전통에 힘입어 그들 자신의 성향과 방향에 따라 부딪히게 되는 문제에 자극받으면서 앞서 갔다. 진정한 시대정신은 자연과학의 연구, 즉 사고의 영역에서 비롯되었다. 그러나 그 결과물은 감정적으로 중립적인 것으로 여겨졌고, 감정의 영역과는 전혀 관계가 없는 것으로 받아들여졌다. 감정은 과학과 기술 분야의 급진적인 발전을 따라갈 수 없었다. **그 시대의 진정한 힘과 특별한 업적은 대체로 인간의 내적 삶과는 무관한 것이었다.**

한 시대의 활기찬 힘이 몰아가는 방향은 오늘날 사람들의 기질에서 잘 나타나고 있다. 어떤 사람도 이러한 힘이 이끄는 불균형적인 발전에서 벗어날 수 없다. 분열된 자아와 함께 불안한 적응을 시도하는 인간형이 바로 우리 시대의 모습인 것이다.

한편, 우리 시대에 퍼져 있는 분열된 힘들의 이면에는 통합을 향해 움직이는 경향도 찾아볼 수 있다. 1910년대 이래, 분열된 사고와 감정의 영역, 즉 **과학과 예술의 영역에서 서로 유사한 방법론을 접할 수 있다.** 전적으로 우리 시대에 뿌리를 둔 문제들은 그 문제들의 주제가 현저하게 다르고 그 해결책 역시 서로 무관한 경우조차도 유사한 방식으로 다루어지고 있다.

1908년 위대한 수학자 헤르만 민코브스키는 분리할 수 없는 하나의 연속체를 형성하는데 공간과 시간이 동시에 작용하고 있음을 제시하면서 처음으로 4차원의 세계를 인식하였다. 감은해 그의 저서인 『**공간과 시간**』에서 다음과 같은 유명한 말을 남기고 있다. "지금부터 공간 그 자체와 시간 그 자체는 그림자 속으로 사라질 것이며, 이 두 가지의 합체만이 독자적인 실체를 유지할 것이다." 프랑스와 이탈리아의 입체파와 미래파 화가들이 우리 시대의 감정을 순수하게 표현하려는 작업에서 '예술적 공간 · 시간'을 개발한 것도 바로 이 시점이었다.

이 시기부터 사고와 감정의 분야에서도 드물기는 하지만, 방법론상의 유사점이 나타난다. 따라서 앞서 인식되었던 문제점들의 해결을 위해 고안된 새로운 기본 요소들이 1908년 무렵의 건설 및 회화분야에 소개되었다. 이러한 요소들의 기본적인 성질은 "예술, 건축, 그리고 건설분야의 공간 · 시간"이라는 제목의 4장에서 논의될 것이다.

과학의 전 영역에서 한 개인이 숙달할 수 있는 부분은 일부분에 지나지 않는다. 과학의 전문화된 조사들과 복잡한 조사연구 기법들을 모든 영역에 적용하는 것은 불가능하다. 그러나 오늘날 우리들은 이러한 불가능성과는 상관 없이 하나의 일반적인 전망에 이르기 위해 여러 가지 방향을 모색하고 있다. 이제는 더 이상 **19세기의 경우처럼 특정한 과학적 사실과 성과물들의 대중화를 요구할 수는 없다.** 그 당시는, 위대한 과학자들조차 자신들의 분야에서 이루어지고 있는 일을 대중들에게 알릴 필요가 있다고 생각했다. 1830년대 영국의 미첼 페러와 프랑스의 프랑소와 아라고는 과학을 대중에게 널리 알리는 일에 큰 관심을 두었다. 패러는 평생동안 "실용적 지식의 증진과 보급, 확장"을 위해 1799년에 설립된 런던 로얄 인스티튜트와 함께 했다. 그러나, 런던 알버머르 가(街)에 있는 그의 오래된 강연장에서 지금까지 개최되고 있는 주간(週間) 저녁 모임에 회원들만(반드시 정장을 하고 참석해야함) 참여하고 있다는 점을 보면, 그의 본래 취지인 개방적 태도와는 달리 배타적인 모임으로 변해왔음을 알 수 있다. 한편, 1826년 청소년 수강자들을 위한 특별강좌도 지금까지 매년 크리스마스 시기에 열리고 있다.

프랑소와 아라고는 전기의 필수적인 법칙을 발견하고 빛의 파동설을 개척한 저명한 물리학자로서, 대중적 방식으로 천문학과 같은 난해한 주제들을 연구한 업적으로 큰 찬사를 받은 인물이다. 수학에 문외한인 사람들을 대상으로 파리의 실험실에서 강의를 개최하곤 했으며, 그의 연구서 4권 책가운데는 많은 부분이 대중화를 염두에 둔 글이었다.

1870년대에 옥스포드와 캠브리지에서 소개되었던 현대적 감각의 대학 공개 강좌는 과학적 성과들을 대중화하려는 이러한 노력의 일환이었다.

한편, 오늘날의 경우 선도적인 과학자인 아라고 같은 사람도 과학적 성과의 대중화에 크게 관심이 없으며, 우리 역시 과학의 각 분야별 성과보다는 과학의 방법론에 더 많은 관심을 가지고 있다.

오늘날의 문제점은 과학의 대중화가 아니다. 우리 시대가 더 필요로 하는 것은 인간활동과 관련된 여러 분야에서 주류를 이루는 방법론의 차이점과 유사점을 깨달은 상태에서 그러한 방법론에 대한 총체적인 견해와 이해를 얻는 것이다.

오늘날의 과학 교육은 극도로 전문인 양성에 초점이 맞추어져 있다. 한편, 이와 같은 전문인들 사이의 상호관계 또한 필요하다는 사실도 부정할 수 없다. 그러나 문제는 과학 각 분야간이나 과학과 정서 영역간에 존재하는 상호 관련성에 대한 이해를 도울 수 있는 장치가 전혀 없다는 점이다.

우리 문화에서 더 **중요한 것**은 과학적 사실들과 관련있는 지식의 전파보다는 **지금의 시점에서 바라보는 과학적 방법론에 대한 전반적인 이해**이다. 우리 시대의 다양한 활동들이 통합된 문화를 이루는 것도 방법론들간의 유사성의 증가를 통해서이다. 오늘날의 삶을 전체적으로 조망하기 위해서는 과학의 각 분야가 유사한 방법론을 적용하면서 서로 닮아갈 수 있는 길을 찾는 것이 필요하다. 그리고, 과학은 타 분야와 완전히 독립적으로 이루어지고 있는 활동이 아니다. 사고영역과 정서영역은 어느 시대에나 상존하며, 한 영역의 변화가 다른 영역의 변화에 영향을 미친다. 그 시대의 감정 역시 시대별로 다른 표현수단을 통해 표출되며, 감정과 표현수단들 역시 그 시대의 지배적인 개념들에 따라 다양하게 나타난다. 따라서, 르네상스 시대의 지배적인 공간개념은 투시도법에 그 기본틀을 두고 있는 반면에, 우리 시대의 예술가들은 '공간 · 시간'의 개념을 바탕으로 다양한 수단들을 채용하고 있다.

경제학과 정치학은 시대의 구조를 설명하는 출발점으로 여겨져 왔다. 정서가 현실에 영향을 미치고 인간의 모든 활동에 항상 스며들어있다는 생각은 대체로 무시되었고 사소한 것으로 여겨졌다. 우리가 선택한 몇몇 시대를 대상으로 예술과 건축, 그리고 건설분야 등의 상호 관련있는 발전 과정을 추적하는 중에 발견한 중요한 것은 정서의 영향력이었다.

우리 문화의 구조는 많은 측면에서 산업사회 이전의 시대와 다르다. 예를 들어, **바로크 시대**의 라이프니츠는 철학을 출발점으로 하여 미적분학을 발견하였고, 우주론적인 발견에 비견할 수 있는 이러한 발견도 일반적인 사고에서 비롯된 것이있다.

우리는 선대(先代)의 유산을 통해 시작한다 하더라도, 그 출발점은 달라야 하며, 그 길 또한 다른 길을 모색하여야 한다. 또한 전문화된 많은 원리들에서 출발점을 찾고, 세상을 바로 보는 전망 역시 일관되고 보편적인 시각에 바탕을 두어야 한다. 라이프니쯔에게 열려졌던 길보다 우리가 걸어야 할 이러한 길이 더 어렵고 더 우려되며, 덜 성공적일지도 모른다는 점을 논하고자 하는 것은 아니다. 중요한 것은 지금의 현실이 우리가 그 길을 가도록 재촉하고 있다는 것이다. 통합이란 진솔한 방법론상의 유사성을 통하여 이루어질 것이며 이러한 유사성은 모든 전문 과학분야와 전문화된

17쪽 01줄 Fifth Edition

예술분야에서 동일하게 유도되어야 한다. 이것이 바로 우리가 감정적인 활동과 지적인 활동의 자연스러운 조화에 가까이 다가갔음을 암시하는 것이기도 하다.

우리 문화의 일반적인 패턴을 이루는 구성요소들은 오늘날의 과학과 예술 모두에서 발견할 수 있다. 지금 상황은 매우 흥미롭다. 우리 문화의 경우, 악기들은 조율되어 있지만, 방음벽에 의해 모든 단원들이 서로 차단되어 있는 교향악단과 같다. 이 장벽을 부수기 전에는 어떠한 일이 발생할 지 예측하기 힘들다. 역사가들이 도울 수 있는 길은 단지 이 상황을 있는 그대로 지적하고 사람들로 하여금 이러한 상황을 의식하도록 돕는 것 뿐이다.

한 시대의 균형감은 생각하고 느끼는 방법론의 일치 정도에 따라 다르게 나타난다. 그 방법론이 서로 다르게 움직이는 시기에는 문화와 전통의 창조란 불가능하다. 이 문제는 결코 우리가 논하고자 하는 주제를 벗어난 것이 아니다. 우리는 19세기의 엄청난 힘들을 무력하게 한 것이 불행하게도 바로 사고와 정서의 단절이었음을 곧 알게 될 것이다. 이와 같은 단절은 분열된 개성과 문화를 낳는다.

일시적 사실과 구성적 사실

Transitory and Constituent Facts

Fifth Edition 17쪽 32줄

역사가의 역할은 자신에게 기쁨을 주고 혐오를 주는 것이 무엇인지를 대중에게 보여주는 것은 아니다. 이는 사실을 더 축소 왜곡하는 사적인 일에 지나지 않는다. 역사가는 자신의 시각에 비추어 시대를 재구성하는 것이 아니다. 그는 시대를 있는 그대로 기술해야 하며, 역사가 왜 어떤 특정한 방향으로 흐르게 되었는 가를 설명해야 한다. 한 시대의 발전이 행인지 불행인지를 가장 잘보여주는 사람은 바로 그 시대만이 가졌던 고유의 내적 감정을 소유하며 살았던 사람들일 것이다.

우리에게 전달되는 그 사람들의 행과 불행의 목소리들은 매우 중요한 증언을 제공한다. 아무리 한 사건을 후세 사람들이 편견없이 다룬다고 할지라도 시대의 운명과 결부된 투쟁 가운데에서 발견되는 직접적이고 특정한 당대의 감정을 후세 사람들이 밝힐 수는 없다. 역사가들에게 진정한 길잡이는 그 시대의 갈망에서 울려나오는 소리들이다. 역사가는 바로 그 목소리들을 통해 시대를 기술해야한다. 한 시대에 대한 진정한 평가도 그 시대의 증언을 통해서만 가능하다.

사물의 한 측면에 대한 개인의 편견이 완전히 배제된 객관적인 판단이란 불가능하다. 결국 개인의 사적인 견해는 최소화 해야 한다. 역사가는 단순히 사실의 목록을 작성하는 사람이 아니다. 판단을 하는 것이 그의 권리이며 진정한 의무이다. 그리고 역사가는 자신이 수집한 사실에 근거하여 직접적인 판단을 해야 한다.

역사가가 동시대에 대한 권위자는 아니지만, 그 시대가 안고 있는 문제들에 대한 전망은 가지고 있다. 그는 자신이 연구하는 시대의 사람들로부터 숨겨진 사실들을 찾는다. 그는 진정한 의미의 새로운 경향들과 생명이 짧은 진기품을 구별할 수 있다. 역사를 이루는 사실들은 이러한 부류들의 어느 것과 관계가 있기 때문에, 역사가는 이를 정확하게 구분해야 한다.

'구성적 사실들'은 억제될 때 다시 나타나는 성향을 가지고 있다. 이러한 사실들이 하나의 **'새로운 전통'을 만드는** 요소가 된다는 것도 바로 이와 같은 **요소들의 계속적인 출현을 통해 알 수 있다.** 예를 들어, 건축의 구성적 사실들로 벽의 파동성, 자연과 주거의 공존, 그리고 개방적 평면 등을 들 수 있다. 특히, 19세기의 구성적 사실들은 건설의 새로운 가능성과 산업분야의 대량생산 체계 도입, 그리고 변화하는 사회조직 등을 들 수 있다.

18쪽 27줄 Fifth Edition

영원성의 요소가 결여된 '사실들'은 한 시대의 작품에 영향력을 미쳤다는 점에서는 '구성적 사실들'과 같은 선상에 둘 수 있지만, 새로운 전통에 합류되지는 못한다. 이러한 사실들은 불꽃놀이의 불꽃과 같은 명성과 탁월함이 있는 것처럼 보이지만, 지속성이 전혀 없다는 점에서 구성적 사실들과 크게 다르다. 때때로 이러한 사실들은 유행의 극치와 서로 연결되어 있다. 프랑스 제 2 제국양식의 가구가 그 좋은 예이다. 우리는 이러한 사실들을 **'일시적 사실들'**이라 부를 것이다.

일시적 사실들은 빠르고 강한 속도와 눈부심으로 종종 무대의 한가운데를 점령하기도 한다. 19세기에 걸쳐 수많은 방향전환이 뒤따랐던 역사적 양식들의 실험들이 좋은 예가 될 수 있다. 관 주도의 회화전시회에 출품된 모든 회화는 19세기의 '일시적 사실들'에 해당되며, 거의 대부분의 당시 작품들은 지금까지도 인정을 받지 못하고 있다.

'일시적 사실들'과 '구성적 사실들'이 각각 한 시대를 지배할 수도 있다. 여기서, 분명한 것은 이 두 가지 사실들 중 어느 하나는 당대의 실질적인 문제의 해결안을 더 많이 제시할 것이라는 점이다.

역사가가 자신의 판단을 자유롭게 개진하는 것과 더불어 절제해야 하는 것도 바로 이러한 부분에서이다. '구성적 사실'과 '일시적 사실'을 명확하게 구분하는 문제는 결국 역사가의 개인적 책임인 것이다.

유기체로서 건축

Architecture as an Organism

Fifth Edition 19쪽 21줄

우리 시대가 안고 있는 특정한 한계와 가능성, 요구, 목적 등과 관련된 것들이 시대적 특성으로 뿌리를 내리는 과정에서 건축에 어떻게 반영되었는지 궁금하다. 대체로 **건축은 그 시대의 삶과 긴밀하게 연관되어** 있기 때문에 건축을 통해 이러한 과정을 살펴볼 수 있다. 어떤 특정한 형상을 선호하는 것에서부터 자주 접하는 건설문제에 대한 접근방법에 이르기까지 **건축의 모든 것들이 시대의 상황을 반영한다.** 건축은 사회적,경제적, 과학적, 기술적, 민족학적 요인 등과 같은 모든 종류의 영향인자들의 산물이다.

지난 여러 시대에 걸쳐 감추려고 했던 많은 시도에도 불구하고, 한 시대의 참된 본질은 고유한 형태의 사용이나 지난 시대를 모방하려는 그 어떤 노력과 무관하게 그 시대의 건축에서 잘 드러날 것이다. 의도적으로 속이려고 애쓴 필체도 원래 필체와 다름을 알 수 있듯이, 한 시대의 특성을 파악할 수 있다. 우리가 한 시대를 평가하고자 할 때 건축을 필수적인 것으로 보는 이유는 건축이 그 시대에 이루어진 것에 대한 지표가 되기 때문이다.

모든 위대한 예술품처럼 위대한 건축 작품 역시 모든 시대가 보여준 인간의 부족함들을 떨쳐버린다. 이러한 건축작품이 그 시대의 진정한 기념비가 되는 이유는 바로 여기에 있다. 그 시대의 중추적인 추진력은 항상 있게 마련인 인간의 약점을 억제한 상태로 그 시대의 창조물에서 분명하게 그 모습을 드러낸다.

그렇다 하더라도 건축이 여러 조건들의 결과물이라고 가정할 때, 그 맥락을 무시한 상태에서 건축을 그 자체의 권리를 가진 유기체로 인식하는 것이 적절하고 가능한 것인가?

건축은 모든 종류의 외부적 상황에 의해 이루어질 수도 있지만, 본질적으로 **그 자체의 고유한 특성과 본연의 연속적 생명을 가진 유기체**를 이룬다. 건축의 기원에 대해 설명하고자 할 때 사회학적 · 경제학적 용어로 그 가치를 기술할 수는 없으며, 건축의 영향도 그것의 발생 환경이 바뀌거나 사라진 이후에도 계속될 수 있다. 건축은 만들어진 시기와 발생을 야기한 사회적 계급, 그리고 그것이 속해 있는 양식을 넘어설 수 있다.

17세기 후반 로마의 한 바로크 건축가가 고안한 교회의 파동벽에 대해 다양한 방식으로 설명 할 수 있을 것이다. 17세기 후반은 반 종교개혁운동이 있었던 시기이다. 따라서 사람들의 관심을 교회에 집중시킬 수 있는 수단이 필요했다고 볼 수 있으며, 또한 경제적 관점에서 볼 때 로마의 밀집된 거리와 건물이 필요로 하는 정면의 경제성 때문에 파동벽이 고안되었을 것이라고 생각할 수도 있다.

이러한 고안은 사회학적이고 경제학적인 요인들로 부터 영향을 받았다고 볼 수 있지만, 그 요인들이 더 이상 영향을 미치지 않았던 18세기와 19세기 초의 대단위 주택단지에도 여전히 파동벽이 사용되었다. 일단 만들어진 파동벽은 건축의 **'구성적 사실'**이 되었고 반 종교개혁 운동이 끝나고 로마의 후기 바로크가 사멸한 후에도 건축적 지식의 영역에서 계속 다루어지고 있다.

베르사유 궁전은 순전히 사회학적 원인을 담고 있다. 건물을 구성하고 있는 모양과 방의 계획은 그것들이 유래된 역사적 양식의 측면에서 분석할 수 있다. 대정원은 이탈리아와 네델란드의 영향도 생각해 볼 수 있다. 이러한 모든 연구를 통해 다양한 각도로 시대상을 조명할 수 있으며, 그 성과는 확실히 유익하고 교육적인 것이 될 것이다. 그러나 이러한 연구에서 간과되기 쉬운 것은 베르사유에서 그 모습을 처음 드러낸 '구성적 사실', 즉 **지속되는 경향들**이다.

근대 예술작품에서 구성요소들간의 관계는 근대예술의 특성을 이루는 결정적인 요인이다. 마찬가지로 근대 과학도 연구 대상을 관계적 체계로 보려고 한다. 이러한 대상이 관심을 끄는 것은 그것의 질적인 측면이 아니라 대상을 둘러싼 환경에서 기능하는 방식이다. 역사는 항상 시대와 조화를 이루는 방식을 발전시켜나가는 학문들의 마지막 부분을 차지하는 학문이다. 그럼에도 불구하고 근대사는 과학과 예술에서 이미 적용했던 방향에 따라 그 형태를 잡아나가는 것 처럼 보인다. 오늘날의 역사가들은 각 시대를 구분해주는 특별한 양상들보다는 시대간의 관계 즉 여러 시대를 거

21쪽 08줄 Fifth Edition

치는 동안 존속되고 발전되어 온 힘의 줄기에 더 큰 관심을 갖는 것처럼 보인다.

예술 분야의 경우, 시대는 발전의 각 단계별로 고정되고 한정되는 "양식"에 의해 구분된다. 그리고 양식사에 대한 연구는 19세기 역사가들의 특별한 작업에 해당되었고, 그 작업의 매우 능숙하게 진행되었다. 그러나 우리에게 더 중요한 것은 양식과 자기 폐쇄적 통일체보다 시대간의 관계와 연결, 즉 '구성적 사실'일 것이다.

예를 들어, 베르사유에서 발견할 수 있는 가장 흥미로운 점은 최초로 대저택(작은 마을의 크기와 맞먹는)이 직접적으로 자연과 접촉하는 곳에 위치한다는 점이다. 이전에는 이와 같은 큰 규모의 건축에는 적용되지 않던 방식이다. 루이 14세 시대에서 나온 구성적 사실 중의 하나는 자연과 주거를 나란히 놓는 것이었다. 이후, 한 세기가 지난 후에 이러한 주거형식이 다른 나라에 적용된 것은 사회적 계층이 전혀 다른 사람들을 위한 도시계획이었다.

중요한 것은 사건들의 관련성과 상호 관계성이다. 우리는 모든 일이 고립된 상태로, 그리고 임의적으로 일어나지 않는다는 것을 알고 있으며, 항상 그것들 사이의 관계를 찾고자 한다.

건축을 생활과 떼어놓고 생각할 수는 없다 하더라도, 독립적인 유기체로 간주하고 건축역사를 기술하는 것은 가능하다. 수학과 자연과학의 경우도 마찬가지이다. 바로크 수학과 바로크 물리학이 엄연히 존재하지만 보통 수학적 지식의 발전을 논할 때 대체로 그 발전과 관계있는 사회적 배경에 대해서는 언급되지 않는다. 적분학은 완전히 바로크의 세계관에서 비롯된 것이다. 이와 같은 측면에서 이루어진 가장 훌륭한 노력도 어떤 해결책을 내놓는 것에 실패했지만, 같은 시기의 두 탐구자가 동시에 이와 관계있는 일을 진행하였지만, 서로 일치하지는 않았다. 이 두 명의 발명가는 각각 다른 분야에서 바로크 체계를 발전시켰다: 즉 뉴튼은 만유인력을, 라이프니츠는 단자와 전체 우주와의 내적 관계성을 발견했다. 그러나 누구도 적분학이 바로크의 기원임을 강조하지 않았다. 적분학은 전체적인 수학적 지식의 일부분으로서 독자성을 유지하고 있으며, 그 중요성은 수학의 발전에 끼쳤던 역할에서 찾을 수 있다.

확실히 인간적 요인은 과학보다 건축에서 더 큰 역할을 한다. 건축과 과학을 완전히 동일한 기준에서 비교할 수는 없지만, 건축도 역사가 있다는 것과 그 발전 역시 건축적 고려사항들에 의해서만 영향을 받고 건축적 용어로만 평가될 수 있다. 바로크에서 19세기에 이르는 역사는 건축분야의 경우는 폭풍과도 같은 시기였으며 극적인 건축적 에피소드가 가득찼던 시기였다.

만일 우리가 서로 다른 여러 시대와 사회적 질서와 인종의 경우처럼, 우리들의 관심을 끄는 일반적인 전개과정에만 관심을 둔다면 시대 구분에 영향을 미친 형식적이고 양식적인 변수들의 중요성은 상실될 것이다. 우리는 건축사를 경제적 문제와 계급적 이익, 인종과 그외 다른 문제들보다는 건축 고유의 연속적이고 독립적인 성장체로 파악하는데 더 관심을 가질 것이다.

건축은 철저히 양식과 형태의 문제도 아니며, 사회적 · 경제적 조건에 의해서만 결정되는 것도 아니다. 건축은 성장하고 쇠퇴하며 새로운 잠재성을 발견하고 다시 그것을 잊어버리는 과정이 내포된 그 자체의 삶을 가지고 있다. 건축을 성장하는 유기체로 보는 견해는 특히 미국건축의 고찰에 유용하다. 우리가 건축 양식과 건축의 수명과 관련있는 어떤 특정한 돌출구나 징후에만 몰입한다면 우리가 가고자 하는 길을 찾기가 어려울 것이다. 양식적 유행을 거부하면서, 여러 시대에 걸쳐서 진행되어온 근원적인 발전과정이 바로 극에 달한 혼란에서 벗어날 수 있는 유일한 탈출구이다. **양식과 그 변종들**은 모든 샛길이 막혀버린 미궁을 형성한다.

초창기부터 양식이 미국에 수입된 것이었다. 양식은 미국에서 성장하지 않고 완전히 성숙된 상태로 미국에 들어왔다. 낭만주의 양식, 빅토리안 양식, 튜터 양식, 고딕 복고주의 등과 같은 19세기의 모든 양식들 중 그 어느 것도 미국의 정신을 표상하는 것은 없다. 미국인들의 모험과 변화도 결국 이러한 양식의 좁은 한계를 벗어나는 정도였다. 낭만주의 시대의 장원(莊園)주택, 빅토리안 빌라와 출입문, 그리고 식민지풍 주택의 기둥들은 비록 아름답기는 하지만 미국의 정신을 알리기는 커녕 그 정신을 오도시키고 있다. 미국건축의 요소들은 사방에서 빌어온 것에 지나지 않는다.

경과

Procedure

우리는 건축이라는 한 분야에서 우리 시대가 어떻게 의식화 되는지 보기를 원한다. 이를 위해서는 **우리 시대의 건축적 유산**과 이전 시대에서 지속적으로 발전되어 온 지식들을 이해해야 한다. 지난 시대를 총체적으로 조사할 필요는 없다. 우리는 모든 건축을 포괄하는 힘이라 할 수 있는 공간 개념에 대해서는 가볍게 언급하는 정도에 그치고, 초기 르네상스가 새롭게 발견된 시각적 투시도법(이 투시도법은 후기 바로크 시대에 와서 공간개념상의 새로운 대담성과 유동성을 연출하였다.)에 대한 열정에 빠져들어간 것과 관련하여 특별히 언급하고자 한다.

우리의 관심은 처음에는 남유럽국가에서, 나중에는(17세기) 프랑스와 영국과 같은 북유럽에서 외부공간이 어떻게 조직되었는가 하는 것이다.

르네상스시대 이래로 축적된 건축적 지식을 채용하면서 발전한 이러한 과정은 도시계획(town planning)과 새로운 높이를 연출한 대규모 공간구성을 낳았다. 18세기동안 도시계획 분야의 이러한 전통은 지속적으로 전파되고 발전되었다. 유럽 전역에서 우리는 분리되어있으면서도 함께 하는 요소들을 화려하고 일관되면서도 이체로운 통합체로 끌어올린 멋진 사례를 접할 수 있다. 산업화가 시작되기 바로 이전 시대의 도시계획은 우리 시대의 예술가들이 다시 한 번 시도하고 있는 해결책(새로운 필요와 새로운 지식에 의해 변화된 접근 방법)을 이미 가지고 있었다.

Fifth Edition 24쪽 12줄

우리는 건축을 하나의 유기체로 인식하기 때문에 건축의 시작과 끝, 건설과 도시계획을 동시에 살펴보는 것이 자연스러울 것이다. 그리고 이를 더 잘 이해할 수 있도록 두 개의 핸들을 사용할 수 있다면 우리의 주제를 다루기가 더 쉬울 것이다. 여하튼, 양식의 역사를 기술하려고 할 때에 기울이는 관심보다 **건설과 도시계획**에 더 관심을 가져야 할 것이다.

근대의 건설공학을 오로지 엔지니어의 시각으로만 보고 그 목적에 부합하는 능률성만을 본다면 큰 오류를 범하게 될 것이다. 우리는 기술적 측면보다 그 과정에서 나타나는 일반적 방법론과 감정에 담겨있는 내용(후에 드러나게 될 구성적 표현을 예언하는)에 더 관심을 갖게 될 것이다.

생산방법이 변하던 모든 시대와 마찬가지로 19세기의 건설 분야도 그 안에 건축적 지식을 담고 있었기 때문에 중요하였다. 그 시대의 새로운 잠재성은 엄격히 말해 건축작품보다 건설공학에서 더 명확하게 찾을 수 있다. 수백년 동안 건축은 끊임없이 탈출을 시도했지만 활력이 없는 절충적인 분위기 속에 억눌려 있었다. 그 와중에도 건설은 현실화되기 이전에 이미 반쯤 드러난 상태로 미래를 예시하는 '어떤 것'을 함유하면서 건축의 잠재의식의 일부분을 차지했다. 당시의 건축이 '구성적 사실'의 단서를 제공하지 못하고 있을 때 건설분야에서는 종종 '이러한 사실'이 발견되었다. **19세기 최고의 이정표를 제공한 것은 건축이 아니라 바로 건설**이었다.

건축이 건설을 따라가는 속도는 매우 느렸다. 우리 시대는 건설이 오랜동안 추상적 언어를 통해 조용히 설전을 벌여온 것을 건축적으로 표현하는 능력을 발견하는데 많은 시간을 들였다. 건설에서 건축으로 이행되는 이 과정이 너무나 느려 1900년대를 즈음한 대륙의 대부분의 건물(근대운동의 시작된 건물)은 인간의 주거와는 동떨어진 것이었다. 그 건물들은 공장과 증권거래소, 도매상 등이었다. 요즈음의 방식으로 첫 번째 해결책이라 할 수 있는 건축계획도 일종의 중립적인 분위기라 할 수 있는 친근한 인간 감정의 범위와는 동떨어진 분위기를 지양하는 것이었다.

오늘날의 **건축가들은 미래의 건축이 결국 도시계획과 관련될 수밖에 없다**는 점을 잘 깨닫고 있다. 독자적인 아름다운 주택과 쾌적한 주거지 개발이란 거의 불가능하다. 모든 것이 통합된 생활조직에 바탕을 두고 있다. 주택과 마을의 관계, 그리고 도시간의 관계, 주거와 노동, 그리고 여가간의 관계를 더 이상 우연의 문제로 돌릴 수 없다. 의도적인 계획이 필요하다.

하나의 단일 건물에서는 특이한 것을 추구하고 이룰 수 있지만, 전체 도시의 경우는 확실히 당대의 한 시기의 건축적 지식의 수준을 보여준다. 도시는 어떤 특정한 시기에 이루어질 수 있는 당대의 생명력이 어느 정도인지를 보여준다.

1890년대 유럽에서는 많은 나라가 건축의 도덕성을 요구하고 나섰다. 반 데 벨드가 지적했듯이, 사람들은 지배적 건축이 '거짓임'을 즉, 과장되고 어떠한 진실도 없다는 점과 표현상의 순수성이 결여되어 있음을 알게 되었다. 이러한 사실은, 시대에 적합한 표현을 가능하게 하는 방법을 찾으려는 노력이 필요하다는 것을 뜻하기도 하지만, 그 시대에 대등한 새로운 잠재성과 조화를 이룰 수 있는 예술적 표현을 찾으려는 일반적 노력이 더 절실함을 뜻한다. 이러한 바램은 사고하는 방법과 느끼는 방법을 조화시키려는 것에서 비롯되었다고 생각할 수 있다. 25쪽 24줄 Fifth Edition

몇 가지 비평적 단계를 자세히 분석함으로써 도덕성에 대한 요구가 어떻게 전개되어 나갔는지 관찰할 수 있다. 전체적인 과정은 근대적인 건설에 내재된 잠재성을 진보적으로 일깨우는 것과 관련이 있다. 즉 1890년대 벨기에의 철골구조 건물과 1900년경 프랑스의 페로 콘크리트(역주: 철근콘크리트) 골조구조가 그 좋은 예이다.

시대가 요구하는 새로운 건물의 역할에 직면하여, 건축은 차츰 혼란과 우유부단함을 탈피하게 되었다. "중립적인" 산업건설과 인간 거주지 사이의 중도에 서있는 건물을 감정과 연관시키면서 건축은 처음으로 그 자신의 나아갈 길을 모색하였다. 따라서 무미건조한 건설과 건축 사이의 틈새는 **1880년대**에 이르러 **시카고학파**에 의해 처음으로 대규모로 메꾸어졌다. 시카고학파의 건축은 건설에서 이 시대의 초석이 되는 발견들을 표현적으로 이용하려는 노력을 뚜렷하게 보여준다.

Fifth Edition 26쪽 11줄

1890년대에 **프랭크 로이드 라이트**와 같은 사람이 나타날 수 있었던 것도 바로 이와같은 시카고의 분위기였다. 시카고에 머물러 있는 동안, 그는 유럽에서 전후세대들의 손에 의해 진행되던 주거문제와 관련하여 '바탕'이 될 수 있는 해결책을 제시하였다. 유럽의 전후세대들은 라이트가 멈춘 지점에서 주거 문제를 다시 생각하였다.

1910년까지 건축가들은 독자적인 건축창조의 기초이자 강력한 충동이라 할 수 있는 새로운 공간감에 이를 수 있는 다양한 길을 찾고자 하였다. 그들은 결코 그 길을 찾을 수 없었다. '합목적성'과 '역사적 양식의 거부'라는 좁은 문만이 그들의 노력에 의해 열려졌을 뿐이었다.

1910년 무렵에 중요한 사건이 일어났다. **예술분야에서 새로운 공간개념이 발견**된 것이었다. 화가들과 조각가들은 실험실에 있는 것처럼 그들의 작업실에서 일하면서 공간, 볼륨, 그리고 재료를 통해 감정을 표현할 수 있는 방법을 조사하였다.

수리학자들의 연구가 현실적 측면과 실용적 측면에서는 벗어난 것이었지만, 그들은 인간환경에 대한 심오한 대안을 제시하였다. 입체파들의 실험 역시 어떠한 종류의 실무분야(건축도 포함하여)에도 별로 중요하지 않은 것으로 보였다. 그러나 그들의 실험은 건축가들이 자신들의 영역에서 현실을 제어하는데 필요한 힌트를 제공하였다. 예술분야에서 이루어진 이러한 발견들은 감정에 형태를 부여하는 방법의 하나로서 공간구성의 객관적 수단들을 건축에 제공하였다.

우리의 관심은 자의식을 향해 나아가는 시기에 이루어진 과정을 통해 건축에 반영한 것에만 국한한다. 건축이 우리 시대에 자연스러운 표현수단을 완벽하게 성취하게 되는 시점까지의 발전과정을 살펴보고자 한다. 이 시점은 1930년 전에 도달되었다. 우리는 이후의 발전 과정을 살펴볼 것이다.

도시계획분야에서는 당대에 큰 발전이 있었던 것만을 다룰 것이다. 런던광장

(1800~50)은 후기 바로크의 도시형태들이 19세기까지 지속되었음을 보여준다. **19세기 도시계획**의 독특한 일면이라 할 수 있는 '루 회랑(rue corridor)'은 오스망의 파리 재건(1850~70)에서 처음 대규모로 발전하였다. 1900년부터 시작하여 지금까지 계속되고 있는 암스테르담의 '단계별' 개발은 오늘날의 도시발전과정의 전형이다.

도시계획에서 지금도 계속되고 있는 발전과정을 무시할 수 없다. 건축 완성의 마지막 단계인 도시계획은 1925년 무렵에 와서야 새로운 개념이 나타나기 시작하였다. 우리는 파편화되고 분산된 작업을 모아서 지금도 진행되고 있는 **경향에 대해서** 통찰력을 얻고자 노력할 것이다.

건축의 역사는 매우 다양한 운동들과 그 운동과 관계있는 사실들의 응집체들을 중심으로 광범위한 맥락에 그려질 수 있다. 그리고, 우리 시대의 의식 그 자체의 본질과 정도를 결정하는데 도움이 되는 것은 건축 역사의 결정적인 단계들을 종 · 횡으로 살펴보는 것이다. 우리는 몇 안 되는 사건들이라 할지라도 철저하게 분석하는 것을 선호한다. 예를 들어, 우리 시대에까지 연결되고 있는 성장단계 건축의 내적 구조와 같은 것에 대한 지식을 습득하기 위해서는 그 자체로 고립된 사실들 보다 비록 숫자는 적지만 충분히 명확해 보이는 사실들이 더 중요하다.

27쪽 22줄 Fifth Edition

우리는 이 글에서 **한 시대의 정신을 구체화시켰던 몇몇 예술가들**을 자세히 조사할 것이며, **우리 시대의 이해에 큰 도움을 준 작품만을** 살펴볼 것이다.

19세기 삶의 방식을 이해하기 위해서는 당대에 큰 찬사를 받았던 사람들이나 그들의 작품보다는 성공하지 못한 채 잊혀진 사람들이나 사건들이 더 효과적이다. 불멸에 호소하려는 의도를 가진 거대한 건축물보다 실용적 목적을 가진 단순한 구조물이 본질적인 정신을 더 많이 표출한다. 사치스럽고 값비싼 가구보다 싼 생산품과 평범하게 만들어진 일상용품들이 더 창조적인 힘을 발휘한다.

언젠가 피카소가 다음과 같은 말을 하였다. "예술가는 하늘이나 땅, 한 편의 글, 스쳐지나간 얼굴, 또는 거미줄 등과 같이 어떤 아이디어를 제공한 발원(發源)에 상관 없이 인간의 정서에 경외감을 가져야 한다. 그렇기 때문에 예술가는 사물들간의 어떤 구별도 두지 않는다. 귀족가문(Quartiers de noblesse)은 사물들 사이에 존재하지 않는다." 역사가는 그 자신의 자료에 대해서도 이와 같은 입장을 취해야 된다. 즉 삶의 진실을 알고자 한다면 그가 발견하는 삶속에서 그 진실을 찾아야 한다. 이를 위해서는 단순히 그 시대의 고급 예술작품만을 연구해서는 안 될 것이다. 역사가

Fifth Edition 28쪽 07줄

는 종종 산업이 만드는 평범한 물품인 **일상용구와 가정용품에서 삶을 이루는 힘들을 더 많이 발견**하게 될 것이다.

이와 같은 생각은 기계화의 양면적인 영향을 연구할 때에 기초가 되었고, 그 연구결과는 『**기계화의 지배**(Mechanization Takes Command, **옥스포드 대학교 출판부**,1948)』였다.

2장 OUR ARCHITECTURAL INHERITANCE

건축적 유산

- 새로운 공간 개념: 투시도
- 투시도와 도시성
- 투시도와 도시의 구성적 사실
- 레오나르도 다빈치와 지역계획의 여명
- 식스투스 5세와 바로크 로마의 도시계획
- 후기 바로크
- 파동벽과 유동적인 평면
- 외부공간 조성

한 시대의 삶이 과거와의 관계나 그 삶이 제시하는 미래의 길에 대한 명확한 통찰이 없다면 그 삶은 목적이 없고 하루하루 버텨가는 모습을 띨 것이다. 우리 시대는 이러한 근시안적인 태도와 자유방임적인 태도로 인해 어려움을 겪고 있을 뿐만 아니라, 이로 인한 계획의 결핍으로부터도 어려움을 겪고 있다.

이러한 근시안적 태도에 대한 저항이 과학과 예술, 산업분야에서 일어나고 있다. 인간활동의 모든 영역에 대한 광범위한 고찰이 필요하다는 목소리가 높아가고 있다.

역사가 중요한 역할을 하는 것도 바로 이와 같은 분야들의 연결부분에서 이다. 역사는 우리 시대의 존재 열쇠가 되는 잊혀진 요소들을 드러낼 수 있다. 이것은 마치 부모가 자식을 통해서 그들의 어린시절과 조상의 특성을 발견하는 것과 유사하며, 자식을 통해 발견하는 이러한 것들이 비록 자식의 기억을 통해 발견되는 것은 아니지만 우리의 본성을 이루면서 지속된다. 새롭고 확고한 하나의 전통이 출현하는데 꼭 필요한 것은 과거와의 긴밀성이다.

새로운 공간 개념: 투시도

The New Space Conception: Perspective

Fifth Edition 30쪽 18줄

야곱 부르크하스트는 **르네상스 문명**에서 다음과 같이 말하고 있다. "가장 고양된 정치적 사상과 가장 많은 형태의 인간 활동이 통합되어 나타난 것은 플로렌스의 역사이다. 이러한 측면에서 플로렌스는 세계 최초의 근대 국가라는 이름을 가질 만하다.(중략) 엄격한 비평과 예술적 창조성을 동시에 겸비한 찬란한 플로렌스 정신은 한 국가의 정치적 사회적 조건을 끊임없이 변형시켰을 뿐만 아니라, '변화'를 설명하고 판단하는 기본이었다." 한편 이탈리아 문예진흥의 초기에 해당되는 1400년 무렵의 플로렌스는 정치적, 사회적 실험의 본고장으로서 뿐만 아니라 르네상스의 신정신이 가장 활발하게 일어났던 곳이었다. 이러한 플로렌스의 독특한 기질이 바로 플로렌스를 "이탈리아는 물론 진정한 의미에서 유럽의 근대정신의 중요한 실험무대인 독특한 도시"로 만든 것이다.

플로렌스에서 움트기 시작한 르네상스의 발흥은 다양한 형태로 표출되었다. 우리는 그 결과로 나타난 새로운 발견들 중의 하나를 다루고자 한다. 그것은 바로 새로운 공간 개념이다. 이 개념은 15세기 초 플로렌스에서 투시도법의 발견을 통해 예술적

용어로 바뀌었다. 이후 5세기를 걸쳐 투시도 기법은 예술사의 구성적 기법들 중의 한 자리를 차지하게 되었고 모든 예술적 재현에서 따라야만 하는 변화지 않는 규범이 되었다.

어원학적으로는 "정확한 시각(clear - seeing)"을 의미하는 "선형 투시도(linear prespective)"에서, 대상은 그 자체의 절대적인 형상이나 관계를 고려하지 않은 상태에서 보이는 방식에 따라 2차원의 표면 위에 그려진다. 전체화상이나 디자인은 어떤 한 시점이나 한 위치에만 적합한 방식으로 계산된다. 15세기에 이르러 투시도 원리는 중세의 공간 개념(예술적 표현상 평면적이고 부유하는 배열방법)과 비교해 볼때 파괴적이며 극한적인 단절을 일으키는 혁신적인 기법 중의 하나로 여겨졌다.

투시도의 발견을 통해서 근대적 사고인 개인주의는 그것에 걸맞는 예술적 상응물을 찾았다. 투시도법상의 모든 요소들은 개별 관찰자가 보는 하나의 시점으로 귀결된다.

이러한 원리는 전적으로 새로운 발명으로 다가왔다. 한 시대의 새로운 감정과 새로운 발명이 이렇게 조화를 이룬 경우는 드물다. 발견되자마자 지체없이 응용의 단계에 들어갔다. 투시도는 확실하면서도 성공적으로 이용되었다. 예술가와 과학자들은 쉽게 이해할 수 있을 것이라는 흥분과 자신감을 가지고 그 비밀을 캐나가기 시작하였다. 투시도에 대한 이들의 생각은 화가 파올로 우첼로가 감탄하면서 던진 "투시도, 이 얼마나 멋진가!"라는 말 속에서 잘 나타나고 있다.

투시도는 어떤 한 사람에 의해 발견된 것이 아니라 그 시대 전체의 표현에서 비롯된 것이었다. 후에 입체파를 논 할때도 이와 유사한 상황을 보게 될 것이다. 입체파를 통해 발견된 새로운 공간개념은 한 명의 발명가라기 보다는 우리 시대가 발견한 새로운 공간개념에 부합하면서 일기 시작한 전체적인 움직임에서 찾을 수 있다. 이 두 경우에서, 중요한 일면은 예술과 과학의 융합이란 측면이다. 이를 더욱 긴밀하게 한 것은 큐비즘보다 투시도의 발견이라 할 수 있다. 15세기 초에 이루어진 과학과 예술의 완전한 통합의 예를 이후에는 거의 찾아보기 어렵다. 당시의 이 두 분야에서는 방법론적인 동일성 뿐만 아니라, 예술가이면서 동시에 과학자라는 완벽한 통합이 이루어졌다.

31쪽 28줄 Fifth Edition

투시도를 발명한 사람 중에 한 명인 부르넬레스키(1377~1446)는 예술가이자 과학자였다. 그의 경력은 금세공인으로서, 그리고 고대 언어를 공부하는 학생으로 시작하여 나중에는 건축가, 조각가, 공학자, 수학자 등의 다양한 경력으로 발전하였다. 이와같은 다재다능이 옛날에나 가능하였다고 말할 수는 없다. 어떤 측면에서 보면, 전문가가 해당분야에서 독자적인 일을 수행하지 않고 통합된 삶의 개념에 귀기울일 수 있는 그런 시대라면 가능할 것이다. 르네상스가 고도의 완전성을 지닌 작품을 내놓을 수 있었던 것도 바로 전문가들이 통합된 삶의 개념을 가지고 있었기 때문이다. 플로렌스에 있는 성당의 돔 설계를 의뢰받은 부르넬레스키가 참신한 건축가이자 대담한 건설가로서 그 작업을 시작할 수 있었던 것도 그러한 시대적 배경을 전제로 한다. 그는 고대의 동양건축처럼 이중 쉘구조로 된 큐폴라를 설계했다. 볼트는 비계작업 없이 세워졌으며 약 90피트 높이로 공중을 향해 자유롭게 치솟았다. 건설공학의 대담성이란 측면에서 볼 때, 이 도옴은 프랑스의 엔지니어인 에펠이 세운 교량건설에 비교될 만하다.

Fifth Edition 32쪽 29줄

르네상스와 우리 시대를 비교해 봄으로써, 가장 대담한 공학적 구조물과 가장 뛰어나 조각품을 만드는데 필요한 능력을 통합할 수 있는 능력을 가진 한 사람을 발견할 수 있다는 것은 무엇을 뜻하는 것일까? 이러한 재능들의 통합은 르네상스의 대부분의 훌륭한 예술가들에게서 발견된다. 레오나르도 다빈치 역시 예외적인 인물이 아니라 당대의 전형적인 예술가일 뿐이다. 이처럼 한 사람이 과학자와 창조적인 예술가의 역할을 동시에 수행한 전통은 17세기와 18세기에도 계속된다.

르네상스 시대에서 가장 비약적인 발전은 1420년과 1430년 사이의 10년 동안 이루어졌다.

화가인 마사치오는 진보적이고 위대한 르네상스의 거장들 중에서 가장 어린 사람이다. 1401년 새로운 세기가 시작되는 해에 태어난 그는 르네상스 정신을 진정으로 실천한 사람이었다. 만약 그가 27세의 어린 나이에 죽지 않았다면 15세기의 회화 역사는 달라졌을 것이다. 건축가인 부르넬레스키는 마사치오보다 거의 25세 이상의 연장자였고 14세기의 고딕정신을 어느 정도 지니고 있는 인물이었다. 한편, 조각가인 도나텔로는 마사치오보다 8살 많았다. 도나텔로는 고딕풍의 감성에서 벗어나 그 자신이 소유한 천부적인 재능을 표출하는데 성공하였다. 이 세 사람의 예술가들 중에서 화가가 제일 먼저 당대의 새로운 시각을 포착했다는 사실은 결코 놀랄 만한 것은 아니다. 우리는 나중에 르네상스의 경우와 마찬가지로, 근대 회화가 근대건축을 앞섰다는 사실을 접하게 될 것이다.

플로렌스의 산타 마리아 노벨라 성당에 있는 '삼위일체 프레스코화(fresco of the

Trinity)'(도판. 1)는 마사치오가 25세에 완성한 작품이었다. 1420년에 그려진 이 그림은 19세기 후반에 재발견되었지만, 그 보존상태는 썩 좋지 않다. '삼위일체' 벽화는 교회 설립자의 자연스런 모습을 그린 초상화로 유명하다. 이 그림은 삼위일체를 나타내는 모든 회화 중에서 최초의 작품이다. 우리는 회화 그 자체보다 회화를 이루고 있는 전체 구성이 웅장한 배럴볼트에 의해서 에워싸여졌다는 점에 더 중요한 의미를 두고 있다. 이 그림의 투시도를 전개시키는 초점이 그림의 맨하단에 모아져 있어서 볼트가 더 장엄하게 인식된다. 르네상스의 내부공간이 완벽하게 갖추어지지 않은 시기에 그려진 이 프레스코화는 투시도의 발견에 담겨있는 르네상스 정신을 건축적인 용어로 표현한 최초의 예라 할 수 있다. 이 그림은 완전하게 제한된 축조환경과 결합하는데 있어서, 새롭게 발견된 요소들을 훌륭하게 사용한 점이 돋보이는 작품이다. 이 그림이 주는 감동은 대단하여, 투시도를 통해 공간을 대담하게 처리했던 바사리조차 평평한 벽면을 꿰뚫고 지나가는 이 기법에 찬사를 아끼지 않았다.

마사치오가 부르넬레스키로부터 투시도를 배웠을 가능성이 있다. 왜냐하면 부르넬레스키 자신이 이 벽화에 그려진 투시도적인 건축을 그렸을지도 모른다는 논의가 계속되고 있기 때문이다. 15세기에는 화가나 조각가들이 자신들의 작업에 재능있는 전문가를 고용하는 것이 일반적이었다.그러나 마사치오의 배럴볼트는 전체 구성에 덧붙여지는 부분이 아니다. 즉 이 볼트는 단순한 배경이 아닌 것이다. 오히려 이 볼트는 그림 전체를 지배하고 있다. 이 그림이 그려지고 있던 기간에 부르넬레스키는 이노센티의 주랑현관(portico)과 성 로렌초 성당의 성상 안치소 건설을 맡고 있었다. 브루넬레스키의 마지막 작품에서 조차 이 그림에 그려진 방식의 볼트와 같은 것을 사용한 찾을 수 없다. 그는 언제나 중세를 자신의 모델로 삼고 있었다.

소란반자로 꾸민 육중한 볼트에 그려진 '삼위일체' 프레스코화는 개선문의 아치에서나 볼 수 있는 웅대함을 지니고 있다. 이 그림에는 초기 르네상스 시대에 선호되던 표현과 부르넬레스키의 모든 작품들에서 나타나는 활기있는 표현보다는 후기 로마의 육중함이 돋보이는 작품이다.

마사치오가 그린 장축형 배럴볼트는 성기 르네상스와 바로크 시기에 건축가들이 직면했던 볼트공사 문제에 대한 중요한 해결책을 제시하였다. 그가 죽은 지 거의 45년이 지난 1472년에 지어진 만투아의 성 안드레아 성당(도판. 2)에서 비로서 볼트의 구체적인 형태가 나타났다. 볼트를 대담하게 처리한 이 성당은 마사치오가 자신의 그림에서 제시했던 것을 건축적으로 구현한 것에 해당된다. 성 안드레아 성당의 설계자 역시 마사치오와 같은 세대에 속한다는 점도 매우 중요한 의미를 지닌다. 15세

1. 마사치오, 삼위일체 프레스코화, 산타 마리아 노벨라 , 플로렌스, 1425, 마사치오가 그린 세로방향 배럴볼트는 공간적 깊이감이 더해져 투시도의 목표를 달성하고 있을 뿐만 아니라, 르네상스 건축가들의 중요한 볼트 문제를 예고하고 있다.

기의 시작과 동시에 태어난 플로렌스 출신의 인본주의자이며 건축가인 레온 밥티스타 알베르티(1401~1472)가 바로 그 사람이다. 외부형태에 조차 뒤로 후퇴하는 형태의 배럴볼트를 사용하고자 했던 그의 노력은 가장 뜻밖의 지점에 배럴볼트의 도입으로 이어졌다.

브라만테가 밀라노에 설계한 "환상적인" 성가대석(choir, 규모는 작지만 그 영향력은 대단한 작품이다.)는 마사치오의 프레스코화에서부터 로마의 베드로 성당에 이르는 배럴볼트의 발전 단계 중의 하나에 해당된다. 즉 '삼위일체' 프레스코화와 브라만테의 성가대석, 그리고 발전과정의 정점이라 할 수 있는 베드로 성당의 거대한 바로크적 회중석으로 이어지고 있음을 알 수 있다.

산타 마이아 프레소 산 세티로의 교회(1479~1514)에 있는 브라만테의 환상적인 성가대석은 실제로 작은 벽감에 지나지 않는다. 이 부분은 화가로 하여금 공간의 깊이감을 더해 줄 수 있는 기회를 최대한 보장해 주고자 반 정도만 지어져 있고, 나머지 반 정도는 그림으로 그려져 있다. 즉 마사치오의 프레스코화 벽화에서 베드로 성당에 이르는 중간단계라는 점에 그 중요성을 부여할 수 있다.

2. 레온 밥티스타 알베르티. 성 안드레아. 만투아. 1472~1514. 삼위일체 프레스코화가 그려진지 거의 50년후에, 세로 베럴 볼트가 실제로 이 교회 내부에 사용되었다.

카를로 마데르노는 1607년에서 1617년까지 10년동안 측면의 부속 예배당들과 파사드가 있는 베드르 성당의 회중석(**도판. 4**)을 건설했다. 새로운 교황이 내세운 질서를 따르면서 미켈란젤로가 1층 평면 계획을 수정하여 그릭 크로스에서 라틴 크로스로 바꾸었다. 이러한 변화는 집회 공간을 넓히고 약간의 부가적인 공간의 회복은 물론 초기 기독교 바실리카의 전체 모습을 회복하려는 의도를 내포하고 있다고 한다.

Fifth Edition 37쪽 07줄

그럼에도 불구하고 전체 작업 규모는 미켈란젤로가 앞서 지었던 지주(pillar)의 높이에 의해 이미 설정되어 있었다. 즉, 미켈란젤로는 이 성당에서 재현되고 있는 모든 미적 에너지를 한 장소에 응집하려는 구상을 가지고 있었던 것이다.이 에너지의 엄청난 폭발은 그의 큐폴라에서 일어나고 있다. 마데르노 이후의 사람들은 길게 연속되는 확장감에 대한 후기 바로크의 성향에 따라 이 개념을 세로로 확장시켰다. 베드로 성당에 들어설 때 관찰자가 받게 되는 감동은 새로운 회중석의 초인간적인 규모에서 비롯된다.

회중석의 높이는 150피트가 넘으며, 그 높이는 초기 마천루의 건물 높이에 필적한다. 회중석의 폭은 상대적으로 좁지만, 마데르노는 관찰자가 이를 의식하지 못하게 하는 방법을 알고 있었다. 공간 계획에 능숙한 성기 바로크 예술은 여기서도 진가를 발휘하고 있다. 즉, 측면의 부속 예배당들을 통해 사람들로 하여금 회중석의 실제적

3. 브라만테. 환상적인 성가대석, 산타 마리아 프레소 산 세리로, 밀라노, 1479~1514.

규모가 확장되었다는 것을 의식하지 못하게 하면서 회중석에 새로운 힘을 더해주고 있다.

마사치오의 '삼위일체 프레스코화'는 단순하고 장대한 요소를 통해 표현할 수 있는 장엄함과 힘의 발견을 보여주고 있다. 마데르노의 베드로 성당 회중석은 규모나 복합성에 있어서 마사치오가 그린 볼트와 다르다. 그 차이는 15세기 대가들의 비젼 속에 내재된 가능성으로만 말할 수 있다.

마데르노 이후의 세대는 이러한 가능성을 더욱 확대시켜 나갔고 더 특별한 결과물을 만들어냈다. 그러나 이러한 성과물을 다루기 앞서, 초기 르네상스 정신이 처음으로 구현한 몇 가지 건축작품들을 살펴보기로 하자.

르네상스 정신이 나타나는 최초의 건물은 플로렌스의 스페달레 데글리 이노센티의 정면에 위치한 부르넬레스키의 로지아(역주: 한쪽이 트인 주랑)이다. 고아원인 이 건물은 금세공인이자 '은 직물공 길드(Silk - weavers' guild)'의 구성원이기도 한 부르넬레스키의 주도하에 지어졌다. 그는 1419년에서 1424년 사이에, 이 건물 중앙에 9개의

4. 카를로 마데르나. 베드로 성당의 회중석. 로마. 1607~17. 르네상스의 볼트구성에 잇어서 가장 웅대한 작품. 이러한 볼트 구성을 낳게 한 이전의 예로는 산 제수의 볼트와 그외 다른 여러 로마의 교회에서 사용된 볼트가 있다.

아치를 지었다.

최초의 르네상스 건물은 실용적인 공공 서비스를 목적으로 한 것이기 때문에 국가 건물에서 지켜야 할 근엄하고 인상적인 규준을 따르지 않았다. 이런 부류의 건물은 종종 이전 시대의 성향을 반영한다. 프로렌스 궁전 역시 15세기 중반까지 남아 있던 고딕양식의 폐쇄적인 요새와 유사한 모습을 띄고 있었다. 부르넬레스키는 이 고아원 건물을 통해 폐쇄적이고 요새와 같은 주거단지를 개방시킬 수 있는 기회를 갖게 되었다. 그는 둥근 아치형태로 이루어진 현관과 그 현관의 멋진 경쾌미를 통해 이를 실현한 것이다.

이노센티(고아원 건물)의 상층부 벽은 건목쌓기(rustication)로 되어 있지 않고 드문드문 배열된 창문이 있는 평평한 면을 유지하고 있다. 전체 벽면을 수평으로 양분하는 엔타블레이쳐에 의해 르네상스의 취향이 밖으로 드러나고 있다.

그러나 고아원 건물의 주 특성은 주랑형식의 현관인 포티코이며 그밖의 흥미로운 특징은 볼트처리 방식이다. 고딕의 비스듬한 크로스 리브는 사라졌고 돛단배를 닮은 가벼운 "천장 가장자리가 오목하게 처리된 볼트"가 이를 대신하게 되었다. 연결 아치는 볼트와 볼트의 경계를 구분하는데 사용되었고, 이를 통해 디자인의 모든 부분들을 완전히 독립시키려 했던 르네상스의 취향을 더욱 강화하였다.

Fifth Edition 39쪽 13줄

고전건축과 부르넬레스키의 고아원 건물 사이에는 직접적인 관계는 없다. 부르넬레스키 건축양식에서 나타나는 주된 특징은 그 자신이 플로렌스에서 일상적으로 보아왔던 건물인 세례장과 성 미니아토, 피에슬로 바디아 등과 밀접한 관련이 있다는 정도이다. 이 건물들은 모두 8세기에서 12세기의 중세 건축의 전통을 보여주고 있다. 교회와 고아원 건물에서 부르넬레스키가 확신에 차서 사용하고 항상 그가 선호한 볼팅 모티브인 오목 볼트(coved vault)나 반구형의 아치 역시 고대와 관계가 없다. 그러나 이 볼트는 비잔틴 건축, 특히 종교건물의 입구나 로지아에 많이 사용되었다. 부르넬레스키가 살았던 시대는 플로렌스 지방과 비잔티움의 관계가 비교적 긴밀했던 시대였다. 최근 연구 역시 초기 르네상스의 볼트처리 방식의 예들이 고전적인 고대건축보다는 비잔틴이나 중세시대의 영향을 더 받았음을 잘 보여주고 있다.

부르넬레스키의 파치 채플(Pazzi Chapel, **도판**. 5)은 외부와 내부 모두 기념비적인 규모와 특징을 가진 최초의 르네상스 건물이다. 이노센티가 완공된 후 10년이 지난 1330년에 지어지기 시작했다. 이때는 이미 마사치오가 세상을 떠난 후였다. 예배당은 1442년에 완공되었고 그 장식은 1469년에 완성되었다. 부르넬레스키는 고아원건물에 사용한 구형(spherical)볼트 대신에 마사치오의 프레스코화에 그려진 배럴볼트를 사용했다. 이 벽화에는 뒤로 후퇴하는 형태의 볼트가 그려져 있지만 파치 채플의 볼트는 서로 교차하는 형태로 배열되어 있다.(교차 베럴 볼트는 비잔틴과 시리아 건축에서 발견된다) 이러한 볼트는 중앙의 교차점에 도옴과 더불어 마사치오와 후기 르네상스인들이 추구했던 깊이감을 더해주는 투시효과 보다는 오히려 평면적인 감동을 자아내고 있다.

파치의 내부는 구심적인 모든 르네상스 건물의 출발점을 이루고 있다. 파치의 내부는 그것의 기하학적인 형태를 쉽게 이해할 수 있는 칸막이를 첨가하는 방식으로 발전을 거듭하였고, 그 모든 부분들은 대조적인 색채로 된 석조 프레임으로 명확하게 구분되고 있다. 파치 내부는 '새로운 탄생'에서 볼 수 있는 독특한 신선함을 가지고 있지만 조심스럽게 그 치수를 결정하면서 처리된 두 개의 작은 베럴 볼트는 이같은 새로운 비젼이 아직 완성단계에 이르지 못했음을 입증하고 있다. 예를 들어 마사치오의 프레스코화와 비교해 볼 때, 새롭게 제시된 형상을 포함하여 볼트공사와 관련된 문제를 다루는데 있어서 상당히 주저했음을 알 수 있다. 이는 곧 인간정신이 새로운 공간개념으로 몰입하는 것이 얼마나 어려운 것인가를 잘 보여주고 있다. 부르

5. 부르넬레스키. 파치 채플, 플로렌스, 1430년 착공.

넬레스키는 새로운 일에 주저하기는 하였지만, 친숙한 고딕 전통내에서 작업하면서도 가장 대담한 작업에 자신을 던졌던 사람이었다. 그의 대담한 자신감은 플로렌스의 산타 마리아 델피오레 성당 디자인의 방사형 리브 시스템 위의 놓인 거대한 돔을 통해 잘 나타나고 있다.

파치의 외부 특징중의 하나로서, 벽을 하나의 평평한 표면으로 처리한 방식을 들 수 있다.(현재의 작은 지붕은 이후에 첨가된 것이다.) 섬세하게 세분된 이 벽은 지지체로서의 기능은 전혀 하지 않으면서 단지 베럴 볼트의 종단부를 가리는 일종의 스크린 기능을 하고 있다. 여기서 나타나는 벽의 해방은 다가올 미래에 중요한 영향을 미쳤다. 단순한 표면으로 여겨지던 벽이 곧 건축적 혁신의 중요한 주제가 될 것이다.

도시성장의 선행조건
Prerequisites for the Growth of Cities

41쪽 16줄 Fifth Edition

식물처럼 인간의 정주지 역시 성장을 하기 위한 특별한 조건을 필요로 한다. 그러나 인간의 공동생활은 식물보다 더 복잡한 상황에 직면하기 마련이다. 식물과 인간의 정주지가 가지는 공통점은 성장을 촉진시키는 시기가 있고 성장을 방해하는 시기가 있다는 점이다.

도시는 단일 유기체로 융합해온 다양한 사회적 관계들의 표출이다.

도시의 성장에 영향을 미치는 조건들은 자연과 크게 다를 수 있다. 도시는 독재시기에 탄생했으며, 독재자는 모든 사람에게 하나의 디자인에 따라 건축하도록 강요했다. 목적지향적인 공동의 힘이 충만한 시기에도 도시는 성장한다.

독재자는 돌발적이고 무모한 행동을 할 수 있는 장점을 가지고 있다. 그러나 그가 휘두르는 의지는 인간의 협동을 유발하는 수많은 법칙들을 무시한 결과를 낳기때문에 독재자 아래에서 건설된 도시는 유기적 다양성의 본질적 법칙을 결코 획득할 수 없다.

시민들의 통합된 노력으로 발전된 도시에서는 모든 것들, 심지어 세세한 부분까지도 놀랄운 힘에 의해 지배되고 있다. 기원전 5세기경 그리스에서 최초로 민주적 생활 방식이 출현하기 이전에는 도시 발전을 위한 관심은 높지 않았다. 초기 그리스의 아고라 만큼 사람들의 의사를 표출하고 그 의사에 따라 도시의 물리적이고 도덕적인 구조가 이행되었던 장소는 없었다. 이러한 측면에서 그리스 도시들과 비교가 될 만한 예로는 아마도 12세기에서 14세기 중앙유럽의 몇몇 성시(城市) 정도일 것이다. 세속적이고 종교적인 봉건 영주에 저항한 이 성시들의 끈질긴 투쟁은 근대 민주주의의 기초를 마련하였다.

르네상스가 태동할 무렵 이탈리아의 주요한 도시국가(베니스, 시에나, 특히 플로렌스)은 성시의 이면에 담겨진 민주주의를 위해 투쟁했다. 그러나 중세의 오래된 협력

정신 대신에 개인주의적 자아가 고양되기 시작하였고 이러한 개인주의적 자아는 17 세기의 절대주의를 낳았다. 개인성에 최고의 가치를 부여하는 시대는 새로운 도시를 건설할 만한 시기가 아닌 것 같다.

별 형상의 도시

The Star - Shaped City

Fifth Edition 42쪽 25줄

르네상스의 도시계획의 성격과 관련하여 확실한 결론에 이르기란 쉽지 않다. 건축 이외의 타영역에서 표명된 끝없는 창조적인 욕구들과 비교해볼 때 도시계획은 이상하게도 회화나 조각분야에서 잘 나타나는 활기차고 상상력이 넘치는 주체의 의지가 결여되어 있는 것처럼 보인다.

이를 어떻게 설명할 것인가?

고딕 시대의 집단적 정신과 대조적으로, 다중의 사회적 관계로 이루어진 복합적인 유기체로서의 도시는 르네상스 시대에는 낯선 것이었다. 투시도가 개발되고, 모

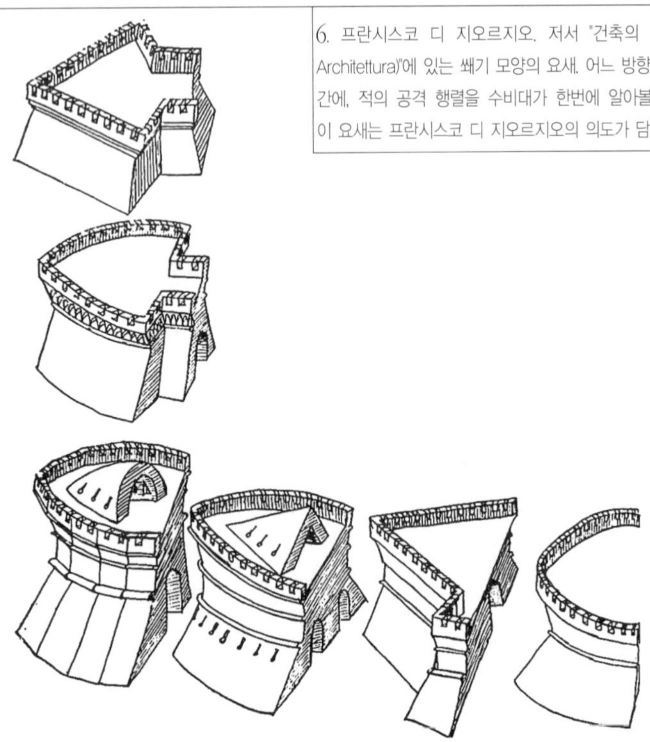

6. 프란시스코 디 지오르지오. 저서 "건축의 전통(trattatto di Architettura)"에 있는 쐐기 모양의 요새. 어느 방향으로 쳐들어 오건 간에, 적의 공격 행렬을 수비대가 한번에 알아볼 수 있게 고안된 이 요새는 프란시스코 디 지오르지오의 의도가 담겨져 있다.

든 그림이 단일한 초점과 단일의 정적(靜的) 관찰자 시점에서만 평가되는 시대가 바로 르네상스 시대였다.

르네상스는 하나의 도시형태만을 고집했으며 한 세기 반 동안(필라레트에서 스카모치에 이르기까지) 모든 유토피아적 도시계획에 적용되었다. 이것은 별모양의 도시였다. 방사형 가로가 대칭으로 요새화된 정다각형에서부터 시작되어 중심에 이른다. 이것이 기본 다이아그램이다. 완성된 팔마노바(1593) 시처럼, 중심지역은 개방되어 있고 중심 관찰지점의 역할을 하는 중앙탑을 두고 있으며, 이 탑으로부터 방사되는 가로들은 축소된 투시도 형태로 잘 나타나고 있다.

6각, 8각, 9각, 12각형 모양의 날카로운 결정 형태는 분명히 **화약의 발명 때문에** 발생된 것이다. 중세 때에는 총안이 있는 흉벽(battlement) 위에 적당한 간격으로 탑을 세워 보호벽을 두르는 정도로 충분했지만, 이제는 에워싸는 보호벽 대신에 측면 발포가 가능하도록 공격자들을 직접 대적할 수 있는 연속된 능보(bastion, **도판.** 6)을 규칙적 설치한 성벽이 등장하게 되었다. 43쪽 12줄 Fifth Edition

'이상 도시(citta ideale)'의 다각형 및 별 형상은 르네상스의 요새 체계로부터 비롯

7. 비토르 카파치오. 산 지오르지오와 드라곤. 1502년과 1507년사이. 베니스풍의 그림에서 종종 나타나듯이, 구성에서 중요한 부분은 대상물이 아니라 넓게 펼쳐진 공간이다. 후경에 있는 중심형 교회가 전경의 주된 인물보다 더 중요하게 부각되어 있다. 카파치오의 동시대인들은 이처럼 웅대한 개념과 척도가 주어진 광장을 전혀 만들지 못했다.

8. 바뇨카발로. 로마와 유사한 모습을 보여주는 중세 도시. 르네상스 이상도시의 방사형 체계와 달리, 도로는 나무의 나이테처럼 뻗어나있다. 도로들이 불규칙한 이유는 지형의 자연적인 모습 때문이다.

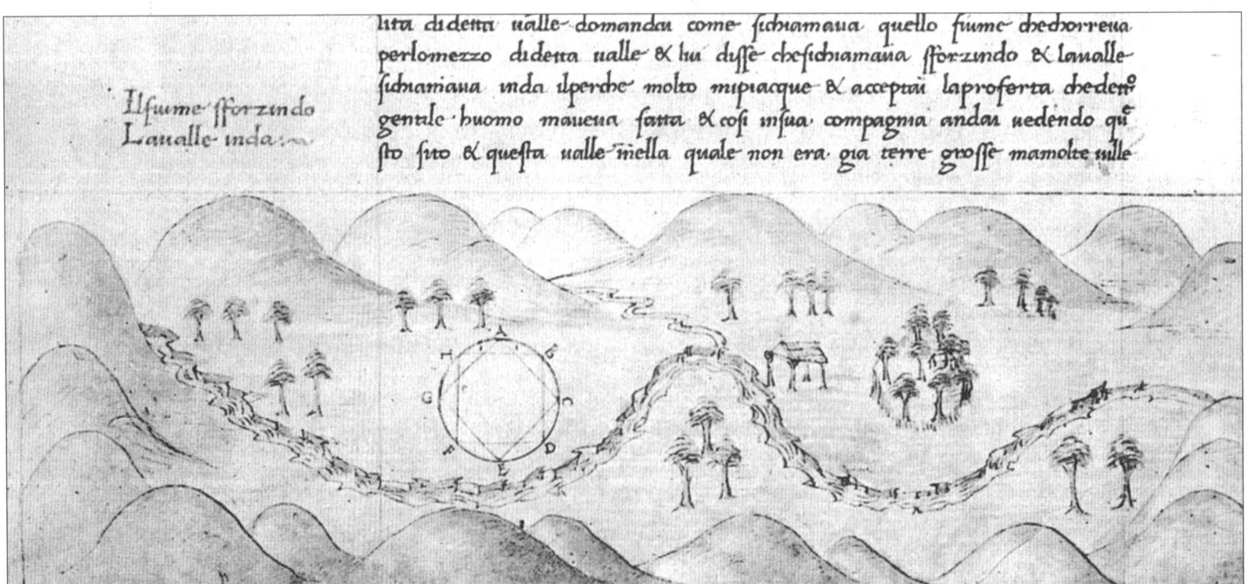

9. 1960~64년경에 "스포르친다"라고 불려진 별 형상 도시의 부지. 이 도시에 적용된 기하학적 패턴은 두 번째 책에서 피라레트가 지적한 것처럼 '인다' 강을 끼고 있는 언덕에 의해서 둘러쌓인 온화한 이탈리아 계곡에 놓여 있다.

되었다. 그러나 이것이 결정적인 영향을 미친 것은 아니다. 별 형상의 도시가 형성된 배경에는 중심화된 건물을 구성하려는 르네상스의 이론이 깔려 있다. 브라만테는 일생동안 이러한 개념을 따랐다. 돔구조와 방사형 채플을 결합하는 건축적 문제에 가장 많은 자극을 받은 사람은 레오나르도 다빈치였다. 별 형상의 도시에 서있는 중심형 건물은 초점에 서있는 상징적인 관찰자의 역할을 한다. 중심화된 건물은 이 당시의 회화에서 계속 나타났다. 브레라에 있는 라파엘의 유명한 초기 작품인 '성모 마리아의 결혼(1504)'만 언급하여도 금방 알 수 있다. 이 그림에는 다각형의 사원이 구도의 정중앙 상단부에 위치하여 전체 구성을 지배하고 있다. 반면에 건물 주위에 나있는 계단참에서 보면 짙은 대리석 광장바닥이 투시도적인 수법으로 각 방향을 향해 뻗어 나가고 있다. 빅토레 카르파치오(**도판. 7**)의 그림은 이와 유사한 많은 예중의 하나가 될 수 있다.

45쪽 06줄 Fifth Edition

르네상스의 별 형상 이상 도시는 실제로 중세의 유형▼1을 합리화 한 것이다. 이런 유형의 도시는 그 중심부를 이루는 성곽, 성당, 또는 주 광장은 4개의 불규칙한 벨트▼2중 하나로 에워싸여 있다. 이탈리아의 나무 모양의 바뇨카발로 계획(**도판. 8**)은 이와 유사한 중세의 상황이 어떻게 유기적인 방식으로 다루어졌는가를 보여준다. 다양한 방식을 사용하여 유기적으로 구성했던 것이 르네상스에 와서는 그 시작부터 경직된 형식적 패턴으로 한정되었다. 중세는 확장하는 형태의 가로 벨트를 특징으로 하는 반면에, 르네상스는 중심에서 직접 방사형으로 뻗어나가는 가로를 특징으로 한다.

별 형상의 도시는 15세기의 유물이다. **플로렌티 필라레트**(안토니오 이 피에트로 아브리노)는 15세기 중반직후에 처음으로 이러한 도시형태를 다듬기 시작했다. 약 20여년 후 시에나의 건축가이자 조각가며 화가인 프란체스코 디 지오르지오 마르티니가 뒤를 따랐다. 1450년경에 쓰여진 알베르티의 『**건축 십서(十書)**』중 열 번째 책에서 그가 이상도시의 구축 가능성을 논의하였지만, 이상도시에 대해 자세하게 논하고 뚜렷한 체계에 따라 작업을 한 사람은 필라레트였다. 그는 1451년에서 1464년 동안 『**건축의 전통**(Trattato d'architecture)』▼3를 집필했으며 이 기간 동안 프란체스코 스포르차에 고용되어 밀라노의 거대한 '오스페달레 마지오레' 건설에 참여하였다. 이 건물은 2차 세계 대전 중에 크게 훼손되었다. 이 논문은 선전용으로 쓰여졌기 때문에 터스칸 출신의 건축가(필라레트)와 르네상스의 왕자(스포르차)가 나누는 대화형식으로 구성되어 있다. "스포르친다"라 불리는 이상도시 계획안이 제안되었고 그 자세한 사항이 기술되어 있다. 이 계획은 왕자의 궁전과 성당에서 출발하여 감옥과 상업지역, 그리고 수공업지역 등으로 구획되어 있다. 이 계획안은 대칭적인 8개의 점으로 된 별 형상을 띠고 있다. "외벽은 16개의 면으로 이루어져 있으며 그 높이는 후퇴한 벽 깊이의 4배이다. 가로는 성문에서부터 주광장의 자리로 정해진 중심부까지 뻗어 있으며, 거리가 넓어질수록 광장의 크기는 배가된다. 계획안의 한 가운데에 전체 주변 지역을 한눈에 볼 수 있을 만한 높이의 탑을 세울 것이다."**(도판. 9~11)**

Fifth Edition 47쪽 14줄

필라레트는 알베르티를 통해 이상도시 개념을 받아들인 것 같다. 그러나 이상도시안의 형태를 처음으로 조형적 형태의 관점에서 바라본 사람은 만능예술가인 **프란체스코 디 지오르지오 마르티니**(1439~1502)였다. 건축에 관한 그의 세 번째 저서[▾4]에서 별 형상의 도시개발을 다루고 있다. 원래의 별 형상 계획은 이미 각 외곽마다 솟아오른 요새로 되어있는 규칙적인 별 형상의 다각형으로 바뀌어 가고 있었다. 시에나 출신인 그는 태어날 때부터 가파른 언덕 위에 세워진 마을에 익숙해 있었고, 이러한 대지를 위해 두 번째 안을 제시했다. 그 형태는 나사형 모양으로 정상까지 이르는 나선 길로 된 성직자용 모자모양을 하고 있다. 가장 중요한 세 번째 안(그의 모든 계

10. 필라레트, 팔각형 별 모양의 도시, "스포르친다"의 평면. 이도시의 기본 형태는 원안에서 대각선 방향으로 서로 겹쳐져서 팔각형 별을 이루고 있는 두 개의 사각형에서 시작된다. 이평면은 르네상스 사상에 큰 영향을 주었고 원에 내접한 사각형 위에 그려진 그 유명한 비트루비우스의 인간형상을 생각나게 한다.

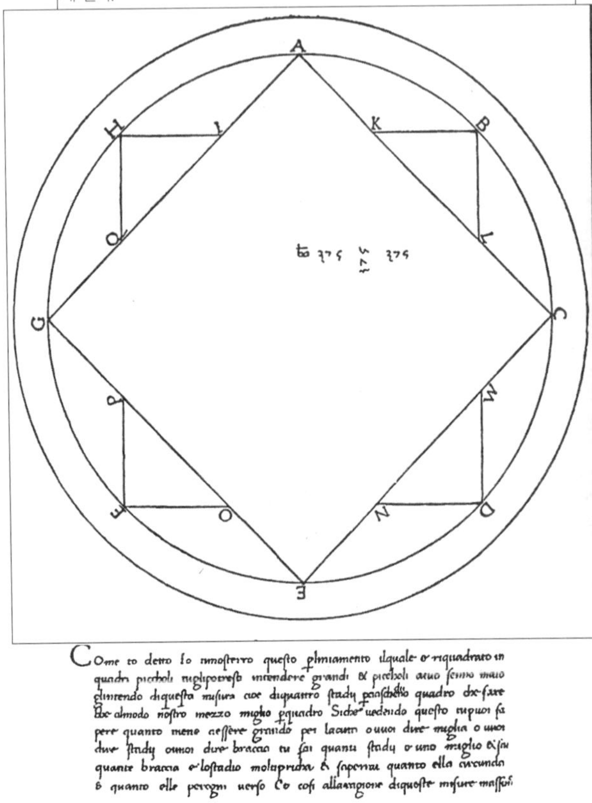

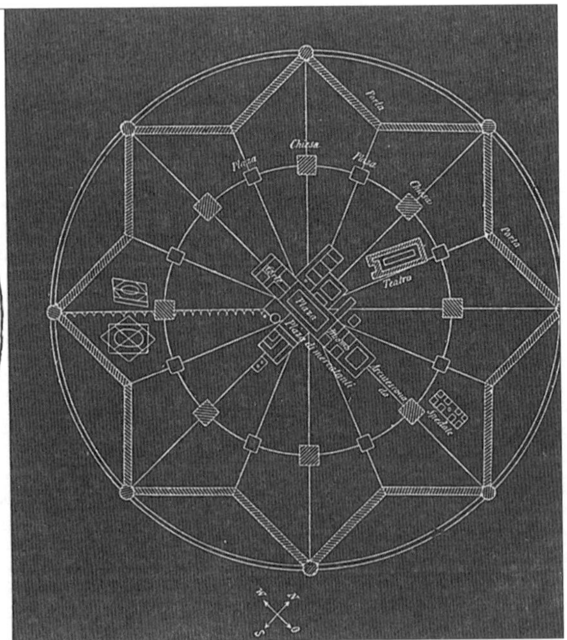

11. 필라레트 방사형 도로 체계가 그려진 별모양의 도시 "스포르찐다". 16개의 주도로가 중앙 광장에서 뻗어나와 8개의 도시 출입문과 코너에 있는 8개의 탑에 이르고 있다. 각 도로의 중간부분에는 광장이 배치되었으며 이중 여덟 개의 광장 중앙에는 교회가 있다.

승자들이 적용하고 1666년 대화재 이후의 런던 재건을 위해 에블린이 제시했던 계획안에 영향을 미침)에서 그는 많은 수의 대규모 공공광장을 향한 직사각형의 가로들을 압축하여 또 다른 다각형의 모델을 만들어 냈다. 그는 여러 가지 상황에 적합한 이상도시 계획안들을 만들기 위해 많은 노력을 하였다. 도시계획가에게 필요한 것은 오직 계획의 주된 방향을 설정하는 일이며, 상황에 따라 조정 · 활용될 수 있도록 여유을 남겨둬야 한다는 확신를 가지고 있었다.

48쪽 20줄 Fifth Edition

15세기 후반, 이탈리아 독재 군주들이 통치했던 시기에는 이상도시의 발견과 같은 장기간의 모험에 공을 들이지 못했다. 1500년 이전에는 필라레트의 "스포르친다"와 유사한 성향의 몇 안 되는 예중에 밀라노로부터 20마일 떨어진 곳에 위치한 비제바노라는 작은 도시(중세의 성곽이 있음)를 들 수 있다. 이 곳은 1452년 루도비코 스포르차(일 모로)가 태어난 곳으로서, 레오나르도 다빈치와 브라만테를 도운 훌륭한 마에케나스(역주: 문학 · 예술의 보호자를 비유한 이름)였다. 밀라노의 공작(公爵)이 되기 훨씬 이전부터, 그는 자신의 출생지를 미화하기로 결심하여 중세풍의 솟아오른 요새를 근대화시켜 르네상스 궁전으로 바꾸고(일부는 브라만테가 설계함), 필라레트가 제안한 약 1:2의 배율에 따른 넓고 규칙적인 개방광장을 만들었다. 이러한 방식으로 **비제바노의 '두칼레 광장'**이 생겨나게 되었다. 그 건설기간(1493~1495년)은 극히 짧았다. 이 광장의 전체 프로그램은 확실히 필라레트를 상기시킨다. 주변 지역을 관망할 수 있는 높은 탑과 왕자의 궁전, 그리고 심지어 방사형 가로의 잔재들을 보면 확실하다. 그러나 180피트 높이의 탑과 광장을 지배하는 궁전(지금은 막사로 방치되어 있다)은 아케이드로 이루어진 광장과 동떨어져 서있다. 광장은 중세교회와 사면에 줄지어 있는 17세기 건물의 파사드로 구성되어 있다. 루도비코는 앞서 이 지역을 차지하고 있던 건물들을 엄격한 법령▼5을 적용하여 몰수하고 파괴하였다. 그가 그렇게 서둘러 개발한 것도 어쩌면 그의 미래에 대한 직감이 작용한 것이 아닌가 생각한다. 그는 자신의 노력의 결과를 즐길 시간도 없이 프랑시스 1세에게 패배하여 프랑스의 감옥에 감금되어 결코 돌아오지 못했다.

루도비코는 두칼레 광장을 자신의 궁전으로 들어가는 웅장한 접근로의 일부로 생각하였다. 그러나 이 광장은 완전히 고립된 채로 남아 있으며, 브라만테의 탑이라 불리는 큰 탑은 한 층이나 반 층 높이 밖에 안 되는 광장의 아케이드 벽 뒤에서 이상한 모습으로 불쑥 솟아 있다.

멋진 공공광장과 모임 장소의 비밀 중의 하나는 아마도 광장을 이루는 건축요소

12. 비제바노, 두오모 광장, 1493~95. 르네상스 광장으로는 초기에 급속하게 완성된 드문 예. 13세기에 지어진 신도시처럼 광장은 아케이드로 둘러싸여 있다. 광장의 네 번째 면에는 성당의 바로크적 파사드가 자리잡고 있다. 높은 브라만테의 탑에서 광장을 둘러싸고 있는 낮은 건물들을 내려다볼 수 있으며 이 광장은 루드비코에 의해 지어진 것으로 그의 성으로 가기 위한 접근장소가 아니라 지방 활동의 중심지로 의도된 것이다. 도시가 뻗어나가는 초점이 광장이였던 당시의 르네상스 이론에도 불구하고 이 광장은 에워싸인 마당처럼 보인다는 점이 주목할만하다.

13. 비제바노, 두오모 광장의 주 출입구. 벽면의 연속성을 주기 위해 광장과 주 도로가 만나는 지점의 아치위에 가짜 파사드가 얹혀있다는 것을 알 수 있다. 이 사진은 밖에서 성당을 바라보았을 때의 입구이다. 그림 12에서는 입구 아치와 가짜 파사드가 사진 중앙에 나타나 있다.

들의 단순성에 있는 것 같다. 이러한 단순성은 '**완델홀**(Wandelhalle)'과 같은 스토아나 아고라 등에서도 찾아볼 수 있으며, 남프랑스 성곽도시에 있는 13세기 광장과 같은 중세도시의 거대한 아케이드와 초기 르네상스가 태동할 무렵에 만들어진 두칼레 광장의 가볍고 경쾌한 아케이드에도 이러한 단순성이 있었다. 독특하게 분절된 아치 위의 벽은 드문드문 배열된 둥근 창문에 의해 파상 형태로 남아있으며, 한 때 전체 벽면은 쾌활한 롬바르드풍 프레스코로 입혀져 있었으나 지금은 화려한 건축을 냉소하듯이 색바랜 파편만이 몇 개 남아 있다. 비록 주차장으로 쓰일지라도 광장 자체는 자전거와 스쿠터, 관광객으로 가득차 있으며, 사람들에게 평온한 고결함을 준다.

50쪽 34줄 Fifth Edition

르네상스의 엄청난 창조적인 에너지를 가장 잘 설명한 것 중의 하나는 르네상스가 각분야에서 전문가를 만들기보다는 의식적으로 **만능인**을 길렀다는 점이다. 다재다능의 풍부함이 갖는 비밀은 보편성에 있으며, 르네상스 작품에서 발견되는 삶의 충만함을 증가시키는 것도 이러한 보편성이라 할 수 있다. 프란체스코 디 지오르지오는 확실히 이러한 보편성을 잘 보여준 인물이었다. 한 세대를 걸쳐 집필한 논문에서 자신이 겪은 여러 영역의 경험은 물론 그리스 철학자까지도 언급하고 있다. 철학자에 대한 그의 언급은 피상적인 차원의 인용이 아니었다. 그는 일반에서 특수한 것으로 진행되는 아리스토텔레스적인 방법론을 의식적으로 추종하였다.

그는 우르비노 공작 밑에서 거의 70개에 달하는 요새를 건설할 정도로 유명한 성곽 기술자였다. 건축가의 역할도 겸한 그의 다재다능함은 널리 알려져 있었다. 그는 시에나 성당의 주임 건축가로서 자신의 경력을 종결하였다. 그가 겪은 경험의 정도를 알기 위해서는 그 당시의 발전상황을 보여주는 논문에서 다루는 몇몇 건축적 체계를 살펴볼 필요가 있다. 여기에 나타난 디자인들은 젊은 바사리(바사리 일 지오바네)가 1세기 후에 시도했다가 실패한 이상도시 계획안에 제시된 60여개의 지루한 프로젝트와 매우 대조적이었을 뿐만 아니라, 더 흥미로운 건축가라 할 수 있는 바르토로메오 암마나티▼6의 디자인과도 매우 대조적이다.

화가인 그의 작품 중에 현실과 상상력을 얼마나 자연스럽게 융합할 수 있는 지를 보여주는 것은 이상적 광장과 거리가 그려진 '케이슨 페인팅(나무상자에 그린 그림)'이다. 이러한 그림들에는 시에나 화가의 정교함이 표현되어 있고 동시에 새로운 건축개념이 담겨져 있다. 현재 볼티모어에 있는 월터 콜렉션(**도판**. 22) 중에는 '이상 광장(Piazza Ideale)'을 그린 좁고 긴 그림이 있다. 이 그림에는 다양한 수준의 매우 흥미로운 방식이 잘 나타나고 있다. 즉, 조형적 요소를 놀랄만한 근대적 공간처리 방식으로 다룬점을 볼 때 그가 얼마나 숙련된 조각가였는 지 알 수 있다. 시에나 성당의 높은 제단위에 세워진 섬세한 포즈의 청동 천사상은 지오르지오의 영향을 받은 것이었으며, 미켈란젤로 이전 시대에서 가장 주목할만한 조각품들 중의 하나이다.

수태고지와 성모 마리아를 섬세하게 그렸던 이 시에나 화가는 T자를 사용하여 도시계획을 착수한 엄격한 합리주의자였다. 도시 한가운데로 강이 흐르고 있는 경우를 생각할 때에는 의도적으로 강물을 일직선 수로로 만들고자 했고, 그 위에 수학적인 규칙성에 따라 다리를 놓으려 했다.(**도판**. 14) 체스판 모양에 따라 재구성된 플로렌스를 그린 레오나르도 다 빈치의 스케치(플로렌스 계획안)는 윈저 성(城)의 수장고에 보관되어 있다. 지오르지 그림의 경우처럼, 아르노 강(江)은 활시위처럼 일직선으로 흐르고 있다.(**도판**. 15) 이 두 명의 화가는 한 시대에 서로 비슷한 자리를 차지하게 되었

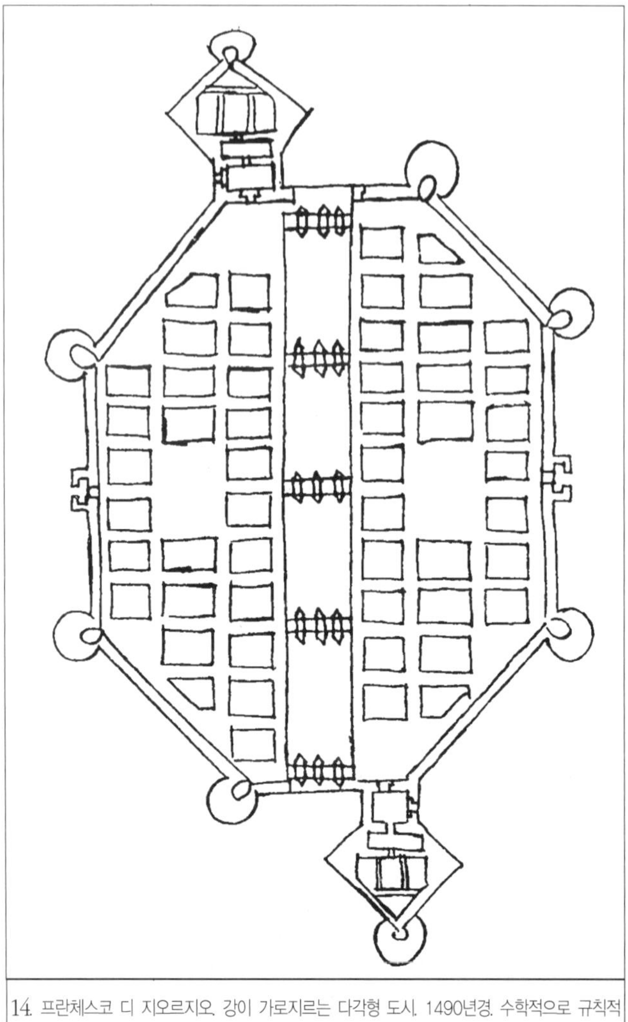

14. 프란체스코 디 지오르지오. 강이 가로지르는 다각형 도시. 1490년경. 수학적으로 규칙적인 간격을 유지하고 있는 다리들이 놓여있고 곧게 뻗어 있는 운하로 강이 흘러 들어가고 있다.

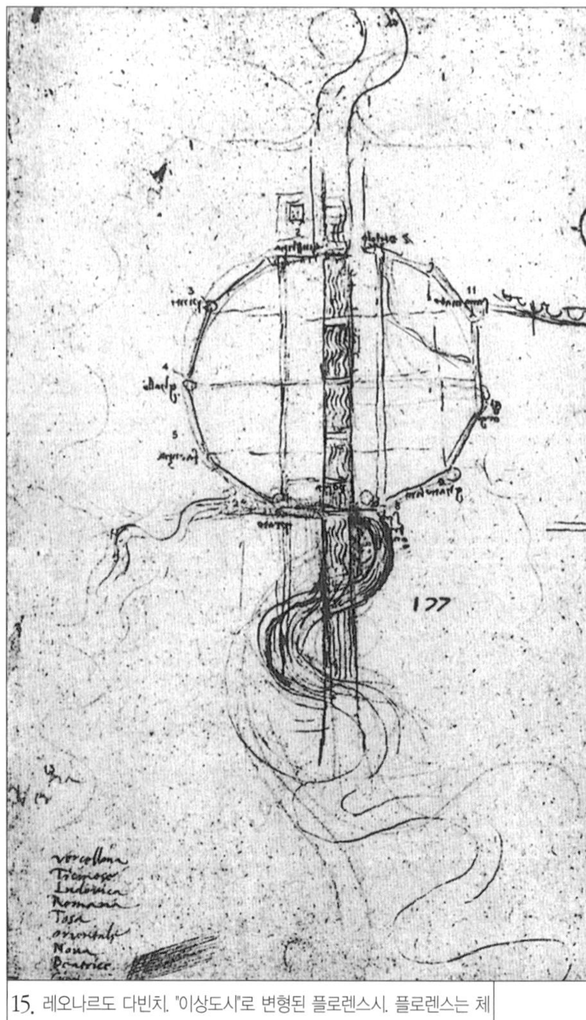

15. 레오나르도 다빈치. "이상도시"로 변형된 플로렌스시. 플로렌스는 체스판 모양의 패턴으로 다시 설계되었으며, 아르노강은 활 시위처럼 곧게 흘러가도록 되어있다.

다. 그들은 1490년 밀라노에서 만났다. 그들은 성당의 돔을 건설하는데 전문적인 조언을 해달라는 요청을 받고 밀라노에 온 것이다. 우리는 레오나르도 다빈치가 지오르지오의 견해에 공감하면서 그에 대한 존경심을 가졌던 것으로 알고 있다.

르네상스에서는 완전히 전체적인 도시 재건을 구상한 것이 아니라 도시의 건축적 요소▼7를 개발하는데 더 큰 관심을 가졌다.

52쪽 20줄 Fifth Edition

르네상스 시대에 지어진 대분의 광장은 **아케이드**로 둘러싸여져 있다. 로마에 그 기원을 두고 있지만(오스티아에서 볼 수 있듯이), 베니스를 경유하여 비잔틴에서 이탈리아로 소개된 것 같다. 왜냐하면, 종종 2층 건물의 아케이드로 이루어진 비잔틴의 거리를 볼 때 더욱 그렇다. 그러나 역사적인 정밀성을 갖추고 있지는 않지만 아케이드로 둘러쌓인 광장은 르네상스의 고유한 발견으로 여겨져 왔다. 미켈란젤로는 플로렌스에 시그노리아 광장을, 그리고 베드로성당의 광장에 아케이드를 세우자고 제안했다.

르네상스에서는 국가의 공식 광장을 완성하는데 수백 년이 걸린 적이 종종 있으며 그중 가장 장대한 것(베니스의 피아제타에 위치한 산 마르코 광장)은 5세기가 지난 지금도 아직 완성되지 않았다.

이미 지적한 바 있지만 이상도시는 기존의 중세적 타입을 체계화 한 것에 지나지 않는다. 르네상스나 중세의 경우 모두 방어의 효율성에 기초를 두고 있다. 이탈리아에서는 선출된 자치권을 가진 도시가 주권을 소유한 도시국가였고 성벽으로 둘러싸인 도시는 정치적인 독립을 상징하였다. 자치 정부에 바탕을 둔 원리가 르네상스 시기 중에 붕괴 되었기 때문에 별 형상의 도시는 오직 요새▼8를 만드는 수단이었다. 베니스에서 북서쪽으로 60마일 떨어진 팔마노바의 최전방 요새는 바로크 시대까지 고전적인 규칙성을 갖춘 예로 유명하다. 9각형의 기본 평면도와 6개의 방사형 도로가 만나는 6변형의 중앙 광장이 이 요새의 특징이다. 이 요새를 건설한 사람은 빈센조 스카모찌이다. 그는 산마르코 광장 남쪽편에 있는 프로쿠라티를 설계한 건축가로서, 그곳에서 여러 개의 만(灣)을 건설하였다. 스카모치는 르네상스 최후의 이론가로서, 『**보편적 건축개념**(Idea dell' Architettura Universale)』이란 저서를 죽기 바로 전 해인 1615년▼9에 베니스에서 발간하였다.

필라레트의 "**전통**(Trattato)"에서부터 스카모치의 "**개념**(Idea)"에 이르는 150년 동안은, 별로 주목할 만한 변화는 없었다. 왜냐하면 사각형 도시가 하나의 '유형'으로 인정되기에 너무 경직되어 있었고, 그러한 유형을 가지고는 진보적인 발전을 거듭할 수 없었기 때문이다.

이 시대의 시각으로 들여다 보면 **별 형상의 도시는 완벽한 논리적인 개념이었음**을 알 수 있다. 르네상스 원근법은 엄격하게 제한된 거리의 한계를 기초로 하기 때문에 측정 가능한 시각적 포착점을 필요로 한다. 지오르지오의 '이상 광장'(도판. 22)에서 볼 수 있는 도시 성문들 중의 하나에 있는 아치가 시각의 궁극적 목표점의 일종으로서 배경의 끝 부분에 배치되어 있다. 로마에 있는 미켈란젤로의 후기 작품인 포르타 피아 보다 더 고상한 표현과 웅장한 규모를 연출해낸 작품은 없다.

한편, 바로크 투시도는 시각의 영역이 한정되어 있지 않기 때문에 베르사유(17세기 후반)와 칼스루헤(18세기 후반)와 같은 후기 바로크의 전형적인 도시들은 별 형상과 전혀 닮지 않았다. 지배자의 궁전은 무한한 공간을 지배하면서(적어도 시각적 감각에서) 도시와 시골 사이에 당당하게 서있다.

주

1. 이러한 형태를 보여주는 다른 초기 사례에 관한 정보는 L.Piccinnto의 "Origni Scheo Urbano Circolore nel Medioevo"Pallodio, vol, Ⅴ. no3.(로마, 1941)과 Urbanistia, ⅩⅥ(로마, 1947), pp124~136에서 발견될 수 있을 것이다.
2. 다양한 사례들이 L. Piddinato의 Urbanisteca dall' Antichita ad Oggi(플로렌스, 1943)에 있는 "Urbanistica Medioevole"과 G.Giovannoci의 Saggi sulla Architettura del Rinascimeto(밀라노, 1935)
3. 이 책은 W. von Ottingen에 의해서 "Antonio Averlino Filarete's Tractat uber die baukunst"라는 제목으로 Qullenschriften fur Kunstgeschichte und Kunsttechnik, 1890년 비엔나에서 처음으로 출판되었다. Filarete, Scultore, e Architetto del Secolo ⅩⅤ라는 제목으로 M. Lazzaroni와 A.Munlz이 편집해서 발행된 삽화본도 있다.(로마, 1908). Peter Tigler의 Die Architekturtheorie des Filarete(베를린, 1963)도 참조할 것.
4. Trattato di Architettura Civile e Militare di giorgio di Martini는 1841년, 튜린에서 처음으로 출판되었다. Architetto제 3권(Florence n. d., Circa 1946)에 있는 R. Papini의 Francesco di giorgio를 참조하라. 제 2권은 그의 전 작품에서 뽑아온 훌륭한 삽화를 담고 있으며 Trattato의 내용을 알 수 있는 인덱스를 담고 있다.
5. L'Arte 제 5장 (1902), 249페이지.
6. Uffizi에 있는 아직도 연구되고 있지 않은 풍부한 건축 도면들은 Bartoloneo Annarati 의 형식적인 디자인은 물론, Citta Ideale del Cavaliere Giorgio Vasari Inventato도 포함하고 있다. 기둥이 끝없이 반복된 후기의 마당에서 그가 적어도 다양한 기술을 개발하는데 과심을 가지고 있었다는 것만을 부연하는 것이 좋을 듯하다. 위대한 바로크의 발전이 눈앞에 다가 왔다거나 바로 이당시에 로마의 Corso에 현란한 Palazzo Ruspoli를 지은 사람의 디자인이라는 증거를 디자인에서 찾을 수는 없다.
7. Enciclopedia Italiana제 6권은 490페이지에 "이상도시에 관한 훌륭한 그림들을 담고 있다.
8. 북쪽지방에서, Vauban이 1861년 무렵 Saarlouis의 요새화된 도시계획에 '별 형상'을 채택해야 한것은 중요한 의미를 갖는다.
9. Scamozzi는 자신의 두 번째 책에서 "이상도시를 다루었다. Julius von Schlosser의 Materialen zur Quellenkunde der Kunstgeschichte – 특히 2장인 "Fruhrenaissance"(비엔나, 1915)와 4장인 Die Kunstliteratur des Manierismus"(비엔나, 1919) – 는 이당시의 건축이론에 관한 중요한 정보들이 담겨 있는 책이다.

투시도와 도시의 구성적 사실
Perspective and the Constituent Elements of the City

이러한 일련의 연속적인 이상 도시안들 만으로 르네상스 도시계획을 평가한다면 오류를 범할 지 모른다. 도시를 수천 개의 독립된 존재들이 조화롭게 상호 작용하는 전체로서 바라보는 입장은 이 시기에는 생소한 것이었다. 위대한 르네상스 예술가중에서 어느 누구도 새로운 종류의 도시계획을 남겨놓지 않았다. 시간상 여러 세기를 앞서갔기 때문에 새로운 도시계획을 남겼으리라고 추측되는 브라만테나 미켈란젤로, 심지어 레오나르도도 예외는 아니었다.▼1

르네상스 도시계획의 새로운 점은 도시의 구성요소를 완벽하게 구사하는 능력에서 찾아야 한다. 이런 점에서, 브라만테와 미켈란젤로는 지금까지 알려지지 않은 가능성을 열어놓았다. 고딕의 황금시기와 바로크의 절대주의 사이에 위치한 르네상스 시대는 도시계획 분야에서 예비 단계에 해당하는 시기였다. 15세기에 북유럽국가는 여전히 고딕 시대에 머물러 있었지만 이탈리아는 복잡한 상황에 접어들었다. 비록 투시도가 새로운 정신적 태도를 가져왔지만 고딕의 전통은 여러 측면에서 유지되었고 도시 개선, 특히 공공광장들▼2을 완성하는데 큰 영향을 미쳤다. 이와 같은 과도기에, 이탈리아와 북유럽국가를 사회학적 측면에서 살펴보더라도 그렇게 확연한 대조를 이루고 있지는 않았다.

벽, 광장, 그리고 거리
The Wall, the Square, and the Street

르네상스는 거대한 볼륨을 다룰 줄 알았고 그 볼륨에 새로운 형태를 부여할 줄도 알았다. 궁전은 때때로 민가와 거리, 그리고 광장 등을 쓸어버리기도 했다. 궁전을 지은 사람들은 얼마나 많은 벽면이 도로에 개방될 수 있는 지를 발견하였다. 대부분의 경우에 한 두 개의 창문으로 거리를 힐끔 볼 수 있었던 고대에는 이와 유사한 것이 없었다. 투시도라는 새로운 수단을 가지고 세계를 바라보려는 듯한 르네상스 궁전은 외부 세계를 향해 넓게 열려 있었다. 비록 고딕 입면이 창내기 작업으로 많은 구멍이 나있지만, 그러한 창문은 플로렌스의 13세기 팔라초 델라 시뇨라와 같은 건물의 창문들처럼 거대한 벽체에 묻혀있는 모양으로 눈에 잘 띄지 않는다. 56쪽 02줄 Fifth Edition

그러나 르네상스의 절정기인 1500년경에 이르러 창문은 나란히 배열되기 시작했고, 그 창문은 개별적인 요소로 파악되었다. 창문은 박공벽과 벽기둥, 그리고 기둥들에 의해 강조되었고, 서로 리듬을 유지하면서 구성되어 있다.

Fifth Edition 56쪽 19줄

벽면의 변화가 로마의 **파르네스 궁전**만큼 뚜렷하게 나타난 것은 없다. 안토니오 상갈로 2세가 이 건물을 계획하고 지붕의 처마장식까지 건축하였으며, 후기 르네상스가 끝날 즈음인 1546년에 그가 사망한 후 미켈란젤로가 뒤를 이어 이 건물을 지었다. 상갈로는 대지의 수용력을 압도하는 볼륨으로 건축하였다. 이는 르네상스 정신인 개인주의를 과장되게 표현한 예라고 할 수 있다. 한 사람이 거주하는 곳에 상상하기 힘들 정도로 과장되고 허세 넘치는 규모를 부과하는 르네상스의 이러한 현상은 바로크 시대가 도래할 수밖에 없는 절박성을 불러일으켰다.

알렉산드로 파르네스는 추기경의 신분으로 궁전을 혼자서 짓기 시작하여, 교황 바오로 3세 재위시에 작업을 끝냈다. 그는 이 작업을 통해 개인주의에서 절대주의로

16. 프란체스코 디 지오르지오. 이상도시의 광장과 거리. 그림 일부분. 르네상스인들은 도로를 건축적 유닛으로 다루지 않았다. 그 당시로서는 이러한 방식이 더 명확한 것으로 여겨졌을지도 모른다. 그가 그린 훌륭한 그림에서는 서로 인접해 있는 두 건물이 서로 유사하지 않다.

의 전이(轉移)를 보여주고 있다. 미켈란젤로는 조각적 방법으로 이러한 전이를 어떻게 표현하는지 알고 있었다. 상갈로는 두 개의 동심원 아치▼3로 중앙 창문을 강조했지만 미켈란젤로는 전혀 다른 방식으로 작업하기 시작하였다. 양쪽면 창문 위에 있는 삼각형 모양의 분절된 박공을 교대로 배치하여 확연한 대비효과를 얻고자 하였다. 그리고 건물 전체의 중심이 되는 창문 위에 처마도리를 올려 놓았고, 이 창문은 거대한 방패에 전체적인 초점이 맞추어지고 있으며, 그 방패는 교황의 관(冠) 문양이 둘러싼 형태의 파르네스 가문의 문장이 새겨져 있다. 이러한 기념비적인 창문은 대중 앞에 그 모습을 드러내는 대군주의 도래를 기다리는 것처럼 보인다.

팔라초 파르네스의 정원쪽 벽면은 브라만테의 흔적이 있는 쥬리아 가(街)와 티베르 강(江)을 면하고 있다. 미켈란젤로는 거대한 볼륨의 궁전 주위에 더 많은 개방공간이 필요하다고 생각하여, 빌라 파르네시나와 트라스트비어 지역을 연결할 수 있도록 강을 가로지르는 다리를 제안하였다. 이 계획안에 사용된 방식은 후에 프랑스의 수많은 대저택의 접근로에 적용되었다.

르네상스 시대에는 거리를 통합체로 다루어도 될 곳에도 그렇게 하지 않았다. 풍경적으로 보면, 르네상스 도로는 개별적 대지 위에 임의적으로 터를 잡은 수많은 개별 건물들로 이루어져 있으며, 이러한 현상은 15세기부터 16세기까지 계속되었다. 거리와 광장이 그려진 프란체스코 디 지오르지오의 아름다운 그림에도 똑같이 생긴 주택은 하나도 없다.**(도판. 16, 22)** 분명히 같은 방식으로 처리되어야 하는 주택들의 주랑 현관들에 의한 연속적인 분위기가 전혀 없는 상태로, 모든 집이 각각 다른 아케이드를 보여주고 있다.

1550년 무렵, 사바스티아노 세를리오가 이러한 풍경을 재현한 무대 장치(단순히 투시도 효과를 얻기 위해서만 설계된 것은 아니다.)에서 볼 수 있듯이, 지오르지오 이후에도 거리는 여전히 서로 다른 건물들로 이루어져 있었다.

도나토 브라만테(1444~1514)가 교황 줄리어스 2세의 명에 따라 로마에 처음으로 새로운 도로를 만들기 위해 제시한 1㎞ 길이의 **지일리아 가(街) 계획안**▼4 역시 그 정면은 연속적인 형태가 아니었다. 이 가로를 따라, 거대한 홍예석과 모서리 탑이 있는 재판소 건물을 정방형으로 놓으려 했기 때문이다. 재판소는 1506년에 건설되기 시작했으나 교황 줄리어스 2세가 사망한 후 작업이 중단되었다. 이 건물은 인접한 주택가로 확장되는 몇 개의 거석(巨石)쌓기 형식의 돌 블록 으로 인해 주리아 가(街)▼5 를 방해하는 것처럼 보인다.

57쪽 28줄 Fifth Edition

17. 조르지오 디 바사리. 우피치 광장. 플로렌스. 1560~74. 르네상스의 마지막 단계에서, 매너리즘화가인 바사리는 연속적인 수평선들을 사용함으로써 우피치 광장의 짧은 도로에 깊이감있는 투시도의 걸작품을 만들어 냈다. 이사진은 아르노 강을 행해 나있는 길에 근접한 로지아의 아치에서 본 광경이다.

Fifth Edition 58쪽 03줄

더욱 놀라운 것은 프로렌스의 짧은 가로에 이루어져 있는 건축적 통일성이다. 이 거리는 원래 피아차 데글리 우피체라 불리웠으며, 1560년과 1574년 사이에 지오르지오 바사리가 메디치 가(家)의 행정건물을 이 가로에 세웠다. 가볍게 까치발을 댄 세 겹의 연속적인 처마장식은 지붕의 대칭적인 윤곽선과 조화를 이루고 있으며, 그 깊이감이 두드러진 투시기법의 걸작으로 남아있다.**(도판. 17)**만약 바사리의 스승인 미켈란젤로가 로마의 캐피톨 언덕을 만들 때 지은 전례가 없었다면, 우피체의 이러한 규칙적인 설계는 생각하기 힘들었을 것이다.

바사리가 미켈란젤로에게서 많은 것을 배웠다는 사실은 디테일 부분에서도 잘 나타나고 있다. 피어(역주: 창사이의 벽)와 쌍을 이루는 기둥들이 번갈아 사용된(피어 뒤쪽으로 기둥이 물러서 있는 대신) 캐피톨의 경우처럼 바사리의 건물 기둥 역시 규칙적인 간격으로 배치되어 있다. 그가 로마의 자기 스승에게 계획안을 보여주었을 때, 그 스승은 기꺼이 동참하였다는 사실은 잘 알려져 있다.

브라만테와 열린 계단

Bramante and the Open Stairway

르네상스 시대의 건축가들은 광장과 거리를 접하고 있는 벽면을 대담하게 다루고 있다는 점 이외에도, 서로 다른 평면에 면한 수평적인 표면들의 공간적인 상호관계가 이루어지도록 노력하였다. 그들은 하늘을 향해 개방되어 있는 기념비적인 계단을 설치함으로써 이러한 노력의 결실을 보았다. 브라만테는 디자인 과정에서 이러한 계단의 한 단, 한 단을 외부공간의 확장에 도움을 주는 요소로 사용하였고, 이를 통해 도시건축의 새로운 요소를 소개하였다.

테라스 형식의 건물과 기념비적인 계단은 건축의 초기까지 거슬러 올라간다. 기념비적인 계단은 기원전 2000년경 수메르의 지구라트에서 처음으로 등장하였다. 사원의 주초(柱礎)를 형성하고 선큰 가든에 이르는 접근로인 피라미드 모양의 층계는 전기(前期) 콜롬비아 건축의 중요한 특징이었다. 그러나 르네상스 건축가들은 완전히 다른 방식으로 테라스 구조와 기념비적 계단을 이용하였다.

야코포 벨리니의 스케치북에 있는 **은필화(銀筆畵, 1440년**경의 것으로 추정됨)는 계단이 무엇을 해결하기 위해 사용 되었는가를 잘 보여주고 있다.**(도판. 18)** 원통형 둥근천장을 가진 교회가 연속적인 세 개의 테라스들 중의 가장 높은 곳에 우뚝 서 있다. 이 테라스의 교회 앞마당으로 올라가기 위해서는 앞,뒤로 지그 재그로 올라가야 한다. 전경과 후경에 점처럼 서있는 많은 물체들처럼, 이 테라스들 역시 깊이감을 더해 주는 투시도적인 효과를 노린 설계자의 의도를 잘 반영하고 있다.

우르비노의 도나토 **브라만테는 기념비적인 계단**을 건물계획에서 공간을 만들어내는 형태요소로서 소개한 최초의 건축가였다. 그가 이러한 계단을 처음 실현한 장소는 바티칸의 **벨브디르 앞마당 정원(1506~13)**이다. 1500년경에 브라만테가 지은 건물들은 로마의 당시 분위기와 더불어 인본주의자인 교황 줄리어스 2세의 예술가들에 대한 후원에 의해 예술가의 작품이 훌륭하게 빛을 볼 수 있었음을 잘 보여주고 있다. 이러한 영향은 라파엘은 물론 심지어 야심많은 천재인 미켈란젤로에게서도 잘 나타나고 있다. 1506년이후 베드로 성당을 위해 고안한 전례없는 규모를 다루는 과정에서 브라만테는 새로운 힘의 감각을 잘 보여주고 있다. 대단한 야심은 없었지만 벨브디르의 정원을 다루는 그의 솜씨는 대가의 모습 그대로 였다. 62쪽 21줄 Fifth Edition

벨브디르는 교황의 소규모 여름별장이며, 바티칸궁과 300미터쯤 떨어져 있는 언덕에 서있다. 1506년 줄리어스 2세는 이 두 건물을 포괄적인 건축적 경관속에 서로 연결하는 작업을 그에게 의뢰하였다. 교황은 이미 앞마당에 고전적인 조각 몇점을

18. 야코포 벨리니. 사원안에 성모 마리아를 표현한 그림. 1440년경. 주제와 성모 마리아상은 예술가의 진짜 의도를 나타내기 위한 구실에 지나지 않는다. 관찰지점으로 설정된 후경의 석재 바닥에서부터 넓은 교회의 거대한 배럴볼트가 솟아오르며, 많은 인물들이 각기 다른 레벨에서 점점이 흩어져 있다. 엄청난 노력으로 깊이감 있는 투시도를 정복한 것이다. 앞뒤로 갈지자 모양을 이루는 계단은 투시도를 건축 언어에 투영시키려는 화가의 선구자적 의도를 보여주고 있다.

19. 에티엔느 뒤 페락. 브라만테의 코르틸 델 벨브디에서 열리는 경기, 1565. 왼쪽의 회랑과 벽감을 첨가시켜서 '피로 리고리오'가 건물을 완성한 이후 곧바로 이 동판화가 만들어 졌다. 몇 년후, 이미 리고리오가 변경시켜버린 브라만테의 개념은 식스투스5세가 도서관을 지어서 코트를 두부분으로 갈라놓음으로써 완전히 사라졌다. 이때부터 세계적인 축제가 바티칸에서 영원히 사라지게 되었다. 야코포 벨리니의 그림과 대조적으로, 이 그림은 공중에서 광경을 한 눈에 보는 듯한 시점으로 그려졌다. 이 시점을 통해서 성기 르네상스의 깊이감있는 투시도가 성공적으로 이루어져 있으며 특히 세계적인 축제에 적절한 구성을 보여주고 있다.

배치한 상태에서 이 두 건물을 연결하는 전체 지역을 새롭고 웅대한 로마방식으로 다시 구성하라는 지시를 내렸다. 브라만테는 경관이 끝나는 꼭대기, 즉 벨브디르 앞마당에 경치의 정점 역할을 하는 기념비적인 스크린을 세웠다. 이 스크린의 중간부분에는 시저 치하(治下)의 주거에 적용되곤 했던 방식에 따른 거대한 벽감(壁龕)이 있다. 그리고 맨 아래쪽인 바티칸의 앞마당에는 반원형 모양의 구역을 두었다. 브라만테는 계단식 대지를 만드는 작업을 통해 세단의 로지아(역주: 한 쪽이 트인 주랑)로 구성된 새로운 건물들 사이의 형태적 관계를 연출할 수 있었다.

여기서 우리는 공간적 단일체▾8를 형성하고 각 공간을 계획하는 매개체로서의 계단에 관심을 가지게 된다. 바닥레벨과 두 번째 레벨을 잇는 넓은 계단은 꼭대기 정원과 벨브디르를 만들기 위해 세워진 옹벽아래에서 두 부분으로 나누어져 있다.**(도판. 20)** 거대한 중세의 수도원처럼 한적한 분위기의 이 모든 것들은 품격있는 즐거움을 마련하기 위해 고안된 것이었다. 브라만테가 죽은 지 거의 50년이 지나 전체적인 조화가 완전히 마무리 되었을 때, 피이스 5세의 조카 중 한 명이 여기서 결혼식을 올림

20. 브라만테 사후의 코르틸 델 벨브르. 카스텔로 S. 엥겔로에 있는 프레스코화 일부분, 로마, 1537~41. 매너리스트 화가 페리노 델 바가의 그림으로 추정됨. 코르틸을 묘사해놓은 어떤 유명한 작품보다 이 그림에서 브라만테의 외부공간 구성이 보여주는 아름다움이 가장 잘 나타나 있다. 지어지지 못한 건축을 통해서 확 트인 계단과 램프, 상이한 면위에서 이루어지는 여러 가지 레벨들이 브라만테의 능력에 의해서 어떻게 도시 디자인의 새로운 요소가 되고 있는지를 알 수 있다.

으로써 코르틸 델 벨브디르의 낙성식을 하게 되었다. 에티엔느 뒤 페락의 동판화는 호화로운 축제와 마상경기가 이루어지고 있는 장관을 기록하고 있다.(**도판**. 19) 그러나 코르틸은 브라만테가 재구성한 대로 오래 지속되지 못하였다. 1589년에 식스투스 5세는 정원의 중앙을 가로지르는 새로운 도서관을 건설함으로써 디자인의 통일성을 깨뜨렸다. 이 도시계획가는 고대 로마의 많은 기념비를 파괴했으며, 이것은 그가 행한 가장 심한 파괴행위였다.

벨브디르의 기단에 이르는 장중한 브라만테의 계단은 기념비적인 계단의 전형이 되었으며, 이 계단은 나중에 교회(성 마리아 마지오레)에 부가될 수 있는 멋진 박공벽이 되었다. 결국 기념비적인 계단은 서로 다른 레벨에 있는 평면을 단일한 공간으로 결합하는 역할을 수행하는 독립적인 구조가 된 것이다.(1721년에서부터 1725년까지 지어진 스칼라 디 스파냐는 스파냐 광장이 있는 성 트리니타 데이 몬티와 연결되고 있다.) 우리는 여기서 후기 바로크 내부공간의 움직임을 상징하는 거대한 계단이 건축사상 전무후무한 동굴형태의 빈공간을 만들기 위해 사용되었음을 알 수 있다.

미켈란젤로와 외부공간 구성
Michelangelo and the Modeling of Outer Space

미켈란젤로는 로마의 캐피톨(옛 로마의 주피터 신전)이 서있는 대광장인 **카피톨리나** 지역을 중심으로 세심하게 구축된 매스들간의 균형(거대한 볼륨들의 공간적 관계)을 어떻게 얻을 수 있는지 잘 보여주었다. 르네상스가 끝날 즈음인 1536년 이 작업을 시작할 때 그는 이미 화가와 조각가로 명성이 절정에 다다른 때였다. 시스틴 성당의 천장, 줄리어스 교황의 무덤 그리고 플로렌스 메디치 가(家)의 채플로 이미 이름이 나 있었다. 따라서 그의 건축은 가장 성숙한 단계에서 이루어진 결과물이었다. 미켈란젤로의 개념에 따라 놀랄 정도로 완벽하게 베드로 성당 앞의 열주랑을 설계한 지오바니 로렌초 베르니니는 다른 사람들에 대한 평에 인색한 사람이었지만, 미켈란젤로에 대한 평은 그렇지 않았다. "미켈란젤로는 위대한 화가이며 조각가이기도 하지만 건축가로서는 진정 신적인 존재이다" 라는 베르니니의 찬사는 카피톨리나 지역에서 영원히 메아리치고 있으며 그곳에서 미켈란젤로는 천재적인 조형감각으로 중세 유물의 혼잡함 속에서 숭고한 공간 교향악을 창조해냈다. 64쪽 31줄 Fifth Edition

지금은 캄피돌리오 광장이라 불리우는 이 광장은 포룸 로마눔 위에 드리운 고대 캐피톨의 언덕 꼭대기에 자리 잡고 있다. 이곳은 세 개의 건물과 광장, 그리고 '라 코르도네타'라 불리는 마을로 내려가는 넓은 경사로 형태의 계단 등으로 이루어진 복합체이다. 이 복합체는 중세 도시쪽으로 향해 있으며, 출입구에서 바로 보이는 건물은 시청인 세나토리얼 궁(宮)이다. 이 시청의 오른쪽 측면에는 컨설바토리 궁이 있고 왼쪽 측면에는 세계에서 가장 오래된 고대 유물관인 캐피톨린 박물관이 있다.

미켈란젤로가 살아 있는 동안에는 세나토리얼 궁 앞에서 끝나게 되어있는 긴 계단중 일부만이 건설되었다. 그외 다른 구조물들은 그가 죽은 후에야 건설되기 시작했다. 17세기까지 계속된 건설과정중에 약간의 수정이 가해졌지만 1568년에 미켈란젤로가 설계했던 평면과 배치(1568년과 1569년의 페락의 판화에서 재현되었음)는 원본에 따라 건설되었다.

Fifth Edition 65쪽 31줄

1536년 샤를르 5세가 로마를 향한 개선문을 만들었을 때에도 이 '위대한 층계'는 건설되지 않았다. 그는 로마시대에 카피톨리나 지역이 향했던 것과는 반대쪽, 즉 포룸쪽에서 캐피톨로 올라가야 했다. '라 코르도네타'는 경사진 디딤판들로 이루어진 경사로같은 계단이었다. 위쪽의 기단을 향해 좁고 넓은 단으로 이루어진 이러한 층계들은 느리면서도 규칙적인 박자에 맞추어 오르도록 고안되었다. 미켈란젤로가 라테란 대성전에서 가지고 온 마르쿠스 아우렐리우스의 청동기 마상은 광장의 한가운데에 배치되었다. 그는 이 조각품을 튀지 않도록 설계한 기대(基臺) 정도로 처리하여 모든 영웅적인 몸짓을 경멸하듯이(스탕달이 언급한 것처럼) 고상하면서도 단순하게 처리하였다.

그럼에도 불구하고 광장의 정중심에서 계단에 이르는 축을 지배하면서 하늘을 우러러보는 동상의 외로운 포즈는 베드로 성당의 돔을 이용하여 전례없이 큰 빈 공간을 멋지게 채울 때의 확신에 찬 대가의 모습을 다시 한 번 생각나게 하고 있다.

카피톨리나 지역의 사다리꼴 광장은 계단이 시작되는 난간을 향해 갈수록 좁아진다. 바닥의 조각들 모두 디자인된 것이다. 미켈란젤로는 사다리꼴 광장 안에 타원형을 디자인해 놓았다. 이 타원형 부분의 바닥은 안쪽으로 약간 페어져 있고 두 개의 계단으로 둘러싸여 있으며 계단이 만들어내는 굴곡진 그림자는 동상이 설치된 장소에 형식적인 경계를 이루고 있다. 바닥은 기대(基臺)를 향해 조금씩 솟아오르고 있다. 이러한 장소를 '케이퍼트 먼디(caput mundi)'라 부르며, 이곳의 굴곡진 바닥면은 지구형태의 단편▼9처럼 보인다.

시에나의 원형광장처럼 15세기에 가장 유명한 광장들의 바닥을 덮는데 사용된 차분한 분위기의 대리석 조각들이 지금은 분위기를 고조시키고 있지 않은가! 이러한 대리석 조각들은 사방으로 뻗어나가, 기대 위에 서있는 마르쿠스 아우렐리우스로부터 나오는 손가락 같이 가는 '광선(光線)'속으로 들어가는 모양을 그리면서 평평한 교차 커브들로 구성된 12각형의 별모양을 이루고 있다.▼10 이 조각들이 이룬 환상적인 형태는 여러 가지 대조적인 모습들과 서로 조화를 이루면서 전체 디자인에 활력을 불어 넣고 있다. 즉 원통체, 사다리꼴, 로마와 중세 전통의 배경, 벽에 입체감을 주는 빛과 어둠의 바로크적인 상호 연주▼11를 기묘하게 변주시킨 모습, 대규모 계단의 웅장한 자태 등이 서로 어울려서 여러 가지 모습을 갖춘 단일한 조화를 이루고 있다. 또한 부분과 부분의 상호 관계와 부분과 전체의 상호 관계는 더할 나위없이 밀접하게 결합되어 있다. 여기서 바사리의 말이 생각난다. "그는 손에 어떤 것이 주어지든지 간에 기적을 만들어 냈다."▼12

미켈란젤로는 '최후의 심판'과 쥴리우스의 무덤에서 이미 15세기의 정적인 빈 공간대신에 동적인 공간을 선택했다. 캐피톨의 경우도 마찬가지였다.

69쪽 08줄 Fifth Edition

우리가 생각하고 있던 르네상스의 모습은 이제 자취를 감추었다. 야곱 부르크하르트이후 줄곧 학계에서 "미켈란젤로의 역사적 위치에 대한 매우 다양한 견해들"▼13이 분분했다는 것은 당연한 것이다. **미켈란젤로**는 반드시 연대기적으로 연결되지 않는 **예술분야의 각시대를 연결한 보기드문 천재**였다. 명성은 그리 높지 않았지만 죤 콘스타블과 J.M.W.터너도 미켈란젤로처럼 특이한 인물의 계열에 속하는 사람들이다. 그들은 바로크 회화와 19세기 프랑스 회화를 서로 연계시키는데 공헌을 한 사람이었다. 미켈란젤로는 고딕과 바로크를 혼합한 사람이다. 그는 바로크가 가진 세속적인 보편성과 고딕의 정신성을 서로 결합한 것이다. 미켈란젤로에게 있어서 삶과 죽음은 하나이며 같은 것이었다. 모든 사람들이 죽음의 씨앗을 갖고 태어난다는 사고가 그의 내면에 자리잡고 있었다. 1555년에 미켈란젤로는 바사리에게 다음과 같은 글을 썼다. "나는 항상 죽음이 그 배후에 깔려있는 사상을 작품으로 표현하였네."▼14이러한 글귀는 르네상스 시대 예술가들의 발언이 아니라 중세 장인의 발언에 가깝다. 그러나 미켈란젤로는 항상 '움직임'이라는 문제▼15와 그 움직임이 갖는 예술적,물리적 잠재력에 관심이 많았다. 서양인들의 내면에 뿌리박힌 이러한 관심은 바로크는 물론 고딕에서도 찾아볼 수 있다.

캐피톨의 건축적 의미는 쉽게 파악할 수 있다. 이 광장은 벨베디르에서 브라만테가 사용한 테라스들을 도시적 요소로 발전시킨 것에 해당된다. 이 광장은 광장과 층계, 도시가 혼합되어 이루어진 포괄적인 공간 깊이감을 더해주는 것이었고, 동시에

21. 시에나: 캄포광장, 1413년에 포장됨. 시에나 중심에 있는 쉘 모양의 거대한 공공 광장은 도시가 세워진 세 언덕사이에 놓여 있다. 공공관저를 자비로운 분위기를 연출하는 요소로 만들기 위해 자연적인 경사를 최대한 이용했다. 이 광장에서부터 11개의 도로가 뻗어나오며 인도의 흰 대리석 띠는 커뮤니티의 중심적 위치에 있는 등대에서 나온 광선처럼 거리로 투사되고 있다.

22. 프란체스코 디 지오르지오. 이상도시의 광장. 상이한 레벨을 다루는 흥미로운 방식과 놀라우리 만치 근대적인 공간구성을 통해서 실무에 능숙한 조각가의 경험을 엿볼수 있다. 그는 여기저기 흩어져 있는 인물들을 통해, 움직이는 사람들과 연관지어 조각품이나 다양한 면들, 그리고 공간상의 기둥들을 인식했다는 것을 알 수 있다.

23. 미켈란젤로, 캄피돌리오 언덕, 로마, 1536년 착공. 세나토리얼 궁 높이에서 바라다 보이는 이 사진은 미켈란젤로의 공간 개념에 대한 몇가지 단서를 제시해 준다. 움푹 들어간 타원체, 불꽃처럼 터지는 12각형 별의 중앙에 서 있는 기마상, 중세 도시로 연결되는 거대한 코르디나타 등이 바로 이 단서들이다. 비록 단편적으로 인식되지만, 광장을 둘러싸는 3채의 건물들은 광장이 사다리꼴 모양이라는 것을 증명해준다.

하나의 단일 건물인 세나토리얼 궁으로부터 뻗어나오는 큰 축의 준비단계였다. 이런 식의 작업은 고대세계에서는 결코 추구되지 않았던 것이다. 미켈란젤로는 카피톨리나 지역을 통해 팔라초 파르네스에서 이루지 못했던 디자인 전부는 아니더라도 몇몇 디자인을 실현하였다. 프랑스 사람들이 후에 축의 성격이 강하게 드러나는 이러한 전망을 상세히 연구하였다. 그들에 의해 "축(軸)의 예찬"라고 불리워진 이 디자인은 18세기 도시계획의 구성 원리가 되었다.

캐피톨리나 지역의 진정한 의미는 무엇인가?

What Is the Real Significance of the Area Capitolina?

Fifth Edition 70쪽 10줄

미켈란젤로가 캐피톨에 대해 언급한 자료는 전혀 없다. 우리는 로마의 시민들이 여전히 명목상의 자치권을 주장할 수 있던 곳에 이처럼 당당한 기념비를 계획할 당시 그가 가졌던 생각에 대해 추측할 수 있는 여지를 가지고 있다. 미켈란젤로가 이 광장을 건설할 때 가졌던 생각은 과연 어떠한 것이었을까?

1530년, 플로렌스라는 도시국가는 메디치 가문 출신의 전제군주인 코시모 1세로부터 지켜온 주권을 빼앗겼다. 미켈란젤로는 메디치 가문 출신의 교황 클레멘트 7세에 대항하여 자신의 도시를 방어하는데 한 몫을 하였다. 숙적이었던 교황이 죽자 미켈란젤로는 새로운 정권에 대해 극심한 반감을 품고 1534년에 플로렌스를 떠났다. 그 스스로 망명객임을 자처하면서 로마에서 30년이라는 여생을 보냈다. 1546년, 안토니오 산갈로 2세가 죽은 후에 미켈란젤로는 그 도시의 마스터 건축가가 되었다. 그 당시 그의 나이가 70세를 넘었지만 중요한 건물들 즉 베드로 성당의 돔, 파르네스 궁, 캐피톨 등의 전체적인 윤곽과 디자인 모두 그에게 맡겨졌다.

이 대가의 정치적 신념에 대해서 심오하게 통찰한 샤를르 드 톨네이는 그자신의 저서 『**미켈란젤로의 정치적 관점**(Michelangelos politische Anschauungen)』에서 1545년까지 계속되었던 미켈란젤로의 고뇌를 보여주는 소넷트(역주: 14행시)▼16를 인용하고 있다. 이 소넷트는 메디치 채플의 '밤의 조상(彫像)'의 입을 빌어 다음과 같이 말하고 있다.

'이미 보지도 듣지도 않아도 된다는 것은 얼마나 다행한 일인가.
그러면 나를 눈뜨게 하지 말아다오.
오 - 소리 높이 말하지 말지어다.
(Non veder , non sentir , m'c gran vcntura ;

Pero, nonmi destar , deh! parlsa basso)

캐피톨의 의미는 이 소넷트의 의미와 유사할 지도 모른다. 미켈란젤로가 스스로 자신의 처지를 직접 말하지는 않았지만, 겉으로 보기에 사람이 아닌 대변자(조상)을 통해서 자신이 말하고 싶은 것을 전하고 있는 것 같다. 과연 실제로 미켈란젤로가 아련한 권력의 흔적을 칭송하기 위해 캐피톨을 건설했을까? 차라리 우리는 캐피톨에서 고향 플로렌스의 잃어버린 자유를 회복하려는 대가의 열정어린 갈망을, 즉 돌에 새겨져 그 의미를 명백히 하려했던 희망을 읽어야 하지 않을까?

71쪽 09줄 Fifth Edition

미켈란젤로의 모든 작품은 삶에 대한 작가의 비극적 태도를 반영하고 있다. 심지어 배치 계획에서도 모든 인간과 진정한 민주주의를 자극시키는 상호 대립적 동기(집단의 권리를 보호하면서 개인의 권리를 존중하려는 의도)를 간결하게 표현하는 방법을 알고 있었다. 플로렌스에서 겪었던 젊은 날의 경험에서 얻은 것들을 반 종교개혁이 한창인 로마에서 구체화시켰다. 이 당시 로마에서는 자유와 민주주의 같은 것은 전혀 없었다. 따라서 캐피톨은 중세 도시 국가들이 누렸던 자유가 상실되었다는 것을 상징하고 있으며, 건축가의 비극적인 희망을 기리고 있다고 생각한다.

도심의 경우처럼 도시계획의 새로운 모습을 모색하려는 오늘날의 노력이 보여주는 대민한 상상력은 한결같은 구신을 대고 있다 표현 가능한 삶의 방식을 더 이상 갖지 못하고 있다는 것이다. 미켈란젤로가 카피톨리나 지역에 투영했던 것들은 역사적 사건의 이해할 수 없는 비합리성이자 원인과 결과 사이의 직접적 관계가 결여되어 있는 불가해한 생략에 해당한다. 사회사(社會史)의 단계들이 그 모습을 확연히 드러내기 훨씬 전에 그 단계의 모습에 예술적인 형태를 부여할 수 있는 사람은 바로 위대한 예술가란 사실을 다시 한 번 깨닫게 된다.

주

1. 그 도시에 1485년과 1486년동안 흑사병이 돌았던 시기까지 거슬러 올라가는 밀라노 공작인 Ludovico il Moro에게 보낸 편지에서 레오나르도 다빈치는 좀더 위생적인 도시를 만들어서 거주자들이 더이상 "염소처럼 엉켜서 살지 않게 되고 서로 나쁜 공기를 주고받지 않게 되는 열망을 드러냈다. 그는 공작에게 각각의 인구가 5천명에 달하는 10개의 도시를 건설하자고 제안했다. 이도시들은 "수문으로 조절되는 강가에 위치하게 될 것이다.… 빛과 공기와 청결함이 도시속으로 널리 펴질 것이다. 성에 보관된 다빈치의 그림중에는 기존 도시의 평면은 있지만 이상도시의 평면은 없다. (M. Baratta가 편집한 I Disegni Geografici의 conservati nel Castello di Windsor(로마, 1941).

2. 도시의 대규모 사업에 고딕의 전통이 계속남아 있었다라는 증거는 15세기 동안에 북부 이탈리아에서 조성된 수많은 광장 – Padua의 Santo 광장, Parma의 Grande광장, 시에나에 있는 Campo광장(도판 21)의 재 조성, Piacenza의 Principale광장 등 – 에서 수 없이 찾을 수 있다. 이들 중에 훌륭한 사례들은 G. Giovannoni의 Saggi sulla Architettura del Rinascimento 제 2판(밀라노, 1935)에 실려있다.(pp. 268~280)

3. As illustrated by C. de Tolnay in his "Beiträge zu den späten architektonischen Projekten Michelangelos," Jahrbuch der Preussischen K unstsammlungen, vol. 51(1930)

4. Ceccarius의 Strada Giulia(로마, 1941) 직선적이며 끊임없이 넓어지는 도로들은 알프스 북부에서 새롭게 등장한 12세기, 13세기도시(예를들어 Berne) 들에서는 거의 찾아볼 수 없다.

5. Domenico Gnoli, "Il Palazzo di Giustizia di Bramante," Nuova Antoiogia, April 16, 1914.

6. P. Kelemen, Medieval American Art(New York, 1943), vol. Ⅱ, plates 4 and 7.

7. 필자의 확신에 따르면, 중세 시대(특히 이탈리아)의 계단 처리 방식에 관한 연구는 아직도 이루어 지지 않고 있다.

8. M. L.Gothein의 A History of Garden Art(런던, 1928), Ⅰ, pp. 227~231에 더 유익하고 자세하게 묘사되어 있다. Journal of the Warburg and Courtauld Institutes, Ⅴ, 1~2호(1951년 1월에서 6월)에 실린 James S. Ackerman의 "The Belvedere as a Classical Villa를 참조할 것. 도판 20은 Ackerman교수로부터 얻은 것이다.

9. Jahrbuch der Preussischen Kunstsammlungen 제 51권(1930), 26페이지에 실린 C. de Tolnay의 "Beitrage zu den spaten architektonischen". 이 글은, 같은 책 1931년호의 176~181페이지에 실리게 될 H. Sedlmayr의 즉각적인 공격과 비교될 수 있을 것이다.

10. 미켈란젤로가 디자인 한지 400년이 지난 1940년에 와서, 원래의 별 모양 포장은 그가 사망한후 바뀐 무미건조한 패턴으로 대체되어 있다.

11. 지금까지 나온 어떠한 사진도 이 구성의 뛰어난 역동성을 드러내지는 못할 것이다. 그러나 독자들은 Armando Schiavo의 Michelangelo Architetto(로마, 1949)에 나오는 도판 50~75와 Paolo Portoghesi의 책과 Bruno Zevi의 Michelangiolo Architetto(로마, 1964)를 언급하기도 한다.

12. C. de Tolnay, Werk und Weltbild des Michelangelo (Zürich, 1949), p.90

13. C. de Tolnay, "Beitrage zu den spaten architektonischen Projekten Michelangelos," p. 47.

14. C. de Tolnay, Werk und Weltbild des Michelanglo, p. 59.

15. Cf. my Mechanization Takes Command(New York, 1948), pp. 14~30, in the chapter on Movement,

16. On page 32.

레오나르도 다빈치와 지역계획의 여명
Leonardo Da Vinci and the Dawn of Regional Planning

72쪽 03줄 Fifth Edition

레오나르도의 스케치에서 볼 수 있는 기계 방직기, 헬리콥터, 교통 통제에 대한 제안, 그리고 지역계획에 대한 의견들 모두가 오늘날의 시점에서 볼 때 미래를 내다보는 장기적인 안목이었음을 알 수 있다. 현재 프랑스 학회▼1에 소장되어 있는 사본을 보면, 수력에 관한 연구와 크레인, 전쟁무기, 요새 시스템의 스케치들 사이에는 성격이 약간 다른 제안이 삽입되어 있다. 각각 다른 레벨을 두어 교통로와 보행로를 분리하는 제안과 수문으로 통제되는 운하를 따라 바지선을 운영하여 상품을 가정에 배달하는 제안이 그것이다.

이러한 제안들은 기술적인 가능성이 번뜩이는 통찰력을 보여주고 있지만 그 스케치들에는 포괄적인 도시계획의 흔적이 보이지 않아서 아쉬움이 남는다. 현재 윈저성(城)에 소장되어 있는 단편적인 플로렌스 계획안은 단순히 아르노 강을 조절하기 위한 계획안일 뿐이다. 이 계획안의 의도는 도시 한가운데를 통과하고 있는 메마른 일직선에 강이 흘러가도록 하는 것이며 계획안의 성격은 아직도 플로렌스를 또 다른 이상도시로 다루고 있다는 점이다. 건물은 하나도 보이지 않고 강을 끼고 있는 거리들은 체스판 형태의 도시 패턴에서 제외되어 있다.(도판. 15) 레오나르도의 관심은 다른데 있었다.

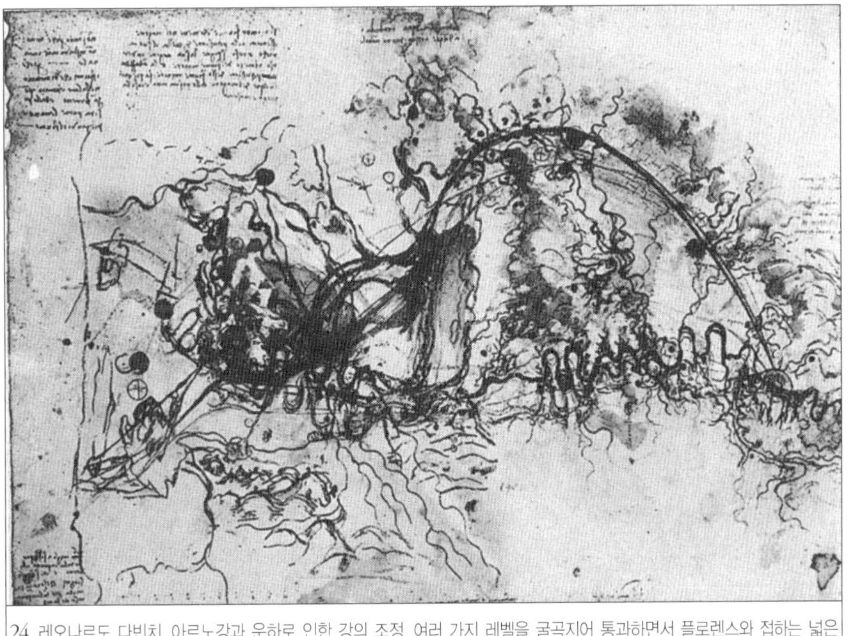

24. 레오나르도 다빈치. 아르노강과 운하로 인한 강의 조정. 여러 가지 레벨을 굴곡지어 통과하면서 플로렌스와 접하는 넓은 운하를 세워서 아르노강에 배가 다닐수 있게 하려는 대담한 제안. H.M.의 친절한 배려로 다시 만들어짐.(퀸. 윈저성)

수력에 관한 그의 연구 대부분은 1세기 후에야 해결된 과학적 문제를 다루고 있다. 예를 들어 그는 소용돌이를 일으키는 원인을 조사하였다. 즉 수면 아래 보다 수면 위의 물의 속도가 더 빠르다는 것을 알고 있었던 것이다. 18세에 이미 그는 스승인 베르치오의 회화 '그리스도의 세례'[▼2]에 자신이 그려야 하는 풍경속에 강위의 소용돌이를 재현하는데 관심을 가지고 있었다. 레오나르도는 항상 유기체와 비유기체, 소우주와 대우주 내의 숨겨진 역동적인 힘을 조사하려고 노력하였다. 그는 다른 누구보다 뛰어나게 식물의 역동적인 성장감을 표현할 수 있었다.

Fifth Edition 74쪽 05줄

그러나 레오나르도가 스스로 언급했듯이 모든 자연력 중에서도 당시의 유일한 힘의 원천인 물의 본질과 움직임에 가장 관심이 많았다. 수력에 관한 연구에서 출발하여 어떤 한 지역이 갖는 물리적 구조에 대한 이해(르네상스 계몽주의의 합리적인 관점의 특성)를 바탕으로 점점 더 구체적인 계획안을 이끌어냈다. 확장된 계획안에는 포(Po) 계곡의 관계와 북부 이탈리아의 호수와 밀라노강을 연결하는 운하망 건설을 위해 정밀하게 측량된 프로젝트가 있으며 이러한 측량을 통해 그는 실제로 단면을 굴착하려고 하였다. 교황 레오 5세 치하의 로마에서 살면서 단 한 점의 그림도 그리지 않았던 시절(1513~1514)에도 폰타인 습지(濕地)의 배수공사를 위한 흥미있는 수력계획안을 작성하였다. 이 계획안은 식스투스 5세의 마지막 통치기간중에 일부만 실행되었다.(**도판. 25**) 다양한 레벨을 가진 80km 길이의 굴곡있는 거대한 운하를 건설하여 강을 항해할 수 있도록 한 이 계획안의 대담성은 우리가 알고 있듯이 19세기의 운하건

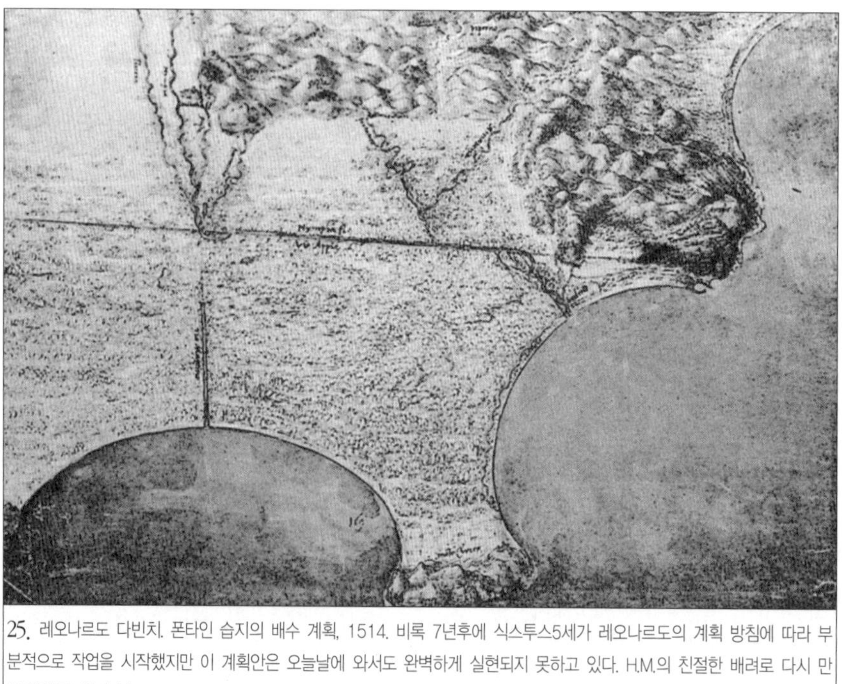

25. 레오나르도 다빈치. 폰타인 습지의 배수 계획, 1514. 비록 7년후에 식스투스5세가 레오나르도의 계획 방침에 따라 부분적으로 작업을 시작했지만 이 계획안은 오늘날에 와서도 완벽하게 실현되지 못하고 있다. H.M.의 친절한 배려로 다시 만들어짐.(퀸, 윈저 성)

설을 능가하는 것이었다. 레오나르도의 회화에서 늘 발견되는 세피아색 펜으로 그린 드로잉에는 아르노를 경유하여 플로렌스와 피스토이아를 연결하는 운하선과 낮은데로 흐르는 물길들을 다시 합류시키는 선들이 그려져 있다.(도판. 24) ▼3

지역계획은 토지이용과 인간의 활동조직을 조정할 수 있도록 지역적 특성이 고려되어야 한다. 오늘날 진행되는 상세한 연구들은 레오나르도의 우주적인 접근방법과 거리가 멀다. 그는 인간의 목적에 부합할 수 있도록 전체 대상지역의 자연력을 조사·체계화하려고 애썼다. 비록 그 출발은 추상적인 것에서 비롯되었다고 할 수도 있지만, 그의 모든 계획은 그 자신이 직면해야 했던 여러 가지 문제들을 철저하게 분석한 결과였다. 격렬한 사회적 혼란속에서도 그의 계획안은 그 시대에 대한 진지한 관심에서 비롯된 것이었다. 이런한 상황에도 불구하고 그가 탐구하지 않은 분야는 거의 없었다. 그의 첫 번째 의식적인 시도는 지역계획에 관한 것이었다. 그것은 마치 돌이 많은 땅에 뿌려질 운명에 처한 종자들처럼 보였지만, 당대의 직접적인 궤도를 결코 벗어나지 못한 모든 기하학적인 이상적인 신도시계획안 보다 더 잠재적인 전망이 있는 것이었다.

주

1. I Manoscritti e i Disegni di Leonardo da Vinci, vol. V, "Il Codice B. (2173) nell' Instituto di Francia" (Rome, 1941).
2. L. H. 하이덴리히의 레오나르도(베를린, 1943), 267페이지. 레오나르도의 예술작품과 과학적 업적사이의 분리할 수 없는 상호관계성을 주장하는 하이덴리히의 폭넓은 시각은 레오나르도의 작품에 대한 이해가 깊음을 잘 보여주고 있다.
3. Mario Baratta, I Disegni Geografici, pl. 5 on right; Mario Baratta, "Leonardo da Vinci negli Studi per la Navigazione dell'Arno," Bolletino della Società Geografica Italiana, serie V, vol. VI (1905), pp. 739~761 and 893~919; Kenneth M. Clark, A Catalogue of the Drawings of Leonardo da Vinci in the Collection of His Majesty the King at Windsor Castle (2 vols., 1935).

2 식스투스 5세와 바로크 로마의 계획
Sixtus V and the Planning fo Baroque Rome

서양문명의 중요한 거점인 로마, 파리, 런던 등은 지금도 존재하는 수많은 대도시의 전형이다. 그러나 로마의 경우는 좀 달랐다. 옛날에도 다양한 제국과 문화가 집결되고 수백만의 사람이 살았던 도시가 존재했었다. 그러나 도시가 쇠퇴할 때, 그 도시의 중추는 완전히 붕괴된다. 결코 재건의 기회를 가져보지 못하는 것이다. 세계적인 제국으로 그 이름이 알려진 로마조차도 시들어가는 쇠퇴의 길로 접어든 이후로 수천 년동안 역사의 뒷편에 머물러 있었다.

그러나 1500년경에 로마는 다시 부활했고 이로부터 1세기나 반세기 후, 처음에는 예술분야에서 그리고 다음에는 도시계획분야에서 중심적인 위치로 성장하였다. 르네상스가 절정을 맞았던 곳도 로마였으며 바로크의 표현수단이 개발된 곳도 로마였다. 로마에 등장한 이러한 표현수단들은 지역적, 종교적 영역을 초월해서 서양전역에 퍼져나갔다.▼1

단적으로 미리 언급하면 다음과 같다. 로마에서, 르네상스적인 도시 규모는 완전히 사라졌다. 영역이 설정되어 있고 벽으로 둘러싸인 별 형상의 도시가 있던 곳에 식스투스 5세가 통치한 5년 동안 매우 중요한 새로운 개발이 시작된 것이다.

근대도시의 교통망이 처음 계획되어 절대적인 확신속에 수행된 곳은 바로 로마였다.

Fifth Edition 76쪽 04줄

다른 도시에 비해 로마가 독특한 도시로 자리잡게 된 것에는 또 다른 이유가 있다. 어쩌면 이해가 쉽지 않을 수도 있다. 그것은 교황청을 지배할 수 있는 나라가 없다는 것이었다. 교황권은 모든 나라에 영향력을 발휘할 수 있는 종교적 권위였다. 교황의 절대권력하에 사는 로마시민들은 자신들의 도시 개발에 대해 어떤 말도 할 수 없었다. 그럼에도 불구하고, 지금까지도 이 도시 전체를 지배하고 있는 도시계획분야에서 가장 화려한 업적중의 하나라 할 수 있는 바로크 로마가 창조된 것이다.▼2

로마는 르네상스 시대부터 줄곧 외부에서 온 사람들인 **예술가, 은행가, 상인, 제조업자들에 의해서 발전하였다.** 교황이 라테란에서 바티칸으로 옮겨가게 되자, 성 베드로의 바실리카 주변 지역은 '새로운 성시(成市)'로 성장해 갔으며, 15세기 중반에 니콜라스 5세(1447~1455)는 규모가 상당히 큰 성직자용 주거지를 이 지역에 세우려했다. 결국 실행되지는 못했지만, 그 계획은 플로렌스인인 레온 밥티스타 알베르티가 디자인한 것이었다.

재건 사업이 한창 시작되고 교황이 세계에서 가장 위대한 건설가가 되었던 1500년 경에, 우르비노 출신의 유랑자인 쥴리우스 2세와 플로렌스의 메디치 가문 출신의 레오 10세는 우르비노 출신의 브라만테와 라파엘, 그리고 플로렌스 출신의 미켈란젤로를 자신들의 동료로 생각하며, 장대한 규모의 프로젝트를 수행하도록 그들을 초대하였다. 다른 도시로부터 계획가들을 불러 고용하는 이러한 관행은 바로크 로마시대에도 계속되었다.

이러한 상태의 원인이 무엇인지는 정확히 알려져 있지 않다. 분명히 말할 수 있는 것은, 르네상스나 바로크 시대 동안에 로마에서는 위대한 예술가들이 그리 많이 배출되지 않았다는 점이다. "영원한 도시"의 분위기와 교황이 추진한 사업의 방대한 규모 덕분에, 로마를 방문한 예술가들은 상상력을 불태웠으며, 그 당시의 다른 어떤 도시에도 존재하지 않았던 웅장한 작품들을 창조할 수 있는 영감을 얻었다.

요즈음의 파리처럼, 로마는 당대의 인재들이 모여드는 곳이었다. 지속적인 상호교류 활동이 이루어졌다. 외부에서 온 재능있는 외국인들은 이 도시의 분위기를 통해 영감을 얻었으며, 그들은 자신들의 작품을 통해 도시에 새롭고 다채롭게 표현하였다.

로마에서 펼쳐졌던 이러한 현상들 이면에는 미리 감지되는 미래, 즉 정신적 원리로 부터 영향을 받은 새로운 형태의 중앙 행정 기구가 형성되기 위해서는 서방 세계의 존재가 필수적인 시기가 도래하리라는 희망이 내재되어 있다. 이러한 희망이 모든 성과물들을 특색없는 단조로움과 생기없는 잿빛으로 타락시키는 결과를 초래한 것만은 아니였음을 바로크 로마를 통해 잘 알 수 있다. 오히려 바로크 로마는, 여러 가지 힘들이 서로 상호작용하면서 새로운 활력을 낳았음을 증명하고 있다.

중세도시와 르네상스 도시
The Medieval and the Renaissance City

로마의 진정한 모습에서 식스투스 5세가 중세나 르네상스로부터 물려받은 유산을 조금이라도 발견하지 못한다면 그의 로마 마스터 플랜을 이해하기란 불가능할 것 77쪽 15줄 Fifth Edition

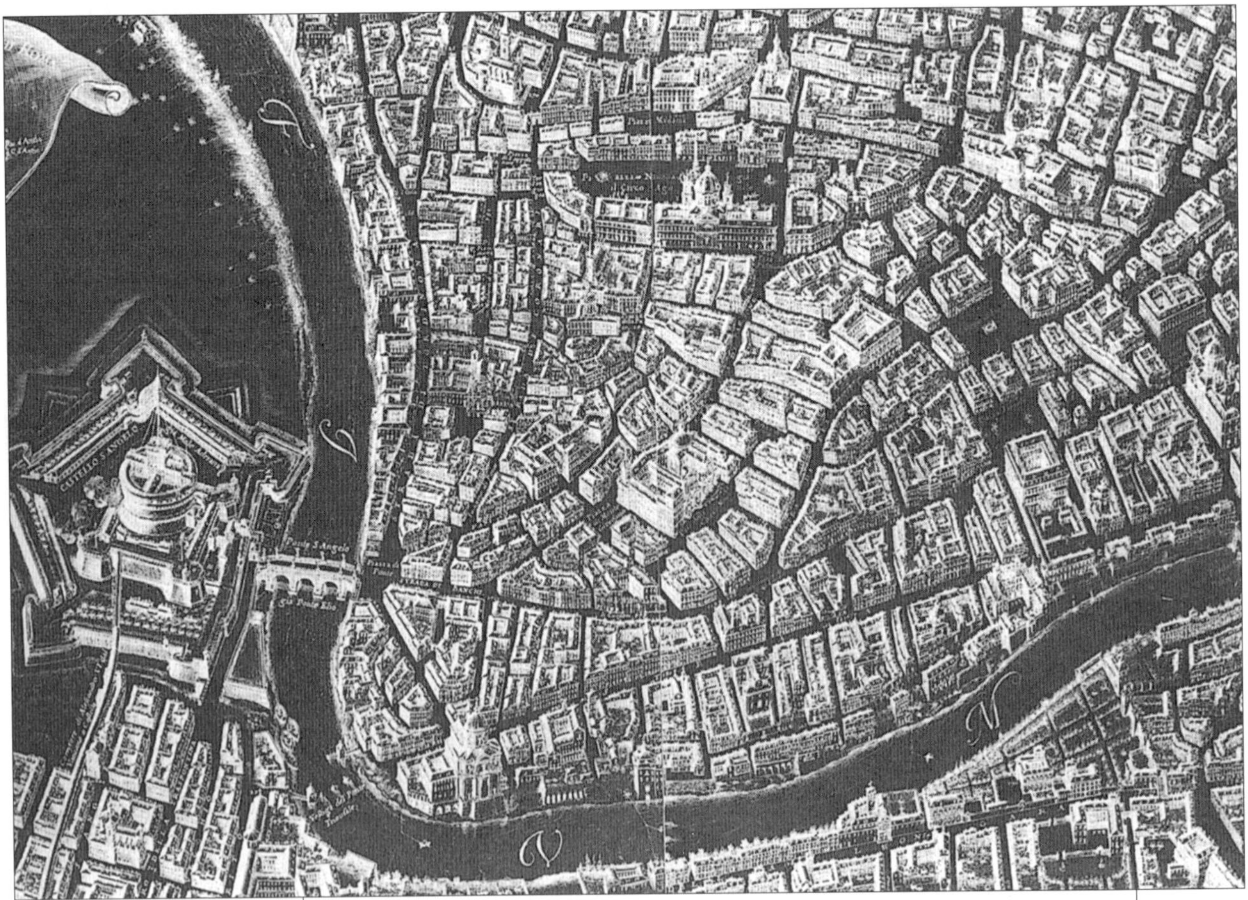

26. 지오반니 바티스타 팔다. 중세 로마, 카스텔로 S. 앙겔로에서부터 식스투스 5세의 다리까지(지도의 일부분, 1676) 쐐기 모양의 물웅덩이와 앙겔로가 지배한 티버습곡내에서 중세 로마의 중요한 부분이 밀집된 모습을 보여주며 어떻게 배치되어 있는 지를 뚜렷하게 보여주는 팔다의 지도. 그는 심지어, 교황의 보물창고와 감옥, 피난장소와 바티칸을 서로 연결하는 지하 복도까지도 그려넣었다. 하드리안 시대부터 요새의 축을 따라 강을 가로지르고 있는 퐁트 S. 앙겔로와 다리의 끝부분에 있는 퐁트광장이 중세도시의 대동맥에서 중추적인 위치를 차지하고 있다. 이 광장에서부터 뻗어나오는 방사형 도로 패턴(바울3세 치하에서 완공되었다. 1534~49)은 이러한 유형중에서 최초의 사례이다.

→

27. 식스투스 5세에 의한 바로크 로마 계획. 다이아그램 형식의 이 지도는 기존에 존재했던 도시와 관련지어서 식스투스 5세의 계획안을 보여주고 있다. 그를 위해서 계획된 거리는 굵은 선으로 표시되어 있다. 중세 로마의 경계는 음영으로 표시되어 있으며, Aurelian벽선을 따라서 아우렐리우스치하에 존재했던 로마의 윤곽이 나타나 있다. 분명하게 드러나는 점은, 식스투스5세가 가로를 등뼈처럼 유기적으로 계획했으며, 로마 지형상 필요한 곳마다 구조적인 연결을 시도함으로써 가로를 강조하고 있다는 점이다.

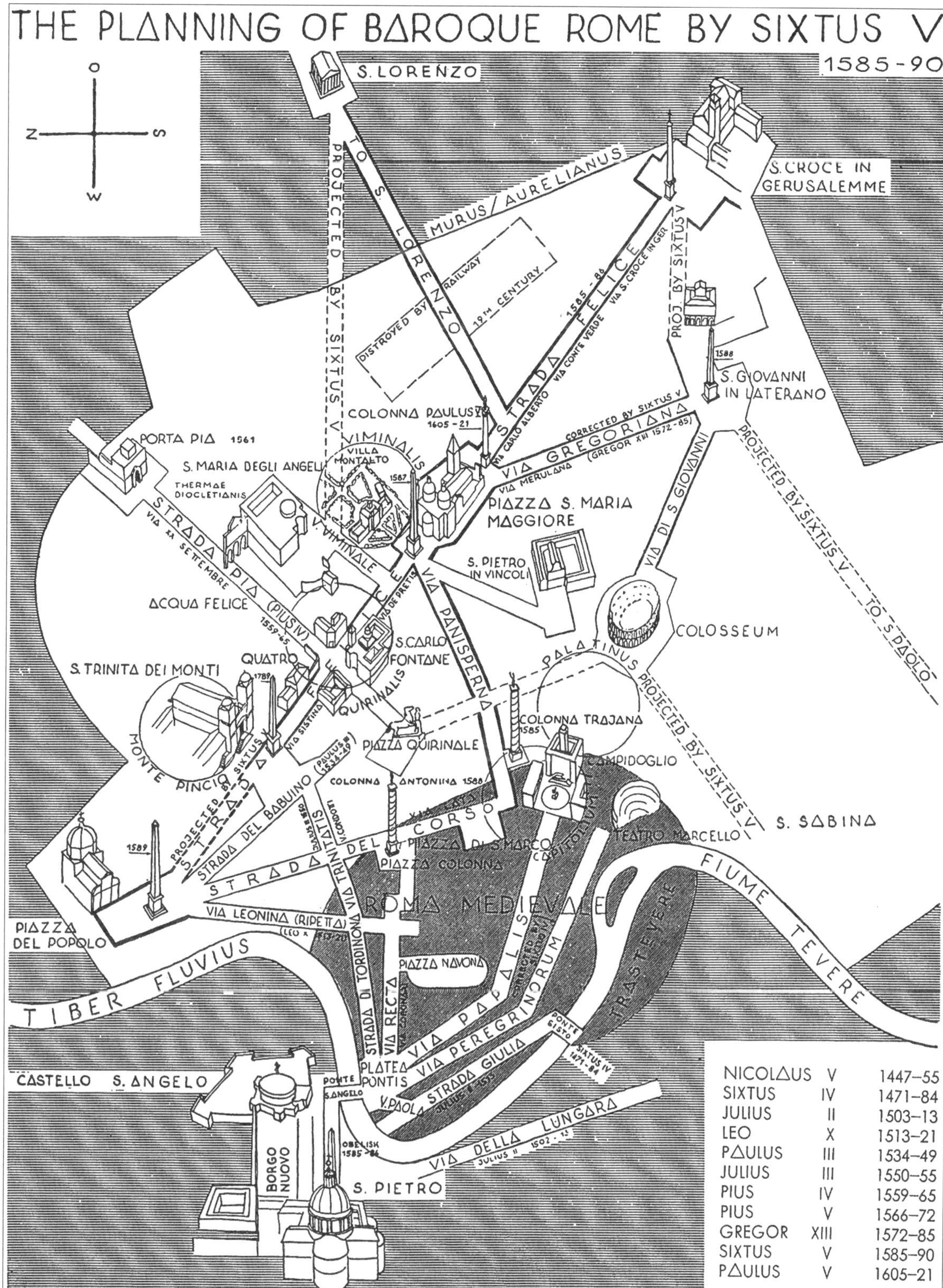

THE PLANNING OF BAROQUE ROME BY SIXTUS V
1585-90
O
Z
S
W
S. LORENZO
S. CROCE IN GERUSALEMME
MURUS AURELIANUS
TO S. LORENZO
PROJECTED BY SIXTUS V
DISTROYED BY RAILWAY 19TH CENTURY
STRADA FELICE 1585-86
VIA CARLO ALBERTO VIA CONTE VERDE VIA S. CROCE IN GER.
PROJ. BY SIXTUS V
1588
S. GIOVANNI IN LATERANO
PROJECTED BY SIXTUS V TO S. PAOLO
COLONNA PAULUS V 1605-21
CORRECTED BY SIXTUS V
VIA GREGORIANA
VIA MERULANA (GREGOR XIII 1572-85)
VIA DI S. GIOVANNI
PORTA PIA 1561
S. MARIA DEGLI ANGELI
THERMAE DIOCLETIANIS
VILLA MONTALTO
VIMINALIS
1587
PIAZZA S. MARIA MAGGIORE
V. VIMINALE
STRADA PIA
VIA XX SETTEMBRE
(PIUS IV) 1559-65
S. PIETRO IN VINCOLI
VIA DE PRETIS
VIA PANISPERNA
ACQUA FELICE
COLOSSEUM
S. CARLO FONTANE
QUATRO
S. TRINITA DEI MONTI
1789
PALATINUS
QUIRINALIS
COLONNA TRAJANA 1585
MONTE PINCIO
VIA SISTINA
PIAZZA QUIRINALE
PROJECTED BY SIXTUS V
CAMPIDOGLIO
STRADA DEL BABUINO (PAULUS III 1534-49)
COLONNA ANTONINA 1588
S. SABINA
1589
PROJECTED BY SIXTUS V
STRADA DEL CORSO
VIA LATA
PIAZZA DI S. MARCO
CAPITOLIUM
TEATRO MARCELLO
PIAZZA COLONNA
VIA TRINITATIS
FIUME TEVERE
ROMA MEDIEVALE
VIA LEONINA (RIPETTA)
LEO X 1513-21
PIAZZA DEL POPOLO
TIBER FLUVIUS
PIAZZA NAVONA
VIA PAPALIS
PEREGRINORUM
TRASTEVERE
STRADA DI TORDINONA
VIA RECTA
PONTE SISTO
SIXTUS IV 1471-84
PLATEA PONTIS
VIA PEREGRINORUM
STRADA GIULIA
CASTELLO S. ANGELO
PONTE S. ANGELO
V. PAOLA
VIA DELLA LUNGARA
JULIUS II 1502-13
BORGO NUOVO
OBELISK 1585-86
S. PIETRO
NICOLAUS V 1447-55
SIXTUS IV 1471-84
JULIUS II 1503-13
LEO X 1513-21
PAULUS III 1534-49
JULIUS III 1550-55
PIUS IV 1559-65
PIUS V 1566-72
GREGOR XIII 1572-85
SIXTUS V 1585-90
PAULUS V 1605-21

이다. 식스투스는 단편적인 구제책을 가지고 도시를 정비하지 않았다. 그는 중세 로마를 손대지 않은 채 처음부터 새로운 모험에 자신의 에너지를 집중적으로 쏟아부었다.

중세 시대의 무기력 상태에서부터 로마를 다시 생기있게 만드는 작업은 이 작업 후에 탄생된 로마의 모습만큼이나 역사적으로 경이로운 사건이었다. 다른 유럽국가들(그리고 17세기 이후의 북부 바로크)에서도 도시의 생명을 다시 부활시키려는 주목할 만한 일들이 이루어지고 있었다. 로마는 오랫동안 수면상태에 빠져 있었다. 교황의 정신적인 힘이 중세 시대처럼 강력한 적이 없었음에도 불구하고, 로마라는 도시는 중세 시대 내내 그림자와 같은 존재로 남아 있었다. 바로크 시대의 로마에서는 교회가 버섯처럼 사방에 들어섰지만, 중세의 로마에서는 북부 도시에서 독립적으로 운영되던 교회들과 약간이라도 비교될 만한 성당은 하나도 지어지지 않았다. 인구의 경우도 마찬가지였다.

종종 비교되기도 하는 13세기의 로마 인구(17,000명으로 추정됨)와 베니스나 런던, 파리 등의 인구를 보면 로마 인구가 매우 작았음을 알 수 있다.

Fifth Edition 80쪽 01줄

교황들이 아비뇽의 망명생활을 끝내고 바티칸의 새로운 정착지로 돌아오고, 처세술이 능한 메디치 가문 사람들과 다른 상인 가문에 속하는 사람들인 줄리우스 2세와 같은 '책략가(condottieri, 역주: 14~16세기 이탈리아에서 활동한 사람들)'의 후예들 가운데에서 교황이 선출되자 상황은 서서히 변해갔다.

거의 쓸모없는 중세 로마의 중심은 카스텔로 S. 앙겔로 반대쪽에 위치하였고, 티베르 강의 습곡사이에 위치하였다. 이 지역의 기후는 건강에 해롭기로 유명했기 때문에 고대 로마 시대동안 개발되지 않은 채 방치되어 있었다. 중세 로마는 이 지역에서부터 시작해서 티베르 강근처의 마르셀리우스 극장과 캐피톨 방향으로 뻗어나갔다.

카스텔로 S. 앙겔로를 통해 바티칸과 연결되는 "새로운 성시(城市)"에 펼쳐진 중세의 중심지 외곽에서부터 도시의 변형이 이루어지기 시작하였다. 이 성은 교황 소유의 보물창고, 감옥이며 침략이나 반역이 있을 때 피난장소로 이용되었다. 지오바니 바티스타 팔다가 작성한 지도(**도판. 26**)를 보면 이 성이 주도적인 위치를 차지하고 있음을 명확히 알 수 있다. 이 지도에는 '새로운 성시'의 나란하게 배치된 르네상스

가로들도 나타나고 있다.

성의 축위에 세워진 다리인 폰트 S. 앙겔로가 중심지역으로 향해 나있는 가장 중요한 출입구가 되었고, 르네상스 상업 중심지로서 그 이름을 갖게 되었다. 교황의 조폐국이 이곳에 있으며 외국 은행이나 키지(Chigi) 가문과 메디치 가문, 아우그스부르그 출신의 푸거스 가문 같은 대규모 상업조직체들도 이곳에 위치하고 있다. 사실, 이곳은 르네상스 시대의 증권가였으며, 이 지역에서 결정되는 일은 때때로 유럽전체의 재정, 외교, 교회가 겪는 운명에 결정적인 영향을 미치기도 했다.

니콜라스 5세 때부터, 교황들은 다리의 끝부분에 광장을 조성하였다. 부팔리니가 작성한 로마 지도(1551)에는 이 광장의 이름이 "포룸 폰티스"로 되어 있으며, 1676년에 팔다가 작성한 지도에는 "폰티 광장"으로 되어 있다. 르네상스 시대에 와서 이 광장은 **중세 도시를 관통하는 주요 도로들**이 직·간접적으로 시작되는 중추적인 장소가 되었다. 이 도로들은 자랑스러운 이름을 가지고 있다. 짧은 길이로 불규칙하게 나있는 수많은 중세의 골목길과 이어져 있는 페레그리노룸 가(街)는 마르셀루스 극장에서 끝나고 있다. 이 보다 더 화려한 이름을 가진 파파리스 가(街)는 캐피톨과 비틀어져 연결되어 있고 계속해서 라테란까지 뻗어 있다. 중요한 연결로 중에서 세 번째는 부분적으로 고대에 기원을 두고 있는 렉타 가(街)이다. 이 도로는 나중에 조성된 콜로나 광장과 코르소(라타) 가(街)와 어렵게 연결되어 있다.**(도판. 27)** 80쪽 30줄 Fifth Edition

페레그리노룸 가(街)와 파파리스 가(街), 데이 코로나리 가(街)는 모두 중세 시대에 부분적으로 조성되어 있는 거리였지만, 15세기의 확장 공사가 이루어진 거리였다. 1480년의 교황 칙령을 통해 식스투스 6세인 레스토라토 우르비스는 튀어 나온 건물과 장해가 되는 도로들을 제거하라고 명령했다. 이것은 로마의 도시적 상황에서 이루어진 가장 중요하고 유래없는 개선책이었다.

광장에서부터 시작해서 도시를 관통하여 **중세와 르네상스의 가로들**과 직접적으로 연결되는 짧은 도로들을 조성함으로써 교황들(특히 바울 3세)은 폰트 광장을 중심으로 한 그들의 작업을 성공적으로 완성했다. 이 도로들은 그 길이는 짧지만 여러 방향으로 방사하고 있는 방식의 도로들 중에 최초의 사례에 해당된다. 이 도로들 중에는 브라만테의 쥴리아 가(街)와 디 파나코 가(街)와 연결되는 파올로 가(街)가 포함되어 있다. 이 도로를 따라 나있는 짧은 가로인 디 파니코 가(街)는 데이 코로나리 가(街)와 연결되어 있다.

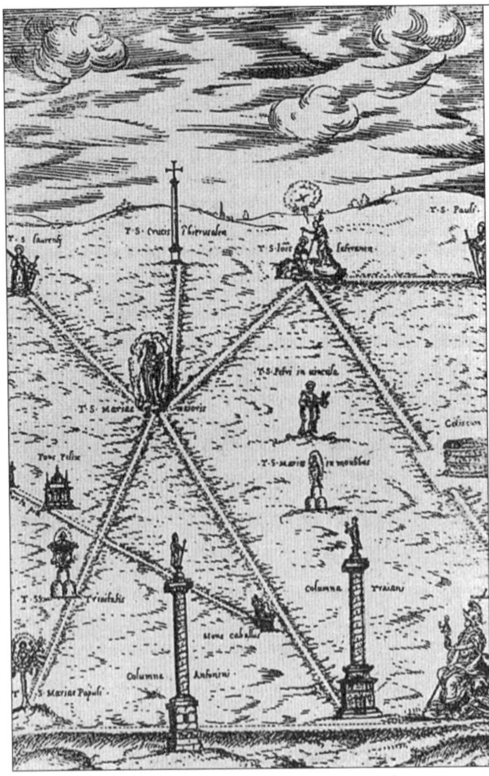

28. G. F. 보르디노. 식스투스 5세의 거리에 대한 스케치 도면., 1588. 식스투스 5세의 작품을 현대에 와서 스케치한 이 그림은, 성지들 사이를 단순히 연결하는 체계로서 식스투스의 도로 계획을 축소시키고 있다.

르네상스 가로중에 가장 중요한 것중의 하나인 트리니타티스 가(街)는 폰트 광장에서 시작되어 북쪽의 스트라다 디 토르 디 노르마와 연결되어 있다. 트리니타티스 가(街)는 바울 3세에서 시작되어 줄리우스 3세(1550~1555)시대까지 계속되었다. 레오나르도 버팔리니가 작성한 지도에는 이 가로가 긴 직선으로 표시되어 있으며, 르네상스 로마의 미 개발지역의 대부분을 관통하여 식스투스 5세의 작업 대상지역인 핀치오 언덕의 기슭에 있는 르네상스의 산 트리니타 데이 몬티 교회 근처에서 끝나고 있다.

식스투스 5세와 교황의 자리

Sixtus V and his Pontificate

Fifth Edition 82쪽 10줄

교황의 자리는 대부분의 경우 이탈리아의 지배적인 가계와 귀족 출신들 차지하였다. 그러나 예외는 항상 있었다. 심지어 귀족의 권한이 계속 증가하여 중세의 대중적 권리를 억압했던 16세기 말에도 예외가 있었다. 하층 계층 출신인 식스투스 5세가 인간이 열망하는 정신적이며 세속적인 힘의 위엄을 부여받은 것이다. 이전의 교황들과는 다른 조건에서 등장한 식스투스 5세가 이러한 위험한 순간에 교황의 사리에 오를

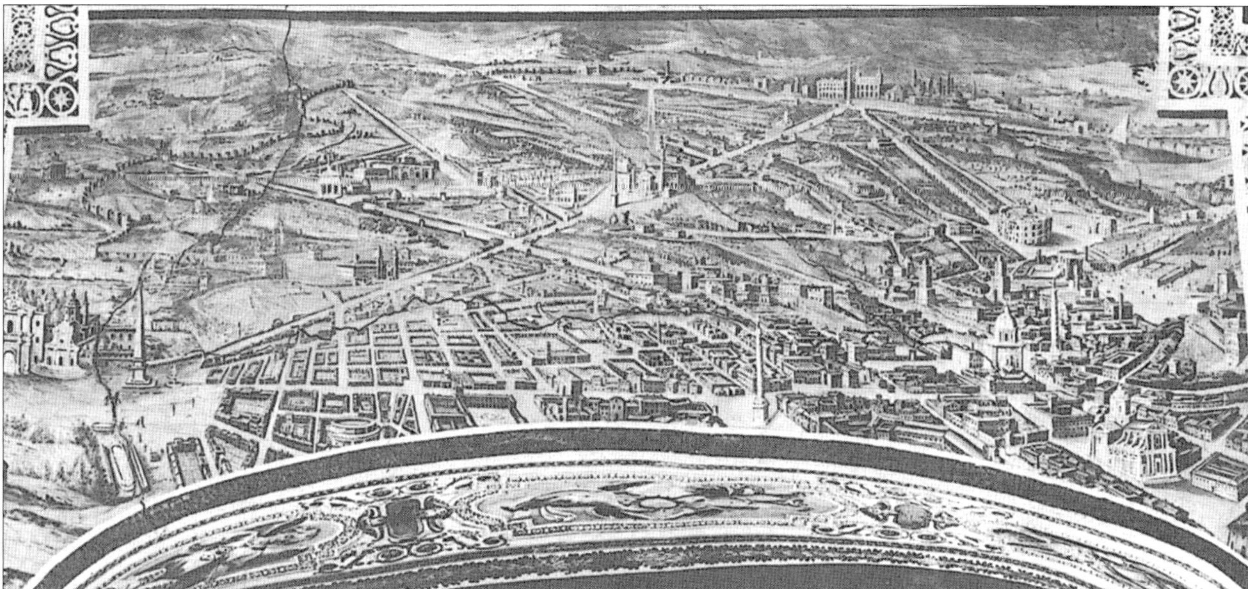

29. 식스투스 5세의 로마 마스터 플랜, 1589. 바티칸 도서관에 있는 이 프레스코화는 북동쪽에서 남동쪽으로 향하고 있다. 중세 로마와 바티칸은 도서관 문의 아치에 의해서 분리되어 있어서, 시선이 식스투스 5세의 작업들에 집중되어 있다. 이 그림을 지배하고 있는 것은, 좌측의 포폴로광장에서 시작해서 산 트리나타 데이 몬티를 지나 산 마리아 마치오레까지 뻗어있고 라테란궁까지 계속되는 펠리스 가(街)의 직선이다. 오벨리스코와 기둥들이 광장에서 돌출해 있고 아쿠아 펠리스의 분수는 좌측에 있는 피아 가(街)의 중간쯤에서도 인식된다.

수 있었던 것은 바로 반(反) 종교개혁의 내적인 힘과 활기였다.

프란체스코 수도회의 탁발 수사로 알려진 식스투스 5세는 12살에 교단에 들어갔다. 그는 달마티아 지방 농부의 아들이었다. 그의 진짜 성은 알려져 있지 않으며, 그의 사촌 이름인 페레티라 불렀다. 아들의 운명을 내다보면서 그의 아버지는 아들에게 펠리스(펠릭스)라는 세례명을 주었다. 다른 교황들과는 대조적으로 그는 완전히 이 이름을 버리지 않았다. 그가 가장 마음에 두었던 2개의 프로젝트에 이 이름을 붙였다. 그 예로, 로마의 거대한 북서부 - 남동부 하이웨이인 스트라다 펠리스와 남동쪽 언덕의 생활을 유지해주는 수계(水系)인 아쿠아 펠리스를 들 수 있다.

남다른 상황속에서 교황이 된 식스투스 5세에게 반(反)종교개혁은 그 자신에게 하나의 기회가 되었다. 그는 짧은 기간내에 종교와 국가에 대한 강력한 힘을 가지게 되었다. 정치적 통치권과 세속적 통치권을 동시에 획득한 점이 그가 작업(이 권력이 없었더라면 이루지 못했을 일)을 수행하는데 큰 힘이 되었다. 그러나 그의 통치기간은 길지 못하였다. 현명한 그였지만 나이가 드는 것은 어쩔 수 없었다. 이러한 운명때문에 위대한 교황들 대부분이 생명의 유한함과 성취욕 사이의 비극적인 갈등에 싸이게 되었다. 식스투스 5세 역시 마찬가지였다.

Fifth Edition 85쪽 01줄

펠릭스 페레티(1521~1590)는 전임교황인 그로고리 13세에게 혹독하게 무시당한 채 13년이라는 길고 너무나 고통스운 시절을 참아내야 했다. 서른살에 그는 사순절 설교자로 로마를 방문하게 되었다. 45세에 베니스 공화국의 종교재판관이 되었고, 58세에 이르러 몬탈토라는 이름을 부여받고 자신의 고향과 인접한 그로타마르라는 소도시의 추기경이 되었다. 그가 교항의 자리에 오른 때는 이미 64세였다. 69세에 그는 퀴리날에 있는 미완공된 궁전에서 말라리아로 세상을 떠났다.

청빈의 서약으로부터 자유로운 위치인 고위 성직자(추기경)가 되었음에도 불구하고 어릴 때의 농부 기질이 되살아났다. 그는 산 마리아 마지오레 교회와 부속 수도원 외에는 어떤 건물도 없는 황무지땅을 구입하였다. 재정적인 어려움과 숙적들의 저항

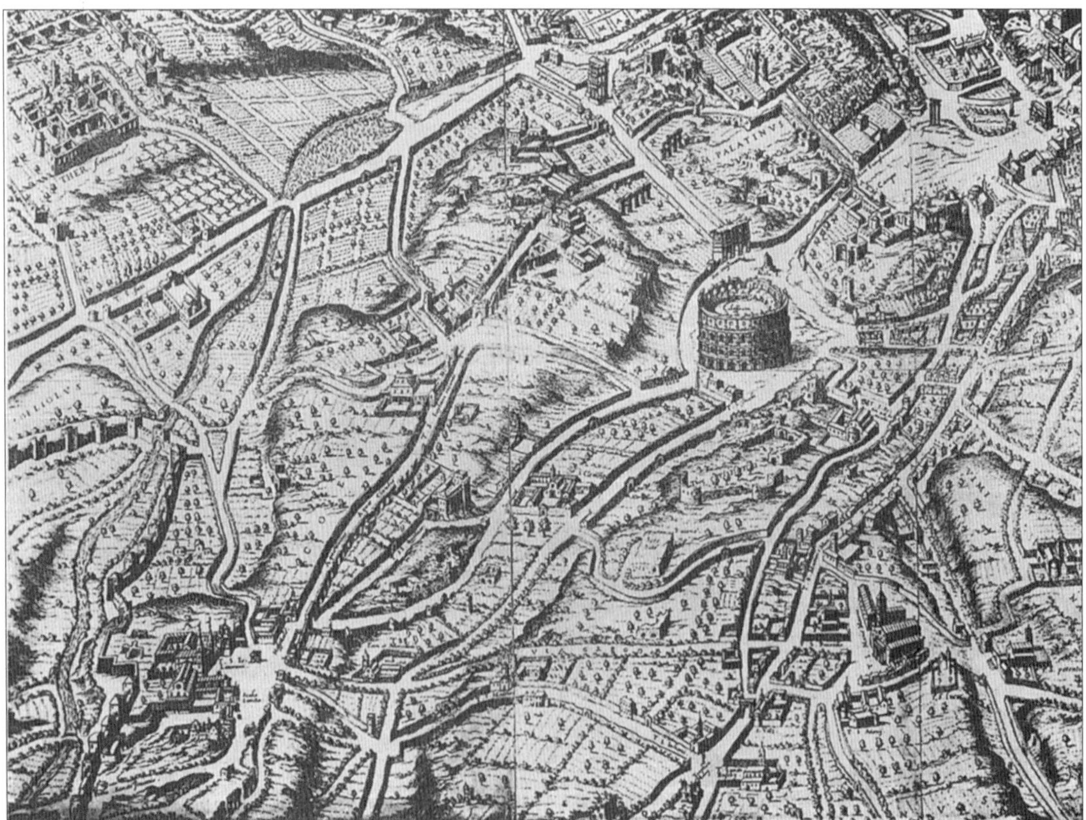

30. 로마: 콜로세움과 라테란 궁 사이에 있는 구역, 쿠 페락 레프레리가 그린 지도, 1577. 식스투스 5세 시대에 깔끔하게 정비되기 바로 전의 모습으로 농촌 풍의 구릉지와 아무렇게나 꾸불꾸불하게 나있는 도로들이 보인다. 이 지도에서는, 라테란궁이 좌측에 있고 농촌풍대로라면, 산 마리아 마지오레는 우측에서 발견될 수 있을 것이다. 그레고리 13세가 만든 크레고리아나 가(街)가 두 교회사이에 놓인 짧은 직선 코스로 이루어졌다는 것도 명확하게 알수 있다. 산 마리아 마지오레와 핀지오사이를 펠리스 가(街)로 연결할 때 식스투스 5세가 직면했던 어려움들이 이 지도를 통해서 잘 이해할 수 있다.

에도 불구하고 이곳에 탑이 있는 농가를 지었고, 그 집을 팔라제토 펠리스라 불렀다. (도판. 32)

그는 젊지만 별로 유명하지 않은 도메니코 폰타나로 하여금 이 농가 건물을 건설하도록 하였다.

농부의 아들인 그에게 건물보다 더 중요한 것은 자신의 정원이었다. 이 건물의 뛰어난 계획안과 폰타나의 로마 재건 계획안을 통해 교황과 건축가, 건축주와 건설가가 우호적이고 보기 드문 협동체를 이루면서 작업에 임했음을 잘 알 수 있다.

교황 그레고리 13세의 눈밖에 나서 오랫동안 은퇴생활을 하는 동안, 그는 영지(領地)와 같은 이름을 가진 빌라 몬탈토에서 살았다. 그는 교회의 신부에게 편지를 쓰고 새로운 계획을 짜느라고 분주했으며 건물에 대한 열정도 다시 생겨나기 시작하였다. 산 마리아 마지오레의 부속건물로 건설한 장례식용 채플이 너무 비정상적으로 규모

31. 로마:콜로세움과 라테란궁사이에 있는 구역, 안토니오 템포스타가 그린 지도, 1593. 식스투스 5세 치하 바로 이후에 작성된 이 지도는 상이한 각도 때문에 다른 지도들과 비교하기가 어렵다. 게다가, 분명한 점은, 이 몇 년동안 큰 변화가 있었다는 것이다. 직선도로는 콜롯세움과 라테란궁앞의 오벨리스크를 연결하고 있으며 이 오벨리스크 앞에서부터 시작되는 직선(개선된 그레고리아나 가(街))은 지도의 오른쪽을 가로질러서 지도에는 나타나 있지 않은 산 마리아 마지오레까지 뻗어있다. 식스투스 5세가 애호했던 이 교회는 직선 가로(펠리스 가(街)의 일부분)를 통해서 지도의 꼭대기에 있는 산 크로체와 연결되어 있다. 콜로세움쪽으로 가까이 가면, 마당이 주택들로 채워지면서 이루어진 대규모 건설 사업을 관찰할 수 있다.

가 큰 것을 보고, 가난한 추기경에게 주었던 재정적 지원을 박탈한 교황이 화를 낸것도 일리는 있었다. 이 채플에서 식스투스는 머리에 아무것도 쓰지 않고 이마 위로 머리를 쓸어올린 채 농부같은 거친 두손을 모아 '영계(靈界)의 신성한 구유' 앞에 무릎을 꿇었다. 도메니코 폰타나는 대담한 첫 번째 연출행위를 시도하였다. '구유'와 '구유를 보호하는 채플'을 모두 바닥밑으로 가라앉히는 작업이었다.(도판. 36)

폰타나는 미켈란젤로와 로마 바로크의 발흥시기 사이에 활동한 건축가로서 예술적으로 평범한 세대에 속한다. 그의 취향 역시 그의 고객의 취향처럼 밋밋하였다. 라테란과 퀴리날, 그리고 바티칸의 익부(그가 지었음)는 로마에서 가장 멋없는 궁전에 속하였지만 전체적인 상호작용이 이루어지고 있는 당시로서는 유일한 도시계획이었다.

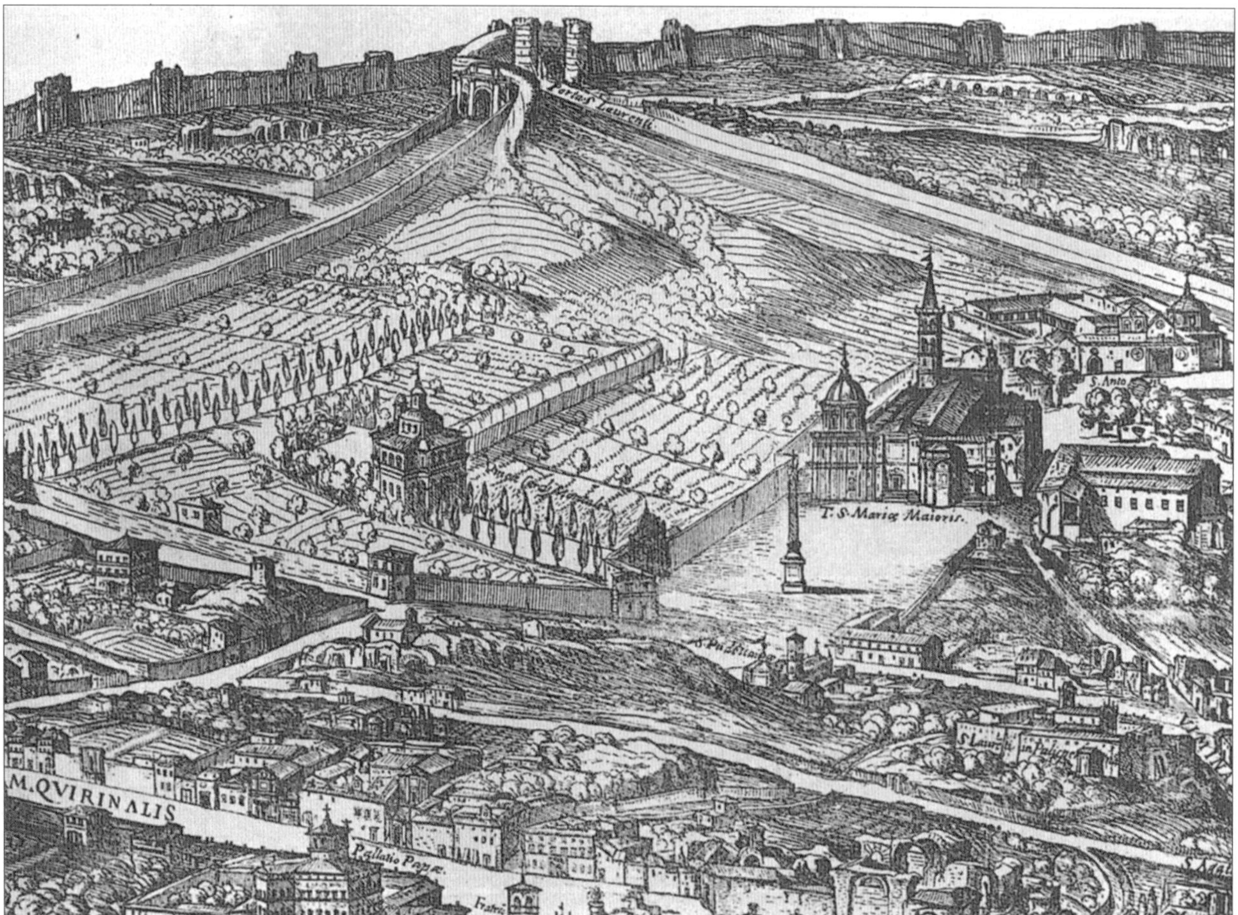

32. 산 마리아와 빌라 몬탈토, 안토니오 템페스타가 그린 지도. 부속 수도원을 가지고 있는 산 마리아 마지오레는, 나중에 식스투스 5세가 된 아우렐지안 몬탈토추기경이 1851년에 빌라 몬탈토 부지를 매입할 당시의 모습을 보여주는 에스퀼린 언덕 위의 황량하고 가물어 있는 땅위에 홀로 서있다. 이 지도에서는, 울타리가 쳐진 땅과 팔라조토, 탑, 사이프러스 나무가 심어진 두 가로가 명확하게 표시되어 있으며 새롭게 조성된 광장과 교회 앞의 오벨리스크, 교회뒤에 나있는 식스투스 5세의 새로운 도로(아우렐지안 벽을 거쳐서 산 로렌쪼에 이르는 도로)등도 잘 나타나 있다. 템페스타가 땅의 거친 특성을 묘사하기 위해서 굴곡지게 만들어 놓았기 때문에 펠리스 가(街)를 분간하기 어렵다.

몬탈토 사유지에 있는 폰타나의 팔라제토 역시 그렇게 중요한 건물은 아니지만, 길게 뻗은 전망을 가진 정원 계획(**도판. 35**)은 르네상스의 사각형 모양의 정원보다 한 세기를 앞서가는 것이었다. 몬탈토에서, 한 소작농의 아들이 완전히 자기 소유가 된 땅을 발견하였고, 바로 여기서 그는 오랫동안 억눌려 왔던 땅과의 대화를 시작하였다. 추기경과 교황의 직위에 있으면서 손수 사이프러스 나무와 올리브 나무를 심는 등 자신의 소유지를 일구는 데 온 힘을 기울였다. 나중에 증측한 익부에 그려져 있는 벽화(현재 콜레지오 로마노에 소장되어 있다.)를 보면 금방 심은 듯한 어린 나무들이 매우 허약한 상태로 벽 위에 나타나고 있다.(**도판. 33**)

교황으로서 그가 한 활동중에 **가장 격찬할 만한 점은** 임기가 시작되는 날부터 **여러 작업을 동시에 해내는 능력**이었다. 그렇게 짧은 임기 동안 대작업을 해낼 수 있었던

90쪽 13줄 Fifth Edition

33. 산 마리아 마지오레와 오벨리스크, 1587. 콜레지오 마씨모에 있는 프레스코화. 이 프레스코화는 식스투스 5세가 주택 관리자들을 위해 자신의 땅주위에 세워놓은 건물을 장식한 적이 있었다. 앞쪽에는 운전석이 높이 올라가 있는 초기의 마차가 있으며 왼쪽에는 땅의 경계를 만들고 있는 작은 나무들이 보인다. 이 나무들은 부드럽고 연약해 보이며 식스투스 5세가 직접 심은 것들이다.

34. 현재의 오벨리스크, 반대편에서 본 모습. 산 마리아 마지오레 쪽에서 바라다 본 오벨리스크의 이 모습에는 핀치오로 향해 내려가는 펠리스 가(街)가 보인다.

힘은 임기가 시작되자 마자 불과 몇해 동안에 얻어진 것이었다. 이런 일이 가능했던 것은 그의 확신에 찬 추진력이었다. 바론 하우스만이 단계적으로 파리를 재건했다면, 식스투스 5세는 한꺼번에 모든 곳에서 즉각 일을 수행했다.

그가 이루고자 했던 많은 과업들(정치적, 행정적, 그리고 도시계획적인 측면의 과업)을 성취하는데 할애된 시간은 겨우 5년 4개월이었다. 그가 건물계획안들을 수행하는데 들였던 대단한 속도감은 죽음과의 경주 그 이상이었다. 그의 건축가였던 폰타나가 언급했듯이 아무리 빠른 속도로 일을 진행해도 교황을 흡족하게 할 수 없었다.

임기중에 최초로 식스투스 5세는 1년도 채 안돼 스트라다 펠리스 가(街)(1585~86)를 완공했고 마지막에는 역사적인 결단을 내려 거의 한 세기 동안 손대지 못했던 베드로 성당의 큐폴라를 22개월만에 지었다. 미켈란젤로 계획안의 책임 건축가였던 지아코모 델라 포르타와 도메니코 폰타나는 800명의 노동자를 동원하여 밤낮없이 주말과 휴일을 가리지 않고 작업해야 했다.

꼼꼼하게 작성된 노트에는 탁발 수사인 펠릭스 페레티의 상세한 활동사항이 남아있다. 교황 식스투스 5세는 그가 통치하는 국가의 정치적, 사회적 일면에도 유사한 질서를 부여하기로 결정하였다. 단시간에 그는 도시 안팎의 세력을 규합하여▼9 사람

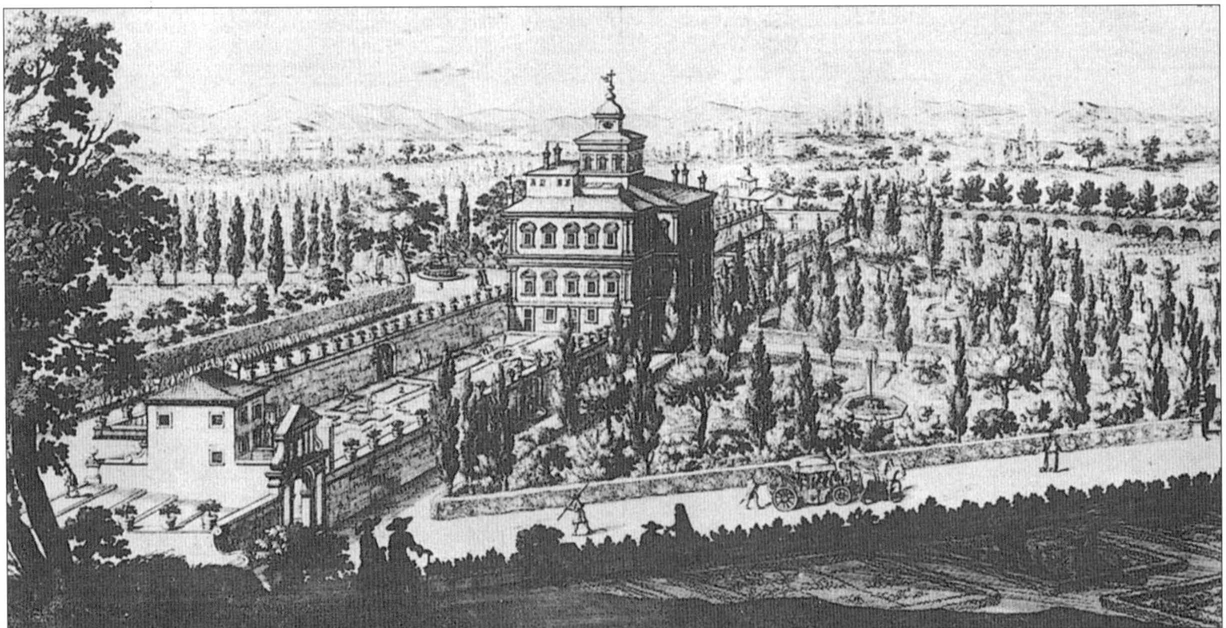

35. 17세기 후반의 빌라 몬타오토. 르네상스의 네모난 정원(parterres)보다 한 세기 후에 식스투스5세가 계획한 모습을 그대로 보여주는 직선가로와 그 정원. 도시 발달로 야기된 철도시대에 들어와서 마구 훼손될 때까지 존재한 사이프러스 가(街)는 그가 직접 계획한 것이였다.

들을 괴롭히는 귀족과 산적대를 없앴으며 짧은 임기동안에 카스텔 S. 앙겔로에 있는 교황의 재산을 20배로 늘렸다. 그가 벌린 일에는 어느 정도의 잔혹함이 엿보이기도 하였다. 그는 금욕적인 동시대인들이 가졌던 경직된 도덕성과 가톨릭 종교재판관의 완고함을 모두 가지고 있었다. 터스칸 대공의 말에 따르면 사람들을 가차없이 다루듯이 건설도 무모하리 만치 대담하게 시행하였다.

나라의 질서를 잡아나감과 동시에 도메니코 폰타나가 '당당한 모험심'이라 부른 업무를 수행하였다. 교황이 된 첫해에 펠리스 가(街)를 착수하여 같은 해에 완공하였다. 베드로 성당앞으로 오벨리스크를 옮겨놓는 작업이 시작되었고, 아쿠아 펠리스와 라테란, 그리고 바실리카를 위한 운하와 고가를 우선 건설하고 트라얀 기둥과 폰타

36. 도메니코 폰타나. 성(聖) 구유의 채플 이동 작업. 성(聖) 구유의 유물을 담고있는 채플 전체를 산 마리아 마지오레에 있는 기존의 장소에서 식스투스 5세가 자신의 무덤과 은인인 피우스 4세의 무덤를 위해 지은 새로운 채플로 옮기는 작업은 매우 위험한 일이었다. 여기서 공학에 기여한 폰타나의 능력을 엿 볼 수 있다.

인 습지의 배수로를 제거했다.(이 작업에는 2000명이 넘는 노동자가 동원되었다.) 이러한 작업은 자신의 사유지와 산 마지오레 부속 채플을 거의 광적으로 개발하는 시발점이 되었다. 우리는 이를 통해 그의 도시계획 작업이 매우 신속하게 즉각적으로 진행된 이 작업임을 알 수 있다.

마스터 플랜

The Master Plan

Fifth Edition 91쪽 28줄

식스투스 5세는 도시계획 분야에서, 관련 사실들을 조합하고 다시 결합하여 전체 체계를 잡아갈 수 있었던 몇 안 되는 사람들 중의 하나에 속한다. 그는 계획을 실현하는데 어떠한 것도 방해할 수 없도록 했다. 오로지 죽음(너무 일찍 현실로 다가왔지만)만이 그의 지칠 줄 모르는 에너지를 누를 수 있었다.

식스투스가 통치하기 전에 이미 로마에서는 기이한 현상이 일어나고 있었다. 대부분의 도시들이 동쪽에서부터 서쪽으로 개발되어간 것에 반해, 근대 로마는 서쪽에서부터 동쪽으로 성장해 갔다. 좀 더 자세히 말해, 개발의 바람이 북서쪽(바티칸)에서 출발하여 남동쪽의 구릉지로 옮겨 간 것이다.

1503년과 1513년 사이에 줄리우스 2세는 티베르 강 양쪽에 두 개의 일직선 도로를 냈다. 오른쪽 강둑에는 룬가라 가(街)를, 왼쪽 강둑에는 줄리아 가(街)를 놓았다. 그의 후임자인 레오 10세(1513~1521)는 스트라다 레오니나(리페타 가)를 계획했다. 이 도로는 포폴로 광장에서 뻗어나오는 3개의 도로 중에서 가장 동쪽에 위치한 것이다. 바울 3세(1534~1549)는 이 도로의 맞은편에 바뷔노 가(街)를 계획하였다. 한편 이 두 도로의 중앙에서 축을 이루고 있는 라타 가(현재의 코르소)는 북쪽에서 로마로 입성하는 고대의 출구로 이미 존재하고 있었다. 이 도로에 서있는 몇 개의 로마 르네상스 교회 중에 두 건축물(산 마리아 델 포폴로와 핀치오의 정상에 세워진 산 트리니타 데이 몬티)이 식스투스 5세 치하에서 완성되었다는 점은 주목할 만하다.

지금은 남서쪽으로 개발이 한창이다. 피우스 4세는 버려진 퀴리나 언덕에서부터 미켈란젤로의 포르타 피아(1561)까지 2㎞에 달하는 직선가로를 놓았다. 그가 죽은 후에 이 도로는 피아라 가(街)는 이름이 붙여졌다. 여기서 우리는 식스투스 5세의 도시계획안의 한가운데에 와 있다고 할 수 있다. 끝으로, 식스투스 5세의 바로 이전 교황이었고 그의 숙적이었던 그레고리 13세(1572~1585)는 산 마리아 마지오레와 라테

란의 산 지오바니 바실리카를 연결하는 오래된 도로의 군데 군데를 일직선으로 가다듬었다.(도판. 30)

권력을 인도받은 프란체스코 수도회 출신의 교황인 식스투스 5세는 단편적으로 이루어진 개발을 시대적인 순서대로 서쪽에서 동쪽으로 확장해 나갔다. 그는 이 모든 개발을 하나의 마스터 플랜으로 수렴할 수 있는 능력을 가지고 있었다. 이러한 재건을 촉구한 충동은 자연히 절충적인 것이었다. 도로의 접속을 통해 일곱채의 주(主)교회와 하루 순례여행 코스에서 빼놓지 않고 방문하는 일곱채의 주교회와 성소를 한꺼번에 연결할 수 있게 되었다. 이러한 기획 저변에는 반 종교혁명과 교회의 새로운 부흥을 엿볼 수 있다. 사제(司祭)가 지적하였듯이 식스투스 5세는 로마 전체를 하나의 성지로 만들고자 하였다.

성직자들과 순례자들의 눈에는 식스투스 5세의 계획이 단순히 성지들을 연결해 주는 도로계획안으로 비춰졌다. 그의 업적을 찬양한 시가 한 편 있다. 라틴형식의 육보격(六步格)의 시▼10로서, 웅변 수사(修士)인 보르디노가 교황의 작업이 한 창 진행중일 때(1588년)에 지은 것이다. 이 시에는 초보적인 스케치 계획안(도판. 23)이 그려진 삽화가 포함되어 있지만, 그곳에는 주교회와 이 교회를 연결하는 도로 뿐이다. 이 도로들은 산 마리아 마지오레의 바실리카에서부터 시작하여 여러 교회들까지 연결하는 별 형상을 이루고 있다. 별 형상의 계획안은 실제 계획의 목적에 관한 오해를 불러일으켰다. 사실 이 계획안은 르네상스의 별 형상의 도시와 전혀 다른 특징을 가지고 있다.

불행히도 건축가의 원래 계획안을 찾으려는 노력은 결실을 보지 못하였다. 아마도 이 계획안은 존재한 적도 없었는지 모른다. 식스투스 5세 치하에서 수행된 프로젝트에 참여한 **도메니코 폰타나**는 '주인 어른이 만들어 놓은 길'이라는 언급을 몇마디 했을 뿐이다. 이 말에는 **근대 도시가로 배치를 결정짓는 견해**가 최초로 표명되어 있다. 여기서 폰타나의 글▼11을 언급하는 것은 나름대로 의미가 있다. 그는 일반적인 문제를 지적하면서 다음과 같이 말하고 있다.

"헌신과 서약의 마음을 가지고 몰려드는 사람들에게 쉽게 길을 터주려는 우리의 교황은 로마시에 있는 성지, 특히 면죄부와 성골로 유명한 일곱개의 교회를 자주 방문하곤 한다. 이제 여러 곳에 편리하고 직선적인 가로가 만들어졌다. 따라서 사람들은 로마에서 원하는 장소는 어디든지 간에 도보나 말, 그리고 수레로 갈 수 있게 되었고 계속해서 곧게 나있는 가로를 통해서 유명한 성지까지 갈 수 있게 되었다."

이 도로들은 서로 부딪히는 어려움도 있지만, 자연적인 장애물을 극복하고 방해가 되는 것들은 모두 없애면서 만들어졌다. 이와 동시에 식스투스 5세는 놀라울 정도로 다양한 로마의 지형을 잘 알고 있었으며 "신체적인 감각에 호소하는 다양한 투시기법"을 이용하였다.

Fifth Edition 94쪽 01줄

"상당한 비용이 들고, 훌륭한 왕자(식스투스)의 정신에 부합하는 이러한 도로들은 계곡이나 언덕을 만나도 아랑곳 없이 도시의 한 쪽 끝에서 반대쪽 끝으로 뻗어 나갔다. 그러나 계곡은 메꾸고 언덕은 깍아내렸기 때문에 지형은 완만한 평지로 되었고 대지는 멋지게 변해 갔다. 가로가 만나는 몇 군데는 다양한 투시기법을 이용하여 도시의 가장 낮은 지대도 볼 수 있게 하였다. 결국 신앙심과는 별개로, 이 가로들은 신체적인 감각에 호소하는 매력을 띄면서 뻗어나가고 있다."

간단히 말해, 폰타나는 식스투스의 근본적인 의도를 표현하고자 했다. 로마 시의 2/3는 아우렐리우스의 성벽 안에 있다. 이 지역중의 일부 구릉지는 날씨가 아무리 온화해도 사람들이 살지 않았고, 실제로 살 수도 없었다. "고대에 숭배되던 몇몇 바실리카를 연상시키는 중세의 교회 외에는 아무것도 없었다. 버려진 땅 전체는 계속해서 수도자의 체류지가 되었고 정적에 싸여 있었다. 이곳에 사람이 사는 곳은 수도원들과 흩어져 있는 몇 채의 오두막이 전부였다."▼12

캄파냐 평원에서 부는 바람을 맞아들이고 북서쪽의 핀치오에서부터 에스퀼린, 퀴리날, 비미날, 켈리우스로 이어지는 고대 로마의 구릉지에 접근할 수 있게 하는 것이 식스투스의 목적이었다. 이 목적을 이루기 위해 그는 아무 체계 없이 모여 있는 도로들을 단일한 도시 교통체계로 전환하는 작업에 즉시 착수한 것이었다.

"현재 의도하는 것은 도시를 다시 채워나가는 것이다. 사람들과 주택, 상점들이 들어설 거리는 앞서 교차로 때문에 방해를 받았던 곳에 많이 건설될 것이다."

식스투스는 중세의 신도시 건설방식을 따르면서 많은 특권을 동원하여 활발한 건설활동을 시작하였다. 그의 전기를 쓴 작가▼13는 다음과 같이 기록하고 있다. "상업적 이익에 눈이 밝았던 그의 여동생 도나 카밀라는 산 마리아 마지오레 근처의 에스퀼린의 한 쪽에 상점을 지어 임대수입을 올렸다."

도시의 변화는 너무나 빠르게 대규모로 일어났기 때문에, 그가 죽은 이후에 로마로 돌아온 성직자들은 모두 어리둥절했다고 한다. "건축물, 거리들, 광장들, 분수대, 수도교, 오벨리스크 등 모든 것이 새롭게 보였다."▼14

폰타나가 가장 큰 자부심을 가지고 건설한 것은 교황의 이름이 담긴 펠리스 가(街)였으며, 1585년에 시작하여 1년만인 1586년에 완공하였다. 이 대로(현재의 아고스티노 데프레티스 가와 콰트로 폰테인 가)는 산 마리아 마지오레 앞에 있는 오벨리스크에서부터 언덕 아래로 경사져 있으며, 다시 핀치오산 꼭대기와 식스투스가 1585년에 지은 산 트리니타 데이 몬티 교회▼15까지 거슬러 올라가서 에스퀴린 언덕과 산 마리아 마지오레를 연결시켜 주고 있다. 완성되지 않았던 최종 스케치에는 이 도로가 다시 피아차 델 포폴로의 오벨리스크 쪽으로 내려간다. 이 스케치안은 바티칸의 프레스코화에 잘 나타나 있다.**(도판. 29)** 도시의 심장부와 높은 산 트리니타 데이 몬티와 지금은 콘도티 가(街)로 불리는 트리니타티스 가(街)를 연결하기 위해 식스투스가 계획했던 스페인 계단은 18세기가 되어서야 건설되기 시작하였다.

산 마리아 마지오레 너머에 위치한 펠리스 가는 제루살렘의 산 크로세 교회까지 끊기지 않고 일직선으로 나있다. 1850년 이후에 이 도로는 로마시의 지루하고 보기 싫은 지역중 하나가 되었지만, 이 도로의 여러 부분들이 다양한 이름을 갖게된 것은 바로 이때였다. 폰타나는 펠리스 가에 대해서 다음과 같이 말하고 있다.

"가장 격찬할 만한 것은 펠리스라 불리는 도로이다. 이 도로는 게루살렘의 산 그로체 교회에서 출발하여 산 마리아 마지오레 교회를 지나고 계속되며, 트리니타 데이 몬티로 이어지며, 아래로 경사진 도로 하나는 트리니타 데이 몬티에서 포르다 디 폴로까지 뻗어 있다. 따라서 도로 전체 길이는 2마일 반에 달하고, 수직선처럼 완전히 곧게 나 있으며, 마차 다섯대가 옆으로 나란히 달릴 수 있을 정도의 폭을 가지고 있다."

마차 다섯대가 나란히 달릴 수 있는 도로(달리말해, 5차선도로)는 로마인에게 놀라운 경험이 된 것 같다. 왜냐하면 그 당시는 말과 가마의자(sedan)에서 4륜마차(coach)와 마차(carriage)▼16로 바뀌는 초기였기 때문이다. 식스투스는 잊지 않고 자신의 프레스코화에 그 당시에 남아 있었던 원시적인 마차를 맨처음과 끝에 그려 넣도록 하여 개발이 아주 짧은 기간에 이루어졌음을 보여 주고 있다.

식스투스가 애정을 가졌던 곳은 산 마리아 마지오레였다. 그는 르네상스의 '이상 도시'의 경우처럼, 바실리카를 별 형상의 거리중심에 두려고 하지는 않았다. 그의 계획안은 결코 종이 위에서 끝난 것이 아니었다. 식스투스 5세는 속속들이 로마인 그 자체였다. 순례자들이 답사해야 되는 도로를 스스로 거닐었고, 한 지점과 다른 지점 사이를 실제로 경험하였다. 그리고 1588년 3월에 콜로세움에서 라테란 궁에 이르는 새로운 도로가 개통되었을 때 그는 당시에 추기경들을 동반하여 건설중이던 라테란 궁을 내내 거닐었다.

식스투스는 도로를 유기적으로 뻗어나가도록 했기 때문에 도로가 건설되는 곳마다 로마의 지형학적 구조에 대한 지식이 필요했다. 또한 그는 선임자들이 하던 작업에 세심한 주의를 기울이며 협조해 나갈 정도로 현명했다. 그레고리 13세의 그레고리나 가(街)를 연장하고(**도판. 28**) 스트라다 피아를 높혀 단차를 두면서 그들의 작업

37. G. F. 보르디노, 안토닌 기둥과 콜로나 광장의 발단, 1588. 식스투스 5세는 나중에 훌륭한 광장이 될 장소에 자신의 오벨리스크를 마치 점 지팡이처럼 갖다 놓았다. 이와중에 그는 안토닌기둥과 수세기 동안 축적되어 온 주변 공간을 제거하고, 17세기 후반에 가서야 건축적 형태를 가지게 될 경계를 고정시켜 놓았다. 보르디노의 동판화에서는, 그 시대의 건물이 가지는 원시적인 특성이 바티칸 궁에 있는 프레스코화에서보다 더 명확하게 나타나 있다. 오늘날까지도 콜로나광장은 로마의 중심으로 여겨지고 있다.

을 개선해 나가곤 했다. 그는 피아 가와 가장 훌륭하게 연결될 수 있는 도로를 위해 펠리스 가(街)를 계획했다.▼17이 두 도로가 만나서 이루어지는 각은 정확히 직각은 아니지만 도메니코 폰타나가 이곳에 아쿠아 펠리스로 물이 공급되는 분수 네 개를 설치하였기 때문에 직각에서 약간 벗어난 각도를 숨기고 직각으로 위장하고, 교차로의 중요도를 강조할 수 있었다. 각 방향에서 연출되는 풍경 때문에 이 장소는 더욱 홍미로운 곳으로 여겨졌다. 미켈란젤로의 포르타 피아와 산 마리아 마지오레의 오벨리스크, 퀴리날 근처의 두 명의 야생마 조련사 조상(彫像), 그리고 여기에 계속되어 언덕으로 상승하고 트리니타 데이 몬티와 핀치오로 하강하는 펠리스 가의 '투시도'가 이러한 풍경을 이루고 있다.

식스투스는 기존의 도로를 연장하거나 도시 자체의 필요를 충족시키면서 새로운 도시 가로망을 결합해갔다. 1589년, 바티칸 도서관 천장에 그려진 그림은 규모면에서나 완전성의 면에서 미흡하지만 시간이 그에게 주어졌다면 대단한 것이 되었을 것

38. C. F. 보르디노, 세워진지 얼마 안 되는 모습을 보여주는 베드로 성당앞의 오벨리스크, 1588. 산 마리아 마지오레안의 성(聖) 구유를 제거한 일은 물론, 이 오벨리스크를 이동시킨 작업은 미술 애호의 전형적인 사례이며, 16세기 후반의 힘겨운 기술 개발에 관한 관심을 나타내고 있다. 나중에 등장하게될 갈리레오의 작품에 영향을 미쳤다.

이다. 따라서 실제로 완성된 것에 기초한 지도보다 이 **프레스코화에서 그의 마스터 플랜의 개념**을 더 잘 읽을 수 있다.**(도판. 29)**

Fifth Edition 97쪽 09줄

이 프레스코화 왼쪽에는 포폴로 광장의 오벨리스크가 있다. 일직선의 펠리스 가(街)는 산 마리아 마지오레의 오벨리스크까지 뻗어 있고 라테란 궁의 산 지오바니까지 계속된다. 여기서부터 산 파올로 푸오리르 무라(산 바울의 외벽)에 이르는 연결로와 반대쪽으로 제루살렘의 산 크로세에 이르는 연결로가 윤곽을 드러내고 있다. 라테란 궁과 콜로세움을 연결하는 일직선이 여기에 이미 나타나고 있다.

다시 산 마리아 마지오레로 돌아가 보면, 이곳에는 제루살렘의 산 크로세로 직접 나있는 도로와 고대 로마 도시의 성벽에서 결코 멈추지 않을 것 같은 산 로렌초 푸오리 르 무라로 나있는 연결로가 있다. 결국 구도시를 연결해주는 것은 페니스페른 가(街)이며 이 도로는 트라잔의 기둥과 산 마르코 광장(베네치아)을 향해 직접 뻗어 있다. 이러한 도로들은 교차도로망에 의해 서로 연결되고 있다.▼18 만일 시간이 더 있었다면, 그는 도로와 광장, 배수로, 건물 등을 모두 갖춘 로마를 재건할 수 있었을 것이다.

로마는 기념비적인 측면에서 플로렌스나 시에나, 그리고 베니스 같은 도시 정신을 표현한 자랑스러운 도심을 만들지는 못했다. 도미티안 스타디움의 윤곽을 따라 형성된 나보나 광장처럼 로마의 광장은 도로에서 떨어져 있다. 이러한 광장들은 시장이나 축제의 장소로 이용되었지만 사회적으로 가치 있는 건물은 하나도 없었다. 건축적 장관에도 불구하고 캐피톨마저도 다소 고립된 대지에 위치하였다. 식스투스 5세는 그 이전이나 이후의 다른 어떤 교황보다 도시 전체에 광장을 만드는 데 더 큰 열정과 기대를 가졌다. 이 중에 많은 광장들이 교회와 관련되어 있었지만 모두 다 그런 것은 아니었다.

그의 건물(라테란 궁과 퀴리날 궁)의 앞마당과 도로가 만나는 곳은 어디나 후대에 가서도 개발할 수 있을 정도로 충분한 넓은 개방 공간을 제공하고 있다. 실례로 디오클레티안 테르메의 정면에 마련된 넓은 구역과 몬탈토에 있는 자신의 사유지 경계구역을 들 수 있으며, 이 사유지는 19세기의 철도역 광장인 테르메 광장으로 발전하였다. 그는 안토닌 기둥의 주변을 말끔히 없애고, 콜로나 광장(1588)의 윤곽을 찾아가면서 오늘날의 도시 중심을 만들었다.**(도판. 38a)** 콜로세움옆에 있는 트라잔 기둥은 확대된 주변 광장을 가지고 있으며 구도시와 신도시를 연결시켜 주고 있다.

식스투스는 마치 요술 지팡이를 든 사람처럼 다가올 세기의 가장 훌륭한 광장으로 발전하게 될 지점마다 **오벨리스크**를 세웠다. 그가 해낸 일중에 100여년 동안 가장 놀랍고 특별했던 것은 베드로 성당 앞의 오벨리스크를 철거하고 운반하여 다시 세운 일이다.(1585~86) 이것은 칼리귤라 황제가 네로의 경기장인 스피나에 설치했던 그 장소에 그 당시까지 그대로 남아 있던 유일한 오벨리스크였다. 교황 니콜라스 5세와 특히 그레고리 13세가 오벨리스크를 이전하여 다시 세우는 일을 걱정하긴 했지만, 누구도 감히 그것을 철거하고 운반하는 일에 반대하지 못했다.

16세기말의 이탈리아는 고도로 발전된 기술을 소유하였고, 기계와 기계학에 관심을 갖게 되었다. 식스투스 5세는 대담성을 가진 사람이었다. 주목을 끈 오벨리스크의 이전보다 더 중요한 것은 일종의 '공간흡수매체(a space - absorbing medium)'로 여겨지던 태양광선의 이집트 상징물에 새로운 예술적 가치를 부여한 것이었다. 식스투스와 그의 건축가의 도시 계획(civic design)에서 볼 수 있는 직관은 오벨리스크를 세울 장소로, 완공되지 않은 성당으로부터 약간 떨어져 있는 곳을 선택한 것에서 잘 나타나고 있다. 마치 베르니니 자신이 직접 열주랑의 신비스러운 중심으로 이미 정해놓았던 것처럼 여겨진다. 99쪽 12줄 Fifth Edition

식스투스 5세가 세운 네 개의 오벨리스크 중에 가장 나중의 것이 가장 기묘한 입

38a. 식스투스 5세치하의 콜로나광장. 바티칸 도서관에 있는 프레스코화. 식스투스 5세가 자신의 랜드마크, 즉 오벨리스크와 분수를 혼란스러운 배경의 중심에 배치한 방식을 엿볼 수 있다.

지를 부여받은 것처럼 보인다. 도시의 북쪽 출입구에 위치한 이 오벨리스크는 세 개의 주 도로(계획되기는 했지만, 스트라다 펠리스 최종 확장안에서는 실행에 옮겨지지 않았다.)가 만나는 점에 위치하고 있다. 두 세기가 지난 이후에 포폴로 광장은 이 지점을 둘러싼 형태로 형성되었다. 이와 같은 지배적인 입지를 가진 오벨리스크로는 1836년 파리의 콩코드 광장에 세워진 오벨리스크 밖에 없다. 이 오벨리스크는 룩소르 사원에서 가져온 것이며 다른 오벨리스크들 처럼 거대한 파일론의 벽체와 마주서서 곧게 서 있었다. 한편, 이집트의 오벨리스크는 그 어떤 것도 넓은 공간에 조각품처럼 서 있는 것은 없었다.

사회적인 측면

The Social Aspect

Fifth Edition 100쪽 22줄

식스투스는 최초의 근대적인 도시계획가였다. 처음부터 그는 도시를 복합적인 유기체로 생각했으며 개방 광장과 넓은 거리를 아름답게 하기 위해서는 사회적인 보조가 필요하다는 것을 인식했다.

도메니코 폰타나▼[19]가 말했듯이, 식스투스는 라테란궁에 교황으로 입성한 그날부터 도시의 구릉지에 **수계(水系; 아쿠아 펠리스)**를 제공하기로 작정하였다. 이 구릉지는 알렉산드 세브루스(A.D 222~235)가 건설한 로마의 수도교가 파괴된 이후부터 황폐해져 가던 곳이었다. 식스투스는 로마 언덕의 가장 높은 지역(에스퀼린, 켈리우스, 비미날, 카피톨린, 핀치오)에 물을 공급하려 했다. 이 작업에서 가장 큰 어려움은 16마일 떨어진 팔레스트리나 근처 샘의 수량이 얼마되지 않는다는 점과 지형 때문에 직선으로 수로를 낼 수 없다는 점이었다. 7마일마다 아치로 된 고가수로를 설치하고, 나머지 7마일 정도는 지하에 수로를 설치하면서 이 문제를 해결했다. 이 작업은 18개월만에 성공적으로 끝났다. 작업이 완료된 이 때가 바로 그에게 있어서 가장 흥분된 순간이었다. 이 때 그는 물의 흐름이 퀴리날이나 다른 장소까지 이를 수 있지 않을까 생각했다. 1586년 10월까지 빌라 몬탈토의 정원에 물이 공급되었고 1589년에는 27개의 공공분수에서 물이 뿜어져나왔다.▼[20]

다른 교황들은 도시의 저지대에 물을 공급하는 고가수로를 복구했다. 그레고리 13세는 식스투스가 했던 것과 유사한 작업을 시도하려 했지만 높은 비용과 기술적 문제 때문에 더 이상 진전을 보지 못했다.

39. 모세 분수, 1587. 중앙에 모세상이 있는 아치 세 개로 이루어진 이 분수는 아쿠아 펠리스가 천년이상이나 물이 공급되지 않았던 로마의 구릉지에 당당하게 들어선 것을 상징한다. 분수의 넓은 물웅덩이는 주민들의 식수저장소라는 실용적인 목적으로 계획되었으며 동물들을 위해 오른쪽에 특별한 구유를 배치해 놓았다.

40. 모세분수의 물웅덩이. 오늘날까지도 이 분수의 물웅덩이는 주민들에 의해서 꾸준히 이용되고 있다.

41. 식수용 분수. 이집트 사자가 목마른 행인들을 위해 계속해서 물을 뿜어내고 있다.

바티칸 도서관의 프레스코화를 보면, 아쿠아 펠리스의 기념비적인 출입구는 피아 가(街)(**도판. 39**)쪽으로 돌출된 세 개의 아치를 가진 균형감없는 순백색의 모세 분수(1587)에 의해 더욱 시선을 끌고 있다. 심지어 17세기에도 이 분수의 양식(페시모 양식)[▼21]은 훌륭하지 못한 것으로 여겨졌으며, 그렇게 평범한 양식이 미켈란젤로가 죽은 지 20년만에 이루어졌다는 것은 거의 상상하기 어렵다. 바티칸 도서관에 있는 또 다른 벽화를 보면 이 분수를 만들게 된 목적을 알 수 있다.(**도판. 42**) 이 분수의 목적은 전시용이나 시각적인 효과만을 노린 것은 아니었다. 로마에서 이 지역이 천년왕국내내 전혀 물이 없었음을 상기시키면서, 일종의 **사회시설이라는 사실**을 강조하기 위해 지어진 것이다. 행인들이 사용할 수 있는 물이 이집트 사자상에서 뿜어나오고, 이 지역 주민들에게 공급될 물이 커다란 웅덩이 세 개에 담겨져 있으며, 주위에 대리석 울타리를 쳐서 동물들이 물을 오염시키지 못하도록 하고 있다. 오른쪽에는 말과 소에게 먹일 수 있도록 특별한 웅덩이가 마련되어 있다.

지금은 테르메 광장인 모세 분수 근처에 식스투스 5세는 "더러운 세탁물을 깨끗하게 하려는 모든 사람"을 위해 두 개의 긴 웅덩이가 있는 빨래터를 마련했다.(**도판. 44**) 더 나아가 그는 지붕이 있는 세탁소를 마련해서 날씨가 좋지 않거나 치근덕거리는 녀석들로부터 괴롭힘을 당할 수 있는 경우를 대비하였다.[▼22] 16세기의 이러한 시

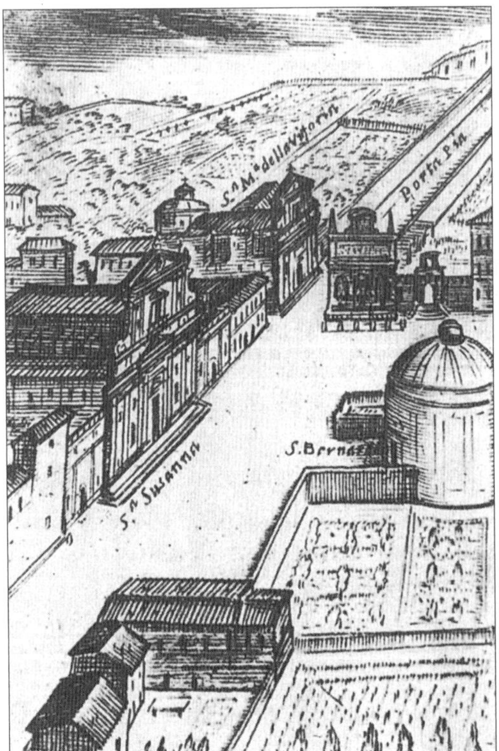

42. 피아 가(街)옆에 있는 모세분수, 1616. 이곳에서도 식스투스5세는 독특한 상황하에서 실용적, 사회적 기능을 동시에 충족시키는 광장을 만들어 놓았다.

43. 오늘날의 모세분수. 식스투스5세가 대부분 만들어 놓은 이 광장은 아직도 원래의 특징을 가지고 있다.

설물들을 보면서 우리는 1830년경의 영국이나 나폴레옹 3세 치하에서도 공공세탁소의 설치조차 주저했음을 다시 한번 생각하게 된다.

식스투스 5세가 로마 시민에게 제공했던 빨래터(물웅덩이) 중에서 가장 규모가 큰 것은 모피 헹구는 빨래터였으며, 이것은 모피 산업을 촉진하기 위해서 마련되었다. 18세기에 와서 이곳은 극적인 효과가 돋보이는 트레비 분수로 바뀌었다.

식스투스가 실권을 잡았을 때는 많은 유물들은 파손되고 도시는 거지와 실업자들로 가득차 있었다. 구빈원(救貧院)을 짓고 공공시설 계획프로그램을 통해 실업자들을 고용하면서 이러한 문제를 수습해 나갔다. 그러나 이 정도로는 충분하지 않았기 때문에 고대 로마의 모피 산업과 실크 산업을 부흥시켜서(물론 외국인들에 의해서) 수출 무역을 개시하기로 결심했다. 그는 모든 곳에 뽕나무를 심도록 하는 법을 제정했

44. 테르메 광장의 세탁소. 마씨노대학에 있는 프레스코화. 이 그림에는 긴 두 개의 물웅덩이가 세탁하려는 모든 사람들을 위해 배치되어 있다. 날씨가 나쁘거나 사적인 경우를 대비해 지붕이 덮힌 세탁소도 마련되어 있다.

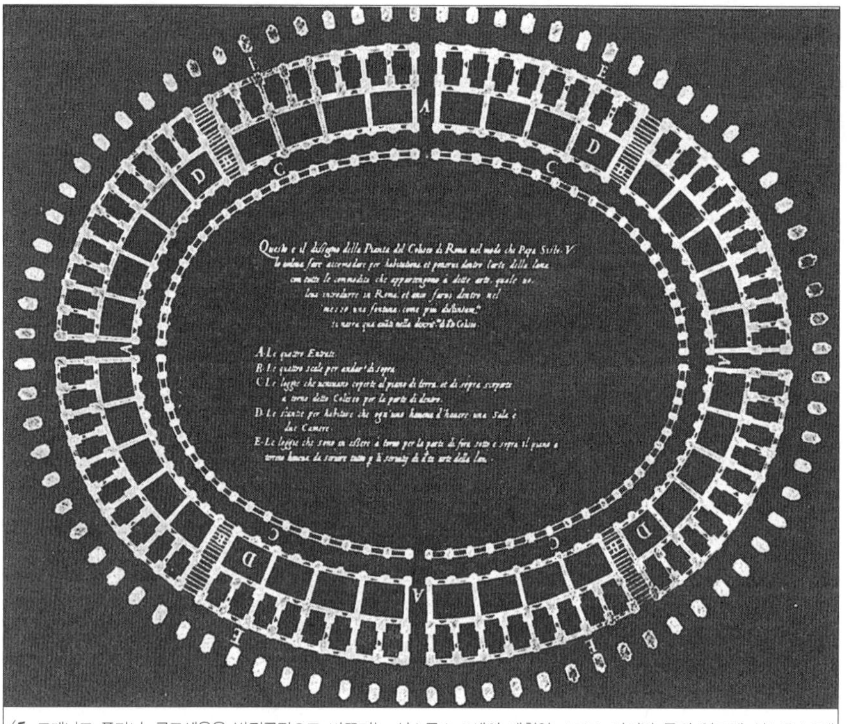

45. 도메니코 폰타나. 콜로세움을 방직공장으로 바꾸려는 식스투스 5세의 계획안, 1590. 마지막 통치 연도에 식스투스5세는 콜롯세움을 방직공들의 작업장이 있는 집단 거주지로 개조하려는 계획을 세웠다. 윗층에는 방직공들의 주거가 마련되어 있고 아래층에는 작업장이 배치되어 있다.

으며, 그의 마지막 계획은 콜로세움을 모피 방직 시설로 변형시키는 작업이었다. 지상층은 일터로, 그 위층은 노동자의 주거지로 계획하였다.(도판. 45) "그는 이미 마차 70대와 인부 100명을 동원해서 땅을 파고 도로를 평평하게 하는 작업을 시작했다. 그가 1년만 더 살았었더라면"▼23콜로세움은 최초의 노동자 주택과 대규모 제조공장이 되었을지도 모른다.

Fifth Edition 106쪽 11줄

그가 이룬 모든 작업중에서 더 특별히 눈에 띄는 것은 도시계획에 대한 특별한 열정이었다. 오벨리스크나 대리석 슬래브에 그의 진짜 이름이 새겨져 있는 것과는 또 다른 방식으로 그의 이름이 로마의 전체에 새겨져 있다.

식스투스는 근대 도시계획의 복합성을 명확히 인식하고 있었다. 그는 확신을 가지고 도시문제를 일시에 수습해 나갔다. 한편, 도시계획의 여러 작업들을 동시에 이룩한 것은 이 위대한 계획가의 여러 일면 중의 하나에 불과하다. 그가 로마 교황의 자리에 있었던 시간은 얼마 되지 않았다. 교회는 다시 어려움에 처하게 되었고, 복잡한 정치적 배경도 무시될 수 없었다. 독일은 분열되어 혼란스러웠고, 프랑스는 프로테스탄트 국가가 되려는 순간에 처해 있었으며, 스코틀랜드의 여왕인 마리는 참수형을 당했으며, 스페인의 아르마다 함대는 격파되었고, 영국은 신뢰를 완전히 상실한 때였다. 이중에 가장 심각한 상황은 거만하고 야심에 찬 스페인 왕 필립과의 끊임없는 논쟁이었으며, 사제들은 식스투스 5세가 그 논쟁에 당차게 버텨낼 것으로 믿었다.

106쪽 30줄 Fifth Edition

이러한 불안정한 정치적 상황에 맞서 식스투스 5세는 로마를 세계의 수도로 치장하려 했으며 그 곳에서 세속적인 국가들간의 **힘을 조절하는 영원한 중재자**로 살아남기를 원하였다. 그러나 이러한 희망은 이루어지지 않았다. 합리주의로 인해서 다른 방향으로 발전되게 되었다. 식스투스는 자신의 종교성을 바탕으로 겉으로 보기에 불가능해 보였던 일을 수행하는 낙관적인 성격을 가지고 있었다. 삶을 믿지 않는 사람은 도시를 설계할 수 없는 법이다.

주

1. 영국에서 이루어진 최근의 연구에 의하면, 런던에 있는 Christopher Wren의 St. Paul's Cathedral은 바로크 건축의 훌륭한 기초에 근원을 두고 있다고 한다. 제 2차 세계대전당시, 폭격으로 파괴되었으며 드레스덴에 있었던 죠지 베르의 청교도적인 프라우엔 교회는 바로크 교회중에서 가장 훌륭한 건물중의 하나였다.

2. 자연스럽게, 이것은 고대의 은은한 모습과 관련이 깊다. "공허한 사치 J.J..P. Out가 19세기말의 건물을 묘사할 때 사용한 말)앞에서 눈을 감아버리는 것이 더 낳다.

3. Piero Tomei L'Archittetura a Roma nel Quattrocento(Rome, 1942).

4. 로마 발전에 관해서 연구하기에 가장 좋은 자료는 바티칸 도서관에서 출판한 16세기, 18세기의 주요한 로마 지도를 훌륭하게 다시 편성한 것이다. 이 지도들은 Leonardo Bufalini(1551)가 제작한 julius3세때의 지도와 Du Perac-Lafrefy(1557)가 제작한 Sixtus 5세 이전의 로마지도, Antonio Tempesta(1593)가 제작한 Sixtus6세 이후의 로마지도, Giovani Maggi(1625)와 G.B. Falda(1676)가 제작한 바로크 시대의 로마 지도들, G. B. Nolli가 제작한 쇠퇴 이전에 교황이 통치하던 로마지도등이다. 목판화로 그려진 Buflini의 지도는 명확한 도로 패턴에 기초를 두고 그려진 최초의 지도이다. Tempesta와 Falda는 명확한 표현으로 주목할 만 하다. Bufalini처럼 Nolli는 도로를 나타내는 근대적인 방식을 사용했으며 이 동판화가 보여주는 뛰어난 수공예는 예술작품에 가깝다. 더 자세한 정보를 얻으려면 C. Scaccia-scarafoni의 Le Piante di Roma(로마, 1939)를 참조할 것.

5. Piero Tomei, "Le Strade di Roma e l'Opera di Sisto Quarto," L'Urbe, Ⅱ (1937), July, pp. 12~ 20.

6. 이 가로중 가장 유명한 구역인 Via de Coronari(장미화관을 팔던 사람의 이름을 딴 가로)는 현재 슬럼화되어 있다. 한세기가 채 지나기도 전에, Ludwig von Paster가 걸었던 길을 다시 걸어본 사람들은 누구나 이 건물의 결함과 무관심에서 야기된 부패의 속도에 놀라지 않을 수 없었을 것이다. L. von Pastor의 Die Stadt Rom zu Ende der Renaissance, 제 3판(Freiburg, 1916)을 참조할 것. 이 작은 책은 Sixtus 5세 이전에 존재했던 로마의 상황을 자세하게 묘사해주고 있다.

7. A. von Hu'bner, The Life and Times of Sixtus V (London, 1872), Ⅰ, 225 ff.

8. Domenico Fontana는 북쪽 끝-Lugano호수변중에 스위스에 속한 부분인 Melide-에서부터 로마로 온 최초의 건축가중의 한명이였다. Fontana의 조카이자 베드로 성당의 네이브를 건설했던 Carlo Maderno와 Maderno의 조카인 Francesco Borromini가 모두 이웃마울 출신이며 같은 친족이라는 점을 언급하는 것은 흥미롭다. Ugo Donati의 Artisti Ticinesi a Roma(Bellinzona, 1942)를 참조할 것.

9. Hu'bner의 Sixtus V(제 1장, 275, 284, 293페이지)는 이 논쟁에 관한 자세한 정보를 제공해주고 있다.

10. Giovanni Francesco Bordino의 De rebus praeclare gestis a Sixto V(로마, 1588). 이책은 매우 희귀하다. 그러나 로마에 있는 Palazzo Venezia 도서관과 대영 박물관과 Bibliotheque Nationale에 가면 복사본을 찾을 수 있다.

11. Dela Trasportatione dell' Obelisco Vaticano et delle Fabriche di Nostro Signore Papa Sisto V, fatto dal Cav. Domenico Fontana, Architetto di Sua Santita, Libro Primo(로마, 1590)에서 발췌한 일련의 인용구들은 James S. Ackerman가 번역하였다.

12. Pastor, Die Stadt Rom zu Ende der Renaissance, p. 102.

13. Hu'bner, Sixtus V, Ⅱ, 137 f.

14. Antonio Munoz의 Domenico Fontana(로마, 1944), 39페이지에 "Lettere di Angelo Grillo, Venezia, 1612"가 인용되어 있다.

15. 이 교회 앞에 있는 오벨리스크는 고전전 성향의 교황 Pius7세에 의해서 1789년에 세워졌다.

16. L. von Pastor, Sisto V, il Creatore della Nuova Roma(Rome, 1922), p 15.

17. 교황의 권위가 바티칸에서만 인정되고 교화의 영지가 압류되면서 이 구역의 개발이 엉망이 되어버린 1870년 이후에 이 결합은 매우 가치 있는 것으로 판명되었다.

18. Sixtus5세가 기획한 일중에서 실현된 것들에 관한 훌륭한 정보는 L. von Pastor가 그 일부를 출판한 Avvisi di Poma와 Geschichte der Papste, X(Freiburg, 1926), 591~ 609페이지, I.A.F. Orbaan의 Sixtine Rome(런던, 1910)에 나와 있다.

19. Mun~oz, Domenico Fontana, p. 42.

20. Pastor, Pa'pste, X, 426~ 433; A. D. Tami, Le Acque e le Fontanc di Roma(Rome, 1926), p. 49 ff.

21. G. Baglione의 Le Vite de' Pittori, Scultori et Architetti(로마, 1642)에 실린 Domenico Fontana의 전기를 참조할 것.

22. Fontana, Della Trasportatione dell' Obelisco Vaticano(2d ed., Naples, 1604), pt. l, fol. 88.

23. Fontana, Della Trasportatione...(2d ed., Naples, 1604), pt. Ⅱ, fol. 18.

후기 바로크
The Late Baroque

르네상스 양식(mode)이 바로크로 쇠락해가는 모습은 17세기 후반의 건축가들에 의해 새로운 형상들이 더욱 분명해지는 방식이었으며, 이 모든 것은 널리 알려져 있다. 107쪽 02줄 Fifth Edition

바로크 건설자들에게 르네상스의 형상은 건축구성의 원시적인 요소 정도에 불과하였다. 바하가 단순한 멜로디를 조화롭고 정교하며 심오한 음악으로 바꾸었듯이 바로크의 건축가들은 르네상스에서 발견한 형태를 변형시켜 나갔다. 그들이 만든 내부공간은 대체로 분리된 채 결합되던 두 종류의 특질을 결코 분리할 수 없는 통합체로 만든 것으로 대별할 수 있다. 이러한 내부공간은 고도의 복잡성에 내재된 수학적 고찰과 시각적이고 신비로운 상상력을 바탕으로한 창조성에 의해 이루어졌다. 이렇게 서로 다른 정신이 결합된 유사한 예로 바로크의 대가 파스칼(1623~1662)의 업적을 들 수 있다. 16살 때 그는 원뿔 곡선론에 관한 고전적인 논문을 발표하였다. 사이크로이드 곡선에 대한 연구와 확률이론을 전개를 전개하면서, 물리학 분야에서 선구자적인 업적을 남겼다. 파스칼의 종교적인 신비주의가 이러한 연구들에 뿌리박혀 있다. "이 무한한 공간이 주는 영원한 침묵이 나를 공포에 떨게 한다"라는 생각은 무한대와 관련된 수학적 고찰에 관한 그의 작품에 함축되어 있다. 그는 신이 없다면 인간의 존재는 무의미할 것이라고 생각하였다.

바로크의 발전단계중 마지막은 우리 시대를 태동시킨 시대의 진정한 유산이다. 이탈리아 바로크의 작품을 먼저 고찰하고 그 다음에 이러한 고찰의 결과에 더불어 북유럽을 다루고자 한다.

바로크란 말을 역사적으로 고려해 볼 때, 먼저 '바로크'가 멕시코나 스페인에 있는 장식적인 건물에만 적용된 것은 아니라는 것에서부터 시작하고자 한다. 50년 넘게 예술사에서는 바로크를 미켈란젤로에서 시작되어 18세기까지(도시계획 같은 몇몇 분야에서는 18세기 이후에도 계속됨)이어진 것으로 보았다. "후기 바로크"는 1660년 이후의 작품을 지칭하는 용어가 될 것이다. 바로크 시대도 고딕시대처럼 오랫동안 지속되었다. 이상하게도 바로크라는 말과 고딕이라는 말은 같은 운명을 가진 것같다. 19세기까지 '고딕'은 야만적이고 천한 의미로 지니고 있었다. 현대 영국 건축사학파중에 몇몇 학파에서는 아직도 바로크라는 말의 의미가 천한 예술형태 정도로 간주하고 108쪽 24줄 Fifth Edition

있다. 그러나 1890년전만 해도 하인리히 뵐플린의 저작에서는 초기 로마 바로크를 미켈란젤로와 함께 시작된 것으로 언급하고 있다. 독일 건축가인 코르넬리루스 구를리트역시 거의 모든 나라의 후기 바로크를 연구하였다. 최근에는 저명한 비엔나 역사학파가 자세하고 확실하게 후기 바로크를 다루고 있다. "바로크"는 지금까지 예술사 쪽에서 특정한 형태를 언급하는 말 대신 한 시대를 전체적으로 망라할 때 사용되고 있다.

바로크 시대의 독특한 특징은 바로크 전 시대에 걸쳐 퍼져있는 사고방식과 지각방식이다. **바로크의 중요한 양상은 보편성이라는 특별한 측면을 발전시킨 점**이다. 건축분야에서는 이러한 특성이 공간 형성에 영향을 미쳤고 다양한 부분들의 통합을 통해 하나의 전체를 만들어내는 새로운 힘으로 나타났다. 여기서 한 가지 기억해야 할 것은 산업시대의 단절이 시작됨과 동시에 보편적인 관점의 일시적인 분열이 일어날 때까지도 모든 부분에서 바로크적인 감성의 방법과 형식이 살아남아 있었다는 것이다.

Fifth Edition 109쪽 16줄

17세기 후반에는 바로크의 보편성이 실용적인 계산을 위한 기초로서 수학영역의 무한대와 통합되기에 이른다. 회화와 건축분야에서는 무한대의 효과(무한히 확장되는 투시도적인 무한대로서, 선형적 측면의 무한대를 뜻함)가 예술적 효과를 주는 수단으로 사용되곤 했다. 이러한 영향으로 20세기 초반에는 네덜란드의 풍경화가들이 자신들의 작품에 "대기의 무한대"를 소개했으며 바로 뒤이어 로마의 건축가들도 회화, 조각, 건축, 그리고 광학이론에서 동원될 수 있는 모든 자료를 동시에 사용하여 무한이라는 신비스러운 감성(종종 놀랄 정도로 작은 규모의 교회건물들에서 표현됨)을 현실화하는데 성공하였다. (이와 매우 비슷한 사례는 이탈리아나 네덜란드에도 있었다.) 17세기 후반의 프랑스 조경 건축가들은 자연의 무한성을 예술적으로 표현하려는 노력도 없지는 않았다. 역사상 처음으로, 그들이 다루는 정원의 건축적 표현에 거대한 대로가 필수적인 부분으로 자리를 잡게 되었고, 그 결과 무한한 공간의 확장감과 명확하면서도 직접인 관련을 맺으면서 정원에 표현된 것이었다. 파리까지 인상적인 개방도로로 연결되는 베르사유는 이러한 발견의 뛰어난 실례라 할 수 있다. 전체적인 효과라는 점에서 볼 때 이러한 정원들은 바로크적인 우주의 모델로서 존재하고 바로크적 우주의 '무한'이라는 측면을 함축하고 있다.

파동벽과 유동적인 평면
The Undulating Wall and the Flexible Ground Plan

프란체스코 보로미니, 1599~1667
Francesco Borromini, 1599~1667[▼1]

110쪽 04줄 Fifth Edition

파치 채플의 입구벽에서 볼 수 있는 평평한 표면과 **프란체스코 보로미니의 마지막 작품인 로마의 산 카를로 콰트로 분수**(4개의 분수를 가진 성 찰스, 1662~67)의 파사드 사이에는 거의 250년이라는 시간 간격이 있다.(도판. 46, 82)

파치 채플 외벽의 평평한 표면은 동일한 구획 단위의 명확한 연속성을 표현하고 있고, 각 구획 단위들은 그 자체내에서 완결되고 있다. 보로미니의 산 카를로 콰트로의 벽은 율동감이 돋보인다. 개별적인 부분들이 더 이상 서로 분리되어 있지 않다. 즉 연속되는 연결 고리가 건물 전체에 두루 퍼져 있고 위로 상승하는 듯한 느낌을 전달하기 위해 구조체의 중심에서 이 고리의 정점이 형성되고 있다.

중앙 현관 위의 벽감(壁龕)에는 산 카를로 보로메오(그를 기리기 위해 지어진 교회)의 상이 서있다. 이 조상(彫像)의 양쪽에는 천사상이 놓여 있다. 위를 응시하는 천사의 몸짓을 강조하기 위해 천사의 날개는 아치 형태로 표현되어 있다. 이러한 상승적인 모티브는 수직적으로 연장된 원형의 양각(medallion) 위에 이르기까지 건물 전체 파사드에 계속해서 나타나고 있으며, 심지어 솟아오른 난간(balustrade)도 주조된 박공구조(gable)로 녹아들어가고 있다. 이러한 표현은 위쪽으로 굽이치는 힘을 강조하고 확고히 하고 있다.

이 당시의 로마는 좁은 길과 그 길에 들어 선 건물들 사이의 협소한 공간으로 이루어진 중세적인 도시에 머물러 있었다. 산 카를로 알레 콰트로 분수의 파사드는 그 파사드가 일으키는 집중 효과 측면에서 볼 때 베드로 성당의 단일 피어(역주: 창문 사이의 벽)보다 작았다. 그러나 이 성당의 파사드는 이후의 시대에 큰 영향을 미쳤다. 단일 형태 뿐만 아니라 **벽 전체도 굽이치는 움직임**을 표현하였다. 그 결과로 나타난 물결치는 형태의 표면은 보로미니의 위대한 발명이었다. 이 발명은 로마의 좁은 가로에서 구경꾼의 시선을 끌기 위해서 만들어진 것만은 아니었다. 이 모티브는 18세기 후반에 놀랄만한 형태로 발전하여 영국의 "크레센트(역주: 초승달 모양의 광장)"에서 다시 등장하였으며, 약간 수정이 가한 상태에서 오늘날의 건축에도 계속 나타나고 있다.

이 파동벽에 숨겨진 의도가 단순히 장식적인 것이었다면 우리의 관심을 끌지 못하였을 것이다. 파동벽을 장식적인 모티브로 보려는 입장은 어쩌면 산 카를로의 파사드가 오븐에서 말린 것처럼 보인다고 비평한 야곱 브루크하르트의 견해를 정당화시킨 것이 될 수도 있다. 그러나 오늘날의 상황은 아직까지도 이탈리아의 최고 안내서로 인정받고 있는 그의 저서인 "관광안내원(Cicerone)"을 출간되었던 1855년▼2의 상황과는 다른다. 오늘날 건물 전체에서 나타나는 돌출이나 후퇴를 통해 강조되는 힘들은 쉽게 발견할 수 있다. 이러한 힘들은 벽감(壁龕)을 파나가거나 대비되는 부분들을 만듦으로 생긴다. 우리는 이 성당의 정면에서 빛을 약동하게 하는 박진감있는 공간 형성, 즉 후퇴와 부풀림의 효과를 잘 볼 수 있다. 프란체스코 보로미니는 오로지 건축적인 수단만을 가지고 개방공간에 동시대 사람인 렘브란트의 그 자신의 후기

46. 프란체스코 브로미니. 산 카를로 알레 콰트로 분수,로마, 1662~67. 외부. 모든 벽이 파동치는 움직임으로 변형되어 있다. 로마의 S. 필립포 네리에서 보르미니가 처음으로 사용한 파동벽은 후기 바로크 건축의 '구성적 사실'중의 하나이다.

작품에서 사용했던 온화한 명암법과 유사한 것을 창출하는데 성공한 것이다.

몇몇 역사가들은 **보로미니가 벽**을 처리하는데 사용한 **수법의 원천은 고대**에서 찾을 수 있다고 지적한 바 있다. 확실한 것은 아니지만, 그는 소 아시아의 페트라에 위치한 암벽신전에 새겨진 부식동판술(etching)을 알고 있었는지도 모른다.▼3 그러나 이러한 사원들(엘 체이슨이 가장 유명하다)은 산의 암석 부분을 절단한 것이며, 벽은 파동치고 있지도 않으며 모든 요소들(기둥, 부숴진 박공, 초소)은 서로 관련없이 고립되어 있다. 보로미니가 플로렌스에 있는 알베르티의 산타 마리아 노벨라 이래로 사용한 평 파사드로 작업을 시작하면서 자신의 건축적 태도에 따라 모든 부분을 다시 형성해 나갔을 것이라고 추측이 더 자연스러울 것 같다.

티볼리 근처의 하드리안 빌라가 모여있는 곳에 위치한 '도로(d'Oro) 광장'의 '쿠펠살'과 비교해보면 더욱 홍미로울 것이다.▼4 후기로마제국의 내부공간은 오목한 면과 볼록한 면이 교차되는 기둥열로 형성된 하나의 원을 8개로 쪼개어 만들어진 평면에 기초를 두고 있다. 전체 홀은 거대한 사각형 방한 가운데에 놓여있다. 그러나 다른 고대건물들과 다르게 여기에는 옆으로 길게 늘어지는 율동의 연속적인 흐름이라는 측면에서 평가할 수 있는 파동벽은 없다. '도로 광장' 쪽에는 움직임이 연속되지 않고 벽의 단면이 서로 만나는 지점마다 분절되어 있다. 이러한 방식은 발벡에 위치한 비너스 신전의 수법과 정반대이다. 이 사원에는 원형의 중심부위에 오목한 앤터블러처가 있다.

112쪽 09줄 Fifth Edition

보로미니의 파동벽은 석재에 유연성을 주고 석벽을 탄성체로 변형시켰다. 파동벽은 유동적인 평면이 자아내는 공간에 자연스럽게 나타난 것이다. 산 카를로는 적은 비용으로 스페인의 '맨발의 삼위일체 신봉자들(Discalced Trinitarians)'의 요청하에 건설되었다. 이 교회는 그들 수도원의 자산이었다. 보로미니는 장식이나 치장으로 이러한 효과를 얻은 것은 아니었다. 이 작은 수도원을 한번 보기만 하면 알 수 있듯이 오히려 장식과 치장을 거의 사용하지 않았다.▼5 간결한 형태로 된 안마당은 순전히 구성적인 수단을 통해 창조된 예에 지나지 않는다. 밖으로 굴곡진 모서리는 모든 형태(심지어 팔라디오적인 모티브까지도)에 새로운 생명력을 불어넣는 보로미니의 탁월한 능력을 보여주는 또 다른 예이다.

보로미니는 파사드를 완성(1634~1641)하기 거의 30년 전에 수도원과 교회의 내부를 건설했다. 따라서 내부공간은 보로미니가 만든 최초의 작품중의 하나에 속한다.

내부공간은 어두운 상태로 남아 있기 때문에 랜턴으로 불을 밝히는 것이 더 효과적이다. 돔의 밑부분을 잘라내는 기하학적 형태의 미묘한 조합 위에 빛이 은은하게 퍼져 있다. 보로미니가 의도한 대로 이러한 형태들은 식물의 세포구조처럼 생긴 돔의 형상을 결정짓고 있다. (**도판**. 47)

Fifth Edition 113쪽 30줄

내부공간을 다루는 보로미니의 방식은 사피엔짜(로마 대학)을 위해 건설한 교회인 산티보(**도판**. 48)에 가장 잘 나타나고 있다. 이 건물은 1642년 시작되었다. 1년 후에 산 카를로의 내부를 완성했지만 교회 자체는 20년 후에 완공되었다. 산티보는 로마 대학의 르네상스 시대의 중정 뒷쪽에 위치하고 있다. 보로미니는 르네상스 중정의 로지아(역주: 한쪽이 트인 주랑)와 자신이 설계한 교회의 후퇴하는 벽을 하나로 결합하는 방법을 잘 알고 있었다. 이 중정 안에 교회를 지음으로써 그는 조용한 르네상스의 외피 안에 새롭고 활기찬 움직임을 불어넣었다. 심지어 완전히 새로운 발명품이라 할 수 있는 특이한 형태의 큐폴라(역주: 둥근천장)를 통해 나타나는 운동감조차도 전혀 부담스럽지 않다.

산티보의 내부벽에도 산 카를로 알레 콰트로 분수의 외벽을 특징짓는 유동성과 같은 분위기를 연출하고 있다. 이미 알려진 모든 모티브가 건물 전체에 계속해서 나

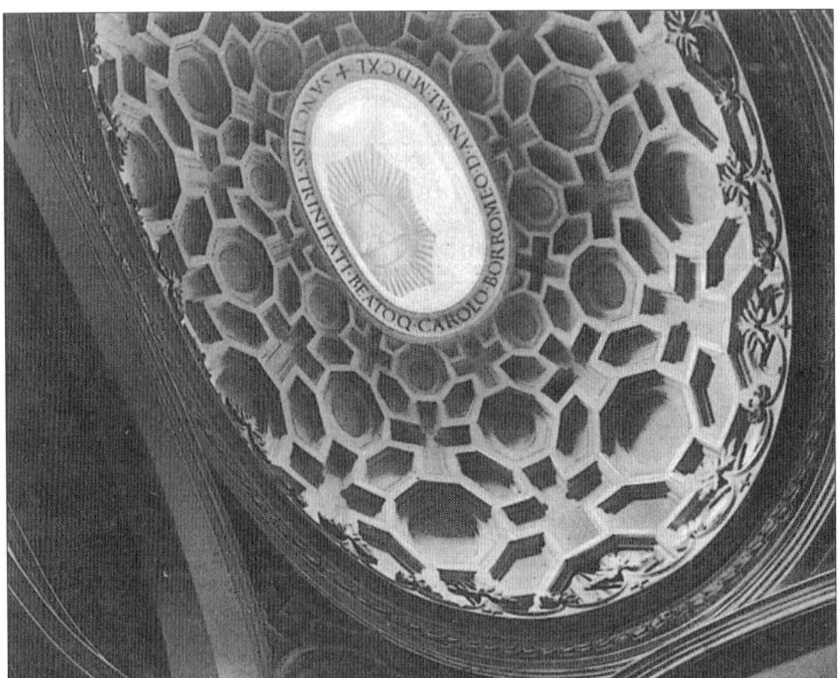

47. 프란체스코 보로미니. 산 카를로 알레 콰트로 분수. 내부:돔, 1634~41.

타나고 있으며, 심지어 도옴의 꼭대기까지도 이러한 모티브가 이어지고 있다. 그러나 평범한 관찰자들은 아마도 멋있는 활기와 운동감만을 주목할지도 모른다. 이 건물 설계자의 예술적 원동력은 그 속에 담긴 복잡한 공간 개념을 분석하지 않고도 감지될 수 있다. 그러나 눈으로만 지상층 평면의 수학적 원리를 판독할 수는 없다. 보로미니가 잘 쓰는 모티브인 육각형 모양의 별은 평면을 이루는 비 가시적인 핵심이다. 그러나 평면 자체에서는 이러한 근본적인 형태가 건강한 동물처럼 보이는 구조체보다 명확하게 인지되지 않는다. 즉 일종의 엑스레이 테스트를 통해서만 이 형태를 감지할 수 있다.

(이 책에서 제시된 보로미니 평면의 분석 도면은 별모양의 모티브를 뚜렷하게 보여주기 위해서 별을 형성하는 선들을 강조한 것이다.)[6] 이 별은 이등변 삼각형이 교차되면서 만들어진다. 저명한 네덜란드 건축가인 베를라헤와 몇몇 연구자들에 따르면, 중세의 많은 건물들도 이러한 패턴에 기초를 두고 있었다고 한다. 한 쌍의 삼각형이 교차된 곳에 생긴 여섯 개의 점은 디자인의 주요 좌표로 사용한 것이다. 이 점들이 엮어 내는 이상적인 육각형을 중심으로 여섯 개의 벽감(壁龕)을 만들었고, 이 벽감은 황금빛으로 빛나는 돔의 덮개를 향해 올라가는 주요 구성요들의 움직임으로 연결되고 있다.(도판. 49)

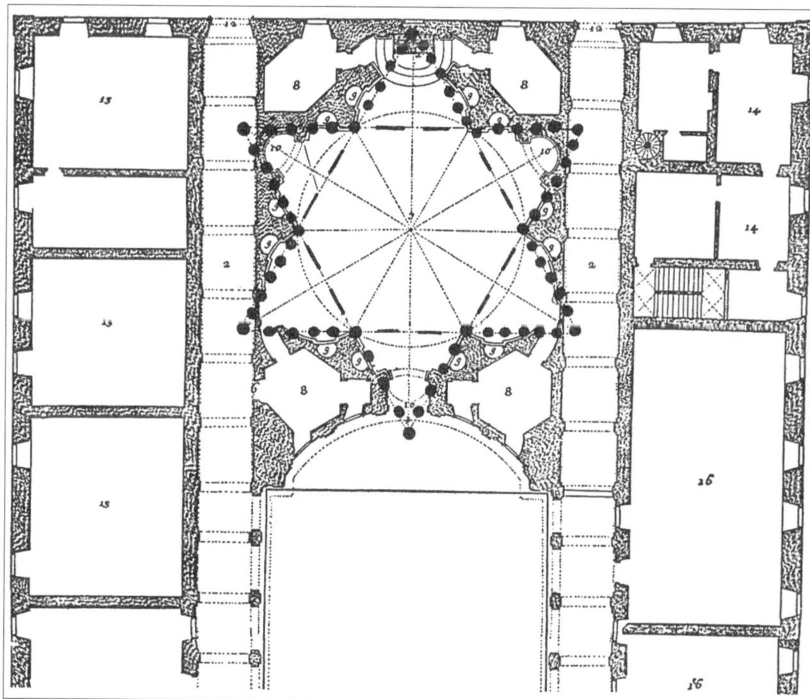

48. 프란체스코 브로미니. 산티보, 로마, 1642~62. 지상층 평면도. 사피엔차의 르네상스 코트 내에 세워진 산티보는 이 코트와 결합되어 하나의 통합체로 되고 있다.

그 당시까지 돔은 항상 원형이거나 타원형이었다. 완벽한 원형 돔을 따라 단면을 잘라내는 방법, 즉 마치 돔이 움직이는 것처럼 다룸으로써 디자인상의 율동감을 계속 진행시키는 방법은 피카소가 1910년경에 제작한 분열하는 인간의 형상이 던진 충격처럼, 보로미니와 같은 시대에 살던 사람들에게 큰 충격을 주었을 것이다.(**도판. 50**) 산티보의 횡단면(**도판. 53**)을 보면 이러한 디자인 방식이 어떻게 이루어졌는지 알 수 있다. 이러한 디자인에 의해 구성된 전체 패턴의 율동은 끊이지 않고 바닥에서 정탑(lantern)까지 계속되며, 심지어 바닥과 채광창에서도 완전히 그 움직임이 끊이지 않고 있다. 물론 보로미니는 에펠의 경우처럼 그의 거대한 탑의 내·외부공간을 완전히 상호관입시킬 수 있는 수단을 가지고 있지는 못했다. 그러나 스파이럴(spiral)을 통해 건물의 각 부분을 관통하는 움직움을 연출하면서 위와 유사한 문제를 풀어나갔던 것이다.

교회꼭대기에 얹혀 있는 정탑▼7과 쌍기둥, 곡선으로 처리된 대담한 처마장식, 정상적인 큐폴라 덮개 대신에 사용된 환상적인 스파이럴은 유기적으로 성장하고 있는 듯이 보인다. 스파이럴에는 꼭대기로 올라가는 좁은 통로가 있다.(**도판. 51**)

115쪽 29줄 Fifth Edition

내·외부공간의 전이가 완전히 성취될 수 있는 오늘날에도 보로미니가 찾고자 했

←
49. 프란체스코 보로미니, 로마. 돔의 내부. 돔의 연속적인 안쪽 표면은 이어져 있다. 건물의 전체 입면에 나타나 있는 율동을 전달하게 위해 만들어진 것이다.

50. 피카소. 두상. 1910년경의 조각품. 돔의 연속적인 안쪽 표면을 교차시킨 보로미니의 작업은, 당시의 사람들에게 피카소의 분열된 두상이 던진 정도의 충격을 주었다.

51. 프란체스코 보로미니. 산티보, 로마. 쌍기둥과 스파이럴이 있는 정탑. 건물 전체에 흐르고 있는 율동의 정점.

52. 타틀린. 모스크바의 기념비 계획안. 1920. 에펠탑이나 현대의 다른 기념비들처럼 이 프로젝트는 내외부 공간의 상호 관입을 향한 열망이 실현된 작품이다.

53. 프란체스코 보로미니. 산티보, 로마. 내부공간을 보여주는 단면.

던 것과 동일한 정신에서 나온 프로젝트가 있다. 보로미니와 동일한 감성을 명확하게 표현한 예로 러시아 구성주의 화가인 타틀린의 작품(1920)을 들 수 있다. 보로미니처럼 타틀린도 고유한 운동감을 나타내는 나선 형태를 도입했다.(**도판**. 52)

로마에서 활동한 대부분의 위대한 바로크 예술가들의 경우처럼, 보로미니 역시 이탈리아의 가장 북쪽에 위치한 지방 출신이었다. 그는 베드로 성당의 건설 작업에 참여한 석공 출신이었다. 이 일을 하는데 그는 많은 해를 보냈고 실제로 재료를 직접 다루면서 그의 대부분의 시간을 보냈다. **그는 조각가이자 바로크 시대의 거장 중의 한 명**이다. 하지만 그는 경이롭고 신비스러운 황홀감으로 빠져들게 하는 성자의 초상이나 유명한 인물의 흉상을 남기지는 않았다. 사실 그는 상식적인 차원의 조각작품을 만들지 않았다. 근대의 대가들처럼 그는 자신이 설계한 교회의 꼭대기에 있는 철조각품과 추상적인 나선형태를 통해 자신을 표현했다. 그러나 다른 무엇보다 건물을 조각해낸 사람으로서, 환상적인 빈공간과 수학적인 정교함을 갖춘 평면을 긴밀하게 결합하고, 건축과 조각의 경계를 무너뜨리는 구조물을 통해서 자신을 완벽하게 표현하고자 했다.

Fifth Edition 120쪽 05줄

보로미니는 항상 공간을 구성하는데 주관심을 두었다. 그가 주로 디자인한 형태는 파도모양의 선과 표면, 구,(**도판**. 54) 나선형태들이며 더 나아가 탑의 정점에 있는

54. 프란체스코 보로미니. 산티보, 로마. 디테일.(뒤에 보이는 건물은 판테온이다.) 시멘트 같은 이 구체는 철틀에 대리석 가루를 입힌 것이다.

철조각에서 발견되는 비정상적인 형태들이다. 기존의 정상적인 형태들은 그의 손을 거치면서 새로운 유연성을 얻게 된다. 그는 모든 것을 있는 그대로 받아들이지 않았다. 오히려 기이한 형태를 추구하고 지나친 자유로움에 빠져든다는 비난을 받기도 했다.

보로미니는 벽과 평면을 디자인하면서 건축에 새로운 유연성을 부여했다. 그는 건축의 모든 부분에 운동감을 불어넣었다. 파동벽, 산티보의 도옴을 잘라내는 단면, 하늘을 향하고 있는 나선으로 마무리된 큐폴라는 모두 운동감이라는 동일한 목표를 표현하기 위한 수단이었다.

18세기와 19세기말까지 영국과 프랑스의 전통주의 작가들로부터 비난을 받았음에도 불구하고 그의 영향력은 유럽 전역에 영향을 미쳤으며, 심지어 도시계획(town planning)분야에도 적용할 수 있는 건축적 지식으로 인정받았다.

지난 2세기 동안 **보로미니**는 고대의 장엄한 단순성에는 별로 관심이 없는 사람으로 평가되었다. 그러나 사실 그는 **과거와 친밀한 대화를 했던 사람**이었다. 그는 파사드나 형태 모방자가 아니었으며, 역사를 상상력의 대용으로 이용하지도 않았다. 이러한 태도는 고딕의 프레스코화(아직도 그대로 남아있음)에 대한 그의 세심한 연구에서 잘 나타나고 있다. 성(聖) 존 라테란의 복구를 위한 초기의 연구작업에 참여한 막스 드볼작은 그 자신이 자신의 작품에 원용하기도 했던 옛 교회의 파편들을 그가 가능한한 많이 보존하기 위해서 노력한 것을 발견하고 놀라움을 금치 못했다.

위대한 모든 창조가들처럼 보로미니 역시 과거와 긴밀한 관계를 유지했다. 그는 지나간 시대의 형태를 단순히 모방한 것이 아니라 자기 작품의 일부로 다루었다. 오늘날 우리가 시도하려는 것처럼 보로미니도 더 나은 발전을 위해 과거를 힘의 원천으로 여겼다.

구아리노 구아리니, 1624~1683

Guarino Guarini, 1624~1683

바로크의 마지막 단계는 이탈리아 북서부의 튜린에서 구아리노 구아리니에 의해서 장식되었다. 티타인의 수사(修士)이며 저명한 학자였던 구아리니는 보로미니와 베르니니 보다 15년 늦게 모데나에서 태어났다. 구아리니는 보로미니가 산 카를로 알레 콰트로 분수의 내부공간을 디자인할 시점에 처음 로마로 갔다. 수사로서 정규 121쪽 21줄 Fifth Edition

과정을 밟은 그는 철학교수 자격으로 시실리의 메시나로 갔다. 여기에서 그는 몇 채의 교회 건물을 디자인 했으나 나중에 지진으로 전부 파괴되었다. 1662년에 그는 파리로 이주하여 신학을 가르쳤다. 파리에서도 다른 교회를 짓기 시작했다. 이러한 노력은 시실리에 있는 건물의 경우보다 더 좋지 못한 결과를 보았다. 왜냐하면 건설도중에 화재로 파괴되었고 공사를 끝내지도 못했기 때문이다.

이러한 여행을 통해 그는 프랑스의 고딕교회와 스페인의 코르도바에 위치한 무어

55. 구아리노 구아리니. 산 로렌쪼, 튜린, 1668-87. 교차 접합 아치와 함께 큐폴라와 정탑을 자른 단면도.

양식의 모스크를 접하게 되었다. 그는 완전한 세계인이었다. 그러나 자신의 나라와 자신이 속한 시대와 관계를 결코 끊지는 않으면서, 모든 미학적 현시(顯示)들 속에서 모든 역사를 받아들였다.

후기 바로크의 가장 큰 특징은 수학자, 경험론적인 과학자, 예술가의 자질이 종종 한사람 안에 동시에 있었다는 점이다. 지성과 감성의 방식이 그대로 유지되면서도 이 둘이 뛰어나게 결합될 수 있었다. 좀 더 정확히 말하자면 예술적 지식과 과학적 지식사이의 관계가 긴밀하게 이루어졌던 것이다. 수학에서 새로운 이론이 발견될 때마다 곧바로 예술적으로 이 이론이 표현되었다. 따라서 17세기말에 체계가 마련된 적산 부문은 복잡한 공간을 다룸에 있어서 건축적 등가성으로 작용을 하였다. 구아리니의 중요업적 중의 하나는 후기 바로크의 예술과 수학의 긴밀한 관계를 완벽하게 추구했다는 점이다. 그는 건축가이자 동시에 학자였으며 저명하고 능력있는 수학자이기도 했다. 그의 출판물을 살펴보면 1세기 후에 가스파드 몬게(1746~1818)가 발견한 도형기하학의 상당 부분을 이미 예측하고 있었음을 알 수 있다.

구아리니의 가장 유명한 작품은 그가 죽을 때(1666)까지 살았던 튜린에 위치하고 있다. 그는 당시 수도회의 대수도원장이자 동시에 사보이 공작 치하의 공학자이기도 했다. 그의 가장 훌륭한 교회와 궁전이 지었던 곳도 바로 튜린이었다. 이 궁전 중의 하나인 **팔라초 카리냐노**(1680)는 보로미니의 작품에서 나타난 것과 거의 유사한 유연성이 건축적으로 성취되는 방법을 잘 보여주는 실예이다. 둘둘 말려져 있는 정면과 계단실의 몰딩을 보면 이후의 남부 독일의 궁전에 영향을 미쳤음을 확실히 알 수 있다. 볼트형식으로 된 타원형상의 대규모 현관 홀은 팔라초 카리냐노의 핵심부분이다. 타원 형상의 움직임을 느낄 수 있는 이 홀은 좌우에 위치한 두 개의 계단실로 이어지고 있으며, 이 계단실에서 굽이치는 외벽의 모든 부분까지 계속된다. 그러나 구아리니는 이 작품에서 건축적인 노력을 많이 들였지만 내부 공간구성에서는 그 시대의 건축가들이 문제로 인식하였던 심각한 거주상의 문제를 잘 해결하지는 못했다. 이 당시의 이탈리아 건축가들은 교회 내부를 설계하는데 많은 노력을 기울였다. 좀 더 자세히 말해, 그들의 자유로운 상상력은 거대한 내부공간을 구성하는데 집중되었던 것이다. 당시의 사람들은 구아리니의 작품에서 어떤 진실을 발견하였다. 그 대표적인 작품은 튜린에 위치한 **산 로렌초 성당(도판. 55, 57, 1668~87)**이다. 122쪽 23줄 Fifth Edition

로렌초는 구아리니 자신에 의해 기획되었다. 교회의 기본적인 형태는 육중한 벽으로 둘러싸인 사각형이다. 돔 자체는 원형으로 되어있다. 지상층과 큐폴라 사이에는 윗 부분에 변화를 야기시키는 복잡한 방식으로 측면이 안과 밖을 향해 교대로 연결된 8각형이 놓여 있다. 바로크적 감성인 신비감과 무한성을 건축적으로 표현하고자 한 것이 그의 의도였다. 바로크 시대에는 중력에 저항하는 건설방법이 선호되었다. 모든 예술분야(심지어, 색광을 이용하는 분야까지)에서 이와 같은 흥미로운 인상을 연출하는데 큰 관심을 가졌다. 플레미니아 가(街)에 위치한 베르니니의 산 안드레아의 정탑은 천사상에 의해 더욱 고양된 형태를 보여주고 있다. 구아리니는 산 로렌초에서 중력에 저항하기 위한 구조적인 수단을 사용하고 있다. 큐폴라의 날개부분에 이르기 전까지는 평범한 디자인 방법을 사용하지만 이 지점에 와서는 갑자기 환상적인 영역이 연출된다. 마치 거대한 거미가 짜낸 거미줄처럼 링으로 한 지점과 다른 한 지점을 연결하면서 연결 아치를 교차시키고 있다. 중심에 팔각형의 개구부가 있는

56. 구아리노 구아리니. 산 로렌초, 튜린. 교차 접합 아치들로 구성된 큐폴라. 무한성을 만들기 위한 노력으로 건축적 상상력이 구조적 수단의 극한까지 다다르고 있다.

57. 구아리노 구아리니. 산 로렌초, 튜린. 지상층 평면도.

섬세한 장식물과 유사한 것을 만들기 위해 각 아치를 서로 가로질러 배치하였다. 이러한 방법을 통아치 위에 있는 정탑은 마치 신비스럽게 공중에 떠 있는 듯한 인상을 준다. 실제로 정탑은 아치들의 교차로 형성된 팔각형에 의해 지지되고 있다. (도판. 56)

무한한 공간감은 투시도적인 환영이나 채색된 하늘을 통해 얻어진 것이 아니라 오히려 건축적인 수단만으로 얻어졌다. 별 형상의 팔각형을 관통하는 눈부신 빛은 그 주위에 있는 것들을 비물질화 시키는 효과를 자아내고 있다. 건축적인 수단만을 가지고 무한감을 이룬 대표적인 건축물에 속한다.

만일 구아리니가 코르도바의 알 아켐 모스크에 있는 미랍(작은 기도실)의 돔을 보지 못했다면, 산 로렌초의 돔은 존재하지 못했을 것이라는 추측이 일반적이다. (도판. 58) 이 돔은 10세기가 끝나갈 즈음, 정확히 965년에 축조되었다. 구아리니의 돔역시 이와 동일한 건설방식으로 축조되었다. 이 두 건물은 모두 방형 주초' 위에 세워져 있으며, 팔각형(이 위에 정탑이 형성되어 있다.)을 형성하면서 서로 교차되는 연결 아치 시스템이 적용되어 있다. 126쪽 11줄 Fifth Edition

58. 하켐 모스코, 코르도바, 965. 미랍돔. 접합아치를 구조적인 장치로 사용한 최초의 사례.

코르도바 모스크의 기도를 위한 벽감(壁龕)들의 큐폴라는 연결 아치가 구조적인 역할을 하는 건물중 최초의 예이다. 프랑스 역사가들의 주장에 따르면 이러한 건설 방법은 1세기나 반세기 후에 고딕 건설가들에게 육중한 아치 대신 돌로 만들어진 리브 골조로 전환할 수 있는 계기를 제공한 방법이라 한다. 그러나 구아리니의 대작과 비교해 볼 때 무어식의 이 도옴은 평범한 수준이다. 내 생각에는, 산 로렌초의 연결 아치는 확실히 위험하고 어려운 축조방법이며, 길고 육중한 석재보의 구성에서 비롯된 것이다. 실제로 구아리니는 그 당시의 관행보다 더 많은 건설 기일을 요구했다. 이후의 건축가들 중에 그 어느 누구도 구아리니가 이 교회에서 보여주었던 선례를 감히 따르지 못했다. 마치 더 이상의 건축적인 진보를 기대할 수 없을 정도로 산 로렌초의 기술적 잠재력은 대단한 것이었다. 이 시점에서 우리는 이와 같은 문제해결책을 어떻게 하면 근대건설에도 이용가능한 좋은 수단이지 않을까라는 생각을 하기 쉽다. 그러나 우리는 이와 같이 비역사적인 생각을 거부해야 한다. 산 로렌초의 도옴은 건설기술의 차원을 넘어 건축적인 비젼을 제시한 건물로 인식되어야 한다. 우리가 아직까지 완벽하게 탐구할 수 없었던 건축적 가능성들 중에는 오늘날에도 유용한 것들도 많다.

남부 독일: 피어젠하일리겐

South Germany: Vierzehnheiligen

Fifth Edition 127쪽 08줄

북부에 위치한 나라들 중에 남부 독일과 보헤미아를 포함한 오스트리아 정도만 보로미니와 구아리니의 복잡한 공간개념이 적용되었다. 독일은 항상 건축분야의 후기 단계에서 좋은 작품을 많이 배출한 것으로 알려져 있다. 예를 들어, 후기 고딕, 후기 르네상스, 후기 바로크 등의 경우가 그렇다. 특히 남부 독일의 경우 매우 뛰어난 작품을 발견할 수 있다. 보로미니의 영향력이 후기 바로크를 지나서도 계속된 반면 18세기의 독일의 후기 바로크▼8에는 지속적인 영향력을 발휘하지 못했다. 독일의 후기 바로크는 대부분이 교회국가인 작은 공국들로 나누어져 있는 나라에서 일어났다. 남부 독일의 후기 바로크의 발전 상황을 보면 그 뿌리는 프랑스나 이탈리아에 있으며 이 뿌리에서 출발하여 새롭고 특이한 표현들이 나타나기 시작하였다. 독일의 후기 바로크는 남부독일의 카톨릭 지역(프랑코니아, 바덴, 바바리아)과 스위스의 일부 지역으로 발전되었다. 이 시대는 주로 프랑코니아나 바바리아에서 성장기를 거쳐 절정을 맞았다. 이 시대는 마치 나무에서 떨어지기 전에 이미 완전히 익어버리고 완숙된 향기와 빛깔을 가졌음에도 불구하고 부패의 조짐이 보이는 과일과 같았다. 눈에 띄지 않으면서 독일의 바로크는 한 시대를 끝내는 임무를 해낸 것이다. 삶의 기쁨을 본능적으로 소유하고, 공간적 상상력을 통해 이를 표현함과 동시에 모든 예술을 조합한 독일의 후기 바로크 작품은 절정에 달한 최고의 대작이었다.

15세기와 16세기에 이미 프랑코니아에서는 알베르트 듀레, 바이트 스토스 같은 인물들이 예술적 능력을 발휘하고 있었다. 이 당시의 사회적인 배경을 보면 뉘른 베르크 시(市)는 자유도시로서 그 위상을 가지기 시작하였고, 자유시민들이 활동한 도시였다. 18세기의 사회적 배경을 보면, 교회적인 분위기가 지배적이었으며, 그 대표적인 인물이 쉰베르크 백작이었다. 그는 마인츠, 스페이어, 밤베르크, 그리고 뷔르츠부르크 지역의 교회를 지배하는 공국의 통치 대주교였다. 한 세기 동안 지어진 교회와 수도원, 그리고 주거 건물은 이러한 분위기를 반영하고 있다.

바로크의 마지막 시대에서 마지막 거장의 마지막 작품을 발견할 수 있다. 이 거장과 작품은 각각 발다사르 노이만(1687~1753)과 피어젠하일리겐▼9 으로 알려진 그의 14 성인 순례자교회이다. 노이만은 쉰브른를 위해서 일하면서, 그를 위해 뷔르츠부르크 성(城)을 지었다. 이 성의 정교한 내부공간을 보면 이탈리아의 계단실과 공간화된 보석과 같은 중심형의 채플에서 나타나는 디테일을 볼 수 있다. 그는 보헤미아의 독일 영역에서 태어났으며 그곳에서 이탈리아 바로크 교회에 대해서 친숙하게 되었다. 그는 프랑스를 여행하기도 했다. 알려진 바에 의하면 그는 도서관에서 구아리니의 중요한 건물이 실린 구아리니의 『**도시 건축(초판, 튜린, 1686; 재판, 1737)**』을 접하게 되었다고 한다. 후기 바로크는 이탈리아의 영향을 받은 루카스 폰 힐데브란트나 크리스토프 딘첸호퍼(1655~1722)와 같은 독일 건축가의 작품을 통해서 북부로 옮겨갔다. 루카스는 비엔나에 정자(belvedre)를 지었으며 크리스토프는 발다사르 노이만에게 직접적으로 영향을 미쳤던 사람이었다.

131쪽 11줄 Fifth Edition

높은 산에 세워져서 마인강이 펼치는 드넓은 계곡을 내려다보는 피어젠하일리겐 교회는 노이만의 건축 세계에서 정점을 이루는 작품이다.(**도판. 59~61**) 바로크 교회 건축이 끝나갈 즈음인 1743년에 건설되기 시작해서 노이만이 죽은지 오랜 기간이 지난 1772년이 되어서야 완공되었다. 이 교회는 십자형의 바실리카 형태로 비교적 단순한 외관을 하고 있으며 이탈리아에서는 흔하지 않지만 북부유럽에서는 친숙하게 사용되는 양측면에 탑이 있는 길쭉한 파사드로 되어있다. 이탈리아에서 온 방문자들은 정면에 큰 창이 많이 뚫려있는 것을 보고 놀랄 것이다. 이를 통해 독일과 프랑스의 북부지역의 대저택(chateau)이 교회디자인에 영향을 미쳤음을 알 수 있다. 이러한 영향을 달리 표현하면 세속적인 건물이 교회 건물에 영향을 미쳤다고 할 수 있다.

벽감(壁龕)을 만들어 조상(彫像)을 배치하는 디자인 수법은 이 석회암 정면에서 전혀 나타나지 않고 있으며, 그 대신에 큰 창이 파동벽을 단절시키고 있다.

그러나 내부공간은 이탈리아 후기 바로크와 유사하다.(도판. 62) 구아리니의 도옴에 사용된 복잡한 구조방식이나 보로미니의 조형적인 강렬성은 찾아 볼 수 없다. 내부공간은 더 가볍게 처리되어 있고 비장한 분위기는 전혀 없다. 여기에도 상호 교차와 상호 관입된 공간은 존재한다. 지상층 평면(도판. 61)은 원과 타원들이 교차되어 만들어진 것이다. 십자형의 건물의 교차부에 돔을 얹는 것은 일반적이다. 그러나 이

59. 발다사르 노이만. 피어젠하일리겐(14성인의 교회). 1743~72. 파사드. 창문열에서 관찰되는 일반 건축물은, 보로미니의 파동벽을 이어받은 것임.

60. 발다사르 노이만. 피어젠하일리겐. 파사드에 나타난 파동벽의 디테일.

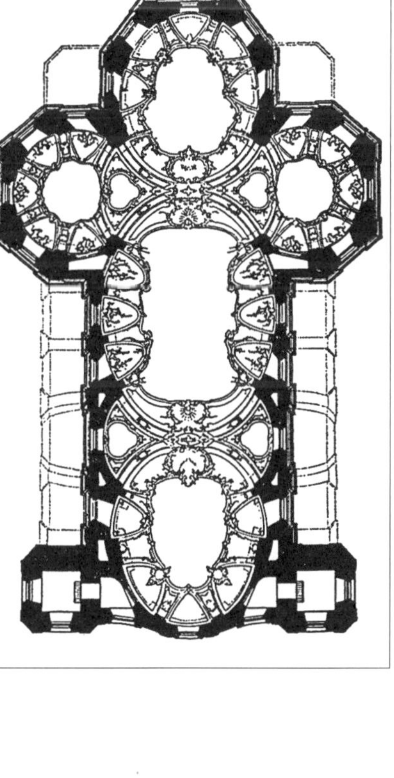

61. 발다사르 노이만. 피어젠하일리겐. 가로 방향 단면도. 보편적으로 사용되는 돔이 이 건물에는 없다. 돔이 있어야 할 자리에는 형태(원형과 타원형)가 각각 다른 볼트(네이브와 성가대석, 두 곳의 트랜셉트를 덮고 있는 볼트들)가 만나서 이루어진 공간이 들어서 있다.

건물에는 교회의 가장 중요한 요소인 도움이 완전히 배제되어 있다. 이 자리에는 서로 다른 모양(타원형과 구형) 네 개의 볼트(회중석, 성가대석, 2개의 짧은 트란셉)로 이루어진 공간이 자리잡고 있다. 이 볼트들을 서로 정교하게 관통시키기 위해서는 비틀린 평면에 형성된 벤딩 아치를 사용해야만 한다. 볼트들의 독특한 곡선은 서로 다른 공간이 조합되는 방식을 체계적으로 보여준다. 모든 공간이 서로 연결되어 있으며, 어떤 하나의 공간도 분리할 수 없도록 되어 있다. 구획된 각각의 부분과 이 부분을 포괄하는 체계내의 서로 다른 요소들을 연결하려고 했기 때문에 내부공간 전체가 움직이고 있다는 인상을 준다. 이러한 관계를 설정하는 비틀린 면을 가진 연결 아치(**도판. 63**)는 제 3의 각도를 가진 곡선들로 구성되어 있다. 이 곡선들은 원형처럼 평평한 표면에서는 둘러쌀 수 없는 삼차원적인 곡선으로 발전된 것이다. 이 당시에 이와 같은 삼차원적인 곡선이 적산의 도움으로 계산이 가능할 수 있었다는 것은 흥미로운 일이다.

62. 발다사르 노이만. 피어젠하일리겐. 내부. 제단은 앞으로 돌출한 형태로 교회의 회중석에 배치되어 있다. 맑은 유리로 된 거대한 창문을 통해 빛이 사방에서 쏟아지고 있다.

이탈리아의 후기 바로크 교회에서, 큐폴라는 종종 반쯤 어두운 상태로 남아 있지만 흰색의 14 성인 교회의 경우는 사방에서 빛이 쏟아지도록 되어 있다. 그때까지 교회 건물에서 이처럼 눈부신 광채를 발휘하면서 빛이 내부에 퍼진 경우는 없었다. 장식이 없는 평활한 유리가 창문에 사용되었기 때문에 빛을 받아들이는데 어떤 장애도 없었다.

보로미니와 구아리니의 건물과 마찬가지로 이 교회의 주된 힘은 건축을 통해서만 발산되는 것이 아니라 건축과 조각, 회화의 뛰어난 조화도 한 몫을 하였다. 노이만의 작업 환경에서는 서로 다른 분야의 예술들이 서로 완벽하게 조화를 이루었다. 사실, 18세기 후반의 비밀은 바로 모든 예술의 효과적인 통합체를 만들어 냈다는데 있다. 18세기의 건축가들은 모두 건축적 효과에 숨어있는 비밀을 알고 있었다. 전에 없이 빛을 많이 도입했지만 각 예술을 완전히 통합시켰기 때문에 그들은 신비로운 힘을 연출할 수 있었다. 형태구성은 너무나 정교해서 자연광이 결코 희미해지는 법이 없고 밤중에 빛나는 횃불처럼 공간을 가득 메웠다.

63. 발다사르 노이만. 피어젠하일리겐. 휘어진 면으로 된 접합 아치.

이렇게 중요한 교회들이 버밍햄과 맨체스터에 살았던 프로테스탄트 노동자들에 의해서 최초의 방직기가 발명되던 시기에 건설되었다는 점을 기억할 필요가 있다.

주

1. 보로미니의 작품은 건축사에서 가장 복잡한 부분을 차지하는 문제를 짚어나가고 있다. 그가 이룬 것중에서, 우리의 건축적 전통과 관련되는 것만을 다루기로 하겠다.

2. 보로미니의 재발견은 Cornelius Grulitt의 Geschichte des Barockstils in Italien(슈트트가르트, 1887)에서 시작되었다. 즉" 구조의 새로운 과제를 수행하기 위해서 새로운 표현 수단을 개발하려는 용기를 잃지 않은 사람이면 누구나 보로미니로 부터 바로 그정신을 배우게 될 것이다.(365~366페이지)

보로미니에 관한 체계적인 연구는 1900년 이후 "비엔나 학파에 의해서 처음 이루어졌다. 이 학파의 주도자인 Max Dvorak는 St. John Lateran 복구당시의 보로미니 작품에 대한 짧은 글을 1907년에 출판했다. 즉 Francesco Borromini als Restaurator," Beiblatt zum Kunstgesch,. Jahrb. der K.K. Zentralkommission(비엔나, 1907), Ⅰ, 89ff. 비엔나 학파의 회원인 Oscar Pollak은 Thieme - Becker에서 보로미니의 전기적 연구서(Allg. Lex.d.bild. Kunstler, Leipxig, 1910, 제 4권.) 를 출판했다. 보로미니의 작품이 미친 영향력은 A. E. Brinckmann의 Die Baukunst des17 und 18. Jhdts. in den romanischen Landern(베를린, 1915).에 지적되어 있다. 표준적인 전기는 Eberhard Hempel의 Francesco Borromini(비엔나, 1924)이며 이 책에는 완벽한 참고문헌이 있다. Hans Sedlmayr의 Eie Architectur Borrminis(베를린, 1930)은 작품의 복잡한 "구조 분석이 실려있다. 이 책은 교육적이기도 하며서 너무 넓은 범위를 다루고 있기도 하다.

3. Sedlmayr가 주장하기를, 보로미니는 이 판화를 통해서 2세기의 사원들을 알고 있었으며 로마의 채색된 장식 벽도 잘 알고 있었다고 한다.(op. cit., p.59)

4. Sedlmayr, op. cit., pp. 56~57.

5. Cf. Hempel, op. cit., Pl. 13.

6. Sant'Ivo의 복잡한 내부 공간 구성에 대한 다양한 설명들이 있다. 몇몇 학자들은 기단 부분의 등변 삼각형을 통한 단순한 프리즘으로부터 내부가 형성되며 나머지 볼륨들은 Perussi의 초기 르네상스 평면처럼 여기에 덧붙여진 것이라고 주장한다. 또 다른 학자들은 두개의 프리즘이 상호 관입함으로써 내부가 형성되며 이 두 프리즘은 6각형을 이루게 된다고 주장한다. 앞에 나온 Sedlmay의 책 70페이지를 참조할 것.

7. 이 랜턴은 Baalbek에 있는 비너스 사원과 비교할 수 있다.

8. 독일의 바로크를 재발견한 장본인은 Cornelius Gurlitt일지도 모른다. 그의 저서인 Geschichte des Barockstils und des Rokoko in Deutschland(슈트트가르트, 1889)는 이 시기를 이해할 수 있는 길이 모색되어 있다. 훌륭한 서문과 엄선된 삽화 자료가 담긴 Wilhelm Pinder의 얇은 소책자인 Deucher Barock(Leipxig, 1911)은 독일 바로크를 널리 인식시키는데 한 몫을 했다.(만부 이상이 팔려나갔다.) 바로크는 표피적인 장식만을 중요시하는 양식이 아니라 공간적이며 예술적인 가치를 나름대로 가지고 있는 양식이라는 점은 1880년대에 영국에서만 인식되었다.

9. Richard Teufel, Die Wallfahrtskirche Vierzehnheiligen(Berlin, 1936); Hans Eckstein, Vierzehnheiligen(Leipzig, 1939).

외부공간 조성

The Organization of Outer Space

거주지와 자연

The Residential Group and Nature

133쪽 26줄 Fifth Edition

바로크 건축가들의 작품은 17세기 말 프랑스에서 계속되고 보완되었다. 프랑스의 기여는 특히 두 가지 분야에서 나타나고 있다. 더욱 더 고도로 세련된 인간 거주 양식의 발전과 외부공간의 조직화이다.

유럽의 주도국가가 되었던 프랑스에서 이러한 발전에 결정적인 영향을 끼친 것은 세속 정부의 절대적 우위였다. 절대주의가 권력을 독점하게 되었고, 그 결과 군주의 개인적인 삶이 곧 모든 사회적 삶의 중심이 되었다.

그러나, 그밖에 또 하나의 새로운 힘이 등장하였다. 그 힘은 로마 바로크에 영향을 미친적이 없는 가장 중요한 힘이었다. 그것은 바로 **여성의 영향력**이었다. 인간 거주를 더 잘 조직하려는 요구, 즉 쾌적함에 대한 요구는 프랑스 사회의 여성의 지위향상에 의해 증대되었다. 물론, 이 두 가지 요인은 함께 작용을 했다. 예를 들어, 1665년에 루이 14세는 위대한 건축가인 로렌초 베르니니가 파리로 와서 새로운 루브르 궁 설계를 할 수 있도록 로마 교황에게 간청했다. 그러나 이후의 결과는, 베르니니의 설계가 매우 정중하게 거절된 것이다. 일반적인 설명과 같이 그 설계가 너무 극장풍이라는 이유로 거절된 것은 아니다. 18세기의 한 건축가는 우리에게 베르니니의 설계가 거절당한 진짜 이유를 다음과 같이 말하고 있다: "베르니니는 쾌적한 궁전에 필요한 편의성이나 실의 구획등과 같은 세부적인 문제를 해결하지 못하였다." 다시 말해, 그는 여성이 중요한 역할을 하는 궁전의 복잡한 문제를 이해하지 못한 것이다. 그는 여성들을 보지 못했다. 이 시대 이후 계속 프랑스 건축의 발전에 있어서 여성들의 역할은 매우 중요한 것이 되었다.

또 다른 중요한 문제는 **궁전의식의 정교한 절차**였다. 프랑스 사회생활의 이와 같은 변화들 때문에 대저택에서는 실 배열이 더욱 복잡해졌다. 이러한 방들을 취급하는데 있어서 새로운 섬세함이나 세련됨이 나타나게 되었다. 동시에 가구설계, 특히 앉거나 눕는 가구설계에 있어서도 변화가 일어났다. 이러한 가구들은 여성에게 구애(求愛)행위를 하는데 더 편리하도록 만들어졌다.

이 시기의 프랑스에서는 주택의 일반적 유형이 변화되고 있었다. 대저택(chateau)이 이탈리아식 빌라를 대신하였다. 귀족이나 고위 관리들의 도시 대저택으로 사용된 루이 르 보오가 1650년에 파리에 지었던 랑베르 호텔과 같은 건축물들은 프랑스 귀족생활의 특별한 요구에 의해 발전된 고도의 주거문화를 보여주고 있다. 그러나 곧 이러한 문화의 성장은 정지되었다. 대귀족, 부유한 재정가, 중요 국가 공무원들의 중요성은 절대 군주의 요구에 의해 빛을 잃게 되었다.

이러한 변화가 계속되고 있을 때, 도시 외곽에 있던 국왕의 대저택은 사회적 · 건축적 중심지가 되었다. 이 대저택은 배후의 도시나 그 앞에 펼쳐진 자연지역을 내려다보고 있는 곳에 위치하였다. 대저택을 도시와 전원 사이에 배치하는 생각은 이탈리아에서 훨씬 이전의 이탈리아에서 비롯되었다. 예를 들어, 미켈란젤로가 로마에 팔라초 파르네스를 세울 때 궁전의 축을 강 건너편까지 확장시키는 수단으로 티베르 강에 다리를 건설하려는 아주 환상적인 생각을 가지고 있었다.

Fifth Edition 135쪽 11줄

그러나, 이러한 대저택 건축의 개방적 양식을 **보오 르 뷔콩트 대 저택**에서 논리적으로 발전시킨 최초의 사람은 프랑스 국왕이 아니라 바로 위대한 재정가였던 푸케였다. 이 대저택은 17세기 중엽 직후인 1655~61년에 건축가 루이 르 보오에 의해서 세워졌다.**(도판. 64)** 이 건물은 비교적 적당한 크기였지만, 앙드레 르 노트르의 작품인 거대한 정원과 접하고 있으며, 프랑스 파빌리온의 원칙에 의해 세워졌다. 대 저택의 높은 굴뚝이 있는 가파른 지붕은 고딕 양식의 탑 꼭대기를 생각나게 한다. 이 지붕은 중앙 파빌리온의 큐폴라와 정탑과 급격한 대조를 이룬다. 우리는 이 대저택이 건설되었을 때 파리에 있었던 로렌초 베르니니가 이와 같은 건축양식의 혼합에서 어떤 인상을 받았는지 잘 알 수 있다. 그러나 보오 르 뷔콩트 궁은 거대한 공원에 의해 자연과 거의 일치가 되게 설계된 최초의 주택이었다. 그것은 이런 식의 수법이 베르사유 궁에서 수용되고 더욱 더 대규모로 실행되기까지의 실험기간을 의미한다. 잘 알려져 있듯이, 포겟은 그의 대담한 행동으로 말미암아 막대한 대가를 치뤄야 했다. 그의 대저택과 공원은 어떠한 것에도 경쟁 상대를 용납하지 못하던 국왕의 심기를 건드렸다. 루이 14세는 **베르사유**에 화려한 궁전을 세우도록 건축가인 르 보오와 공원설계가 르 노트르에게 명령을 하고, 포겟은 종신형에 처했다. 이 사건은 별개의 사건이 아니다. 이것은 바로 전제 정치의 일면을 잘 보여주는 사건이다. 대귀족이나 대재정가의 권력과 명성은 루이 14세가 절대군주가 되기 위해서는 없어져야만 했다.

베르사유의 내 저택은 교황의 종교적 권위가 국왕의 현세적 절대주의로 대체되고

64. 루이 르 보오. 보오 르 뷔콩트의 대저택, 1655~61.

65. 루이 르 보오와 줄리스 하도온 멘사드. 베르사유궁전. 대저택과 정원, 그리고 대로.

있음을 뜻한다. 루이 14세는 베르사유의 위대한 모습을 나타내는데 거의 반세기(1661~1708)를 보냈다. 재상 콜베르가 이전 선왕들의 거처였던 파리의 루브르 궁을 완성시키라고 충고했지만, 루이 14세는 이 충고를 거절하고 공사에 착수했다. 이때 그의 나이 22살이었다. 콜베르보다 30살이나 젊었던 그는 옛 궁전이나 수도인 파리에 신경을 쓰지 않았다. 콜베르는 그때 거의 70세의 나이였던 베르니니를 멀리 로마에서 파리로 불러와 왕실 주택에 대한 완벽한 요구사항을 담은 서류를 주었다. 그러나 이 모든 것은 헛된 일이었다. 루이 14세는 다른 생각을 가지고 있었던 것이다.

특히, '자연을 지배한다'는 생각이 국왕을 매혹시켰다. 루이 14세는 파리의 좁은 길을 싫어했다. 사실, 대도시를 싫어한다는 것은 어디에서나 찾아볼 수 있는 바로크 절대주의의 특징이었다. 심지어 새로운 도시가 새로운 궁전과 연결되어 건설될 때도 그 도시는 큰 도시로 성장하지 못했다. 이것은 만하임이나 칼스루헤 뿐만 아니라 베르사유의 경우도 마찬가지였다. 그러나, 어쨌든 도시의 경계에 의하여 제한받지 않는 새로운 생활 방식을 창출하려는 생각과 베르사유는 자신이 통치하는 수도를 무시하고 방치한 군주가는 없었음에도 불구하고 루이 14세의 마음을 30년 이상이나 강렬하게 사로잡았다.

Fifth Edition 137쪽 27줄

루이 13세 때의 베르사유는 나무에 둘러싸인 낮은 언덕 위에 세워진 사냥터에 불과했다. 이곳은 처음에는 단지 그 영역을 넓히는 정도였다. 그러나, 보오 르 뷔콩트 궁의 건축가인 루이 르 보오에 의해 행해진 이러한 변화는 만족스럽지 못한 것이었다. 더 큰 규모의 것이 필요했다. 1668~74년 동안에 새로운 개념이 구체화되었다. 즉 거대한 규모로 하자는 것이다(**도판. 65**). 커다란 U자형의 중앙 블록은 공원을 면하고 있다. 쥬르 아르드앙 망사르는 U자형의 끝에 직각으로 긴 날개를 건설함으로써 궁전의 정면을 길게 했다. 좌측 날개(1679~82)는 왕자를 위해서 건설된 것이며, 우측 날개(1684년에 시작)는 프랑스 각 부서 사무실용으로 건설되었다.(루이 14세가 베르사유를 자기의 관저로 공포하면서 프랑스 행정부를 그의 궁전에 수용하려고 결심한 때는 1683년이었다. 그 포고문은 파리에서 폭동을 일으켰다.)

중앙 블록의 U자형과 연결된 두 개의 긴 날개는 이제까지는 알려지지 않은 개방적 건축양식이었다. 복잡하고 거대한 이 전체 구조물은 3가지의 기능을 수행했다. 국왕과 왕족, 그리고 프랑스 각 행정부서를 수용하였다. 이 거대한 주거 건물의 건설은 1668년에서 1684년까지 가장 활발하게 수행되었다(30,000명의 사람이 이 건설에 고용되었다.) 의문시 되는 이 기간은 절대군주제의 홍망기와 정확히 일치한다. 한편, 이

66. 베르사유 궁전. 대규모 코트와 파리를 향해 나있는 간선도로. 페렐르의 동판화.

67. 베르사유 궁전. 정원, "타피스 초목" 대운하, 테라스. 페렐르의 동판화.

와 같은 시기의 로마 바로크 건축은 보로미니와 구아리니의 작업 속에서 마지막 발전단계를 맞이하고 있었다.

Fifth Edition 138쪽 16줄

베르사유의 의미는 도대체 무엇일까? 그리고 이 건물에서 구현된 중요한 구조적 사실은 무엇일까? 그것은 이 건물이 **자연과 밀접하게 연결되어 있다**는 점이다. 2,000 feet 이상의 길이인, 거대한 복합건물이 자연을 직접 마주 대하고 있다. 대지는 실제로 건물 그 자체의 일부분이고, 건물과함께 거대한 힘과웅장함을 연출하고 있다.

로렌초 베르니니는 루브르 궁 건설 계획을 실행하라는 허가는 받지 못했지만, 루이 14세가 1668년에 베르사유의 새로운 확장 건설을 시작할 때, 로마식 웅장함(grandezza)은 성공을 거두었다. 직선과 평지붕이 복잡한 중세 실루엣을 대체했다. 변화가 없는 긴 직선의 단순성 속에 굉장한 용기와 자기 확신이 엿보인다. 그 전체 구조물은 새로운 사회적 요구에 대한 건축적인 대답이었다. 절대 군주의 개인 생활, 의식 생활, 정치 생활 등을 위한 새로운 환경의 요구, 하나의 지붕 아래 통합된 중요 기능들에 관한 문제는 이미 언급했다. 별로 중요하지 않은 기능도 구비되어 있었다. 예를 들어, 살롱은 그 신화적인 명칭에도 불구하고 도박, 춤, 음악적 여흥을 위한 것에 지나지 않았다.

그러나 흥미로 것은 사회적, 주거적, 행정적 목적을 위해 세워진 이 거대한 복합건물 상호연결시켜 자연과 밀접하게 병치(倂置)한 디자인 기법이다(**도판**. 67). 베르사유가 왕궁으로서의 화려함이 중요한 것이 아니라 생활 문제의 해결책을 제시했다는 점이 중요하다. 자연은 인간의 의지에 의해 이미 정복되었지만, 대도시에서 떨어져 있는 개방적인 전원에 이렇게 큰 생활공동체가 하나의 지붕 아래 수용되었던 적은 없었다.

베르사유 궁은 파리와 연결되는 하나의 도로를 가지고 있다(**도판**. 66). 이 도로는 거대한 궁전에서 내려다보이는 두 개의 건물 사이에서 시작되어 파리의 상제리제와 루브르에서 끝난다. 베르사유에서 시작되는 도로의 출발점에 대단한 힘과 위엄을 주는 이 아름다운 곡선도로는 믿기 어렵지만, 왕가의 마구간이었다. 이러한 마구간에 의해 도로를 강조함으로써 대저택으로의 접근로가 강조되고 있다. 다시 말해, 건축적 표현 속에 수용된 도로는 대 저택의 중요한 일부분이 된 것이다.

무한한 것을 지배하려는 바로크의 의지는 궁전의 다른 면에서 가장 잘 나타나고 있다. 땅은 장식용 연못이 있는 테라스에서 완만하게 아래쪽으로 경사져 있다. 사림의 시선은 긴 잔디밭－일명, 녹색의 융단(tapis verts)－에 의해 1마일 길이의 십자가 형태인 대 운하(Grand Canal)로 유도된다.(도판. 67) 루이 14세 시대에는 곤돌라나 호화스러운 배에 의해 더욱 더 빛을 발했다. 시선은 대운하를 넘어 끝없는 전원 속으로 사라진다. 거대한 공원(크기가 파리 전체 면적의 1/4)의 수림과 관목림이 좌우로 펼쳐져 있다. 여기에는 모든 종류의 여가활동, 즉 스포츠, 사냥, 축제, 구애를 위한 모든 준비가 되어 있었다. 수림 곳곳에는 수림을 벌채하여 둥글게 만든 개방공간이 있고, 여기서 시작된 소로가 서치라이트의 광선처럼 방사되고 있다. 방사형 소로나 대로를 가진 이러한 원형 지역은 18세기 도시계획에서 발견할 수 있다.

베르사유의 대저택을 위한 광대하고 잘 정비된 자연환경은 이 대건축물의 배경이 될 뿐만 아니라, 거기에서 발전되었던 새로운 종류의 생활을 위한 배경이 되었다. 베르사유 궁이 루이 14세가 미라같이 감금된 광대하고 사치스러운 일종의 무덤이라는 옛날의 신화는 역사에 의해 거짓임이 밝혀졌다. 루이 14세에 대한 전기작가였던 루이 버트랑은 우리에게 널리 알려져 있던, 부정확한 전설을 반박하는 그림을 보여주었다. 그는 루이 14세를 "옥외의 왕(the open - air king)"이라 불렀고, 루이 14세가 고독을 구실로 매주 2회씩 혼자서 베르사유의 숲으로 사냥을 하러 나갔다고 말하고 있다. 궁전의 침실 창문으로부터 루이 14세는 숲과 녹색 초지를 방해받지 않고 바라보았다. 물론, 오늘날은 그러한 전망을 볼 수 없다. 후세에까지 계속 유행된 베르사유의 구조적 사실들은 그 왕궁의 화려함과 관계가 있는 것이 아니다. 그 '구성적 사실들'은 베르사유가 제공한 새로운 생활양식에 있다. 거의 작은 도시에 가까운 이 거대한 구조물과 그 안에서의 생활은 자연과 아주 밀접하게 연결되어 있었다.

개별 광장
Single Squares

바로크 건축이 로마에서 번영하고 있을 때, 세계 모든 도시들은 붐비기 시작했고 도시를 둘러싼 성벽 안의 공간은 부족했다. 도시내의 첫 번째 거대한 열린 공간(폐쇄된 르네상스 시대의 광장과는 대조적으로)은 성 베드로 성당의 '타원형 광장'이었다(도판. 68). 이 광장은 17세기 중엽 직후에 건설되었다. 경사를 따라 배열된 이 광장은 성 베드로 성당의 네 겹의 주랑(柱廊)안에 둘러싸여 주랑과 주랑현관으로 연결되어 있다. 여기에는 세 가지 요소가 결합되어 있다. 타원형 광장, 장방형 광장, 맨 위에 도움이 붙어 있는 성당. 베르니니는 타원형 광장의 공지를 두 개의 좁은 입구만 남기고 다른 주랑으로 막으려고 했다. 그러나 그 계획은 결코 실행되지 못했다. 141쪽 12줄 Fifth Edition

성 베드로 성당에 베르니니의 주랑이 나타나기 5년 전에 앙드레 르 노트르는 보오르 뷔콩트 궁을 설계했다. 이 두 사람의 작업은 넓은 공간을 차지하려는 당시의 전 유럽에 퍼졌던 욕구에서 비롯된 것이었다. 그러나, 베르니니의 주랑은 인치 단위까지 계산된 모델링의 정확성은 유일무이한 것이었다. 로마 교황의 축복기도를 들으려고 사람들이 모여드는 때인 교회 축제 기간이 되면 이 타원형 광장의 정확함을 감상할 수 있을 것이다. 이 광장은 중심에 있는 오벨리스크를 향해 경사가 아래로 져있다. 약간 경사진 테라스와 긴 계단속에서 거대한 주랑 현관을 쪽으로 경사가 올라가고 있다. 구경꾼들은 축복기도를 기다리고 있으면서 거대한 회중을 바라볼 수 있을 뿐만 아니라 교회 바로 앞에 있는 테라스에서 발생하는 모든 일을 볼 수 있다는 사실을 발견할 때, 비로소 베르니니의 건축적 솜씨가 뛰어남을 알게 된다.

파리에는 로마의 이러한 광장과 비교되는 광장은 어떤 것일까? 루이 14세 시대의 위대한 기술자인 보 반이 파리의 성벽을 무너뜨리고 대가로 수도로를 만들었다. 근대적 방어 요구에 더 적합한 풀로 덮힌 토루(土壘)가 도시 외곽에 펼쳐졌다. 파리 최

68. 로렌초 베르니니. 베드로 성당 앞에 있는 오블리쿠아광장, 로마. 석판 인쇄본, 1870. 교황의 축복을 기다리는 군중들.

초의 거대광장은 르네상스식의 보쥬 광장이었다. 루이 14세는 베르니니가 성 베드로 성당의 주랑을 만든 지 30년 후, 그리고 집권한 지 25년이 지나서야 그의 최초의 광장을 건설했다. 이것이 바로 빅토와르 광장이었다(1685~87). 이 광장은 한 쪽이 평평한 원형인 최적의 규모로 지어졌으며, 가로 교차점으로 계획된 파리의 최초 원형 광장이었다.

143쪽 01줄 Fifth Edition

이 시기의 파리에 세워진 아주 거대한 공공광장은 18세기 초에 건설된 **방돔 광장**이었다. 이 광장은 베르사유 궁이 완성된 후에 건설되었다는 사실은 주목할 만한 가치가 있다. 베르사유의 건축가인 쥴르 아르듀엥 - 망사르는 이때야 비로소 파리의 중요한 광장을 위해 일을 할 시간을 갖게 되었다. 1699년의 그의 첫 번째 계획은 단순한 사각형 형태였다. 나중에 그 모서리가 절단되어, 새로운 면은 바깥쪽으로 구부러졌다. 70년 전, 보로미니는 산 카를로 알레 콰트로 폰테인의 작은 수도원 정원에서 같은 방법을 적용하였다. 그러나 그 당시에는 진정한 평가를 받지 못했지만, 파리에서의 가장 중요한 발전은 베르사유의 대저택 축과 루브르의 대저택 축을 연결하기 위하여 전원지역을 직접 가로질렀던 주도로였다. 오늘날까지, 루이 14세에 의해 계획된 상제리제 거리는 파리로부터의 유일한 넓은 출구가 되었다.

18세기는 광장설계에 있어서 주목할 만한 세기이다. 루이 14세의 이름이 궁전 및 정원 건설과 연관있듯이, 루이 14세를 계승한 루이 15세의 이름은 새로운 도시광장과 공공광장 건설과 연관있다. 파트에 의해 1748년에 설계된 파리 대계획(**도판. 69**)은 시의 모든 광장(이미 현존하거나 단지 계획만 된 모든 광장)을 담고 있다는 점에서 루이 15세 치하의 엄청난 건설량을 알 수 있다. 아마 가장 유명한 개별 광장은 작크 앙게 가브리엘에 의해 설계되고 1763년에 건설된 콩코드 광장일 것이다.

연속적으로 연결된 광장

Series of Interrelated Squares

많은 도시에서 일련의 모퉁이 광장(square)과 대광장(plaza)은 상호 독립적 단위의 단순한 연속이 아니라 모두 함께 모여 리드미컬한 진행을 구성하도록 설계되어 있다. 통일에 대한 강력하고 자의식적인 열망은 광장의 위치나 광장으로부터 도로를 방사시키는 방법으로 표출되었다. 가끔 도시 전체가 이런 종류의 이미 결정된 계획에 따라야만 했다. 1715년에 건설된 독일의 칼스루에가 그 좋은 예이다. 도시 전체가 이런 유행속에서 건축학적 단위로 취급될 때는 새로운 계획에 의해 설정될 관계와 조화를 이루도록 기존 건물을 증축하기도 했다.

Fifth Edition 144쪽 08줄

이런 연계광장 중에서, 가장 잘 만들어진 광장은 로렌의 수도 낭시에 있는 세 개의 광장이다. 낭시는 한 때 루이 15세의 장인인 폴란드의 망명 국왕 스타니스라스 레스진스키의 주거지였다. 그 세 개의 광장(**도판.** 71)은 베르니니의 주랑이 건설된지 1세기후인 1752년에서 1755년 사이에 에레 드 코르니에 의해 건설되었다. 첫 번째 광장인 스타니슬라스 광장은 앞서 세워진 오텔 드 빌(**도판.** 70)과 함께 하나의 개선문을 통해 장방형의 카리에르 광장과 연결된다. 이 두 광장 사이에는 라무르가 만든 멋진 로코코 양식의 단철(鍛鐵) 작품이 스크린을 형성하고 있다. 가로수 길이나 좌우대칭으로 늘어선 집들이 세 번째 광장인 로얄 광장으로 이어진다. 로얄 광장을 향하는 정부청사는 연계광장 계획이 만들어지고 있을 때 이미 존재하던 건물이다. 이 건물은 광장에 우아한 주랑을 첨가함으로써 전체 구성에 새로운 조화를 더하고 있다. 광장 주위의 주랑은 정부청사의 아치에 나타난 모티브를 다시 한 번 보여주고 있다.(**도판.** 72)

69. 파트. 계획 광장과 실제 광장이 나타나 있는 파리시 계획안, 1748. 이 계획안은 적당한 자리마다 다양한 형태로 개방공간, 광장을 조성하려는 18세기 중반의 노력을 잘 보어주고 있다. 이 광장중에 극소수만 실제로 지어졌나.

70. 헤레 드 코르니. 낭시에 있는 세 연계광장. 스타니스라스 광장, 1752~55. 풍경.

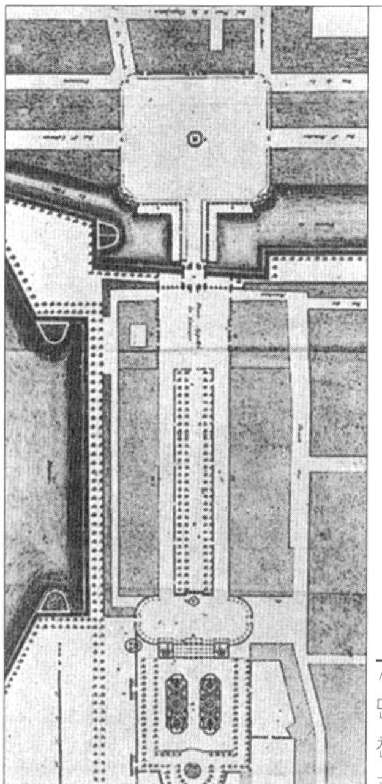

71. 헤레 드 코르니. 낭시에 있는 세 연계광장. 평면. 기존의 특징들을 모아서 새롭고, 참신하며 활기찬 공간 통합체를 만들기 위해, 새로운 요소들이 이 광장에서 사용되었다.

건축적 지식이 풍부하게 축적되어 있다는 것은 연계광장 중 하나만 보아도 알 수 있다. 그것은 건물의 높이나 비례를 통제하는 수법, 혹은 재료 취급 방법에서 잘 나타나고 있다. 성벽, 투명한 단철(鍛鐵)제 작품, 분수, 수목, 주랑 등에 이 모든 재료들이 직감적으로 정확하게 쓰였다. 여기서 우리는 18세기 중엽 건축의 비밀을 알 수가 있다. **각각의 요소는 전체 요소에 통합**이 된다. 개별적인 현상이 종합되어 효과적인 전체를 형성하게 된다.

낭시에 세 개의 광장이 건설되고 있을 때, 완전히 다른 목적을 위해 건설되기는 했지만, 그 건축학적 지식이 돋보이는 작은 도시가 영국에 존재하고 있었다. 그 도시 이름은 바스이다. 18세기 영국에서는 바스의 온천에서 "목욕하는 것"이 사회적 관습의 하나였다. 바스는 "좋은 친구들과 사회적 교제를 하기위한 모임장소였다." 여기에는 도시이 전체적인 조화에 함께 했던 교회나 성이 없었다. 바스는 명성이 없는 사람들과 사회의 여러 계층의 유흥을 위해 건설되었다. 귀족, 예술가, 문장가, 그리고 아주 다양한 유형의 사람들이 모여들었다. 올리버 골드 스미스의 표현을 빌리자면, "여러 나라에서 약탈해 온 물건을 싣고 동인도에서 온 사무원이나 대리상들, 미국 식민지에서 온 농장주와 흑인 노예상, 두 번이나 잇달아 전쟁에서 패한 사람들, 태생이 좋지 않은 중개상이나 잡일꾼 등"이 모여들었다고 한다. 이러한 묘사는 18세기보다

72 헤레드 코르니. 타원형 콜로네이드가 있는 정부궁. 낭시.

는 19세기에 씌여진 것 같은 느낌을 들게 한다.

바스는 "건축가이자 건설업자였고 투자가이자 예술가였던" 존 우드에 의해 새로운 부르조아 사회를 위해 건설되었다. 그의 아들이자 계승자인 존 우드 2세는 1764년에 서크스를 건설했고, 1769년에는 30개의 집들이 서로 연결되어 한 쪽이 트인 타원형 모양을 이룬 **로열 크레센트**(역주:초승달 모양의 광장)를 건설했다(**도판**.73).

로열 크레센트는 여러 면에서 자크 앙게 가브리엘이 6년 전에 만든 루이 15세 광장(콩코드 광장)에 필적할 만하다.(**도판**. 74) 루이 15세 광장은 지금은 아주 많이 변했지만 여전히 파리 광장 중에서 가장 아름답다. 그 광장의 매력은 경계의 벽이 하나만 있어서 도시 중앙에서 전원지역을 볼 수 있다는 것이다. 튀르리 정원이 좌측에, 상제리제가 우측에, 센 강이 바로 앞에 있다. 이런 고도로 발달된 도시 계획 배후에 숨겨진 의도를 간파했던 그 당시의 인물인 아베 로지에의 의견은 다음과 같았다. "그것은 정원이나 숲에 둘러싸여 마치 경치 좋은 전원 환경 속의 아름다운 산책길의 이미지를 준다." 사실, 이 광장은 주변 풍경에서 없어서는 안 될 필수적인 요소가 된 것이다.

콩코드 광장에 있는 하나 밖에 없는 경계벽은 중앙이 개방되어 있다. 이런 식으로 중앙이 개방된 곳(나중에 지어진 교회에 의해 파괴되었음)으로부터 시작되는 로열 가(街)는 광장 자체의 축이 되고 있다.

73. 존 우드 2세. 서커스, 1764, 로열 크레센트, 1769, 바스. 공중에서 본 사진.

바스의 로열 크레센트(**도판**. 75)는 축이 없으며, 대저택이나 교회로부터 시작되는 중심 개방부분도 없다. 거기에는 전망을 방해할 만한것은 전혀 없다. 종속적이고 의존적인 관계를 강요하는 현세적 정부 청사나 종교적인 건물도 전혀 없다. 도시까지 완만하게 경사가 진 넓은 잔디밭과 잔디밭 너머로 전원지역이 펼쳐져 있을 뿐이다. 개개의 집을 집중시킴으로써 완전히 개방된 조망을 가질 수 있었다. 30개의 작은 표준화된 주택은 한 개 단위로 융합되어 크레센트를 형성하고 그 기념비적인 감동은 서로 떨어지지 않으면서 서로 모여있다는 사실에서 비롯된다. 지금에 이르러서야 우리는 이와 비슷한 계획을 볼 수 있다. 예를 들어, 그로피우스는 1937년 성 레오나르드 힐(윈저 궁 근처의 공원) 옆에 같은 방법으로 8층짜리 아파트 단지를 세울 계획이었다. 각각의 아파트를 3개의 8층 아파트로 집중시킴으로써 나무와 초지로 뒤덮은 대지로 펼쳐지는 좋은 전망을 가질 수 있었다. 이렇게 함으로써 각 입주자들은 개방된 조망을 가질 수 있다. 로열 크레센트 계획과 그로피우스의 계획과는 달리, 19세기의 휴양지는 무질서하게 들어선 호텔과 개인 주택으로 인하여 광산촌처럼 무질서한 모습을 가지고 있다.

18세기의 바스는 투자 목적으로 건설되었다. 존 우드 1세는 1727년에 바스 건설을 시작했다. 고도의 건축 수준을 가진 런던의 광장과 크레센트 건설과 마찬가지로 파리의 방돔 광장(1701) 역시 투자가들에 의해 건설될 수 있었다. **18세기와 19세기 초**의 많은 유명한 **건축가들** 대부분(아담 형제, 존 내쉬, 쏜과 같은 사람들)은 한 때 건설가이자 예술가,투자가이기도 했다. 그럼에도 불구하고, 건축은 그 학문의 분야를 분

74. 자크 앙게 가브리엘, 루이 15세 광장(일명 콩고드 광장), 파리, 1763. 이곳에서는 자연과 광장이 서로 병렬되어 있으며 이러한 원리는 바스의 로얄 크레센트에도 적용되어 있다.

명히 했고, 전통적인 작업을 활발히 발전시켜나갔다. 건축의 발전에 있어서 투자의 역할에 대한연구는 지금도 단편적인 수준에 머무르고 있다. 그러나 투자의 영향력은 건축적 이유 뿐만 아니라 투자가의 솔선적이고 파괴적 역할을 발견하기 위해서라도 알 필요가 있다.

150쪽 22줄 Fifth Edition

도시계획의 이와 같은 놀라운 성과는 낭시나 바스같은 작은 도시는 물론, 파리와 같은 대도시에서도 나타났다. 18세기의 유럽 각지에서 이와 같은 전문가적인 솜씨를 볼 수 있다. 콩코드 광장이나 영국의 크레센트, 테라스 등에 적용된 기본 원칙(주거지역을 자연 환경과 조화롭게 하는 것) **발라디르의 로마 포폴로 광장의 개조**에도 적용되었다. 이탈리아 대백과 사전에 따르면 주세페 발라디르(1762~1839)는 "녹색공간을 보존하면서 도시계획을 과학적으로 취급한 근대 이탈리아 건축의 최초의 인물" 이었다. 발라디르가 그러한 형식을 선택한 것만을 가지고 판단하자면, 그는 고전적인 것을 부흥시킨 건축가였지만, 훌륭한 광장 설계에 보여준 공간개념의 측면에서 보면, 그는 후기 바로크 전통을 따랐다고 할 수 있다.

발라디르의 작품을 제대로 평가하려면, 일단 그가 개조한 이전의 피아차 광장의 상태를 살펴볼 필요가 있다. 그가 작업을 시작하면서 부딪친 복잡한 여러 가지 문제에 질서를 불어넣은 것만 봐도 그는 대단히 능력있는 건축가였음을 알 수 있다.

철도시대가 시작되기 전까지, 포폴로 광장(도판. 76)은 북방에서 오는 관광객들이 로마로 갈 수 있는 주요한 입구였다. 여기에서 관광객들은 로마교황의 도시에 대한

75. 존 우드 2세. 바스의 로열 크레센트, 1769. 앞에 있는 넓은 잔디밭은 계곡 바닥을 향해서 경사져 있다.

첫인상을 받게 된다. 관광객은 17세기에 스웨덴의 크리스찬 여왕이 방문했을 때 복구하고 재장식한 포폴로의 문을 통해서 광장에 들어서게 된다. 광장 정면 쪽 저멀리에, 카를로 라이날디가 1662년에 세운 쌍둥이 교회-로마에서 가장 중요한 첫 상징물-가 서 있다.(**도판**. 77) 동일한 형태의 큐폴라와 주랑현관을 가진 이 쌍둥이 교회는 고대이래 이 지점에서 방사되는 3개의 주요 간선도로를 지키는 초소같은 것이었다. 광장 중앙에는 16세기 말에 세워진 이집트식 오벨리스크가 따로 외로이 서있다. 좌측에는 산타 마리아 델 포폴로라는 르네상스식 건물의 전면 모습이 보인다. 이 교회는 예전에 마틴 루터가 머물던 어거스틴 사원과 붙어 있는 교회였다. 이 사원의 정원은 핀치오 언덕까지 올라와 있다. 광장 양쪽에는 높은 벽과 별로 중요하지 않은 건물들이 있다. 이것들은 광장 안에 있는 우마(牛馬)들이 먹을 물을 담아 놓는 구유와 더불어 광장의 시골적인 분위기를 더해주고 있다. 이러한 계획은 1794년 발라디르르가 준비하여 출판했던 계획이었다. 그러나 마지막 계획이 실행된 때는 블룸즈베리지역 내의 광장에서 건축활동이 아주 활발했던 1816년에서 1820년 사이였다.▼10(**도판**. 78)

Fifth Edition 152쪽 24줄

발라디르는 광장 주위의 기념비적 건물은 손대지 않았지만, 중요하지 않은 모든 벽과 건물은 허물었다. 그는 어거스틴 사원에 있는 정원 대부분을 핀치오로 접근할 수 있는 공공 공원으로 만들었고, 광장과 핀치오 사이의 교통로인 구부러진 경사로가 이 공원을 통과하도록 하였다. 핀치오 고원 위에 지은 테라스는 아래쪽의 또 다른 건물과 비교해 볼 때, 상대적으로 규모가 큰 하부구조를 가지고 있다.(**도판**. 80) 테라스 훨씬 높은 위치에 만들어졌지만 전체 공간 구조와 조화를 이루었고 또한 하나의 통일감을 주고 있다. 도판 79와 80을 보면 발리디르가 양식도 전혀 다르고 건설 시기도 다른 건물들을 새로운 관계 속에 얼마나 잘 조화시켰던가를 알 수 있다.

이러한 작업 이외에도, 그는 광장에 접한 몇 개의 주거단지를 만들었고 교통을 유도하는 두 개의 거대한 반원형 건물(지금도 그 역할을 수행하고 있다)을 세웠다. 또한 설계전체에 **녹색공간 도입**을 고려했다. 이렇게 조심스럽게 녹색공간을 도입한 것은 이 시대에 흔히 볼 수 있는 특징이었다. 그는 더 나아가 광장 서쪽 지역을 영구히 폐쇄되지 않게 하고 건물도 짓지 않았다. 이렇게 함으로써, 콩코드 광장이나 바스의 로열 크레센트처럼 방해받지 않는 전망을 즐길 수 있게 된 것이다. 오늘날, 이 지역은 넓은 도로와 높은 건물이 들어섰고, 광고용 간판들로 보기 흉하게 변해버렸다.

포폴로 광장은 오늘날까지 모든 큰 광장들 중에서 외형상 가장 "근대적인" 건물로 남아있다. 이러한 평가는 건물과 공원의 완전한 조화에서 비롯된다. 그러나, 그 근대적 분위기의 원천은 다른 높이를 가진 건물을 동일구조속에 끌어들이는 수법이었다. 18세기 중엽, 낭시에 건설된 여러 광장들은 다른 높이를 가진 건물의 수직면 사이의 관계를 이용하였다. 포폴로 광장에서, 발라디르는 높이가 서로 다른 두 개의 수평지역(핀치오의 테라스와 광장)을 관계시켜 효과적인 설계를 함으로써 공중에 떠있는 감각을 구현했다. 낭시의 2차원적인 비례관계와 달리, 삼차원적인 비례로 발전된 것이다.

76. 포폴로광장, 로마. 템페스타의 동판화, 1593. 포르타 델 포폴로, 르네상스 교회 산타 마리아 델 포폴로, 오벨리스크, 프린치오언덕의 정원.

77. 포폴로광장, 로마. 레인레이드의 쌍둥이 교회쪽으로 바라본 모습.

우리는 보로미니가 설계 방향을 내부공간에서 외부공간으로 이끌어가는 노력속에서 근대건축의 관심사항을 예견할 수 있었던 이유를 살펴 보았다. 발라디르의 광장은 우리 시대의 또 다른 기본적인 개념과 관계가 있다. 특별한 심미적 감정의 기초가 되는 수평면과 수직면 사이의 관계인 것이다. 이것은 근대건축의 '구성적 사실들' 중의 하나이며, 근대건축의 특징을 결정짓는 경향 중의 하나라는 것은 의심할 여지가 없다. 데 스틸 그룹의 창설자인 네덜란드 화가이자 시인이며 건축가인 데오 판 되스부르크가 1922년에 그린 그림은 그가 이러한 개념을 의식적으로 인식했었다는 것을 잘 보여주고 있다.(도판. 81) 이 그림은 공중에 떠있고 투명한 주택의 수직면과 수평면 사이의 상호관계를 그리고 있다.

오해를 피하기 위해, 보로미니나 발라디르가 오늘날과 같은 공간개념으로 작업한

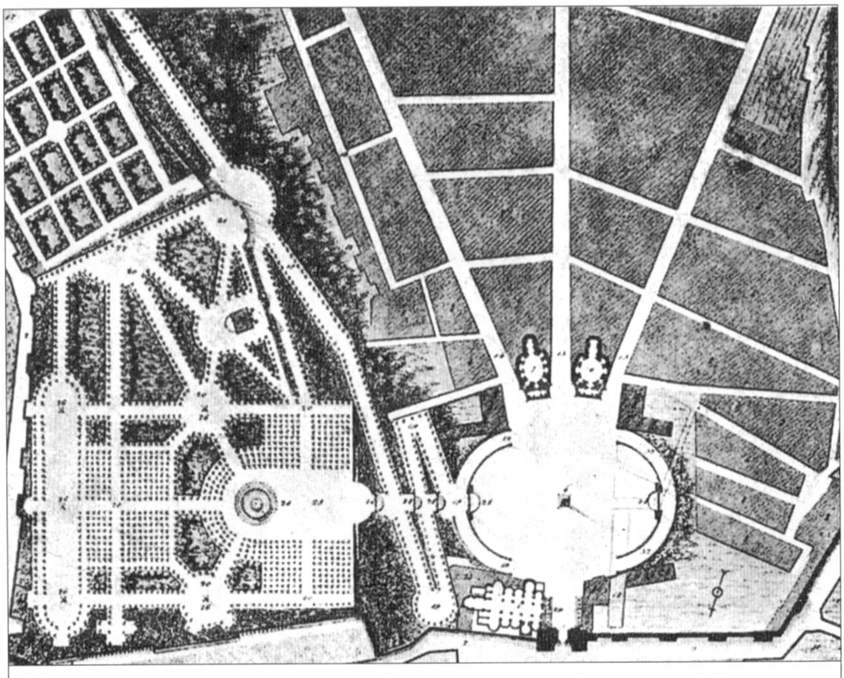

78. 주세페 발라디르, 포폴로광장 계획안, 로마, 1816. 이것은 실제로 재개발될 때 사용되었던 최종도면이다.

79. 포폴로광장 계획안, 로마. 상이한 여러 레벨과 램프를 보여주는 단면. 에드워드 W. 암스트롱이 제작한 그림, 1924.

것은 아니었음을 다시 한 번 언급해두고자 한다. 정확한 차이점은 후에 논하기로 하자. 역사가들은 나중에서야 완전히 실현되는 운동의 초기에 주목하는 일이 흥미있고 중요한 일이라고 생각하고 있다.

사회 전체를 휘몰아 가기 시작한 산업화 시대 이전에는, 간소하거나 화려한 규모의 주택에 대한 기준이 있었다. 도시계획(town planning)의 원칙은 건축에 관여하는 모든 사람들에게는 당연히 받아들여지는 공통적인 지식이었다. 어느 한 시대가 그 본래의 문화를 발전시키는데 성공할 때에, 그리고 오랜 전통이 이 문화를 받쳐줄 때에 비로소 유명한 사람 뿐만 아니라 이름없는 사람들도 최고의 작품을 만들어 낼 수 있다. 예를 들어, 우리는 19세기 초에 바스에 랜스도운 크레센트를 건설했던 건축가의 이름을 어쩌다 알고 있지만, 그러나 그 이름은 역사상 중요한 이름은 아니다.

랜스도운 크레센트는 바스 시(市)보다 높은 곳에 위치하고 있다.**(도판. 83)** 뱀같이

80. 포폴로광장 계획안, 로마. 피치오테라스에서 본 모습으로, 서로 연결된 상이한 수평 레벨과, 이 수평 레벨이 광장의 수직면과 이루는 관계를 보여준다. 발리디르는 여기서 우리 시대의 중요한 개념, 즉 미학적 감흥의 기초를 이루는 수평면과 수직면의 관계성을 예시하고 있다.

세번 구부러지는 이유는 일조와 태양을 더 많이 받기 위해 대지의 기복을 따라 건설했기 때문이며, 외관 역시 지형을 따랐기 때문에 유기적인 성격이 돋보이고 있다. 이 크레센트는 그 이전의 세기가 가지고 있던 두 가지 **'구성적 사실들'**을 구현하고 있다.

로마의 좁은 가로에서 나타나는 예측치 못한 운동감과 유연성을 가져온 보로미니의 물결치는 벽은(**도판. 82**) 크레센트의 외형과 유사한 곡선에서 다시 나타난다. 그 두 번째 선례는 도시의 좁은 가로가 아닌, 거대한 정원 정면에 건축된 최초의 거대한 건축물인 베르사유 궁이다. 이런 거대한 주거집단을 자연과 직접 연결시킨 수법과, 그 결과로 생겨난 방해받지 않는 자유라는 취지는 후세의 모든 시도에 어떤 지침이 되었다. 랜스도운 크레센트도 이와 유사한 자유를 특징으로 한다. 운동감, 놀라움, 개방감 등이 주거지란 어떤 것이여야 한다는 것(여가를 위한 적절한 배경을 제공해야 한다는 것)을 명확히 하고 있다. 랜스도운 크레센트는 하나의 단절된 현상은 아니다. 그 유연한 계획은 19세기 초에도 계속되었고, 아주 드물지만 사우스 켄싱톤과 에딘버러의 설계에서도 나타나고 있다. 지난 수십 년 동안, 랜스도운 크레센트에 나타난 도시계획의 잃어버렸던 지식을 되찾고 그것을 증대시키려는 노력이 계속되었다. 그 과제는 새로운 기술적 발전에 따르는 혼란으로 인하여 아주 힘든 것이지만, 결코 회피할 수 없는 것이다.

Fifth Edition 159쪽 01줄

현재 이러한 문제를 해결할 수 있는 방법으로 한 가지 예를 들면, **르 꼬르뷔제의 알지에 개조를 위한 계획안**(1930~1934)에서 찾아볼 수 있다.(**도판. 85**) 르 꼬르뷔제는 바

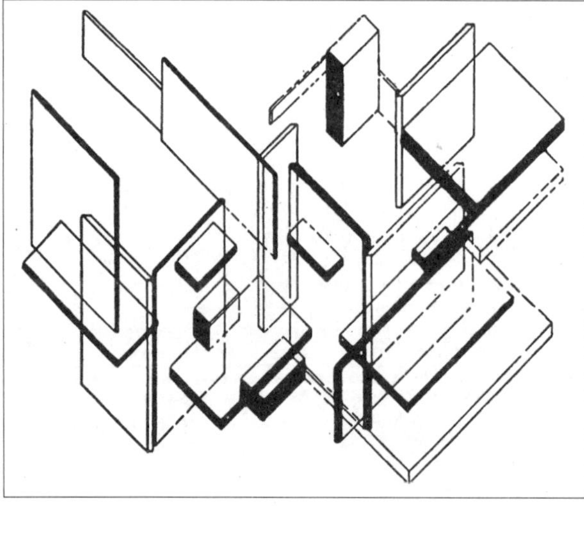

81. 데오 판 되스부르크. 수평면과 수직면의 관계, 1920년경.

스의 크레센트와 같은 "유기적" 외형을 가진 마천루를 사용했다. 바스의 크레센트처럼, 마천루는 대지의 기복을 따르지만 그 높이 차는 바스의 크레센트 보다 더 크다. 이러한 마천루들 속에서 아파트는 맨 위의 2층에 자리잡고 있다. 그 배열이 잘 되어 있기 때문에 입주자들이 실내 배치를 충분히 통제할 수 있다. 이 계획안에 의하면, 어느 아파트에서도 테라스와 공중정원을 마음대로 오갈 수 있으며 도시, 바다, 하늘의 광대한 조망을 마음껏 즐길 수 있다. 그 당시 이런 계획은 상상할 수 조차 없는 대담한 계획이었다. 도시보다 훨씬 높은 산자락에 위치한 새로운 주거지역과 서로 멀리 떨어진 두 개의 지역 중심은 연속된 아파트의 지붕 위에 건설된 간선도로에 의해 연결되었다. 비록 기술적 가능성에 너무 많이 의존하는 것이기는 하지만, 도시계획가들의 상상력에 많은 자극을 주었다. 르 꼬르뷔제가 나중에 만든 마스터 플랜(1942)에는 주거단지의 과밀한 집중이 크게 완화되어 있다.

도시계획은 언제나 건축 분야의 마지막에 가서야 비로소 충분한 발전에 도달하는 분야이다. 도시계획은 한 시대가 끝날 무렵에야 겨우 성숙해지곤 한다. 그 일례로 후

82. 프란체스코 보로미니. 산 카를로 알레 콰트로 폰테인의 파동벽, 1662~67. 후기 바로크의 발명인 파동벽은 18세기 말에 가서 영국의 도시 계획에 다시 등장한다.

기 바로크 시대의 경우를 들 수 있다. 후기 바로크 시대의 도시계획은 4세기 동안의 예술적 유산을 조합시켰지만 모든 계급의 주거지에 한 번에 적용되지는 않았다. 넓은 주거 블록과 행정 블록을 자연과 근접시켰던 최초의 위대한 시도였던 베르사유는 왕족들과 정부 각료들을 위해 건설되었다. 바스 시(市)는 중산층 계급의 성장도 함께 언급되어야 하는 시점과 관계가 깊다. 예를 들어, 찰스 디킨스는 소설의 주인공 픽위크를 바스의 로열 크레센트에 숙박시켰다. 18세기 말의 주거 발전양식은 건축의 일반적 표현양식이 되었다. 19세기 초까지, 런던의 광장과 크레센트는 자연과 인간 거주지를 병치(倂置)시키는 바로크의 전통을 하층계급 사람들의 주택에까지 확대시키는데 기여하는 영향을 미쳤고, 더 이상 부유한 사람들의 특권은 아니었다.

Fifth Edition 160쪽 21줄

그러나, 바로 이 때에 바로크 도시계획이 중단되었다. 바로크 시대의 건축적 지식이 종합되고 바스와 같은 구체적인 예가 있던 바로크 도시계획이 새로운 산업사회에 적합하지는 않았다. 도시나 공업 중심이 무서운 속도로 성장하고 있는 때에 위엄과

83. 바스의 랜스도운 크레센트. 1764. 뱀처럼 휘어진 굴곡은 지형의 윤곽을 그대로 따른 것이다.

비례에 대한 바로크 시대의 요구는 무질서한 팽창에 그저 방해가 될 뿐이었다. 맨체스터나 버밍햄과 같은 공장도시들은 처음부터 건축적 무질서를 보였다. 산업이라는 새로운 힘이 시작되는 순간부터 바로크 도시계획의 지식은 무서운 속도로 상실되어 갔다.

이러한 무질서는 공업도시로부터 옛 수도로 확산되어 갔다. 새롭고도 치명적인 영향력을 발휘하기 시작하였다. 생산력 증대를 통해 부를 추구하는 것이 목적 그 자체가 된 것이다. 빈민가의 출현을 초래했고, 커다랗고 모양없는 대저택(mansion)과 같은 건물의 난립을 낳았다. 여가는 사라졌다. 어느 누구도 우아하게 살 시간이 없었다. 생활은 균형을 잃었다. 그 결과 깊은 정신적 불안정이 인간에게 찾아온 것이다. 정서의 불안정이 가속될수록, 거대하고 의사 기념비적(pseudo - monumental)인 건물을 건설함으로써 사물의 올바름이나 안정성에 대한 신념을 이어가려고 노력하게 되었다. 그러나, 거짓이 불가능한 분야가 있다. 그것은 바로 도시계획분야이다. 도시계획은 충실한 생활로부터 출발한다. 여러 종류의 인간활동이 확실한 통일과 균형을 이루었을 때에만 도시계획은 가능한 것이다.

산업화가 시작되면서 생긴 도시계획의 단절은 역사상 자주 관측되었던 현상이다. 인류는 성장하지는 못하지만 후에 다른 조건에서 다시 싹을 틔우는 씨앗처럼, 어떤 외부 영향에 의해서 단절된 발전에 몇 번이고 빛을 밝혔다. 그렇기 때문에 인간속에

84. 바스의 크레센트. 항공 사진. 사진 중앙에는 로열 크레센트와 서커스가 있고 아래쪽과 왼쪽에는 랜스도운 크레센트가 있다.

오랫동안 잠들어 있던 옛 현상을 재발견하여 자신들의 작업을 선사시대의 예술과 내적으로 관련시키려는 예술가들의 욕구가 존재해온 것이다.

건축 분야에서도 비슷한 현상을 볼 수 있다. 수메르에는, 문명이 시작되던 때부터 사람들이 보이지 않는 신들과 직접 접촉할 수 있도록 여러 개의 입구를 가진 정교한 내부공간을 가진 최고(最古)의 사원이 있었다. 이러한 상황도 최초의 대정복자가 조그만 종교 도시를 단일제국으로 통일시킨 시점에서는 변하기 시작했다. 그 이후부터

85. 르 꼬르뷔제. 알지에 고층 건물 계획안, 1931. 후기 바로크 공간 개념은 이 계획안과 같은 현대의 해결안들에 잘 나타나 있다.

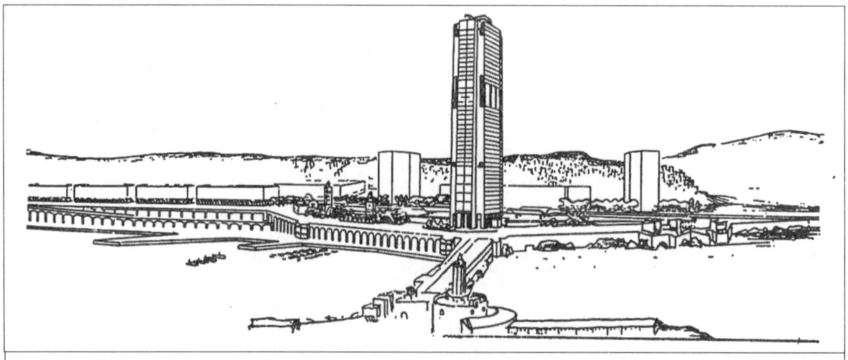

85a. 르 꼬르뷔제. 알지에의 마린 섹트계획안, 1938~42. 고층 빌딩의 모습은 무엇보다 강력한 공간을 창조하는 정점이다. 이 당시에 다른 사람들이 이루지 못했던, 르 꼬르뷔제의 도시적이며 분화적인 사이트 플래닝 또한 중요한 의미를 갖는다. 보행자 구역이 세심하게 구성되어 있으며 차량은 고가도로와 지하도로로 이동하게 되어 있으며 지하주차장에 주차하도록 되어 있다. 이러한 개념은 몇십년이 지난 후에야 일반적인 방식이 되었다.

는 신격화된 제왕이나 일반 민중도 신의 본당에는 들어 갈 수 없게 되었다. 일시에 내부공간의 발전이 중단된 것이다. 그것은 로마시대에 와서야 비로소 되살아난 건축 기술의 최고 표현 방법이었다.

주

10. Rowland Pierce와 Thomas Ashby에 의해서 이루어진 Popolo광장에 관한 훌륭한 연구는 Town Planning Review지 제 11권(1924년, 12월)에 실려있다.

85b. 르 꼬르뷔제. 알지에의 마린 섹트계획안, 1938~42. 르 꼬르뷔제는 알지에 도시계획에 관해서 여러번 작업했기 때문에 계획안은 항상 좋은 방향으로 흘러갔다. 도시의 관공소 센터인 마린 섹트는 150미터 높이의 이 고층 건물에 의해서 지배될 것이다. 거대한 자침처럼 보이는 이 고층 빌딩은 바다쪽으로 건물의 좁은 면을 향하면서 비스듬하게 돌출해 있는 땅위에 세워질 것이다. 둔각을 이루며 서로 만나고 있는 건물의 수직 면들은 조각적으로 처리되어 있다. 약 25년후에 이러한 건축적 해결안은 여러나라와 여러 건물에서 다시 나타난다. 이 해결안은 취리히 보험회사를 위해서 르 꼬르뷔제가 설계한 것이다(1932, 뉴욕 현대 미술관에 있는 모형)

3장

THE EVOLUTION OF NEW POTENTIALITIES

새로운 가능성의 발견

- 철
- 주철기둥에서 강철기둥까지
- 강구조를 향해서
- 건축과 기술사이의 단절
- 새로운 건물의 문제와 그 해결안
- 세계박람회
- 구스타프 에펠과 그의 탑

미지의 것에 관심을 집중하는 대담성과 열망이란 측면에서 19세기와 20세기를 비교할 수 있는 권리는 없지만, 이 시기(역주: 19세기)에 대한 최종적인 평가는 과연 어떻게 될까?

여기서 역사가들은 운명의 문제에 직면하게된다. **19세기에 대한 최종적인 평가**는 오늘날 까지도 보류 상태로 남아 있다. 중요한 윤곽이 확연하게 드러나지 않고 있다. 즉, 일시적 사실과 구성적 사실이 서로 혼란스럽게 얽혀 있는 것이다.

어떤 사람들은 우리가 새로운 전통의 시작점에 서 있다고 생각한다. 또 다른 사람들은 주변에서 발생하는 재앙을 보면서 한 시대의 종결점에 처해 있다고 생각한다. 19세기에 대한 평가는 이러한 두 가지 견해중에 어떤 것이 옳은 가에 달려 있다.

만약 우리 문화가 잔인한 힘에 의해서 파괴되거나 이러한 힘에 의해서 계속해서 공포의 세계로 이끌려 간다면, 19세기는 인간, 물질, 그리고 인간정신을 잘못 이용한 시대, 즉 가장 불행한 시대 중의 하나로 평가될 것이다. 한편, 물려받은 잠재력을 올바르게 사용할 능력을 갖추고 있다면 19세기의 무질서와 여기서 비롯된 결과에도 불구하고 그 세기는 새롭고 영웅적인 차원의 시대로 부각될 것이다.

이 때문에 19세기에 대한 평가는 우리 문화의 운명, 즉 우리 자신의 운명과 결부되어 있다고 할 수 있다.

Fifth Edition 164쪽 24줄

19세기를 고찰함에 있어서, 이미 지나가버린 한 시대를 바라보는 방식으로 접근한다면 만족스럽지 못한 결과에 도달할 것이다. **19세기에 대한** 면밀하면서도 포괄적인 통찰은 그 시대의 기념비적 건물로부터 시작되는 것이 아니다. 더욱이 이런 부류의 건물에 대한 탐구는 불완전한 상태로 남아 있다. 아직도 좋은 건물이 어떤 것인가 구분하고 있지 못할 뿐만 아니라, 일시적인 발전 사항에 관한 역사조차도 제대로 이해하지 못하고 있다. 우리는 19세기의 새로운 건축적 잠재력의 발전, 즉 익명의 상태로 진행되고 그 시대의 깊은 곳에서 성장한 발전에 관심이 있다.

근본적인 사건으로서 산업혁명

Industrialization as a Fundamental Event

19세기 동안 공장 시스템과 기계가 몰고 온 급속한 생산력의 증가로 받아들여지고 있는 **산업혁명**은 전 세계의 모습을 변화시켰다. 이 혁명은 프랑스에서 있었던 **사회 혁명보다 더 많은 영향력을 발휘**했다. 이 혁명이 지성과 감성에 끼친 영향력이 너무나 커서, 지금도 우리는 그 혁명이 인간본성 그 자체에 얼마나 깊이 파고들어 갔고 그 인간 본성에 어떠한 변화를 가져왔는지를 가늠할 수 조차 없을 정도다. 산업혁명이 일으킨 이러한 결과에서 벗어날 수 있는 사람은 아무도 없다. 왜냐하면 산업혁명은 극히 한정된 부분에만 영향을 주는 사회혁명이 아니기 때문이다. 사회혁명과 달리 산업혁명은 모든 사람과 전 세계를 사로잡았다. 즉 정치적 혁명은 일정한 시간이 지나면 새로운 사회적 평형상태로 들어가지만, 산업혁명의 시작에 따라 인간생활에 가해진 평형상태는 오늘날 까지도 회복되지 않고 있다. 산업혁명이 유발한 결과 중에서 가장 주목할 만한 것은 인간의 내적 평정과 안전성이 파괴되었다는 점이다. 개인이 생산의 행진 앞에 주눅이 든 것이다. 즉 생산체계가 인간을 잠식하고 있음을 알 수 있다.

165쪽 20줄 Fifth Edition

기계와 끊없는 생산의 전성기를 일으킨 원동력은 18세기에 널리 확산된 발명에 대한 열정이었다. 1760년 영국에서는 모든 계층의 사람들이 이러한 열망에 사로잡혀 있었다. 일자리가 없는 직공과 수공업 노동자, 그리고 다리 건설가인 텔포드 같은 농부와 양치기의 아들들에서부터 브리지워터 공작(그의 집요한 노력으로 영국의 운하가 발명되었다.)과 같은 귀족 출신들에 이르기까지 모든 사람들이 발명에 참여하였다. 이러한 발명가들 중 많은 사람이 특허권을 얻고자 자신의 발명품을 보호하는 노력을 한 것은 아니었다. 많은 사람들이 자신들의 발명품으로 이득을 보기는 커녕 오히려 해를 입기도 했다. 이익 창출과 불공정한 착취는 18세기 이후에 나타나기 시작하였다.

우리는 이러한 발명활동이 물질적인 풍요와 명성을 얻기 위한 것이었다는 그릇된 생각을 없애도록 노력해야 한다. 이러한 활동의 근본적인 원천은 더 깊은데 있었으며, 오랫동안 인위적으로 그 배출구가 막혔던 것이 근본 원인이었다. **18세기의 발명에 대한 열망**은 더 이상 저지 할 수 없는 것이었다. 프랑스의 경우, 발명에 대한 열망이 중요한 실질적 활동 영역에 투입되지 못했을 때 그 열망은 사라진 것이 아니라 다른 곳으로 눈을 돌리게 되었다. 이러한 열망들이 독특한 산업고안물과 자동기계, 즉 걷는 것은 물론 그림을 그리고 악기 연주까지 하는 놀라운 재주를 부릴 수 있는 실물 같은 기계인형을 만들어냈다. 독창성과 확실한 솜씨로 근대적인 자동전화(예를 들어, 1770년경 노이샤텔에서 피에르 자크 드로즈에 의해서 고안된 "글쓰는 인형")의 원리를 마련하는데 성공하였다. 이 인형(**도판. 86**)은 아직까지도 완벽하게 작업을 수행하고 있다.

모든 나라의 사람과 삶의 방면에서 이루어진 이러한 발명은 거의 모든 인간의 일을 산업화하는 것을 가능하게 하였다. 그러나 19세기의 본질적인 성격을 부여한 이러한 움직임은 19세기의 공식적인 건축에는 반영되지 않았다. 공공건물과 공공주거, 대규모의 기념비 등에서는 이러한 시대의 특성을 찾기 어려웠다. 그 대신, 사소한 구조물들의 조사에 눈을 돌려보자. 새로운 잠재력의 발전을 낳았던 결정적인 사건은 19세기 초기의 고딕 복고와 고전 복고에서 일어났던 것이 아니라 일상적이고 실용적인 건설물에서 나타났다.

Fifth Edition 167쪽 06줄

그러나 삶은 복잡하고 불합리한 것이다. 잠재력의 발전이 한 방향에서 저지되면 그 잠재력은 다른 곳(종종 전혀 예상하지 못했던 곳)에서 배출구를 찾았다. 근대 산업의 발전은 근본적으로 물질적인 것에 뿌리를 두고 있었다. 그럼에도 불구하고 물질적인 요구를 충족시키면서 무의식적으로 새로운 표현의 힘과 새로운 경험의 가능성을 열었다. 이러한 가능성은 처음에는 인간의 친숙하고 개인적인 삶에는 전혀 침투하지 못한 매우 '실제적인' 사업에만 한정되었다. 그러나 천천히 그리고 점차적으로 새로운 잠재력은 사적이며 개인적인 삶의 일부분이 되었다. 따라서 다른 방향으로 우회

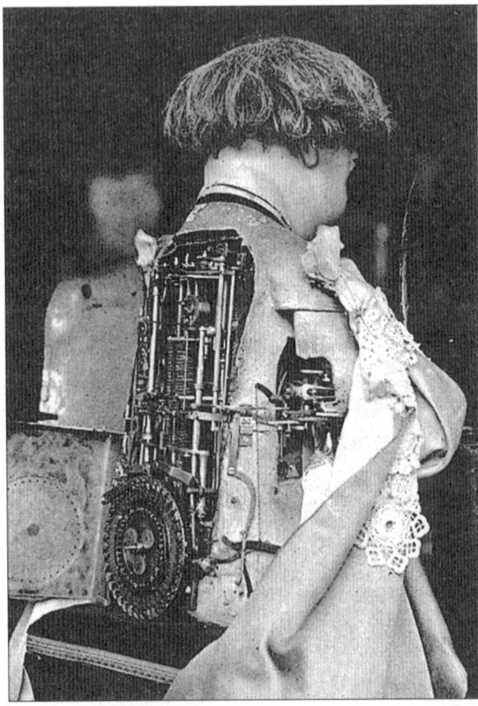

86. 자동 인형: 글씨는 인형, 피에르 작끄 드로즈가 제작함, 노이샤텔, 1770년경.

한 개발은 모든 종류의 산업건물 즉 광산, 창고, 철도, 그리고 공장 등에서 일어났던 혁신들로부터 개별적인 가정과 개인적인 삶으로 침투하게 되었다. 큰 맥락에서 보면 이러한 변형의 역사가 바로 19세기의 역사였다. 결국, 변형된 이러한 잠재력들은 유용성의 차원을 넘어 그것들 내부에 있는 근본을 찾기 위해 현실화 되어간 것이다. 이러한 잠재력을 이해하기 위해서는 미학적인 감성과 거리가 먼 것처럼 보이는 분야의 세세한 발전도 살펴보아야 한다.

철

Iron

모든 사람이 알고 있듯이, 철은 결코 새로운 재료가 아니다. 철은 선사시대 때부터 사용되어 왔다. 철은 고대의 중요한 건물에 제한적으로 사용되었다. 그리스인이나 로마인들은 청동을 더 선호했다. 청동은 기후에 대한 저항력이 강했기 때문이다. 르네상스 시대에도 철을 건물의 재료로 사용하기를 꺼렸다. 이 때문에 플로렌스의 건축가이며 15세기의 이론가인 알베르티는 자연그대로의 상태에서 인간의 손과 솜씨에 적합하고 즉각적으로 사용할 수 있는 재료를 추천했다. 심지어 미켈란젤로는 성 베드로 성당의 큐폴라를 묶기 위해 사용한 철선까지도 조이는 도구 정도로만 사용했을 정도였다. 빅토리아 시대까지도 여전히 철은 러스킨처럼 산업화를 혐오했던 사람들에 의해 조임에 적당한 도구로 여겨졌다. 모든 건설분야에서 **철이 거의 사용되지 않은 이유**를 노출에 대한 저항력이 약하다는 점이나 철을 사용한 고전작품의 선례가 없다는 점에서만 찾을 수 있는 것은 아니다. 또 다른 중요한 이유는 철을 소량밖에는 생산할 수밖에 없었다는 점이다. 167쪽 26줄 Fifth Edition

철의 생산이 산업화되자마자 철은 완전히 새로운 중요성을 얻게 되었다. 산업화된 금속을 만들기 위해 철의 분자 구조를 밝히는 작업이 필요했다. 그러나 재료의 분자구조를 연구하는데 필수적인 지식체계와 실험장치가 19세기 후반 이전에는 없었다. 보편적인 용도에 사용되는 물질로서 철의 역사는 화학과 물리학의 역사, 그리고 재료들의 '비교 강도' 연구 등의 역사의 일부가 되었다. 철을 사용한 산업생산물을 만들어내면서 이러한 연구는 **철을 새로운 천연재료로 전환**시켰다. 과학분야에서 철을 더 광범위하게 사용할 수 있었던 것은 바로 이러한 연구 덕택이었다.

모든 산업혁명의 탄생지는 영국이었다. 다른나라 (예를 들어, 프랑스)에서도 수공예에서 산업생산으로 전환하려는 열망이 존재했었지만, 예비적인 실험들로서 다리 건설이나 비단 섬유의 산업화 등 모든 면에서 성공적이지 못했다. 그 한 예로, 1755년에 론 강을 가로지르는 주철로 된 다리 건설의 실패를 들 수 있다. 이러한 실패는 세브른 강에 세워진 세계 최초의 영국 주철 교각이 지어진 지 20년 후에 일어난 것이다. 프랑스의 기술 수준은 성숙되지 않은 상태였고 철을 가지고 작업에 필요한 부재들을 주조해낼 능력이 없었기 때문에 작업을 그냥 포기해야 했다.

영국의 상황은 다른 지역과는 매우 달랐다. 17세기 말, 영국의 산림지대는 크게 감소했다. 이 결과 계속되는 목재와 목탄의 결핍을 보상할 수 있는 대체연료를 찾기위해 탄광의 석탄에 눈을 돌리게 되었다.

광물 연료가 이미 어느 정도 목재를 대체하고 있었다. 17세기 말에 이르러 광물 연료는 가정의 난방을 위한 보편적인 연료가 되었고 소매상, 제과업, 양조장, 설탕 제분업, 의류산업 그리고 구리세공업 등에 널리 사용되었다. 17세기 동안 광물 연료 사용량은 4배나 증가했다. 그리고 18세기에도 철강산업에 이 원료가 도입되면서 사용량이 크게 증가했다. 이때에 이르러 모든 사람들은 광물연료의 사용을 자연스럽고 일상적인 것으로 받아들였다. 1700년에서 1715년 동안 아브라함 다르비는 철을 만드는 방법으로 용광로를 실험할 때 목탄을 사용하지 않고 코크스를 사용했다.

영국의 초기 철강건설
Early Iron Construction in England

Fifth Edition 169쪽 15줄

하나의 가문이 여러 세대를 거치면서 특정한 무역과 산업을 독점하는 현상이 영국에서 종종 발견된다. 다르비 가문은 **산업화된 철강생산**이 시작되던 시기에 그 위치를 공공히 했다. 아브라함 1세는 1709년 콜브룩데일에 있던 오래된 용광로를 매입하여 목탄 대신에 코크스를 연료로 사용하여 철광석을 제련하는데 성공했다. 이러한 작업과정이 최초로 활자화된 것은 1747년이었다. 1750년 무렵, 그는 연료를 석탄으로 바꾸었고, 그 결과 봉철(bar iron)로 전환할 수 있는 특성을 가진 선철(pig iron)을 만들었다. 이때 철의 대량생산이 가능해졌고 수작업의 금속 제조 방식으로부터 전세계의 모습을 바꾸어 놓았다.

이 새로운 재료는 처음에는 기계를 만드는 데에만 사용되었다. 제임스 와트의 경쟁자들 중의 한 사람인 위대한 공학자 존 스미톤이 처음으로(1775) 가정용품에 주철(cast iron)을 사용하였을 때, 그는 이러한 철의 응용을 가리켜 '완전히 새로운 작업'

이라고 칭했다. 아브라함 3세에 이르러 주철이 완전히 새로운 목적을 위해 다양하게 사용될 수 있는 시기가 왔다. 1767년에 최초의 철로가 주조되었고, 1775년 무렵에 최초의 주철 다리가 세브른 강에 건설되었다.▼1

세브른 다리는(**도판. 87**) 새로운 유용한 재료를 사용하여 가장 대담한 실험을 한 것 중의 하나를 보여주고 있다. 이 다리의 아이디어는 1773년에 '천재적인 철의 대가'인 존 윌킨슨과 아브라함 다르비 3세로부터 나왔다. 존 윌킨슨은 실린더 천공기를 만들었고 이 기계를 통해 제임스 와트는 매우 효율적인 증기기관을 만들 수 있었다. 1775년에서 1779년 동안에 건설된 이 다리는 스팬이 100.5피트에 달하고 45피트까지 위로 치솟은 하나의 아치로 구성되어 있으며 이 아치는 5개의 주철 리브로 이루어져 있다. 전체 아치는 거의 반원형 형태에 가깝다. 세브른 강은 범람의 위험이 있었기 때문에 다리는 매우 튼튼하게 지어져야 했다. 다르비의 콜브룩데일 공장에서 제조되었으며 그 공장에서만 유일하게 두 개의 부재로 구성된 대규모의 아치를 주조할 수 있었다.▼2

이러한 다리 디자인에는 어떠한 미학적 의도도 포함되어 있지 않았다. 또한 건축적으로도 대단한 성과는 전혀 없었다. 이러한 점에서 보면, 불과 몇 년 전에 완공된 '14 성인(聖人)' 교회와 비교될 만한 여지는 전혀 없다. 그러나 만일 이 교회가 당대의

87. 아브라함 다르비. 세브른 강을 지나는 최초의 주철재 다리, 1775~79. 스팬: 100피트, 높이: 50피트.

건축이 도달할 수 있는 최고의 수준을 갖추었다면, 이는 곧 건축적 전통의 종착지에 이르렀다는 것을 뜻한다. 이 교회의 특성 중에는 그 어느 것도 미래에 대한 시각을 제공하고 있지 않다. 예술작품으로서, 건축적 문제로서 그 중요성은 적지만, 단순하게 건설된 이 다리는 매우 중요한 발전을 향한 길을 열었다.

선덜랜드 다리
The Sunderland Bridge

Fifth Edition 171쪽 13줄

선덜랜드 다리(1793~96)는 당시의 건설분야에서 가장 기억할 만한 시도 중의 하나였다.**(도판. 88)** 유명한 미국의 정치 작가인 **토마스 페인**은 1786년에 이미 그의 소설에서 고안한 다리의 모델을 벤자민 프랭클린에게 보여주었다. 산업화가 거의 진전되지 않았던 미국에서는 이러한 다리를 건설하기가 곤란하다는 것이 일반적이었기 때문에, 프랭클린은 영국에서 그의 뜻을 펼쳐보라고 조언하면서 추천장을 써주었다.▼3 그러나 영국의 어느곳에서도 페인은 행운을 얻지 못했다. 페딩톤(런던)의 실험적인 다리로 상당한 빚을 지게 되었다. 그의 이름은 비난의 대상이 되었으며, 그의 정치적 입장 또한 타격을 받았다. 결국 로우랜드 버든이 이끄는 회사가 그의 특허권을 부도덕하게 빼앗았다. 버든은 페인의 계획안에 따라서 선덜랜드 다리를 건설하였고 이

88. 선덜랜드 다리, 1793~96. 236피트의 단일 아치. 비교적 긴 이 다리의 스팬은 석공술을 철을 재료로 하는 작업에 적용함으로써 얻은 것이다.

89. 험프리 렙톤. 로열 파빌리온의 꿩사육장. 브라이튼, 1808.

90. 존 나쉬. 브라이튼의 로열 파빌리온, 1818~21.

건설을 위해서 그의 모든 신용을 이용하였다.▼4

선덜랜드에 있는 이 다리는 236피트 길이의 단일 아치로 이루어져 있다(세브른 다리는 100피트 밖에 안 된다). 아치를 구성하고 있는 6개의 리브는 홍예석 역할을 하는 주철 패널로 되어있다. 한 개의 리브는 105개의 패널로 짜여져 있다. 이러한 방식으로 석조 볼트가 철강 건설에 적용되었다. 이러한 스팬의 연속보를 만든 것은 이 시대의 능력을 넘어서는 작업이었다.

Fifth Edition 173쪽 12줄

로버트 스티븐슨이 1856년에 이 교각에 대해 제시한 의견은 매우 적절하였다. 그는 **브리타니아 튜불라 다리**(1849)를 건설한 사람이다. 이 다리는 당대의 가장 유명한 다리였으며 실험실에서 3년간의 연구 끝에 나온 성과였다. 그는 페인의 작품에 대해서 다음과 같이 말하고 있다. "1790년경에 토마스 페인은 홍예석 형태를 갖춘 주철 아치 건설을 제안했고 대단한 노력을 들여 페딩톤에서 스팬이 88피트에 달하는 실험적인 아치를 건설함으로써 자신의 생각을 시험한 사람이다.… 공학분야에서 그가 보여준 용기는 정치적 직업에 대한 그의 열정이 어느 정도 인가를 보여준다. 우리는 그 다리에 대해서 감탄하기 보다 경이로움을 가지게 된다. 특히 비례와 사용된 재료 절약의 측면에서 보면 이 다리와 비교될 만한 것은 아마 없을 것이다."▼5

1930년대의 크롬 도금의 경우처럼 이 시대의 **주철은** 사용범위가 한정된 **새롭고도 매혹적인 재료**였다. 이 재료의 밝혀지지 않은 가능성이 모든 사람들의 상상력을 불러일으켰다. 재료가 가진 가능성을 밝히려는 이러한 태도 때문에 존 윌킨슨은 주철로 된 모슬램과 심지어 주철 관(棺)까지 생각하게 되었다. 이러한 기술적 진보에서 볼 수 있는 상상력이 풍부한 가능성들은 그 즉시 건축에 영향을 미쳤다. 주철 프레임으

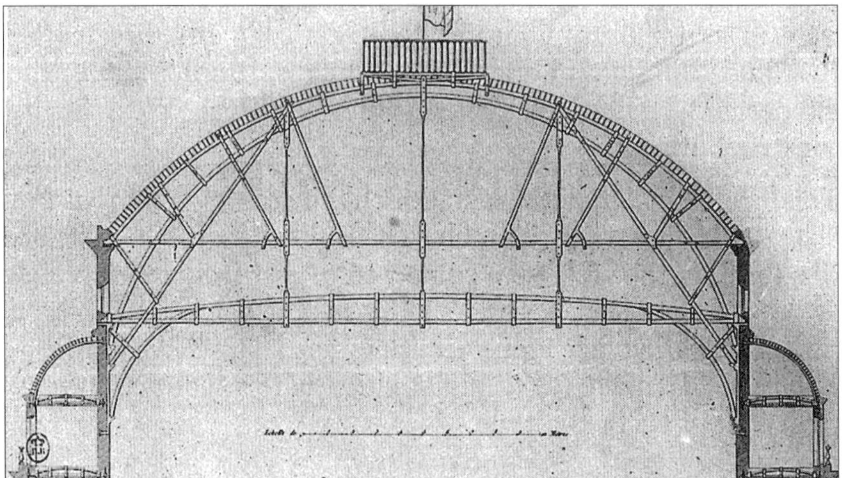

91. 빅토르 루이 . 프랑세 극장. 주철 지붕, 1786. 거더의 형태는 관성 모멘트에 대한 객관적인 지식을 드러내 보이고 있다. 이때까지 이러한 지식은 과학적으로 공식화되지 않았다.

로 된 꿩사육장 디자인에 나타난 이국적인 새와 새로운 재료를 연계시킨 점을 볼 때 철제품의 상상력이 어느 정도인가를 알 수 있다.(도판. 89) 영국의 유명한 조경 원예사인 험프리 렙톤은 1808년, 브링톤에 위치한 프린스 레젠트 조지의 로열 파빌리온 디자인에 이러한 조류 사육장을 포함시켰다. 런던의 레젠트 공원과 레젠트 가(街)를 건축한 사람은 1818년에 로열 파빌리온을 건설한 존 나쉬다. 인도 양식의 환상적인 창조물인 이 작품은 중간부분 꼭대기에 큰 전구모양의 큐폴라가 얹혀 있다. 이 큐폴라는 60톤이나 나가는 주철 골조 위에 얹혀 있다.▼6(도판. 90)

유럽대륙의 초기 철강건설

Early Iron Construction on the Continent

175쪽 02줄 Fifth Edition

유럽대륙에서 철은 지붕잇기 재료로 건물에 처음 사용되었다. 극장과 창고에 사용된 나무 지붕은 자주 불이 붙어서 활활 타곤 했다. 손으로 만든 철의 양이 사용하기에 충분할 만큼 생산되자마자 철을 재료로 사용하여 이러한 화재를 막아보려는 시도들이 이루어졌다. 이러한 노력의 초기 실례로, 1786년 유명한 극장 건축가인 빅토르 루이▼7가 파리의 프랑세 극장을 위해 건설한 단철지붕을 들 수 있다.(도판. 91) 이러한 타입의 건물에 철을 사용할 때 요구되는 우아함과 대담성은 프랑스 철강건설의 지속적인 특징이 되었다. 100여년 후까지 프랑스 작품은 동일한 특징을 갖추고 있었으며, 1889년 파리 박람회를 통해서 절정기를 맞았다.▼8

프랑세 극장의 철지붕은 주목받을 만한 특별한 이유가 있다. 가느다란 벽만 있으면 지지가 가능한 방식으로 구조물 전체의 균형이 잡혀 있다. 몇몇 프랑스 이론가들

92. 그라나리, 파리, 1811. 영국인들이 영국 최초의 주철재 다리에서 석공술을 사용한 것처럼 벨랑게와 브루넷은 목공술을 사용하였다. 처음으로 건축가와 공학자가 서로 협력하여 건설한 건축물.

이 지적 했듯이 거더의 형태는 관성 모멘트에 대한 직관적인 지식을 드러내 보이고 있다. 이러한 지식은 이때까지 과학적으로 공식화되지 않았던 것이었다.

Fifth Edition 176쪽 08줄

파리의 그라나리 목재 큐폴라(원형 안마당을 덮고 있다)는 1802년에 화재로 소실되었다. 1811년, 이 큐폴라는 철과 구리로 된 정교한 구조물로 대치되었다.(**도판**. 92) 건축가인 벨랑게와 공학자인 브루넷이 협력하여 건설하였다. 이 큐폴라는 건축가와 공학자가 서로 다른 위치에서 작업한 최초의 작품들 중의 하나였다. 이 건물의 경우는 오래된 건설 방식에 새로운 재료를 적용한 것에 지나지 않는다. 즉 보편적으로 사용되는 목재 대신에 **철 리브를 사용한** 것이다. 그럼에도 불구하고 완공되자마자 **그라나리는 많은 사람들의 찬사를 받았다.** 나폴레옹 1세도 그 준공식에 참여하였다. 이 건물은 철저하게 변형되어 현재의 '상업 증권거래소'의 일부로 사용되고 있다.

1850년에 이르러서야 비로소 지상에서 꼭대기까지 뻗는 주철 리브가 대형건물에 사용되었다. 이 리브는 영국박물관의 로툰다를 덮고 있는 주철 큐폴라에 사용되었다. 이 건물에서는 내부의 돔을 덮는데 혼응지(papier - mache, 역주: 상자, 소반 등을 만드는데 쓰는 종이)를 사용하였다. 이와 같은 시기(1855~1863)에 워싱톤의 국회의사당 건

93. 마르크 세겡. 론 강위에 철 로프로 지어진 최초의 프랑스 현수교, 투르농 근처, 1824.

물의 오래된 목재 돔은 주철 리브로 된 돔으로 대체되었다. 이 건물의 주랑은 팔각형의 주초 위에 서있고 철구조물과 서로 얽혀 있다. 열주랑과 돔에는 트러스 거더가 필요했다. 왜냐하면 이 리브가 전체 구조물 외측에 있는 복잡한 대리석 측면의 돌을 지지하는데 도움이 되기 때문이다. 이러한 미국의 중요 건물에서 사용된 이 시대의 관례가 어떻게 건축적 외피로 철구조물을 덮어버리는 현상을 낳았는지 살펴보는 것은 매우 흥미로운 일이다. 현수교의 기원은 19세기 초기까지 거슬러 올라간다. 프랑스의 최초의 현수교는 1824년 투르농 근처의 론 강 위에(도판. 93) 세워졌다. 이 다리를 건설한 마르크 세겡은 몽트골피어의 조카이며, 이미 앞서 장거리 철도 운행을 가능하게 만든 터보 보일러를 발명한 인물이었다. 투르농에 있는 그의 교각은 북아메리카의 현수교를 모델로 하고 있다. 이러한 현수교들은 대마 밧줄이나 생가죽 밧줄에 매달려 있다. 그는 이러한 재료 대신에 철선 케이블을 사용하였다. 이 다리는 유럽 최초의 현수교를 건설하기 위해서 철선 로프를 사용하는 것이었기 때문에, 그는 착공 전에 정밀한 과학적 강도시험을 거쳤다. 새로운 재료는 매우 우아하고 경쾌한 구조물 건설을 가능하게 했다. 이후, 이런 유형의 다리는 400개 이상 건설되었다.

미국에서는 존 오거스투스가 다리를 건설하는데 세겡의 원리를 적용했다. 그가 건

94. 금문교 , 샌프란시스코, 1933~37. 단일 스팬 현수교. 치수: 전체 길이 - 9,200피트, 장스팬 길이 - 4,200피트, 차로의 폭 - 60피트.

설한 다리는 1846년 피츠버그의 모논가헬라 강 위에 세워진 것과 1851년에서 1855년에 나이아가라 강에 세워진 것, 그리 1868년에 준비작업에 착수한 브룩클린 다리가 있다. 다리 전체를 통과하는 연속적인 탄성 케이블에 전체 응력을 전달하는 이 원리는 오늘날에도 가장 대담한 다리를 건설하는데 기본적인 틀을 형성하고 있다. 세겡의 다리는 현재 비록 보행만이 가능하지만 여전히 사용되고 있다.

더 넓은 스팬이 요구되고 교통량이 증가했기 때문에 현수교는 19세기 내내 끊임없이 발전했다. 탄성 현수교의 한정된 원리에 좀 더 정교한 건설 방식을 적용하여 환상적인 길이의 스팬을 얻게 되었고, 그 당시까지 인간의 능력으로는 불가능해 보였던 빈공간에 다리를 놓을 수 있게 된 것이다.

종종 이러한 다리들은 우주적인 차원의 풍경 한가운데에 세워졌으며 풍경과 조화를 이루면서 휴먼 스케일을 초과하는 새로운 전체를 구성하고 있다. 세계에서 가장 긴 단일 스팬의 현수교인 **금문교(도판. 94)**는 바다와 바위로 구성된 압도적인 배경에

95. 폰테인. 오를레앙 갤러리, 팔레 로열, 파리, 1929~31. 고위층이 모이는 장소이며 밀라노의 갈레리아 비토리오 엠마뉴엘(1865-67)같은 대규모 갤러리의 전례이자 철과 유리로된 대규모 전시홀의 전례이다. 1935년에 붕괴됨.

한 획을 그으면서 샌프란시스코만을 가로지르고 있다.▼9

179쪽 05줄 Fifth Edition

19세기 건축에 혼용되어 새로운 성과를 이끈 두 재료는 철과 유리이다. 이 두 재료는 폰테인이 건설한 대규모 구조물에서 최초로 결합되었다. 이 시기는 철선 와이어를 개발한지 약 5년이 경과한 때이다. 퍼시어와 함께 제국양식을 창조한 그는 말년(1829~31)에 파리 정부청사의 일부분인 **오를레앙 갤러리의 유리지붕**을 건설하는데 단철(wrought iron)을 사용하였다.(**도판. 95**)

런던의 초창기 갤러리들은 전혀 다른 방법으로 유리를 사용하고 있다. 1790년에 구 황제 극장과 함께 건설된 왕립 오페라 아케이드에는 볼트를 잘라낸 원형 개구부가 있다. 숨겨진 지붕창에서 흘러나오는 빛은 이 틈을 통해서 건물로 쏟아진다. 바람과 비는 들어오지 않지만 마치 문밖에 서있는 듯한 자유로움과 개방감에 의한 새로운 감동을 자아내고 있다.

정부청사의 내부정원 끝부분에 위치한 오를레앙 갤러리는 멋을 안다고 생각하는 계층의 사람들이 모이는 장소였다. 이 건물은 정부청사가 개조된 1935년에 파괴되었

96. 로홀트, 식물원의 온실, 파리, 1833. 철골로 된 대규모 온실의 전형. 이 당시에 팩스톤이 영국에 지은 온실들과 대조적으로 이 높은 파빌리온의 강직성은 주철기둥과 주철보에 의해 이루어졌다.

고, 그 자리에는 개방형식의 주랑이 들어서 있다. 이 파괴로 19세기초의 가장 아름다운 건물중의 하나이며 밀라노의 갈레리아 비토리오 엠마뉴엘(1865~67)과 같은 대규모 갤러리나 철과 유리로 구성된 대박람회 건물의 모태였던 건물이 사라진 것이다.

철골구조와 유리 패널로만 이루어진 최초의 대규모 구조물은 프랑스의 온실이다. (도판. 96)이 건물은 일종의 프랑스식 온실이다. 1833년에 로홀트가 지은 이 온실은 철골조 대규모 온실의 모델이 되었다. 목재를 사용하지 않고 빛의 자유로운 유입을 가능케한 큰 유리판 때문에 이 건물은 '유리 정원'이라 불렸다. 아직도 남아있는 이 온실의 내부 볼륨은 9000㎥에 달한다. 이 온실은 포개진 두 개의 사각단면 볼트(이곳은 저온상태로 유지된다)로 이루어져 있으며 열대식물을 키우고 있는 13m 높이에 달하는 두 개의 파빌리온 사이에 서있다. 1849년, 건축가인 고트프리드 젬퍼는 자신의 논문에서 이런 식의 정원과 관련있는 더욱 대담한 계획안을 제시하였다. 여름에는 천장을 열어놓을 수 있는 거대한 가동식 유리 지붕으로 식물원을 완전히 덮는다는 환상적인 계획안은 1848년 루이 필립페 왕이 폐위되기 이전에 이미 있었다.

주

1. John L. and Barbara Hammond의 The Rise of Modern Industry(런던, 1925), 136페이지.
2. William Fairbairn, On the Application of Cast and Wrought Iron to Building Purposes(런던, 1854), p. 201.
3. Richard Blunck, Thomas Paine (베를린, 1936), p.115 et seq.
4. Blunck, p.22.
5. Robert Stephenson, in Encyclopaedia Britannica(보스턴, 1856).
6. John Summerson, John Nash(런던, 1935), p.162.
7. 이것을 설계하기 몇 년전, Victor Louis는 Bordeaux에 앙시앙 레짐의 마지막 대극장을 세웠다. 이 건물에서는, 여러 상이한 부분들의 공간적 관계가 아주 능숙한 수법으로 다루어지고 있다. Victor Louis는 이 극장을 그린 훌륭한 에칭을 몇점 가지고 있었다. S.Giedion 의 Spatbarocker und romantischer Klassisismus(뮌헨, 1922), 184페이지를 참조할 것.
8. 이 건물 구조의 우아함은 오랫동안 찬양되었다. Charles L. Eck의 Traite de l'application du fer, du fonte, et de la tole(파리, 1841), 50페이지를 참조할 것.
9. 1933년과 1937년사이에 세워진 이 교각은 다음과 같은 규모로 되어 있다. 총 길이; 9200피트, 주요 스팬 길이; 4200피트, 차로의 폭; 60피트(6차선과 맞먹는 규모). 두 개의 케이블이 부담하는 하중은 430,000,000파운드이다.

주철기둥에서 강철기둥까지

From the Iron Columm to the steel Frame

19세기 건축의 가장 큰 특징은 아마 그 시대가 **"역사물"**에 집착했다는 점일 것이다. 보는 사람이 심오한 미학적 감홍을 느낄 것으로 생각되는 건축물과 중요한 건물들은 모두가 정교하게 짜여진 역사적 '옷'을 입고 있는 듯했다. 이 시대에 가장 홍미를 끈 이론적 논의들은 다양한 '복고적 양식(고전 복고나 고딕 복고)'과 관계가 깊다. 지난 시대의 양식을 만들어 내기 위해서 새로운 재료를 사용할 때에 부딪치게 되는 실질적인 문제와 관련있는 건축기술의 진보만 이루어졌을 뿐이었다. 그러나 19세기 초에도 과거로부터 누적된 한 시대를 억누르고 있는 형태들로 이루어진 잡동사니들로부터 결코 진정하고 독창적인 전통이 나올 수 없다는 점을 인식한 사람들이 있었다. 100년 전에 비평가들은 '어릿광대의 옷과 같은 건축'에 대해서 이미 언급한 적이 있다. 이 말은 오늘날까지도 해를 끼치고 있는 바로 이와 같은 병폐를 지적한 것이었다.

그럼에도 불구하고 이러한 '가장무도회' 이면에는 다음 세기에 전달될 중요한 경향이 숨어 있었고, 천천히 그 힘을 키우고 있었다. 지금의 건축은 이 경향의 연장선상에 있다. 지금의 건축은 한 세기 전체에 걸친 발전의 대흐름이 낳은 결과물인 것이다. 1900년경에 등장한 소수의 혁신가들이 현대 건축의 기원을 마련했다는 보편적인 입장은 틀린 것이며 피상적인 것이다. 현대 건축의 씨앗은 수공예가 산업생산에 의해서 밀려난 바로 그 순간에 심어졌다. 현대문명의 많은 다른 양상들처럼 오늘날의 건축에서 볼 수 있는 독특한 특징들은 산업혁명이 불러일으킨 여파가 만들어낸 것이다.

그러나 19세기의 실용적인 구조물 외에는 미래에 이토록 중요한 영향을 끼친 그러한 경향들을 찾아볼 수 없는 이유는 무엇일까? 이러한 경향이 공공건축 정도에만 그것도 미미하게 영향을 미친 이유는 무엇일까? 물론, 기술적 진보는 산업 건설 현장에서 처음으로 감지되었을 것이라고 추측할 수 있다. 그러나 이러한 생각이 확실한 이유가 될 수 없다. 과학과 기술분야에서 산업혁명이 시작되었을지도 모른다. 그러나 이 때문에 산업혁명이 예술에도 영향을 미치지 않았다고 할 수는 없다. 바로크 시대의 새로운 과학적 발견들은 물론, 심지어 추상적이고 수학적인 발견들이 어떻게 즉시 감성 영역에서 그 대응물을 찾아내어 예술적 표현으로 승화되었는지는 이미 앞에서 살펴보았다. 그러나 19세기에 와서 과학과 예술이 나아가는 방향은 서로 달랐 182쪽 15줄 Fifth Edition

다. 즉 사고하는 방법과 느끼는 방법의 연결 고리가 와해된 것이다. 이러한 두 영역 간의 상호 고립은 서로 다른 본질 때문에 나타난 결과가 아니라, 19세기 고유의 현상이었다. 이러한 상호 고립현상을 전제로 하지 않고는 결코 이해할 수 없는 19세기 문화가 바로 이 현상의 원인일 것이다.

건축분야에서 나타난 건축가와 공학자 사이의 분열에서 확실히 알 수 있듯이, 19세기 건축의 역사적 위치는 단순히 과학과 예술이 분리된 특별한 경우라 할 수 있다. 고딕 시대의 건축가들은 새로운 공학적 지식만을 이용한 것이 아니라, 그 지식속에 내재된 고딕 시대 특유의 전망과 감성 그리고 목적을 표현해낼 수 있는 가능성을 보았다. 마찬가지로 수학적 진보는 바로크 건축에 새로운 계산을 위한 도구 이상의 그 무엇을 제공했다. 이러한 두 가지 예에서 알수 있듯이 새로운 발명이 인간화 되었던 것이다. 즉 감성적인 진보와 지성적인 진보가 평형을 이루었던 것이다. 시대정신을 표현적으로 상징하려 했던 19세기 건물이 처한 상황은 이 두 가지 경우와 정반대였다. 예를들어, 구조물에 사용된 철은 옛날 방식으로 준(準)기념비적 건물을 세울 수 있는 새로운 도구에 지나지 않았다. 이와 같은 새로운 도구가 복고풍에 사용됨으로써, 복고적인 형태의 그릇된 측면이 드러난 것이다.

Fifth Edition 183쪽 13줄

한편, 건축은 과학적 진보와 기술적 진보를 흡수하지 않고 그대로 받아들였기 때문에 공학자는 계속해서 건축가에게 종속된 상태로 남게 되었고 건축가와 분리되었다. 반면에 건축가는 자신을 둘러싸고 있는 세계에서 일어나고 있는 중요한 움직임으로부터 완전히 고립되어 있었다. 건축가가 변화하는 환경에 친숙하게 될 때, 그리고 근대적 건설방법에서 건축적인 가능성을 찾아낼 수 있을 때 비로소 시대에 적합한 전통이 발전될 수 있다. 미래의 건축이 성장의 발판으로 삼아야 할 것은 바로 19세기 건축의 배후에 숨어있는 기술적 혁신들이다.즉 건설은 건축의 잠재의식이다. 명백한 이론적 규정이 나중에야 이루어진 충동들도 그러한 기술적 혁신 속에 잠재되어 있었던 것이다.

따라서, 역사가는 겉으로 보기에는 사소해 보이는 발전들, 그리고 이러한 발전의 과정 속에서 평범하게 사용된 새로운 재료와 건설방법들을 고찰해야 한다. 지금까지도 여전히 생명력을 가지고 있는 경향들, 즉 현대건축의 '구성적 사실들'의 흔적은 이러한 소박한 출발점까지 거슬러 올라가야 찾을 수 있다. 속도감있고 산업화된 형태요소를 구성해낼 수 있는 구조 공학자가 등장함에 따라, 예술적인 호언장담들이 사라졌고 건축가의 특권이 없어졌으며 오늘날의 발전에 토대가 마련된 것이다. 19세기 공학자들은 무의식적으로 건축가에게 끊임없이 새로운 요소를 제시해주는 안내인으로서의 역할이 자신들이 해야 할 일임을 알고 있었다. 그들은 사소하지만 보편적인 형태를 개발했던 것이다.

주철기둥
The Cast - Iron Column

184쪽 02줄 Fifth Edition

주철기둥은 건물에 사용하기 위해서 새로운 공업방식으로 만들어진 최초의 구조부재였다. 증기기관이 발명되기전인 **1780년 초부터** 이미 영국의 초기 방직공장에는 나무 기둥 대신에 주철기둥을 **지붕을 받히는 부재로 사용**한 것이다. 새로운 기계의 규모가 커짐에 따라서 장애물을 최소화한 넓은 방이 필요했기 때문이다.

이러한 공장건물의 역사는 아직까지도 정확하게 조사되지 않았다. 이러한 건물에 관한 얼마 안 되는 보고서(나중에 논의될 삽화의 자료)중의 하나에서는 다음과 같이 진술되어 있다. "공장건물은 단순한 구조물로 다루어졌고, 이 건물의 흥미로운 역사를 면밀히 조사하려는 노력은 전혀 없었다. 대부분의 공장들에 부여된 연대는 실제로 건설되었던 확실하고 정확한 날짜가 아니라 평균적으로 어림잡은 시기였다."▼1 볼톤에 있는 18세기 후반의 전형적인 공장을 살펴보면, 새로 발명된 방직 기계를 수용하기 위해 기존 건물의 애틱(역주: 지붕 밑층)이 어떻게 변형되었는지를 알 수 있다.(**도판. 97**) 이 공장의 골조는 고딕 시대부터 사용되어 왔던 거대한 목구조의 일종이다. 처음에는 다락에만 기계를 설치했었다. 즉 목재 트러스(얼마 지나지 않아, 주철 트러스로 대체됨)는 긴 방직기를 배치할 수 있도록 중심에서 아래로 퍼지는 충분한 공간을 만들었다. 나중에는 주철 기둥을 사용하여 기계를 각층마다 설치할 수 있게 되었다.

이러한 석조 건물들에는 후기 바로크 건물에서 볼 수 있던 넓은 창문(뉴 잉글랜드가 산업화되기 시작할 때, 매사추세츠에 재등장한 유형)이 있다. 힘의 원천이었던 강 근처의 오염되지 않은 농촌 풍경 한가운데에 서있던 이 공장들은 증기 시대의 공장 지역과는 매우 다른 모습을 하고 있다. 1783년에 지어진 맨체스터 근처의 한 공장은 공장 역사 중에서 이러한 단계를 잘 보여준다. 이러한 공장들은 처음으로 내부에 주철 기둥을 사용했던 건물이다. 이 공장들은 아직도 작동되고 있으며, 여전히 수력을 보조동력으로 이용하고 있다.

1835년경에 지어진 방직 공장의 애틱(**도판. 98**)은 주철 지붕 트러스를 사용하여 새로 발명된 자동(自動) 뮬 방직기를 수용할 수 있도록 방을 어떻게 구성해야 되는지 잘 보여주고 있다. 대규모의 방이 필요하다는 것은 분명하다. 이러한 종류의 건물에는 방직기가 애틱의 장축을 따라 평행하게 배치된다.

철 지주(支柱)는 석재와 벽돌, 목재 등과 함께 사용되었다. 공장 건설에는 주철 거더와 벽돌 아치 바닥에도 사용되었다. 1세기 이상 모든 종류의 건물은 물론 세상의 모든 부분에서 중요한 역할을 했던 것은 바로 주철기둥이었다. 이 부재는 19세기 동안 셀 수 없을 만큼의 다양한 건축적 목적에 사용되었다. 수정궁에도, 완전히 평범한

97. 공장의 목재 다락, 영국, 볼튼, 1800년경. 기다란 방직기를 놓기에 적당하도록 거대한 목재 지붕 트러스가 다락의 중앙공간을 이루고 있다.

98. 주철 지붕 트러스로 된 다락, 1835년경. 주철로 된 이 지붕틀은 후기의 발전된 모습을 보여준다. 이 구조물은 1821년 J.B.펩워스가 고안한 것으로 알려져 있다. 나중에 가서 "정원 도시"를 처음으로 계획한 사람중의 한명으로 알려졌다. (1827년경)

시장 건물에도, 도서관이나 온실(심지어 시카고에 처음으로 건설된 고층건물)에도 중요한 구조재는 주철 기둥이었다. 1840년대 동안 건물 파사드를 구성하고 미리 제조된 재료로 구조를 세우기 위해 사용된 주철기둥의 예는 영국보다 미국에 훨씬 더 많다.

187쪽 03줄 Fifth Edition

끊임없이 그 안에 엄청난 무언가를 담고 있던 신재료인 주철은 브라이튼에 있는 로열 파빌리온에도 사용되었다. 주철은 이러한 특별한 건물에서 자유롭게 사용되었다. 즉, 전시용으로도 사용된 것이다. 왕립 건축가인 존 나쉬는 꾸미는 작업을 다른 사람에게 위임하기를 꺼려하는 사람이 아니었다. 그러나 섬머슨에 따르면, "그는 천장을 지지하는 복잡한 목공품과 철제품들을 스스로 디자인 했다."▼[2](**도판. 100**) 이것은 1818년의 일이다. 필자가 알기로는 주철기둥이 의례적인 기능을 하는 공간 내부에 사용된 최초의 예는 바로 이 건물의 내부이다. 나쉬는 이 기둥을 접견실 공간에 자유롭게 설치했다. 25년 후, 앙리 라브로스테는 파리의 생 제네비에브 도서실에 나쉬처럼 주철 기둥을 진솔한 형태로 사용하였다. 그리고 몇몇 현대건축가들(1925년경)이 이와 같은 방식을 취하려할 때 상당한 반대에 부딪치기도 했다.

브라이튼의 로열 파빌리온은 대축제가 이루어지는 곳이었다. 이 건물의 재료인 주철은 건축가들에게는 노동과 작업과 거리가 먼 장식물로 여겨졌다. 거대한 부엌(**도판. 101**)의 중심에 4개의 가느다란 주철 지지 기둥이 서있고 기둥 하나 하나는 길

99. 초기에 사용된 주철기둥, 런던의 서점, 1794. 렉킹톤의 "뮤즈 사원 핀버지광장" 건물의 내부 배치는 매우 고상하다.

게 솟아 있으며, 그 꼭대기에는 야자수잎 모양의 주두가 있다. 특이할 정도로 가느다란 주철 지주(支柱)와 기둥은 건축의 새롭고도 기이한 비례의 가능성을 제시하였다. 거의 50년이 지나, 1867년 파리 박람회의 주 건물 한가운데에 있는 타원형 정원에서도 이와 같은 이국적이고 가느다란 주철기둥이 남국의 야자수와 인접하여 서있는 모습이 연출되었다.(**도판. 102**)

Fifth Edition 188쪽 14줄

주철이 증기기관에서 교회에 이르는 모든 경우에 적당한 재료라는 것을 입증할 수 있는 중요한 증거는 쉽게 찾아 볼 수 있다. 주철이 지닌 가능성을 밝히려 한 최초의 과학자들중의 한 사람인 토마스 트레드골드는 1823년 다음과 같이 지적하고 있다. "주철은 교회와 제조공장, 창고의 구조재로 사용되었고 엔진의 주부속품 재료로 사용되었다." 계속해서 그는 주철이 광범위하게 사용된 몇몇 이유를 제시하였다. "주철의 제조 과정이 개선됨에 따라서 나무보다 가격이 더 싸졌고…, 주철은 목재기둥이 제공하지 못하는 방화 기능을 가지고 있다." 따라서 19세기에 주철이 주도적인 재료가 된 이유는 주철의 방화기능, 저렴한 가격, 간단한 제조 방법, 무거운 하중에 대한 저항력을 들 수 있다. 시카고에서 강구조가 개발된 1880년대 전까지 주철기둥이 주도적인 재료였다는 것을 확신하는데는 이러한 장점만으로도 충분하다.

그러나 주철이 사용(잘못된 사용)된 또 다른 이유도 있다. 주철은 원하는 어떤 형태라도 쉽게 만들어 낼 수 있는 재료이다. 1860년경에 나온 프랑스 중공업품 카탈로그

100. 존 나쉬. 로열 파빌리온, 브라이튼, 1818~21. 붉은 접견실.

101. 존 나쉬. 로열 파빌리온, 브라이튼, 1818~21. 부엌.

102. 파리 전시회, 1867. 주 건물 한가운데 있는 타원형 정원. 주철기둥은 19세기동안 줄곧 중요한 위치를 확보하고 있었으며, 이 당시에 와서 널리 사용하게 되었다. 파리의 금속제품 카탈로그에는 오스망의 대 재개발 작업에 동원될 주철로 된 여러 가지 가상 형태들이 제시되었다.

는 모든 종류의 목적에 사용된 주철에 관한 내용을 수백 페이지에 걸쳐 수록하고 있다. 대가의 작품을 그대로 모방하는 것에도 사용되었다. 오스망의 파리재건에 필요했던 주철기둥과 지주(支柱), 그리고 난간은 원하는 모든 형태로 마무리 작업에 사용될 수 있었다. 사실, 주철기둥(확실하게 사용되지도 제한적으로 사용되지도 않았다)은 19세기의 상징중의 하나가 되었다. 1889년 후반에, 벨기에의 위대한 공학자인 비렌딜은 파리 박람회를 언급하면서 "이러한 종류의 구조재가 지닌 위험은 그것의 혐오스러운 천박성에 있다"라고 말한 것에는 그럴만한 이유가 있었다. 재료를 적절하게 사용함으로써 나오는 아름다움은 완전히 그릇된 방향의 대량생산 때문에 사라진 것이다.

주

1. Official Record of the Annual Conference of the Textile Institute(Bolton, 1927), pp.41 ff.
2. John Nash, p.162.

강구조를 향해
Toward the Steel Frame

건설에 주철을 사용한 초기의 또 다른 실예를 언급하고자 한다. 이 두 가지 예는 모두 19세기 초기의 구조물에 해당된다. **텔포드**와 더글라스가 런던 **다리**를 위해서 **디자인**한 첫 번째 실예는 1801년에 계획되었지만 결코 건설되지 않았다.(**도판.** 103) 우아한 것으로 유명한 이 계획안은 주철로 된 대규모 작업, 즉 높이가 65피트에 달하고 600피트의 단일 스탠으로 된 다리 디자인이었다. 이보다 50년 후에 디자인 된 로버트 스티븐슨의 프리타니아 다리도 이 스팬보다 짧다. 런던 다리 계획안은 그 당시에는 건설될 수 없었다. 텔포드는 1783년에 토마스 페인이 제안한 시스템을 적용하여 수많은 쐐기모양의 단편들로 구성된 석재아치와 같은 건물을 제안했다.

191쪽 01줄 Fifth Edition

두 번째 실례는 **1801년** 멘체스터의 **살포드에 건설된 필립 & 리 방직공장**이다.(**도판.** 104) 이공장은 디자인의 대담성이라는 측면에서 그 당시의 다른 모든 작품을 능가하고 있다. 건물의 내부 골조 전체에 주철기둥과 보를 사용한 최초의 실험작이었다. 이 공장의 건설은 근대 건설역사에서 최초로 중요한 사건이었다. 그 당시 건설인들에게는 정말 특별했던 이 위업, 즉 시간이 흐르면 잊혀질 이 위업을 볼튼 & 와트의 소호 주물공장에서 맡았다. 이 당시, 증기기관을 발명한 사람은 초상조각(Portrait)을 만드는 기계를 고안하는데 열중하였고 사업에서 은퇴할 계획을 세우고 있었다.

앞서 결코 출판된 적이 없던 이 공장의 도면 원본은 현재 버밍햄 도서관의 볼튼

103. 템즈 강위의 주철 교각 계획안을 보여주는 텔포드의 동판화.

& 와트 실(室)에 소장되어 있다. 이 도판에는 지상층 평면도와 살포드 공장의 입면이 있다. 길이가 140피트이고 폭이 42피트인 대규모 건물로서, 7층까지의 높이는 이 당시 대단한 관심을 불러 일으켰다. 지상층 평면을 보면, 각층마다 배열된 두 줄의 주철기둥이 있음을 알 수 있다. 주철보와 이러한 주철기둥이 처음 함께 사용된 것이다.

처음에는 I형 단면이던 이와 같은 보들은 규칙적인 간격으로 된 벽으로 건물을 가로지르면서 뻗어나가고 있다. 스코틀랜드의 공학자인 윌리엄 페어베른은 이 보를 보고 감탄하였다. 그는 보를 가능하게 한 계산능력보다 효율적인 형태에 대한 직관력을 보고 놀란 것이다.(이와 유사하게 공학적인 문제점들을 정확하게 해결한 예는 1786년 작품인 프랑세 극장의 철제지붕이다. 이 건물의 단철 거더는 관성 모멘트를 따르고 있지만, 이러한 조절의 이론적인 기초는 그 이후에도 한동안 정립되지 않았다.) 이 도면에서 알 수 있는 또 다른 점은 벽돌 아치로 바닥을 만들어 내는 방식이다. 이 바닥은 거친 콘크리트 층으로 이루어져 있다.

두 번째 도면(**도판. 105**)에는 건물의 장변 방향 횡단면이 그려져 있다. 이 도면에는

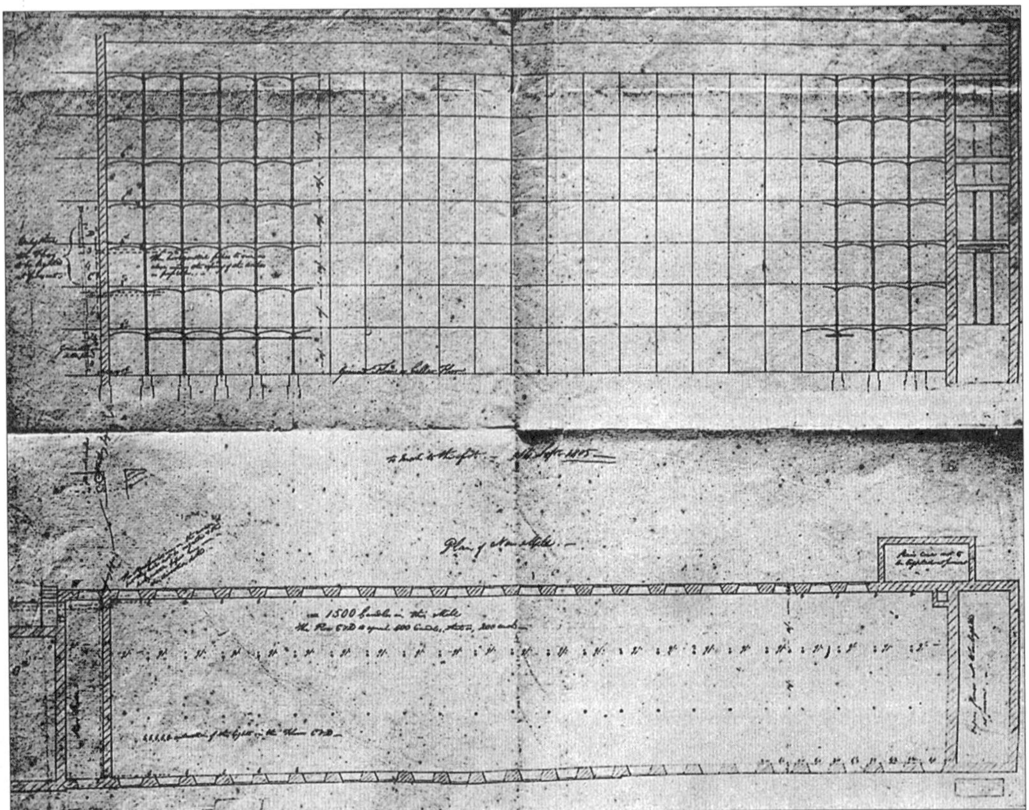

104. 와트와 볼튼. 주철보와 주철기둥으로 된 최초의 7층짜리 방직공장의 작업 도면. 살포드, 멘체스터, 1801. 금속 골조(주철 기둥과 보)로 디자인된 최초의 건물도 마치 상자안에 담겨져 있는 시계처럼 석재로 된 외벽으로 에워싸져 있다.

105. 와트와 볼튼. 주철보와 주철기둥으로 된 최초의 7층짜리 방직공장의 작업 도면.

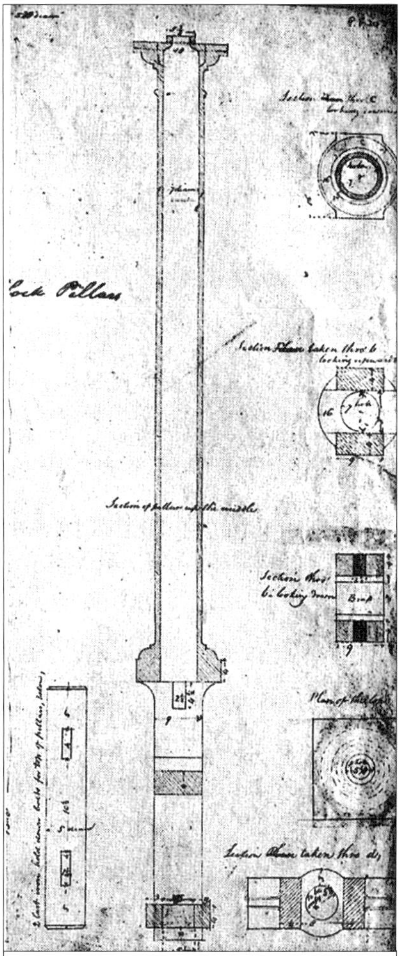

106. 와트와 볼튼. 주철보와 주철기둥으로 된 최초의 7층짜리 방직공장의 작업 도면. 주철 기둥의 단면.

지상층의 주철 기둥을 지지하는 특별한 기초와 처음 두 개층의 주철기둥과 보가 그려져 있다. 세 번째 도면에서는 속이 빈 주철 기둥 구조가 있고, 각 기둥의 외곽 지름은 9인치에 달하고 있다. 매우 세심한 이와 같은 방식은 볼튼 & 와트가 증기기관을 발명하면서 얻은 경험을 반영하고 있다.(**도판. 106**) 기둥과 소켓 조립의 디테일은(도면의 오른편에 있다.) 기계류를 만들면서 얻었던 정확도를 보여주고 있다.

1854년 페어베른이 언급했듯이 살포드에서 이루어진 이러한 실험은 "이곳의 제조 단위구역을 구분해 주고 있는 내화구조 시스템의 선례가 되었다. 4반세기 동안 이 공장은 다른 유사한 건물의 모델이 되었다. 1801년에서 1824년까지는 다른 형식의 보가 거의 출현하지 않았다." 왜냐하면 와트의 앞을 내다보는 탁월한 구조를 능가하는 실험과 계획을 하는데는 시간이 필요하기 때문이었다. 주철 골조로 된 1801년의

7층짜리 공장이 제시한 건물유형은 19세기 동안 줄곧 창고 건물의 표준이었고, 앞서 가는 몇몇 공공 건물의 모델이었다. 살포드에서 행해진 와트의 실험은 1880년대에 결국 시카고에 등장한 강구조의 발전과정 중의 최초의 단계에 해당된다.

Fifth Edition 194쪽 01줄

윌리엄 페어베른은 더 낳은 발전의 기초를 마련하는데 많은 노력을 기울였다. 멘체스터에 있는 자신의 실험실에서 1846년에 완성한 관식(管式) 철제 실험(산업구조물은 물론 다리와 선박 건조의 촉진제 역할을 함)은 그 당시 가장 유명했을 뿐만 아니라, 나중에 더 넓은 스팬의 건설을 도모한 브리탄니아 관식 다리의 건설을 가능하게 했다. 19세기 중반 바로 직전의 산업건설방식의 변화역시 그에 의해 행해진 여러 실험들로부터 비롯되었다. 그는 "우리는 보의 형태로 단철의 뛰어난 저항력을 표현하는 것을 거의 모르고 있으며, … 보의 성격에 대한 지식은 완벽하지 못하고 아주 협소한 범위에 국한되어 있다."▼1라고 말하였다.

그 자신의 건물을 내화구조로 만들려는 시도에 중요한 건설 원리를 적용하였다. 그가 1840년대 중반에 건설한 8층짜리 평지붕 제련소는 주철 부재는 물론 단철로 된 부재도 사용하고 있다.(**도판. 107**) 주철재 이음보와 결합되어 있는 단철재 I형 단면 거더는 주철 기둥에 의해 지지되고 있다. 벽돌 아치 바닥구조 대신에 얇은 단철판이 사용되었다. 기둥과 기둥 사이를 가로지르면서 이 얇은 단철은 조각난 아치형태로 휘어져 있으며 그 위에 콘크리트를 채워 바닥을 마무리하고 있다.(**도판.108**)

이러한 건물에서 철근콘크리트 건물로 변화된 것은 그리 대단한 일은 아니지만, 여기서 더 자세히 지적하기에는 이르다고 생각한다.

박판철(rolled iron)과 강철 장선을 만드는 기계가 발명되자 구조재로서 철의 사용량이 증가되었다. 미국의 철도 건설자인 호보켄의 로버트 스티븐슨은 기관차를 구입하기 위해 1830년에 영국으로 건너갔다. 방문 기간 동안 그는 박판철의 개발을 시도

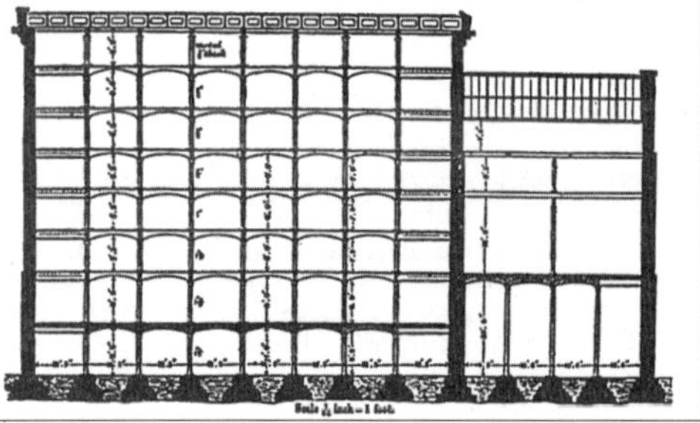

107. 윌리엄 페어베른. 영국의 제련소. 1845년경. 횡단면. 느린 발전이 이루어진 19세기 초기에는 볼튼과 와트의 방식에 중요한 변화가 없었다. 페어베른의 이 제련소에는 특정한 기술적인 정교함이 발견된다.

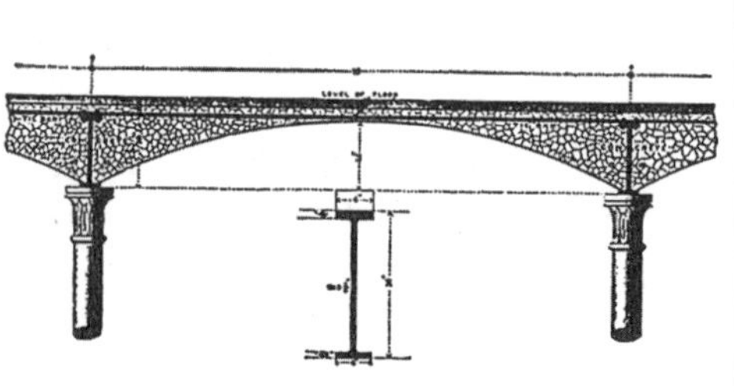

108. 윌리엄 페어베른. 영국의 제련소. 1845년경. 천장 구조.

했으며, 많은 어려움에도 불구하고 남부 웨일즈 지방의 압연공장에서 결실을 보았다. 그러나 박판철 I형 보는 이후에도 오랫동안 사용되지는 않았다. 1871년, 건축가인 보와로는 이런 저런 이유로 해서 **프랑스에 박판 철이 소개되었다**고 기술하였다. 그 이유는 1845년에 파리에서 일어난 석공업의 파업, 복재가격의 상승, 화재위험 그리고 장스팬의 필요성 때문이었다. 조레란 이름의 제련사가 프랑스 최초의 단철 장선판(joist section)을 압연하였다.

미래의 건설을 내다본 중요한 선례들로 상점의 쇼 윈도우를 들 수 있다. 즉 상업화가 진전됨에 따라 **쇼 윈도는 더 넓은 유리면을 필요로 했다.** 1850년대와 1890 사이에 발간된 매뉴얼에는 주철 거더 위의 상부층 벽돌 쌓기를 지지할 수 있는 방법들로 가득차 있다. 이러한 주철 기둥은 넓은 진열창의 안쪽을 잘 보이게 할 수 있는 유일한 구조재였다. 전면에서 약간 후퇴된 지주(支柱)가 근대건축에 꽤 많이 사용되었다는 사실로 미루어 볼 때, 이러한 양상의 지속적인 발달과정을 설명하는 것이 다른 무엇보다 흥미있는 일일 것이다. 주거용 건물에 큰 유리판이 어떻게 사용되었는가를 가장 먼저 알려주는 것은 바로 이러한 상점의 유리창이었다.

제임스 보가두스
James Bogardus

오늘날의 골조 건설은 1848년 고층빌딩의 본고향인 미국에서 시작되었다. 건물의 바닥을 지지하는 수단으로 석조 외벽 대신에 주철 기둥을 사용함으로써 결정적인 계기가 마련되었다. 이러한 골조 건설의 초창기 예는 1848년 뉴욕에 세워진 5층짜리 공장이다. 이 건물을 지은 사람은 이러한 건설방법을 개발한 제임스 보가두스(1800~74)이다. 1850년에서 1880년 사이에 지어진 미국의 백화점, 소매상, 사무소 건물들은 모두 이러한 빌딩시스템에 바탕을 두고 있다. 보가두스는 기성부품을 사용하여 다양한 건물들을 세웠다. 1874년 4월 14일자 뉴욕 헤럴드에 따르면 그가 쿠바의 하바나 근처의 사르타 카탈리나에도 많은 건물을 지었다고 한다. 그의 훌륭한 건물들 중에 몇몇은 아직도 대부분이 남아 있다. 특히, 훌륭한 창고 건물과 사무소 건물은 세인트 루이스 강변지대에 남아 있다. 이 건물들 중에, 노스 퍼스트 가(街)에 서있는 건물은 넓은 판유리가 정면에 사용된 간결한 방식 때문에 더욱 흥미를 끈다. 이러한 건물들은 모두 건설 발전의 계기가 되었고, 절제되고 과장되지 않은 특성을 지니고 있다는 점에서 기념비적인 가치를 가진다고 할 수 있다. 이러한 종류의 건물들은 특히 미국의 건축양식을 이루는 주 원천중의 하나임에 틀림없다. 그러나 많은 장점 195쪽 31줄 Fifth Edition

109. 제임스 보가두스, 공장 계획안., 1856. 주철의 저항력을 보여주는 그림.

을 가지고 있고 오늘날에도 귀중한 것임에도 불구하고 보가두스 의 작품은 현재 거의 알려져 있지 않다.

제임스 보가두스의 가장 유명한 건물은 뉴욕 펄 가(街)의 프랭클린 광장에 위치한 유명한 신문사옥인 **하퍼 & 브러더스 건물**이다.(1854년, **도판.110**) 겉보기에 외벽이 거의 유리면으로 대체되고 있음을 알 수 있다. 넓은 유리판과 베네치아적인 **르네상스 양식의 주철기둥**과 아치를 결합하는 것은 그 시대의 정신을 완벽하게 보여주고 있다. 보가두스는 스스로 이러한 정신에 대해서 분명하게 말하고 있다. '철의 건축가'인 그가 집필한 소책자 **『주철 건물: 건설과 이점(뉴욕,1853)』**에서 자신을 제삼자로 칭하면서 다음과 같이 언급하고 있다. "보가두스 씨는 주철을 사용하여 고대의 훌륭한 건축 디자인과 필적할만한 근대적 아이디어를 최초로 생각했던 사람이다. 이러한 아이디어는 1840년에 일어났다." 얇지만 중요한 이 책은 세상에 알려지지 않았기 때문에 미국 전기(傳記) 사전의 '보가두스' 인명에도 이 글은 언급되어 있지 않다.

18세기의 많은 선구자들 처럼 그 역시 공학자와 예술가의 모든 요구를 동시에 만족시킬 수 있는 재료가 주철이라고 믿었다. 그는 상업구조물은 물론 주거건물에도 자신의 시스템을 적용하려했다.(도판. 109) 주거영역에 자신의 방식을 적용하지 못한 것은 단지 기회의 문제였을 뿐이라고 생각한 것이다. 소책자 14쪽에 다음과 같이 언급되어 있다. "보가두스 씨는 공장 대신에 주거를 의뢰받았다면 현재 상점 건물에 사용되어 유명해진 방식을 주거건물에도 사용하면 유명해질 것이라고 확신하고 있다. 그는 환상적인 주택을 계획했으면 이 주택의 디자인은 매우 뛰어나 건물의 철구조물이 제거되거나외력으로 파괴되어도 건물 자체는 계속 서있을 것이다."

198쪽 10줄 Fifth Edition

제임스 보가두스의 작품 중에 가장 상상력이 풍부한 것은 1853년 뉴욕에서 열린 최초의 미국 **만국 박람회용 건물에 응모한 프로젝트**였다.(도판. 111) 그는 이 계획안의 장점을 경제성에 두었고, 전체구조는 박람회용으로 쓰이는 형태보다 해체되었을 때 더 가치가 있을 것이라고 확신하였다. 왜냐하면 같은 패턴으로 된 수많은 동일부재가 재사용될 수 있다는 경제성 때문이다. 나중에 해체될 것을 염두에 두었기 때문에 직경이 200피트에 달하는 대규모 원형극장으로 된 건물을 제안한 것이다. 이와 같은 대규모의 원형극장은 후에 해체가 쉬운 수직거더로 조립될 수 있는 것이었다.▼2

보가두스의 계획안은 주철로 된 거대한 원형경기장과 같다. 외벽 높이는 60피트에 달하며 각층을 구분하기 위해 아치와 기둥이 연속적으로 외벽에 나타나고 있다. 건물 중심에는 두 가지 기능을 가진 300피트 높이의 탑이 솟아 올라 있다. 그 하나는 현수선 형태의 로드(rod)에 의해 탑에 매달려 있는 철판 지붕(street - iron)의 지지체 기능을 하며, 또 다른 하나는 웅대한 관망대 역할을 한다.▼3 쇠사슬 모양의 곡선으로

110. 제임스 보가두스. 하퍼 & 브러더스 빌딩. 뉴욕. 1854.

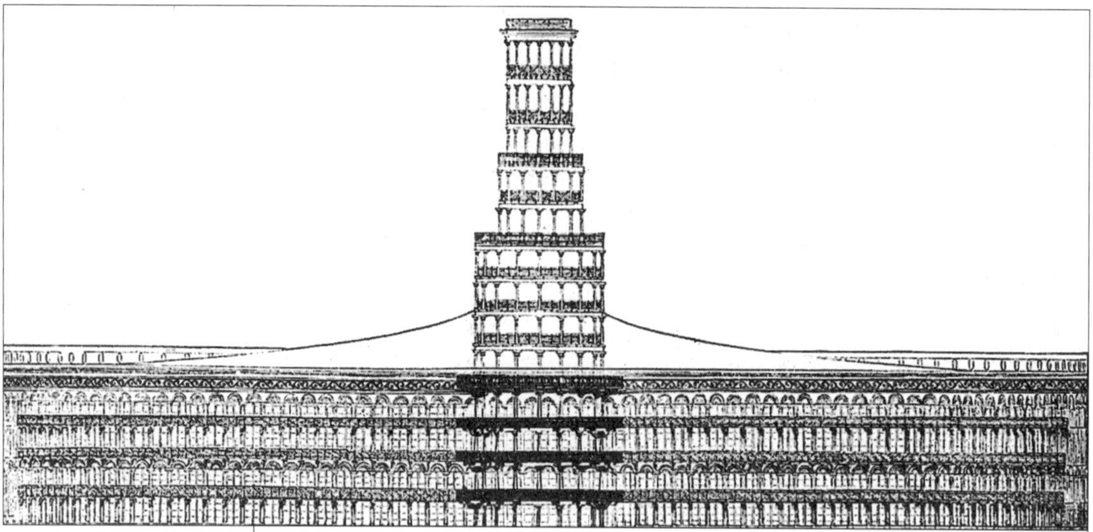

111. 제임스 보가두스, 뉴욕 세계박람회의 프로젝트, 1853. 반원형 극장의 직경은 1200피트, 300피트 높이의 탑은 승객용 승강기를 위한 공간이다. 나중에 다시 활용될 수 있는 직립 거더가 이 정도 규모의 원에 사용될 수 있었다.

된 지지 로드는 현수교에 주로 쓰이는 방법이다. 그는 구경꾼을 꼭대기까지 데려다 주는 승강기를 탑안에 설치하려고 했다.

이 디자인에 나타난 모양은 전통적인 양식에서 빌어 온것이지만 전체구조는 미래의 발전을 내다보는 대담한 시각을 보여주고 있다. 1867년 프랑스 박람회가 그 시대를 대표했던 것처럼 이 건물도 40년대를 대표하는 중요한 자료이다.

이 박람회를 위해서 실제로 지어진 건물은 역사적으로 볼 때 그리 중요하지 않은 것이었다. 이 현상공모에 제출된 다른 계획안들도 질적으로 평범하고, 박람회용 사이트에 적당한 것도 아니었다. 이 계획안들 중에는 심지어 죠셉 팩스톤의 작품▼4도 있었다.

제임스 보가두스는 매우 흥미로운 경력을 가지고 있다. 그는 시계제조인과 독창력이 풍부한 **발명가**로 시작했다. 심이 늘 뾰족한 신형 연필과 최초로 영국우표를 찍은 조판기계와 심해 음파 탐지기 등, 여러 가지 고안품들을 발명하면서 유명해졌다. 사실 그는 19세기 초의 고전적인 발명가 **타입**이었다. 19세기초의 사람들은 과거에 발명되지 못했던 모든 것을 한꺼번에 발명하려고 애썼다.

또한 19세기 초의 보편석인 현상은 한 사람이 산업의 여러 방면에서 다양하게 실험을 했다는 점이다. 19세기 초는 르네상스와 놀랄만한 대조를 이루고 있다. 르네상스시대의 이상적인 인물상은 '만능인간'이었다. 만능인간이란 혼자서 수많은 종류의 활동을 통합할 수 있었던 인간이었으며, 예술가인 동시에 과학자이며 공학자였다. 19세기 초기의 이상적인 인간은 보가두스와 같은 시계제조인이자 철공인,공학자 유형이었다.▼5

세인트 루이스 강변
The St. Louis River Front

200쪽 12줄 Fifth Edition

주철로 된 정면과 주철골조로 된 상업건물이 1850년대와 1880년대사이에 미국 전역에 퍼졌으며 이때를 가리켜 '주철시대(cast - iron age)'라 부른다. 이와 유사한 많은 건물들은 영국, 특히 리버풀에서 찾아 볼 수 있다. 보가두스가 이러한 종류의 구조를 처음 소개했는지 아닌지는 아직도 정확하게 알려져 있지 않다. 자료 부족으로 인해 이러한 건물에 대한 일반적인 조사가 불가능하기 때문이다. 더욱이 그 건물들 대부분이 요구되는 기능에 너무나 충실하여 아주 뻔하고 간단하게 디자인 되었다는 점도 일조를 한다. 이 건물들 중에 어떤 것은 부재를 만들었던 주물공장에서 건축가의 손을 전혀 거치지 않고 건설되기도 했다. 그와 달리 이 주물공장의 소유주들은 이탈리아에 가본 적도 없고 주철재를 통해서 르네상스를 복고하려는 열망도 없었다.

세상에 알려지지 않은 이러한 개발들 중에 500채의 건물로 이루어져 있으면서 흠잡을데 없는 지역을 고른다면, 그 지역은 바로 세인트 루이스 중앙 강변이다. 1764년, 모피 무역의 본거지로 탄생한 후 100여년 동안 **세인트 루이스**는 미시시피 강을 횡단하며 서부로 가는 모든 무역 지구의 중심지였다. 이 지역이 가장 번창했던 시기는 **1850년대**였다. 즉 증기선을 이용한 교통이 전성기를 맞이하고 금을 찾아 콜로라도와 캘리포니아로 계속 몰려들었으며, 미조리 계곡의 새로운 땅이 막 개발되고 있었다. 이 때 세인트 루이스는 미국에서 3번째 증기선 정박지가 되었고, 1870년에 이르러 미국에서 네 번째 큰 도시로 성장하였다. 강변은 이 도시의 옛상업지역이며,이 지역들 대부분은 위와 같은 시기에 자리를 잡았다.▼6 건물들은 1849년 (캘리포니아의 골드 러시가 시작된 해였다. 세인트 루이스는 캘리포니아로 들어가기 전에 들르는 곳 중의 하나였다.)이후부터 지어지기 시작했고 남북전쟁이 일어날 때까지 계속되었다. 전쟁이 끝난후부터 세인트 루이스의 명성은 낮아진 반면에, 시카고는 중서부의 대시장과 기차를 갈아타는 곳으로 자리를 잡아갔다. 결국 "1874년, 이드 다리를 지나는 동부철도 입구가 됨과 동시에 증기선이 감소되자 상업의 주도권은 다른 곳으로 넘어갔고 옛날

의 강변지구는 쇠퇴해 갔다."▼7

반 폐허로 변한 강변지구는 미국 발전에 있어서 가장 번창했던 시대중의 하나였음을 증언하듯이 남아 있다. 이러한 강변지구의 몇몇 상업건물들(모피와 도자기 소매상, 포니 신문사옥, 일반상업지역의 건물들)은 당시의 수준으로 볼 때 보통수준을 넘어서는 것들이었다.▼8

Fifth Edition 202쪽 01줄

이러한 상업건물들은 다양한 건축유형을 보여주고 있다. 이 건물들은 석조건축 모티브에 주철을 사용하면서도, 프랑스적인 우아함은 그대로 간직하고 있었다. 그 예로 노스 퍼스트 가(街) 523 - 529번지(1870~71, **도판. 112**), 즉 메모리얼 지역의 맨 끝에 있는 건물을 들 수 있다. 또 다른 훌륭한 예로, 7 - 9 - 11번지에 있는 벽돌 창고를 들 수 있다. 이 창고의 위층은 두 개의 층이 가느다란 기둥에 의해 연결되어 있는 모습을 보여주고 있다. 건물의 평평한 표면은 헨리 홉슨 리처드슨이 나중에 선보였던 단순한 로마네스크 양식의 형태를 떠올려 준다. 이 건물 이외에도 109 - 111번지에 있는 건물들은 매우 단순한 형태를 보여주고 있다. 후에, 유럽 초기의 근대 주거 중의 하나인 튜린 가(街)에 있는 건물(1893, **도판. 177**)과 이 건물을 비교할 기회가 있을 것이다. 이러한 건물들의 정면은 매우 단순화 되어 주철기둥과 상인방이 전체 파

112. 세인트 루이스, 강변, 523~529 노스 퍼스트 가(街)의 주철로 된 정면, 1870~71년경. 이 건물은 구두와 건조품등을 파는 도매상이나 옷가게로 다양하게 사용되었다.

113. 세인트 루이스, 강변. 간트 빌딩의 주철로 된 정면, 219~221 체스트 넛 가(街), 1877년으로 추정되는 파사드. 원래는 변호사의 사무실이었던 이 건물은 도매 문구점으로 사용되었다. 나중에 박물관으로 사용하기 위해서 국립 공원 관리국이 이 파사드를 제거했다.

사드에 걸쳐 펴져 있는 두짝 여닫이 창문의 가로대 역할을 할 뿐이다. 이러한 표현방식과 더불어 뛰어난 비례를 가진 점에서 체스트넛 가(街)(**도판**. 113)의 간트 건물은 이 시대를 통틀어 가장 훌륭한 건물들 중의 하나로 손꼽을 만하다. 이런 건물들이 시카고 고층빌딩의 선구자라는 이론을 펼치고 싶었지만, 쉽지 않았다. 한편, 미국인들은 자신의 고유한 건축의 전통에 무관심했기 때문에 이 지역 전체가 완전히 파괴되어 버렸다. 1964년 에로 사리넨이 높은 포물선 형태의 제퍼슨 메모리얼 아치에 손질을 가할 때까지 거의 20여년 동안 이 지역은 트럭용 주차장으로 사용되었다.

초기 골조 건물

Early Skeleton Buildings

Fifth Edition 204쪽 09줄

완전히 골조로 된 최초의 건물은 줄르 솔니어가 파리 근처 노와지엘 쉬르 마른 강변에 건설한 초콜렛 공장이다.(**도판**. 114) 마른 강 밑바닥까지 닿아 있는 네 개의 교각이 건물을 지지하고 있으며, 강줄기는 공장의 기계를 돌리는 힘을 제공한다. 건물 자체는 사각형 단면을 가진 4개의 주철로 된 속빈 거더로 지지되고 있다. 이러한 거더들로 구성된 기부(基部)를 가진 이 건물이 바로 최초로 골조 건설의 원리가 적용된 건물이다. 즉 건물의 정하중을 이 골조에 전달하게 한 최초의 건물인 것이다. 이러한 골조는 벽표면에 드러나기도 한다. 속이 빈 벽돌로 이루어진 이 벽체는 단지 골조 사이를 채우는 기능만 할 뿐이다. 솔니어가 목조 건설방법에서 영감의 얻었다는 것은 주철 대각선 보강재를 통해 알 수 있다.

형식적이며 품위있는 모습을 가지려는 오늘날의 모든 건물은 벽을 온통 장식으로 뒤덮고 있다. 이 초콜렛 공장의 벽은 평평한 면으로 되어 있다. 솔니어 그 자신 언급했듯이, 이 평평한 벽면은 건설방법 때문에 나온 것이다. 파사드에 사용된 표면은 밑에서부터 꼭대기까지 평평하며, 수직적으로나 수평적으로 이 벽에서 튀어나온 것은 전혀 없다.▼9 그럼에도 불구하고 17세기 초기 유럽의 취향 때문에 그는 몇 가지를 양보해야만 했다. 자신의 방식이 지닌 논리대로 평평한 표면을 고수하기는 했지만, 벽면의 특성을 결정짓는 벽돌작업은 다양한 색깔의 타일로 처리했다.

장식 없는 벽면과 새로운 구조 방법이 어떻게 현대건축에 동시에 사용되었는가를 잘 보여주고 있다.(**도판**. 115) 저렴한 비용으로 건물을 지어야 된다는 이유 때문에 단순하게 지은 것은 아니다. 오히려 그의 공법은 다른 공법에 비해 돈이 훨씬 많이 드는 공법이다.

이 공장의 도면은 프랑스의 저명한 리뷰지에서 매우 자세하게 여러번 다루어졌으

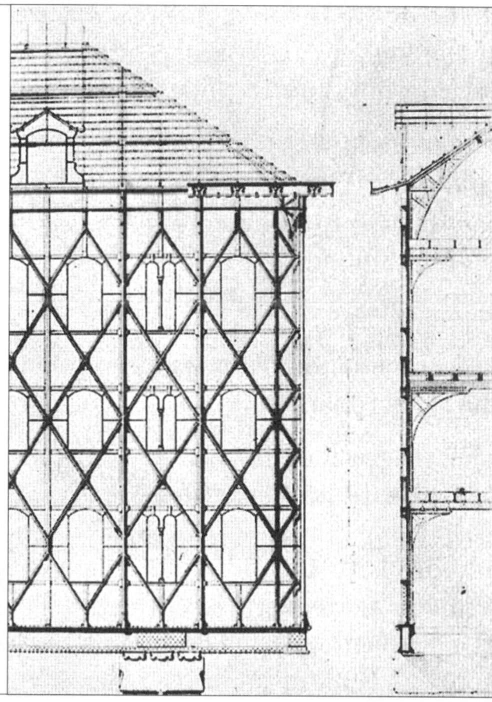

114. 줄르 솔니어. 메니어 초콜렛공장, 노와지엘 쉬르 마른, 1871~72. 철골조. 단순히 커튼의 역할만으로 하는 외벽을 가진 볼 때 최초의 철골 건물.

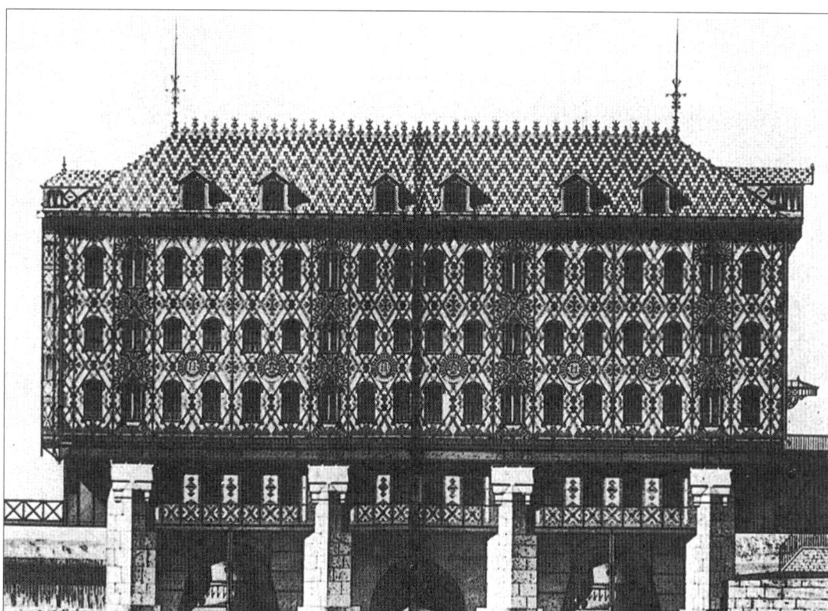

115. 줄르 솔니어 . 메니어 초콜렛공장, 노와지엘 쉬르 마른, 1871~72. 이 공장은 마른 강위에 지어진 것이다. 4개의 거대한 주철 바닥판 거더가 강 바닥까지 닿아 있는 석재 피기초에 의해 지지되고 있다.

며, 모든 도면들은 미국 도서관에 보관되어 있다. 그런데, 솔니어의 작품이 미국에 널리 알려지지 않은 것은 이상한 일이다. 최초의 골조 건물인 이 공장이 고층건물의 발달에 상당한 영향을 미쳤으리라고 생각하는 사람도 있다.

Fifth Edition 206족 12줄

미국 고층빌딩의 시작은 어디서부터인지 정확하게 알려져 있지 않다. 업존이 언급했듯이, "적어도 3개의 도시(뉴욕, 시카고 그리고 미네아폴리스)는 고층빌딩의 발상지라는 영광을 부여받을 수 있으며 여러 명의 건축가가 **고층빌딩의 개발자** 후보에 올라 있다."[10] 다른 어떤 후보보다 **레로이 버핑톤**이라는 **미네아폴리스의 건축가**를 꼽는 것이 가장 타당성이 있다. 1880년에 고층건물을 발명했다는 버핑톤은, 그 당시에 번역것으로 예상되는 비올레 르 둑은 건축 강의로부터 영감을 받아 고층건물 개발에 열을 올린게 확실하다. 그가 관심을 가진 부분은 이책의 2장 1~2페이지에 있다. 비올레 르 둑은 여기서 다음과 같이 언급하고 있다. "실무건축가라면 석재를 외장재로 사용하면서도… 골조가 완전히 철로 이루어진 대규모 건물을 세우는 것을 부자연스럽게 생각해서는 안 된다." 버핑톤의 관심을 끈 것은 "석재 외피와 철골 구조로 된 건물"의 가능성이었다. 이러한 구조를 개발하기 위해 공공 도서관에 있는 모든 자료를 살펴보았지만 헛수고였다. 이러한 상황을 미루어 보아 그가 골조 건설시스템의 원조를 마련했을 것이라는 제안은 꽤 타당성이 있다.[11]

솔니어의 방식이 버핑톤이 제시한 방식과 여러면에서 다르지만, 한 가지 중요한 점은 프랑스의 건설자가 미국의 건설자보다 앞섰다는 점이다. 즉 솔니어는 거의 10년이나 앞서 외벽 단철거더로만 지지되는 건물을 세웠다. 노와지엘의 공장은 석조외피로 된 철골 건물이 분명하다.

근대적 건설원리에 따라 실제로 지어진 최초의 고층빌딩은 시카고 소재의 **10층짜리 주택 보험회사 건물**이다.(1883~85, **도판. 116**) 1883년, **윌리엄 르 바론 제니**가 이 건물을 설계하였다. 이 건물의 설계상의 요구는 내화구조와 각 실에 최대의 빛을 제공할 수 있는 새로운 형태의 사무소 건물이었다.[12]

지금까지의 논의를 정리해보면, 주철기둥과 주철보로 이루어진 제임스 와트의 7층짜리 방직공장과 철골구조로 된 최초의 고층빌딩 사이에는 거의 80여년이란 시간이 걸렸음을 알 수 있다. 여기에는 한 가지 흥미로운 사실이 있다. 새롭고 중요한 원리가 발견된 시기와 이 원리가 실생활에 적용된 시기는 80년이란 시간이 흐른 후 다른 분야에서도 나타났다는 점이다. 예를 들어, 1800년 볼타가 지류전기를 발견한 지

116. 윌리엄 르 바론 제니. 주택 보험회사, 시카고, 1883~85. 근대적인 건설 원리에 의해 실제로 지어진 최초의 고층 빌딩. 내화처리된 10층 높이의 이 건물에는 각 사무실마다 최고의 일사량이 보장되고 있다.

80년이 지난 1880년대에 전력이 최초로 공급된 점을 들 수 있다.

승강기
Elevators

보가두스가 새로운 주철 건물이 다른 어떤 방법보다 건물의 높이를 증가시킬수 있으며, 건물이 높아지면 질수록 강도가 증가되어야 할 것이라고▼13 주장할 무렵 **최초의 승강기**가 뉴욕과 보스톤에서 개발되었다. 그 당시 거의 모든 발명품처럼 승강기도 처음에는 산업용으로만 쓰였다. 208쪽 19줄 Fifth Edition

보가두스는 1853년 뉴욕 세계박람회를 위해 계획한 건물에 솟아 있는 300피트 높이의 중앙탑에 증기력▼14을 이용하여 방문객을 꼭대기까지 올려보내는 기계장치를 설치할 것을 제안했다. 이 장치를 승객용 승강기라고 칭하지는 않았지만 이 장치를 통해 세계에서 최초의 승객용 승강기로 인정될 수 있는 것을 제안한 것이다.

만족할 정도로 완전한 최초의 승강기는 뉴욕에 있는 에리샤 그레이브스 오티스가 만든 것이다.(**도판. 117**) 그가 정상적인 승강대에 안전장치를 부착함으로써, 세계 최초의 안전한 승강기가 출현한 것이다. 1853년 뉴욕에서 열린 수정궁 박람회에서 처음 선을 보였다. 오티스는 매 시험운전 때마다 승강대에 올라서서 위로 올라갔다. 승강기 로프가 끊어졌을 때 승강기는 멈추었고, 그 때 그는 다음과 같은 역사적인 말을 하였다. "신사 여러분, 매우 안전합니다." 오티스 회사의 기록보관소를 최근에 조사한 결과, 이 최초의 승강기의 계획안이 전혀 남아있지 않다. 후에 이 기계를 스케치한 도면을 통해 대략적인 모습을 추측해 볼 수 있을 정도이다.

Fifth Edition 210쪽 01줄

최초의 승객용 승강기로 추정되는 것은 **오티스가 1857년 뉴욕의 브로드웨이와 브룸가(街)의 코너에 위치한 백화점에 설치한** 것▼15이다. 두 번째 승객용 승강기는 1859년 5번가(街)의 오래된 호텔에 설치되었다. 이 승강기를 발명한 사람은 보스톤의 터프트이며 이 장치는 '수직 나사형 철로'란 이름을 가지고 있다. 이 '철로'와 관련하여 그 모습을 알 수 있는 자료가 거의 남아 있지 않다. 그러나 독립전쟁 기간에 그려진 스케치는 승강기 설계기술을 잘 보여주고 있다.(**도판.** 118)

알려진 바에 의하면 유럽에서 만들어진 최초의 승강기 1867년에 등장하였고, 그 해의 파리 대박람회에 설치되었다. 원시괴물처럼 볼품없이 보이는 수력식 승강기는 웅장한 기계궁에서부터 거대한 홀의 주름진 철재지붕까지 사람들을 운반했다. 방문

117. 에리샤 그레이브스 오티스. 세계 최초의 안전 승강기, 1853.

118. 에리샤 그레이브스 오티스. 남북 전쟁 당시의 승객용 승강기

119. 에펠탑. 제 1 플랫폼으로 향하는 승강기. 1889.

객들은 이 지붕 테라스 발아래 펼쳐지는 대도시 파리와 유리와 철로 이루어진 전혀 새로운 세계를 바라볼 수 있게된 것이다.

상업적인 목적과 단순히 실용적인 목적을 위해서만, 근대 고층건물 구조의 한 부분을 이루었던 최초의 승강기를 만든 것은 아니라는 점을 지적하는 것은 즐겁다. 승강기는 일상적인 인간생활의 요구를 충족시키기보다 전망을 제공하는 구조물로 사용되었다. 에펠탑이 그 좋은 예이다. 에펠탑은 사실 '건물'이라는 단어가 함축하는 일반적 의미를 벗어나 있다. 즉 에펠탑은 하나의 선언문으로서, 19세기 후반을 주름잡은 '철의 시대'를 대표하는 기념비로서 여겨지는 것이 더 나을 것 같다. 전체 시스템이 만들어지자마자 예상치 못했던 운송문제들이 해결되었다. 4개의 대규모 2단 승강기가 지상에서 첫 번째 플랫폼으로 올라갔으며(**도판**. 119) 그 높이는 노틀담 사원의 높이와 동일하다. 그리고 2개 이상의 승강기가 테라스에서 두 번째 플랫폼으로 올라가며, 이 높이는 베드로 성당의 도음에 이르는 높이와 같다. 왕복운행 시스템이 작동하는 한쌍의 승강기가 나머지 부분을 올라간다. 1000피트 높이를 전부 오르는데는 7분 밖에 걸리지 않으며 한 시간에 2,350명의 승객을 꼭대기까지 나를 수 있다.▾[16] 이 작업은 1889년에 완성되었다.

주

1. WilliamFairbairn, The Application of Cast and Wrought Iron to Building Purposes, p. 152.

2. 1867년 파리 박람회의 주요 건물은 양 끝에 두 개의 반원형을 가지고 있었다. 전시회가 끝나고 이 건물이 헐리게 되었을 때, 이 반원형에 사용된 굴곡진 철재 부품을 다시 활용하는데 큰 문제가 생겼다. 미국인들은 이러한 문제를 미리 예상했지만 그의 프로젝트는 이 당시에 잊혀졌고 오늘날까지도 익명적인 것으로 남아있다.

3. B. Silliman, Jr., and C. R. Goodrich, The World of Science, Art, and Industry(New York, 1854), p.4.

4. Ibid., pp. 1~3.

5. James Watt와 Brummel은 이와 동일한 유형의 또다른 예를 보여주는 인물들이다.

6. 나는 이 자료를 National Park Service의 고문 조원가인 Mr. Chales E. Peterson으로부터 얻었다.

7. The Old St. Louis Riverfront, An Exhibition of Architectural Studies in the Historic Area of the Jefferson National Expansion Memorial(St. Louis Public Library, 1938), p.17.

8. 19세기 자료의 보존을 중요하게 다룸으로써 우리는 세인트 루이스 강변에 관한 역사를 언급하게 되었다.

세인트 루이스 강변의 블록 50개는, 미시시피 강둑을 따라 펼쳐지게 될 Jefferson National Expansion Memorial의 사이트로 정해져 미국 정부의 소유지로 넘겨졌다. 이 작업에서 가장 먼저 이루어진 일은 이 역사적인 지역을 허물어 내는 것이었다. 이 일과 관련해서, 이 건물이 세워진 날짜에 관한 조사가 이루어 졌으며, 건물들의 사진을 정리했다. 이러한 작업은 당시로서는 드문 일이었다.

National Park Service는 이 건물들중에서 중요한 몇채의 정면을 보존하기로 결정했다. 새로운 건물의 뜰에 이 파사드를 사용하자는 제안이 있었지만, 모든 부분이 철저하게 파괴되었다.

Mr. Peterson의 친절한 초대로 나는 1939년 가을에 세인트 루이스를 방문했으며, 철거작업이 시작되기 바로 직전에 이 지역을 시찰했다. 사이트의 가장 북쪽 끝에 dnlclgks 523~529 North First Street의 건물이 본래대로 유지될 수 있을 것처럼 보였다.(St.Louis Post - Dispatch, St. Louis Star -Times, St. Louis Daily Globe - Democrat의 1939년 8월 10일 판을 참조하라.) 이 분야와 관련된 가장 훌륭한 사례는 이 블럭에 집중되어 있다. 이 모든 사례들은 강변이 한창 번성하고 있을 당시의 모습을 연출할 수 있을 것이다.

이 건물들 중의 몇채는 미시시피 지역의 역사 박물관으로 사용될 수 도 있을 것이다. 과거와 현재를 서로 비교하면서 전시될 수 있을 것이며 미국전체(동서, 남북부)를 서로 비교할 수 도 있을 것이다. Musee du Trocadero의 George Henri Fiviere는 1937년 파리 박람회에서 Burgundian 마을 재조성이라는 유사한 작업을 하기도 했다. 이 작업은 충만한 생활이 가능한 커뮤니티를 의도한 것이었다. 19세기의 상업건물이 17세기의 대저택만큼이나 한 시대의 중요한 증거물이라는 것을 인식하는 것은 그리 어렵지 않을 것이다.

9. Encyclopédie d'architecture, 1877, p.92.

10. E. M. Upjohn, "Buffinton and the Skyscraper," Art Bulletin, XVII(March 1935), 48~70.

11. Buffington의 주장에 관한 William B. Mundie의 입장은 매우 흥미롭다. Mr. Mundie는 William Le Baron Jenney의 동업자였다. 건축 회사인 Mundie, Jensen, Bourke & Havens의 Mr.E.C.Jensen덕분에 Mundie의 출판되지 않은 글중에 하나에서 이 구절을 인용할 기회를 얻을 수 있었다. 즉 "자기 자신을 발명가로 여기고 미네 폴리스 시를 철골조가 태동한 곳으로 여기는 Mr. Buffington의 주장을 어떻게 보아야 하는가에 대해서 나는 당황스러웠다. 내 견해로는 그의 주장은 무시되어만 하는 것이지만 이미 대중에게 널리 알려져 있었고 특허청도 건물을 하나의 발명품으로 보고 칭하면서 번호 383,170, 발명가 L.s. Buffington, 날짜 1888년 5월 22일 인정하고 있었다. 이 사실은 무시될 수 없지만, 바꾸어 놓을 수는 있다.

12. 주철기둥과 건물에 항상 사용되는 초기의 Bessemer강철거더가 있다는 점에서 이 건물의 구조는 주목할 만하다. 이 작업은 Bessemer가 자신이 개발한 강철 제조과정을 널리 알리고 난지 30년이 지났을때 이루어 졌다. 다른 분야의 산업도 즉시 이것을 채용했기때문에 철로나 군함의 철갑판 제조업에 사용되었다. 이 유명한 건물에 대한 더 자세한 자료는 고층 빌딩의 역사를 다룬 책에서 찾을 수 있다.

13. James Bogardus, Cast Iron Buildings.

14. Silliman and Goodrich, The World of Science, Art, and Industry, p. 4.

15. Otis Elevator Company의 광고 담당자인 Mr. G.C.Bebb으로부터 빠져들기 쉬운 오류를 정정해주는 이 날짜를 얻어냈다.

16. 이것에 관한 자세한 정보는 매우 흥미로운 당시의 팸플릿에서 찾을 수 있다. 즉 Caston Tissandier의 La Tour Eiffel de 300m(파리, 1889), 68 페이지를 참조할 것.

건축과 기술사이의 단절

The Schism between Architecture and Technology

우리는 19세기에 걸쳐 발생한 과학(그 기술)과 예술 사이의 단절은 곧 건설과 건축 사이의 단절로 이어지는 의미로 사용했다. 현대건축의 씨앗은 발명 당시 관심의 대상이 되지 못했던 기술적인 발견에서 찾아 볼 수 있다는 논의의 근거는 이미 앞장에서 언급했다. 이 장에서는 단절이란 주제를 좀 더 자세하게 다룰 예정이다. 이 분열이 완연히 그 모습을 나타낸 시기가 언제였는가에 대한 논의와 더불어, 이러한 분열을 통찰하고 나서 새로운 건축은 어떤 방향을 모색하게 되었는가를 다룰 예정이다. 많은 문제점들이 이러한 분열 상황에서 오늘날까지도 찾고자 하는 해답을 이끌어 냈다는 측면에서 이러한 분열에 대한 오늘날의 논의를 시도하고자 한다. 결국 19세기의 일시적인 사조(思潮)와 구성적인 일면을 분리함으로써 우리 자신의 역사 전개에 놓여있는 많은 분열들, 즉 종종 알지 못하는 가운데 일어나는 단절의 틈을 메꿀 수 있을 것이다.

212쪽 06줄 Fifth Edition

나폴레옹은 **1806년 에콜 데 보자르**를 만들어 '구(舊)제도(ancien regime)'를 회복하려고 했다. 조형예술의 모든 분야를 총망라했던 에콜의 프로그램은 바로크 시대의 완벽하고 자생적인 여러 분야의 예술과 건축을 통합시키려는 의도와 유사한 목표를 가지고 있었다. 불행히도 이 학교는 그 결과가 눈에 보이는 방식으로만 관리되었다. 에콜 데 보자르는 일상생활에서부터 예술의 단절을 계속 가중시켰다. 초기단계부터 공식 기관에 의해 표명된 상반된 두 가지 태도가 프랑스에서 정면으로 맞서게 되었다. 즉 에콜 데 보자르가 에콜 폴리테크닉의 도전을 받게 된 것이다.

에콜 폴리테크닉은 프랑스 혁명도중인 **1794년**(프랑스에서 근대산업의 발전을 저해했던 법적 제도를 철회한 문서인 '노동의 자유 선언'이 있은지 3년 후)에 **창설**되었다. 에콜 폴리테크닉은 일종의 '전문학교(ecole speciale)'였다. 이 학교는 상급기술학교(다리 및 도로 전문학교, 광업 전문학교, 포술(砲術) 전문학교)에 통일된 과학적 표준을 제공했다. 몽게, 라그랑게, 버톨렛, 샤프탈과 같은 프랑스의 위대한 수학자, 물리학자, 화학자들이 교수로 활약했다. 에콜 폴리테크닉은 순수과학과 응용과학을 묶는데 중요한 역할을 했을 뿐만 아니라, 산업에 직접적으로 영향을 미쳤다. 1800년대에 에콜 폴리테크닉은 정치경제학과 사회학에 관심있었던 사람들의 활동의 장이었으며, 1850년경에 프랑스에서 세워진 철도망과 대규모 산업을 개발한 사람들이 회원에 포함된 생 시몽(역주: 프랑스의 철학자 및 사회주의자)의 거점이었다.

논쟁
Discussions

에콜 데 보자르와 에콜 폴리테크닉이 따로 존재했다는 것은 근본적으로 건축과 공학의 분열을 뜻한다. 19세기의 신문잡지를 살펴보면 그 당시 가장 집중적으로 논의되었던 두 가지 문제 역시 이 두 학교간의 분열에서 야기되었다는 것을 알 수 있다. 이 두 가지 문제는 다음과 같다.

1. 건축가를 양성하는데 어떤 노선이 더 주도적인 것인가?

2. 공학자와 건축가의 관계란 무엇인가? 이 두 부류에게 각각 고유한 전문역할이란 무엇인가? 공학자와 건축가는 같은 사람인가, 다른 사람인가?

건축형태를 다루고 중요시한 다른 모든 논쟁과 토론은 모두 이 두 가지 논의 이후의 문제였다.

에콜 폴리테크닉: 과학과 생활의 연결고리
Ecole Polytechnique: the Connection between Science and Life

Fifth Edition 213쪽 14줄

1800년대와 1830년대 사이의 에콜 폴리테크닉이 커다란 영향을 미친 이유는 이 학교가 의식적으로 중대한 임무를 자처했기 때문이었다. 과학과 생활의 연결고리를 마련하고 수리학과 물리학의 발견들을 산업에 직접 응용하려는 노력이 이 학교에서 처음 시도되었다. 나폴레옹 1세 치하의 내무장관이였던 위대한 화학자이자 산업개발가인 장 앙트엥 샤프탈은 19세기 초부터 이 임무를 에콜 폴리테크닉에 부과했다. 과학은 그 기초부터 다시 시작하고, 새로운 세상을 만드는 작업에 동조해야한다고 주장했다.

과학적 기술이 건축분야에서 중요한 역할을 한다고 처음으로 주장한 사람은 롱델레(파리의 판테온 붕괴를 막았던 이론가)였다. 그는 지금까지 건설방법에 영향력을 행사했던 건물 디자인의 특성은 건설방법에 의해서 나와야 한다고 "건축전문학교 강좌개설에 관한 논의(1816)"에서 주장하고 있다. 이러한 과정이 계속되면 공학자는 서서히 더 많은 건축가의 영역을 장악하게 될 것이다. 19세기의 공학자들은 무의식적으로 건축가를 정찰하는 역할을 했다. 공학자가 건축가를 누루는데 사용한 새로운 수단 때문에 건축가는 끊임없이 알려지지 않은 길을 모색해야 했다. 공학자는 건축가의 관습적이고 인위적인 형식주의를 무너뜨리고 건축가가 세워놓은 상아탑에 묵묵히 도전했다. 공학자들이 행한 중요한 업적중에 하나는 건축가에게 새로운 성장을 할 수 있는 자극과 동기를 제공한 점을 들 수 있다.

새로운 건축의 요구
The Demand for a New Architecture

214쪽 07줄 Fifth Edition

19세기 중반, 산업발전이 가속화되자 건축가들은 자신들이 누리는 특권이 위협당하고 있고 자신들이 의지하고 있는 예술의 전통이 구식임을 확실히 깨닫게 되었다. 산업화의 진보가 이루어지면서 이러한 두려움은 더욱 심해졌다. 이러한 두려움에 관한 논의로부터 나올 수 있는 추상적인 추론보다는 이러한 감정에 대한 오늘날의 논평을 다루는 것이 더 의미가 있다. 새로운 가능성을 불러일으킨 새로운 건축에 대한 희망의 증거를 먼저 인용해보기로 하자.

1849: "모든 사람들이 원하고 대중이 바라는 것은 과거라는 불모지와 모방이라는 굴레에서 우리를 구출해 줄 새로운 건축이다."▼1

1849: "새로운 건축은 철의 건축이다. 사회혁명은 건축혁명을 불러온다. 아무리 그 기간이 오래 지속되어도 중간 시기에는 변화가 거의 없다. 급진적인 동요로 진부한 개념과 학풍이 지닌 훌륭한 경력이 사라질 때까지, 사람들은 낡은 형태의 개조를 요구할 것이다."

"위대한 지질학적 시대가 있듯이 건축에서도 위대한 시기가 있다. 즉 과거의 것들이 사라져야지만 새로운 종류의 식물과 동물이 등장할 수 있다. 건축에도 적용된다. 낡은 학파들이 보유한 전통적인 편견을 버리려는 새로운 유형의 예술가가 등장할 수 있으려면(태고의 코키리와 유사한 마스토돈이 사라진 것처럼) 건축의 낡은 권위와 낳은 유물들이 폐기되어야 한다."

"그러면, 우리가 총명한 대가(大家)를 어디서 발견할 수 있는 가라고 질문할 지도 모른다. 석공들 중에서 이러한 사람들을 찾으라고 당신들에게 권하지는 않겠다. 석공들의 손은 너무 오랫동안 돌과 모르타르에 익숙해져서 그들의 두뇌도 한정된 궤도 내에서 움직인다. 새로운 것을 창조하기 위해서는 젊은이를 길러야 한다."▼2

1850: "최근에 태동한 산업이 만들어낸 새로운 방식들을 활용하게 되는 순간에 인류는 그 시대의 완벽한 신건축을 창출하게 될 것이다. 철도역, 현수교, 그리고 온실

아치 등의 예에서 볼 수 있듯이 주철을 사용함으로써 수많은 새로운 형태의 사용이 가능해지고 강화될 것이다."▼3

1867: 제 2 제국 말기에 가서 세자르 달리는 낡은 전통이 계속해서 영향력을 행사하는 것에 대해 한 번 더 개탄하고 있다. "세계를 감싸고 있는 절충적인 분위기가 감지된다. 모든 호흡기관이 이 분위기를 흡입하고 있고 우리의 피속에 이 분위기가 섞여있으며 심장과 두뇌도 이 분위기에 의해 지배되고 있다."▼4

1889: 20년이 지나도 이러한 상황은 거의 개선되지 않았다. 새롭고 독특한 공학이 그 대담성을 통해 상상력을 자극하려고 할 때마다 낡은 유물들이 다시 등장했다. 심지어 소설가인 옥타브 미르보(미래를 향한 행진에 참여하지도 않았던 사람)도 에펠탑과 기계궁을 보고 다음과 같이 말했다. "예술이 과거에 눈을 돌린 채 낡은 공론과 앵티미즘(역주: 문학분야의 내면주의)에 빠져 있을 때, 산업은 새로운 것을 탐구하고 있었다. 그렇게 오랫동안 기다렸던 혁명을 유발시킬 수 있는 곳은 화가와 조각가의 스튜디오가 아니라 공장이다."▼5

건축과 공학의 상호관계

The Interrelations of Architecture and Engineering

Fifth Edition 215쪽 26줄

1850년 이후, 세상의 눈앞에 대 박람회의 철 구조물이 점점 더 부각되었다. 대박람회의 철구조물에 적용된 새로운 건설방식이 건축분야에 도입되었고, 이러한 도입으로 건축과 공학 사이의 관계에 대한 문제가 제기되었다. 이 문제를 둘러싼 논의들이 점점 더 뜨거워졌다. 60여년 동안 많은 이론가들이 이 문제를 거론하면서 많은 논의를 남겼다.

1852: "기계가 제시하는 양식이 때때로 경제적이며 저렴한 양식이라고 가정하면서 그 양식과 나를 분리해보라. 절대 아니다. 그 양식은 모든 양식들중에서 가장 값진 것이다. 구조기술자의 양식은 수많은 사람들의 생각과 끊기있는 연구와 부단한 실험이라는 값진 비용을 요구한다. 이 양식의 단순성은 정확성에서 나온 것이다. 아마도 '올바름(justness)'이라고 말하는 것이 더 정확할 것이다."

"…미국의 기계산업은 이미 예술가의 손을 벗어났고 기술을 사용하는 대담성과 단호함으로 진정한 발전단계에 올랐으며, 미국인이 원하는 것을 위해 일하는 모든 사람들에게 길을 열어주며 그들이 원하는 대로 만들어 준다."

"아름다움이란 기능의 장래성을 뜻한다."

"행동이란 기능의 실재를 의미한다."

"특성이란 기능의 기록을 의미한다."▼6

1867: "공학술에 그 자리를 양보해야 하는 것이 건축의 운명인가? 공학자들이 과연 건축가들을 타도할 것인가?"▼7

1877: 이러한 문제는 '아카데미 프랑세즈'로 파급되었고, '공학자와 건축가 사이의 분리와 통합'이란 제목의 논의에 그해 최고의 상이 주어졌다. 트로카데로의 건축가들 중의 한 명인 다비오드는 다음과 같은 답변으로 상을 받았다. "엔지니어와 예술가, 그리고 과학자가 동일한 사람 안에 융화되기 전에는 조화란 결코 이루어질 수 없으며, 완벽한 결실을 맺을 수도 없다. 우리는 예술의 유일한 원천과 기원을 예술가 자신의 개성과 일시적인 환상에 두고, 인간의 명석함이 이루어낸 여러 영역과 구분되는 활동이라는 믿음에 지배되어 왔다."▼8

1889: "오래전부터 건축가의 영향력은 쇠퇴하였고 '엔지니어(탁월한 근대적 인간)'가 건축가를 대신하고 있다.... 새로운 건축의 기초를 마련하는 것이 자의적으로 선택된 형태는 아닐 것이다.

우리를 자극하는 새로운 상황을 잘 설명해 낼 수 있을 때 비로소 우리는 도시계획이나 근대 건설 분야에 실제로 적용하는데 그렇게 오랫동안 애써 찾아왔던 형태를 발견할 수 있을 것이다.▼9

1899: "건축의 미래에 대해 세자르 달리의 걱정스런 언급이 있은 지 30년이 지나, 아루누보의 창시자들 중의 한 사람은 "예술가란 호칭을 들을 수 있는 좋은 사람들이 존재한다"는 것을 분명히 했다. 새로운 건축의 창시자인 예술가는 바로 엔지니어인 것이다.

"엔지니어들의 작품에 내재된 독특한 아름다움은 예술적 가능성들을 의식하지 않은데서 비롯된 것이다. 마찬가지로 성당의 아름다움을 연출했던 사람들도 자신들

이 이루어낸 성과의 대단함을 의식하지 못했다."▼[10]

반 데 벨테가 이미 인식해듯이, 공학자들은 건축을 파괴한 것이 아니라 부흥시켰다. 그가 이러한 격찬을 했던 시기의 경우처럼, 공학자들의 최근 작품들도 아직 발굴되지 않은 미학적 경험의 가능성을 보여주고 있다. 이 가능성들은 아직도 건축적 표현의 한 자리를 찾으려 하고 있다. 실례로는 프랑스에 지어진 하나의 기둥으로만 된 환상적인 구조물을 들 수 있다. 이 구조물은 배를 옮겨 타는 과정에서 발생하는 위험에 대비한 것이다. 얇은 페로 콘크리트 슬래브로 형성된 유선형의 스위스 다리와 그 밖의 지역에서 이루어진 많은 독창적인 구조물들도 건축분야에서 개발되지 않았던 가능성을 열어주었다.

1924: "기계 시대는 건축가를 잠에서 깨어나게 했다. 새로운 임무와 가능성들이 그를 낳은 것이다. 그는 현재 도처에서 작업을 하고 있다"▼[11]

이러한 견해(르 꼬르뷔제와 동시대에 살았던 모든 건축가들이 공유했던 견해)에는 건축가와 엔지니어 사이의 틈을 메꾸려는 의도가 담겨 있다.

오늘날의 건축가들이 '드로잉과 건설'을 양립시키려한 한 세기에 걸친 논쟁의 끝에 성공을 한 것은 사실이다. 오늘날에는 새로운 임무가 건축에 부여되어 있다. 이러한 임무들은 완벽한 합리성이 요구하는 것, 즉 실용적 측면의 요구들과는 다른 무엇임에 틀림없다.

주

1. César Daly, Revue générale de l'architecture, 1849, p.26.
2. Jorda는 부르셀 공업관의 책임을 맡은 공학자였으며 산업을 통해 개발된 새로운 공정과 재료에 큰 관심을 가지고 있던 과학자중의 한 명이였다. 그는 철과 유리로 된 새로운 건축물의 외양을 개발하는 일에만 몰두한 것은 아니였다. 예를 들어, 그는 유리판으로 채워진 이중벽 구조 방식을 제안하기도 했다. 이 이중벽은 내부의 공기 조절 역할을 하도록 되어 있다. 유리판 사이의 공간은 겨울에는 따듯한 공기로, 여름에는 차가운 공기로 채워지도록 되어 있다.
3. La Presse신문에 실린 낭만주의 시인 Theophile Gautier의 글.
4. Revue générale d'architecture, 1867, p.6.
5. Octave Mirbeau in Figaro, 1889; cf. also Encyclopédie d'architecture, 1889/90, p.92.
6. The Travels , Observations, and Experiences of a Yankee Stonecutter에서 미국 조각가인 Horatio Greenough가 쓴 글. Magazine of Art 제32호(1939년 1월) 15페이지에 실린 "Horatio Greenough: Herald of Functionalism"에서 Nancy Wynne 와 Beaumont Newhall이 인용함.
7. Cesar Daly, Revue générale d'architecture, 1867, p.6.
8. Encyclopédie d'architecture, 1878, p.67.
9. 1889년에 파리에서 열린 제 1차 국제 건축가 회의에서 Anatole de Baudot가 연설한 글.
10. Henri van de Velde, "Die Rolle der Ingeniere in der modernen Architektur," in Die Renaissance im modernen Kunstgewerbe(Berlin, 1901).
11. Le Corbusier in L'Esprit nouveau(Paris, 1924), no.25.

건축가겸 건설자 앙리 라브로스테, 1801~1875
Henri Labrouste, Architect - Constructor, 1801~1875

지금까지 우리는 거의 알지 못한 상태에서 삶이 낳은 새로운 발전에 대한 최초의 징후를 발견하기 위해 실제로 익명성을 띠는 건설물들을 분석해야 했다. 19세기 중반에 접어들면서 엔지니어와 건축가의 능력을 겸비한 최초의 인물을 발견하게 된다. 그가 바로 건축가이자 건설가인 **앙리 라브로스테이다. 그는 1801년 파리에서 태어났다.** 같은 해에 텔포드는 주철로 된 거대한 구조물을 염두에 둔 런던 다리를 계획했다. 제임스 와트의 소호 주물공장에 주철보와 기둥이 내부구조에 구현된 최초의 방직공장이 지어진 것도 바로 그해였다.

218쪽 22줄 Fifth Edition

라브로스테는 아카데미 데 보자르에서 교육받았고, 그 학교에서 뛰어난 학생이었다. 23세에 그는 로마 대상을 수상했고 이 상으로 로마의 빌라 메디치에서 5년을 보낼 수 있었다. 이 5년 동안 그는 고대 로마를 보러 갔으며 고대 로마를 학생들의 스케치에 자주 등장하는 형태의 보고(寶庫)나 기념비 이상의 그 무엇으로 인식하게 되었다. 그는 그 당시의 관점으로 고대 로마를 바라보았다. 그를 놀라게 한 것은 도처에서 발견되는 고대 로마의 작품에 담겨있는 건설상의 기술이었다. 로마의 학술원 장학생으로서 그가 로마의 수도교(aqueducts)를 연구하고 파에스툼의 신전을 조사할 때 항상 각 구조물에 내재된 정신을 찾고자 노력했다.▼1 이러한 일정에도 불구하고 그는 자신의 이탈리아 체류기간을 일상생활에서 벗어나 자신의 재능에 부여된 최고의 상 정도로 생각하였다. 그는 자신이 속한 시대에서 일어나고 있는 문제들에 관한 연구를 더 좋아했다. 로마에서 학교로 보낸 마지막 프로젝트는 다리 디자인이었고, 이 프로젝트는 서로 우호적인 두 나라의 접합지점에 설 수 있는 것이었다.

라브로스테는 1830년경의 성숙기에 접어든 세대에 속했고, 그 세대들 사이에는 19세기의 가장 활기찬 특질을 공유하고 있었다. 그는 사회적, 도덕적, 지적 삶은 모두 새로워질 필요가 있다는 생각에 동조하고 있었다. 파리로 돌아온 해인 1830년 여름, 그는 변화가 없는 아카데미의 일상을 발견했다. 1830년 7월 12일에 그는 형인 데오도르에게 다음과 같은 편지를 썼다. "학교에 대해 더 이상 할 말이 없습니다. 교육과정은 지루하고 엉성하며, 학생들은 열정이 부족합니다. 심지어 아틀리에의 선생들도 이러한 프로그램에 맞추려는 헛된 노력으로 지쳐있는 것 같습니다. 에콜 데 보자르에서 추구되고 있는 것과 같은 연구 분위기 속에서 건축이 형성되어서는 안 될 것입니다. 과연 어떤 선생이 현재의 예술이 받고 있는 압력을 자신의 문제로 인식할 용기를 가지고 있겠습니까?[▼2]" 같은 해 여름, 아카데미의 원리에 반대하는 디자인 학교인 자신의 아틀리에를 열었고 그곳에서 그는 프랑스의 진보적인 젊은이들을 가르쳤다. 형에게 보낸 또 다른 편지(1830년 11월)에는 그의 교육 방침이 잘 나타나고 있다.

"저는 열심히 일하고 있으며 더 열심히 하여 제 학생들의 작품을 만들어 가고 있습니다."

"저는 실용적인 방법으로 초보자들을 훈련시키는 연구계획을 몇 개 가지고 있습니다. 이 계획에 따라서 간단한 수단으로 구성 방법을 가르치고자 합니다. 먼저, 그들의 작업은 중요한 순서대로 부분들을 조립해나갈 수 있도록 작업 방향을 파악하는 것입니다. 그 다음, 고형체는 매스를 조작해서 나오는 것이 아니라 재료를 결합하는 방식에 따라 이루어진다는 것을 가르칠 예정입니다. 그리고 그들이 건설의 주요 원리를 이해하는 순간 건설 자체에서 합리적이면서도 표현적인 장식을 끌어내라고 지시할 예정입니다."

"예술은 모든 것을 아름답게 만드는 힘을 가졌다고 종종 그들에게 강조해서 말하지만 건축에서 형태는 항상 의도된 기능에 따라 형성되어야 한다고 주장합니다."

"마지막으로 저는 이 젊은이들 한가운데 서있는 제 자신을 발견하고 행복함을 느낍니다. 그들은 세심하고 좋은 의지로 가득차 있으며, 함께 가야할 길을 계속 따르려는 결의가 느껴집니다."[▼3]

Fifth Edition 220쪽 17줄

이 아카데미는 **라브로스테**가 이끄는 소위 '합리주의'와 심한 갈등을 겪게 되었다. 이러한 공식적인 분쟁은 여러 가지 결과를 초래했다. 그가 건물에 발을 들여놓게 된 것은 다른 건축가들의 작품을 살펴보려는 시점이었다. 로마대상의 수상자인 그는 실제로 중요한 작품에서 재능을 발휘하기까지 12년을 넘게 기다려야 했다. **그는 40살이 되어서야** 파리에 있는 **생 제네비에브 도서관**(1843~1850) **설계를 의뢰받게 되었다.**

이 건축물은 그의 중요한 공공건물로서 첫 작품이었다. 기초부터 지붕에 이르기까지 주철과 단철로 지어졌다. 또한 완벽하고 독립적인 유닛으로 디자인된 프랑스 최초의 도서관이었다. 영국의 제분소나 창고처럼 이 철 구조물은 케이스에 담겨진 시계제품처럼 석재로 마감된 외벽으로 에워싸여져 있다. 육중한 석재 외벽이 여전히 남아 있기는 했으나 모든 구조요소들(기둥, 보, 그리고 지붕)은 모두 철로 되어 있다.(도판. 120, 121)

긴 열람실이 이중으로 나있는 독서실의 구조틀은 지붕의 구조틀과 함께 엮어져 단일 구조를 형성하고 있다. 열람실을 따라 철망을 연장시켜 놀랄 정도의 가벼운 베럴 볼트를 만들었으며, 이 철망은 볼트를 덮고 있는 회반죽의 밑바탕 역할을 하고 있다. 이러한 구조법은 1916년 프랑스 건축가인 페레가 카사블랑카에 지은 선착장의 달걀껍질 모양의 강화 콘크리트 볼트를 생각나게 한다. 그러나 이 도서관의 주요 성과는 철구조물이 벽에 하중을 전달하지 않고도 자체적으로 균형을 유지하는 방식이라 할 수 있다. 이러한 '공중에 뜬 평형상태(hovering equilibrium)'의 성취는 1950년대 이후 엔지니어들의 중요한 과제가 되었다.

라브로스테는 파리에 있는 국립 도서관으로 명성을 얻었다. 이 건물은 1858년에

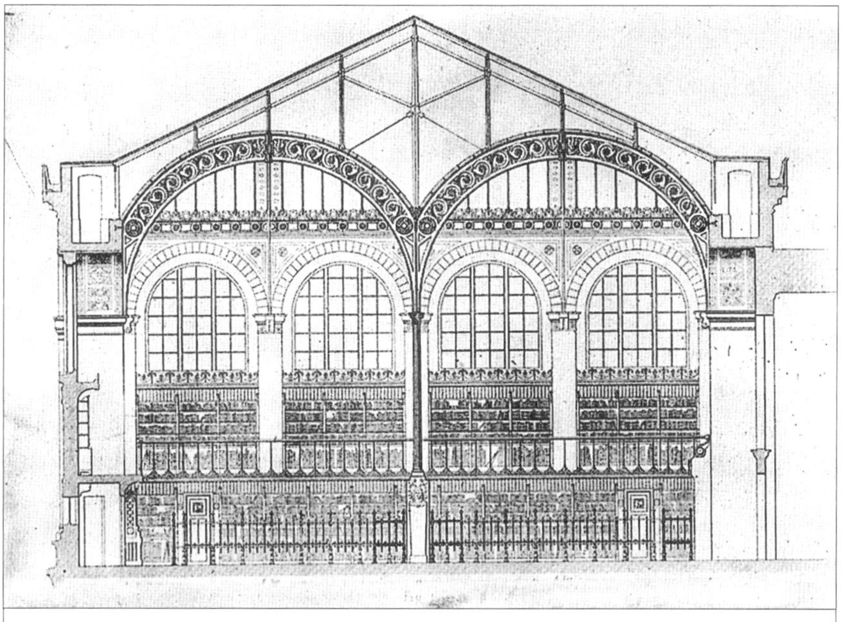

120. 앙리 라브로스테, 생 제네비에브 도서관, 파리, 1843~50. 열람실 단면과 단철로 된 지붕틀.

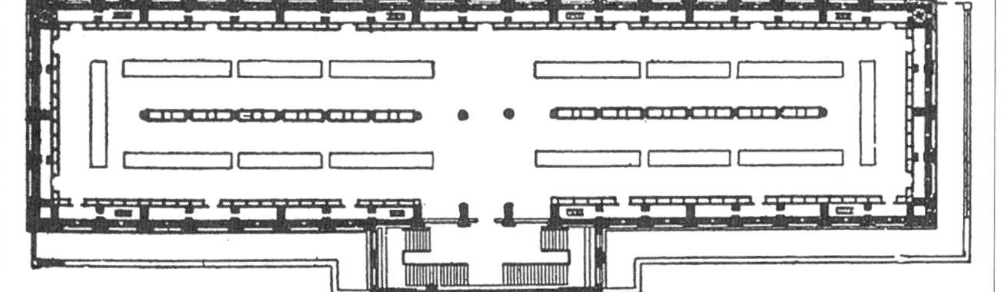

121. 앙리 라브로스테, 생 제네비에브 도서관, 파리, 1843~50. 평면도.

시작하여 그가 세상을 떠난 이후에 완공되었다.▼4 19세기 동안에 서적의 수가 증가함에 따라서 충분한 공간확보가 도서관 건물의 중요 문제로 부각되었다. 예전에는 서고와 독서실이 같은 공간이었지만 이 시점에 와서는 분리되어야 했다. 라브로스테의 도서관만큼 이러한 요구를 훌륭하게 해결한 작품은 없다.

Fifth Edition 222쪽 11줄

그는 이 건물의 출발을 같은 분야의 동시대인인 시드니 스머크(1798~1877)의 구상에서 찾았다. 스머크는 대영박물관의 4변형 공간에 자주 모방되는 기념비적인 원형 독서실을 디자인했다. 그러나 이 원형의 윤곽은 중심이 서고로 할당된 사변형 공간의 잔재로 남았을 뿐이었다. 이러한 공간배열의 아이디어는 건축가가 아닌 안토니 파니찌경으로부터 나왔다. 그는 대영박물관의 도서관장이었으며 대영박물관의 발전에 기여한 주요 인물이었다. 중앙의 관찰점에서 방사되는 선을 따라 독서대를 배치하는 방법도 그에게서 나온 것이다. 대형박물관의 트기할 만한 가치는 밑에서부터 꼭대기까지 철로 건설된 원형 도옴을 이러한 종류의 건물에 최초로의 적용한 작품이었다는 것이다.

이 도옴을 계획한 시드니 스머크는 당대 건축분야의 중요한 인물이었다. 그의 형인 로버트 때문에 그늘에 가려지긴 했지만 디자인 분야와 클럽 건물의 의장분야에서 중요한 작품을 남겼다. 영국 클럽의 내부디자인 프로젝트는 근대 가구 발전의 전조를 보여주고 있다. 그는 영국박물관의 독서실에 배치된 의자를 디자인하기도 했으며 이 의자들은 세상의 대규모 박물관들에 설치된 의자들 중에서 안락한 측면으로 보면 매우 뛰어난 작품이라 할 수 있다.

라브로스테의 국립 도서관 열람실(**도판**. 122, 123)은 사각형으로 되어 있으며 그 안에는 6개의 주철 지주(支柱)가 있다. 그 지주 바로 뒤에 매거진 센트럴로 알려져 있는 대형 서고가 있다. 이러한 공간을 통해 그는 근대적인 도서관의 진정한 핵심인 서고가 중요한 공간으로 인식될 수 있는 구성을 선보인 것이다. 열람실은 생 제네비에브에 사용된 건설 방식을 따르고 있다. 즉 철구조물은 육중한 벽으로 감싸고 있으며, 높고 가는 기둥들은(직경은 1피트, 높이는 32피트)은 이 열람실을 공기처럼 가볍게 지지하고 있다.

각각의 기둥들은 9개의 조명을 형성하는 반원형 보로 연결되어 있으며, 플로렌스에 있는 부르넬레스키의 고아원 건물을 연상시키는 볼트가 그 위에 있다. 라브로스테의 둥근 볼트는 파양스(역주: 도자기에 바르는 유약의 일종) 도토(陶土)를 사용한 얇은 판들로 이루어져 있다. 이 볼트의 꼭대기는 로마의 판테온처럼 둥근 개구부가 있다. 이를 통해 모든 열람용 책상의 조명 효과를 훌륭하게 얻을 수 있었다. 이러한 디테일은 모든 시대의 공간개념이 어떻게 19세기 건축과 결합했는지 잘 보여주고 있다.

그러나 라브로스테의 걸작은 같은 축에 건설된 서고(書庫)인 그랜드 매거진이다.(**도판**. 124) 매거진 센트럴은 지상4층, 지하1층으로 된 공간이며 90만권의 책을 수장할 수 있도록 지어졌다. 최근의 도서관 개조과정에서도 보수가 전혀 필요 없을 정도로 완벽한 상태로 판명되었으며, 지금도 전혀 훼손되지 않은 채 남아 있다. 모든 공간은 유리천장으로 덮여 있다. 석쇠 모양으로 나있는 주철 바닥판에 의해 꼭대기

122. 앙리 라브로스테. 국립 도서관. 파리. 1858~68. 열람실. 16개의 가는 주철 기둥. 모든 책상에 동일하게 양호한 빛을 주기 위해서 꼭대기마다 둥근 구멍이 나있는 구형 볼트들. 열람실의 건축 형태들은 초기의 다양성에서 비롯된 것으로서 19세기의 전형적인 방식임.

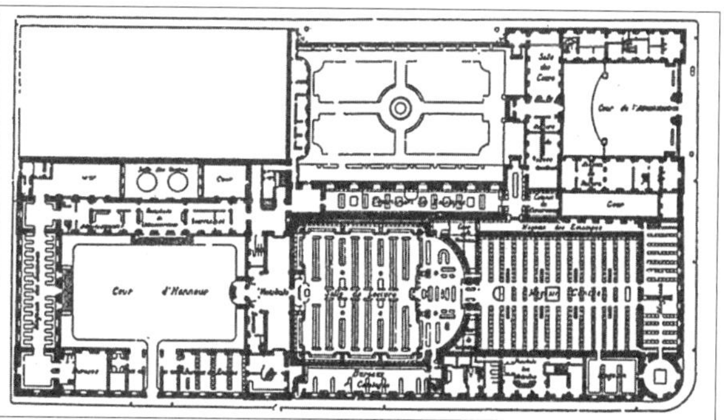

123. 앙리 라브로스테. 국립 도서관. 파리. 1858~68. 지상층 평면도.

←
124. 앙리 라브로스테. 국립 도서관, 파리, 1858~68. 서고(magasin central.)지하 1층 지상 4층 공간. 모든 공간이 유리 천장으로 덮혀있다. 석쇄 모양의 바닥판 때문에 서고의모든 부분에 빛이 들어가게 되어있나.

125. 앙리 라브로스테. 국립 도서관, 파리, 1858~68. 서고(magasin central). 석쇄 모양의 바닥판으로 내리비치는 빛. 이러한 개방적 디자인의 바닥판은 중기선의 기관실에서 처음 사용된 것 같다. 이 건물에서는 바닥판이 순전히 실용적인 역할을 하고 있지만 새로운 예술적 가능성의 씨앗도 품고 있다.

126. 앙리 라브로스테. 국립 도서관, 파리, 1858~68. 서고(magasin central)디테일과 난간.

에서 바닥까지 일광이 전체 서고를 관통하고 있다.▼5 이러한 개방적인 디자인에 사용된 바닥판(**도판**. 126)은 아마도 증기선의 기계실에서 처음 사용되었을 것이다. 확실히 이러한 모티브는 순전히 시계(視界) 확보의 실용적인 목적을 위해 도입된 것이다. 그럼에도 불구하고 오늘날의 관점에서 볼 때 주철바닥의 격자세공을 통해서 빛이 투과되는 방식은 새로운 예술적 가능성으로 받아들여지고 있다.(**도판**.125) 빛과 그림자가 떠 다니는 것 같은 이러한 율동은 현대 건축은 물론 근대 조각 영역의 특정 작품에서 예술적인 표현 수단으로 등장하게 된다.

라브로스테는 매거진 센트럴의 모든 부분이 서로 효율적으로 상호 연결될 수 있도록 세심한 주의를 기울였다. 서로 다른 층들은 다리로 연결하여 가장 짧은 길로 각 층을 오갈 수 있도록 하였다. 이 다리는 실용적인 목적 이외에도 어떤 특별한 힘을 부여하고 있다. 철망 디딤판으로 된 가벼운 계단을 통해 모든 책에 쉽게 접근할 수 있다. 책선반을 제외한 모든 구조물이 철로 되어있다.

서고가 일반 대중에게 개방되지 않았던 점을 고려했기 때문에 그는 서고의 디자

127. 앙리 라브로스테. 국립 도서관, 파리, 1858~68. 서고와 열람실사이의 유리벽. 영구적인 공공 선불에 대형 유리판이 일찍이 사용되었다. 자신의 대담성을 다소 두려워 한 나머지 그는 육중한 벨벳 휘장을 사용했다.

128. 갸라즈 뤼 마르뵈프의 유리벽, 파리, 1929. 유리의 가능성을 라브로스떼가 처음 인식한 후 19세기를 거쳐 유리가 널리 사용되었으며, 구조틀을 꼭대기의 브릿지 거더에 의해서 매달려있게 하는 한 장의 대형 유리판은 그 절정을 보여준다.

인을 자유롭게 할 수 있었으며 대중의 구미에 대처할 필요가 없었다. 그는 이러한 자유를 잘 활용했다. 그는 부가적인 장식을 전혀 사용하지 않았다. 이러한 표현은 장식이 아니라 매우 확실한 표현력과 오로지 예술가만이 추구하는 목적에 부합되는 완벽한 적합성에서 비롯된다.▼6

대중에게 개방할 의도가 전혀 없었던 이 공간에 한 위대한 예술가가 건축의 새로운 가능성을 펼쳐 보인 것이다. 이 건물보다 몇 년 앞서 건설된 수정궁이 더 경이적이고 상상력을 자아내는 구조물인 것은 사실이다. 그러나 라브로스테는 좀 더 세분화되고 특별한 문제를 다루고자 했다. 그 시대의 건축가들이 사용할 수 있는 수단을 가지고 그는 모든 시대에 적합할 만한 방법으로 이 문제를 풀었다. 만일 현대건축의 어딘 가에서 파찌 채플을 찾는다면 그것은 바로 매거진 센트럴일 것이다.

매거진 센트럴은 거대한 아치로 된 개구부에 의해 주열람실과 연결되어 있다.(**도판.** 127) 그는 이미 당시에도 이러한 개구부에 대형 유리판을 세울 만한 대담성을 소유한 인물이었으며, 열람실에도 서고에 수장된 잡지책을 얼핏 볼 수 있을 정도였다. 이러한 처리는 근대 건축가들이 애호했던 투명성의 테마를 광범위하게 사용한 초기 작업에 해당된다.(**도판.** 128)▼7 자신이 애호하는 이러한 방식을 대담하게 사용하는 것을 두려워하기도 한 그는 붉은 빛이 도는 육중한 벨벳 휘장으로 유리판의 일부분을 덮었다. 나중에 개조할 때 비로소 그 본래의 의도에 걸맞는 '근대화'라는 이름을 얻게 되었다. 227쪽 20줄 Fifth Edition

확실히 앙리 라브로스테는 미래에 중요한 영향을 미친 19세기 중반의 건축가이다. 당시에는 르네상스와 고전적인 형태의 사용이 주를 이루었지만, 그는 그 자신의 예술적인 재능을 크게 발휘하면서 그 형태들을 사용했다.

그가 당대의 동시대인을 앞서 갈 수 있었던 것은 바로 건물에 주어진 요구를 분석하고 실행하는 방식이었다. 이러한 사실에도 불구하고 그에 대한 연구가 거의 이루어지지 않았다. 1830년부터 계속된 아카데미와의 지루한 싸움으로 인해 아이디어를 완전하게 펼치지 못하였으며, 그의 용기있는 저항심에 대해서도 확실하게 알려진 바가 없다. 아마도 자세한 내막은 아직도 아카데미의 기록보관소에 묻혀 있을 것이다. 몇 년 전에 필자는 가장 중요한 그의 작품인 국립 도서관 계획안과 설계과정에 대해서 좀 더 많은 것을 알려고 노력했다. 국립도서관의 건축담당부서를 조사한 결과 그의 도면은 이미 소실되고 없었다.

주

1. Labrouste는 고대 기념비의 겉 모습만을 모방하는 관례를 따르지 않았다. 그는 공학자와 고고학자의 날카로운 시각으로 고대의 기념비를 바로 보았다. Paestum에 있는 신전을 그린 그의 그림은 프랑스 아카데미의 논쟁에 불을 지폈다. 그는 건물에 칠해진 원래의 색을 보여주는 흔적을 찾아내고 그 색을 다시 회복시켜놓은 최초의 사람중의 한명이다. 1850년 후반, 고대 예술의 다색화법을 사용함으로써 여러나라에서 많은 논의가 건축가들(Schinkel, Hittorf, Semper 등)사이에서 이루어졌다.

2. Souvenirs d'Henri Labrouste, Notes recueillies et classées par ses enfants (Paris, 1928; privately printed), p.24

3. Ibid.

4. Cf. Michel Roux-Spitz, "La Bibliothèque nationale de Paris,." L'Architecture d'aujourd'hui, vol. IX, no.3(March 1938).

5. Labrouste는 자신의 설계에서 이러한 특징을 보여주었다. Panizzi는 대형 박물관의 원형 열람실을 염두해 두었을 뿐만아니라, 서고에 석쇄모양 바닥판을 사용하는 아이디어를 가지고 있었다. 이것은 1852년의 일이였다. Arundal Esdaile의 National Libraries of the World(런던, 1934), 10페이지와 27페이지를 참조할 것.

6. 대영박물관의 원형 열람실 뒷편에 있는 서고에도 유사한 석쇄모양의 바닥판(방금 살펴본것처럼)이 사용되었지만, 효율적 구성 정도이외에는 큰 성과는 없었다.

7. John Nach는 버킹검궁의 주 복도 남쪽 끝부분을 차단하기 위해서 유리 칸막이를 사용했다. 그러나 그는 바로크적인 방식으로 이 유리벽에 상식을 넛붙었나. Henry D. Roberts의 A History of the Pavilion at Brighton(런넌, 1939), 도판 25를 참조힐 깃.

새로운 건물의 문제와 그 해결안

New Building Problems - New Solutions

19세기는 과거에 없었던 건물들이 등장했다. 이런 건물들로 이루어진 새로운 가로는 대도시가 등장하면서 나타난 요구와 더불어 의사소통의 수단이 증가되고 산업이 계속 확장됨에 따라 나타난 요구에 의해서 형성되었다. 이러한 건물들은 모두 한 가지 공통점을 가지고 있다. 많은 상품을 급하게 분배하는 문제와 관련있는 시대적인 요구를 충족시키기 위해서만 세워진 것이다. 이러한 유형의 건물들이 19세기의 주요한 건축적 문제에 대한 해결책을 가지고 있었던 것도 우연은 아니었다. 겸손하고 평범한 이러한 건물들 속에 미래의 씨앗이 심어져 있다. 이 부분을 자세히 살펴보자

시장 건물

Market Halls

229쪽 14줄 Fifth Edition

19세기에 등장한 문제들 중의 하나를 해결할 수 있는 방법을 대규모 공공 시장에서 찾았다. 그 세 가지 예를 들어보자. 이 장에서 논하게 될 구조물 중에 최초의 예는 **1824년 파리에 지어진 마델렝 시장**이다.(**도판. 129**) 가는 주철 기둥의 우아함은 폼페이의 벽화를 생각나게 한다. 어떠한 의도적인 장식물도 이 시장의 구조적인 경쾌함을 손상시키지 못한다. 19세기의 공학자들이 재료의 경제성과 우아함을 결합시키는 건설방법을 개발하기 위해 보여준 최초의 시도를 이 건물에서 엿볼 수 있다.

1835년 런던의 오래된 헝거포드 수산시장을 개조한 시장은 건설적인 측면에서 더욱 진보적인 양상을 보여주고 있다. 이 시장의 세부묘사(**도판. 130**)는 1836년도 영국건축학회의 회보에 실려있다.▼1 위생상 이러한 건물에서 제재목을 사용하는 것은 금지되어 있었다. 이러한 규정 때문에 등장한 주철 구조물 중에 특히 일직선으로 나 있는 32피트길이의 지붕 스팬이 주목할 만하다. 이 구조물에는 한참 뒤에나 성취된 우아함을 간직하고 있다. 1836년의 기록에 따르면 "건설상에서 가장 큰 독창성은 매듭이나 측면 접합이 전혀 없다는 점이다." 지붕면이 안쪽으로 기울어져 있어서 빗물이 중심기둥을 타고 흘러내릴 수 있을 것이라는 추측을 쉽게 할 수 있다.

1853년부터 있었던 **파리의 그랑 홀**은 앞에 언급한 두 개의 구조물 보다 미래에 더 큰 영향을 미쳤으며, 더 큰 관심을 얻고 있다. 애초에 많은 사람들을 수용하기 위해

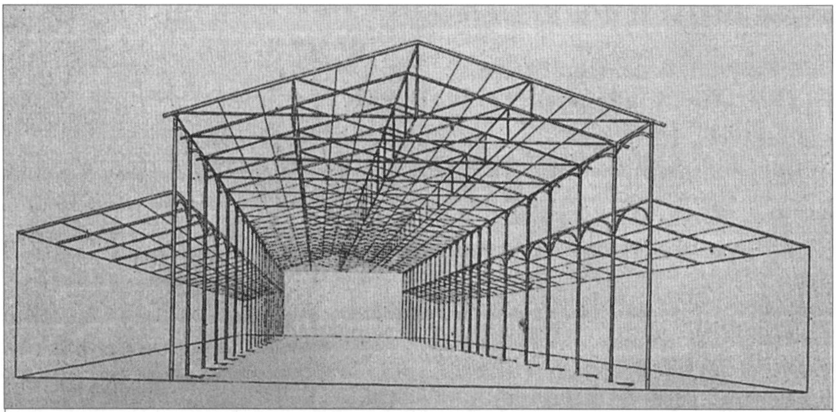

129. 마델렝의 시장건물, 파리, 1824. 19세기 건설가들이 우아함과 재료의 경제성을 서로 결합하려고 시도한 초기의 작

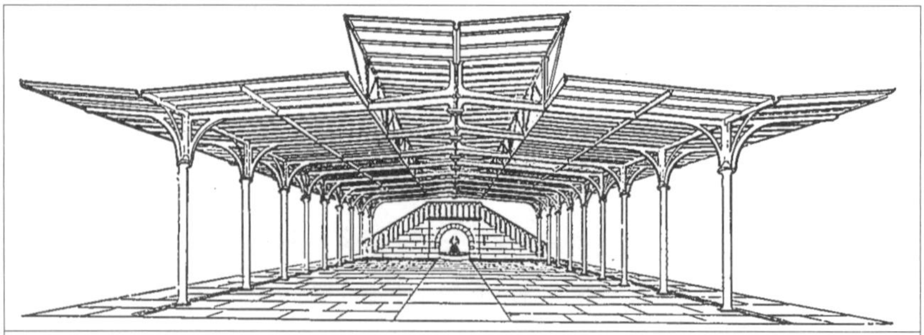

130. 헝거포드 생선 시장, 런던. 금속 지붕, 1835. 직선 부재로 된 넓은 지붕 간격(32피트)은 특히 주목할 만하다.

서 고안된 이 시장은 오스망의 파리재건계획에 포함되어 있었다. 그랑 홀은 지붕부분이 통로로 연결되는 두 그룹의 파빌리온으로 되어 있다. 이 시장을 디자인한 빅토르 발타르는 결코 대단한 건축가가 아니었다. 그의 초기 디자인인 1851년에 건설된 석재 파빌리언은 너무 요란하여 대중의 반감을 샀기 때문에, 새로 선출된 시장인 오스망은 이 구조물을 허물게 했다. 두 번째 시도에서 학문적인 성향이 강한 발타드가 철골구조물로 전환한 이유는 나폴레옹 3세와 오스망의 직접적인 명령때문이었다.(**도판. 131**) 비슷한 시기에 지어졌던 동(東)역사(驛舍)에 매료된 나폴레옹 3세는 모든 포로젝트에 이와 유사한 우산 모양의 구조물을 적용할 것을 명령하였다.

"내게 필요한 것은(다른 그 무엇도 아닌)오로지 넓은 우산들 뿐이다.!" 빈틈이 없는 오스망도 발타드를 다음과 같이 비난했다. "철! 철! 오로지 철!" 이러한 압력하에서 만들어낸 최종안은 다른 사람의 계획을 모방한 잡동사니 그 자체였다. 그러나 이러한 속사정에도 불구하고 이 구조물은 미래에 중요한 영향을 끼치게 된다.

131. 빅토르 발타르, 중앙홀, 파리, 내부, 1853년 착공. 발타르는 두 번째 시도에서 철을 사용해야 했다.(석재를 사용한 첫 번째 시도는 처참한 실패로 끝났다.) "철! 철! 오로지 철을!"라고 오스망이 주장했다.

유리와 철로만 된 새로운 안을 오스망이 가져갔을 때 이번에는 정반대의 이유로 나폴레옹 3세는 놀라움을 금치 못했다. 한 명의 건축가 이렇게 정반대되는 건물을 디자인할 수 있느냐고 그는 물었다. 오스망이 대답하기를 "건축가는 같지만 시장은 다릅니다."

그랑 홀과 관련하여 실제로 지어진 안은 탈락된 두 디자인보다 썩 나은 것은 아니었다. 그 중의 하나는 **엑토르 오로**(1801~1872)의 작품이었다. 엑토르 오로는 만족할 만한 성과를 전혀 얻지 못한 건축가였다. 대부분의 프로젝트가 대규모로 처리되었던 그의 안은 실현되지 못했다. 이 당시 이러한 건물들이 건설하는데 필요한 구조계산법은 아지 발전되지 못한 단계였다. 타이 바(tie bar)를 사용하거나 거대한 강철 트러스를 만들지 않고는 지금도 이러한 계획안에서 요구하는 장스팬을 실현한다는 것은 불가능하다. 그의 그랑 홀(1849) 계획안은 길이가 300피트인 홀을 가지고 있으며, 그 홀은 육중한 측압을 받을 수 있는 엄청난 두께의 벽을 필요로 한다. 몇 십 년이 지나서야 이러한 의도가 실행될 수 있었다. 그러나 예전에는 상상도 할 수 없었던 것을 정확히 내다보는 안목을 가진 호로와 같은 인물들은 후에 현실화될 것의 동기를 제공한 사람들이라 할 수 있다. 231쪽 18줄 Fifth Edition

다른 하나의 계획안은 라브로스테와 호로와 같은 시대에 활동한 **유겐 플라체**(1802~1872)의 작품이었다. 플라체는 19세기의 가장 주도적인 세대에 속한 인물이었

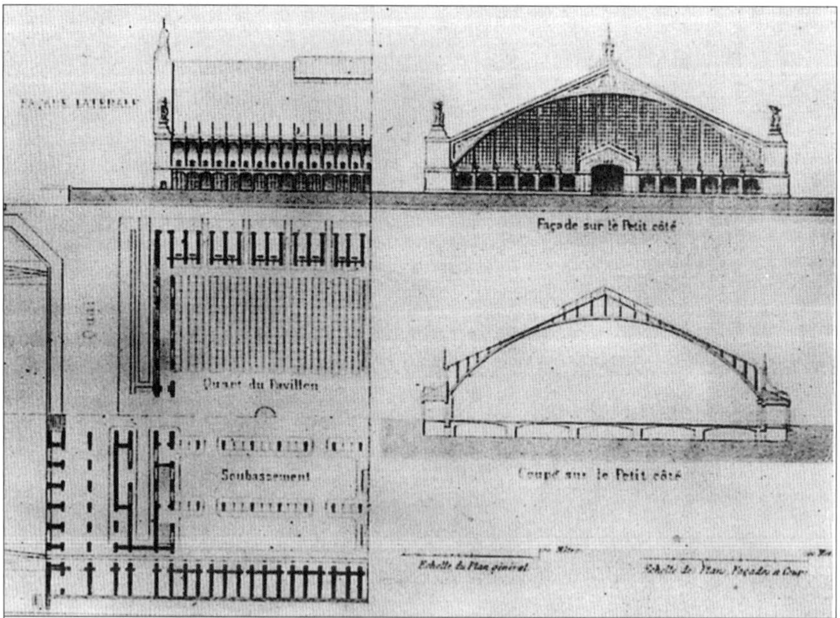

132. 엑토르 오로, 그랑 홀의 계획안, 1849. 낙선된 프로젝트들이 훨씬 더 진보적이였다. 오로의 프로젝트에 사용된 300피트 스팬은 몇십년이 지나도 불가능한 것이였다. 이 프로젝트에서 사용된 원리는 1855년 파리박람회의 주 건물에 다시 채용되었다.

다. 이 세대의 주요인물로, 수에즈 운하를 건설한 드 레셉, 빅토르 휴고, 유겐 들라크로와, 기계시대를 예언한 오거스트 콩테 등을 들 수 있다. 도처에서 일어난 저항에도 불구하고 1837년 프랑스에서 최초의 철로를 건설한 사람이 바로 플라체였다. 그는 선착장과 도매상, 항구, 운하를 디자인했고 대서양횡단 증기선 회사를 계획했으며 알프스 산맥을 통과하는 터널을 구상했다.

Fifth Edition 233쪽 09줄

플라체가 생 시몽의 추종자라는 사실과 이러한 많은 프로젝트를 연결하는 것이 무리는 아닐 것이다. 생 시몽은 "사회는 전적으로 산업에 의존한다."라는 말을 하나의 경구로 여겼으며 산업이 가져올 진보의 정도와 규모를 예견했던 유일한 사람이었다. 규모의 측면과 사회적 기능의 측면에서 보면, 그랑 홀(**도판. 133**)은 생 시몽주의자들이 반드시 도래할 것이라고 생각했던 새로운 시대의 전형적인 일면이라고 할 수 있다. 그는 이 건물의 계획안 뿐만 아니라, 더욱 웅장한 또 다른 계획안들에도 자신의 생각을 똑같이 담고 있었다.

오로의 디자인에서 볼 수 있는 주요 특징으로 260피트에 달하는 넓은 스팬을 들 수 있다. 이러한 계획은 당시의 기술력으로도 가능한 것이었다. 폴롱소(Polonceau) 접합시스템이 사용되었으며 최소의 지지재와 넓게 퍼진 수평선들을 통해 주어진 문

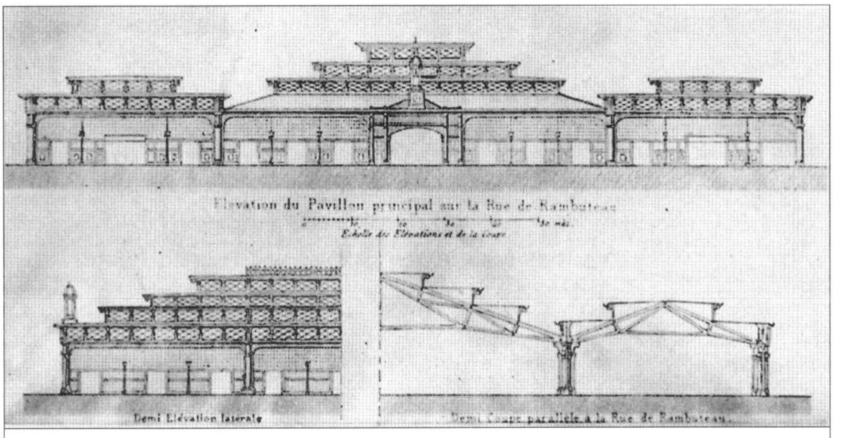

133. 유겐 플라체. 그랑 홀의 계획안, 1849. 260피트 스팬에 플론소우 접합 시스템이 사용된 이 프로젝트는 그당시에는 불가능한 것이였다. 이 프로젝트는 가장 훌륭하고 기능적인 해결안이였다.

제를 가장 훌륭하게 기능적으로 해결하였다.

백화점
Department Stores

백화점은 **기계시대의 산물**이다. 대량생산과정과 이에 따른 소비자와 생산자 사이의 직접적인 접촉의 상실로 인해 백화점이 등장했다. 과거에는 백화점같은 대규모 상업건물이 없었다. 이런 점에서 백화점 역시 19세기의 박람회 건물과 철도역사, 시장건물등과 유사한 목적에서 비롯되었다고 할 수 있다. 수많은 보행인구를 상대로 신속하게 상행위를 하려는 것이 바로 그 목적이다. 다른 건물들처럼 백화점도 도시인구 증가와 생활방식의 빠른 변화, 값싼 상품을 사려는 욕구 때문에 등장했다. 234쪽 02줄 Fifth Edition

'숍'이란 단어 대신 '스토어'란 단어를 사용한 원인을 살펴보면 어떤 상황에서 백화점이 출현했는가를 잘 알 수 있다. 즉 '스토어'는 대체로 저장소(貯藏所)에 더 가깝다. 예를 들어 60년대 초의 파리에서 볼 수 있는 스토아는 '싸구려 도크(docks a bon marche)'라 불려졌다. 즉 이 가게들은 저렴한 소매 판매를 목적으로 많은 상품을 저정하던 곳이었다. 이러한 목적에 적합하도록 도서관의 서고나 시장처럼 백화점 안의 상품을 잘 보이게 해야 했고 백화점 안을 환하게 해야 했으며, 판매를 위한 의사소통이 원활하도록 충분한 공간이 필요했다. 이러한 모든 요구는 건설가들에게 열려있던 새로운 수단들과 잘 결합될 수 있었다.

134. 와싱톤 스토어, 뉴욕, 1845. 한 지붕아래에 줄지어 있는 모든 상점들. 분리된 유닛들은 하나의 공간으로 합쳐질 수 있다.

경제학자들은 다음과 같이 지적한다. "백화점은 확실히 유럽, 아마 파리에서 처음 등장했으며 이것은 미국의 백화점보다 몇 년 앞선 것이었다. 세계에서 최초의 백화점으로 주로 인정되었던 것은 봉 마르세였다."[▼3] 백화점같은 현대적인 시설물의 기원에 대한 연구가 거의 없기 때문에 경제학자들의 이러한 언급이 가장 정확할 것으로 생각된다. 특히 미국백화점의 기원은 잘 알려져 있지 않다. 미국의 백화점이 언제 어디서 처음 시작되었는지는 확실하게 알려져 있지 않다. 따라서 우리가 할 수 있는 일은 경제적인 생활의 중요한 시설인 백화점이 발전되어온 보편적인 유형의 윤곽을 잡는 일이다.

Fifth Edition 234쪽 36줄

1940년 전에도 '상업 건물'(예전에는 이러한 명칭을 붙였다.)은 보스턴이나 세인트루이스, 뉴욕의 상업지역에 세워졌다. 이 건물들은 하나의 지붕아래 모든 상점들이 열을 지어 있는 형태였고, 두세 개의 단위를 합쳐 하나의 상점으로 만들 수 있도록 되어 있었다. 대부분의 상업 건물들은 투기를 목적으로 건설되었으며, 건설업자들은 염가판매와 소매판매를 원하는 상인들에게 가게를 대여했다. 세인트 루이스 강가에 위치한 도매상과 염가판매소로 구성된 "보스턴 상업건물들"과 뉴욕의 "와싱턴 스토어(1845)"는 모두 백화점 발달의 초기 단계에 속하는 전형적인 예이다.**(도판. 134)** 백화점의 기원은 건물 유형면에서 본다면 이러한 "상업건물"까지 거슬러 올라간다.

미국에서 사업을 목적으로 출현한 백화점은 대중이 구매할 수 있는 저렴한 기성복을 만들었던 시설로부터 시작했다. 1940년대에 이르러 보스턴(뉴 잉글랜드 지역을 중심으로 번창한 무역중심시)은 이러한 시설물들 중에 가장 규모가 큰 것을 하나 가시고 있었다. 이 건물이 바로 오크 홀(도판. 135)이며, 이회사의 1년 매상고는 오천만 달러에 달했다.

이러한 건물에서 시작된 미국의 상점들은 유럽의 초기 회사들이 가지고 있었던 상점들과는 매우 다른 특징을 가지고 있었다. 유럽의 상점에서 주로 판매한 것은 기성복이 아니라 원단이었다. 대부분의 경제학자들이 주장하는 바에 따르면 1860년대 이전에는 진정한 의미의 백화점이 출현하지 않았다.[4] 한가지 확실한 것은 뉴욕의 브로드웨이와 브룸 가(街)가 만나는 지점에 지어진 백화점에 처음으로 승객용 승강기가 세워진 해가 1857년이라는 것이다.[5](도판. 136)

미국의 백화점은 19세기 후반에 유행했던 7층이나 8층 정도의 규모의 큰 도매상에서 출발했다. 이러한 건물의 초창기 예로, 맨체스터 출신의 공학자인 윌리엄 페어베른이 1845년에 지은 영국의 다층 도매상 건물을 들 수 있다.[6]

얼마 후, 제임스 보가두스는 주철을 이용한 건설방법을 사용하여 미리 제조된 부품들을 가지고 상당히 높은 도매상 건물을 세울 수 있었다. 최초의 대규모 백화점으

135. 오크 홀, 보스턴. 1850년경, 기성재 의류. 미국의 백화점을 탄생시킨 기성제 의류사업.

136. 브룸 가(街), 뉴욕, 1857. 승객용 승강기가 있는 최초의 백화점. 이 건물은 초기에 이루어진 백화점의 전형이다.

137. 존 와나메이커 스토어, 필라델피아. 화물 선착장이 거대한 단층 의류 매장으로 탈바꿈했다.

로 알려진 뉴욕의 A.T.스튜어트 상점은 이러한 건설방법을 사용한 실례이다. 지금은 와나메이커 시설의 일부로 사용되고 있으며, 그 당시의 모습 그대로 남아 있다. 1853년에 완공된 건물은 지하2층과 지상5층, 애틱(역주: 지붕 밑층이나 실)과 6개의 엘리베이터로 구성되어 있다.

1880년대 후반 시카고에 세워진 거대한 상점건물(매장 전체가 하나의 공간으로 되어

238쪽 07줄 Fifth Edition

있는 건물)들은 계속해서 도매상 건물처럼 지어졌다. 시카고에 등장한 이 시기의 실례로 1889년에 지어진 '라이터 빌딩'(원래 단독으로 운영되는 사무실 건물이었지만, 지금은 시어스, 로에벅 컴퍼니의 소유로 되어 있다.)과 1891년의 '페어 빌딩'을 들 수 있다. 이 두 건물 모두 윌리엄 르 베론 제니가 지었다.▼7

도매상 건물 유형에서 출발했지만 또 다른 유형의 저장소로 여겨지는 건물(필라델피아의 13번가(街)와 마켓 가(街)에 있는 존 와나메이커의 '그랜드 데포트')이 있다.**(도판. 137)** 1876년(에펠과 보와로의 봉 마르세 메가젱이 지어진 해)에 백화점으로 개장한 그랜드 데포트는 원래 펜실베이니아 철도의 화물창고였다. 와나메이커가 이 건물을 단층으로 된 거대한 포목점으로 개조하는 아이디어를 내기까지 거의 20여년동안 화물보관소로 사용되었다.▼8

이 건물의 바닥면적은 2에이커가 넘는다. 건물의 한가운데는 둘레가 90피트인 원형계산대가 있다. 이 계산대를 중심으로 여러 줄의 측량이 뻗어나가고 있으며 중앙의 계산대와 동심원상에 있는 다른 측량과 계산대들이 방사되고 있는 이 열들을 가로지르고 있다.▼9 이러한 배치는 1867년의 파리 박람회장에서 사용된 배치와 유사하다.

내부에 자연광이 자유롭게 유입되도록 철과 유리로만 된 최초의 백화점은 **파리의 봉 마르세 메가젱**이었다. 이 건물은 인공조명이 사용된 몇개의 층을 쌓아놓은 도매상 유형의 건물과는 매우 대조적인 건물이다. 이 건물이 지어졌던 1876년 무렵에는 이 건물이 우아함의 대명사가 되었다.▼10

봉 마르세를 만든 사람은 공학자인 에펠(후에 유명한 에펠탑을 건설한 사람)과 건축가인 L.A.보와로(건축에서 철을 선구적으로 사용한 위대한 엔지니어의 아들)이다.

보와로는 이러한 유형의 건물에는 두꺼운 벽이 적합하지 않고 "오직 직경이 짧은 지주(支柱)만 있으면 된다고 생각했다." 그리고 이러한 지주는 "더 이상 건설의 전채(前菜, hors d'oeuver/ 역주: 스프가 나오기 전에 제공되는 가벼운 요리)가 되면 안 된다"▼11라고 지적했다. 이 건물의 지상층에는 연속된 대형유리판이 사용되었다. 건물의 전체 파사드의 쇼 윈도우 윗부분은 차양이 연속적으로 나있으며, 이 차양으로 건물 입면의 유리판의 인상은 더욱 강하게 느껴진다.

파빌리온처럼 보이는 상점의 코너는 증축된 것이며 프랑스의 대저택에 속하는 원형탑을 기억나게 한다. 이후의 백화점 건물은 대부분이 이 건물의 선례를 따르고 있다. 1881년에서 89년 사이에 파리에 지어진 폴 세딜의 쁘렝땅 상점 건물도 유사한 방식으로 되어있다. 심지어 1900년경에 지어진 루이스 설리반의 카슨,피리,스콧상점도 코너 부분의 형태는 파빌리온의 오랜 기억을 떠올려준다.▼12

봉 마르세의 내부공간 처리를 보면, 위대한 공학자인 에펠이 남긴 흔적을 발견할 수 있다. 면적이 3천 평방 피트가 넘는 바닥은 다양한 모양의 코트를 중심으로 구획되어 있으며 각 코트는 유리로 된 거대한 천창으로 덮혀 있다. 코트와 코트를 연결하는 통로는 고상한 주철재 다리로 간결하게 연결되어 있다. 이 통로는 거의 20년전에 라브로스테가 국립도서관의 서고에서 사용했던 것과 유사하다.(**도판. 138**)

전에는 빛이 상점안으로 밝게 흘러들어간 적이 없었다. 진정한 유리건축은 건물

138. 에펠과 보와로, 봉 마르세, 파리, 1876. 내부공간의 철재 브리지. 유리천장과 떠있는 철재 브리지, 가는 철재 기둥, 그리고 이당시에서는 상당히 특징적인 기묘한 장식적형태들이 서로 결합되어 있는 이공간안에서 19세기의 창조적이면서도 환상적인 분위기를 느낄수 있다.

의 골조 위에 세워졌다.(도판. 140) 19세기의 창조적인 환상곡은 유리 천창과 공중으로 치솟는 철재 다리와 가는 철기둥, 그리고 19세기의 특징인 미묘하면서도 장식적인 형태들, 이 모두가 어우려져 울려 퍼진다. 이러한 다양성에도 불구하고, 대체로 봉마르세와 관련한 사람들의 평가는 **진지함과 단순성이 돋보인다**고 한다. 매스를 돋보이게 하는 건축적인 화려함과 과장됨은 여기서는 찾아볼 수 없다.

정제되고 부유하는 듯한 건설방법에 의해 건물 내부로 흘러들어오는 많은 빛은 현대 건축가들의 주된 관심사 중의 하나로서, 당시에 이미 이를 예견하고 있었다. 공간 뚫기를 통한 빛의 효과에서 느껴지는 활력은 에펠이 봉 마르세를 지은 지 50년이 지나 나타난 르 꼬르뷔제의 내외부 상호관입의 구성에서도 나타난다.

139. 에펠과 보와르. 봉 마르세. 파리. 1876. 지상층 평면도. 3만 평방 피트의 면적. "중앙이 보이드 된 내부공간은 프랑스 건물에서 전형이다.

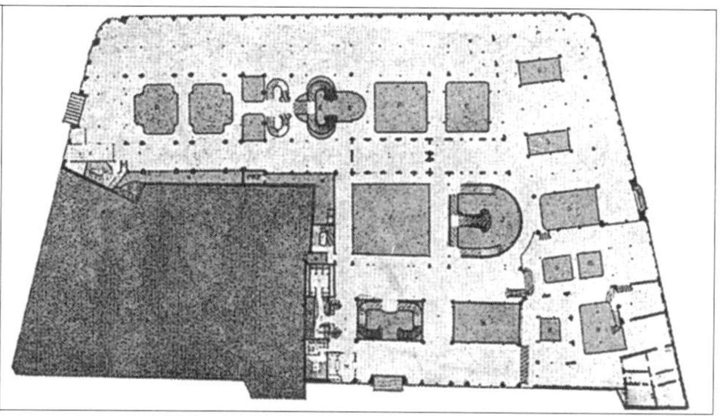

140. 에펠과 보와르. 봉 마르세. 파리. 1876. 천창위의 유리 지붕. 거리에서는 이 유리 건축물이 보이지 않는다. 19세기의 진정한 모습이 인식되지 못하고 이 모습을 보여주기 위해서 더 이상 의식적인 노력을 하지 않았던 그 순간에 19세기는 진정으로 대담했다.

141. 겨울 정원과 집회실, 파리, 1847. 죠셉 팩스톤은 한 때 유명했던 이 십자형의 건물을 통해서 수정궁의 개념을 포착했음에 틀림없다. 론드 폰트와 현재의 마르뵈프 가(街)거리사이에 위치한 이 건물은 단순한 온실을 무도장, 카페, 독서실, 높은 유리벽위에 걸린 판매용 그림들이 포함된 사회적인 모임의 장소로 변형된 것이다. 1850년 런던에서 출판된 조경 백과사전에는 다음과 같이 기술되어 있다."거대한 이 건물은 유럽에서 가장 크고 멋진 것임에 틀림없다.… 건물의 최고 길이는 300피트, 최고 폭은 180피트, 최고 높이는 60피트에 달한다.

Fifth Edition 241쪽 01줄

코트의 천장 위에 놓인 유리로 된 높은 지붕의 외부형태에서 기술적인 문제에 대한 에펠의 상상력을 잘 살펴볼 수 있다. 보통의 관찰자들은 결코 건물에서 이러한 부분을 발견하지 못한다. 연결기능을 하는 통로는 천막같은 유리지붕의 경사면 위에서 환상적인 균형을 잡고 있다.▼[13] 19세기를 느낄 수 있는 것은 없었고, 또한 그러한 모습을 보여주기 위한 더 이상의 의식적인 노력도 필요없게 된 것이다. **정말 대담한 건물**이다!

이때부터 철로역과 공장의 후미진 면이나 측면에 나타났던 솔직한 형태와 그 속에 담긴 자연스러운 정신이 건물의 정면 벽에 등장하기 시작했다.

19세기의 프랑스 백화점과 미국 백화점을 비교하면, 서로 다른 두 나라에서 새로운 건물이 안고 있는 문제(겉으로 보기에 실용적인 측면으로 해결될 것만 같은 문제)를 어떻게 풀어나갔는지를 알 수 있다.

앞에서 살펴 본 것처럼, 미국 백화점은 창고 타입으로 지어졌다. 프랑스는 에펠의 건물 이전에도 목구조로 된 백화점에서 빛이 들어오는 중정과 구멍뚫린 내부공간은 있었다.(**도판.** 139) 에펠과 보와로의 봉 마르세는 프랑스 건축에 내재된 경향을 명확하게 드러내고 있다. 내부공간을 가능한 많이 텅 비게 하려는 경향은 로마네스크 이래 지금까지 프랑스 건축에서 지속적으로 나타난 현상이다. 고딕 건물의 대담한 성가대석(너무 약해 보여 허물어질 것 같은 인상을 준다.)과 최근 건축물에서도 이러한 특징을 살펴볼 수 있다. 프랑스 공학의 대담성은 이러한 특징을 수정한 표현들일 뿐이다.

주

1. I(1836), 44~46.
2. 1850년에 열린 수정궁 현상 공모에서 당선된 작품은 Hector Horeau의 계획안이였다. 이 계획안은 5개의 네이브가 있는 일종의 바실리카였으며 나중에 팩스톤이 지은 것과는 비교조차 되지 않는다.
3. R. H. Nystrom, Economics of Retailing, 3rd ed. (New York, 1932), pp. 1~7.
4. Nystrom, op. cit, p. 134.
5. Cf. p. 210.
6. Cf. p. 194.
7. Cf. pp. 370~374.
8. J. H. Appel, "Reminiscences of Retailing," Bulletin of the Business Historical Society, vol. XII, no. 6(December 1938).
9. Cf. The Golden Book of the Wanamaker Store(Philadelphia, 1911), p.52.
10. 파라에는 오래된 아파트들이 수도없이 많이 있었다. Magasin au Bon Magasin은 1852년에 추진되었다.
11. L. A. Boileau, fils, "Les Magasions au Bon Marché," Encyclopédie d'architecture, 1880 p.184.
12. Cf. pp. 388~390.
13. 건물이 세워질 당시에 찍은 아주 오래된 이 사진은 이당시 사람들조차도 기이하게 느꼈다.

세계박람회

The Great Exhibitions

산업이 한창 부흥하던 19세기 후반의 산업박람회는 창조적 건축의 탄생을 위한 절호의 기회를 제공하였다. 그러나 세기말에 이르러 산업은 당연한 것으로 인식되고 더 이상 새롭고 신기한 것으로 여겨지지 않게 되면서 산업박람회도 그 창조력을 잃게 되었다. 이러한 과정에서 비롯된 새로운 문제에 대한 새로운 해결책이 필요하게 되었다.

Fifth Edition 243쪽 17줄

박람회는 근대산업이 등장한 때와 거의 동시에 탄생했다. 즉 수공업이 철저하게 기계생산으로 바뀐 시기에 등장한 것이다. 이 시기의 사람들은 새로운 기계나 새로운 제조법을 발명하는데 열중했다. 초기 박람회의 중요한 목적은 이런 노력의 결과를 모아 새로운 발명품을 전시·비교하여 특정한 것의 선택이 쉽도록 하기 위한 것이었다. 산업을 이루는 모든 분야의 발전은 이러한 박람회를 통해 가속화 되었다. 이러한 박람회에는 인간의 모든 활동 영역이 전시되었다. 광업, 제분공업, 기계공업, 농업과 관련된 각종 도구나 제조방식, 생산품이 미술품이나 공예품 등과 같이 전시되었다.

산업박람회는 아직 확실하게 규정되지 않은 19세기의 목표들을 한데 모으는 작업이었다고 할 수 있다. 박람회는 인간과 산업, 즉 인간의 감정과 인간의 환경에 영향을 미칠 변화를 미리 말해주고 있다. 박람회는 진보하는 산업의 한 부분이었으며 당연히 겪게 될 수순을 따라갈 수밖에 없었다.

박람회의 역사는 두 시기로 구분된다. 첫 시기는 파리에서 시작해서 파리에서 끝난다. 즉 **1798년의 제1회 산업박람회**를 시작으로 1849년의 파리 박람회로 끝난 것이다. 1791년에 여러 길드들이 와해되면서 박람회가 열릴 수 있게 되었고, 그 실행은 국가적인 차원에서 이루어졌다.

제 1회 프랑스 공업제품 박람회는 1798년 9월 파리의 구(舊) 연병장인 샹 드 마르에서 열렸다.**(도판. 142)** 19세기의 두드러진 여러 성과들을 이끌 일종의 전시 운동이 시작된 것이다. 1798년에 파리에서 개최된 이 최초의 박람회는 아주 평범한 것이었다. 향후의 박람회의 전례가 된 이 박람회에는 사치품도 몇 점 전시되었지만 대부분이 시계나 벽지, 옷감, 면직물 등과 같은 일상 용품들이었다.(이 당시의 카탈로그에는 면식물을 "기계가 보풀을 만들어서 자아낸 직물"이라고 조심스럽게 적혀 있다.)

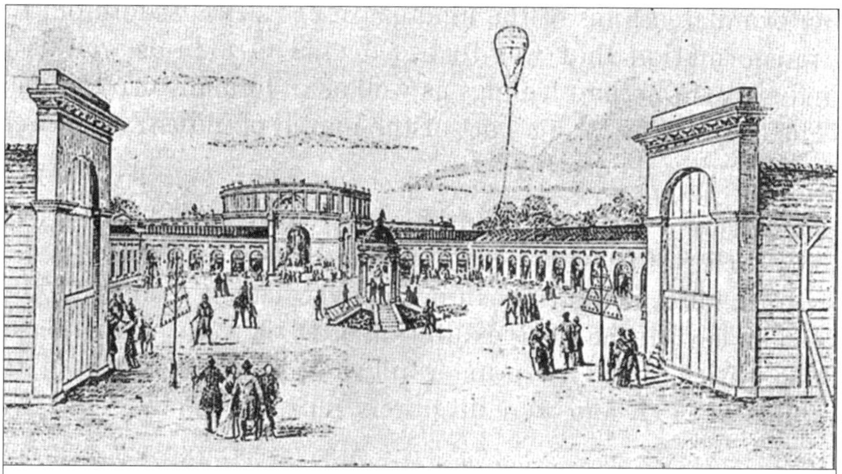

142. 최초의 산업박람회, 파리, 샹 드 마르, 1798.

이 박람회에 출품한 사람은 겨우 110명 뿐이었지만, 출품자의 수에 의해 그 중요성이 떨어진 것은 아니었다. 이 박람회는 산업혁명을 시작으로 길드의 속박에서 자유를 얻게 된 것을 축하하는 의미가 있었고, 국민적인 축제의 하나가 되었다. 군주정치가 와해된 이후 국가적인 축제의 장으로 샹 드 마르를 선택한 이유도 바로 이와 같은 축제적인 분위기를 연출하기 위한 것이었다. 시민들에게 원하는 직업을 선택할 수 있는 권리를 처음으로 보장한 것은 1791년의 "노동의 자유에 관한 선언"이었다. 여기서 더 중요한 것은 생산활동에 새로운 자유를 주기 위한 이 선언이 모든 사람들이 얻고자 노력한 공업과 발명의 진보를 위한 공식적인 지지기반을 제공했다는 것이다. "이러한 기술의 발전은 지금까지의 무수한 속박으로 인해 방해를 받았지만, 이 자유가 그것을 해방시켰다. …이를 통해 유용한 기술은 빛나는 미래를 약속하는 임무를 맡게 된 것이다."

박람히의 두 번째 시기는 19세기 후반에 걸쳐 개최되었으며, 자유무역의 원칙을 통해 그 위력을 발휘하였다. 이 시기의 바람회의 새로운 한 가지 특징은 국제적인 차원의 박람회로 바뀌게 되었다는 점이다. 19세기 전반에 열린 국가적 차원의 산업박람회는 길드에 주어진 법률적인 구속력이 폐지되면서 잇달아 개최되었지만, 국제적인 박람회는 또 다른 무언가를 요구하고 있었다. 즉 전 세계에 동시에 팔 수 있는 가능성이 없으면 세계 각지에서 출품된 생산품을 한 곳에 모아놓을 이유가 없기 때문이다. 모든 종류의 무역 제한 조치가 최소한으로 축소된 세계에서만 국제적인 전시회가 의미를 가질 수 있다. 이러한 대박람회는 자유 경제 원리, 즉 자유무역, 자유로운 커뮤니케이션, 자유 경쟁을 통한 생산과 성취의 개선에서 비롯되었다.

245쪽 10줄 Fifth Edition

바로 전의 박람회를 능가하거나 비슷한 수준을 얻으려는 열망, 즉 경쟁의식이 확대되었다. 따라서 여러 실험들이 많은 분야에서 시도되었다. 특히 건축분야에서 더욱 활발했다. 이러한 경쟁의식에서 비롯된 능률의 향상은 1851년 개최된 세계 박람회의 수정궁에서 잘 나타나고 있다.

Fifth Edition 245쪽 30줄

19세기 후반에 열린 박람회의 역사는 한 마디로 철구조의 역사라 할 수 있다. 박람회 건물은 신속하게 조립 · 해체할 수 있도록 계획되었으며, 이러한 조립과 해체 작업은 철을 사용함으로써 더욱 편리하게 되었다. 이러한 건축물을 구성하는 철제 부품은 서로 떨어져 있는 여러 공장에서 미리 제조될 수 있었다. 결국, 이 시대에서 사용하기에 가장 적절한 표현 수단이 철이라는 주장이 설득력을 갖게 된 것이다. 그러나 박람회 건물에 철을 어떤 이유 없이 사용한 것은 아니었다. 박람회의 성격상 짧은 기간동안 사용되는 건물이 필요하다는 점에서 건물의 구조에 철을 실험적으로 사용하는 일이 활발하게 이루어졌던 것이다. 박람회는 새로운 방식들이 등장할 수 있는 실험장의 역할도 하였다. 1851년 런던의 수정궁에서 개최된 제 1회 박람회에서부터 19세기말에 개최된 마지막 박람회에 이르는 모든 대규모 국제박람회에서 시공자들은 그때까지 한 번도 경험해보지 못한 작업을 시도했다. 박람회라는 특별한 장소에서 일단 성공하면, 그 시도는 건축 실무의 한 표준이 되었다. 비참한 결과를 초래할 것이라는 매우 음울한 예언에도 불구하고 1889년 에펠탑이 세워지게 된 배경에도 바로 이러한 과정이 있었기 때문이다.

박람회의 역사는 이 당시에 이루어졌던 철구조의 발전과정을 보여줄 뿐만 아니라 미학적으로 반응하는 습성상의 중요한 변화도 보여주었다. 하중과 지지와 관련된 새로운 구조방식은 새로운 미학적 방식을 요구했다. 예전에는 누구든지 건축물의 하중과 지지간의 균형 원리를 한 눈에 볼 수 있었고, 그 원리가 조사될 수 있다고 예견하였다. 그러나 새로운 철구조 방식은 하중과 지지를 구별하는 것을 더욱 어렵게 했다. 즉 구조체의 모든 부분에 설정된 새로운 균형상태가 등장하기 시작한 것이다.

이러한 대규모 박람회에는 19세기의 낙천주의와 산업이 보장하게 될 가능성에 대한 신뢰가 내재되어 있었다. 알버트 왕자가 1850년에 꿈꾼 것처럼, 산업이 "인류를 하나로 연결"하게 될 것이라고 믿게 된 것이다. 산업이 급속도로 발전한 초창기에는, 산업이 이룰 수 있는 일의 한계가 없는 것처럼 보였다. 사람들은 산업이 지구상의 모든 문제를 해결해 주리라는 확신을 갖게 된 것이다.

박람회는 지구의 자원을 지배하고 지구상의 모든 부를 축적하려는 열망에서 유래되었고, 또한 그 열망을 상징했다. 초창기와 전혀 다른 방식으로, 박람회는 모든 종류의 인간 활동이 집결된 곳으로 여겨졌으며, 늘 산업이나 최근의 산업 발명품을 강조하였다. 이러한 박람회는 이미 정착된 진보를 가시화 하기 위해 19세기가 몰두했던 생산 열풍에서 한발 물러난 시기의 모습을 보여준다.

19세기의 활동들을 한 장소에 집중시킴으로써, 관심있는 세계 각국의 대표들이 모여들게 되었다. 박람회는 자연스럽게 모든 종류의 국제회의, 즉 과학, 공업, 재정, 노동등에 관한 국제 회의장이 되었다. 새로운 발전을 보고 배우려는 세계 각지의 정부 시찰자들의 관심도 끌었다. 스페인이나 이탈리아, 터어키의 시찰자들은 여러 권으로 편집된 보고서를 만들기도 했다. 1867년 파리 박람회에 참가한 미국인 시찰자의 보고서는 여섯권이나 되며, 각 권은 350페이지 분량에 이른다.

247쪽 09줄 Fifth Edition

박람회를 개최한 나라들이 발행한 완벽한 보고서는 그 당시의 사람들이 박람회의 중요성을 어떻게 인식하였는지 잘 보여주고 있다. 이 보고서는 아주 신중하게 편집되었기 때문에, 19세기에 실제로 일어났던 일을 알고자 하는 후세 사람들에게 매우 만족스러운 자료가 되고 있다. 이 보고서들 중의 어떤 것은 앞을 내다보는 탁견과 상상력이 풍부한 사람들에 의해 감수되었다. 헨리 콜은 최초의 보고서라 할 수 있는 푸른빛이 도는 네 권의 책으로 구성된 "대 박람회 공식 기술 도해 목록(런던: 1851년)"의 편집장이었다. 1867년 파리 박람회를 다룬 13권의 보고서는 전(前) 생 시몽주의자였던 미셀 슈발리에가 감수한 것이다. 그는 1830년에 망명자의 신분으로 미국을 여행했으며, 프랑스에 돌아와서는 산업을 부흥시키기 위해 끊임없는 노력을 하였다.

박람회는 모든 세기에 걸쳐 열렸던 옛 전람회의 발전 형태이다. 1798년에 프랑스에서 열린 제 1회 박람회는 본질적으로는 국민적인 축제의 일환이었으며, 이후의 모든 박람회도 이러한 축제 동기를 가지고 있었다.

19세기의 특징적인 모습은 일상생활에서 여유가 사라졌다는 점이다. 이 때문에, 기존의 축제적인 형식을 부흥시키는 능력도 상실되었다. **19세기 후반의 박람회**가 국민생활에 있어서 **대규모 축제로 남았던 것**도 바로 이러한 상황이 한 요인으로 작용하였다. 상품저장 창고나 백화점, 사무소 건축은 그때 그때 필요한 실용적인 요구사항과 밀접하게 연결되어 있을 뿐이었다. 박람회도 충족시켜야 할 실용적인 기능을 가지고 있기는 하였지만, 일상생활의 긴박함과 거리가 먼 분위기 속에서 이루어졌기 때문에 축제적인 성격을 가질 수 있었던 것이다. 이 축제적인 측면과 실용적이거나 업무적인 측면은 항상 서로 대조적인 모습을 보여준다. 예를 들어, 박람회 홀의 구조적 측면에서 나타나는 확실함(sureness)은 홀 내부를 사교장으로서 배열하는 과정에 영향을 미치지 못하였다. 그러나 박람회는 결국 집단적인 축제 형식에 최대한 가까워지려는 이 시대의 노력의 결과라 할 수 있다.

건축이 산업 발전이라는 배경에 의해 좌우되었던 19세기에서도, 볼트 문제에 대한 그 시대의 해결안을 제시한 것은 특정한 축제적 동기가 내재된 박람회의 건물들이었다.

Fifth Edition 248쪽 09줄

건축의 태동기부터, 볼트 구조는 각 시대의 가장 멋진 건축 표현을 주도해 갔다. 초기 르네상스의 마사치오가 그린 베럴 볼트는 성기 르네상스와 초기 바로크사이에 이루어진 양식적인 표현으로 발전한 것이다. 후기 바로크의 볼트 변화는 시대를 바라보는 시각의 변화를 뜻한다고 할 수 있다.

볼트 문제에 대한 해결책은 19세기에 와서도 똑같이 중요한 문제로 인식되었다. 이미 여러번 지적했듯이, 건축분야에서 19세기 양식의 심오함을 알려면 다른 어느때보다 더 세심한 연구가 필요하다. 그러나 이러한 연구를 통해 어떤 결론에 도달하더라도, 대규모 박람회의 홀에서 처음으로 실현된 **볼트 문제의 독창적인 해결안들이 건축 발전의 '구성적 사실'임에는 분명**하다.

이러한 견해에 대한 반대 의견도 당연히 대두될 수 있다. 초기에는 '볼트 문제'가 형이상학적인 중요성을 가지고 있었지만, 박람회 건물은 순전히 실용적인 요구에 대한 해답만을 제시했다라고 주장하는 반대 의견이 있을 수도 있다.

이러한 반대의견도 무시할 수는 없다. 더욱이 박람회 건물이 인간적인 요구와 직접적으로 연결되어 있지 않은 것은 분명한 사실이기 때문이다. 어떤 의미에서 볼 때, 이러한 주장도 19세기에 적용할 수 있다. 인간 요구에 대한 19세기 사람들의 무관심 때문에 이러한 구조물들(조잡한 것인지는 몰라도)이 그 시대의 참된 표현으로 자리를 잡게된 것도 사실이다. 그럼에도 불구하고, 우리는 이러한 무관심의 이면(裏面)에 담긴 새로운 감성을 보여 줄 수 있을 것이라고 생각한다.

대규모 박람회 시기에 나온 가장 아름다운 두 개의 건물인 수정궁(1851)과 기계궁

(1889)은 이미 지상에서 사라졌다. 수정궁은 1937년에 화재로 소실되었고, 기계궁은 1910년에 무분별하게 헐렸다. 이 건물들의 소실은 우리 시대를 지배하고 있는 그날그날에 대처하는 분위기가 야기시킨 전형적인 결과이다. 선명하게 떠있는 듯한 구조물에서 실현된 중력의 탈피(볼트 문제에 관한 모든 해결안에서 본질적인 요소)가 19세기 동안에 거대한 형태에서 이루어졌다는 증거는 사진이나 동판화에 남아 있을 뿐이다.

1851년 런던 박람회
The Great Exhibition, London, 1851

249쪽 10줄 Fifth Edition

1851년 런던에서 공개된 수정궁(**도판. 143**)은 모든 관람자들에게 요정이야기를 연상시켰다. 온갖 장해와 무질서를 가져왔던 산업은 이제 또 다른 유익한 측면을 보여주었으며 꿈속에서만 느낄 수 있었던 감성을 불러 일으켰다.

수정궁은 초기 빅토리아 시대의 용기와 모험심이 반영된 초기 형식의 전시용 건물이다. 여왕의 부군인 **알버트 공**과 **헨리 콜 경**▼1이 이러한 종류의 전시관을 세상에 선 보이는데 주도적인 역할을 하였다. 전시관을 핵심적인 테마로 이끈 사람은 바로 알버트 공이었다. 헨리 콜은 1849년 6월 29일, 버킹검 궁에서 알버트공과의 다음과 같은 대화를 나누었다. "저는 전하께 이 박람회가 국내적인 성격을 띠어야 하는지, 아니면 국제적인 성격을 띠어야 하는지를 물었습니다. 프랑스 당국은 자신들의 박람회를 국제적인 성격으로 할 것인지를 논의한 끝에 국내적인 성격만을 띠도록 해야 한다고 의견을 모았던 것으로 알고 있습니다." 알버트 공은 한참 동안 생각하다가 (알버트 공의 말대로 쓰면) "외국제품을 포함해야 합니다." 라고 말한 다음 더 강한 어조로 "반드시 국제적인 박람회로 하고 싶습니다.…어디를 개최 장소로 할 예정입니까?" 라고 질문하기에, 나는 "하이드 파크가 좋을 듯합니다"라고 대답했다. 알버트공의 결정은 심사숙고 끝에 나온 것이었다. 1850년 알버트 공은 다음과 같이 공표하고 있다. "우리가 과도기의 가장 중요한 시대에 살고 있으며, 역사적 흐름속에서 당위성을 가지는 위대한 목표인 인류의 결합을 향해 힘차게 노력하고 있음을 의심하는 사람은 없을 것입니다.…여러분, 1851년 박람회는 이 위대한 목표가 해결될 때, 산업이 도달하게 될 단계를 생생하게 그려낼 것입니다."▼2

수정궁의 이면에는 고도로 발전된 영국의 산업이 있었고, 가장 단순하고 합리적인 제조 방식, 즉 연속적인 생산 방식이 있었다. 이 건물을 세운 팩스톤은 1837년 체스트워드에서 열대 식물을 보호하기 위한 온실에 채용한 "두렁과 이랑(ridge and

143. 수정궁, 런던, 1851, 전체 모습, 석판인쇄본.

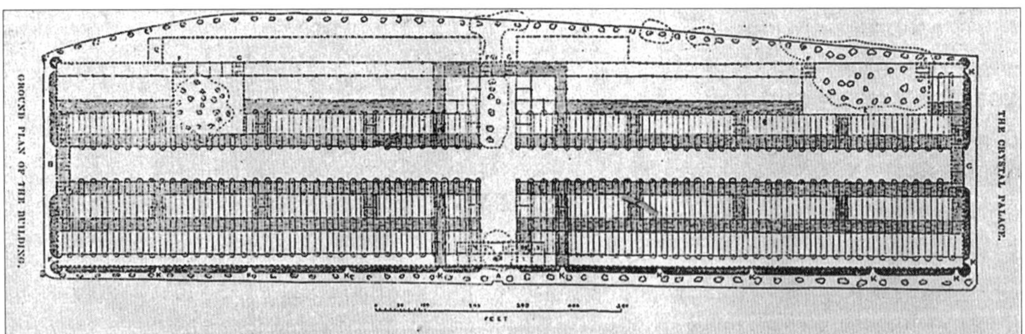

144. 수정궁, 런던, 1851. 평면도. 팔십만 평방피트에 달하는 1층 공간. 수정궁은 19세기의 볼트문제에 대한 해결책을 실제로 내놓지 못했으나, 얻을 수 있었다. 조립부재들이 처음으로 대거 사용되었으며, 유리판이라는 새로운 재료를 통해 새로운 예술적 표현력을 얻을 수 있었다.

251쪽 17줄 Fifth Edition

furrow)"구조를 사용했다. 건물 전체의 디자인은 4피트 길이로서, 당시로서는 가장 큰 표준 유리판으로 계획되었다. 이 무렵, 이보다 더 큰 유리판을 만드는 것은 불가능했다. 이 수정궁에 사용된 유리판은 챈스 브라더스사의 버밍햄 공장에서 만들어진 제품이었다.(이 제품을 만드는데 사용되었던 용광로는 아직도 쓰이고 있다.)

이렇게 일찍, 팩스톤이 전체 건물을 분해하여 작은 조립부재로 이루어진 간단한 구조시스템으로 만들 수 있었다는 것은 놀랄 만한 일이다. 유리를 붙이기 위한 목재 두렁과 이랑틀과, 유리면을 지지하기 위한 철재 라티스 거더, 그리고 각 바닥 사이를 볼트로 연결하는 주철재의 지지체들이 사용되었다. 나무나 철로 된 구조부재는 버밍햄에 있는 여러 공장에서 만들어져서 런던에 있는 건설현장에서 조립되었다. 이 당시 사람들이 자랑스럽게 말했듯이, 베드로 성당의 바닥면적의 네 배나 되는 80만 평방 피트의 바닥면적을 가진 건물이 이러한 방식으로 6개월 안에 세워진 것이다. 건물 길이는 1,851피트이며, 이 수치는 건설 당시의 연도와 일치하고 있다. 그러나 건축적 아름다움에도 불구하고, 철구조의 측면에서 볼 때 수정궁은 볼트 문제에 대해서 어떤 공헌도 하지 못했다. 수정궁의 익랑부에 있는 베럴 볼트는 목조틀로 되어 있으며, 72피트의 스팬은 수많은 중세 건물의 스팬보다도 짧았다.(도판. 144)

수정궁은 그 때까지 선례가 없던 건물의 새로운 개념을 실현한 것이었다. 주철이나 단철재 거더로 이루어진 틀과 유리와 철, 나무를 정확하게 볼트 접합하여 건설된 대규모 건물 중에 최초의 사례였다. 근대 산업 문명속에 잠들어 있는 가능성이 수정궁에서 처럼 명료하게 실현된 적은 내 지식의 범위내에서 볼 때 전혀 없었다. 우연히도, 아주 실용적인 박람회 기술을 태동시킨 조합, 즉 목재와 유리, 철의 조합이 시대정신에서 직접 우러나온 새로운 종류의 상상력을 불러 일으켰다는 것을 그 당시 사람들은 이미 인식하고 있었다. 우리가 모든 본질적인 측면에서 정당화된 "수정궁은 새로운 양식을 낳을 건축적 혁명"이라는 그 당시 사람들의 확신에 찬 예언을 설명할 수 있는 것도 바로 이러한 인식을 통해서만 가능하다.▼3

로스 버쳐는 1851년 다음과 같이 기술하고 있다. "이 건물에 대한 이의는 전혀 제기되지 않았으며 이 건물을 지켜 본 사람들의 인상은 멀리 떨어진 독일 마을에 있는 한 농가의 벽에 걸린 사진의 낭만적인 아름다움 정도였다. 조적 구조가 전혀 사용되지 않은 최초의 대규모 건물을 감상하면서 이때까지 건축의 평가기준으로 여겨졌던 것이 더 이상 쓸모가 없게 되었다는 것을 깨닫게 된 것이다."▼4

후에, 독일 외무성에서 비스마르크의 심복이 된 민주당의 정치적 망명자인 버쳐

145. 수정궁, 시덴햄. 내부. 화재로 소실되기 바로 전인 1935년에 찍은 이전된 수정궁(이전된 것임)의 사진.

는 계속해서 수정궁 내부(**도판**. 145, 148)에 대해 언급했다. 그의 묘사는 오늘날의 건축분석 방법처럼 매우 정확하게 기술되어 있다. 즉 "시야에서 건물 사이의 거리라든가 건물의 실제 크기를 가늠할 수 있는 단서가 전혀 없어도 우리는 섬세한 선들의 연결망을 관찰할 수 있다. 건물의 측면은 너무 길어서 한눈에 들어오지 않는다. 시각은 벽의 한 쪽 끝에서 다른 쪽 끝으로 움직여가지 않고, 대신에 지평선상으로 수렴하는 끝없는 투시도를 따라 쏠리게 된다. 이 구축물이 사람들의 머리 위로 100피트 가량 솟아 있는지, 또는 1000피트 가량 솟아 있는지, 또한 지붕이 단일 평판으로 되어 있는지 아니면, 힌지들이 연결되어 구성된 것인지를 가려낼 수 없다. 시신경을 통해서 크기를 잴 수 있게 해주는 그림자의 움직임이 전혀 없기 때문이다."

"시선을 아랫쪽으로 돌려보면, 청색으로 칠한 라티스 거더를 보게 된다. 처음에는 이 거더들이 띄엄띄엄 보이지만, 곧이어 간격이 차츰 좁아져서, 빛이 들어찬 눈부신 띠, 즉 모든 물질들이 대기속으로 녹아들어가서 만들어지는 먼 배경안으로 융화되는 익부(翼部) 때문에 이 거더들은 보이지 않게 된다.....이 광경은 그 어떤 것과도 비교할 수 없으며, 요정의 세계와 같다고 말하는 것도 전혀 헛된 소리는 아니었다. 그것은 눈부신 한낮의 빛속에서 등장한 한 여름밤의 꿈 이었다."

이 시대의 그림 중에 수정궁과 비교할 만한 것이 있을까? "실제적인 크기나 거리에 대한 관념이 전혀 내포되어 있지 않고, 모든 물질들이 대기속에 녹아들어가 있는" 그런 그림이 과연 존재할까? 영국회화의 궤도를 벗어난 그 어떤 곳에서도 발견할 수 없다. 1840년경에 터너가 그린 심플론 고개▼5의 스케치(**도판. 149**)는 풍경을 비물질화하고 무한 속으로 융화시키기 위해서 습기찬 대기를 이용하고 있다. 투명한 유리판과 철골 부재를 통해 수정궁에서도 이 그림과 동일한 의도가 실현되었다. 터너의 그림에 사용된 기법은 그렇게 추상적인 것은 아니지만, 비현실적이면서도 허공에 떠있는 듯한 효과를 수정궁 만큼이나 잘 표현하고 있다. 회색과 갈색, 청색으로 칠해진 산들의 깊은 허공과, 후경에 있는 산봉우리를 향해 휘감고 올라가는 누르스름한 갈색빛의 길은 사실적인 모든 특징이 제거된 채 서로 결합되어 있다. 즉 이것들은 "한낮에 청명한 빛속에서 볼 수 있는" 환상적인 풍경의 일부를 구성하고 있는 것이다.

254쪽 16줄 Fifth Edition

수정궁에서 실현된 예술적인 개념은 당시의 기술적 가능성을 능가하고 있다. 이

146. "인기마(The Favorite)": 19세기의 관리들과 비평가, 대중들이 실제로 동경했던 것을 놓치지 않는 것이 중요하다. "인기마"에 관한 당대의 견해는 다음과 같다. 즉 영국 조각 궁전의 가장 아름다운 군상중에 하나. …실물같이 진지하고 아름다운…"

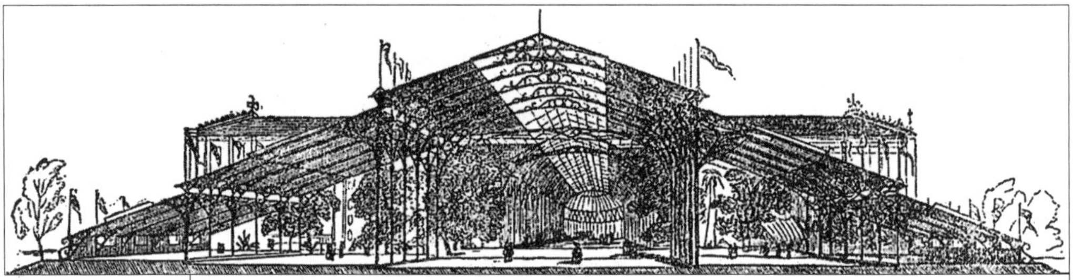

147. 헥터 호로. 수정궁 현상 공모의 당선작, 1850. 헥터 호로(그랑 홀 계획안으로 유명한 사람)는 바실리카 형식의 가벼운 철구조로 일등상을 받았다. 원래 의도대로,기념비적 건물을 짓지 않으려는 위원회의 영향이 어느정도 드러나 있다.

러한 성과는 19세기에서는 거의 찾아 볼 수 없는 것이었다. 기계보다도 수목을 취급하는데 능숙했던 조경기술자이자 수정궁의 건설자였던 팩스톤의 세심한 솜씨가 이 건물 전체에 잘 나타나고 있다. 엄정한 웅대함과 모종의 우아함이 미묘하게 결합된 이러한 조합은 다시는 이루지 못할 그 무엇이었다.▼6 이후 몇 십 년은 건축 기술자들에 의해서 건축 발전이 이루어질 것이다. 그들이 새로운 해결책을 발견할 것이다.

1855년 파리 박람회

The Universal Exhibition, Paris, 1855

Fifth Edition 255쪽 16줄

박람회는 1798년에 국가적인 제전으로 처음 개최되어 19세기 초반까지 비슷한 성격을 유지하면서 발전되었다. 1849년, 프랑스의 상공대신은 그 해의 파리 박람회를 세계적인 성격으로 만들자고 제안했다. 그러나 프랑스 상공회의소의 회원들은 외국 산업체들에게 자국의 미개척 영역을 개방할 만한 용기가 부족하였다. 수정궁에서 국제적인 박람회가 개최된 지 4년이 지난 1855년에 가서야 비로소 "산업생산품의 만국박람회"가 처음으로 프랑스에서 열렸다. 그러나 1855년 이후의 모든 대규모 박람회, 즉 역사적인 중요성을 조금이라도 가진 박람회는 모두 프랑스에서 개최되었다. 마치 고딕시대 처럼, 이 당시의 프랑스는 가장 대담스러운 구축물이 들어서는 무대였다. 일반 대중이나 신문은 모두 무엇을 기다리고 있었다. 이후의 프랑스에서 개최된 박람회에서는 이러한 현상이 발생하지 않았다. 처음에 사람들은 휘말려 들어가지 않기를 원했다. 그러나 결국, 새로운 전시공간에 대한 요구가 과도하게 되어 박람회 장소에 배정되었던 대지 면적이 지나치게 협소한 사태에까지 이르게 되었다. 결국 박람회는 예상치 못했던 증축을 부속물을 보여주면서 끝냈다.

평면(도판. 151): 공업관은 2개의 갤러리로 둘러싸인 높은 중앙 아일로 된 장방형 구축물이였다. 낮은 쪽의 아일은 수많은 주철 지주(支柱)로 지지되어 있다. 중앙 아일은 이 당시에 흔히 사용된 순환식의 파노라마와 센 강을 따라 뻗어있는 1200미터의 기계관과 연결되어 있다. 오를레앙 궁에 있는 퐁텡 갤러리를 연상시키는 듯한 좁은 베럼 볼트에도 불구하고 기계관(**도판.** 152)은 볼트 문제에 대한 가장 대담한 해결안들을 제시하였고, 이후의 '기계전시관들'의 출발점이 되었다.

스팬: '**공업관**'의 스팬은 48미터이다. 당시에 시도된 것 중에서 **가장 넓은 볼트**를 보여주고 있다. 약 22미터의 스팬▼7을 가진 수정궁을 능가한다. 부분적으로 수공업에 의해서 만들어진 단철재 라티스 거더가 사용되고 있다. 단철 거더가 볼트 구성 부재로 처음 사용된 것이다. 볼트에 사용된 넓은 유리판들은 다량의 광선 입사에 익숙하지 못했던 당시의 관람자들을 눈멀게 할 정도였다. 이 볼트의 형태는 제 1제국시대와 제 2제국시대의 큰 홀이나 계단실을 덮었던 방식을 떠올린다. 이처럼 초기 단계에서도 새로운 재료의 의미가 잘 이해되었다. 즉 볼륨을 벽으로 둘러싸기보다는 오히

148. 수정궁, 내부, 시야에서 건물사이의 거리라든가 건물의 실제 크기를 가늠할 수 있는 단서가 전혀 없어도 우리는 섬세한 선들의 연결망을 관찰할 수 있다. 로더 버쳐, 1851)

려 공간을 개방시키는데 더 큰 의미를 두었던 것이다.(도판. 150)

구조: 중앙 아일에 높이 매달린 둥근 아치는 진보의 단계가 어디까지 와 있는지를 말해주고 있다. 거의 50미터에 이르는 대담스러운 스팬에도 불구하고, 자유로운 공간을 침해하는 '타이 바(tie bar)'는 전혀 사용되지 않았다. 그러나 여전히 이 구조는 오늘날의 작품들을 통해 우리들가 익숙해 있는 경쾌성이 결여되어 있음을 느낄 수 있다. 측면 응력의 부담을 위해 여전히 고딕의 구조 원리를 모방한 것 이외에는 어떤 대안이 없음을 알 수 있다. 홍예받이로 사용된 거대한 납덩어리는 공간을 낭비할 뿐만 아니라, 가격 또한 너무 비싼 재료이다. 엑토르 오로는 그 자신의 계획안이 그랑드 홀 계획안(1849)에도 동일한 원리를 채용하였다.▼8

이 전시회에서는 넓은 스팬과 경구조와의 결합에 대한 방식이 발견되기 전이었음에도 불구하고 이러한 방식이 시도되었다. 그러나 수정궁이 보여준 발전과는 달리

149. J.M.W.터너, 심플론 패스, 수채화, 1840년경, 포그미술관, 캠브릿지, 매스. 풍경을 비물질화하여 풍경을 무한대로 녹여버리는 훈훈한 분위기를 통해 수정궁의 비물질적이며 부유하는 듯한 효과를 보여주고 있다.

150. 국제 전시회, 파리, 1855. 주 전시관의 내부. 48미터의 스팬은 이 당시로는 대단한 크기 였다. 타이 바는 사용되지 않았다. 거대한 버트레스를 사용하는 것으로 대체했다.

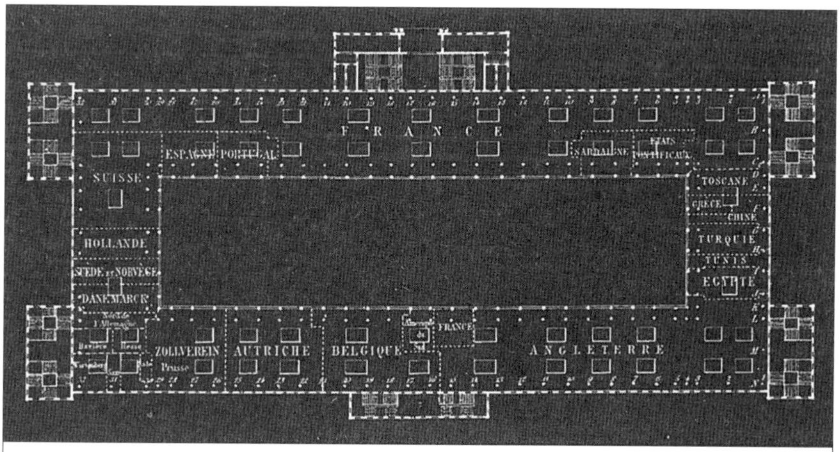

151. 국제 전시회, 파리, 1855. 평면도.

152. 기계관, 파리, 1855. 센 강과 나란히 서있는 1200미터 길이의 갤러리. 산업 박람회의 정점이 된 여러 기계관들의 출발을 알리는 건물.

이 전시회는 위험스러운 길을 가고 있었다. 전시회의 주요 건물인 공업관은 **육중한 석재벽**으로 온통 둘러싸여 있고 거대한 개선문 형식의 아치를 보여주고 있다. 이 기념비적인 석공사는 불행하게도 나중에 런던이나 시카고에서 열린 박람회의 주된 양식으로 채택되었다.

이 공업관은 상제리제에 세워졌다. 한편, 이 곳은 제 2제정시대 전체를 통해서 오스망의 파리 재개발계획의 중요한 지점이었다. 1900년에 열린 박람회의 전시장 부지를 조성하기 위해 1897년 해체될 때까지 사교 모임장이나 회합장소, 또는 각종 전람회 공간으로 사용되었다.

1867년 파리 박람회
Paris Exhibition of 1867

평면: 이 박람회 건물의 외형은 원래 지구를 상징하도록 계획되었다.(**도판. 154**) 샹 데 마르가 대지로 채택되었을 때, 그 건물에 원형적인 윤곽을 부여하려는 계획은 불가능하게 되어 원형 대신 타원형으로 설계되었다. 장축은 490미터(1608피트), 단축은 386미터(1266피트)였다. 나폴레옹 3세에 의해 책임자로 임명된 프레드릭 르 플레

이가 이 건물의 평면 윤곽과 전체 프로그램을 설정하는 일을 맡았다. 그는 유능한 엔지니어이자 경제학자였으며, 유럽의 노동 문제에 관한 전문가이기도 했다. 1798년 처음으로 국내적 성격의 소규모 박람회가 개최되었던 장소인 샹 데 마르가 다시 한번 대규모 세계박람회의 대지로 선정되었다.

평면계획에서 대두된 문제는 관람자들이 차례대로 혼란 없이 모든 나라의 산업을 볼 수 있도록 독립된 각 구역들을 어떻게 배치하는 가였다.

타원형의 주(主)전시관 속에는 7개의 동심원 갤러리가 땅의 주된 윤곽을 그대로 드러내면서 배치되어 있다.(**도판**. 156) 중앙에 타원형 모양으로 놓여 있는 "노동 콜로세움" 안에는 정원이 배치되어 있다. 중심에서 바깥쪽으로 갈수록 갤러리의 크기는 증가한다. 가장 바깥쪽에 위치한 갤러리(기계관)의 높이와 폭은 다른 갤러리의 두 배에 달한다.(**도판**. 157) 이 갤러리에는 산업용 기계류가 전시되었다. 의류와 가구, 천연재료들은, 중심쪽으로 차례대로 나열된 잇달은 3개의 갤러리에 각각 전시되어 있다. 가장 안쪽에 있는 두 개의 소규모 갤러리에는 노동의 역사와 미술에 관한 전시물들이 각각 나열되어 있다. 가장 안쪽에 있는 타원형 공간안에는 조상(彫像)들이 배치된 종려나무 정원이 있다.(**도판**. 102)▾10

이 건물은 횡단보도에 의해 독립된 여러 구역으로 구획되어 있다. 각 구역에서, 관람자는 한 나라의 발전상황을 쉽게 볼 수 있으며, 인접한 여러 구역에 있는 다른 나라의 전시물들과 비교할 수 있다. 바로 이것은 "살아 있는(living)" 통계의 시도라 할 수 있다.

1867년에 출판된 공식 간행물의 인용문에 담긴 이 박람회의 목적은 다음과 같이 요약할 수 있다. "이 건물의 궤도를 적도와 같은 원으로 만든 것은 글자 그대로 세계를 순회하는 것이다. 모든 사람들이 바로 여기에 모여 있으며 적들끼리 평화를 유지하면서 나란히 살아가고 있다. 물로 된 지구 위에 천지창조가 이루어질 때처럼 철로 된 이 구체(球體) 위에 신성한 기운이 감돌고 있다." 이런 화려한 표현에는 제 2제정 시대다운 수식이 담겨있을 뿐만아니라, 박람회의 본질적인 동기도 정확하게 드러나고 있다.

구조: 스팬 35미터, 높이 25미터인 기계관의 철골조는 28미터 높이의 지주(支柱)로 이루어져 있다. 볼트 거더의 아치는 지상 25미터에 달하고 있다.

153. 대중적인 조각품, "천사의 사랑".

지주는 볼트의 높이에 그치지 않고 공중으로 계속해서 뻗어 나가고 있다. 책임 기술자였던 크란츠는 '타이 바'를 사용하지 않기 위해 이런 방식을 취했다. 즉 지주에서 바스켓 아치로 증축되는 거더만이 수평응력을 부담할 수 있기 때문이다. 밖으로 돌출한 지주는 보기 흉한 것으로 여겨졌으며, 깃대로 이 지주를 위장하려는 시도가 이루어지기도 했다.

나온 지 얼마 안 된 기이한 모습의 수력식 승강기는 1층과 옥상 사이를 이동하는데 사용되었다. 지붕주위에는 플랫폼이 뻗어 있으며, 이 플랫폼에서 보면, 파형철판과 유리로 된 갤러리들의 도시 풍경이 잘 드러난다.

이 책임 기술자 뒤에 서있는 사람이 바로 얼마 전에 자신의 공장을 설립한 젊은 에펠이다. 이 기계관에 대한 궁극적인 아이디어는 에펠로부터 나온 것이다. 새로운 재료를 많이 사용하고, 승강기와 같은 새로운 장치를 도입하며, 산책로의 투명 유리면을 따라 보도를 설치하는 등과 같은 방식을 동원하여 대중에게 새로운 기술적 성과물 뿐만아니라 완전히 새로운 미적 가치를 보여주고 있다.

←
154. 국제 전시회, 파리, 1867. 공중에서 본 모습.

155. 마네, 1867년 박람회의 모습, 유화. 이 전시회에 그림을 출품하지 못하게 된 마네는 "퐁 데 랄마(Pont de l'alma)"에 대한 자신의 모든 생각을 보여주고 있다. 마네는 이 건물의 실체를 외부적인 측면에서만 묘사하고 있지 않았다. 즉 이 건물에 적당한 예술적 언어를 설정해 주고 있다. 이 사진에서 중요한 점은 매스와 칼라사이의 역동적인 관계이다.

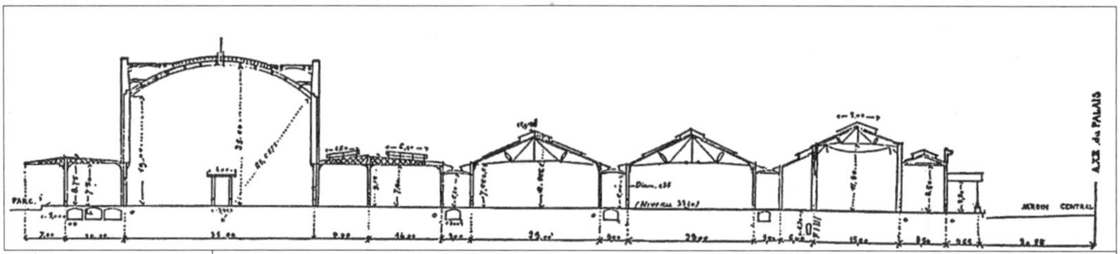

156. 국제 전시회, 파리, 1867. 주 건물의 갤러리 단면도. 7개의 중심형 갤러리가 타원형 주 건물안에 배치되어 있다. 기계관의 폭과 높이는 다른 갤러리의 두배에 달한다.

157. 국제 전시회, 파리, 1867. 기계관. 눈에 보이는 타이 바를 사용하지 않고도 35미터라는 전체 스팬을 얻고 있다.

1878년 파리 박람회▾11

Paris Exhibition of, 1878

Fifth Edition 264쪽 02줄

1878년의 파리 박람회는, 1870년의 패배에서부터 프랑스가 제기했음을 세상에 알리기 위해 개최된 것이다. 1867년의 박람회가 대단한 성공을 거두었기 때문에, 바로 뒤이은 박람회에 적합한 대지는 훨씬 넓어야 한다는 것이 지배적이었다. 이 박람회는 두 구역으로 나누어졌다. 한 구역에는 기념비적인 석조 건물이 세워지고, 다른 한 구역에는 일시적인 박람회 구조물이 들어서도록 계획되었다. 1876년부터 생 다비오드와 보르데는 센 강 반대편에 석조로 된 트로카데로 궁전을 짓고 있었다.

주 전시관은 샹 데 마르의 네모난 윤곽을 그대로 따르고 있다. 타원 형태를 포기한 이유는 이러한 형태에 필요한 굴곡진 거더를 박람회가 끝난 후에 다시 사용하는 것이 매우 어렵다고 판명되었기 때문이다.

서로 나란히 열지어 배열되어 있는 갤러리들은 전체 대지를 메우며 뻗어나가고 있다. 모든 갤러리들은 기계관을 면하고 있고 이 기계관에 종속되어 있다. 대지의 좁은 면을 따라서 에펠이 지은 두 현관이 센 강을 향해 배치되어 있다.

주출입구와 양쪽에 있는 두 파빌리온의 부풀려진 금속판 건축은(**도판**. 158) '일시적인 사실'로서 별로 중요하지 않다. 이 당시도 이 부분은 별로 쓸모없는 것으로 여겨졌다. 그러나 여기서 만들어진 일시적인 취미의 형태와 다른 것을 주위 깊게 살펴보면, 1900년 이후 건축의 '구성적 요소'들이 나타나고 있음을 알 수 있다. 유리 파사드에서 드러난 대담성은 미래의 씨앗이라 할 수 있다. 1878년의 이 유리벽 옆에 뎃사우 바우하우스의 유리벽과 샌프란시스코(1918)의 헐리데이 도매상의 유리벽을 나란히

158. 국제 전시회, 파리, 1878. 주 출입구. 유리나 마르퀴즈 유리 등과 비교해 볼 때 파형철판은 그리 중요하지 않다. 후자는 수직적 요소들과 교차되고 있어서, 하중과 지지사이의 관계가 더 이상 시각적으로 인식되지 않고 있다.

놓을 수 있다.▼12

정면 유리벽 전체에 드리워진 돌출한 유리 캐노피에서 후에 등장할 건축의 '구성적 사실'을 발 견할 수 있다. 이 돌출 캐노피는 시각적으로 하중과 지지 사이의 관계를 인식하지 못하도록 한 방식과 유사한 수법이 적용되어, 수직적 요소와 교차하면서 떠있으면서 수평적인 면을 이루고 있다.▼13 이와 같은 연속된 유리천장은 후의 암스테르담 쇼핑몰의 천창에서 찾아볼 수 있다.

건축이 태동할 때부터, 하중과 지지 사이의 관계를 눈에 보이도록 하는 방식은 하나의 중요한 사실이었다. 이 건물에서 볼 수 있는 이러한 구조 방식은 다른 종류의 예술적 감성이 등장하였음을 알려준다.

Fifth Edition 266쪽 26줄

구조: 1878 박람회 주전시관의 양측면에는 덧붙여진 기계관이 있다.(**도판**. 159) 베럴 볼트는 이제 사라졌다. 형태적으로 볼 때 갤러리는 뒤집힌 배의 선채와 비슷하다. 지붕에서 서로 연결되어 골조를 이루는 거더들은 독립된 부재들을 연결해서 만든 것이다. 이러한 방식에는 이미, 직립상태로 건물에 세워지는 경직된 연속 지지체들만이 구조를 담당하는 것은 아님을 시사하고 있다.

거더: 여기에 사용된 거더는 데 디온(De Dion) 타입이다. 엔지니어인 앙리 데 디온이 장스팬에 적합한 거더를 만든 사람이었다. 각 재료의 인장강도를 연구하여 타이바를 사용하지 않고도 전달되는 여러 응력에 견딜 수 있는 조립 거더의 적당한 형태를 발견한 것이다. 데 디온은 1878년 박람회가 개최되기 바로 직전에 사망했으며, 그때까지 그는 이 구조 연구에 전념하였다.(골조 거더들의 배열은 재료의 본질적 원리에 관한 연구와 밀접한 관계가 있는 내적 탄성을 보여준다.)

겹친 지붕 장선들이 라티스 거더 사이에 놓여 거더들과 서로 연결되어 이전에는 불가능했던 단아한 명료성을 보여주는 구조가 만들어졌다. 양측면의 중앙부분에서 접점높이에 이르는 벽은 유리로 덮혀 있다. 재료의 본질상, 이러한 유리와 철의 결합은 건물을 강하게 비물질화시킨다. 기계관을 연구할 때에도 이 점을 느낄 수 있었다. 당시의 건축가였던 보와로는 이 두 재료의 조합에 대한 인상을 다음과 같이 확신에 차서 말했다. "관람자들은 투명한 표면의 무게조차 알아 내지 못한다. 관람자들에게 이 표면은 공기나 빛, 즉 헤아릴 수 없는 유동체로 인식된다."▼14

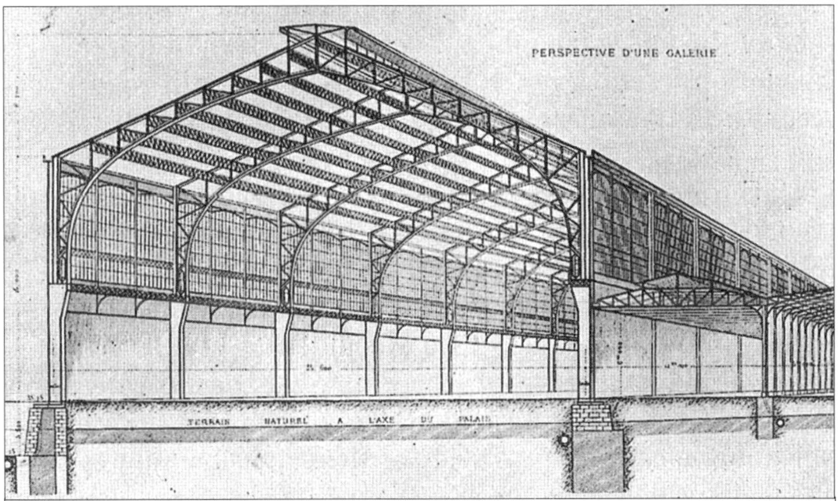

159. 국제 전시회, 파리, 1878. 기계관의 단면과 투시도. 스팬: 35미터, 높이: 25미터. 데 디온의 연구 덕분에, 타이바를 쓰지 않고도, 건물에 전달되는 모든 힘을 기초로 내려 보내는 것이 가능해졌다.

데 디온의 연구 덕분에, 건물에 전달되는 모든 힘을 기초로 내려 보내는 것이 가능해졌다. 그러나 이 기초는 여전히 지주(支柱)나 골조와 경직된 상태로 연결되어 있다. 지주들은 기초에 매입되는 U형 철 소켓으로 리벳접합되었다. 그러나 철골조는 온도의 영향에 민감하기 때문에 석재 궁전을 만드는 방식으로 접합될 수 없다. 데 디온은 이 문제를 연구한 선구자에 속하는 인물이다. 이 문제는 1878년의 기계관에서 직접 다루어졌다. 한 쌍의 라티스 기둥이 만나는 지붕 용마루를 따라 60미터마다 나 있는 타원형 구멍에는 긴결된 복잡한 볼트 시스템이 있다. 이 시스템을 통해 골조 전체는 팽창과 수축작용을 자동적으로 한다. 박스형 거더와 주두처럼 이 거더에 의지하고 있는 캐노피와 함께 여전히 계속되는 지면과의 경직된 접합은 쉽게 사라질 것 같지 않은 하중과 지지 사이 고대 기둥에 적용된 원리를 생각나게 한다.

1889년 파리 박람회
Paris Exhibition of 1889

1889년의 박람회는 긴 **발전과정의 정점**이자 결정판이다. 이 박람회에서 에펠과 같은 위대한 공학자들은 전성기를 맞았다. 구조의 새로운 개념과 산업의 새로운 발명들이 서로 결합된 박람회는 표현적인 독창성의 발흥은 물론 사회적으로도 큰 영향을 미쳤다. 1885년의 길쭉하고 볼품없는 기계관과 1867년에 크란츠와 에펠이 지은 거대한 원형 갤러리, 1878년에 데 디온이 선보인 기계 홀의 거대한 두 아일은 1889년의 기계궁이란 정점에 이르는 하나의 단계였다. 268쪽 23줄 Fifth Edition

1889년의 박람회는 에펠탑을 중심으로 개최되었으며 에펠과 그의 기술자들은 17개월이라는 짧은 기간내에 센강변에 이 탑을 세웠다. 전시관은 에펠탑 뒤쪽에 산재되어 있다. 두 채의 건물중, 하나는 순수 예술을 위한 것이였고 다른 하나는 자유 예술을 위한 것이었다. 이 두 건물은 서로 연결되어 일반 전시를 위한 구역으로 설정되었다. 기계궁의 거대한 금속 덩어리는 박람회장 전체를 지배하며 솟아오른 형태를 보여준다. 일종의 이동 크레인이 기계궁내에 세워졌다.**(도판. 160)** 이 크레인은 대규모 홀의 긴 거리를 따라 관람자들을 이동시키고, 아래쪽 바닥에 전시되어 있는 모든 기계들을 볼 수 있게 한다. 관람자가 많은 날은, 십 만 명이나 되는 사람들이 이 크레인을 이용했다. 끝으로, 산업은 그것이 태동할 당시에 보여주었던 일종의 경이로움을 불러 일으켰다. 4년 후에 열린 시카고 박람회의 움직이는 다리를 통한 기계 전시 방식은 이 기계궁만큼 성공을 거두지 못했다. 그러나 1878년과 1889년 사이에, 엄청난 진보가 이루어졌고, 관람자들은 기계궁과 에펠탑의 대담성을 보고 흥분할 정도로 자극을 받았다. 조각가였던 레이몽 듀샹 - 뷔롱(1876~1918)은 이때 받은 인상을 마치 13살 아이처럼 기술하고 있다. "여론은 너무 오랫동안 철구조의 예술성을 무시해왔기 때문에, 기계궁의 위력과 대담성을 인식하고 평가할 준비를 갖추지 못했다. 이동 크레인을 타고 환한 네이브를 통과할 때의 그 환상적인 여행을 나는 분명하게 기억하고 있다. 비틀어진 파충류처럼 생긴 벨트가 윗쪽에서 삐걱거리는 소리나 사이렌 소리와 함께 소용돌이 치고 있었으며, 원형과 피라밋, 그리고 입방체를 담고 있는 검은 동굴들이 위에서 나타났다."▼14a

Fifth Edition 270쪽 17줄

기계관(실제 이름은 기계궁)▼15의 시공을 맡은 사람은 코탄신이었고 설계자는 듀터트였다. 이 건물의 규모는 그때까지의 어떤 건물보다 컸다. 당시에 시도된 가장 큰 볼트는 런던의 세인트 팬크라스 역(1868)의 볼트이며 스팬은 73미터, 높이는 25미터에 달했다. 기계궁의 스팬은 115미터이며 높이는 45미터였다. 이 건물의 골조는 20개의 트러스로 구성되어 있다. 건물이 길이는 420미터에 달했다. 거대한 유리벽이 건물의 측면을 감싸고 있다.▼16

1889년 기계궁에 포함된 자유공간의 볼륨을 통해서, 그 이전까지 해결되지 못했던 문제가 정복되었다는 것을 알 수 있다. 이러한 측면에서, 이 건물과 비교될 수 있을 만한 건물은 당시까지 없었다. 그러나 엄밀히 말해, 유리벽은 건물에 붙어 있는 것이 아니었다. 유리벽은 내부공간과 외부 공간 사이에 놓인 얇고 투명한 막에 불과했다. 정해진 규준이나 근거를 가지고 건물을 평가하려는 태도로는 기계궁의 중요성을 발견할 수 없다. 건물을 통해서 주목할 만한 변화를 이루지 못했다면, 골조의 거더가 더 많이 필요했을 것이다. 이 건물의 미학적 기치는 건물 자체와 내부공간의 통합이나 상호관입성에 있다. 이러한 통합과 상호관입성을 통해 건물 내부의 기계들과 관련된 완전히 새로운 무한성과 움직임을 느낄 수 있다.

아치형 트러스들은 두 부분으로 이루어져 있다. 홀의 중앙선을 윗방향으로 높이 연장시킨 선의 정점에서 핀으로 결합되어 있다. 아래쪽으로 갈수록, 이 트러스들은 점차 얇아져서 땅에 정착되어 있지 않은 것처럼 보인다. 윗쪽으로 갈수록 트러스는 점점 더 무거워지고 힘차 보인다.**(도판. 161)** 일반적인 비례가 완전히 뒤집혀 있는 것이다. 세 겹으로 구성된 이 아치들은 하중과 지지 사이의 합리적인 관계에서 생기는 전통적인 안정감을 방해하고 있다. 더 정확히 말하면 파괴하고 있다. 엄청나게 밖으로 돌출된 켄틸레버처럼 연장되어 있는 이 트러스는 모든 부재에 움직임을 느낄 수 있게 한다. 베럴 볼트로 된 정적인 석조 건축을 생각나게 하는 요소는 전혀 없다. 보로미니의 큐폴라에서 이루어진 새로움처럼, 공간을 뚫고 지나가는 새로운 종류의 운

160. 국제 전시회, 파리, 1889. 기계관. 스팬: 115미터, 길이: 420미터. 이때까지 한 번도 시도된적 없는 크기의 스팬. 이 건물은 모든 세기의 구조적 경험이 축적되어 있지만, 무모하게 헐렸다.

161. 국제 전시회, 파리, 1889. 삼핀 접합 아치의 베이스.

162. 에드가 드가, "무용수", 에펠과 동시대에 살았으며 이 당시 가장 실험적이였던 이 화가는 모든 관능미가 제거된 무용수를 연출하고 있다. 그는 무희들의 팽창된 콧구멍과 긴장된 노력을 보여주는 모든 팽창감을 보여주고 있다. 막스 리버만은 다음과 같이 지적하고 있다. "자신의 모델을 위장하려는 듯이 보이며 젊은 무용수속에서 미숙한 매춘부의모습을 찾으려고 하는 것 같다. 소설적인 요소를 이처럼 완벽하게 정복한 화가는 없을 것이다."(독일의 아방가르드 잡지 중에서 가장 "귀중한 팬"에 나오는 내용, p. 195)회화적인 측면에서 볼 때, 이 그림은 기계관과 같은 구조물에서 만들어진 보편적이고 명확하며 객관적인 정신을 보여주고 있다.

동감을 느낄 수 있다.

또 하나 주목할 점은 스케일의 왜곡이다. 즉 이 트러스의 단면 깊이는 폭의 5배나 된다.(3미터 50센티미터 깊이에 75센티미터 폭) 이것은 일종의 왜곡으로 느껴진다. 왜냐하면, 사람들은 보편적인 비교 기준에 따라 석재 아키트레이브의 규모 정도로 여기기 때문이다.

트러스가 이 정도의 비례로 확대될 때는 채움 재료가 부족할 것처럼 여겨진다. 게다가, 이 거더들은 이례적으로 가늘다. 예전에는 사용되지는 않았던 최초의 철골조이다. 당시의 관람자들은 이처럼 이상한 수치 설정을 보면서 혼란에 빠졌다. 현대 건축의 길을 열어보인 사람중에 하나인 아나톨레 드 바우도트마저도 이 비례는 실패라고 주장했으며 벨기에 출신의 엔지니어인 비렌딜은, "비례가 없어 그 결과도 좋지 않다. 거더는 균형을 이루지 못하고 있으며, 기부(基部)도 없고… 너무 낮은 곳에서 시작되고 있다.… 안정적인 시각이 불가능하다.… 이 기계궁의 지지체는 또 다른 결점 271쪽 27줄 Fifth Edition

163. 대중적인 그림, '파도의 키스,1889. 전시회 신보(특별판, 1889년 4월 14일)'제 2권의 두페이지를 차지하는 거대한 목판화. 날쌘 행위와 관능적인 모습을 통해서 이 시대의 모든 요구들을 충족시키고 있다.

을 보여주고 있다. 너무 휑 하다."

이처럼, 비평을 받았던 측면들은 바로 미래에 펼쳐질 발전과 관련된 것들이었다. 이 건물의 구조에서 몇 십 년이 지난 후도 건축과 예술 부분에서 이루지 못했던 미학적 감성을 찾을 수 있다.

위로부터 홀안으로 쏟아지는 빛은 얇은 격자 세공품을 비물질화 시키고 있다. 시각적인 느낌의 측면에서 보면 볼트는 부유하고 높이 떠있는 상태를 연출하고 있다.

고대의 기둥을 상기시키는 마지막 힌트가 제거된 것이다. 하중과 지지를 서로 분리하는 것은 불가능하다.

볼트는 위로 치솟는 작용 때문에 휘어진 형태를 보여주고 있음에도 불구하고, 하중을 지지하기 위해 아주 낮은 지점에서 시작되고 있다. 이 볼트를 여상주(女像柱, caryatid)와 비슷한 것으로 생각할 수도 있다. 에페카데움의 처녀상이 가진 우아함을 보여주면서 이 볼트는 하중을 부담하지 않고 있으며, 바로크식 정문의 벌거벗은 거인처럼 하중에 의해 파괴되지도 않고 있다. 볼트는 하중과 하나가 되기 위해서 하중을 향해 도약하고 있다.

바닥쪽으로 갈수록 좁아지는 거더의 끝부분(**도판**. 161)은 더 이상 지면과 경직된 상태로 연결되지 않고, 움직일 수 있도록 자유로운 상태를 유지하고 있다. 경첩 조인트를 통해서 거더들은 120,000 킬로그램의 수평력과 거더 자체의 무게를 운반한다.▼[17] 이러한 구조 체계에서는, 내부 응력을 일으키지 않고 기초까지도 움직이게 할 수 있을 것이다. 구조의 모든 점들에서 힘의 작용을 조절할 수 있는 유일한 수단은 바로 이러한 방식이다.▼[18]

1878년, 데 디온의 홀에도 여전히 나타난 하중과 지지 사이의 구분 원리는 이 건물에서 완전히 사라졌다. 철재 볼트는 이제야 진짜 형태를 가지게 된 것이다. 경직되기보다는 유동적인 평형상태 내에서, 엄청난 힘들이 서로 작용하고 있다. 이 평형상태는 끊임없이 변하는 힘에 대응해 과감하게 설정된 균형 보의 평형상태에서 비롯된다.

새로운 유동적인 조화가 이루어졌다.

내부와 외부, 그리고 기초에서 생기는 변동을 흡수하는 탄성 평형상태가 발견된 것이다.

건물 자체의 분자구조상에서 생기는 변동에 대처하면서 이러한 평형상태에 도달했다.

외부의 압력과, 바람, 눈 등에 저항하면서 평형상태에 도달했다.

구조가 표현으로 승화되었다.

구조는 형태를 부여하는 위치를 가지게 되었다.

1893년 시카고 박람회

Chicago, 1893

시카고 박람회를 출발점으로 대규모 박람회가 쇠퇴할 것이라는 사고는 19세기의 복잡한 특징을 미묘하게 시사하고 있다. 이 당시의 시카고는 사무소 건물과 아파트 등과 같은 대담하고도 선구자적인 작업이 이루어진 곳이었다. 파리에서 열린 박람회 (특히, 1889년 박람회)가 새로운 구조를 만들고 새로운 감성의 영역을 열었던 반면에, 시카고에서 열린 '세계 콜롬비아 박람회'는 "상업적 고전주의"의 출발을 알렸다. 이 박람회의 "플라스터(plaster) 건축"이 미친 영향은 엄청났으며 오랫동안 지속되었다. 루이스 설리반은 『**사고의 자서전**(Autobiography of an Idea)』에서 다음과 같이 예언하였다. "시카고 박람회가 이 나라에 미친 해악은 반세기 동안 지속될 것이다."

Fifth Edition 275쪽 30줄

1893년 당시에는 시카고에도 좋은 사례들이 있었다. 루이스 설리반의 '교통 빌딩'(그가 박람회에 내놓은 유일한 작품)과 미시간 호수를 따라 늘어선 지붕덮힌 선창들이 그 예이다. 그럼에도 불구하고, 당시의 벨기에 기술자였던 비렌딜의 다음과 같은 주장은 상당한 설득력을 가지고 있었다. "이 구조체들은 오랫동안 유럽에서도 그 한계점을 익히 알고 있던 것에 불과하다. 미국인의 그 유명한 대담성과 진취적 기상과 독창성을 통해서 더 좋은 것이 나오리라고 기대했었다. 그러나…지금 우리는 철저하게 속았다는 생각 뿐이다." 금속 구조틀을 감싸고 있는 석고 건축도 독창성을 결여하고 있었다. "새로운 세계에서 미국인들은 혁신적인 일을할 만큼 대담하지 못했다. 그들은 스스로에게 회의를 느끼고 있다."

164. 세계박람회, 시카고, 1893. 베네치아. 곤돌라.

사람들을 기쁘게 한 것은 호수 쪽으로 뻗어 있는 선창의 순수한 곡선이 아니라, 베니스에서 특별히 수입해온 곤돌라와 사공이었다.(도판. 164) 루이스 설리반의 건물도 대중적인 성공을 거두지 못했다. 오히려 대중적인 성공을 거둔 것은, 프랑스 아카데미의 정신을 바탕으로한 "대리석" 열주랑이었다. 에펠탑의 건설에 모든 수단을 다 동원해 반대했던 장본인이 바로 이들이었다. 시카고 박람회에서, 건축가들은 르네상스 시대의 창조적인 정신을 자신들이 부활시켰다고 믿었으며, 대중들은 플로렌스의 영광이 다시 돌아왔다는 환상에 젖어 있었다. 이러한 태도는 쉽게 알 수 있다. 그것은 실제 현실에서 도피하려는 보편적이고도 헛된 노력에서 나오는 것과 유사하기 때문이다. 이러한 태도는 마치 재정난(財政亂)처럼, 산업시대 내내 끊임없이 나타나고 있다.

277쪽 08줄 Fifth Edition

여유가 있다면, "대규모 박람회"가 국가의 생명과 산업에 미친 막대한 영향력을 자세하게 다루는 것도 매우 흥미로울 것이다. 각 박람회의 "주제"들이 현실화되는 방식도 좋은 논의거리가 될 것이다. 결국, "모든 국가의 산업화"는 모든 대규모 박람회의 필수적인 테마가 되었다. 그리고 이 테마는 초창기에 산업이 주었던 놀라움이나 경이로움이 사라진 상태에서 채택되었다. 바로 이러한 상황을 생각하면서 건축적인 측면을 보면, 박람회는 창조적인 위력을 상실해갔다고 할 수 있다. 다른 쇼들과 마찬가지로 박람회는 조직화된 쇼로 변질되어 갔으며, 박람회의 성공과 실패는 역사적으로 중요한 의미를 갖지 못하게 되었다. 20세기초부터 박람회는 상업광고장으로 추락해 버리는 일시적인 행사에 불과하였다. 비록 1958년에 열린 브뤼셀 박람회에서 르 꼬르뷔제가 전기관(電氣館)을 내놓았지만 박람회의 운명은 바뀌지 않았다. 오늘날의 박람회는 "인간의 열망과 욕구에 대한 선언(브뤼셀)"과 같은 주제에 추진력을 전혀 발휘하지 못하고 있다. 이러한 주제의 해결점은 바로 현실에서, 즉 새로운 도시나 공동체적인 삶의 부활속에서만 발견될 수 있는 것이다.

주

1. Henry Cole경(1808~1882)은 1845년부터 영국의 산업에 막대한 영향을 미쳤다. 1860년대에 윌리암 모리스가 시작한 운동의 구성원들과는 달리, Cole경은 수공예를 부활시키기보다 산업 발전에 더 주력했다. 1845년에 스스로 언급했듯이, 그의 목표는 "미술품, 혹은 아름다움이 부여된 산업 생산품을 의미하는 제조품을 개발하는 것이였다. 그의 계획에는 대중의 취미 수준을 높이기 위해 의도된 디자인 학교 설립이 포함되어 있었다. 그 프로그램중의 하나로 장식 예술 박물관, 즉 South Kensington에 세워진 Victoria and Albert박물관을 들 수 있다. 더 자세하게 살펴보려면, S. Giedion의 Mechanization Takes Command(Ozford University Press, 1948)을 참조할 것.

2. Sir Henry Cole, Fifty Years of Public Serice(London, 1884), I, 124~125.

3. Lothar Bucher, Kulturhistorische Skizzen aus der Industrieausstellung aller Vo˙lker(Frankfort, 1851), p.174.

4. Bucher, ibid.

5. In the Fogg Art Museum, Cambridge, Massachusetts.

6. 유리와 철만을 가지고 건물을 지으려는 시도(예를들어, 1853년 뉴욕 박람회)가 1850년대 동안에 여러번 이루어졌다. 1853년에 뉴욕에서 이루어진 계획안은 팩스톤의 아이디어에 돔을 접목시킨 평범한 것이였다. 팩스톤도 하나의 디자인을 제시했지만 별로 만족스럽지 못한 것이였다. 이 문제를 완전히 미국적인 방식으로 해결해놓은 James Bogardus의 계획안도 역시 거부되었다.(도판 111을 참조할 것) 수정궁에서 팩스톤이 설정한 출발점은 1862년 런던 세계박람회에 가서 퇴보하는 경향을 나타냈다. 거의 기념비적인 돔과 개선 아치는 1855년의 파리 공업관을 모방한 것이지만 건설에서 보여지는 대담성은 찾아 볼 수 없다. 더 자세히 조사하려면, Fractical Mechanic's Journal(런던, 1862)에 나오는 "Record of the Great Exhibition"을 참조할 것.

7. 이보다 훨씬전에, 고딕 건설가들은 Padau의 Salone에 지어진 목재 볼트를 통해서 29미터의 스팬을 얻었다.

8. Cf. pp. 231~232.

9. Cf. pp. 275~277, 380~382.

10. Cf. L'Exposition universelle de 1867, illustrée, publication internationale autorisée par la commission impériale(Paris, 1867).

11. 1876년의 필라델피아 박람회는 파빌리온 형식을 사용한 최초의 사례라는 점에서 주목할 만하다. 이 형식은 1893년에 시카고에서, 그리고 1900년 파리에서 다시 사용되었다. 19세기 말, 이 방식은 전시회를 구성하는 기본적인 방법이 되었다. 산업의 범위가 계속 증가하고 더 복잡해짐으로써 서로 독립된 건물들을 통해 산업의 상이한 측면들을 분리해야될 필요성이 대두되었다. 그러나 이러한 논의는 우리의 연구범위를 벗어나는 것이다. 필라델피아 박람회는 볼트 문제에 대해서는 새로운 방안을 내놓지 못했다.

12. 중간 단계는 샌프란시스코의 Sutter Street에 세워진 페로 콘크리트 상층 건물들에서 나타난다. 정면 전체를 덮고 있는 유리면은 켄틸레버처럼 지지 펠라앞에 매달려있다.

13. 에펠은 이 방식을 매우 좋아했던 것 같다. 그는 파리의 Magasin au Bon Marche(1876)의 정면에서, 온통 유리와 철로 구성된 케노피를 사용했다. 이 케노피는 최근까지도 손상되지 않고 그대로 남아있다.(241페이지를 참조할 것)

14. Encyclopédie d'architecture, 1887~88, p. 97.

14a. "L'Architecture et le fer," in Poe`me et Drame(Paris), January-March, 1914.

15. 구조의 발전 단계에 있어서 하나의 정점을 이루던 이 건물은 1910년경에 허물어 졌다. Frantz Jourdain의 정확한 표현을 빌리자면, 이 사태의 원인은 바로 "예술적 새디즘"이었다.

16. 이 보다 조금 이른 시기에, J.W. Schwedler는 Frankfort on Main에 있는 중앙역(1888년부터 사용됨)에서 다소 분명하지 않은 방식으로 동일한 Auflagerung을 시도했다. 그러나, 3중으로 구성된 거더가 이용된 기계관에서는 볼 수 없었던 베럴 모양이 이 건물에서는 그대로 나타나고 있다. 프랑크 푸르트역의 규모: 길이 186미터, 폭 56미터, 높이 29미터.

17. 이것은 19세기동안에 순수 기술 분야에서 이루어진 발명들을 건물에 적용하면서 등장한 결과의 한 사례이다. 경첩 조인트는 1870년경에 에펠과 그외 여러사람들이 세운 교각에 사용되었다.(Erving Matheson의 Works in Iron, 런던, 1873, 145페이지를 참조할 것) 뛰어난 사례로 에펠이 포르투갈의 Douro강위에 세운 교각을 들 수 있다.

18. "A single method of construction produced a mathematical determination of the distribution of the forces in different sections of the arch. This was the articulation at base and apex. The system ensured a rational and completely exact distribution of the stresses and of the materials used"(Alphand, p. 46).

19. La Construction architecturale en fer et acier(Brussels, 1902), p.249.

구스타프 에펠과 그의 탑

Gustave Eiffel and His Tower

277쪽 29줄 Fifth Edition

서양의 역사에서 19세기와 같이 비대한 건설활동이 일어났던 시기는 없었으며, 창조적인 건축가의 발굴 역시 이 시기처럼 빈약한 적도 없었다. 우리는 이와 같은 사실이 재능의 부족때문이라고 생각하기보다는 오히려 사회가 그 당시의 지배적인 취향의 독이 창조적인 충동을 억압했다고 믿고 있다.

앙리 라브로스테와 같은 혁신적인 건축가들이 프랑스 아카데미에 들어가는 것을 본 당시의 사람들은 그들이 "이 시대를 고백하는 정열이나 희망"▼1에서 떠났다고 생각하였다. 건축은 인간에게 가해질 수도 있는 바람과 날씨에 맞서야만 한다. 회화와 달리 도면을 떠나지 않는 건축은 오래된 사진과 같이 퇴색된다.

공업의 그늘에 숨고 과학의 권위에 의해 보호받았던 기술자들은 당시의 지배적인 취향에 동조할 필요가 없었기 때문에 그들 나름대로의 발전에 방해받지 않았다. 비록 당시에는 그들의 이름은 물론 그들의 작품도 알려지지 않았지만, 그들은 역사에 기록되어 영원히 잊혀지지 않을 것이다.

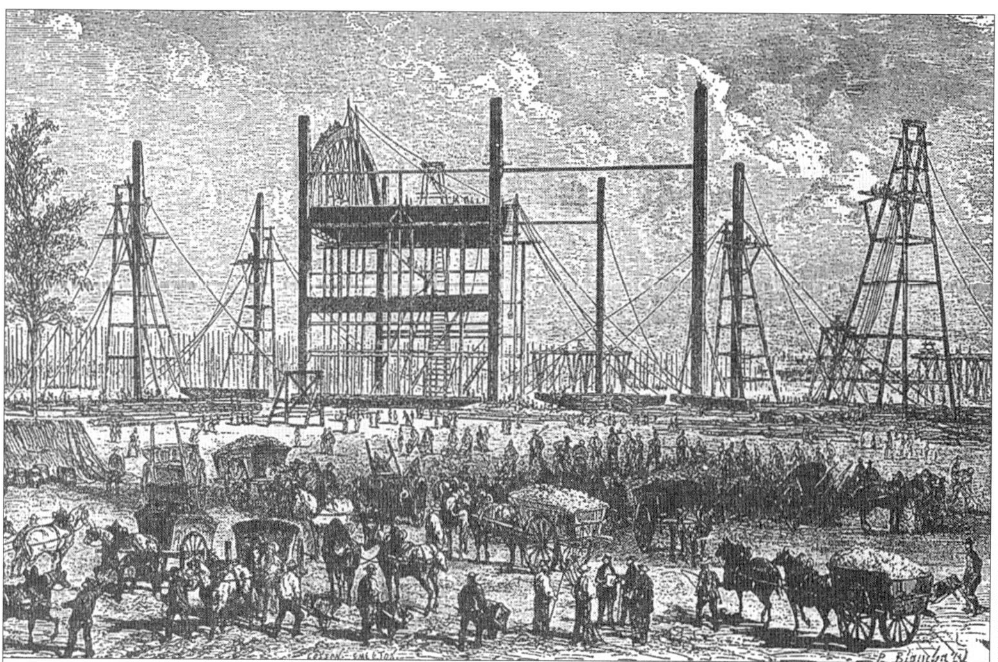

165. 세계박람회. 파리, 1867. 철골조. 순수한 철골조로서 세계에서 최초의 구조물은 이 세계박람회의 타원형 주 전시관일 것이다. 주임 건축가 바로 뒤에 서있는 사람은 실제로 이 구조물에 대한 아이디어를 낸 젊은 에펠이다. 그는 필라구조와 35미터 장스팬을 계산하고 그 수치를 입증한 사람이었다. 대규모 구조의 탄성계수가 이곳에서 처음 시험되었다.

뉴욕 항구의 입구에서 서있는 자유의 여신상의 두드려서 편 동 외피를 받치는 우아한 골조(1886)도 구스타프 에펠이 만든 것이다. 에펠이란 이름이 일반인에게 잘 알려진 것은 단지 에펠탑에 처음부터 그의 이름을 사용했기 때문이다.

에펠(1832~1923)▼2은 많은 위대한 구조기술자들을 탄생시킨 보르그뉴 태생이다. 그는 에콜 폴리테크닉과 에콜 상트랄에서 최고의 교육을 받았다. 그의 이름은 기계관(1867)의 아치에 대한 계산과 1878년 만국박람회의 거대한 입구 홀의 유리벽, 그리고 지금은 절망적인 "근대화"를 통해 독창적인 매력을 잃어버린 파리에 위치한 봉마르세 백화점과 관련이 있다.

Fifth Edition 279쪽 15줄

그는 유럽과 아프리카의 깊은 강과 인도차이나의 수많은 계곡을 가로지르는 대담한 교량의 구조를 통해 날씨, 물, 그리고 바람의 요소를 다스리는 법을 배운다. 수압에 의해 보르도 근처에 세워진 그의 첫 번째 교량(1858) 말뚝은 수면 아래 25m까지 박혀있다. 후에 깊은 계곡에 다리를 놓아야할 때, 가느다란 피라미드형으로 된 기둥(탑문)을 세웠고, 이 기둥은 도로쪽으로 끝이 가늘어지는 형태를 보여주고 있다. 최신의 방법에 따라 최고의 우아함을 띄도록 설계된 이러한 격자형 지주(支柱)의 거대한 경간과 높이는 바람을 고려한 것이었다. 초기에는 기상 관측에 관심이 많았고, 후기에는 자비(自費)를 들여 기체 역학 연구소를 설립하는 최초의 인물이 되었다. 탑의 플랫폼으로부터 평면 위에 미치는 풍압의 영향을 측정하기 위해 고안한 장치를 낙하시키기도 했다. 나중에, 오트웰에 있는 자신의 연구소에서 항공 분야의 실험을 위해 세워진 큰 풍동(風洞, wind tunnel)을 가지고 있었다. 딱딱한 물체에 영향을 미치는 공기의 작용에 대한 그의 관심은 계속되었고, 이러한 관심은 그의 출간물 속에 상세하게 기록되어있다.

구스타프 에펠은 우아하게 조립된 철탑(탑문)과 가벼운 두 개의 힌지로 된 아치로 이루어진 구조물의 대가(大家)였으며, 그의 탑과 아치는 도로 강을 가로지르는 다리나 가라비트 고가교(高架橋) 같은 수평의 교통로를 연결하고 구성하는 요소였다. 그것들이 연출하는 장관은 지금도 그대로이다.

강한 급류가 흐르는 포르투칼 북부의 도로 강▼3은 55피트에서 60피트를 오가는 변화가 많은 깊이와 더불어 불안정한 토양으로 인해 강바닥에 파일의 사용이 불가능하였다. 에펠은 현수교의 경우를 제외하고는 그 당시로 가장 긴 약 500피트(160m)를 하나의 스팬으로 처리하였다. 그는 현수 케이블을 이용하여 발판없는 높은 철탑을 이용하여 두 개의 힌지를 갖는 아치를 건설했다(1876~77). 미국인들은 세인트 루이스에 있는 미시시피 강의 다리를 놓을 때도 비슷한 과정을 거쳤다.

에펠의 다리건설 중 가장 대담한 것은 가라비트 고가교이다.(1880~84)▼4 그것의 전체 길이는 거의 500m에 이르고 165m의 아치 스팬을 가지고 있으며, 튜에레 강의 122.5m 위에서 골짜기를 가로 지르고 있다.(도판. 167, 168) 그는 대지와 점의 지지상태로 만나는 포물선의 아치를 설계하기 위해서 모든 가능한 도식적 · 분석적 · 실험적 수단을 동원하였다.

에펠과 그의 기술자들이 정확한 치수의 부재들을 조립하는 어려움울 배우게 된 것도 바로 여기서였다. 그 후, 에펠 탑의 공장 생산부재인 리벳이 대지 위에 세워졌을 때는 그 리벳 구멍의 오차가 거의 10분의 1mm에 이를 정도로 정교하게 처리할 수 있었다.

1889년 파리 박람회를 위해 세워진 **1,000피트 높이의 에펠탑**은 대지와 바람의 복잡함에 대처하는 기초와 지지체에 대한 그의 모든 경험을 총체적으로 실현한 작품에 해당된다.▼5 처음에는, 그 자신도 파리의 심장부에 완고하게 노출된 구조체를 세움으로써 당시의 지배적인 기호에 충격을 가할가 걱정도 많이 하였지만, 가라비트 고가교를 위한 구조계산을 담당했었던 그의 연구소 연구부 책임자인 스위스 기술자 모리스 쾨클린(1856~1946)에 의해 계속해서 추진되었다. 281쪽 11줄 Fifth Edition

그의 예술적 취향으로 보면, 그는 진정한 의미의 동시대인이었다. 그 자신의 저택

166. G. 에펠. 두로, 1875, 스팬: 160미터, 높이: 수면위로 61미터. 그는 높은 파일론을 세우고 공중에서 아치를 접합하면서 1000피트높이의 탑을 세우는 데 필요한 경험과 확신을 얻었다.

167. G. 에펠. 가라비트 구름다리. 1880~84. 에펠의 교각중에서 가장 대담한 것. 스팬:165미터, 전체 길이: 약 500미터, 수면 윗부분의 높이: 122.5미터. 상상력과 계산, 그리고 실험이 완벽하게 잘 결합된 사례.

168. G. 에펠. 가라비트 구름다리. 받침대의 디테일. 19세기 후기에서는 구조와 관련된 순수한 형태는 위대한 엔지니어의 작품에서 발견된다. 아치와 경첩조인트, 반침대 등의 조형적인 형태는 구조의 영역을 초월하고 있다.

169. G. 에펠, 에펠탑의 장식용 아치, 1889. 이 아치는 단순히 장식적인 연결부에 불과하며 4개의 파일론을 연결하는 거대한 수평 거더로부터 눈에 여유를 주기 위한 장치이다.

170. G. 에펠, 에펠탑의 피어. 구조적인 측면에서 보면, 에펠탑은 곡선과 직선을 이루며 서로 결합되어 있는 4개의 거대한 파일론으로 구성되어 있다.

은 "불규칙하게 변하고 믿을 수 없게 추한 예술작품의 꾸러미"[▼6]로 가득차 있었다. 잘 알려진 대로, 우리 시대의 창조적인 개성조차도 여전히 감정의 방법과 사고의 방법 사이의 분열이라는 고통을 겪고 있다. 이러한 관점에서 볼 때, 에펠 역시 프레시네트와 마일라트 같은 위대한 구조기술자들과 다르지 않았다.

Fifth Edition 281쪽 27줄

구조적인 측면에서 보면, 탑 전체는 우주적 차원으로 확장되는 철교의 높은 지지체를 적용한 것에 해당된다. 전체의 길이로 볼 때 세 단계에 걸쳐 확장된 형태를 취하고 있다. 그 거대한 척도는 탑 정상부에서 비대칭으로 만나서 거대한 공간을 포용하는 4부재 구조체의 형성을 필요로 한다. 4개의 탑문(pylon)은 분리된 기초에 정착되어 있고, 그 작업을 위해 1858년 이래 에펠이 자신의 다리에 사용했던 수압기를 사용하였다. 승강기는 지주 내부에서 2층 플랫폼까지 달린다. 또 다른 승강기는 구조체의 코아 안에서 2층에서 3층의 플랫폼까지 달린다. 탑을 4개의 다리 아치 위에 옮겨놓으려는 에펠의 본래 의도에도 불구하고 지주를 연결하는 4개의 아치(도판. 169)는 주로 장식적이고 복고적인 분위기를 풍기고 있다.

사람들이 탑의 정상부에서 경험하는 상쾌함은 지구를 나는 비행기에서 느낄 수 있는 것과 비슷하다. 입장료의 수입이 1889년 박람회의 성공 이래 줄곧 하강세를 보이다가 비행기계에 대한 관심이 일반인들의 호기심을 자극하기 시작하던 시기인 1904년부터 다시 꾸준하게 상승했다는 것은 재미있는 현상이다.[▼7] 산토스 듀몽이 비행선을 이용한 관람비행 노선을 이 탑의 주변으로 잡은 것도 우연은 아니었다.

내·외부공간의 상호관입형태는 당시로는 획기적인 것이었다.(도판. 171) 이러한 효과는 정상으로부터 나선형의 계단을 내려올 때 경험할 수 있다. 내려오면서 보이는 구조체의 치솟는 선들과 나무, 주택, 교회, 뱀같이 구불구불한 센 강 등이 혼재되는 시각적 경험을 하게 된다. 계속해서 변화하는 시점의 상호관입은 움직이는 관람자의 시야 속에서 4차원의 경험을 감지할 수 있게 한다.

탑에 대한 감성적인 내용은 그 후 수십 년 동안 가려진 채 있었다. 1910년경에 앞서 나갔던 세대를 위한 "모자의 핀과 같이 파리에 우뚝 서있던" 그 탑은 하나의 협박이자 불명예의 상징이었다. 구스타프 에펠이 프랑스 정부와 파리 시장과 계약한 후 한 달이 지난 1887년의 2월에, 탑의 건립과 관련한 항의문이 박람회 위원장에게 전달되었다. "우리들 작가, 화가, 조각가, 건축가들은 프랑스의 우수한 취향과 프랑스 역사에 대하여 위협하면서 우리 수도의 심장부에 이러한 불필요하고 기괴한 탑을 세운다는 것에 깊은 분노를 표현한다." 그러나, 다행히도 위원장은 오스망밑에서 파리의 거대한 공원을 만들기도 하였던 선견지명있는 조경가인 알팡이였다.

20년 후, 시각상의 혁명이 르네상스의 정적인 시점을 뒤흔들었고 갑자기 탑에 대한 숨겨졌던 감성적 내용이 드러나게 되었다. 이제 "대도시"의 상징이 된 것이다. "매일 밤 무전의 파란 전파가 퍼져 나오는 커다란 탑을 가진 파리가 탄생한 것이다."▼8

거대한 탑은 이제는 그 예술적 계시를 찾았다. 파리의 화가인 로버트 델로니(1885~1947)는 그 구조체 안에서 외부세계에 대한 변화하는 이해속에 진행되는 것을 보여줄 수 있는 가능성을 발견하였다.(**도판**. 173) 실제로 1910년 이래로 계속되어온 탑의 다면(多面) 묘사는 델로니의 일생와 함께 하였다. 시인 블레세 상드라는 그의 저서 『**오늘**』에서 이 젊은 세대에 대한 새로운 접근으로의 통찰력을 준다.

이 탑은 더 이상 무서운 괴물이 아니다. 감정적인 중요성의 의미를 더해가면서, 동시에 몽마르트 언덕 위에 위치한 하얀색 큐폴라를 가진 사크레 쾨르는 시인의 눈에는 하나의 각설탕 정도로 격하되었다.

"나는 창문을 통해 깨끗한 물이 담긴 플라스크 같은 에펠탑을 보았다. 그리고 차주전자와 설탕통과 같은 앵바리드 기념관과 판테온의 돔을 보았고, 분홍과 하얀색의 각설탕과 같은 사크레 쾨르를 보았다. 델로니는 거의 매일 나를 찾아왔다. 그 탑은 언제나 그를 떠나지 않았다."▼9 285쪽 23줄 Fifth Edition

"당시에는 에펠탑의 조형성을 표현할 수 있는 어떤 예술적인 형식도 없었다. 현실주의의 법칙 아래 그것은 힘을 잃었고, 이탈리아의 투시도법으로도 묘사할 수 없었다.… 그러나 델로니는 조형적인 해석을 시도했다. 그는 탑을 해체하여 그 구조체 속으로 들어갔다. 그리고 꼭대기 끝을 자르고 300m에서 느낄 수 있는 현기증을 표현하기 위해 그것을 기울여서 10개의 시점을 잡은 후 그 각각의 시점에서 15개의 외관을 표현했다. 이 부분들 중 어떤 것은 아래로부터, 또는 위로부터 바라본 것이었으며, 주위의 집들은 좌로부터, 또는 우로부터 바라본 것이며, 더 나아가 새의 날개로부터 그리고 지상에 누워서 바라본 것을 표현하였다."▼10

듀샹 뷔롱은 에펠탑에 관해 다음과 같이 말하고 있다. "수학적 에너지가 응집된 이러한 걸작품은 과학적 개념에서 미의 무의식적 영역까지 발전된 것에 해당된다.

171. G. 에펠. 에펠탑의 1층과 2층을 연결하는 나선 계단. 건축가들과 화가들이 새로운 공간 개념을 실현하기 몇십년전에 이미 에펠탑에서 끊임없이 변하는 시점과 내외부공간의 상호 관입을 경험할 수 있게 되었다.

172. G. 에펠. 에펠탑. 두 번째 플랫폼에서 첫 번째 플랫폼으로 향하는 모습. 이 사진은 승강기안에서 찍은 것이다. 바닥에 닿아 있는 승강로가 좌우 있다.

173. 로버트 델로니. 에펠탑 1910.

174. 아르노뎅. 마르세유 "뵈 포트"에 있는 페리교, 1905. 철골조와 석재 건축이 잘 혼합되어 있다.

175. 아르노뎅. 마르세유 "뵈 포트"에 있는 페리교, 1905. 높이: 54미터, 차도 길이:240미터.

176. 아르노뎅. 마르세유 "뵈 포트"에 있는 페리교. 윗쪽의 플랫폼에서 바라본 파리의 모습. 고정된 부분과 유동적인 부분사이의 관계. 가는 철골조. 공간속에 대담스럽게 돌출해 있는 계단실의 플랫포옴을 잘 보자.(Cf. 바우하우스의 발코니, 1926.)

생명적인 요소를 가졌다는 점에서 단순한 암호 이상이며, 우리 역시 조각과 건축의 예술에 의해 감동받았을 때와 같은 느낌을 얻 게된다."▼11

이처럼 하늘에 떠있는 탑에는 에펠의 세대에 속하는 줄레 베른의 기술적 이상주의와 같은 것이 구현되었음이 틀림없다.

Fifth Edition 290족 13줄

제임스 보가두스가 뉴욕 만국박람회에서 선보였던 철재탑에서부터 에펠탑에 이르는 30년 사이의 급격한 진화과정은 역사적인 관점에서 볼 때 실로 환상적인 것이었다. 이러한 정점에 도달한 후에 그 진화는 서서히 기운이 사라졌으며, 다른 방향으로 전환하였다. 다음에 이어지는 50년 동안에 마천루의 철골구조는 미국에서 주로 발전하였다. 프랑스의 경우, 에펠탑의 경쾌한 감성에 견줄 수 있는 것은 우아한 페리교(Ferry Bridges)였다. 특히 마르세유의 뵈 항구에 있는 것이 대표적인 것(도판. 174, 175, 176)이었지만, 제 2차 세계대전의 말경에 심하게 손상되었고 지금은 파괴되었다.

엔지니어인 아르노뎅은 이와 같은 구조체의 전문가였다. 그는 로엥과 낭트, 그리고 보르도에 20세기 후반에 세워진 것과 같은 것을 프랑스 강의 항구에 정교하게 설치하는 방법을 알고 있었다.

높은 돛대의 선박 통행을 방해하지 않으면서, 강을 건너는 운송수단을 통과시킬 수 있는 마르세유의 '페리 교(橋)'인 퐁 트랑스포르퇴는 두 지점에서만 대지와 접하는 두 쌍의 가느다란 탑문(pylons)으로 구성되어 있다. 그 탑문은 높은 위치에서 이동하는 크레인을 위한 운송로를 지지할 뿐만 아니라, 물 위에 떠있는 페리교를 케이블로 잡아매는 역할도 하고 있다.

주

1. Émile Trélat, in Encyclopédie d'Architecture(Paris), 1880, p.45.
2. Jean Prevost가 쓴 얇은 전기인 Eiffel(파리, 1929)를 참조할 것.
3. G. Eiffel의 Notice sur le Pont Douro(Clichy, 1879). 훌륭한 묘사와 그림, 그리고 목판화.
4. G. Eiffel의 Memoire presente a l'appui du projte definifif du Vaaduc de Garabit(파리, 1889) 이 다리의 중요성은 모든 계산과정과 조합 철차와 사진이 들어있는 방대한 작품집에 잘 나타나 있다.
5. 1900년에 에펠은 2절지로 된 기념비적인 두권의 책인 La Tour de trois cents metres을 출판했다. 이 책에서 그는 영구적으로 서있는 구조체를 "l'art de l'ingenieur moderne et le siecle d'industrie et de science"라고 묘사하고 있다. 이 말은 1885년에 그가 파리의 Civil Engineers단체앞에서 자신의 "철로된 탑"을 소개할 때 언급했던 것이다.
6. Blaise Cendrars, Aujourd'hui(Paris, 1931), p.148.
7. Journal du Crédit Public, April 25, 1929.
8. 이 인용구와 그외 다른 인용구들은 이 당시의 시에서 발췌한 것이다. Das Werk(취리히) 제 8호(1946)에 나오는 C. Giedion-Welcker의 "Robert Delauney"를 참조할 것.
9. Blaise Cendrars, Aujourd'hui, p.136.
10. Ibid., pp. 145~148, translated by J. T.
11. "L'Architeture et le fer," in Poème et Drame(Paris), January - March, 1914.

4장 THE DEMAND FOR MORALITY IN ARCHITECTURE

건축에 있어서의 도덕성의 요구

- 90년대: 현대 건축의 선각자들
- 철근 콘크리트와 건축에 미친 영향

90년대: 현대 건축의 선각자들

The Nineties: Percursors of Contemporary Architecture

19세기의 후반은 중요한 건축적 작품을 만나기 힘든 시기였다. 절충주의가 모든 창조적인 에너지를 억눌렀다. 특히 19세기가 끝나갈 무렵에 이르러, 이런 상황에 대해 이의를 제기하는 목소리는 높았지만, 실질적인 변화를 이끌지는 못하였다.

Fifth Edition 292쪽 08줄

이전에 없는 활발한 건설활동이 유럽 전역을 뒤덮은 때가 바로 이 시기였다. 이 시기의 도시들은 오늘날 우리에게 피해를 주고 있는 도시의 형상과 유사하였다.

화가들은 이와 같이 과도한 상황에서 한 걸음 물러설 수 있었다. 이때에 중요한 작업을 수행한 사람들은 모든 명성을 뒤로 하고 은둔하면서 자신들의 작업에 몰두하였다. 예를 들어, 세잔과 고흐는 프로방스의 벽지에서 묻혀 살 수 있었지만, 건축가들은 이러한 돌파구를 찾지 못했기 때문에 단 한 사람도 절충주의의 분위기에서 벗어날 수 없었다.

이와 같은 모든 상황에 대한 불만족은 1890년 무렵에 이르러 극에 다달았다. 세기말 무렵, 베를라헤는 전 유럽을 걸쳐 건축의 정화에 도움을 준 "암스테르담 증권거래소"를 건설하였다. 19세기에 이미 그는 "모방적이며 허위에 찬, 겉치레 건축"에 대한 비판을 시작하였다.

그는 "우리 자신 뿐만 아니라 우리의 부모님과 우리의 조부모도 이미 알려진 그 어느 때보다도 섬뜩한 환경에서 살아왔고 지금도 여전히 살고 있다. … 거짓말은 법칙이 되고, 진실은 예외가 되었다."라고 말하고 있다.

절충주의에 대한 엄청난 불만은 놀라울 정도로 갑작스럽게 표면으로 돌출했다. 그것은 마치 고기잡이 그물을 천천히 끌어당겨 한순간에 잡힌 모든 포획물들이 한번에 그 모습을 드러내는 것과 같았다. 이 순간이 건축 역사에서 단순한 우연에 의해 이루어진 것은 아니었다. 산업은 이미 풍부한 발전을 이루었고, 시간은 위대한 변화를 위해 무르익어 갔다. 19세기의 초의 건축에서는 어떤 가치를 찾을 만한 것이 없지만, 세기의 끝을 향하는 시기에 와서는 거의 매해가 중요한 가치를 갖는다. 야망은 되살아났고 진실된 형태추구를 회피하면서 인생을 지켜왔던 세력자들에게 반대하는 용기와 힘이 생긴 것이다. 발전의 활력은 한 고비를 넘길 때마다 더해갔다. 다양한 실험집단들의 다양한 운동은 곧 그 시기의 활력을 의미한다. 몇몇 운동들의 실패와

'일시적인 사실들'과 '구성적인 사실들'의 혼합은 별로 문제가 되지 않았다. 이런 현상은 모든 과도기의 특성이다. 1890년과 1930년 사이에 시도된 것들 대부분이 단편적이고 불완전한 것이었다. 그러나 이 시기에는 당대의 전통을 구축하려는 용기가 있었다.

이후에 기술된 해석에 따르면, 당시의 운동은 **두 가지 원칙**의 적용을 통해 발전되었다. 즉, **역사주의적 양식의 포기**와 그 결과로서 하나의 규범이 되는 "**합목적성**"이다. 그 당시에는 이 두 가지 원칙을 모두 적용할 수 있는 해석은 옳은 것이었다. 그러나 충분한 효과를 발휘한 것이라고 할 수는 없다. 이 운동은 그것의 진정한 동인(動因)이라 할 수 있는 도덕적 요구로부터 그 힘을 얻었다. "이런 오염된 분위기를 없애자 ! "라는 외침이 일어난 것이다.

293쪽 19줄 Fifth Edition

젊은 화가 **앙리 반 데 벨데**는 "오염된 분위기"를 가장 격렬하게 공격했던 사람들 중의 하나였다. 19세기 후반, 그는 근대 예술 논쟁에 앞장섰다. 처음에는 그의 고향인 벨기에에서, 그 다음엔 프랑스에서, 그후엔 어떠한 새로운 운동도 받아들였던 독일에서 캠페인을 벌였다. 그의 첫 번째 해외여행지인 파리에서 예술품 구매자들에게 자신의 가구를 선보였지만 거절당했다. 1년 후, 독일에서는 비평가와 대중들 모두로부터 인정받았다. 이것이 그의 국제적 명성의 첫 시작이었다. 필자가 그를 만난 것은 그가 뉴욕 월드 페어의 벨기에 관(館)의 정초(定礎)작업을 거행한 후 막 돌아왔을 때인 1938년이었다. 그의 경력의 시작은 화가였다는 사실을 알고 있었기 때문에 어떻게 해서 건축으로 전향하게 되었는지를 물어보았다. 그는 이 질문에 대한 답변으로 1890년경에 널리 퍼진 상황을 설명하는 것으로 대신하였다. "사물들의 진실한 형태가 가려져 있다. 이 기간 동안의 형태 왜곡과 과거에 대한 변혁은 일종의 도덕적 변혁이었다."▼1

그는 계속해서 신경 쇠약에 걸려 작품을 할 수 없었던 상황을 말하였다. 바로 이때, 그에게 삶을 견딜 수 있는 새로운 용기를 준 아내를 만났다. "나는 1892년 당시에 나의 부인과 가족들을 '비도덕적인' 주변환경에 방치할 수 없다고 생각했다."▼2 그러나 그 당시에 시장에서 살 수 있었던 모든 것은 그가 극도로 싫어한 '형태의 허위(mensonge des formes)'로 은폐된 것 뿐이었다. 그는 자신의 주택의 식탁용 철물로부터 문 손잡이에 이르기까지 그의 자신을 위한 모든 것을 스스로 구상해야만 했다. 그 후, 이렇게 만든 물품들은 "추함을 피할 수 있는" 환경을 필요로 하였기 때문에 자신의 첫 주택을 짓기로 결심한 것이다. 특별한 요구에 부합하는 각 실들의 잘려진 창문과 지붕의 처리 방식에는 자유분방함이 두드러지게 나타나고 있다. 1896년, 이 집이 완성되었을 때, 이 주택의 혁신적인 특징으로, 명쾌한 단순성을 통해 이미 사람들이 익숙해있던 기존의 과다하면서도 공상적인 파사드와는 강한 대조를 이룬다는 점을 언급할 수 있다. 이러한 관점에서, 브뤼셀 근처의 우클에 위치한 반 데 벨데의 초기 주택은 파리 튜린 가(街)에 위치한 오르타의 주택보다 더 미래 지향적이라 할 수 있다.

앙리 반 데 벨데▼3는 알프레드 로스가 스위스의 애제리제에 지은 주택에서 여생을 보냈다. 현실의 문제에 관한 거장의 관심은 쇠퇴하지 않았고, 무엇을 실제로 실현할 수 있을까? 라는 의문에 대한 답을 끊임없이 찾고자 했다. 한 번은 19세기와 지금의 시대를 다음과 같이 비교했다. "먼저, 형태의 왜곡에 대항하는 변혁을 위해 문의 손잡이와 식탁용 식기류에 이르기까지, 우리 스스로 모든 디테일을 설계해야만 한다. 인테리어도 전문가에 의해 지속적으로 고안되어야 하는 시대가 온 것이다. 지금 우리는 세상에 알려지지 않은 물건을 모아서 조립할 수 있다. 이는 분명 하나의 진보인 것이다."

Fifth Edition 294쪽 29줄

모든 상품의 형태 위조에 대한 20세기 초기 세대의 혐오는 **윌리엄 모리스**의 영국 켄트 주(州) 업톤에 "붉은 집"을 짓는 시발점으로 작용하였다. 모리스의 전기 작가의 말에 따르면, 붉은 집은 우클의 반 데 벨데의 주택과 같은 역사적 의미를 갖는다고 한다. "1858년 모리스는 한 장의 그림을 70파운드에 파는 화가였다. 자기의 작품에 점점 더 의문을 느끼면서도 꾸준히 화가로서의 일을 해나갔다. 그러나 1859년 4월, 결혼을 통해 그는 자신의 마음을 바꾸었고, 레드 리이온 광장에서 그의 관심을 끌었던 가내 수공업품에 더욱 몰두하였다. 그는 이제 '아름다운 집'의 개념을 충족시킬 수 있는 집을 꾸미는 것에 열정을 갖게 되었고, 그 열정의 협력자로 건축가인 웨브와 손을 잡게 되었다. 붉은 벽돌과 타일로 지어진 그 집의 명성은, 당시에 유행하던 스터코 벽체와 슬레이트 지붕이란 가혹한 형식에 대항하는 반항의 표현이었다."▼4

이러한 대비는 반 데 벨데가 단순히 모리스의 전례를 따랐다는 정도에 불과한 것인가? 우리는 그렇게 생각하지 않는다. 그것은 산업에 의해 인간 생활에 인입된 무질서가 대륙보다 30년 일찍 영국에서 더 먼저 인식하였다는 점을 뜻한다. 즉, 동일한 조건이 동일한 반응을 낳은 것이다.

현대예술의 중심지 브뤼셀, 1880~1890

Brussels the Center of Contemporary Art, 1880~1890

왜 대륙의 다른 어떤 나라보다도 벨기에가 새로운 운동의 출발점이 되었을까?

앙리 반 데 벨데의 개척자적인 정신은 80년대의 벨기에가 사회적 배경과 관련하여 생각해 볼 수 있다. 벨기에는 대륙에서 급속히 공업화된 최초의 나라였다. 산업화로부터 생겨난 문제는 이와 같이 벨기에에서 가장 최초로 그리고 가장 극렬하게 나타났다.

295쪽 25줄 Fifth Edition

그러나, 왜 아르 누보가 처음으로 건축과 산업예술에 영향을 미치기 시작했는가는 또 다른 이유가 있다. 1880년과 1890년 사이의 브뤼셀은 대다수 대중들에 의해 경시되고 무시된 창조적 예술가들을 고무하고 환영하는 유일한 도시였다. 세라, 세잔, 반 고흐와 같은 화가와 로댕, 뫼니에르과 같은 조각가, 드뷔시, 빈센트 딘디와 같은 음악가, 베르헤렌과 같은 시인들 모두가 전시회와 토론을 위해 자신들의 작품을 제출하고자 브뤼셀로 초대되었다. 이들 전시회와 강연회, 그리고 콘서트 등은 과거 수십년 동안 완전히 삶의 손길로부터 멀어진 예술의 생산에 의해 더럽혀져온 대중적 취향에 대한 최초의 조직적인 공격형태를 보여준 것이다. 이 기간의 허위로 가득찬 기념비적인 파사드와 그것의 유행화(流行畵, peinture a la mode)는 모두 형태의 허위의 사례였다.

벨기에의 교육작업은 예술을 애호하고, 여가 시간 동안에는 글을 쓰고 그림을 그리고 곡을 작곡했던 두 명의 예술가에 의해 주도되었다. 사물에 대한 폭 넓은 식견을 가진 부유한 법률가인 옥타브 마우스(1856~1919)와 에드몽드 피카르드(1836~1924)였다.[▼5]

1881년 마우스와 피카르드, 그리고 다른 몇 명이 뜻을 모아 주간지인 **'근대 예술'**을 창간하였다. 각 권은 단지 몇 개의 그림이 실린 인쇄물만을 포함하였다. 삽화도 없었고 발간된 논설에는 언제나 서명도 없었다. 첫 번째 잡지(1881년 3월 6일자)에 실린 익명의 수필중에하나는 아카데미 예술과 모든 종류의 고정 관념에 저항하는 프로그램을 발표하였다.

"예술은 모든 처방과 공식의 반대쪽에 서있다. 예술은 인간환경을 변혁하여 새로운 이상에 부합하려는 인간의 영원하고도 자발적인 자유로운 행위이다."

'근대 예술'지(誌)는 30년 동안(이런 종류의 평론 잡지로는 매우 오랜기간 지속되었음) 계속 발간되었으며, 후에 아방가르드의 촉매재 역할을 한 정기 간행물들의 모델이 되었다. 이 잡지후, 곧이어 "20인(Les X X)"으로 알려진 젊은 벨기에의 예술인 그룹의 결집을 보게되었다. 이들 멤머들중 에는 페르디난드 크노프와 핀치(앙리 반 데 벨데에 의하면, '모리스와 그의 모임'과 '벨기에 아르 누보' 사이의 다리를 놓았던 인물임)가 있다. 또 다른 주요 구성원으로 제임스 앙소르를 들 수 있다. 앙소르는 이미 1884년 첫 번째 전시회에 앞서 화가로서 명성을 얻고 있던 인물이었다.(이들 대부분의 작품은 브뤼셀의 왕립 미술박물관에 걸려 있다.)

마우스는 1884년부터 1893년까지 '20인'의 간사로서 지도자적인 역할을 수행한 인물이었다. 그는 1894년 '20인'을 대신하여 "자유 미학(La Libre Esthetique)"을 설립하였다. 이 모임은 모리스의 작품을 전시하고 젊은 앙리 반 데 벨데로 하여금 대중들 앞에서 그 자신의 생각을 펼칠 수 있는 기회를 제공하였다. 반 데 벨데는 "예술의 제거(deblaiement d'art)"에 관한 강연회에서 영국과 프랑스에서 일어났던 것에 관해 이야기 하였고, 미래의 땅으로서 미국을 강조하였다.

Fifth Edition 297쪽 14줄

마우스는 당시의 대중들이 완전히 무시했던 활동에 내재된 힘을 모든 나라에서 발견했다. 그는 세잔처럼 자신의 작품을 공개하는 것을 꺼리는 예술가들에게 브뤼셀의 전시회를 통해 선보일 것을 설득하였다. 1884년 첫 번째 전시회에는 프랑스인 로댕(빅토르 오르타의 흉상을 전시함), 미국인 제임스 휘슬러, 그리고 독일인 막스 리베르만의 작품이 전시되었다. 해가 지남에 따라 새로운 이름이 명단에 올랐다. 1886년 오거스트 르노와르, 1887년 게오르그 세라(그의 대표작 중의 하나인 "그랑 자뜨 섬에서의 일요일 오후"가 이때 선보였고, 이 작품은 현재 시카고 예술회관에 소장되어 있음). 피사로와 베르드 모리소의 작품도 이 전시회에 소개되었다.

배경과 형상의 평면적인 처리기법과 '경쾌한 시적 감흥(poesie aerienne)'이 특징을 이루면서 예술가의 스튜디오에서 새롭게 등장한 이 거대한 세라의 그림은 대단한 선풍을 일으켰다. 반 데 벨데가 나에게 말한 바에 따르면, 이 그림은(그 가치는 이제는 더 이상 논쟁꺼리가 되지 않는다.) 첫 전시에서는 혹평을 받았다고 한다.

1889년 반 고호는 브뤼셀에서 처음으로 데뷰하였다. 그의 열정적인 색채는 젊은 예술가들에게 큰 영향을 미쳤다. 그의 그림과 함께 전시된 세잔의 작품은 거의 관심을 끌지 못했다.

우리는 이 3년 동안 브뤼셀에서 진행된 활동에 관해 많은 말을 하지 않았고, 단지

298쪽 05줄 Fifth Edition

몇가지 문구에서 중요한 점만을 지적했다. 심지어 아주 탁월한 재능을 가진 사람들의 갑작스러운 등장에 대해서도 더욱 상세한 설명을 할 필요는 없다고 생각한다. 앙리 반 데 벨데는 그러한 사람들 중의 한 사람이었고, 빅토르 오르타나 폴 헹커 역시 그러한 인물이었다.

1884년과 1894년 사이에 브뤼셀에서는 위대한 현대 화가와 조각가들의 작품들이 전시되었지만 같은 기간 동안 영국에서는 예술을 향한 다른 종류의 공헌이 이루어졌다. 윌리엄 모리스와 그의 그룹이 결실을 맺고, 특히 가구 부분에서 중대한 변화를 야기시켜 대중들의 취향을 새롭게 형성하도록 한 때가 바로 이시기였다. 그동안 아서 맥모르도, 콥덴 - 샌드슨, 그리고 아쉬비 같은 젊은 세대의 예술가들이 성장하고 있었지만, 그들은 근대 기술과 사업방식과 관련하여서는 모리스가 가졌던 반감에 동의하지는 않았다. 그러나 모리스와 러스킨의 사회적 관점은 이들 젊은 세대들에 깊은 인상을 남겼다.

1884년의 맥모르도의 '미술가 조합(Art Workers' Guild)'과 같은 수많은 협회는 예술과 수공예에 관심이 있는 화가와 조각가들을 끌어들였다. 심지어는 딜레탕트들(역주: 아마추어 문학 · 예술 애호가들)도 같은 해에 '가정 예술 및 산업 협회(Home Arts and Idustries Association)'에 참여하였다. **예술 및 공예 전시협회**(Arts and Crafts Exhibition Society)는 소위 "마이너 예술"이 회화와 같은 높은 수준을 차지하고 있음을 증명하기 위해 대 전시회를 개최했다. 이러한 견해는 이미 잘 알려져 있듯이 약 10년 후에 아르 누보 운동에 의해 대륙으로 퍼져나갔고, 그들에 의해 활발한 논의가 시작되었다.

일찍이 1892년 브뤼셀의 전시회는 산업 예술과 스테인드글라스, 또는 세라믹 작품의 견본 몇 조각 등을 전시하였다. '자유 미학(Libre Esthetique)'이 설립되었던 1894년에는, 모리스의 그룹 뿐만 아니라 프랑스 예술가들의 특별 참가작품(화실의 실내구성)도 포함되었다.

이렇게 또 다시 브뤼셀은 예술 및 공예운동이 대륙으로 퍼져나가는 출발점이 되었다. 예술가로서, 아르 누보의 전도사로서 지칠 줄 모르는 활동을 한 앙리 반 데 벨데는 브뤼셀에서 발견한 것들에 관해 자기 나름대로의 견해를 파리(1896)에서, 그리고 다음에는 드레스덴(1897)에서 밝혔다. 그가 전시한 몇몇 실내장식은 그 당시로서 이러한 특징을 담은 작품으로는 매우 드문 것이었다. 이런 작품들은 지금까지 목표를 어디에 두어야 할지로 혼란에 빠져 있던 두 나라(역주: 프랑스와 독일) 유명 인사의 의식을 자극하였다. 너무 오랜기간 동안 동면상태에 빠져있던 유럽 대륙에 '예술 및 공예운동'이 영향을 미치기 시작한 것도 바로 이때였다.

빅토르 오르타의 공헌

Victor Horta's Contribution

Fifth Edition 299쪽 07줄

예술분야에서 새로운 작업을 향한 브뤼셀의 감수성을 생각해볼 때, 최초의 대담한 대륙적 주택이 그곳에 등장한 것은 그리 놀랄만한 일은 아니다. 이것은 튜린 가(街) 12번지에 있는 빅토르 오르타(Victor Horta)의 주택이다.**(도판. 177)** 새로운 유럽 건축의 어떠한 징후도 있기 전인 **1893년에 완공된 오르타의 주택은 개인 주택의 전환점이 된 작품**이다. 그후 계속해서, 새로운 예술적 원칙들이 주거 문화에 적용되었고 인간의 요구가 주택의 설계에 영향을 미치게 되었다. 이 주택은 대륙의 건축을 일격에 동면에서 눈뜨게 하는 계기를 제공하였다.

튜린 가 12번지는 관례적인 브뤼셀의 주거 대열 속에 서있다. 그것은 같은 조건을 따라야 하기 때문에, 그 정면이 길고 매우 좁은 형태를 하고 있다. 정면의 폭은 단지 23피트에 불과하다. 그러나 미리 결정된 비율안에서 전개된 기준층 평면도는 완전히 독창적이다. 오르타가 나에게 말한 것에 의하면 전형적인 브뤼셀의 주택에는 입구를 들어서면 곧장 기준층 평면의 전체 넓이를 볼 수 있다고 한다. 오르타는 바닥의 높이를 달리함으로써 이 문제를 피할 수 있었다. 이와 같이 응접실은 그곳으로 인도하는 입구 홀보다 반층 높이에 위치하고 있다. 이러한 레벨의 차이는 기준층 평면에 새로운 유연성을 주기 위한 장치중의 하나에 불과하다. 그는 아주 좁은 외부벽에 조명처리의 새롭고도 비범한 근원을 제공하는 광정(光井, light - well)을 도입하여 주택의 육중한 몸체를 움푹 들어간 형상을 연출하였다. 도면은 여러 레벨의 실들이 연출하는 놀라운 상호 관련성을 잘 드러내지 못한다. 이 모든 것들은 상상이 가능한 최소한의 범위내에서 이루어졌다.**(도판. 178)**

오르타의 주택은 곧 건축의 활력을 복원하는 것에 관심이 많은 유럽의 단체들 사이에 인기를 끌었다. 두 가지 요인 때문에 환영을 받았다. 즉, 주인(타셀 氏)의 의견을 완벽하게 수용했다는 것과 어떠한 역사적 양식의 흔적으로부터도 자유로왔다는 점이다. 이 건축물이 세워진 지 5년이 지난 후, 오스트리아의 비평가인 루드비그 헤베시는 오르타의 작품에 관해 그의 동시내 사람들이 가졌넌 평가를 담은 기사를 발표

177. 빅토르 오르타. 튜린 가(街) 12번지. 브뤼셀. 1893.

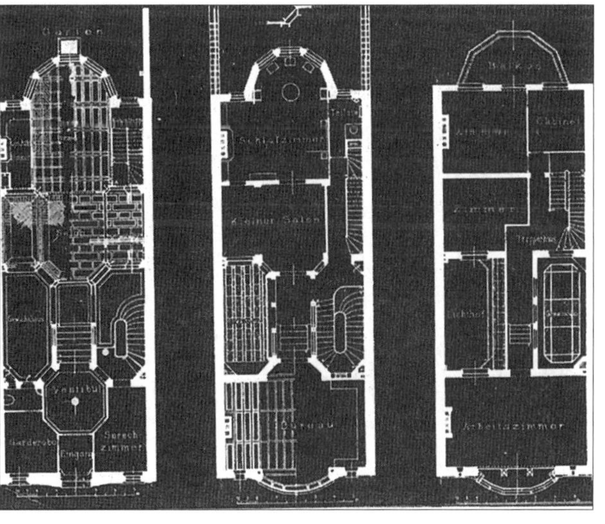

178. 빅토르 오르타. 튜린 가(街) 12번지. 브뤼셀. 1893. 오르타는 내부 철골조를 사용함으로써 각 층사이의 독립성과 유동성을 얻었다.

하였다.

"1898년 현재 브뤼셀에는 탁월한 영적 감성을 가진 현대 건축가인 빅토르 오르타가 살고 있다. 튜린 가(街)의 타셀 씨의 주택을 시작으로 정확히 6년째 그의 명성은 계속되고 있다. 이것은 흠없이 잘려진 외투의 경우처럼, 주인에게 꼭 들어맞는 유명한 현대식 주거중에 하나이다. 그것은 거주하는 사람들을 위해 생각할 수 있는 가장 완벽한 방법(마치 섭조개 껍질이 섭조개에 꼭맞는 그런 방법)으로 세워졌다. 그 방법은 매우 단순하고 논리적이다. … 모두가 새롭고 즐거운 듯하다. 더욱이 주목할 만한 것은 역사적 양식의 어떤 희미한 흔적도 찾을 수 없다는 점이다. 그 디테일은 이제까지 실재한 어떤 것에도 뿌리를 두지 않고 있다. 선과 곡선, 표면 등의 순수한 매력이 돋보이는 작품이다. 부분들의 단순한 드로잉 대신에 마치 그 자신이 미리 형상을 뜬 것을 장인들 손에 넘긴 듯이 매우 개인적이다."▼6

179. 세인트 루이스 강변, 109-111 노스 퍼스트 가(街), 1849년혹은 1850년. 산업용 건물에서 개발되었지만 오르타가 주거의 언어로 변형시킨 요소들을 미국적으로 결합해 놓은 초기 사례.

180. 빅토르 오르타. 튜린 가(街) 12번지. 브뤼셀. 1893. 철재 기둥과 철재 계단. 주철시대의 말기에 가서 주철은 주택에 다시금 강력하게 사용되었으며 아르누보의 기운을 나타내고 있다.

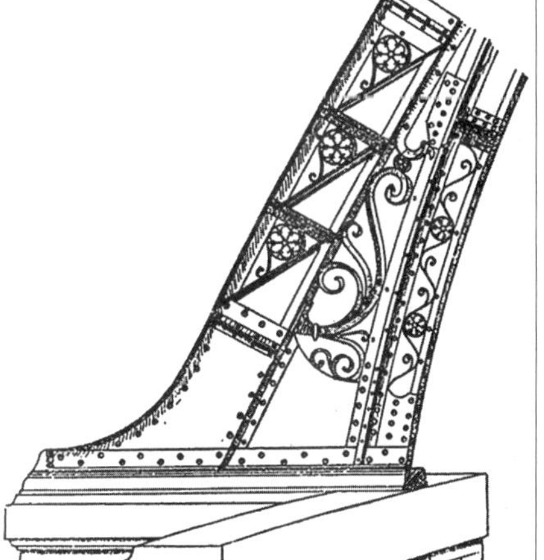

181. 알폰스 바라트. 온실에 사용된 스트랩 - 아이언 장식물. 레켄. 1879. 아르누보에 영향을 준 사례.

존 나쉬는 1818년 브링톤에 있는 로열 파빌리온의 드로잉 룸에서 오르타의 주택 건설에 사용된 화려한 주철 기둥과 거더를 공개적으로 전시하였다. 오르타 이전에는 어떤 사람도 감히 그 예를 따르지 못했고, 친숙한 개인주택에 끼어들도록 허용한 경우도 없었다. 오르타의 주택 계단부분은 형상과 장식이 시선을 끄는 지주(支柱)와 거더를 잘 드러내고 있다.**(도판. 180)** 드로잉 룸은 이러한 점에서 더욱 두드러진다. I 단면의 지지체는 숨기려는 어떠한 시도도 없이 자유로운 공간을 가로지르고 있다.

방문객은 계단 옆의 약간 높은 바닥에 서있는 주철 기둥에서 주택 내부의 첫 인상을 받는다. 곡선으로 된 철재 덩굴손은 꽃병 모양의 주두로부터 뻗어 나온다. 그 형태는 부분적으로 소박한 식물의 형태같기도 하고, 어떤 면에서는 임의적인 창조물의 형태처럼 보인다. 그선은 자유롭게 벽체와 보올트 된 부드러운 표면으로 이어지며, 거칠고 소용돌이 치는 곡선 패턴은 바닥의 모자이크 위까지 연결되어 있다.

튜린 가에 있는 주택은 건축분야에서 아르누보 최초의 외관을 뜻한다. 단순히 헤베시가 찬사로 던진 특징에만 국한되는 것이 아니라 모든 예술 역사의 한 부분을 차지하는 것도 바로 이러한 이유에서이다. 오르타의 주택은 아르누보의 목적을 건축 언어로서 완벽하게 실행한 작품이다. 이러한 과도적 양식의 건축은 초기의 어떤 선례를 가지고 있지 않다. 이 분야(역주: 아르누보)에 있어서 진정한 의미의 최고 권위자라 할 수 있는 오브레이 버드스레이 역시 튜린 가의 주택이 세워진 1893년까지는 그 자신의 예술적 언어를 갖지 못했다.▾7

Fifth Edition 302쪽 33줄

오르타의 주택에서 볼 수 있는 아르 누보 기원을 이루는 특징은 매우 독특한 것으로 자리를 잡았다. 그것은 바로 철구조를 바탕으로 하고 있다는 점이다. 많은 벨기에의 철도 역사의 차양 아래에서 발견할 수 있는 '풀려진 머리결과 장미장식의 선들'은 무엇을 뜻하는 것일까? 그것들은 고딕과 르네상스식의 외피를 벗어 던진 것이다.**(도판. 181)**

아르누보는 19세기와 20세기 사이의 재미있는 간주곡에 해당된다. 그러나, 그 기원에 관한 여러 이론을 조사하는 것은 본론에서 벗어난 것으로 생각한다.▾8 역사적 양식의 사용에 반대하는 논쟁의 배후에는 혁명적 의도가 산재해 있지만 그것은 단지 형상에 대항하는 형상에 지나지 않는다. 그것은 진실로 "반 - 운동(anti-movement)" 이었다. 구스타프 클림트와 같은 화가의 평평하고도 조절되지 않은 표면과 안토니오 가우디의 건축에서 볼 수 있는 환상적이고 조각적인 조형은 미래를 위해서 매우 중요한 것이었다.

타셀 주택의 정면은 내부에서와 같이 조형적인 독창성이 돋보이는 작품이다. 브뤼셀의 모든 주택의 표준적인 특성인 내민창은 보존되고 있지만, 굽어진 유리로 된 내부표면으로 흐르는 형태적인 변형이 시도되었다. 부드럽게 처리된 벽은 파동치는 단면으로 어우러진다. 신선한 입체감에도 불구하고 파사드는 구조적인 측면에서 볼 때 보수적이었다고 할 수 있다. 그것은 육중한 돌 벽체의 평범한 형식을 따르고 있다. 연속된 창문들이 나 있는 곳에는 가공된 철제의 수평 지지보가 안으로 삽입되어 있다. 이들 2층 높이의 창은 지지보로부터 바닥의 지점 높이까지 이르고 있다. 이것은 19세기 후반에 발전된 진열창문의 원칙에 바탕을 두고 있다. 보의 리벳은 오토 바그너의 비인 우편저금국(1904)의 정면에 사용된 알루미늄 볼트의 조절과 같은 형식으로 강조되고 있다.

304쪽 27줄 Fifth Edition

오르타 작품의 혁명적인 일면은 다음과 같다. 그는 50년대의 사무용이나 공업용 건물에서 나타났던 요소들을 차용하였고, 개인 주택에서 그것들을 적용하였다. 1850년과 1870년 사이에 미국에서 세워진 실용적인 건조물들(예를 들면 세인트 루이스강을 끼고 있는 주철재 입구를 가진 상업용 건물들)은 오르타가 사용한 원리에 기초를 두고 있다. 연속적인 유리창 정면에서 볼 수 있던 것과 똑같은 가는 철제 기둥을 볼 수 있다. 이러한 초기 건물들은 1849~50년 사이에 개발된 109-111번지 북부 일번가의 경우처럼, 이들 원리를 더욱 단순하고 확고하게 사용한 것들이다.(도판.179)▼9 그렇다면 튜린 가 12번지의 주택에는 어떤 중요성이 남아있는 것일까? 우리의 최근 관점에서 본다면, 그것은 건축주에 대한 완벽한 배려나 아르누보의 최초의 모습에서 찾기 보다는 오히려 신소재 도입을 통한 융통성있는 평면계획에서 찾을 수 있다. 즉, 서로 다른 레벨의 자유로운 실 배치와 간막이 벽 상호간의 독립성을 들 수 있다. 이는 르 꼬르뷔제의 '자유로운 평면(le plan libre)'의 뿌리라 할 수 있다.

1897년 오르타는 브뤼셀에 '**민중의 집**'을 지었다. 굽어진 유리와 철의 입면은 그 당시의 건축물중에 가장 대담한 것에 해당된다.(**도판**. 182, 183). 튜린 가의 주택에서 볼 수 있었던 생기있는 활기가 다시 나타난 것이다. 그의 동료들이 불렀던 대로 그는 실로 한 사람의 "연구가(chercheur)"였다.▼10

내부는 그의 초기작품과는 완전히 독자적이 특성을 보여주고 있다. 공간적으로나 시간적으로 어떠한 낭비 없이, 넓게 열린 자유로운 외부로 뻗어나가는 철제 구조체의 큰 식당홀로 즉시 발길을 옮길 수 있다. 오르타는 아무 거리낌 없이 윗층에 거의 사용되지 않는 강연홀을 두었다. 민중의 집은 모든 상세에 이르기까지 재간있는 발명가이자 숙련된 건축가의 손길을 잘 보여주는 작품이다. 그러나, 1963년 이러한 기념비적인 건물이 파괴될 운명에 처했다는 것은 암시하는바 가 크다.

Fifth Edition 305쪽 25줄

오르타(1861~1947)는 화려한 생을 마쳤다. 그는 1913년 브뤼셀 아카데미의 회장이 되었고, 후에 남작의 칭호까지 받았다. 또한 많은 중요한 건축물들을 세웠다. 그러나 비교적 일찍, 젊은 사람들과의 접촉을 하지 않게 되면서, 심혈을 기울였던 그 자신의 운동과의 관계도 약해졌다. 이 문제는 심사위원으로서 결정적인 역할을 했던 국제연맹관(The League of Nations Palace(1927))▼11 설계경기를 언급할 때 재론하고자 한다.

필자가 브뤼셀에 있을 때인 1938년 여름 동안, 남작 오르타에게 튜린 가의 주택과 같은 그런 혁신적인 구조를 어떻게 짓게 되었는 지를 물어보았다.

그가 설명하기를, 이제 막 전문분야의 경력을 쌓을 건축가에게는 세 가지의 길이 있다는 것이다. 즉 르네상스, 고전, 또는 고딕 양식 중에 어느 쪽의 전문가가 되는 것이다. 그는 이러한 제약이 비논리적인 것임을 알았다. "저는 건축가들이 화가들처럼 왜 독립적이고 과감할 수 없는 지를 자문하곤 했습니다." 그의 탁자 위에 서있는 낡은 사진을 가르키면서 "이것은 저의 스승인 고전주의자이자 혁명가이고, 19세기 최고의 건축가라 할 수 있는 발라트 씨입니다.▼12 저는 그로부터 생명력있는 영감을 받았습니다."

오르타는 계속해서 발라트의 작품과 관련한 특성을 설명하였다. 브뤼셀에 있는 그의 박물관은 고전적인 파사드에도 불구하고 완전히 독자적인 걸작이다. 오르타가 그 자신의 성향을 결정짓는데 영향을 미친 것도 바로 이 건물이었다.

"매우 유기적이면서 관례적인 공식에서도 벗어난 훌륭한 지상층은 발라트의 완벽한 창조물이었다. 그러면, 왜 그는 파사드에 고전을 베껴야만 했는가? 왜 현대적 입장에서 만들지 않고 화가들 처럼 독자적이고 개인적이지 못한 것일까?"

빅토르 오르타는 독자적으로 일을 한 사람이 아니라, 단체의 일원으로서 그 활동이 두드러졌던 사람이다. 딩시 파리의 한 비평가는 "대담한 벨기에인이다."라고 했

182. 빅토르 오르타. 민중의 집, 브뤼셀, 1897. 외부. 유리와 철로 된 굴곡진 이 파사드는 이 당시 가장 진보적인 작품이었다.

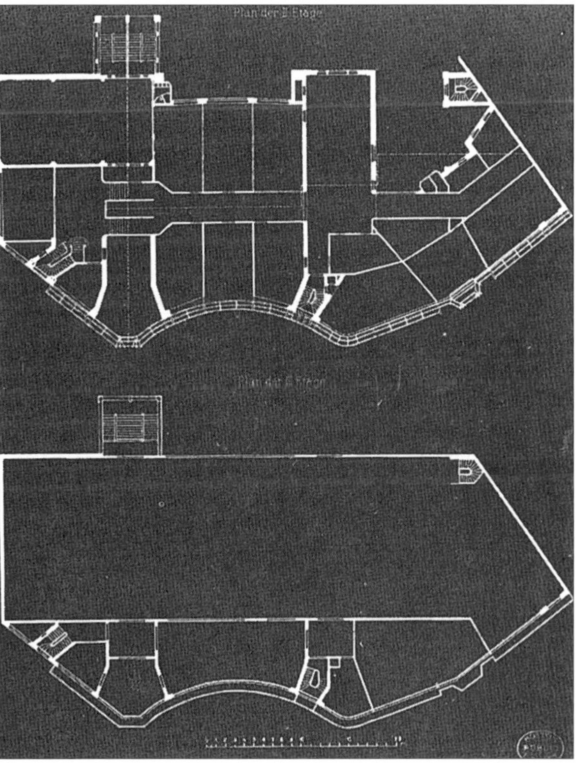

183. 빅토르 오르타. 민중의 집, 브뤼셀, 1897. 2층평면도와 3층평면도. 매우 기민하고 독립적으로 구성된 내부. 잘 사용되지 않는 강연실은 상층부에 배치되었다.

다. 1893년, **파울 헹커** 역시 튜린 가로부터 그리 멀지 않은 파끄 가(街)에 주택을 지었다. 헹커는 오르타의 상상력에는 미치지 못했지만, 그와 같은 성향의 건축가였다.▼13

그러나 헹커의 걸작은 테르뷔어렌에서 개최된 식민지 박람회(1897) 설치물들이었다. 강철 구축물의 이면에 담긴 완벽한 통합정신과 그 내부공간은 유럽의 예술분야 종사자들의 관심을 불러 일으켰다. 오르타는 '민중의 집'의 개관 2년 전에 끝난 박람회는 전적으로 벨기에의 젊은 세대들이 연출한 것이다. 레오폴드 2세에 의해 콩고 문제의 관심을 끌 목적으로 의도된 이 박람회(슬로건: "새로운 주(州), 새로운 숲, 새로운 형상")에서 젊은 개혁가들이 내부 장치의 책임을 맡은 것이다. 심지어 앞서의 대규모 파리 전시회에서도 이러한 내부 장치는 실내의장술(室內意匠術) 정도에 불과했었다. 내부와 외부 설계의 통합은 이후의 발전에 큰 영향을 미쳤다.▼14

베를라헤의 증권 거래소와 도덕성의 요구

Berlage's Stock Exchange and the Demand for Morality

19세기 동안 네덜란드 회화와 건축은 상당히 절제된 모습을 보여주었다. 네덜란드 도시들은 대륙의 다른 여러 도시들이 겪은 미관 손상을 피할 수 있었다. 리직스

184. H.P.베를라헤. 증권 거래소, 암스테르담, 1898~1903. 벽면 구성. 증권 거래소 사무실을 보여주고 있는 다마르크' 가(街)쪽 파사드는 벽을 평평한 면으로 회복시킨 유럽 최초의 건물이다.

박물관과 퀴퍼 철도 역사는 암스테르담의 대부분 건물을 지배하는 온화한 절충주의의 사례이다.

한편, 네덜란드는 당시에 발전하던 회화와 건설분야, 그리고 영국에서 비롯된 '예술 및 공예운동'에는 효과적으로 참여하지 못했다. 네덜란드는 이러한 활동에 뒤쳐져 있었던 것이다. 그러나 그들은 보존해야하는 위대한 전통을 바라보는 시각은 잃지 않았다. 운하를 따라 서있는 17세기와 18세기 저택들은 지난 과거의 변함없는 추억을 떠올려주는데 도움이 되었다.

한 사람과 하나의 건물이 네덜란드에 새로운 활력을 불러일으켰다. 엔드릭 페트러스 베를라헤(1856~1934)와 1898년에 세워진 그의 암스테르담 증권거래소이다. 그 자신은 물론, 그의 동료들도 바로 이 작품이 그의 대표적인 업적임을 인정하였다. 실제 건물을 통해 순수한 건축을 위한 요구를 구현한 첫 번째 인물이었다. 다른 사람들도 건축의 도덕적 필요성을 알고는 있었지만, 암스테르담의 거래소는 그러한 필요성에 가장 부합하는 작품이었다.

309족 06줄 Fifth Edition

185. H.H. 리차드슨. 세버 홀. 하버드 대학교, 캠브릿지, 매사추세츠., 1878.

186. H.P. 베를라헤, 증권 거래소, 암스테르담, 1898~1903, 드로잉.

건축가로서의 베를라헤의 경력은 아주 특별한 것이었다. 동세대의 또 다른 지도자인 루이 설리반처럼, 그의 초기의 작품 역시 다양한 형식의 사무소 건물들에 한정되었다. 그것들은 이 시대에 애호된 로마네스크와 르네상스의 혼합 양식으로 이루어졌다.

베를라헤는 항상 새로운 형태의 사용에 세심한 주의를 기울였다. 1885년 암스테르담의 증권거래소를 위한 설계 경기에서 1등을 수상하였다.▼15 만약 네덜란드 르네상스 양식의 관습적인 구조로 된 이 초기 계획안이 채택되었다면 그 안(案)은 이후의 건축에 어떤 영향도 미치지 못했을 것이다.

그의 마지막 변경안에서, 베를라헤는 적게나마 로마네스크 양식을 연상시키는 형태를 사용하였다.**(도판. 186)** 약 20년 전에 헨리 홉슨 리챠드슨과 마찬가지로 베를라헤 역시 로마네스크에 매혹당했다. 베를라헤는 주의깊게 중세의 건물을 시험해 왔고 그것들의 비례 법칙을 알았다. 그러나 우리는 곧 로마네스크에 대한 베를라헤의 접근방식이 역사적 형상의 일시적 모방과 다르다는 것을 알 수 있다.

Fifth Edition 310쪽 17줄

우리는 이 거래소의 구조에 대한 베를라헤의 수법 속에서 어떤 혁명적 진보의 구현을 발견하려는 기대는 할 수 없다. 예를 들면, 네덜란드는 프랑스 건축가들의 뒤를 받쳐주었던 구조적인 문제와 관련한 전통을 갖고 있지 못했다. 따라서 그가 세 개의 분절된 거더로 암스테르담 증권거래소의 커다란 홀의 타이 바들을 시각적으로 드러내는 것을 피하지 않았다는 것은 놀라운 일이다. 게다가 그는 유리와 철을 거의 사용하지 않았다. 이 모든 것들은 전환 세기 전에 일어났다. 당시는 철제 구조물의 우아함이 몇십년을 보장할 것이라고 당연하게 여기던 때였다. 암스테르담 증권거래소의 구조는 1843년의 앙리 라브로스테의 작품을 능가하는 의미있는 단계는 아니었다. 철공사는 구조적인 측면과는 상관없이 자체적으로 지지되는 석재 구조 틀안에 감싸진 상태로 진행되었다.

이러한 측면에서 더욱 대담한 작품은 **브뤼셀의 '민중의 집**(1897~1898)'▼16이다. 오르타는 파사드를 넓게 개방시켜 유리와 강철로 채웠다. 이 보다 더 큰 영향력을 발휘한 작품은 베를라헤의 작품이다. 당시의 사람들의 주장에 따르면, 그것은 일종의 혁명과도 같은 것이었다.

암스테르담의 증권거래소는 내부와 외부에 스터코 표면처리를 하지 않은 벽돌 건물이다. 세 개의 유리지붕홀들이 있는 지상층 평면은 매우 간결하게 처리되어 있다. 가장 큰 홀은 상품거래소로 사용되며 전체의 건물을 지배한다.(**도판**. 188) 중개실과 위원회실로 통하는 열려진 아케이드를 통해 홀의 중심에서 실제로 행해지는 거래를 볼 수 있다.

외관은 많은 계획안들의 최종 결과물이다. 가장 초기의 계획안에서는 모든 것이 혼란스러웠으나, 최종 계획안의 모든 단면들은 평평한 외부벽체 표면으로 깔끔하게 융화되어 있다. 탑 조차도 돌출되지 않았다. 유럽건축에서 안정되지 못한 흔적이 나타나는 것은 주출입구와 탑이 만나는 기념비적인 분위기의 코너 부분 정도에 불과하다. 다마르크 가(街)에 면하고 있는 측면의 처리는 매우 안정되어 보인다.(**도판**. 184)▼17 증권거래소의 벽은 단순한 사무소 건물의 일면을 가졌고 그 측면은 바로 현대의 사무소 건축 그 자체이다. 그 창문은 벽과 동일면으로 처리되어 하나의 평탄한 면으로 되어있으며, 정방형의 홈통과 창문 문턱에 의해서만 분절되어 있다. '상품거래소(Commodity Exchange)'를 에워싸고 있는 로지아의 벽돌벽 역시 상부로부터 바닥까지 평평한 표면을 형성한다.(**도판**. 187) 베를라헤는 신중함과 부드러움을 주기 위해 이들 벽체에 몇 가지 다른 재료를 도입하였다. 마졸리카(역주: 이탈리아산의 화려한 장식용 도기), 화강석(사각형 지주에 사용된), 그리고 지주의 주두(柱頭)에 사용된 다양한 밝은 채색의 돌들이 그 예이다. 그러나 이러한 주두는 평범한 방식으로 돌출된 것이 아니라, 면도칼에 의해 절단된 듯이 벽체와 평평하게 처리되어 있다.

이러한 특징은 결코 우연한 것이 아니다. 베를라헤는 건축의 양식에 관한 강연에서 그가 목표로 한 것을 설명하고있다. "무엇보다도 우리는 노출된 벽면을 산뜻한 아름다움이 느껴질 수 있도록 표현하고자 했다 지주(支柱)와 기둥은 돌출된 주두(柱頭)를 가져서는 안 된다. 연결부는 벽의 평평한 표면에 융합되어야 한다."▼18

이 건물이 미친 **영향의 근원**은 무엇인가? 그 비밀은 **베를라헤가 그의 건축**에서 진실과 순수를 위해서 투쟁했던 변함없는 일관성에서 찾을 수 있다. 계단부의 화강석 디딤판은 거칠게 끌로 홈을 내었고, 그것들은 지금도 그대로 유지되고 있다. 위원회실 천장의 벽돌 아케이드는 어떠한 가식도없이 명확히 드러나고 있다. 구조틀의 강

187. H.P. 베를라헤. 증권 거래소, 암스테르담, 1898~1903. 내부.

철 거더는 채색으로 강조되어 있다. 회반죽이 칠해지지 않은 벽체를 구성하는 벽돌의 깨끗한 백색 줄눈은 확연하게 눈에 띈다. 이런 방식이 처음 사용되기는 했지만, 그 재료들은 예상하지 못했던 장식효과를 내고 있다.

313쪽 18줄 Fifth Edition

그 자신이 말했듯이 "옛 기념물과 오늘날의 건물을 구분하는 특질이라 할 수 있는 잔잔함" 구현하고자 했다. 그 당시로는 가장 최소한의 타협을 통해 무질서하게 분해된 듯하면서 얼핏 보아 한 번에 이어붙인 것 같이 보이는 벽체를 평면으로 처리하여 전체적인 통일감을 준 것이다.

평평한 평면을 가진 벽체는 그 후 네덜란드 뿐만이 아니라 다른 모든 곳에서도 건축의 새로운 원칙의 출발점이 되었다. 베를라헤의 의식적인 금욕주의(그의 동료 중 몇몇은 "파격적 형식(바바리즘)"이라 불렀다.)는 암스테르담 증권거래소를 통해, 여러 측면에서 이정표가 될 만한 건축물을 만들기 위한 진실을 향한 열성과 결합한 것이다. 그는 건축문제를 진실되게 처리할 수 있는 한 예를 선보였다. 당시의 어떤 건물도 이처럼 건축운동의 배후에 숨어있는 도덕성에 대한 요구와 부합되는 것은 없다.

이전의 모든 세대들이 서로 다른 노선을 따르고 있던 유럽에서는 벽체의 순수함은 일종의 '계시(啓示)'와 같은 충격이었다. 여기서 우리는 미국 건축가의 몇몇 작품을 언급하고자 한다.

헨리 홉슨 리차드슨은 이 기간에 순수예술로서 건축을 사려깊게 실행에 옮긴 첫 번째 건축가들 중의 한 명이다. 1878년 세버 홀(하버드, 캠브리지, 매사추세츠대학 건물들 중의 하나)은 베를라헤의 작품과 많은 공통점을 갖고 있다.**(도판. 185) 베를라헤와 리차드슨은 단순화된 로마네스크 형태를 따르는 성향**을 보여주었고, 그러한 형태는 시작단계부터 평평한 표면으로 벽을 처리하는 방식과 관계가 깊다. 로마네스크 형태를 이어받은 이들 두 사람은 자신들의 선택의 경향에서 단순한 그들 동료들과는 다른 듯이 보일 수도 있다. 당시 대다수의 절충주의자들은 고전적이고 고딕적인 형상에 접근하였다. 그리고 확실히 그들의 추종자들, 특히 리차드슨의 추종자들은 역사적인 모방의 친근한 행로로 전환하였다. 몇 년 후에 미국과 유럽에서 나타난 작은 로마네스크 성과 같은 일련의 작은 주택들은 그것을 예증하는 좋은 예이다.

그러나 19세기의 역사는 복잡하다. 베를라헤와 리차드슨이 로마네스크 형상을 차용하였다는 사실보다는 그들이 로마네스크의 건물에 관한 연구에서 끌어낸 새로운 목표가 중요하다. 그 당시는 새로운 공간개념에서 비롯되는 새로운 형태의 고안은 무르익지 않은 시기였다. 그러한 상황에서 그들이 역사로부터 도움을 얻고자 한 것은 당연한 것이었다. 로마네스크 방식은 그들 자신들의 시대가 기다리던 새로운 형태를 향해 나아가기 시작했다.

로마네스크와 그들의 훌륭한 건축과의 관계는 근대 회화와 원시예술과의 관계와 유사하다. 피카소는 아프리카의 가면을 모방한 것이 아니고 그림의 주제를 보는 새로운 방식을 배운 것이다. 그러한 예술과 '면들로 구성하려는 어느 정도의 의식적인 노력' 사이에는 유사함이 있었다. 베를라헤와 리차드슨도 로마네스크 속에서 일시적인 유행을 발견했던 것이 아니라, 그들 자신의 시기의 여전히 가려져 있는 표현을 향하여 움직이는데 내적인 친근성을 발견한 것이다.

암스테르담 증권거래소의 중요한 의미를 이해할 때, 왜 베를라헤가 미국건축가, 특히 프랭크 로이드 라이트의 건축의 찬미자가 되어 유럽에서 그의 대변자가 되었는지를 이해할 수 있을 것이다. 그의 증권거래소가 완성되어진 후, 루이 설리반의 협력

188. H.P. 베를라헤. 증권 거래소, 암스테르담, 1898~1903. 대규모 홀. 유리지붕으로 된 3개의 홀중에 기장 큰 상품 거래소.

자인 죠지 에름슬리의 초대로 1911년 미국에 도착하였다. 그는 미국의 건축에서 완전히 고립된 상태에서도 매우 열정적으로 스스로 길을 추구하고 있음을 발견한 것이다.

베를라헤가 **성장하는 세대**에 미친 영향은 매우 컸다. 심지어 젊은 사람들이 그가 제시한 방향과 다른 방향을 취했더라도, 그들은 그의 예술적 완벽성에 경의를 표했다. 네덜란드에서 그의 영향과 암스테르담 증권거래소(1915)의 이미지는 오드의 수영장 초기계획안에서 잘 나타나고 있다. 베를라헤는 프랭크 로이드 라이트의 작품을 유럽에 소개한 첫 번째 사람이었다. 네덜란드에서 그의 뒤를 잇는 세대가 라이트의 작품에 자극될 것이라는 사실은 분명했다.▼[19]

역시 벨기에에서도 젊은 세대들에게 깊은 영향을 미쳤다. 오늘날의 건축운동의 신호가 되었던 1922년 브뤼셀의 '근대 도시(La Cite' Moderne)'라는 정원 사업에 관여한 벨기에 건축가인 빅토르 보르지오가 말하기를, 1914년 경 그가 브뤼셀 아카데미의 학생이었을 때, 베를라헤와 프랭크 로이드 라이트 이 두 사람만이 젊은이들의 관심을 끌었다고 했다.

베를라헤는 거의 은둔자같은 생활을 하였고, 타인과의 객관적인 관계를 존중하는 인물이었다. 그는 1928년 6월에 스위스, 라 사라에서 개최되었던 '근대 건축 국제회의(C.I.A.M.)'의 설립에 참가한 유일한 구세대의 대표자였다. 이러한 근대 건축가들의 최초의 국제 동맹에서 젊은 사람들은 출발의 새로운 시점을 제의하는 정도 외에는 특별한 논의를 하지 않았다. 그러나, 비록 그가 가장 나이많은 참가자이긴 하였지만, 네덜란드로부터의 긴 여정에도 망설이지 않고 신중하게 준비한 "미국과 건축의 관계"▼[20]란 논문을 읽어준 유일한 사람이었다.

변함없이 검은 넥타이를 맨 이 작은 체구의 사람은 젊은 세대들 사이에 둘러싸여 조용히 라 사라에 있는 고딕 성당안에 앉아서 침착하고도 진지하게 자신의 에세이를 읽어 주었다.

오토 바그너와 비인 학파

Otto Wagner and the Viennese School

1894년에 **오토 바그너**(1841~1918)는 **비엔나 아카데미의 건축과 교수**가 되었다. 한 때 아카데미는 젊은 세대들에게 인기를 잃었던 곳이었으나 바그너는 반전시켰다. 그 당시의 그의 나이는 50세를 막 지났고, 성공적이면서 활기찬 건축가였으며 초기의 플로렌스 양식의 건축과 성기(盛期) 르네상스 양식의 건축 작품은 그 훌륭한 평면으로 세상사람들에게 널리 알려졌다. 아카데미는 그의 존재로부터 영광을 찾을 것이라고 기대되었다. 그러나 그가 그 자신의 이름을 세상에 알린 순간, 오랫 동안 준비되었던 변형이 그의 작품속에서 나타나기 시작했다.

Fifth Edition 317쪽 07줄

그가 『**근대 건축**』▼21이란 제목의 소책자를 강의에 사용하기 시작한 것은 1894년 무렵이었다. 곧 그것은 수 개 국어로 번역되어 새로운 운동의 교과서가 되었다. 그 책에서 바그너는 "예술적 창조를 위한 우리의 출발점은 지금의 삶속에서만 찾을 수 있다."라고 주장하였다. 그는 계속해서 구조와 새로운 재료들에 관한 새로운 원리는 고립된 요소가 아니며, 그것들은 반드시 새로운 형태로 발전하여 인간의 요구와 조화를 이루어야 한다고 주장했다. 바그너의 글은 미래를 향한 원리를 설정한다는 확신이 있었으며, 부분적으로 사용된 풍자적인 표현이 그 효과를 더했다. 그의 독자들은 건축분야에서의 그의 성숙한 경험이 이 글을 더욱 탄탄하게 한다고 생각했다.

이 작은 책에는 19세기의 모든 건축가들이 일반적으로 받아들인 규준과 맞설 때 겪는 체험이 응축되어 있다. 바그너는 아무리 새로운 발전단계가 되어도 국가로부터는 어떤 도움을 기대하기 어렵다는 것을 분명히 했다.▼23 "항상 해로운 영향을 미쳤고, 현재도 그런" 속인들의 판단에 대한 그의 비난은 그 자신의 쓴 경험을 반영하고 있다.▼24 예술가는 대중들이 즐기는 것이 아니라 대중들이 즐기고 싶어하는 것을 창조해야 한다는 괴테의 격언에 동의하는 사람이었다.

이 책은 바그너의 임명과 관련하여 책임자 위치에 있던 관계자들의 반감을 야기시켰다. "완전히 성숙한 건축가가 예술의 단순한 경험자(물의를 일으키는 유행의 앞잡이)로 되어버렸다." 이러한 판단은 1897년의 팜플렛에 잘 나타나고 있다.

아카데미에 선출된 그 해에 바그너는 비엔나 교외를 둘러싼 고가철도와 지하철도망을 건설하였다. 고가철도 부분은 로마의 수도관과 같은 무거운 아취로 만들어졌다. 바그너는 선로를 따르는 철도 역사를 포함하는 이러한 철로에 관한 모든 디테일을 만들었다. 그는 이들 각각을 다르게 설계했다. 전자는 고전적인 분위기를 , 그리고 후자는 아르 누보 성향을 보였다.

우리가 살펴보았듯이 브뤼셀에는 새로운 건축운동을 애호하는 노력들이 끊이지 않았다. 그러나 비인의 경우는 그러한 어떤 노력도 찾기 어려웠다. 우리가 완전한 고립된 상태에서 작업한다는 것이 어떤 것인가를 이해하지 못한 상태에서 바그너 작품의 중요성을 깨닫기란 힘들다. 1894년에 **바그너**의 고향인 오스트리아에서는 아무도 **그와 같은 성향을 따르는 사람이 없었다.** 오스트리아인인 요셉 호프만, 아돌프 로스, 그리고 요셉 올브리히, 그리고 독일인 피터 베렌스 등은 1870년생으로서, 바로 이 무렵에 겨우 그들의 활동을 시작한 사람들이다.

318쪽 15줄 Fifth Edition

비인 지하철의 칼 플라츠 역사(驛舍, **도판.** 189)는 바그너가 근대 건축을 향해 가고 있음을 잘 보여주는 작품이다. 장식적인 철 세공과 반 구체의 지붕은 19세기 방식의 연장선에 있음을 알 수 있다. 그것들은 에펠이 1878년의 파리 전시회의 본관 정면에 만든 도옴과 볼트에서 나타나는 프랑스 철제 건축의 발전된 단계라 할 수 있다.▼[25]바그너의 동료들은 이것을 인식한 듯하다. 그에 대해 악의에 찬 내용을 실은 팜플렛에 표현된 "잔인한 프랑스 건축의 물질주의적 선봉자"라는 혹평이 이 사실을 반증하고 있다.

바그너는 프랑스인의 작업을 단순히 계승한 것이 아니라 그 자신의 새로운 요소를 도입하였다. 1894년에 그는 "새로운 건축은 슬래브와 같은 상판 표면과 순수한 상태의 재료들을 부각시키는 방식에 의해 지배될 것이다"라고▼[26] 예언하였다. 칼 플라츠 역사(驛舍)의 외부 벽체에 가는 대리석 슬래브를 사용하였고, 그것을 시각적으로 노출된 앵글 철물로 붙였다. 이러한 처리는 아무런 하중도 가지지 않는 단순한 슬래브와 같은 판벽의 형태를 보여준다.

10년 후, 비인 우편저금국 건물(1904~1906)에서 그는 여전히 평평한 표면의 벽체를 더욱 강조하였다. 이 건물의 파사드는 상부가 평평하게 보이도록 육중한 알루미늄 볼트로 결합하는 대리석 슬래브로 덮여 있다.

그 내부(**도판.** 190)디자인은 놀라울 정도로 순수한 면을 보여주고 있다. 그것은 의심할 여지없이 20세기 첫해에 이뤄진 가장 단호한 실들 중의 하나이다. 이러한 순수성이 신소재의 사용과 연결됨으로써 비롯되었다는 것은 확실히 바그너와 동시대 인물들의 작품의 주된 특성이라 할 수 있다. 바그너는 이 은행에 유리지붕의 내부 정원을 두었다. 그러한 정원은 19세기 중엽 이후에는 평범한 것이었다. 그러나, 우편저금국의 화이트 홀 안의 유리와 철제 볼팅은 모든 기능적 요구를 수행할 뿐만 아니라 서로 융합되어 전체적인 건축적 표현의 일부를 형성하고 있다.

이와 같이 유리와 철제로 이루어진 홀의 순수하고도 추상적인 형태 속에서 건축가의 손길을 찾기란 어렵지만, 그의 손길은 곡선부와 색채, 그리고 공간조형 등의 모든 곳에서 느낄 수 있다.

이와 같은 건축분야의 선구자들이 대륙에서 성공한 것은 사람들을 놀라게 하는 신선함을 제공했기 때문이다. 바그너 역시 마찬가지였다. 새로운 추세를 따르는 그의 작업에 대하여 많은 반작용도 있었고, 박물관, 공공 건물과 도시를 위한 그의 후기의 계획이 단지 도면 위의 계획으로 남았음에도 불구하고 오스트리아의 젊은 세대들

189. 오토 바그너. 칼스플라츠역, 비엔나, 1894. 디테일. "새로운 건축은 슬래브와 같은 상판 표면에 의해, 그리고 중요한 재료들을 순수한 상태로 사용함으로써 얻어져야 한다."

190. 오토 바그너. 우편 저금국, 비엔나. 홀. 이 홀의 유리와 철로 된 볼트는 모든 기능적 요구를 충족시킬 뿐만 아니라 통합된 건축 표현에 적극적인 요소가 되어서 그 일부분으로 동화되기도 한다.

에게 미친 그의 영향은 매우 강렬한 것이었다. 비록 그의 학생들 역시 재능있는 사람들이었지만, 그의 규범에 부합하는 작품을 내놓지는 못했다. 그의 학생들중의 한 사람인 건축가 요셉 호프만은 수공예를 위한 비인 공방의 설립자였다. 바그너는 이들 젊은이에게 그들이 취해야 할 방향을 보여주었지만 그들 모두는 찰스 레니 매킨토시와 글라스고우의 영향을 받았다. 이는 1900년경 오스트리아에서 일어났던 변화는 건축으로부터 수공예가 아니라 수공예로부터 건축으로 향하고 있었음을 뜻한다.

319쪽 36줄 Fifth Edition

그것은 일종의 장식적인 의도의 과다집중이란 결과를 초래했으며, 요셉 올브리히의 비인 '세제션' 화랑(1898)에서 잘 나타나고 있다. 아돌프 로스는 이것을 맹렬히 비판하였다. 올브리히는 영국과 미국에서 살면서, 의복으로부터 목욕통과 통풍관에 이르는 일상용품의 생산에서 이들 나라에서 만들어진 익명의 작품들이 갖는 중요성을 배웠다. 브뤼셀에 위치한 호프만의 스토클레 주택의 경우처럼 1914년에 이르는 시기까지 캐비넷 제조자와 장식적인 예술의 영향은 계속되었다. 이 주택의 평평한 표면은 하얀 대리석 슬래브로 되어 있지만, 그것들은 마치 액자에 넣어진 그림처럼 처리되었다.

바그너와 그의 오스트리아 학파의 영향은 뜻밖에도 전쟁에서 전사한 이탈리아의

191. 오토 바그너. 브리지와 지하철, 그리고 여러 가지 거리 레벨이 그려진 그림, 비엔나, 1906. 비엔나 외곽을 따라 비엔나를 순회하는 지하, 지상겸용철도의 일부분.

192. 안토니오 상텔리아. 지하철 계획안, 1914. 아파트와 승강기가 서로 결합되어 있는 여러 가지 거리 레벨. 상텔리아는 움직임의 흐름들을 교차시킴으로써 미래파의 열망을 반영하고 있다.

젊은 미래주의 건축가인 **안토니오 산 텔리아**(1888~1916)의 작품에서 발견된다. 산 텔리아는 역동적인 움직임을 예술적으로 표현하면서 이탈리아 미래주의자의 희망을 공유하고자 했다. 그 역시 대도시와 그것의 모든 표현을 좋아했다. 전쟁이 끝나기 직전, 그는 광적으로 신도시에 관한 그의 상상력을 펼쳤다. 이들 스케치는 더 심오하게 수행되지는 않았지만, 건축적인 이념을 표방한 것으로는 충분한 것이었다. 비인 철도 역사(1894~1906)(**도판. 191**)를 위한 오토 바그너의 그림은 혼잡한 도로들의 건축적 통합에 관심이 많음을 보여주고 있다. 그러나, 바그너에게는 단지 우연한 부가물에 지나지 않았던 것이 젊은 산 텔리아에게는 '열렬한 선언'이었다. 그의 첫 번째 디자인에 해당하는 것(**도판. 192**)은 승강기 샤프트를 강조한 지하 철로와 서로 다른 레벨의 도로와 일체를 이루는 고층 건축물로서, 그것은 교통문제를 건축에서 적극적으로 다루어야 하는 문제로 보았음을 잘 보여주고 있다.▼27 이 도면은 반 세기 후의 오늘날의 상황을 예견하고 있다. 즉, 도시의 유기적 조직체의 구성요소로서 암적인 자동차의 성장이 도시 계획자로 하여금 혼잡한 움직임 속에 건설하기 위한 방법과 수단을 찾도록 하는 상황을 예견하고 있는 것이다

주

1. "Toutes les formes étaient cachées. À cette époque la révolte contre les mensonges des formes et le passé était une révolte morale."
2. "Je me disais - c'était en 1892 - jamais je ne veux pas admettre que ma femme et ma famille se trouvent dans un milieu qui est immorale."
3. van de Velde의 전기작가이자 예술보호가였던 Karl Ernst Osthaus의 『Van de Velde(Hagen i. W, 1920)』라는 책과 van de Velde의 전기인 『Geschichte neines Lebens(Hans Curjel이 1962년에서 뮌헨에서 출판하고 편집함)』라는 책에는 이 주택에 대한 훌륭한 자료들이 담겨있다. 후자의 "Epilog in Oberaegeri, 1947~1957," 장은 van de Velde의 후기 시절을 잘 보여주고 있다.
4. Montague Weekley의 William Morris(런던, 1934), 53페이지. 모리스가 Burne - Jones와 합작하여 사무실을 개업한 곳이 바로 Red Lion 광장이였다.
5. 두 사람중에서 Picard가 더 유명하다. 젊은 시절에 그는 한 때 재단사가 되기 위해서 연구를 중단한 적이 있었다. 나중에 가서 그는 철학과 법을 공부하고 법원의 중요한 옹호자가 되었다. 직업적인 일이외에 그는 비평가로서 분주히 활동했다. 그의 논평 L'Art moderne에서 그는 대중의 지지를 얻지 못한 희생자들과 표현주의자들을 옹호했다. Octave Maus는 대단한 관심끌었던 선구자였다. 그는 사람을 끌어오르는데 필요한 본능과 지칠줄 모르는 힘을 가지고 있었다.
6. Wiener Tageblatt, November 11, 1898.
7. 그의 그림은 Studio제 1권(1893)에 실려있다.
8. Cf. Fritz Schmalenbach, Jugendstil(Wu'rzburg, 1935).
9. Cf. also figs. 112, 113.
10. L'Emulation(Brussels, 1895), p.187.
11. Cf. pp. 530~531.
12. Alphonse Balat(1818~1905)의 architecte du roi. 브루쉘 박물관이외에, 그는 Laeken주거지에 설계한 종 모양의 jardin d'hiver(1879)로 유명하다. 이 곳의 철골조는 특히 뛰어나다. 트러스위의 띠로 된 철 장식물은 Turin가의 주택에서 나타나는 호르타의 아르 누보 장식을 연상시킨다.
13. Hankar와 Hortasms 아파트의 디자인과 장치들을 예술적인 차원에서 공격한 최초의 유럽인들이였으며 Hankar의 해결책은 때때로 순수한 것이였다. Hankor는 l'Ecuyor가이 Magacino do la Maicon Claoccon(부뤼셀, 1896)과 Loboau가이 Maicon do Coumorio(부르쉘, 1895-96)과 관련있다.
14. Hankar에 대한 더 자세한 내용을 보려면 Ravue la Cite(부뤼셀, 1923)에 나오는 Charles Courady와 Raymond Thibaut의 "Paul Hankar,1859~1901"을 참조할 것.
15. 그러나, 그는 1897년이 되어서야 건물의 도급자로 설정되었다. Jan Gratama의 Dr.H.P.Berlage(로테르담, 1925), 28페이지를 참조할 것.
16. 303페이지를 참조할 것.
17. 정면 디자인에서, 베를라헤는 각변의 비율이 5:8인 이집트 삼각형을 모듈로 사용했다.
18. H. P. Berlage, Gedanken u'ber Stil in der Baukunst(Leipzig, 1905), pp.52~53.
19. 매우 이상하게도, 르 꼬르뷔제는 취리히에서 이루어진 베를라헤의 강연을 통해 프랭크 로이드 라이트를 처음으로 접하게 되었다.(-------)
20. 이 논문은 CIAM의 기록 보관서(취리히)에 보존되어 있다.
21. Moderne Architetur(비엔나, 1895, 제 4판, 1914) "건축 교육은 건축가를 단순한 전문가가 아니라 예술가로 가르칠수 있어야 한다.
22. 115페이지
23. 133~134페이지
24. 113페이지
25. 도판. 158을 참조할 것.
26. Moderne Architeckur, 136페이지.
27. "미래 도시 관한 디자인, 1913.

4 철근 콘크리트와 건축에 미친 영향
Ferroconcrete and Its influence upon Architecture

적어도 건축분야의 아르 누보는 철재 건설의 전통 속에 뿌리를 두고 있었다. 이러한 건축운동이 브뤼셀로부터 퍼져나가던 20세기 초에, 건축분야에 급속한 영향을 미친 콘크리트라는 새로운 건축 재료가 등장했다.▼1 건축분야가 스스로 오랫동안 얽매였던 편견을 뿌리치고 그 시대 속에서 성장해온 새로운 방법을 흡수한 것도 바로 이 때였다. 이러한 상황은 철근 콘크리트의 사용을 더욱 활발하게 하였다. 그러나 제분소, 사일로, 급수 조정도에 사용될 정도에 머물렀고, 더욱 순수한 건축적 목적을 위해서는 제대로 사용되지 못했다. 철근 콘크리트는 1910년과 1920년 사이의 새로운 건축의 등록 상표가 되었다. 복잡한 구성을 갖는 이 재료는 아주 먼 과거를 가지고 있다. 이에 대해서는 많은 정보원이 있기 때문에 그것의 기술적 발전을 다시 다룰 필요는 없을 것같다. 우리는 건축과 관련있는 몇 가지 문제만을 생각해보고자 한다.

Fifth Edition 323쪽 01줄

18세기의 위대한 엔지니어인 존 스미톤은 영국의 에디스톤 등대(**도판.** 193) 건설을 통해 명성을 얻었다. 이전의 등대는 폭풍에 의해 파괴되었고 그 부지는 바다의 힘에 완전히 노출되어 있었다. 그러나 스미톤은 매우 강하게 전체를 묶어주는 석조공법을 사용하는 시스템을 사용하였다. 그는 돌이 서로 맞물리도록 하고 기초와 연결하기 위해 생석회, 모래 그리고 부서진 철 슬래그(일종의 콘크리트)의 혼합물을 사용하였다. 이것은 세브른 강 위에 첫 번째 주철교가 세워지기 5년 전인 1774년의 일이다. 우리가 아는 한 이것은 로마시기 이후 콘크리트의 첫 번째 사용이라 생각한다. 스미톤의 실험은 등대에 대한 책 속의 동판인쇄로 되어있는 장엄한 책속에 자세히 묘사되어 있다.▼1a 이 실험은 점토를 함유한 생석회가 물속에서 강하게 될 수 있다는 사실을 관찰했을 때인 1750년에 시작되었다. 펌프와 다른 기계류를 위한 새로운 물질인 주철을 처음으로 사용한 사람도 스미톤이었다.

에디스톤 등대에 관한 그의 성공은 더욱 발전적인 많은 실험으로 이어졌다. 1824년 리드의 요셉 아스프딘은 포틀랜드 시멘트라는 최초의 "수경성" 결합재료를 만들었다.(수경성 시멘트는 물 속에서 경화된다.) 스미톤은 자연의 상태에서 응고하는 성분을 사용하였지만 아스피딘은 혼합물 그 자체를 조절하였다.

5년 후인 1829년, 폭스 박사는 철재보 사이의 충전물로 콘크리트를 사용함으로써 콘크리트 바닥을 만드는 방법을 발전시켰다. 1844년 이 방법은 특허를 받았다. 이 방

193. 존 스미톤. 에디스톤 등대, 영국, 1774. 스미톤의 등대 계획을 에칭으로 그린 그림.

법은 맨체스터의 엔지니어인 윌리엄 페어베른이 지은 7, 8층의 창고 전체에 적용되었다. 콘크리트 속에 타이 바를 묻음으로써 실제 철근콘크리트 구조에 매우 근접한 방식이었다. 그럼에도 불구하고 50년이 지나서야 비로소 과학적 분석을 통해 철근콘크리트 속의 두 요소간의 정확한 접합 성능을 알게 되었다. 이 기간 동안에는 모든 노력과 관심은 대규모 철골구조의 발전에 집중되었다.

지금까지 알고 있는 한, 콘크리트의 최초의 전반적인 사용은 1867년 파리 박람회 본관 건물 식당의 반지하 바닥이었다.

엄밀한 의미에서 철근 콘크리트를 최초로 사용한 때는 정원사인 모니에르가 콘크리트 관의 중심부에 철망을 사용하기 시작한 1868년이다. 이러한 방법은 그 자체로는 새롭다고 할 수 없다. 이미 라브로스테가 생 제네비에브 도서관에 서로 교차된 형태의 철선을 회반죽(플라스터) 층으로 덮어 볼트 처리를 한 사례도 있었다.

에르네스 레슬리 란섬(1844년 영국의 입스위크에서 출생)▼2이 미국에서, **프랑소와 앙네비크**(1842~1921)가 프랑스에서 사용한 때인 1890년대까지는 철근콘크리트가 대규모로 사용되지는 않았다.

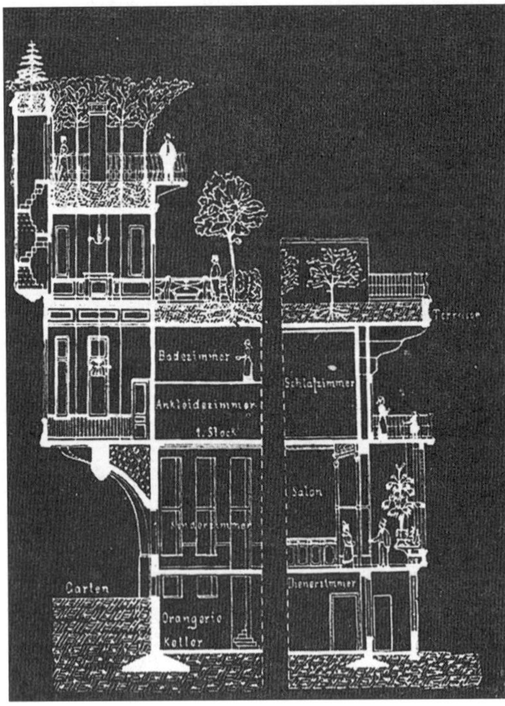

194. 앙네비크, 주택, 보그-라-라인. 헨네비끄는 한곳에서 철근 콘크리트의 모든 가능성을 나타내려고 했으나 19세기 후반의 일반적인 방식을 넘어설수 있는 건축 언어를 찾지는 못했다.

프랑소와 앙네비크는 그 자신의 안내자로 많은 시공자들이 수행한 예비 작업경험을 가지고 있었다. 그는 철과 압축된 콘크리트의 각각의 요구조건을 알고 있었고, 이 두 재료 상호간의 결합비율과 철근 배분 방법을 알고 있었다. 이외에도, 그는 탁월한 도급업자로서 능력을 발휘하여 유럽의 대부분 지역에 많은 건축물을(낭트의 제분소, 제노아의 곡물창고, 스트라스부르크의 사일로, 스위스의 요양소) 건설하였다.

Fifth Edition 326쪽 09줄

1890년대 동안, 그가 보그 라 라인에 직접 지은 그 **자신의 별장(도판. 194)**은 **철근콘크리트 사용**의 선전물 역할을 하였다. 이 별장은 즉시 여러 사람들에게 그 재료의 가능성을 알려주는 효과를 발휘했다. 8각형의 탑은 4미터나 돌출된 두 개의 캔틸레버 위에 놓여져 있다. 이것에 만족하지 않고 탑은 다른 돌출 구조물보다 더 높이 솟아오른 것처럼 보인다. 이러한 구조물들은 나무들이 심어져 있는 가장 높은 지붕 정원으로 연결되는 나선형 계단을 둘러싸고 있다. 지붕 정원, 테라스, 자유롭게 돌출된 건물 요소들은 건축적인 줄타기 곡예사같다! 90년대의 건축적 방식으로 완벽하게 이루어진 이 건물은 초현실주의자의 마음까지도 사로잡을 수 있는 매력적인 혼합물이다.

90년대 프랑스 건축은 영향력있는 벨기에 건축과 비교될 수 없다. 1889년 기계관

195. 아나톨 드 바우도트, 생 장 드 몽마르트, 파리, 1894년 착공. 얇은 외벽이 철근 콘크리트 골조를 에워싸도록 지어진 최초의 교회.

으로 최고의 위치에 도달했던 프랑스의 건축은 그 이후 사향길에 들어섰다. 그러나 비록 그들이 국제적 영향력 발휘에는 실패했지만 몇 가지의 유익한 업적을 남겼다. 1894년 아나톨 드 바우도트는 얇은 벽체에 둘러싸인 철근콘크리트 골조의 생 장 드 몽마르트 교회(**도판. 195**)를 파리에 건설하기 시작했다. 그의 공식적인 위상은 "고대 기념물 보호자"였지만, 25년을 이어온 강연을 통해 건축의 재생을 주장하였다. 새로운 재료인 **철근 콘크리트**가 나타나자마자 그는 이 재료를 **사용하여 교회**(진부한 일상으로부터 이탈을 상징하는)**를 지었다**. 그의 책자인 『**건축과 철근 콘크리트**』▼3를 보면, 새로운 재료의 사용을 통해 여러 경쟁업자들보다도 싼가격에 입찰할 수 있다는 점에서 계약에 유리함을 밝히고 있다. 드 바우도트 작품의 대담성은 인정받았지만, 여러 면에서 튜린 가(街)에 있는 빅토르 오르타의 저택에는 미치지 못했다.▼4

20세기의 첫 10년이 지나갈 때, 철근 콘크리트는 거의 모든 곳에서 광범위하게 사용되기 시작했다. 그것은 1907년 스위스의 다보스에 지어진 알렉산드라 여왕 요양소에도 사용되었다. 로버트 마일라트가 구조 책임자였고, 참여 건축가는 플레가드와 헤펠리였다. 이 요양소 건물(지금의 튜르가우어 건강센터, **도판. 196**)는 산중턱 위의 넓은 암석 위에 세워져 있다. 넓게 개방된 테라스가 있는 세 개의 익부의 향은 가능한 많은 자연광을 유입할 수 있도록 세심하게 계획되어졌다.

같은 해에 시카고에서는 몽고메리, 워드 & 컴퍼니[5]를 위해 디자인된 큰 상점건물이 지어지기 시작했다. 1908년에 완공된 이 건물은 시카고 파의 제3세대의 멤버인 슈미트, 가르텐, 그리고 마르틴의 합작품이다. 약 800피트의 길이를 가진 이 건물은 수평으로 길게 뻗은 시카고 형식의 큰 창문을 가지고 있으며, 파사드의 연속성을 방해하지 않고 계속 이어지는 넓은 수평띠를 가지고 있다. "그것은 9층 높이의 거대한 집합체로서, 정말 형편없는 단조로운 반복만을 보여줄 뿐이다. 그리고 기초, 기둥, 바닥, 그리고 벽에 이르기까지 완전한 철근 콘크리트의 구조물이다."[6] 당시의 비평가들은 이 구조물(나는 이 건물이 미국 최초의 철근 콘크리트 구조물이라고 생각한다.)을 대하고 매우 당혹스러워 했다. 그러나 "그것은 건축적인 기념물을 의도한 것이 아니다.… 그 특성은 기능적이고 구조적이고 경제적이다.… 이러한 건물에는 건축적 표현이 요구되지는 않는다." 그러나 "비록 그것이 그 자체로 아름답거나 우아하지도 않지만, 적어도 논리적이라고 할 수는 있다.[7] 실제로 이 건물은 시카고파의 정신이 여전히 남아 있는 몇 개의 건물들 중의 하나에 해당된다."

철근 콘크리트 구조와 그것의 예술적 잠재력의 개발과 관련하여 더욱 발전한 나라는 프랑스였다.

196. 플레가드와 헤플리, 그리고 마일라트. 알렉산드리아 여왕 요양소, 다보스, 1907.

페레
A. G. Perret

오거스트 페레(1874~1955)는 건축가이자 구조 기술자로 일생을 보낸 사람이다.▼8 그는 클러니의 대수도원 근교에 위치한 버건디 출신이다. 철근 콘크리트를 건축적 표현수단으로 사용하는 병법을 처음으로 이해한 이 건축가와 클러니 수도원 수사들의 엄격한 공학적 기법 사이에 어떤 관계가 있었던 것 같다.

페레는 오르타의 튜린 가(街)주택이 세워진 이후 10년이 지난 1903년에 파리의 **프랭클린 가**(街) **25-2번지에 아파트**(**도판**. 197)를 지었다. 이 아파트는 시카고 사무소 건물의 순수한 형태를 구현한 것도 아니었고 동시대의 프랭크 로이드 라이트의 작품에도 미치지 못하는 것이었지만, 건축적 표현을 위한 매개체로서 철근 콘크리트를 최초로 사용하였다는 점에서 미래의 발전을 위한 씨앗을 선보였다는 점에서 그 가치가 있다.

328쪽 30줄 Fifth Edition

철근 콘크리트의 구조가 건축의 구성 요소로서 가장(假裝)됨 없이 분명하게 그 외관을 드러내고 있다. 콘크리트로된 초기의 건물들을 보면, 앙네비크가 디지인한 단톤 가(街)의 아파트먼트는 골조를 어떤 건축기술적 용도로 사용한 것은 아니었다. 그러나 플랭클린 가의 아파트먼트는 장식을 위한 단순한 지지체로서 역할을 수행하는 파사드의 사용은 포기한 작품에 해당된다. 그것은 속이 비어있거나 움푹 들어가 있거나, 아니면 앞으로 돌출된 형태를 보여준다. 6개의 돌출된 창들은 공중에 떠 있는 것처럼 보이며, 6번째 창만이 콘크리트 골격의 사각형의 지지주가 드러난다. 전체 파사드가 움직이고 있다. 건물의 상부는 거의 떠있는 듯이 보이며, 한때 페레의 사무실이 들어섰던 지상층은 거의 유리속으로 녹아들고 있다. 그것은 발코니의 위에 놓여져서 그늘진 영역을 제공하도록 돌출된 가늘고 얇은 콘크리트 슬래브(**도판**. 200)로 지붕을 덮고 있다.

전체적인 효과는 어떤 철구조를 연상케 한다. 모든 것이 지면에 가까워지면서 점점 가볍게 되고 최후에는 단지 몇 개의 가는 부재들만이 지면과 건물을 연결하는 듯하다. 이와 같은 연약의 이미지는 건설 재정적인 측면에 영향을 미쳤다. 전문가들이 그것의 급속한 붕괴를 예견한 이후, 은행에서 이 아파트를 저당잡는 것을 거절한 것이다.

197. 오거스트 페레. 프랭클린가 25번지, 파리, 1903. 철근 콘크리트 골조가 감추어지지 않고 구성적인 요소로서 밖으로 드러나 있다.

198. 프랭클린가 25번지의 지붕에 서있는 오거스트 페레.

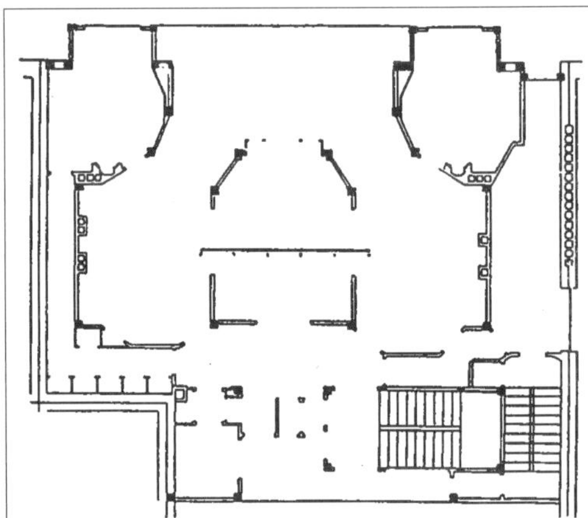

199. 오거스트 페레. 프랭클린가 25번지. 평면도. 철근 콘크리트 골조로 가능하게 된 자유로운 평면 계획.

토니 가르니에의 "산업 도시"에서 보이는 바와 같은 평평한 지붕은 초기의 지붕 정원(**도판**. 198)을 보여준다. 광정(光井)은 제거되었지만 계단을 위한 벽체는 유리 벽돌로 시공되어 햇빛에 완전히 열린 상태로 있다. 페레는 그의 이웃들이 법률을 내세우며 건물의 측면 위에 창문을 내지 않도록 했기 때문에 이러한 유리 벽돌을 사용하였다고 말했다. 이 때문에 잘 알려진 재료에 대한 새로운 용도를 찾아내는 페레의 현명함이 손상된 것은 아니다. 공들여진 손으로 가공된 난간 대신에 단순한 파이프 난간을 채택한 것과 1층을 유리벽으로 개방시킨 것에서 같은 특성을 찾아 볼 수 있다.

331쪽 15줄 Fifth Edition

그는 지상층 평면의 유연한 처리를 통해 프랑스 건축의 젊은 세대들에게 중요한 공헌을 했다(**도판**. 199). 간막이벽은 개별 철근 콘크리트주를 완전히 자유롭게 처리하여 연결시키고 있다. 페레는 오르타와 그 이후의 르 꼬르뷔제와 같은 정신으로 작업에 임했다. 각층은 독립된 단위로서 계획된 것이다.

얼마 지나지 않아 페레는 그 자신 스스로 "(세계) 최초의 미적 철근 콘크리트조의 시도" 라는 생각한 것을 건설했다. 여기서 철근 콘크리트 골격은 파사드의 특징을 결정짓는 완벽한 기회를 얻게된 것이다.

불행하게도 여기서 상세하게 논할 수는 없지만, 페레는 이외에도 여러 가지 훌륭한 작품을 남겼다. 그의 샹 젤리제 극장(1911~1914)은 헨리 반 데 벨데 사이의 수많은 논쟁거리를 제공한 작품이다. 달걀 껍질과 같은 얇은 볼트를 가진 카사블라나의 독(dock, 1916년), 랑시의 교회(1922년) 외에도 현대 교회건축에 큰 영향을 미친 몇 개의 교회와 그의 개인 주택 등이 있다. 오거스트 페레는 구조에 대한 감각을 가지고 있었으며, 그 감각은 르 꼬르뷔제가 그 자신의 작품방향을 결정하는데 중요한 추진력으로 작용하였다.

그리고 전반적으로 다음 세대의 건축가들은 페레의 결과를 여전히 더욱 심도깊게 추진하였다. 페레의 건물은 구조면에서는 19세기 프랑스 전통을 따랐다. 초기의 건축가이자 구조기술자로 활동했던 사람들처럼, 그 역시 재료에서 영감을 떠올렸다. 페레는 앙리 라브로스테가 강철로 한 일을 콘크리트로 대체했다.

토니 가르니에처럼, 페레도 고전적인 과거의 유산과 어느 정도의 맥을 같이 하고 있다. 당시, 고전주의의 규범은 바로크 시대의 프랑스 거물들(라신, 몰리에르, 데카르트 등)이 그랬듯이 프랑스 건축가들에게도 유연하고 생명력있는 규범으로 남아있었다. 우리는 이후에도 어떤 고전적 정신이 페레 이후의 사람들의 작품 속에 여전히 남아있음을 알게 될 것이다. 그들 역시 균형과 대칭 그리고 안정감을 주기 위해 고전주의를 반영하였음을 알게 될 것이다.

200. 오거스트 페레. 프랭클린가 25번지. 지상층에 있는 사무실. 지상층에 있는 공간은 순수한 유리로 온통 녹아들고 있다.

201. 토니 가르니에. 중앙역. 1901~04. 계획안. 철도역이 관습적으로 거대한 기념비적 형식을 갖추고 있던 때에 가르니에는 실제적인 기능을 더 중시했으며 유리나 보강 콘크리트와 같은 새로운 재료들을 사용했다.

토니 가르니에
Tony Garnier

건축가겸 건설가인 오거스트 페레는 채 개발되지 않은 철근 콘크리트의 잠재력 속에서 새로운 건축기술적 수단을 발견한 첫 번째 인물이다. 실제로, 이러한 재료는 특히 프랑스 건설업자들의 관심을 끌었다. 콘크리트는 대담하게 속을 파내는 프랑스의 전통적 기호와 조화를 이루었다.

토니 가르니에(1869년 출생)는 철근콘크리트를 모든 작품의 기본 재료로 삼았다. 그의 "산업 도시(1901~04)"에서 이 새로운 재료는 독창적이고 두드러진 재료로서 미래를 향한 전체 도시를 조직하는데 사용되었다. 이는 이후에도 좀 더 상세히 논의해야할 주제이다. 가르니에가 30세 때에 계획한 이 산업도시계획안은 실제 향후 그의 전 작품의 윤곽을 그려내고 있다. 가르니에의 출생지에서 에두아르 헤리옷이 주도한 "리옹의 대공사"는 가르니에의 청년 시절 계획안의 실현에 해당된다. 이 "대공사"는 매우 광범위한 범위를 포괄하는 것으로서, 리용의 가축수용장(1909), 시럽 스타디움(1915), 22개의 병동을 가진 그랑게 블랑쉬 병원(1911년에 시작되어 거의 20년이 걸려 완공됨), 그리고 1920년에 착수된 주거지역인 "콰르티어 데 에타트 우니" 등을 포함하고 있다. 이후의 그의 작품으로, 그 자신의 주택과 몇 개의 프랑스 박람회의 진열관, 리베라 해안의 많은 별장 등이 있다. 이들 모든 건물은 그의 초기 작업을 더욱 발전시킨 것들로서, 건축의 역사에 그의 자리를 공고히한 '산업도시'의 선견적인 계획안(**도판. 201**)을 바탕으로 한 것이었다. 332쪽 19줄 Fifth Edition

우리는 유럽의 건축이 엔지니어들이 창조한 수단을 통해 동시대의 문제를 해결해 나갈 수 있었던 순간에 접근하고 있다. 이 무렵, 근대 기술이 근대의 생활로부터 비롯된 감정들에 적합한 유일한 표현수단을 제공하는 정도 이상은 아니었음을 알게 되었다. 그러나, 우리는 먼저, 유럽의 건축이 그 자체의 병폐로부터 회복하기 시작했을 때에만 영향력을 발휘했던 미국의 발전상황을 추적해야 한다.

주

1. 로마의 잡석콘크리트에서부터 오늘날에 이르는 콘크리트 역사에 관한 집중적인 논의를 조사하려면 G. Huberti의 Vom Cementum zum Spannbeton(비스바덴, 1963)을 참조할 것.

1a. A Narrative of the Building and a Description of the Construction of the Eddystone Lighthouse(런던, 1793).

2. 890년경의 Leland Stanfoerd Jr.박물관이나 Pacific Borax사의 건물보다 먼저 미국에서 철근 콘크리트를 사용한 점은, 이 초기 발전의 진보적인 단계로 설정되어 신중하게 연구될만한 가치가 있다. 바로 얼마전에 Ransome은 보강 콘크리트 바닥과 철제 기둥을 사용해서 샌프란시스코의 과학 아카데미 건물을 지었다. 더 자세한 조사를 하려면 Ernest L. Ransome과 Alexis Saurbrey의 Reinforced Concrete Buildings(뉴욕, 1912)를 참조하고 특히 이 책의 제 일장인 "Personal Reminiscences"를 주목할 것.

3. L'Architecture et le ciment armé(Paris, n.d.).

4. Louis Bonnier도 매우 선구적인 작업을 했다. 그는 Pas - de - Calais에 있는 도시 건물(관례적인 장식이 없다.)의 건설 책임을 맡았다. 1889년의 기계관에서 건축 부분의 책임자로 있던 Dutert는 파리에 Jardin des Plantes를 위해 마감되지 않은 벽돌 박물관을 세웠다. 이 건물은 건설 과정에서 철이 사용된 모든 곳에서 철을 정직하게 드러내 보이고 있다.

5. 도판. 249를 참조할 것.

6. "On American Architecture," Architectural Record, XXII(1908), 115~120.

7. Architectural Record, XXII, 115~120.

8. Paul Jamot, A. - G. Perret et l'architecture du béton armé(Paris and Brussels, 1927)를 참조할 것.

9. Cf. pp. 787 ff.

5장

AMERICAN DEVELOPMENT

미국의 발전

- 발룬 프레임과 산업화
- 미국 건축에서의 평평한 면
- 시카고파
- 순수한 형태를 향하여
- 프랭크 로이드 라이트

미국의 발전에 있어서 식민지 시대와 공화정 시대는 대단히 중요하다. 이 시대들은 앞으로의 발전에 견고한 기초를 제공했다. 그러나 1850년에서 1890년 사이의 기간은 외부세계에 대한 미국의 영향이란 측면이 더 중요한 의미를 갖는다. 그러한 영향을 가능하게 만든 준비 상태가 이 기간 동안에 완성되었다. **1850년에서 1890년 사이의 기간**은 서부의 미개척 대지를 향한 큰 파도에 비유될 수 있을 뿐만 아니라 새롭고도 독자적인 **미국적 정신이 강하게 표출된 시기**이기도 하다. 이 기간은 외국의 관찰자들에게 특별한 의미를 갖는다. 미국에서 이루어진 '새로운 형태들(new forms)'은 그 당시의 유럽에서 널리 퍼졌던 것과는 전혀 다른 노동조합에 뿌리를 두고 성장하였다.

Fifth Edition 336쪽 13줄

여기서 서술된 실증적인 자료는 대부분 어렵게 발굴된 것들이다. 이 기간의 문서는 그 자료의 관심과 중요성에 대한 이해 부족으로 인해 얻기가 쉽지 않았다. 한 시대의 생활 발전과 그 속에 반영되는 일상 습관을 보여주는 자료를 발견하기란 매우 어렵다. 더 중요한 것은 그러한 것들이 영원히 상실될 위험에 항상 직면해 있다는 것이다.

제조업자들은 그들의 초기 생산품이나 오래된 카탈로그를 요구하면 그저 웃는다. 오늘날 사람들은 자신들의 생활을 지배하는 전통의 근원에 대해서 생각할 여유가 없을 뿐만아니라, 문제는 관심이 없다는 것이다. 이 시기를 연구하고자 하는 역사가들은 이 시대의 기념비적인 건물이나 공공 건물보다는 산업에 의한 무명의 생산품들의 뿌리를 밝히는데 더 큰 관심을 가져야 할 것이다. 그러나 무엇이 우리 시대의 알려지지 않은 기원을 다루는 문서를 전문적인 관심보다는 인간적인 관심을 가지고 수집하고자 애쓰는 시도를 야기시킨 것일까? 우리는 인간 활동에서 서로 다른 영역간의 상호 관련성을 생각하는데 익숙하지 못하기 때문에 그 관련성을 명확하게 이해하기가 어렵다. 문제는 이러한 상호 관련성을 추적하는데 필요한 자료들의 중요성이 인식될 때 쯤에는 잊혀지기 쉽다는 것이다.

미국 제품에 대한 유럽의 주목

Europe Observes American Production

유럽의 대중들은 최초의 국제 전시회인 1851년의 런던 대박람회 때에 미국의 도구와 가구류를 처음으로 접하게 되었다. 유럽의 관찰자들은 미국 제품의 단순성, 기술적인 정확성, 형태의 확실성에 놀랐다. 로더 버처는 "훌륭하게 고안된 장치와 단순

202. 미국의 시계, 1850년경.

한 호두나무 케이스로 된 괘종시계, 단순한 목재의 벤치로부터 편안한 의자에 이르는 의자들, 손과 옷을 상하게 하는 값싼 조각으로부터 해방시키고 걸터앉는 사람의 어깨를 구부리게 하는 당시의 유행을 따르던 고딕식 의자의 직각과 다른 의자들, 이 모든 것들은 미국의 가정용품이 안전성과 제품 목적에 적합하게 표현되어 있음을 알 수 있다."▼1라고 기술하고 있다.(**도판**. 202)

프랑스인인 레온 드 라보르드 백작은 미국을 "예술적으로 되어가는 산업 국가"로 보고, "미국은 독자적인 길을 걸어갈 것이다."▼2라고 말하였다. 337쪽 13줄 Fifth Edition

고트프리드 젬퍼도 비슷한 생각이었다. 젬퍼(리처드 바그너의 경우처럼)는 드레스덴에서의 혁명활동 때문에 그의 조국을 떠나 망명한 건축가이다. 그는 런던의 박람회가 열렸던 1851년에 조직된 최초의 영국의 디자인 학교의 설립자 중의 한 사람이었다. 그는 "미국에서는 비록 수공예의 어떤 흔적은 보이지 않지만 진정한 국가적 예술은 그곳에서 최초로 일어날 것이다."▼3라고 기술하고 있다.

미국인들은 모든 것이 학생의 연령, 학업종류, 그 신체적 구조 등을 세심하게 고려한 주철 책상을 선보였다.(**도판**. 203) 이러한 가구는 대부분 뉴 잉글랜드 주(州)의 보

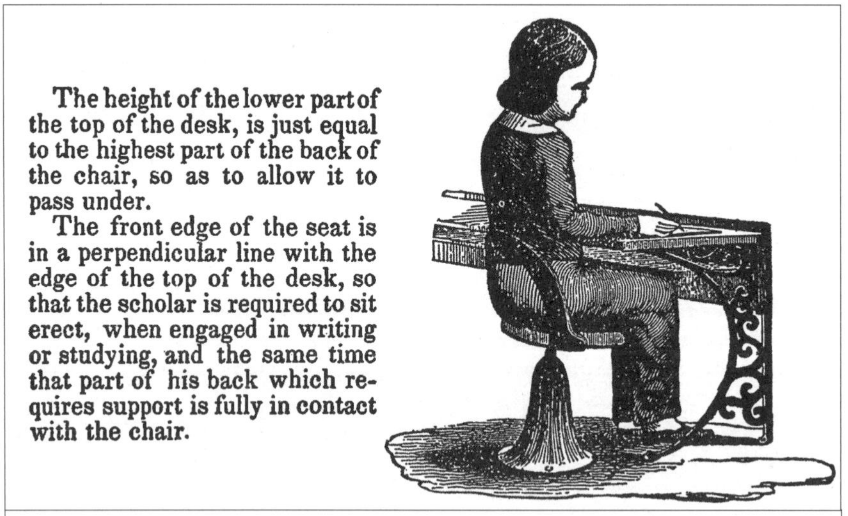

203. 미국의 학교 표준 가구, 1849.

스턴 주변에서 생산되었으며, 미국 교육기관에 앞서 1830년에 아담스의 "학교와 학교가구"라는 강연을 통해 시작된 학교시설물들의 20년에 걸친 개선의 결과물이었다. 1838년에 헨리 버나드는 이 분야에서 선구자적인 업적을 남겼다. 그 예로, 교육 안건에 관해 상임위원회에 제출한 학교 건축에 관한 글을 들 수 있다. 버나드는 이러한 가구가 충족되어야 할 기능적 요구에 대해 완벽할 정도로 명쾌한 의견을 제시했다. "어린 학생이든 나이든 학생이든 모든 학생들이 바른 자세를 취하도록 하기 위해서는 허벅다리의 근육이 좌석의 앞 단부에 강하게 눌려지지 않고 바닥 위에 다리가 놓기에 충분한 적당한 높이의 의자가 제공되어야 한다. … 이 의자는 등의 근육을 위한 받침대가 반드시 있어야 하고, 그 높이는 어깨뼈 위까지 올라와야 하며, 어떤 경우에도 그 경사는 1/30 피트의 경사를 유지해야 한다."▾4

Fifth Edition 339쪽 07줄

1876년의 필라델피아 박람회에서 참석한 유럽의 관찰자들은 두 개의 부류로 나눌 수 있다. 미국의 전시품에서 유럽식 풍을 찾고자 기대했던 사람들은 많은 실망을 했다. 야곱 본 팔케에 따르며, 그들이 발견한 것은 "가구 아니면 가구 덮개, 유리제품 아니면 도기제품, 어떤 것도 그것의 취향이나 색채계획, 또는 아름다움 등으로 관심을 끄는 것은 없었다." 그는 풍부하게 장식되어야 하는 일상용품들(예를 들어, 괘종시계 같은 용품)도 "장식이 완전히 제거된 것을 볼 때 미국의 취향이 매우 메마라 있음을 알 수 있다."▾5라고 덧붙이고 있다.

이런 측면에서 유럽의 관찰사들은 **미국 산업예술의** 독사성과 비래를 위한 중요한 의미라 할 수 있는 '**단순성**'을 비난한 것이다.

한편, 선입관을 배제하는 관찰자들은 "미국인들이 그들의 도구와 기계에 부여하는 형태적 아름다움"에 감명받았다. 이 박람회에 독일 대표단의 단장이자 유명한 과학자인 뢰록스는 '필라델피아로부터의 서간문'에서 "도끼, 손도끼, 괭이, 사냥용 나이프, 해머 등은 찬미와 경탄을 할 수밖에 없을 정도로 다양함과 아름다움을 가진 물품들이다. 이것들은 모두에는 어떤 절제가 있다. 우리의 요구를 실제로 잘 예상하여 그 사용목적에 적합하게 설계되어 있다."▼6라고 말하였다.

남부 켄싱턴에 위치한 '빅토리아와 알버트 박물관'에는 70년대의 시카고 철물 공사의 카탈로그가 잘 보존되어 있다. 그 안에 그려진 도구들의 정확하고 정밀한 형태들은 유럽인들이 왜 그것들에 놀랐는가를 잘 보여준다.(도판.204) "엔지니어들의 머쉰 해머"와 '예일 록(Yale lock)'은 비교적 최근까지도 유럽에 소개되지도 않은 것들이다.(도판. 205)

베를린의 산업미술관의 초대 관장인 율리우스 레싱은 1878년 파리박람회에서 미

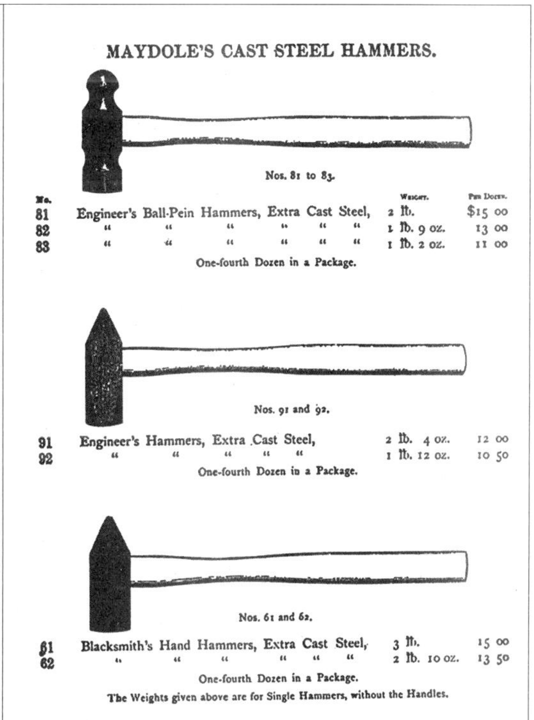
MAYDOLE'S CAST STEEL HAMMERS.

Nos. 81 to 83.

No.		Weight.	Per Dozen.
81	Engineer's Ball-Pein Hammers, Extra Cast Steel,	2 lb.	$15 00
82	" " " " " "	1 lb. 9 oz.	13 00
83	" " " " " "	1 lb. 2 oz.	11 00

One-fourth Dozen in a Package.

Nos. 91 and 92.

91	Engineer's Hammers, Extra Cast Steel,	2 lb. 4 oz.	12 00
92	" " " " "	1 lb. 12 oz.	10 50

One-fourth Dozen in a Package.

Nos. 61 and 62.

61	Blacksmith's Hand Hammers, Extra Cast Steel,	3 lb.	15 00
62	" " " " " "	2 lb. 10 oz.	13 50

One-fourth Dozen in a Package.

The Weights given above are for Single Hammers, without the Handles.

204. 볼 - 핀 기계공의 망치: 대장장이의 망치. 1877년에 시카고에서 나온 카탈로그. 룁로스는 이러한 류의 도구에 대해서 다음과 같이 언급하고 있다. "이 도구들은 쓰이는 목적에 맞게 잘 디자인되어 있어서 실제로 사람들의 요구사항을 미리 설정해주는 것 같다."

국 연장 전시회를 관람할 때, 미국의 손도끼에서 실제의 미술 작품과 같은 정도의 미적 즐거움을 경험하였다고 한다. 그는 어떠한 장식적 부가없이 이루어진 선의 아름다움을 특별히 강조하였다. "그 도구를 이용하는 손과 인간의 신체 활동을 고려하여 손도끼를 만든 것이다."▼7

레싱은 이들 연장과 원시적 석기와 청동 기구의 가장 아름다운 것 사이에는 놀라울 정도의 공통점이 있다고 지적하였다. 이러한 지적과 동시에 "그저 유럽의 예술 형태를 닮으려는 미국인들의 모든 노력은 서글픈 퇴보"로 여겼다.

1876년의 필라델피아 박람회에 관한 공식적인 프랑스 보고서에는 미국 가구류에 관한 몇 가지 해석이 포함되어 있다. 특별히 주목할 점은 유럽과는 대조적으로 미국의 가구류는 몇 안 되는 표면의 평평한 면을 사용했다는 점이다. "아주 작은 곡선을 가진 단순한 형태이다. 그 부속품들은 조립이 쉽도록 되어 있다."▼8 이 보고서는 새로운 양식이 대서양의 다른 쪽에서 나타났고, 그 양식은 산업 예술의 모든 형태들 속에서 분명하게 드러나고 있다고 기술하였다. 미국의 생산품이 그들 눈에 얼마나 전형적으로 보였는지는 그들이 이것을 "풀먼 카(Pullman car. 역주: 침대가 딸린 호화스런 특별 차량) 양식"이라 부른 것만 보아도 잘 알 수 있다.

정교하고 값비싼 가구류가 박람회에 출품되었다. 이와 같이, 1867년의 파리 박람회는 모든 관람자들을 놀라게 했던 2만불 짜리 프랑스제 식기 찬장이 특히 인기가 있

205. 예일 자물쇠, 1877년 시카고에서 나온 카탈로그. 기계가 숙련된 수공업자(이 경우는 자물쇠 제조공)를 대신하게 되는 과정을 보여주는 초기 사례.

었다. 그것은 당시로는 진열품으로 여겨졌으나, 지금에 와서 보면 썩 괜찮은 외관은 아님을 알 수 있다. 특히 1870년대 이후의 미국 출품자들은 **"특허 가구"**로 알려진 것들을 전시했다. 1878년의 파리에서 있었던 미국 전시물의 공식적인 카탈로그의 한 페이지에는 "저렴하고 공들인 가구, 시리즈 제품"란 표제하에 "구멍 뚫린 합판 의자", "자동식 소파 및 스프링 침대", "접기식 의자(그것들은 침대의자로 접어진다.)", "흔들리는 조정가능 요람", "유아용 침대", "뒤로 젖히는 의자" 등이(**도판. 206**)▼9 표현되어 있다. 이 모든 것들은 유럽의 역사적 양식들의 사진 합성이 미국의 생산품에 영향을 주기 시작한 바로 그 때에 발달되었다.

342쪽 09줄 Fifth Edition

1893년의 시카고 박람회까지 레싱은 답답하게 장식된 유럽 작품에 미국인들이 상을 수여하는 것을 발견하였다. "배우려는 의지를 가지고 건너갔던 우리는 미래의 발전을 위해 다른 일이 더욱 중요하다는 것을 발견하였다. 우리는 매끄러운 나무 의자, 광택나는 손잡이, 그리고 완전히 장식을 배제한 우아한 곡선이 돋보이는 용기 등을 가지고 유럽으로 돌아간다." 라고 쓰고 있다.

"여기서 우리는 철도, 기선, 그리고 마차에 담긴 정신과 같은 정신 속에 창조된 용기와 도구를 보았다. 어떤 선입견도 없이 발달된 일용품들을 본 것이다. 이들 물품은

206. 접히는 침대, 필라델피아 박람회, 1876. 이 당시에 널리 사용되었던 특허 접합가구의 하나.

207. 그레인 승강기, 시카고, 1837.

계산적인 지성이라기 보다는 감점에 직접 호소하는 그런 것이었다. 그것들은 아름다움만이 줄 수 있는 풍부한 감정을 시각적으로 표현한 것들이었다."▼10

유럽의 마지막 관찰자로 그로피우스를 들 수 있다. 파구스 공장을 완성한 직후인 1913년, 그는 독일에 동시대의 개념을 소개하기 위해 많은 노력을 해온 독일 공작연맹의 출판물들 중의 하나로서 근대 산업 건축에 관한 짧은 글을 썼다. 그는 실예로 미국 산업 건축에 남긴 비의도적인 아름다움에 관해 말하였다.

"유럽의 여러 나라와 비교할 때, 독일은 공장 설계분야에서 더 발전한 듯이 보이지만, 산업의 모국이라 할 수 있는 미국에는 무의식적인 장엄함 속에서 그와 비슷한 유형을 갖는 최고의 독일 건축을 능가하는 대규모 산업구조물이 있다. 캐나다와 서부 미국의 곡물 승강기, 거대한 철도 노선의 석탄 콘베이어, 그리고 북부 미국의 더욱 근대적인 산업 공장 등은 기념비적인 위력 속에 고대 이집트의 건물과 같은 인상을 준다. 그것은 보는 이로 하여금 그 의미가 강력하고 명확하게 인지되는 정확성을 가진 건축적 구성을 볼 수 있게 한다. 이들 건물의 자연스러운 완전함은 물리적 비례의 거대함에서 찾을 수 있는 것이 아니라(이런 점에서 기념비적 작품의 특성은 찾기 어렵다.) 감명적인 형태에 관한 독립적이고도 명확한 시각에서 찾을 수 있다. 그것들은 전통을 향한 감정적 숭배나 동시대 유럽의 디자인을 무력하게 만들고 진정한 미적 독창성을 방해하는 여타 지적인 윤리관에 의해서도 결코 모호해지지 않는다."(도판. 207)

미국 산업의 구조
The Structure of American Industry

344쪽 02줄 Fifth Edition

미국의 산업은 구조적으로 유럽의 산업과 다르다. 미국의 산업이 따랐던 발달 과정을 명확히 이해하고자 한다면 반드시 이러한 차이점에 주의해야 한다. 또한 이러한 구조적 차이는 두 개의 영역속에 존재하는 공예를 향한(그리고 나중에 "예술과 공예"로 향한) 상이한 태도를 위한 바탕이 된다.

18세기 후반, 영국의 토양을 바탕으로 한 유럽의 공업은 몇 가지 단순한 재료(철과 식물과 동물 섬유)들을 통해 수작업을 기계작업으로 대체했다. 이 당시, 영국에서 고안된 방적과 방직 기계류는 산업 기계화 속에 탁월한 성능의 분쇄기 역할을 하였다.

미국의 산업은 꽤 늦은 시기인 1850년경에 이르러 힘을 발휘하기 시작했다. 자연히 유럽의 발명가들이 발탁되고 소개되었다. 완전히 다른 상황 속에 내재된 문제를 새롭게 해결해야 하는 상황에서 큰 차이가 나타났다.

미국에서 1850년경, 숙련된 노동에 기초를 둔 모든 정교한 공예가 산업화되었다. 변화는 부분적으로 새로운 발명과 새로운 조직화의 방법을 통해 나타났다. 실제로 중요한 변화는 새로운 조직화에 기반을 두고 있었다. 이러한 새로운 조직화는 초기부터 가정에까지 파고 들었다. 예를 들어, 사과 깎는 칼(1868)과 같은 새로운 도구들은 요리할 때 손의 노동을 덜기 위해 도입되었다.

1850년 전까지 성인과 아동 의류의 제조는 대부분 가내 산업이었지만, 재봉 기계의 발명은 그것을 공장으로 옮겨가게 하였다. 3명에서 5명, 혹은 그 이상의 사람들이 조를 이루어 기성품을 생산한 것이다.▼[12] 1840년대까지 보스턴에 설립된 "오크 홀"은 미국에 있는 가장 큰 의류 상점이었다. 그것은 중세의 무덤을 닮은 고딕 부흥 양식의 건물에 자리를 잡았다.

우리는 1860년대 책에서 "어떤 사람도 오늘날의 기성복 판매의 영향력을 깨닫지 못하고 있다." 라는 글귀를 발견할 수 있다. 어떤 다른 산업 분야도 이처럼 급속하게 발전한 것은 없을 것이다.

"그러나 몇 년 전에는 대부분 노동자나 어부들이 입었던 매우 저급한 재질과 양식, 제품등에 한정되어 있었다."▼13

Fifth Edition 345쪽 27줄

1876년 무렵, 와나메이커는 남성과 아동을 위한 기성 의류를 거대한 규모로 생산하기 시작했고, 대중들을 끌어 들이기 위해 최고의 서비스와 광고, 가격 정책을 총동원하여 생산에 참여했다.

부츠나 신발류의 제조분야에 기계류가 사용되기 시작한 것은 거의 19세기 중반에 이르러서다. 이와 거의 동시에 정육업은 가축 방목장과 함께 식육 가공도매업, 정교한 냉동법과 기계를 이용한 돼지가죽 벗기는 장치 등을 포함한 근대적인 식료품 포장 산업으로 전환되었다.▼14 최초의 "기계적인 제과점"은 1856년 12월 브루클린에 세워졌다. 두 번째 제과점이 곧이어 시카고에 세워졌다. 그것은 "지하에서 3층까지 통과하는 하나의 오븐과 그 오븐 안에 빵을 싣기 위한 자동차를 지탱하는 3개의 끝없는 긴 고리를 가지고 있었다."▼15

요약하면, 미국은 재료는 풍부하지만 숙련된 노동력이 부족했다. 유럽의 경우는 노동력은 풍부하지만 재료가 부족했다. 미국과 유럽의 공업 구조가 1850년대부터 계속해서 변화를 보이는 것은 바로 이러한 차이 때문이다. 미국에서는 바로 이때, 정교한 수공예까지 숙련된 노동을 대신하는 기계를 이용하기 시작한 것이다.

이러한 경향은 주거 분야에서도 찾아 볼 수 있다. 기계화된 수단은 1850년대 이전에 나타났다. 이 시기에 제임스 보가두스는 골조 구조를 예고하는 공장 생산 부품들로 조립되는 주철 건물을 만들고 있었다. 숙련된 수공작업에 가해진 산업화의 침입은 미국내 모든 주택에 60내지 80퍼센트까지 사용된 새로운 형태의 '발룬 프레임(ballon frame)'의 도입에서 잘 나타나고 있다. 기술적인 측면에서 발룬 프레임은 우리에게 거의 흥미를 주지 않지만, 그 기원에 대한 연구를 통해서 미국 발달의 중요한 시기를 이해하는데 도움을 줄 것이다.▼16

주

1. Lothar Bucher, Kulturhistorische Skizzen aus der Industrieausstellung aller Vö lker(Frankfort, 1851), pp. 146ff.
2. Le'on de Laborde, De l'union des arts et l'industrie, I312ff.
3. Gottfried Semper, Wissenschaft, Industrie und Kunt(Brunswick, 1852), pp. 73ff.
4. 상원 위원들은 Barnard의 에세이를 출판하는데 반대했으며, 이책은 1841년이 되어서야 학교개선문제에 관련된 소수의 지식인들의 노력과 저자의 재정적인 뒷받힘을 통해서 출판되었다.
5. Jakob von Falke, "Vorbemerkungen zur Weltausstellung in Philadelphia," Der Gewerbehalle, XIII(1875), 144ff.
6. F. Reuleaux, Briefe aus Philadelphia(Brunswick, 1877), pp. 18ff.
7. Julius Lessing, Berichte von der Pariser Weltausstellung von 1878(Berlin, 1878), P. 99.
8. Exposition internationale et universelle de Philadelphie 1876(Paris, 1877), pp. 185ff.
9. 특허가구는 19세기가 시작될 무렵에 산업화가 일찍부터 이루어졌던 영국에서 시작되었다. 자신의 이름이 붙어있는 양식을 통해 대중들에게 유명했던 Thomas Aheraton은 특허가구를 만드는데 관심이 있었던 최초의 선박제조업자의 한명으로 현재 더 유명할지도 모른다.(Cf. Scheraton, Design for household Furniture, third ed., 런던, 1812: 간편한 사냥용 의자들, 즉 침대로 변형될 수 있는 의자들, 높은 탁자로 바뀔 수 있는 테이블, 이동 책장 등) 미국의 가구제조업자들은 이러한 경향을 따랐으며 의식적으로 매우 근본적인 해결안들을 개발했다. 유럽에서는 eriod'가구의 영향으로 이 경향이 거의 사라져갔다. 1939년에 가서는 미국의 가구 사업부분에서 중요한 이 부분에 관한 연구가 거의 없었던 것 같다. Mechanization Takes Command(Oxford University Press, 1948)에는 미국의 특허가구는 처음으로 19세기의 주요가구로 기술되어있다. 철구조와 같은 19세기의 다른 주요 요소들처럼 이 특허가구는 1920년대의 경향과 매우 강한 유사성을 보여주고 있다.
10. J. Lessing, "Neue Wege," Kunstgewerbeblatt, VI(1895), 1ff.
11. Walter Gropius, "Die Kunst in Industrie und Handel," Jahrbuch des Deutschen Werkbundes(Jena, 1913), pp. 21~22.
12. Walter W. Jennings, A History of Economic Progress in the United States(New York, 1926), p. 430.
13. C. D. Goyer, History of Chicago Its Commercial and Manufaturing Interests(Chicago, 1862), p. 170.
14. Jennings, op. cit., p. 734; H. T. Warschow, Representative Industries in the United States(New York, 1882), pp. 444ff.
15. Goyer, op. cit., p.122.
16. 이 부분에 관한 인용구는 Heinrich Waentig의 Wirtschaft und kunst(Jena, 1909)에서 발췌되었다. 서문에서 언급된 것처럼, Waentig는 "일상생활과 도서관에서 9세기의 예술과 공예운동에 관한 희귀하고 뛰어난 연구 자료를 얻었다. 19세기의 발전과정에 관한 이와 비슷한 연구를 했던 사람들은 누구나, 모든 일을 도중에 포기하려고 한적이 여러번 있었다는 그의 언급을 이해할 수 있을 것이다. Waentig는 이 당시의 구성적 사실들을 직접적으로 다루었다. 그는 예술사가가 아니라 정치 경제학자였다. 즉 그는 초창기 시대의 연구를 가능하게 하는 최종목록보다는 자신의 시대가 지닌 문제를 집중적으로 다루도록 교육받았다. 19세기에 관심이 있는 모든 사람들에게 그의 책은 매우 가치 있는 자료이다.

발룬 프레임과 산업화

The Balloon Frame and Industrialization

발룬 프레임(도판. 208)은 미국내에서 성장한 산업화의 수준과 밀접한 관계가 있다. 실제로 그것의 발명은 목재로 된 건물을 숙련된 노동자가 행하는 정교한 수공에서 기계에 의해 산업화로 전환되고 있음을 뜻한다.

Fifth Edition 347쪽 02줄

발룬 프레임의 원칙은 장부촉이음으로 행해지는 비싼 건설방법에 대신하여 건물의 전 높이를 단지 못으로 붙이는 얇은 판과 스터드를 사용하는 것이다. 단지 못만을 사용하여 상자와 같은 주택을 조립한다는 것은 목수들에게는 완전히 혁명적인 것이었다. 그러나, 발룬 프레임은 시작부터 어려움을 만났다. "발룬 프레임은 공격하려는 비판적인 사람들의 논리와 조롱을 견디면서 살아 남았다.…그것의 이름은 가벼운 막대보다 더 강하고 모든 가능성이 손상되지 않는다고 주장하는 사람들의 의견보다 장붓구멍과 장부를 나사송곳으로 구멍을 뚫음으로서 강도와 내구성을 빼앗는다고 주장한 사람들에 의해 경멸스러운 뜻으로 붙여졌다.…'바스켓 프레임(Basket Frame)'이란 이름이 더 좋은 느낌을 주지만 '발룬'이란 이름도 그것이 의미했던 조소를 이미 오래 전에 뛰어넘었다."

발룬 프레임은 산업화가 주거에 침투하기 시작한 시점을 잘 말해준다. 시계 제조자, 정육점 주인, 빵 제조자, 재단사들의 거래가 산업화 된 것처럼 발룬 프레임 역시

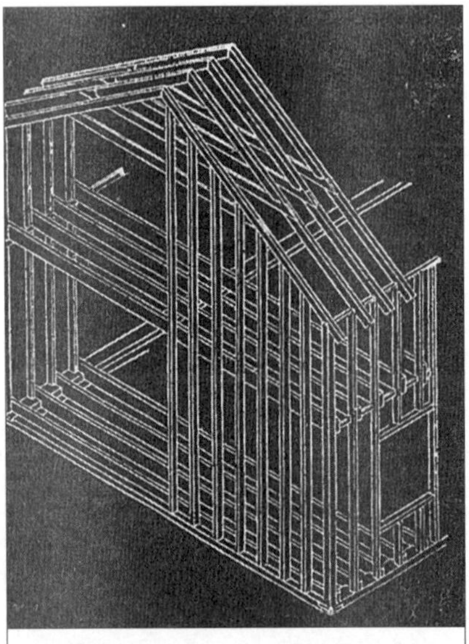

208. 발룬 프레임 구조. G.E 우드워드의 "우드워드의 농가"(뉴욕, 1869) 나오는 그림.

209. 세인트 마리교회, 시카고, 1833. 발룬 프레임으로 된 최초의 건물. 짧은 존속기간중에 3번이나 허물어지고 다시 세워짐.

숙련된 목수들에게서 비숙련된 노동자들로 대치되었다.

"한 명의 성인 남자와 한 명의 소년이(1865) 구식방식으로 20명의 성인 남자가 했던 것을 대신할 수 있게된 것이다. … 발룬 프레임의 원리는 강도(强度) 면에서나 경제적인 면에서 진실된 것이다. 만약 기계를 사용한다면, 발룬 구조방식인 종래의 장부이음 구조방식보다도 40퍼센트 더 경비를 줄일 수 있을 것이다."▼1

기계로 생산된 못이 없었다면, 발룬 프레임은 경제적으로 무의미했을 것이다. 기계에 의해 못을 더욱 저렴하게 생산하고 "강과 철의 잘린 못과 철사로 만들어진 못이 더욱 훌륭한 재질과 더욱 낮은 경비로 처리될 수 있을 때, 장부로 결구(結構)하는 고가의 주택 구조 방식은 못박기의 효용성에 전적으로 의존하는 더 경제적인 체계에 의해 밀려날 수밖에 없는 것이다."▼2

발룬 프레임의 발명은 못의 대량 생산 뿐만 아니라 제재 기계의 향상과 동시에 일어났다.(도판. 210)

못을 자르거나 못의 머리를 다듬는 몇 가지 기계는 18세기가 끝날 무렵 영국과 미국에서 발달되었다. 토마스 클리포드는 1790년에 그러한 장치로 특허를 받았고, 거의 동시에 뉴베리포트의 야곱 퍼킨스가 이와 유사한 기계를 발명하였다. 단 한 번의 작동으로 하루에 6만 개에 달하는 것을 자르고, 그 형태를 만들며, 머리를 붙이는 기계가 1807년 제스 리드에 의해 특허를 받았다.▼3 350쪽 12줄 Fifth Edition

"대가리 없는 못의 제작이 처음 시작되었을 때 가공 못은 1파운드에 25센트였다. … 이 가격은 주택과 담장에 사용하기에는 부담이 되었다."▼4이런 모든 문제들은 기계류 도입을 통해 변화되었다. 못의 가격이 급속도로 떨어지기 시작한 것이다. "1828년의 못 생산은 활발하게 진행되었고, 그 가격은 1파운드에 8센트로 떨어졌다.…1833년에는 더욱 급속한 생산방식의 도입으로 인해 5센트까지 떨어뜨렸고 … 1842년에는 3센트로 더 떨어졌다."▼5

발룬 프레임과 서부의 건설

The Balloon Frame and the Building - up of the west

발룬 프레임은 시카고로부터 태평양 연안에 이르는 서부의 정복과 밀접한 관계가 있다.

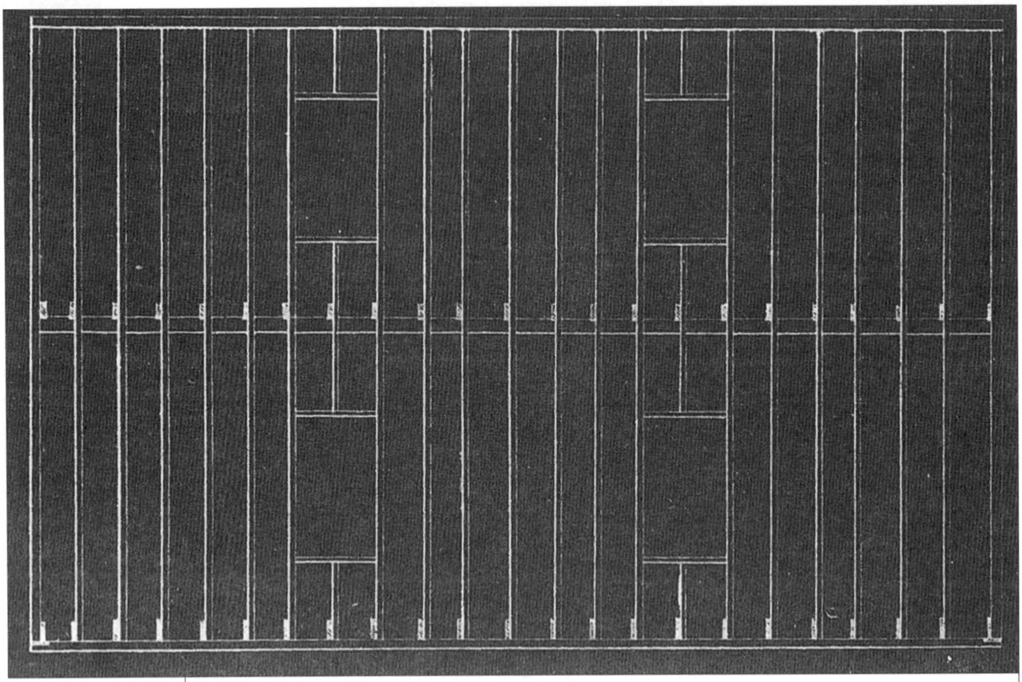

210. 발룬 프레임. W.E. 벨의 "카펜트리 메디 이지(1859)"에 나오는 그림. 프레임에 관한 지식이 없었다면, 시카고와 샌프란시스코는 1년만에 과거의 작은 마을에서 대도시로 결코 성장할 수 없었을 것이다."(솔론 로빈슨, 1855)

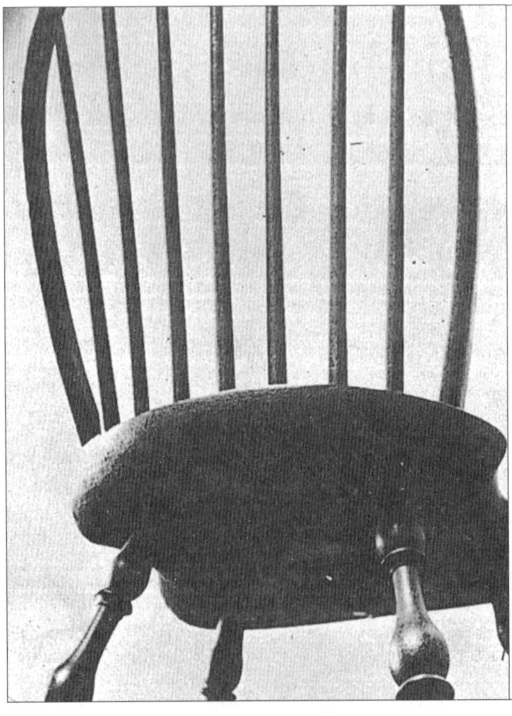

211. 윈저 의자. 가벼우면서도 강한 구조를 얻기 위해서 얇은 구조 부재가 사용된 점과 그 발전과정이 알려지지 않았다는 점에서 발룬 프레임과 유사함.

그 당시의 사람들은 만약 이러한 구조가 없었다면 초원 위나 큰 도시 안에서 주택을 믿을 수 없을 정도의 빠른 속도로 짓지 못했을 것이라고 생각했다.

"기계류의 도입과 함께 주택 건설의 노동은 훨씬 수월해졌고 서부의 초원에는 이미 제조되어 번호가 붙여진 다양한 부품 상태로 운반된 주택들이 여기 저기에 세워졌다."▼6 다른 관찰자들은 "만약 발룬 프레임에 관한 지식이 없었다면 시카고와 샌프란시스코는 겨우 일년 동안에 작은 마을에서 큰 도시로 성장할 수 없었을 것이다."▼7

"서부가 건설되던 시절의 사람들은 발룬 프레임으로 알려진 구조 방법을 주택 건축에 가장 중요한 공헌이라고 여겼다."

건축이나 시공 사전에 발룬 프레임 고안자가 누군지, 언제 발명되었는지 궁금할 때 어디서도 정확한 답을 얻을 수 없다는 것은 곧 당시의 역사에 대해 얼마나 무관심했는가를 잘 보여주는 것이다.

212. R. J. 노이트라. 텍사스에 있는 주택. 이 건물과 같은 근대적 발룬 르레임주택은 이러한 종류의 철골조가 지니는 본질적인 특성인 우아함과 경쾌함을 드러내고 있다.

발룬 프레임의 발명

The Invention of the Balloom Frame

1850년대나 1860년대로 거슬러올라가더라도, 발룬 프레임의 고안에 대한 어떤 확신도 없는 듯하다. 1872년에 쓰여진 글을 보면, "그것이 언제 사용되었는가는 명확하게 알려지지 않았지만 지난 1850년대 이전의 오래된 구조방식을 대신하였다는 정도"만 언급되어 있다.▼8

Fifth Edition 351쪽 21줄

1869년 우드워드는 "발룬 프레임의 초기 역사는 불명확하며, 그 기원에 대한 확실한 근거를 진술하는 어떤 문서도 없다. 무거운 목재와 숙련된 기술을 얻기가 어려웠던 초원 지역의 초기 정착으로 거슬러 올라가야 할 것 같다.…발룬 프레임은 어떤 한 개인의 기여가 아니다. 즉, 아무도 그것을 발명이라고 주장하지 않는다. 그러나, 구조 기술로서 그것은 이전에 만들어졌던 가장 현명한 것들 중의 하나이다."▼9

그럼에도 불구하고, 발룬 프레임은 한 사람의 발명가에 의해 만들어졌고 한 특별한 도시로부터 시작된 듯이 여겨지고 있다.

조지 워싱턴 스노우, 1797~1870

George Washington Snow, 1797~1870

발룬 프레임의 발명가는 조지 스노우▼10였다. 그는 1797년 9월 16일 뉴 햄프셔 주의 키네에서 메이플라워호를 타고 이주해온 지 오래된 집안에서 태어났다.

처음에는 자작 농장을 버리고 뉴욕을 향했다가 나중에 그의 부인과 함께 디트로이트로 간 것으로 미루어보아 그는 활동적인 기질을 가졌던 인물임에 틀림없다. 다소 원시적인 상황하에서 미시간주를 횡단하였고, 인디언 안내자의 카누로 1832년 7월 12일 시카고 강 어귀에 도착했다. 그가 거기서 발견한 단지 250명 밖에 안 되는 작은 공동체는 그의 개척자적 기질을 만족시켰다. 그는 수 년 동안 그 마을의 공무에 중요한 역할을 하였다. 시카고가 작은 도시였던 1833년, 스노우는 최초의 배석판사이자 측량기사로 임명되었다. 또 1849년에는 의원으로 선출되었고 같은 해에는 배수공사 감독관이 되었다. 한 때는 소방대 대장도 지냈다.

그의 자손 중 한 사람이 편지를 통해 주장했듯이, 많은 최초의 정착지에서 그랬던 것처럼, 스노우 역시 모든 분야에서 활동하는 팔방미인과 같은 인물이었다. 1835년 "카버 목재수매장"을 구매하는 최초의 시카고 목재상인이 되었다. 그는 상당히 큰 토지를 소유하였고 부동산업도 하였다. 그는 일반적인 계약자이자 금융업자일 뿐만 아니라 시공자이기도 했다.

스노우는 그저 단순한 측량기사는 아니었다. 그는 젊은 시절에 토목 기술자로 교육을 받았다. 이러한 기술 훈련은 그에게 발룬 프레임의 발명을 가능하게 한 원동력이 되었다. 어떻게 이 구조방식이 시작되었는지, 그리고 이 시작에 투여한 그의 노력은 어떤 것이었는지 아무도 모른다. "발룬 프레임"이라는 이름은 이러한 새로운 구조형식의 '가벼운 성질'을 풍자한 단순한 명칭에 불과하다.

353쪽 04줄 Fifth Edition

스노우 가문은 그가 발룬 프레임을 고안했다는 몇 가지 분명한 증거를 가지고 있다. 앤드리스는 그의 책 『**시카고 역사**』[▼11]와 시카고의 발전에 관한 가장 중요한 저서인 『**산업도시 시카고**』에서 그 발명을 스노우에게 돌리고 있으며, "발룬 프레임은 조지 스노우와 필연적인 관계가 있다."[▼12]라는 문구를 읽을 수 있다. 앤드리스의 진술은 1837년에 시카고에 도착한 스노우의 동향(同鄕)인 건축가 반 오드델의 말에 근거를 두고 있다. 1880년대 초반 월간지 형태로 시카고에서 출간된 『**시카고 건축의 역사**』라는 글에서 "스노우는 목재 건물을 구성하는 방식인 '발룬 프레임'의 고안자이며, 그 방식은 이 도시에서 기둥, 층도리, 보와 버팀대로 구성되는 오래된 양식을 완전히 대체했다."라고 말하고 있다.[▼13]

조지 스노우의 이름은 거의 알려지지 않았다. 어떤 지방의 역사에서도 그의 초상화를 볼 수 없지만 가족 앨범에서 얻은 한 사진에는 청교도적인 힘과 인간적인 감수성으로 가득찬 얼굴을 볼 수 있었다.[▼14]

발룬 프레임으로 된 최초의 건물은 시카고에 있는 가장 오래된 가톨릭 교회인 세인트 마리 교회이다.(**도판. 209**) "1833년 7월 많은 사람들이 스테이트 가(街) 근처의 레이크 가(街)에 교회가 들어서는 것을 보게 되었다."[▼15]나이든 건설자들은 그것이 붕괴될 것이라고 생각하였다. 짧은 기간 동안에 이 교회는 세 번이나 헐리고 다시 세워졌다.

1870년대까지 발룬 프레임은 1869년 워싱턴에서 발간된 미합중국지방행정관인 보웬의 보고서에서 나타나듯이 단순히 "시카고 구조"라고 불리웠다. 보웬은 1867년 파리 만국 박람회에서 전시된 서부의 농가를 "시카고 구조" 라고 불렀던 것이다.

그 당시 발룬 프레임은 50년 후에 다시 "시카고 구조"라고 불렸던 고층 건물의 구조와 연관이 있는 것 같다.

가는 기계로 잘린 스터드(stud) 골조와 그 골조를 덮는 비늘판으로 이루어진 발룬 프레임 건물은 초기 정착자들의 17세기 농가 주택에서 비롯되었다. 스노우는 서로 많은 공통점을 갖는 그의 고향 뉴 헴프셔와 그의 부인의 고향인 커네티컷의 주택들에 익숙해 있었다. 그러한 주택들에는 비교적 가늘고 좁은 스터드들이 비늘판 덮개에 의해 연결되는 전체 구조를 잡아주는 매개적인 틀의 역할을 하였다.▾16

조지 스노우는 전통적인 방법으로 시작하였고 단순한 방식으로 새롭게 생산할 수 있는 가능성을 염두에 두면서 그 방법을 변화시키고 적용하였다.

발룬 프레임은 100여년 동안 그 생명력을 유지하였고 여전히 폭 넓게 사용되고 있다. 이러한 단순하고 효과적인 구조는 그 당시의 건축가들의 요구조건에 적합한 것이었다. 텍사스와 남 캘리포니아에 많이 있는 리처드 노이트라의 주택은 발룬 프레임 구조의 본질적인 특성인 우아함과 경쾌함이 잘 나타나고 있다.(**도판.** 212)

발룬 프레임과 윈저 의자

The Balloom Frame and the Windsor Chair

Fifth Edition 354쪽 25줄

발룬 프레임의 얇은 2인치 스터드를 전통적인 목재구조와 비교해 볼 때 이 새로운 구조는 무게감 없이 매우 가볍게 돌출되는 형태를 볼 수 있다. 오늘날까지도 유럽의 관찰자들은 그 얇은 특성을 매우 대담하게 생각하고 있다.

같은 개념으로, 가장 효과적인 전체 구조를 생산하기 위해 얇은 구조 부재의 사용은 윈저 의자의 발달에서 이미 나타나고 있었다. 윈저 의자는 미국 주거의 발룬 프레임이 미국 주거사에서 차지하는 것처럼, 미국 가구사(家具史)에서 중요한 자리를 차지하고 있다.

이 가구의 이름에 얽힌 일화가 있다. 17세기의 말에, 웨일즈의 왕자가 윈저 성 근처에 있는 농부의 오두막에서 그 원형을 본 후, 비록 영국이 미국의 경우처럼 윈저 의자에 부여했던 예술적 생각은 없었다 하더라도, 그것을 복사하도록 수눈했다고 한다. 윈저 의자는 식민지에서 만들어진 가장 튼튼한 의자였으며, 또한 쉽게 옮겨다 놓을 수 있는 의자였다. 그 구조는 굴대들로 구성되었고(도판. 211), 초기 의자는 수레를 만드는 목수가 만들었다. 가구의 유행이 100년을 넘은 것은 매우 드물지만, 윈저 의자의 유행은 1725년부터 1825년까지 계속되었다. 어떤 의자 제조자도 그 디자인으로 개인적인 명성을 얻은 경우는 없었다.▼17

역사가들에게 있어서, 서로 다른 두 세기에 걸쳐 이루어진 발룬 프레임과 윈저의자 사이의 중요한 상호관련성을 관찰한다는 것은 가치있는 일이다.

가벼운 구조 유형을 생산하기 위해 얇은 구조 부재들을 결합하는 것은 우기와 건기가 번갈아 나타나는 미국의 기후에 대처하는 것과 같은 경향을 엿볼 수 있다. 가장 단순한 수단으로 얻을 수 있는 경량감과 효용성을 가진 익명의 작품을 만들고 연속적인 제조방법을 택하는 것에도 역시 같은 경향을 엿볼 수 있다.

주

1. 이 인용구들은 G.E Woodward의 Woodward's Country Homes(뉴욕, 1869), 152~164페이지에서 발췌한 것이다.
2. Russell Sturgis, Dictionary of Architecture and Building(New York, 1902), III, 1125.
3. Greal Industries of the United States(Hartford, 1872), p. 1072.
4. William E. Bell의 Carpentry Made Easy(필라델피아, 1859). Bell은 Michigan의 Ottawa에서 목수로 일했다. 1857년의 글에서 그는 발룬 프레임 건물을 건설하고 수리하는 13년간의 경험을 얻었다고 주장했다.
5. Albert S. Bolles, Industrial History of the United States(Norwich, Conn., 1889), p. 220.
6. Great Industries of the United States.
7. Solon Robinson in New York Tribune, January 18, 1855. Quoted in Woodward, opcit., p. 151.
8. Great Industries of the United States.
9. Woodward, op. cit., pp, 151~154.
10. 좀더 정확한 연구가 이루어지고 난 후에야, 발룬 프레임의 발전에 있어서 중요한 기여를 한 사람은 없었다는 점이 확실해졌다. 앞에서 이미 언급된 Solon Robinson은 , 자신이 1835년이라는 이른 시기부터 발룬 프레임을 사용했다고 주장하고 있다. 하버드의 한 논문인 "A Reexamination into the Invention of the Baloon Frame"에서 Walter Field는 George Snow가 발룬 프레임을 발명한 사람이라고 인정하는 것이 얼마나 어려운 가를 잘 보여주었다. 더 자세한 조사가 필요할 것 같다.
11. I(Chicago, 1890), 504.
12. I(Chicago, 1891), 51.
13. Inland Architect and Builder, I, no.3(April 1883), 36. 이 잡지는 시카고 학파의 건축가들 발간하는 기관지였다.
14. 시카고 예술 대학의 Burnham 도서관 직원인 Marion Rawls양과 Snow의 손녀딸이며 그에 대한 자세한 기록을 제공한 시카고의 George A. Carpenter부인으로부터 이 자료들을 얻게 되었다. 필자는 이 기록을 연간서인 New Direction 1939년호에 기사로 실었다.
15. Industrial Chicago, I, 51.
16. J.F. Kelly의 The Early Domestic architecture of Connecticut(뉴헤븐, 1935),40페이지를 참조할 것. 이 책에서는 "studs of inermediary framing members"가 enerally mesauring about 2 1/2 X 3 inch in section"으로 묘사되어 있다. 그러나 샛기둥의 높이는 "수평 구조부재사이의 거리와 비슷하다.
17. See Marta K. Sironen, A History of American Furniture(New York, 1936), p. 18.

미국 건축에서의 평평한 면

Plane Surfaces in American Architecture

일찍이 우리는 건축을 그 스스로 지속적인 생명력을 가진 유기체로 보았고, 오늘날에도 이러한 생명력에 연속성을 주는 지속되는 영향에 관해 주로 관심을 갖고 있다. 몇몇 시기를 통해 널리 퍼지고 발달된 세력의 흐름은 양식의 역사보다도 더 우리의 관심을 끌었다. 왜냐하면 양식은 다른 시기들과 구분되는 그들 시기의 독특한 측면을 가지고 있기 때문이다.

Fifth Edition 356쪽 01줄

미국에서 실제로 어떻게 진행되었는지와 관련하여 역사적 양식들은 특별히 정보적 가치를 가지고 있지 않다. 역사적인 양식은 완전히 성숙한 상태로 미국으로 넘어왔고, 본래의 미국적 발달과 관련한 '구성적인 사실들'에는 거의 영향을 미치지 않았다.

1880년대 동안 유럽의 건축은 더 많은 위엄을 잃었다. 안정을 추구하기 위해 역사적인 형태에 더욱 의존하게 되면서 실제로는 더욱 더 불안정하게 된 것이다. 18세기에서 19세기 초반의 거의 50년 동안에 걸쳐 전반적인 건축적 유산은 변화하는 혼란

213. 구 라킨빌딩, 버팔로, 1837. 미국에 주로 세워진 유형의 벽돌 건물중 하나. 평평하고 마감되지 않은 벽과 깔끔하게 절단된 개구부가 특징이다.

속에 상실되어 갔다. 그 기간의 내적인 불안과 불확실성은 벽과 지상층의 균형잡히지 않은 처리에서 잘 나타나고 있다. 전체적인 건축의 조직체가 일종의 치명적인 재해로 엉망이 되어 버린 것이다.

유럽에 대한 미국의 독자적인 위상은 도구와 가구들과 관련한 새롭고도 논리적인 형태들의 발달과 미국 주택의 비격식적이고 변화 가능한 평면 속에서 잘 나타나고 있다. 벽 역시 마찬가지로 유럽의 불확실성과 혼돈의 시기에서 볼 수 있는 것과는 달리 미국에서는 통합과 균형을 유지하였다. 미국은 이 시기 동안에 그로테스크한 작품들도 선보였지만, 유럽과는 대조적으로, 건축의 기본적인 요소들로부터 완전히 이탈하지는 않았다. 이 요소들은 항상 전체로 간주되는 미국의 작품속에서 지배적인 요소로 남았다. 아마도 그 이유는 새로운 건축적 해결방안이 미국에서 더 일찍 이루어졌기 때문일 것이다.

평평한 면(목재와 벽돌 또는 석재로 된 평평한 벽)은 미국 건축에서 언제나 기본적인 요소였다. 부분적으로 이것은 숙련된 노동력의 부족이 가져온 단순함에 기인하기도 했고, 부분적으로는 18세기 후기의 경향과 직접적으로 연결되었다. 벽돌벽을 다루는 조지아식 방법은 19세기로 이어졌다. 이러한 과정에서 나온 목재 주택들은 초기의 정착자들에 의해 확고한 전통으로 고수된 것이다.

214. 롱펠로 주택, 캠브리지, 매사추세츠, 1759. 3세기 동안 미국에서 줄기차게 사용된 미늘벽 판자.

비용을 낮추기 위해서는 **벽돌벽**을 평평하고 단순하게 설치해야 한다. 모든 개구부는 벽체의 평평한 면 속에서 매끈하게 잘려나갔다.

이와 같이 어떤 변장도 하지 않은 벽체는(**도판**. 213) 미국적 감각을 잘 드러내는 것이었고, 이러한 특징은 18세기 후반의 뉴 잉글랜드의 저택에서, 모든 도시의 큰 거리에 있는 이름없는 건물들에서, 그리고 남북전쟁 시기의 큰 공장에서 나타났다. 평평한 벽돌벽은 헨리 홉슨 리차드슨과 같은 사람들이 1870년대에 그들의 작업을 시작했던 시기에 건축의 기본 요소로 확실하게 자리잡았다. 리차드슨의 세버 홀은 1878년에 지어졌다. 우리는 베를라헤의 암스텔담 증권거래소에서 견실하게 고른 평면의 유럽식 예를 살펴볼 수 있다. 그러나 증권거래소는 20년 후에 지어졌고 리차드슨이 사용한 것과 같은 평탄한 벽돌면은 70년대 유럽에서는 거의 알려지지 않았다.

프랭크 로이드 라이트 역시 바로 처음부터 단순한 표면을 가진 벽돌벽을 사용할 수 있었다. 반 데 벨드나 호르타와는 달리 벽체의 훼손과 혼란스러움에 대항하여서 새로운 운동을 추진하거나, 확고한 장식화의 경향에 맞서기 위해 또 다른 아르 누보를 고안할 필요는 없었다. 그는 더 높은 수준에서 자신의 일을 시작할 수 있었다. 목

215. 석재 벽, 유니언 와프도 매상, 보스턴, 1846. 화강암 기둥과 창문이나 출입문을 두른 린텔은 퀸시 채석장에서 한조각으로 절단된 것이다.

재 벽은 18세기 미국의 전통에 의해 벽돌보다 더 광범위하게 이용되어 왔다. 단순한 미늘판(clapboard)의 **판자 벽**(**도면**. 214)은 최초의 식민지의 시대로부터 현재에 이르기까지 끊이지 않고 3세기 동안을 구성적 요소로 남아 있다. 영국에서는 미늘판 벽이 소박한 농가주택에만 사용되었다. 그러나 미국에서는 그것들은 목재 건물의 모든 영역을 차지한 것이다. 우리는 가상 조야한 오두막에서부터 가장 훌륭한 저택, 교회, 시청사에 이르기까지 모든 건물에서 이러한 벽을 찾을 수 있다. 벽의 형태와 관련한 이와 같은 확산과 지속적인 권위는 대서양의 반대편에는 아직도 여전히 알려지지 않았다.

358쪽 13줄 Fifth Edition

미늘판벽의 사용은 자연히 균형잡히고 단순한 벽 처리로 나아가게 된다. 그것들이 평평한 면 안에서 절단되거나 중단되는 것은 어울리지 않았고 응용된 장식의 사용을 포기해야 했다.

석재가 건축재료로 사용되던 지역에서는 **석재벽**도 목재벽과 똑같이 단순한 것으로 취급되었다. 그 훌륭한 솜씨가 뉴 잉글랜드에 소개되었다. 케이커 교도들의 집회소에서 볼 수 있는 평평한 화강석 벽(**도판**. 216), 보스턴 부두가를 따라 지어진 화강석 창고(**도판**. 215), 그리고 1850년대와 1860년대 보스턴의 상업 건물(**도판**. 217, 218)▼1 등이 그 좋은 예이다. 거친 벽을 가진 이들 상업 건물들은 전형적인 평평한 면과 디테일의 단순함을 잘 보여주고 있다. 1840년대부터 시작된 초기의 창고 건물들은 거

216. 케이커 커뮤니티 하우스, 콩코드, 버몬트, 1832. 종교적인 지역에서 만들어진 석조 건물.

칠게 잘려진 단순한 형태의 큰 화강석 블럭으로 지어졌지만, 플로렌스를 떠올리는 어떤 것도 포함되어 있지 않았다. 그것들의 인상적인 간소함은 쉽게 드러난다. 즉, 화강석은 근처의 퀸시 채석장에서 운반된 것으로, 한 조각씩 채석장 현장에서 창이나 문틀용으로 잘라 노동력을 절감하였다.

리처드슨은 그러한 상업 건물이 세워졌던 시기에 하버드 대학 학생이었다. 이후, 그는 파리로 건너가 유럽의 영향을 받았지만, 보스턴 부두가를 따라 지어진 새로운 건물들이 그의 초기 건축적 영감에 큰 영향을 미쳤음에 틀림없다.

217. 상업지구, 140 상업가로, 매사추세츠, 보스턴, 1856. 디테일. 1850년대와 1860년대에 보스톤에서 등장한 훌륭한 비례와 논리적인 면이 돋보이는 전기(前期)리처드슨 건축 작품.

218. 상업지구, 140 상업가로, 매사추세츠, 보스턴, 시카고 연감에 나오는 그림, 1856. 그림217에 있는 디테일이 나오게 된 건물을 그 당시에 그린 그림.

219. H.H. 리처드슨. 마샬필드 도매상점. 시카고. 1885. 리처드슨은 이 건물에서 수수하고 육중한 석조벽을 주로 하는 미국의 전통을 따르고 있다.

시카고에 있는 리처드슨의 **마샬 필드 도매 상가**는 그의 최초의 작품이다.(**도판. 219**) 육중한 석재 벽으로 된 이 건물은 전체적으로 시카고 건축의 발달기 동안에는 오히려 낯선 위치를 차지하였다. 그럼에도 불구하고 그 건물은 시카고 파의 작품에 강한 자극을 주었고, 그 중에 어떤 특징은 1880년대 동안 루프에 세워진 다른 건물들에도 반영되었다.

루이스 설리반의 그 자신의 시대에 이루어진 건축에 대한 비평은 공정하고도 예리했다. 마샬 필드 상가는 그에게 있어 순수한 건물들의 사막 한가운데에 있는 "오아시스"임에 틀림없었다. 그의 책 『**유치원 차트**』에서 그가 묘사한 "젊은이"는 반어적인 놀라움을 가지고 그에게 반문하였다.

"…당신은 나에게 보여줄 훌륭한 건축이 있다고 말씀하는 것입니까?"

"아니요, 당신에게 보여줄 사람이 있다는 뜻으로 말한 것입니다. 여기서는 돌과 모르타르가 삶속으로 뛰어들고 있는 이상, 중요한 재료와 그렇지 않은 재료는 더 이상 없다는 것을 말하고 싶었던 것입니다.…유익함이 그곳에 있고, 생명의 숨결이 그

곳에 있으며, 기초적인 자극이 그곳에 있습니다."[▼2]

시적인 상상을 중단하고 단지 이렇게 물어보자. 이 건물은 무엇인가? 로마네스크인가? 플로렌스 르네상스인가?[▼3] 우리가 그렇게 멀리 되돌아 갈 필요가 있는가? 리처드슨에게 그의 첫 건축적 인상을 남겨준 거친 석재벽에서 건축의 기원을 찾고자 하는 것이 더 쉬운 것일까? 미국독립전쟁 시기의 요새에서부터 리처드슨이 하버드 대학 학창시절에 등장했던 상업 건물들에 이르기까지 시작부터 평평하고 육중한 석재벽은 미국 건축의 기본 요소들 중의 하나가 되었다. 이 상점 건물의 수수한 인상은 로마네스크 풍이 될 수도 있고, 동시에 완전히 고유한 것으로서 미국의 삶에 뿌리를 두고 성장해온 요소들의 예술적 변형인 것이다.

융통성있고 격식없이 자유로운 평면

The Flexible and Informal Ground Plan

Fifth Edition 363쪽 10줄

미국 건축은 초기 정착자가 도착했을 때부터 하나의 경향에 의해 특징지워졌으며, **미국의 주택**은 새로운 사회적 · 경제적 조건이 허용할 때마다 확장될 수 있는 평면을 취해왔다. 이것은 유럽의 진행과정과는 첨예한 대조를 이룬다. **유럽 농가주택**은 처음부터 견고한 정육면체의 단위로서 계획된다. 때때로 후세의 자손들이 더욱 넓은 생활 영역을 필요로 하게 될 때를 대비하여 미완성인 상태로 남겨진다.

본래의 주택에 덧붙여진 새로운 단위에 대한 미국적 실행은 17세기부터 이어져 온 뉴 잉글랜드에서 엿볼 수 있다.[▼4] 이와 같이 육중한 모든 목재주택들은 일층에 단일 실(室)이 딸린 1층 반 또는 2층짜리 구조로 시작했다. 주거환경을 개선하려는 자손은 이러한 선조들의 토대를 수평적 · 수직적으로 이중적인 확장을 시도했다. 새로운 지붕은 완전히 비대칭적으로 형성된 모든 부분들을 덮었다. 그러나 중요한 것은 덧붙여진 날개였고 이것은 매우 널리 적용되었다. 융통성있고 격식이 없는 자유로운 L자형 평면은 이러한 종류의 계획에서 발달한 것이었다.

주택이 항상 확장되는 것만은 아니었다. 마인 주의 키트리에 있는 윌리엄 페페렐 주택의 경우는 그 자손에게는 너무 커서 잘려나가기도 했다. "이 가족의 저택은 그 당시 현재보다 10피트정도 더 길고 아름다운 정원으로 둘러싸여 현재보다 더 당당했다. 부지가 1779년에 징발된 미국독립전쟁 이후에 축소되었다."[▼5]

18세기 후반, 사람들은 서슴지않고 견고한 참나무 구조들로 집을 만들었고, 그 집을 몇 개의 부분으로 구획했다. 그 다음, 이러한 부분들은 새로운 대지로 옮겨 제시할 수 있는 변화와 확장을 받아들여 재조립되었다. 매사추세츠 주 살렘의 체스트넛 34번가에 있는 주택(**도판**. 220)은 그 대표적인 실예이다. 이 매혹적인 주거는 단일한 구조체로 보이지만, 실제로는 세 부분으로 나뉘어 지어졌다. "원래 이 집은 현재의 위치에 지어진 것은 아니었다. … 몇 마일 떨어진 덴버의 오크 힐에 있는 웨스트 농장에 지어졌던 주택의 일부분을 1824년경 체스트넛 가에 있던 나머지 부분에 결합하고자 마차를 이용하여 이곳으로 옮겨다 놓은 것이다."▼6 건축가는 중앙에 팔라디오식 창문을 덧붙여 외관의 변화를 주었으며, 이 시기에 유행하던 팔라디오식 혹은 아카데미식 평면을 택했다.

식민지 시대 이후로 미국에서 널리 시행되던 주택의 융통성있는 처리방식은 주택 건축에 대한 하나의 열쇠가 되었다. 변화를 위한 여러 의견들이 다른 어느 곳보다도 미국에서 더 자주 언급되었으리라 생각되지만, 주택의 분야에서는 그렇지 않다. 이 분야에서는 꾸준한 성장이 계속되었던 것이다. 미국의 발전은 유럽의 어느 나라보다 더욱 많은 연속성과 건축적 유산으로부터 미래를 위해 새로운 요소를 발달시킬 수 있는 더 많은 힘을 가지고 보여주고 있다.

1860년대와 70년대의 미국의 출판물은 미국에서 진행된 많은 다양한 외국의 영향을 보여주었다. 영국, 독일, 프랑스, 스페인, 동양의 모든 지역으로부터의 유행이 성행되었다. 그러나 이러한 영향도 여러 가지 이유로 인해 몇 가지 양식 이외에는 미국 건축에 지속적인 영향을 끼치지 못했다. 윌헬름 보드가 1893년 시카코의 만국박람회에 방문했을 때, 그는 "독일과 대조적으로 미국의 근대적 주택은 전적으로 내부에서 365쪽 07줄 Fifth Edition

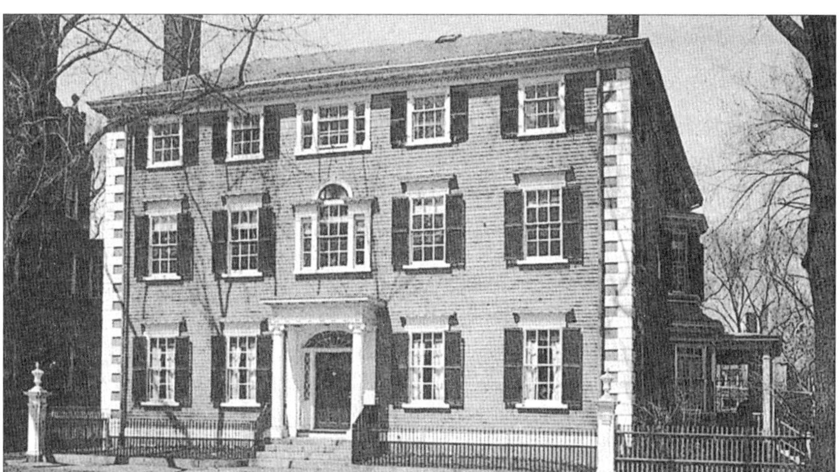

220. 체스트넛트 34번가에 있는 주택, 매사추세츠, 살렘, 1824. 건물의 양쪽끝은 원래 다른 주택의 일부분이였으며 체스트넛 거리에 있는 대지로 옮겨졌다.

바깥으로 지어졌다. 그것은 독특한 개인의 요구, 특히 미국적인 특색과 관습 등에 부응하는 것이었다. 이러한 관습들이 소개되고 강조되었다는 사실은 우리 독일 건축에 비해 미국 주택 건축에 큰 이익을 주었다."▼7라고 말하고 있다.

거의 50년 전에 보드를 놀라게 했던 것이 여전히 유럽의 관찰자들을 감동시킨 것이었다. 그는 "복도를 따라 나있는 방들은 보통 벽체의 반 정도 두께인 미닫이문과 구획벽으로 고정되어 있고, 이들 문은 거의 항상 열려진 채 있었다.▼8 이러한 식으로 주택의 여러 방들을 들여 다 보는 것이 가능하다."라고 적고 있다. 어색하리만큼 높은 천정과 어둡고 밀집된 방들, 그리고 화려한 벽 치장의 대륙의 아파트는 미국의 내부 장식는 극단적인 대조를 보였다. 보드는 "우리 관습에서 보면, 미국의 방들은 약간 낮다고 할 수 있다. 가구 때문에 번잡하지도 않고, 밝은 색깔의 벽과 천정으로 되어 있다."라고 말했다.▼9(이러한 특성은 현대 건축가들이 상당한 논쟁을 벌인 후 유럽에서도 정착하게된 특성들이다.)

앞서 나간 미국 주택 건축에 대한 보드의 보고서는 1870년대 초에 발간된 주택 건축에 관한 대중 문학에 의해 지지를 받았다. 1875년 보스턴에서 발간된 가드너의 『**삽화가 있는 가정, 실제 주택과 실제 사람들에 대한 묘사**』▼10와 같은 책은 건전한 주택을 보급시키는데 일조를 했다. 1870년대의 이러한 저서들에서 언급되는 주택 문제에 대한 접근방식은 이 당시로는 놀라운 일이었다. 보통 사람들이 예상하는 디테일에 관한 논의보다는 주택을 전체적으로 여러 가지 경우에 다양하게 부합할 수 있는 주거 단위에 관해 더 관심이 많았다. 저자들은 이러한 태도가 너무나 자연스럽게 이루어

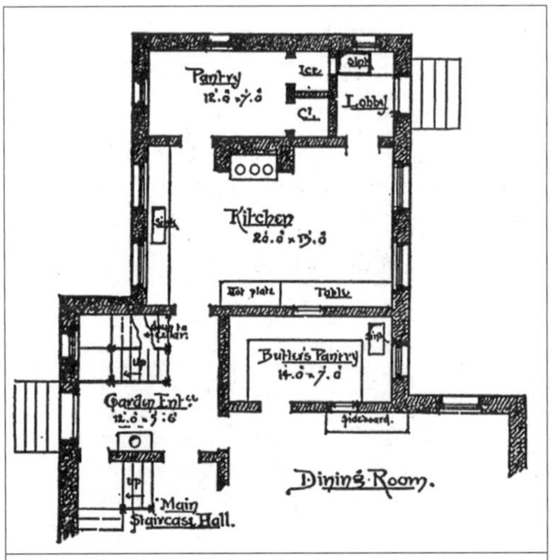

221. E.C. 가드너. 부엌, 1882.

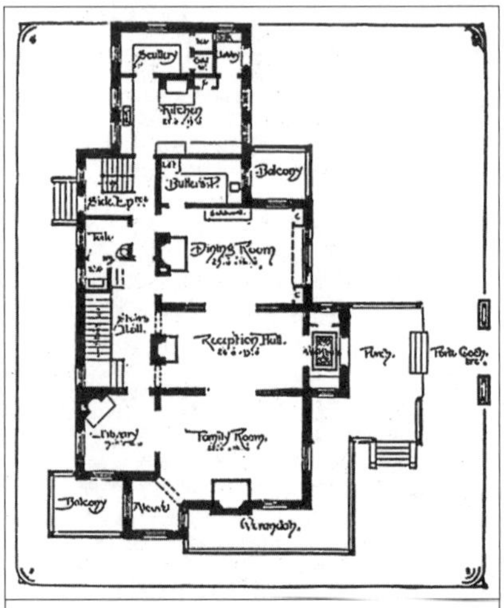

222. E.C. 가드너. 농가, 1882.

졌기 때문에 그 논의의 분위기는 항상 가볍고 쉬우며, 때로는 장난기가 있기도 했다. 그들은 몇몇 특별한 양식으로 계획된 주택을 다루는 것이 아니라 몇몇 특별한 목적으로 계획된 평면의 주택, 즉 신혼 부부를 위한 주택, 의사를 위한 주택, 부유한 사람들을 위한 주택, 심지어는 "나이든 독신녀"를 위한 원룸 주택 등을 다루었다. 독신녀 주택(**도판. 223, 224**)은 특히 재미있다. 다음의 표현은 자신이 원하는 것을 정확히 알고 있는 한 숙녀의 이야기이다. "나는 단지 살기 위한 집을 제안할 뿐 그 이상은 원하지 않는다.…내 집은 하나의 방과 4개의 벽장이 있어야 한다.…하나는 작은 드레싱룸, 하나는 실크 옷을 넣어둘 곳이다. 나는 실크옷을 가정방문 선교사의 부인 이외에는 줄 사람이 없기 때문에, 옷이 쌓일 것이다. 그리고 도자기를 보관할 곳과 우산과 방한 신발을 넣어둘 곳이다."▼11 긴밀하게 연결된 평면단위는 이러한 요구를 만족시켰고 그 공간이 갖는 경제성은 1920년의 오드가 디자인한 저가의 임대아파트 중의 하나를 생각나게 한다.

1920년대 유럽을 지배한 기능주의 정신은 주방의 문제가 다루어지는 방식에서 더욱 두드러졌다. 가드너의 그 자신의 또 다른 책에서 약 1920년경의 프랑크포트 부엌(**도판. 221**)과 매우 유사한 공간 절약방법을 제안했다. 그 부엌의 디자인은 근대적인 식당차에서 영향을 받은 듯하다. 가드너는 요리와 주부의 작업동선을 고려하여 이 문제를 해결했다. 부엌은 "넓은 벽면 공간을 갖고 렌지와 팬트리(역주: 식료품 저장실) 사이의 거리는 가능한 짧게 하기 위해" 길고 좁게 만들어졌다. 그것은 "햇빛을 많이 받아들이고, 여름의 미풍이 창을 통해 들어와 요리대와 식당 사이에 신선한 바람이 지속되도록" 반대편에 창문이 나 있다.▼12

367쪽 13줄 Fifth Edition

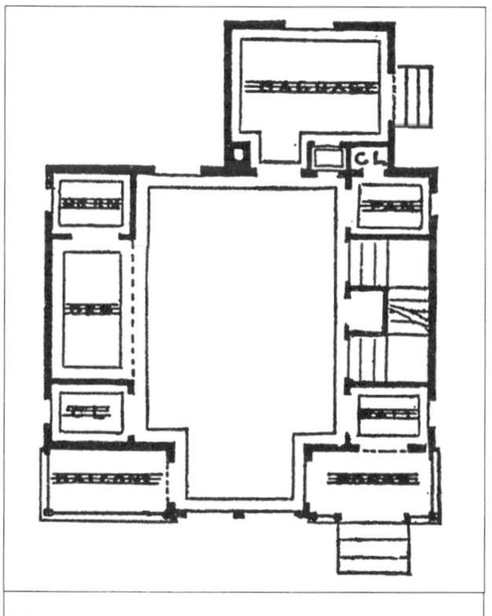

223. E.C. 가드너. 노처녀 위한 원룸 주택.

224. 건축가와 노처녀 건축주. 가드너의 "그림이 있는 집 (보스턴, 1875)에 나오는 그림.

전통 적인 미국 주택의 내부는 가능한한 작게 구획되어 있다. 다양한 방들을 통합하고 내부를 개방하기 위한 이러한 요구는 때때로 19세기의 고전 부흥 양식의 대주택의 경우처럼 서로 다른 바닥 높이를 이용하는 방식으로 나타났다.

장식을 할 수 있는 여유가 생긴 19세기의 미국인들은 그 당시 유행하던 낭만주의, 빅토리안, 프랑스 르네상스, 로마네스크, 혹은 고전주의 등의 양식을 반영하는 외관을 가진 주택을 가졌다. 그러나, 평면은 일반적으로 간소함을 그대로 유지했다. 전반적으로 미국에서 표준이 되었던 융통성있는 자유로운 평면은 어떤 이름도 그 위에 덧붙여지지 않은 상태에서 계속 성장한 것이다. 도구와 특허받은 가구의 경우처럼 그것은 완전히 익명인 상태로 남았다. 이는 주거 속에서 편안함을 얻으려는 요구와 직접적으로 문제를 해결하려는 미국인의 성향을 반증한다고 볼 수 있다. 프랭크 로이드 라이트는 융통성있는 평면의 기본요소들을 익명의 상태에서 발전해온 이와 같은 주택에서 발견한 것이다. 리처드슨 역시 80년대 초반의 그의 주택(특히 시카고 주변과 뉴 잉글랜드에 지어진 주택)에 이런 종류의 계획을 새로운 예술적 의도로 시도했음에 틀림없다. 융통성있고 형식에 치우치지 않는 개방된 평면 그 자체는 전반적으로 미국의 발달이 낳은 산물이라 할 수 있다.

주

1. 이 건물들 중에서 대다수는 Alexander Parris에 의해 설계되었다. 그는 1825년경에 Faneuil Hall근처에 세워진 시장인 Quincy시장을 설계하기도 했다. 1920년대 중반부터 강변에 세워진 최초의 건물들; 1940년대에 지어진 부두의 도매상; 1950년대에 Commercial Street위에 세워진 상업지구; Franklin Stree가 개시되던 1869년에가서 대부분 완성된 유적들. 이 상업 건물중 대다수는, 보편적으로 알려 진 것보다 훨씬 더 미래의 발전에 많은 영향을 준 작품으로, 비례가 잘잡혀있고 논리적인 pre-Richardson건축의 훌륭한 사례들이라 할 수 있다. 1938년 여름동안에 필자가 1830년과 1860년사이의 보스톤 사무소 건물을 다룬 세미나에서, 우리는 이 일에 관해서 더 많은 것을 알려고 노력했다. 위대한 상업주의 건축가들중에 초기에 활동한 사람중의 한명인 Gridley J. Fox Bryant에 대한 설명은 New England Magazine("An Architect of the Old School", 25권, 1901년 11월호)의 복사본에 나타나 있다. Bryant는 1850년대와 1870년대 사이에 보스톤 강변을 따라 수많은 상업 건물들을 지었으며 이것들 중 대부분은 화강암 건물이다. New England Magazine에 따르면, 그는 자신의 모든 글을 Henry Tuner Bailey에게 남겼다고 한다. 필자의 학생중에 한명인 Lydia Jones양은 Bailey의 미망인에게 편지를 보냈다. Bryant가 Bailey에게 남긴 자료들은 분명히 사라졌다. Bailey부인도 자신의 남편이 "어느날인가 그 자료들을 모두 없앴다"고 말했다. 1960년대까지 화강암 부두는 물론 이 상업건물들 대부분이 사라졌다.

2. Kindergarten Chats(Lawrence [?], Kansas, 1934), p. 15.

3. 리차드슨의 전기를 보면, Henry Russell Hitchcock는 리차드슨이 자신의 고유한 로마네스코 양식에 도달하게 된 단계를 추적하기 위해 엄청난 노력을 했다고 한다.

4. 예를들어, Mass, Lexington의 Hancock주택(1698, 1734년에 증축됨), N.H, Portsmouth의 Jackson주택(1664년경), Mass, Ipswich의 Whipple주택(1642)

5. The Portsmouth Guide Book(Portsmouth, N. H., 1876), pp. 145~146.

6. Richard Hall Wiswall, Notes on the Building of Chestnut Street(Salem, 1939), p. 18.

7. Wilhelm Bode, "Moderne Kunst in der Vereinigten Staaten," Kunstgewerbeblatt, V(1894), 115~117.

8. 이 유럽 주택은 이때까지 어느정도 그의 성으로 남아 있었다. 이 건물의 문들은 실제적인 문이였으며 항상 닫혀있었다. 이동 간막이가 홀을 개방시키는데 사용되지 않았고 내부의 방들을 서로 연결하는 경우에만 사용되었다. 미국 주택에서는 대담하게 배치된 이러한 간막이가 있었으며, 심지어 주택 내의 문의 절반은 열쇠가 없는 것이였으며 벽장이나 옷장에도 자물쇠가 없었다. 유럽풍의 창문은 그늘과 커튼을 수반한다. 미국주택의 창문에는 이 두가지를 거의 찾아볼 수 없다. 미국인들은 주택에 울타리를 거의 치지 않으며 나중에 가서는, 차고를 업애고 단순한 쉘터아래에 차를 방치하게 될 지 모른다. "차고는 더이상 필요없다. 프랭크 로이드 라이트는 말했다. 자유로운 덮개가 있고 양측면에 벽이 있는 차고정도면 충분할 것이다 ."(Architecttural Forum, 1938년 1월호, 79페이지)

9. Op. cit., p. 117.

10. Eugene C. Gardner(1836~1915)는 이 분야의 유명한 작가중에 한명이다. 그는 Ohio주 Talmadge에 있는 Talmadge Academy의 교장이였으며 1885년에서 1887년까지 Builder지의 편집장을 지냈다.

11. Gardner, op. cit., p. 114.

12. The House that Jill Built(뉴욕, 1882), 82페이지. 매우 다양한 구성과 고도로 발전된 기술적인 설비들이 갖추어진 부엌은 1840년대에 영국에 처음 등장했다. 런던의 Reform Club에 있는 대규모 부엌에 관한 흥미로운 묘사를 참조할 것. 이 글은 "Club"이라는 제목으로 Larousse Dictionnaire du X siecle에 실려있다.

시카고파
The Chicago School

1880년대 동안 시카고에 하나의 거대한 건물군이 급속도로 확산되었다. 이 건물들의 높이는 12층, 14층, 16층, 23층 등으로 이루어져 있었다. 다른 도시의 경우처럼, 이 건물들도 하나하나 고립된 채 세워진 것이 아니라 서로 이웃하며 세워졌다. 각 건물들은 개별적으로 고유한 외관과 이름을 가지고 있었지만 여러 건물이 모여 있는 모습은 결코 혼란스럽지 않았다.

Fifth Edition 369쪽 04줄

미국의 건물들은 보통 단명하는 경향이 있기 때문에 이러한 건물들도 머지않아 모두 사라질 것이다. 이 건물들 중에 훌륭한 건물들도 이미 허물어졌고 많은 건물들이 곧 허물어질 것이다.

시카고파는 1883년과 1893년▼1 사이에 전성기를 맞았다. 그 당시에 언급된 두 문구를 통해 초기와 말기의 발전상태를 알 수 있다.

"1830년 이후, 1882년 만큼 인구증가, 무역, 건설업분야에서 놀라운 발전을 한 적은 없었다.…건물들은 한 마디로 괴물같았고 값도 비쌌다.… 상업 및 사업 지구가 필요하기 때문에 건물군을 세워도 된다는 허가를 얻자마자 임대아파트 지원자들이 몰려들었고 건물이 완공되기도 전에 임대가 완료되었다. 임차인들은 이미 거래 대리인의 역할을 중단하고 있다. 모든 거리와 가로를 끼고 도시에 퍼져나가는 가구(街區)들은 구름처럼 많이 늘어나고 있다."▼2

시카고에 대공황의 영향이 미치기 바로 직전인 1893년에 당시의 분위기를 설명하는 또 다른 증거를 통해 시카고의 말기를 추적할 수 있다. "아침 신문에 도시의 대규모 사무소 건물의 계약을 원하는 광고가 많이 실렸고, 같은 날 저녁신문에는 아침에 보도된 건수를 훨씬 넘는 광고가 실리는 일이 자주 일어났다."▼3

1880년대 도시의 중심 상업지구인 루프는 문제를 강압적으로 해결하는 미국인들의 대담성을 가장 잘 표현해주는 곳이다. 모든 거리는 전례없는 방법으로 개발되었다. 이 구역을 걸어갈 때 사람들은 시카고가 그 배후에 성장하고 있는 거대한 지역의 전진기지라는 인상을 강하게 받았다. 대규모 건물들이 계속 들어서던 당시에, 시카고는 뉴욕처럼 단순히 거대한 증권거래시장이었던 것이 아니라 서부와 중서부를 이어주는 생산의 실질적인 거점이었다. 이 거대한 상업지구가 급속하게 성장함에 따라서 건물에 관한 요구도 급증하게 되었다. 이러한 요구를 충족시키기 위해 건설방법의 새로운 가능성을 모색하려는 요구도 높았다. 그때까지만 해도 건설분야의 잠재력은 교각이나 여러 종류의 산업구조물들에만 국한되어 있었다.

처음 등장한 것은 상업회사와 보험회사를 위해 지은 대규모 건물들이었다. 이밖의 다른 목적을 충족시키기 위한 건물들도 비슷한 규모로 들어섰다. 도시를 관광자들을 위한 거대한 호텔들과 아들러와 설리반 오디토리움과 같은 사무소, 극장, 호텔 등의 복합 건물들이 이러한 종류의 건물들이었다. 이와 동시에 아직도 해결의 실마리가 풀리지 않고 있던 근대적인 집합주택 문제도 대담하고 철저하게 공격을 받기 시작했다.

시카고파는 근대적인 사무소 건물, 달리 말해 행정중심지구의 탄생과 밀접한 관계가 있다.(**도판.** 231) 공학적으로 해결된 모든 방법들이 시카고 건물에 적용되었다. 시카고파의 창시자인 **윌리엄 르 바론 제니**(1832~1907)▼4는 건축가가 되기 이전에는 엔지니어로 활동했던 인물이다. 그는 철저한 기술적 기초를 습득하였던 사람으로, 세르만의 '엔지니어 협회' 회장직도 맡았다. 나중에 시카고의 건축가가 된 사람들 중에는 제니의 사무실을 거쳐간 사람이 많다. 1910년경, 프랑스의 오거스트 페레와 독일의 피터 베렌스의 경우처럼, 그 역시 시카고의 차세대 건축가를 양성하는데 중요한 역할을 했다. 그는 젊은 건축가들에게 학교에서 해결하지 못하는 새로운 문제들에 맞서나갈 때 필요한 기본적인 준비과정을 가르쳤다.

오늘날, 그의 용기와 상상력에 대한 평가는 충분히 이루어지지 않고 있다. 심지어 루이 설리반까지도 그를 건축가라기 보다 미술 감정가 정도로 보았으며, 시카고에서 활동한 설리반의 협력자들 중에 한사람이 내게 말하기를 제니는 디테일이나 장식에 대한 감각이 전혀 없는 인물이라고 말하기도 했다. 그의 작품에는 건축적인 디테일이나 양식적인 측면은 그리 중요하지 않게 다루어지고 있는 것이 사실이다. 이러한 평판에도 불구하고 그는 철골구조로 된 대규모 건물의 문제를 최초로 해결한 건물에 해당되는 라이터 건물(1889)을 설계한 사람이었다. 이 건물에서 실현된 명확성과 타협으로부터의 탈피는 평범한 수준을 넘어서는 것이었다. 371쪽 10줄 Fifth Edition

제니는 뛰어난 교육과정을 거친 사람이었다. 그는 파리의 에콜 폴리테크닉과 에콜 상뜨랄에서 그 당시로는 가장 훌륭한 기술 교육을 받았다. 그의 스튜디오에서는 범상하지 않은 혼합체를 만들기 위해 독일 출신의 장식 전문가를 참여시켜 프랑스식 공학을 접목시키는 작업을 시도하기도 했다. 1873년 당시 신참 건축가였던 루이 설리반은 이 사무실에서 일을 했으며, 건축분야의 "억압된 기능(suppressed functions)"을 보는 눈을 길렀다. 설리반(그는 다른 곳에서도 그랬던 것처럼 이곳에 두 번 다시 머무르지 않았다.) 외에 이 사무실을 거쳐간 사람으로 마틴 로쉬, 홀라버드, 그리고 나중에 존 루트의 파트너로 활동한 다니엘 번헴 등이 있다.

제니의 능력이 처음으로 완전히 발휘된 건물은 라이트를 위해 1879년 웨스트 몬로에 280번 가(街)에 지어진 도매상 건물이다.**(도판. 225)** 이 건물(지금도 남아 있다.)은 외벽이 벽돌 기둥으로 되어 있고, 후에 등장한 "시카고 창"과 유사한 넓은 유리창이 나있다. 건물 내부는 이 당시 보통 사용되던 주철기둥이 있다.

건물의 높이와 건설수준의 측면에서 볼 때 새로운 유형을 보여주는 최초의 작품은 1884년과 1885년사이에 주택 보험회사 건물이다.▼5 완벽한 통합체를 만들기 위해 복잡한 건설 방법이 사용되었다.

225. 윌리엄 르 바론 제니. 일차 라이터 빌딩, 시카고, 1879. 외벽의 벽돌 필라와 내부의 주철기둥. 넓은 유리창은 나중에 등장하게 될 "시카고 창"을 예고하고 있다.

제니가 이 건물을 설계하고 있을 때, 리처드슨은 마샬 필드 도매상점 건물(도판. 219)을 계획하고 있었다. 이 건물은 조심스럽게 커다란 볼륨을 통합하는 방법을 시카고 건축가들에게 보여주었다. 그는 품위있는 수법을 이용하여 성장하는 도시의 활력과 같은 무언가를 이 건물에 불어넣었다. 제니의 주택 보험회사처럼 창문이 중요한 요소로 강조되고 있지만 건설방법은 오히려 보수적이다. 리처드슨의 육중한 석조벽은 더 이른 시기에 속하는 것이었다. 아들러와 설리반이 오디토리움을 설계할 때 그들은 리처드슨처럼 육중한 외벽을 사용했음에도 불구하고 내부는 대담하게 철구조물을 사용했다.

372쪽 15줄 Fifth Edition

건축가들은 제니가 골조 건설에서 사용한 방식을 곧바로 받아들이지 않았다. 그러나 주택 보험회사가 지어진 지 3년 후인 1889년, 홀라버드와 로쉬는 12층짜리 골조로 된 '타코마 빌딩'을 세웠다.▼6

한편 제니는 자신의 방식을 계속 지켜나갔다. 그는 1889년 두 번째 라이터 건물을 세웠다. 이 당시 순수한 골조 건물로는 가장 고층에 속하는 '맨해튼 빌딩'(도판. 226)▼7은 1891년에 완공되었다. 이 건물은 비교적 폭이 좁은 디어본 가(街)에 위치하고 있

226. 윌리엄 르 바론 제니. 맨해튼 빌딩, 시카고, 1891. 여러 가지 다양한 형태의 베이 윈도우는 이 좁은 거리에서 얻을 수 있는 모든 빛을 끌어들이기 위해서 사용된 것이다. 채광면에서 별 장애가 없는 윗층에는 이 내민 창이 사용되지 않았다.

다. 가능한한 더 많은 햇빛을 끌어들이기 위해 타코마 건물에서 홀라버드와 로쉬가 했던 것처럼 건물 정면을 내민창(bay - window)[8]으로 채웠다. 이 창문들은 매우 조심스럽게 만들어진 여러 가지 형상을 보여주고 있으며, 자연스럽게 상층부로 이어지고 있다.[9]

1891년, 제니는 시카고의 대규모 백화점중의 하나인 "더 페어(The Fair)"을 건설했다. 그는 디어본 가(街)와 아담스 가, 스테이트 가가 만나는 곳에 세워진 이 9층짜리 건물에 골조 구성원리를 디자인 결정요소로 재사용하였다. 이 건물의 1,2층은 거의 완전히 창문으로 되어 있다.(도판. 227, 228) 이 상점의 주인들이 요구한 것으로서, 그들은 전시면적이 가능한한 넓기를 원했기 때문이다.

Fifth Edition 374쪽 11줄

시카고 파의 정신(가장 단순하면서도 확실한 해결책에 대한 갈망)은 곧바로 루프 전체를 지배하게 되었다. 시카고파의 건물들이 이 상업지구를 메워나갔다.

1891년, 번햄과 루트는 디어본 가와 잭슨 가 모퉁이에 '모나드녹 블록'을 세웠다. 이 건물은 육중한 석조벽으로 지어진 고층 건물들 중에 가장 나중에 지어진 것이다. 당시의 비평가인 몽고메리 쉴러는 이 건물을 "모든 고층 사무소 건물 중에서 가장 훌륭한 것"[10]이라고 치켜 세웠지만, 시카고 파의 전형적인 건물은 아니었다. 이러한 칭찬은 새로운 가능성에서 비롯된 것이 아니라 건축적인 정교함에서 비롯된 것이다. [11] 이 건물의 육중한 석조벽은 여러 층으로 된 건물의 건축문제를 해결하는데 적합한 것이 아니다. 상대적으로 작은 창문 때문에 건축가들이 얼마나 괴롭힘을 당했는지 알 수 있다.

모나드녹 블록에서부터 대각선으로 가로지르면 번햄과 루트의 또 다른 건물인 그레이트 노슨 호텔이 있다.(1891, 도판. 232) 벽돌로 된 깔끔한 파사드는 사무소 건물에 사용된 "시카고 창"을 호텔 객실에 적용한 것이었다. 제니의 백화점 건물인 '더 페어' 역시 이 건물과 비슷한 시기에 지어졌다. 이로부터 3년 후인 1894년, 이들은 호텔 아래쪽에 '마르퀴트 빌딩'을 지었다.(도판. 229)

이 건물의 정면은 단순함과 넓이가 증가된 "시카고 창"을 더하면서도 균형잡힌 비례감을 보여주고 있다. 이 건물은 1890년대의 전형적인 시카고의 사무소 건물로 여겨지고 있다. 내부의 1인치라도 햇빛이 들지 않으면 안 된다는 건축주의 요구는 확실하게 충족되고 있다. 거리쪽에서 보면 마르퀴트는 대지를 가득 메우는 덩어리처럼

227. 윌리엄 르 바론 제니. 더 페어빌딩, 시카고, 1891. 골조는 디자인의 결정적인 요소로 다루어졌다.

228. 윌리엄 르 바론 제니. 더 페어빌딩, 시카고, 1891. 골조.

229. 홀라비로와 로쉬 마르퀴트 빌딩. 시카고, 1894. 단순함과 넓게 펼쳐진 "시카고 창문"이 있는 파사드는 특히 비례가 잘 잡혀져 있다.

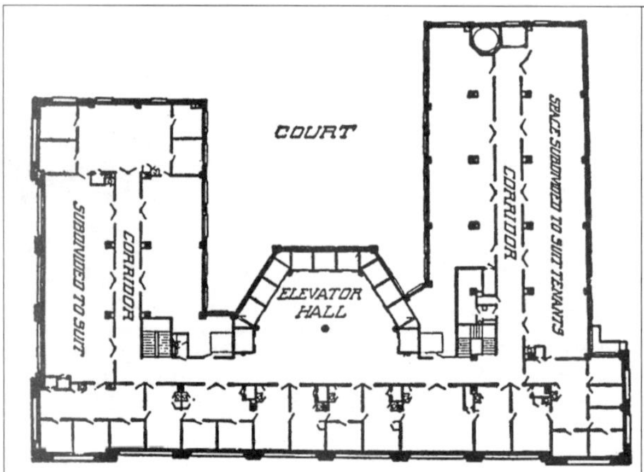

230. 홀라비로와 로쉬 마르퀴트 빌딩. 시카고, 1894. 각실로 나누어지지 않은 사무실을 보여주는 층의 평면도. 이러한 건물들 대부분이, 각층의 상당부분은 간막이가 없는 상태로 되어 있어서 장래 거주자들의 요구에 부합하도록 구획될 수 있다.

보이지만 실제로 E자처럼 후면의 일부분이 잘려나가 있다. E자 모양중에 중간부분(건물에서 상대적으로 어두운 부분)은 승강기 홀로 사용되고 있으며 모든 승강기가 이곳에 집중되어 있다. 대부분의 이런 종류의 건물들처럼, 간막이가 없다. 이것은 나중에 임대를 위해 쉽게 분할할 수 있도록 하려는 의도 였다.(도판. 230)▼12

아파트먼트 주택

The Apartment House▼13

377쪽 20줄 Fifth Edition

시카고는 사무소 건물이 들어설 때처럼 명석한 방법으로 대규모 주거와 호텔, 집합주택의 문제를 검토했다. 대화재 바로 직후인 1870년대에 들어서면서 소규모의 개인주택에서 벗어나 대규모의 다층 집합주택을 선호하는 경향이 대두되었다. 이러한 사실은 익명의 사람이 쓴 『산업도시 시카고』에서 잘 나타나고 있다. 그가 지적한 것처럼 "근대 집합주택은 집을 소유하거나 단장하는 것에서 해방되려고 하는 사람들의 궁전이었다."▼14

이러한 건물들 중에 몇 개는 건축적 디테일과 내부공간 구성이 놀라울 정도로 대담하고 진보적이었다. 오늘날의 상업중심지구와 시청이 시카고의 사무소 지구에서 유래된 것처럼 오늘날에도 여전히 연구단계에 있는 여러 해결책들이 한 세대 이전의 집합주택이나 호텔에서 그 윤곽을 드러내고 있었다.

아들러와 설리반의 오디토리엄은 이러한 발전과정의 초기단계에 속하는 특성을 보여준다. 거대하고 복잡한 이 구조물에는 실제로 오디토리엄이 있고 사무소 건물과 대규모 호텔도 있다. 이 호텔은 여러 측면에서 주목할 만하다. 계단실은 강한 인상을 주도록 만들어졌으며 술집의 꽤나 긴 길이는 정면의 경사를 따라 수직적인 지지체가 전혀 없는 스팬 위에 놓인 천장을 떠받드는 육중한 보로 인해 더욱 강조되고 있다. 꼭대기층의 식당은(이때 이후로 다른 용도로 사용되고 있다.) 넓은 베럴 볼트로 되어 있어 오디토리움과 적절한 조화를 이루고 있다.▼15

도시의 남쪽에 위치한 하이드 파크 호텔은 1887년에서 1891년 사이에 데오도르 스타레트와 조지 풀러가 지은 건물이다. 호수 근처의 51번가에 위치한 이 대지는 원래 전원지역이었지만, 이 건축물을 시발점으로 대규모로 개발되었다. "호텔은 300개의 객실을 갖추고 있으며, …50개의 스위트룸은 객실 전용 욕실과 백열등들이 설치되어 있다.… 그 실의 난방은 스팀에 의해 이루어졌다."▼16이 건물은 넓은 창문이 있는 8층건물이며 앞에서 인용한 바 있는 『산업도시 시카고』에 의하면 "이 건물 주변으로 커다란 베란다가 돌출해 있었다" 고 한다.

이러한 아파트들 중의 몇 채는 가변 간막이벽이 설치되어 방이 다섯 개인 집이 하나로 합쳐질 수 있었다. 오하이오 가(街)와 러쉬 가(街)의 북서쪽 모퉁이에 위치한 린더 멕코믹 아파트(후에, 버지니아 호텔로 개조됨)가 바로 이러한 경우에 속하는 건물이었다. 이 건물을 설계한 건축가는 클린튼 와렌으로 번햄과 루트 건축사무소에 재직할 때 설계했다.▼17

1890년대 초에 건설된 파인 그로브 가의 브로스터 아파트는 지금까지 남아 있는 건물이다. 이 건물을 설계한 터녹은 윌리엄 르 바론 제니 밑에서 처음 일을 배운 사람이다. 주 계단실은 평평한 유리판으로 된 디딤판이 설치되어 있어서 지붕의 천창에서 내려오는 빛이 8층 전체를 비출 수 있도록 되어 있다. 잘 알려진 것처럼 르 꼬르뷔제도 40년 후에 제네바의 클라떼 아파트에 이와 유사한 방법을 적용하였다.(1932)

Fifth Edition 380쪽 09줄

우리는 시카고파를 다루는 이 시점에서는 시카고 개발의 하나로 건설된 소수의 건물정도만 언급하는 것으로 그칠 것이다. 시카고 개발사업의 중요성은 너무 오랫동안 간과되어 왔다. 사실, 건물은 물론 관련 서류도 이 개발사업으로 얻은 결실에 대한 진정한 인식이 정립되기 전에 이미 사라졌을 수도 있다. 이러한 시카고의 아파트들은 유럽에서 등장한 것과는 매우 다른 대규모 주거 유형의 초기 단계에 속한다. 그러나 이 분야에서 이루어진 진보적인 사업들은 다음 세대에 가서 대폭 취소되었다. 대규모 아파트와 거주용 호텔에 대한 반감이 개인적인 단독주택에 대한 관심이 높아지면서 더욱 확산된 것이다. 후기의 이러한 운동에 가담했던 주요 인물이 바로 프랭크 로이드 라이트이다.▼18

1893년에 이러한 시카고의 건축은 "간단한 요구의 힘을 미의 원리"로서 프랑스 소설가인 폴 보르게에게 강한 인상을 주었다. "시카고의 이러한 기념비들과 거리에는 어떠한 가식이나 환상적인 요소가 없기 때문에, 인간이 단순히 하나의 유순한 도구로 존재하는 가운데 자연의 힘처럼 무의식적이며 저항할 수 없는 초개인적인 힘에 의해서 만들어진 작품처럼 보인다. 이 도시에 하나의 시와 같은 느낌을 주는 비극적인 무엇인가를 제공하는 것은 바로 과도하게 넘치는 근대적인 상업이 남긴 자국이다."▼19

231. 1890년대 초기의 시카고: 1891년경의 랜돌프거리. 이 사진에 나타난 대규모 건물은 1891년에 번햄과 루트가 지은 아쉬랜드사무소이다. →

RMAN HOUS
MUSEUM

232. 그레이트 노슨호텔, 시카고, 1891. 시카고 사무소 건물에서 이루어진 진보적인 경향들은 산업시대에 걸맞는 호텔과 아파트 로 이어졌다.

시카고파가 중요하다는 것은 여러모로 알 수 있다. 시카고파의 구성원들은 시카고의 일상생활에서 영구적이고 본질적인 부분들인 건물의 새로운 기술적 잠재력을 표현한 최초의 사람들이었다. 그들은 몇 안 되는 단독 건물만을 세운 것이 아니라 모든 상업지구 전체를 새로운 건축으로 가득 채웠다. 그들이 세운 건물들은 근대적인 대도시의 전체모습을 변화시킨 것이다.

주

1. 1883년과 1893년사이의 발전과정에서 시카고파와 관련된 작품들은 대부분 잘알려져 있지 않은 건물들이였다. Industrial Chicago, 6 vols(시카고, 1891~96)중에 처음 두권은 Goodspeed출판사에서 발행되었으며 builging interests를 다루고 있다. 미국의 도서관에서는 거의 찾아 볼 수 없는 이 두 권은 시카고파의 Vasari이다. 1883년 이후에 쓰여진 여러권의 Inland Architect(시카고)도 시카고파의 발전과정을 잘 보여주고 있다.
Industrial Chicago지에 실린 것 이외의 훌륭한 삽화들과 계획안들은 Proninent Buildings Erected by the George a. Fuller Company, Chicaco(시카고?, 1893?)과 Fireproof Buildging Construction: Prominent Building Erected by the Geo. A. Fuller Company(뉴욕과 시카고, 1904)에 나와있다. 이 두책은 모두 George A. Fuller Company가 출판한 것이다. Massachusetts출신인 George A. Fuller(1851~1900)는 시카고에서 건설업자로써 사업을 시작했다. 그는 철골조를 활용한 최초의 건설 도급자였다. 따라서 그는 우리가 다루게 될 건물-Tacoma, Monadnock, Pontiac, Fair, Reliance, Marquette빌딩과 Ashland Block, Carson, Pirie, Scott, 루이스 설리반이 참여한 백화점-들의 건설과 관련을 맺고 있다.
L. Schick의 Chicago and Its Environs: A Handbook for Travellers(시카고, 1891)과 같은 여행안내서도 무시하지 말것. 나머지 책들은 나중에 언급될 것이다. 삽화들을 찾으려면, Pictorial Chicago(시카고:Rand, McNally, 1893)을 참조할 것.
초기에 대해 알아보려면, 희귀한 통계자료와 삽화가 담겨있는 T.A.Andreas의 History of Chicago(시카고, 1884)를 참조할 것.
2. Stranger's Guide(Chicago, 1883).
3. World's Fair Souvenirs(Chicago, 1893).
4. Cf. Charles B. Jenkins, "W. L. B. Jenney
5. 270페이지를 참조할 것. 1929년 당시에도 이건물은 매우 견고했다.
6. Tacoma빌딩과 같은 규모의 건물에서는, 내력벽 대신에 철골조를 사용한 임대
7. "Dearborn Street를 향하고 있는 Manhattan빌딩은 지하층이 있는 16층짜리 건물. . . 204피트 높이에. . . 1890년에 설계되어 1891년 여름에 완공된 건물의 선구적인 작품이다.(ndustrial Chicago 제 1권, 1891, 69페이지)
8. "공간과 빛은 어떤 특정한 양식에 한정되지 않는다.(idem)
9. Manhattan빌딩은 Inland Architect 제 13권(1889) 8호에 다시 다루어지고 있다.
10. Harriet Monroe, John Wellborn Root(New York, 1896), pp. 141~142.
11. 비록 드문 현상이긴 하지만, 이 당시에 있어서, 투기업자들과 투자가들의 취향은 때때로 건축가들의 취향보다 더 진보적이였다. "Root가 'Jumbo'라고 칭한 Manadnock빌딩은 딱딱한 석재 벽을 보여주는 높은 건물중에 가장 나중의 것이다. 투자를 주도한 Aldis(보스톤의 Owen F. Aldis)는 이 건물을 위해, 너무 화려하다고 여겨진 Root의 한 두가지 스케치를 거부하고 건축가에게 극도로 단순하게 하라고 지시했다. 2주간의 휴가로 Root가 해변에 가고 없는 동안에, Burham씨는 직선적이고 타협적이지 않으며, 장식되지 않은 파사드를 디자인하라고 명령했다. 휴가에서 돌아왔을때 , Root는 벽돌 박스로 된 이 계획안에 대해서 처음에는 화를 냈다. 그러나 차츰, 그는 사물의 정신에 대해서 깊이 생각한 후, 어느날, 이집트 파이론의 거대하게 경사진 선들이 이 설계의 원리가 될 수 있다는 생각이 떠 올라 장식이 전혀 없는 사물을 만들것이라고 Aldis씨에게 말했다. " (Harriet Monroe, op.cit., p.141)
12. J. k. Freitag, Architectural Engineering, with Special Reference to High Building Construction 제 3판(뉴욕, 1912), 38페이지. Freitag의 책은 시카고 학파의 번성기까지 거슬러 올라가는 희귀한 기술서중에 하나이다. 이 책에는 풍부한 기술적 디테일은 물론, 중요한 여러 건물들의 지상층 평면도기 실려있다.
13. 근대적인 연립주택과 그 밖의 여러 주택을 다루고 있는 Industrial Chicago 제 1권 7장과 Inland Architect지에 연재된-1884년 8월호 8페이지와 15페이지, 1887년 1월호 101페이지, 1890년 12월호의 도판(Ricardi아파트), 1897년 10월호의 도판 (Cary아파트), 1887년 3월호 28페이지와 도판, 1893년 2월호 도판("Eenwood"), 1893년 11월호, 도판("maha")- 삽화와 글들을 참조할 것.
14. Industrial Chicago, I, 254.
15. 평면과 함께, 이 당시의 걸작품인 이 극장을 더 자세하게 묘사한 글을 찾아보려면 Hugh Morrison의 Louis Sullivan?(뉴욕, 1935)를 참조할 것.
16. 이 건물은 불과 몇년후에 허물어졌다. 이 대지는 지금 주차장으로 이용되고 있다. 이 당시 Virginia는 Drake와 동등하며 이 도시에서 가장 근사한 호텔이였다. P.T. Gillbert와 C.L.Bryson의 Chicogo and Its Makers(시카고, 1929) 529페이지에 나오는 삽화를 참조할 것.
17. This building was torn down a few yeas ago; the site is now used as a parking lot. In its time the Viginia was one of the finest residential hotels in the city, on a par with the Drake. Cf. the illustration in P. T. Gilbert and C. L. Bryson, Chicsgo and Its Makers(Chicago, 1929), p. 529.
18. Western Architect 1913년 1월 1페이지에 실린 Purcell, Feick, Elmslie의 "The Statics and Dynamics of Architecture"와 1913년 3월호 35페이지에 실린 켈리포니아에 있는 Irving J. Gill의 작품에 관한 기사를 참조할 것. 1913년 3월호에는 교외 개발에 관한 Walter Burly Griffin의 설명(66페이지)이 실려있다.
19. Paul Bourget, Outre Mer, vol. I, chap. V, as quoted in Harriet Monroe, op. cit., pp. 136~137.

순수한 형태를 향하여
Toward Pure Forms

시카고파의 건축가들은 철골구조라는 새로운 건설방법을 사용했다. 그 당시 이 방법은 단순히 "시카고 구조"라고 불렸다. 그들은 시카고의 진흙지반 때문에 생기는 문제를 해결하기 위해서 "뜬기초"라는 새로운 종류의 기초를 개발했다. 또한 그들은 "시카고 창"이란 수평적으로 연장된 창을 소개했다.

Fifth Edition 381쪽 21줄

그들은 근대적인 상업 건물과 관청 건물을 선보였다. 건축역사에서 시카고파의 중요성은 다음과 같은 사실에 있다. 즉 19세기에 처음으로 건설과 건축의 분열과 공학자와 건축가사이의 분열이란 문제가 해결된 것이다. 이러한 분열은 시카고파가 등장하기 이전부터 19세기 전체에 걸쳐 대두되었던 문제였다. **시카고파**는 놀라운 대담성을 가지고 동일한 표현으로 **건축과 건설을 통합할 수 있는 순수한 형태를 찾아내**려고 노력했다.

이러한 시카고의 1880년대 건축가들은 자신들의 대담성을 정확히 의식하고 있었다. 1890년에 모나녹 블록을 건설한 존 루트는 근대적인 상업건물에 대해 다음과 같이 말하고 있다. "이러한 건물을 정교하게 장식하려는 사치스러운 노력은 유용한 것이 아니라 유해한 것이다. 오히려 매스와 비례를 통해 건물은 근대 문명의 힘을 담고 있으며, 좀 더 기본적인 측면에서 확대 해석하면 중요하고 안정적인 근대 문명의 개념을 잘 보여주고 있다."

"내가 언급한 방식들이 낳은 하나의 결과는 건물의 본질적인 요소를 통해 설계를 해나가는 것이다. 이러한 건물들에 숨어 있는 구조가 중요하기 때문에, 이 구조를 통해 외부 형태를 결정짓는 확실한 출발점을 제시할 수 있어야 한다. 또한 상업적 · 건설적 요구사항이 절박해지고 있다는 점에서, 이러한 요구사항들을 표현하기 위해 고안된 모든 디테일들은 요구사항의 변화에 따라 변해야 한다. 이러한 상황아래에서, 우리는 그 시대의 모든 정신을 흡수하면서, 그 정신을 바탕으로 한 건축에 참된 예술적 형태를 부여할 것이라는 궁극적인 목표를 향해 온 힘을 다할 수 있을 것이다."▼1

시카고파의 활동 중에 나온 작품의 수는 엄청나다. 필자는 세 개의 건물들을 분석하고자 한다. 이 세 개의 건물들은 서로 다른 건축가에 의해서 설계되었지만 형태의 순수함을 추구하려는 **시카고파의 본질적인 목표**를 명확하게 표현하는 공통점을 가지고 있다.

라이터 건물, 1889
The Leiter Building, 1889

윌리엄 르 바론 제니는 주택 보험회사 건물을 통해 시카고 건설의 초석이 되는 건물을 세웠을 뿐만 아니라 모든 벽들이 지지기능을 하지 않는 최초의 건물인 라이터 건물을 세웠다. 이 건물은 건설 방법의 순수성이 건축적으로 승화된 듯한 작품이다. 라이터 건물은 기억에서 잘 사라지지 않는 역사적 양식의 잔재가 침투할 수 없는 그런 표현양식을 보여주고 있다.

383쪽 05줄 Fifth Edition

1889년에 계획된 라이터 건물은 반 버렌 가(街)와 스테이트 가(街)로 둘러싸인 가구(街區) 하나를 차지하고 있다.(도판. 233)▼2제니는 크고 단순한 유닛을 사용하여 폭 100피트의 8층 짜리 건물의 정면을 완벽하게 조합하였다. 골조는 외벽을 분할해서 생긴 거대한 사각형과 함께 입면에 드러나면서 지배적인 특징을 이루고 있다 이 사각형 부분은 "내화 처리된 금속 기둥만으로 구획된" 판 유리창으로 채워져 있다.▼3

골조를 건축적 수단으로 사용하는 이러한 방식 이면에 내재된 정신은 현대건축에서 더 큰 발전을 보게 된다. **르 꼬르뷔제의 1932년**도 작품인 제네바의 메종 드 베르는 이러한 발전과정의 후기 형태를 보여준다.(도판. 234)

제니의 동시대인들은 그의 작품(라이터 건물)이 지니는 중요성을 인정하였다. 심지어 『**산업도시 시카고(1891)**』를 쓴 익명의 저자도 이 건물의 중요성에 대해 언급하면서 잠시 침착성을 잃기도 했다. "이 건물은 첫 주문에 의해 지은 강철 철교 건설에 사용되었을 법한 과학과 신중한 공사감리하에 건설되었다. 극도로 단순한 입면은 우아한 비례를 나타내고 있다. 건물 모서리에 있는 피어(역주: 창문 사이의 벽)는 품위있는 코니스(역주: 처마장식)까지 뻗어 있다. 공간과 채광, 환기, 안전을 고려하여 계획된 라이터 건물은 모든 면의 요구를 충족시키고 있다." 이 건물에 대해서 그는 계속해서 다음과 같이 주장하고 있다. "중요한 가치를 가진 이 건물은 빛이 잘들고 환기가 잘되며, 또한 뛰어난 외관을 가진 거대한 구조물로서, 대도시의 대저택들에 뒤이어 세워졌다.…부오나로티가 거대한 기독교 사원을 세울 때 상상도 하지 못했던 양식으로 된 상업 건물이다."▼4

라이터 빌딩이 순수한 형태를 사용하려는 조류를 입증해주는 최초의 고층빌딩임

233. 윌리엄 르 바론 제니. 라이터 빌딩, 시카고, 반 부렌 거리, 1889. 골조가 건축적 표현 수단이 되고 있다.

234. 르 꼬르뷔제. 메종 클라르테, 제네바, 1930~32. 골조의 특성이 주거 용도에 사용되었다.

에도 불구하고, 몇몇 전문가를 제외하고는 오늘날 거의 알려져 있지 않다. 이 건물의 중요성은 높이(12층이나 20층이 아니라 8층에 불과하다.)에 있는 것이 아니라, 건물에 표현된 '건축과 건설의 동질성'에 있다. 이 건물은 건축적 순수성을 표현한 종류의 건물들 중에 최초의 것이며 건축역사에서 간과되어서는 안 되는 중요한 건물이다.

릴라이언스 빌딩, 1894
The Reliance Building, 1894

존 루트는 1891년에 사망했으며, 그의 파트너인 다니엘 번햄은 고전주의로 몸을 돌렸으며 뉴욕에서 그 자신의 해결책을 찾았다.▼5 그러나 1894년에 사망한 파트너의 정신이 담긴 또 하나의 건물인 스테이트 가의 릴라이언스 빌딩(시카고파의 마지막 대작)은 번햄의 사무실에서 나왔다. 넓은 맥락에서 살펴보면, 이 건물은 **시카고의 풍토에서 유래된 건물**▼6이라고 평가할 수 있으며 그 도시가 도달한 건축 수준을 그대로 반영하고 있다고 할 수 있다.

235. 번햄. 릴라이언스빌딩, 시카고, 1894. 상쾌함과 비례의 명확함이 돋보이는 작품이다. 이 건물은 시카고파의 정신을 상징하며, 시카고파의 마지막 대작.

릴라이언스 빌딩은 15층짜리 유리 타워이다.(**도판**. 235) 저층 부분은 다소 어두운 평범한 돌로 이루어져 있으며, 이 돌은 여기서 부터 솟아오르는 유리와 흰색의 광택 타일로 된 타워와 극단적인 대조를 이루고 있다. 평지붕의 처마는 얇은 슬래브에 지나지 않으며 보호 기능을 한다는 점에서 중요하게 인식될 뿐이다. 또한 건물의 중심이 될 만한 석재 코니스도 없다.▼/

387쪽 11줄 Fifth Edition

수평적으로 훌륭하게 조화된 "시카고 창"의 제작방식을 습득하는데는 10년의 경험이 필요했다. 시카고파의 초기 사무소 건물(예를 들어 지금은 파괴되고 없는 호라버드와 로쉬 가에 위치한 타코마 빌딩)에서는 내민창들이 디자인 요소의 측면에서 독자적이고 고립된 것처럼 보이지만, 릴라이언스 빌딩에서는 이러한 창들이 햇빛을 받을 정도로만 돌출되어 있으며 건물의 유리부분으로 완전히 융합되어 있음을 알 수 있다.

이 유리 타워는 지금도 남아 있다. 비록 흰색 광택 타일이 지금은 먼지로 뒤덮여 있지만 건물이 보여주는 경쾌함과 적절한 비례는 시카고 파의 정신을 그대로 간직하고 있음을 알 수 있다. 따라서 이 건물이 건축 역사에서 중요하게 다루어지지 않은 채 방치되고 있는 점은 의아스럽다. 이 건물은 건축역사에서 19세기의 정신을 가장 잘 표현하고 있는 건물 중의 하나이다.

236. 미스 반 데 로에, 유리 타워 계획안, 1921. 환상의 영역으로 빠져든 근대의 계획안, 그러나 이 계획안에 내재된 정신은 릴라이언스빌딩에서 이미 나타나고 있다.

미스 반 데 로에가 제안한 유리와 철로 된 고층 건물 디자인 안은 1921년에 유럽 건축가의 이상향이었다.(**도판. 236**) 이러한 종류의 이상적인 프로젝트의 출발점은 아마 30년 전의 릴리이언스 빌딩과 같은 작품들에서 찾을 수 있을 것이다. 그러나 시카고파의 이 건물은 환상을 유발시키는 촉매제 이상의 가치, 즉 미래 건축의 선구자적인 가치를 가지고 있다.

설리반: '카슨, 피리에, 스코트 상점', 1899~1906

Sullivan: The Carson, Pirie, Scott Store, 1899~1906

Fifth Edition 388쪽 22줄

루이스 설리반은 "세계에서 가장 붐비는 구역"으로 유명한 스테이트와 메디슨 가에 세워진 술레진저와 메이어 상점을 1899년에 재건축하기 시작했다. 이 작업은 1899년, 1903년에서 1904년, 그리고 1906년에 걸쳐 세 단계로 진행되었다▼8. 1904년 여름 이 상점은 카슨, 피리에, 스코트 회사로 넘어갔다. 이 회사를 위해서 다니엘 번햄 사무소가 세 번째 유닛을 지었지만 앞선 루이스 설리반의 처음 두 단계 계획안은 사소한 부분만이 변경되었을 뿐 거의 그대로 유지되었다.(도판. 237)

설리반의 이 건물은 그 복잡성에도 불구하고 표현력이 탁월한 건물에 해당된다. 내부는 구획되지 않은 연속적인 평면으로 된 도매상 건물 유형을 따르고 있으며, 정면은 건물의 필수적 기능인 빛의 유입을 충족시킬 수 있도록 디자인되었다. 정면의 기본적인 요소는 옆으로 긴 "시카고 창"이며 이 창은 놀라울 정도로 같은 모양을 하고 있으며 골조의 뼈대와도 일치하도록 디자인되어 있다. 정면 전체는 그 시대의 다른 어떤 건물과 비교할 수 없을 정도로 명확하고 힘차게 표현되어 있다. 약간의 비례상의 변화는 정면 전체의 명확성에 흠집을 남긴 것처럼 보이기도 한다. 얇은 금속틀로 짜여진 창문은 파사드를 날카롭게 구획하고 있다.(**도판. 238**) 저층 부분에 있는 창문들은 테라코타가 입혀져 있고 가느다란 선을 이루고 있는 장식물로 서로 연결되어 있다. 너무 얇아서 사진에서는 잘 관찰되지 않음에도 불구하고 이 선은 정면의 수평적인 구성에 악센트를 주고 있다.▼9

설리반이 속한 세대의 건축가들은 새로운 발견을 위해 노력하면서도 여전히 19세기 전통에서 벗어날 수 없었음을 스스로 고백하곤 했다. 그들은 이 책의 서두에서 언급한 분열된 개성으로 인해서 고통받고 있었다. 19세기 건축가의 분열된 개성은 설리반의 카슨, 피리에, 스코트 빌딩에도 분명하게 드러나고 있다. 얇은 수직 리브가 있는 건물 모서리의 둥근 타워는 건물의 나머지 부분의 특성과 전혀 다른 모티브를 보

237. 루이스 설리반. 카슨, 피리에, 스코트사, 백화점, 시카고, 1899~1904. "세계에서 가장 번화한 스테이트 거리와 메디슨 거리위에 3부분으로 지어진 건물. 코너부분에 있는 둥근 탑은 소유주의 요구에 따라 첨가된 것이다.

여주고 있다. 건물의 소유주들은 이 곡선형의 첨가물(에펠과 보와로우의 1876년작인 봉마쉐에서 볼 수 있었던 양식적인 잔재) 때문에 구(舊)상점에 부속된 파빌리온이 생각난다고 지적했다. 그러나 이 정도의 주장만으로 설리반처럼 강인한 정신을 소유한 사람의 작품에 영향력을 가할 수는 없었을 것이다.

1900년경에 개조 작업이 완성되자 그 당시 사람들은 이 건물을 구식으로 여겼다. 이때 벌써 이들은 뉴욕 건축가들의 "상업주의적 고전주의"와 사무소 건물을 중상주의의 궁전으로 왜곡시킨 경향에 마음과 혼을 모두 빼앗긴 상태였다. 30년 동안 아카데미풍이 뉴욕 건축업자들이 미국 전체를 지배했던 것이다. 시카고파의 후기 작품에 속하는 카슨, 피리에, 스코트 상점은 루이 설리반 개인의 건축 경향보다는 세상에 잘 알려져 있지는 않지만 시카고파의 작품을 지배했던 개념에 따라서 디자인 된 것 같다. 그의 유명한 건물—세인트 루이스의 웨인라이트(1890~91)에서 버팔로의 프루덴셜(1894~95), 뉴욕의 베이야드 빌딩(1897~98)에 이르기까지—에서 루이스 설리반은 모서리 부분의 피어를 강조하면서 디자인상의 수직적 요소를 계속해서 강조해왔다. 그는 가느다란 지주(支柱)를 사용하여 하늘을 향해 치솟는 듯한 느낌을 주고자 했다. 이러한 방향감은 고딕성당에서 발견되는 것만큼 특색이 있다.

주철이나 강철, 또는 보강 콘크리트나 할 것 없이 골조는 근본적으로 일종의 중성적인 공간망이라 할 수 있다. 골조에 의한 "새장 모양 구조물"은 기본 방향성이 전혀 없고 완전히 중립적인 공간을 볼륨 단위로 구획한다. 설리반은 그 자신의 전형적인 건물에서 이 구조망의 수직적인 힘을 강조했다. 그러나 카슨, 피리에, 스코트 상점에서 건물의 파사드를 앞으로 돌출시킨 것은 골조가 갖는 본질적인 양상인 중립적이고 동질적인 평형상태를 위해서였다.

시카고파는 절충주의가 쇄도함에 따라서 그 영향력을 상실하게 되었다. 시카고파의 주도적 건축가였던 루이스 설리반은 중서부의 차세대 건축가들에게 영향을 미쳤다.(이 차세대 중에서 뛰어난 건축가로 등장한 이가 바로 프랭크 로이드 라이트이다.) 그리고 1910년대 동안에 시카고파의 전통은 그룹의 젊은 건축가들(조지 엘름슬리, 휴 가든, 조지 마허, 그리핀, 토마스 톨메이지 등)이 만든 작품들에서 찾아 볼 수 있다. 이들의 건축물들 중의 몇 개는 유럽에서 떠오르는 젊은 건축세대들에게도 영향을 미쳤지만, 정작 미국에서 부상하는 젊은 건축세대들에게는 전혀 영향을 미치지 못했다. 학문적인 건축교육 때문에 젊은이들은 시카고파의 원리에 무관심했으며 자신들의 개성을 상실하기도 했다. 고립상태에서 시카고파의 마지막 구성원들은 갈수록 용기를 잃어갔고 그들 중 많은 사람들이 전성기 때에 보여주었던 저력을 잃어갔다.

238. 루이스 설리반. 카슨, 피리에, 스코트사, 백화점, 시카고, 1899~1904. 디테일. 루이스 설리반의 작품중에서 표현의 강렬함과 순수함으로 특히 유명한 건물. 수직적인 요소들 대신에, 케이지 구조의 속성인 중립적이며 균등한 평형상태가 강조되고 있다.

1922년에 열린 **시카고 트리뷴 빌딩 현상설계**에서 유능한 미국 건축가(레이몬드 후드)의 계획안이 1등상을 받았다. 그러나 이 당시는 시카고파를 유지시켜주었던 저력에 대한 믿음과 자신감은 완전히 사라진 이후였다. 시카고파 자체가 존재했는지 조차 모를 정도였다. 그들의 원리들 "울워스 고딕(Woolworth Gothic)"▼10의 유행에게 자리를 내놓게 되었다.

이 현상공모에 걸린 십만달러 때문에 사방에서 많은 작품이 출품되었다. 제출된 계획안들은 그 당시 건축계의 중요한 단면을 보여준다.▼11 외국 참가자들 중에는 그로피우스도 있었다. 심사위원이나 대중들 모두 그로피우스의 계획안을 구식이며 유행에 뒤진것으로 인식했다. 그러나 확실히 그의 계획안은 당선된 고딕식 타워보다 시카고파의 정신에 더 가까운 것이었다. 그로피우스의 1922년의 이 계획안과 설리반

239. 월터 그로피우스. 트리뷴 타워 현상 설계안, 시카고, 1923. 시카고파가 개발한 구성적 사실이 이 유럽인의 계획안에 단편적으로 사용되고 있다.

의 카슨, 피리에, 스코트 상점 건물을 비교해 보면 두 작품이 서로 단계는 다르지만 같은 개념을 함축하고 있다는 것을 알 수 있다. 이 두 작품에서는 공통적으로 골조의 틀이 건축적 표현양식의 출발점이 되고 있으며 또한 그 표현양식도 긴밀히 관련되어 있다. 날카롭게 절단되고 부유하는 듯한 표면도 공통적인 요소이다. 그로피우스는 "시카고 창"도 사용했다. 즉 중간부분에 고정된 유리 판넬을 사용하고 양측면에는 작은 환기창을 두었다.(**도판**. 239) 이 계획안 전체가 시카고파의 작품처럼 보이지만, 실제로 시카고파 창과 시카고 고층빌딩은 그 당시 유럽에 알려져 있지 않았다. 각각 독립적으로 비슷한 결론에 도달한 이 두 사람의 일치는 곧 시카고파가 대표자적인 위치에서 "시대정신에 침투해 들어갔음"을 보여준다. 따라서 시카고파는 건축의 '구성적 사실들', 즉 보로미니의 파동벽이 영국의 주거단지에 다시 등장한 것처럼 후대에 다시 등장한 구성적 사실의 창조를 가능하게 한 것이다.▼12

시카고 세계 박람회의 영향, 1893
The Influence of the Chicago World's Fair, 1893

Fifth Edition 393쪽 04줄

자신들이 만들어낸 새로운 수단을 완벽하게 구사하게 되자마자 시카고파는 갑작이 더 이상 발전하지 못하게 되고 그 영향력도 상실했다. 이러한 변화를 초래한 직접적인 사건은 1893년에 열린 시카고 만국박람회(World's Columbian Exposition)였다. 이 박람회의 영향력은 미국의 다른 분야에서 이미 오래 전에 시작되고 있었다.

미국 건축은 19세기 동안 사방에서 많은 영향을 받았지만, 그 영향력은 미약했으며 동부에서 전개되던 중상주의적 고전주의의 위력에 대항할만한 결정적인 순간도 갖지 못했다.

1893년의 세계박람회는 다양한 반향을 일으켰다. 대중과 대부분의 건축가들은 기쁨에 넘쳐 있었다. 필자가 시카고에 있을 당시 그 박람회를 위해 일했던 건축가인 윌리엄 제임스의 다소 냉소적인 문구를 인용하면서 그때를 회상해보자. "박람회에 가기 위해서는 영혼을 저당잡히고 소유하고 있는 모든 것을 팔아야한다고 모든 사람들이 말한다. 박람회는 미의 계시(啓示)처럼 숭상되었다. 사람들은 모든 죄와 천박함을 버리고 눈물을 흘렸으며 종교적으로 변해갔고, 술에 취해 있었다."

유럽에서 온 몇몇 관찰자들의 시각은 더 회의적이었다. 견문이 넓은 벨기에 엔지니어인 비렌딜은 박람회의 직원용 건축물과 그 안의 구조물이 형편없고 고물임을 발견했다. 이 문제는 19세기의 대박람회를 다룬 논의에서 이미 살펴보았던 것이다.

박람회의 과장된 아름다움의 배후와 대중의 관심을 끌려는 유례없는 유혹에 저항하는 외로운 미국인들의 주장은 무시되었다. **"시카고 세계박람회가 이 나라에 가한 피해는 반세기이상 지속될 것이다"라고 루이 설리반**은 씁쓸하게 말했다. 때때로 이러한 주장이 분개한 예술가에 의한 과장된 표현으로 여겨질 수도 있지만, 그의 주장은 실제로 앞으로 일어날 일을 정확하게 예언한 것이었다.

394쪽 29줄 Fifth Edition

대중과 예술가, 학계 인사들은 지난 시대의 위대한 전통이 장엄하게 되살아 나고 있는 광경을 목격하고 있다고 믿었다. "백색 도시(White City)"에서 재창조된 과거로의 회기는 불필요한 국가의 열등감을 야기시켰을 뿐이다. 프랑스 아카데미측이 시카고 박람회의 주도권을 잡은 것도 이러한 열등감(1889년의 파리 박람회의 명성을 통해 더욱 심했던)때문이귀었다. 존 류트의 전기 작가는 이러한 열등감을 자세히 묘사하고 있다. "이 당시, 파리와 경쟁하려는 사람은 거의 없었다. 프랑스의 예술적 능력과 경험에 주눅이 들어 우리는 자신감을 잃게 되었다.▼[13] 우리도 박람회를 치룰 수 있어야 했지만, 기획과 디자인 측면에서 프랑스에 뒤져 있었다." 박람회 건설가들이 아름다움을 추구하기 위해서 도움을 청한 곳도 프랑스였다. 박람회의 아름다움은 아카데미 데 보 자르의 보물단지에서부터 나온 것이었다. 이 보물단지에 저장된 아름다움은 아카데미가 가장 최악의 시기에 처해있을 때의 것이었다. 로마대상을 받은 작품의 파사드가 모방되었으며, 번햄과 같은 사람들(시카고파를 '아카데미'의 수준보다 더 높이려고 노력한 사람들)은 프랑스의 거장들 앞에서 유순한 학생처럼 행동했다. 이 모든 양상은 19세기의 소산인 사고(thought)와 지성, 그리고 감정(feeling)간의 분열의 또 다른 예이다. 대부분의 사람들이 프랑스에 굴복하는 상황하에서도 머리를 굽히지 않을 만큼 강한 정신력을 가진 사람은 루이 설리반 뿐이었다. 그러나 그가 설계한 시카고 박람회의 교통 빌딩 때문에 건축가로서의 명성에 금이 가기 시작했다.

중상주의적 고전주의는 1880년대 이후 뉴욕에서 발전을 거듭해 갔으며 점점 힘을 얻기 시작하여, 1893년에 열린 시카고 박람회 에서 범국가적인 주도권을 얻게 되었다.▼[14]

이 고전주의가 표방했던 정신은 대체로 미국 건축의 권위를 상징하는 것이 되었다.▼[15] 확실히 박람회는 뉴욕에서 열려야 했다. 왜냐하면 박람회는 그 도시의 영향을 확실히 드러내기 때문이다. 그러나 이 박람회의 개최여부가 제안되자마자 시카고인들이 적극적으로 나섰다. "도시에 대한 열정이 도시를 분발하게 만들었다. 호전적일 정도의 개최 운동이 일기 시작했으며, 다른 도시에서 행동을 취하기 전에 개별적인 기부금을 통해 오백만 달러가 기부되었다."▼16

Fifth Edition 396쪽 28줄

중상주의적 고전주의가 자행한 최면적인 마술은 **프랭크 로이드 라이트**의 전기(傳記)에도 몇 줄 나타나고 있다. 박람회가 끝난 직후(라이트가 윈슬로우 주택을 완성한 후), 다니엘 번햄이 라이트를방문했다.

"요컨대, 그는 제가 4년 동안 **보자르**에서 활동하기 위해서 파리로 가면 제 아내와 아이들을 보살펴 준다고 합니다. 2년 동안 로마에 머무를 예정입니다. 여기에 드는 모든 비용은 이미 받았습니다. 돌아온 후에는 그와 같이 작업을 할 예정입니다.…

"단(Dan) 삼촌은, '내년이나 그 이후에 가면 너무 늦겠지, 프랭크' 라고 말했다.…"

"예, 삼촌. 너무 늦을 것 같습니다. 지금도 늦은 걸요. 걱정스럽습니다. 어쩌면 이미 실패한 것은 아닐런지요."

"난 설리반 선생과 매우 가깝게 지내지. 내 생각에는 나 때문에 그가 보자르를 망치게 했던지, 아니며 보 자르 때문에 나를 망치게 했던지 그런거야."

"…박람회가 우리 나라에 큰 영향을 주고 있습니다. 우리 나라 사람들은 처음 '고전(Classics)을 체험하고 있는 것 같습니다.… 박람회에 나온 미국의 모든 구조물이 우아하고 근엄한 고전양식을 보여주고 있는 것만 봐도 알 수 있습니다. 거장들 모두가 그런 것을 느끼고 있는 것 같습니다."

주

1. 시카고 예술 대학의 논문에 나오는 글. Inland Architect 1890년 6월호에 실림. Monroe에서 앞의 책에 인용됨.

2. "이 건물은 State Street의 동쪽에 위치하게 될 것이며 Van Buren에서 Congress Street까지 뻗어나갈 것이다. 8층으로 계획되었으며 3개의 가로 정면은 옅은 회색빛 뉴잉글랜드 화강암으로 만들어질 것이며, 구조는 철골조와 외부 기둥을 보호하는 내력벽이 될 것이다. 건물 전체가 하나의 거대한 소매상 건물이 되도록 설계되었다.(Inland Architect 제 15권, 1호, 1889년 8월호, 10페이지)

3. Industrial Chicago, I, 205.

4. Industrial Chicago, I, 204~205.

5. Peter B. Wight, "Daniel Hudson Burnham and His Associates," Architectural Record, vol. XXXVIII, no. 1(July 1915).

6. "Reliance빌딩은 디자인의 독립에 기초를 두고 있고 Burnham과 Root의 작품으로 유명한 오랜 전통의 마지막 걸작품이다. 오늘날 이 건물은 사람들의 우유부단을 상징하고 있으며 우리가 정상적인 방식으로 접근해가면, 미국 건축의 진정한 표현 양식에 대한 약속이 새로운 패션의 왜곡된 도입으로 깨트려진다는 사실을 깨닫게 될 것이다.(Architectural Record지 제 38권, 제 1호, 1915년 6월호, 62페이지에 실린 A.N. Rebori의 "The Work of Burnham and Root")

7. 이 점에 있어서, 이 건물은 뉴욕에 있는 Burnham의 Flatiron빌딩과 상당히 다르다. Burnham의 건물은 육중한 석재 세공으로 뒤덮힌 철골조로 되어있고 거대한 코니스가 달려있다.

8. 최초의 유니트는 7층높이에 3베이 폭(약 60피트)을 하고 있으며, 두번째 유니트는 12층 높이에 150피트 폭으로 되어 있다. 규모를 서로 다르게 하지 않았더라면, 두번째 유니트는 첫번째 것과 같은 디자인으로 여겨졌을 것이다. 마지막 유니트의 폭은 105피트이다. 이 상점의 건축적 가치를 처음으로 인식했던 Hugh Morrison은 Louis Sullivan, Prophet of Modern Architecture(뉴욕, 1935)라는 심혈을 기울인 연구서의 197페이지부터 이 건물을 자세하게 다루고 있다.

9. 설리반의 철두철미한 동업자로 이미 앞에서 언급된 George Elmslie는 자신이 설계한 건물의 거의 모든 장식을 디자인했다. 그 장식은 아르누보의 영향을 받은 것은 아니였다.

10. 뉴욕의 Woolworth빌딩(1911~13)에서 유래된 말

11. K. Lönberg - Holm의 출품작을 제외한 모든 계획안들은 Tribune Company가 발행한 International Competition for a New Administration Building for the Chicago Tribune(시카고, 1923)에 실려있다. 미국에서 나온 출품작들은 1880년대와 1890년대의 시카고가 도달한 수준에 훨씬 못 미치는 것이었다. 유행을 따라가는 건축가들은 새로운 유행을 불러 일으킨 "Woolworth Gothic"의 전형적인 사례들을 제출했으며 이 작품들은 모두 스케일감이나 비례감대신에 기발함을 간접적으로 보여주고 있다. 현상공모는 유행만 뒤쫓는 작품들을 낭만주의로 향하게 하는 습성을 가지고 있다. 북부 유럽에서 나온 몇점의 작품 - 브루노 타우트(작품번호 231), Max Taut(229), Bijvoet과 Dujker, K.Löngerg - Holm, Walter Gropius, Adolf Meyer공동작(197) - 을 제외한 유럽의 출품작들도 실망스럽고 엉망이었다.(각 계획안에 매겨진 번호는 The International Competition에 실려있다.) 그러나, 일부 북부유럽 출신의 건축가들은 너무 흔하고 일률적인 경향에서 벗어나려는 노력이 담겨있는 작품을 선보였다.

12. 1925년에 고딕풍의 Tribune Tower를 완성한 Hood는 1930년경에 완벽한 표현을 얻게 해준 변화에 막 접어들고 있었다. 같은 해에 그는 McGraw - Hill빌딩(뉴욕)을 지었다. 이 건물은 유럽에서 나타나고 있는 새로운 발전을 부분적으로 보여주고 있다. 그는 나중에 가서 록펠로 센터에 지은 건물을 통해 더 강력한 표현에 도달하려 노력했다.

13. Harriet Monroe, op. cit., p. 218.

14. 철저하게 상업적인 뉴욕의 대규모 회사(McKim, Mead, and White)들이 박람회의 상당 부분을 장악했다.

15. Hamlin교수는 다음과 같은 점을 발견했다. 즉 " 1880년까지, 파리의 Ecole에는 20명, 혹은 15명의 미국인이 항상 있었다. 모든 학교는 파리에서 교육받은 사람들을 교육자로 요구했다. … Ecole은 미국의 모든 학교가 따르게 될 디자인교육의 전형을 제공했다. 미국의 교육에 미친 Ecole des Beaux Arts의 영향력", (Architectural Record 1908년 3월호, 242페이지)

17. F. L. Wright, An Autobiography(New York, 1932), pp. 123~124.

프랭크 로이드 라이트
Frank Lloyd Wright

라이트와 미국의 발전
Wright and the American Development

Fifth Edition 396쪽 20줄

19세기에도 작품활동을 한 모든 건축가들 중에 프랭크 로이드 라이트는 의심할 여지 없이 가장 **미래를 잘 내다보는 인물**이었다. 그러한 능력의 바탕은 알 수 없지만, 그는 부자면서 활기차게 계속 활동한 천재라 할 수 있다. 그는 특히 극동의 건축을 그의 건축에 끌어들여(19세기처럼 창조적인 예술 동기를 발견하지 못해서 그 대체물로 동양의 건축을 채용한 것이 아니라, 마티스가 흑인 예술이나 페르시아 예술을 받아들일 때처럼 정신에서 우러나는 연관성을 고려한 것이었다.) 역사적 상호 관계의 범위를 넓혔다. 동시에 그는 미국땅에서 자라났고 미국의 다른 거장 건축가들보다 더 직접적으로 미국의 전통을 이어받았다. 라이트가 흔적을 남긴 모든 것에 베어 있는 독특한 개성은 그렇게 단순하지 않기 때문에 그의 작품에 대한 진정한 통찰력을 갖기 위해서는 다소 미묘하고 색다른 접근 방식이 필요하다. 그는 19세기 후반의 특성을 몸에 지니고 있었고, 그와 동시대에 살았던 화가나 조각가들의 도움 없이도 새로운 개념의 서막을 알렸다.

1887년 그가 시카고에서 처음 일을 시작한 곳은 건축 발전의 중심의 위치에 있는 곳이었다. 그는 오디토리엄 빌딩설계에 참여하면서 그 자신이 "자유의 거장"라고 불렀던 루이스 설리반과 "위대한 노(老) 보스"라고 불렀던 단크마르 아들러가 부상하고 있던 시기에 이들의 아틀리에에서 견습생으로 일했다. 그는 젊은 시절 시카고 부흥의 정점으로부터 많은 영향을 받았다. 그러나 그는 독자적으로 작업을 시작하면서부터는 시카고파의 노선을 무턱대고 따르지는 않았다. 그는 철골구조나 사무소 건물의 대형 유리면과 같은 새로운 재료를 자신의 주된 활동 분야인 주택 설계에 사용하지 않았다. 그 대신 좀 더 보수적인 노선을 따랐다. 여러 면에서 보아 그는 설리반보다는 리처드슨의 경향을 따르고 있었다.(본인 스스로 언급한 것처럼 라이트가 처음으로 이 재료들을 그가 설계한 주택 중 하나에 사용했던 시기는 1930년대 후반이었으며 이당시에 유럽 건축가들은 이미 철근 콘크리트의 잠재적인 가능성을 완전히 실용적인 목적에 사용하고 있었다.)▼1 이렇게 그가 현대적 재료를 잘 사용하지 않은 것은 기술적인 능력이 부족해서가 아니라 그의 의지와 성격 때문이었다.

유럽에서는 근대 운동의 주역이었던 세대기 라이트의 경향을 이해하고 즉시 수용하게 되었다. 1908년 쿠노 프랑케가 라이트를 방문했다. 이 당시 그는 독일인 교환교수로서 하버드 대학에서 미학 강의를 맡고 있었다. 이 방문의 결과로 1910년에 독일에서 라이트 작품에 관한 기념비적인 연구물이 발간되었다.▼2 이 책을 보충하려고 1911년에 같은 주제를 다룬 간단한 책자가 발행되었고, 많은 사람들에게 알려졌다.▼3 라이트는 이 두 서석을 통해 처음으로 외국인들에게 알려졌다. 1910년에 발행된 이 책은 아직 폭 넓게 다루어지지는 않고 있다.

라이트가 자신의 세대를 미리 앞서 간 유일한 건축가며 죽은 후에도 막대한 영향을 주고 있는 작품을 설계한 사람이라는 사실을 어떻게 설명할 수 있을까? 질문의 대답은 간단하다. 즉 그는 제거해야할 파편을 유럽인들보다 덜 가지고 있었던 것이다. 그는 그 당시의 건축활동 중심지였던 시카고의 영향력 아래에 있던 중서부에서 태어났다.

처음부터 라이트는 일생동안 관심사였던 **'안식처로서의 주택'**이란 문제에 몰두했다. 라이트는 남들이 잘 모르는 미국의 전통과 설리반의 건축 경향 그리고 주택건물에서 리처드슨이 의식적으로 다듬은 예술적 기교 등에 능통했다. 라이트 작품의 비밀은 그가 미래의 발전에 씨앗이 될만한 요소들을 미국주택의 전통에서 찾았다는 점에 있다. 그는 이러한 근본적인 요소들을 발견하였으며 천재적인 능력으로 자신이 맡은 주택의 구조를 확장하면서 새로운 요소를 첨가해 나갔다. 398쪽 06줄 Fifth Edition

영국에서는 1860년부터 이미 주택 건물에서 발생하는 문제점에 대한 연구가 진행되었다는 반론이 제기될 수도 있다. 그러나 당시의 영국에는 설리반이나 리처드슨과 같은 거장들이 없었다. 필립 웨브나 노만 쇼는 이 두 거장과 비교할 만한 인물은 아니었다. 영국건축가와 미국건축가 사이의 중요한 차이점은 출발점이 다르다는 것이다. 영국인들은 수공예를 통해서 산업생산으로 가치가 하락된 소규모 주택용품이나 가구, 융단, 벽지 등의 개혁을 출발점으로 삼았다. 반면에 미국인들은 주택 자체에서부터 출발하였으며 지나치게 강조된 수공예로 눈을 돌리지도 않았다.

프랭크 로이드 라이트와 동시대인인 스코틀랜드의 찰스 레니 매킨토시▼4(라이트와 같은 해에 태어났다.)를 서로 비교 연구하는 것도 흥미로울 것이다. 즉 그들의 차이점이나 공통점을 찾아보고, 벽 표면을 다루는 방식과 나무기둥과 보를 사용하고 노출시키는 방식, 가구를 다루는 방식 등을 비교 연구할 수 있다. 이 두 명의 건축가는 그 자신들이 속한 세대의 경향을 따르면서 건축을 시작했다. 매킨토시는 글라스고우

240. 프랭크 로이드 라이트, 차른리주택, 시카고, 아스토거리, 1892. 이 건물은 라이트의 초기 작품으로, 아들러와 설리반 사무소 직원으로 있을 때 설계되었다. (오른쪽 부분의 확장공사는 나중에 행해졌다.) 이 건물에서 그는 도끼로 찍어낸 것처럼 날카롭게 개구부를 잘라냄으로써 미국의 전통적인 평평한 면들 채용하고 있다.

에서, 그리고 라이트는 대서양 반대편에서 각각 시작했다. 라이트의 초기 작품특성 중에 어떤 것(특히 가구분야)은 후기 작품까지 계속되었다.

시카고의 아스토 가에 세워진 차른리 주택(**도판**. 240)의 양쪽에 돌출한 부분은 런던의 블룸스베리 구역에 있는 메리 워드 정주지(定住地)와 거의 유사하다.[▼5] 이 주택은 라이트가 아들러와 설리반의 사무실에 있을 때에 설계된 것으로, 보통 이 회사의 작품으로 인정되고 있다. 결론적으로, 유럽 건물의 파사드는 대부분이 요란스럽고, 어떤 경우는 조각 조각 분해된 것처럼 보인다. 유럽 건축가들은 라이트가 차른리 주택에서 했던 것처럼(마치 도끼로 찍어낸 것처럼 날카롭고 깔금하게 창문을 마무리하고 몇 군데에만 악센트를 주면서 주택을 디자인했다.) 미국의 전통적인 수법인 평평한 표면을 자신있게 사용할 용기를 결코 갖지 못했다.[▼6] 그러나 라이트의 초기 주택들 대부분(특히, 자비로 지은 최초의 주택)이 영국의 훌륭한 주택들과 근본적으로 다르지 않다. 그러나 라이트에게는 변화의 물결이 다가오고 있었다. 영국인들은 더 이상의 발전을 보지 못했다. 유럽은 해결점을 찾기 위해서 방황했지만 라이트는 앞으로 나아갔다.

십자형 평면과 장방형 평면

The Cruciform and the Elongated Plan

라이트의 주택을 보기 전에 나는 잠시 휴식을 취하기 위해 버몬트 언덕 있는 사냥꾼 오두막에 잠시 들른 적이 있다. 오두막 한 가운데는 돌로 된 거대한 굴뚝이 육중하게 서있었으며 그 모습은 땅에서 지붕까지 솟아오르는 모습을 하고 있었다. 부엌과 침실을 분리하는 간막이가 있을 뿐 내부공간은 구획되어 있지 않고 거의 하나의 공간으로 되어 있었다. 천장마감은 없고, 단지 여우와 곰의 가죽이 걸려있는 단순한 서까래 정도만 있었다. 이 오두막을 본 순간, 라이트가 내부공간을 다루는 방식을 이해할 수 있었다. 그는 설계를 함에 있어서 근본적인 문제에서 출발했으며 가능한 한 주택을 하나의 방으로 인식하였다. 주택의 내부공간은 용도별로 구분된다. 라이트 스스로 지적했듯이 "부엌을 실험실처럼 격리시키고 이 부엌 옆에 하인들의 침실과 거실공간을 마련하고 반쯤 분리된 지상층에 가정에서 필요한 여러 가지 목적(식사, 독서, 귀빈의 접대 등)에 따라 하나의 큰 방을 열 부분으로 나누면서 주택의 바닥 전체를 하나의 방으로 다루었다."▾7

400쪽 24줄 Fifth Edition

라이트는 주택의 한가운데에 있는 굴뚝을 전체 공간 구성의 출발점으로 사용했다는 점에서 평면구성은 17세기를 따르고 있다고 할 수 있다. 그는 이 육중한 중심(굴뚝)을 출발점으로 하여 여러 방들을 배열했다. 유럽의 건축가들에게 가장 인상적인 것은 라이트의 '풍차'모양 평면이다. 이러한 명칭이 붙은 이유는 풍차의 날개처럼 각 방들이 중앙에서부터 뻗어나가기 때문이다.(**도판**. 243) 이 '풍차'모양 평면은 주택의 두 부분이 서로 교차하고 있는 **십자형**이며 이 두 부분은 교차부를 형성하면서 서로를 가로지르고 있다. 때때로 이 두 부분은 서로 다른 높이를 가지기도 하며, 이 경우에는 가로대를 위에 올려놓아 나머지 부분을 관통시킨 듯한 효과를 자아내고 있다.

중앙 굴뚝을 주택의 핵이나 공간 구성의 출발점으로 사용하는 이러한 초기 미국의 관행은 19세기에서도 계속되었다.(**도판**. 241) 이러한 주장의 증거는 공통의 취향을 지적한 한 무명 작가의 글에 잘 나타나고 있다. 17세기 초의 교외 주택과 농가를 다룬 유명한 소책자들에는, 농가는 네 겹으로 이루어진 네 면의 굴뚝을 중심으로 하여 짓고, 각 실들은 그 각각의 면으로부터 뻗어나오는 형태를 권장하고 있다. 십자형 배치를 권장하는 이유는 라이트의 의도와 동일하다. 두 사람 모두 빛을 강조하고 있으며 (라이트는 자신의 평면은 세 방향에서 빛을 받을 수 있다는 사실을 강조하였다.) 여러 개의 방을 하나의 단위로 다루었다. 즉 "이 주택은 각방을 햇빛이 잘드는 남쪽으로 향하도록 계획되었고, 10개의 방 중에 9개는 거주자가 남서쪽을 바라볼 수 있도록 되어 있다. 주요층은 잘 구성되어 있으며, 실내에 들어서면 돌음계단이 있는 널찍하고 아름다운 홀을 볼 수 있다. 굴뚝은 주택 한가운데 있으며, 주요실들은 미서기 문으로 연결되어 있다. 어떤 특별한 경우에는 홀, 객실, 서재, 거실 등이 하나의 공간으로 합쳐질 수 있으며 각 실들이 이루는 팔각형 모양은 더욱 아름답게 보인다."▼8 이 당시의 관행처럼 건물의 외부는 평면구성과 서로 긴밀한 관련은 없다.(**도판.** 242) 그럼에도 불구하고 두 볼륨이 서로 교차하고 있다는 것이 건물 외부에 잘 나타나고 있다. 라이트는 시카고파 시절에 이러한 볼륨의 상호 관입을 예술적으로 처리하는 방법을 찾고자 애썼다.

라이트의 주택들 대부분(특히 소규모 주택들)은 상이한 높이를 가진 두 볼륨에 의해서 형성된 십자형 평면을 기초로 하고 있다. 이러한 주택으로 일리노이 주의 캔카키에 있는 힉콕스 주택(1901), 일리노이 주 윌레트 공원의 워드 주택(1901), 일리노이 주 하이랜드 공원의 윌리츠 주택(1901), 위스콘신 주 델라반에 위치한 찰스 로스의 작은 농가(1902), 일리노이 주 롱우드에 위치한 로버트 에반스 주택(1904), 이사벨 로버츠(1907), 버치후드의 호너 주택(1908) 등이 있다.

이 주택들 중에 일리노이 주 리버 포리스트에 있는 이사벨 로버츠주택(**도판.** 243,

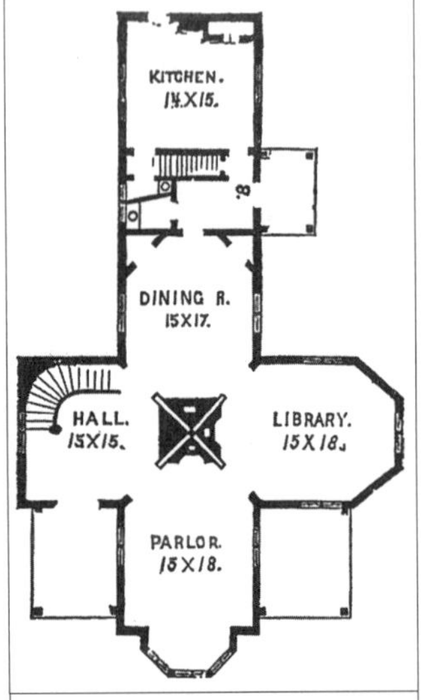

241. G. E. 우드워드. 십자형 농가의 평면, 1873. 우드워드의 "교외 주택과 농촌 주택(뉴욕, 1873년 경)나오는 도면. 네변으로 된 굴뚝을 중심으로 지어짐. 비스듬한 미닫이 문은 주택을 어느정도 단일 공간으로 변모시키고 있다.

242. G. E. 우드워드. 십자형 농가, 1873. 이 당시의 전형적인 수법대로, 외부는 평면과 전혀 연관이 없다. 라이트의 위대한 업적중에 하나는 바로 공간상의 1층과 외부 처리 방식시이에 연관성을 찾이낸점이다.

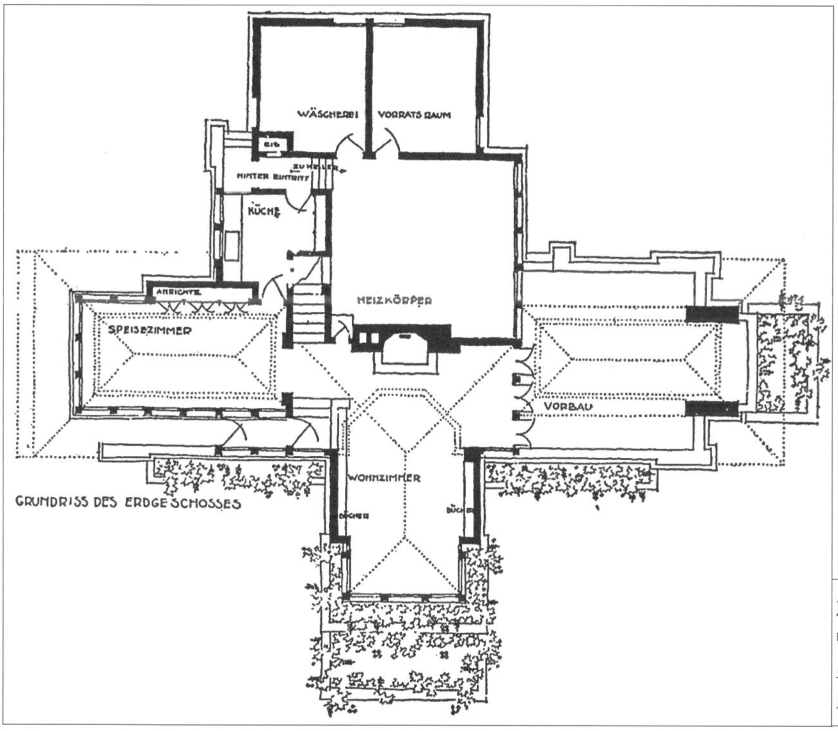

243. 프랭크 로이드 라이트. 이사벨 로버츠 주택, 일리노이 주, 리버 포리스트, 1907. 라이트가 자유로운 표현을 찾게된 시기, 즉 시카고 시대의 말기에 지어짐

244. 프랭크 로이드 라이트. 이사벨 로버츠주택, 일리노이 주, 리버 포리스트, 1907. 슬래브 지붕과 익부의 낮게 연장된 수평선이 서로 교차하고 있다. 이 외부에는 일반재료들을 순수하게, 또는 명확하게 만드는 라이트의 방식이 나타나 있다.

244)은 라이트의 소규모 주택 중에서 가장 아름다운 것으로써, 상이한 높이의 두 볼륨을 독특한 방법으로 상호 관통시키고 있다. 여기서 라이트는 현관홀이 아니라 거실공간을 만들기 위해 높은 볼륨을 사용하고 있으며 이 거실의 전체 높이는 바닥에서 지붕의 내부면까지 이른다.(도판. 245) 이러한 시도에서 내부공간의 전체 높이를 생활공간으로 하려는 필요성을 충족시키려는 그의 노력을 엿볼 수 있다. 이러한 의도는 17세기에 미국에 정착한 사람들의 주택에서도 잘 나타나고 있으며, 고대의 수많은 문명에서도 나타나고 있을 뿐만 아니라, 우리 시대에 와서도 다시 등장하고 있다. 라이트는 이러한 의도를 처음으로 인식하고 표현으로 승화시킨 최초의 인물이다. 이사벨 로버츠주택에서는 거실이 우아한 경사지붕 위로 솟아오르면서 건물 전체의 중심이 되고 있다. 거실의 높이를 나누어 위층에 갤러리를 둠으로써 위층과 아래층에 뒤로 후퇴된 공간이 형성되었다. 이러한 공간 구성을 통해 모든 방은 새롭고 독특한 조형성을 갖게 되었으며, 상이한 재료로 된 다양한 면들(굴뚝의 벽돌마감, 여러

245. 프랭크 로이드 라이트. 이사벨 로버츠 주택, 일리노이 주, 리버 포리스트, 1907. 2층 높이의 거실. 1층에서부터 건물 전체 높이를 통과하여 지붕의 안쪽면에 이르는 거실 공간을 만들기 위해서 라이트는 더 높은 볼륨을 사용했다.

종류의 벽면, 지붕의 경사면)을 사용하여 그 강도를 높이고 있다.

독일 건축가인 미스 반 데 로에는 라이트의 경향을 무조건적으로 따르거나 단순히 장식적인 목적으로 사용하여 그 가치를 떨어뜨리지 않으면서 라이트의 영향을 느낄 수 있는 초기 작품을 보여준 몇 안 되는 사람들 중의 한 사람이었다. 그는 '풍차'모양의 평면을 자기나름대로 여러 가지 방식으로 발전시켜 나갔다.▼9

404쪽 10줄 Fifth Edition

라이트 본인은 중심에서 뻗어나오는 주택의 공간 구성개념을 끝까지 지켰다. 1939년에 4가구를 위한 저렴한 주택 유닛(펜실베이니아 아드모어의 선탑 주택, **도판. 246, 247**)▼10를 지을 당시, 그는 벽돌벽을 직각으로 교차시키면서 각 아파트를 구획했다. 여기서는 건물의 가장 어두운 부분인 중심 부분에 굴뚝 대신 모든 설비(급배수시설, 난방, 전기, 환기)시설을 집중 배치하였다.

라이트는 가능한 한 땅위에서 건물이 자유롭게 뻗어나가는 구성을 지키려고 애썼다. 1910년 베를린에서 발간된 작품 연구집의 서문에서, 1층은 원래 지하실용이었다고 지적하고 있다. 주생활공간은 쿤레이 주택의 경우처럼 2층에 위치하고 있다. 이 주택의 경우, 1층에는 입구홀과 유희실만 배치되어 있다. 탈레신에 위치한 라이트의 자택에는 이 두 공간이 분리되어 땅을 통해 서로 연결되고 있다. 이러한 구성을 통해 태동 단계부터 미국 건축 발전과 깊은 관계가 있는 **자유롭고 융통성있는 지상층 평면**을 계획한 것이다. 이러한 구성방식의 결과라 할 수 있는 이사벨 로버츠 주택이 수직적으로 방을 구성했던 것과 같은 방식으로 지금은 여러 방들을 수평적으로 융통성있게 계획하고 있다.

1910년에 이르러, 그 당시 누구도 이루지 못했던 개방 평면계획의 융통성을 달성했다. 그 당시 다른 나라에서는 융통성있는 지상층 평면과 자유롭게 구성된 내・외부라는 개념은 거의 알려져 있지 않았다. 건축에 끼친 라이트의 가장 위대한 업적은 아마도 건물의 내부공간을 자유롭게 구성하는데 성공한 점일 것이다. 라이트가 내부공간의 자유로운 구성에 성공함으로써 경직되고 마비되어 있던 근대건축이 생기와 활력을, 그리고 자유를 얻게 된 것이다.

평평한 표면과 구조

Plane Surfaces and Structure

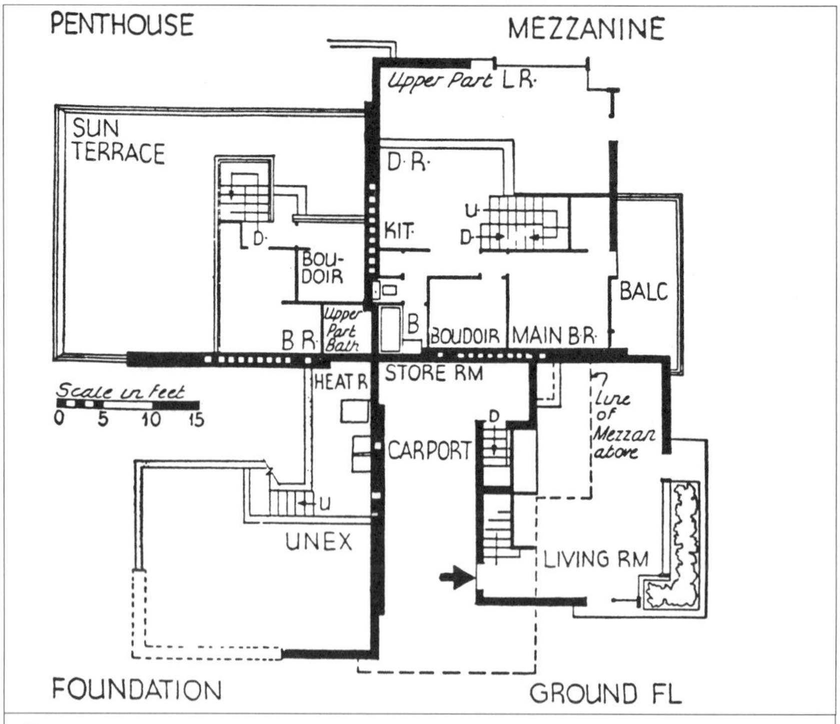

246. 프랭크 로이드 라이트, 선탑주택, 펜실베이니아, 1939. 평면도. 저렴한 이러한 네가구 주택 유니트에서, 라이트는 벽돌벽을 직각으로 교차시킴으로써 각 아파트를 서로 분리했다. 중앙부분에 모든 설비(수도 배관, 난방, 전기, 환기설비) 를 집중시켰기 때문에 주택에서 가장 어두운 부분을 설비가 차지하게 되었다.

247. 프랭크 로이드 라이트, 선탑 주택, 아드모어, 펜실베이니아, 1939.

라이트는 일본주택을 '하찮은 것'(쓰레기나 폐물은 물론 하잘것 없는 물건 모두를 포함한 의미)을 이용한 뛰어난 연구결과물이라고 여겼다. 그는 미국주택에도 이러한 난잡하고 쓸모없는 하찮은 것들을 훌륭하게 사용했다. 그러나 그는 사용하는 것 자체에 그치지 않았다. 눈에 뛰지 않는 곳에 놓여있는 보잘 것 없는 요소(순전히 실용적인 목적으로 다시 사용하기 위해서 골라진 것)들을 받아들였고, 이러한 **천연 재료들속에 숨겨진 표현력을 발견**했다. 이는 다음 세대들이 건설과 공학에서 표현의 잠재력을 발견한 것과 같은 맥락이라 할 수 있다. 라이트는 이러한 '하찮은 것들'을 재발견하고 변형시켜서 사람들이 이러한 재료들의 비밀스러운 잠재력과 내적인 아름다움을 인식할 수 있도록 유도했다. 시인이 나무나 산, 강, 호수 들속에 내재된 감정과 시인 자신과 사람들의 내면에 담긴 고향땅의 감정을 표출해내듯이 라이트는 '하찮은 것'을 가지고 있는 상징적인 매력을 표현하였다.▼11

주택을 하나의 공간 단위로 다루면서 가능한 한 많은 곳에서 이러한 요소를 발견하려고 했다. 그는 건물 전체 모습을 시대에 맞게 처리하려고 노력하기도 했다. 초창기 미국 주택(변경지역의 정착민 주택)은 17세기의 스위스나 남부 독일 농가의 외관상 특징인 열린 복도나 창문열을 사용하지 않으면서도, 습격에 대비해 보호가 가능한

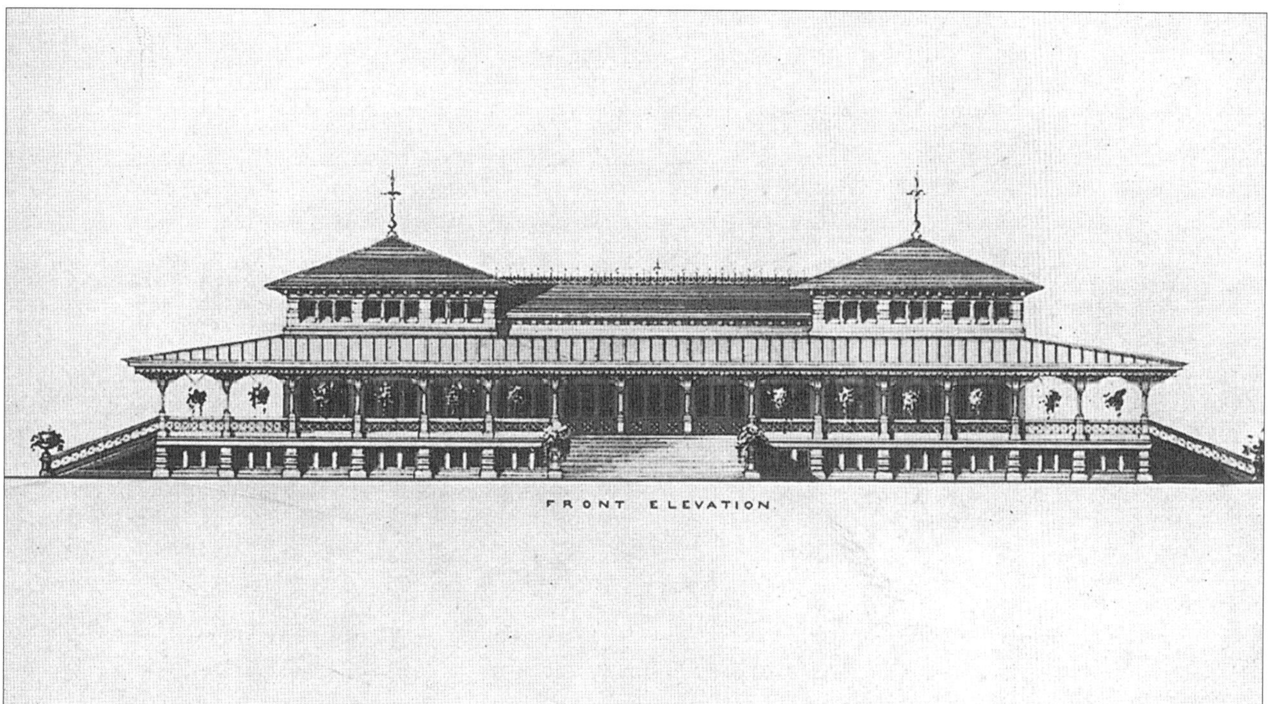

248. 센트럴 파크 카지노, 뉴욕 시티, 1871.

건물 구성을 위해 1층에는 거의 개구부를 두지 않았다.

Fifth Edition 407쪽 05줄

한참 뒤에, 남부의 쌀농장과 목화농장의 주택에 **포치**가 등장함으로써 남부 농촌의 미국 주택에 개구부가 생기게 되었다. 19세기 미국에서는 포치가 교외주택과 농가의 외관을 특색있게 하는 중요한 요소였다. 유럽 농가의 베란다처럼 사용되기 보다 가정의 놀이 공간으로 폭넓게 사용되었다. 때때로 포치는 밋밋한 경사지붕을 가진 길고 연속적인 형태를 보여주기도 했다. 이러한 포치를 가진 익명의 건물들 중에 1871년 뉴욕에 지어진 센트럴 파크 카지노(**도판. 248**) 외관은 포치를 사용하는 미국의 독특한 방식이 더욱 발전된 예라 할 수 있다. 확실히 미국인들은 주택이나 '풀맨카(Pullman - car)'에 강렬하고 연속적인 수평선을 즐겨 사용했던 것 같다.

라이트도 포치를 주택에 사용했지만 포치로 건물 주위를 감싸지는 않았으며, 십자형 평면을 고수하면서 포치를 날개 부분의 일부로 다루었다. 포치는 자주 땅 위에 떠있는 켄틸레버처럼 공간속으로 뻗어 나오곤 했다. 이러한 방식은 이전에 한번도 시도된 적이 없었다. 사실 이러한 방식은 오래된 포치처리 방식이지만 주택에만 한정된 요소가 아니라, 구조와는 분리할 수 없는 부분으로 구조의 중요한 요소가 되기도 했다. 라이트의 저서에서 설명되어 있듯이 여러 가지 이유로 라이트는 매달린 처

249. 슈미트, 가든 & 마틴 몽고메리, 워드 회사의 철근 콘크리트 도매상 건물, 시카고 1908. 로비 하우스와 같은 해에 지어진 거대한 도매상 건물.

마를 사용했다. 번햄이 고전주의자로 돌아서기 전에 릴라이언스 빌딩(1894)의 꼭대기에 얇은 슬래브를 얹었던 것처럼(**도판**. 235) 라이트 역시 처마를 수평적인 면(그 스스로 "넓은 지붕보호막(broad protecting roof shelters)"이라고 칭했다.)으로 다루었다.

라이트는 떠있는 이러한 **수평요소에 수직면을 첨가시켰다**. 1892년에 챠른레이 주택(**도판**. 240)을 지을 때 미국의 전통적인 수법인 경계가 말끔한 단형 표면을 사용했다. 그러나 곧 라이트는 장방형 평면의 주택(1904년 버팔로의 마틴주택, 라이트의 모든 작품 중에서 가장 큰 영향을 미친 시카고 우드론 가의 시골별장인 로비하우스, **도판**. 250)을 설계하면서 더욱 대담해졌다. 시카고대학 측이 기숙사를 짓기 위해 이 주택을 없애려고 한 것은 이 건물의 건축적인 장점을 이해하지 못한 안타까운 예가 아닐 수 없다. 이 주택은 마지막 순간에 뉴욕의 한 부동산 중계업자에 의해서 위기를 면하게 되었다. 19세기 미국 주택의 외관은 질적으로나 예술적 표현에서나 '평면 구성 수준'이 썩 높지 못했다. 라이트는 여기에 변화를 가져왔다. 그는 자신에게 주어진 평평한 면들을 골라서 여러 가지 방식으로 구성하고 면들을 서로 겹치고 가로지르게 하면서 차츰차츰 깊이를 다르게 하여 면들을 배열하고 정원의 벽면과 주택의 여러 돌출면과 후퇴면을 서로 조화시키면서 주택의 육중한 볼륨감을 없앴다. 이러한 주택이 평원의 긴 선을 상기시키기 때문에 '대 초원 양식(prairie style)'이라고 넘겨버리는 것은 이

250. 프랭크 로이드 라이트, 로비하우스, 시카고, 우드론 거리, 1908. 먼 미래까지 대단한 영향력을 미칠 이 주택에서, 라이트는 후퇴시키거나 돌출시키면서 상이한 깊이감으로 평평한 면을 다루었다. 도시 빌라인 이 로비 하우스는 시카고 파의 목표와 유사한 점을 가지고 있다.

주택을 논함에 있어서 문제의 핵심을 벗어난 것이다. 긴 수평띠와 창문열, 정원의 벽을 보여주는 로비하우스의 형태는 기계로 잘라낸 것처럼 날카롭게 마무리 되어 있다. 이러한 주택들은 그 시대의 숨겨진 의도들과 깊이 관련있는 순수한 예술적 표현물이다.

이러한 방식은 그 당시 프랑스의 공간 개념에서 새로이 등장하고 있던 무언가와도 관련이 있다.

로비하우스를 싫어하고 로비하우스 외관의 우아함과 길게 뻗은 수평선 때문에 놀란 시카고인들은 후에 르 꼬르뷔제의 비평가들이 그의 건물과 증기선을 비교한 것처럼 증기선과 이 주택을 비교하면서 조소를 금치 못했다. 로비하우스에 대해서 알지 못하면서 그들은 증기선이 시대정신에 의해서 자연스럽게 나타났듯이 로비하우스도 시대정신에 따라 지어졌다고 생각했다. 이 주택의 중요성은 증기선과의 피상적이고 오도된 유사성에 있는 것이 아니라 시대의 목표와 맺고 있는 정신적인 관계에 있다. 800피트에 달하는 연속적인 정면과 솔직하게 표현된 구조체▼[12]를 가진 몽고메리, 워드 사(社)(**도판.** 249)의 도매상 건물은 로비하우스와 같은 해(1908)에 지어졌다.

Fifth Edition 411쪽 01줄

처음부터 라이트는 외벽은 물론 내벽까지도 하나의 면으로 다루었다. 1896년에 유럽건축가들이 아르누보의 뱀처럼 휘어진 곡선으로 로코코 장식을 대체하면서 자행한 일을 라이트는 결코 하지 않았다. **내부공간**에도 벽, 천장, 창문, 출입문 등의 각 요소들사이의 관계를 발견하려는 노력을 계속했다. 때때로 한방에 여러가지 높이의 천장고를 가지도록 하기도 했다. 이러한 방식은 라이트가 캔틸레버로 처리한 포치, 매달린 처마, 대지 경사도 등에 따라 여러 높이에서 수평선을 사용하는 방식과 유사하다.

다양한 재료와 **대조적인 구조를 사용하는 것**과 추상적인 면을 사용하는 것은 서로 관련이 있다. 굴뚝의 넓은 벽돌벽과 나무로 된 간막이가 있는 엷은 색조의 벽이 종종 나란히 배열되기도 한다. 아주 일찍, 라이트는 원시시대처럼 훼손되지 않은 상태로 울퉁불퉁한 벽으로 된 거친구조를 주택에 도입했다. 상이한 재료 사용에 대한 연구와 새로운 채광방식을 찾으려는 노력은 그의 나이가 들면 들수록 더욱 발전하였다. 위스콘신 주 탈리에신에 세워진 존슨 왁스사(社) 빌딩(1937~1939)은 파이렉스 유리관(**도판.** 255)에 의해서 빛이 유입되고 있다. 아리조나 사막에 있는 탈리에신 조합의 겨울 주택에는 대조적인 재료들이 많이 사용되었다. 사막의 돌, 잡석 콘크리트 벽, 목재 트러스, 창문과 천장을 한 면으로 마무리하는 경사진 캔버스 면 등은 존슨 왁스사 빌딩처럼 기존의 상황과 조화하면서도 독특한 아름다움을 자아내고 있다.

한편으로는 면을 사용하고 다른 한편으로는 수수한 재료를 그대로 사용하면서 면에 힘과 표현성을 부여하는 방법은 다음 장에서 논하겠지만, 회화 기법 중의 하나라고 할 수 있다. 이 당시 프랑스에는 이 수단을 통해서 새로운 공간개념의 길이 열리게 되었다.

라이트의 주변에는 동일한 정신에 고무된 화가나 조각가가 전혀 없었다. 그는 시각분야에서 근대회화보다 먼저 앞을 내다 본 몇 안 되는 건축가들 중의 한 사람이었다. 1910년경 새로운 공간개념이 꽃피고 있던 유럽에서는 라이트와 정반대의 경우를 보여준다. 즉 화가들이 건축가들보다 먼저 새로운 공간개념을 발견한 것이다. 그러나 라이트는 혼자서 작업을 했으며 자기 나름의 채색유리창과 건축 디테일, 그림같은 장식을 시도했다. 그는 커다란 피어 꼭대기와 천창 바로 밑에 예리하게 각지고 날카로운 모서리를 가진 장식물로 라킨 빌딩(**도판. 251**)의 주두(柱頭)를 디자인했다.▼13

시카고의 레스토랑이었지만 지금은 붕괴로 사라진 미드웨이 가든의 프레스코화는 다양한 크기와 색깔을 가진 여러 개의 원을 서로 엮은 디자인을 선보였다. 회화적인 측면에서 볼 때, 이 프레스코화는 매킨토시를 중심으로 한 영국 그룹의 디자인과 바실리 칸딘스키가 거의 같은 시기에 뮌헨에서 했던 새로운 공간 구성 방식의 중간 정도 단계라 할 수 있다.

주택에서 라이트는 전통적인 평평한 표면을 취하면서, 수평적으로 구성된 가늘고 긴선을 이용하여 이 면을 분할하고 육중한 볼륨과 캔틸레버로 처리된 포치와 매달린 처마의 수평면과 대조적인 효과를 내면서 지붕 위로 솟아오른 수직적인 굴뚝과 나란히 구성되게 하였다. 그는 벽을 분할하여 전례없는(결국 우리는 1900년대에 살고 있는 것과 같다.) 강렬한 상상력으로 다시 쪼개진 벽들을 조합했다. 그는 유럽인들이 10년 후에야 느꼈던 힘을 무의식적으로 감지하고 있었던 것이다. 유럽인들의 관심사는 라이트처럼 주택을 하나의 닫힌 공간 단위로 본 것이 아니라 내부공간과 외부공간 사이의 새로운 상호 관입으로 본 것이다.

라이트는 종종 데 스틸의 네덜란드 건축가들, 즉 몬드리앙이나 반 데스부르크, 말레비치와 같은 러시아 구성주의자들이 사용했던 것과 동일한 요소(예를 들어서 추상적인 사각형)들을 사용했으며, 이 요소들은 라이트 작품의 중요한 특징으로 여겨지고 있다. 그러나 말레비치는 보수적인 착시 현상에 저항하기 위해서 사각형을 절대적인 형태로 사용했다. 네덜란드인들은 장식적인 목적이 아니라 면과 색채 사이의 순수하고 솔직한 관계를 표현하기 위해서 기하학적인 형태를 사용했다. 유럽인들의 연구활

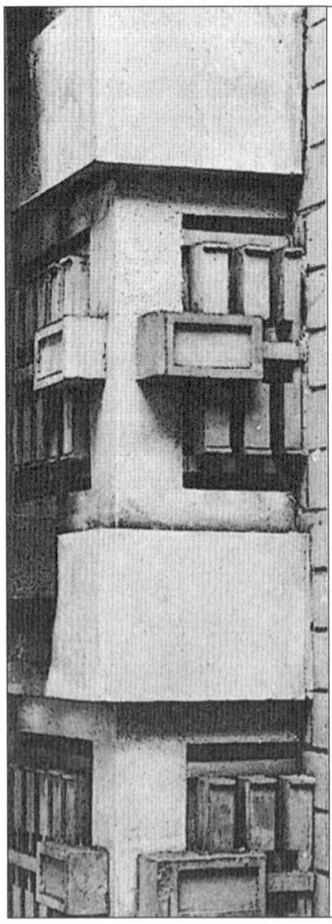

251. 프랭크 로이드 라이트, 라킨 본관건물, 버팔로, 1904. 기둥의 주두 디테일. 예리하게 각지고 날카롭게 처리된 모서리 형태는 원래 주두가 있어야 할 자리를 차지하면서 큰 기둥의 꼭대기에 나타나 있다. 비록 이 형태들은 장식적인 성격을 띠지만, 라이트의 모든 작품처럼, 순전히 장식적인 측면이외의 영향력을 가지고 있다.

252. 프랭크 로이드 라이트, 테니스 클럽, 일리노이 주, 리버 포리스트, 1906. 콘크리트 슬래브로 된 벤치. 이러한 벤치와 같은 작은 디테일에서도 슬래브를 다루는 라이트의 방식과 볼륨간의 상호 관입성이 나타나 있다. 한단을 연장시키기 위해서 콘크리트 슬래브를 이용하여 벽에서 돌출 시키고 땅위를 떠있게 만들었다.

동 이면에는 어느 정도 또 다른 의지와 공간 개념이 깔려 있었다.

유기적 특성에 대한 열망

The Urge toward the Organic

414쪽 02줄 Fifth Edition

역사를 통해 계속 나타난 두 가지 경향이 있다. 하나는 합리적이고 기하학적인 경향이며 또 다른 하나는 비합리적이고 유기적인 경향이다. 이 두 경향은 환경을 제어하고 환경에 대처하는 두 가지 다른 방식이다. 문제를 바라보는 이러한 대조적인 방식은 태동시기와 상관없이 모든 문화에 공통적으로 나타난다. 문명의 발상기부터, 규칙적인 구성에 따라 계획된 도시와 나무처럼 유기적으로 성장한 도시도 있다. 고대 그리스인들은 바위 투성이의 아크로폴리스에 남쪽 하늘을 배경으로 강렬한 윤곽을 나타내고 수학적인 비례를 갖춘 사원을 지었다. 언덕 꼭대기에 회반죽으로 마감된 그리스섬의 마을들은 명확한 윤곽과 여러 번 칠해진 흰벽 때문에 바다에서 바라볼 때도 쉽게 눈에 띈다.

유기적인 개념과 기하학적인 개념 사이의 차이점은 오늘날에도 현대 회화와 건축 분야에서 찾아 볼 수 있다. 이 두 개념은 지금도 계속되는 접근 방법으로, 어느 하나가 다른 것보다 우월하다고 할 수는 없다. 예술가들은 자신을 즐겁게 하고 자신이 따르고자 하는 견해에 따라서 선택 권한을 가질 뿐이다. 프랭크 로이드 라이트는 처음부터 세계를 유기적인 개념으로 바라 보았다.

라이트가 한 모든 일은 정확히는 모르지만 "유기적 건축"이라고 자신이 칭했던 것을 스스로 표현하고자 애썼다. 그는 이러한 감정하에서 일하기를 즐겼다. 그가 보스턴의 잭슨 홀에서 강의하던 1940년 1월 25일, 그는 일생동안 계속된 이 문제와 관련하여 그의 대부분의 강의시간을 할애했다. 그는 이 문제를 정의하고 설명하기 위해 자신과 청중 사이에 주고받은 화법으로 소크라테스식의 대화법을 시도했다. 그러나 그의 노력은 헛수고였다. 결국 확실하게 알 수 있는 것은 말로는 어떠한 설명도 불가능하다는 점이다. 라이트가 말하는 유기적 건축은 그의 작품에서만 발견될 뿐이었다.

1900년경 『**유치원 차트**』에서 루이스 설리반은 역설적으로 '유기적'이란 의미가 아닌 것을 조사함으로써, '유기적 건축'의 진정한 의미를 알아내려고 노력했다. 그에 따르면 **유기적이라는 것은 삶**과 발전을 의미하며 1900년의 미국 건축의 경우처럼 "폴리(folly)가 보여주는 천박함(형태 없는 기능, 기능이 없는 형태, 매스와 어울리지 않는 디테테일, 오로지 폴리 자체로만 인식되는 매스…)"을 의미하는 것이 아니라 **삶과 발전을 뜻한다.** 덧붙여 말하기를, "그것은 유기적인 것이 아니다. 그것은 비유기적인 것으로 되고 있다." 그에게 있어 유기적이라는 것은 "실체(realities)의 추구"를 의미한다. 나는 그 말이 상징하는 삶의 감각과 그 말이 함축하는 사물의 확실한 이해를 좋아하기 때문에 그 말을 사랑한다."설리반과 라이트에게 '유기적'이라는 말은 분열된 개성과 와해된 문화에 대한 저항을 의미한다." 이 말은 "현실을 정확히 이해한다"는 말과 지성과 감성이 혼연일체가 되는 과정과 동일한 의미를 가진다.

1939년 7월 어느 화창한 날, 우리는 탈리에신의 라이트의 자택(**도판.** 253)이 위치한 언덕 꼭대기에 서 있었다. 언덕의 등성이는 매우 또렷한 모양을 하고 있었고 특히 주변 마당 위로 낮은 벽이 둘러진 정원으로 보이는 언덕의 꼭대기 부분이 난간이 있는 돌계단으로 경사지와 연결되어 있어서,▼15 그 둔덕이 아래서부터 인공적으로 꾸준히 지어진 것이 아니냐고 물었다. 라이트는 그것은 원래의 땅 그대로이며 자신은 결코 언덕 꼭대기에 집을 짓지 않으며, 마치 눈썹처럼 언덕 주위에 집을 짓는다고 말했다. 땅의 자연스러운 굴곡을 상기시키는 것은 바로 주택 자체라는 것과 어떤 의미에서는 여러 층이 중첩되면서도 시야를 방해하지 않는 이 주택의 형태가 땅의 윤곽을 제시하고 결정한다는 것이다.

253. 프랭크 로이드 라이트. 주택, 탈리에신.

건축계에서 소외당하여 지지 기반을 상실하고, 미국이 등을 돌렸을 때에도 산이나 들의 습곡에 주택을 지었다. 이 때문에 이러한 주택들은 자연 속에서 자라고 자연으로부터 탄생된 것처럼 보였다. 1911년의 쿤레이 주택과 같이 돌출한 처마와 식물들이 성장하는 듯한 목재 캔틸레버의 초기 주택들은 주변 환경과 어우러져 어디서부터가 주택인지 구별할수 없을 정도이다. 한스 아럽과 같은 현대 조각가들도 이러한 경향을 보여주고 있다. 그들은 작품을 자연의 일부처럼 숲 한가운데에 두어 작품과 다른 것들이 구분 안 되게 하는 것을 선호했다.

416쪽 23줄 Fifth Edition

유기적 경향을 추구하는 이러한 열정을 통해서 자연으로부터 직접 얻은 재료(울퉁불퉁한 돌 벽, 거친 화강암 바닥, 자연그대로 마감된 목재)들을 사용한 이유를 부분적으로나마 알 수 있다. 시카고 시절에도 그는 철근 콘크리트 골조나 철골조를 사용하지 않았다.▼16 즉 그는 유리와 흰색을 사용하는 것을 꺼렸으며 출입문 조차 찾기 힘든 개구부를 싫어했다. 또한 중앙 난방이 행해지던 시대에 초기 식민지풍의 거대한 굴뚝을 중심으로 유동적이고 개방적인 평면을 개발한 것도 그가 유기적인 경향을 추구했기 때문이다.

라이트가 시카고파 시절에 지은 주택들, 예를 들어 1904년 버팔로에 지은 마틴 주택과 심지어 로비하우스(1908)까지도 그 내부는 다소 어둡다는 평을 들었다. 이 주택에는 매달린 처마와 깊고 낮은 방들이 있다. 라이트가 이러한 방과 처마를 사용한 동기와 이를 통해 표현하고자 한 것이 무엇인지는 정확하게 알 수 없다. 아마 시카고가 가장 활기를 띠던 시기에 성장했기 때문에 라이트는 거대 도시와 유리로 온통 뒤덮힌 모습에 대한 반감을 가지고 있었던 것 같다. 주택건물이나 관청 건물에서 그는 구조의 공간 단위를 만들려고 노력했다. 하지만 그는 그 공간을 밖으로 노출시키기보다 안으로 감추려고 했다. 새로운 재료를 사용하는데 신중하고 1880년대에 시카고의 사무소 건물과 1820년대 유럽의 주택 건물에서 주로 행해졌던 것, 즉 유리벽으로 주택 내부를 외부로 노출시키는 방식을 꺼려 했던 그의 성향 이면에는 인간 본성을 지키려는 특별한 개념이 내재되어 있다. 라이트는 거친 벽을 사용함으로써 주택에 땅의 이미지를 심고 루이스 설리반의 말처럼 마치 "현실 그 자체"인 것처럼 주택을 땅에 고착시키면서 가능한 한 인간이 땅과 친밀하게 거주할 수 있도록 유도했다. 라이트에게 주택은 비와 바람 그리고 '빛'으로부터 보호받을 수 있는 동굴처럼 인간이라는 동물이 운둔해서 살 수 있는 안식처였다. 그곳에서 인간은 웅크리고 살 수 있을 것이다. 즉 인간은 동굴에 사는 동물처럼 완전한 안전과 휴식을 보장받을 수 있는 것이다. 라이트의 이러한 경향 이면에는 19세기 후반에 만연했던 암울한 절망감을 추구하려는 의도가 있었을까? 아니면 언젠가는 충족되어야만하는 태고적의 영원한 본능을 표출하려 했을까? 이 질문의 해답을 알 수는 없다. 라이트의 개성을 연구할 때는 항상 그가 살았던 시대의 요소를 사용하는 경우와 그 시대의 새로운 것들을 포기하고 자신의 천재력을 발휘하는 경우를 서로 구분할 수 있어야 한다.

건설 수단과 새로운 시각적 접근방법에 기초를 둔 유럽의 발전은 먼저 순수한 기능주의로 야기된 풍토를 제거해야 했다. 이러한 과정은 피할 수 없는 과정이며 도움이될 뿐만 아니라 건전한 것이기도 했다. 그러나 표현수단이 발견되고 제거 작업이 끝나면서 유기적 경향에 대한 열의가 다시 나타났다. 유럽에서는 라이트와는 다른 방식과 다른 수준으로 유기적 경향을 향해서 움직이고 있다. 북유럽에서는 핀란드의 알바 알토가 이러한 경향을 보여주고 있다.

사무소 건물
Office Buildings

Fifth Edition 419쪽 02줄

주택을 안식처로 보는 독특한 개성과 주택을 닫힌 공간 단위로 다루는 방식은 그가 설계한 두 사무소 건물—버팔로의 라킨 소프사 관리동(1904, **도판. 254**)과 위스콘신주 라신의 존슨 웨이사 관리동(1939, **도판. 255**)—에서도 나타나고 있다. 두 건물이 지어진 연대가 30년이나 차이가 나고 건물의 모습이 매우 다르지만 두 건물에 모두 같은 정신이 내재되어 있으며 라이트의 건축 경향을 잘 드러내주고 있다. 무엇보다 두 건물 모두 '하나의 방'으로 다루어졌으며, 육중한 벽으로 둘러싸여 외부와 차단되어 있고 천창과 높은 곳에 나있는 창과 유리관으로 빛을 끌어들이고 있다. 이 두 건물은 외부세계와 차단되는 쉘이자 고립된 독립적인 유니트이다. 따라서 한편으로는 개방적인 넓은 유리판을 사용하는 1880년대의 시카고파 건물과 매우 대조적이며 다른 한편으로는 1920년대의 유럽에서 일고 있었던 경향의 디자인과도 매우 대조를 이루고 있다.

라킨 빌딩은 규모가 훨씬 더 큰 그 회사의 공장 건물 중에서 연장된 날개부분으로 둘러싸인 완전히 독립적인 매스이다. 이 건물의 공간 유닛으로 형성된 볼륨과 건물 양끝과 입구 측면에 있는 사각탑은 서로 상호 작용하고 있다. 계단실이 들어 있는 100피트 이상의 높이를 강렬하게 솟아오르고 있는 이 탑들은 현대 비평가들을 낙담시켰다. 그들은 이 탑들이 너무 강하게 솟아올라서 빛과 어둠의 상호 작용이 불가능하다고 비난했으며 몰딩으로 이 탑들을 다시 디자인하고 다양한 색깔의 광택타일로 부드럽게 만들어야 한다고 생각했다.▼[17] 이러한 비평가들에게는 건물 자체가 반감을 일으키는 혐오스러운 모습으로 보였으며, "표면에 변화가 전혀 없고 날카로운 모서리를 가진 기묘한 덩어리들로 뭉쳐진 것"으로 보였던 것이다. "사각형 코너, 직각, 곧은 가장자리, 날카로운 모서리, 끊이지 않고 곧게 뻗은 수직선과 수평선 등의 특징들은 기하학적인 명확성을 철저히 지키고 있다."▼[18] 이상하게도 이러한 비평은 라이트가 나중에 직각과 평평한 표면, 삼각형 등을 혐오하면서 1920년대의 유럽건축가들을 비난한 것과 유사하다. 철저한 이 정확성은 루이스 칸이 1960년 필라델피아에 설계한 대학의 과학 연구동에서 더 잘 나타난다. 이 건물은 라킨 빌딩과 매우 흡사하다. 라킨 빌딩은 골조를 전혀 사용하지 않았다. 소규모 주택건물을 설계할 때 처럼 벽돌을 사용했다. 탑들은 벽돌로 된 사각형 샤프트이며 천창이 뚫린 평지붕이 얹혀져 있는 벽은 벽돌로 된 육중하게 닫힌 쉘이다. 라이트 자신은 이 건물의 특징에 대해서 다음과 같이 언급하고 있다. "건물은 밀폐되어 있다.…강철로 만들어진 가구와 내부 시스템▼[19] … 최초로 금속이 가해진 유리문과 유리창…"(**도판. 255a**)▼[20] 건물 내부의 한가운데는 갤러리로 둘러싸인 5층 높이의 거대한 공간이며 천장이 보이는 거대한 네이브를 형성하고 있다. 사각형 단면의 모래빛 벽돌 피어는 고딕시대 처럼 강하게 솟아오르면서 이 네이브를 갤러리와 분리하고 있다. 나중에 이 건물의 소유주가 이 거대한 공간에 파이프 오르간을 설치한 사실은 내부공간이 얼마나 고요한 지를 짐작할 수 있게 해준다. 꼭대기층에 서서 네이브와 갤러리 아래를 내려다 보면 고창에서 금속 책상 표면으로 빛이 어떻게 떨어지는지를 관찰할 수 있다. 미국의 장인정신으로 이루어진 명작이 더 이상 존재하지 않는다라는 말은 믿기지 않는다. 1949년에 이 건물을 의뢰한 건축주가 이 건물을 철거하기로 했다.

존 왁스 사의 관리동(1937~1939)도 하나의 공간 단위로 다루어졌지만 주로 하나의 층이 단일 공간으로 처리되어 있다. 이 건물은 기이하게 생긴 기둥 때문에 곧 유명해졌다. 그러나 이 건물의 독특함은 빛을 끌어들이는 방식에 있다. 나는 완공되기 전에 종종 이 건물을 관찰할 수 있었다. 그 첫 인상을 이렇게 가지고 있다. 422쪽 11줄 Fifth Edition

"우리는 시작과 끝이 없는 장소 중의 하나인 시카고 북쪽 30마일 떨어져 있는 라신에 도착했다."

마을 한 가운데에 우리가 답사해야할 사무소동이 있고, 우리 눈앞에는 휘어진 벽돌벽이 있었다. 이 벽에는 겨울철의 빛으로만 감지할 수 있는 이상한 유리띠가 꼭대기까지 나 있었다.… 어두운 입구를 통해 버섯 모양의 필라로 가득찬 거대한 홀로 들

254. 프랭크 로이드 라이트, 라킨 빌딩, 버팔로, 1904. 네이브와 네이브를 둘러싸는 갤러리.

어섰다. 모든 엔지니어들은 기단 쪽으로 갈수록 가늘어지고 강철로 바닥에 고착되어 있는 이 기둥을 보고 고개를 내저었다.▼21 기둥 꼭대기에는 '빅토리아 레지아(Victoria regia)'의 잎처럼 내열(파이렉스)유리관 사이에서 떠다니는 듯한 넓은 원판이 있었다. 대부분의 기둥들은 위쪽으로 공기만을 운반하고 있었다. 유리는 짧은 길이로 제작되었으며 색칠하기 어렵게 되어 있었다. 그러나 이 유리는 무색이 아니었다. 바로 이 점이 라이트가 원했던 것이었다. 기둥과 특수유리는 화려하였다. 그러나 왜 사무용도의 이 관리동이 시적인 것에 바탕둔 화려함을 가지면 안 되는 것일까? 연못 바닥에서 올라온 물고기 처럼 우리는 빛을 응시했으며 그 판유리는 흐르는 듯한 유리 속에서 헤엄치고 있는 것처럼 보였다. 홀은 오랫동안 건축적 상상력 속에 새겨진 가장 환상적인 모습을 보여주었다. 분명히 알 수 있는 이 공간의 부적절성 때문에 많은 사람들은 분개했다.▼22 하나의 트러스만으로도 이 공간 전체의 스팬을 감당할 수 있었을 것이다. 그러나 이 경우에는 마술적인 효과를 낼 수 없었을 것이다.

"이 건물의 비용은 미리 설정된 비용의 두 배가 들었다고 알려져 있지만, 이 회사는 그 비용을 감당할 만한 능력과 의지를 가지고 있었다. 고급스러움을 향한 욕구를

255. 프랭크 로이드 라이트, 존슨 왁스사, 본관 건물 내부, 위스콘신, 라신, 1938~39.

충족시킬 만한 건물은 항상 존재해왔고 앞으로도 존재할 것이다. 중요한 것은 고급스럽다는 말이 의미하는 것이 무엇인가 하는 점이다. 고급스러움은 단순히 물질적인 낭비를 뜻하는 것은 아니다. 새로운 발견을 통해서 감성적인 경험을 넓혀나갈 때 그 의미를 이해할 수 있다. 소수의 사람들만이 이러한 고급스러움을 성취할 수 있을 것이다. 프랭크 로이드 라이트는 이 건물에서 은색빛과 조형적인 형태를 통해서 새로운 공간감(이 느낌이 없었더라면 건축이라고 보기도 힘들었을 것이다.)을 획득했다. 반세기 동안의 건축 활동 후에 그는 이 건물에서 고급스러운 건축을 어떻게 창조적일 수 있는지를 보여주었다.**(도판. 256)**▼23 이 건물은 라이트의 마지막 20년간의 작품 경향을 보여주고 있다. 이제 그는 직각에서 탈피하여 더욱 강한 어조로 원과 곡선을 강조했다.

255a. 프랭크 로이드 라이트. 라킨 빌딩. 1904. 각형 강관으로 된 최초의 사무 가구. 라이트는 의자와 책상을 이 건물의 전체 구성에 맞도록 직접 디자인했다. 이 건물이 무모하게 헐리기 바로 10년전에야 이 가구들이 완성되었다. 이 책상과 의자들이 박물관 전시용으로 구제되었는지는 알 수 없다.

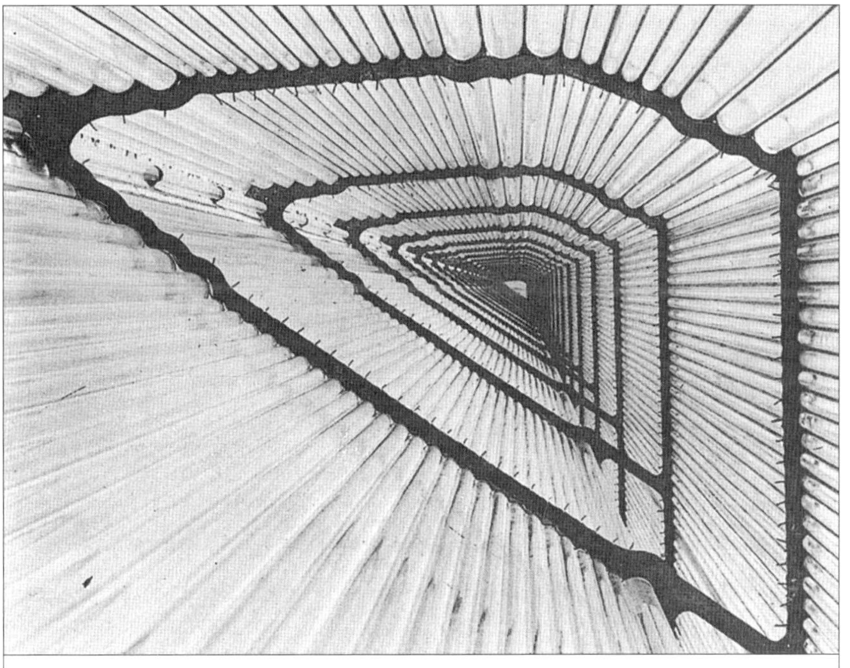

256. 프랭크 로이드 라이트. 존슨 왁스사 본관 건물, 1938~39. 외벽의 유리관으로 된 코니스 안쪽.

프랭크 로이드 라이트의 영향
Influence of Frank Lloyd Wright

프랭크 로이드 라이트는 비단 건축가만은 아니었다. **그는** 미국의 **유명한 연설가**들 중의 한 사람이었다. 천성적으로 저항하고 반감을 품고 무엇인가를 지켜나가는 용기와 의지를 소유한 인물이었다. 19세기 중반, 월트 위트만과 헨리 소로우가 문학에서 주장한 개인주의 전통을 라이트는 건축에서 보여주었다. 그는 이 전통을 자신의 일부로 여겼다. 예언자이자, 연설가, 중농주의적 개인주의자로서 라이트는 도시를 반대하는 연설을 했으며 흙과 자급자족이 이루어지는 공동체로 돌아가자고 주장했다. 즉, 인간이 흙과 멀어지고 땅과 인간의 관계가 비인간적으로 변한 곳에서, 그리고 경제적 풍토에 의해 야기된 다양한 필요에 따라 숲이 농장으로 변하고 곡식이 자라고 있는 농토가 숲으로 변질되는 곳에서, 대부분의 음식이 통조림 형태로 식탁에 올려지는 곳에서 그 자신의 의견을 말했던 것이다. 424쪽 13줄 Fifth Edition

어떤 측면에서 보면 그는 희생을 치룬 세대에 속했다. 그가 건축 활동을 시작할 즈음에는 상업적인 성공이 확실히 보장될 것 같았다. 왜냐하면 초창기에 그는 유럽의 선구적 건축가들보다 더 많은 주택을 설계했기 때문이다. 그러나 그가 설계한 주택은 모두 개인 주택이다. 그렇다고 해서 그의 주택들(모두 서부나 중서부에 지어졌다.)

▼24이 순전히 지방적 특색만을 가진것도 아니었고 개별 건축주의 개인적 취향과 요구사항, 지역성만을 반영한 것도 아니었다. 다시 말해 예술작품처럼 이 주택들은 장소가 주는 제한성과 개인의 소유라는 차원을 넘어서는 무언가를 담고 있었다. 그러나 이 주택들은 그 나라에 영향을 미치지 못했으며 돌풍을 일으키는 창조적인 힘도 되지 못했다.

Fifth Edition 425쪽 05줄

그 이유는 바로 라이트가 미국 건축의 초창기 이래 가장 위험한 반작용에 의해 그 뿌리가 흔들리던 시기에 작품 활동을 시작했기 때문이다. 이 당시, 미국건축의 '구성적 사실들'들을 억누르고 있던 고전풍과 고딕풍의 유행은 전통과 전혀 무관한 것이었다. 이 유행의 역할은 감성적 구조가 취약한 사람들에게 인공 등뼈를 제공하는 것에 지나지 않았다. 이런 부류의 주택(베르사유의 아류, 터스칸 풍의 빌라, 중세적인 분위기의 저택)들과 신성한 고딕풍의 고층빌딩 외관 이면에서 그들 자신의 정신적인 불안정을 감출 수 있었던 것이다. 건축이 사업화 되면서 이러한 풍조는 비참한 결말을 맞게 되었다. 건축을 직업으로 한 건축가들은 유행을 따르거나 아니면 건축을 포기해야 했다.

고전과 고딕 모방이 주도적인 힘을 발휘하는 동안(1910년과 1925년 사이에 더 강했다.)라이트와 루이스 설리반은 망명자처럼 살아야 했다. 시카고파의 노장 건축가의 말에 따르면 설리반의 경우, 말년에 가서는 몇몇 동료로부터 매달 재정적인 지원을 받았다고 한다. 그리고 1940년 보스턴에서 열린 전시회 연설에서 이런 상황을 한 마디로 이렇게 말했다. "그들은 설리반을 죽였으며 나까지도 죽일 뻔했다."

이 당시, 동시대인들의 눈에는 라이트와 설리반이 가망없는 사람의 표본으로 보였다. 그러나 실제로 가망없는 사람은 이들이 아니었다. 오히려 허물어져 가고 있던 것은 미국이라는 나라였다. 왜냐하면 후에 변할 수밖에 없었던 측은 라이트가 아니라 그 나라였기 때문이다. 유럽인들이 건축 수단들을 정돈하기 시작하고 건축의 진실성에 대한 필요성이 절실하게 대두되던 시기에, 미국은 세상이 돌아가는 이치를 들을 수 있는 기관을 전혀 가지고 있지 않았다. 외국에서 벌어지고 있던 모든 일은 마치 침묵하는 라디오처럼 철저히 차단되었다. 오늘날에도 이러한 풍조가 계속되고 있다.

라이트의 작품을 지탱하는 기반은 일종의 삼각대라고 할 수 있다. 즉 **미국적 전통, 유기적 경향에 대한 열정, 자신이 속한 시대에 걸맞는 예술적 언어를 찾아내는 능력** 등이다.

1910년, 베를린에서 라이트의 작품을 다룬 결정적인 책이 나올 때까지 이 세 가지 기반은 모두 그의 작품에서 실현되었다. 50세에 접어들면서 건축역사에서 그 위치를 확고하게 할 만큼 위대하고 영향력 있는 많은 작품을 선보였다.

라이트의 영향을 직접적으로 받은 작품들에서 발견할 수 있는 특징은 피상적이며, 그의 건축세계를 오도하기도 한다. 유럽사람이건 미국사람이건 할 것 없이 건축가로서 라이트를 모방하고 추종하려는 모든 이들은 그의 작품을 잘못 이해한 상태에서 그저 흉내내는 정도에 그쳤으며, 그의 건축 정신을 잘못 해석하기도 했다. 라이트의 직접적인 영향력보다 더 중요한 것은 그가 던진 말들이 하나의 지침으로서 새로운 방향을 이끌어갈 횃말의 역할을 했다는 점이다. 1900년과 1910년 사이의 유럽에는 라이트의 작품에 견줄 만한 작품이 전혀 나오지 않았다.

1910년 이후, 유럽의 유명한 건축인들은 미국에서 라이트가 이루어낸 것들을 이해하기 시작했다. 그 중의 가장 뛰어난 건축가라 할 수 있는 베를라헤는 직접 전시회를 열고 강연을 함으로써 라이트의 작품을 유럽에 소개했다. 그 나라에서 도덕적 권위를 가지고 있었기 때문에 그는 젊은 세대들에게 앞으로 발전할 수 있는 자극제를 확실히 심어줄 수 있었다.▼25 네덜란드인들은 라이트의 영향력으로부터 도움을 받을 수 있을 만큼 충분한 준비를 하고 있었다. 이러한 주장의 증거로서 1920년대의 감상어린 건물로 크게 성공한 힐버줌에 위치한 두독의 작품보다는 오히려 재능있고 훌륭한 정신을 소유한 건축가로서 1914년에서 1915년 사이에 휘스트하이드에 두 채의 육중한 주택을 지은 로버트 반 토호프를 들 수 있다. 그의 유일한 작품인 이 주택들은 라이트의 건축 개념을 직접적으로 반영하고 있다. 비록 이 작품들이 유럽에 홀로 고립되어 있었지만 중요한 역할을 수행했다. 그의 작품은 데오 반 되스부르크가 펴낸 잡지 '스타일'의 한 기사를 통해서 유럽 아방가르드들에게 알려졌다. 426쪽 13줄 Fifth Edition

몇몇 네덜란드 건축가들의 초기 작품과 오드의 작품들에서 볼 수 있듯이 이들이 자기 실현의 길을 터득해 나갈 수 있게 만든 자극제는 확실히 라이트의 작품이었다. 그러나 라이트가 이 건물들에 영향을 주었다는 세세한 증거물을 찾으려 하거나 라이트의 디자인과 유사한 그림이나 모형을 열거하려는 것은 완전히 피상적이고 옳지 못한 일이다. 왜냐하면 차후에 언급하게 될 것이지만, 유럽건축에도 고유한 특징이라 할 수 있는 그 나름대로의 요소들은 있었기 때문이다. 라이트의 진정한 영향력이라 할 수 있는 위대한 교육적 영향력은 형편없는 몇 커트의 사진으로 간단히 설명될 수 있는 것이 아니었다. 그의 진정한 영향력은 그의 작품에 표현된 건축 방식과 개념이었다. 그의 공간개념이 유럽의 여러 운동들에 소개된 후, 유럽의 주도적 건축가들에 의해 어떻게 발전되고 변하게 되었는지를 곧 알게 될 것이다. 라이트는 그 자신의 시대를 뛰어넘는 천재적인 영감을 끝까지 소유하고 있었다.

프랭크 로이드 라이트의 후기

Frank Lloyd Wright's Late Period

Fifth Edition 427쪽 12줄

라이트는 1959년에 사망했다. 말기에 가서야 비로소 수많은 의뢰와 찬사를 받았다. 10년 전 만해도 라이트에 대해 전혀 다루지 않던 미국 언론들이 이제 무리를 일으킬 정도로 그에 대해 많은 내용을 다루기 시작했고, 그를 최고의 천재나 역사상 가장 훌륭한 건축가로 평가하였다. 강한 심장을 갖지 못했으면 참기 힘들 정도의 지독한 굴욕을 당한 후에야 비로소 이러한 찬사가 안겨주었다. 1920년대와 1930년대 초에 그는 채권자들에게 쫓고 법적 조치로 위협받고 소문(청결주의적 견해가 압도적인 나라에서는 소문 때문에 한 사람이 파멸되곤 한다.)에 휘말렸으며 일거리가 거의 없는 상태에 놓였었다. 그는 도덕적인 무법자, 혹은 보편적인 생각이나 취향에서 거리가 먼 사람으로 낙인 찍혀 사회로부터 배척당했으며 모든 중요한 활동이나 행사에 참여할 수 없었다. 라이트가 겪은 이러한 운명은 미국에서만 있던 것도 아니며 미국인들에게만 한정된 것도 아니었다. 우리 시대의 모든 선구자들이 이와 유사한 운명을 겪었다.

그의 풍부한 상상력과 사고는 때로 환상과 독특함 때문에 힘을 잃었던 몇몇 대규모 프로젝트에 잘 나타나고 있다. 이러한 프로젝트로는 피츠버그 도심가의 '골든 트라이앵글(Golden Triangle)'지역을 위한 계획안과 바그다드 오페라 하우스를 들 수 있다. 라이트에게는 대단히 다행스럽게도 이 두 프로젝트는 실제로 건설되지 않았다. 이와 동시에 그는 내외부에 나선형 램프가 있는 원형 건물을 계획하느라 바쁘게 움직였다. 샌프란시스코에 있는 모리스 상점(1950)은 자신이 개발한 이러한 계획안을 따른 내부공간이 최초로 실현된 건물이다. 뉴욕 15번가의 구겐하임 미술관에서 원형과 나선형은 기념비적 형태를 띠고 있다. 나선형 램프를 따라서 배열된 전시공간은 바닥까지 경사져 내려가는 원형 벽면을 끼고 있다. 라이트가 사망한 직후 박물관의 개장사업으로 열린 조각 전시회에서 이 원형벽들이 전시물을 배치하고 조정하는데 곤란하다는 사실이 여실히 드러났다.

프랭크 로이드 라이트는 항상 일반 사람들을 중요하게 생각했다. 건축적인 의미에서 해석하면 인간의 거주지, 최소 단위의 집합주택, 단독 가족 주택, 말년에 계획한 초고층 빌딩 등을 중요하게 다루었다는 것이다. 시카고파 시절에 계획한 단독주택에는 근대 건축에 기초가 될만한 것들이 있다. 심지어 몇 채의 보강 콘크리트 주택만을 짓던 쇠퇴기, 즉 1920년대에도 인간의 거주 환경에 대해서만 몰두하곤 했다. 비록 『**건축, 당신과 나**』라는 책에서 필자가 조금 다르게 언급하기는 했지만,("우리 모두의 마음속에는 5천년의 전통이 낳은 결과가 쌓여 있다. 그 전통은 바로 4개의 4각형으로 둘러싸인 공간을 이루는 방이다.") 말년에 가서 그는 처음으로 사각형 평면의 거실을 포기하게 되었다.▼26

프랭크 로이드 라이트는 자신이 일본의 영향을 받았다는 것과 자신의 집에 수집·전시한 예술품은 모두 동양 예술임을 인정했다. 그러나 마지막 10년 동안 그는 무의식적으로 원시적 기억들을 가까이 하게 되었다. 이때 그가 설계한 주택들은 4각형 평면의 거실이 더 이상 존재하지 않았고, 원형 곡선 형태를 띠었다. 이 주택들 중에는 BC 1500년경의 마노아 크레타의 타원형으로 돌아가는 주택이나 BC 3000년경 혹은 4000년경의 메소포타미아 문명의 주택들을 재현한 것도 있다. 말기에 계획된 주택들은 외부에 둘러진 램프와 안뜰을 지닌 낫 형상의 윤곽(1953년 버지니아에 위치한 주택)을 띠었다. 그는 아마 주택에 안뜰(Patio)(이 안뜰은 근대 주거에 더욱 더 자주 사용되는 요소가 됨) 이라는 조용한 중심점을 주택에 도입한 최초의 사람일지도 모른다.

주

1. Kaufman주택, 낙수장, Bear Rum, Pennsylvania, 1937.
2. 독일어로 된 라이트의 서문이 있는 Frank Lloyd Wright, ausgefuhrte Bauten und Entwurfe(베를린, 1910)
3. Frank Lloyd Wright, ausgefuhrte Bauten und Entwurfe(베를린, 1910); C.R.Ashbee의 서문.
4. 스코틀랜드의 건축가인 Charles Rennie Mackintosh(1869~1928)는 글라스고우에 있는 자신의 예술 학교와 특히 농촌 주택(예를들어, Helensborough 에 있는 Blackie씨의 주택, 1902)으로 이름을 날렸다. 그는 비엔나에서 일어난 예술 장식 운동인 Winer Werkstatte에 직접적인 영향을 미쳤다. 이 기관의 창시자는 예술가들을 스코틀랜드로 보내서, 주택의 가구와 건축이 어떻게 설계되고 있는지를 보여주었다. 그의 영향력은 이 운동에 완전히 투사되었지만 취미의 차원에 한정되어 있었다. 새로운 건축적 상상력이 출현한 것은 아니였다. Pioneers of the Modern Movement의 저자인 Nikolas Pevsner는 참고문헌과 함께, 매킨토시의 작품에 관한 훌륭한 자료를 제공해 주고 있다.(pp.221~222) 펩스너는 영국의 건축 발전에 관한 다른 의문점을 풀 수 있는 자료를 제공하고 있을 지도 모른다. 매킨토시에 관한 매우 비판적인 입장은 Architectural Review지 제 LXXⅧ호(1935년 2월)호 23페이지에 실린 같은 나라 사람인 P. M. Schand의 "Glasgow Interlude"에 나타나 있다.
5. 펩스너의 같은 책, 157페이지를 참조할 것.
6. Hugh Morrison의 Louis Sullivan(뉴욕, 1935)에는 Charnley주택에 대해서 다음과 같이 적혀 있다. "평평한 면의 구성과 창문을 통한 능숙한 강조효과에 대한 느낌을 더 잘 전달해주고 있는 이 주택은 개념상으로 볼 때, 설리반의 다른 주택들보다 더 포괄적이다.(pp.132~133)
7. Modern Architecture(Princeton, 1931), Princeton Monographs in Art and Archaeology, p.72.
8. George E. Woodward, Suburban and Country Houses(New York, copr. 1873), pp. 15~16.
9. 1922년의 벽돌 주택 계획안
10. Architectural Forum지, 1939년 8월호를 참조할 것.
11. New England에서 열린 최초의 라이트 전시회 카탈로그(Institute of Modern Art, Boston, January – February 1940)에 나와있는 서문에서, Joseph Hudnut는, 라이트를 이해하기 위해서는 "그를 시인으로 여겨야 한다"는 사실을 강조했다.
12. 페로 콘크리트에 관한 부분을 참조하라. 도매상 건물은 Richard E. Schmidt, Garden과 Martin에 의해 지어졌다.
13. Russell Sturgis, "The Larkin Building, Buffalo, N. Y.," Architectural Record, XXII(1908), 320.
14. Interstate Architect and Builder지(1901~02)에 처음 실린 Kindergarten Chats는 미국의 젊은이들을 향한 루이스 설리반의 유언장이다. 이 글은 에언으로 가득차있으며 이 중에 몇몇 사항은 이미 실현되기도 했다. 필자의 견해로는 다른 예언들도 앞으로 실현된 것이다. 이 인용문은 Chaude Bragdon에 의해 책자 형식으로 다시 출판된 Lawrence[?], (Kansas, 1934)에서 발췌한 것이다. pp.46~49.
15. 라이트의 자서전을 참조할 것.
16. 그가 콘크리트를 사용할 경우에는, Oak Park Temple에서 처럼 유리면이 없는 콘크리트 벽면 형태를 만들 때였다. 벽과 입구의 필라를 만들 경우에 라이트는 초기에 McIntire나 19세기 후반에 리차드슨이 사용한 벽돌이나 로마유형의 작은 벽돌을 더 선호했다. 그는 베니어 판을 잘 사용하지 않았으며, 설리반과 같이 작업할 당시에 설계했던 시카고의 단독주택에서만 이재료를 사용했다.
17. Architectural Record지 제 23호(1908) 319페이지와 321페이지에 실린 Russell Sturgis의 "The Larkin Building, Buffalo, N. Y."를 참조할 것. 이 건물의 평면과 구성이 보여주는 높은 가치를 음미했던 열정적인 비평가가 아무리 노력해도 감성적으로 받아들일 수 없었다고 언급하는 것은 흥미로운 일이다.
18. 같은 책 319페이지.
19. 버팔로는 공기조화 장치가 발명된 곳이다.
20. Architectural Forum, LXVIII(January 1938), p. 88.
21. 이러한 유형의 기둥은 당국의 공격을 받았다. 이 기둥의 높이는 22피트이며 부담하중은 약 12톤, 기단부분의 직경은 9인치이다. 이 정도 높이의 기둥에 두께 30인치를 요구하는 관례를 무자비하게 무시한 것이다. 자신의 디자인이 매우 견고하다는 것을 보여주기위해서 라이트는 시험 기둥을 심어서 7일 동안 세워놓고는 일꾼들이 60톤이 나가는 물건을 올려놓는 것을 지켜보았다. 이 기둥의 견고성을 의심하는 사람들은 허물어질 것이라고 확신하여 나머지 더이상의 무게를 올려놓지 못하게 했다. 시험에 기초를 둔다면, 기둥은 28일 동안 적어도 80톤을 지지하게 될 것이다. 이 놀라운 견고성의 비밀은 cone에 용접된 와이어 메쉬이다.(Architectural Forum, 1937년 8월호, 10페이지)
22. Johnson Wax Company Building은 유선형의 외부와 기능에 대한 적절하지 못한 해결책, 과장된 효과 때문에 젊은 건축가들의 호된 비판을 받았다. 확실히, 라이트의 모든 건물에는 지난 시대를 회상하게 만드는 디테일들을 찾아 볼수 있다. 그러나 이러한 적대적인 비판에도 불구하고, 감성적 스케일을 넓히기 위해 조형적인 형태와 새로운 빛의 특질과 새로운 기술적 수단을 실험한 작품이라는 점도 있음을 덧붙일 필요가 있다. 바로크 교회처럼, 이 건물은 직접 관찰하거나, 답사하거나, 경험하지 않고서는 이해될 수 없는 것이다.
23. S. Giedion, "The Dangers and Advantages of Luxury's financial center, New York; not one in Boston.
24. 이 나라의 경제적 중심지인 뉴욕에 한채 이상의 건물을 남겼고 보스턴에도 마찬가지였다.
25. 매우 기이하게도, 르 꼬르뷔제는 1912년 Schweizerisch Bauzeitung지에 실린 기사를 통해 라이트와 접촉했다. 이 기사는 베를라헤가 취리히에서 강연한 내용을 자세하게 다룬 요약본이다.
26. Harvard University Press, 1958, p. 150.

6장

SPACE - TIME IN ART, ARCHITECTURE, AND CONSTRUCTION

예술, 건축, 공학의 시간 - 공간개념

- 새로운 공간개념: 공간 - 시간
- 공간에 대한 탐구: 큐비즘
- 움직임에 관한 연구: 미래파
- 오늘날 회화
- 건설과 미학 : 슬래브와 면
- 월터 그로피우스와 독일의 발전
- 미국의 월터 그로피우스
- 르 꼬르뷔제와 건축표현 수단
- 미스 반 데 로에와 형태의 고결함
- 알바 알토; 비합리성과 표준화
- 요른 웃존과 제 3세대 건축가들
- 근대 건축을 위한 국제 회의(CIAM)와 현대 건축의 성립

새로운 공간개념: 공간 – 시간

The New Space Conception : Space - Time

과학에서부터 예술에 이르는 인간의 모든 활동 영역에서 사회적 · 경제적 · 기능적 영향은 중요한 역할을 한다. 그러나 이러한 영향과 동시에 고려해야 할 다른 요소들이 있다. 이 요인은 바로 인간의 감정(feeling)과 감성(emotion)이다. 이러한 요인들이 종종 사소하게 다루어지긴 하지만 실제로 인간의 활동에 중요한 영향을 미친다. 지난 세기를 휩쓸었던 많은 불운들은 감성적인 측면들이 배제된 채 산업과 기술만이 기능적인 중요성을 갖는다는 믿음에서 비롯된 것이었다. 예술은 일상적인 현실과 완전히 단절된 상태에서 예술 고유의 영역 안에서만 안주하는 분야로 간주되었다. 이 때문에 삶의 균형과 조화가 사라졌고 과학과 산업은 계속해서 발전되었다. 그리고 사소하게 여겨진 느낌의 영역은 극단과 극단을 오가는 동요만이 존재하였다.

Fifth Edition 430쪽 15줄

감성이 영향을 미치는 범위와 그 영향력의 강도는 예상보다 더 강력하다. 감성이나 감정은 인간이 하는 모든 일에 작용한다. 행동에 완전히 실용적인 측면만 존재하지 않는 것처럼 감성과 감성의 작용에 대한 고찰 역시 완전히 순수한 성격을 갖는 것은 아니다. 물론 현재 우리는 감정과 관련된 이러한 문제에 관해 자유로운 선택을 할 수 있는 처지는 아니다. 감성적인 삶이 주관하는 인간의 거대한 활동범위는 인간이 제어할 수 없는 상황에 의해 결정된다. 이러한 상황이란 우리가 역사 속의 어느 시대를 살아가면서 이런 저런 종류의 인간으로 살아간다는 것을 의미한다. 따라서 완전히 조화롭게 통합된 문화는 그것의 표상체를 통해 독특한 감정의 통합성을 드러낸다. 예를 들어, 인식 가능한 하나의 보편적인 정신을 바로크 시대 전체에서 발견할 수 있다. 서로 다른 인간 활동 영역인 회화와 철학, 혹은 건축과 수학과 같은 활동에서도 공통적으로 감지되는 정신이 있다. 이러한 사실이 그리 놀라운 것은 아니다. 동일한 시대에서 같이 살았던 사람들에 의해서 형성된 기술, 과학, 그리고 예술은 이러한 보편적인 정신의 영향 아래 놓인다. 예술가들이 특별히 관심을 두고 표현하려는 감정은 공학자와 수학자에게도 작용한다. 우리는 공통적인 정신이 없다면 서로 다른 목적을 추구하는 영역으로 갈라져 버리게 될 이러한 영역들이 동시에 담고 있는 감성적 배경을 찾아야한다.

우리는 과연 예술가가 필요한가?

Do We Need Artists?

우리 시대와 같은 시대에 과연 일괄적으로 통합된 감정이라는 것이 존재할 수 있는가에 대해서 몇몇 사람들은 회의를 가지고 있다. 그들은 과학과 산업은 예술이나 감정과 상반된 것이라고 생각한다. 즉 과학과 산업이 발전하게 되면 예술과 감정은 퇴보하게 된다는 것이다. 또한 그들은 예술보다는 과학을 통해 예술에 의존하지 않고도 자기표현을 위한 새로운 수단을 발견했다고 믿는다. 이런 견해에는 몇 가지 근거가 있다. 그렇다면 이제 더 이상 우리에게 예술가라는 존재는 필요없는 것일까?

어떤 문명에나 감정은 모든 활동과 상황 속에 스며들어 있다. 감정이 스며들어 있지 않은 환경은 실용적이거나 지적인 양상을 띠는 환경만큼이나 만족스럽지 못한 것이다. 그러나 감성적 측면에서 일고 있는 이러한 좌절감은 과거로부터 오랫동안 계속되고 있다. 관 주도의 예술은 현 세계를 등한시하고 이 세계를 감성적으로 해석하려는 시도를 포기하는 경향이 있다. 세상에서 비롯되는 여러 가지 감정들이 아직 형상화되어 있지 않으며, 이러한 감정들을 상징하고 만족시킬만한 대상도 나타나지 않고 있다.

431쪽 16줄 Fifth Edition

그러나 이러한 상징체는 반드시 필요하다. 감정은 인간의 내면에서 구축되며 여러 가지 체계를 구축한다. 따라서 감정은 본능에 따라서 작용하는 동물의 찡그림이나 비명소리와 같은 것으로 여겨져서는 안 된다. 우리는 내면 세계와 외적 환경 사이의 조화를 발견해야 한다. 만약 외적 환경이 인간의 내면 세계와 멀어진다면 어떠한 발전 단계도 그 현상태를 유지할 수 없을 것이다. 기계와 관련된 모든 분야는 쇠퇴할 것이다.

이러한 이유 때문에 현 세대에 존재하는 진정한 창조적인 예술가들은 가장 평범하고 일상적인 것들을 소중하게 여긴다. 피카소와 쟝 그리, 서정적인 큐비스트들, 그리고 르 꼬르뷔제 같은 화가들은 일상에서 사용되는 그릇이나 파이프, 병, 유리잔, 기타 등과 같은 평범한 물건들에 관심을 가졌다. 파도에 의해 구멍 난 바위들, 뿌리, 나무껍질과 같은 자연속에 있는 여러 가지 사물들도 관심의 대상이었다. 심지어 풍화되어 퇴색해버린 뼈마저도 예술가들의 관심을 끌었다. 눈에 잘 띄지 않는 수수한 이러한 사물들은 우리의 보편적인 의식세계에서는 그렇게 중요하게 여겨지지 않지만 예술가들은 이러한 것들에 진정한 위상과 중요성을 부여한다. 르 꼬르뷔제의 표현을 빌리자면, 이러한 사물들은 '시적인 반응을 일으키는 오브제'인 것이다. 이를 달리 표현하면 세상에서 새롭게 부각된 부분들을 통해 감정에 접근할 수 있다는 것이다.

이러한 새로운 감정의 영역을 여는 작업은 언제나 예술가의 주된 임무로 여겨졌다. 만일 예술가의 역할이 없었다면 많은 세상사람들이 감성의 중요성을 깨닫지 못했을 것이다. 19세기까지도, 산의 풍경을 보고 불규칙하고 몹시 혼란스럽다고만 느꼈다. 그리스 예술을 발견한 빙켈만은 1760년경 알프스를 가로질러 이탈리아로 향할 때 마차의 창밖을 내다보지 않을 수 없었다. 그는 온통 대리석 덩어리로 뒤덮힌 세인트 고타르드를 보고 너무나 놀란 나머지 차양을 내리고 이탈리아 시골의 완만한 윤곽이 나타나기만을 기다리면서 뒤로 물러 앉았다. 한 세기가 지난 후, 러스킨은 어떠한 미적 감각도 발견할 수 없는 산업세계에서부터 벗어나기 위해 샤모닉스 산을 찾았다. 그가 살았던 시대의 새로운 예술적 잠재력을 가진 선박과 교각, 철 구조물들을 보는 것이 싫었던 것이다. 지금은 감정이 작용할 수 있는 우리 경험의 영역은 매우 넓다. 따라서 우리는 더 이상 지상의 동물들처럼 일정한 거리에서 사물을 바라보는 것과 같은 구속을 받지 않는다. 조감도를 그리는 시각은 이 세상의 모든 새로운 양상을 우리에게 열어 보였다. 이와 같은 새로운 인식방법은 예술가들이 밝혀야 하는 새로운 감정을 동반한다.

예술가들도 일반 발명가나 과학분야의 발명가들처럼 중요한 역할을 한다. 이 세 부류의 사람들은 모두 인간 자신과 인간을 둘러싼 세계의 새로운 관계성을 추구한다. 예술가들의 경우에는 이러한 관계들이 실용적, 인식적 성격을 가지는 것이 아니라 감성적인 측면을 띤다. 창조적인 예술가들은 주변환경을 그대로 모방하려고 하지 않는다. 즉 자신의 시각을 통해서 여과된 세계를 다른 사람들에게 보여주려고 한다. 예술가들은 사람들이 스스로 깨닫지 못하는 것, 즉 인간의 영혼을 마치 거울과 같은 자신의 작품에서 보여준다. 예술가들은 사람들 속에 내재된 감정의 외연적인 상징을 발견해낸다. 그러나 예술가의 손을 거치기 전의 그 감정은 혼란스럽고, 불안하며 무엇인가에 집착하는 성향을 보인다. 바로 이 때문에 예술가가 필요하다. 예술가들이 빛을 보지 못하고 있는 근대 세계에서도 마찬가지이다.

Fifth Edition 432쪽 34줄

그러나 예술가들이 사람들에게 정말 필요한 존재임에도 불구하고, 소수의 예술가들을 제외한 대부분의 예술가들이 동시대인들과 단절된 상태로 있는 것은 어떻게 이해해야 하는 것일까? 일반인들은 자신에 관한한, 누구도 자신의 형태어휘를 이해 할 수 없다고 주장하는 것이 곧 '자신감'의 표현이라고 생각한다.

이것은 종종 자연주의에 대한 저항의 결과로 여겨진다. 그러나 실제로 이것은 1791년 3월에 행해진 '자유무역 선언'이라는 전혀 다른 사건에서 유래된 것이다. 이 사건으로 길드 제도는 와해되었다. 거래처 선정에 가해진 법적 제약이 사라지면서 근대산업이 엄청나게 발전하게 되었고 예술가들은 고립되기 시작했다.

수공예와 결별한 예술가들은 생계를 위해 공장체제와 경쟁해야하는 심각한 문제에 직면했다. 이 문제에 대해 예술가들이 가질 수 있는 하나의 해결책은 사치품을 다루는 무역에 참가하거나 아무 꺼리낌 없이 대중의 평범하고 질 낮은 기호에 영합하는 것이었다. 대중의 구미에 호응하는 예술이 전세계를 누비고 있었고 살롱을 장악했으며 모든 아카데미 수상의 대상이 되었다. 절실한 목적이나 고유한 기준도 없었던 이러한 종류의 예술이 기대할 수 있었던 것은 경제적인 성공이었으며 그러한 희망은 종종 이루어지곤 했다. 이런 부류에 속하는 몇몇 유명한 사람들의 작품은 때때로 평방 인치당 천프랑에 팔리기도 했다.

대중들과 비평가들에게 있어서는 이러한 것이 바로 예술 그 자체였으며 예술가들의 의도를 반영하는 작품이었다. 창조와 연구를 통한 예술가의 진정한 작품을 계속 추구했던 여섯명의 예술가들은 완전히 무시되었다. 우리 시대의 회화에 있어서 '구성적 사실들'은 대중의 기호에 저항하면서 거의 대부분이 비밀리에 발전하였다. 이러한 구성적 사실들은 19세기 초반에서 후반까지, 앵그르(역주: 프랑스의 신고전파 화가, 1780~1867)에서 세잔까지 이어졌다. 433쪽 19줄 Fifth Edition

건축도 이러한 회화와 비슷한 상황에 처해 있었다. 건축의 진보는 건설분야에서 은밀히 이루어졌다. **예술가들과 건축가들**은 착시 현상에 저항하면서 투쟁해야하는 유사한 상황에 직면했다. 그들은 순수한 표현 수단으로 눈을 돌림으로써 이미 정착된 여러 양식에 대항했다. 40년 동안 많은 화가들이 '평면(plane surface)'을 다시 부흥시키려고 여러번 노력했다. 우리도 알다시피 건축분야의 투쟁은 도덕성에 대한 요구의 결과로서 등장했다. 작품의 경향은 매우 달랐지만 **대중으로부터의 고립**이라는 **동일한 문제를 안고** 있었던 화가들 역시 새로운 공간개념을 창조하기 위해 꾸준히 노력했다. 따라서 이러한 화가들의 작품에 내재된 정신을 이해하지 못하는 사람은 오늘날의 건축을 이해할 수 없으며 그 건축 속에 내재된 감정을 인식할 수 없다.

근대회화가 대중을 당황하게 만들었다는 사실은 그리 놀라운 것이 아니다. 왜냐하면 한 세기 동안 대중들은 이 근대회화를 이끌어 냈던 발전과정을 거의 무시했기 때문이다. 대중들이 자신들의 관심은 딴곳에 있으면서 살롱의 모조 예술에 의해 조작된 상황 속에서 발전된 예술언어를 한번에 이해할 수 있었다는 것은 실로 놀라운 일이다.

공간에 대한 탐구: 큐비즘

The Research into Space : Cubism

화가들의 표현 수단이 근대생활과 단절되었다는 의식은 1910년경 여러 곳에서 대두되기 시작했다. 그러나 이러한 의식적인 노력이 눈에 띌만한 결실을 맺은 곳은 큐비즘 운동이 일어났던 파리였다. 큐비스트들이 발견한 공간의 관계성을 표현하는 기법은 새로운 공간개념에 내재된 형태표출의 원리를 이끌어냈다.▼1

Fifth Edition 434쪽 15줄

큐비즘이 일어나기 전 반 세기 동안은 프랑스 이외의 곳에서는 회화가 번성하지 못했다. 현대 예술의 발전 배경을 이루었던 이 기간 동안 프랑스에서 성장한 것은 바로 회화가 주도하는 고급문화였다. 피카소처럼 스페인 출신이거나 르 꼬르뷔제처럼 스위스 출신이거나 할 것 없이 재능있는 젊은이들은 파리라는 도시의 예술적 전통과 자신들의 능력을 결합하면서 그곳에서 그 자신들의 예술적 영감을 발견했다. 프랑스 문화의 활력은 전 세계에 도움을 주는 것이었다. 그러나 일반 대중들 사이에서는 이러한 성과에 대한 공감어린 호응이 없었다. 19세기 회화에 결정적인 힘을 부여한 것은 바로 대중들이 무시했던 예술형태였다. 이러한 분위기 속에서 성장한 큐비즘이 모든 활력을 끌어 모았다.

큐비즘의 창시자는 피카소라고 알려져 있지만 어느 한 사람에 의해서 큐비즘이 등장한 것은 아니었다. 오히려 큐비즘은 집산적이고 무의식적인 견해의 표출 양식이다. 이 운동에 참가한 한 화가는 선언문에서 다음과 같이 지적했다. 즉 "발명은 없다. 더구나 한 사람의 발명은 있을 수 없다. 큐비즘은 곧 모든 사람들에게 번질 것이다. 단지 무엇이 다가오고 있다는 예감만 있을 뿐이며, 여러 가지 실험이 이루어 지고 있을 뿐이다. 우리는 서로를 멀리하고 있다. 하나의 발견이 이루어지는 시점에 있으면서도 우리들 각자는 이웃을 불신하고 있다. 우리는 쇠퇴하는 시대의 말기에 처해 있다."

르네상스시대에서 20세기 초반까지 투시도는 회화에서 가장 중요한 '구성적 사실'이었다. 투시도는 수많은 양식이 변화하는 가운데에서도 하나의 영구적인 요소로 남아 있었다. 4세기 동안 지속된 르네상스 식의 세계 인식법(삼차원적으로 세계를 보는 방법)은 다른 형태의 인식 형태를 상상할 수조차 없었던 인간의 내면에 깊게 뿌리 박혀 있었다. 예전의 상이한 예술문화가 2차원에 근거를 두었다라는 사실에도 불구하고 이러한 주장은 옳다. 예진에는 투시도를 '구성적 사실'로 규정할 때마다 항상 그 투시도를 위한 새로운 표현방식을 발견할 수 있었다. 그러나 19세기에서는 투시도가 잘못 사용되었다. 이 때문에 투시도는 붕괴되었다.

르네상스의 3차원적인 공간은 유클리드 기하학에 의한 공간이었다. 그러나 1830 경에 새로운 종류의 기하학이 발견되었고, 이것은 3차원 이상의 차원을 도입할 수 있다는 측면에서 종래의 유클리드 기하학과 달랐다. 이 기하학은 꾸준한 발전을 거듭한 결과 지금에 와서는 상상력으로도 획득할 수 없던 차원과 대상들을 수학 분야에서 다루게 될 정도에 이르렀다.

기하학과 관련된 이러한 고찰이 우리의 관심을 불러일으키는 것은 공간 개념에 영향을 줄 때이다. 과학자처럼 예술가들도 공간과 볼륨에 대한 고전적 개념들이 한계가 있고 편향되어 있다는 것을 인정하게 된 것이다. 특히 공간이 지닌 미학적 특질에 있어서 베르사유 궁전처럼 시각적인 측면으로만 그 무한대를 한정해서는 안 된다. 오늘날 감지되는 공간의 본질은 공간이 지닌 다양한 측면이며 그 속에 담긴 관계성에 대한 무한한 가능성이다. 따라서 하나의 기준점에 따라 한 부분을 애써 묘사하는 것은 불가능하다. 즉, 그 부분의 특성은 바라보는 시각에 따라서 변하게 된다. 진정한 공간의 본질을 찾기 위해서는 공간을 통해 관찰자 자신을 스스로 투사해 볼 수 있어야 한다. 에펠탑의 두 번째 층에 있는 계단은 내부공간과 외부공간의 연속적인 상호 관입이 건축적으로 표현된 최초의 예라 할 수 있다 .

근대 물리학에서 공간은 뉴튼의 바로크 체계가 주장했던 절대적이고 정적인 실체로 여겨지기보다 움직이는 관찰시점에 따른 상대적인 것으로 인식되고 있다. 그리고 르네상스 이후 최초로, 예술분야에서도 새로운 공간 개념은 우리의 새로운 공간 지각 방법을 자의식적으로 확대할 수 있게 했다. 이러한 경향이 완전한 결실을 맺게 된 것은 큐비즘을 통해서였다. 큐비스트들은 단일 시점을 통해 대상의 모습을 재창조하려고 하지 않았다. 즉 그들은 대상 주위를 회전하면서 대상의 내적 구성체를 찾고자 했다. 그들은 현대 과학이 물질적인 현상의 새로운 단계를 밝히고자 했던 것처럼 감정의 스케일을 확대하려 했다.

큐비즘은 르네상스의 투시도를 탈피했다. 큐비즘은 대상을 상대적으로 인식한다. 즉 다양한 시점을 추구하되 어떠한 한 시점에도 배타적인 권위를 부여하지 않는다. 또한 큐비즘은 대상을 해체함으로써 모든 측면, 즉 위 · 아래, 내 · 외부에서 동시에 대상을 인식하려고 한다. **큐비즘**은 대상주위를 회전하고 대상의 내부로 들어간다.

결국 오랜 시간동안 구성적 사실로 인정된 르네상스의 3차원에 4번째 차원이라 할 수 있는 **시간이 더해진 것**이다. 1911년경에 이러한 변화를 최초로 인식하고 표현한 사람은 시인인 귈라움 아폴리네르였다. 같은 해에 최초의 큐비스트 전시회가 '독립 살롱'에서 열렸다. 큐비스트들이 탈피하고자 한 원리가 그 당시 사회의 지배논리였다는 역사적인 배경을 생각해볼 때, 그들의 그림이 대중들의 평화에 대한 위협으로 생각되어 하원(下院)의 중요 안건으로 상정되었다는 점도 충분히 납득이 간다.

Fifth Edition 436쪽 33줄

여러 시점을 통해 대상을 표현함으로써, 근대생활과 긴밀한 관계를 맺고있는 원리들중의 하나인 동시성이 부각되었다. 아인슈타인이 1905년에 그의 유명한 업적인 '전기역학 유동 원소'를 시작하면서 동시성을 신중하게 정의하려고 한 것은 바로 이 시점이었다.

예술적 표현 수단

The Artistic Means

"큐비즘"이 현대적인 이미지의 출발점이라고 잘못 이해하듯이, "추상예술" 역시 공간적 접근방법과 관련한 여러 운동을 일컫는 말로 잘못 이해되고 있다. "추상적"이나 "입체적"이라는 용어가 중요한 것이 아니다. 정말 중요한 것은 새로운 접근방식, 즉 새로운 공간적 표현과 그 표현을 가능하게 하는 수단이 발견되었다는 점이다.

실험실의 연구가 오랜 실험과정을 통해 서서히 결실을 맺게 되는 것처럼 이러한 새로운 공간적 표현도 서서히 이루어진 것이다. 그러나 실용예술과 과학의 경우처럼 그 결실도 잠재의식 속에 갑자기 표출되었다.

큐비스트들은 대상을 분해하여 그것의 내적 구조를 파헤치려 했다. 그들은 현대과학이 물질의 법칙을 확대한 것처럼 시각의 범위와 차원을 확장하려 했다. 따라서 현대의 공간적 접근방법은 그 관계에 대한 단일 시점으로부터 벗어나야 했다. 첫 번째 시기(1910년 바로 직전)동안 알프레드 바르가 지적한 것처럼 "자연적인 형태의 표면을 각진 면으로 부수면서 이러한 대상의 분해과정이 이루어지게 되었다." 새로운 공간 표현에 관한 연구에 모든 관심이 집중되었으며 이 결과로 초기에는 색채에 대한 고려가 거의 없었다. 그림의 색채는 르네상스의 그리자이유(역주: 잿빛으로 그리는 장식화법)나 19세기의 사진처럼 회색빛이거나 잿빛이었다. 선의 파편들은 여러개의 개방적인 각도를 형성하면서 화면 위에 부유하고 있다. 이 각들은 검정색으로 된 응집

부분이 되고 있다. 이러한 각들과 선들은 성장하고 팽창하기 시작하며 이 각과 선중에서 공간 - 시간 표현의 구성적 사실들 중의 하나인 면(plane)의 존재가 갑작이 발전되어 나온 것이다.(도판. 257)

437쪽 31줄 Fifth Edition

선과 각도를 현실감있게 고정시키는 지침이 완전히 배제된 상태에서 큐비즘이 발견한 면의 돌출과 후퇴, 상호 관입과 부유, 투명성 등은 투시도의 선들과 근본적으로 다른 것이었다. 투시도 선들은 단 하나의 초점에 모이게 되어 있다.

자연적인 특성이 배제된 지금까지의 면 그 자체는 감성적인 내용을 거의 담고 있지 못했다. 그러나 오늘날 면들은 예술의 표현수단에서 중요한 위치를 차지하고 있으며 다양하고 여러 가지 상이한 방식으로 사용되고 있다. 인식 가능한 대상물의 파편으로 사용되기도 하며 내부와 외부를 동시에 나타내기 위해 병이나 파이프를 평평하게 만들 때에도 사용되며, 정신적인 반응과 동일한 완전히 비합리적인 형태를 구축하는데도 사용된다.

1912년경에는 새로운 요소들이 나타났다. 즉, 새로운 재료(종이 조각, 톱밥, 유리, 모래 등)를 가지고 면을 돋보이게 하거나 면에 힘과 지배감을 나타내거나 촉각이라는

257. 피카소, 정물, 1914년경

부가적인 효가를 가했다. 비록 미미한 정도이지만 색채가 도입되었을 때에도 안료라는 재료를 강조하기 위해 색깔은 오염되고 거칠게 칠해졌다. 이러한 콜라주에서 천 조각이나 신문조각, 때대로 하나의 단어로만 이루진 필사본들이 새로운 상징물로서 그 위력을 가지게 되었다.

258. 브라크, 콜라주, 1913.

259. 몬드리안. 구성.

260. 말레비치. 구축, 1920년경

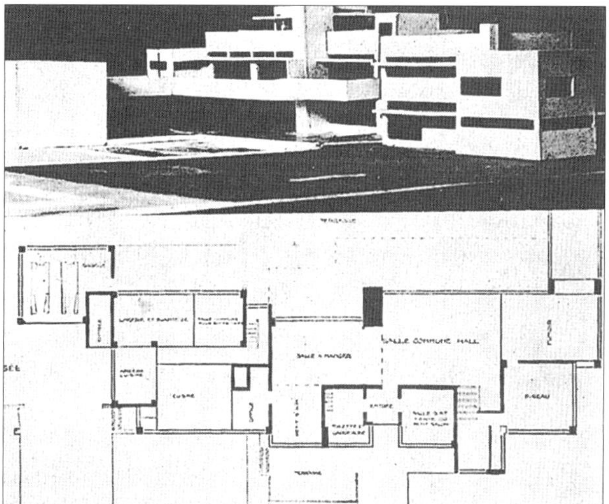

261. 데오 반 되스부르크와 반 에스테렌. 빌라 계획안, 1923.

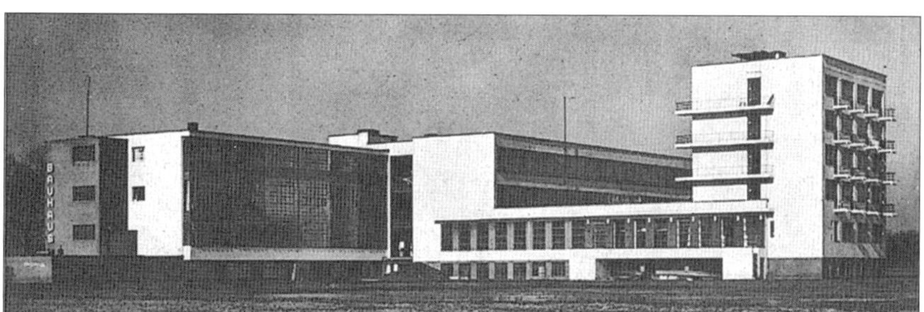

262. 월터 그로피우스. 바우하우스, 1926.

콜라주를 통한 제 1기의 회색빛 배경에서부터 색채의 재도입에 이르는 과정이 계속되었고 20세기 초에 접어들면서, 피카소와 브라크의 정물화에서 절정을 맞을 때까지 이 과정은 점차 강화되고 다양해졌다. 이 무렵, 큐비즘에서 가장 애호된 색채가 매우 강력한 요소로 사용되었다. 이와 동시에 병이나 기타 등과 같은 일상용품들에서 축출해낸 곡선적인 형태가 도입되어 단순하게 재창조되었다. 이제 더 이상 색채는 자연적인 재생산을 이루는데 결정적인 역할을 하지 않게 되었다. 하나의 공간 형식으로 사용되면서 색채는 대상과 분리되었고 색채를 하나의 본질적인 존재로 인식하려는 노력이 이루어지고 있었다.

Fifth Edition 439쪽 07줄

큐비즘은 서양 세계에서 오랜 문화를 가진 프랑스나 스페인과 같은 나라에 속한 예술가들에 의해 이루어졌다. 큐비즘이 널리 알려지면서 이와 같은 새로운 공간개념은 지나간 시대의 요소들에 의해서 발전되었다. 큐비즘의 상징물들은 합리적이지 않았고 건축이나 실용 예술에 직접 적용되지도 않았지만, 예술적인 상상력을 펼칠 수 있는 방향과 활력을 제공했다. 앞서 언급한 것처럼 큐비스트들의 노력을 본받아온 인물들이 여러 나라에서 등장하였다. 프랑스의 오장팡과 르 꼬르뷔제, 러시아의 말레비치, 헝가리의 모홀리 나기, 네덜란드의 몬드리안과 반 되스부르크 등을 들 수 있다. 이들은 모두 큐비즘을 합리화하려고 노력했다. 즉 그들은 큐비즘의 탈선적인 경향들을 고치는 것이 필요하다고 생각했다. 이러한 노력의 절차는 각 집단마다 다르게 이루어졌지만 각 집단은 모두 합리화를 추구했으며 건축으로 관심의 방향을 돌렸다.

1917년 오장팡과 잔느레(르 꼬르뷔제)가 젊은 층의 화가로서 서로 결합했을 때 그들은 자신들의 그림을 "퓨리즘"이라고 명명했다.**(도판. 313)** 이 운동 이전의 여러 운동(**러시아의 구성주의**, 네덜란드의 신 조형주의)과 비교해 볼 때 프랑스 문화에서 자라난 퓨리즘은 큐비즘이 의도한 목적에 가장 근접해 있었으며 건축과도 가장 긴밀한 관계를 가지고 있었다.

'독립 살롱'에서 개최된 큐비스트 전시회 2년 뒤에 러시아에서는 카시미르 말레비치에 의해서 대상 자체를 제거하려는 추상예술 운동이 등장하였다. 이 운동은 강한 상징성을 가지는 몇 개의 기호(sign)를 이용하여 그림의 범위를 축소시키면서 자연적인 대상물 자체를 부정하고 탈피하려 했다. 이 운동을 표방하는 그림들이 성취한 것은 근본적이며 순수한 상호관계성 정도였다. 평평하게 확장된 사각형들과 줄무늬는 순수한 인간적 척도라는 것이 존재하지 않는 공간에서 연속적인 상호 관계를 이루면서 부유하고 있다.

상호 관계성, 부유성, 관입 등은 반(半) 조형적인 말레비치의 건축적 고안물의 기반을 형성하고 있다. 그는 이 고안물을 "아키텍토넨(architectonen)"이라 불렀다. 이러한 오브제들은 특정한 목적을 위해서 고안되 것이 아니라 공간을 연구하기 위한 연구 차원에서 이해해야 한다. 여러 각기둥과 슬래브, 표면 등이 서로 관통하거나 일부분을 차지하게 될 때 이 요소들 사이에는 상호 관계성이 형성된다.(**도판**. 260) 함축된 정신의 측면에서 볼 때 이 고안물은 1960년경에 이루어진 소위 거대구조물(megastructure)과 유사하다.

네덜란드 출신의 화가 몬드리안이 명명한 **신 조형주의**는 삼차원적인 볼륨을 조형성의 새로운 요소인 평면으로 축소시키려는 의도를 가지고 있다. 몬드리안은 순수한 색채와 면이라는 기본적인 요소와 각 요소들의 평형상태와 상호 관계성만을 중점적으로 다루면서, 실물과 유사하게 그리려는 모든 기법에서 탈피하고자 했다.

데오 반 되스부르크와 1917년 이후 그가 창간한 '스틸'지(誌)를 중심으로 모인 소규모의 젊은 예술가 집단들은 프랑스의 건축가나 화가들보다 더 급진적인 양상을 었다. 반 되스부르크와 몬드리안은 외적 동기에 의해 편향되지 않는 "순수 예술"을 추구했다. 그들은 모든 것을 면과 파랑, 빨강, 노랑 등의 순수한 색채의 배열이나 병렬로 표현했다. 이러한 조합에 검정색과 다양한 흰색톤을 가미해서 모든 요소를 네모꼴의 사진틀 안에 배치했다.

이러한 집단에 속한 벨기에 출신의 반통거루는 1918년의 조형 작품에 구사한 각기둥과 슬래브, 구멍들을 통해 현대 조각도 회화처럼 더 이상 단일한 시점에 한정되지 않는다는 것을 보여주었다.

이 집단의 주도적인 인물인 반 되스부르크는 화가이자 저술가이며 건축가였다. 비록 그는 많은 건물을 만들지는 못했지만 건축역사에서 그의 존재는 결코 무시되어서는 안 된다. 그는 말레비치처럼 새롭게 확장되는 공간 감각을 인식할 수 있는 재능을 가졌으며 마치 연구실에서 행하는 실험처럼 그것을 표현하고 설명할 수 있는 능력을 겸비하고 있었다.

그 당시의 사람들이 "건축의 기본적인 형태"(선, 면, 볼륨, 공간, 시간)를 표현한 그의 작품을 해체된 넌센스 정도로 여긴 것도 어쩌면 당연하다(**도판**. 81). 중재적인 발달과정을 회상할 수 있는 이점을 가진 오늘날의 관찰자는 상호관입하는 이러한 평면에 대해 그 당시와는 다른 입장을 가지고 있다. 왜냐하면 이때 이후에 등장한 현대건축의 상당 부분이 어느 정도까지 이러한 공간 개념을 수용하고 있는지를 직접 보았기 때문이다.

Fifth Edition 442쪽 35줄

1923년에 접어들면서, 암스텔담 도시계획가가 된 반 에스테렌과 함께 반 되스부르크는 이 당시에 지어진 다른 어떤 건물보다 더 대담한 주택을 만들어냈다. 주택의 응집된 매스감과 지붕의 접근성, 수평적인 창문열 등을 해체하려는 의도가 잘 나타나고 있으며, 실제로 후에 다양한 예로 현실화 된 모든 특성들이 이 주택안에 담겨 있다. 이보다 10년 앞서 만들어진 면들의 파편과 신문조각, 서로 다른 종이들로 구성된 게오르그 브라크의 콜라주를 이 주택의 복제품 옆에 나란히 놓는다면, 건축과 미술에 적용된 예술적 표현의 동일성에 관해 더 이상의 설명이 필요하지 않을 것이다. 말레비치의 건축기술적인 연구물도 이 주택과 비유될 수 있을 것이다. 그 결과는 마치 말레비치 조각의 숨겨진 표면이 갑자기 눈에 들어오는 것과 같은 효과를 얻게 될 것이다. 1920년대에 들어와서 여러 운동이 주창했던 정신이 또 다른 형태와 분야, 완전히 상이한 나라에서 등장했다는 것은 분명한 사실이다.

주

1. 우리는 여기서, 예술과 건축, 공학의 공통적인 배경을 이해하기 위한 방편으로, 그 방법론이 현대의 공간 개념과 직접 관련있는 예술분야의 운동들을 다룰 것이다. 이러한 예술 운동을 이해하기 위해서는 뉴욕 현대 미술관의 상세한 카탈로그가 큰 도움이 될 것이다. Alfred H. Barr의 Cubism and Abstract Art(뉴욕, 1936)과 Robert Rosenblaum의 Cubism and Twentieth Century Arts(뉴욕, 1960)을 참조할 것. 역사적인 측면에서 집중적이며 간단하게 조사하려면 J.J. Sweeney의 Public Rediredtion of the Twentieth Centry(시카고, 1935)를 참조하고, 그 당시의 예술이 교육이나 산업 디자인, 일상생활과 어떠한 관계를 맺고 있는지에 대해서 조사하려면 Moholy-Nagy의 Thc Ncw Vision(뉴욕, 1938)을 참조할 것. 당시의 조각과 원시 예술의 긴밀한 관련성과 자연을 바라보는 인간의식의 확대는 C. Giedion-Welcker의 Contemporary Sculpture(뉴욕, 1955)에서 강조되어 있다.

움직임에 관한 연구: 미래파

The Research into Movement: Futurism

1910년대에 접어들어서 물리학은 내부적인 변화로 인해서 심하게 동요했다. 이 변화는 아리스토텔레스와 피타고라스주의자들 이후 가장 혁명적인 사건이다. 이 사건은 바로 **시간 개념**에 관한 것이었다. 기존의 시간은 두 가지 방식 즉, 현실적인 측면과 주관적인 측면 중의 하나로 인식되었다. 현실적인 측면의 시간은 여타의 현상과 전혀 관계를 가지지 않고 다른 대상의 존재에 구속되지 않으며 관찰자 없이도 존재하고 지속되는 것으로 여겨진다. 그러나 주관적인 측면의 시간은 관찰자와 분리되어 존재할 수 없고 경험을 통한 의식에서만 나타나는 것으로 여겨진다. 오늘날에 와서 시간을 새롭게 해석하는 방법이 등장했으며, 이 방법에는 매우 중요한 함축적 의미와 결코 과소평가 되면 안 될 영향력이 담겨 있다.

이 책을 시작하면서 지적한 것처럼 위대한 수학자인 헤르만 민코브스키가 처음으로 단호하고 명확하게 이러한 개념의 근본적인 변화를 선언한 때는 1908년이었다. 그는 다음과 같이 주장했다. "공간 자체와 시간 자체는 하나의 단순한 그림자로 하락될 운명에 처해 있다. 어떠한 형식으로든 서로 결합되어야 각각의 존재를 유지하게 된다." 443쪽 14줄 Fifth Edition

마찬가지로 이와 동일한 문제에 예술의 관심이 집중되었다. 미래파와 입체파처럼 구성적 사실들이 내재된 예술 운동들은 시간과 공간의 새로운 결합체를 예술언어에 적용함으로써 시각의 범주를 확대하려고 했다. 지성과 감성의 영역에서 독립적이면서도 동시에 동일한 문제로 부상된 것은 보편적 문화를 암시하는 하나의 징표이다.

르네상스 시대 동안 보편적인 예술적 인식체라 할 수 있는 투시도는 선을 중시하는 하나의 예술가 집단과 색채를 중요시하는 또 다른 예술가 집단에서 표방되었다. 오늘날도 마찬가지로 공간 - 시간이라는 보편적인 배경은 공간적 표현을 중시하는 큐비스트들과 움직임에 관한 연구를 중요시하는 미래주의자들에 의해서 연구되고 있다.

야곱 부르크하르트에 따를 것 같으면, 이 당시의 이탈리아는 '무덤처럼 조용하게' 여겨졌다. 미래주의자들은 이러한 조용함에 반기를 들었다. 그들은 이탈리아가 현재의 실상과 요구로부터 탈출하려는 사람들의 도피처로 하락하는 것을 부끄럽게 느꼈다. 그들은 박물관의 희미한 동굴에서 예술을 해방하고 근대적인 지성과 감성을 예술에 한껏 불어 넣으면서 '순간'이란 확실한 용어로서 예술을 표현하고자 했다. 폭발적인 삶, 움직임, 행동, 영웅주의 등 인간 삶의 각 단계와 정치, 전쟁, 예술 등의 '삶'은 그들의 행동지침이었다. 즉 그들은 우리시대가 지닌 힘을 통해 새로운 미와 감각을 발견했던 것이다. 그들은 "역사상 최초의 이탈리아 젊은이"로 불려질만한 인물들이다.▼1

Fifth Edition 444쪽 29줄

시작부터 그들은 완전한 투쟁 상태로 들어갔고 호전적으로 자신들의 주장을 대중에게 전했다. 시인 마리네티는 1909년 2월 파리지안 피가로 지(誌)에 다음과 같이 선언했다. "**세상의 장관은 새로운 미를 통해 더욱 풍부해질 것이다. 이 아름다움은 바로 속도감이다.**" 로마에 있는 그의 아파트는 지금까지도 "미래파 운동"의 거점으로 여겨지고 있다. 1912년의 "제 2차 미래파 회화의 기술선언"에서 "물체가 공간을 통과하면서 움직일 때는 마친 진동할 때 처럼 여러 가지 모습으로 나타나고 왜곡된다"는 중요한 발견을 발전시켰다. 그들의 그림 중에 가장 흥미로운 것은 이러한 예술적 원리를 현실에 드러냈다는 것이다.

미래파의 그림과 조각, 건축은 움직임과 움직임을 통한 상호관계성, 상호 관입, 동시성의 재현에 기반을 두고 있다. 그들은 자신들이 이룬 최상의 조각에 대해 어떠한 의구심도 갖지 않았다. 미래파를 주도했던 사람들 중에 한 사람인 움베르토 보치오

263. 보치오니, "공간에서 진화하는 병",1911~1912.

니는 1916년 너무 젊은 나이에 사망했지만 미래파의 목적을 가장 명확하게 전했던 인물이었다. 회화의 본질을 더 깊이 파고 들기 위한 노력으로, 그는 나중에 원자이론에서 등장하는 것들을 미리 예측하면서 자신의 예술언어를 추구했다. 그의 이 언어는 다소 모호하게 느껴지는 오늘날에도 계속되는 그의 창조적인 경험과 함께 빛을 발하고 있다. 그는 다음과 같이 지적했다. "새로운 형태를 발견하기 위해서는 대상 자체를 창조하려는 의지가 숨어 있는 사물의 중앙 핵에서부터 시작해야 한다. 그리고 이 형태를 통해 눈에 띄지 않는 내적 조형성과 외적 조형성의 무한성이 사물에 부여된다."

보치오니는 이러한 언급을 통해서 운동 상태에서 사물을 인식하는 새로운 조형감각에 대해서 설명하려 했다. 1911년에서 1912년에 걸쳐 완성된 그의 조각 "공간속에서 진화하는 병"에서 공간적인 면을 서로 교차시키는 것을 통해 이러한 의도를 직접적으로 반영하였다. 그 당시의 몇 안 되는 조각 분야의 걸작품에 해당되는 이 작품은 새로운 예술적 언어로 일상에 사용되는 대상물을 다룸으로써 이 사물들의 내적인 의미와 중요성을 표현하고 있다. 이 작품의 경우에서 알 수 있듯이 때때로 입체파와 미래파의 작품은 동일한 공간개념을 공통적인 기반으로 공유한다는 점에서 서로 긴밀히 관계가 있다.

미래파나 입체파에 속하지 않는 프랑스 화가 마르셀 뒤샹도 이와 비슷한 시기(1912)에 "계단을 내려가는 누드"라는 그림을 그렸다. 이 그림에는 '움직임'이 수학적인 틀로 분해되어 있으면서도 비합리적인 예술의 다층적인 의미로 둘러싸여져 있다. 445쪽 25줄 Fifth Edition

264. 발라. "칼 새: 운동과 역동적 연속성의 궤도", 1913.

대부분의 경우에 미래파들은 움직임 자체를 마치 하나의 주제나 소재로 나타내고 (1911년 보치오니의 "탄성력", 1912년 카라의 "역동적인 힘, 동시성", 1913년 발라의 "속도감"), 운동상태에서 사물과 신체를 보여주려고 (매스상의 움직임을 나타내기 위한 지노 세베리니의 춤 연구인 1911년의 "댄스 판 - 판", 1913년 발라의 "일하는 개", 1913년 카라의 "덜거덕거리는 뚜껑") 했다.▼2

Fifth Edition 446쪽 01줄

미래파와 입체파 모두 1차 세계대전이 일어난 1914년 이전에 이미 시각적인 차원을 확대하는데 성공했다. 큐비스트들은 미래파들보다 수동적이고 자기 주장이 강하지 못했다. 미래파적인 의미의 전사(戰士)가 아니라 작업에 열중하는 순수한 연구인으로서 그들은 허세를 부리지 않고 조용히 현대적인 예술언어의 상징물들을 마련하면서 작업실을 지켜나갔다. 브라크나 피카소는 자신들의 이론을 기술한 심오한 저술서를 전혀 남기지 않았다. 심지어 "큐비스트"라는 이름도 다른 사람들이 그들을 호칭하기 위해 만든 것에 지나지 않는다. 그들은 근육의 역학이나 자동차 등의 움직임 그 자체를 그리려 한 것이 아니라 일상 용품을 그린 정물화를 통해서 공간 개념을 표현하는 예술적 수단을 찾으려고 했다. 큐비즘이 여러 분파를 탄생시킨 것도 바로 이러한 이유 때문이다. 또한 이 때문에 생활이 아니라 실험실에서 자신들의 예술적 문제만을 고민했던 화가들도 건축에서 새로운 공간 개념이 표현될 수 있는 원동력을 제공할 수 있었던 것이다.

움직임의 원리를 건축에 직접적으로 적용하려는 것은 근본적인 문제를 놓치는 결과를 초래한다. "신도시" 프로젝트와, 여러 단계로 설치된 교통로들, 승강기, 지하철 등이 연결된 고층아파트 프로젝트를 통해 안토니오 샹 텔리아는 현대도시의 예술적 요소인 움직임에 대한 미래파적인 애정을 표현하고자 애썼다.(**도판**. 192) 같은 시대에 행해진 말레비치의 조각적 연구물과 마찬가지로 그의 "신도시"는 1960년에 처음으로 그 모습을 드러낸 여러 양상들을 표현하고 있다. 1960년대는 도시에서 이루어지는 움직임이 도시 형태의 문제점으로 인식되었고, 인도와 차도를 분리하기 위해 서로 다른 레벨의 도로를 선보였던 시기였다. 샹 텔리아의 재능이 개발되었는지 여부는 알 길이 없다. 그는 동시대인인 르 꼬르뷔제가 아직 자기 실현의 단계에도 접어들지 못했던 1916년에 사망했다. 비록 샹 텔리아의 예언자적인 시각이 바로 뒤이어 온 건축의 방향을 결정짓지는 못했지만, 모든 사람들이 명확한 길잡이를 필요로 하던 시기에 새로운 견해를 제시해주었다. 그는 밀라노에서 열린 전시회 기획의 일환으로 1914년 2월에 발행된 선언문에서 새롭게 개발된 모든 건설 자재를 사용한 고도의 탄성과 가벼움을 가진 건축을 주장했다. 철과 페로 콘크리트로부터 직물 섬유나

직물 종이처럼 화학 작용에 의해 만들어진 합성 물질 등이 그러한 자재에 속한다. 그가 요구한 이러한 기술적인 요구 이면에는 이동성과 변화라는 그의 예술적 의도가 담겨 있다. 그는 자신이 이루고자 한 것을 "집을 가진 모든 세대!" 라는 몇 마디 말로 함축했다.

실험실에만 안주했던 사람들은 그 자신들의 작품을 위해 거리로 나가야만 하는 시기가 있기 마련이다. 때때로 이러한 행동이 적절한 기능을 할 때도 있다. 그러나 보통 예술가들은 이러한 행동 때문에 그들의 작품이 위험에 노출되는 경우에 직면하기도 한다. 아마 미래파들은 모든 종류의 인간 활동에 자신들의 주장을 적용하려고 지나치게 몰두한 나머지 그들이 펼친 운동은 비록 우리 시대에 와서는 무시될 수 없는 위치를 점유하고 있기는 하지만 화산 폭발물처럼 비교적 단기간에 끝나 버렸다. 그 그룹의 능력있는 사람들이 너무 일찍 죽고, 나머지 사람들은 애석하게도 평범한 작품만을 남기고는 열정을 잃었다는 점에서 미래파는 불운했다고 할 수 있다. 활동이 활발하던 몇 년을 제외하고는 미래에 유산이 될 만한 것을 거의 남기지 못했다.

미래파는 큐비즘이 가졌던 기회를 잡지 못했다. 큐비즘은 근대적인 발전의 많은 측면에서 나타나는 모든 단계를 통해 예술적 연구의 결과물들을 모아, "게르니카"라는 하나의 위대한 작품에 모든 노력을 가하면서 축적된 결과를 하나로 통합해냈다.

448쪽 10줄 Fifth Edition

주

1. 미래파의 문학적 의도들을 조사하려면 그 창시자인 Marinetti가 Enciclopedia italiana 제 15권(1932)에 쓴 글을 참조할 것.
2. 가장 중요한 최초의 미래파 발전 단계를 보여주는 삽화들은 Boccioni의 전시회와 선언문에 관한 참고문헌이 있는 400페이지 분량의 Pittura, scultura futuriste(밀라노, 1914)에 있다.

오늘날 회화

Painting Today

Fifth Edition 448쪽 16줄

1910년대 이래 공간에 대한 연구는 새로운 개념에 관해 가졌던 원래의 주관심을 잃지 않으면서도 다양한 방면에서 연속된 단계를 거쳐 발전을 거듭하였다. 1930년대의 연구성과는 30년동안의 모든 경험이 한꺼번에 응축된 **피카소의 "게르니카"**라는 한 점의 그림을 통해 잘 나타나고 있다. 곡선으로 된 면과 상이한 질감이 사용된 이 그림에는 동시성과 내·외부공간의 관입 등이 잘 표현되어 있다.▼1 그러나 이러한 특징과 별도로 스페인 전쟁을 다룬 이 벽화는 르네상스 초기의 작품과 파올로 우첼로의 작품 이래로 최초의 현실적인 역사화에 해당될 것이다. 육체적 고통과 파괴(죽은 아이를 안고 있는 어머니, 불타고 있는 집에서 뛰어내리는 여자, 창에 찔린 말, 팔다리가 잘려나간 전사, 부러진 칼을 꼭 쥐고 있는 절단된 손)를 강력한 상징체로 전환할 수 있었던 예술가가 강력하게 표현한 것은 바로 한 국가의 비극이었다.

이러한 파괴의 요소들은 모두 손을 뻗어서 무언가를 잡고 있는 양과 큰 황소에 의해서 승리를 외치는 형태로 표현되고 있다.

이러한 대량학살 장면 위에 "학생들을 위한 야간 전구에 의해 빛나는 낮의 눈"이 빛나고 있다. 이 그림은 많은 변형과 습작 과정을 거쳤으나 디테일 중에 한 부분은 거의 변하지 않은 상태로 남아 있다. 길게 늘어진 두 개의 머리와 위로 휘날리는 머

265. 에드거톤. 테니스 선수의 스피드 사진, 1939.

266. 피카소. "게르니카", 1937, 부분 사진.

리카락, 움직이는 큰 곡선으로 연결된 목과 턱, 얼굴로 응축된 형태로 상징적으로 처리된 비행기가 쇄도하는 모습 등은 구(球)처럼 생긴 삼각형으로 둘러 싸여져 있다. (도판. 266) 피카소의 이러한 상징물들이 어느 정도까지 내적인 진실을 함축하고 있는 지는 에드거튼의 스트로보(역주: 섬광 촬영장치)에 의해서 잘 나타나고 있다(도판. 265). 사진술상의 스트로보는 인간의 눈으로 인식할 수 없는 부분까지 움직임을 분해한다. 이러한 스트로보적인 사진술에 관한 연구는 창조적인 예술가가 만든 것과 과학자가 만든 것이 얼마나 밀접한 관계를 가지고 있는가를 분명하게 보여준다. 당시 무명의 예술가였던 피카소 같은 인물이 과학적 기법으로 후에 확증된 어떤 한 현실의 직관적 상징을 연출한 것이다. 파리의 세계박람회에서 합법적인 스페인 정부관(館)에 "게르니카"가 걸렸다는 점을 잊어서는 안 될 것이다. 이 그림이 걸리기까지는 피카소의 친구이자 이 관(館)을 설계한 호세 루이 서트의 노력이 크게 작용했다.

주

1. 초기 시대와의 관련성도 분명하게 드러나고 있다. 즉 르 꼬르뷔제가 언급한 것 처럼, 불타고 있는 집에서 뛰어 내리고 있는 여자의 모습은 라파엘의 "Fire of Dorgo"와 비교할 수 있다.

건설과 미학: 슬래브와 면
Construction and Aesthetics: slab and Plane

로버트 마일라트의 교각
The Bridges of Robert Maillart

1908년경에 이르러, 우리가 의식하지 못한 상태에서 과학의 방법론과 예술의 방법론이 유사해지는 과정은 이미 앞에서 언급했다.▼1 이러한 현상의 한 예로 건설과 회화분야에서 이전에 한 번도 시도된 적이 없는 문제를 해결하려는 노력 중에 동일한 기본 원리에 도달했다는 것을 지적했었다. 스위스 공학자인 로버트 마일라트가 설계한 교각들을 통해 이 주제를 다시 생각해보자. 이 교각을 통해 기본적 요소들을 서로 비교하고 새로운 건설방법에 의해 형성된 미학적 효과의 발생방법을 조사할 수 있을 것이다.▼2

오늘날의 예술에 의해 발전되고 형성되어온 미학적 감각을 가진 사람들은 마일라트의 교각에 의해서 자극을 받을 수밖에 없다. 왜냐하면 이 교각들의 모습을 보면서 어떤 의문을 품기 전에 이미 매료될 것이기 때문이다. 혐오감과 매력을 동시에 주고 있는▼3 마일라트의 놀라운 디자인은 새로운 건설방법을 강경하게 사용함으로써 가능했던 것이다. 마치 비행기가 우편마차를 달고 다니는 것처럼 이 교각들은 견고한 아치와 교각, 기념비적으로 강조된 받침기 등을 특징으로 하는 보통의 육중한 교각들과는 전혀 다른 모습을 보여주고 있다.

Fifth Edition 451쪽 11줄

그렇다면 마일라트의 건설방법이 가지는 독특함은 무엇일까?

보강 콘크리트가 처음으로 사용되던 시기에 목재와 철을 사용할 때에는 동일한 건설방법이 채택되었다. 나무 줄기인 목재는 마치 철이 긴 거더로 압연될 때 길어지는 것처럼 일정한 길이를 가지고 있다. 한 가지 차원, 즉 하중을 전달하는 차원만이 중요한 것이다. 그가 지적했듯이 "엔지니어들은 일차원적인 지지력만을 제공하는 이러한 기본 재료를 사용하는데 너무 익숙해 있어서 곧 타성에 젖어들어 다른 가능성을 발전시키지 못한다. 보강 콘크리트가 소개될 때의 상황이 바로 이러했으며 처음 얼마 동안에는 변화가 거의 없었다."

마일라트는 헨네비크의 제자였다.▼4 헨네비크의 보강 콘크리트 구조는 복조 건물처럼 보와 기둥을 가지고 있었다. 목구조를 본딴 보는 벽과 벽, 기둥과 기둥을 가로지르면서 평평하고 지지력 없는 슬래브 형태로 천장에 놓여 있었다.

452쪽 04줄 Fifth Edition

마일라트는 교각 설계에서 기능적이지 못한 모든 것을 제거하기 시작했다. 따라서 교각의 구성요소들은 모두 구조의 일부분이 되었다. 이러한 부분을 새로운 구조적 요소로 다루기 시작하는 그는 강화 콘크리트 슬래브를 개발해서 이러한 부분을 숨겼다. 이러한 과정을 통해 얻은 것이 바로 아이디어의 기초가 되었다. 즉 교각에 플로링 아치나 솔리드 아치를 설계할 때 보를 사용하지 않고도 콘크리트로 된 평판 슬래브나 유선형 슬래브를 보강할 수 있다는 점이다. 계산에 의해서만 이러한 특성을 가진 슬래브에 생기는 하중을 결정하기란 매우 어렵다. 확실한 결과치를 얻으려면 이 글에서 자세히 설명할 수 없는 과정을 거쳐야 한다. 이 과정이 계산과 실험을 동시에 거친다는 점만을 언급할 수 있을 뿐이다. 엔지니어들이 정확한 계산이 불가능한 시스템을 채용하는 현상(셀 콘크리트 구조의 경우처럼)은 오늘날에도 쉽게 볼 수 있다. 마일라트의 시대에서 볼 수 있었던 전형적이고 절대적이며, 미리 확인되고 입증된 계산방법과는 대조적인 모습인 것이다.

슬래브는 건설부분에서 애매하고 수동적인 역할을 해왔다. 반면에 마일라트는 모

267. 마일라트, 취리히에 있는 도매상, 1910. 유럽에 나타난 최초의 버섯모양 천장. 중요한 점은 보가 사라졌다는 것이다. 즉 바닥판 전체가 슬래브처럼 다루어지고 있다. 새로운 요소는 보강 슬래브이며 슬래브 표면의 모든 점이 똑같은 크기의 하중을 받도록되어 있다.

든 종류의 하중을 부담할 수 있는 표면을 만들어 슬래브의 적극적이고 능동적인 역할을 강조하는 원리를 더욱 발전시킴으로써, 앞서 보강 콘크리트로는 할 수 없었던 역할에 적용할 수 있는 종합적인 지지시스템을 개발하였다. 새로운 형태의 바닥판을 완성하려고 했는지 아니면 교각 건설의 새로운 원리를 구축하려 했는지는 알 수 없지만, 항상 보강 콘크리트 슬래브를 적극적인 구조 요소로 사용하는 기본 원칙을 고수했다.

Fifth Edition 452쪽 30줄

마일라트는 1908년부터 **보가 없는 바닥판**에 관한 실험을 시작했다. 바닥 전체를 보강함으로써 바닥을 구조적인 역할을 하는 요소로 전환시키면서, 바닥판을 콘크리트 슬래브처럼 다루었다.(**도판. 267**) 요즈음에는 구조물의 표면을 이루는 모든 요소들이 독립지지 시스템을 따르고 있기 때문에 바닥판 때문에 그 기능이 사라진 보는 더 이상 필요하지 않게 되었다. 이러한 종류의 바닥판이 부담하는 하중이 늘어날수록 바닥판의 실용적인 사용상의 요구는 증가하게 되었다. 따라서 이러한 바닥판은 창고 건물이나 공장, 그리고 대규모 고층 빌딩에 널리 사용되기 시작했다.

이런 종류의 바닥판을 지지하는 가지 모양의 기둥들을 보면 과거의 전통적인 구조 양식이 생각난다. 도매상 건물의 지하에 사용된 기둥들은 로마네스크 납골당의

268. 마일라트. 라인 강위의 타바나사 다리, 그리슨, 1905. 길이: 51미터, 폭: 3.60미터, 비용: 28000스위스 프랑, 시스템: 삼핀 접합. 마일라트는 이 다리에서, 아치와 교량의 도로부분을 결합하여 하나의 구조 유니트로 만듦으로써 이음매가 없는 구조를 처음으로 개발하는데 성공했으며 구조에서 불필요한 것을 제거함으로써 새로운 예술적 가치를 창조했다. 이 다리는 산사태로 1927년에 붕괴되었다.

육중한 지주(支柱)와 유사하며, 지상층에 사용된 기둥들은 후기 고딕의 가는 야자나무 형태의 기둥과 유사하기 때문이다. 그러나 사실상 버섯머리 형태의 기둥들은 피상적인 유사성만 있을 뿐이다. 그 이유는 바로 샤프트의 모양이나 샤프트 위의 주두에서 볼 수 있는 돌출 내쌓기(corbeling)에 따라 구조적인 차이점이 생기는 것이 아니라 눈으로 볼 수 없는 천장 위의 전달 하중에 따라 결정되기 때문이다.

이러한 바닥판은 길이 방향과 너비 방향의 표면 모두에 동일한 구조 시스템이 적용되기 때문에 바닥판 가장자리는 추가 하중을 부담하도록 캔틸레버로 처리할 수 있다. 따라서 바닥판은 각층의 상호 관입을 위한 연속 익스팬스처럼 비내력벽과 함께 사용하는 것이 좋다. 도매상 건물처럼 어두운 곳에는 이 바닥판과 비내력벽의 결합효과를 얻기가 쉽지 않다. 왜냐하면 버섯형태의 슬래브 구조는 모든 방향으로부터 주광(晝光)의 들어와 실내를 가득채우는 그런 건물에나 어울리기 때문이다.▼5

454쪽 05줄 Fifth Edition

미국 엔지니어인 터너는 마일라트보다 1년 앞서 버섯형태의 구조시스템을 연구했지만 20세기초이래 교각 설계에 슬래브를 기본적인 요소로 사용한 사람은 스위스 엔지니어인 마일라트였다.▼6 미국의 구조 설계자들은 슬래브란 각 방향으로 응력을 전달한다는 사실을 포기하지 않았고, 교차보처럼 바닥판에 사선으로 가로지르는 막

269. 마일라트. 살지나토벨 다리, 길이: 92미터

270. 마일라트, 슈반트바흐 다리, 캔톤 베른, 1933. 항공사진. 마일라트는 교각 구조를 평평하거나 굴곡진 슬래브로 변형시켰다. 이때까지 구조에서 해결하기 어려운 것으로 알려진 슬래브의 경직성은 마일라트를 통해 실제로 힘을 받는 표면으로 변했다. 굴곡진 얼라인먼트 위에 지어진 콘크리트 교각에 허용될 수 있는 비틀림 변형만이 이러한 구조 방식에 사용될 수

271. 마일라트, 슈반트바흐 다리, 캔톤 베른, 1933, 슬래브

대를 끼워넣었다. 실제 건설과정에서 미국인들은 슬래브의 구조적 역할에 대해 완벽하게 이해하지 못했으며 그 결과 버섯머리 기둥의 형태를 사용한다는 것은 구조적으로 어딘가 부족한 사람들이나 할 수 있는 일이라고 생각했다. 얼핏 보면 그리스의 도릭 오더처럼 이러한 기둥들은 천장과 지주의 머리부분 사이에 끼워진 임시 슬래브처럼 인식된다. 구조분야와 관련하여 필자가 아는 바에 따르면 미국 엔지니어들은 아직도 슬래브를 교각 건설분야에서 제일 중요한 요소로 인식하지 못하고 있다고 한다.

Fifth Edition 458쪽 01줄

마일라트는 일찍이 1900년에 이러한 원리를 교각 설계에 적용하였으며, 연이어 1905년 타바나사다리에서도 구조의 모든 겉치레를 대담하게 없앴다. 스팬이 51m에 달하는 이 다리는 완전히 전례없는 형태를 보여주었으며, 그 형태는 그가 바닥판에서 즉시 보를 제거한 것처럼 교각에서 육중한 보를 없애버렸기 때문에 생긴 것이다. 육중한 보 대신에 얇은 유선형의 보강 콘크리트 슬래브로 아치를 만들었다. 이 슬래브는 플랫폼의 수평 슬래브와 일련의 보강된 수직 슬래브들을 함께 사용함으로써,

272. 마일라트, 슈반트바흐 다리, 디테일.

이 두 슬래브를 분절하는 긴결재의 역할을 하면서 동시에 각 부재를 하나의 단일체로 형성하는 역할을 한다.

그는 교각 구조를 평판 시스템으로 전환시켰으며 슬래브를 극도로 병렬시켜 휘게 함으로써 모든 응력의 평행력과 응력들 사이에서 야기되는 긴장을 유도했다. 계란 껍질 처럼 얇은 두께의 아치가 사용된 최초의 타원형 보강 콘크리트 다리(그의 발체일 다리)는 1925년에 건설되었다.

지난 몇년 동안 그는 모든 비기능적 부재들을 제거함으로써 일반적으로 사용되던 개별적인 데킹 슬래브 없이도 작업을 할 수 있게 되었다. 후기에 세워진 이러한 다리는 기차나 자동차들이 다리의 구조체 위, 즉 그 자체가 플랫폼을 구성하고 있는 수직 슬래브 위를 바로 달릴 수 있도록 했다.

슬래브의 경직성이나 그때까지 구조에서 중요하게 여겨지지 않았던 요소들이 그에 의해 적극적인 지지면으로 바뀌었다. 초기 인장력을 받는 이 면들은 보강 콘크리트 공학분야에서 미개척 사항으로 남아 있던 여러 가능성들을 제시하였다. 따라서 일종의 휘어진 정렬선 위에 세워진 콘크리트 교각에서 생길 수도 있는 비틀림 변형을 미리 계산하지 않아도 문제가 없게 된 것이다.▼7 베른의 캔튼에 세워져 1933년에 개통된 마일라트의 슈반트바흐 다리(**도판.** 270, 271)는 이러한 구조 요소로 이루어진 가장 아름다운 도로용 다리로서, 낫 형상의 플랫폼을 갖추고 있다. 459쪽 08줄 Fifth Edition

적의에 찬 비평을 무사히 넘길 만한 몇 안 되는 대규모 다리 중의 하나는 최근에

273. 캘리포니아 카멜 근처에 있는 무지개 다리, 스위스 계곡과 똑같은 문제점(좁은 골짜기)를 안고 있다. 일반적인 구조가 사용되었기 때문에 입구는 비탈진 부분에 위치할 수 밖에 없었다. 즉 다리의 얼라인먼트를 굴곡지게 할 수 없던 것이다.

재건되어 취리히와 생 갈을 잇는 주요 간선도로용 다리이다. 이 교각은 후경이 온통 평활한 언덕으로 된 단절된 시골을 가로지르는 곳에 위치하며 터르 강을 그 아래에 품고 있다.(도판. 274) 아치 하나로만 강의 양쪽 바닥에 이르는 스팬을 해결하고 있으며 아치 양쪽에, 가는 지주로 지지되는 접근용 짧은 고가 다리가 있다.

이 교각의 조형적인 아름다움은 한 쌍의 중공(中空)리브가 보여주는 평평한 커브와 이 리브들이 연결되는 방식, 그리고 교대(橋臺)의 중앙상부에서 이루어지는 삼(三)핀 접합(눈길을 끌기 위해서 아치의 정상을 첨두 아치 형태로 올렸다.), 아치의 리브와 플랫폼 사이의 수직적 연결재, 각 부재사이의 고가다리에서 볼 수 있는 특이한 기둥 단면의 형상을 이루는 역할을 하는 직립 슬래브 등을 마음껏 감상하기 위해서는 직접 가서 보는 것이 가장 좋다. 다리 밑의 구조체 형상은 쉥글(shingle)쪽으로 내려가 강둑에서 보아야한다. 이처럼 구조적 문제가 순전히 조형적인 표현의 차원에서 해결되고 있는 현대 건물은 몇 개 없다.

이러한 분석과정에 내재된 문제를 다루기 앞서, 마일라트의 다리가 지니는 한 두 가지 특성을 그의 구조 설계방식상의 기법에 대한 언급없이도 알 수 있다.

Fifth Edition 461쪽 07줄

예술분야에서 아직도 연구되고 있지 않는 문제들 중의 하나는 조각과 자연의 관계, 그리고 더 나아가 조각과 회화, 건축 등의 상호관계라 할 수 있다. 어떤 문제의 확실한 해결책을 찾는 데는 예술가보다 엔지니어가 더 유리하다. 왜냐하면 문제 해결의 제반 조건들을 결정짓는 것은 물리적 요인(간격의 폭이나 기초의 본질적 특성 등)들

274. 마일라트. 스위스 생 – 갈근처에 있는 투르 강의 다리, 1933. 72미터의 싱글 스팬, 비용: 42,000달러

이기 때문이다. 서로 단절된 두 지역 사이의 틈을 두 개의 바위 사이에 갈라진 틈처럼 순화시키고 표현하는(살지나토벨 다리, 1929~30, **도판. 268**) 그의 방식에는 비범한 측면이 있다. 날렵한 그의 교각들은 그리스 사원처럼 고요하게 존재의 필연적 의지를 보여주면서 울퉁불틈한 바위틈 사이로 솟아오르고 있다. 틈사이에서 교각을 도약하게 하는 유연하고 탄력있는 탄성력은 아치와 플랫폼 그리고 이 둘 사이에 끼인 슬래브가 서로 자아내는 리듬과 어울리고 있다.

461쪽 23줄 Fifth Edition

여러 모양의 슬래브로 디자인된 교각은 형태나 비례의 측면에서 더 이상 평범한 교각들과 유사점을 찾아볼 수 없다. 투르 다리의 접근로처럼, 기괴하게 벌어진 주두를 가진 비스듬한 기둥(마일라트가 두 개의 기둥으로 기둥 4개의 역할을 분담할 수 있게 한 것으로서, 구조적인 측면만 고려하여 나온 형태)은 앞을 내다보지 못하는 사람들에게는 볼품없는 것으로 여겼을 것이다. 반면에 현대 예술에 단련된 사람들은 현대 회화가 이미 그들에게 전해준 것과 유사한 것을 이러한 것 속에서 알아 보았다.▼8

피카소가 캔버스 위에 반(半)기하학적, 반(半) 유기적 조형 이미지(비록 분명히 돌출해 있지만 뛰어난 수준의 평면을 이루고 있는 형태)를 표현하고, 순전히 기술적 전제조건

275. 마일라트. 제네바 근처에 있는 아르베강위의 다리, 1936~37. 스팬: 56미터, 폭: 10미터, 비용: 8,000스위스 프랑. 제네바 외곽에 있는 이 다리는 지주의 개인적인 목적에 사용되도록 막대한 하중을 부담시켜야 했지만 최소한의 비용을 투입했다. 이 다리는 마일라트가 전례없는 구조 개념을 실현시켜 놓은 작품중의 하나이다. 열을 지어 서있는 유연한 지지체와 상자모양의 삼핀 아치가 확실하게 나타나고 있다.

을 충족시키고자 한 구조 기술자(마일라트)는 4개의 기둥 대신에 두 개의 수직 지지체를 사용하여 피카소와 유사한 절대적인 형태에 도달했다는 것은 기술적 형상과 예술에 의해서 가꾸어진 형태는 더 수준 높은 실체의 거울로서, 발전이란 측면에서 보자면 pari passu의 위치를 획득했다고 추정할 수 있다.

Fifth Edition 462쪽 05줄

이것은 단순히 우연의 일치이고 이러한 유사성은 순전히 피상적이라고 반론하는 것은 물론 쉬운 일이다. 그러나 우리는 이 문제를 덮어둘 수 있다. 왜냐하면 우리의 출발점을 지적하고 있는 한 질문이 바로 우리의 중요한 관심사이기 때문이다. "예술가의 작품 속에 내재된 방법론이 근대 엔지니어들의 방법론과 관련이 있을까? **회화와 공학에 적용되는 원리들 사이에는 정말 직접적인 유사성이 있을까?"**

최종적인 해답에 앞서 우리는 회화 구성에서 '면'이 획득한 엄청난 중요성과 통시적으로 바라보아야 할 긴 여정(마네의 빛의 융합에서 출발하여 세잔의 단조로운 배색법과 마티스의 작품을 통해서 발전되고 큐비즘에서 끝나게 되는 여정)을 알고 있다.

전에는 고유한 표현력을 가지고 있지 않다고 인식되어 기껏해야 장식적인 목적에만 사용될 수 있었던 '표면'이 이제 구성의 기초가 되고 있으며, 이 결과 르네상스 이후 계속된 모든 양식의 변화에도 불구하고 그 맥을 잃지 않았던 투시도를 극복할 수

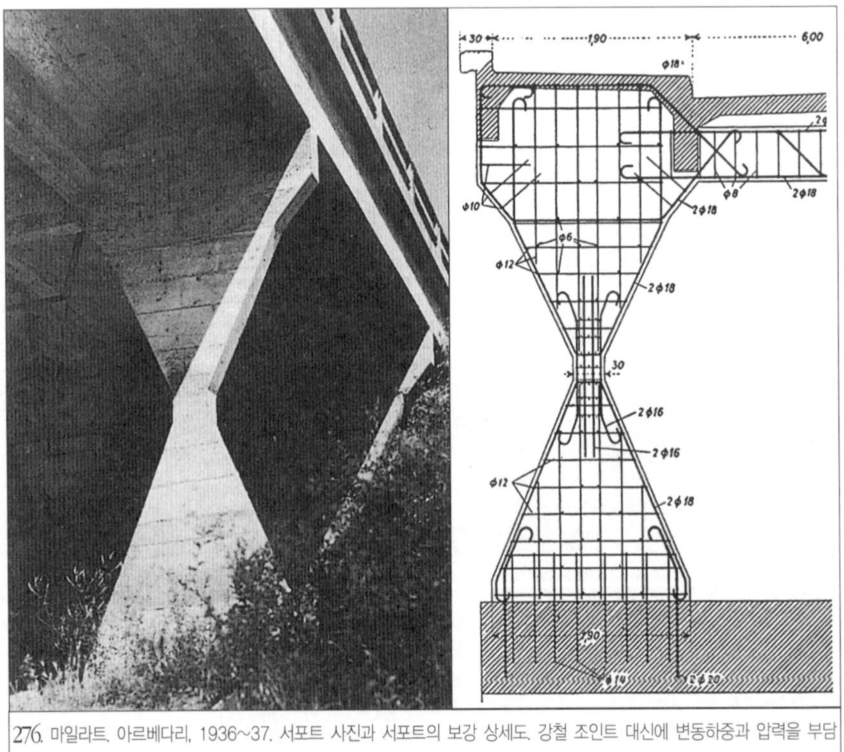

276. 마일라트, 아르베다리, 1936~37. 서포트 사진과 서포트의 보강 상세도. 강철 조인트 대신에 변동하중과 압력을 부담하도록 십자형의 유연한 슬래브 지지체를 만들었다. 중간부분을 가늘게하여 독창적인 장치를 설치함으로써 경직된 슬래브에 유연한 조인트의 속성을 부여했으며 유기적인 형태에 근접해갔다.

있게 되었다.

입체파가 공간을 정복하고 공간과 직접 관련있는 미리 결정된 단일 시점을 포기하자, 면은 이전에 한 번도 인식된 없는 중요성을 얻게 되었다. 결과적으로, 우리의 감각 능력이 증폭되고 예리하게 된 것이다. 극히 가볍게 떠다니는 듯한 요소들이 비합리적인 방식으로 서로 관통하고 혼합하는 상호작용과, 다양한 질감 효과(색채 그 자체로 색채를 다루는 방식, 그림 물감을 보충하기 위해서, 옷감 원단 조각과 종이 조각 같은 다른 매개물을 사용하는 것) 사이의 대조적 특징에서 야기되는 시각적 긴장감을 통한 상호작용을 발견하게 된 것이다. 부유하는 듯한 면의 궤도내에서 상호작용하는 형태, 선, 색채(구성의 전체 문법)의 스펙터클에 사람들이 눈뜨게 되었으며 그 시선을 모으게 된 것이다.

스웨니는 이러한 스펙터클을 "평평한 표면 위에 선과 색채가 이루어 놓은 형태의 조형적인 구성체" 라고 부르기도 했다.

엔지니어의 관점에서, 마일라이트가 슬래브를 구조의 기본적 요소로 그 가치를 상승시켰다고 주장할 수 있다면, 근대 화가들 역시 '표면'을 회화 구성의 본질적인 요소로 만들었다고 할 수 있다. 사람들은 오랫동안 슬래브를 무시하고 연구도 하지 않

277. 마일라트. 아르베다리, 1936~37. 지지체와 두 개의 상자모양 아치. 아르카익기의 그리스 우상처럼 이 지지체들은 다리의 플랫폼 아래에 줄지어 서 있다.

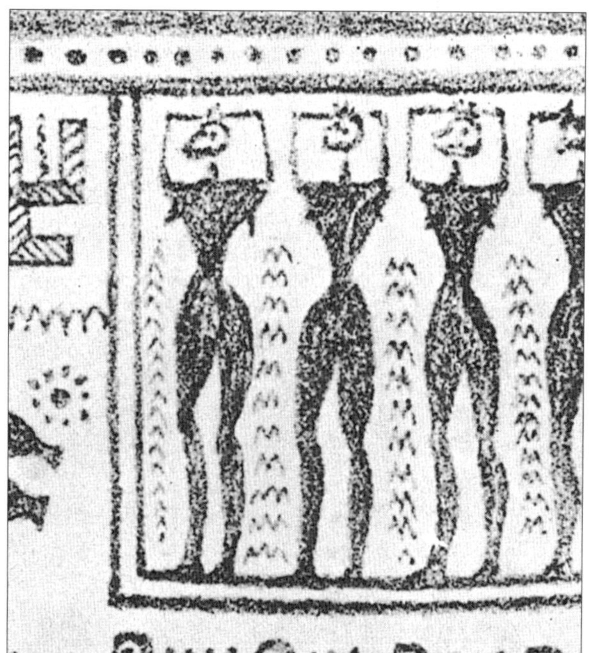

278. 기원전 7세기의 디플론꽃병. 상세 그림. 아르카익기의 디플론꽃병에는 인간의 몸을 기하학적으로 간략화 시킨 그림이 허리부분의 삼각형 구성에 의해 독특함을 발휘하고 있다. 이와 유사하게 그는 유기적인 성장이라는 개념으로 구조 요소들을 인식했다.

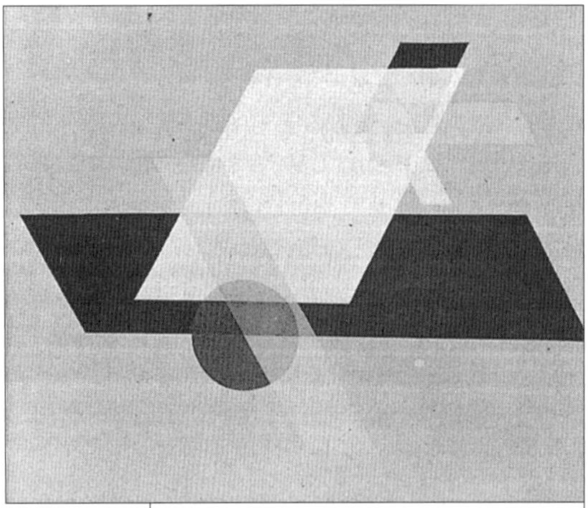

279. 모홀로 나기. 회화, 1924.

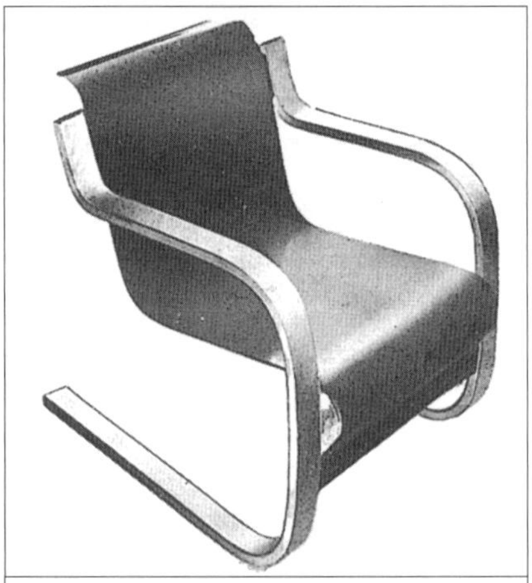

280. 알바 알토. 안락의자.

281. 프레지네트. 파리근처 바그뇌에 있는 자동차 차고, 1929. 베니어판처럼 휘어질 수 있는 얇은 달걀모양 보강 슬래브를 통해 기존의 직선적인 차고대신에 빛을 훌륭하게 끌어들이는 볼트형 차고가 등장했다.

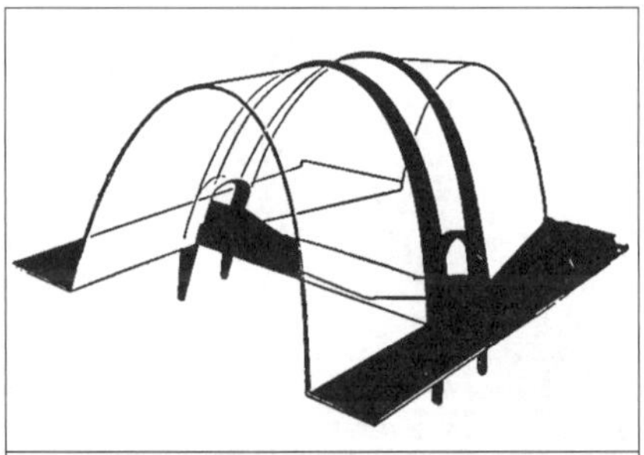

282. 마일라트. 스위스 국립박람회의 시멘트 홀, 취리히, 1939. 두 개의 보강 리브와 두쌍의 지지체. 그의 교각에도 나타나는 연결 통로는 실제적인 구조 요소이다.

은채 방치했다. 즉, 슬래브를 계산이나 활용 등의 측면과는 무관한 생기없고 쓸모없는 것으로 여긴 것이다. 그러나 위대한 구조 기술자들이 항상 극복할 수 없는 것으로 여겨온 구조적 문제를 해결하는 매개체로 슬래브가 등장한 것처럼, 회화에서 표면이 구성의 기본 원리로 가치 상승됨에 따라 시각적 표현의 미개발 영역이 집중적으로 연구되고 다루어지게 되었다.

비록 이의를 제기할 사람도 있겠지만, 이같은 현상은 더 이상 우연한 시각적 일치가 아니라 명확한 방법론의 동일성이다. 구조 기술자들과 화가들이 어떤 과정을 통해 방법론상의 동일성에 이르게 되었는지는 알 수 없다. 다만 특정한 예를 통해 특정한 현상 즉, 새로운 건설 공법과 예술에서 동일한(유사한) 방법론이 동시에 나타나 현상을 입증하는 수밖에 없다. 그러나 이러한 현상을 통해 알 수 있는 것은 예술과 공학 분야 모두에 함축되어 있는 특별한 시각화의 기초를 이루는 유사한 요소들이 바로 두 분야에 창조적인 원동력을 제공하면서 등장했다는 점이다.

만일 어쩔 수 없이 상당히 다른 견해를 따를 수밖에 없는 건설자 스스로 기술적인 문제를 해결하기 위해서 예술가들이 사용하는 것과 동일한 요소를 사용해야겠다고 판단했다면, 이 또한 공학과 예술 분야의 유사한 방법들이 시각적 상상력에 활력을 불어넣고 있다는 것을 의미한다.

464쪽 13줄 Fifth Edition

오늘날의 예술가들은 자신들의 작품이 자연의 일부를 형성하고 있다는 주장을 계속 반복하고 있다. 그들은 다음과 같이 주장하고 있다. "근대예술은 완전히 독립적이면t서 직관적인 과정을 통해 근대 과학과 동일한 결론에 도달하게 되었다. 과학과 마찬가지로 예술은 자연의 보편적인 법칙을 따르도록 대상을 재구성하면서 사물의 형태를 기본적인 구성 요소로 분해하고 있다." 디자인에 있어서 이전의 관행을 무시한 콘크리트의 여러 형태들은 "기본적인 요소로 용해"되는 과정의 산물이라 할 수 있다. 왜냐하면 슬래브는 더 이상 축소할 수 없는 요소이기 때문이다. 이러한 결과물은 더 합리적인 통합체를 얻기 위한 한 가지 수단으로 '재구축'을 이용한다.

이러한 사실과 관련지어 1929년 프레이시네가 파리외곽의 바그뇌에 자동차 차고를 만들 때 사용한 "달걀껍질" 모양의 콘크리트 볼트(이후, 보강 콘크리트 공학이라는 특정분야에서 거의 환상적으로 대담한 형태가 나오기는 했지만)를 언급할 필요가 있다. 슬래브를 적극적인 구조적 요소로 사용하는 것과 동일한 원리로 핀란드 건축가인 알바 알토는 가구 디자인에서 전혀 새로운 경향을 선보였다. 전에는 구조적 지지체로 사

용할 수 없다고 여겼던 얇은 베니어판을 마치 슬래브처럼 사용했다.(**도판**. 280)

우리는 현재 인간 활동의 여러 영역에 널리 펴져있는 방법론상의 '공통성(community)'에서 더 나은 발전의 전조를 읽을 수 있다. 자발적으로 성장하는 이러한 방법론상의 동일성과 사회에 나타난 이것의 반향은 모든 지식의 여러 분야에서 개별적으로 연구되고 있다. 철학과 물리학, 문학, 미술, 음악의 최근 방침들이 현저하게 서로 유사하다는 것은 자주 언급되고 있는 사실이다. 우리가 조사해온 특정 예들을 비추어 볼 때, 구조기술 분야가 포함될 수 있는지는 논의의 가치가 있다. 새로운 방법론은 새로운 형태의 현실을 만들어내는 새로운 도구이다. 창조적인 각 영역들에 근본적인 역할을 하는 부분들이 점점 더 유사해지고, 성과의 차원에서 각 영역들이 점점 더 서로 비슷한 수준에 도달할수록, 앞으로 펼쳐질 문화의 새로운 장을 열망하는 소리들이 더욱 높아질 것이다.

Fifth Edition | 467쪽 21줄

교각은 주택과 같은 것이다. 각각의 교각과 주택은 특별한 예이다. 각각의 예들은 대처해 나가야 할 환경이나 주어진 역할, 혹은 기능에 따라서 설계되고 건설되어야 한다. 앞서 언급했듯이 마일라트는 교각 구조를 위한 여러 가지 시스템을 구상했다. 굴곡진 슈반트바흐 다리(**도판**. 270, 271)의 아름답운 보강 아치는 달걀껍질처럼 얇은 부재로 이루어져 있다. 그러나 불행히도 보강 아치를 사용한 그의 후기 교각 설계안은 하나도 실현되지 못했다. 보강 아치는 그의 구조 기술에서 가장 대담한 것이었고, 계산만으로는 입증할 수 없는 것으로서 보편적인 경향과 가장 반대되는 것이었다.

육중한 하중을 부담하는 좁고 긴 스팬을 해결하기 위해 적용한 또 다른 시스템은 연속보의 원리라 할 수 있다. 놀라울 정도로 가벼운 느낌을 주기 위해 육중한 구조물에 구멍을 냄으로써 이 시스템을 더욱 강조하였다. 그는 이러한 방식(예를 들어 1937년, 베르너 오버랜드의 컨틀리슈반트에 강을 비스듬히 가로지르는 방식)으로 여러 개의 매우 흥미있는 작은 다리들을 설계했지만 1937년 에레 - 라 - 빌 - 페네이에 위치한 론강을 가로지르는 다리는 최고의 완벽함을 보여주는 것이었다. 이 교각의 슬래브같은 지지기둥은 강철 스프링의 탄성과 버드나무 가지의 유연성을 가진 듯이 보이는 아치와 플랫폼과 서로 결합되어 있다. 이 교각은 결코 완성되지 못했다. 판단력이 부족한 심사위원들이 이 안을 거부했기 때문이다.

초기의 교각(1910년경)에서 후기의 교각에 이르는 동안, 사각형 단면으로 구멍 뚫려진 3핀 접합 아치를 개발했다. 전에는 철교에서나 볼 수 있는 탄성을 이런 유형의 교각에도 부여한 것이다. 1905년의 타바나사 다리(**도판**. 268)는 최초의 순수한 형태로 인식되고 있다. 1929년에서 1930년 사이에 지어진 살지나토벨 다리(도판. 269)는 이 시스템을 대담하게 사용한 것이다.

아치의 단면은 점점 더 명확한 U자형에 가까워지고 있다. 투르 강위의 다리(1933, 도판. 273)에는 두 개의 아치가 서로 평행하게 배치되었다. 아르베 다리(1936~37, 도판. 275)는 3개의 U자 단면 아치가 서로 평행하게 배치되어 있으며 고도로 숙련된 기술과 감각으로 세 개의 아치와 유연한 지지체가 서로 결합되어 있다. 표준화된 요소를 반복적으로 사용하는 것은 경제적으로 큰 이점이 있다. 왜냐하면 똑같은 비계와 널을 여러 번 사용할 수 있기 때문이다. 동일한 요소를 반복해서 재사용되는 것은 미학적인 측면에서도 더 효과적이다.

283. 마일라트. 스위스 국립박람회의 시멘트 홀, 취리히, 1939. 극도로 가는(6센티 미터) 포물선 모양의 베럴 볼트는 해결되지 않은 우리시대의 볼트문제를 다루고 있다. 견실한 구조와 막 떠오르려고 하는 실크 풍선처럼 땅위에서 부유하는 듯한 요소. 볼트의 스팬: 16미터, 볼트의 높이: 12미터

마일라트의 마지막 교각은 풀어야 할 문제가 더 복잡한 것이었지만, 그 해결방안은 오히려 매우 단순했다. 1940년에 짐메 강 위에 지어진 다리(도판. 286, 288)와 그가 죽은 후 1940년에 완성된 라첸 근교의 다리는 비스듬히 가로지르는 문제를 해결한 다리에 해당된다. 두 개의 동일한 아치가 있는 라첸 다리는 고가도로와 트랙이 날카로운 각도로 교차하는 지점에서 취리히 - 알베르그 철도선상의 교각 철도를 형성하고 있다. 투르와 아르베 다리에서와 마찬가지로 이 다리에도 평행 U자형 거더를 사용했다. 이런 상황의 요구에 맞도록 교대(橋臺)와 아치는 서로 다른 레벨에서 출발하고 있으며 서로 엇갈려 있다. 그는 이처럼 특별한 조건에 맞는 안을 짧은 시일내에 다른 경쟁자들보다 더 빨리 디자인 할 수 있었기 때문에, 이 마지막 다리의 계약을 따낼 수 있었다. 짐메 다리(1940, 도판. 288)에서는 고도의 단순성을 엿볼 수 있다. 한 쌍의 칼처럼 거더가 다리 중앙에서 서로 만나고 있다. 여기서 한 가지 질문을 던지고 싶다. 이것이 전부인가? 이 다음 단계에 이루어질 것은 무엇인가?

마일라트의 실질적인 성취를 이룬 구조적 방법론과 그것의 미학적 영향 사이의 관계에 대해 매우 단편적으로만 몇 가지 힌트를 찾을 수 있을 뿐이다.

중앙 핀과 교대(橋臺) 사이의 아치 높이를 낮추면서, 새로운 형태의 아치를 만들었다. 건설 기술이 완전히 발전된 것은 아니었지만, 살지나토벨 다리(1927~30)에는 여전히 연속적인 석조 아치(도판. 269)가 사용되었다. 투르 강의 다리(1933)는 이런 종류의 보강법을 통해 어떻게 굴곡진 석조 아치에서 첨두형 아치(도판. 273)로 변모했는지를 잘 보여준다. 짐메 강의 다리(1940)는 강한 직선이 교대에서 시작하여 중앙의 힌지까지 뻗어나가는 모습을 보여주고 있다.(도판. 288)

마치 콘크리트속에 매설된 곧은 보강 로드(rods)를 직접 눈으로 볼 수 있는 것처럼 느껴진다. 전통적인 아치의 흔적은 어디에서도 찾아 볼 수 없다. 극도의 단순화를 이룬 것이다.

마일라트는 특별한 감각을 가진 인물이었다. 구조에 작용하는 힘을 거의 직관적으로 이해하여, 마치 지하수맥을 발견해낸 사람처럼 구조에 내재된 움직임과 힘들을 느꼈으며, 예술가들이 비합리적인 곡선을 통해 감성을 드러내듯이 구조에 형태를 부여하려고 했다. 그에게 강철 로드와 콘크리트는 생명없는 재료가 아니었다.

그가 철근 콘크리트라는 인공물을 가지고 구성해낸 것은 모든 부분들이 생기로 넘쳐 흐르는 유기체에 해당된다. 그는 수축 균열이 쉽게 발생하는 곳에 쓸데없는 매스나 과도한 하중을 결코 부과하지 않았다. 그는 거더에 구멍을 내어 지지체의 크기를 최소한으로 줄였다.

이러한 일은 단순히 계산하는 사람의 태도가 아니라 자연과 친밀하게 접촉하는데 필요한 상상력이 풍부하고 자유로운 정신이 요구된다. 그는 경직된 정신을 가진 사람들과 이들을 대표하는 학계인사들에 저항하면서 평생을 보냈다.

472쪽 29줄 Fifth Edition

구조의 모든 부분은 그 자체의 적극적인 역할을 가지고 있다. 심지어 계곡을 가로지르는 수도교(샤트라르, 칸통 발레, 1925~26)도 그의 놀라운 솜씨를 보여주는 뛰어난 형태를 가지고 있다. 이 다리의 경우, 수로(水路)는 교각의 상자 거더처럼 생겼으며, 표현력이 돋보이는 지지체는 수로의 바닥 부분과 함께 볼트의 적극적인 작용 부분을 형성하고 있다는 사실을 알지 못해도 이 형태를 통해 놀라운 감동을 받게 된다.

지지체를 다루는 다양한 방식과 부여되는 조건에 따라 겪게 되는 변화를 통해 그의 유기적인 형태의 형성과정을 잘 이해할 수 있다. 1936년, 아르베 다리의 삼중아치로 된 정교한 지지체의 독특한 형태(도판. 274)를 관찰하면 금방 알 수 있을 것이다. 그는 경제적인 이유 때문에 강철 조인트를 탄성지지체로 사용하지 않았을 뿐이라고 겸손하게 말하고 있다. 철근 콘크리트만을 사용하여 십자형의 탄성 슬래브 지지체(도판. 275)를 만든 것이다. 이 지지체는 다리의 플랫폼 아래에서 3개씩 두 줄로 열지어 있는 형태로 마치 그리스의 성상(聖像, 도판. 277, 278)처럼 서있다. 이 지지체의 중간 부분을 뾰족하게 하고, 독창적인 장치를 매설함으로써 딱딱한 슬래브에 유연한 조인트의 특성을 살렸다.(도판. 276)

모든 부재들이 작용하는 이 다리들의 체계는 각 부재들의 지속적인 긴장상태를 연출하였다. 사람들이나, 물질, 사물 등에 높은 긴장감을 주려는 우리 시대의 불가해한 열망은 그의 작품의 상징이 되었다.

인생의 말기에 접어 들어, 1939년에 열린 스위스의 국립 전시회의 스위스 포틀랜드 시멘트 회사의 전시관 설계는 현실적인 문제를 풀어야 하는 제한 조건에 구애받지 않고 그 자신을 표현할 수 있는 마지막 기회였다.(도판. 283) 이 건물은 철근 콘크리트가 만들어 내는 우아함과 예술미가 돋보이는 작품이다. 처음부터 이 건물은 인장강도 실험을 목적으로 계획되었고, 전시회가 끝날 때 파괴하는 것을 전제로 한 것

284. 마일라트. 라첸에 있는 다리. 1940. 스팬: 40미터, 폭: 8미터, 구조: 삼핀 아치. 이 다리는 취리히-아르베르그간 철로위를 교차하는 간선도로를 형성하고 있다. 이 도로와 철로는 예리한 각으로 교차한다. 독립적으로 건설된 상자형 단면 아치는 상이한 레벨에서 시작하여 차례차려 배열되어 있기 때문에 비스듬한 교차에서 생기는 문제점을 해결할 수 있다. 이 다리는 그가 사망한 후에 완공되었다.

285. 마일라트. 라체에 있는 다리. 1940. 아치의 조인트 부분

286. 마일라트. 짐메 강위의 다리. 1940. 스팬: 32미터, 폭: 7.9미터, 구조: 구멍 뚫린 두 개의 리브 거더로된 삼핀 아치. 이 다리는 고도로 단순화된 작품이다. 막대한 힘을 지닌 직선은 홍예받침대에서 시작해서 중앙의 핀에 이르고 있다. 두 거더는 한쌍의 칼처럼 중앙에서 만나고 있다. 전통적인 아치 수법은 전혀 찾아볼 수 없다.(기계관의 거더와 비교해 볼 것. 도판. 160)

287. 마일라트. 라첸에 있는 다리. 1940.

288. 마일라트. 짐메 강위의 다리. 1940.

289. 일본의 18세기 목재 다리

이었다. 그러나 단순히 "시험관 건물"로 여겨지는 이 건물이 역사의 한 부분으로 남게되었다.

매우 얇은 포물선 모양의 배럴 볼트(두께 6㎝, 이 볼트의 뒷부분은 원뿔과 유사하다.)는 중간 부분의 가는 두 쌍의 지지체에 의해 땅과 접하고 있다.(도판. 284) 볼트를 거슬러 올라가면서 에워싸는 이 지지체들은 두 개의 보강리브로 이루어져 있다. 리브들 사이의 간격을 메워주는 연결통로와 함께 이 리브들은, 떠오르기 바로 직전의 부드러운 풍선처럼, 땅위에 떠있는 듯하면서도 튼튼한 구조물을 만들기 위한 그의 결정판이었다.

Fifth Edition 473쪽 33줄

다다이즘에 속하는 시인이자 화가인 쿠르트 슈비터스는 한 때 다음과 같이 언급했다. "예술가가 내놓는 것은 모두 예술이다". 힘과 극도의 가벼움이 결합되어 있는 것으로만 여겨지는 이 전시관이 위대한 공학자의 능력 안에서 곧바로 예술품이 된 것이다.

가벼우면서도 견고한 이 배럴 볼트는 도심(civic center)의 일부분으로 생각하기 쉽다. 마일라트는 무의식적으로 우리 시대의 해결되지 않은 볼트 문제를 다루고 있다. 몇 사람(르 꼬르뷔제와 알토 등)을 제외한 현대 건축가들은 자신들의 상상력을 펼칠 수 있는 천장부분을 다룰 때마다 다소 주저하는 경향을 보이고 있다. 19세기의 천재들은 대형 전시관의 가공할만한 스팬에 형태를 부여했다. 그러나 철재 래티스 거더는 본질상 일 순간적인 것이다. 가장 뛰어난 홀도 사라졌으며, 에펠탑만이 리벳의 지속적인 검사를 통해 구조 부재들이 녹슬지 않도록 함으로써 오랫동안 서있을 수 있게 된 것이다.

앞으로 등장하게 될 대형 공공 건물에서 우리 시대의 볼트는 어떤 모습을 가지게 될까? 보강 콘크리트와 특히, 판자처럼 구부려질 수 있는 계란껍질 모양의 얇은 슬래브는 우리가 원하는 부양성(浮揚性)과 영원함을 가지고 있다. 마일라트와 프레이시네는 한 방향으로 굴곡진 계란껍질 모양을 만드는데(**도판**. 281, 282), 철망으로 보강된 슬래브를 사용했다. 알제시라스의 시장 건물과 미국의 물탱크, 브라질의 카지노 건물 등의 평평한 돔에 사용된 이러한 슬래브는 원형의 형태를 이루고 있다.▼9

474쪽 11줄 Fifth Edition

엔지니어인 오베 아럽은 건축가협회와 9개의 콘크리트 쉘을 사용하여 영국 공장 건물(1947~48)의 지붕을 씌웠다. 이 쉘의 두께는 19/32 인치(약 1.5cm)이며 두 방향으로 굴곡져 있다.

필요한 것은 엔지니어의 상상력을 자극하는 방법을 알고 있는 건축가들이다. 엔지니어는 가장 복잡한 현실적인 문제를 해결하면서 감성적인 필요사항들을 충족시킬 수 있는 사람이다. **마일라트의 시멘트 홀**은 이를 잘 증명하고 있다. 그는 건축가의 하찮은 보조인의 위치에 있으면서도 건축가들의 영향을 받지 않은 수많은 건물을 지었다. 그는 천재력을 통합하는 방법을 완벽하게 알고 있는 건축가를 결코 만나지 못했다. 그는 혼자 힘으로 위대한 일을 해냈다. 마일라트만 이러한 측면을 보여준 것은 아니었다. 그와 같은 엔지니어인 아럽, 펩스너, 그리고 브랑쿠시와 같은 조각가들, 피카소와 레제 같은 화가들이 고립된 상태로 작품 활동을 할 수밖에 없었던 우리 시대의 불행한 모습도 바로 이러한 상황에서 비롯되었다. 따라서 그 자체로서는 가치가 있지만, 모든 것을 포함하는 관현악적인 편성은 불가능한 각각의 단편들만이 우리 시대에 등장한 것이다.▼10

후기
Afterword

마일라트는 일생동안 경제적인 압박과 대중의 무관심에 끊임없이 시달렸다. 1912년, 그는 러시아로부터 초청을 받아 카르코프, 리가, 레닌그라드 등에 대규모의 공장과 도매상(이 대부분은 스위스의 투자에 의한 것임)을 지었다. 1917년 혁명 이후, 돈 한 푼 없이 스위스 은행에 많은 빚을 진 상태로 고국으로 돌아왔다. 결과적으로 그는 자기 소유의 회사를 다시는 가질 수 없게 된 것이다.

로버트 마일라트는 1872년에 태어나 1940년 4월, 68세의 나이로 세상을 떠났다. 하지만 그가 너무 일찍 세상을 떠나 그의 일생일대의 작품을 완성하지 못했다고 생각하는 사람도 있다.

공간 속에서 비물질적으로 뻗어있는 그의 다리들은 뛰어난 감각적 표현을 통해 우리시대에서 성취할 수 있는 가장 순수한 표현물이었다.

그의 고국은 그가 살아 있을 당시에 그의 중요성을 인식하지 못했다. 그는 종종 곤란을 겪었으며, 그의 의도가 오해를 사는 일도 있었다. 이 때문에 더욱 더 그는 자신이 포기했을지도 모르는 모든 것, 즉 진보된 지식과 현대 문화의 유기적인 발전을 철저하게 방해하는 미숙한 감성 능력 사이에서 생기는 불균형의 결과들을 그대로 방치하지 않았다.

브랑쿠시처럼 그 역시 몇 가지 형태와 근본적인 원리만을 고집하면서 최종적이고 결정적인 형태에 도달할 때까지 발전시켜 나갔다. 교각을 단일 구조 유닛으로 인식하고 건물을 하나의 유닛으로 인식한 그의 중요한 발견은 50세 이전에 이루어졌다.

Fifth Edition 476쪽 13줄

"그의 30년 동안의 연구는 위대한 모든 예술가와 과학자들이 그의 비젼에 근거한 기존의 기술적 지식을 뛰어넘을 수 있도록 하였으며, 이러한 내적인 힘에서 비롯된 그의 활동은 유기적인 생명력을 가지고 있었다. 마일라트에 대해 언급할 때는, 그가 자신의 상상력에 대해 상당한 자신감을 가지고 있었던 사람이란 사실만 알아차리면 된다. 때때로 그는 취리히에 있는 자신의 사무실에서 베를린의 사무실로 가는 도중에, 종이에 하나의 곡선으로 된 다리를 설계하기도 했다. 창의력(언어의 차원에서 볼 때)이 계산법보다 더 중요한 역할을 하게 될 새로운 문제들을 풀어나가는데 있어서, 전문가들의 단순한 계산과정은 역부족일 것이다. 계산법을 주인이 아니라 하인으로 만들었다는 점에서 그의 중요성을 찾을 수 있다. 그 실체에서 풍겨나오는 시적인 표현을 통해 그의 교각들은 감성을 충족시켜 주었으며, 섬세한 균형을 통해 감정을 풍부하게 해주었다."▾11

그의 가장 중요한 작품들은 삶의 마지막 10년 동안에 거의 모두 완성되었다. 그가 늙어감에 따라 그의 교각은 더 대담한 경향을 보여주었고 젊은 활력으로 가득차 있었다.

주

1. Page 443.

2. 이러한 조사의 원래 방식은 J.L.Martin과 Ben Nicholson, N. Gabo가 편집한 Circle, International Survey of Construction(런던, 1937)의 220페이지와 236페이지사이에 걸쳐 나와있다. 이책은 런던에서 "Construcition and Aesthetics(P. Morton Shand의 영문판)"이란 제목으로 출판되었다.

3. 그가 세운 최초의 교각은 지금까지도 존재하고 있지만, 이 교각이 목적에 적합한가라는 의문은 오랫동안 제기되지 않고 있으며, 이 교각을 몹시 흉칙한 것으로 여기는 지방 단체와 여러사람들은 계속해서 이 교각에 반감을 품고 있다. 우연하게도, 대부분의 교각들은 멀리 떨어진 알핀계곡을 가로지르도록 세워졌다. 이곳에서는 이러한 교각을 세우는 것이 다른 형식의 교각을 세우는 것보다 저렴하며, 상대적으로 사람들은 교각들을 잘 볼 수 없다. 지지 수단이 강조되어 있지 않고, 이로 인해 등장하게 된 아치 스팬의 딱딱한 거미줄같은 모습 때문에 이 교각들의 엄정하고 가냘픈 구조는 일반 대중의 미학적 견해와 상반되는 것이였다. "부풀게 구어낸 과자의 반죽처럼 생긴 이 다리 때문에 몹시 불쾌하다"라는 말은 이곳 지방단체중의 한 의장이 반감을 표시하는데서 잘 나타나고 있다. 이 교각설계를 의뢰한 사람들과 이교각을 우연히 바라보는 사람들에게 미학적 감성이 어떠한 영향을 미치고, 비용이나 능률성의 문제만이 영향을 미치는 일에 있어서 미학적 감성이 어떻게 비밀스러운 결정요인이 되는지를 잘보여주고 있다.

4. Maillart의 초기 경력은 Hennebique가 도급자였던 Davos의 철근 콘크리트 요양소의 건설책임을 맡은 기술자였다.

5. 이 원리를 특별히 건축화한 최초의 작품은 Maillatr의 초기 실험이 있은지 20년이 지나서야 등장했다. 비록 버섯모양 주두가 있는 기둥을 잘 쓰는 볼품없는 미국 형식을 나타내고 있지만, 로텔담에 세운 Brinckmann과 van der Vlugt의 근사한 van Nelle 공장(1927~28)은 뛰어난 사례이다.

6. C.A.P.Turner 의 concrete Stell construction(Minneapolis, 1909)를 참조할 것. Turner의 글인 "The Mushroom System of Construction"(Western Architect, 1908, p.51)은 그의 발명품에 대해 잘 설명하고 있다. inneapolis에 있는 Bovey빌딩의 건설과정에 처음으로 이것이 사용되었다. . . . 이 새로운 건설 방식이 가장 중요한 특징은 보강로드를 측면 방향으로 연장시키고 4피트나 혹은 그 이상을 슬래브로 방사형을 이루며 연장시키고, 슬래브 구조에 더 가벼운 보강을 전달하는 이 고리형 로드를 지지하면서, 기둥의 꼭대기에 소위 버섯모양을 형성하고 있다. 기둥 꼭대기는 확대되고, 부가 응력을 부담하는데 도움이 되는 정연한 주두로 이루어져 있다. 건물의 클리어 스토리 높이를 경감시키거나 빛을 통해 방해받는 로드가 전혀 없다는 사실에 비추어 볼 때, 이 주두는 이점을 가지고 있음을 알 수 있다.

7. 산 꼴짜기를 굴곡진 스팬으로 연결하는 문제는 산이 많은 모든 나라에서 제기되고 있다. 거더와 아치가 정상적인 방식으로 사용될때에는 교각이 반드시 곧은 직선을 유지해야 한다. 적어도, 곡선은 켈리포니아 Carmel근처에 있는 Rainbow교각(도판. 273)처럼, 단이 져있는 곳에 접근로를 놓음으로써 만들어 질 수있다.

8. Arve다리(도판. 275)의 기이하게 생긴 필라와 비교해 볼것.

9. Architect's Yearbook 제 2권(런던, 1947)에 있는 Dr. K. Hajnal-Konyi의 "Schell Concrete Construction"

10. Maillart가 사망한 이후부터, 현대의 볼트문제를 해결하려는 시도는, 특히 쉘 콘크리트분야에서 많은 진보가 이루어졌다. 이 책의 서문과 Architecture, You and Me(Harvard University Press, 1958)와 공간적 상상력에 관한 글을 참조할 것.

11. 이 글이 1934년에 쓰여졌고 취리히 근처의 한 시냇가를 가로지르는 인도교에 두페이지(S.Giedion, "Nouveaux Ponts de Maillart", Cahiers d' Art, vol. IX, 1934, nos1~4)나 할애되어 있기 때문에 그가 살아 있는 동안 고국에서 인정받지 못했던 힘을 얻게 되었다. 일반대중들은 스위스에 관한 자료를 모은 해주는 현대 미술관의 전시회를 통해서 그의 작품을 접하게 되었다. Maillart에 관한 첫 번째 글을 조사하려면 S.Giedion의 "Maillart, Constructeurs des Plachers a Chappion," Cahiers d'Art, vol. V(1930), no3.을 참조할 것. 더 자세한 정보를 찾으려면 사진과 그림이 들어 있는 작품집인 Max Bill의 Roobert Maillart(취리히 1949)를 참조할 것. Maillart의 교각에 관한 text repport를 연구하려는 전문가들은 취리히의 연방 공과 대학의 M.Ros교수가 쓴 전공 논문을 찾아보는 것이 좋을 것이다.

월터 그로피우스와 독일의 발전

Walter Gropius and the German Development

19세기의 독일

Germany in the Nineteenth Century

Fifth Edition 477쪽 04줄

수작업에 의한 생산은 독일의 풍토에 깊이 뿌리를 박고 있었다.

어떤 유럽국가도 동·서양 사이의 한가운데 위치한 독일만큼 재앙과 성공이 급속하게 반복되는 과정을 겪지 않았다. 중세 말기에 독일의 고급문화는 서서히 쇠퇴하였다. 17세기의 30년 전쟁은 한 세기가 넘도록 독일의 자원과 정치적 잠재력을 파괴했다. 19세기 초는 우울한 정치적 반감이 만연한 시대였고, 이러한 반감은 산업과 상업발전의 경제적 자유를 강하게 반대하는 행태로 표출되었다.

1791년에 프랑스에서 선언된 산업 자유화는 1846년에 가서야 프러시아에서 채택되었으며, 독일의 경우는 1862년에 알려졌다. 영국은 1820년대에 엄청난 위기에 처했다. 이 위기는 수공업에서 산업생산으로의 변화 때문에 비롯된 것이었다. 1835년, 프랑스의 방직공들이 "복받치는 고통의 극한에서"란 선언서를 낭독했다. 경제학자인 구스타프 슈몰러는 이 당시의 독일은 수공업 노동자들의 비율이 증가하고 소규모 공방체제에 의한 생산조류를 보여 주었다고 지적하고 있다.

19세기는 한 나라의 전기 물래의 수가 산업화 정도를 정확하게 측정하는 수단이었다. 1865년, 영국이 8개, 프랑스가 3개를 가진데 비해 독일은 하나 밖에 없었다. 철도와 증기선 등의 다른 산업분야에서도 비슷한 수준이었다. 좀바르트의 지적에 의하면 철도와 증기선 분야는 "영국의 힘에 의지하면서" 독일에 들어왔다.

미국 산업은 19세기 중반에 들어서야 발전 과정의 첫 단계를 거치게 되었다. 그러나 나중에 전개된 발전상황을 통해 알 수 있듯이 독일과 미국 사이에는 근본적인 차이점이 있다. 출발부터 미국의 정신은 산업생산에 젖어 있었다.

그러나 **1870년경에 급속한 변화가 대두**되었고, 이후 계속해서 그 속도는 빨라졌다. 수작업 노동자와 농민의 나라였던 독일이 산업국가는 물론 산업화 시대의 주역이 되려는 목표에 몰두하게 된 것이다.

기계와 산업에 대한 초기의 무관심은 심각한 인간적, 심리적 문제를 안고 있었다. 이 당시, 독일에 퍼졌던 깊은 불안감은 그들의 건축물에 그대로 반영되고 있다. 다른 나라들과는 달리 성장하지 못한 나라들의 건축을 볼 때 독일만큼 내적 평정의 와해와 불안을 적나라하게 표현된 예는 없다. 1860년대의 영국에서 두드러진 활동을 한 윌리엄 모리스의 작품과 유사한 풍은 전혀 없었으며, 1880년의 시카고파와 1890년대에 일어난 벨기에의 운동과 비교할만한 것도 없었다.

478쪽 17줄 Fifth Edition

1900년경에 접어들면서 독일은 또 다른 급속한 변화를 겪게 된다. 1870년대는 산업분야에서 다른 나라들보다 앞서려는 의지가 강했지만 1900년경에는 인간의 감성이라는 측면에서 개발을 따라잡으려는 폭발적인 노력들이 등장한 것이다. 모리스와 러스킨이 독일에서 큰 존경을 받게 된 시기도 바로 이때였다. 앙리 반데 벨데는 1897년 독일로부터 전시회를 열도록 초대받았고, 이를 통해 큰 관심을 불러일으켰다. 1910년에 나온 라이트의 멋진 독일판 작품집은 독일에서 베푼 이러한 환대들 중의 하나에 불과한 것이다. 1880년에서 1890년 사이에는 부뤼셀의 진보적인 화가들이 참가한 전시회도 열렸고, 유명한 외국 건축가에게 독일건축가와 동일한 조건으로 일할 수 있는 기회도 제공했다.

1890년대 후반 **건축분야의 새로운 운동**을 향한 추진력은 오스트리아, 즉 아돌프 로스(1870~1933)와 오토 바그너로부터 시작되었다. 이들의 작품의 영향력은 이 당시 과도하게 높이 평가되었던 알프레드 메젤(1853~1909)의 작품보다 더 오래 지속되었다. 베를라헤의 암스테르담 증권거래소와 같은 시기에 지어진 알프레드의 거대한 베를린 백화점은 국부적인 영형만 미쳤을 뿐이다.

피터 베렌스(1863~1940)는 20세기 초부터 독일의 건축을 이끌어 가고 있었다. 그는 산업용 공장을 건축적인 대상으로 다룸으로써 순식간에 유명해졌다. 그는 의식적으로 공장을 귀한 작업 장소로 변형시켰다. 고전적인 엄격함과 더불어 여러 건물에서 나타나는 큰 돌로 쌓은 벽에도 불구하고 1909년의 터빈공장에서 알 수 있듯이 그는 강철과 유리와 같은 새로운 재료에 담겨있던 표현력을 발견하는데 주력했다. 그의 아틀리에는 독일에서 가장 중요한 위치를 차지했다. 미스 반 데 로에, 그로피우스, 르 꼬르뷔제 등은 모두가 이곳을 거쳐간 사람들이며, 르 꼬르뷔제의 경우는 5개월 동안 머물렀다.▼1

급속하게 산업화된 독일이 감성의 측면에서 잃어버린 기반을 조성하기 시작하는 시점에 작은 공국(公國)들의 왕실은 일종의 르네상스를 맞이하게 되었다. 예를 들어, 다름슈타트의 경우, 그로쇄르조그 루드비히 본 헨센이 1899년 예술가와 숙련된 장인들로 이루어진 집단을 형성하여 예술적 창조의 정신을 회복하려고 노력했다.▼2

1920년에는 작센 바이마르의 대공이 자신의 궁전에 앙리 반데 벨데를 초대했다. 독일의 많은 예술 후원인들이 이곳에 모여들었다. 이 중에서 오스타우스는 반 데 벨드에게 독일에서 설계할 수 있는 최초의 기회를 제공했으며 게오르그 미네와 아리스티드 마일롤과 같은 조각가들에게 정원과 박물관에 놓을 작품을 의뢰하기도 했다. 또한 AEG(제너럴 일렉트릭 사)의 사장인 에밀 라스만과 같은 주도적인 산업가도 참여했다. 그는 1907년에 베렌스를 고문 건축가로 고용하여 회사의 상호디자인에서부터 가로등 디자인, 새로운 공장설립 등에 이르는 모든 일을 감독하게 했다. 이러한 계약을 통해 건축가들의 위상은 엔지니어들의 지위와 어깨를 맞댈 수 있는 위치에 올라서게 된 것이다.

30년 동안 부를 증진시키고 자의식에 의한 진보를 이루려 했던 독일의 모든 노력은 1907년에 창설된 독일공작연맹을 통해 하나로 모이게 되었다.▼3 독일공작연맹의 주목표는 "제품 만드는 솜씨를 세련되게 하고 생산의 질을 높이는 것"이었다. 예술가와 노동자, 산업가는 예술적 가치가 배여있는 훌륭한 상품을 만드는데 총력을 기울였다.

Fifth Edition 480쪽 06줄

공작연맹에 내재된 취지 그 자체에는 새로운 것이 없다. 영국의 초창기 산업혁명가들 중의 한 사람인 헨리 콜 경은 1847년 "예술 제조업자회"를 조직했으며, 이를 통해 산업생산에 아름다움을 가미하여 대중의 관심을 높이고 기호 수준을 향상시키려 했다. 1851년의 런던 대박람회와 수정궁▼3a도 이러한 그의 노력때문에 가능했다. 윌리암 모리스 이후의 세대들은 산업에 적대감을 표현하지 않고 예술과 수공예 길드의 창설에 반대하는 콜의 입장을 다시 추종하게 되었다. 이 모임이 결성된 지 60년 후인 1907년에 이르러 최종적인 화해의 발판이 마련된 것처럼 보였다. 즉 이러한 기반을 통해 예술과 기술은 완전한 결합을 이루게 된 것이다.

서로에게 적대적인 의견 충돌은 공작연맹 초기부터 있어 왔다. 그러나 이러한 논란에도 불구하고 공작연맹은 끊임없이 젊은이들의 재능을 개발할 수 있는 발판을 마련하는데 주력했으며 적절한 순간에 그들 자신의 역할도 수행했다. 성장하는 세대와 이미 전성기를 맞은 세대들 모두 1914년 쾰른에서 열린 전시회에 추천되었다. 피터 베렌스, 요셉 호프만, 앙리 반데 벨데의 작품 옆에 브루노 타우트의 유리집과 월터 그로피우스의 사무소 건물이 나란히 놓였다. 그로피우스의 이 건물은 전시회에서 가장 심도있게 토론되고 미래의 발전에 가장 큰 영향력을 준 작품이었다.

전쟁을 치루고 물가상승 시기를 겪은 후에도 공작 연맹은 그 이름을 역사에 남길 수 있는 중요한 행동을 취할 수 있었다. 1927년의 **바이젠호프 주거단지**는 그 시대의 창조적인 힘을 실현시키려는 공작연맹의 꾸준한 노력을 잘 보여주는 증거이다. 나라가 빈곤에 빠지고 자원은 고갈되어 가고 있음에도 불구하고 스튜트가르트에 건물을 짓고자 여러 나라 출신의 건축가들을 초대하는 엄청난 기획이 이루어진 것이다.

이와 비슷한 시기에, 건축가인 에른스트 메이는 프랑크푸르트 외곽에 주택개발을 책임지는 임무를 맡았다. 그는 오스망처럼 빠르고 활기차게 일을 수행했다. 그러나 17년 동안 작업한 양에 걸맞는 행운은 찾아오지 않았다. 얼마 안 있어 모든 사업이 중단되었으며 이것은 독일 역사에서 유명한 사건들 중의 하나가 되었다. 작업이 진행되고 있는 동안 그는 외국 건축가들, 즉 몇 명의 오스트리아인과 마트 스탐이라는 네덜란드 인을 고용함으로써, 공작연맹의 개방성을 잘 보여주었다.

1929년 정부는 독일공작연맹을 통해 미스 반 데 로에에게 바르셀로나 전시회의 독일 전시관 설계를 일임했다. 1930년 월터 그로피우스는 전쟁 이후 파리 살롱에서 열린 최초의 독일 전시회를 기획하는 권한도 부여 받았다.

공작연맹이 활동했던 시기를 통해 독일 건축가의 위상은 완전히 바뀌었다. 아직

290. 월터 그로피우스, 파구스 공장, 1911~13.

도 많은 나라에서 건축가들은 여러 가지 제약을 받고 있는 상태였지만, 이 기간 동안 독일의 건축가들은 건축주나 계약자에 종속되지 않았다. **건축가는 그 시대의 정신을 구축하는데 중요한 역할을 하는 사람으로 인식**되었던 것이다.

월터 그로피우스

Walter Gropius

Fifth Edition 482쪽 02줄

월터 그로피우스▼3b는 공작연맹이 활동했던 기간에 독일에서 건축가로 경력을 시작했다. 학업을 마친 후, 그는 피터 베렌스의 사무실에서 일했다. 그가 일한 기간은 1907년에서 1910년까지 였으며, 이 당시의 베렌스는 베를린의 제너럴 일렉트릭 사의 터빈공장을 설계하고 있었다. 이 사무실에서 일하는 중에 그는 새롭게 창설된 공작연맹에서 개최된 토론에 참여하게 되었고, 이를 통해 "건물이 갖추어야 할 기본적인 본질에 관한" 그의 사상을 확립할 수 있었다.▼4

개인 사무실을 차린 후 그는 **파구스 공장**측으로부터 비교적 규모가 큰 프로젝트를 처음 의뢰받았다. 그로피우스는 1911년 알프레드 라인에 지었던 구두공장과는 전혀 다른 새로운 건축적 언어를 표현하였다. 베렌스와 함께 일을 하는 동안, 그 당시로서는 최첨단을 달리는 근대적 건물인 베렌스의 터빈공장이 만들어지는 과정을 지켜보았다. 개인적으로 일을 시작하게 되었을 때 그는 스승이 구축한 고전적 근엄함을 완전히 버리고 명확하고도 분명한 새로운 건축을 디자인 했다. 파구스 공장에서 그는 15년 동안 이룬 것들을 한꺼번에 표현했으며, 이를 통해 자신이 옹호한 "**지성과 감성의 정직성**"을 추구할 수 있는 동기를 얻게 되었다.▼5 유럽 건축에 깊이 뿌리박혀 있던 지성과 감성의 분리라는 병이 여기서 처음 치유된 것이다.

이 공장의 가장 돋보이는 점은 평평한 표면이다. 유리와 철로 이루어진 벽은 피어의 방해를 받지 않고 건물 모서리에서 깔끔하게 만난다.(**도판**. 291) 베렌스의 터빈 홀은 유리벽 좌우로 기념비적인 거석모양의 벽을 연결했지만, 그로피우스의 건물에서는 이러한 방식을 더 이상 찾아 볼 수 없다. 그로피우스가 지적한 대로 이 건물의 벽은 더 이상 지지요소가 아니라 혹독한 날씨에 저항할 정도의 보호막 역할을 하는 커튼처럼 보인다. 즉 "벽의 역할은 비와 추위, 소음을 차단해주고 구조체의 직립기둥 사이에 끼워져 있는 스크린정도의 기능으로 제한되었다." "구조적 중요성보다 유리가 더 중요하게 생각된 것"은 바로 "솔리드에 비해 보이드가 더 중요해진 결과"였다. ▼6

291. 월터 그로피우스, 파구스 공장, 알프레드 a.d. 라이네, 1911. 유리와 철로 이루어진 벽은 피어의 방해를 받지 않고 건물 모서리에서 깔끔하게 접합되어 있다. "벽의 역할은 구조체의 직립기둥 사이에 끼워져 있는 스크린정도의 기능으로 제한되었다.

483쪽 01줄 Fifth Edition

미국의 비평가인 헨리 러셀 히치코크가 이 건물을 "세계대전 이전에 지어진 것 중에서 가장 진보적인 건물"이[▼7]라고 평했을 때 그 누구도 이 평가에 대해 이의를 제기하지 못했다. 철과 유리, 콘크리트 등이 지닌 새로운 잠재력과 정교한 벽처리 방식, 유기적인 내부 조명 등은 서로 주도 면밀한 균형을 이루고 있다. 단순히 구조적인 측면에서 살펴보면, 이 건물은 19세기 후반 에펠이 건설한 철 구조물에서 시작되는 전통에 속한다. 그러나 두 시대의 특성이 안고 있는 이중성을 동시에 극복한 것이다. 즉 건축적 수단과 건설 수단이 통합된 표현을 얻는데 똑같이 작용하고 있다. 벽은 면으로 발전되었고 내부공간과 외부공간 사이의 투명한 커튼으로 다루어지고 있다. 벽의 기능에 대한 이러한 해석은 "자연히 벽표면에 더 진보적인 대담한 개구부를 낼 수 있게 만들었으며 이를 통해서 방은 더 밝아지게 되었다."[▼8] 벽의 커튼같은 특성을 확실하게 표현하기 위해서 기둥은 파사드 뒤로 물러나 있다. 이 건물의 볼륨이 자유롭게 병렬되는 방식은 1925년 데사우의 바우하우스 건물보다 훨씬 뛰어나다는 것은 부정할 수 없는 사실이다. 이 공장의 우아한 산뜻함은 파사드만이 아니다. 사무실에 보통 사용되는 폐쇄적인 간막이 대신에 유리벽을 사용하였다. 베렌스가 기념비적인 공장을 설계했다고 하면, 그로피우스는 이 기념비를 단순하고 더 인간적인 것으로 바꾸었다고 할 수 있다.

1914년 쾰른에서 열린 공작연맹의 전시회에 출품된 그로피우스의 모델공장과 사무소 건물인 "파브리크"(**도판. 292**)는 지붕 위에 덮개가 있는 댄스용 테라스가 있고, 그 뒤쪽에 기계실과 개방된 차고가 있다. 이 건물은 새로운 특성을 부여하는 여러 가지 건축적인 요소들을 보여주고 있다. 이 건물 이전에 설계한 파구스 공장은 석조로 된 계단실 벽을 거부하고 그 대신 유리와 철로 이루어진 덮개를 사용했었다. 이러한 요소를 쾰른 전시회의 건물에도 사용했지만 그 사용방식은 완전히 새로운 것이었다. 이 건물의 나선형 계단실은 완전히 유리로만 덮여있다. 이 계단실들은 공간에서 멈추거나 고정되어 있는 하나의 율동처럼 보인다.(**도판. 293**)

Fifth Edition 484쪽 18줄

한 세기 동안 누적된 습관에 젖어버린 우리의 감각 때문에 자동적으로 이러한 계단실의 돌출된 부분을 지지하고 있는 것이 무엇인지 알려고 한다. 새로운 공간개념과 요소와 표면을 떠있는 것처럼 만드는 이 개념은 정반대의 양상을 낳았다. 그것은 하중과 지지의 관계가 더 이상 전통적인 의미에서 명확히 규정되지 않을 때 생기는 일종의 미학적 돌풍이라 할 수 있다.

쾰른 전시회에 출품된 그로피우스의 이 건물(불행히도 전쟁기간 동안에 화재로 손실되었다.)은 구조체의 주요 요소들을 다루듯이 지붕을 세심하고 능숙하게 취급한 것이 특히 주목할 만하다. 지붕을 테라스로 만들어 승강기 공간과 댄스 공간을 형성하였고, 모든 부분을 덮개가 있는 정원에 의해 하나로 통합시켰다. 이러한 디테일은 우연적이고 일시적인 결과물이 아니다. 그것은 당시의 발전 단계보다 더 진보되어 있었

292 월터 그로피우스. "파브리크"의 정원측 입면, 독일 공작 연맹 전시관, 쾰른, 1914. 유리벽으로 된 사무소와 지붕이 덮힌 옥상정원.

기 때문에 미래의 정신이 무의식적으로 담겨야만 가능한 것이다.[9]

제 1차 세계대전 후의 독일과 바우하우스
Germany after the First World War and the Bauhaus

전쟁이 일어나기 전에 10년 동안 활발히 계속된 노력들은 환멸만을 남긴 채 끝나버렸다. 예술과 수공예운동의 결실이 맺어진 것처럼 여겨지기도 했다. 실제로 예술과 수공예운동이 전 시대의 잔여물인 유행을 제거하는데 큰 역할을 한 것은 사실이다. 그러나 가구의 개선과 주거환경의 개혁은 미래를 향한 끊임없는 발전을 위한 진정한 출구는 아니었다. 독일에서 일어난 운동에서는 응용예술분야 때문에 건축의 범위가 축소되었다. 이러한 사실은 운동을 통해서 개혁이라는 결실은 맺었지만, 새롭고 적극적인 개념에 도달하지는 못했다는 것을 뜻한다. 왜냐하면 새로운 개념이 없다면 새로운 건축도 있을 수 없기 때문이다. 파구스 공장과 같은 결과물(1911~14)은 순간적인 영향력만을 줄 뿐이었다.

널리 퍼져있는 불안감의 정도는 더욱 고조되었다. 이러한 불안감은 공격의 대상이 아니라 **표현주의 운동**의 중요한 주제였다. 독일 표현주의는 전쟁 전에 등장하여 전쟁이 지속되는 동안 계속 발전을 거듭한 후, 전쟁이 끝나고 난 뒤에 몇 년간 전성기를 맞았다. 표현주의는 오도된 인간성에 대한 불만을 뱉어내면서 비극적인 상황을 고발했다. 그러나 이 글에서 다루는 여러 운동들(입체파, 미래파, 그리고 나중에 거론할 운동 등)과 표현주의 사이에는 근본적인 차이점이 있다. 적의로 가득찬 세계에 대해 파우스트적인 격분과 침해된 인간성에 대한 울분만으로 새로운 단계의 발전으로 나아갈 수는 없는 것이었다. 이러한 것들이 아무리 절실한 느껴지는 요소라 할지라도 어디까지나 일시적 사실일 뿐, '구성적 사실'은 아니었다. 485쪽 27줄 Fifth Edition

표현주의의 영향으로 건축에 어떠한 변화가 야기되지는 않았다. 그럼에도 불구하고 예술분야에서 독일의 거의 모든 작품에 영향을 주었다. 나중에 주택개발사업에서 대단히 열심히 일한 사람들도 몽테 로사 정상에 사상누각을 세우려는 낭만적인 신비주의에 빠져버렸다. 또 다른 사람들은 콘크리트 탑을 마치 해파리처럼 흐물흐물하게 짓기도 했다.

이러한 상황이 바로 바우하우스의 등장과 직접 관계가 있다. 독일 공작연맹의 이상이 다시 한 번 추구되었다. 바우하우스는 초창기부터 예술과 산업을 통합하고 현

293. 월터 그로피우스, "파브리크"의 모서리에 있는 나선형 계단실, 쾰른, 1914. 온통 유리로 덮힌 이 계단실들은 공간에서 멈추거나 고정되어 있는 하나의 율동처럼 보인다.

대건축을 굳건하게 하기 위한 기본 방침을 찾으려는 목표를 가지고 있었다. 그러나 초창기 바우하우스, 즉 바우하우스와 그로피우스의 초기 작품을 살펴보면 문학적이고 표현주의적인 접근의 흔적을 발견할 수 있다. 표현주의는 독일의 모든 예술에 스며들었었다.

Fifth Edition 487쪽 04줄

그로피우스는 본능적으로 표현주의의 부적당성을 인식했으며 표현주의에서 탈피해야 될 필요성을 느꼈다. 전쟁 때문에 바이마르에 있던 두 학교, 즉 디자인 학교와 응용미술학교는 교수들이 거의 남아 있지 않았다. 그로피우스는 이 두 학교를 **바우하우스로 통합**하면서 응용미술 분야의 교수들을 찾는 노력을 했다. 알마 말러를 재고용한 후, 즉시 바우하우스의 첫 교육과정인 기초 디자인 과정을 젊은 스위스 건축가인 요하네서 이튼에게 맡겼다. 비엔나에서 교수생활을 하던 중에 이튼은 촉각과, 색채감각, 공간과 구성감각에 대한 완전히 새로운 교수법을 개발했다. 바우하우스 기간내내 대중을 당황하게 만들었던 것은 바로 이러한 접근 방법이었다. 독일 출신의 조각가 게하르트 마르크스와 미국 출신의 리오넬 파이닝어도 초기부터 이튼과 일을 함께 했다. 파이닝어는 공간 문제에 관심이 가졌던 몇 안 되는 표현주의자들 중의 한 사람이었다.

스위스계 독일인인 폴 클레는 1921년에 교수로 임명되었다. 이때부터는 추상주의적 성격의 그룹으로부터 점점 더 많은 사람들을 채용하게 되었다. 1921년에는 오스카 슐레머, 1922년에는 바실리 칸딘스키(칸딘스키는 1911년부터 추상적인 구성에 관한 연구를 해온 인물이다.), 1923년에는 모홀리 나기 등이 교수로 채용되었다. 이러한 일련의 교수채용을 통해 추상주의 운동이 더 강세를 보였다는 것과 더불어 바우하우스의 전개 양상을 알 수 있다.

헝가리 출신의 젊은 교수인 모홀리 나기는 자신의 작품은 물론 개인적인 친분으로도 모든 추상주의 운동과 관계를 맺고 있었다. 바우하우스에서 그가 했던 역할은 때때로 잘못 이해되기도 한다. 바우하우스 교과서의 편집자▼10로서 바우하우스의 정신을 적극적으로 지켜나갔으며 여러 나라에서 새로운 운동의 창시자들을 불러와 독일 대중앞에서 직접 연설할 수 있는 기회를 제공한 인물이었다. 또한 그는 직접 여러 활동을 펼치면서 낭만적 신비주의의 끈질긴 잔재를 극복하려는 노력에 큰 도움을 주었다.

바우하우스의 발전 과정에서 산업과 좀 더 긴밀한 접촉을 가졌던 제 3기는 바이마르에서 데사우로 이전하면서 시작되었다. 이때 바우하우스는 바우하우스의 졸업생으로 구성된 그룹에서 교수를 선정함으로써 스스로 새롭게 탄생하는 힘을 갖게 되었

294. 월터 그로피우스. 독일 공작 연맹 전시관, 파리, 1930. 슬래브형 다층 아파트이 절단면에서 보이는 클럽라운지.

다. 바우하우스에서 마스터(선생)가 된 사람들 중에 요셉 알베르, 헤르베이트 바이어(활판 인쇄술 분야)와 마르셀 브로이어 등이 있다.

바우하우스는 곧 현대예술의 여러 요소를 추구했던 유럽 전역의 모든 단체들(예를 들어, 네덜란드의 "데 스틸")에게 알려졌다. 1922년에 데오 반 되스부르크는 자진해서 바이마르에 왔다. 그러나 여러 가지 이유로 한번도 바우하우스의 교수로 활동하지는 못했다. 데 스틸이 바우하우스에 미친 영향(때론 너무 과소 평가되기도 하며, 때론 너무 과대평가되기도 함)은 미학적 문제에 대한 형식적 접근이라는 측면과 기본적 요소와 기본적 관계성을 강조하는 측면에서 이루어졌다.

비록 실제적인 활동분야와 성격은 달랐지만 여론의 시각에는 바우하우스의 모든 지도자들이 모두 하나의 예술적 교리를 옹호하는 사람들로 비쳤다. 보수적이라거나 아카데믹한 것을 표현주의자들이 싫어했듯이, 이들도 교조적인 태도를 싫어했다. 정치적인 갈등의 문제도 바우하우스의 관심사는 아니었다. 이 때문에 그로피우스와 바우하우스는 좌익과 우익으로부터 동시에 공격을 받았다. 좌익성향의 비평가에 의하면 "아무리 훌륭하다 해도 지금과 같은 시기에 모든 예술 학교는 시대착오적이 될 수 밖에 없다."(1928)는 것이다. 우익쪽의 비평가들은 바우하우스의 교육 프로그램을 서로 연관되지 않은 많은 활동들로만 바라보았고, 아카데미나 예술과 수공예운동의 견해에 입각하여 그 활동을 판단하면서 바우하우스에 대해 전혀 이해하려 하지 않았다.

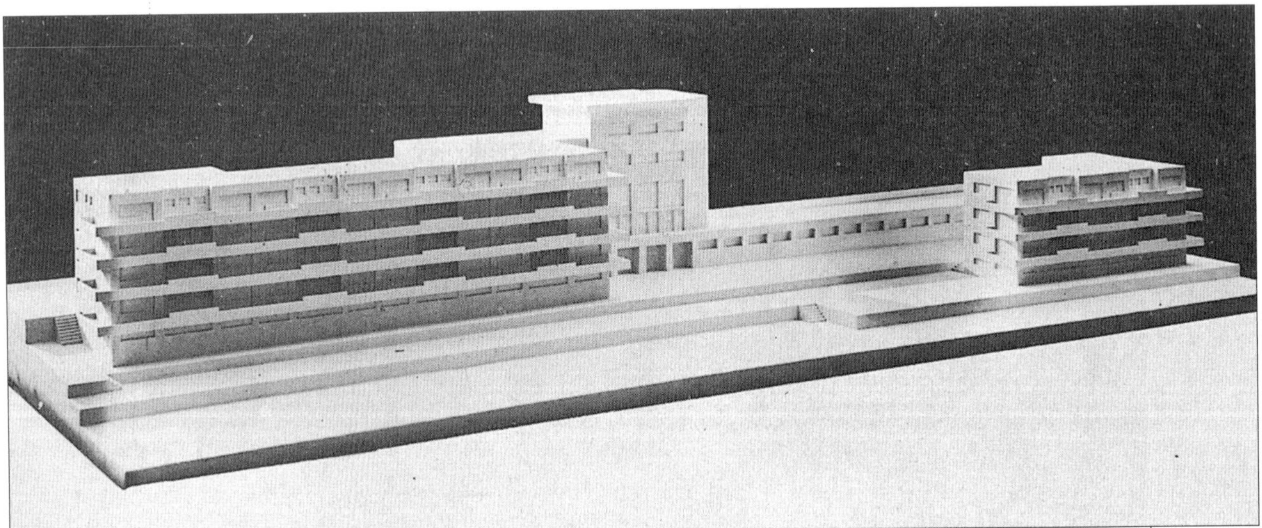

295. 월터 그로피우스, 철학 연구을 위한 국제 아카데미 계획안, 1924. 이 진보적인 계획안은 오픈 플래닝의 전조를 마련한 바우하우스가 생기기 2년전에 설계되었다. 에르랑겐의 대학도시를 위한 이 건물은 기숙사와 휴게실를 포함하게 될 것이다. 이 대학에 대한 아이디어는 당시 독일에 널리 퍼져 있던 국제적인 정신의 한 전형이었다.

근대회화에 내재된 개념들을 이해할 때 비로소 바우하우스의 작품들은 이해할 수 있다. 질감과 평평한 표면에 대한 새로운 이해와 공간에 대한 새로운 감각을 발전시키는 감성을 이해하지 못한다면 바우하우스에 대한 연구는 불가능할 것이다.

1797년의 에콜 폴리테크닉은 과학과 삶을 서로 연결시키려고 노력했다. 그로피우스의 주도하에 있던 바우하우스에서는 건축을 통해 예술과 산업, 예술과 일상 생활을 결합하려는 노력이 이루어졌다. 오늘날에 와서 역사적인 관계성의 맥락하에서 바우하우스의 전체 제도를 이해하는 것이 가능하기 때문에 독일의 교육과 조직력이라는 선물이 가져다 준 중요한 배출구가 무엇인지 알 수 있다. 즉 바우하우스에서 처음으로 현대예술의 원리들이 하나 하나 교육의 전문 분야로 탈바꿈하게 된 것이다. 분산되어 있던 여러 경향들이 서로 결합되어 하나로 모이게 되었다.[11] 이러한 관점으로 바우하우스를 보면, 바우하우스의 활동들 중에 우리의 꾸준한 관심을 끌었던 것, 즉 이 시대가 자의식을 향해 움직이는 과정이 될만한 측면으로만 이해의 폭을 한정시키게 된다. 활력이 넘치고 복잡했던 바우하우스의 발전 경로는 교육 관련 분야에서 그 당시 어떠한 기관도 겪지 못했던 과정을 잘 보여주고 있다.

산업과 바우하우스의 실질적인 관계 설립과 이러한 관계가 전개되는 방식은 본 글의 주제를 벗어난 이야기다. 본 글에서 다루는 것은 교육체계가 어떻게 우리 시대의 근본적인 개념에 기초를 두었는지, 그리고 생산품을 위한 많은 모델들이 구비된 산업을 제공받은 진정한 창조적인 예술가가 운용한 방식이다.

바우하우스 공방에서 만들어진 실험적인 수공예품들은 전세계의 재생산된 산업 상품들의 모델이 되었다. 이러한 상품으로 전등 설비물, 카펫, 직물, 마르셀 브로이어가 만든 유명한 관식(管式) 철재 가구 등이 있다. 외국의 제조업자들은 제품관리자로 바우하우스에서 교육받은 사람들을 고용하기 시작했다.

데사우의 바우하우스 건물, 1926
The Bauhaus Building at Dessau, 1926

데사우에 새로운 학교를 세우기 위해서는 건물의 프로그램상 서로 다른 여러 가지 시설들을 수용해야 했다. 우선 디자인 학교인 바우하우스와 상업을 위한 지속교육 프로그램을 수행하는 데사우 시의 학교와 학생들을 위한 주거, 스튜디오 공용 공간 등을 갖추어야 했다. 식당과 무대, 관리실, 그로피우스의 개인 스튜디오 등도 역시 필요했다. 그로피우스가 설계한 교사용 주거도 작은 소나무 숲에 마련되었다. 건축가의 주목적은 이러한 여러 가지 기능들을 서로 명확하게 분리하면서도 고립됨 없이 효율적으로 관계가 유지되도록 연결시키는 것이었다.

Fifth Edition 491쪽 18줄

전체 학교 건물의 중심인 바우하우스가 가장 강조되었다.(**도판**.296) 바우하우스는 전시공간을 갖춘 디자인 실험실, 강의실, 강당 등으로 이루어져 있다. 디자인 실험실은 가구제조, 무대장치, 염색, 직물, 인쇄, 벽도배, 금속세공 등의 작업이 가능하도록 만들어졌다. 3층에는 강당과 금속세공과 벽화작업을 위한 실험실이 하나의 실로 이루어지도록 모여 있다. 바우하우스는 그 유명한 유리 피막으로 덮여 있다. 학생들의 스튜디오 겸 기숙사 부분은 6층까지 세워졌다. 이 부분에 있는 25개의 방들은 각각 학생용 주거와 개인적인 작업을 동시에 할 수 있도록 고안되었기 때문에 하이픈으로 연결된 이름이 붙여져 있다. 각 방에는 외부 공간을 향해 돌출된 콘크리트 슬래브로된 작은 발코니들이 있다. 육중한 벽과 가까이 접하고 있는 이 슬래브는 건물의 독특하고 특징적인 모습을 연출하고 있다. 학생들을 위한 이 부분은 한층으로 구성된 연결부분을 통해 디자인 학교와 직접 연결되어 있다. 이 연결부분은 회의실과 식당, 학교 무대를 서로 결합시키고 있다. 이 방들은 하나의 홀로 합쳐질 수 있도록 개방되어 있으며 건물 전체의 주출입구 홀인 "오울라(aula)"를 통해 이 홀로 접근할 수 있다.

분리된 익부는 데사우 상업학교가 위치하고 있다. 2층으로 구성된 짧은 브리지는 4개의 기둥으로 지지되며 내부 도로를 가로지르면서 디자인 학교와 연결되어 있다. 이 연결 통로에는 관리실과 교수와 학생간의 회의를 목적으로 한 만남의 공간, 건축학부, 그로피우스의 개인 아틀리에 등이 있다.

바우하우스는 보강 콘크리트 골조로 된 건물이다. 독일의 건축 조례 때문에 지지기둥은 프랑스나 스위스보다 더 육중하게 되어있다. 연속적인 유리 피막은 건물바닥부터 꼭대기까지 나있는 이질적인 하얀 **커튼월**의 수평띠와 병렬되어 있다. 항공사진을 보면 이 건물들은 매우 간결해 보인다. 지지체는 전혀 없고 단순히 띠로만 구성된 듯이 보인다. 날아가는 새의 시각에서 보면 전체 건물은 지상 위에 떠다니는 두 개의 거대한 수평면으로 인식된다.

유리 커튼은 1878년 박람회에서 이미 에펠이 개발했던 '제한되고 구획된' 투명한 영역이 아니다. 이것은 부드럽게 연속되면서 건물 전체를 두르고 있으며, 건물 모서리에는 지지요소와 연결요소가 전혀 없다. 파구스 공장처럼 이 커튼을 지지하는 기

296. 월터 그로피우스, 바우하우스, 데사우, 1926. 항공 사진, 공중에서 보면 상이한 유닛들이 어떻게 서로 결합되어 있는지 알수 있다. 이러한 복합건물은 한눈에 들어오지 않는다.

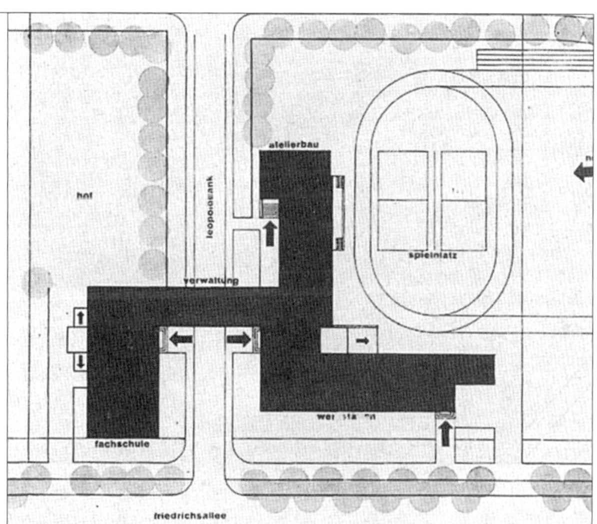

297. 월터 그로피우스, 바우하우스, 데사우, 1926. 배치도. 이 복합건물은 땅위에서 뻗어나가고 있으며 서로 결합되어 있는 3개의 날개를 가진 풍차처럼 퍼져있다.

298. 피카소, "아를르의 여인," 1911~12. "큐비즘의 수법인 동시성을 머리부분에서 발견할 수도 있다. 즉 얼굴의 윤곽과 얼굴 전체를 겹쳐놓음으로써 한 대상의 두가지 모습이 동시에 그려져 있다. 또하나의 특징적인 것은 서로 겹쳐진 면들의 투명성이다.(피카소 전시회이 카탈로그, 현대 미술관, 뉴욕, 1939, p. 77)

299. 월터 그로피우스. 바우하우스, 데사우, 1926. 작업장 부분의 코너. 이 건물에서 동시성이 표현된 부분은 건물의 내부공간과 외부공간이다. 코너를 비물질화함으로써 넓은 투명 유리판이 현대미술에서 나타나는 "중첩 면들의 부유하는 듯한 관계"를 건축에 끌어들이고 있다.

둥은 일종의 캔틸레버 구조형태로 만들면서 유리 뒤로 물러나 있다. 유리 커튼은 건물 모서리에서 단순히 포개지는 모습을 보여준다. 다시 말해 건물의 하중을 받는 지지체가 당연히 있을 것이라고 생각되는 지점에 유리커튼들이 서로 결합되어 있는 것이다.(**도판. 299**)

Fifth Edition 493쪽 28줄

근대건축이 이루고자 애쓴 두 가지 노력이 이 건물을 통해 성취되었다. 이러한 성과는 공학상의 진보를 향한 무의식적인 성장이라는 측면이 아니라 예술적 취지를 의식적으로 실현한 측면에서 이해되어야 한다. 즉 **피카소**의 "아를르의 여인"(1911~1912, **도판. 298**)과 같은 작품에서 우리는 떠있는 듯한 느낌과 수직적으로 배열된 면들을 느낄 수 있으며 이 면들은 상호관계가 있는 공간감을 충족시키고 있다. 또한 내 · 외부를 · 동시에 나타나게 하는 강한 투명성을 발견할 수 있다. 이 그림에서 나타난 이러한 특징들은 한 마디로 인식 단계의 다양성, 즉 시점의 다양성이나 동시성이라 할 수 있다. 이러한 동시성이 바로 시간 - 공간 개념이다. 바우하우스 건물에서 **그로피우스**는 건설분야의 성과물로만 여겨질지도 모를 것들을 미학적으로 발전시켰다.

이 건물의 유리 커튼은 유명하지만 바우하우스 건물의 진정한 의미는 유닛으로 구성되었다는 점에 있다. 1926년에 세워질 때 이 건물은 **새로운 공간개념**을 통해 어떻게 복합적인 대규모 건물을 구성할 수 있는지 잘 보여주었다. 현대 건축에서 이러한 구성이 실현되기 앞서 이 건물과 비교할 만한 것은 없다.

1910년대에 **프랑크 로이드 라이트**가 주택설계에서 부유하는 듯한 수직적 · 수평적 면들을 사용했다는 것은 의심할 여지가 없다. 시카고 시절, 라이트는 자신이 설계한 몇 채의 대저택(버팔로의 마틴 주택 1904, 리버 포리스트의 쿤리 주택)에서 개방 평면을 실현했다. 이 주택들의 1층 평면은 팽창되어 있고 복잡하며 때때로 각부분들은 브리지로 연결되어 있다. 그러나 그 익부들은 땅에 강하게 고착되어 있으며 땅과 가까이 사는 동물의 탐지용 촉수처럼 땅 위로 뻗어나가고 있다. 그것들은 땅 위에서 떠있지도 않고 또한 그런 의도도 담고 있지 않다. 벽의 모든 처리 방식(돌연한 구조상의 변화, 매달린 처마, 복잡한 부조)이 땅에 밀착된 이러한 특성을 증명해 주고 있다. 이를 보면, 라이트가 유럽에 등장한 이후 그곳에서 이루어진 것 때문에 왜 혐오감을 갖게 되었는지 알 수 있다.

1926년 무렵 건축분야에 새로운 세대가 등장하기 시작했다. 이들은 1910년 이래의 예술적 발견물과 새로운 건설방법과 재료 등에 대해 잘 알고 있었다. 이들은 예전에는 서로 분리되어 있던 두 영역을 결합시켰으며 이러한 결합체를 통해 우리가 현재 알고 있는 현대건축을 발전시켜 나갔다. 르 꼬르뷔제, 그로피우스, 미스 반 데 로에 등이 속한 세대는 예술 분야에서 새로운 것을 발견한 사람들의 작품과 그들이 발견했던 새로운 공간감에 대해 잘 알고 있었다. 결국 이들은 공학분야에서 축적된 발전사항들 중에 이러한 새로운 공간감에 건축적 표현을 부여하는데 필요한 수단을 선택할 수 있었던 것이다.

496쪽 34줄 Fifth Edition

바우하우스 건물은 입방체들이 서로 병렬된 모습을 보여주고 있다. 이 입방체들은 규모와 재료, 그리고 위치상 서로 다른 성격을 가지고 있다. 그 계획의도는 입방체들을 땅에 고정시키는 것이 아니라 대지 위를 맴돌고 떠다니게 하는 것이었다. 이러한 목적 때문에 날개같은 연결 브리지를 만들었고 유리를 자유롭게 사용하였다. 유리는 건물을 비물질화하기 위해 사용되었다. 그러나 이전 세대들은 유리를 실용적인 목적(개인 주택에 주로 사용함)에 사용했으며 유리 위에 색깔을 칠하거나 그림을 그렸다.

바우하우스의 입방체는 병렬되어 있으면서도 서로 관계를 맺고 있다. 사실상 이 입방체들이 너무 미묘하고 밀접하게 서로 관통하고 있어서 여러 볼륨들의 경계를 정확히 파악하기 힘들다. 공중에서 보면 각 볼륨들이 결합되어 얼마나 확실히 하나의 통합된 구성체로 되어 있는지 알 수 있다. 한눈에 이 복합체를 다 알아 볼 수는 없다. 따라서 건물의 모든 면을 보려면 건물 주위를 돌아다녀야 하며 건물을 아래에서 보거나 위에서 보기도 해야 한다. 이러한 사실은 예술적 상상력을 향한 새로운 차원, 즉 전례없는 다면성을 의미한다.

1층 평면에는 내부로 수축하는 경향이 거의 나타나지 않고 있다. 오히려 평면은 팽창해서 땅 위로 뻗어나가고 있다. 건물의 윤곽은 중심에서 뻗어나오는 3개의 갈고리 모양의 날개를 가진 "회전 불꽃(pinwheel)"이라고 불리는 불꽃을 닮았다.(**도판. 297**) 이 건물에서 받는 인상은 1914년 그로피우스의 전시회 건물에서 유리로 된 계단실이 주는 인상과 유사하다. 바우하우스 건물도 공간에 고착되고 고정된 채 하나의 움직임을 보여주었다.

바우하우스 건물은 그 당시에 새로운 공간개념을 완벽하게 구체화시킨 유일한 대규모 건물이다. 어느 측면에서 보면 이 건물의 외관은 독일 역사의 비합리적 과정을 증언하고 있다. 19세기 후반, 독일은 다른 어떤 나라보다 더 심하게 건축의 정직성을 상실하게 되었다. 그러나 30년도 채 안되는 동안에 건축의 새로운 단계를 여는 길을 찾은 나라는 바로 독일이었다.

건축 목표
Architectural Aims

Fifth Edition 497쪽 29줄

그로피우스는 대규모 건물을 설계하는 것을 좋아했다. 사실 그는 공장, 사무실, 학교, 새로운 종류의 극장 등, **사회에서 필요로 하는** 거의 모든 **새로운 종류의 건물을 설계**했다.▼[12] 당연히 그는 1920년대까지 진행된 건물 설계에 참여했다. 1920년대에 독일은 노동자와 중산층의 주택 부족 문제를 해결하고자 했다. 그로피우스는 베를린과 데사우, 프랑크푸르트 암 마인, 칼스루에나 등과 같은 여러 도시에 이런 종류의 아파트와 주택단지를 많이 설계했다. 주택분야에서 그가 한 활동중에 가장 유명한 것은 정부관할의 주택연구소를 위한 계획이었다.▼[13] 주택단지는 결국 지어졌지만 그로피우스의 계획대로 지어지지는 않았다. 이 책의 후반부에서 도시계획의 새로운 차원을 다루면서 그로피우스가 사용한 슬래브 모양의 블록 유닛에 관해 논할 것이다.

그로피우스의 작품 대부분이 아직도 원래의 신선함을 유지하고 있다는 사실은 **그로피우스의 창조력**이 어느 정도인지를 잘 말해준다. 이는 파구스 공장과 같은 건축작품이나 **건축 이외의 분야 작품에 모두 적용**된다. 그의 경력 중에 초창기에 해당하는 1913년, 그는 디젤 자동차를 디자인했다. 기능적인 원리에 대해 자세히 연구한 후 매우 진보적인 예술적 해결안을 제시한 것이다. 사실 그는 20년이 지나서야 "유선형(streamlined)"▼[14] 으로 인식할 수 있는 디자인을 만들었다. 혁명기간에 죽은 이들을 위해 설계한 기념비(시멘트 면과 프리즘으로 이루어진 구성)는 디자인적인 측면에서 완전히 현대적인 수준을 나타내고 있다. 불행히도 이 기념비는 권력을 장악하게 된 나찌에 의해서 파괴되었다.

한 사람의 작품이 20년 혹은 30년 동안이나 동시대적 특성을 유지해나갔다는 사실은 감성과 지성이 나란한 길을 따라 움직이는 시대에는 그리 놀랄만하거나 드문 사례는 아니다. 그러나 그렇지 않은 우리 시대에는 이 사실이 당연한 것이 아니다. 불행하게도 우리들 중에 그와 같은 생산의 정확성을 소유한 사람은 거의 없다.

독일의 많은 예술가들처럼 그로피우스 역시 순간적인 상상력보다는 오래 지속되는 굳건한 상상력을 펼쳤다. 소용히 일을 하면서도 새롭고도 깜짝 놀랄만한 결론에 도달했다. 알브레히트 듀러의 장황한 형상은 베네치아 학파의 품위는 없지만, 그의 개념은 내적 깊이감이 있다.

주

1. 르 꼬르뷔제의 최초의 책이자 지금은 매우 희귀한 책은 『Etude sur le mouvement d'art decoratif en Allemagne(Chaux-de-fonds, 1912)』이다. 이 글은 독일의 경향에 대한 비판서의 하나이다.

2. 이들이 자신들을 위해 지은 집(피터 베렌스의 최초의 주택이 이중의 하나이다.)은 이 주택의 내부 장치와 예술과 공예부분의 작품들과 함께 1901년 Darmstadt에 있는 Mathildenhohe에서 전시되었다. 이 전시회는 미래에 중요한 영향을 끼치게 될 독일 예술가들의 협동 작업중의 최초의 사례를 보여주었다.

3. Heinrich Waentig가 지은 Wirtschaft und Kunst(Jena, 1909)의 292페이저부터 독일 공작 연맹의 창립에 관한 자세한 설명이 나와 있다.

3a. 완벽한 조사를 위해서는 Mechanizaiton Takes Command(Oxford University Press, 1948)을 참조할 것.

3b. 완벽한 조사를 위해서는 S.Giedion의 Walter Gropius: Work and Teamwork(New York, 1954)를 참조할 것.

4. Walter Gropius, The New Architecture and the Bauhaus(런던, 1937), p.33.

5. 같은 책,p.17

6. 같은 책, pp.22~23.

7. 현대 미술관의 카탈로그, Modern Architecture(뉴욕, 1932), p.57.

8. 그로피우스, The New Architecture, p.22.

9. 동시대사람들은 Fabrik에 대해서 다소 확실하지 않은 입장을 가지고 있었다. Theodor Heuss의 Die Hilfe(베를린, 1914년 6월 2일)에 나오는 그로피우스 비평을 비교해 볼것.

10. Herbert Bayer, Walter Gropius와 Ise Gropius가 편집한 The Bauhaus와 비교해 볼것. Beaumont Newhall이 작성한 참고 목록은 이 주제와 관련된 모든 글을 망라하고 있다. 대체로, 이 책은 바우하우스의 발전과정에 대한 상세하고 훌륭한 설명서이기 때문에 이 시점에서 똑같은 근원을 거슬러 올라갈 필요는 없다. 바우하우스에 관한 상세한 역사서가 이후 몇권 나왔다. H. Winkler의 책(Cologne, 1962)이 그 좋은 예이다.

11. 초기에 그로피우스는, 이 전시회가 새로운 경향과 개념을 한 곳에 모을 수 있는 하나의 장치역할을 할 수 있다고 생각했다. 그는 전시회가 개념을 표현하는 도구로 사용되기를 원했다. 즉 전시회의 여러 특징에도 불구하고 일반적인 하나의 견해가 적용된 것이다. 그는 1928년까지 바우하우스에서 이러한 방향으로 일을 했으며 나중에 가서는 바우하우스 시절의 오래된 동료들, 즉 모홀로 나기, 브로이어, 베이어등과 같이 일했다. 이들의 협동적인 노력을 통해서, 근대적인 전시 기법이 총동원된 새로운 형식의 전시회가 마련되었다.
공작 연맹은 1930년, 파리에서 열린 Salon des Artistes Decorateurs전시회에 참가하라는 제안을 받았다. 이 전시회는, 전쟁이 일아난 이후에 독일을 출품국으로 인정한 최초의 공식적인 전시회였다. 그로피우스와 브로이어는, 그로피우스가 디자인한 슬래브형 근대 아파트 블럭의 단면(그림 294)에 첨가된 클럽 라운지 내부를 보여주었다. 이 순간에 와서, 오래된 적의감은 누그러 들었고, 프랑스 비평가들은 놀라움과 감탄으로 이 전시를 환영했다. 많은 비평가들에게, 이 전시회는 전후 독일의 활동을 처음 드러내는 기회였다.
그로피우스가 참가한 전시회는 다음과 같다. Antwerp 세계박람회, 1912년, 내부; 1914년 퀼른에서 열린 공작 연맹 전시회('Fabrik', 일련이 내부 방들, 장교들이 전시때 쓰는 막사, 자동차 몸체); 1930년 파리에서 열린 공작 연맹 전시회, 1931년 베를린에서 열린 건축 전시회(Swawinsky와 협력한 다층 아파트 계획안); 1933년에 열린 베를린 전시회(Joost Schmidt가 같이 참여한 비철금속 전시회)

12. 예를 들어, 그의 Tatalheater는 새로운 공간 개념이 완벽하게 적용된 것이다. 르네상스나 바로크와 달리, 무대는 더이상 극장의 모든 부분에 적용되는 투시도의 고정된 초점이 아니었다. 무대는 건물의 한 가운데에 위치해 있으며 곡선적이고 수직적인 움직임에 맞추어져 있었다. 이로 인해서 여러 측면에서 관찰되는 광경이 제시된다. 그로피우스의 Theaterbau(로마, 1934)와 비교할 것.

13. Reichsforschungsellschaft

14. S. Giedion의 Walter Gropius(파리, 1931)에 나오는 글

미국에서의 월터 그로피우스
Walter Gropius in America

미국의 환경은 그로피우스에게 어떤 영향을 주었고 그로피우스는 미국의 환경에 어떤 영향을 미쳤을까? 불완전하게 평가될 수밖에 없는 미묘한 상호 관계가 있다. 최종적인 분석을 내리기 앞서 좀 더 일반적인 질문, 즉 유럽에서 미국으로 이주한 1930년대 이후의 중요성과 의미에 대해 논의하고자 한다.

1930년대 이후의 이주가 갖는 중요성
The Significance of the Post - 1930 Emigration

Fifth Edition 499쪽 10줄

그로피우스가 미국으로 이주한 이유는 정치적인 압력 때문이었으나 1860년경에 발생한 농부와 예술가들의 집단적인 이주나 1848년 이후의 유럽 지식인들의 망명과 그로피우스의 이주는 성격이 완전히 다르다. 그 당시의 미국은 완전히 국가의 모습을 갖추고 있지 않았다. 넓게 펼쳐진 영토와 여러 전문 분야가 개발되기 시작하는 정도였다. 그 당시 미국으로 간 사람들은 누구나 자동적으로 미국 시민이 되었으며, 값싸게 혹은 무료로 땅을 얻을 수 있었다. 그러나 1930년대에 이주한 사람들은 매우 다른 상황에 처해 있었다. 미국은 이제 정착단계에 접어들었다고 판단하여 이주 할당제를 적용했다. 따라서 미국에 입국하는 사람들은 미국시민이든 아니든 간에 모두 외부인으로 여겨졌다. 그럼에도 불구하고 결국 이 당시의 이주는 1848년과 1860년의 이주보다 더 깊고 폭넓은 영향을 미쳤다. 왜냐하면 1930년대에 이주한 사람들은 정치나 사업, 또는 미숙련된 노동자층이 아니라 가장 진보된 분야의 과학자, 인본주의자, 예술가층을 대표하는 사람들이었기 때문이다. 이들은 근대 미학에서 핵물리학에 이르기까지 과학과 문화의 각 영역에 직접적인 영향을 미쳤다.

특정한 식물처럼 국가의 삶에도 문화적인 발전의 더 진보된 단계를 맞이하기 위해 외부로부터 자양분을 필요로 할 때가 있다. 프랑스가 고딕 시대 이후에 잇달은 예술적 고갈 상태에서 새로운 발전을 모색하기 위해 이탈리아 르네상스 예술가들을 불러 모은 것처럼 미국도 상업분야에서 성공하게 되자 새로운 정신적 중심을 필요로 하게 되었다. 기회의 법칙에 이끌리는 이러한 필요성에 의해 1930년대에 성장한 유럽의 많은 인재들이 이주의 기회를 갇게 된 것이다.

1880년대 시카고파의 구조적 발전이 있은 후 그리고 건축 표현상의 부이스 설리반의 뛰어난 순수성과 1900년경의 라이트가 이룬 뛰어난 건축이 있은 후, 미국의 건축정신은 상업적인 고전주의로 퇴보했다. 재앙처럼 느껴지는 이러한 단계에서 벗어나게 한 원동력은 외부로부터 주어졌다. 이러한 새로운 움직임의 시기는 1930년대 후반이었다.

1920년대 초만해도 근대적인 정신을 소유한 유럽 건축가들 중에 미국에 정착한 사람은 거의 없었다. 바로 이 당시 리처드 노이트라는 남부 캘리포니아의 현대 건축을 위해 힘겨운 싸움을 시작했으며, 이보다 앞서 라이트나 그린 앤 그린 등 여러 사람들의 노력이 있었지만, 스페인풍의 가짜 모조품들 때문에 그러한 시도는 물거품이 되고 말았다. 1920년대에는 아카데미 데 보자르의 대표자들이 미국의 대학이나 교육기관들 모두를 장악하고 있었다. 어느 곳에서도 근대적 정신을 찾아 볼 수 없었다. 그러나 1930년대 후반에 접어들면서 주도적인 기관의 안목있는 몇 사람들이 월터 그로피우스나 마르셀 브로이어, 미스 반 데 로에, 모홀리 나기, 알바 알토 등과 같은 건축가를 초대할 필요성을 느껴 그들에게 미국에서 교육할 기회를 제공했다.

다른 나라와 달리 미국은 유럽에서 가장 창조적인 건축가들 중의 몇몇을 고용하기로 결정했을 것이라는 추측은 미국의 직관적인 현명함 이상의 그 무엇을 생각해 볼 수 있다. 이러한 기획을 통해, 미국인들에게는 자국 출신의 선구자를 인식할 수 있도록 한 이면적인 의도가 있었다. 심지어 미국건축가협회(AIA)마저도 프랭크 로이드 라이트에 대한 태도를 다시 생각하기 시작했고, 1948년 그의 80세 생일날 그에게 금메달을 수여했다.

월터 그로피우스와 미국의 상황

Walter Gropius and the American Scene

500쪽 36줄 Fifth Edition

미국이 그로피우스에게 어떤 영향을 미쳤고 거꾸로 그로피우스는 미국에 어떤 영향을 주었을까? 우선 그로피우스 본인의 작품과 미국의 기능적인 건축 사이에는 매우 중요한 유사점이 있다. 1922년에 열린 시카고 트리뷴 빌딩 국제설계경기에 참여한 그의 작품에서부터 이러한 증거를 찾아 볼 수 있다. 비록 이 당시 그로피우스가 시카고파의 1890년 작품을 알고 있지는 않았지만 그의 계획안은 시카고파와 동일한 정신을 담고 있었다. 고딕을 모조한 당선작 대신에 그로피우스의 안이 채택되었다면 오늘날 이 건물은 시카고파의 자연스러운 연장선상에 놓인 작품으로 여겨졌을 것이다.

당연히 합리적인 계획안들은 모두 임원들의 웃음을 샀다. 그러나 뒤커나 뢴베르크 - 홀름 , 브루노 타우트처럼 합리적인 노선을 걷지 않은 유럽 건축가들도 이 경기에 참여했다. 하버드 디자인 대학원의 도서관에는 "거룩한 심사위원"(1923)이란 제목의 풍자적인 팜플릿이 하나 있다. 이 팜플릿에는 그로피우스의 계획안과 관련하여 그를 "쥐덫을 고안한 사람"이라 적혀 있다.

그로피우스가 미국 건물의 기술과 미국의 대규모 생산이나 조립 과정과 유사한 노선을 걸었다는 것을 보여주는 또 다른 증거가 초기부터 있었다. 피터 베렌스의 사무실에서 일하던 1909년, 그는 독일의 산업가 에밀 라테나우에게 "표준화된 구성요소로 주택을 건설하는 회사 설립 계획안"을 제출했다. 출판되지는 않았지만 28페이지 분량에 달하는 이 제안의 마지막 부분에 그로피우스는 다음과 같이 지적하고 있다. "변형 가능한 요소의 조합 가능성을 이용하여 주택을 사용자 나름대로 구성해 보려는 요구를 충족시키는 것이 경제적으로나 기술적으로나 가능하다."

Fifth Edition 501쪽 29줄

1910년, 그로피우스는 부품 기계화의 중요한 문제, 즉 40년이 지난 후에도 아직 완전한 해결점에 도달하지 못한 문제를 주택의 대량생산과 관련하여 해결해 나가야 한다고 생각했다. 다양한 인간의 요구를 충족시킬 수 있는 해결책을 마련하기 위해서는 이 문제의 초점을 대량생산과 개별적 요구 사이의 협력에 두어야 한다는 것이다.

잘 알려져 있듯이 자동차처럼 주택을 똑같은 모양으로 대량생산하려는 산업분야의 종사자들은 먼저 여러 가지 어려운 과정이 있다는 것을 알고 있어야 한다. 주택은 자동차와 달리 개별적인 유동성을 필요로 한다는 점과 산업이 할 수 있는 것은 다양성을 충족시키기 위해 필요한 여러 조립방법과 관련하여 가장 창조적인 요소들을 찾아내는 것이라는 점을 숙지하고 있어야 한다.

1942년부터 그로피우스와 협력한 콘라드 와츠만은 그로피우스가 1931년 베를린 근처에 히리슈 쿱퍼를 위해 주름진 기성재 동으로 지은 주택에 사용한 방법을 근거로 하여, 기성재로 지은 새로운 형식(일반적인 패널 형식)의 집을 개발했다. 골조의 빗각 맞춤을 먼저 한 다음 그 위에 제너럴 패널을 씌웠다. 이 조립 건물의 표준화된 목재 슬래브와 패널은 개별적인 계획안과 건축적 자유를 근대적인 산업 방식과 결합시킨 것에 해당된다.

그로피우스는 미국에서 건축교육과 더불어 매사추세츠 주의 캠브리지에서 약 20마일 떨어진 **링컨**에 자신의 **집**을 직접 설계했다. 1938년 내가 그와 함께 머물고 있는 동안 많은 방문객들이 새롭게 탄생한 "근대 주택"(**도판**. 300)을 보기 위해 주말이나 주중에 갑작이 방문하곤 했었다. 왜냐하면 그때가지만 해도 이 건물 위쪽으로 100마일 반경내에는 근대적 건물이 단 하나도 없었기 때문이다.

그러나, 이 건물의 평지붕과 차폐막이 쳐진 입구나 토속적인 미늘 판자, 커다란 창문은 뉴잉글랜드 지방의 건물 특색에서 완전히 벗어나지 못한 것이라고 평가할 수 있다. 입구는 식당의 연장으로 계획되었지만 무덥고 습한 여름에 동쪽이나 서쪽에서 불어오는 미풍을 끌어들이기 위해 앞쪽으로 튀어나와 있다. 미늘 판자는 수평적인 전통 방식 대신 수직적으로 판자를 대고 있다.

여러 채의 농가가 이 지역에 잇달아 지어졌고 이 집들 모두는 그로피우스의 개인 주택처럼 마르셀 브로이어와의 협력하에 계획되었다. 나비처럼 땅 위에 떠있는 아름다운 원룸의 웨일랜드 오두막(1940)은 특히 브로이어의 솜씨를 느낄 수 있는 대표적인 건물이다.(**도판**. 301) 디자인 측면에서는 보잘 것 없는 대규모 주택들도 있었다. 이런 주택들은 개인적인 요구를 너무 과장하려는 건축주들의 욕심에서 비롯된 것이었다.

1941년 피츠버그 근교의 뉴 켄싱톤에 알루미늄 공장 노동자들을 위한 '방어 주택단지(defense housing)' 때문에 펜실버이니아 신문은 뒤늦게 흥분하기 시작했다. 지방신문의 공격 때문에 그로피우스는 20년전 데사우에서의 "퇴르텐 지들룽" 지(誌)로부터 받은 비난을 분명히 떠올렸을 것이다.

미국으로 이주해 간 유럽 건축가들은 중요한 일자리가 수백 명의 직원을 거느리고 있는 대규모 회사에 주로 있다는 사실에 놀랐다. 따라서 화목한 분위기에 익숙한 소규모 사무실의 건축가들은 일을 계속해나가는데 큰 어려움을 겪었다.

유럽인들이 발견한 또 다른 차이점으로, 유럽에서는 건축 교수가 되기 전에 이미 건축분야에서 명성을 얻어야 하지만 미국에서는 현실과 동떨어지거나 실제적인 건

300. 월터 그로피우스와 마르셀 브로이어. 링컨에 있는 그로피우스의 자택, 매사추세츠, 1938. 남측 전경과 1층평면도. 보스톤 부근에 지어진 최초의 근대적 주택.

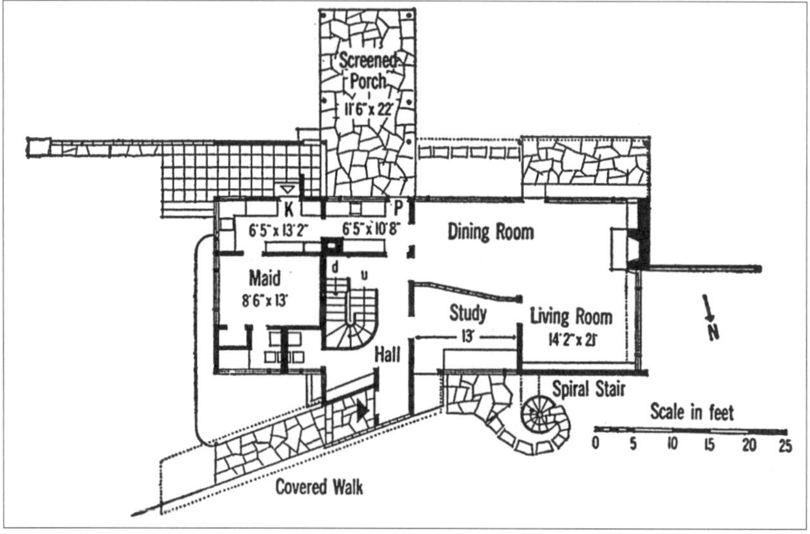

301. 월터 그로피우스와 마르셀 브로이어. 웨일랜드에 있는 주택, 매사추세츠, 1940. 노인 부부를 위한 이 소규모 주택은 오래된 소나무에 파묻혀 있다.

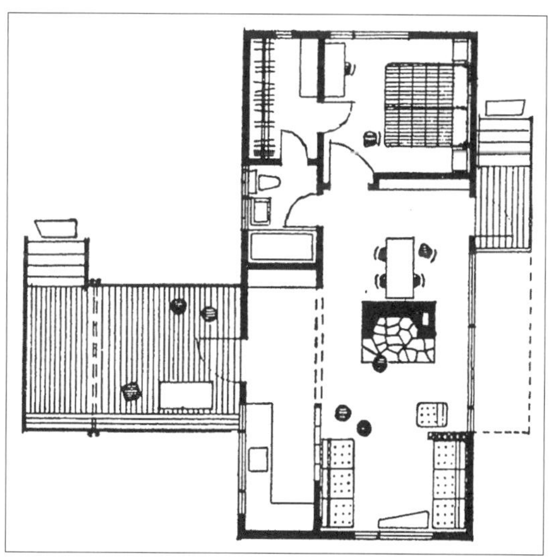

축 활동을 하지 않을 때 오히려 교수로 여겨진다. 즉 건축을 가르치는 것 자체를 하나의 직업으로 생각하는 것이다.

미스 반 데 로에와 그로피우스가 이같은 실망스런 역할을 수용하지 않은 것이 미국의 건축교육 수준을 향상시키는데 그들의 역할이 없었다는 것을 뜻하는 것은 아니다. 우리 모두는 학생 스스로가 창조적일 때에만 아카데미의 교수들이 학생들에게 진정한 영향을 줄 수 있다는 것에 같은 생각을 가지고 있다. 정신적인 분출이 잦은 상태에 놓여 있는 젊은이들의 창조적 능력을 개발하는데 가장 좋은 방법은 창조적인 분위기에 젖어있는 사람과 친밀한 접촉을 갖는 것이다.

Fifth Edition 504쪽 15줄

그로피우스와 브로이어가 1938년에 열린 휘튼 컬리지 설계경기에 참가했을 때(이것은 미국 대학 건축에 이들이 기여한 최초의 활동이다.), 상황이 아직 그들에게 유리하게 발전되어 있지는 않았다. 충분한 기금을 조성하도록 대학측의 이사들을 전혀 설득하

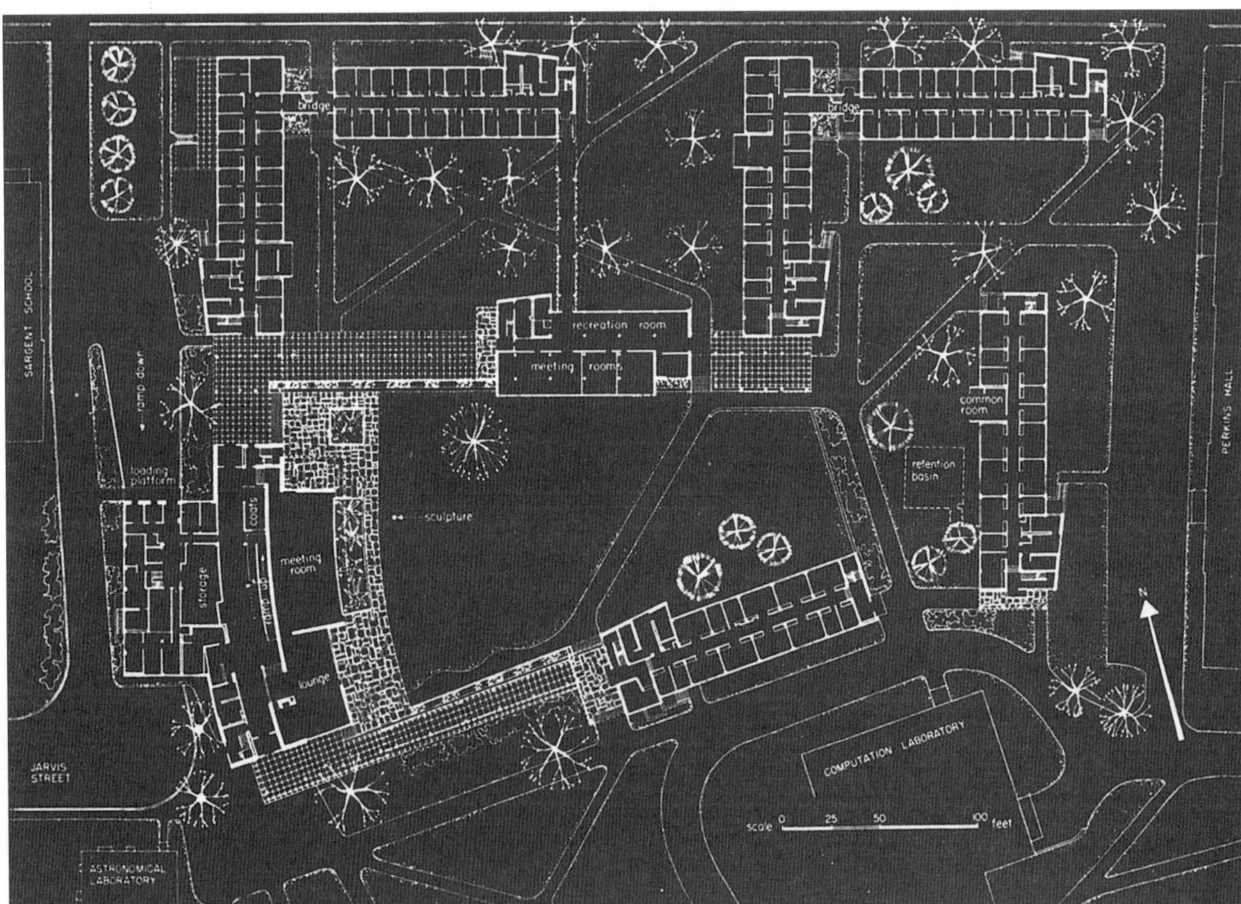

302. 대학원 센터, 하버드 대학, 1949~50. 공동 식당동이 포함된 복합건물 전체의 평면도.

지 못한 실정이었다. '표상주의(representationalism)'를 갈망하는 소비적인 욕망이 이때까지도 대학 기숙사 설계에 만연하고 있었다. 그러나 이러한 현상은 1938년에 이르러 사라지기 시작했고 1년 후인 1939년에 미스 반 데 로에는 IIT를 위한 새로운 대학 건물을 설계할 수 있는 기회를 얻게 되었다. 1947년 알토는 MIT 이사들을 설득하여 찰스 강 근처에 혁신적으로 계획된 기숙사를 설계할 수 있는 기회를 얻었다. 또한 1949년 그로피우스는 "미국에서 가장 오래 되고 존경받는 교육기관"인 하바드 대학원 센타 설계도 맡게 되었다.▼1

대학생들이 대학에서 지어주는 기숙사에서 사는 것은 관행이었지만 이 당시만 해도 대학원생들을 위한 주거를 대학에서 제공하는 것은 관행이 아니었다. 그러나 하바드 대학원 센타와 알토의 MIT건물은 대학원생을 위한 기숙사였다. 또한 1962년과 1963년에 걸쳐 하버드 대학측은 결혼한 500명의 학생들을 위해 대규모 주거단지를 지었다. 호세 루이 서트가 설계한 이 단지는 저층 건물과 28층 타워가 결합된

303. 대학원 센터, 하버드 대학, 통로와 하크니스식당동. 건물의 뒷배경에 기숙사 건물의 일부가 보인다.

모습을 하고 있으며, 처음으로 서로 연결된 도시 차원의 단일체를 이루고 있다.(도판. 528)

Fifth Edition 506쪽 11줄

일생 동안 그로피우스는 다른 사람들과 협력하면서 작업을 해야한다는 필요성을 느꼈다. 1945년에 그는 "협력 건축가협회(The Architects Collaborative, TAC)"라 불렸던 미국의 젊은 건축가들로 이루어진 협회를 창설하기도 했다.▼2 파구스 공장이나(1911) 쾰른에서 열린 공작연맹 전시회에 출품한 공장(1914)같은 그의 초기 작품들에도 협력자들과 함께 했다. 여기서 그와 함께한 협력자들의 이름을 보면 다음과 같다. 일찍 세상을 떠난 아돌프 마이어, 미국에서 함께 활동한 마르셀 브로이어, 그리고 브로이어와 헤어진 뒤에는 TAC팀과 함께 활동했다.

하버드 대학원 센타는 1949년에서 1950년까지, 아주 짧은 기간에 TAC과 함께 설계한 작품이다. 이전에 지어진 대학생 기숙사나 알토가 설계한 MIT의 새로운 기숙사에 투자된 기금과 비교해 볼 때 이 기숙사를 짓는데 투자된 기금은 제한되어 있었다. 건물의 기금이 한정된 이유는 호화로운 형식의 건물에 대한 요구가 약해졌다고 할 수도 있지만, 또 다른 삶의 측면이 등장했기 때문이기도 했다. 전후세대에게서는 단순성과 더 깊은 정신적 요구를 발견할 수 있다.

575명의 학생을 위한 이 기숙사 건물은 자연스럽게 펼쳐져 있다. 외부와 이 건물

304. 대학원 센터, 하버드 대학. 하크니스식당동에서 바라본 모습과 전경에 있는 한 채의 기숙사로 연결된 통로.

을 격리시키는 벽은 전혀 없다. 3층이나 4층 높이의 건물은 모두 강화 콘크리트로 되어 있다. 1911년에 파구스 공장을 설계할 때부터 좋아했던 노란색의 벽돌이 건물의 커튼월을 구성하고 있다. 지붕이 덮인 통로는 서로 다른 건물들을 연결하고 있다. 이 통로의 긴 수평성과 넓은 간격으로 구성된 가는 기둥들은 운동감과 부드러움을 표현하고 있다. 이 단지에는 서로 다른 수평면들이 이루는 상호 결합이 나타나고 있다. 이 수평면은 3층이나 4층짜리 기숙사의 평평한 지붕면과 2층짜리 식당 건물, 그리고 그 앞에 놓인 선큰 가든 등에서 찾아 볼 수 있다.

식당 건물은 하버드 대학원생들의 삶에 있어서 사회적인 중추 역할을 한다. 이 건물은 2층으로 이루어진 철골구조이며 화강암으로 마감되어 있고 대형 유리판으로 구성되어 있다. 세심하게 계획된 이 건물의 구성이 어떤 방법으로 단지 전체에 건축적인 원동력을 주고 있는지를 살펴보는 것은 즐거운 일이다.

보통의 경우 식당과 부엌은 2층에 배치되며 이 식당에는 1시간에 1200명이 식사할 수 있다. 이 건물에서 핵심 역할을 하는 캔틸레버로 된 철근 콘크리트 경사로는 카페테리아의 계산대와 직접 연결되어 있다. 공동 식당의 이미지를 피하기 위해 네 부분으로 나뉘어져 있다.

305. 대학원 센터, 하버드 대학. 하크니스식당동의 내부와 한스 마렙의 목재 부조. 식당동의 감성적 분위기를 고조시키기위해서 한스 마렵과 , 요셉 알버스와 같은 창조적인 예술가의 작품을 가져다 놓는 것은 용기있는 실험이다. 계획가와 예술가사이의 접촉은 공기조화 장치만큼이나 미래에 중요한 영향을 줄 것이다.

넓은 유리판벽으로 구성된 1층은 친교를 위한 모임장소이며, 두 개의 큰 라운지는 하나의 홀로 쉽게 변경할 수 있다.

잊지 말아야 할 것이 하나 있다. 그가 사용할 수 있는 수단은 제한되어 있었지만, 현대 예술작품을 식당 건물안에 설치할 것을 주장했다. 이것은 쉽게 해결될 수 있는 문제가 아니었다.

1920년경의 바우하우스 같이 나라에서 운영하는 기관에 가장 진보적인 예술가를 초대하여 교육이나 계획에 참여하게 하려면 용기가 필요했었다. 1949년 역시 대학내 전시회의 형식이 아니라 학생들의 생활에서 매일매일 만나는 친구와 같은 형식으로 근대적인 예술가의 작품▼3을 소개하는 것도 마찬가지로 대담성이 필요하다.

Fifth Edition 510쪽 04줄

1947년 영국의 브리지워터에서 열린 제 6차 CIAM회의에서는 미학 문제가 주테마였으며, 특히 건축가와 화가 그리고 조각가 등이 서로 합동작업을 할 수 있는가라는 문제가 대두되었다. 그로피우스도 이 회의에 참가했다. 건축가와 예술가는 여러 상황에 의해 너무 오랫동안 서로 단절되어 왔기 때문에 이 협동작업이 쉽게 이루어 질 수 없다는 것은 누구나 알고 있었다. 나는 종종 하버드 기숙사의 식당 건물에 건축가와 예술가가 처음부터 같이 일하지는 않았을 것이라고 생각한다. 그러나 이 공동체 건물의 상징적이고 감성적인 측면을 강화하기 위해 예술과 건축을 결합하려는 긴박한 필요성이 대두되었다. 이러한 목적을 위해 식당 건물에 대담한 작업이 이루어졌다.

표현수단이라는 측면에서 앵그르와 들라크로와가 서로 매우 달랐던 것처럼, TAC의 하버드 대학원 센터와 알토의 MIT기숙사는 매우 다르다. 어떤 것이 더 좋은지는 개인적 태도나 개인의 선호에 달려 있다. 그러나 확실한 것이 하나 있다. 즉 같은 도시에 지어진 훌륭한 두 시설이 현대 건축이 성장하는 단계로 발전할 수 있는 기회를 제공했다는 것이다.

교육자 그로피우스
Gropius as Educator

그로피우스가 교육자로서 활동하게 된 숙명적인 계기는 다른 사람의 말을 잘 듣고, 다른 사람들을 만족시키기 위해 부엇을 전달하고자 하는 그의 본성에서 찾을 수 있다. 과격한 기질이나 다른 지도자들처럼 돌발적인 창조력도 갖고 있을지 모른다. 그러나 건축의 발전과정과 떨어져 있는 문제를 인식하고 그 문제를 넓은 맥락에서 바라볼 수 있는 넓은 안목의 철학은 누구도 갖지 못했다.

그로피우스는 교수로서, 그리고 지도자로서의 기질을 타고 났지만 이 두 가지 능력을 잘 발휘할 수 있었던 것은 자신의 문제를 여러 각도에서 바라볼 수 있는 능력이었다. 그는 또 다른 자질도 가지고 있었다. 즉 그의 마음은 전혀 경직되지 않았다. 그의 내면은 메마른 기질을 소유한 사람들의 편협한 경직성에 물들어 있지 않았다. 이러한 사람들은 애매한 자기 방어 본능 때문에 자신들이 세워놓은 삶의 방침을 방해하는 것은 모두 부정하려는 경향이 있다. 그로피우스는 수용할 만한 가치가 있는 것을 지닌 사람들로부터 항상 배우고 질문하려는 자세를 갖고 있었다. 그는 동료들과 많은 시간을 기꺼이 보냈다. 다른 사람들의 생각을 이해하려는 그의 넓은 마음 때문에 그의 학생들이 소유하고 있는 창조력이 개발될 수 있었고 많은 친구들이 갖게 된 것이다.

그로피우스는 삶의 인간적 측면을 알고 있었으며 또한 그 측면을 좋아했다. 여러 종류의 사람들을 중재할 수 있었던 그의 능력에 숨겨진 비밀은 바로 이러한 점이었다. 바우하우스 시절은 물론, 많은 개인적 의견들이 대두되는 CIAM에서 다양한 사람들을 대할 때나 하버드 학생들을 가르치거나 같이 협력한 건축팀과 함께 일할 때도 이 비밀의 힘이 작용했다.

그로피우스의 지도하에 1919년에서 1928년까지 바우하우스가 그럭저럭 생명을 유지하고, 신건축의 발전 과정에서 이 시기를 가장 중요한 기간으로 인식할 수 있는 것은 신념에 찬 그의 행동 때문이었다. 이러한 행동은 모르타르가 채 마르기도 전에 계속 몰아치는 사나운 폭풍이 모르타르를 쓸어내리는 와중에도 주택을 짓는 행위에 비유할 수 있다. 불굴의 의지를 통한 이같은 기적은 물가상승과 다시 소생하는 국가주의의 가면을 쓴 나치의 통치 조짐이 불길하게 번지던 독일에서 이루어진 것이다. 511쪽 18줄 Fifth Edition

수많은 선언문에 담긴 현학적인 병을 교묘하게 여러 부분으로 나누어 이름붙임으로써 바우하우스가 근대예술 교육을 합리화시켰다는 지적은 여기 저기서 찾아볼 수 있다. 그러나 그로피우스가 1919년 바우하우스를 창설할 당시, 그의 생각은 이러한 견해와는 전혀 다른 것이었다. 그의 주된 의도는 다음과 같았다. "바우하우스는 예술에서 이루어지는 모든 창조적인 노력을 한데 모아 새로운 통합을 이루기 위해 노력한다." 1923년 바우하우스에서 처음으로 출간한 '바이마르의 국립바우하우스, 1919 ~1923'에는 이러한 견해를 더욱 자세히 설명하고 있다. "바우하우스의 주된 원리는 많은 예술 분야와 각 운동들을 서로 결합시켜서 통합체를 만든다는 이념에 바탕을 두고 있다. 이 통합체의 근본은 '인간'자체에서 발견할 수 있으며, 이 통합체는 살아 있는 유기체로 인식될 때 그 중요성을 가진다."

하버드 대학에서 건축 석사 과정을 10년 동안 맡고 난 뒤인 1947년 가을, 그로피우스는 영국의 브리지워터에서 개최된 CIAM 6차 회의 연설에서 하버드 때의 경험을 요약하면서 설명했다. 그가 연설에서 항상 언급한 것은 젊었을 때 자신이 가졌던 개념들이 어떻게 자연스럽게 성장했느냐는 것이었다. 이러한 내용을 담은 연설은 건축가들을 훈련시키는데 적절하고도 총체적인 교육방식의 개혁에 적합했다.

Fifth Edition 512쪽 08줄

"건축 교육에서, 기술을 가르치는 것보다는 접근 방식을 가르치는 것이 더 중요하다. 모든 지식과 경험이 한데 모인 것이 건축교육의 출발점에서는 더 큰 중요성을 가지며 이러한 초기 과정을 거침으로써 학생들은 현상을 총체적으로 파악할 수 있게 된다. …이러한 교육방식을 통해 학생들은 디자인, 공학, 각 작업에 요구되는 사회적 의도가 고려된 경제성 모두를 동시에 총체적으로 파악할 수 있으며, 아울러 창조적인 노력할 수 있게 된다."

디트로이트의 자동차 공장에는 유리로 된 보호막 뒤에서 일하는 고도로 숙련된 기술공들이 있었다. 그들이 하는 일은 다음해에 나올 모델에 필요한 수많은 부품을 생산하는데 사용하는 지그(jigs)나 툴링(toolings)을 만드는 작업이었다. 이와 거의 흡사한 방식으로 건축과 학생들 중에 선발된 소규모 그룹이 다가올 미래의 국가에 기여를 하기 위해 미국의 유명한 대학과 기술 학교에서 훈련을 받고 있다,

이후의 발전

Later Development

그로피우스는 일흔 살에 자신이 실제로 아무것도 짓지 않았다고 말했다. 여든살 때에 이르러 그는 많은 상과 영예를 얻었고, 설계의뢰가 너무 많아 어느것도 제대로 해낼 수 없음을 발견하게 되었다. 현대건축의 대부분의 선구자들이 이러한 운명을 겪고 있다.

우리 시대는 현실을 이기지 못하고 체념상태에 빠진 경우가 많다. 우리 시대의 결정 권한을 가진 사람들은 궁극적인 결말에 대한 준비를 거의 하지 못하고 있다. 어떤 결정을 내려야 미래의 발전에 도움이 되는가를 통찰할 능력조차 없다. 1950년대 미국은 도시재개발에 대한 예상치 못한 요구가 급증했지만 그 어느 누구도 이것이 요구하는 새로운 해결안을 감히 주장하지 못했다. 새로운 아이디어에 삼차원적인 현실을 부여할 수 있는 원형이 개발되지 않은 것이다. 이러한 원형은 도면상에서만 실현되지 못한 채 남아 있는 작은 모델에서 그쳤다.

만약 실현되었다면, 새로운 도시 센터의 전형이 될 수 있을 만한 프로젝트는 **1953년에 계획된 보스톤 시의 벡 베이 센터**였다.(도판. 306) 이 계획안은 그로피우스를 포함한 하버드의 교수들에 의해 디자인되었다. 팀의 일원으로 프로젝트에 참여하면서도 최종안은 자신의 주장대로 계획하는 그의 성격을 엿볼 수 있다.

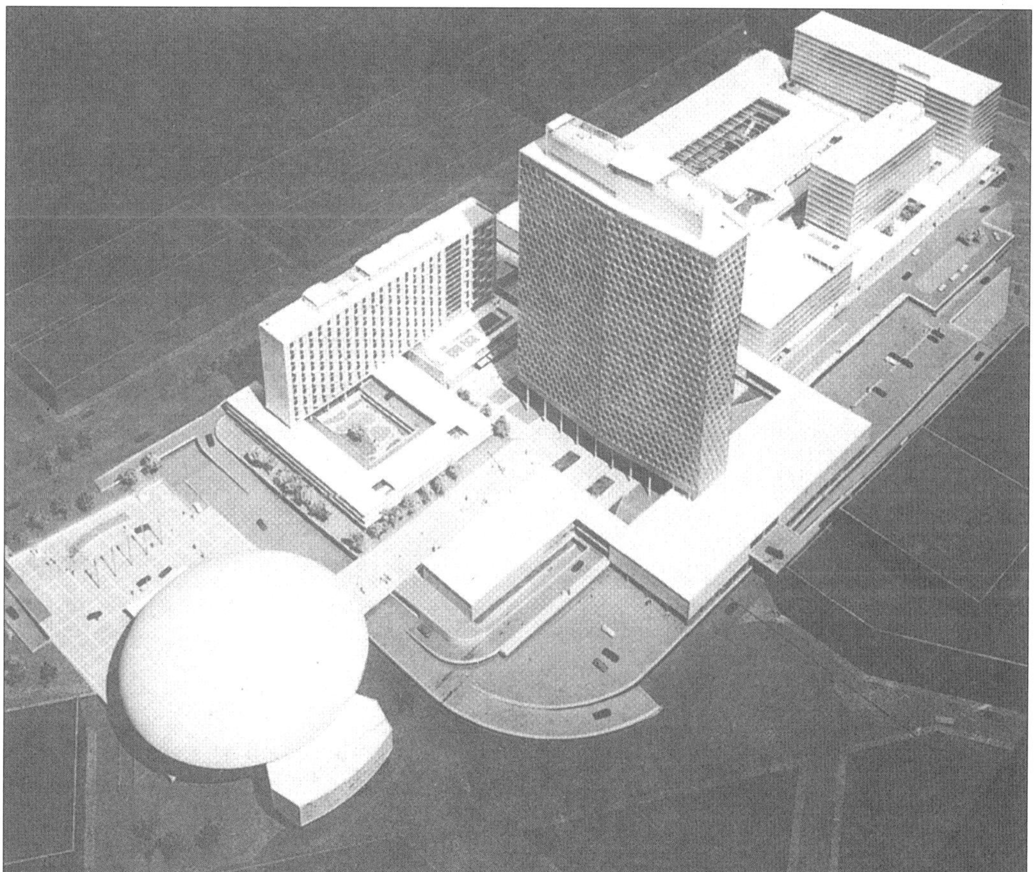

306. 월터 그로피우스. 벡 베이 센터 계획안, 보스톤. 1953. 고층 사무소 건물이 중심이 된 정연한 복합 건물. 서로 다른 높이와 기능을 가진 건물들이 서로 조화로운 관계를 이루고 있다. 넓은 보행자용 브리지는 센터와 회의장을 연결해 준다. 이 프로젝트가 실제로 지어졌다면 미국에서 가장 훌륭한 도시 센터가 되었을 것이다.

벡 베이 센터는 잘 짜여진 복합단지이다. 가장 규모가 큰 사무소 건물이 이 단지의 구심점을 이루고 있지만, 이 단지 전체를 압도하지는 않는다. 르 꼬르뷔제가 알제리에 고층사무소 건물을 디자인할 때(1934)나 그로피우스가 뉴욕에 있는 판 아메리칸 빌딩을 디자인할 때처럼 건물의 육중함과 볼륨을 완화시키기 위해 건물의 파사드는 둔각 형태를 취하고 있다. 그러나 뉴욕의 이 건물은 되는대로 늘어서 있는 다른 건물들의 한 옆에 홀로 서있다. 보스턴의 사무소 건물은 서로 다른 기능을 가진 건물들이 조화롭게 결합된 복합단지를 주도하면서 서있다. 넓은 보도용 브리지가 이 단지와 대규모 회의장을 연결하고 있다. 혼잡함과 교통 때문에 골치를 썩는 대도시에서 이 단지는 보행자들의 낙원이 될 수 있을 것이다.

Fifth Edition 514쪽 14줄

보스턴의 벡 베이 센터는 그 중요성이 너무 늦게 인식되었다. 과중한 세금의 위협 때문에 근시안적인 정치가들은 이 프로젝트를 무시했다. 이후, 보스턴과 알베니를 잇는 철도 화물의 하역장이 내려다 보이는 이 대지에 도시적 차원의 유용성은 전혀 고려되지 않은 상태에서 단순히 이익만을 목적으로 하는 프루덴셜 센터가 들어섰다. 이 대지의 잠재성은 하버드의 건축 학생들이 미래 도시발전의 추진력을 제공하는 프로젝트를 연구하는 가운데 처음 인식되었다.

1945년을 시작으로 TAC의 작품 규모는 계속해서 증가했다. 1957년, 이들은 건설 부분에서 발생하는 지역적인 어려움과 정치 구조의 극적 변화가 일어나던 시기에 바그다드 대학교 프로젝트를 맡게 되었다. 이들의 작품 중에는 뉴욕의 그랜드 센트럴 역 위로 높이 솟아오른 판 아메리칸 빌딩(1958~63)도 있다. 이 건물은 그 규모 때문에 많은 논란이 있었지만 구조적인 우수성은 부정될 수 없었다. 1962년, 그로피우스는 서 베를린에 5만명을 수용할 수 있는 지역 마스터 플랜을 작성해 달라는 의뢰를 받았다. 이 일은 1930년대의 투쟁적이고 논쟁을 좋아하는 그로피우스가 꿈도 꿀 수 없었던 것이었다. 이 지역은 그의 이름을 따 '그로피우스 마을(Gropiustown)'이라 불릴만하다.

아테네 주재 미국 대사관, 1956~61
American Embassy in Athens, 1956~61

1953년에서 1964년 사이의 건물로서, 이 글에서 자세히 분석해야할 것은 아테네 미국대사관이다. 이 건물은 그로피우스의 건축 성향을 잘 보여주고 있다. 파구스 공장에서 그로피우스가 현대건축의 결정적인 여러 요소들을 소개했으며, 처음으로 지

307. 월터 그로피우스. 미국 대사관, 아테네, 1956~61. 건물자체는 단에 의해서 들어 올려져 있다. 주도로에서 접근되는 보행자용 출입구는 몇단의 계단을 통해서 안뜰로 곧장 연결된다. 지지벽의 검은 대리석위에 놓인 흰 대리석 띠는 코트의 레벨과 자동차용 출입구의 레벨을 표시해 준다.

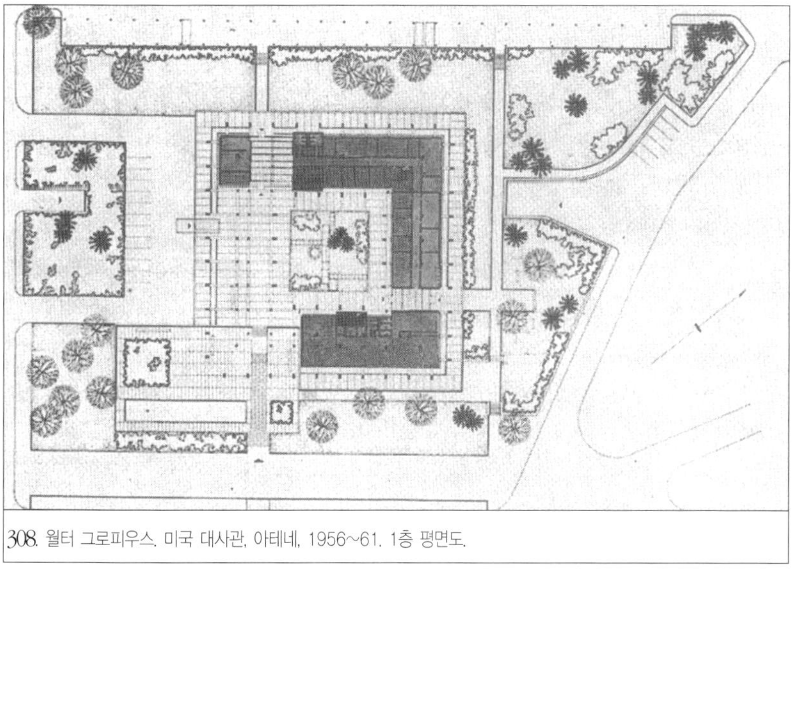

308. 월터 그로피우스. 미국 대사관, 아테네, 1956~61. 1층 평면도.

309. 월터 그로피우스, 미국 대사관, 아테네, 1956~61. 윗부분에 길게 돌출된 캐노피가 있는 자동차 출입구.

310. 월터 그로피우스, 미국 대사관, 아테네, 1956~61. 사방이 군데 군데 뚫린 안뜰. 4면에 동일한 건축적 구조와 내외부, 즉 연속적인 사각 기둥, 돌출한 코니스, 넓은 공기 구멍, 후퇴한 유리벽등이 공통적인 요소이다. 안뜰이 어느 정도 개방되어 있고 내부와 외부가 어떻게 직접적으로 관련되이 있는지 이 사진을 통해 알 수 있다.

지력 없는 유리 커튼을 사용했다. 데사우의 바우하우스 건물(1926) 상층부의 투명성은 이 건물에 기념비적 성격을 부여할 정도였다. 반 세기 정도 지속된 이러한 방식은 이 대사관 건물에서도 잘 나타나고 있다. 투명성과 유리벽이 건물전체 구성과 잘 조화를 이루고 있다. 이 건물은 마당을 중심으로 자유롭게 서있으며 대리석이 입혀진 기둥을 사용하고 있다. 처마장식은 그림자를 만들면서 떠있는 듯이 돌출해 있지만 공기구멍과 같이 밖으로 열린 넓은 틈이 있어서 축적된 열기가 위로 빠져나갈 수 있도록 되어 있다.

515쪽 14줄 Fifth Edition

이 건물을 대하자마자 느낄 수 있는 것은 '수많은 비밀들을 품고 있어야 하는' 대사관 건물이 우호적이면서도 친근한 외관을 하고 있다는 점이다. 방문객들은 개방적인 열주랑을 통해 외부에 서있는 것과 같은 종류의 기둥으로 둘러싸인 안뜰로 들어가게 된다.(**도판. 310**) 안뜰은 두 면이 벽으로 되어 있지 않고 개방된 스페인식 안뜰형태를 취하면서 외부공간과 직접 연결되어 있다.

이 대사관 건물은 주도로 옆에 위치한 언덕 위에 세워졌다. 계단과 계단참, 그리고 낮은 난간이 대사관에 출입하기까지 사람들을 직접 안뜰과 유리벽으로 끌어들이고 있다. 입방체 모양의 이 구조체의 파사드는 특별히 강조되고 있지 않다. 동일한 요소들, 즉 건물 주변의 기둥, 돌출한 처마장식, 넓은 공기 구멍, 뒤로 후퇴한 유리벽 등이 건물의 4면에 모두 사용되었다. 두 개의 주출입구는 공간상에서 강조되고 있을 뿐이다. 하나는 주요도로에서 계단과 계단참을 통해 접근가능한 보행자용 출입구이며(**도판. 307**) 다른 하나는 높은 단과 건물 내부에서 안으로 통과할 수 있도록 떠있는 차양을 통해 접근할 수 있는 차량이용자를 위한 출입구이다.(**도판. 309**)

이 건물은 월터 그로피우스에만 국한되는 것이 아니라 1911년 이후의 일반적인 발전 단계의 결과물이라 할 수 있다. 그 결과물은 부정적인 접근방식이 아니라, 한때 공공연히 알려진 문제들인 외피와 개구부의 관계, 차별화, 단일 요소의 특징적인 반복사용 사이의 관계와 더불어 모든 요소들을 한데 모아 하나의 정신적 단일체로 만드는 건축가의 능력을 보여주는 표현방식에 뿌리를 두고 있다.

주

1. "Havard Builds a Graduate Yard, Architectural Forum, the Magazine of Building. 1950년 12월, pp.62~71.
2. 1945년의 Architect's Collaborative: Jean Bodman Fletcher, Norman Fletcher, Walter Gropius, John C. Harkness, Sarah Harkness, Rovert S. McMillan, Louis A. McMillan, Benjamin Thompson.
3. 식당을 그린 Joan Miro의 벽화(나중에 가서 Niro가 광택 타일위에 새롭게 그림); Hans Arp의 목재 세공; Herbert Bayer의 램프와 나란히 있는 타일 벽화; Josef Albers의 벽돌 세공; 식당앞에 있는 Richard Lippold의 스틸 파일론; 기숙사 라운지에 있는 Gyorgy Kepes의 세계지도.

르 꼬르뷔제와 건축표현 수단

Le Corbusier and the Means of Architectonic Expression

르 꼬르뷔제(샤를르 에드와르 잔느레)는 1887년 스위스 주라산맥▼1에 있는 라 쇼드퐁이라는 시계제조 마을에서 태어났다. 잔네르 가문은 14세기부터 이곳에 살았다. 이 가문의 조상은 알비파(역주: 12~13세기 남 프랑스의 종교개혁자들)까지 거슬러 올라간다. 알비파는 프랑스 남부에서 넘어온 이교도 집단으로 박해당했으며 프랑스에서 강제로 추방된 집단이다.

롱샹교회의 스테인드글라스에도 르 꼬르뷔제의 글씨가 발견되듯이 르 꼬르뷔제

311. 라 쇼드퐁 시절의 젊은 르 꼬르뷔제.

는 초창기부터 자신의 개인적인 삶과 경험을 글로 남겼다. 자신의 저서인 『**오늘날의 장식예술(파리, 1925)**』에서 그는 한 장을 '고백'이라는 소제목을 달아 젊은 시절에 대해 자세히 설명하고 있다. 그는 열정적인 등산가인 아버지가 주라산맥의 정상을 어떻게 정복했는지 말하고 있다. "우리는 정상에 자주 올라갔다. 이곳에 올라가면 광활한 시평선을 경험할 수 있다."(p. 197) 나중에 가서 필요할 때마다 이 당시의 감동을 다시 서술하고 있다. "지평선이 손에 잡히는 것 같았다". 주라산맥과 그리 멀지 않은 롱샹교회와 관련하여 일종의 '건축 음향'에 대해 말하고 있다. 그의 어머니가 화가였다라는 사실도 언급할 만한 가치가 있다고 생각할 수 있다. '작은 집(취리히, 1954)'이라는 얇은 책에 애처롭게 고백된 것을 보면, 그가 어머니와 매우 친밀했을 알 수 있다.

519쪽 18줄 Fifth Edition

르 꼬르뷔제의 아버지는 시계의 지침판을 디자인 하던 사람이었다. 르 꼬르뷔제 자신도 이 일을 배웠다. 13살때 그는 라 쇼드퐁의 직업학교에 입학했다. 그곳에서 그의 눈을 깨우치게 한 레플라테니라는 선생을 만났다. 위대한 예술작품을 식별할 수 있는 능력과 그가 건축을 가까이 할 수 있는 기회를 제공하였을 뿐만 아니라, 모든 사물과 모든 장소를 스케치 하려는 꼬르뷔제의 열망을 자극한 사람이었다는 것을 그는 결코 잊지 않았다.

일을 해나가면서 새로운 것을 발견하거나 지나간 시대와 적극적인 관계를 맺고 있는 모든 곳으로 눈을 돌림으로써 천재들이 지닌 본능적인 통찰력을 보여주었다. 1909년부터 1910년까지 페레의 사무실에서 철근 콘크리트를 공부하면서 파리에 머물렀다. 그가 처음으로 출판한 책(『**독일의 산업 예술혁명에 대한 조사 - 비평서**』)은 이러한 경험을 통해 이루어진 것이다.▼2 그는 빈과 빈의 아틀리에들을 방문했지만, 일을 함께 하자는 요셉 호프만(오토 바그너의 제자 중에 가장 유명한 사람)의 제의는 선뜻 받아들이지 않았다.

그는 빈손으로 긴 여행을 시작했다. 그는 이 여행을 유용한 여행이라고 말했다. 파리에서 출발하여 발칸 반도를 거쳐 소아시아와 그리스를 거친 다음 로마에 들렀다가 다시 파리로 돌아갔다. 지중해 문화의 특징인 하얀집과 아테네의 아크로폴리스, 이스탄불, 로마의 베드로 성당 등을 통해 자신의 건축 발전에 도움이 되는 많은 것을 발견했다. 사실 이 기행은 서양 문명의 근원이 되는 여러 나라를 통해 무엇인가를 발견하려 한 긴 여행이었다.

지나간 시대와 그 시대의 **문화에 대한** 이러한 집중적인 **탐구**는 르 꼬르뷔제의 모든 작품에 결정적인 영향을 주었다. 그는 특정한 시대의 체계와 그 시대의 삶, 눈에 보이는 것과 눈에 보이지 않는 것, 겉으로 표현된 것과 표현의지를 서로 연관시켜서 관찰하는 능력을 가졌었다.

이외에도 그의 작품에 영향을 준 또 다른 측면을 언급할 필요가 있다. 이것은 바로 근대회화와 꼬르뷔제의 긴밀한 관련성이다. 그 당시 회화의 발전은 그가 여행을 마치고 파리로 돌아온 때인 1917년에 절정기를 맞고 있었다. 그의 이점은 바로 이시기에 파리에 머물렀다는 것과 그 자신이 화가였다는 것이다.

Fifth Edition 520쪽 24줄

르 꼬르뷔제는 "고백"에서 자신이 얼마나 여러 박물관을 돌아다녔으며 그곳에서 발견하려고 한 것이 무엇이었는지를 밝히고 있다. 그가 관심을 가진 것은 과거의 거장들이 이루어 놓은 작품이 아니라 그의 이마지네르 박물관에서 10년 후 앙드레 말로가 보여준 원시예술품과 선사시대 예술품(손으로 짠 카페트, 조각된 우상들)과 같은 오브제들이었다.

지금처럼 전문화된 시대에는 한 사람이 동시에 건축가나 화가가 되는 예는 거의 없다. 그러나 르 꼬르뷔제는 예외에 속하는 사람이었다. 즉 그는 하루 중에 아침에는 그림을 그렸고 오후는 건축에 시간을 할애하였다. 건축적인 창작에 몰두하는 것이 더 수월했지만 그는 그림그리는 작업을 계속해갔다. 그의 건축작품과 미술품의 공통적인 기본 원리는 그의 공간 개념이었다. 건축과 그림은 이러한 공간 개념을 각각 다른 방식으로 표현한 것일 뿐이었다.

르 꼬르뷔제의 주택작품에 내재된 정신은 근대회화에 표현된 정신과 완전히 같다. 근대 미술가들의 작품 속에 완성된 부유하는 듯한 투명성은 꼬르뷔제의 그림에도 나타나고 있다.**(도판. 313)** 시선을 실재 그림에 고착시키기 위해 의도적으로 병이나 음료수 잔과 같은 아주 사소한 물건들을 소재로 삼았다고 『**근대회화**』▼3에서 말하고 있다. 그러나 한 역사가는 이러한 소재를 선택한 것이 우연에 의한 것이 아니라고 주장한다. 그는 **르 꼬르뷔제의 그림에서 건축으로** 우리의 시선을 이끄는 '주변요소의 결합'에서 매스와 윤곽들이 서로 유동하고 떠다니는 투명한 오브제에는 이러한 일상적인 소재가 더 적합하다는 것을 발견한 것이다.**(도판. 314)**

1910년경, 피가소와 브라크는 새로운 공간 개념의 결과로서 대상물의 내부와 외

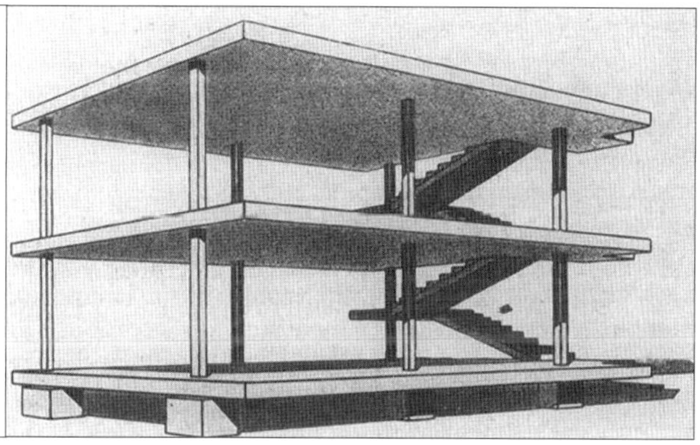

312. 르 꼬르뷔제. 주택용 철근 콘크리트 골조. 1915. 르 꼬르뷔제는 공학자들이 개발한 콘크리트 골조를 건축적 수단으로 변형시킬 수 있었다.

부를 동시에 표현했다. 르 꼬르뷔제는 건축에도 이와 동일한 원리에 기반을 두고 내 · 외부공간의 상호 관입을 발전시켜 나갔다. 17세기 프란체스코 보로미니의 작품에서도 이러한 상호관입성에 대한 몰입이 있었음을 이미 앞서 살펴보았다. 그러나 대규모 공간과 작은 단위공간들에 있어서 이러한 상호관입은 예술과 과학분야에서 공간이 본질적으로 다양성과 역동성을 가진 것으로 인식되는 시대에서만 더 큰 발전을 이룰 수 있다.

르 꼬르뷔제는 건축에서 자신의 개념을 표현하는 수단으로 철근 콘크리트를 택했다.▼4 이 점에서 그는 프랑스의 전통을 따르고 있으며 페레와 가르니에의 뒤를 잇는다고 할 수 있다. 건축가들이 철근 콘크리트를 주저없이 자유롭게 사용할 수 있었던 곳은 프랑스 뿐이었다. 독일이나 영국의 건축 관계자들은 강화 콘크리트가 우아한 구조물을 가능하게 할 것이라는 점을 믿지 않았고, 불필요한 육중함 만을 선호했다. 프랑스인들은 건물에 경쾌함과 명확함을 부여하려고 노력했으며 이러한 노력에 상응하는 법규를 마련했다. 522쪽 01줄 Fifth Edition

르 꼬르뷔제의 실제 경력은 1915년에 그린 스케치에서부터 시작된다.(도판. 312) 이 스케치는 오직 6개의 강화 콘크리트 기둥과 3개의 수평 슬래브로 이루어져 있으며 이 기둥과 슬래브는 계단인 듯한 것으로만 연결되어 있다. 이전에는 아무도 할 수 없었던 것을 그는 공학자들이 개발한 이러한 콘크리트 골조를 건축적 표현 수단으로 변형시킬수 있었다. 그는 새롭게 등장한 인간 사회의 요구나 기대, 그리고 철근 콘크리트 사이에 존재하는 비밀스러운 유사성을 발견한 것이다.

이전에는 찾아볼 수 없었던 가벼움을 갖춘 주택과 프랭크 로이드 라이트가 사용하기 시작한 '개방 평면'보다 더 개방적인 평면을 만들기 위해 강화 콘크리트로 된 골조의 여러 가지 특성을 이용하였다. 이 골조는 건물의 내부벽을 자유자재로 배치할 수 있다.

르 꼬르뷔제의 초기 작품에서 명확하게 드러나는 요점은 이론적 실용적 측면에서의 주거 문제였다. 1916년에 스위스 주라에 그가 지은 최초의 주택은 겉으로 볼 때는 전통적인 형태를 갖추고 있다.

그러나 이 주택은 나중에 지어진 모든 주택 건물에 나타나는 강화 콘크리트 골조가 이미 사용되었다. 골조가 실제로 주거 문제를 해결하는데 이미 사용된 것이다.

Fifth Edition 524쪽 03줄

르 꼬르뷔제는 현대건축과 건설을 연결하는 5원칙을 주장했다.

1. **지주**(pillar); 주택의 개방공간 안에서 자유롭게 배치된다.

19세기 존 나쉬도 일찍 기둥을 이러한 방식으로 사용했다. 1843년에 앙리 라브로스테도 생 제네비에브 도서관의 한 방에 자유롭게 직립해 있는 주철 기둥을 사용했다. 즉 골조의 거더를 통해 기둥이 구조물의 모든 하중을 부담하고 벽은 하중을 전혀

313. 르 꼬르뷔제. "정물, 1924. 유화. 큐비스트들처럼 르 꼬르뷔제와 오장팡은 일상용품과 투명성이라는 문제에 관심을 가지고 있었다. 이 그림에서 나타난 여러 대상과 윤곽사이의 "주변요소의 결합"은 르 꼬르뷔제가 나중에 건물에서 성취한 내외부공간의 상호 관입을 보여주고 있다.

받지 않는다. 이[5] 이것은 르 꼬르뷔제의 두 번째 원칙과 직접적인 관계가 있다.

2. **골조와 벽 사이의 기능적 독립**; 외부벽이나 내부의 간막이벽 모두 골조와 다른 기능을 하거나 골조와 독립되어 있다.

윌리엄 르 배론 제니도 실제적인 골조 건물로는 최초인 라이터 빌딩(1889년)에서 하중을 받지 않는 내부벽을 배치함으로써 이런 종류의 골조건물이 허용하는 자유로움을 마음껏 활용했다. 빅토르 오르타의 튜린 가(街) 주택과 페레의 프랭클린 가 주택 역시 각 층의 상호독립성을 가능하게 하는 평면을 자유자재로 다룰 수 있는 원동력을 제공했다.

3. **자유로운 평면**; 르 꼬르뷔제는 철근 콘크리트 골조를 기술적 고안물에서 미학적 수단으로 전환시켰다. 그는 여러 방식으로 건물 내부공간을 만들기 위해 간막이벽을 사용했다. 이러한 실험적 작업에는 곡선으로 된 계단실도 포함된다. 간막이 벽을 기능적인 목적으로 사용하면서, 동시에 표현적인 목적으로도 사용했다. 또한 간막이 벽을 통해 주택의 많은 부분에 구멍을 내는 것을 가능하게 하였고, 새롭고도 대담하게 내・외부공간을 상호 관입시킬 수 있었다.

314. 르 꼬르뷔제와 피에르 잔느레. 페삭 주거 단지, 보르도 근처, 1926. 초기의 이 실험작에서 르 꼬르뷔제는 피막과 볼륨, 빛, 그림자, 윤곽을 가지고 설계했다. 이 건물 이후 훌륭한 조형성이 돋보이기 시작했다.

각 층마다 자유롭게 개별적인 구성을 이루는 이러한 방식은 개방평면(혹은 자유로운 평면)에서 비롯된 것이며 개방 평면 자체의 의미를 설명하고 있다. 지금까지도 프랭크 로이드 라이트의 개방 평면과 유럽건축가들의 개방 평면 사이에는 명백한 차이가 있다. 유럽건축가들의 개방 평면은 큐비즘에서 유래되며, 본질적으로 여러 측면을 갖는 새로운 공간 개념에 기초를 두고 있다.

4. **자유로운 파사드**; 자유로운 파사드는 골조 방식에 의한 건설을 통해 가능하게 된 결과물이다.

5. **옥상정원**; 프랭크 로이드 라이트가 설계한 주택의 구성을 이해하려면 주택을 한 바퀴 둘러 보아야 한다. 그러나 르 꼬르뷔제의 주택은 한 자리에 서서 위아래를 바라 볼 수 있게 되었으며, 어떤 측면에서 보면 하늘을 향해 열린 면을 발견할 수도 있다. 옥상정원은 주택에 실현된 이러한 공간 확장을 증명해주는 실례이다. 옥상정원은 그가 1920년대와 30년대의 단독주택을 설계할 때 사용했던 것이다. 후에 옥상정원은 더 폭넓게 발전되었다. 1947년에서 52년 사이에 마르세유에 지어진 유니테 다비타시옹의 옥상은 조형적으로 구성되어 있다.(도판. 326)

사보아 주택, 1928~30

The Villa Savoie, 1928~30

Fifth Edition 525쪽 18줄

처음 건물을 정식으로 디자인 하기 시작한 1922년부터 이러한 5원칙을 적용 · 발전시켰다.▼6 몇몇 개인 주택을 직접 지으면서 얻은 경험을 바탕으로 그 원칙을 더 명확하게 적용할 수 있게 된 것이다. 더욱 발전된 이 원칙이 적용된 주택들 중에 순수성이 가장 돋보이는 사보아 주택이 가장 좋은 예가 될 수 있다. 사보아 주택은 1928년과 1930년 사이에 포와지에 지어졌다.

르 꼬르뷔제의 모든 주택이 이와 같은 원칙에 초점을 맞추고 있다. 그는 항상 주택을 개방적으로 설계하려했고, 내 · 외부를 서로 연결할 수 있는 가능성과 내부공간 자체의 연결 가능성을 찾고자 애썼다. 사람들은 마음대로 여닫을 수 있고 언제든지 제거할 수 있는 외부 간막이벽이 설치된 방을 원한다. 간단히 말해 그가 심혈을 기울인 문제는 주거부분에서 개념상, 혹은 실무상 당시에는 해결 불가능했던 것들을 이루려는 일종의 도전이었다. 그때까지 만족하지 못한 사람들의 바람은 그의 주택에 적용된 비전문적인 건설방법을 통해 은밀하게 이루어졌다. 사실상 이런 식의 건설방법은 그 자체에 이미 그러한 바람이 내재되어 있었다고 할 수 있다.

사보아 주택 이전에 르 꼬르뷔제가 설계했던 주택들은 대부분이 다소 비좁은 경사지나 옆집과 바로 인접해 있는 대지에 지어졌다. 그러나 이와 달리 사보아 주택의 대지는 완전히 독립되어 있다.(**도판**. 315)

자연과 인간의 교감을 새로운 방법으로 유도하려는 노력은 건물을 어느 곳에(해변이나 산, 그리고 이 주택의 경우처럼 파리 근교에 위치한 센 강의 계곡과 같은 굴곡진 넓은 공간 등) 지어야 할 것인지에 대한 근본적인 질문을 던지게 되었다.

528쪽 07줄 Fifth Edition

프랭크 로이드 라이트는 땅과 건물을 더 긴밀히 연결시키기 위해서 바위들 사이에 생긴 작은 틈을 대지로 활용한 적도 있다. 그러나 사보아 주택은 이와 정반대로 접근했다. 도시에 살고 있던 이 주택 주인은 나무와 숲으로 덮인 풍경 속에 잠기기보다는 시골마을을 내려다보기를 원했다. 그는 풍경과 산들바람 그리고 햇살을 즐기려 했다. 일 때문에 빼앗긴 자연의 느긋한 즐거움을 경험하기를 원했던 것이다. 자연에 대한 이러한 두 건축가의 해석이나 태도는 기정 사실로 인정된 자연을 바라보는 두 가지 상반된 견해의 실예이다. 즉 상반된 이러한 해석의 원류는 각각 그리스 사원과 중세 도시라 할 수 있다. 전자는 전체 풍경 속에서 뚜렷한 윤곽을 드러내며 서있고 후자는 마치 식물처럼 대지에 밀착되어 있다.

사보아 주택은 기둥 위에 입방체가 얹혀진 형태를 하고 있다. 입방체 부분은 육중한 매스가 아니다. 햇빛을 외벽에 스쳐 지나가게 처리하지 않고 내부공간 자체에 퍼지도록 하기 위해 남서측과 남동측은 덩어리가 아닌 빈 공간으로 남겨졌다.

입구 홀은 북서측에 위치해 있어 도로에서 건물로 진입할 때 주택의 남측 부분을 돌아야만 한다. 물론 이 주택은 파사드나 전・후면의 개념이 없으며, 결과적으로 이 주택은 모든 방향으로 열려져 있다고 할 수 있다.

거실(5m×15m 크기)을 둘러싼 두 벽에는 수평으로 난 긴 창이 있다. 테라스를 향해 나있는 또 다른 벽은 바닥에서 천장까지 유리로 되어있으며 유리로 덮인 이 부분은 벽길이의 2/3에 해당된다.(**도판**. 317) 이 유리벽의 절반은 쉽게 조작되는 레버에 의해 벽의 나머지 부분 뒤로 젖혀질 수 있다. 결과적으로 방의 내부 배열을 자유롭게 할 수 있으며 이 속에서 내・외부를 동시에 경험할 수 있다. 그러나 주변 풍경이 한

315. 르 꼬르뷔제와 피에르 잔느레. 포와지의 사보아 주택. 1928~30.

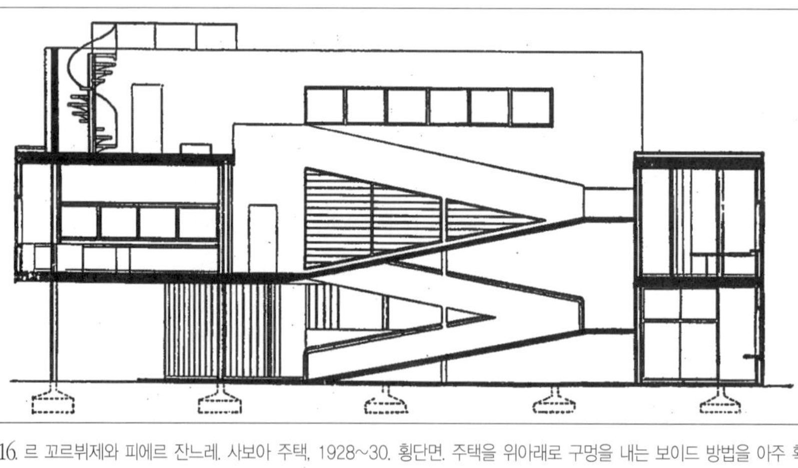

316. 르 꼬르뷔제와 피에르 잔느레. 사보아 주택, 1928~30. 횡단면. 주택을 위아래로 구멍을 내는 보이드 방법을 아주 확실하게 보여주고 있다.

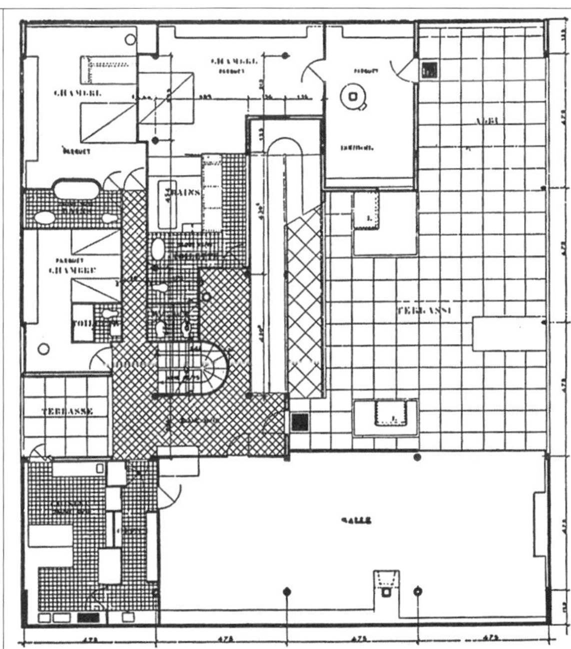

317. 르 꼬르뷔제와 피에르 잔느레. 사보아 주택, 1928~30. 테라스와 옥상정원의 모습, 지상층평면도. 거실의 넓은 유리판은 넓은 테라스를 향해 나있다. 이 테라스에서는 하늘이나 풍경의 실루엣만 끌어들여져 있다. 램프는 내부에서 1층과 2층을 연결하며 2층과 외부의 옥상정원을 연결한다.

꺼번에 전부 보이는 것은 아니다. 내부의 방에서나 테라스에서 볼 때 이러한 풍경들은 한정된 틀 속에서 단편적으로 보인다.

사보아 주택에는 **램프**가 두 개층에 걸쳐 설치되어 있다.(**도판**.316) 한 부분은 내부에 있고 나머지 부분은 외벽을 따라 옥상정원까지 연결된다. 램프 옆에는 지상에서 지붕까지 이어지는 나선계단이 있다.

내부공간이나 외부공간에서 높이가 다른 각 장소를 연결하는 수단으로 램프를 사용하는 방법은 그의 마지막 작품에 이르기까지 계속되었다. 찬디가르의 대법원 건물은 물론 사무국 건물에도 이 경사로가 사용되었다. 하버드 대학의 시각예술 센터에서도 이러한 램프가 외부에서 건물내부로 직접 관통하고 있다.(**도판**. 330)

한 가지 측면에서 사보아 주택을 이해하는 것은 불가능하다. 다시 말해 이 주택은 시간 - 공간개념이 실현된 건물이다. 이 주택은 모든 공간, 즉 위, 아래, 안팎이 서로 관통하고 있다. 이 건물의 모든 횡단면을 통해 내 · 외부공간이 긴밀히 상호 관입하고 있음을 알 수 있다.

보르미니도 그의 후기 바로크 교회에서 내 · 외부공간의 상호관입을 이룰 수 있는 기회가 있었지만 실현되지 못했고, 근대 공학의 도움으로 1889년에 처음 에펠탑에서 실현되었다. 그리고 1920년대 후반에 와서 주거 건물에서도 이러한 상호관입성을 얻을 수 있게 되었다. 골조 건설 방식에 이러한 가능성이 잠재되어 있었지만 르 꼬르뷔제가 새로운 공간 개념의 도움으로 골조를 응용함에 따라 이 골조의 가능성이 비로소 밝혀지게 된 것이다. 그가 건축을 '정신적 건설'이라고 정의한 것은 바로 이러한 골조의 가능성을 중요시 했기 때문이다.

Fifth Edition 529쪽 28줄

르 꼬르뷔제 자신이나 그의 많은 건물들이 한결같이 제대로 평가받지 못했던 것처럼 사보아 주택도 그 중요성이 간과되기도 했다. 프랭크 로이드 라이트의 로비 하우스나 나치와 공산주의자들에 의해 함부로 다루어진 데사우의 바우하우스 건물도 마찬가지였다. 독일의 점령하에서 사보아 주택은 건초 보관소로 사용되었으며 심하게 훼손되었다. 1959년 포와지 시(市)당국이 이 주택을 인수하여 이 주택을 허물고 그 자리에 학교를 세우려는 계획을 마련하기도 했다. 그러나 마지막 순간 문화부 장관이었던 앙드레 말로에 의해서 그 계획은 취소되었고, 지정 기념물이라는 명목하에 보호대상 건물이 되었다. 라 로쉬 주택처럼 사보아 주택 역시 르 꼬르뷔제 재단에 속해 있으며, 이 재단은 르 꼬르뷔제의 그림이나 저서를 통해 벌어들인 모든 수익금을 관리하고 있다.

국제 연맹 현상설계, 1927: 그 모습을 뚜렷이 드러낸 현대 건축

The League of Nations Competition, 1927:
Contemporary Architecture Comes to the Front

530쪽 05줄 Fifth Edition

1927년 국제 연맹관을 위해 제네바에서 열린 국제 현상공모는 현대 건축 역사에 있어서 가장 주목받은 사건중의 하나이다. 처음으로 당대 건축가들이 여러 세대 동안에 아카데미가 독점해오던 분야인 기념비적이고 인상적인 정부 건물의 디자인에서 아카데미의 타성에 도전장을 던지게 된 것이다. 아카데미는 이러한 특수한 경기에서 승리했지만 이 승리로 말미암아 아카데미가 가지고 있던 명성어린 디자인 방법론은 큰 타격을 입었다.

아카데미가 보여준 관행은 근대 조직사회에서 요구하는 문제를 건축적으로 해결할 능력이 없다는 것을 그 스스로 입증하는 결과를 낳았다. 그들의 무력감이 입증됨에 따라 근대적인 방법론에 대한 저항은 더 이상 지속될 수 없었다.

현상공모에 제출된 337개의 프로젝트 중에서 하나의 작품, 즉 르 꼬르뷔제와 피에르 잔느레의 작품이 특이하고 중요하다는 것은 처음부터 명확하게 인식되었다. 이러한 처음의 판단은 후에 가서 입증되었다.

그렇다면 이 작품을 중요하게 만든 것은 무엇이었을까? 이 작품 때문에 유럽 각지에서 온 고위 관리들은 그들이 미학적으로 하찮은 것으로 무시했던 종류의 건축을 심각하게 고려할 수밖에 없게 된 것이다. 수십년 동안 국가 소유의 공식적인 건물에 정해진 양식, 즉 나라마다 크게 다르지 않는 국제적인 양식이 있었다. 관행 때문에 이러한 정당성이 오랫동안 당연한 것으로 여겨졌고 제네바 현상공모의 작품선정에서도 관계 당국은 기존의 양식에 눈을 돌렸다. 그러나 부각된 계획안은 놀랍게도 특별한 문제와 해결하기 위해 기존의 양식적인 접근 방법을 배제한 것이었다.

국제 연맹관에 대한 기획은 역사상 자주 등장되었던 주제였다. 그러나 이 기획을 실현하는 것(각 국가의 대표자들이 세계의 평형상태를 유지하기 위해 만나게 될 중립적인 장소를 실제로 만드는 작업)은 완전히 새로운 차원이었으며 매우 복잡한 기관을 실제로 존재하게 만드는 일이었다.

르 꼬르뷔제 - 잔느레가[▼7] 제출한 계획안에서 주목할 점은 그들이 이러한 요구사항을 가장 잘 반영한 치밀한 해결안을 제시했다는 점이다.(**도판**. 318) [▼8]

Fifth Edition 531쪽 11줄

지상층 입구 근처에 배치된 대규모 행정 건물인 사무국(**도판**. 321)은 호수와 나란하게 구성된 가느다란 익부를 가지고 있다. 수평적으로 길에 배치된 창문열 덕분에 직원들은 호수와 산을 한 눈에 볼 수 있다. 옥상정원은 휴식시간에 유용하게 사용된다. 이 건물은 철근 콘크리트 골조로 되어있으며 커튼월 안쪽으로 후퇴한 지지 기둥 위에 얹혀져 마치 대지 위를 떠다니는 것처럼 보인다. 르 꼬르뷔제는 좀 더 작은 규모에 해당되는 볼로뉴 - 쉬르 - 센의 쿠크 주택에서도 이와 동일한 방식을 사용했다.

대회의동은 호숫가 가까이에 배치되었다. 양측벽은 각각 거대한 유리면으로 덮여있다. 2천 6백명의 청중을 수용하는 그랑드 달레 데 앙상블(**도판**. 319)의 디자인 결정

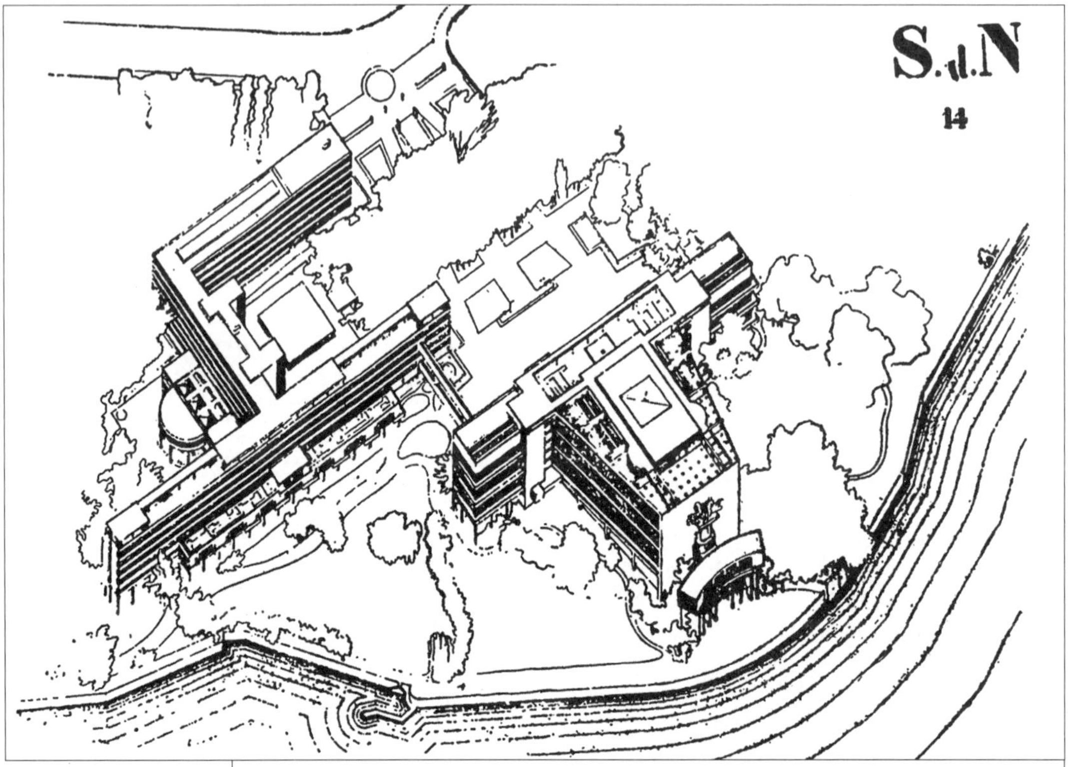

318. 르 꼬르뷔제와 피에르 잔느레. 국제 연맹관, 제네바, 1927. 대중과 당국으로부터 집중적인 주목을 받은 최초의 기념비직인 관공소 건물. 철근 콘크리트를 사용한 오픈 플래닝은 다양하고 복잡한 요구항목들을 효과적으로 충족시켰다.

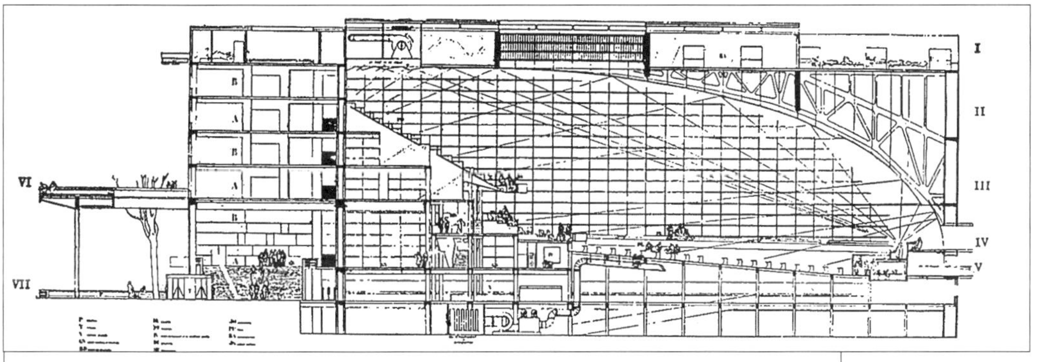

319. 르 꼬르뷔제와 피에르 잔느레. 국제 연맹관. 그랑 살레의 단면. 천장은 표면이 다듬어진 음향적인 쉘모양을 하고 있다. 이 천장은 지붕에 있는 브리지 거더에 매달려 있다.(1887년에 아들러와 설리반이 시카고 오디토리엄을 설계할때에도 동일한 문제를 해결했다.) 르 꼬르뷔제는 기술적인 장치들을 도입해서 그것들을 예술적인 표현체로 바꾸었다.

316. 르 꼬르뷔제와 피에르 잔느레. 국제 연맹관, 1927년. 지붕이 덮여있고 플랫폼처럼보이는 입구. 로딩 플랫폼은 직선으로 깔끔하게 처리되어 있으며, 사보아 주택의 통행용 램프처럼 고전적인 확실함을 보여주며 건축으로 승화되고 있다.

요인은 '다수의 청중'을 필요로 한다는 것이다. 모든 청중이 자신들의 자리에서 완벽하게 보고 들을 수 있도록 배려해야 했다. 이러한 기능을 해결하기 위해 천장을 포물선 모양으로 굴곡지게 했다. 이 포물선 형태의 곡선은 구스타프 리온▼9이라는 전문가의 조언에 따른 것이다. 그러나 청각적인 기능을 해결하기 위해서만 이런 모양의 천장 디자인이 고려된 것은 아니다. 천장은 전체 극장 형태를 결정짓는데 영향을 미쳤고, 또한 그 출발점이 되었다. 르 꼬르뷔제는 단순히 기술적인 수단으로 사용된 것을 미학적 도구로 발전시킨 것이다. 그는 뉴욕에 세울 UN빌딩의 계획안(1947)에도 이러한 경향을 더욱 발전시켰다. 이 계획안에서 그는 완전히 굴곡진 공간을 만드는데 바닥도 한 몫을 하게 만들었다. 모종의 정치적 이해관계 때문에 이 계획안이 실현되지 못하는 일이 없었더라면 아마 이 공간은 우리 시대 내부공간들 중에 가장 훌륭한 것이 되었을 것이다. 르 꼬르뷔제 이후, 다른 사람들이 개발한 홀에는 그의 독장적인 스케치와 유사한 흔적은 전혀 없다. 이 홀들은 그저 거대한 이글루처럼 생겼다.

그는 천정 구성을 할 때 무의식적으로 옛 사람들의 방법을 따랐다. 즉 1870년대의 다비오드는 5천명을 수용하는 극장계획안에서 포물선 모양의 천장을 사용했다.

321. 르 꼬르뷔제와 피에르 잔느레. 국제 연맹관, 1927. 본관 건물, 측면 모습.

1887년 시카고에 아들러와 설리반이 설계한 오디토리엄(그 당시의 가장 훌륭했던 집회용 건물)은 음의 효과적인 전달을 위해 르 꼬르뷔제의 건물과 유사한 형태를 띠고 있다.

르 꼬르뷔제의 계획안은 교통 문제를 확실하게 반영한 구성 방식을 보여주고 있다. 대회의동이 사용될 때 발생하는 심각한 차량 문제를 효과적으로 해결해야 했다. 대 회의동의 후문은 회기(會期)때만이 아니라 매일 매일의 차량문제를 해결할 수 있도록 디자인되었다. 즉 두 개의 차량 공간 사이에 여유있는 승강장을 배치했다.(**도판.** 320) 그러나 여기서도 완전히 실용적인 목적으로 사용된 것을 표현적인 수단으로 변모시켜 놓았다. 국제 연맹관의 평평한 승강장 지붕의 건축적인 분절 이후, 찬디가르의 사무국 빌딩 파사드 위로 장엄하게 솟아오르면서 위로 오목하게 굴곡진 쉘로 발전된 점을 생각해 볼 때 실용적인 차원에서 개발된 이러한 예술적 표현 수단이 39년 후에 어떻게 발전되었는지 알 수 있다.(**도판.** VII).

사무국 동을 단순히 사무소 건물로 만들 때 필요한 기능적인 수단과 그랑 살의 모든 좌석을 청취 가능한 자리로 만드는데 필요한 기술적 수단, 그리고 일반 회기 때 발생하는 차량문제를 처리하는데 사용된 도구(생활에서 필요한 사항)에서 르 꼬르뷔제와 잔느레는 예술적 창조를 향한 동기를 발견한 것이다.

그러나 이러한 기술적 · 기능적 수단들은 바로 친숙한 기념비적 양식에 머물러있던 건축가들이 망설였던 장애물과 같은 요구사항들이었다. 인상적인 외관을 만들어내는 특정한 유형이 요구하는 사항에 의해 그 일반적인 윤곽을 미리 결정하는 계획을 통해 국제 연맹과 같은 새로운 종합적 · 사회적 기관의 요구를 충족시킬 수는 없었다. 과시하는 듯이 화려한 외관이 모든 것을 꼼짝 못하게 망쳐버린 것이다. 이것은 차를 운전하는 사람에게 철갑 갑옷을 입히는 것만큼 부적절한 행위이다. 535쪽 06줄 Fifth Edition

전통적으로 내려오던 기념비적인 계획은 또 다른 측면에 의해 붕괴되었다. 대규모 건물 단지가 처음으로 자연과 결합된 베르사유에서는 공간을 무한히 확장시킬 수 있는 조건이 구비되었으며, 이 의도에 내재된 절대적 의지는 주변환경에 자연스럽게 침투되었다. 그러나 제네바의 경우는 대지가 엄격히 한정되어 있었다. 게다가 이 당시 대부분의 사람들은 더 이상 자연을 마음대로 변경시키려 하지 않았다. 즉 사람들은 자연에 손을 대지 않고 보존하고, 건물을 이런 자연에 도입하여 서로 조화로운 단일체를 만들려 했다. 아카데미의 계획으로는 이러한 단일체를 만들 수 없었다. 그들은 대지를 테라스 모양으로 넓게 깎아내는 것 외에는 다른 방법을 알지 못했다. 그들의 방법은 대지의 자연스러운 윤곽을 파괴했고 잔디로 된 우스꽝스런 완만한 지면에 궁정의 거대한 몸체를 방치하는 정도였다.

만약 르 꼬르뷔제 - 잔느레의 계획안이 실제로 지어졌다면 대지와의 통합성을 유지할 수 있었을 것이다. 유동성있게 배치된 대회의동, 가느다란 볼륨의 사무국, 도서관, 그리고 이 세건물을 연결하는 높은 보행자용 도로 등은 대지에 완벽하게 순응하는 디자인이었다.

이 계획안에는 앞서 발전된 수단들을 현대 사회의 문제를 해결하는데 총동원했다. 오랜 시일에 걸쳐 발전한 끝에 중요한 위치를 차지한 평평한 표면에다 공학이 만들어낸 새로운 경쾌함과 매력을 첨가한 것이다. 이러한 결합으로 초창기 주택의 지상층 평면에서 얻은 효과와 유사한 유동성과 자유로움을 표현할 수 있었던 것이다. 건물 단지는 르네상스 공간 개념으로 구성될 수 없으며 한 시점으로만 관찰될 수도 없다. 국제 연맹관은 새로운 시 · 공간 개념을 완벽하게 실현하고 있다.

Fifth Edition 536쪽 07줄

1927년 국제 현상공모에 출품된 프로젝트들은 그 당시의 건축 경향을 총망라하고 있는 특별한 사례들이다. 현대 건축의 모든 실험적인 경향과 함께 19세기 후반의 모든 건축 유행이 등장했다.

아카데미 추종자들은 빌라 메디치의 조용함을 통해 로마대상을 목표로 하듯이, 아름답게 구성된 연맹관의 디자인 계획안을 제출했다. 북유럽과 독일쪽에서는 부드럽고 온화하게 장식된 프로젝트와 부드러운 목탄으로 그린 파우스트적 표현주의 스케치들이 동시에 등장했다. 이탈리아와 동부 유럽에서 출품된 작품들은 큐폴라나 모스크 모양의 건물처럼 디자인되었다. 이 중에 한 프로젝트의 내부공간에 광정(光井)이 20개나 되는 것도 있었다. 그리고 여러 나라의 가장 급진적인 실험주의자들은 러시아 구성주의와 유리를 이용한 환상주의에 영향을 받은(현실성을 갖춘 것도 있음) 구조물을 설계했다.

비록 이 출품작들 중에 르 꼬르뷔제의 계획안처럼 명확한 안목을 가지고 문제를 정확하게 해결한 것은 없지만, 중요한 작품으로 부각된 작품들도 있었다. 하네스 마이어 앤 한스 비트버, 노이트라, 멘델존, 그리고 폴란드의 그룹인 프레젠스 등의 작품들이 그 예이다. 심사위원들이 펴낸 출품작 카탈로그는 앞서 언급한 시카고 트리뷴사(社)의 현상공모안 카탈로그 보다 더 교훈적이라 할 수 있다. 이 카탈로그를 보면,

작품의 판단 기준은 최소한의 매스 기준에 있었음을 알 수 있다. 심사위원들은 반대되는 경향이 서로 충돌하는 혼란(이는 공모전 자체의 혼란이라 할 수 있다.)에 빠져 많은 곤란을 겪었다.

사실, 유럽의 각 나라가 처한 건축적 상황은 어떤 유명인사가 심사위원으로 선출되었는지만 보아도 알 수 있다. 새로운 건축에 대한 진정한 열의와 노력을 체험한 나라들은 논쟁의 한가운데에 가담할 수 있는 인물들을 선정했다. 네덜란드는 베를라헤를, 오스트리아는 호프만을, 벨기에는 오르타를 각각 보냈다. 스위스는 건축 교육수준을 최고로 끌어올리는데 노력한 칼 모세르를 선정했다.

심사위원과 정치적 그룹에 대한 반대의견은 영국과 프랑스처럼 새로운 건축을 향한 30년간의 투쟁이 거의 없었던 나라에서 제기되었다. 이 나라들의 경우, 새로운 건축이 공무원이나 대중들에게 전혀 영향을 미치지 못했다. 영국에서 온 심사위원은 존 버네트경이였고 프랑스에서는 아카데미를 이끌어 갔던 레마레스크였다. 라메레스크는 아카데미측에서 가장 활동적이고 영향력있는 인물이었다. 기본 도면 대신에 청사진을 제출했다는 사소한 이유로 르 꼬르뷔제의 계획안을 수상자 명단에 올리지 못하게 한 사람이 바로 그였다. 그는 국제 연맹회의의 프랑스 대표이자 현대 건축에 대해 완강하게 반대했던 아리스티드 브리앙의 지지를 받았다.

근대적 정신이 내재된 작품을 수상작으로 내세우기 위해서 베를라헤, 호프만, 모세르 등은 하나의 그룹을 결성했다. 여기에 오르타의 지지가 있었다면 이들은 막강한 힘을 발휘할 수 있었을 것이다. 왜냐하면 오르타의 초기 작품과 젊은 건축가들의 작품 사이에는 친밀한 유사성이 있었기 때문이다. 1893년작인 튜린 가의 주택과 1897년작인 '인민의 집' 은 시대정신에 위배되는 방법론을 포기하도록 전유럽에 경종을 울렸다. 이러한 일면에도 불구하고 그는 전통 옹호자들의 대열에 가담했으며 아카데미의 경향을 따르지 않는 작품들을 수상작 명단에 들지 못하게 하는데 일조를 했다. 르 꼬르뷔제의 작품도 이 중의 하나에 해당된다. 수상작을 결정하는 권한이 외교사절의 손에 넘어간 것이다. 537쪽 18줄 Fifth Edition

심사위원들은 최종적으로 9개의 일등상 작품을 발표하는데 합의했다. 몇몇 외교사절들은 이러한 행동을 심사위원의 임무를 회피한 것으로 간주하기도 했다. 마지막 합의에 의해서 국제주의적인 기념비적 양식이 실현된 4가지 계획안이 최종작품 선정에 포함되었다.▼10

국제 연맹과 같은 새로운 종류의 사회조직이 형태적으로 아카데믹한 복합 건축물에 르 꼬르뷔제의 프로젝트로부터 차용한 요소들을 끼워 맞추는 것으로써 의미있는 물리적 환경을 획득할 수는 없다. 결국, 국제 연맹관은 거의 소용이 없는 것으로 판명났다. 이는 건축은 물론 정치에도 그대로 적용된다. 1927년에 베를린에서 출간된 바우벨트 지(p. 1096)에 필자의 이름으로 다음과 같은 비평이 실렸다. "역사의 혼령들에 사로 잡힌 국제 연맹관은 유령의 소굴과 같다."

국제 연맹관이 특별히 관심을 끈 이유는 일반 대중들에게 처음으로 현대 건축을 소개했다는 점이다. 같은 해에 역시 주택문제의 근대적인 해결방법들을 대중들이 처음으로 받아들이기도 했다. 독일 공작 연맹이 미스 반 데 로에에게 스튜트가르트의 바이젠호프 주거단지 책임을 일임한 것도 1927년이었다. 미스는 유럽의 각 나라로부터 새로운 건축 발전의 주역들을 초대하여 주택을 설계하도록 요청했다. 르 꼬르뷔제의 계획안이 국제 연맹관으로 짓지 못하게 된 사건은 1928년 CIAM의 창립계기가 되기도 했다.

Fifth Edition 538쪽 22줄

르 꼬르뷔제의 작품은 계획안으로 남게 되었지만 여기에서 추구된 원리는 **모스크바의 센트로 소유즈**(현재의 경공업 부서, 1928~34)에서 부분적으로 실현되었다. 5개년 계획의 실현이 우선되는 상황과 건축계의 반대 등으로 인해 건립이 지연되기는 했지만, 이 건물은 러시아에 세워진 마지막 근대작품에 속한다.

르 꼬르뷔제가 설계한 소비에트 관(1931)은 스탈린주의자들의 반감을 샀던 시기에 허물어졌다. 대규모 홀의 천장이 포물선을 이루는 철선에 매달려 있는 이 작품은 그때까지 르 꼬르뷔제가 설계한 것 중에 가장 대담한 건물이다. 1931년에 이 작품이 실제로 지어지기는 했지만, 그로피우스와 브로이어, 조각가인 가보 등이 제시한 다른 현대적인 계획안들을 더 이상 소련에서 찾아볼 수 없었다.

대규모 건물과 건축적 목표

Large Construction and Architectural Aims

비슷한 시기에 르 꼬르뷔제는 파리에 두 채의 대규모 건물, 즉 구세군 회관(1929~33)과 대학 도시의 스위스 관(1931~33)을 잇달아 설계했다. 이 건물들에는 또 다른 르 꼬르뷔제의 미학적 수단이 첨가되어 있다.

스위스관은 르 꼬르뷔제의 작품 중에서 가장 자유롭고 상상력이 풍부한 건물이다. 전체 건물은 지면을 뚫고 내려가 땅밑의 바위에 닿아 있는 거대한 철근 콘크리트 필라에 의해 지지된다. 건물 한쪽면은 스튜디오의 유리 커튼월로 구성되어 있고 다른 쪽 면은 울퉁불퉁한 돌로 된 굴곡진 벽으로 세심하게 디자인되어 있다. 우리가 알고 있는 모든 지식을 총 동원해 볼 때 굴곡진 벽이 처음으로 근대건축에 다시 사용된 것은 바로 이 건물이라 생각한다.(**도판. 322**)▼11

그러나 첫눈에 사람들로 하여금 특별한 인상을 갖게 하는 것은 볼륨의 구성과 입구홀의 공간이다. 비록 각 방들을 자유롭게 설계하는 데는 어느 정도 한계가 있었지만 건축가의 상상력을 통해 생동감있고 자유로운 넓은 공간이 만들어졌다. 독창적인 측면에서도 위대한 시기의 작품에 견줄만한 작품이다. 이 건물에 사용된 수단들—정확한 위치에 배치된 계단실, 예상치 못한 파동벽(자유로운 평면의 원리)—이 매우 단순했다는 점도 중요한 의미를 갖는다.

539쪽 26줄 Fifth Edition

회화에서부터 도시계획에 이르는 다양한 분야의 주제를 다룬 르 꼬르뷔제의 책들은 건물들 못지 않게 유럽이나 미국, 심지어 라틴 아메리카까지 영향을 미쳤다. 그의 저술 활동 범위는 예술분야에만 한정되지 않았다. 1919년과 1925년 사이의 잔느레(르 꼬르뷔제)와 오장팡이 발행한 정기적인 『**신 정신(L'Esprit nouveau)**』 지(誌)의 기사들은 여러 분야의 시대정신의 형성에 결정적인 영향을 미친 내용을 다루었다.

르 꼬르뷔제는 두 가지 재능을 가지고 있었다. 그는 복잡한 문제를 놀라우리만큼 단순화 하는 능력이 있으며, 보석 세공인처럼 명확한 방식으로 이 결과물들을 요약할 수 있다. 다루는 방식과 간략화 기법이 어떤 것이든 상관없이 그 기본적인 개념 원리는 놓치지 않았다. 르 꼬르뷔제의 『**새로운 건축을 향하여**』▼12중의 1, 2, 3장은 우리 시대를 다룬 모든 연구물에서 결코 무시되어서는 안 될 중요성을 가진 내용이다. 자동차, 비행기, 여객사 등의 미를 보지못한 시각을 교정해주면서 엔지니어와 건축가 사이의 연결성을 주장했다. 동시에 파르테논의 아름다움을 표현하는 매력적인 어휘를 발견했다.

르 꼬르뷔제의 업적은 무엇일까? 그의 건설방식은 오거스트 페레같은 명확한 공학도 아니며, 주택의 디테일에 끊임없이 세심한 관심을 기울였던 오드의 열성에도 미치지 못했지만, 그는 지진계처럼 치밀한 감각을 통해 주택을 설계했으며, 과거로부터 물려받은 육중함으로부터 주택을 해방시켰다. 힘들의 유동적인 불균형과 19세

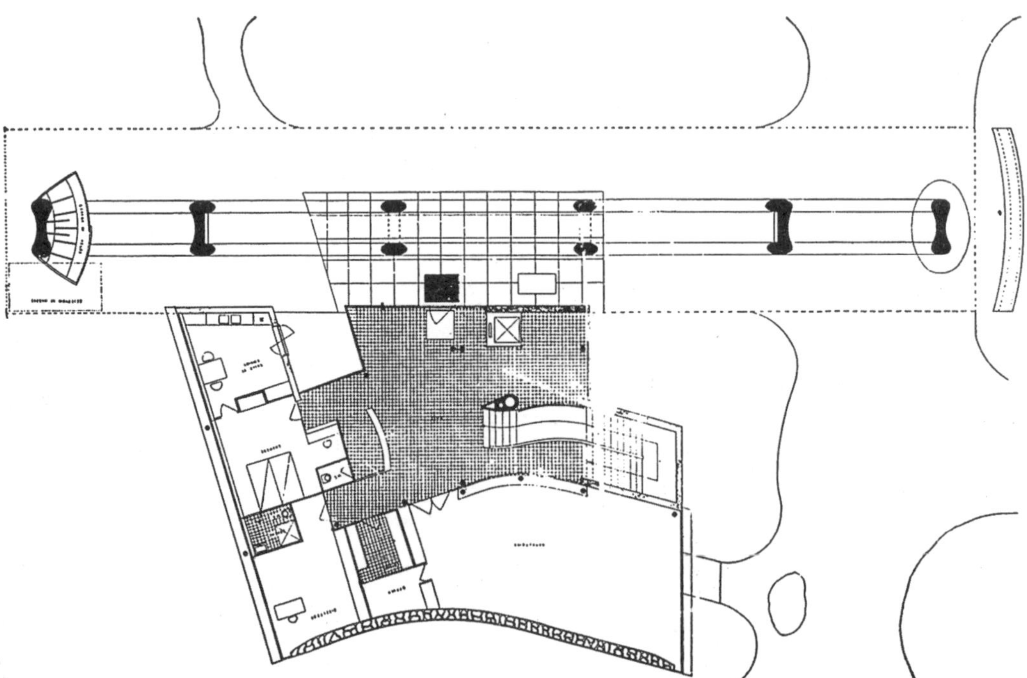

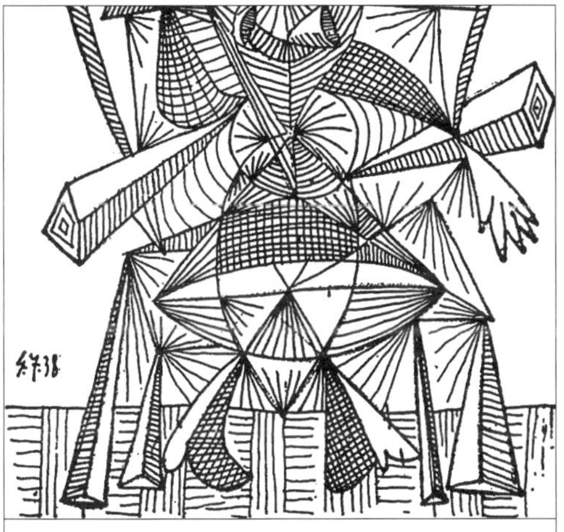

323. 피카소. "흔들의자에 앉아 있는 여자", 1938. 부분.

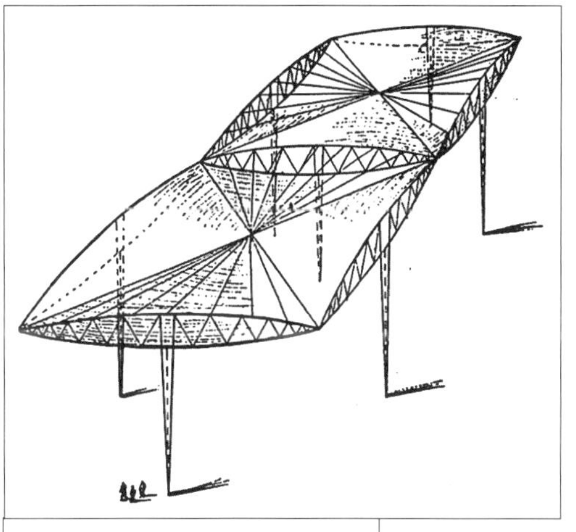

324. 르 꼬르뷔제. 리게전시관 계획안. 1937.

기 철구조물이 표현하는데 성공한 추상적 어휘인 경쾌함과 개방성을 결합시키는 것이 그의 목표였다. 그는 주택의 모든 면들, 즉 양 측면은 물론 위 · 아래의 모든 면들을 어떻게 구성할 수 있는 지를 보여주었다. 이러한 경향은 1960년경에 모든 면을 볼륨있는 조각처럼 구성하는 방식과 유사하다.

르 꼬르뷔제가 사용한 요소들은 산업분야에서 종종 발견된다. 주택을 지지하는 지주는 많은 도매상 건물들에 등장하였고, 띠창은 공장건물에서 친숙하게 볼 수 있는 요소이다. 관청 건물에 도입된 승강장과 내 · 외부공간을 서로 연결하는 경사로는 프랑스의 철도역(예를 들어, 몽파르나스 역)에도 사용되었다. 541쪽 24줄 Fifth Edition

르 꼬르뷔제는 일상 생활에서 사용하는 요소들을 선택하여 마치 예술가가 종이 조각을 예술품으로 변화시키는 것처럼 이 요소들을 변형시켜 나갔다. 그는 우리 시대의 공간 개념에 내재된 기초를 근거로 이 요소들을 새로운 건축적 언어로 변모시킨 것이다.

사회적인 상상력

Social Imagination

1938년과 1953년 사이에 설계된 소규모 구조물과 단독주택들은 르 꼬르뷔제의 발전과정에서 중요한 역할을 하지 못했다. 이 기간 동안의 설계는 주로 대규모 프로젝트였다.▼13

←

322. 르 꼬르뷔제와 피에르 잔느레. 대학 도시에 있는 스위스 기숙사, 파리, 1930~32.

이러한 프로젝트들은 도시 생활의 새로운 인간화가 바로 눈앞에 다가왔다는 보편적인 조짐과 일치한다. 사람들은 축구경기를 관람하거나 TV를 시청하거나 할 것없이 더 이상 방관자의 위치에서 만족하지 않았다. 수동적인 구경꾼들이 능동적인 참여자로 변모하는 순간, 세계의 모든 곳에서 사람들의 자발적인 반응들을 관찰할 수 있다.▼14 사회적 활동의 중심지를 창조하려는 범세계적인 경향이 대두되었으며, 이 때문에 건축가들은 단순한 기술적 능력 이상의 그 무엇을 갖추어야 했다. 이제 건축가의 임무는 베르사유가 지어졌던 시대의 선조들이 맡은 역할보다 훨씬 더 복잡해졌다. 확실하게 계층화된 사회가 내놓은 정확한 프로그램마다 구체적인 형태를 부여해야 하는 것이 건축가의 의무이자 몫이었다. 오늘날의 건축가는 요구를 예상하고 대중들의 의식속에서 어렴풋하게 이해되고 거의 중요하게 인식되지 않는 문제들을 해결할 수 있어야 한다. 이런 종류의 일은 언제나 큰 책임이 뒤따른다. 건축가는 '사회적 상상력'이라는 용어로 불릴만한 독특한 감각을 지닌 천재성을 소유하고 있어야 하는 것이다.

이러한 특별한 재능이 1938년과 1953년 사이에 설계된 르 꼬르뷔제의 작품에서 잘 나타나고 있다. 이 작품들은 곧 언급할 것이다.

르 꼬르뷔제는 현대 대도시의 혼란속에 자신의 희망적인 시각을 투사했다.▼15 그의 계획은 모든 지구를 파괴하고 새롭게 세워 나가면서 투자된 이권에 따라 주 도로를 설정하는 것이었다. 현실은 이처럼 급진적인 직업의 실행을 쉽게 허용하지 않았지만, 보편적으로 이루어지는 단편적인 복원보다 그의 많은 계획안(1942년에 설계된 알제리 2차 마스터 플랜과 같은 계획안)▼16이 미래건축가들에게는 더 중요한 가치를 갖는다.

Fifth Edition 543쪽 06줄

1938년과 1952년 사이에 설계한 것 중에 중요한 가치가 있는 세 작품은 생 디의 코어(Core, 1945)와 유니테 다비타시옹(1947~52), 찬디가르의 캐피톨(1951년 이후)로서, 그 공통점은 '미래를 내다보는 계획'이란 점에 있다.

생 디에의 도시 센터는▼17 새로운 종류의 공간 관계를 대가다운 면모를 엿볼 수 있는 훌륭한 방식으로 표현하고 있다. 각 건물들은 고유한 공간적 분위기를 발산함과 동시에 전체 중심과 긴밀한 관계를 유지하는 방식으로 배치·설계되었다. 매우 다양한 형태 볼륨들이 이 대지를 관통하고 있다. 마치 현대 조각품처럼 연속적으로 공간을 비우고 채워 나가는 여러 형태의 볼륨들이 대지를 관통하고 있는 것이다.

광장의 코너를 형성하는 카페에 앉은 사람이나 그 주위를 거니는 사람들은 끊임없이 변하는 공간을 경험할 수 있을 것이다. 극장, 박물관, 관리 센터들은 모두가 공간속에 자유롭게 배치되어 있으며, 멀리 있는 오래된 성당과 르 꼬르뷔제가 '녹색 공장'이라고 불렀던 강둑 반대편의 녹지로 둘러싸인 공장까지도 어렴풋이 볼 수 있다.

중세 이탈리아인들은 공간 속에 볼륨을 배치하는 방법을 알고 있었다. 즉 피사의 두오모 광장에 위치한 성당과 세례당, 종탑 등은 공간상에서 놀라운 볼륨 구성을 보여주고 있다. 실제로 지어지지 않은 생 디에의 구성계획은 이와 성격이 다른 공간 개념을 선보이고 있다. 중세 시대의 관계성은 폐쇄된 형식의 볼륨들 사이에서 이루어졌다. 그러나 오늘날의 우리는 솔리드와 보이드가 만들어내는 더 역동적인 공간 개념을 추구하고 있다.

544쪽 09줄 Fifth Edition

생 디에의 전 구역은 보행자들만 다닐 수 있도록 되어 있으며 역사상 존재했던 여러 사례들에서 발견할 수 있는 그리스 아고라의 흔적을 엿볼 수 있다. 생 디에는 우리 시대 처음으로 그리스의 아고라에 필적할 만한 공동체 생활의 물리적 형태를 제시한 것이다. 극좌파 계열의 정당을 포함하여 아카데미 건축가들의 손아래 있던 프랑스의 소 도시 생 디에의 모든 정당들이 강한 비난으로 인해 르 꼬르뷔제의 도시 센터는 계획안으로 끝날 수밖에 없었다.

건축을 실제로 지어진 건물들에만 국한시키는 것은 옳지 못하다. 건축은 삶의 일부분이며 건축은 예술의 일부분이다. 삶의 일부로서 건축은 다른 종류의 예술보다 더 대중의 의지, 즉 계획안의 실행을 원하거나 원하지 않는 대중의 열망에 의존한다. 건축에서 건축주의 가치 척도는 건축가의 척도보다 더 중요한 위치를 점하고 있다.

만일 파르테논과 판테온, 샤르트르 성당, 그리고 베드로 성당 등이 지어진 시대의 공공 건물의 발주자들의 수준이 오늘날처럼 형편없고 평범했다면 이 건물들은 결코 지어지지 못했을 것이다. 당시로서는 이들 모두가 대담한 실험작이었다.

유니테 다비타시옹, 1947~52

The Unite d'Habitation, 1947~52

사회적 창조력에 3차원적인 표현이 부여된 몇 안 되는 건물들 중의 하나가 마르세유 교외의 미슬레 대로에 지어진(1947~52) "유니테 다비타시옹"이다. 마르세유인들은 이 건물을 간단히 "르 꼬르뷔제의 집"이라 부른다. 이 대담한 건물이 여러 어려움을 겪으면서 전후(戰後) 5년 동안에 성공적으로 완공될 수 있었던 것은 프랑스 재개발부 장관인 클로디우 프티의 용기 때문이었다. 그는 완강한 반대 의견에 맞서 끝까지 이 건물을 방어했으며, 1952년 10월에 마련된 완공식에서 건물 옥상에 레농 드뇌르 훈장을 수여하면서 르 꼬르뷔제에게 찬사를 보냈다.

이제 주택문제는 폭넓은 의미를 갖기 시작했다. 건축가와 계획가들은 개별적 영역과 집단적 영역간의 단절된 관계를 다시 회복하는 작업을 하고 있다. 이 건물의 대담성은 한 지붕아래에 1,600명의 사람을 거주할 수 있게 한 것과 원룸부터 "아이가 8명인 세대"를 위한 집에 이르기까지 다양한 주거 단위를 제시하면서 337세대를 23가지 유형으로 나누었다는 점만은 아니다. 오히려 사회적인 요구를 물리적으로 해결했

325. 르 꼬르뷔제. 유니테 다비타시옹, 마르세유, 1947~52. 부분.

다는 점이다. 이 주거동에서 가장 주목할만한 시도는 쇼핑 센터를 지상과 거리에 두지 않고 건물 내부 중간층에 배치한 것이다. 밖에서 볼 때 2층 높이의 지붕창으로 이 중앙 쇼핑센터의 존재를 인식할 수 있다. 건물 중간부분에 있는 사각형 계단창의 수직열과 함께 이 상점들의 창은 건물 정면에 활력을 주고 건물의 규모를 가늠할 수 있게 해준다. 상가에는 식료품가게, 야채가게, 정육점과 생선가게, 세탁소, 청소대행소, 이발관, 미용실, 신문 판매소, 우체국, 카페테리아, 호텔 객실 등이 들어서있다. 17층에는 150명의 아이들을 수용할 수 있는 탁아소가 있다. 필로티 위의 휴게실과 얕은 수영장, 어린이들을 위한 재미있는 여러 시설들이 있는 옥상으로는 경사로가 연결되어 있다. 어린이들이 직접 벽화를 그려 벽을 치장할 수 있도록 되어 있다.

두 변의 길이가 각각 24m, 165m에 달하는 옥상의 한 부분은 어른들의 사회활동을

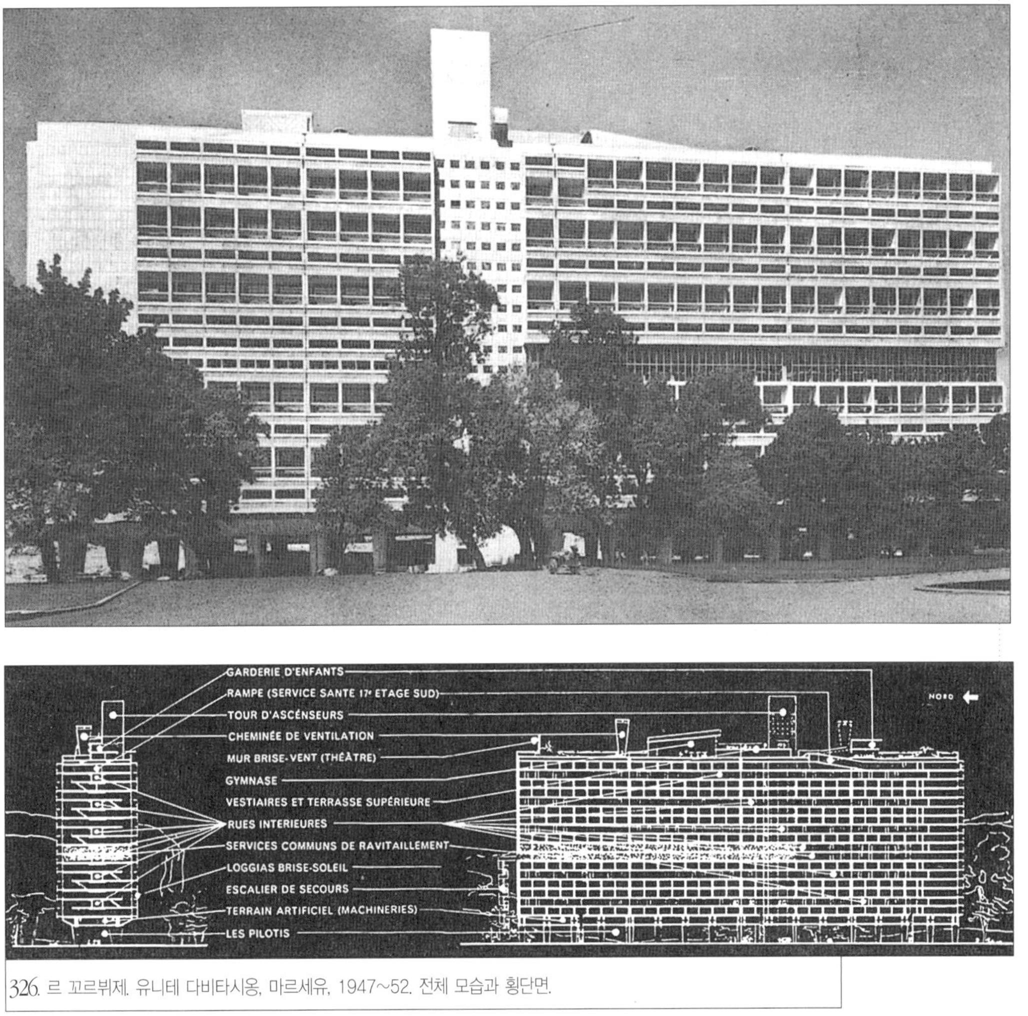

326. 르 꼬르뷔제. 유니테 다비타시옹, 마르세유, 1947~52. 전체 모습과 횡단면.

위한 장소로 계획되었다. 건물의 북쪽 끝에는 반은 덮히고 반은 열려있는 운동 장소가 위치하고 있다. 강한 북풍을 막고 야외 공연시 배경막의 역할을 하는 대형 슬래브도 있다. CIAM의 제 25차 창립기념식이 이 건물의 옥상에서 열렸을 때(1953년 6월 26일) 옥상의 모든 장소마다 사람들로 가득차서 마치 파올로 베로나의 그림을 연상시키는 듯했다. 건축이 생활속으로 울려퍼졌던 것이다.

이 건물을 진귀한 건축적 구경거리로 만들게 한 것은 조형적 특성이다. 로버트 마일라트를 통해 보강 콘크리트는 그 경직성에서 벗어나게 되었고, 모든 부분들이 생활과 함께 진동하는 유기적인 골조로 변했다. 르 꼬르뷔제를 통해 노출 콘크리트라는 특성없는 재료가 실제 바위와 같은 특성을 가지게 된 것이다. 개회사에서 "구조물의 모든 부분으로부터 흘러나오는 외침"이라고 스스로 말했듯이 그는 형태 구성에 유해한 것이나 흔적, 그리고 질이 낮은 장인술의 결점을 감추거나 제거하지 않았다. 콘크리트 표면에 활력을 주기 위해 나무판의 자연스러운 결을 사용한 것이 새로운 방법은 결코 아니지만 이 건물처럼 일관되게 철근 콘크리트가 "돌, 나무, 테라코타와 비교될 만한 천연재료"의 특성을 가지게 된 적은 없었다. 그는 계속해서 말하기를 "자연스러운 상태로 노출시킬 만한 재구성된 돌처럼 콘크리트를 다루는 것은 가능한 일이다."▼[18]몇년 후 영국에서는 이러한 그의 의도에 기초를 둔 "뉴 브루탈리즘"이란 건축 조류가 등장했다.

Fifth Edition 548쪽 01줄

나무형태를 떠는 작업에 사용된 좁은 페널을 별도로 하더라도, 오늬나무 무늬의 거대한 지지 피로티의 경우처럼 조형적 특성을 강하게 주려 한 곳은 모두 거친 콘크리트 표면으로 처리하였다. 옥상에 부어지는 강한 지중해의 햇살은 매우 강렬한 변화감을 연출하는 환기샤프트와 승강기 탑의 거친 표면에 비추어 실용적인 오브제라 할 수 있는 이 구조물을 훌륭한 조형적 요소로 변형시키는데 한몫을 하고 있다.

강하고 선명한 색깔이 이 건물에 사용되기는 했지만 화가이기도 한 그는 건물 정면에 직접적인 방법으로 색채를 사용하는 것은 삼가했다. 그는 발코니의 측면벽에 붉은색, 녹색, 노랑색을 칠했지만 정면벽에는 색을 칠하지 않았다. 이렇게 하여, 선명한 색이 철망을 통해 걸러지는 방식과 유사한 효과가 나타나고 있다. '실내 거리'를 인공적으로 밝게 만들고 긴 복도의 칙칙함을 완화시키는데도 밝은 색깔을 사용하였다.

이 건물은 리베라로 이어지는 도로 옆에 서있으며 동쪽과 서쪽을 면하고 있다. 모든 2층짜리 아파트는 이 두 방향을 향하고 있다. 건물 동쪽으로 펼쳐지는 풍경은 플로방스 지방의 모든 곳에서 발견할 수 있는 석회암 산이다. 서쪽은 지중해의 푸른 물결이 펼쳐지고 있다. 머리를 떨구어 바로 아래를 내려다 보면 붉은 타일로 된 남쪽 지붕이 얼핏 나타나는 나무 꼭대기를 발견할 수 있다. 세잔이 그림을 통해 프로방스의 혼을 포착했다면 르 꼬르뷔제는 건축적 틀안에서 이 정신을 보여주었다.

다른 모든 사람들과 마찬가지로 그 역시 이 건물이 조형적인 측면에서나 사회적인 요구에서나 대담한 실험작이라는 것을 잘 알고 있었다. 1952년 가을의 성공적인 완공식에도 불구하고 프랑스 정부는 이 건물에 대해 회의적인 태도를 나타냈고 이 때문에 아파트와 상점들을 감히 임대하지 못하고 거주자와 상점주인들에게 모든 책임을 맡기려는 의도로 완전히 매각하려고 했다.

이 건물이 젊은 세대들의 건축 정신을 형성하는데 큰 영향을 주었다는 점만은 의심할 여지가 없다. 또한 이 건물은 단순히 여러 가구들이 늘어서 있는 개념으로 주택을 이해하는 건축가와 계획가들의 정신을 변화시켰고, 주택을 인간 정주(定住)의 큰 틀로 확장시키는데 한 몫을 하기도 했다.

찬디가르
Chandigarh

새로운 도시의 설립은 활력과 진취적인 용기를 상징한다. 신도시는 종종 높은 생활 수준과 관련있거나 그 생활 수준에 대한 보장과 관련이 있다. 중앙 유럽과 서유럽에 갑작이 새로운 도시가 성장했던 고딕 시대가 바로 그 경우이다. 산업 중심 사회를 예견하면서 이와 똑같은 현상이 19세기 동안에 미국에서 발생했다. 549쪽 02줄 Fifth Edition

20세기 중반을 향해 가는 지금 우리는 서양 문화의 확산을 목격하고 있다. 예전에 유럽의 그늘에 가려있던 곳에서부터 새로운 에너지가 발산되고 있다. 새로운 활력의 대표적인 중심지는 핀란드, 브라질, 콜롬비아, 베네수엘라, 캐나다 등이다. 오랫동안 무기력 상태에 빠져있던 나라들이 깨어나기 시작했고 전세계를 감돌고 있는 발전에 적극적인 참여자가 되고 있다. 이러한 과정에서 동 · 서양의 정신이 서로 만나고 있다.

이 책의 일본판 서문에 이러한 발전 과정에 대한 약간의 단서를 제공하려고 했다.

즉 "서양문명은 실제로 전이 상태에 있다. 경험을 통해 서양문명의 마지막 페이지를 지배해고 있던 합리주의자들과 배타적인 물질주의적 견해가 불충분한 것임을 조금씩 이해하고 있다. 우리가 이러한 사실을 충분히 깨닫는다면, 문화가 서로 결합된 새로운 발전을 향해 나아갈 수 있을 것이다."

Fifth Edition 549쪽 24줄

지도자 판디트 네루의 통찰력을 통해 인도 정부가 찬디가르에 새로운 수도계획을 서양 건축가에게 의뢰할 수 있었던 것도 바로 이러한 서양과 동양의 만남 때문이었다. 우주적이며 범세계적인 상황과 그 상황속에서 자연스럽게 발생된 태도를 만족시키려는 현대건축에 있어서 이러한 문화의 만남은 일종의 잠재된 조류라 할 수 있다. 우주적 · 범세계적, 지역적 상황을 서로 결합하려는 이러한 시도는 '신 지역주의'라고 명명될 수 있다. 이러한 경향은 뛰어난 현대 건축가들의 방법론이라 할 수 있는 르 꼬르뷔제의 가장 대담한 건축적 모험인 "수도 찬디가르"에서 완벽하게 전개되었다.

1947년에 펀잡이 파키스탄과 인도로 나뉘어졌을 때 원래 수도인 라호르는 파키스탄땅으로 넘어갔다. 1천 2백 50만명의 주민이 사는 동(東)펀잡에 새로운 수도가 필요하게 된 것이다. 히말라야 기슭과 경사진 고원지대에 있는 이 멋진 땅이 인도 정부의 뛰어난 엔지니어인 바르마의 항공탐사를 통해 1950년 발견된 것이다.

새로운 수도의 이름은 그 자리에 있던 마을 이름을 따서 "찬디가르"이라고 부르

327. 르 꼬르뷔제. 고등 법원, 찬디가르, 1956년 3월에 완공.

게 되었다. 도시가 완성되면 그곳에 50만 명이 살게 될 것이다. 최초의 구역은 만 5천 명을 수용하도록 되어 있다. 르 꼬르뷔제는 800m×1,200m 규모의 벽이 많은 유닛으로 이루어진 도시의 효과적인 마스터 플랜을 작성했다.▼19 각각 주 교통도로에 의해 둘러싸인 이 유닛들의 개발 책임은 피에르 잔느레가 맡았다. 그는 세상을 떠날 때까지 찬디가르에서 일을 계속했다. 첫 해는 제인 드로우와 맥스웰 프라이와 함께 일했다. 이 계획안은 인도 건축가와 엔지니어로 이루어진 실무단에 의해 추진되었다.

551쪽 01줄 Fifth Edition

도시계획가이자 건축가, 화가, 조각가, 시인의 감성을 가진 사람이 히말라야 기슭에 넓게 펼쳐진 빈 공간을 조사했다. 이러한 다섯 가지 역할이 한 사람 안에서 결합되어 있었다. 이곳이 바로 찬디가르 수도가 들어설 지점인 것이다. 진정한 창조적 인간에게 가장 흥미로운 일은 바로 신화가 서려있는 이 땅에 자신의 꿈을 실현하는 것일 것이다. 이를 이루기 위한 것이라면 일생 동안의 굴욕을 받아들일 수도 있을 것이다.

르 꼬르뷔제의 스케치북을 한 줄 한 줄 살펴보면 새로운 수도에 대한 비전을 어떻게 구체화하고, 그 수도가 어떻게 최초로 서양정신과 동양정신을 한 쪽에 귀속되지

328. 르 꼬르뷔제. 고등 법원, 찬디가르, 1956년 완공. 건물은 큰 못에 그대로 비추어진다. 나비모양지붕아래의 아케이드는 건물 전체에 인도 건축의 섬세함을 더해주고 있다. 아케이드의 구멍 뚫린 벽과 아래로 쳐진 지붕의 경사는 공기를 건물안에서 자유롭게 순환하도록 하는 자연적인 환기 시설의 기능을 담당하며 현대 건축의 경향을 표현해주고 있다.

않으면서 서로 잘 융합된 거대한 기념비로 만들 수 있었는지 잘 나타나고 있다. 서양적인 계산법과 지붕있는 자동차와 기차역 승강장에 보통 사용되는 쉘 모양의 콘크리트 볼트와 거대한 규모의 나비모양 지붕이 바로 우리 눈앞에 동양의 환상적인 건축물로 변하고 있다.(**도판.** 328)

Fifth Edition 552쪽 03줄

수도의 프로그램은 의회 건물과 정부 관리들을 위한 건물, 대법원 등이 포함되어 있다. 초기에는 위로 굴곡진 거대한 콘크리트 지붕으로 계획된 "통치자의 궁"이 도입되었지만 불행히도 지어지지 못했다.▼[20] 사무국(**도판.** VII)은 1956년에 완공되었다. 그 다음 의회 건물이 완공되었다. 이 건물의 회의실은 상승하는 포물선 형태를 띠고 있으며 이것의 윗부분은 평지붕 위로 높이 돌출해 있다. 남측에 있는 의회 건물의 입구는 필라로 지지되며 윗방향으로 휘어져서 자유로운 모습을 나타내는 쉘로 이루어져 있다. 7개의 판사실이 있는 대법원은 1956년에 완공되었다. 이 건물의 거대한 나비모양 지붕은 적도의 태양과 6월에서 10월까지 계속되는 우기에 대비하여 보강 콘크리트로 된 보호막의 역할을 하고 있다. 거대한 경사 처마는 건물 밖으로 멀리 뻗어 나와 있다. 포물선 형태의 쉘 볼트는 구조를 결속시키고 개방된 넓은 입구홀의 스팬을 결정짓는다. 이 입구의 홀은 건물 꼭대기까지 뻗어 있다. 이 기묘한 대법원 건물에 적용된 근대 기술은 그 나라와 국민의 습관을 수용하면서 우주적인 조건과 융합되고 있다.

유럽인들을 놀라게 한 것은 각 건물 사이에 벌어진 넓은 간격이다. 그러나 건물들 사이에는 쓸모없는 외부공간이 전혀 없다. 조각가로서 르 꼬르뷔제는 다양한 레벨을 두고, 넓은 수영장, 잔디밭, 물추리 막대나무, 쓰다 남은 재료로 만들어진 인공언덕 등을 만들면서 이 거대한 외부공간을 구성할 수 있는 기회를 얻었던 것이다. 또한 이 공간에는 조화로운 나선모양과 태양의 하루 주기, 그외 다른 무엇을 상징하는 표상체가 있다. 지배적인 상징은 아마 모든 곳에서 관찰이 가능하고 바람개비 처럼 볼베어링에 의지하여 회전하도록 디자인 된 "오픈 핸드(open hand)"일 것이다.▼[21] 바위 위에 놓인 사람의 손의 흔적은 인간의 신체를 처음으로 예술화한 것에 해당된다. 이러한 상징은 인도에 아직도 존재한다. 즉 결혼식 때 친구들은 신랑 신부의 혼례마차에 붉은 색(이 색은 행운을 상징한다.)의 손도장을 찍는다.

거대한 손과 같은 형태의 기념비는 르 꼬르뷔제의 초기 작품에서도 찾아 볼 수 있다. 그것은 공격적이며 위협스러운 손이었다. 그러나 동양의 하늘 아래에서는 그 손이 부처의 손처럼 침묵하고 있다. 찬디가르의 대지를 발견한 바르마가 르 꼬르뷔제에게 보낸 편지에는 이러한 상징과 관련한 인도인의 해석이 담겨있다.

"우리는 '람 바로사'라는 말을 가지고 있습니다. 이 말은 궁극적인 것에 대한 깊은 믿음을 뜻합니다. 깨달음의 궁극적인 근원을 알려는 의지를 포기할 때 우러나는 믿음입니다. 어떤 보상이나 그 무엇을 바라지 않으면서 헌신하는 믿음인 것입니다. 저는 이러한 믿음 속에서 살고 있고, 당신의 창조적인 작업을 통해 안락하고 안전한 신도시가 탄생되리라 생각하니 더없이 기쁩니다."

"우리는 평범한 사람들입니다. 휘두를만한 총도 없고 살생을 위한 원자력도 없습니다. '오픈 핸드'에 담긴 철학은 인도인들에게는 완전히 이해되는 것입니다. 당신이 인도에 남기고자 하는 것과 우리가 '오픈 핸드'로부터 얻는 것이 우리의 건축과 도시의 계획에 새로운 영감의 근원이 되기를 기원합니다. 다음 기회에 당신이 여기에 오시면, 우리측에서는 당신에게 몇몇 개인들이 도달한 정신적인 높이를 보여줄 수 있을 겁니다. 우리의 철학은 바로 '오픈 핸드'의 철학입니다. 아마 찬디가르는 새로운 정신의 중심지가 될 것입니다."

후기 작품
Later Work

1953년과 1964년 사이에 르 꼬르뷔제는 인정을 받았고, 많은 대규모 계획안을 실현할 수 있었다. 최초의 프로젝트인 마르세유 유니테 다비따시옹이 세워지기까지는 오랜 시간이 걸렸다. 그의 나이 60세가 되어서야 빛을 보기 시작했다. 다른 선구자적인 건축가들의 경우처럼 이 때부터 한꺼번에 여러 건의 설계를 의뢰 받았다. 완숙기의 여러 해 동안 그는 투자할 가치가 없다고 생각되는 의뢰는 거부해야만 했다. 553쪽 2줄 Fifth Edition

이렇게 할 수밖에 없었던 중요한 이유 중의 하나는, 화가나 조각가처럼 한 프로젝트의 모든 과정을 직접 행하려는 생각을 단념하지 않았다는 점이다. 백명이나 그 이상의 보조자들과 함께 "건축 공장"을 가동하는 것은 그에게 생각하기 힘든 것이었다. 그는 피카소처럼 보헤미안의 모습으로 남아 있었고 검소하게 살았다. 초창기부터 사용해온 스튜디오를 계속 사용했다. 이 사무실의 제도실은 비좁았으며 4, 5명의 직원만 두고 있었다. 프로젝트의 도면작업을 종종 다른 곳에서 해야 할 때도 있었다.

르 꼬르뷔제의 작품이 갖는 중요성을 완벽하게 평가하는 것이 가능할 때까지 우리는 기다려야 한다. 그의 건물에 대해 최종적인 판단을 내리기 위해서는 역사적인 흐름을 알아야 한다. 그러나 비록 그의 초기 작품과 후기 작품이 겉으로 보기에 매우 상이한 모습을 하고 있음에도 불구하고 이미 명확하게 밝혀진 것은 그의 작품들의 일관성이다. 1912년경에 피카소가 그린 큐비즘 성향의 회화는 '게르니카(1937)'와 매우 다르다. '게르니카'는 시간의 한 순간에 영속적인 형태를 부여한 그림이다. 또한 이 그림은 그 후에 그려진 여자들의 모습과도 매우 다르다. 이와 같은 해석을 르 꼬르뷔제의 초기 작품과 후기 작품에도 적용할 수 있다. 피카소처럼 그 역시 다가오는 변화를 감지할 수 있는 안테나를 가지고 있었다. 롱샹에 있는 순례교회(1955, **도판 329**)는 외관상 사보아 주택(1928~30)과 매우 다르다. 또한 리옹 근처의 라 투레트(1960)와 오뙤일에 있는 라 로쉬 주택(1923~24)과도 매우 다르다.

Fifth Edition 555쪽 01줄

이것은 무엇을 의미하는 것일까?

르 꼬르뷔제의 작품 발달과정은 우리 시대의 모습(새로운 힘의 원천 속에서 숨겨져 있던 가능성을 인식하는 모습)을 그대로 반영하고 있다. 그로피우스나 미스 반 데 로에처럼 르 꼬르뷔제는 이 발달과정이 내부공간과 외부공간의 상호관입을 향한 열망으로 귀결되고 있음을 발견했다. 르 꼬르뷔제의 발전과정이 현대건축의 발전과정과 어느 정도로 일치하는지는 이 책의 서문에 논의되었다. 즉 공간 속의 볼륨, 조각적인 경향, 건축과 조각, 볼트 문제, 벽의 재활성화라는 제목하에 논의되었다.

사보아 주택(1928~30, **도판. 315~317**)은 초기의 정점을 대표하면서 동시에 다가올

329. 르 꼬르뷔제. 노틀 담 듀 호의 순례교회, 롱샹, 1955. 현대 건축의 여러 가지 열망들이 이 하나의 건물에 집중되어 있다. 볼륨을 조각적으로 다루는 방식을 다시 강조하는 것은 공간을 내외부에서 구멍내는 것과 긴밀한 관계가 있다.

시기의 건축적 요소를 담고 있다. 이 건물은 넓은 평원 위에 서있는 입방체이다. 그러나 이 입방체는 안에 구멍이 나있고 투명하게 만들어져 있으며 지지체로 높이 들어 올려져 있다. 이 지지체는 스위스학생 기숙사의 거대한 보강 콘크리트 기둥을 미리 예고하고 있다. 이 기둥은 건물 전체를 지지하면서 열린 공간 속에 서있다. 사보아 주택의 옥상정원에 자유롭게 서있는 콘크리트 벽들은 경쾌하게 굴곡져 있어서, 마르세유의 유니테 다비타시옹(1947~52)의 옥상에 이루어진 볼륨들의 구성을 미리 엿 볼 수 있다.

브뤼셀 세계박람회(1958)의 필립관은 쌍곡선과 포물선 모양의 덮개를 특징으로 하고 있다. 어둡고 동굴 같은 내부의 굴곡진 벽에 20분마다 영화가 상영된다. 르 꼬르뷔제에 의한 인류의 시(詩)에 바르스의 전자음악이 동원되었다. 이 박람회는 쌍곡선과 포물선 모양을 띠는 구조물이 여럿 있었지만 필립관에서 느낄 수 있는 내적 긴장감은 없다. 이 전시관은 여러 건물들에 영감을 주었고, 겐조 당게의 도쿄 올림픽 스타디움의 대담한 강철 와이어 구조가 그 좋은 예(1964, **도판.** VI)이다.

또한 외관상, 전통적인 순례교회와 수도원 평면과는 전혀 다른 롱샹교회(1955, 도판. 329, **도판.** V)▼22, 라 투레트 수도원같은 건물도 있다.

시각 예술을 위한 하버드 대학의 카펜터 센터, 1963
The Carpenter Center for Visual Arts, Harvard University, 1963

시각 교육센터라고 부르는 것이 더 좋을 듯한 시각예술센터는 창조적인 예술과 무관한 정규과정(법률, 경제학, 약학, 화학, 이론학, 찰학 등)을 교육받는 학생들을 위해 설계되었다. 학생들이 대학 1년에 처음 학문을 시작할 때, 이 센터는 그들의 눈을 열어주고 관찰해야 할 것을 가르쳐 준다. 지금은 전자 시대며 문자와 비교해 시각분야가 꾸준히 강력한 위치로 부상하고 있다. 무엇을 본다는 것은 시각적인 측면에서만 이해될 수 있는 차원이 아니다. 그것은 정신적인 차원에 더 가깝다. 바로 이러한 정신적 차원이 예술의 역할과 그 표현수단을 두드러지게 하는 것이다. 556쪽 01줄 Fifth Edition

시각 예술센터는 이 대학의 포그 미술박물관과 교수회관 사이에 위치하고 있다. 주변 건물과 넓은 간격을 두고 건물을 세우기 위해 좀 더 개방적인 대지를 얻고자 했던 노력은 수포로 돌아갔다. 그래서 이 회관은 건물의 조각적인 힘을 발산할 만한 기회를 놓친 채 두 건물과 두 가로(프레스코트 가와 퀸시 가) 사이에 위치하게 된 것이다.

이 건물은 이 가로까지 뻗어있는 굴곡진 베이들(역주: 기둥과 기둥 사이의 한 구획) 중앙의 입방체로 이루어져 있다. 승강기 샤프트는 건물 위로 솟아있다. 이 건물의 두드러진 특징은 S자형의 경사로이다. 이 경사로는 두 가로로부터 시작하여 건물의 3층을 통과하고 있으며(**도판**. 330), 시각 센터에서 의도했던 외부세계를 향한 가교(架橋)를 상징한다.

Fifth Edition 558쪽 23줄

르 꼬르뷔제의 사보아 주택(1928~30, **도판**. 316)에서 이루어진 내·외부공간의 놀라운 상호관입의 예처럼, 경사로는 초기부터 두 가지 레벨을 연결하는데 사용되었다. 카펜터 센터의 경사로에 직접적인 영향을 미친 것은 아메다바드의 직물협회 사무소 건물(1954)의 경사로이다. 카펜터 센터의 진입 경사로는 사람들만 다닐 수 있게 되어있지만, 이 건물의 진입 경사로는 굴곡지거나 건물을 관통하는 형태가 아니라 건물을 향해 일직선으로 나 있다.

몇 년전, 미술센터 설계가 하버드 디자인 대학원의 논문 주제로 주어진 적이 있다. 알프레드 카펜터라는 학생이 특히 이 문제에 흥미를 가지고 있었다. 1년 후, 그 학생은 하버드 대학에 나타나서 디자인 대학원장에게 자신의 아버지 이름으로 시각예술센터의 설립기금 150만 달러의 수표를 건네주었다. 그 학장은 르 꼬르뷔제를 설

330. 르 꼬르뷔제. 시각 예술을 위한 카펜터 센터, 하버드 대학교, 1963. 프레스코트 거리에서 본 건물 모습. 2층 높이에 있는 플랫폼에서 램프가 시작되고 있으며, 이 플랫폼은 이웃해있는 포그미술관의 도서관 서고위를 덮고 있다.

331. 퀸시거리에서 본 일반적 모습. 램프. 좌측: 승강기 탑, 우측: 돌출해 있는 2차원적인 연구용 스튜디오.

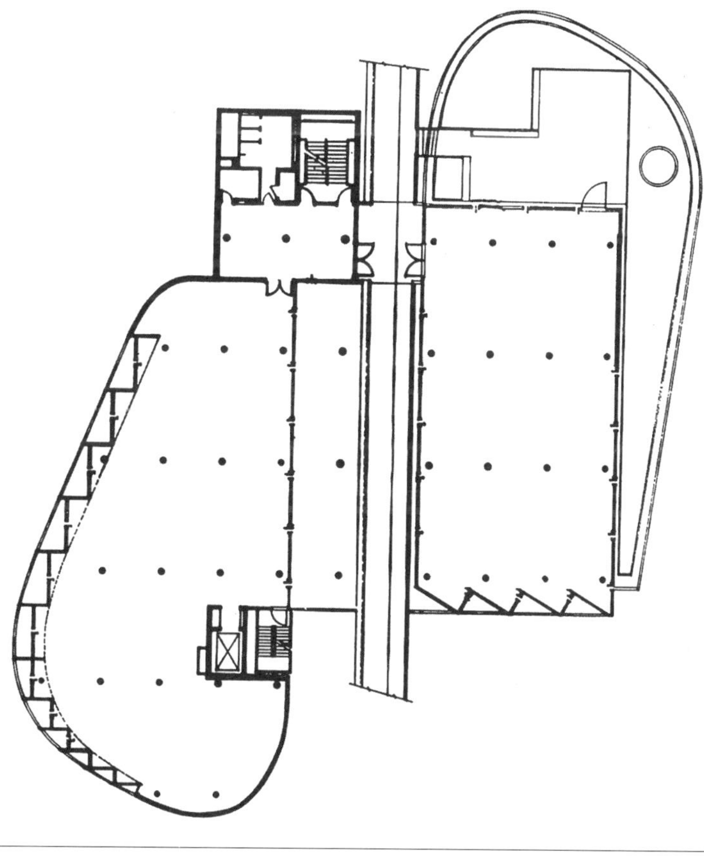

332. 램프가 관통하는 모습을 보여주는 3층평면. 위: 퀸시 거리, 아래: 프레스코트 거리.

계자로 추천했다. 뉴욕의 UN빌딩과 관련된 실망어린 경험을 치룬 뒤에 처음이자 마지막으로 미국이 그에게 의뢰한 설계가 바로 이 프로젝트였다.

르 꼬르뷔제는 계획안을 스케치하기 전에 건물 대지와 주변 상황을 조사하기 위해서 단 한 번 하버드 대학을 다녀갔다. 그의 정확한 도착 시간이 발표되지 않았지만 건축과의 모든 학생들이 그를 환영하려고 공항에서 기다렸다. 학생들은 비밀스러운 그의 방문에 불만을 품고 악의 없는 복수를 가했다. 디자인 대학원 센터인 로빈슨 홀의 벽 주변은 거친 목탄 그림으로 가득 채워졌다. 이 그림은 미국 인디언들이 르 꼬르뷔제를 뜻하는 상징체와 싸울 기세로 추적하는 모습을 그리고 있다. 그들은 손을 쳐들고 있고 큰 구멍이 배꼽을 관통하는 그 유명한 모듈러 인간의 모습으로 그를 묘사한 것이다. 그 모습은 바로 르 꼬르뷔제가 자신의 비례체계를 규정하기 위해 사용한 것이었다. 이것은 시작에 불과했다.

Fifth Edition 559쪽 09줄

대규모 대학의 구내에 시각연구를 위한 기관을 만드는 일은 계획의 측면은 물론, 완성후에도 많은 문제점을 낳을 수 있다. 왜냐하면 이러한 센터는 어떤 전형을 만들 위험이 있기 때문이다. 이러한 어려움은 우리 사회의 구조, 즉 삶의 지적 영역과 감성영역(학문적인 발전과 예술적 표현) 사이의 관계가 단절된 분위기에서 비롯된다. 이러한 단절은 한 세기 반 이상 동안 지속되어 왔다. 지성과 감성 사이에 생긴 이러한 재앙적인 균열은 이제 치유되어야할 때가 된 것이다.

감성과 지성 사이의 조화로운 관계 설정을 목표로 한 기관을 운영하는 방식과 관련하여, 그 선례가 전혀 없었다. 여러 교수들 중에 가장 저명한 대표자들이 능동적으로 참여하지 않는다면 이 목표달성은 불가능했다. 모든 교수들에게 공통적으로 주어진 근본적인 문제는 바로 "원리와 예술 사이의 관계는 무엇인가?"하는 점이었다. 특히 여러 학문 분야의 구조가 서로 다르듯이 상이한 원리를 바탕으로한 이 관계들의 기초는 확실히 다를 것이라 확신할 수 있다.

"시각예술(visual art) "이라는 용어는 오해를 불러일으킬 여지가 많다. 수박겉핥기 식으로 회화와 조각을 전공하는 것은 결코 목표가 될 수 없다. 모든 노력이 감성적인 감각과 예술적 판단력을 개발하는데 집중되어야 한다.

물리학이나 화학분야 기관에 제안하기 적당하고 쉬운 정기적인 프로그램이 이런 종류의 센터에는 없다. 따라서 르 꼬르뷔제는 공간을 프로그램하는데 필요한 자세한 정보를 전혀 얻지 못했다. 그는 자유롭게 사용할 수 있는 공간의 최대치를 요청받았을 뿐이다. 이러한 요구는 도매상 건물의 내부공간과 같은 내부를 설계할 수 있는 위험을 내포하고 있다. 1964년 봄, 필자가 이 센터에서 강의와 세미나를 했을 때 확실하게 인식한 것은 이 공간에 햇빛이 잘드는 부분과 그림자가 드리워진 부분이 동시에 있다는 점이었다.

건물 지하층은 사진과 화면을 이용한 강의시간에 사용되는 사치스러운 시설로 설계되었다. 이 공간에는 현재 강의실로 사용될 수밖에 없게 된 영상실이 배치되어 있다. 강의실이 부족하다는 것을 한 눈에 알 수 있다.

굴곡진 벽이 있는 2, 3층은 스튜디오로 사용된다.(도판. 334) 필자의 견해로는 4층이 아직 무슨 공간으로 사용될 지 정해지지 않은 것 같다. 여러 학부간의 관계가 활기를 띠게 되면 소규모 전문 도서실은 물론 더 많은 세미나실이 필요할 것이며, 또한 학생들과 교수들이 서로 대화할 수 있는 공간도 필요할 것이다. 이 센터가 그 원래의 목표를 달성한다면 지적 기능과 과학적 기능을 충족 시킬 수 있을 것이다.(도판. 335)

르 꼬르뷔제는 이 건물의 프로그램이 어쩔 수 없이 완벽하지 못하다는 것을 어느

333. 르 꼬르뷔제. 시각예술을 위한 카펜터 센터, 하버드 대학, 1963. 3차원적인 연구용 스튜디오가 앞으로 돌출해 있다.(도판. 332를 참조할 것) 멀리에서도 이 스튜디오의 좌측 아래에 있는 램프가 인식된다.

정도 인식하고 있었다. 마치 조각처럼 앞으로 돌출된 작업실 아래의 공간, 즉 필로티 아래의 빈공간은 활용하기가 어렵게 되어 있다. 프로그램에 강의실이 포함되었다면 내부공간 구성의 대가인 그가 건물의 볼륨에 그 공간을 조성할 수 있는 뛰어난 방법을 발견했을 것이다.

예술이 현실의 열쇠가 되지 못한 19세기의 비극적인 역사가 우리 앞에 놓여 있다. 예술(정신적인 시각)과 과학 사이의 긴밀한 관계가 오늘날 가장 필요하다는 것을 각 학부의 대표자들이 확신할 때에만 이런 종류의 센터는 앞으로의 삶을 책임지고 나갈 미래의 지도자들을 교육하는(의식을 일깨워주는) 그 목표를 이룰 수 있을 것이다.

334. 2차원적인 연구용 스튜디오.

335. 이 센터의 예술부분 책임자인 조각가 미르코의 스튜디오.

그 문제는 우리 시대의 가슴 한가운데 깊이 자리를 잡고 있다. 오늘날의 전문화 과정에서 하나의 보편적인 관점으로의 회복 과정은 긴 여정을 필요로 한다. 이와 같은 보편적인 관점이 없다면 그 어떤 문화도 생각해 볼 수 없다. 이러한 관점을 예술로 표현하듯이, 감정 영역과의 통합 여부가 중요하다. 다행스럽게도, 역사가들과 철학자들은 물론 과학자들도 그 필요성을 강하게 요구하고 있다. 취리히 대학교에서 원자물리학을 가르치는 하이틀러 교수는『**인간과 자연과학의 지식**』이란 저서에서 그 자신의 학문분야에 대해 비판적인 견해를 피력했다. 그는 물리학 분야에서는 정량적인 접근방법과 아울러 정성적인 접근방법도 함께 적용되어야 한다고 주장했다. 달리 말해, 인간적인 요소를 포함시켜야 한다는 것이다. 베르너 하이젠베르크와 영국의 생물학자인 워딩톤 역시 그들의 학자적인 세계관에 예술의 영역에서 비롯된 결과물을 포함하는데 주저하지 않았다.

근대 물리학자들이 바랬던 과학적 연구의 인간화가 바로 새로운 카펜터 센터가 나아가야 할 방향이다. **사고방식과 감정방식 사이의 틈을 연결하는 다리를 놓는 것**이 이 단체의 임무이다.

이를 준비하기 위해 여러 분야의 교수들이 세미나를 개최했다. 이 세미나에 참석한 인물을 살펴보면, 케네스 갈브레이드(경제학), 아더 마스(정부관료), 데이빗 리스만(행동과학), I. A. 리춰즈(시인이자 비평가), 호세 루이 서트(건축가겸 계획가), 지오르지 케페(바우하우스 시절부터 시각 현상을 연구한 예술가), 그밖에 철학자와 병리학자, 해부학자, 음악학 연구가, 카펜터 센터 소속 교수들이 있다.

1964년 4월 30일, 나는 이들의 세미나에서 두 가지 주제를 제시했다. "카펜터 센터와 다른 학부 교수진과의 관계를 어떻게 설정할 것인가?"와 "학생들의 미적 판단을 어떻게 하면 날카롭게 만들 수 있는가?" 였다. 모든 사람들이 실질적인 어려움은 물론 그 가능성도 공감하고 있었다. 그 한 예로 한 해부학자가 말하기를, 학생들이 전자 현미경으로 횡단면과 종단면을 구분하는 것은 매우 어렵다는 것이었다.

카펜터 센터는 미지의 것을 꿰뚫어보려는 시도라 할 수 있다. 이러한 시도가 성공하려면, 여러 분야의 교수진들과 근대 예술을 살아있는 자신의 일부로 생각하는 사람, 그리고 지적 · 과학적 통찰력을 모두 소유한 사람들의 적극적이고 관심어린 협조가 필요하다

르 꼬르뷔제와 건축주
Le Corbusier and His Clients

Fifth Edition 563쪽 16줄

르 꼬르뷔제는 19세기에서 물려받은 그 엄청난 짐을 우리가 끊임없이 짊어질 수밖에 없는 이유를 잘 보여주었다. 19세기는 화가나 건축가, 조각가들처럼 감성부분이 뛰어난 전문가들이 '삶이란 무대'에서 추방된 시기였다. 권력을 가졌던 19세기 고객들은 끊임없이 변하는 세태(世態)를 형상화하여 동시대 상황의 내적 요구에 대한 해답을 제시할 수 있는 창조력과 상상력을 소유한 사람들을 제대로 알아보지 못했다. 고도로 발전된 그들의 사고 방식과 퇴보된 감성 방식은 서로 단절된 상태였기 때문에 인재를 발굴할 수 없었던 것이다. 건축주들이 좋지않은 의도와 특정 파벌의 이익 때문에 잘못된 시각을 갖고 있었던 것만은 아니었다. 그 판단력이 시대에 뒤떨어졌기 때문에 미래를 내다보고 새로운 문제를 해결할 수 있는 사람들을 제대로 인식하지 못했던 것이다.

르 꼬르뷔제의 삶 전체에 흐르는 비극적인 것은 바로 방해의 기운이었다. 그는 자신의 메시지를 전하거나 자기 주장을 끝가지 밀고 나가는 사람이었다. 즉, 다른 사람들이 자신의 제안을 받아들이는 것을 꼭 보고야마는 성격의 소유자였다. 비레에서부터 국제 연맹, 유네스코와 같은 국제 조직에 적합한 종합 구조물을 도시적 차원에서 구성하는 것에 이르기까지 여러 가지 복합적인 문제들을 종합 · 설명하는 능력이 뛰어난 사람이었다. 국제 연맹관 계획안(1927)은 프랑스의 정치적 술책 때문에 무효화되었다. 그럼에도 불구하고 마지막에 가서 그의 경쟁자들은 그의 전체 배치 계획안을 모방할 수밖에 없었다.(491~492쪽 참조)

이 제네바 현상공모가 있은 지 20년 후에 추진된 뉴욕 UN빌딩의 경우는 제네바와 상황이 완전히 달랐다. UN은 과거의 여러 현상공모측에서 자행된 술책에서 교훈을 얻었다. UN은 국제 현상공모를 삼가고 여러 나라에서 10명의 건축가를 선정했다. 프랑스의 르 꼬르뷔제, 스웨덴의 스벤 마르켈리우스, 오랫 동안 CIAM의 회원이었던 브라질의 오스카 니마이어 등이 가장 널리 알려진 인물이었다. 1947년 여름, 이 10명의 건축가들은 모두 한 방에 있는 설계판에서 서로 우호적인 작업을 하였다. 모든 건축가들이 전체 프로젝트를 구성하는 각 부분을 맡았다. 마르켈리우스는 UN 대지의 경계가 되는 이스트 리버와 멀리 떨어진 곳에 UN 직원들을 위한 대규모 주택 단지를 계획했다. 결국 UN은 르 꼬르뷔제의 프로젝트인 프로젝트 23A를 선정했다.

이 건축가들의 대표로 뽑힌 사람은 미국인 건축가인 월레이스 해리슨이었다. 그는 록펠러 센터 계획에 참여했고 뛰어난 관리자이자 믿을 만한 건축가로 알려져 있었다. 게다가 그는 록펠러 가문과 친분이 두터웠다. 대표가 된 이유에 더 이상 무엇이 필요했겠는가?

그가 대표가 된 이후에 무슨 일이 일어났을까? 해리슨은 단독으로 '프로젝트 23A'의 계획팀장으로 지명되었다. 건축주들의 눈에는 10명의 건축가가 주어진 계약을 이행하고 해리슨은 그 자신의 "UN 본부 건물 계획 사무실"을 개설한 것으로 비추어졌다. 이것은 그렇게 우호적이며 희망적으로 시작된 행복한 순간이 종말을 맞이했음을 알려주는 것이었다.

564쪽 35줄 Fifth Edition

실패한 국제 연맹 현상 공모가 있은 지 20년 후, 프랑스의 아카데미 데 보자르는 힘을 잃었고, 해리슨은 근대 예술가와 건축가들에게 접근했다. 따라서 UN 본부를 단독으로 짓고 이를 자신의 관할하에 둔 행위는 예술적 이해관계 때문이 아니라, 그 자신의 개인적인 야망에서 비롯된 것이었다. 10명의 건축가가 프로젝트 23A를 구조면이나 계획면으로 볼때 채택되어야 하는 안으로 선정한 후, 해리슨이 객관적인 기준을 따르고 르 꼬르뷔제를 건축 사무소의 파트너로 받아들이는 아량을 가지고 있었더라면 그의 행동은 미래를 내다볼만한 것으로 평가될 수 있었을 것이다. 그는 레이몬드 후드와 록펠러 센터를 계획할 때에도 이처럼 행동했다. 레이몬드 후드는 다른 동료들보다 훨씬 뛰어났고 이 센터는 그의 성향을 잘 나타내주고 있다.

그러나 다행히도 우려했던 일은 발생하지 않았다. 미래의 국제적 통치기관을 상징할 수 있을 만한 건물이 한 천재의 능력에 의해 세워질 수 있게 된 것이다. 해리슨은 천재의 능력에 의존해야만 했다. 즉 그는 르 꼬르뷔제가 스케치한 외부 형태를 취했다. 그러나 그가 의존한 천재성은 그의 능력으로는 감당하기 힘든 것이었다. 결국 그는 천재의 능력을 이용하는데 실패했다.

이 건물이 완성되어갈 즈음에 뉴욕에서 발간되는 한 건축 잡지의 편집장은 이 건물에 대한 의견을 내게 물어왔다. 나는 그와 해리슨과 함께 건물 전체를 둘러보았다. 그러나 그 당시 나는 내 비평이 게재되는 것을 거절했다. 먼저 직접 건물을 보고싶었다. 그때의 내 판단은 지금도 변함없다. 대회의실에서 대규모 공간을 어떻게 다루어야할 지 모르는 허망한 무력감을 느낄 수 있었다. 기계 장치들이 있는 슬래브 형태의 사무국 위에 서서, 건축가들이 장식적인 7층 높이의 콘크리트막으로 이 장치들을 숨겨놓는 것 이외에는 어떤 방편도 마련해놓지 않은 것을 보고 매우 놀랐다. UN 건물이 르 꼬르뷔제가 인식한 대작이 되지 못한 사실을 더 이상 자세하게 설명할 필요도 없다.

일이 잘못된 방향으로 흘러가고 있을 때, 르 꼬르뷔제는 미스 반 데 로에처럼 근엄하게 침묵을 지키지도 않았고 알토처럼 우호적인 태도를 보이지도 않았다. 자신의 원리에 사로잡혀 있던 그는 권력층으로부터 그 자신에게 가해지는 부당함에 완강히 맞섰지만 그의 이러한 노력은 오히려 상황을 더 악화시켰다.

Fifth Edition 565쪽 36줄

세 번째 타격이자 가장 심한 타격은 파리 주재 UN 문화센터인 유네스코 빌딩에 가해진 정치적 간섭이었다. 파리에 발판을 직접 두고 있지만, 이와 동시에 보편적인 성격을 가져야만하는 이 국제 문화 센터를 디자인하는데 가장 뛰어난 능력을 발휘할 수 있는 사람으로 당연히 파리라는 도시에 살았던 르 꼬르뷔제였을 것이다. 이 당시, 르 꼬르뷔제는 갑작이 푸대접을 받으면서 건축주들에게 외면당했다. 유네스코 빌딩의 설계자를 선택하는 최초의 회의에서 브라질의 유네스코 종신대사인 카르네로는 문제의 해결자로는 르 꼬르뷔제 밖에 없다고 주장했다. 미국무성 대표인 야곱이 이 의견에 이의를 제기하면서 "불가능"하다는 단 한마디로 거부권을 행사했다. 불행히도 브라질의 의견은 영향력을 발휘하지 못했고, 르 꼬르뷔제는 탈락했다. 여기서 한 가지 알아야 할 것은 미국이 건물 비용의 대부분을 지불했다는 점이다.

르 꼬르뷔제를 완전히 무력하게 하기 위해 유네스코 건물의 설계자를 선출하도록 구성된 5명의 위원회 멤버에 그를 포함시켰다. 르 꼬르뷔제를 제외한 다른 위원으로 그로피우스, 마르켈리우스, 에르네스토 루게르스, 그리고 에로 사리넨 등이 있다. 이들은 모두 친구사이로서, CIAM에서 오랫동안 함께 활동했던 사람들이다. 이 건물에 참여하려한 노력때문에 르 꼬르뷔제가 이들의 입장을 어느 정도 어렵게 한 것은 사실이다. 그가 아무리 애를 써도, 나머지 네 명의 친구들은 그를 도울 수 없었다.

때때로 르 꼬르뷔제의 의견을 아예 들으려 하지 않을 때도 있었다. 그에게 가장 큰 상처를 준 것은 바로 유네스코 빌딩을 르 꼬르뷔제가 설계할지도 모르는 '위험'을 처음부터 제거하려는 외교적인 조바심이었다. 파리는 그가 일생동안 투쟁한 도시였다. 그러나 아카데미 데 보자르와 약삭빠른 아카데미 출신의 건축가들은 여전히 파리의 관주도 건축을 장악하고 있었다. 그들은 르 꼬르뷔제는 프랑스의 영광인 근대 예술 만큼이나 무시했다. 프랑스의 관주도 건축계의 바닥난 상상력을 훨씬 능가하는 건물을 파리 중심지에 세우는 것은 그의 능력을 벗어난 것이었다. 더욱 좋지않은 사실은 스위스의 토양에서 배출된 유일한 천재 건축가를 스위스 당국이 결정적으로 간과했다는 점이다.

긴축주기 건축가 만큼이나 중요할 지도 모른다. 주도권을 가진 사람은 건축주이다. 결정권은 건축주에게 있는 것이다. 만일 건축주의 이상이나 감성적 능력이 시대에 뒤떨어질 경우 할 수 있는 일은 무엇일까? 자신이 전공하거나 필요로 하는 목적에만 몰두하는 보통의 정치가들은 매우 예외적인 경우에만 건축에 관심을 가졌다.

르 꼬르뷔제의 모든 친구들과 동료들은 그와 일하는 것이 쉽지 않다는 것을 알고 있었다. 외부세계의 반대와 술책에 말려들 때마다 그는 전략과 정신력 모두를 잃었다. 그러나 친구들 사이에서 그는 결코 딱딱한 사람이 아니었다. 나 역시 CIAM에서 같이 협력하며 활동했던 여러 해 동안 그의 이러한 특징을 수없이 경험했다. 1928년 그는 라 사라즈의 성에서 열린 제 1차 회의에 참석하여 이미 활자화된 선언문에 대한 의견을 발의했다. 르 꼬르뷔제를 포함하여 모든 사람들의 최종 합의하에 라 사라즈 선언문의 서류를 만들 때까지 이 제안은 한 줄 한 줄 자세히 검토(특히 젊은 스위스인과 네덜란드인에 의해서)되었다.

만일 건축주와 건축가가 동일한 감성 수준에 도달하지 못했다면 역사상 위대한 건물들(파르테논, 건축주와 건축가 사이에 이루어진 협력의 결정판이라 할 수 있는 헤셉슈트 여왕이 안치된 사원, 브라만테, 라파엘, 미켈란젤로 등을 거치면서 오랜 기간이 지난 후에 완공된 베드로 성당)은 지어지지 못했을 것이다. 또한 19세기와 20세기에 팽배했던 것처럼 평범한 건축가들이 설계했더라도 결코 지어지지 못했을 것이다. 567쪽 26줄 Fifth Edition

르 꼬르뷔제와 같이 일하는 것은 확실히 어렵다. 그러나 자신을 이해해주는 건축가를 만나기만 하면(긴축주는 르 꼬르뷔제의 감성과 유사한 것을 경험할 수 있다.) 그는 건축주와 조화롭게 일하고, 주목할만한 결과물을 낳기도 했다. 클라우디우스 프티가 지원하여 완성한 마르세유의 유니테 다비타시옹이 그 대표적인 예이다. 재개발 국장이자 앞서 프랑스 레지스탕스의 지도자였던 그는 원래 가구 제조업자였으며 방문객들에게 도제 시절의 옷장을 상징하는 작은 모형을 보여주기도 했다. 그는 언론과 건축 조직체 등으로부터의 심한 공격에 대항하면서 언제나 르 꼬르뷔제를 후원했다.

롱샹의 순례교회는 도미니크 수도회의 신부 쿠튀에르 덕분에 세워질 수 있었다. 그는 감각적으로 이 교회가 예사롭지 않음을 느꼈다.

서양세계의 현 건축주들이 안고 있는 큰 문제(자신감과 내적 안정의 결핍)은 찬디가르의 예와 비교해보면 더 확실하게 알 수 있다. 파리나 뉴욕은 르 꼬르뷔제에게 대규모 프로젝트를 의뢰하지 못했다. 이 대규모 프로젝트들은 기술적으로 후진국이며 빈곤한 나라로부터 의뢰된 것이었다. 그리고 르 꼬르뷔제의 천재력을 발휘할 수 있는 프로젝트를 의뢰하고 사사로운 경쟁자들의 야망 때문에 그가 밀려나는 일이 없도록 하기 위해 네루와 같은 고위급 정치가의 지지도 필요했다.

르 꼬르뷔제의 삶을 볼 때 결국 실패한 것은 그가 아니라 건축주들이었다. 건축주들이 가진 문제 때문에 르 꼬르뷔제는 끊임없이 시달렸음이 분명하다. 그는 이러한

Tout le monde de Essai ainsi est gentil
mais je suis le danger public
l'anti loi dans le tram Venise Milan,
Rogers prétendant que je suis un génie
et moi je certifiais être un âne,
j'ai alors posé la question par ce
graphique:

Le génie porte-t-il l'âne
ou l'âne porte-t-il le génie?

336. 1952년 12월 9일에 르 꼬르뷔제가 필자에게 보낸 편지의 일부분.

시달림을 그림으로 표현하기도 했다. 그는 찬디가르에서 내게 그림이 그려진 편지(1952년 12월 9일)를 보냈다.(**도판**. 336) 이 편지에는 유명한 이탈리아 건축가인 에르네스토 로저스와의 대화 내용이 담겨 있었다. 로저스가 말하기를 "나는 천재다. 그리고 바보라는 사실도 밝혀두고자 한다. 따라서 나는 이 그림에 대해 의문을 제기하고 싶다." 그림 밑에 다음과 같이 적혀 있었다. "당나귀가 천재를 업고 있는가 아니면 천재가 당나귀를 짊어지고 있는가?"

라 투레트 수도원, 1960

The Priory of Ste. Marie de la Tourette, 1960

르 꼬르뷔제는 롱샹의 순례교회와 라 투레트 수도원을 설계하기 훨씬 전부터 교회와 교회공간의 신비로운 특질에 대해 깊이 몰두해 있었다. 그가 교회 설계를 의뢰받기 몇 년 전에, 근대적이면서도 신성한 공간은 과연 어떤 것인지 그에게 물어본 적이 있다. 그는 중앙에 높은 탑을 놓고 십자형의 콘크리트 보를 차례차례 세워 위쪽을 향해 쳐다볼 때 무한성에 도달할 수 있도록 하는 것이라고 답했다. 569쪽 19줄 Fifth Edition

교회 건물을 짓도록 의뢰받기까지, 그는 자신의 고유한 건축 어휘에 기반을 두고 교회건물들을 설계할 수 있을 정도로 강력한 위치에 있다고 생각했다. 세 개의 건물, 즉 롱샹의 순례 교회(1955), 라 투레트 수도원(1960), 1963년에 디자인된 피르미니의 교회 프로젝트가 이를 증명해 준다. 구조적으로는 매우 다르지만 동일한 예술정신이 이 세 건물에 스며들어 있다. 이 정신이 가장 잘 표현된 것은 아마 리옹 근처에 위치한 라 투레트 수도원일 것이다. 이 건물에서 교회와 수도원에 필요한 여러 공간을 서로 다른 두 요소로 다루었다. 볼륨의 세 면을 이루는 수도원 구역은 교회가 차지하고 있는 나머지 한 면과 공간상으로 분리되어 있다.▾23

도미니크 수도회 쿠튀에르 신부의 제안에 따라 프로방스에 있는 르 토로네의 시토 수도회 대수도원을 답사했다. 이 수도원은 프랑스 대혁명 이후 방치된 곳이었다. 12세기 말에 지어진 이 수도원은 세 면을 지닌 수도원 건물을 교회쪽으로 향하게 설계된 라 투레트처럼 중앙집중적인 지상층 평면을 보여주고 있다. 라 토로네 수도원에는 옥상 산책로가 있다. 라 투레트 수도원의 옥상 테라스에서 걸어다니면서 산책할 수 있는 산책로도 이 중세의 산책로의 영향을 받았음이 분명하다.(**도판**. 337)

르 꼬르뷔제는 과거를 존중하는 태도를 보이면서 르 토로네 수도원에 관한 책자의 서문을 다음과 같이 끝맺고 있다. "빛과 그림자는 이 건물의 진실과 고요함, 힘을 크게 부각시키고 있다. 여기에 더 이상 다른 무엇을 첨가해서는 안 된다. '노출 콘크리트'의 시대에 대해 기뻐하고 축복하고 즐거워하자. 우리가 제할 바를 한다면, 노출 콘크리트는 아주 멋진 만남을 주선할 것이다."▼24

광활한 땅이 도미니크 수도회에 헌납되었기 때문에 이 프로젝트의 적절한 위치를 결정하는데 어려움을 겪지 않았다. 그는 경사지 아래로 풍경이 넓게 펼쳐지고 계곡이 가로지르는 숲 바로 옆에 대지를 잡았다. 입구 근처는 나무에 에워싸여진 오래된 장원 주택이 아직도 서 있다.

라 투레트만큼 르 꼬르뷔제가 모든 디테일에 표현력과 광범위한 다양성을 부여한 건물은 거의 없다. 엄격한 기하학적 선과 유기적으로 굴곡진 선이 끊임없이 상호 작용하고 있다. 수도원 구역에는 단조로운 수직재가 공동체실의 넓은 창을 구획하고 있지만 그 사이의 공간은 끊임없이 변하고 있다. 윗부분의 두 층에 돌출해 있는 로지아는 외부의 표면 텍스쳐와 내부의 수평적으로 길게 난 창에 특별한 효과를 주고 있다. 이 창문 아래에는 각 층마다 다른 조합을 보여주면서 세 줄로 나있는 직사각형 창문이 있다. 그의 모험적인 상상력은 교회 구역에서도 잘 나타나고 있다. 즉 경사진 두 벽이 교회의 평지붕 끝에서 위로 치솟으면서 비대칭적으로 돌출한 입방체 모양의

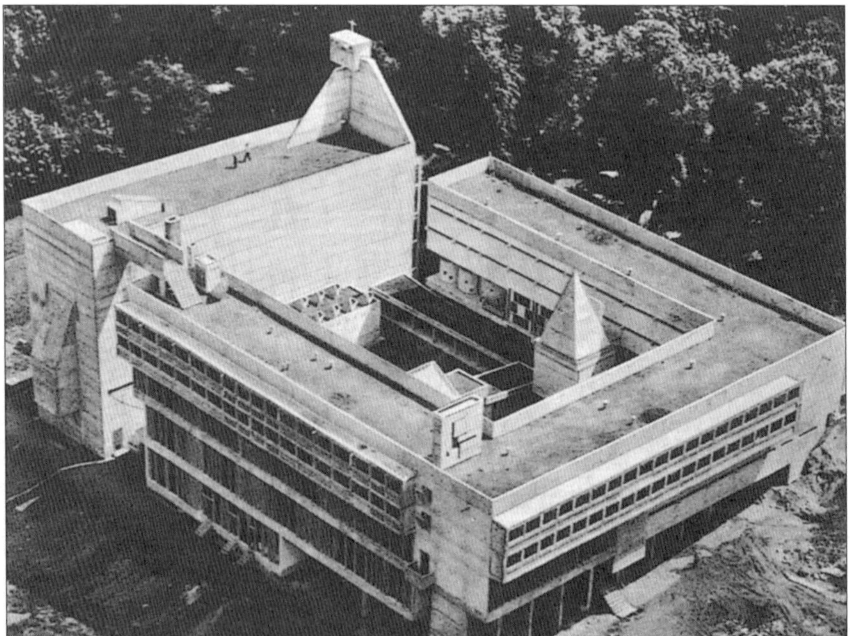

337. 르 꼬르뷔제, 라 투레트 수도원, 1960. 항공 사진. 교회 건물과 말발굽모양의 수도원 건물이 공간을 사이에 두고 서로 떨어져 있다.

종탑을 지지하고 있다.

안뜰에는 개별 기도자들을 위한 기도실이 교차하고 있는 두 벽 위에 세워져 있으며 도서관과 직접 연결될 수 있는 곳에 배치되어 있다.(**도판.** 341) 기도실의 꼭대기는 위로 길게 연장된 피라밋 형태로서, 그가 초기에 이탈리아를 여행하면서 그린 로마의 세스티우스 장례용 기념물을 상기시킨다. 빛은 기도실의 벽 모서리 근처에 나있는 좁은 수직창과 경사진 피라미드의 측면벽에 돌출한 채광 구멍을 통해 스며들고 있다.

338. 라 투레트 수도원. 남측 전경과 수도원의 서측 부분. 아래쪽 두 층에는 식당과 휴게실이 있으며 3층에는 서재가 있다. 아래쪽의 3층은 샹디갈에서 처럼 수직적으로 구성된 유리면으로 되어 있지만 그렇게 강조되고 있지는 않다. 바로 윗부분에는 두층에 걸쳐 수사들의 방이 배치되어 있다. 좌측에는 오르간 때문에 돌출해 있는 교회 건물의 측면벽이 보인다.

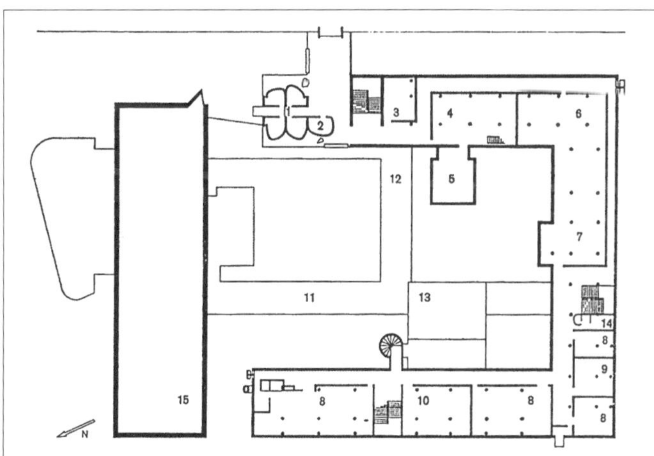

339. 라 투레트 수도원. 지상층 평면도.

겉으로 볼 때 수도원 건물은 윗층에서 돌출된 두 층이 결합된 모습을 보여주고 있으며, 이 두 층에는 수사를 위한 100개의 방이 마련되어 있다. 르 꼬르뷔제의 후기 경향대로, 연속 유리벽의 수직재 사이의 넓고 좁은 간격을 통해 아래층 건물의 금욕성을 완화하면서 동시에 활력을 불러일으키고 있다.

지금까지의 설명은 이 건물에 대한 간략한 요약에 불과하다. 이 건물에는 내적 삶에 집중되거나 수도원 공동체를 위해 의도된 건축적 특징이 표현되어 있지 않다. 겉으로 보기에, 이와는 대조적으로 건물 전체가 열정적인 활력에 휩싸여 있다.

라 투레트의 안뜰에는 으레 독립된 상태로 있는 회랑이 없다는 사실에 모든 사람들이 놀란다. 회랑 대신에 조각적으로 처리된 지붕을 가진 통로와 계단실이 있다. 건물의 대부분이 필로티로 들어 올려져 있어서 금욕적인 외벽을 이룰 수 있는 회랑이 필요없게 되었다. 각 방향마다 높이가 다른 필로티를 사용함으로써 언덕 등성이의 경사지를 훼손시키지 않고 그대로 보존할 수 있게 되었다. 언덕 등성이는 원래 높이를 유지하면서 마당까지 이르고 있다. 언덕 등성이에 3개층을 짓고, 계곡쪽에 4개층

340. 라 투레트 수도원. 수도원의 동측 모습과 수사들의 산책로. 수도원의 수수한 주 출입구가 보인다. 이 출입구에서 안뜰을 직접 볼 수 있다.

을 지어 윗부분의 돌출한 두 개층이 같은 레벨을 가지게 함으로써 언덕의 가파른 경사를 완화시킨 것이다.

확실히 르 꼬르뷔제는 관습적인 지상층의 회랑 대신에 걸어다니면서 명상할 수 있는 장소를 마련하고자 사람키보다 높은 벽으로 둘러싸인 연속적인 평지붕을 고안한 것이다. 이곳에서의 시각은 하늘의 무한성으로 집중된다. 르 꼬르뷔제가 끊임없이 돌아가려 했던 하늘을 이렇게 직접 바라볼 수 있도록 한 것은 수사들을 위해서가 아니다. 왜냐하면 옥상 위에 있는 수사들을 발견하는 일은 거의 없기 때문이다. 라 투레트의 옥상에는 이미 풀이 자라고 있다.(도판. 343)

푸른색과 붉은색, 흰색을 각각 띠는 3개의 거대한 둥근 창은 위에서부터 빛을 끌어들여 주교회와 인접해 있는 저층의 납골당에 빛을 주고 있다. 옥상에 위치하여 빛을 제공하는 3개의 깔대기(도판. 342)는 서로 다른 방향을 향해 틀어져 있어서, 3가지

341. 라 투레트 수도원. 안뜰의 모습. 교차하고 있는 두 개의 가는 벽으로 지지되어, 떠있는 듯한 네모난 연단을 피라미드가 덮고 있다. 피라미드의 우측에는 빛구멍이 있다. 피라미드 뒷편에는 사보이 주택에서처럼 필로티가 건물을 땅에서 분리시키고 있다. 필로티 바로 위에는 여러 가지 색깔로 칠해진 네모난 유리벽이 있으며 이 위에는 2층에 걸친 방들이 있으며 맨 꼭대기에는 보행자용의 옥상 정원을 둘러싸는 벽이 사람의 키보다 더 높게 설치되어 있다.

342. 라 투레트 수도원. 교회 건물의 긴 북쪽부분. 이 교회의 비대칭적인 종탑은 기울어진 두 개의 벽위에 놓인 상자로 구성되어 있다. 사진의 앞부분에는 다양하게 구성된 채광 구멍이 나있는 낮은 지하예배실 있다. 구조적인 보강 로드의 돌출해 있는 둥근 끝부분이 지하예배소의 벽에 그림자를 드리우고 있다.

343. 라 투레트 수도원. 보행자용의 옥상정원에서 바라본 종탑.

344. 라 투레트 수도원. 지하 예배소의 내부. 바닥은 단이 져있다. 각기 다른 색이 칠해져 있고 서로 높이가 다르며 서로 다른 각도를 유지하고 있는 네모난 벽들이 연속적으로 굴곡진 면을 마주보고 있다. 즉 기하학적 요소와 유기적 요소들이 서로 병렬되어 있는 것이다. 제단들은 각기 다른 높이의 단위에 있으며 제단들을 서로 분리해주는 벽도 없다.

색깔의 강도가 매시간 마다 다양하게 나타나고 있다. 독서하는 사람들을 위한 여분의 제단들은 서로 인접해 있으며 계단으로 바닥이 들어올려져 있을 뿐 각 제단을 구분해주는 간막이는 없다. 제단 뒤에 있는 벽은 천장까지 뻗어있지 않으며, 원형개구부에서 흘러나오는 채색된 빛은 부분적으로 주교회까지 확장되면서 제단 위를 떠다니고 있다. 이 제단 벽들은 서로 다른 높이와 다른 각도로 설치되어 있으며, 각각의 벽은 붉은색, 푸른색, 흰색으로 칠해져 있다. 이 벽 반대편은 곡선벽이 마주하고 있으며, 여기서 또 한 번 기하학적인 형태와 유기적인 형태의 상호작용을 엿볼 수 있다.(도판. 344)

Fifth Edition 578쪽 08줄

르 꼬르뷔제에게 유기적 형태는 논리적인 분석으로 한정할 수 없는 신비스러운 의미를 갖고 있다. 여행 중에는 항상 옛 시대의 경험을 얻고자 했으며, 투명한 그리스의 형태와 로마의 볼트 형태, 그리고 이슬람 건축과 고딕 건축 등에 흥미를 갖고 있었다. 내적인 유사성을 찾으려는 그의 노력은 예술사에만 집중된 것은 아니었다. 그

344a. 사르디니아에 있는 신석기 시대의 기념비적인 "거인의 무덤"에 세워진 비석.

344b. 르 꼬르뷔제. 롱샹 교회. 1955. 서측에서 바라본 모습. 멕시코 건축가인 바라간은 롱상교회의 탑과 사르디니아에 있는 선사시대의 제사용 구조물사이에 비밀스러운 유사성이 있다고 지적했다.

의 노력은 모든 건축 발전 단계의 경험을 포함한다. 롱샹교회의 탑이 원시적인 종교 건물과 서로 비교되는 것은 우연이 아니다.(도판. 344a, 344b)

라 투레트 주 교회당의 내부는 순수하고 투명한 공간이다. 바닥 중심 밑에는 가느다란 검은 선(아스팔트)이 높은 제단의 계단에서부터 평신도의 제단까지 그어져 있다. 측면벽에는 밖으로 돌출한 장치가 있으며, 이 안에는 사람들의 눈에 띠지 않도록 된 네모진 검은 옷밖에 없다. 교회의 양측면을 따라 나있는 낮은 수평창으로부터 들어오는 색조띤 빛과 대조적으로 하여 빛이 벽의 꼭대기에 나있는 좁은 수평 틈 사이로 흐르고 있다. 이 벽의 끝부분은 중간에서 끊어지지 않고 천장까지 솟아오르고 있다. 어떤 빛은 지붕에 있는 네모진 창에서부터 쏟아져 들어오기도 한다.

르 꼬르뷔제의 유산
The Legacy of Le Corbusier

진정한 창조적인 힘은 결코 억누를 수 없다. 이것은 자연적인 힘으로서, 개별적인 자아보다 더 강하다. 그러나 자신의 내부에서 느껴오는 위력을 실현하지 못하게 될 때 고통스러워 하는 사람도 있다. 르 꼬르뷔제의 얼굴에는 깊은 슬픔이 드리워져 있으며, 자기 방어와 고독 속에 머무르는 그의 고집이 이를 증명해 준다. 작품을 실현하는 과정에서 방해받고 오해를 사고, 항상 불신당하고 외면당한 것은 그의 운명이었다.

말년에 그는 항상 죽음에 대한 생각에 잠겨 있었다. 르 꼬르뷔제 재단에 남겨진 세심한 그의 글귀들에 잘 나타나 있다. 그의 마지막 출판물에 있는 한 마디의 말을 통해 마음속에 품고 있었던 고통을 잘 알 수 있다. "내가 하늘 나라에 다시 들어가게 될 때… 우인승천하는 자는 결코 없을 것이다."▼25

1965년 여름, 그는 병원 설계를 위해 베니스에 머물렀다. 이전에 그는 항상 젊은 이들과 대화하는 것을 좋아했다. 나는 이보다 몇 년 앞서 하버드 대학 학생들에게 보여주었던 쾌활함을 기억하고 있다. 그러나 베니스에서는('타임'지의 보도에 따르면) "폐허로부터 당신들은 무엇을 원하는가?"라고 물으면서 젊은이들을 멀리 했다. 579쪽 08줄 Fifth Edition

그가 세상을 떠나자마자, 사보아 주택과 라 로쉬 주택을 유지 관리하고 그의 프로젝트를 보존하기 위해 르 꼬르뷔제 재단이 설립되었다. 불행히도 그의 작품과 가장 관계가 깊은 장소인 세브르 35번 가에 있는 그의 스튜디오는 이 재단의 보호를 받지 못했다.

그의 마지막 건물(1964년 설계, 1966년 착공)은 취리히에 세워졌다. 사적인 의뢰 덕분에 르 꼬르뷔제의 예술작품을 수장하는 건물의 설립장소로 취리히 호수 근처의 아름다운 대지가 주어졌다. 수장 작품의 종류에는 미술품, 조각품, 타피스트리(역주: 벽걸이 융단), 그리고 르 꼬르뷔제와 같은 천재의 가장 중요한 작품을 빼놓을 수 없기 때문에 당연히 그의 건축 도면이나 모형도 포함되어 있다. 그가 창조한 모든 것에 매우 강하게 표현되어 있는 것은 바로 예술의 통합이다. "내가 아는 바에 따르면 르 꼬르뷔제는 모든 방면에 정통한 천재이다. 시인의 감각을 가진 건축가, 화가, 도시계획가라고 말할 수 있을 정도로 충분한 기반을 가진 우리 시대 유일의 건축가이다. 옛날에는 화가들이 건축의 형태를 만들기도 했다. 라파엘은 건축가로도 알려져 있고 미켈란젤로는 베드로 성당의 돔을 구상했으며, 건축가였던 브라만테 역시 뛰어난 화가였다. 르네상스 사람들처럼 르 꼬르뷔제도 이 세 가지 분야 모두에 능통했다."▼26

20세기는 건축가와 화가들의 협력이 극히 미미했던 시기였다. 르 꼬르뷔제는 유니테 다비타시옹의 일부 벽에 친구인 페르낭 레제가 그림을 그리는 것을 허락하지

345. 생 마르텡에 있는 르 꼬르뷔제의 스튜디오. 1945년 4월 15일로 추정되는 한 편지에서 르 꼬르뷔제는 다음과 같이 썼다. "내 선실에서 15미터 떨어진 곳에 나는 직접 가로 세로 4미터, 2미터로 된 일꾼의 오두막(baraque de chantier)을 지었다. 나는 행복한 수사처럼 살았다. …"

않았다. 그가 이처럼 거부한 것은 이전의 일 때문이었다. 파리 대학도시 스위스관 기숙사의 벽에 영구적인 벽화를 그리는 계약을 제안받았을 때, 르 꼬르뷔제는 이를 무시하고 벽에 대규모 사진 몽타주를 걸었다. 이 사진 몽타주는 불과 몇십 년 못가 바래지게 되었고, 그는 원래 계약을 다시 받아들여 벽에 대규모 벽화를 그리는 것에 동의했다. 이 경우 이외에는 생 마르텡의 바도비치 주택처럼 농촌에 있는 몇몇 친구들의 집에만 벽화를 그려주었다. 그는 1925년 파리의 '신 정신' 전시회에서는 벽화를 선보이지 않았고, 단지 자크 립쉬츠의 조각품 몇 점과 레제와 자신의 액자화된 그림 정도만 전시했다.

581쪽 05줄 Fifth Edition

취리히 호수에 있는 르 꼬르뷔제 센터는 그의 수장품은 물론 기증자들을 위한 소규모 주거 공간까지도 담을 수 있도록 세심하게 설계되어 있다. 비록 그가 조립식 부재만으로 이 건물을 설계했지만 이 부재의 본질적 특성 덕분에 지상층 평면은 완전히 자유롭게 구성될 수 있다. 깔대기 모양의 두 요소(꼭지점 하나는 위로, 또 하나는 아래로 향하고 있다.)가 서로 결합되어 지붕이 만들어지고 있다.**(도판. 346)** 지붕은 부분별로 해체된 상태로 건축현장에 옮겨져 직접 그곳에서 조립되었다.**(도판. 347)** 지붕 무게는 4개의 사각형 강철 지지체로 지탱되며, 가는 철봉은 평형상태를 유지하도록 끝부분을 받치고 있다.**(도판. 348)** 내부는 자유롭게 구획될 수 있으며 건설방법에 의해 좌우되지 않는다. 이 아이디어는 1937년 리에즈 전시관을 고안한 이후 그의 마음 속에 항상 남아 있었던 것이다. 이 전시관은 내부를 완전히 자유롭게 만들기 위해 밖에서부터 지지되는 4개의 사각형 지붕면으로 구성되어 있다.

취리히 전시관은 르 꼬르뷔제가 사망한 후에 가서야 지어졌다. 조립식 부재를 사용하여 완전히 자유로운 지상층 평면을 구성하는 방식은 이 후기 작품에서 특히 중요한 의미를 갖는다. 즉 이 건물에서 르 꼬르뷔제는 규칙적인 반복 대신에 개별적인 형태를 만들기 위해 표준화된 요소들을 사용했다. 요른 웃존과 같은 젊은 건축가들도 조립식 부재를 자유롭고 상상력넘치는 방식으로 사용하는 문제에 몰두하고 있었다.

르 꼬르뷔제로부터 누군가 연필을 앗아갔다. 그의 전 작품집의 제 7판(1957~65)을 대충 살펴보면 실제로 다방면에 걸친 수많은 작품들이 실현되기를 기다리고 있었다는 것을 알 수 있으며, 불완전하게 남아있는 작품의 비극도 더불어 알 수 있다. 이 프로젝트들 대부분은 개별적인 건물을 모아 복합단지를 구성하는데 훨씬 더 자유로운 방식을 보여주고 있다. 그러나 계획안 자체는 도시 구조와 건축의 긴밀한 상호작용을 보여주고 있다. 건물 볼륨들 간의 이러한 상호작용은 실현되지 않은 그의 생 디에 센터 계획안 이후 그의 작품에서 분명하게 드러나는 특징이다. 한편 이러한 계획안에서도 총체적인 예술형태로 된 프로젝트의 강한 통합성이 발견된다. 각 도로의 리듬은 모든 간선도로망과 연결되어 있다. 경직된 곡선 도로는 새로운 활력을 보여주고 있으며, 그 곡선은 감각적인 매력을 갖고 있다. 비록 2차원적으로 이루어지긴 했지만 벽의 모르타르처럼 간선도로가 전체 구역을 결합시켜 주고 있기 때문에 중요한 것이다.

Fifth Edition 583쪽 01줄

올리베티 전자 단지는 르 꼬르뷔제의 후기 작품 중에 가장 전형적인 예이다. 이 단지는 밀라노에서 튜린으로 이어지는 간선도로상에 위치하고 있으며, 사각형 건물(연구 센터가 있는 곳)과 낮고 유기적인 콩팥 모양의 구조물, 주차장의 곡선 윤곽 등이 결합된 놀라운 작품이다. 모든 곳에서 유기성을 향한 열망(낭랑하게 울려퍼지는 소리처럼, 모든 곳에서 최근에 들어 갑작이 분출되고 있는 열망)을 발견할 수 있다. 그러나 그 열망은 건축적 형태 원리에 따라 조절되고 있다. 전체 단지는 그 당시까지 시도해본 적 없는 개방형태와 폐쇄형태의 대담한 상호 작용을 보여주고 있으며, 르 꼬르뷔제

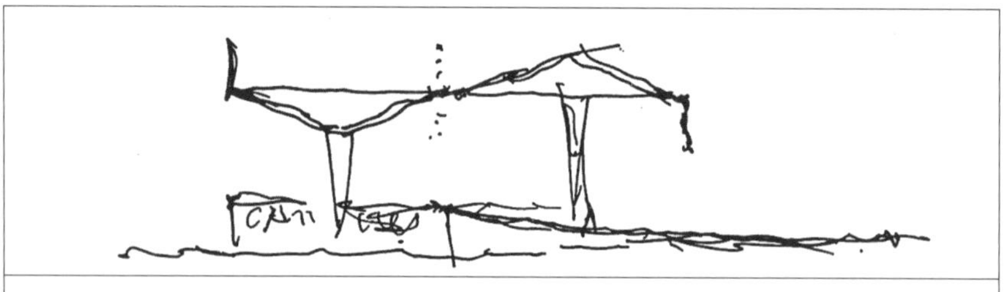

346. 르 꼬르뷔제. 르 꼬르뷔제 센터, 취리히, 1967. 완전히 자유로운 공간이 의도되었다는 것을 르 꼬르뷔제의 스케치를 통해 명확히 알수 있다. 그는 1937년의 리에즈 전시회(도판. 324)에서부터 이러한 개념을 항상 마음에 두고 있었다.

347. 르 꼬르뷔제 센터, 취리히, 1967. 지붕은 부분별로 해체되어 건축현장에 옮겨져 직접 그곳에서 조립되었다. 지붕은 두 개의 동일한 부재로 구성되며, 하나는 중심에서 위로 돌출해 있고 나머지 하나는 아래로 쳐져있다. 이 사진에서는 지붕의 반만이 들어올려져 있으며 나머지 반은 땅에 있다.

처럼 화가의 통찰력을 가진 사람이라면 누구라도 그 시대의 파장을 본능적으로 감지할 수 있으며, 고도의 감각으로 작품을 통해 그 파장을 해석할 수 있는 방법을 훌륭하게 제시하고 있다.

상상력을 마음껏 발휘한 작품에는 다른 무엇보다 베를린 센터(도판. 517)와 파리의 20세기 박물관같은 프로젝트들이 있다.

실현될 프로젝트는 1964년에서 1965년 사이에 설계된 베니스 병원이다. 베니스의 건축 아카데미가 르 꼬르뷔제의 협력자 두 명과 같이 일하면서 이 작업의 책임을 맡고 있다. 이 병원이 주위의 주택 건물보다 높이 치솟은 지점은 한군데도 없다. 르 꼬르뷔제는 특별한 지역의 특성(단순한 모방만으로는 전수될 수 없는 감각)을 잘 살려내는 본능을 소유하고 있었다. 이 프로젝트의 제한된 건물 부지 위에 집중화에 대한 그 자신의 지속적인 관심과 젊은 건축가 세대의 경향을 통합시켰다.

미국 건축가인 폴 루돌프는 단 하나의 문장으로 르 꼬르뷔제의 중요성을 표현했다. "르 꼬르뷔제는 자기 자신의 혁명을 넘어 미래를 예시할 수 있는 명확한 길을 제시할 수 있을 정도로 건축의 기술을 끌어올린 20세기 유일의 혁명가였다."▼27

348. 르 꼬르뷔제 센터, 취리히, 1967. 지붕과 공장 생산된 지붕의 지지체. 가는 지지체의 끝부분만이 지붕의 수직 하중을 받고 있다. 윈드 트러스트는 큰 상자모양의 기둥이 부담하고 있다.

건축분야는 한 위대한 지도자를 잃었다.

르 꼬르뷔제는 다가오는 세대에 어떤 영향을 미칠까?

일생 동안 처음부터 끝까지 르 꼬르뷔제는 이중적인 역할, 즉 창조적인 예술가와 투쟁가의 역할을 했다. 이 이중적 역할의 원인은 오늘날에 와서 분명해졌다. 투쟁가로서의 역할은 진보된 과학적 사고와 더불어, 일반 사람들과 권위적인 집단들 사이의 정신 속에 계속 살아있던 낭만적 감성 사이에서 비롯된 19세기의 비극적인 단절이 낳은 직접적인 결과에서 비롯되었다. 그는 창조적인 예술가이며, 동시에 그 자신의 생각을 지켜나가기 위해 적대자가 될 수밖에 없었다.

르 꼬르뷔제의 위대함은 그의 건축적 위력에 있다. 이 힘은 조각과 회화에서 나타난 공통적인 감성적 배경으로부터 시작된다. 그가 이룬 중요한 일 중의 하나는 건축분야의 현대적인 표현이 갖는 역할을 분명하게 시사했다는 점이다. 그러나 르 꼬르뷔제를 유일무이한 인물로 간주하는 것은 완전히 잘못된 생각이다. 현대건축은 그로피우스나 미스 반 데 로에, 그리고 네덜란드의 데 스틸과 같은 다양한 개성들에 뿌리를 두고 있다. 하지만 르 꼬르뷔제만이 갖는 독특한 역사적 역할은 바로 그가 화가이

349. 르 꼬르뷔제. 밀라노의 올리 베티 전자 단지 모델.

자 건축가, 그리고 시인이었다는 점이다.

현대 건축가들은 르네상스 건축가들 보다 자신들의 시야를 더 넓혀야만 한다. 현대 건축가는 개인 주택에서부터 여러 사람들이 모여있는 곳에 이르기까지 넓게 확장된 영역의 인간적 요구와 예술적 열망을 동시에 충족시켜 주어야 하며, 새로운 재료를 이용하고 표준화의 이점을 살리며 교통 질서와 같은 문제까지도 고려해야 한다. 구조물의 문제를 해결하는 것만큼이나 중요한 것은 숨쉴 만한 공간을 만드는 일이다. 가정 밖의 상업지역이 점점 더 혼잡스러워지고 있기 때문에, 인간 정주지의 거주자들은 그들만의 개인적인 삶을 영위할 수 있는 더 많은 신선한 공간을 필요로 한다.

프랭크 로이드 라이트에서 르 꼬르뷔제에 이르는 건축가들은 인간에게 숨쉴 만한 공간이 확보되어야 함을 끊임없이 주장했다. 라이트는 주변 자연 환경을 적극적으로 끌어들여 건물을 구성하면서 항상 "유기적인 건축"을 주장했다. 르 꼬르뷔제는 자신이 원하는 것에 직접적으로 이름을 붙이지는 않았지만 우주적인 상징체, 즉 태양의 주기에 따른 연출효과(찬디가르의 기념물에서 표현하려 했듯이)가 그것을 잘 표현하고 있다. 이러한 느낌이 건축적으로 가장 잘 표현된 것은 약 2미터 높이의 벽으로 양쪽이 막혀 있어서 풍경은 눈에 안 들어오고 오직 하늘만 보이는 라 투레트 수도원 옥상일 것이다. 우리는 우주를 향한 이런 종류의 표현에 익숙해 있지 않다.

르 꼬르뷔제의 예술적 창조가로서 투쟁자로서의 정신은 오늘날에도 여전히 살아있다. 필자는 르 꼬르뷔제가 당대 건축(특히 프랑스와 영국)의 특정한 발전 경향에 저항하는 적대자로 등장하는 것을 자주 목격했다. 이들은 서로 짜집기되어 복잡한 전체를 이루는 대규모 주택 클러스터를 만들었고, 이러한 주택들은 숨쉴 공간이 필요없는 기계를 점점 더 닮아가서 인간의 거주에 필요한 것들을 무시하였다. 이런 부류의 건축가들은 라이트로부터 꼬르뷔제까지 줄곧 강조된 인간과 자연 사이의 상호 관계(지속적으로 필요한 상호 관계)를 무시한 것이다.

전세계의 주도적인 건축가들에게 꼬르뷔제가 미친 영향력은 대단하였다. 비록 이들 모두가 자신들의 노선을 지켜나갔지만, 건축 표현과 조형적 표현을 통합하려는 르 꼬르뷔제의 근본적인 열망은 그들 속에서 계속 발전되었다. 이와 아울러 르 꼬르뷔제의 필로티와 주택, 교회 등은 그것을 그대로 복사하려는 사람들에 의해서 종종 모방되기도 한다. 여기서 우리는 왜 수많은 젊은 건축가들이 모든 선조들의 작품을 거부하고 자신들의 고유한 존재를 표현하기 위해 아주 다른 곳에서 시작했는지를 잘 알 수 있다.

이를 통해 우리는 르 꼬르뷔제 작품에 관한 마지막 질문을 던질 수 있다. 건축은 완전히 기계적인 발전과정을 추구하는 것일까, 아니면 고대 이래 융성했던 모든 문화가 가진 공통점이자 라이트와 꼬르뷔제에 이르는 위대한 모든 건축가들이 인식한 인간 요구의 영속성에 응답하는 것일까? 이 요구는 항상 인간과 자연을 연결하려는 것이며, 각 시대가 새롭게 개발한 기술적인 가능성의 도움으로 항상 이 요구를 충족시킬수 있다.

주

1. 글쓰는 인형(도판. 86)과 같은 놀라운 자동 기계가 만들어 진 곳도 바로 이 지역이였다.
2. Étude sur le mouvement d'art décoratif en Allemagne(Chaux - de - Fonds, 1912).
3. Amedee Ozenfant and Le Corbusier(파리, 1925)
4. 취리히 출판업자인 Dr. Hans Girsberger의 선구적인 활동과 건축가 Willy Boesiger의 정성스러운 도움때문에 1910년 이후의 르 꼬르뷔제 작품들은 7권으로 된 르 꼬르뷔제 전 작품집으로 편성되었다. 각 권마다 조금씩 제목이 틀린다. 이책은 주리히에서 1929년, 1934년, 1949년, 1953년, 1957년, 1965년에 출판되었다.
5. 1914년, 그로피우스가 파구스 공장에 세운 가계 상점도 외벽안에 강철 기둥을 가지고 있다.
6. Cf. S. Giedion, "Le Corbusier et l'architecture contemporaine," Cahiers d'art, V(Paris, 1930), 205~215.
7. 르 꼬르뷔제의 Une Maison, un Palais(파리, 1928)을 참조할 것. 이 책에서 건축가는 이러한 계획을 통해서 목표로 하는 것이 무엇인지를 스스로 밝히고 있다.
8. 근대 건축가 연합회 - CIAM과 관련된 단체 - 의 제안으로, 르 꼬르뷔제의 국제 연맹관 계획안이 구제될 수 있었으며 1939년에 취리히 대학이 이 계획안을 구입했다. 이 건물의 장엄한 모습(도판. 318)이 취리히 대학의 수학 세미나실 근처에 걸려있다. 다른 17개의 계획안은 작품집에 수록되어 있으며 연구용으로 항상 사용된다.
9. Lyon은 이미 파리의 Salle Pleyel를 건설했다. 르 꼬르뷔제의 홀은 확성기가 사용되고 음향 문제가 간단하게 처리되기 이전에 설계되었다. 그런 이러한 방식은 미래에 가서 다시 요청될 지도 모른다. 우리는 이성적으로, 대중들이 전자 장치에 의해서 변하지 않은 인간 목소리의 자연스러운 톤을 다시 요구할 것이라는 점을 예측할 수 있다.
10. 새롭고 넓은 부지가 이 건물의 대지로 활용된다면 더 많은 문제점들이 초래될 것이다. 대규모 내부공간을 만들고, 이와 동시에 국제 연맹의 일상적인 필요사항을 충족시키기 위해서 여러 가지 계획안이 구상되었다. 결국, 가능한 해결책은 르 꼬르뷔제의 계획을 따르는 것이라는 결론에 이르렀다. 일반적인 계획안에서 건축가들은, 형식적인 외부 형태를 만들기 위해서 무미건조한 아카데미풍 형태를 사용하는 일률적인 정신을 추구하고 있었다. 이 현상 공모가 있은지 10년이 지난 1937년에 이 건물은 사용되기 시작했다. 타이피스트에서 외교관에 이르기까지 모든 사람들은 이 건물이 실패작이라는 데 동의했다.
11. 더 자세한 자료를 찾으려면 Sigfried Giedion의 서문이 실린 르 꼬르뷔제의 전 작품집 제 2권(취리히, 1934)을 참조할 것.
12. 원본은 L' Esprit Nouvean(1920)에 실려있다.
13. 더 자세한 정보는 르 꼬르뷔제의 전 작품집 제 4권(취리히, 1949)과 5권(취리히, 1953)에 나와있다.
14. S. Giedion, "The Humanisation of Urban Life," in Ciam, The Heart of the City, editedited by Tyrwhitt, Rogers, Sert(New York, 1952).
15. S. Giedion, A Decade of Contemporary Architecture(Zurich, 1951), p. 201; e.g. Buenos Aires, 1938, and pilot plan for Bogota' with J. L. Sert and P. L. Wiener, 1949~50; Le Corbusier, CEuvre comple`te, V, 142~147.
16. 르 꼬르뷔제의 전 작품집 제 6권(pp. 44~65)를 참조할 것. 이 계획안에 대한 이야기는 매우 멋있는 스케치들이 담겨있는 작은 책자인 Poesie sur Alger에 잘 나타나 있다.
17. 르 꼬르뷔제의 전 작품집 제 6권, 132~139.
18. 르 꼬르뷔제의 전 작품집 제 5권, 191.
19. 르 꼬르뷔제의 전 작품집 제 5권, 128~159를 참조하라. 형태상으로는 비교적 덜 규칙적인 최초의 마스터 플랜은 Albert Mayer와 Matthew Nowiczky에 의해서 작성(1949~50)되었다. Otto Konigsberger의 New Towns in India," Town Planning Review, 23회(1952), 116페이지를 참조할 것.
20. 르 꼬르뷔제 전 작품집 제 5권, 154페이지.
21. 르 꼬르뷔제 전 작품집 제 5권, 150페이지와 151페이지를 참조할 것.
22. 이 건물의 낙성식(1955년, 6월 25일)에 대한 글을 조사하려면 S. Giedion의 Architecture, You and Me를 참조할 것.
23. Jean Petit의 출판물인 Un couvent de Le Corbusier(파리, 1964)는 이 프로젝트의 실제적인 추진자인 Couturier신부의 편지가 쓴 편지와 르 꼬르뷔제가 쓴 편지, 건물의 단계적인 형성과정을 한 눈에 알 수 있게 해주는 건축 보고서에서 뽑아낸 글들이 실려있다.
24. Rayner Hepenstall의 Architecture of Truth(런던, 1957)
25. Mise au point(Editions Forces-Vives, 1966), p. 14: "Lorsque j'aurai rejoint quelques zones célestes... Messieurs les Non, vous serez toujours a l'affut, toujours contre."
26. 르 꼬르뷔제 작품에 관한 "전시회 카탈로그(Zurich Art Gallery, 1957)"에 쓰여진 S. Giedion의 서문, 6페이지.
27. Progressive Architecture, 1965년 12월, 199페이지.

미스 반 데 로에와 형태의 고결함

Mies van der Rohe and the Integrity of Form

미스 반 데 로에는 독일 문명의 가장 오래된 중심지인 샤를마뉴 대제의 영지인 아헨에서 성장했다. 이 마을은 네덜란드 국경에 인접해 있으며 마을 사람들 대부분이 네덜란드인의 조용하고 냉담한 본성을 가지고 있다. 이 본성은 우둔함이라기보다 외부세계를 차단하는 보호막(내적 세계로의 침잠)에 가깝다. 우리는 이러한 본성을 미스 반 데 로에에게 발견할 수 있다.

그의 작품은 독일 건축가의 작품보다 네덜란드인의 작품과 더 유사하다. 이러한 특성이 그의 건물에 반영된 방식은 곧이어 논의할 것이다. 수정처럼 맑고 깨끗한 분위기와 깔끔하게 짜여진 벽과 개구부(**도판. 350**)를 가진 17세기 네덜란드 주택에 담긴 정신은 미스가 보여준 평평한 표면의 조화에 내재된 개념과 유사하다.

미스는 어릴적부터 아버지의 작업실에서 벽돌과 벽돌, 돌과 돌을 정확하게 쌓아

350. 피터 드 후크. 1650년경. 수정처럼 맑은 분위기가 베어있는 네덜란드의 주택 내부는 평평한 면들을 서로 조화시키는 미스의 수법은 물론 몬드리안의 화풍과 내적인 유사성을 보여준디.

나가는 방식을 익혀 왔다. 이러한 어릴적 경험 때문에 재료를 신중하게 사용하고 순수한 형태를 끝없이 추구하려한 것 같다.▼1 그러나 이러한 특징은 일반적인 기본 배경에 지나지 않는다. 그렇다면 미스의 작품은 그 시대와 어떤 관계를 맺고 있을까?

미스의 건축 요소들

The Elements of Mies van der Rohe's Architecture

588쪽 11줄 Fifth Edition

모든 창조적인 건축 발전의 비밀은 주로 세 가지 요인에 달려 있다. 본능적으로 품질을 중요시하는 건축주, 작품이나 개성을 통해 젊은 세대들의 창조적인 잠재력을 어떻게 일깨우게 할 수 있는 지를 터득한 스승, 그리고 자신들의 필요사항에 가장 적절한 자양분을 제공할 만한 최고의 장소를 선택할 수 있는 젊은 세대의 존재, 이 세 가지가 기본 요인이다.

미스의 경우를 보면, 건축주는 베를린에 있는 제너럴 일렉트릭사(社)의 사장인 에밀 라데나우였으며 그의 스승은 **피터 베렌스**였고, 이 중요한 시기에 베렌스를 통해 성장한 차세대 건축가로는 **미스**, 그로피우스, 그리고 방문자로서 잠시 머문 르 꼬르뷔제 등이었다. 피터 베렌스의 작업실은 독일에서 이러한 젊은 세대들이 필요로 하는 것을 제공한 유일한 곳이었다. 피터 베렌스의 1909년작인 터빈공장에는 신비로운 표현력을 가지고 있는 유리나 철과 같은 재료가 사용되었다. 예술가들은 그 자신의 수단과 잠재력을 발전시키는 방법을 터득하자마자 재료가 갖는 표현력을 표출할 수 있었다. 1909년의 이 건물과 1940년대 건물 사이에는 새로운 공간 개념이 이룬 틈새가 있다. 그럼에도 불구하고 미스의 표현수단에 확실한 기초를 제공한 건물은 독일의 낭만적 고전주의자인 칼 프리드리히 쉥켈(1781~1840)이나 1900년경 유럽 건축에 부드러운 벽면을 가져온 베를라헤의 농촌주택이라기보다 베렌스의 이 공장이었다.

1910년 프랭크 로이드 라이트는 유럽에 등장했다. 그로피우스와 미스가 피터 베렌스와 함께 일하고 있을 때 라이트의 작품 전시회가 베를린에서 열렸다. 미스는 "젊은 건축가인 우리는 고통스러운 내적 분열에 빠져있음을 스스로 발견했다. 이 위대한 거장의 작품은 상상을 초월하는 위력과 명료한 언어, 놀라운 형태의 풍요로움이 표출된 건축 세계를 선사했다."라고 후에 기술하고 있다.

뻗어나가는 식물처럼 사방으로 증폭되는 라이트의 지상층 평면이 보여주는 개방성(**도판. 243**)과 주택 전체를 흐르는 하나의 공간을 연출한 라이트의 개념을 통해 유럽 건축가들은 자신들이 경직되어 있음을 자각한 것이다. 대평원에서 온 사람이 유럽인들에게 살아있는 형태로 관심을 돌리라고 가르친 것이다.

우리는 미스의 후기 작품에 나타난 요소들에서 새로운 재료에 대한 루이스 설리반의 신중함과 프랭크 로이드 라이트의 주택에서 제시된 자유로운 지상층 평면을 동시에 발견할 수 있다. 이듬해(1911), 그로피우스가 설계한 파구스 공장은 젊은 세대의 시각이나 경향이 변하고 있음을 입증했다. 유리와 철이 더 이상 육중한 벽안에 갇히지 않게 된 것이다. 유리와 철은 모서리에서 아주 간단하게 서로 접합되었다.(**도판.** 291)

1919년과 1921년 사이[▼2], 미스에 의해 이루어진 유리로 된 고층 건물에 관한 그 유명한 연구와 1922년에[▼3] 이루어진 대규모 사무소 건물의 전형적인 계획안에서 알 수 있듯이, 골조가 건물 안에 놓여있다라는 사실에 예술적 표현이 가미된 것이다. 그는 이에 대해 다음과 같이 말하고 있다. "기둥과 보로 말미암아 내력벽이 사라졌다. 이 건물은 표피와 뼈로 된 구조물이다."

Fifth Edition 590쪽 03줄

미스가 창조적인 발전을 가능하게 한 세 번째 원동력은 네덜란드에서 유래되었다. 1920년경, 네덜란드 만큼 주택분야에서 주목할 만한 많은 개발 사업을 이룩한 나라는 없었다. 새로운 건축 어휘를 표현할 수 있는 결정적인 배출구는 공장건물이나 상점 건물이 아니라 인간이 주인인 주택 건물이나 주거 단지였다.[▼4]

따라서 그가 데오 반 되스부르크의 『**스틸(1919년)**』 지(誌)에 소개된 이상적이고 순수한 프로그램 등과 같은 잘못방향이 잡힌 노력들은 물론, 그러한 성향의 훌륭한 일부 작품들로부터도 영향을 받았다는 것을 이해할 만하다.[▼5] 반 에스테렌과 리트펠트와 함께 반 되스부르크가 파리의 레옹스 로젠베르그 화랑(1923년 10월)에서 개최된 데 스틸파의 전시회(회화, 조각, 건축 분야)는 르 꼬르뷔제나 미스와 같은 뛰어난 재능을 가진 사람들에게 큰 영향을 미쳤다. 특히 전시회의 모델과 건축 재료가 주목할 만했다. 이 전시회를 통해 수평면과 수직면이 서로 엮어지면서 흐르는 듯한 공간으로 주택을 인식한 프랭크 로이드 라이트의 개념을 완전히 이해한 것이다.(**도판.** 81)

시골 주택, 1923

Country House, 1923

하나는 벽돌로, 다른 하나는 콘크리트로 된 미스의 두 농촌 주택(**도판**. 351, 352, 354)▼6에 관한 연구는 근대 건축 발전에 있어서 큰 의미를 가진다. 데오 반 되스부르크의 분석적인 정신 덕분에 미스 역시 투명성 있는 건축 도면을 제시하면서 주택을 독립적인 하나의 입방체로 보려는 개념은 더 이상 의미가 없음을 알게 되었다. 미스는 이 두 연구 작품을 통해 주택을 자유로운 공간으로 인식하는 개념에 더욱 명확하고 집약된 표현을 가미했다.

미스의 정연한 손길 하에 면들은 재료와 구조(유리판, 철근 콘크리트, 대리석)의 결합지점이 되었다. 데 스틸의 연구작품보다 시기적으로 훨씬 앞서는 미스의 두 농촌 주택은 주택을 구성하는 요소들의 부유하는 듯한 특성에 실현 가능한 형태를 부여하고 있다. 바로 이때 르 꼬르뷔제가 라 로쉬 주택을 지었고 리트펠트가 유트레히트에 양식화된 주택(1924)을 지었다. 반 되스부르크처럼 주택 내부에서 뻗어나온 면들이 외벽에서 멈추지 않고 밖으로 뚫고 나가고 있지만, 더욱 확장되어 풍차의 날개처럼 풍경 속으로 펼쳐지고 있다. 이와 동시에 입면을 이루는 요소들은 구조적 요소들의 결합점이 되고 있다. 지붕 슬래브가 얹혀진 날아갈 듯한 긴 창문 열은 외부와 내부의 관통을 통해 투명성을 얻고 있다.(**도판**. 354) 이 모든 요소들이 개별적인 고안물은 아니었지만, 한 거장의 예술적 능력 하에 한 곳에 모인 것이다.▼7

591쪽 24줄 Fifth Edition

이 당시 그가 직접 지은 주택에서도 도면으로 개발했던 대담한 안들을 실현하지는 못했다. 그의 개념이 처음 실현된 곳은 1929년에 바르셀로나 전시관이었다.(**도판**. 353) 그는 값비싼 재료로 된 면들을 새로운 공간 개념의 요소로 매우 정확하게 사용했다. 그의 주택 작품들 중에 가장 유명한 것은 체코슬로바키아의 브르노에 있는 투겐다트(1930)주택▼8일 것이다. 이 주택은 부유하는 듯한 공간의 상호관입을 통해 고도의 우아함을 표현하고 있다. 이러한 사실에도 불구하고 사람들은 수족관 안에 있는 존재처럼 노출되어 있다는 느낌을 떨치지 못했다.

나치 당원들이 이미 베를린 거리를 점령하고 나라가 위기(500백만의 실업자, 모든 산업의 붕괴, 시장의 피폐)에 처해 있던 1931년, 대규모의 건축 전시회가 열렸다. 독일의 창조적인 인물들은 이 전시회에서 모두 하나가 되어 일했다. 이 전시회는 마지막 협동작업이었다. 주택조합협회로부터 후원을 받은 바우하우스의 월터 그로피우스, 모홀로 나기, 헤르베르트 바이어 등은 근대적인 전시기술과 예술적 수단을 총 동원하여 대중들에게 주택 분야에서 인간적인 차원을 얻고자 할 때 해야 하는 것이 무엇인가를 보여주고자 했다.

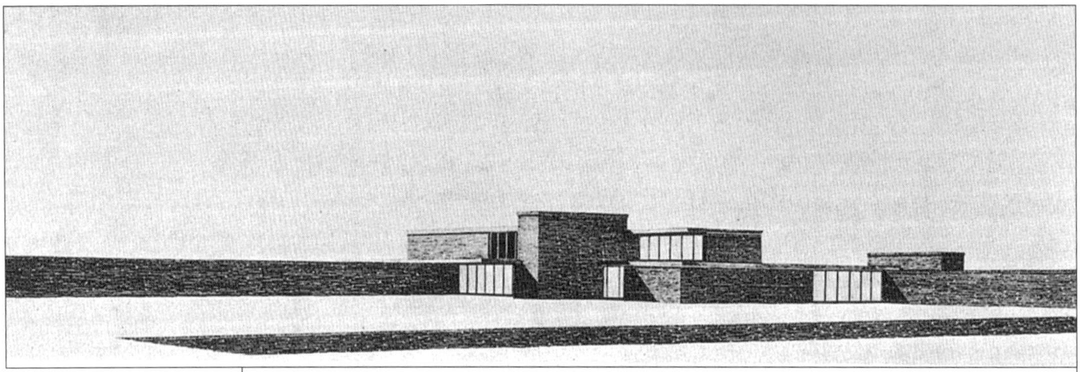

351. 미스, 브릭 컨트리 하우스 계획안, 1923

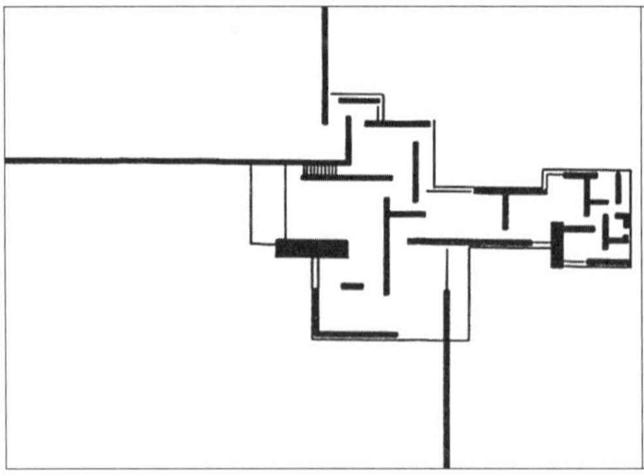

352. 미스, 브릭 컨트리 하우스, 1923. 지상층 평면, 건물 내부에서 시작해서 밖으로 돌출하고 있는 면들은 외벽에서 끝나지 않고 더 확장하고 있으며 풍차의 날개처럼 풍경속에 펼쳐져 있다.

353. 미스, 국제 전시회의 독일관, 바르셀로나, 여기서 처음으로 그는 자신의 개념을 구체화 했다. 아주 명료한 방식으로 귀중한 재료로 된 면들을 새로운 공간 개념의 요소로 사용했다.

354. 미스. 콘크리트 주택 계획안, 1923. 입면을 이루는 요소들은 구조적 요소들과의 결합점이 되고 있다. 날아갈듯한 지붕 슬래브가 얹혀진 긴 창문 열이 외부와 내부를 관통함으로써 투명성을 얻고 있다.

355. 미스. 독신자를 위한 교외주택. 베를린 건축 전시회, 1931. 미스는 유리로 된 단층 주택 하나를 대형 전시홀 정중앙에 지었다. 독일 문화가 붕괴되기전에 이루어진 마지막 근대 건축의 예.

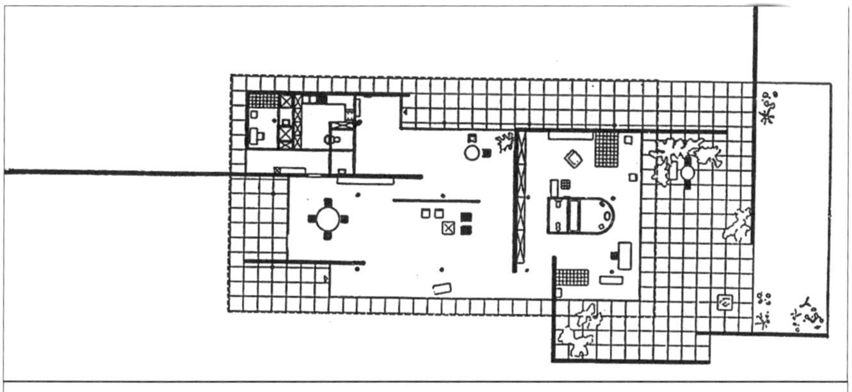

356. 미스. 독신자를 위한 교외주택. 지상층 평면도. 1923년의 브릭 컨츄리 하우스 에서도 똑같은 경향이 나타난다. 흐르는 듯한 내부공간과 주택안에서부터 돌출되는 면들이 구체화되고 있다.

미스의 유리로 된 단층주택은 압도적인 위력을 발휘하면서 대규모 전시장 한가운데에 놓였다. 실내 디자인이 훌륭한 이 주택은 독신자를 위한 것으로서, 그 자신이 가장 중요하게 생각했던 공간, 면, 구조 등의 통합을 발전시킬 수 있는 전조가 된 작품이었다.(도판. 355, 356)▼9

대중을 향한 선전성이나 건축적 성과면에서는 거의 효과를 보지 못했다. 다른 방향으로의 발전이 모색되었어야 했다.

독일에서 건축 기부금은 극히 짧은 기간에 모였다. 행운은 한 두 해 밖에 지속되지 않았다. 1927년 스튜트가르트에서 열린 바이젠호프 주거단지의 개회식에 참가한 사람들 중에 누구도 단 5년만에 이 모든 것이 허사로 끝나버릴 것이라고 예상하지 못했다.

스튜트가르트의 바이젠호프 주거단지, 1927

The Weissenhof Housing Settlement, Stuttgart, 1927

Fifth Edition 594쪽 27줄

피카소, 브라크, 레제, 기타 근대화가들이 사용한 선명한 기본색은 앞서 존재한 적이 없었고 앞으로도 다시 생길 것 같지 않은 낙관주의를 발흥했던 시기는 1920년대 중반 쯤이었다. 전쟁이 끝나고 물가 상승이 극복되자마자 새로운 삶의 방식이 부각되었고 새로운 건축이 부상되는 신시대가 태동하기 시작했다.

역사적으로 볼 때, 독일은 바로 이 시기에 외부 세계의 주목을 가장 많이 받았다. 아방가르드들은 은신처에서 탈피하여 실제 생활 속으로 뛰어들었다. 월터 그로피우스가 폴 클레, 칸딘스키, 모홀로 나기 등의 화가들과 더불어 바우하우스를 창립한 것도 독일 공작 연맹의 초대 부회장으로 미스가 선출된 것도 바로 이러한 현상에서 비롯된 것이다.▼10

공작 연맹이 미스에게 책임을 맡긴 스튜트가르트의 바이젠호프 주거단지(도판. 357, 358)는 아마 각계 각층의 엘리트 사회내에서 일어난 변화를 가장 잘 보여주는 예일 것이다. 아주 후한 대접으로 다른 나라에서 젊은 건축가들을 초대하여 본인들의 건물을 설계할 수 있게 하였다. 네덜란드에서는 오드와 마르트 스탐이 초빙되었고, 이 둘은 네덜란드의 관행에 따라 연립주택을 지었다. 프랑스인으로는 르 꼬르뷔제가 가장 큰 논의 대상이 되었던 필라 위에 얹혀진 두 채의 주택을 지었다. 벨기에에서는 빅토르 부르주아가 초빙되었다. 젊은 스위스 건축가들에게는 미스가 맡은 아파트들 중의 한 동이 주어졌다. 독일의 숙련된 건축가인 피터 베렌스는 요새처럼 생긴 아파트 한 블록을 지었고, 단지 가장자리와 중간 쯤에 독일과 오스트리아출신의 건축가들이 단독주택을 지었다. 월터 그로피우스, 브루노 타우트, 샤로운, 라딩, 힐버자이머, 도엑커, J. 프랭크 등이 이에 속하는 인물들이다. 이처럼 활기찬 시절에 살았던 사람들은 누구나 이 행사가 불러일으킨 낙관주의와 도덕적 지지기반(완강한 반대에 부딪혀 가면서 획득한 것)을 잊을 수 없을 것이다.

595쪽 30줄 Fifth Edition

1927년에 쓰여진 몇몇 글귀를 통해 이 행사에 대한 반응을 더 직접적으로 알 수 있을 것이다.▼11

"이 전시회는 현실에 대한 통찰을 할 수 있는 기회를 주었다. 이 전시회를 통해 아방가르드의 실험실에 감추어져 있던 새로운 건설 공법이 선보였고, 대폭적으로 현실화되었다는 점에서 매우 특별한 사건이라 할 수 있다. 새로운 건축은 대중들의 능동적인 참여없이는 결코 제대로 성장할 수 없다. 물론 해결해야될 문제들이 대중의 의식적인 표현을 통해 제기되는 것은 아니다. 여러가지 이유로 대중들의 의식적인 마음은 새로운 예술적 경험에 대해 항상 '아니오'라고 말할 준비를 갖추고 있다. 그러나 만일 무의식적인 마음이 일단 열리기만 하면, 실험실의 활동은 더욱 활발해지고 현실적 요구를 충족시킬 수 있는 작업은 달성될 것이다. 이 전시회는 이러한 발전을 가져올 만한 핵으로 여겨지며 바로 여기에 이 전시회의 중요성이 있다."

"바이젠호프 주거 단지는 두 가지 큰 변화, 즉 수공업적인 건설방법에서 산업화로의 변화와 새로운 생활방식의 징후를 입증해주고 있다."

"미스의 원 계획안에는 통합된 관계성을 확보하면서 각 녹지들을 서로 연결하여 하나로 만들기 위해 택지들을 서로 맞물리게 배치하고 있다. 그러나 불행히도 상업적인 이유로 인해 이 계획안은 실현되지 못했다. 비록 실현되지는 못했지만 극도로 혼란스러울 수도 있는 곳에, 어떻게 하면 한결같은 평지붕의 완만한 면으로 관계성과 질서를 창조할 수 있는 지를 잘 보여준 작품이다. 헤이그와 같은 평활한 도시에서는 평지붕들이 넓은 연결띠를 이루고 있는 모습을 쉽게 찾아볼 수 있다."

"바이젠호프 주거단지는 미스의 철골조 고급아파트를 중심으로 펼쳐져 있다.(도판. 359, 360, 361) 고급아파트가 오늘날에 주로 궁전이나 성의 형태를 띠고 있지만

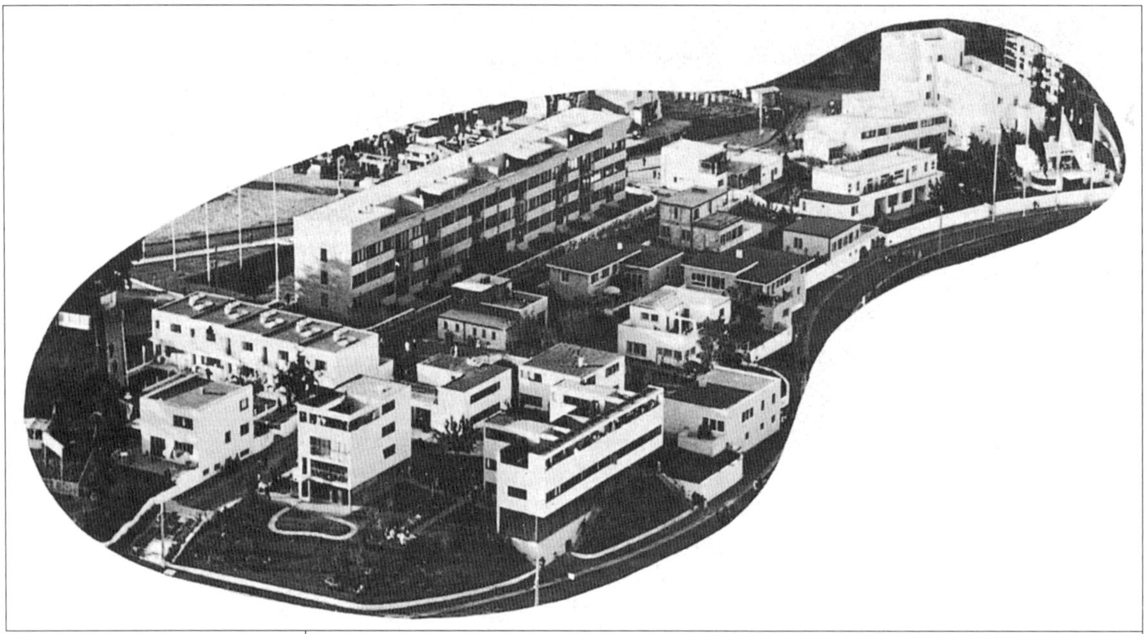

357. 미스. 바이젠호프 주거단지, 스튜트가르트, 1927. 사진 앞쪽:옥상정원이 마련된 르 꼬르뷔제의 주택 두 채, 사진 왼쪽: 아우트의 연립주택과 미스의 아파트, 뒷쪽: 탑이 있는 피터 베렌스의 아파트, 베렌스의 아파트 앞쪽: 마르트 스탐의 2층 연립주택.

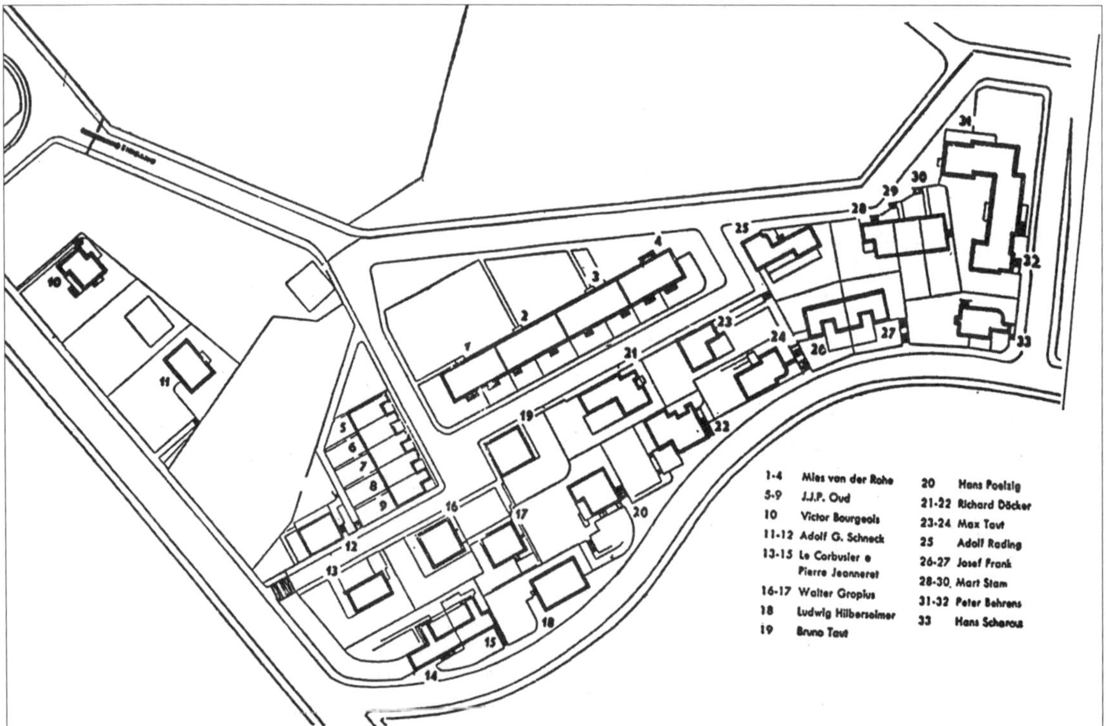

358. 바이젠호프 주거단지, 스튜트가르트, 1927. 이 단지는 여러 나라에서 온 현대 건축가들이 동일한 대지에 건물을 짓게 함으로써 해결해야 할 주거문제에 대해 새롭게 접근할 기회를 제공했다.

359. 바이젠호프 주거단지, 스튜트가르트, 1927. 미스의 공간적 기여는 주택문제에서 요구되는 필요사항들을 충족시키기 위해서 철골조를 처음으로 사용했다는 점이다. 그가 시카고에 지은 고층 아파트의 선례가 되고 있다.

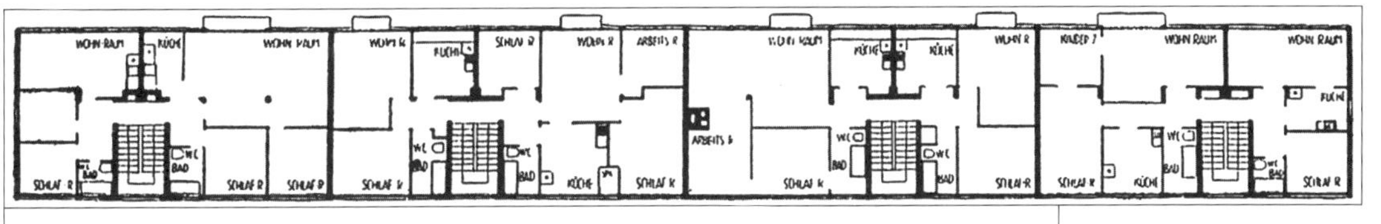

360. 2층 평면도. 각 층마다 다른 평면이 나타난다. 좌측의 아파트에는 방을 자유롭게 통과하는 강철기둥이 있다.

361. 미스가 설계한 아파트의 철골조.

이곳에서는 다소 장식이 미약한 구조물로 변형되어 있다. 철골조를 통해 내 · 외부의 딱딱한 모든 벽을 제거할 수 있게 된 것이다. 내벽은 벽돌 두께 반만한 두께의 절연된 채움벽 정도면 충분하고, 사용자가 어떤 방식을 선택하든지 간에 그들 각자의 취향에 따라 마음대로 배치할 수 있도록 되어 있다. 넓고 연속된 창문열만이 제한된 요소로 작용하고 있다. 이 창문열은 넓고 연속적으로 나 있어서, 양호한 빛이 건물의 깊은 곳까지 비추어질 수 있도록 되어 있다. 지금에(1927) 와서 단독주택보다는 아파트가 더 많은 문제를 해결하고 있다. 미스의 철골조는 이러한 주거문제를 해결할 수 있는 길을 제시하였다."

"많은 건축비평가들은 미스와 꼬르뷔제의 주택들에서 자유롭게 서있는 연속적인 철골조가 매우 눈에 거슬린다고 느꼈다. 건축가들에게 있어서, 벽이 주택의 지지체였던 전통적인 구조방식에서 유래하는 외관에서 완전히 벗어난다는 것은 특히 어려운 문제였다. 주택의 내부 구조에 완벽한 표현을 하고자 하는 것은 오늘날의 공간개념에 있어서 근본적인 특성이다. 연속적인 철골 지지체는 확실히 미학적 차원의 초점을 제공하지는 않는다. 이 지지체는 공간안에서 조용히 뻗어나갈 수 있을 것이다. 고대 건축의 기둥들이 하중과 응력의 상호작용을 통해 관찰자들에게 안정감을 준 것처럼 연속적인 철골 콘크리트 샤프트는 오늘날의 관찰자들에게 주택에 일관적으로 나타나는 강력한 에너지를 느끼게 한다. 따라서 밖으로 노출되어 관찰 가능한 독립기둥은 구조적, 시공적, 객관성과는 또 다른 새로운 표현력을 뜻한다. 이제 연속성의 에너지가 분출되고 있다. 우리 삶에서 그 어떤 것도 고립된 경험으로 남아 있을 수 없다. 즉 모든 것이 다양한 관계성(안과 밖, 위와 아래)내에 존재한다."

"미스는 훌륭한 디테일을 통해서 건물의 여러 가지 가능성을 추구했다. 사용자들은 천장까지 나사로 조절되는 베니어판 덕분에 자신의 공간 배치를 마음대로 바꿀 수 있다. 방들은 문없이 서로 연결된다. 이 방식을 통해 70평방미터(750평방피트)까지 가능한 공간 규모에 사람들은 놀라움을 금치 못했다. 또한 이 방식은 우리에게 필요한 자극제(산업을 활발히 움직이게 하는 원동력)의 역할도 했다."

"바이젠호프 주거단지는 주택 내부 공간이 합리적으로 계획되고 구성되었음을 보여주는 살아있는 선언문과 같다. 이 전시회를 통해 미스나 스탐이 개발한 캔틸레버식 파이프 의자는 물론, 부엌 내에서의 공간과 기능의 구성이 처음으로 일반 대중들에게 소개되었다."▼12

I.I.T., 1939~

Illinois Institute Technology, 1939~

오늘날, 예술 분야에서 가장 심하게 고갈된 것은 창조적인 에너지이다. 이러한 고갈상태는 현대예술에 대해 전혀 모르는 우리 시대의 독재자들이 엄격하고 보수적인 표현 수단이 아닌 것은 모두 싫어한다는 사실 때문에 더욱 악화되고 있다.

앞서 언급했듯이 인내와 평정의 기질을 타고난 미스가 만일 1938년에 시카고를 방문하지 않았더라면 그는 어떻게 되었을까? 독일 건축가들과 건축이 결국 맞게된 운명(우리 시대에서 가장 불운한 현상 중에 하나라 할 수 있다.)만 보아도 이 질문의 대답은 충분할 것이다.

시카고의 가장 아름다운 구역에 그의 고층 아파트가 들어서게 되었고, 1939년부터 그는 I.I.T.의 건물들을 계획하였다.▼13

이 기간 안에 미국의 건물들은 완전히 양도되었다. 미스가 미국의 신탁부에 그 자신의 타고난 인내력을 보여주었던 것도 바로 이러한 이유였던 것 같다.

1923년, 미스가 계획한 농촌주택을 상기해 보면 스물 다섯 채나 되는 건물들의 공간 배치를 잘 이해할 수 있다. 이들 주택에서는 벽의 여러 단편들 사이에서 생기는 새로운 관계성을 통해 사방으로 관통되는 공간의 일체감을 엿볼 수 있다. 시카고 대학내에 설계한 건물들 사이에도 이러한 기법이 적용되었다. 스물 다섯 채의 건물들은 초기 프로젝트의 벽들이 이루는 관계와 유사하게 서로 직선적인 관계를 맺으면서 배치되어 있다. 동시에 이 건물들은 아주 적재적소에 배치되어 비록 한 번에 모든 건물을 볼 수는 없지만, 시간이라는 차원이 고려된 포괄적인 공간형성을 엿볼 수 있다. 즉 움직임에 의해서만 이러한 공간을 천천히 인지할 수 있는 것이다.(**도판. 362**)

얕은 부조를 만든 이집트 조각가들처럼 그 역시 캠퍼스 안에 있는 모든 건물을 통과하는 사각형틀의 연결망을 늘어 놓았다. 그가 사용한 모듈은 24피트이다.(**도판. 365**) 이 모듈은 억지로 인식되지 않으면서도, 한 걸음 한 걸음 발을 내딛는 관찰자의 마음이 인상에 남긴다.

르 꼬르뷔제와 마찬가지로 미스 역시 자신의 작품 속에서 주도면밀하게 비례관계

362. 미스. 계획된 모든 건물이 보이는 I.I.T. 캠퍼스의 모형.
1)운동장, 2)체육관과 수영장, 3)실내 경기장, 4)알럼니 기념관, 5)야금학과 화학 공업관, 6)AAR연구동, 7)도서실과 본관, 8)화학관, 9)자유 연구관, 10)기계공학관, 11)도시공학과 응용역학관, 12)실험동, 13)실험동, 14)전기공학관 물리학관, 15)학생회관과 오디토리움, 16)건축관 응용예술관, 17)ARF연구 및 관리동, 18)가스 기술 대학, 19)연구실험실, 20)연구 실험실, 21)금속 연구동, 22)ARF공학 연구동, 23)ARF 공학 연구동, 24)난방과 전기실, 25)ARF공학 연구동.

363. 미스. 본부 건물, 1944. 컨트리 하우스(1923)에서 이미 제시된 형태의 순수함, 상이한 구조들의 병렬, 비례감각, 유곽이 원리들이 이 건물에서 확실하게 드러나고 있다.

를 모색한 몇 안 되는 건축가 대열에 속한다. 이 두 사람은 피타고라스 방식으로 비례관계를 설정했다. 피타고라스 방식에서는 '치수'는 단순히 계산적인 차원만이 아니라 양적, 질적 차원을 가진다.

비례를 세심하게 고려한다는 것은 재료들을 꼼꼼하게 다룬다는 것을 의미하기도 한다. I.I.T.의 건물들에는 미스가 초기에 사용했던 마노(瑪瑙, onyx)벽과 크롬 기둥이 전혀 사용되지 않았다. 그러나 이 건물들에서는 비례, 구조, 재료 등이 더할나위 없이 훌륭하게 서로 긴밀한 관계를 맺고 있다.

노출 철골조에 벽돌 마감된 실험실과 공장의 측면벽은 보통 부차적 요소로 경시되곤 하지만 미스에 의해서 이 측벽들은 높은 예술적 가치를 지닌 요소로 전환되었다.

일반 관찰자들에게는 이러한 그의 업적이 분명히 인식되지 않을 수도 있다. 그래도 확실한 것은 이와 같은 질서 잡힌 환경이 건축에 관해 문외한인 사람들에게도 영

364. 미스. 화학 공학관과 금속 공학관, 1949. 북서측 모습.

365. 미스, 광물과 금속 연구소, 1943. 남측 모습. 평면내에서 세심하게 조화를 이루고 있으며 캠퍼스 전체를 계획하는데 기초가 된 24피트 모듈이 이 실험실의 남측에 잘 드러나 있다.

향을 미친다는 것이다. 1927년의 바이젠호프 주거단지가 그 이후의 발전에 큰 영향을 준 것처럼 이 대학 건물 역시 건축에서 훌륭한 예술적 통합성을 이룰 수 있는 가능성을 보여주었다.

고층 아파트

High-rise Apartments

초창기의 고층빌딩 연구 이후 30년만인 1939년에 미스는 미시간 호수 근처에 고층 아파트들을 지었다. 이 중에 시카고 남부에 위치한 프로몬토리 아파트는 **도판. 513**의 건물과 거의 유사하다. 대형 유리창으로 바라다 보이는 끝없이 펼쳐진 호수 풍경은 이루 말할 수 없이 아름답다. 건물 높이는 25층이며 철근 콘크리트 골조로 되어 있다. 시카고의 홀라버드와 로쉬의 마퀘트 빌딩처럼 평면은 U자형으로 되어있다.(도판. 230) 이 아파트에는 두 개의 유닛이 하나로 연결되어 있으며 각 유닛마다 전용 승강기와 계단실이 배치되어 있다. 건물의 디테일은 매우 수수하게 처리되어 있다.(도판. 366, 369)

아파트의 모든 지상층 평면에서 그의 작품 경향(도판. 367)을 엿볼 수 있지만, 특히 파사드 구성(도판. 368)의 경우는 더욱 분명하게 드러나고 있다. 이 파사드의 위로 치솟고 있는 철근 콘크리트 수직재는 네 군데에서 후퇴되어 있으며, 특별한 감각이 엿보이는 전체 파사드는 음악적인 조화를 느낄 수 있다.▼14 이 파사드와 르 꼬르뷔제의 유니테 다비타시옹을 지지하는 거대한 기둥을 서로 비교해보면 철근 콘크리트가 사용 방식이 얼마나 서로 다른가를 알 수 있다.

미스의 건물들 중에 당시 미국 건축가들에게 가장 즉각적인 영향을 미친 것은 시카고 860 번가 레이크 쇼어 드라이브에 있는 대담하고도 규모가 큰 두 채의 아파트였다.(1951, 도판. 370, 371) 이 아파트는 두 개의 볼륨(두 채의 고층 건물)으로 이루어져 있다. 이 두 볼륨은 1956년 커먼웰스 아파트와 같은 후기 작품에서 미스가 자주 보여주었던 상호 관계성에 따라서 배치되어 있다. 이때부터 이러한 '쌍둥이 빌딩'이 미국에서 유행하게 되었다. 뉴욕에 있는 야마사끼의 국제무역센터처럼 유행이 너무 지나쳐 왜곡 상태에 이른 경우도 있다. 일리노이 주의 플라노에 있는 판스워드 주택처럼, 레이크 쇼어 아파트도 형태의 통일성이 다른 모든 요소들과 특징을 지배하는 제일의 원칙이 되고 있다. 아주 강력한 저력을 바탕으로 유리로 된 평평한 육면체의 선명한 표면에 한 치의 헛점도 허용하지 않고 있다. 모든 디테일들은 관찰자들에게 건축이 하나의 원리이며 예술품임을 상기시켜준다.

미스의 고층 아파트는 음울한 휴지기를 겪고 난 1880년대 시카고파의 전통을 되살리고 있다. 이 둘 사이에는 미묘한 공생작용, 즉 예술가의 창조력과 근대 건축 산업화의 거대한 조직력이 조화를 이루고 있다.

1880년경, 아들러와 설리반은 공학자이자 건축시공업자인 윌리엄 르 베론 제니만큼 자연스럽게 건축행위에 모든 책임을 지고 있었다. 그러나 오늘날에는 이것이 불가능하게 되었다. 중요한 건물 하나를 짓는데 책임을 질 수 있는 사람들의 수는 일류 영화 하나를 찍는데 책임을 지는 사람들의 수보다 훨씬 많다. 그러나 영화의 훌륭함과 저질의 정도는 감독의 저력에 달려있듯이 건물의 질도 형태를 만들어가는 건축가의 능력에 달려 있다. 건축가는 건축적 표현성의 정도를 가능할 수 있는 독특한 특질

366. 미스. 프로몬토리 아파트, 시카고, 1949. 동측면. 입구측의 디테일. 철근 콘크리트 골조를 파사드의 예술적 표현에 사용하려는 세심한 노력이 엿보인다. 높이 올라갈수록 가늘어지는 들보가 눈에 뛰게 후퇴되어 있음을 사진을 통해서 알 수있다. 정연하게 계산된 창문이나 채움벽의 후퇴된 모습과 함께 필라의 악센트는 통합하는 능력이 뛰어난 미스의 전형적인 수법이다.

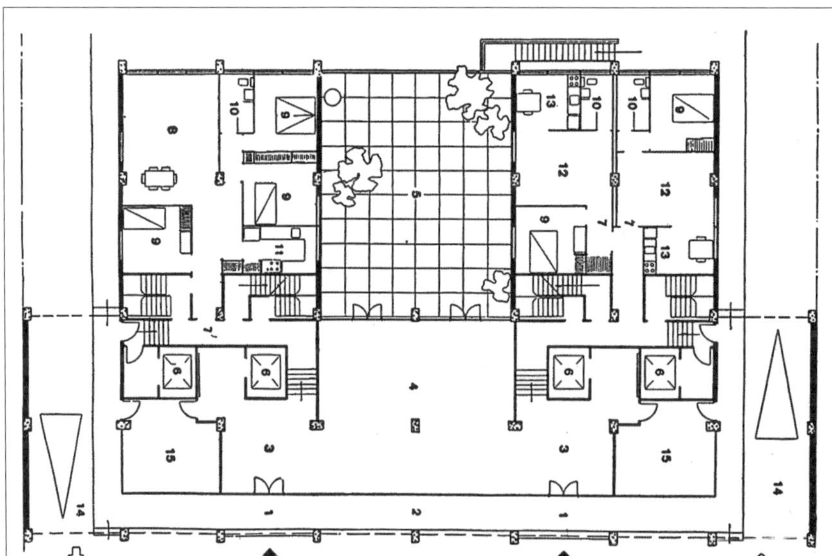

367. 프로몬토리 아파트, 시카고, 1949. 각 층의 자유로운 구성과 U자형의 평면이 시카고 사무소 건물에서 처음 사용되었다. (도판. 176과 비교해볼것) 이후 20세기 주택에 사용되었으며 1950년에 가서는 고층 아파트에 사용되었다.

을 건물에 부여해야 한다. 아주 드물긴 하지만 미국의 건축 산업이 특정한 양식에 사로잡혀 있는 건축가보다는 예술가를 신임하고 있다는 것은 바로 예술과 기계화가 서로 공존할 수 있다는 것을 의미한다. 일단 창조적인 예술가가 기계화의 거대한 구성요소를 작동시킬 수 있는 방법을 발견하게 되면 건축의 미래에 대한 두려움은 사라질 것이다.

사무소 건물
Office Buildings

368. 미스. 프로몬토리 아파트, 시카고, 1949. 동측면. 이 아파트는 그림 513에서 나타난 건물 근처에 있는 시카고의 남쪽지역에 위치하고 있다. 넓게 펼쳐진 미시간 호수를 향해 창문이 나있으며, 거주자들은 혼자있는 즐거움과 더불어 길가에 위치한 연립주택보다 더 양호하게 대기와 자연을 접할 수 있다.

369. 미스, 프로몬토리 아파트, 1949. 비대칭적으로 지어진 부분을 구분해주는 로비에서 바라본 모습. 이곳에서도 디테일과 비례를 다루는 방식이 매우 훌륭하게 나타나 있다.

Fifth Edition 607쪽 37줄

미국에서의 그의 활동은 1950초반 이후부터 급격히 증가하였다. 특히 중요한 몇몇 사무소 건물을 선보였다. 독일에서 그의 작품이 인정받기까지는 또 다른 10년이 걸렸지만, 1960년대 초반에 이르러 그는 독일의 대실업가들(에센의 프리드리히 크룹 사무소 건물)이나 독일의 정부당국(베를린의 20세기 갤러리 계획안)등 각계 각층으로부터 의뢰를 받았다.

뉴욕의 고층빌딩 중에 특별히 가치있는 것은 파크 에브뉴의 시그램 빌딩(1958)이다. 이 건물은 우아한 청동빛을 띠고 있으며, 멋진 앞마당을 가지고 있다.

1960년대에 시카고는 뉴욕만큼 플레이보이적인 건축 조류에 심하게 휘말리지는 않았다. 이 시기의 몇몇 대규모 사무소 건물이 주(州)와 도시 차원에서 세워졌다. 마치 초창기 시카고파의 지역 천재들이 다시 활동을 시작한 것처럼 보였다.

미스는 도심 오른편에 펼쳐진 시카고 상업중심지구에 대규모 종합 연방센터를 설계했다. 이 건물 단지에는 법원 건물과 더불어, 제자들 중의 한 명이 설계한 연방 사무국과 중앙 우체국이 들어서 있다.(도판. 372) 좁은 장기판 모양의 시카고 도로망에 의해 최소로 감소된 이 단지의 사용가능한 공간 때문에 거대한 볼륨들이 공간상에서 상호작용하는 효과를 낼 수는 없었다. 그러나 모형을 살펴보면 이러한 제한에도 불구하고 그가 세 건물(법원, 연방사무국, 저층의 중앙우체국) 사이의 상호관계를 설정하는데 성공했음을 알 수 있다.

611쪽 07줄 Fifth Edition

미스의 후기 작품들 중에 가장 훌륭한 건축적 관현악을 연출한 건물은 멕시코에 있는 바카르디 럼주 공장의 사무소 건물(1961)이다. 이 건물은 멕시코시티와 아즈텍의 성지인 테오티후아칸 사이에 위치한 넓은 시골에 서있다.(도판. 373)

이 건물에서 그는 자신의 건축경향을 한층 더 발전시켰다. 외부에는 강조된 기둥들, 정면과 건물 안쪽으로 후퇴되어 있는 지상층의 유리벽(도판. 378) 내부에는 유동적인 단일공간 등이 이러한 측면에서 고려될 수 있다. 비례와 위치에 아주 미세한 변화를 주면서 완전성에 도달하는 방법을 미묘하게 터득함으로써 이러한 내 · 외부의 구성을 이룬 것이다. 가장 주목할 만한 것이 하나 있다. 그것은 수평적인 면 사이의 관계를 의식적으로 강조하고 있다는 점이다. 이는 그의 후기 작품에서 종종 나타나는 현상이다.(도판. 376) 이 멕시코 건물의 전조가 된 건물은 쿠바에 있는 동일 회사의 단층 사무소 건물(1958)이다. 소란으로 장식된 이 건물의 콘크리트 천장은 바닥 위에 떠 있다. 점점 가늘어지는 80개의 기둥들이 건물 모서리로부터 15m 떨어진 곳에서

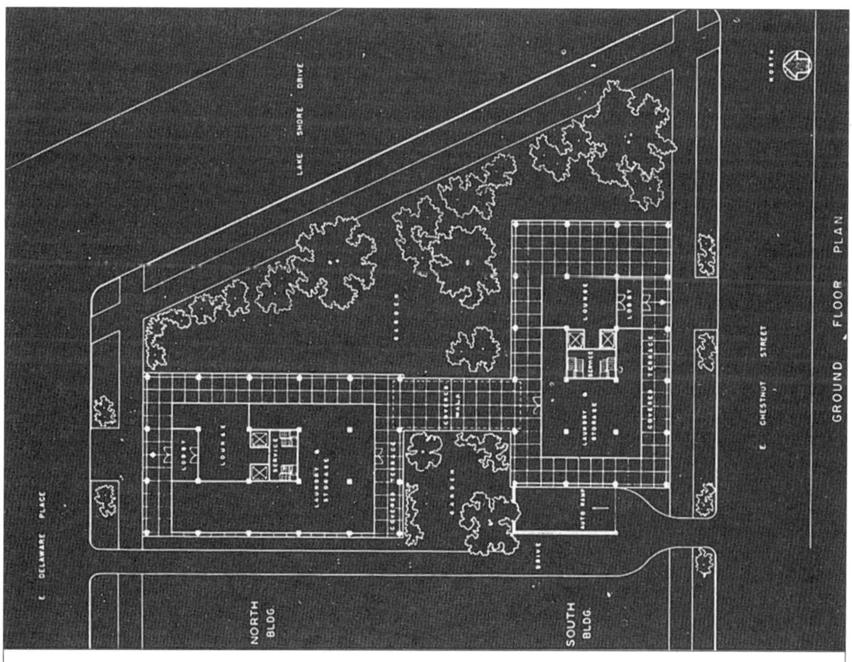

370. 미스. 레이크 쇼어 드라이브 아파트, 1951. 평면도. 대량생산된 자재를 조립해서 만든 건물들 중의 가장 훌륭한 건물.

371. 미스, 레이크 쇼어 드라이브 아파트, 1951. 산업을 통해 커튼을 사용하지 않고도 다양한 빛을 끌어들일 수 있는 기술적 수단이 나오지 않았다면, 유리의 사용은 절정에 이르렀을 것이다.

372. 미스. 연방센터, 시카고, 1963. 모형. 왼쪽: 30층 법원, 중앙: 45층 연방 사무소. 각 건물의 한층은 직원용 식당으로 할애되었다. 오른쪽에 있는 단층짜리 중앙우체국은 60평방미터 규모의 전형적인 비분활 내부공간이다. 여분의 공간을 최소화하는 채스판형태의 혐소한 가로구조에도 불구하고 건축가는 한정된 대지에서 볼륨들간의 상호관계를 성공적으로 표현했다.

373. 미스, 바카르디 사무소, 멕시코, 1961. 후퇴된 기둥과 돌출된 상층이 특징적임.

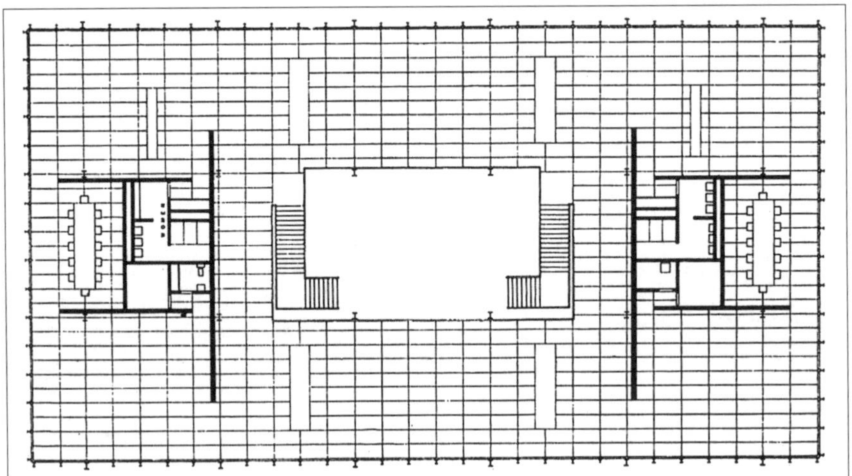

374. 바카르디 사무소, 멕시코, 1961. 상층의 평면도. 건물의 장축을 따라서 집무실이 배치되었다. 히말라야산 삼목으로 된 두 교차벽은 회의실을 주공간에서 분리시키면서 공간안에 자유롭게 서있다.

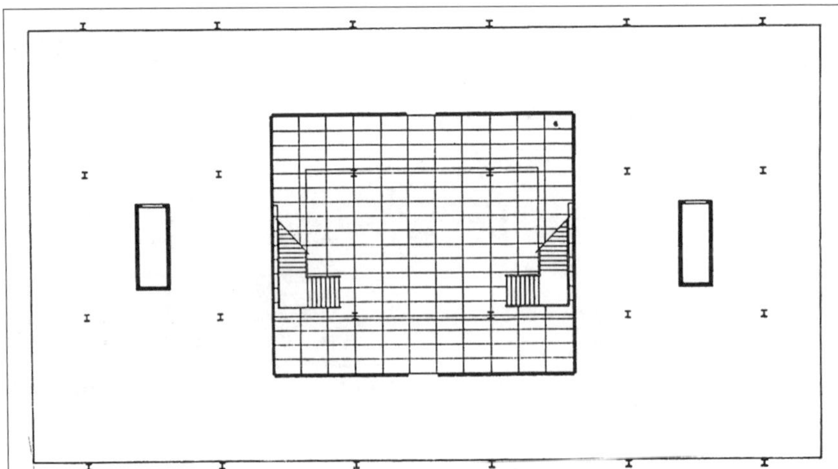

375. 바카르디 사무소, 멕시코, 1961. 지상층 평면도. 중앙에 위치한 개방된 넓은 방의 파티오적인 특성은 "단일 공간의 유동성"을 강화하고 있다. 후퇴된 기둥은 양측면의 지붕을 돌출하는 형태를 낳았다.

376. 바카르디 사무소, 멕시코, 1961. 천장과 바닥사이의 유동적인 관계는 상층을 앞으로 돌출하게 만든 기둥의 후퇴로 더 강조되고 있다.

377. 바카르디 사무소, 멕시코, 1961. 바닥면과 천장면의 관계. 불행히도 모서리부분에 나무가 심어져 있기 때문에, 후에 수정같은 명료성이 감소되었다.

378. 바카르디 사무소, 멕시코, 1961. 수평적인 바닥면과 천장면의 유동적인 관계는 석회바닥이 밖을 향해 넓게퍼져 있는 입구에서 강조되고 있다.

천장과 만나고 있기 때문에 돌출한 수평면이 마치 공간에 떠돌고 있는 듯이 보인다. 수평면들이 이루는 이와 유사한 관계는 **멕시코의 2층 짜리 바카르디 건물**에서도 나타난다. 이 건물에는 건물의 한 지점에서 뻗어나와 건물을 에워싸는 넓은 석회 바닥이 강조되고 있다.(**도판.** 378)

Fifth Edition 611쪽 30줄

천장과 바닥의 수평면 사이의 부유하는 듯한 관계는 얼핏 보기에 단순한 하나의 장치(모서리에는 기둥이 전혀 없다.)를 통해 그 효과가 더욱 크게 나타나고 있다. 모서리에 기둥이 없는 대신에 기둥들은 짧은 끝벽에서부터 안으로 깊이 들어가 있기 때문에 천장이 자유롭게 밖을 향해 돌출한 모습을 하고 있다.(**도판.** 376) 따라서 바닥과 천장의 수평면 사이의 표현력이 매우 돋보이게 되는 것이다. 요른 웃존의 작품에서도 수평면이 현대 건축의 구성요소로서 한층 더 강조되어 있다.

상층의 엷은 빛깔을 띠는 유리 때문에 밖에서 보면 건물은 불투명해 보이고 안에서 보면 투명해 보인다. 이 효과는 건물 전체의 경쾌함과 강한 검은색 철재로 된 수직부재가 서로 조화를 이루면서 더욱 강렬하게 나타나고 있다.

그 내부는 그의 투겐다트 주택(1930)에서부터 시카고의 판스워드 주택(1950)에 이르기까지 적용되어온 흐르는 듯한 단일공간 구성원리를 그대로 보여주고 있다. 비록 지붕은 덮여 있지만 유리로 둘러싸여진 공간은 파티오(역주: 스페인식 주택의 안뜰)와

379. 미스. 20세기 갤러리 계획안, 베를린, 1963. 모형. 이 박물관에서는 3가지 레벨, 즉 지붕과 들어올려진 단, 거리를 도입되어서 수평면들 사이의 관계가 더욱 폭넓게 이루어지고 있다. 쿠바에 있는 바카르디 사무소(1958)처럼 기둥들이 모서리에서 훨씬 안쪽으로 배치되어 있으며 유리벽은 후퇴되어 있다.

같은 역할을 한다.(**도판.** 375) 비서실 직원들을 위한 공간은 중앙공간을 둘러싸고 있는 갤러리 양쪽에 배치되어 있다. 좁게 끝나는 부분에 위치한 회의실은 삼나무 목재로 된 벽체에 의해 구획되어 있다. 경쾌한 계단실이 개방적인 1층 바닥에서부터 윗층의 작업실 공간으로 이어지고 있다.(**도판.** 374)

미스가 1963년 베를린의 20세기 갤러리를 위해 계획한 프로젝트(1963)는 쿠바의 바카르디 건물과 아주 유사한 구성을 보여주고 있다.(**도판.** 379) 이 계획안에서도 기둥들은 건물 모서리에서 안쪽으로 물러난 형태를 취하고 있다. 건물 안쪽으로 후퇴되어 서있는 유리벽과 더불어 이 기둥들은 높낮이가 서로 다른 지붕과 마루, 도로들 사이에 생기는 떠도는 듯한 관계를 더욱 고조시키고 있다. 건물은 도로보다 높은 단위에 세워지도록 계획되었다.(**도판.** 379) 따라서 단면도를 통해 알 수 있듯이(**도판.** 380) 이 건물에는 주 소장품을 보관하는 지하실이 있다. 입구층의 유리홀은 임시 전

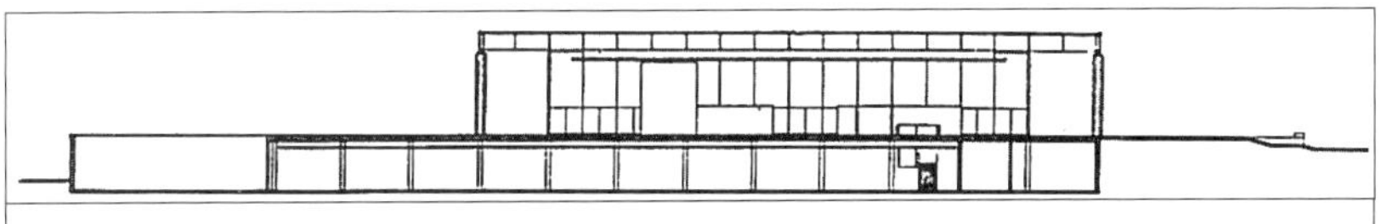

380. 20세기 갤러리 계획안, 베를린, 1963. 동서측 단면. 왼쪽으로 멀리떨어진 곳에 조각 공원이 있다. 상설 전시실은 들어올려진 단 아래에 배치되어 있으며 일시적인 전시실은 1층에 있다.

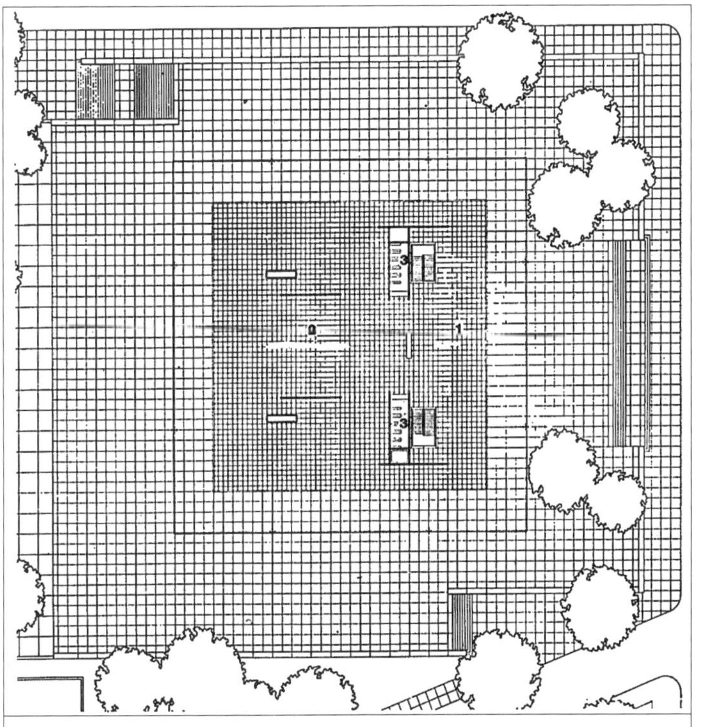

381. 20세기 갤러리 계획안, 베를린, 1963. 일시적인 전시실에 쓰이는 상층 평면.

시회를 위한 공간이다.(도판. 381)

형태의 통일성에 관하여
On the Integrity of Form

Fifth Edition 615쪽 08줄

창조적인 인물에는 여러 유형이 있다. 어떤 사람들은 자신들이 인간 문화에 기여할 운명을 갖고 있음을 초창기부터 확실히 인식한다. 데카르트는 단 하룻밤 사이에 자신의 철학 체계를 터득했다고 고백했다. 그는 그 체계를 더욱 발전시켜 나갔지만 기본적인 골격에 변화를 주지는 않았다.

젊은 시절의 사고에 머물지 않은 창조적인 인물들도 있다. 하지만 그들은 일생 동안 끊임없이 활동하면서 발전을 거듭해 나간다. 괴테가 바로 끊임없이 변화 · 발전하는 이런 유형의 정신을 소유한 전형적인 인물이다.

우리의 시각을 현대 건축에 한정해보면, 창조적 건축가들의 유형 역시 마찬가지라 생각한다. 예를 들어 르 꼬르뷔제의 경우는 확실히 두 번째 유형에 속한다. 그는 조각적인 경향을 계속 발전시켜 나갔으며 동시에 내 · 외부 공간 사이의 새로운 균형감을 개발하려고 노력했다. 그러나 미스는 일생 동안 발전시켜 나갈 경향을 처음부터 감지한 유형에 속한다.

미스는 유리벽과 철골조의 결합에서 야기되는 예술적 표현의 여러 가능성을 깨달은 1920년대 초부터 좀 더 세련된 방식을 사용하면서 이 가능성을 발전시켜 나가야 한다고 생각했다. 마술 지팡이의 도움이 없다면 유리와 강철이라는 산업화의 부산물인 이 재료는 원래 상태 그대로 어떤 곳에서나 발견할 수 있는 평범한 사물 정도에 불과하였을 것이다. 뛰어난 감각으로 디테일들을 다룸으로써, 즉 비례상의 미세한 변화를 가함으로써 이 두 재료는 예술적인 정수로 변모한 것이다. 미스는 '유기적 원리'를 항상 중요하게 생각했다. 즉 "모든 것에 적절한 장소를 설정해주는 질서를 원했고, 모든 것이 그 고유한 성질에 합당한 특성을 갖기를 희망했다."

그가 작업실에서 실물 크기로 구조체와 접합 부분의 디테일 모형을 만들었다는 사실만으로도 충분히 납득이 된다. 평평한 표면과 뼈대의 결합에 앞서 강도 저하와 관련된 문제를 검토해야 한다. 필자는 1964년 4월 미스의 스튜디오 설계판 위에서 베를린 20세기 갤러리의 사각 모듈이 1 : 5 비율로 그려진 것을 보았고, 십자형 단면으로 된 지지 부재 하나가 3차원 모형으로 제작되어 있는 것을 보았다.

공간에 생명을 주려고 끊임없이 노력했기 때문에 더욱 강렬한 건축 표현을 구사할 수 있게 되었다. 모든 형태를 가장 순수하게 표현할 수 있을 때까지 그는 쉬지 않고 노력했다. 그는 현대 건축의 구성적 요소들 중의 하나인 '평면(plane surface)'을 강조하였다. 그는 이러한 평면을 가장 부드럽고 가장 투명한 형태라 할 수 있는 유리판을 좋아했다. 순수한 형태의 정복을 위한 끊임없는 압박감은 건축가들에게 구속적이거나 비본질적인 것으로 보이는 모든 것의 거부로 나타났다. 미스가 말한 "less is more"란 표현 역시 그의 내면에 자리잡은 '절대적인 것(the absolute)'의 요구에서 비롯되었다고 할 수 있다. 비록 그가 몬드리앙의 회화에서 볼 수 있는 정도의 '배타성'으로 발전하지는 않았지만, 그의 '배타성'은 미국 건축에 큰 영향을 미쳤다.

그는 단층 주택이나 2층 주택, 또는 다층 아파트 등과 같이 주거형식은 달랐음에도 불구하고 그 접근 방법에서는 어떤 차이도 보이지 않았다. 이 완벽주의자의 태도는 모든 표면과 윤곽선, 그리고 디테일 등의 치수를 통제하는 형태로 나타났다. 볼륨은 가장 단순한 형태로 축약되었다. 더욱 성숙해가는 건축 기술적인 세련됨은 프로몬토리 아파트(1949), 레이크 쇼어 아파트의 검은 뼈대(1951), 그리고 커먼웰스 아파트의 거의 비물질적으로 처리된 가벼운 알루미늄 가로보들(1956) 등에서 관찰할 수 있다.

미스의 엄격한 원리는 현대 미국 건축에 매우 강한 윤리적 영향을 미쳤다. 그것이 없었다면, 에로 사리넨의 섬세하게 조직된 복합건물인 제너럴 모터스 기술센터(디트로이트, 1951)는 지금과 같은 형태로 서있지 못했을 것이다. 이 뿐만 아니라, 뉴욕의 가장 순수한 마천루에 해당하는 24층 짜리 레버 하우스(파크 애브뉴, 1952)도 마찬가지일 것이다. S.O.M. 사(社)의 고든 번샤프트는 사회적으로 환영받는 레버 하우스의 광장을 만들기 위해 매우 비싼 도심의 땅값에 구애받지 않고, 뉴욕의 보행자들이 자유롭게 이용할 수 있는 공간을 제공하였다. 617쪽 24줄 Fifth Edition

우리 시대의 건축가들 중에 누가 끊이지 않고 연결되는 내부공간을 정교하게 한정된 형태로 형상화하는 방법에 대해 가장 잘 이해하고 있는가를 생각해보면, 아마도 미스가 우리 시대의 가장 명쾌한 해석을 하는 타고난 능력가로 밝혀질 것이다.

주

1. 더 자세한 디테일을 조사하려면, Philip C. Johnson의 Mis van der Roch(뉴욕: 현대 미술관, 1947)와 예술가들의 글과 참고문헌이 담긴 책들을 참조할 것.

2. 베를린의 Friedrichstrasse에 있는 사무소 건물의 현상 공모의 계획안을 통해 1919년 처음으로 이 연구가 시작되었다. 각 연구들이 따로 따로 취급되어서는 안된다. 미스의 재료 사용 방식과 형태의 순수함이 경쟁자들을 누르기 충분했지만 Friedrichstrasse에 있는 사무소 건물에서 미스가 의도한 지상층 평면도는 여전히 1920년대 독일 건축의 표현주의적 경향을 반영하고 있다. 네덜란드 잡지 Wendingen, 제 3권, 5판(암스테르담, 1923)에는 이당시에 유럽을 휩쓸고 있던 고층 건물의 낭만주의에 관한 H.Th. Wijdeveld와 Dr. A.Behne의 흥미로운 글이 실려있다. 이 글을 읽으면, 미스의 계획안과 Hans Poelzig, Hugo Haring등 여러사람들의 계획안사이의 차이점이나 관계성을 인식하게 된다.

3. Johnson의 "미스" 31페이지.

4. J.J.P. Out가 로텔담에 설계한 노동자 주택 계획안, Haarlem에 Ir. J.B van Loghem가 설계한 Rosehaghe주거 단지(1920)과 암스텔담에 있는 그의 콘크리트 Watergraafsmeer주택(1922), 헤이그에 있는 Jan Wil의 Papaverhof주거지(1919~21), 1914년과 1923년사이에 지어진 M. de. Klerk의 아파트(도판. 432),1920년경에 Hilversum에 설계한 W.M.Dudock의 작품등과 비교할 만한 것은 1920년경에 다른 나라에서 찾아 볼수 없다. 유일한 선구적 작품은 Huisterheide(1914~15)에 설계한 Rovert van t'Hoff's의 콘크리트 단독 주택이다.

5. 위의 책 pp.442~443을 참조할 것. 또한, 그로피우스와 모홀로 나기가 편집한 Bauhausbucher 제 10권(뮌헨, 1925)에 나오는 J.J.P.Oud의 Hollandische Architektur와 Ir.J.B.van Loghem의 Holland Built to Live In (암스테르담, 1932)를 참조하라. 이 두책은 주도적인 건축가에 의해서 쓰여졌기 때문에 자료 선택에 있어서 특히 흥미롭다.

6. G 2호(베를린, 1923년 9월)에 처음 실림. 이 책은 미스 반 데 로에와 Richter, Graff가 만들어 낸 정기 간행물이며 이 책에는 이 세명이 등장하고 있다. 이 책의 내용은 Stijl지와 Esprit Nouveau지와 비슷하다.

7. R.J Neutra의 Building and Projects(취리히, 1951)에서 우리는, 데 스틸과 미스 반 데 로에의 현실화 되지 못한 계획안이 Neutra의 발전에 어떠한 영향을 주었는지를 알아내려고 노력했다.

8. Johnson, pp. 76~86.

9. 베를린 건축가인 Luckhardt와 Marcel breuer가 설계한 가족 주택과 다층 아파트를 위한 월터 그로피우스의 홀이 있다. Rassegna d' Architettura 1931년 12월 15일자에 실린 Peiro Bottoni의 "베를린 1931 참조할 것.

10. 479페이지에서 480페이지를 참조할 것.

11. Architecture Vivante(파리, 1928)에 나오는 S. Giedion의 "L'Exposition du Werkbund a Stuttgart 1927"과 "La Cite du Weissenhof"

12. Machanization Takes Command, pp. 523~526, 493~503.

13. 자세한 논의를 조사하려면, Bauen und Wohnen제 9장(취리히, 1951)에 나와 있는Hugo Weber의 "Mies van der Roch in Chicago"를 참조할 것. 이책은 미스 반 데 로에의 작품에 대한 뛰어난 분석서이다.

14. 다음에 열거되는 것은 Promontory Apartmests와 관려뒤 사항이다: Associated Architccts, Pace Associates and Mles van der Roch; Consulting Architects, Holsman and Klekamp; Engineer, Frank J. Kornacker.

알바 알토: 비합리성과 표준화

Alvar Aalto: Irrationality and Standardization

알토는 표준화와 비합리성을 결합함으로써, 더 이상 표준화를 지배개념이나 종속개념에 국한시키지 않은 주도적인 인물이다. 최근 몇 십 년 동안 전개되는 건축경향의 배후에 자리잡은 도덕적 집단들의 중요한 관심사 중의 하나는 '생활과 건축의 통합'을 회복하는 것이다. 알토는 현대 건축의 어휘를 만들어 낸 건축가들 중에 가장 젊은 사람에 속한다.

생활과 건축의 통합

Union between Life and Architecture

일찍이 프랭크 로이드 라이트는 대평원으로부터 직접적으로 '형태 언어'를 발견했다. 1900년경에 설계한 개인주택들은 인간적인 측면이 강조되고 있으며, 라이트가 젊었을 때 한창 발전하였던 고층빌딩들과는 매우 대조적인 모습을 띠었다. 618쪽 11줄 Fifth Edition

유럽이 주도적인 취향의 저급한 건축 언어로부터 벗어나고자 했던 길은 매우 어려웠음이 밝혀졌다. 유럽의 건축적 표현은 그 수준이 너무 형편없어서 더 이상 새로운 방향을 모색하는 것이 불가능한 것처럼 보였다. 시대의 표상을 떠받치는 튼튼한 기초(철골조와 콘크리트 골조)만을 남기고 모든 것을 제거하는 경우에만 치유가 가능할 것 같았다.

이와 같은 정화 과정에 필요한 또 다른 것은 19세기 말경의 부유한 계층들이 숭상했던 허위 개성(pseudo - individuality)을 제거하는 것이었다. 이 작업은 기능에 관한 분명한 프로그램과 강조를 필요로 한다. 1913년경, 월터 그로피우스가 유럽에서 새로운 건축표현 수단을 제시할 때, 그는 곧바로 주택분야에서 이를 실천할 수 없었다. 그는 프레임 구조물이나 공장, 전시장 등을 통해 시작해야만 했다.

1920년경, 르 꼬르뷔제는 새로운 공간 개념의 기반으로 주택을 형상화 해갔다. 그의 출발점은 철근 콘크리트 골조와 큐비즘 이후 발전된 예술적 표현 수단이었다. 여기서 중요한 것은 건설 기술을 풍부한 감각을 통해 이해하고 문제를 확실하게 기능적으로 분석하는 일이다.

같은 시기에 네덜란드는 데 스틸의 활동을 통해 실질적인 해결점은 물론, 예술의 근본원리까지 제시할 수 있게 되었다. 이러한 작업을 주도한 사람들로 데오 반 되스부르크와 몬드리안, 리트펠트, 반 이스턴 등을 들 수 있다. 아우트는 1919년부터 자신이 짓기 시작한 노동자 주택단지에서 이 그룹의 개념을 표현했다. 이 주택 단지에는 기능과 미학이 명인다운 방식으로 결합되어 있다.

이러한 표현 수단과 그 요소들(표준화, 새로운 건설방법, 그리고 다른 무엇보다 새로운 공간개념)은 1930년대까지 고도로 발전하여 대부분의 사람들이 건축 언어를 자유롭게 구사할 수 있게 되었다.

차별성과 원시성의 상호 작용

The Complementarity of the Differentiated and the Primitive

Fifth Edition 619쪽 20줄

알바 알토라는 이름은 1930년경에 이르러 핀란드 밖으로 알려지기 시작했다. 그가 기여한 것은 무엇일까? 그 당시는 유기적이고 비합리적인 특성에 가까운 작품을 만든 호앙 미로와 폴 클레같은 화가들이 주도적인 위치로 부상하고 있었다. 건축에서도 이러한 회화의 경향과 유사한 일이 일어나기 시작했다.

1925년 초, 르 꼬르뷔제의 '신 정신 전시관'에는 자연 대상물(돌, 조개껍질, 기괴한 모양의 뿌리)들이 일상적으로 사용되는 물컵이나 술병처럼 사람들의 오랜 경험을 통해 완전한 표준형을 얻게 된 기계적인 형태의 대상물들과 실험실 도구 등과 나란히 놓여 있었다. 오늘날 우리는 인간이 만든 대상물이나 자연스럽게 자란난 대상물들 모두와 함께 살아가야 할 것 같다.

우리는 새로운 건축이, 철 구조와 철근 콘크리트 구조와 같이 이미 확실한 위치를 점유하고 있던 분야에서 초기에 어떤 방식으로 발전되어 왔는지를 보았다. 그러나 1930년경에 가서 새로운 표현수단이 개발되었다. 이즈음에야 비로소 더욱 발전을 향한 노력과 '합리적이면서 기능적인 것'에서 '비합리적이면서 유기적인 것'으로의 과감한 도약이 가능했던 것이다. 이러한 요구는 기능적인 개념 자체에 이미 내재되어 있다. 그릇된 오해를 피하기 위해, 나찌의 십자장 깃발 아래 19세기의 주도적인 성향에 반격을 가했던 독일의 1930년대 경향과 유기적 성향의 발전과정은 결코 유사하지 않다는 것을 먼저 지적해 두고자 한다. 지금까지도 대량생산과 표준화에 대한 생각은 결코 사라지지 않고 있나. 현재 우리는 필요한 기술과 인간적인 측면에서의 이러한 기술들의 이용과 관련있는 통찰력을 더 필요로 할 뿐이다.

철구조나 철근 콘크리트 구조 이외에도, 오랜 재료로 사용된 목재의 중요성이 다시 대두되었다. 1930년대에 와서 제조업자들은 나무의 모든 가능성을 보여주었다. 마치 알토의 탄생 별자리가 그로 하여금 알바 알토라는 이름과 매우 긴밀한 관계가 있는 이 재료를 새로운 시각으로 바라볼 수 있게 운명지워 놓은 것 같다. 알토는 우리 시대의 예술원리에 능통한 만큼이나 유기적인 화학작용을 잘 이해하고 있었다.

어디를 가든 핀란드는 알토의 마음 속에 있었다. 핀란드는 알토에게 그의 작품 속에 항상 흐르는 에너지의 내적 근원을 제공했다. 스페인에는 피카소가, 아일랜드에는 제임스 조이스가 그 나라를 대표하는 예술가인 것처럼 핀란드에는 알토가 있었다. 현대예술의 본질을 구성하는 중요한 해당분야의 대표적 인물들이 어떤 제한된 인간적 환경에서 배출되었다는 것과 그들의 작품이 아무 근거없이 만들어진 것이 아니라는 것이다. 그리고 공간과 시간 사이의 장벽, 나라 사이의 장벽, 미래와 과거 사이의 장벽이 사라졌으며 우리 시대의 전 세계, 그리고 전 역사가 하나의 대담한 물결 속에서 융합되고 있다는 것도 현대 예술의 본질 중의 하나이다. 브라크는 이것을 그의 스케치북에서 베르그송적인 방식으로 표현하고 있다. "미래란 현재에 의해 결정되는 과거의 반영이다."▼1

우리 시대의 훌륭한 점 중의 하나가 바로 기술적인 것과 원시적인 것을 결합하려는 노력이었음을 후대 사람들은 인식하게 될 것이다. 모든 예술 분야에 이와 같은 유사한 현상이 나타나고 있다. 즉 잊혀진 의식의 한편에서부터 우리 안에 내재되어 있는 원시 인간들의 요소들이 다시 빛을 보게 되었으며 이와 동시에 이 원시적 요소들과 오늘날의 요소들 사이의 통합이 이루어지고 있다. 620쪽 36줄 Fifth Edition

알토는 매우 부지런한 사람이었다. 그는 핀란드의 소나무 숲과 자작나무 숲에만 머물러 있지는 않았다. 그는 대륙과 접촉을 가졌다. 또한 1939년 이후로는 미국에서 활동을 시작하였다. 예술적 발전에 힘을 주는 것이면 어떤 시대나 장소와도 접촉하는 본성을 지닌 인물이었다. 게다가 그는 페르낭 레제, 한스 아릅, 브랑쿠시 등과 같은 예술가들과 개인적인 친분도 다지고 있었다. 그는 현대예술을 비록 눈에 보이지는 않지만 자신의 창조성에 결정적인 힘을 제공하는 거대한 저장소로서 바라보았다. 그가 벽에 스케치한 간단한 계획안은 물론, 그가 설계한 요양소, 공장, 비푸리 도서관에서 이를 확인할 수 있다.

뉴욕 세계박람회의 핀란드 전시관을 짓기 위해 미국에 머무르고 있을 당시(1939), 알토와 필자는 조각가인 브랑쿠시와 자리를 함께 한 적이 있었다. 브랑쿠시가 인도의 왕을 위해 자신이 만든 작품에 대해서 이야기하고 있을 때 알토가 갑자기 소리를 질렀다. "알았다! 브랑쿠시, 자네는 아시아와 유럽의 교차점에 서있는 거라구" 핀란드 역시 동·서양의 교차점에 위치하고 있었다. 그리고 원시시대와 중세의 많은 잔재들이 여전히 핀란드에서 숨쉬고 있으며, 근대 문명과 서로 혼합되고 있다는 사실도 알아야 한다. 이 두 가지 특징은 그의 성향에 내재되어 있었고, 그의 작품에 창조적인 긴장감을 불러일으키는 원동력이 되었다.

1930년 이전의 핀란드 건축

Finnish Architecture before 1930

Fifth Edition 621쪽 30줄

핀란드는 가장 오랫 동안 빙하로 덮혀있던 나라이다. 지구의 여러 곳을 거쳤던 문명은 신석기시대부터 지금까지도 항상 이 나라에 제일 늦게 도착했다. 동양과 서양의 문명이 이 곳에서 서로 결합될 때도 있었다.

382. 핀란드 목재 운반. 숲속에서 건조된 후, 바다를 향해 1년 동안 강과 호수를 따라 수백마일을 거쳐야 할 여행을 시작한다. 바다에 있는 대규모 섬유소 공장에서 이 나무들은 펄프로 바뀐다.

유럽의 모든 나라들 중에 핀란드는 여러 면에서 매우 독특한 나라라 할 수 있다. 초기의 노르웨이 바이킹이나 중세의 덴마크, 17세기의 스웨덴의 경우처럼 이 나라 국민들은 왕실의 권력과 호화로운 생활에 대해 한 번도 반감을 표시하지 않았다. 화가 난 나폴레옹에 의해 러시아로 넘겨지기 전까지 수백년 동안 핀란드는 스웨덴의 일부였다. 모든 이국의 통치자들이 이 나라에 그들의 흔적을 남겨 놓았지만 어떠한 침입자들도 이 나라 사람들을 억누르지 못했다. 핀란드 사람들과 잘 지내는 유일한 길은 가능한한 그들을 구속하지 않은 채 내버려두고 우호적인 방식으로 다루는 것이었다. 핀란드의 저력을 이루는 것은 영혼 깊숙한 곳에 고여있는 침착한 견실함이 부드러움이나 친근함과 잘 조화되고 있다는 점이다.

온통 호수와 숲으로 둘러싸인 핀란드는 지형면에서 물과 땅이 처음으로 갈라졌던 천지창조 시기의 모습을 보여주고 있다. 핀란드는 광활한 땅과 황야의 나라이다. 국토 면적은 스위스의 열 배나 되지만 인구는 스위스와 동일하다. 구리와 목재, 물이 이 나라의 중요한 천연자원이다. 바다를 향한 배출구가 있는 네 다섯 개의 수로체계를 통해 만 개에 달하는 호수들이 서로 연결되어 있는 것으로도 유명하다. 이 배출구는 러시아의 경우처럼 얼어붙은 북쪽이 아니라 서쪽이나 남쪽을 향해 나있다.

핀란드의 주된 천연자원은 목재이다. 여름철 북쪽지방에서 나무를 벌목한다. 숲속에서 6개월 동안 건조된 후에 바다를 향해 1년 동안 강과 호수를 따라 수백 마일을 거쳐야 할 여행을 시작한다. 이 나물들은 강 어귀의 대규모 섬유소 공장에서 펄프로 바뀐다.(도판. 382)

1차 세계대전 직전 핀란드를 포함하여 중앙 유럽과 스칸디나비아 반도의 모든 나라들은 번영의 시기를 누리고 있었다. 그것은 오랫동안 지속된 평화의 결과였다. 이 당시 핀란드가 강력한 건축 표현을 나름대로 정착시키기 위해 노력한 것도 쉽게 관찰할 수 있다.▼2

623쪽 13줄 Fifth Edition

필자가 1948년 가을, 헬싱키의 리버럴 클럽의 오찬에서 만날 당시 여든이 넘는 노인이었던 라스 소녹은 핀란드의 노장 건축가 중에서 가장 영향력있는 인물이었다. 다듬지 않은 화강암 덩어리를 닮은 그는 1910년대의 정통 아르누보 운동에 따라 훌륭한 교회 건물을 지었다. 이 건물의 직접적인 표현성과 화강암, 콘크리트, 공간 등을 다룬 방식은 오늘날의 관찰자들에게도 즉각적인 감홍을 불러일으키고 있다.▼3

383. 알바 알토. 라푸아 마을의 농림 전시관, 핀란드 북부. 외부. 쪼개지 않은 통나무로 된 이 건물은 농림 전시관이라기보다, 인디언을 방어하기 위한 울타리 쳐진 요새처럼 보인다. 핀란드 북부의 한 숲에 세워진(1938)이 건물의 거친 특성을 통해 ,알토가 서부유럽의 영향을 받아도 상투적인 경향을 따르지는 않았음 것을 알 수 있다. 수직적인 부재들로 구성된 이러한 방식이 더 세심하게 다루어진 사례들은 알토의 작품(1937년 파리, 1939년 뉴욕의 세계박람회) 에 자주 등장한다.

384. 알바 알토. 라푸아 마을의 농림 전시관, 핀란드 북부. 내부.

엘리엘 사리넨은 핀란드를 떠나 미국으로 향하기 전에 헬싱키에 세운 철도역(1906~14)을 통해 핀란드 이외의 지역에 이름이 알려지기 시작했다. 이 유명한 건물을 보면 남부 독일의 영향력을 쉽게 떠올릴 수 있다. 그리고 이 건물은 철도역의 전형적인 모습보다 더 우아하고 자유로운 표현을 보여주고 있다.

1920년대 후반 헬싱키에 지어진 J. S. 시렌의 국회의사당은 스웨덴 고전주의(특히, 이바 텡봄과 그의 그룹)를 보여주는 한 예이다. 이 건물에서는 스톡홀름에 지어진 오에스베르크의 시청사를 후에 가서 보잘 것 없게 만든 과도한 향수 냄새가 나지 않는다.

알토의 첫 번째 건물
Aalto's First Building

625쪽 04줄 Fifth Edition

알바 알토의 활동적인 삶은 핀란드 역사상 가장 역동적인 시기와 일치한다. 우선 이 시기에 독립이 이루어졌으며 누구로부터도 방해받지 않는 자유를 짧게 맛본 후 두 차례의 전쟁이 바로 잇달았다. 정상적인 경우라면 이러한 사건들 하나 하나가 핀란드를 단 한 번에 파괴하기에 충분한 것들이었다. 이 재앙이 끝난 후, 손상된 산업 현장을 재건할 만한 자금은 거의 없었다. 주택건설은 극도로 감소해야 했고, 시청이

385. 알바 알토, 투르쿠 건립 700주년제의 오케스트라 플랫폼, 1929.

나 박물관, 도시 센터와 경제적인 번영을 상징하는 건물들을 세울만한 자금이 거의 없었다. 따라서, 알토의 초기 작품에는 대규모 공공 건물이 전혀 없다. 파이미오에 세워진 요양소, 수닐라의 공장 단지, 고급스러운 마이리아 등은 나라를 지키기 위해서 핀란드가 치룬 두 번의 큰 전쟁이 있기 전의 짧은 기간 동안 이루어진 건물들이다.

핀란드에서는 산림원과 건축가가 다른 나라보다 더 높은 사회적 지위를 누리고 있다. 그들은 일종의 귀족층을 형성하고 있으며 산림원이었던 알토의 조상들도 이 귀족의 부류에 속했다. 알토 본인은 알라자르비란 마을에서 성장했다. 이 마을은 핀란드에서 가장 인구밀도가 높은 지역의 북서쪽 끝에 근접해 있다. 그는 건축가로서의 경력을 일찍부터 시작했다. 헬싱키에 있는 공과대학의 학생이었을 때 고향 부모님을 위한 주택을 설계했다. 1922년에는 지바스키라에 처음으로 교회를 설계했다.

Fifth Edition 626쪽 10줄

초창기에 알토는 핀란드의 몇몇 전시회와 인연을 맺고 있었다. 이 글에서는 이러한 일시적인 목적을 위해 지어진 건물들 중의 하나만을 언급하고자 한다. 이 건물은 핀란드의 옛수도인 투르쿠(에보)의 건립 700주년을 기념하는 전시회 오케스트라 박스였다. 약간 굴곡진 이 목재 오케스트라 박스(**도판. 385**)는 많은 조각들이 미세하게 결합되어 만들어졌으며 정교한 윤곽과 더불어 경사진 무대 바닥과 조화를 이루어 완벽한 음을 확실하게 전달하는 역할을 하고 있다. 또한 이 오케스트라 박스는 조형적인 유연함도 돋보인다. 비푸리 도서관 강당의 천장과 벽을 서로 연결할 때에도 이러한 방식을 사용했다.

1920년대 중반, 3명의 젊은 핀란드 건축가들인 알토, 브리그만, 후트넨 등이 활동을 시작했다. 후트넨은 멋진 밀가루 공장을, 브리그만은 여러 호텔들과 예배당, 보험회사 건물 등을 짓고, 알토는 농업 조합 사무소빌딩과 연립주택, 600명을 수용하는 극장등을 포함하는 대규모 단지를 보면 이들의 예술적 풍(風)을 서로 구분하기가 어렵다. 이 결과물들은 모두 1928년 투르에서 이루어졌으며, 이곳은 알토가 자신의 사무실을 개소한 곳이다.

이후, 1928년에서 1930년 사이 투르쿠에 투룬 - 사노마트 사무소 빌딩이 지어졌으며, 이 건물은 알토의 작품들 중에 핀란드 이외의 지역에 처음 알려진 작품이다. 이 건물에서 이미 서양 기술과 알토 개인의 예술적 언어가 서로 융합되어 있음을 발견할 수 있다. 철근 콘크리트 골조, 수평 창문열, 옥상정원, 특히 인쇄기가 저장되어 있

386. 알바 알토, 투룬 – 사노마트 빌딩, 투르쿠, 인쇄실, 1928~30.

387. 알바 알토, 투룬 – 사노마트 빌딩, 1928~30.

는 지하홀의 버섯모양 천장 등에서 잘 나타나고 있다. 천창으로 조명되는 이 홀의 끝이 뾰족한 기둥들은 한쪽으로 치우친 버섯모양 주두와 함께 알토의 수법을 잘 보여주고 있다.(도판. 386~387)

서른 살이 되기 전, 알토는 농업협동조합, 투룬 - 사노마트 빌딩, 비푸리 도서관, 파이미오 요양소 등의 설계를 의뢰받았다. 이 건물들은 모두 현상공모에 당선된 작품들이다. 알토의 천재성을 증명하려는 것이 아니라 핀란드의 건축 분위기를 파악하는데 필요하기 때문에 언급한 것이다. 예를 들어, 스위스나 미국과 같은 다른 민주주의 국가들 중의 한 나라에서 자라났다면, 알토는 결코 1929년이라는 이른 시기에 파이미오 요양소와 같은 건물 계획안으로 일등상을 받지 못했을 것이다. 날개를 펴보기도 전에 부러졌거나 혹은 타협에 의해서 산산조각났을 수도 있다. 출발부터 정확하게 훌륭한 인재를 발굴하고, 그 인재를 믿은 핀란드 정부의 능력은 핀란드의 정신적인 리더십을 가장 잘 드러내는 예라 할 수 있다.

파이미오 요양소, 1929~33

Paimio: The Sanatorium, 1929~33

Fifth Edition 629쪽 01줄

우리가 알고 있는 한, 현대 건축의 성장과 긴밀한 관계가 있는 세 개의 공공 건물이 있다. 그로피우스의 바우하우스 건물(1926), 르 꼬르뷔제의 제네바 국제 연맹관 계획안(1927), 핀란드 북서부에 위치한 옛 수도 투르쿠에서 그리 멀리 떨어져 있지 않은 파이미오 요양소 건물(1929~33)이 그 예이다.

알토가 설계한 이 시설은 290명의 환자들을 수용하는 중규모의 결핵요양소이다. 일직선을 이루며 6층까지 솟아있는 주 건물은 남서쪽을 향하고 있다. 돌출한 발코니에 위치한 일광욕실은 미세한 각도를 이루면서 건물 옆에 붙어있다.(도판. 389) 알토가 이 공공 요양소의 현상설계에 당선된 1928년 말 당시의 분위기로 볼 때, 한 줄의 철근 콘크리트 기둥으로 일광욕실을 지지하고 뒤쪽의 평평한 벽하나로 이 일광욕실을 구획하며, 일곱 개의 열을 이루는 발코니가 일직선 형태로 돌출하는 표현을 할 때는 용기가 필요했다. 요양소 건물의 경우 흔히 환자들이 직접 밖의 공기와 접할 수 있도록 하기 위해 병실과 발코니를 하나의 유닛으로 생각하기 쉽다. 그러나, 파이미오 요양소의 경우는 병실과 직접 연결된 발코니는 하나도 없다. 발코니와 병실을 분리한 것에는 충분한 이유가 있다. 의사들의 주장에 따르면, 각자의 취향이나 선택에 따라 환자들이 소규모 그룹으로 보일 수 있게 하는 것이 요양 치료에서 매우 중요하다고 한다. 환자들이 끝없이 열지어 있는 인상을 피하기 위해 작은 간막이벽들을 사용하여 소규모 그룹 단위로 나눈 것이다. 꼭대기층은 휴식공간으로 사용되며 건물의 총길이 만큼 공간이 할당되었다.(**도판. 388**) 주 건물과 이 휴식공간이 서로 교차되는 지점의 차양에 파동치는 곡선을 부여하여 이 두 부분을 서로 연결하고 있다. 라운지의 의자에 앉아서 근처의 전나무 꼭대기를 관찰할 수 있고 그 앞에 펼쳐진 숲을 바라볼 수 있다. 한편, 건물의 콘크리트면을 부드럽게 하기 위해 발코니를 따라 세워진 원통에 소나무도 심었다.

629쪽 35줄 Fifth Edition

개인 병실의 기본적인 배치에서도 인간적인 측면이 고려되었다. 전등을 침대 가까이에 놓고, 작은 벽장의 베니어판 문을 타원형으로 만들고, 외풍이 들어오지 않으면서도 신선한 공기가 유입될 수 있도록 창문을 단순하게 배열하고, 물흐르는 소리가 안 나도록 욕조를 특수하게 디자인하며, 천장 복사난방을 일찍부터 사용한 점 등에서 잘 나타나고 있다.

환자들이 머무는 주 건물과 직각을 이룬 곳에 계단실과 엘리베이터가 있는 짧은 익부가 배치되어 식당과 사교실을 잇는 연결고리 역할을 하고 있다. 이 익부로부터 뻗어 나오는 부분에 위치한 치료 및 관리 업무용 공간은 약간 낮은 곳에 위치하고 있

388. 알바 알토. 결핵 요양소. 핀란드 남부, 파이미오, 1929~33. 병실 꼭대기에 있는 휴게소.

으며, 식당, 세탁소, 전기실 등은 이보다 더 낮은 곳에 위치하고 있다. 전체 요양소 건물과 분리되어 멀리 떨어진 곳에는 의사들과 직원들을 위한 주택이 배치되어 있다.(**도판**. 391) 이 요양소 복합건물에서 나타나는 자연스러운 배치를 통해 그의 도시계획에 대한 개념을 엿볼 수 있다.

건물의 어느 곳에서나 시 · 공간 개념을 강화하는 새로운 일면을 발견할 수 있다. 모든 벽들은 병실의 기능에 따라 각각의 고유한 존재를 드러내도록 계획되었다. 그러나 강력한 조형적 감각에 의해 모든 벽이 서로 유사한 형태를 갖거나 서로 닮아 보

389. 알바 알토. 결핵 요양소. 핀란드 남부, 파이미오, 1929~33. 입구쪽 광경.

인다. 이 요양소 건물이 지어질 당시, 북부 유럽에 세워진 어떤 건물도 형태의 순수성과 개념의 대담성이라는 측면에서 이 건물과 비교할 만한 것은 없었다. 바우하우스와 르 꼬르뷔제의 국제연맹관처럼, 여러 부분들이 각각의 고유한 기능을 가지면서도 다른 부뷴들과 단절되지 않고 완전히 융합되어 있는 것이다. 이 복합건물을 완전히 둘러보고 나서야 비로소, 시 · 공간 개념과 땅과 나무와의 밀착감을 느낄 수 있다.

파동벽

The Undulating Wall

390. 알바 알토, 결핵 요양소, 핀란드 남부, 파이미오, 1929~33. 병실과 휴게소의 모습.

391. 알바 알토, 결핵 요양소, 핀란드 남부, 파이미오, 1929~33. 배치도.

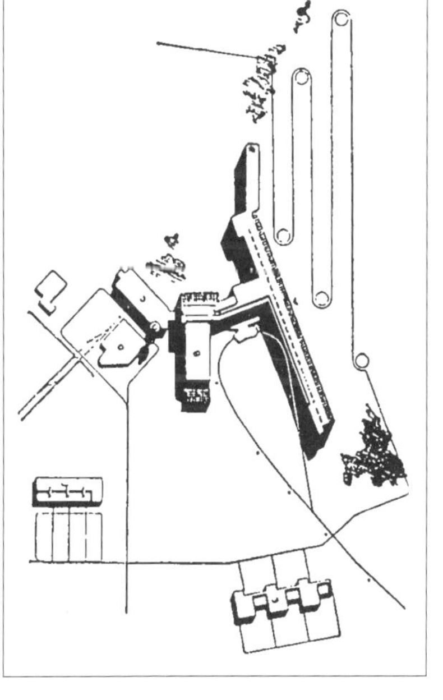

알토가 자유롭게 자신을 표현한 몇 안 되는 작품들 중의 하나가 1927년과 1934년 사이에 여러 난관을 뚫고 지어진 **비푸리 도서관**이다. 이 건물은 러시아와 핀란드간의 전쟁으로 손상되었으며 잇달은 충돌에 의해서 거의 완전히 파괴되었다. 이 건물은 도서관에 걸맞는 특성을 가지고 있다. 이러한 특성은 세심하게 시공된 둥근 천창과 넓은 연결 현관이 있는 강연실에서 잘 나타나고 있다.

알토가 강연실의 파동치는 목재 천장을 다루는 방식은 사적(史的)으로도 매우 중요하다. 오늘날의 건축가들은 일상적인 기능의 범위를 넘어선 천장 영역을 너무 꺼려한 나머지 아무도 이 영역에 나서지 않고 있다. 바로 이 천장 영역에서 건축가는 표현의 자유를 마음껏 누릴 수 있다. 로마의 판테온 이후, 볼트(천장)는 항상 당대의 상징적 힘이 표현되는 곳이었다.

Fifth Edition 632쪽 30줄

르 꼬르뷔제와 마찬가지로 알바 알토 역시 우리 시대에 적당한 방식으로 볼트문제를 새롭게 파헤치려고 노력한 몇 안 되는 현대 건축가들 중의 한 명이다. 비푸리 도서관에 있는 친근한 분위기의 홀에는 천장의 비합리적인 곡선이 미로의 회화(**도판. 392**)에서 볼 수 있는 꾸불꾸불한 선처럼 공간을 미끄러지듯이 타고 내려간다. 강연자석 뒷쪽의 바닥에서부터 유리벽을 따라 비합리적으로 굴곡져 있는 좁고 길게 쪼개진 적색 나무조각이 위를 향해 퍼져가고 있다. 물론, 천장에 부여한 파동형태를 통해 소리가 사람들의 귀에 좀 더 정확하게 전달될 수 있다는 것을 세심한 음향 다이어그램

392. 알바 알토, 비푸리 도서관, 1927~34. 강의실의 파동치는 천장.

393. 알바 알토, 세계박람회, 핀란드관, 뉴욕, 1939. 내부의 파동벽.

394. 핀란드의 호수와 숲, 아울렌코.

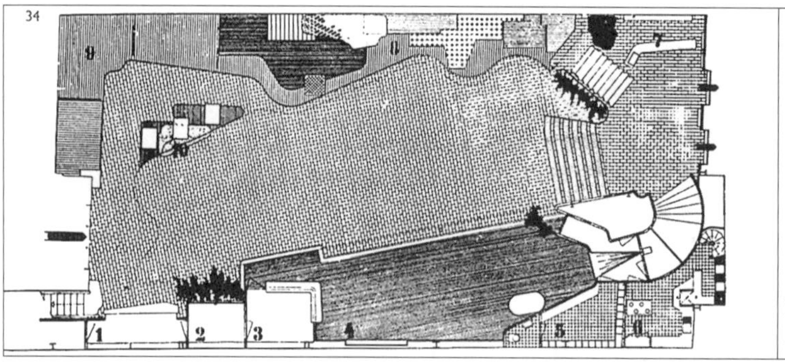

395. 알바 알토. 세계박람회, 핀란드관, 뉴욕, 1939. 지상층 평면도.

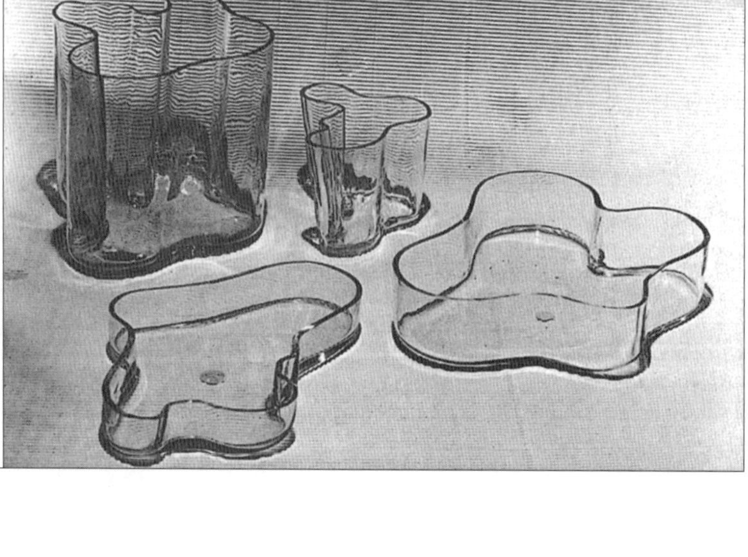

396. 알바 알토. 유리 꽃병.

으로 증명해 보이기도 했다. 바로 이 홀에서 과학적 논리와 예술적 상상력이 서로 결합되어 지금까지도 사라지지 않고 항상 위협을 가하는 경직성으로부터 건축이 자유롭게 된 것이다.

알토는 핀란드관의 벽을 더 자유로운 방식으로 사용했다. 1939년의 뉴욕세계박람회에서 가장 대담한 작품이 바로 이 건물이라는 것은 분명하다. 즉 3층 높이의 경사진 목재 스크린이 자유롭게 그려진 굴곡을 따라 내부공간을 감싸고 있다. 이 스크린은 세부분으로 나뉘어져 있으며 각 부분은 그 윗부분에 비해 돌출해 있다. 이와 동시에 스크린 전체는 앞을 향해 기울어져 있어서 연속적인 움직임 효과가 더욱 강조되고 있다. 수직 리브열과 이 열들이 만들어 내는 변화하는 그림자의 리듬이 거대한 스크린 면에 생기를 더해 주고 있다.(도판. 393)

633쪽 11줄 Fifth Edition

모든 디테일에는 나름대로의 의도가 담겨 있다. 포스터 전시기법에 있어서 파동치는 표면은 큰 사진을 거는데 더 많은 공간을 줄 수 있으며, 앞쪽으로 기울어진 경사는 맨꼭대기에 걸린 그림을 전시 각도에 좀 더 근접할 수 있게 하며, 수직 리브열은 그림을 앞으로 내미는 효과를 주며, 유동하는 움직임을 더 강하게 드러내는 상층의 캔틸레버는 작품을 집중시켜 전시할 수 있는 방을 제공해 준다.

두드러진 특징은 이러한 실험과 관련된 내부공간의 새로운 구성법이다. 이 구성법은 지금까지도 많은 사람들에게 조야하고 세련되지 못한 인상을 주었다.(도판. 395) 그러나 모든 완벽한 작품과 마찬가지로 이 핀란드관 역시 건축 발전의 주축(主軸)에 위치하고 있으며 과거와 미래의 요소를 동시에 보여주고 있다.

397. 알바 알토. 기숙사(베이커 하우스). MIT. 1947~49. 항공 사진.

398. 알바 알토, 기숙사, 1947~49. 돌출해 있는 라운지와 식당이 보이는 찰스 강쪽 정면.

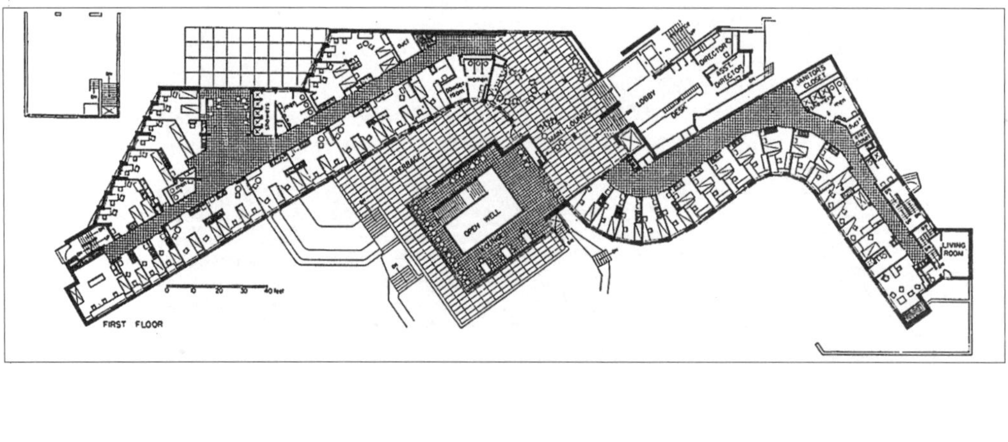

400. MIT기숙사. 테라스가 있는 라운지와 지하 식당.

401. MIT기숙사. 발코니 라운지와 식당동에 이르는 계단. 알토의 전형적인 수법인 원형 천창을 주목할 것.

402. MIT기숙사. 입구와 돌출 계단이 나타나 있는 운동장에서의 모습.

천장과 간막이벽에 유동성을 부여한 다음, 알토는 M.I.T.기숙사(캠브리지, 1947)의 벽에 다시 재도전을 했다.

기숙사의 정연한 프로그램에 새로운 해설이 가해진 것이다. 많은 사람들이 기거하는 이러한 건물에서 종종 발산되는 개미탑 같은 분위기를 없애기 위해 모든 수단을 동원하였다. 알토는 매우 다양한 수단을 통해 각 개인들에게 고유한 권리를 부여했다. 즉 계단실 배치방식, 공간의 혼성, 변화가 가미된 침실의 용적과 형태, 배열 등이 이러한 수단에 속한다. 스스로 설명하듯이, 그는 모든 학생들에게 건물의 긴 길이를 인식시키지 않고 챨스강의 풍경을 명확하게 볼 수 있도록 과감하게 파동벽을 이용하여 파사드를 자유롭게 한 것이다.**(도판. 397)**

찰스 강을 따라 서있는 하버드의 대규모 학생 기숙사들은 대부분 18세기의 영국 주택풍으로 지어졌다. 비록 이 건물들이 학생들에 익숙해져 있는 현대 생활방식과 현저하게 대조되는 봉건적인 행동방식을 철저하게 강요하고 있음에도 불구하고 그들은 이 건물에서 살아가야 한다.

알토의 기숙사는 이러한 방식에 변화를 가져다 주었다. 내부는 회반죽되지 않은 벽돌벽이 거칠게 드러나 있고 생기있는 분위기에 손상을 가하지 않으면서도 학생들의 침실과 작업실을 가능한 한 작게 만들었다. 일반실의 경우도 마찬가지이다. 그가 그 자신만의 전형적인 원형 천장으로 네모진 식당을 꾸며 나가는 방식은 흥미롭다.

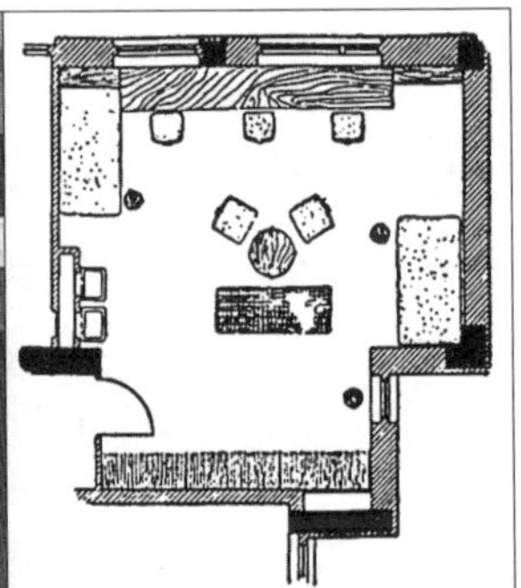

403. 알바 알토, MIT기숙사. 회벽칠 되지 않은 벽돌벽. 공간을 절약하기 위해서 침상이 마련된 3인용 연구실.

건물의 파동치는 파사드에 식당을 근접시키는 것을 두려워하지 않았다. 내부공간 자체는 두 개의 층으로 구성되어 있으며 이 방식은 비푸리 도서관이나 후기 작품 등에서도 볼 수 있는 그만의 특성을 이루고 있다.(**도판.** 401) 긴 선을 이루는 계단 구조물을 측면파사드에서 조형적으로 돌출하는데 사용한 전례없는 방식은 알토의 독립적인 경향을 보여준다.(**도판.** 402) 입구로 들어가자마자 투명한 전체 건물이 한 눈에 들어온다.

그로피우스는 하버드 대학의 대학원생을 위한 기숙사 건물인 하크니스 센터를 알토와 전혀 다른 방식으로 초기 학생 기숙사의 육중함을 극복했다. 열린 마당을 둘러싸도록 건물 전체를 구성하기 위해 건물 모두를 저층으로 만들었다. 호세 루이 서트는 결혼한 500명의 하버드 학생들을 위해서 찰스 강 근처의 대규모 단지(1963~64)에 이와 또 다른 방식을 채용했다. 이 단지는 세심하게 구성된 세 채의 22층 타워들과 서로 다른 형태의 저층, 고층 건물들이 서로 상호 작용하고 있다.

경직성 때문에 초래될 수 있는 위험으로부터 건축을 보호하려는 알토의 의도는 르 꼬르뷔제의 대학 도시(파리, 1930~32)의 스위스관에 사용된 굴곡진 벽과 알제(역주: 알제리의 수도) 계획안(1931)을 이어받고 있다. 앞서 지적한 것처럼 이러한 시도들은 보로미니의 산 카를로 알레 콰트로 폰테인(1662~67, **도판.** 82)의 파사드에서부터 18세기 후반에 유행했던 영국의 반달모양 광장에 사용된 꼬불꼬불한 길(**도판.** 83)에 이르는 동안, 공간을 조절하는 수단으로 여겨진 파동벽의 전통을 잇고 있다.

유기적인 자유로움을 사물에 불어넣으려는 알토의 노력은 또 다른 뿌리라 할 수 있는 핀란드의 자연으로부터 온 것이기도 하다. 호앙 미로가 카탈로니아 지방의 풍경에 뿌리를 두고 있고 입체파들이 파리의 한 카페에서 경험할 수 있는 것(탁자, 술잔, 술병, 신문)들을 새로운 공간개념으로 전환한 것처럼, 알토는 핀란드 호수의 굴곡진 윤곽에서 직접적인 영감의 근원을 발견했다. 이 호수들은 자연이 이룬 놀라울 정도의 부드러운 경관을 보여주며, 물의 가장자리에 근접해 있는 숲에 의해 안락하게 둘러싸여 있다.(**도판.** 394, 396)

640쪽 07줄 Fifth Edition

수닐라 공장과 그 조경, 1937~39

Sunila: Factory and Landscape, 1937~39

알토가 핀란드에서 주로 설계한 분야는 공장 건물에서부터 모든 공업지역의 재개

404. 알바 알토. 수닐라, 1937~39. 컨베이어, 공장과 화강암 덩어리.

405. 알바 알토. 수닐라, 1937~39. 창고와 컨베이어.

406. 알바 알토, 수닐라, 1937~39. 넓게 터진 바다를 향한 보습.

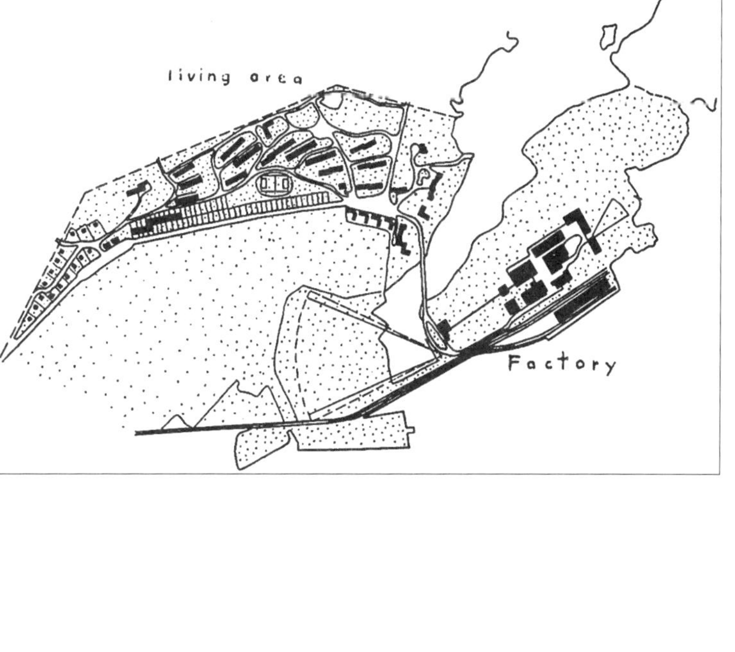

407. 알바 알토, 수닐라, 1937~39. 공장과 주거지역의 평면.

발작업에 이르는 산업계획이었다. 그 중에 뷰옥시강 유역 개발사업(1947)이 있다. 러시아로 합병된 왼쪽 강둑 부분은 손을 댈 수 없었고, 모든 공업용 시설과 주거지, 공동체 시설을 이전함과 동시에 새로운 도로망을 개설하였다.

알토는 여러 채의 섬유소 공장▼6과 제재소▼7를 설계했다. 이러한 건물에서는 미국의 산업용 공장이 보여주는 웅대한 스케일이나 로테르담의 반 넬 공장에서 나타나는 우아한 사치스러움은 찾아볼 수 없다. 그러나 알토는 공장이 전문적인 시설이었음에도 불구하고 생산공정보다 대지와 재료의 사용, 그리고 공간 속의 볼륨구성 등에 더 비중을 두어 건축 작품의 영역까지 끌어올릴 수 있는 방법을 알고 있는 사람이었다. 수닐라 공장(1937~39)이 그 좋은 예이다.

1년에 8만톤의 셀룰로이드판을 생산하는 수닐라 공장은 다섯 개의 핀란드 목재회사들이 공동으로 투자해서 지은 것이다. 오늘날에는 공장이 공장 자체만으로 뛰어나면 충분하다고 여겨지지만, 이 공장은 그저 단순한 공장이 아니다. 여러 주거지역들과 생산지역으로 이루어진 복합 단지의 일부를 이루는 공장이다. 주거지역은 공장 건물보다 먼저 세워졌으며 핀란드 특유의 증기욕탕이나 세탁소 등과 함께 소나무 숲 여기저기에 자리를 잡고 있다.(**도판**. 407)

Fifth Edition 641쪽 17줄

수닐라는 작은 만(灣)에 위치한 섬 위에 세워져 있다. 도매상 건물의 긴 수평성과 공장에 부속된 여러 건물의 수직적인 악센트가 해변을 따라 옆으로 계속되며, 이 건물의 형태(**도판**. 405)를 한정짓고 있다. 저장탑 사이를 연결하는 수송로의 기울어진 대각선은 공격적인 모습으로 전체 공장 지역을 관통하고 있다.

알토는 공장이 서있는 둥근 화강암 덩어리를 폭파하여 해변과 해당 대지를 같은 레벨로 만들고자 하지는 않았다.(**도판**. 404) 그는 한편으로는 화강암 덩어리의 육중함과 다른 한편으로는 수송로를 지지하는 여러 철탑들로 이루어진 섬세한 강철 구조물과 평평한 벽돌벽의 상이한 질감 사이에서 발생하는 대조적 특성을 다루는 방법을 알고 있었다.

수닐라는 가장 완벽한 생산 라인을 가지고 있다. 공장 내부는 거대한 컨테이너와 보일러, 다이제스터가 있다. 액체와 목재 펄프가 흐르는 파이프 터널과 넓은 홀에 고립되어 서있는 대규모 섬유소 건조 기계도 갖추고 있다. 그러나 내부에서 사람은 찾아볼 수 없다. 하루에 30,000개의 통나무를 목재 펄프로 바꾸는 작업을 관리하는데

408. 알바 알토. 마이레아 주택. 1938~39. 외부.

409. 알바 알토. 마이레아 주택. 1938~39. 지상층 평면도.

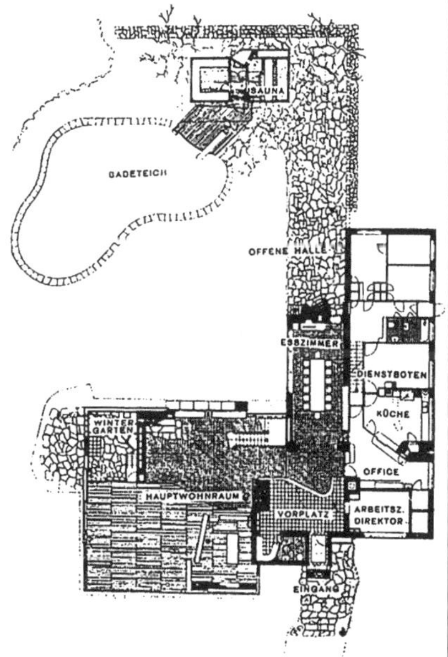

필요한 인력은 55명이면 충분하다. 그러나 공장에 통나무를 보내기 위해 숲속에서 일하는 사람들은 3천명이 넘는다. 서로 다른 높이의 평지와 수많은 홀을 연결하는 계단 위에는 사람의 흔적이 전혀 없다. 이 공장의 내부에는 '해저 2만리'에 등장하는 네모 선장의 '노틸러스호'와 유사한 분위기가 감돌고 있다. 이 공장은 생산라인에서 발생할 수 있는 여러 문제들을 완벽하게 해결하고 있다. 또한 인간이 기계의 부속품으로 전락하는 그런 오류는 발생하지 않는 공장이다.

마지막으로 사람들은 꼭대기, 즉 벽돌외장으로된 높은 저장소의 평평한 옥상정원에 이르게 된다. 중력의 법칙을 따라 물건들이 이곳에서부터 시작하여 생산라인으로 흘러들어 간다. 공장 조직은 아래쪽에서부터 뻗어나오고 있다. 큰 박편(薄片)들로 덮혀 있는 컨베이어가 테라스까지 뻗어 있다. 화강암 위로 눈을 돌리면, 나무와 물로 온통 뒤덮여 있고 광활한 공간에 펼쳐진 핀란드의 풍경(**도판**. 406)이 한 눈에 들어온다.

해안 가까이에는 수백마일 떨어진 곳에서 강을 따라 흘러오는 통나무 무리를 볼 수 있다. 케이블 크레인이 이것들을 집어 기계로 보낸다. 만(灣)에 정박한 배들이 갈색 섬유소 판들을 해외로 운반하기 위해 기다리고 있다.

마이레아, 1938~39

Mairea, 1938~39

Fifth Edition 645쪽 25줄

단 한점의 가구나 거실, 주택만으로 알토의 천재성을 이해할 수는 없다. 그의 천재성은 이 나라의 구조물과 대규모 계획을 함께 고려할 때 이해할 수 있다. 불안정한 시기의 핀란드에서 단독주택이나 고급빌라를 설계할 기회는 없다. 알토는 본인을 위한 작은 집과 핀란드의 한 목재회사 사장이자 그의 친구였던 굴리센을 위해 큰 저택을 지었다. 친구 부인의 이름을 붙여서 "마이레아"라 불리는 굴리센 주택(1938~39)은 해변과 그리 멀지 않은 언덕꼭대기에 펼쳐진 소나무를 말끔히 베어낸 자리에 위치하고 있다. 주택 뒤편에는 옅은 은빛 버드나무를 배경으로 정원과 수영장이 펼쳐져 있다. 비록 대규모 저택이지만 친밀한 느낌을 준다.

비유적인 표현을 쓰자면, 이 저택은 하나의 도가니에서 쏟아져 나온 주택이라 할 수 있다. 왜냐하면 18세기의 경우처럼, 건축가와 건축주가 하나가 되어 나온 작품이기 때문이다. 그들은 동일한 의지와 유사한 성향을 가진 인물들로서, 쉽게 사라지지 않는 19세기의 기운에 젖은 채 소극적인 자세를 취하는 건축주를 설득시키기 위해 건축가들이 모든 에너지를 낭비해야 하는 그런 시대에는 찾아보기 힘든 자신감을 가지고 있었다. 더욱이, 현대 건축가들을 더 깊은 늪에 빠뜨리는 것은 무엇보다도 엄청난 부를 자랑하려는 건축주를 위해 설계하는 작업이다. 건축주의 주관심은 사치스러운 사항을 요구하고 피상적인 묘안을 끝임없이 짜내는데 있기 때문이다.

건축의 품격을 곧바로 파악하는데 능숙한 사람도 마이레아의 건축적 구성 수단들을 쉽게 이해하지 못할 것이다. 음악에 비유하자면 이 주택은 주제와 의도의 결합체 속에 담겨있는 미묘한 것들을 감지하기 위해 고도의 집중력이 필요한 건축적 실내악에 해당된다. 특히 이 주택에서는 공간 구성법과 재료처리 방식을 완벽하게 포착해야 한다. 내 · 외부공간이 대형 창을 통해 서로 관통하고 있기 때문에, 마치 숲이 주택으로 들어와 내부에 사용된 가녀린 목재 기둥을 통해 토해낸 메아리를 찾으려는 것처럼 보인다.

삽화를 통해 공간 구성법을 어느 정도 경험할 수도 있을 것이다. 또한 많은 재료들을 사용하거나 이 재료들을 배열할 때 나오는 서정적인 분위기를 통해서도 그러한 경험을 할 수 있다. 주택 외부만 보아도 이 점이 명확하게 들어난다. 창문을 아래에 끼고 있는 검정색 슬레이트를 거칠게 자른 슬래브—삽화를 통해서 이러한 재료들의 질감을 경험할 수는 없다.(**도판**. 408)—는 티크재로 된 덧문의 밝은 갈색과 윗부분에 나있는 파라펫의 노란 자작나무띠와 조화를 이루고 있다. 646쪽 20줄 Fifth Edition

내부의 질감이 더욱 섬세하게 처리되어 있다. 공간적인 악센트를 주기 위해 현관은 사선으로 배열된 미묘한 갈색빛을 띠는 큰 타일로 되어있다. 타일은 주로 교회를 복원할 때 사용하는 재료였다. 현관의 이 타일과 대조를 이루는 육중한 핀란드 특유의 벽난로가 있는 제도실 바닥에는 작고 불그스레한 타일이 사용되었으며 다른 방들과 직각을 이루며 배치된 식당에도 이 타일이 사용되었다. 현관쪽을 향해 개방되어 있으면서 바닥 높이가 약간 들어 올려진 방과 현관을 연결하는 4개의 계단에는 놀라울 정도로 명료한 방식으로 목재를 사용하였다. 필자는 나중에 알토에게 여기에 사용된 나무의 종류가 무엇인지 물어보았다. 그가 대답하기를, 그 나무는 그리 흔하게 사용되지 않는 것(흰 너도밤나무의 일종)으로 요트의 선체에 두르는 작은 띠에 사용되는 것과 같은 나무라고 했다. 주 거실의 여러 부분들이 서로 섞여 있다는 것을 나타내기 위해, 타일이 깔린 부분과 나무로 된 바닥은 파동치는 곡선으로 결합되어 있다.

여러 가지 재료의 미묘한 병렬을 사방에서 발견할 수 있다. 거실부분에 사용된 광

410. 알바 알토, 마이레아 주택, 핀란드식의 벽난로쪽으로 바라본 모습과 식당.

택나는 쌍기둥은 작은 '고리버들 세공(wickerwork)'의 띠에 의해 더 눈에 띄는 짙은 흙색으로 되어 있다. 이 띠는 다양한 높이로 기둥을 두루고 있으며 기둥 두 개를 한꺼번에 감싸기도 하고 따로따로 감싸기도 한다.(**도판**. 410) 핀란드식의 큰 벽난로(테이블 높이와 비슷하게 난로를 만드는 핀란드의 오랜 전통을 따르고 있기 때문에 특별히 '핀란드 벽난로'라 부른다.)는 사람들이 편하게 팔다리를 뻗을 수 있도록 바닥높이에서 약간 들어올려진 캔틸레버식 화강암 단이 만들어져 있다. 미국 방식과 대조적으로 화강암 블록이 희고 부드럽게 마무리된 주위벽으로 연장되지는 않는다. 거칠게 회반죽된 연속적인 벽돌벽의 질감 효과를 이해하기 위해서는 매우 정확하게 관찰해야 한다. 이처럼 상이한 질감을 사용한 것은 18세기에 로칠(rocille)을 사용한 것과 동일한 의도였다. 이러한 방식은 공간을 다채롭게 구성하는데 도움이 된다.

이 주택에서 가장 흥미로운 점은 공간 구성이다. 현관을 살펴보자. 현관을 들어서자 마자 나타나는 눈높이의 파동벽은 오른편에 다른 방들이 있다는 것을 암시해준다. 네 개의 계단을 통해 여러 방향으로 열려져 있는 주요 거실 부분의 높이로 올라가면 한쪽면에는 벽난로 구역이 사선으로 펼쳐져 있고, 벽난로쪽을 향해서 다가가면 다시 사선방향으로 넓은 음악실 공간안으로 접어들게 되며 이 공간 안에는 고리버들 세공처리된 된 검은 기둥과 적당한 크기의 창문이 있다. 서재만이 완전히 사적인 영역으로 다루어지고 있다.

주 거실로 들어서면, 목재 계단의 양측면에 불규칙하게 배열된 가느다란 막대들이 거실을 분리하면서 동시에 공간들을 서로 연결하는 역할을 하고 있다. 우연히도, 이러한 방식은 공간을 다루는 건축가의 능력을 별로 필요로 하지 않는 일반주택들에서 계단이 공간 구성의 적극적인 요소로 사용될 때 흔히 볼 수 있는 방식이다. 이 주택의 가벼운 목재 계단은 메인룸으로 연결되어 다른 방들이 있다는 것을 알려주면서, 아울러 그 자체의 고유한 개성을 그대로 유지하고 있다. 계단이 마치 투명한 조각품처럼 다루어져 있음을 알 수 있다.(도판. 411, 412)

일반적으로는 달성하기 어려운 것이 이 주택에서는 실현되었다. 즉, 주택내에서 공간이 자유롭게 흐르고 있다는 것을 항상 느끼게 하면서도, 주택의 모든 곳에서 친밀감이 그대로 유지되고 있다는 것이다.

유기적 도시계획
Organic Town Planning

648쪽 28줄 Fifth Edition

도시계획은 통합(integration)을 또 다르게 표현한 말이다. 좁은 안목에 의한 전문화가 지배하는 시기에 무엇보다 어려운 것은 상이한 여러 부분들로 구성된 전체를 인식하거나 구축하는 것이다.

보통의 경우, 한 시대의 말기, 즉 그 시대의 문화가 절정에 이른 시기에 가서야 통합하는 능력이 개발되는 법이다. 특히 도시계획분야에서 더욱 그렇다.

우리는 지금 한 시대가 시작하는 지점에 서있다. 보통의 경우, 좀 더 시간이 흐른 뒤에 개발되는 특성들을 미리 소유하고 있어야 할 필요가 있다. 내가 알고 있는 바로는, 이러한 상황은 특이하다고 생각한다. 그러나 이제 이러한 상황은 눈앞에 다가오고 있으며, 행동 역시 상황에 비추어 해야 한다. 전문가들이 여전히 도시가 갖추어야 할 모습의 종류에 대해 열띤 논쟁을 벌이고 있지만, 도시의 복잡한 여러 문제들에 대한 해결점을 찾아야 한다는 소리도 여기저기서 들려오고 있다. 현재의 상황, 즉 통합이라는 문제에 직면하기만 하면 상상력이 마비되기 시작하는 상황을 잊지말아야 한다.

도시 계획 분야에 알토가 기여한 것은 무엇일까? 그의 건물에 생기를 가져다준 성질은 그의 도시설계에서 더 명확히 나타난다. 벽과 천장 구조의 부드러움을 위해 사용된 자유로움이라는 성질이 인간 정주지의 경직된 틀을 완화하는데에도 사용되었다. 여러 방향으로 흩어져 있는 주택 배치 형태는 바람이 흩뿌려 놓은 것처럼 보인다. 그러나 이렇게 자유롭게 배치된 주택들도 마치 자기장내의 줄질(filings)처럼, 보이지 않는 힘에 의해서 서로 결합되어 있다.

Fifth Edition 649쪽 16줄

수닐라의 배치(1937~39, **도판**. 407)에는 이미 알토의 도시 계획방법론이 명확하게 나타나고 있다. 모든 후기 계획안의 진행 역시 이러한 방법론과 동일한 원리를 반영할 것이다. 이 원리는 인간환경의 기본적인 필수사항, 즉 주거지역과 생산 영역, 그리고 자연 사이의 균형을 찾는 것으로서 간단히 정의할 수 있다.

오늘날 모든 계획가들이 가장 중요하게 생각하는 점은 개인의 프라이버시와 소박한 공통체 생활, 땅과의 친밀한 접촉을 누릴 수 있는 권리를 보장하는 것이다. 이 목표자체는 전혀 새로운 것이 아니다. 오늘날 이러한 필요사항은 당연한 것으로 받아들여지고 있다. 그러나 여전히 아쉽고 부족한 것은 이러한 필요사항들을 실제로 충족시키는 일이다.

411. 알바 알토. 마이레아 주택. 1938~39. 층계의 디테일.

412. 알바 알토. 마이레아 주택. 1938~39. 계단과 식당.

다른 영역에 혼란을 가져다 주지 않으면서도 필요한 권리를 누릴 수 있는 방식으로, 생산지역과 주거지역을 다룬 수닐라같은 프로젝트는 1937년과 같은 이른 시기에는 그리 흔하지 않은 것이었다. 좁고 긴 형태의 대지에 지어진 단독주택의 배치나, 숲속에서 자유롭게 널려있는 단독주택의 배치, 부두에 근접한 곳에 약간의 곡선을 이루며 배치된 기술자용 연립주택등의 각 주거에 최상의 프라이버시를 보장해주기 위해 시도된 가벼운 변화감에서 도시 계획가로서의 통찰력을 느낄 수 있다. 필수 사회시설(특히 공동 목욕탕인 사우나)들이 의도적으로 일정한 간격을 두고 배치되어 있다는 점은 더 말할 필요도 없다.

통합된 사고 방식을 통해 모든 커뮤니티의 구조적인 완성을 이룰 수 있게 된 것이다. 처음에는 몇 개 안 되는 방들을 다루는 소규모 프로젝트에도 이러한 의도를 적용했다. 1944년 이후 몇 년 동안 그는 로바니미 재개발과 관련있는 대규모 문제를 해결하기 위해 다른 건축가들과 함께 일을 했다. 로바니미는 제 2차 러시아 - 핀란드 전쟁이 끝나갈 무렵에 완전히 파괴된 핀란드 라플란드의 주요도시이다. 이 재개발 계획안은 결코 실현되지 않았다. 시기가 아직 충분히 성숙되지 않았기 때문이다.

1940년 그가 출판한 『실험도시(an experimental town)』를 위한 계획안에서, 단독주택과 도시, 그리고 생산과정의 동시적인 성장 등을 처음부터 한번에 포괄적으로 처

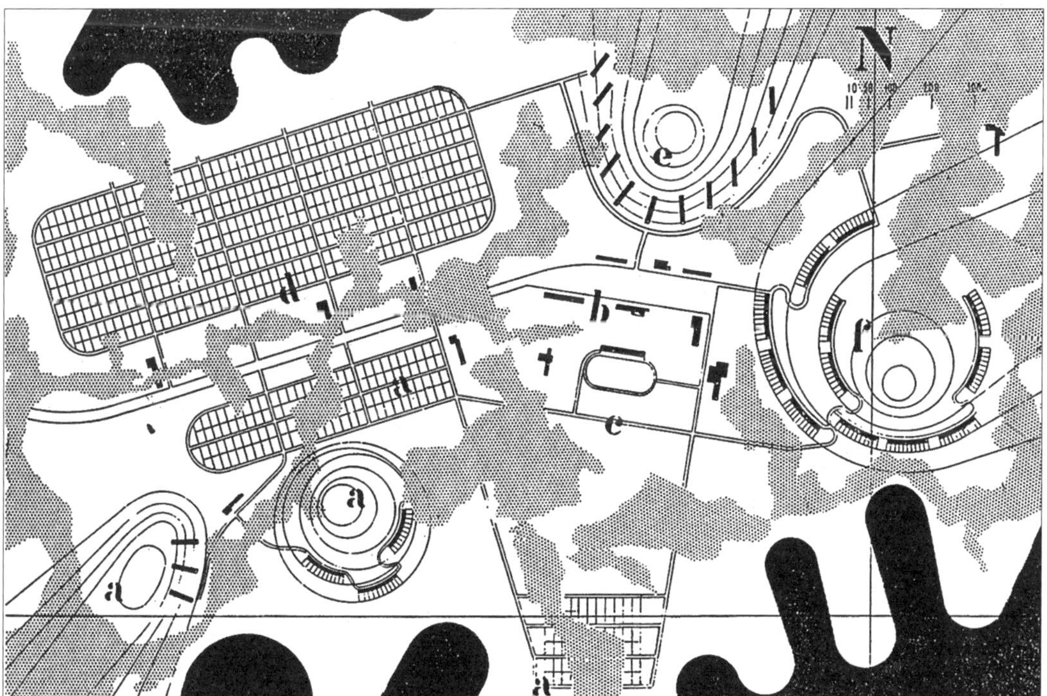

413. 알바 알토, 실험적 도시 계획안, 1940.

리해나가는 방법을 보여주고 있다.(도판. 413) 핀란드의 전형적인 자연환경인 호수가 여기 저기 산재해있는 구릉형 산림지대를 부지로 했기 때문에 가능한 한 가장 자유로운 방식으로 여러 가지 유형의 주거지를 계획하고자 했다. 즉 테라스 하우스(f)의 경우, 아메바 형태의 나선형을 그리며 언덕 주위에 둘러싸는 형태로 되어 있어서 주변의 자연환경 구조가 잘 드러나고 있다. 아파트(e)의 경우는 미미한 각도로 서로 틀어져 있으면서 언덕등성이와 직각으로 배치되어 있다. 나무들은 단독주택 지역으로 들어와 있으며 공공건물, 학교, 그리고 운동장(b, c)등은 마을의 모든 부분과 가까운 거리를 유지할 수 있는 곳에 배치되었다. 알토의 모든 작품과 마찬가지로 이 계획안 역시 표준화와 비합리성이 서로 융화되어 있다.

1940년에 이루어진 이 계획안은 M.I.T.학생들을 위해 디자인된 종이조각에 지나지 않았다. 1948년 가을, 필자가 핀란드에 머물 때, 핀란드 정부가 이와 같은 실험적인 몇몇 마을을 세우고자 필요한 기금을 마련하고 있었지만 그 작업의 실행은 미루어 졌다.

그러나 1938년에 이미 알토는 카우투아를 계획했다. 터쿠에서 자동차로 서너시간 걸리며 시내를 낀 좁은 계곡으로 인해 눈에 잘 안 띄는 곳에 카우투아라 불리는 종이공장이 서있다. 계곡 반대편의 숲속 한가운데에 노동자 주택을 지었다. 거대한 네 단의 층계 형태를 이루면서 가파른 언덕위로 거슬로 올라가는 형태를 보여주고 있다.(도판. 415) 한 집의 평평한 옥상이 그 윗집의 넓은 베란다가 되는 것이다. 이 집을 보면 그가 그리스의 작은 섬에 있는 농가를 참고했음이 분명하다. 이 농가도 아이들이 이웃집의 옥상에서 놀 수 있도록 되어 있다. 다른 사람들과 공동으로 어떤 것을 소유할 때, 그로인해 서로 상대를 불편해하지 않는 나라에서나 가능한 방식이다. 산토린이란 그리스의 한 섬에 있는 주택처럼 이 곳의 주택들에서도 계단(도판. 416)을 설치하는데 드는 경비를 없애기 위해 자연적인 경사를 그대로 이용하였다. 형태와 모양의 측면에서 이 주택들은 인간을 탄생시킨 땅과 인간과의 관계성을 잘 보여주고 있다.

자금과 재료의 부족으로 한 동(棟)만 지어졌다. 여기서 실제로 중요한 것은 이 주동(住棟) 하나가 아니라, 농촌의 주거지로서 최상의 제안이라 할 수 있는 전체계획안을 모두 실현했다는 점이다.(도판. 414) 계획된 것은 4동의 테라스 하우스였으며, 각 동은 경사지의 자연스러운 형태를 살릴 수 있도록 배치되어 있다. 프랭크 로이드 라이트가 그랬던 것처럼 언덕 꼭대기는 손대지 않은 상태로 남아 있다. 이 주택들과 연

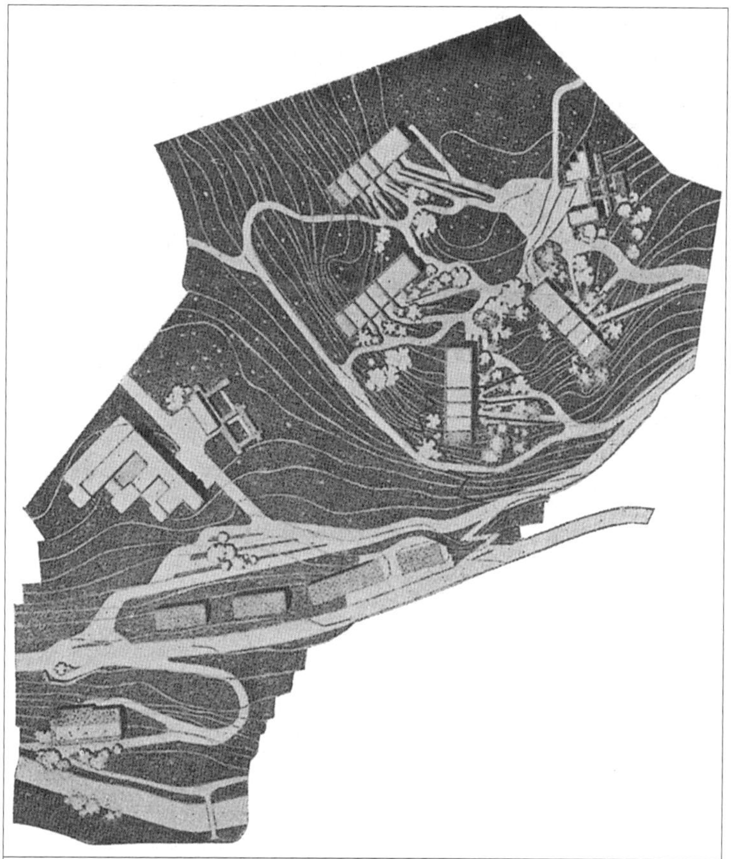

414. 알바 알토. 카우투아. 지상층 평면

415. 알바 알토. 카우투아. 테라스 하우스.

416. 알바 알토. 카우투아. 서로 다른 높이에 각 출입구가 나있는 테라스 하우스.

417. 알바 알토, 오울로, 1943, 모형.

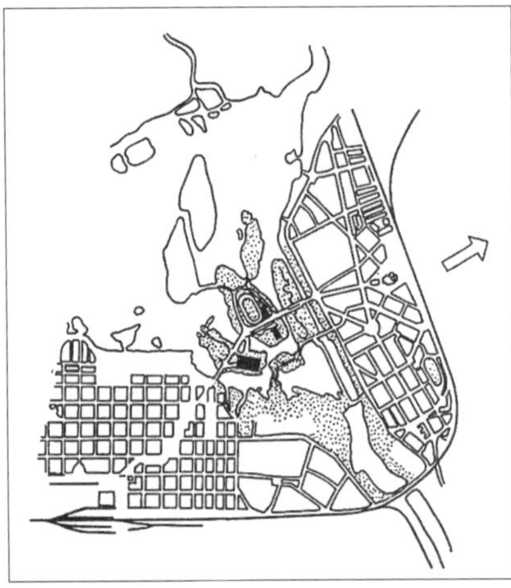

418. 알바 알토, 오울로, 1943, 새로운 도시 센터가 있는 도시.

결하여 학교와 소규모 커뮤니티 센터가 있으며 경사지 밑으로 계속내려가 강 근처에 이르면, 공동 세탁소가 갖추어진 증기탕인 사우나(가장 먼저 지어야할 시설)가 배치되어 있다. 이것은 주택을 짓기 전에 목욕을 위한 작은 헛간을 지었던 핀란드의 전통을 따른 것이다. 언덕의 경사를 이용한 이 초기의 공동주택안은 1950년대에 가서 점점 더 복잡한 형태를 띄며 널리 사용되기에 이르렀다.

핀란드 북서부의 오루 강 어귀에 위치한 오루 시에는 급류가 흐르고 있다. 이곳은 해결되어야만 하는 건축적 문제를 안고 있다. 강 어귀에 흩어져 있는 습지가 많은 여러 섬들의 아름다움을 훼손시키지 않고 수력을 철저하게 이용할 수 있는 방법은 무엇일까? 알토는 운하작업시 출토된 수십만 입방미터의 돌과 잡석을 이용하여 필요한 만큼 강을 준설하고, 섬의 면적과 지면 높이를 몇 인치 올리는데 이 재료들을 사용하는 베네치아풍의 개발안(도판. 417)을 제안했다.

발전소에 가장 근접해 있는 섬들에는 노동자들을 위한 주거지를 마련해야 했다. 행정을 위한 도시 센터와 스포츠 센터는 훤히 트인 강과 면해 있는 황량한 섬에 배치되어 있다. 거대한 고가도로가 기존의 오루 시를 이루는 두 지역과 새로 계획된 모든 시설을 서로 연결하게 될 것이다.(도판. 418) 공공 센터 앞의 수많은 분수가 마치 자동 온수 장치처럼 물 표면에서 뿜어 나오도록 되어 있다. 이 계획안은 실현되지는 못했다. 1962년, 알토가 참가하지 못한 상태에서 새로운 현상공모전이 열렸다.

북부 유럽 국가들은 후에 증축할 것을 미리 계산하여 대학과 기술학교를 분산시키는데 앞장서고 있다. 핀란드가 그 대표적 나라이다. 헬싱키 공과대학은 도시에서 10km 떨어진 오타니미 숲속에 다시 지어지고 있다. 새로운 간선 도로망이 갖추어진 계획안은 1955년 알토에 의해서 설계되어 1962년부터 건설되기 시작했다.

도시 센터와 문화 센터
Civic and Cultural Centers

655쪽 05줄 Fifth Edition

알토가 설계한 것 중에서 가장 완벽한 계획안 중의 하나인 비인 스포츠 센터와 문화센터(현상공모 당선작, 1953)은 불행히도 지어지지 못했다. 스포츠 경기장이나, 콘서트 홀, 전시홀 등으로 사용될 수 있는 25,000명 수용의 주 건물은 오목한 지붕으로 처리되어 있으며, 그 정면과 후면의 벽은 기울어져 있다.(도판. 419, 420)

알토의 전반적인 마을 계획안들 중에 일부만이 헬싱키에서 북쪽으로 약 3백km 떨어진 곳에 위치한 작은 사이나트살로 섬에 실제로 지어졌다. 이 곳은 알토의 여름 주택이 위치한 섬인 무라트살로와 대각선 방향에 위치하고 있다. 소나무 숲에 서있는 이 도시 센터는 '완벽하게 계획된 커뮤니티 센터'를 처음 3차원적인 실제 건물로 표현한 것이다.(도판. 421) 이 센터의 계획은 1945년부터 시작되었지만 1950년에 가서야 실제로 지어지기 시작했다. 이 단지는 알토가 설계한 커뮤니티 센터들 중에 처음으로 지어진 것이다. 소규모 도서관 앞쪽에 지면보다 높게 만들어진 앞마당의 삼면에는 사무실이 딸린 시청 건물이 둘러싸고 있다. 그 건물 아래의 지상층 높이에는 상

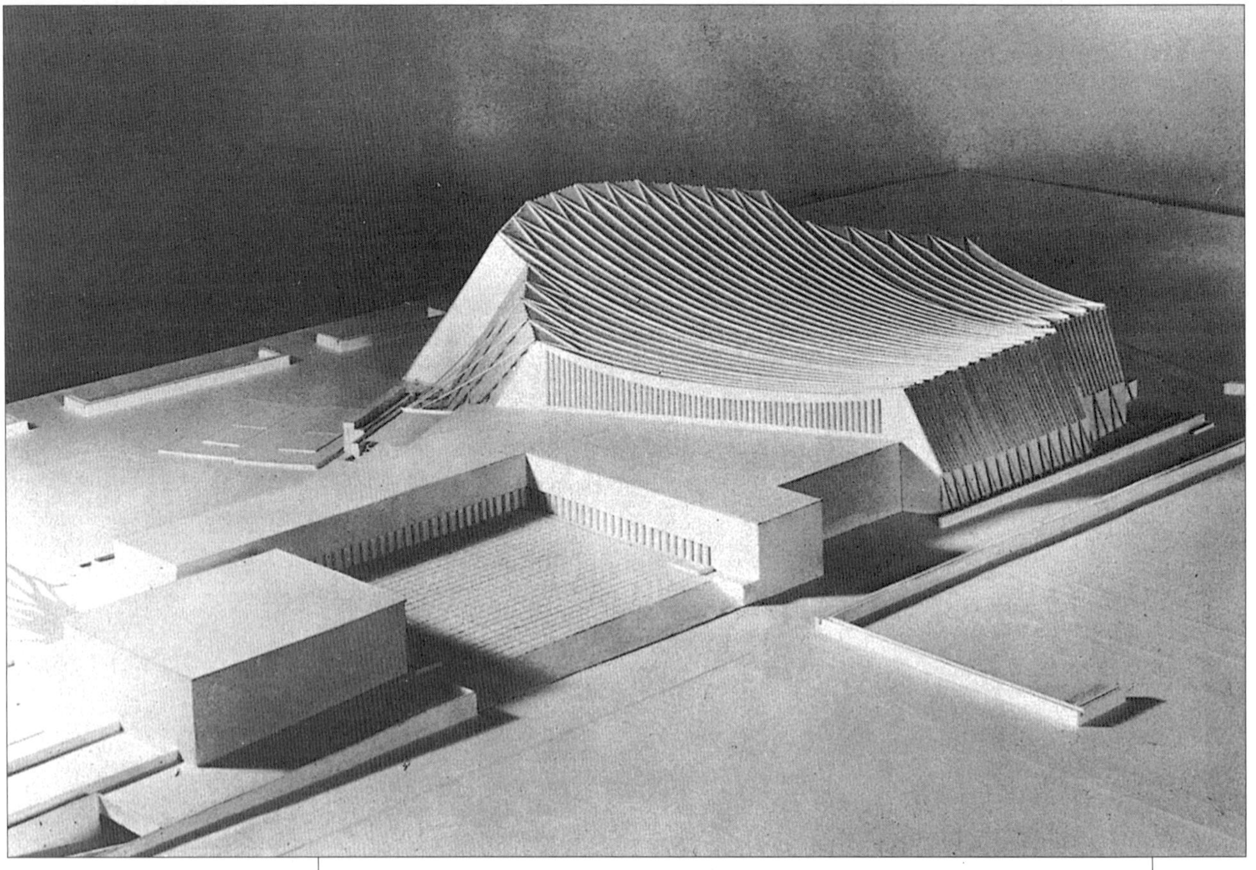

419. 알바 알토, 스포츠와 문화 센터, 비엔나, 1953. 동시 공연을 위한 이 건물은 콘서트홀이나 전시홀로도 사용될 수 있는 25000명 수용 규모의 지붕덮힌 운동 경기장이다. 매달린 지붕은 여러개의 작은 홀까지도 덮고 있다. 대규모 공간은 오목하게 매달린 지붕과 안쪽으로 기울어진 벽으로 구성되어 있다.

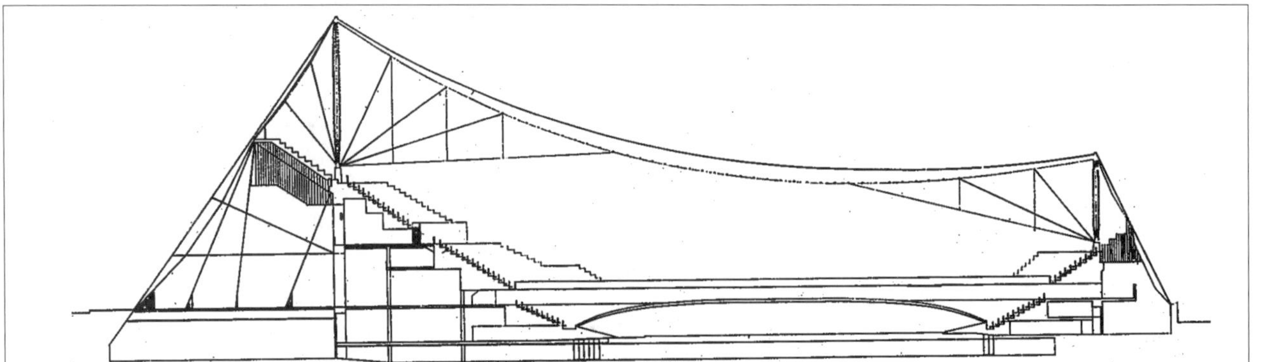

420. 스포츠와 문화 센터, 비엔나, 1953. 매달린 지붕과 긴장 부재기 포함된 홀의 단면.

점과 주택이 배치되어 있다.

지표면 높이가 서로 다르게 처리된 이 프로젝트에서 그 중심이 되는 부분에는 시회의실이 있다. 배치 중심의 핵으로써 이 회의실의 목재 천장 구조는 알토의 조형적 상상력을 불러 일으킨다. 이 천장은 마치 펼쳐진 우산살 같은 모양을 하고 있다.

이 단지에서 가장 흥미로운 부분은 높이가 서로 다른 두 가지 레벨을 사용했다는 점이다. 건물을 아래에서 위로 겹쳐가며 구성하기 위해 굴토작업 때 나온 재료를 이용하여 단을 높였다. 계단을 향해 두 면이 비스듬히 열린 모습으로 지상보다 높은 곳에 위치한 안뜰을 마주하면서 회의실과 휴게실, 도서관 등이 서로 위아래로 배치되어 있다. 계단들 중에 어떤 것은 석재 계단 수직판으로 둘러진 다각형 모양의 돌출 계단이다. 의도한 것은 아니지만 이 계단 위에는 잔디가 자라고 있다. 후에, 알토는 이 두 레벨 사이의 관계를 더욱 강조하는 방향으로 프로젝트를 진행시켰다.

사이나트살로는 시작에 불과했다. 1960년대에 가서 점점 더 대규모의 계획안이 예전에 없었던 빠른 속도로 지어지기 시작했다. 1960년에 이르러, 헬싱키에서 북쪽으로 5백km 떨어진 사이나조키의 농촌지역에 완벽한 커뮤니티 센터를 세우는 일이 가능해졌다. 이 단지의 중심은 시청 건물이다. 볼륨감을 강조하기 위해 건물의 윗층의 방을 뒤로 후퇴시켰다. 외벽은 어두운 색조의 광택 에나멜 벽돌로 마감되어 있다. 헬싱키에 있는 연금사무국의 내벽에도 이러한 종류의 마감재를 사용했다. 655쪽 35줄 Fifth Edition

비록 시청이 단지의 중심 건물이지만, 전체 복합단지는 시청과 나란하게 배치된 도서관과 소규모 극장을 포함하면서 무리를 이루고 있다.(**도판**. 422) 이 세 건물들은 중앙의 빈공간에 따라서 구성되지 않고 오히려 세 볼륨간의 상호작용에 의해서 서로 엮어져 있다. 이 공간은 사이나트살로의 자유롭게 흐르는 듯한 공간분위기를 연출하기 위해 각 측면으로 비스듬하게 틔여 있다.

볼륨과 공간 사이의 관계를 가장 효과적으로 강조하는 공간 구성요소는 바로 계단이다. 이 계단은 마치 꼭대기가 잘려나간 피라미드의 넓게 퍼진 기단처럼 땅에서 솟아 올라 있다.(**도판**. 423) 돌로 만들어졌을 지도 모르는 모형상의 계단(**도판**. 422)보다 실제로 지어진 계단이 단지 전체에서 더 강하게 부각되어 있다. 부드럽게 굴곡진 계단 대신 실제의 계단은 마치 광장의 표면인 것처럼, 디딤판이 나무판자로 둘러쳐 있으며, 그 계단 위로 풀이 자라고 있다. 걸어다닐 수 있게 된 좁은 한 줄의 길만이 광

421. 알바 알토, 사이나트살로, 설계: 1945년, 공사: 1950~52. 사이나트살로는 알토가 설계한 커뮤니티 센타중에서 처음으로 지어진 것이다. 이 커뮤니티 센타는 관리 사무실을 물론, 작은 도서실과 상점, 주택들을 포함하고 있다. 두 가지 레벨을 사용했다는 점이 주목할 만하다. 알토는 굴착작업에서 나온 재료들로 높은 레벨을 구성했다. 계단은 두방향으로 비스듬하게 열린 파티오로 연결된다.

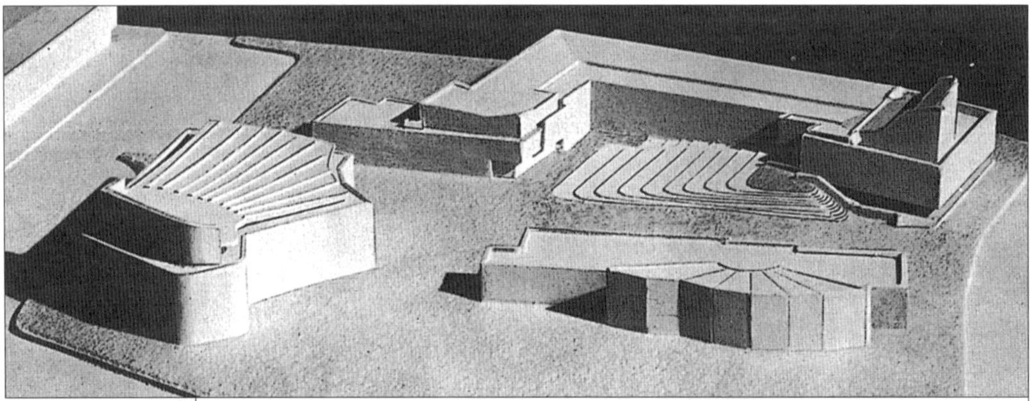

422. 알바 알토, 사이나요키, 1960년 착공. 헬싱키에서 북쪽으로 500킬로미터 떨어진 소도시 사이나요키의 커뮤니티 센터. 오른쪽에는 넓은 계단과 시청이 있다. 모형단계에서는 계단이 돌로 만들어지도록 디자인되었다. 오른쪽 앞부분에 도서실이 있고 왼쪽에는 극장이 있다. 오른쪽의 사진에 나타나지 않는 곳에 종교 센타가 있다. 사이나트살로처럼 건물들 사이의 빈공간이 비스듬하게 열려있다.

423. 사이나요키시청, 1960년 착공. 사이나트살로처럼, 피라미드의 기단처럼 보이는 계단은 굴토작업에서 나온 재료들로 구성되었으며 계단위에는 풀이 자라고 있다. 계단중에 좁은 부분만을 밟을 수 있도록 되어 있다. 건물 뒷배경에는 종교 센터가 보인다.

424. 사이나요키시청, 1960년 착공. 광택 에나멜로 된 요소가 파사드를 지배하고 있다.

장과 층계를 연결하고 있다.

이것이 정말 계단인가? 이 계단의 크기에 대한 합리적인 타당성을 제시할 수 있는 사람은 거의 없을 것이다. 이 계단은 그곳에 있어야 하기 때문에 그곳에 있을 뿐이다. 볼륨들의 상호 관계를 강조하는데 한 몫을 하는 단층을 이루는 이 계단은 세 개의 볼륨에 이은 네 번째 요소라 할 수 있다. 이러한 계획은 그리스 아고라의 영광을 떠올려준다.

넓은 길이 교회와 커뮤니티 하우스와 함께 두 번째 광장을 형성하는 종교 센터와 이 도시·문화 센터를 분리하고 있다.

425. 알바 알토, 헬싱키 도시 센터, 설계: 1958, 착공: 1964. 이 센타는 도시의 한 가운데에 위치해 있지 않고 도시에서 뻗어나와 강과 경사지 사이에 놓여 있다. 박물관, 콘서트 홀과 다른 여러 건물들이 역동적인 리듬을 이루며 기존 공원을 따라 열지어 배치되었다. 교통로를 다루는 방식이 특히 주목할 만하다. 기존의 간선도로는 새로운 센타의 뒷부분을 지나가고 있으며 강쪽으로 멀리 떨어진 곳에 놓인 새도로와 서로 연결되어 있다.

알토는 비교적 늦게 수도 중심 부분에 대규모 건물을 짓기 시작했다. 이 건물들 중에 처음으로 지어진 것은 정부의 연금사무국(1952~56)이었다. 이 사무소에 인간적인 흔적을 주기 위해서 알토는 내벽의 마감재료로 어두운 색조의 광택이 나는 자기(瓷器) 성분을 사용하여 벽에 띠를 두르거나 면 전체를 마감하였다.(교향곡에서 같은 모티브가 반복되는 것처럼 알토 역시 이 모티브를 여러 군데에 사용했다.) 이 마감요소가 외벽에 사용되기까지는 시간이 약간 걸렸다. 헬싱키 도시 센터(1958년 설계, 1964년 착공)의 오디토리엄(콘서트홀과 오페라 하우스로 사용된다.)에서 알토는 측면벽의 큰 곡선을 따라 쌓아올리기에 적당한 작은 사각 벽돌을 사용했다. 이 건물은 헬싱키에 있는 오디토리엄 중에 가장 규모가 크며, 볼트로 된 천장은 음향적인 측면에서 뛰어난 것으로 인정받고 있다.

이 오디토리엄을 중심으로 한 그의 새로운 도시센터는 도시 한가운데에 위치해 있지 않다. 이 센터는 도시에서 뻗어나와 강쪽으로 밋밋한 경사를 이루고 있는 탁트인 땅 위에 펼쳐져 있다. 이 센터에도 폐쇄적인 광장을 만들지 않았다. 오디토리엄과 극장, 박물관 등과 그밖의 여러 건물들이 역동적인 흐름을 연출하면서 공원을 따라 배치되어 있다.

도시에서 떨어진 곳에 위치한 헬싱키 도시 센터는 기존의 국립 박물관 및 올림픽 경기장과 연결되어 있다.(찬디가르 역시 실제 도시와 분리되어 있다.) 새로운 건물은 부분적으로 강 위까지 뻗어있다. 계획안에는 넓은 지하주차장이 마련되어 있다. 기존의 간선도로는 센터의 뒤쪽으로 나있기 때문에 반대편 강둑을 따라 새로운 도로가 건설될 것이다. 몇 킬로미터를 더 가면 세심한 방법으로 이 센터와 분리되어 있는 상업지구가 나타난다. 이 상업지구에는 식당과 라디오 방송국, 텔레비전 방송국 등이 있다.

기술 대학의 모든 학부가 한꺼번에 분산되어 있다는 점을 생각해 볼 때, 이 프로젝트의 규모는 의외로 상당히 크다고 할 수 있다. 인구가 오백만 명인 이 나라의 사업 규모로서는 매우 놀라운 것이다. 건축 발전의 일반적인 특성이란 측면에서 볼 때, 이와 유사한 경우를 다른 유럽 국가에서 찾기 어렵다.

표준 유닛 속의 가구

Furniture in Standard Units

알토의 견해에 따르면 주택은 자동차보다 훨씬 더 복잡한 장치이긴 하지만 한 세대 동안 그안에서 누군가의 삶이 이루어지는 점에서 편리한대로 2년 마다 갈아치우는 교통 수단물과는 확실히 차이가 있다고 한다. 게다가 이 두 장치의 부지도 서로 다르다. 주택분야에 전체적인 대량생산체계를 도입하는 것은 어떤 정신적인 장애를 야기시킬 수도 있다.

출입문이나 창문, 기계설비, 철골조나 패널조를 이루는 구조부재들과 같은 주택의 일부요소만이 표준화되어야 한다. 건축적인 자유를 끝까지 지켜나가는 것이 무엇보다 중요하다. 표준화된 요소들에 의해 건축적 상상력이 위축되어서는 안 되며 오히려 더욱 넓어져야 한다.

오늘날의 주택이나 가구는 모두 기계 생산부품으로 이루어져 있다. 이 두 분야가 겪고 있는 상황을 쉽게 비교할 수 있다. 전형적인 주택이라 할 수 있는 조립식 주택은 건축가의 상상력을 마비시키고 유기적인 도시 계획에 치명적인 손상을 줄 수 있다. 그러나 가구는 곧 표준화된 유형으로 인식될 운명에 처해있다. 나는 가는 곳마다 이문제에 대해서 충분한 토론을 했다.▼8 이러한 점을 알토의 경우에 적용할 때면 언제나 1930년대 중반 그가 가구 디자인에 들인 열정을 언급하지 않을 수 없다. 그는 가구를 디자인 할 때도 지역적 요소와 최신 기술 생산을 서로 통합했으며 현대적인 표현 수단을 완벽하게 터득하고 있었다. 벽과 천장, 도시계획을 자유로운 모습으로 설계한 것처럼 그가 디자인하여 유연하게 만든 물질은 유기적인 재료인 목재였다.

마일라트가 설계한 다리의 슬래브나 근대 회화의 평면처럼, 알토의 가구디자인 역시 '구성적 요소'는 합판이었다. 그는 1929년 파이미오 요양소에서 모든 가구를 디자인하는 일을 맡았을 때 최초의 실험에 대한 영감을 얻었다. 이 건물에서는 대량생산된 의자가 처음으로 사용되었다. 의자 전체는 리본처럼 가는 목재 프레임으로 이루어져 있으며, 합판으로 된 굴곡진 의자의 앉는 부분은 이 목재 프레임으로 고정되어 있다.**(도판. 280)** 1935년경, 그는 폐쇄적인 합판 프래임을 제거하고 그 자체가 자유로운 캔틸레버식 의자를 만들었다. 그 당시 의자에 사용되는 캔틸레버식 구조는 강철재로만 가능하다고 생각했다.

알려지지 않은 것에 대한 실험에서 성공한 모든 사람들처럼, 알토 역시 이전에 한 번도 사람들의 눈에 띄거나 영향을 받은 적이 없는 사물을 새로운 시각으로 바라볼 수 있는 재능을 가지고 있었다. 오늘날, 현대인들의 머리 위로 계속 쏟아지는 기술화의 홍수로부터 그들을 구원할 수 있는 정신적 대안을 찾기 위해 꼭 필요한 재능도 바로 알토같은 인물의 재능일 것이다.

알토는 가구제조분야에서 새로운 발전을 선언했다. 특수한 흡입과정(suction process)을 통해 건축가들이 원하는대로 비틀고 뒤집을 수 있는 유연성과 유동성을 나무에 부여한 것이다. 더 나아가, 화학자들은 양쪽 단부가 뾰족하고 작은 막대기처럼 생긴 많은 나무조각들을 가지고 케이블 모양의 구조를 형성하는 방법을 발견하였다. 알토는 이러한 조각들을 "나무 마카로니"라 불렀다. 이 조각들을 본 어떤 의사는 내장 속의 특정 조직을 생각했다고 한다.

로코코 양식은 나무 세공 분야에서 가장 훌륭하고 완벽하게 발전한 양식이었다. 이 시대에 만들어진 의자의 뼈대는 매우 가늘게 축소되었고, 우아한 형태를 띠었다. 오늘날에 이르러 화학 발전의 도움을 받아 새로운 가능성이 열리고 있다. 우리가 궁금해 하는 것은 이러한 과학의 발전이 정신적인 측면과 함께 병행되었느냐 하는 점이다.

건축가로서 알토
Aalto as Architect

663쪽 10줄 Fifth Edition

알토의 작품이 갖는 두드러진 특징을 체계적으로 밝히고 근대 운동의 선구자 대열에 그의 위치를 평가하고자 할 때 다음과 같은 몇 가지 점을 언급하게 될 것이다. 앞서 말한 것처럼 1920년대의 세 건물, 즉 그로피우스의 바우하우스 건물(1926), 르 꼬르뷔제의 국제 연맹 계획안(1927). 파이미오 결핵요양소(1929~33)가 중요하다. 비록 그는 핀란드라는 지역적으로 외진 곳에서 활동을 했지만 아주 일찍부터 현대 건축기의 대표적 그룹에 뛰어들었던 인물이었다.

그로피우스나 르 꼬르뷔제처럼 알토 역시 건물이 고립된 예술품처럼 서있어서는 안 되며 더 큰 집합의 일부분을 이루어야 한다고 처음부터 확신했다. 이러한 확신은 파이미오 요양소(1929~33)에서 일찍부터 실현되었다. 즉, 주 건물을 제외한 여러 부분들(주 건물과 다른 높이로 여러 방향으로 뻗어나가고 있다.)은 직사각형의 외피를 전혀 사용하지 않았다.

이와 동시에, 르 꼬르뷔제처럼 내 · 외부공간의 동시성을 표현하고자 노력했다.

공간의 통합화를 이루기 위해, 종종 건물의 내부 공간을 감싸는 쉘형상의 볼트 모델을 만들어보기도 했으며 볼트에 의해 외부로 들어내는 조형적인 볼륨(특히, 우리 시대에 중요하게 대두되는 일면)을 강조하기도 했다.

알토는 직각이나 입방체에 몰두하지 않았다. 그는 유연한 벽을 만들고, 벽의 건축적 중요성을 강조하기 위해 흔들림없이 작업한 건축가들 중의 한 사람이다. 다음과 같은 알토의 작품을 통해 이러한 과정의 여러 단계를 살펴볼 수 있다. 먼저, 바닥에서부터 시작하여 파도치듯이 전체 공간으로 솟아오르는 비푸리 도서관의 강연실(**도판. 392**) 목재 천장의 놀라운 대담성을 들 수 있다. 1937년, 파리 세계 박람회의 핀란드 전시관은 목재 외장을 통해서 보강되고 겹쳐진 상태로 가파르게 경사져있는 굴곡진 벽을 사용하였다. 1939년, 뉴욕 세계박람회의 핀란드 전시관은 벽을 안쪽으로 기울어진 형태로 처리했다. 1947년, M.I.T. 기숙사는 파사드 전체가 휘둘리듯이 굴곡져 있다.(**도판. 398**) 알토는 아파트(1958년 브레멘)나, 마이리아 주택과 같은 단독주택, 연금 사무국, 헬싱키 도시 센터, 에센의 오페라 하우스(그의 비인 프로젝트의 장대함에 가장 근접하는 작품임), 사이나요키 시청사와 같은 공공건물 등에서도 꾸준히 이러한 경향을 추구했다.

Fifth Edition 664쪽 14줄

여러 가지 다른 레벨을 사용하여 수평면 사이의 관계를 연출하는 것은 오랫동안 별로 중요시 해오지 않은 건축적 요소들 중의 하나이다. 대부분의 건축가들은 상이한 레벨을 다루거나 건축적 표현을 강화하기 위해 각각의 레벨에 여러 가지 긴장감을 주고자 할 때 얼마나 부적절한 방법을 적용했는지는 그의 모든 현상공모작품을 보면 확연히 드러난다.

열람용 갤러리의 공간이 의도적으로 넓게 설계된 비푸리 도서관의 파동치는 천장은 이러한 수평면들 사이의 관계가 강조되고 있다. 이러한 관계성은 울프스버그 문화센터(1959~62)의 도서관에서 더욱 강하게 나타난다. 그러나 M.I.T.기숙사 식당(**도판. 400**)은 이와 정반대의 경향을 보여주고 있다. 바닥에 구멍을 뚫어 두 층 높이의 공간을 만든 것이다. 옥외의 경우, 특히 사이나트살로 커뮤니티 센터(**도판. 421**)에서는 인위적으로 여러 단계의 지상층 레벨을 만들었음을 잘 알 수 있다. 더 나아가, 사이나요키 커뮤니티 센터에는 이러한 방식이 더욱 섬세하게 다루어졌음을 알 수 있다.(**도판. 422**)

덴마크에는 알보르그 박물관(1964년에 착공되었음)을 남겼다. 이 건물의 내부공간은 훌륭하게 고안된 조명방식이 돋보이며, 그 외부공간은 언덕 등성이로 넓은 계단이 마치 원형극장처럼 펼쳐져 있다. 이것은 조각품을 전시하기 위해서 디자인된 것이다.

처음부터 알토는 도시계획에 큰 흥미를 가지고 있었다. 1940년, 실험적인 마을 계획안(**도판**. 413)에서부터, 1960년 사이나요키 커뮤니티 센터(**도판**. 423, 424)에 이르기까지 그의 모든 도시 설계에는 자유롭고 유기적인 요소들이 사용되고 있다. 자연 경관의 구조나 교통로 모두와 잘 조화를 이루면서, 흐르는 듯이 넓게 펼쳐진 헬싱키 도시 센터에서도 이러한 요소들을 찾아볼 수 있다.(**도판**. 425)

지역적인 특성을 받아들이면서도 그러한 특성이 갖는 독특한 맛을 손상시키지 않으면서 보편적인 건축 어휘로 변모시킨 전형적인 건축가의 모습을 보여주었다. 우리 시대의 정신을 민감하게 터득하고 있는 예술가는 지역적인 뿌리와 보편적인 경향 사이에서 어떤 갈등을 야기시키지 않는다.

알토와 유사한 경향을 보여주는 한스 아럽 역시 다음과 같은 평가를 받고 있다. 그의 작품에서 볼 수 있는 형상이나 형태는 단 한 순간도 결코 유행품으로 전락하지 않았으며, 인간의 영원한 진실에 뿌리를 두고 있었음을 잘 보여준다. 알토에 대해서도 마찬가지의 평가를 할 수 있다.

인간적인 측면
The Human Side

665쪽 13줄 Fifth Edition

알토를 한 명의 인간으로 언급하지 않고는 결코 건축가로서의 알토에 대해 논의할 수 없다. 그가 건축만큼이나 중요하게 생각한 것은 바로 사람들이었다. 알토는 출신지와 소속된 사회계층에 상관없이 모든 사람들 그 자체와 그들 각자가 갖는 고유한 열망이나 경험을 중요시했다. 제임스 조이스가 그랬던 것처럼 알토 역시 여러 직업의 사람들과 접촉하면서 자극과 동기를 이끌어 냈다. 알토는 집안에 있을 때를 제외하고 항상 사람들의 자잘한 일화에 끼어들었다. 그는 주저없이 직접 사람들과 접촉했다. 유기적인 재료라 할 수 있는 목재를 다룰 때도 마찬가지였다.

세상 사람들에게 거의 알려지지 않은 때인 1929년, 그해 프랑크푸르트에서 새롭게 결성된 C.I.A.M.회합에 처음 모습을 나타냈다. 그는 건물에 대해 연설하지 않고 역에서 호텔로 가던 날 아침 9시에 그에게 일어난 기이한 모험에 대한 이야기를 들려주었다. 1933년, 알토가 핀란드를 떠나 비행기와 열차, 자동차를 타고 아테네 의회로 가던 여행 중에 나누었던 긴 대화는 그에게 매우 중요한 의미를 지닌 것이었다. 발칸 반도를 여행할 때, 기브스를 했기 때문에 다른 사람의 도움없이는 열차에 오를 수 없는 할머니와 함께 했다.

알토는 뉴욕 세계박람회의 핀란드 전시관을 세우기 위해 1939년 처음으로 미국에 갔다. 그의 영어 어휘력이 결코 뛰어나지 않았지만, 뉴욕 현대 미술관의 이미 지쳐있던 군중들을 향해 연설을 하게 되었다. 그곳에 서있는 알토의 모습과 단어 하나하나를 더듬거리며 발음하거나 "오 케이"라고 몇 마디 언급하면서 전하고 싶은 것을 표현하고자 하는 그의 모습은 이미 군중들의 마음을 끌고 있었다.

M.I.T.에서 제안한 교수자리는 알토의 능력, 즉 핀란드 전시관의 성공과 그의 가구부분에 수여된 영광에서 비롯된 자연스러운 결과였다. 이리하여 알토와 그로피우스는 같은 도시에서 활동하게 되었다.

이 당시 알토는 핀란드 재건 사업과 미국 교수직을 동시에 수행하면서 그 자신의 시간과 일을 분리했다. 미국의 대학 건축이 전통적으로 '유사 - 고딕'이나 식민지풍에 의해 장악되고 있었다는 점을 고려해 볼 때, M.I.T.를 위해 알토가 세운 기숙사는 더욱 대담한 작업이었다고 할 수 있다.

그의 대인관계를 어떤 합리적인 근거를 대면서 정의하기란 어렵다. 그의 개성은 직접적인 접촉을 통해 전달되었다. 그렇기 때문에, 그가 어디로 떠나면 그와 접촉할 수 있는 수단은 전혀 없는 것처럼 보인다. 그의 일생동안 어떤 정규적인 우편물로 그와 접할 수 없었던 것이 그 좋은 예가 될 것이다. 그러나 그가 다시 나타날 때면 마치 엊그제 떠났던 사람처럼 세상사와 인간의 변화무쌍한 삶, 자신의 삶에 대한 이야기를 자연스럽게 펼친다.

어떤 건축가들은 작품 그 자체를 발전시키는 것으로 자신의 역할을 다하기도 한다. 그러한 알토의 경우는 이들과 다르다. 모든 선 하나 하나에 인간 운명과 긴밀하게 접촉하려는 그 의도가 깊게 깔려있기 때문에 동시대의 다른 건축가들보다 일반인들로부터 저항을 덜 받고 더 쉽게 받아들여지는 것 같다.

나는 철학자인 에른스트 카시러가 자신의 마지막 저서에서, 인간적 측면에 대해

친근하게 알지 못하고는 역사를 써나갈 수 없다고 주장했던 것에 동의한다.▼9

1949년까지 알토의 모든 전시회와 작품에는 "아니노와 알바 알토"라고 싸인되어 있다. 기사도적인 태도로서, 자신의 이름 앞에 안 사람의 이름을 적은 것은 아니었다. 이러한 두 이름의 결합은 알토와 관련된 대부분의 일만큼이나 평범하지 않다. 그들이 서로 알고 지냈던 학창시절부터, 모든 노력과 성공을 함께 나누었기 때문에 그러한 싸인이 계속된 것이다. 그러나 이 싸인의 진짜 비밀은 대조적인 인간들의 심오한 상호작용에 있다고 할 수 있다. 알토는 침착하지 못하고 흥분을 쉽게하는 종잡을 수 없는 사람인 반면에 아니노는 철저하고 침착하며 자제력이 강한 인물이었다. 화산을 조용히 흐르는 강물이 감싸는 것도 아주 멋질 것으로 생각된다.

비록 아니노 알토가 1949년 1월 13일에 사망했지만 그녀의 이름은 알바 알토의 작품과 항상 같이 있을 것이다. 그는 항상 자신의 이름보다 그녀의 이름을 먼저 내 세웠다. 그러나 아이노 자신은 줄곧 다음과 같이 말했다. "저는 창의력이 없지만, 알토는 창의적인 사람입니다." 물론 이 글에서 알토의 작품에 끼친 아이노의 영향력이 어느 정도였는지를 평가하려는 것은 아니다. 그러나 우리는 그녀가 그의 모든 작품과 그들의 삶 매순간에 건축가로서 침묵을 지켰다는 점은 잘 알고 있다. 그녀는 결코 주목을 받을 만한 자리에 나타나지 않았으며 자신이 실제로 설계한 것을 인정하지도 않았다. 필자가 1948년 가을에 그녀를 보았을 때, 그녀는 항상 눈에 드러나지 않게 일을 하고 있었다. 낮에는 알토의 가구를 디자인하고 제조하는 회사인 아르텍 사(社)의 감독관으로 일했고, 저녁에는 핀란드의 지식인들을 위한 저녁 만찬의 여주인으로서, 하얀 드레스를 입고 마치 자신이 태어난 핀란드의 숲과 호수처럼 고요한 자태로 손님들과 편안한 자리를 함께 했다.

알노의 가장 가까운 파트너가 여성이었던 이유도 바로 '생산성과 인간 관계'를 서로 긴밀하게 연결하려는 알토의 의도때문이었다. 처음에는 그 대상이 아이노였다. 그녀가 죽은 지 몇 년 후 알토는 예전에 작업실에서 함께 일했던 젊은 엘리사와 결혼했다. 엘리사는 아이노와 성격이 매우 달랐다. 그녀는 강한 여권주의를 주장하는 지칠 줄 모르는 활력을 가진 성격의 소유자였다. 그녀는 1939년 핀란드가 스웨덴으로부터 고립되지 않으려고 노력했던 장군의 딸이었다. 그녀의 활동적인 힘은 겉으로 드러나는 경우가 거의 없었지만, 바조케에 있는 루이 카레의 대규모 주택을 책임지고 일할 때는 예외였다. 그러나, 그녀 역시 알토가 항상 인간과의 접촉을 필요로 하는 사람이라는 것을 잘 알고 있었기 때문에 목적지가 어디가 될 지도 모를 막막한 알토의 여행에 끝까지 따라 나섰다.

주

1. Cahier de Georges Braque 1817~1947(파리, 1948).
2. Filand Architektfoebund가 출판한 Architeture in Finland(헬싱키, 1932)는 이 당시 까지의 핀란드의 발전과정을 보여주는 유일한 책이다.
3. 아마도 우리는 Kallio Kirk(1908)보다, 핀란드의 멘체스터인 Tampere에 있는 그의 거친 대리석교회를 헬싱키의 랜드마크로 여기고 있는 지도 모른다.
4. 완벽한 묘사를 알려면 Alfred Roth의 The New Architecture(취리히, 1940), 181페이지에서 194페이지 사이를 참조할 것.
5. 예를 들면, 연속적이면서도 단편적인 부분으로 청장과 벽, 바닥이 연결되어 있는 UN건물(뉴욕, 1947)의 대규모 집회실로 계획된 르 꼬르뷔제의 원래 계획안.
6. 예를 들어, 플레이크 저장소를 상기시키는 형태가 완벽하게 구사되어 있지 않는 Oulu의 Topila제지 공장.
7. 평평한 보드 벽으로 된 제재소는 일반적으로 막사의 황량함을 생각나게 한다. 알토의 Warkhaus제재소(1947)에서는, 세심하게 다음어진 둥근 목재를 사용하고 벽에 생생한 윤곽을 줌으로써 제재소의 일반적인 메마름에 활력을 더하고 있다.
8. Machanization Takes Command(Oxford University Press, 1948).
9. E. Cassirer의 An Essay on Man(New Haven, 1944), 181페이지.

요른 웃존과 제 3세대 건축가들

Jørn Utzon and The Third Generation

20세기 건축을 만드는데 기여한 1, 2, 3세대의 건축가들의 활동은 지금까지도 계속되고 있다. 세대들간의 차이는 있지만, 각 세대들이 자신들이 속한 세대에 충실하면서 그 이전의 세대에 대한 비난을 하지 않았다는 점이 앞세대의 것을 더욱 발전시킬 수 있는 계기가 되었다는 점이 중요하다. 1950년대에는 제 3세대 건축가들이 활동하기 시작했다. 그들은 1920년대 이후의 발전 과정과 어떠한 관계가 있을까?

사회적인 측면이 중요하게 대두되었다. 즉 익명적인 건축주에게 더 많은 의식적인 관심이 집중된 것이다.

상황에 대처하는 계획이 적극적인 인자로 자리잡았다는 것은 변화하는 상황을 반영하고 있다.

교통문제가 도시 계획의 필수적 요소로 자리를 잡게 되었다.

기존의 상황을 다루는데 세심한 주의를 기울였고, 건축과 환경 사이의 상호관계를 통해 그 각각의 영역을 더욱 발전시켜 나가는 방향으로 이끌어 갔다.

수평면과 여러 레벨을 건축에 직접 사용하였다.

형태상의 표현보다는 내적인 관계와 연속성에 대한 갈망이란 측면에서 과거를 바라보았고, 그 관계를 지속적으로 유지했다.

조각적 성향이 한층 부각되었고, 내 · 외부공간 사이의 관계나 공간상에서 볼륨들간의 관계를 더욱 자유롭게 처리했다.

기능자체보다는 표현의 권리를 더 중시했다.

과거와의 관계

Relation to the Past

과거와의 관계 혹은 과거와 접촉하려는 열망은 독특한 방식으로 나타나고 있다. 이러한 방식은 제 2세대, 특히 미국의 제 2세대가 보여주었던 과거로의 열망을 통해 표현된 방식과는 매우 다르다. 제 3세대는 과거의 맥락에서 뜯어온 역사적인 단편을 이리저리 조작하는 일에 관심이 없었다.

현대 건축의 초기에 자기인식의 계기를 마련하고자 과거를 거부한 것은 어느 정도 납득할 수 있다. 현대 건축의 선구자 중에 과거와 관계를 끊지 않은 유일한 인물은 르 꼬르뷔제였다. 흥분이 가라 앉은 상태가 오래 지속됨에 따라, 사람들은 과거의 생생한 힘, 즉 인간 경험의 축적물에서 비롯되는 힘을 다시 느낄 수 있게 된 것이다.

과거와의 관계는 긍정적일 수도, 부정적일 수도 있다. 미국의 제 2세대 건축가들 중에 유명한 몇 사람들은 자신들의 건물에 장식적인 효과를 주고자 양식적인 단편과 다른 것과 조화를 이루지 못하는 독립적인 디테일을 모방하려 하고 있다. 그러나 이런 방식으로 전통이나 과거와 관계를 맺을 수는 없다. 이러한 건축은 대중과 언론의 관심을 끄는데 급급한 퇴폐적인 건축일 뿐이다. 이러한 모방적 경향은 디테일을 형식적으로 차용하는 행태와 더불어 현대 사회나 현대의 공간 개념과는 전혀 무관한 공간의 관계성을 퇴폐적으로 본뜨는 행태로 변하고 있다. 공간 관계를 모방하는 풍조의 대표적 예가 바로 뉴욕의 링컨 센터이다.

Fifth Edition 669쪽 22줄

제 3세대의 과거와의 관계는 다른 방식으로 타나나고 있다. 그들은 주변에서 쉽게 찾아볼 수 있는 과거와의 생생한 연결고리를 가진 익명의 건물에 관심을 두고 있다. 제 2세대의 경우, 몇몇 경우를 제외하고는 익명적인 평범한 건물에 무관심했다. 제 3세대는 그 이전 세대와 매우 다른 성향을 보여준다. 사람들은 가는 곳마다 시간의 넓은 파장 속에서 살아가려는 욕구가 되살아나고 있음을 발견한다. 제 3세대는 고도의 번영을 누리는 시기에 자행된 옛날 건물의 무자비한 피괴행위에 대해 반감을 품고 있었다

이러한 제3세대의 경향은 또 다른 계기, 즉 건물 하나에 대한 상이한 태도와 관계가 있다. 젊은 세대들의 프로젝트에 자주 나타나는 테마는 개별 건물 하나 하나에 초점이 맞추어져 있기 보다는 그리스의 아크로폴리스나 아테네 아고라의 경우처럼 여러 건물의 상호작용을 가장 중요한 원리로 생각한다. 이미 오래전부터 고고학자들은 아크로폴리스와 아고라의 관계성을 "그룹 디자인"이라 명명했다.

이러한 방식은 현재 서양세계 보다 일본의 도시계획에 더 잘 나타나고 있다.

제 3세대 건축가들은 과거를 통해 원래 시대의 맥락에 뿌리내리고 있는 디테일을 골라내려고 하지는 않는다. 그들이 과거를 바라보는 것은 내적인 친근성이며 풍부한 건축적 지식에서 우리나 현재와 관련있거나, 어떤 경우에는 현재의 내적인 안정감을 강화할 수 있는 것이 무엇인지를 정신적으로 통찰하기 위해서이다.

웃존이 속한 세대가 과거를 바라보는 방식은 역사가들, 즉 적어도 현대의 상황과 정신적인 유대 관계를 맺고 있지 않는 역사가들의 태도와는 다르다. 이들은 건물이 세워진 연대나 건물을 지은 사람들 자체에 거의 관심을 두지 않는다. 오히려 건축가가 얻고자 한 것이 무엇이며, 어떻게 문제를 해결했는가이다. 다시 말해, 이들은 과거의 건축적 지식을 토대로 연구하는데 관심을 두고 있는 것이다. 따라서 건축가들은 과거의 건축적 목표를 살펴봄으로써 현대 건축이 추구해야 되는 점이 무엇인지 알게 되는 것이다. 우리는 여행을 통해 이러한 즉각적인 질문을 던질 기회를 많이 갖게 된다.

과거와의 관계를 고려할 때 항상 제기되는 똑같은 질문이 있다. 즉 다른 세대에 속한 사람이 또 다른 상황하에서 생긴 특정한 문제를 어떻게 해결했으며 그때의 문제는 무엇이었을까? 원시 이후에 나타난 여러 문화들보다 원시인들의 건물이 오늘날의 건축가들에게 더 친밀하게 다가올 때가 종종 있다. 이 때문에 완벽하게 구성된 궁전보다 폐허가 때때로 본질적인 것을 더 즉각적으로 표현하는 것이다. 이 사실이 뜻하는 것은 다른 무엇보다 과거의 디테일이나 공간 개념에 몰두하지 않은 채 도시의 역사적인 분위기, 혹은 어떤 의미에서 말하면 도시의 기풍을 감상하고 이해하려는 열망이 고조되고 있다는 점이다.

요른 웃존

Jørn Utzon

우리는 요른 웃존을 제 3세대의 여러 감각적인 특징들을 날카롭게 묘사했기 때문에 그를 선택했다. 그는 1918년에 태어나 덴마크에서 성장했다. 코펜하겐의 왕립 예술 아카데미에서 뛰어난 역사가이자 도시계획가인 스틴 에일러 라스무센의 영향을 받았다. 라스무센은 웃존의 직관력을 넓히는데 많은 영향을 미쳤다. 1945년, 그는 알바 알토나 군너 아스플룬트와 같이 공부했다. 그는 이들을 스승으로 생각했으며 후 672쪽 02줄 Fifth Edition

에 가서 이들의 성향을 발전시켜 나갔다.

웃존은 짧은 기간 동안 실무를 경험하였다. 1948년에 파리에서 페르난드 레거와 르 꼬르뷔제를 만났다. 그러나 무엇보다 중요한 것은 그가 조각가인 앙리 라렌스와 접촉하게 되었다는 점이다. 웃존은 공중에서 형태를 만들어 내는 방법과 상승감이나 매달림 효과를 표현하는 방법을 그로부터 배웠다.

제 1세대에서는 드물게, 르 꼬르뷔제는 민속 박물관을 관람했고 1910년경 유럽과 소아시아를 여행했다. 제 3세대의 많은 건축가들처럼 웃존 역시 세계적인 차원에서 건축을 직접 조사하는데 몰두했다. 1948년에 모로코로 갔다. 그곳에서 그가 가장 관심을 가졌던 것은 동일한 재료로 만들어진 마을과 풍경의 조화로운 결합이었다. 마을과 풍경의 조화를 통해 주변 환경과 10층 높이에 달하는 주거 건물 사이의 연속적이면서도 조각적인 통합을 달성할 수 있었던 것이다. 후에 노란 벽돌로 이루어진 킹고와 프레덴스보그와 같은 주거단지 프로젝트를 설계할 때 , 앞서의 원시적인 건물의 통일성을 염두에 두고 작업에 임했다.

1949년, 처음으로 미국에서 교수자리를 제안해 왔으며 뒤이어 멕시코에서도 제안이 들어왔다. 그는 탈리에신 웨스트와 탈리에신 이스트에서 프랭크 로이드 라이트와 짧은 시간을 함께 했다. 그는 미스 반 데 로에와 접촉하기도 했다. 멕시코에서는 마야 건축과 아즈텍 건축에서 큰 감명을 받았다. 오랫동안 자신의 내면속에 숨어있던 무언가를, 즉 건축 표현의 구성적 요소로서의 넓은 수평면을 이 문명의 신전에서 발견한 것이다.(**도판**. 426, 427)

덴마크로 돌아가자마자 웃존은 많은 현상공모에 참가했다. 그는 현상 공모측의 기호나 조건에 거의 신경쓰지 않고 해결해야할 문제에만 관심을 두었다. 그래서 그는 건물을 실제로 지을 기회를 많이 얻지 못했다. 그의 동료들은 덴마크 가구에 세계적인 명성을 가져다준 품위있고 유쾌한 형태에만 오랫동안 익숙해 있었다. 그가 실제로 맡은 유일한 일은 엘지노어 근처에 위치한 63채의 킹고 주택(1956)과 1962년의 프레덴스보그 근처의 소규모 주택 프로젝트였다.(**도판**. 442, 443, 444)

Fifth Edition 673쪽 06줄

1957년 그는 자신이 호주에 있는 시드니 오페라 하우스 현상공모에 당선된 것을 알고는 놀라움을 금치 못했다. 웃존의 출품작이 갖는 세계적인 중요성을 즉시 발견하고 그에게 일등상을 주어 그의 안이 실현될 수 있도록 온갖 노력을 다한 사람은 에로 사리넨이였다. 사리넨은 입선작품 대상에서 이미 제외된 계획안들을 다시 살펴보

426. 유카탄의 한 사원.

427. 요른 웃존.

428. 요른 웃존.

다가 그 가운데에서 웃존의 안을 발견했던 것이다. 그는 이 계획안을 가지고 심사위원들에게 돌아가서 "신사여러분, 이것이 당선작입니다."라고 말했다.

1957년 이후에 웃존은 중국과 네팔, 인도, 일본 등을 방문하면서 이 나라들의 문화를 경험할 기회를 가졌다. 그는 중국 건축과 일본 건축의 차이점을 발견했다. 일본에서는 중국의 꼼꼼한 가늠자 대신에 유연한 끈이 측정 수단으로 사용되고 있었으며 그는 이 측정 수단이 이들 나라의 건축에 미친 영향을 이해하였다.

다른 문화의 사람들과의 만남을 통해 관심을 두지 않았던 테마들이 그가 가진 고유한 창조성 속에 내재되어 있던 목표와 가까운 것임을 알게 된 것이다. 북경에서 우연히 리앙 교수를 만나게 되었다. 이 교수는 A.D. 800년 전에 있었던 고대 중국의 건축 원리들을 수집하여 근대 중국어로 변역하여 7권의 책으로 펴낸 사람이었다. 말로 설명된 조립 건물 시스템은 오늘날의 경우처럼 그 자체만을 의미하는 것이 아니라 모든 가능한 조합을 이루고 상징적 의미를 가지도록 세심하게 연구 · 발전된 것이었다.

1963년 3월에 웃존은 자신이 설계한 오페라 하우스의 어려운 공사 현장을 보기 위해서 시드니로 갔다. 1964년 그는 취리히 극장을 위한 새로운 건물의 현상 설계에도 당선되었다.

'구성적 요소'로서의 수평면

The Horizontal Plane as a Constituent Element

Fifth Edition 673쪽 33줄

수메르의 지구라트에서 출발된 건물과 수평면의 결합은 건축의 초기부터 시작되었다. 『**영원한 현재, 건축의 기원(뉴욕, 1964)**』의 제 1권은 메소포타미아와 이집트에서 발생한 이러한 경향을 다루고 있다. 이 책에서 놀라운 규모로 다루어진 수평면들의 관계를 엿볼 수 있다. 즉 고 왕국시대의 기제 피라밋이 서있는 높은 사막지대와 경작지를 이루고 있는 낮은 평원이 서로 조화를 이루고 있으며, 신왕국 시대에 가서는, 디어 엘 바하리에 있는 합셉수트 여왕의 무덤이 3단의 수평 테라스에 의해서 우주적으로 구성되어 있다.

면이 갖는 감성적 측면은 큐비즘이 출현하고 나서야 재발견되었다. 그동안, 주관심은 '수직면들'사이의 관계였나. 이제, 제 3세대 건축가들은 수평면을 중요하게 부

429. 요른 웃존. 일본 주택의 스케치. 웃존은 지붕과 플랫폼만을 그렸다. "이 일본 주택의 플랫폼은 탁자 윗면과 같다. 당신은 탁자의 윗면에서 걸어다니지 못한다."고 지적하고 있다.

430. 요른 웃존. 바다위에 떠있는 구름의 스케치. 웃존은 바다의 날카로운 수평선과 그 위에 떠있고 구름으로 이루어진 볼트 아랫부분의 선명한 수평선을 나타내고 있다.

431. 요른 웃존. 시드니 오페라 하우스의 볼트를 위한 기초 스케치. 이 스케치를 통해서 그가 만들려고 한 것의 의미를 알 수 있다.

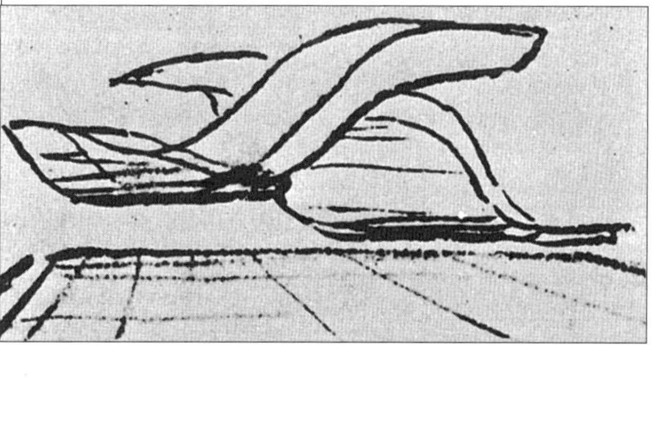

각시켜 자신들이 추구하는 건축의 구성적 요소로 사용하고 있다. 그 이전의 두 세대들도 수평면이 갖는 건축적 중요성을 의식하고는 있었지만 서로 다른 레벨을 연결시키는 측면에서만 수평면을 의식하고 있었다.

르 꼬르뷔제는 사보아 주택(1928~30)의 램프 형태나 찬디가르의 대규모 건물, 하버드 대학의 시각 예술을 위한 카펜터 센터에서 수평면을 사용했다. 특히 카펜터 센터는 수평면이 결정적인 건축요소로 다루어지고 있다.

제 2세대 중에 처음부터 수평적 레벨의 관계를 형태 결정의 요소로 사용한 사람은 비퓨리 도서관(1927~34)을 설계한 알바 알토이다. 이러한 경향이 그의 모든 작품에 어떻게 나타났고, 아주 일찍부터 어떤 방식으로 높이를 달리하여 인공적인 단들을 만들고 그것을 건물(사이나트살로 의사당, 1950~52)의 극적인 건축적 표현으로 어떻게 사용했는지는 앞서 충분히 언급했다.

Fifth Edition 675쪽 06줄

수평면을 '구성적 요소'로 사용하는 경향은 제 3세대들 사이에서 새로운 발견으로 여겨지고 있다. 앞서 업급했듯이, 요른 웃존은 아즈텍 문명과 마야 문명의 단형 건물이 보여주는 거대한 스케일에 감명을 받았다.(**도판**. 426, 427) A.D. 1,000년경에 있었던 멕시코의 후기 문명을 통해 항상 마음속에 맴돌던 무언가를 확신하게 된 것이었다. 이로부터 몇 년후, 『**플랫폼과 고원**(platform and plateaus)』라는 글에서, 건축의 표현 수단인 수평면에 대해 다음과 같이 언급했다. "건축 요소로서의 플랫폼은 마음을 사로잡는 특성을 가지고 있다. 1949년 멕시코를 답사하던 중에 이러한 요소가 마음을 끌었다. 그곳에는 다양한 크기와 다양한 구성방식의 플랫폼이 많이 있었다. 이 플랫폼으로부터 엄청난 위력이 발산되고 있었다."▼1 웃존은 어디를 가든(그리스나 중국, 인도 등지에서 접했던 수평면인 플랫폼) 이것이 바로 건축구성의 핵심임을 발견한 것이다.▼2

그림(**도판**. 429)을 통해 일본주택의 본질적 특성을 보여줄 때, 투명한 벽을 생략한 채 지붕을 바닥 위에 떠있게 그렸다. "일본 전통 주택의 바닥은 섬세할 뿐만 아니라, 브리지 같은 플랫폼을 이루고 있다. 일본의 플랫폼은 마치 테이블의 윗면과 같다. 테이블의 윗면에서는 걸어다닐 수 없다. 이 플랫폼은 일종의 가구같은 것이다"▼3

바다 위에 떠있는 구름을 그리면서 수면의 날카로운 수평선과 그 위에 선명하게 나타난 둥근 구름의 수평적인 여러 층을 발견했다.(**도판**. 430) 이 구름은 시드니 오페라 하우스의 볼트에 영향을 주었으며 그가 볼트에 부여한 의미를 엿볼 수 있게 해주는 요소이다. 그는 구름을 수평적인 구조물 위에 떠있고 한 지점에서만 땅과 접촉하고 있는 것으로 인식했다.(**도판**. 431)

건물 자체는 윤곽이 뚜렷한 플랫폼위에 서있다. "이 건물의 개념은 플랫폼을 칼로 자르듯이 잘라내어 주기능과 부기능을 완전히 분리하는 것이었다. 플랫폼 꼭대기에서 구경꾼들이 완벽한 예술품을 맞이하게 된다면 플랫폼 아래에서는 이 예술품의 준비 작업이 이루어진다."▼4

제 3세대 건축가들의 모든 작품에는 인공적으로 건설된 땅인 플랫폼이 사용되었다. 자동차와 트럭들이 서로 뒤엉켜 있는 혼란으로부터 보도를 보호하려는 노력이 시도된 모든 프로젝트에는 플랫폼이 사용되었음을 알 수 있다. 예를 들어, 1963년 베커만과 반 덴 브룩, 반 에익에 의해 이루어진 북 암스테르담 계획안과 떠오르는 세대 중에서 가장 젊은 사람인 후미히꼬 마끼의 도쿄 지구 계획안, 겐조 당게의 도쿄만 위의 상이한 플랫폼들(**도판**. 524, 525)들이 있다.

표현의 권리: 시드니 오페라 하우스의 볼트

The Right of Expression : The Vaults of the Sydney Opera House

시드니 오페라 하우스(1957년 설계, 1963년 착공)를 이루는 여러 개의 대형 볼트에 대해 수많은 논란이 제기되었다. 개인적인 모욕을 가져다 줄 것으로 여겨지는 것과는 다른 무언가를 더 중시하는 사람들만이 이러한 비난을 가한 것은 아니다. 676쪽 33줄 Fifth Edition

건물의 앞뒤를 가리고, 60m 높이까지 차례차례 솟아올라 있는 10개의 볼트들을 사용하는 것은 흔한 방식이 아니다. 가장 많은 반대에 부딪힌 점은 지붕마룻대에서 서로 결합되는 쉘들이 매우 임의적이라는 것이다. 즉, 내・외부공간 사이의 관계성도 없으며 높고 네모난 무대 위로 거대한 볼트의 날개가 아치형태를 이루고 있는 것이다.(**도판**. I)

이러한 이론(異論)은 근본적이 문제로 연결되었다. 이는 우리 시대가 다시 그 해답을 찾고 결정을 내려야할 문제로, 바로 양심에 대한 문제였다. 즉, 예전에 표현력을 강화하기 위해 행해던 것처럼, 우리도 순전히 기능적이고 명백한 경향에서 벗어날 준비를 해야 되는가?

요른 웃존이 서로 엇갈린 볼트를 "쉘"이라 불렀던 이 구조물이 비록 직접적으로 물리적 측면에서 인과 관계가 있다고 증명될 수 있더라도, 건축에서 기능만을 중시하는 사람들은 이것을 불필요한 것으로 여긴다. 반 세기의 발전을 이룬 후, 현대 건축은 건축의 기능적인 측면 이외의 무엇을 원하고 있다. 순전히 실용적인 측면을 넘어서는 표현에 대한 자율적 권리가 건물에서 다시 중요한 위치를 차지해야 한다.

오늘날, '기능(function)'으로부터 '표현(expression)'을 독립시킬 수 있는 사람은 거장들 뿐임을 우리는 잘 알고 있다. 재능이 없는 사람들이 손을 댄다면, 이 표현의 독립은 엉뚱한 방향으로 유도되어 실패할 것이다.

Fifth Edition 677쪽 26줄

개인적으로 두 권의 훌륭한 책(65×40cm)을 출간한 웃존은 자신의 창조적인 방식의 기원과 발전과정을 기술하였다. 붉은색 바탕의 표지에 시드니 오페라 하우스의 실루엣이 그려져 있는 첫 번째 책(1958)에는 여러 분야의 전문가들이 조언한 사항이 담겨 있다. 오늘날의 복잡한 건물의 경우, 여러 분야의 전문가들(구조 기술자, 음향 전문가, 열관리 전문가, 무대설치 전문가들)이 작업에 참여하는 것은 당연하게 여겨지고 있다. 그러나 결국에서 가서, 이들은 익명적인 존재로서 건축가의 작품 저편으로 사라지는 것이 흔한 일이다. 웃존은 자신의 책에 전문가들의 개별적인 작업 도면이나 설명서를 포함시킴으로써 그들의 역할을 부각시키려 했다. 이러한 배려로 인해 아웃사이더였던 이들도 현대의 팀작업이 보여주는 모자이크에 어렴풋이 그 모습을 드러낸 것이다.

1962년에 나온 두 번째 책은 글이 전혀없는 멋진 여러 도면들로만 구성되어 있다. 이 책의 표지에는 쉘 볼트를 구체의 요소로 만든 그래픽 계산과정이 나타나 있다. 책 내용을 살펴보면, 건물의 건축적 발전과정이 차례차례 묘사되어 있으며, 특히 내부의 천장과 외부의 쉘 사이에서 이루어지는 대위법적인 상호작용이 잘 표현되어 있다.

소규모 홀의 단면을 통해 무대 위로 높이 치솟은 가장 큰 세 번째 쉘까지 상승하는 여러 쉘과 굴곡진 천장이 어떻게 대위법적으로 상호작용하고 있는지 잘 보여주고 있다. 이 쉘들은 유리 커튼월에 의해 외부와 차단되어 있다. 이 쉘에는 수직재가 없으며 박쥐의 날개처럼 안쪽으로 부채살 모양이 펼쳐지고 있다. 쉘들은 정교하게 구성되어 있어서 각각의 정점과 바닥을 연결하는 코드들(cords)이 공간상의 한 점에서 시작되고 있다.(**도판.** 438) 볼트는 이와 같은 이상적인 지점에서 시작하여 앞뒤로 뻗어나간다. 육안으로 직접 이것을 확인할 수는 없지만, 내적 질서가 존재한다는 것을 인식할 수 있다.

제 3세대의 뛰어난 다른 건축가들처럼 요른 웃존 역시 두 가지 재능을 함께 가지고 있었다. 과거나 자연의 우주적인 요소와 직접 접촉하면서 산업 생산(특히, 조립화)이 가져다 준 현대적인 방식을 완전히 이해하고 있었다. 결과적으로 그는 '조립화'에서 순전히 기능적인 속성을 제거하고 유기적인 특성만을 부여한 것이다.

우리는 시드니 오페라 하우스의 쉘볼트에 메달려 있으면서 지면의 수평적인 레벨과 높이 솟은 쉘 사이의 연결고리 역할을 하는 유연한 유리벽에서 그의 두 가지 재능이 훌륭하게 결합되어 있음을 발견할 수 있다. 웃존은 수직 유리벽을 하중을 견디는 지지체적인 요소로 생각하여, 온실처럼 아랫부분에서 서로 겹치는 여러 유리판으로 구성된 동적이면서도 유연한 형태로 전환시켰다.(도판. 436)

그는, 이러한 해결방식은 새 날개의 유기적이면 역동적인 움직임(도판. 437)으로부터, 그리고 정확하게 조립될때 "어떤 곳과도 통화가 가능한" 자동전화의 수많은 연결망으로부터 영감을 얻은 것이라고 말하고 있다.

웃존은 궁극적으로 구체(球體), 즉 표면상의 모든 점이 중심과 같은 거리에 있기 때문에 플라톤이 가장 완벽하고 통일된 물체라고 지적한 그러한 구체에서 출발했다. 이것은 초기 원시 예술에서 조각품으로 여겨진 완전한 형태였다. 상징성이 내포된 이 구체는 비잔틴 건축의 기념비적 출발점이기도 했다.

웃존은 돔처럼 '에워싸는 형태'를 사용하는 것은 원하지 않았다. 그는 영원한 항존성과 영원한 변화가 내재된 구체의 단편만을 사용했다. 이 단편들은 연속적으로 배열된 오페라 하우스의 솟아오르는 쉘의 흐름에서 잘 나타나고 있다. 679쪽 08줄 Fifth Edition

우리들이 싫어하든, 좋아하든 상관없이 이 단편들은 우리 시대의 마크(상징체)이다.

어느날 웃존은 호주에서 볼트의 여러 단편에 따라 깍은 목재 공 3개(도판. 435)를 나에게 보내왔다. 나는 이 공을 통해 오페라 하우스의 볼트가 그리는 곡선이 전혀 임의적인 것이 아님을 알 수 있었다.

부유하는 듯한 표현을 보여주는 것은 아주 중요한 일이다. 그러나 건축은 지어져야 하며, 건축에서 중요한 것은 형이상학적 개념들이 실용적이며 활용될 수 있도록 만들어져야 된다는 것이다. 웃존은 현 시대의 중심적인 인물이다. 비록 과거에 집착하기는 했지만, 실무자라는 현실적 맥락 속에서 과거를 바라본 인물이다. 이는 조립품의 합리적인 생산과 구체 속에 내재된 구조적 가능성을 완벽하게 사용하는 것이 형이상학적 배경과 서로 연결되어 있다는 점을 뜻한다.

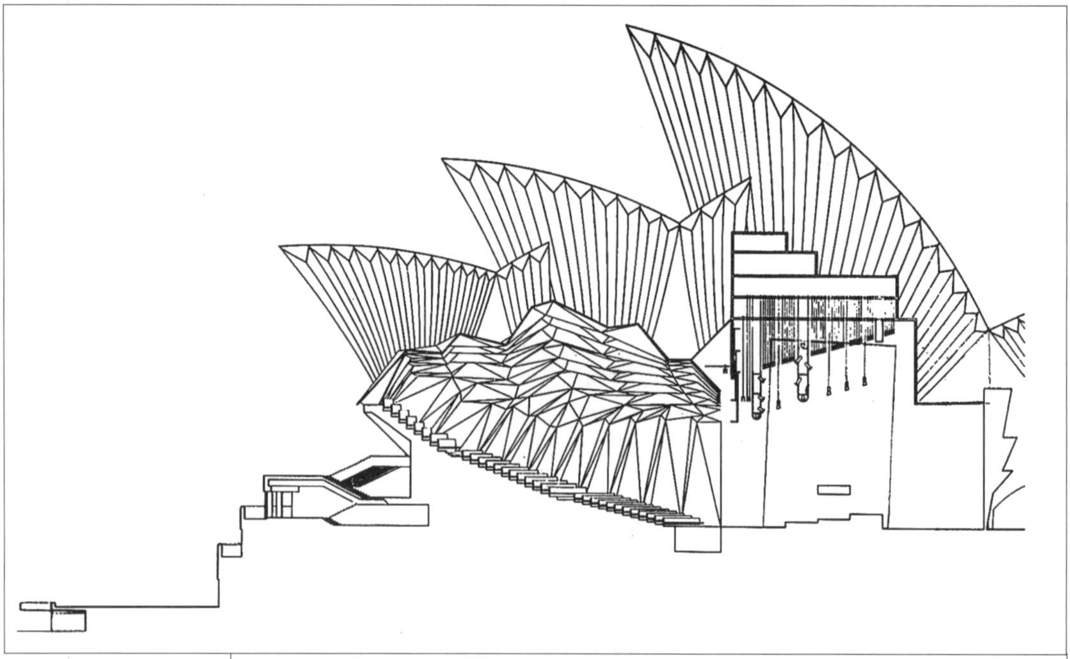

432. 요른 웃존. 시드니 오페라 하우스, 1957. 지붕에 자유롭게 매달린 목재 천장을 보여주는 소규모 홀의 단면도. 단면도 뒷편에는 무대 뒤쪽에서부터 여러 쉘이 솟아오르고 있다. "특징적인 모습과 양식은 서로 결합된 여러 형태들에서 나온다. 각 형태들은 바다나 파도(파도 속의 파도), 즉 부서지는 파도와 거품을 일으키는 파도의 모습을 하고 있다. 내생각으로는, 기하학에 뿌리를 둔 형태들을 결합해서 보이지 않는 공간을 만들려고 했으며, 내가 원하는 보이드를 만들었을 때 나는 내 마음 속의 상태를 동결시켰다. 기하학적인 형태를 가지고 공간을 구성했기 때문에 보이드를 감싸는 전체 외피는 완벽하게 설정되어 외피의 표면은 수많은 동일 요소들로 구획될 수 있다. 이 동일 요소들은 대량생산될 수 있다. 그리고 이 요소들사이의 관계가 확정되면 이 요소들은 실톱으로 잘라낸 거대한 퍼즐처럼 공간에서 조립될 수 있다.(요릇 웃존, 조디악 14, 1965.)

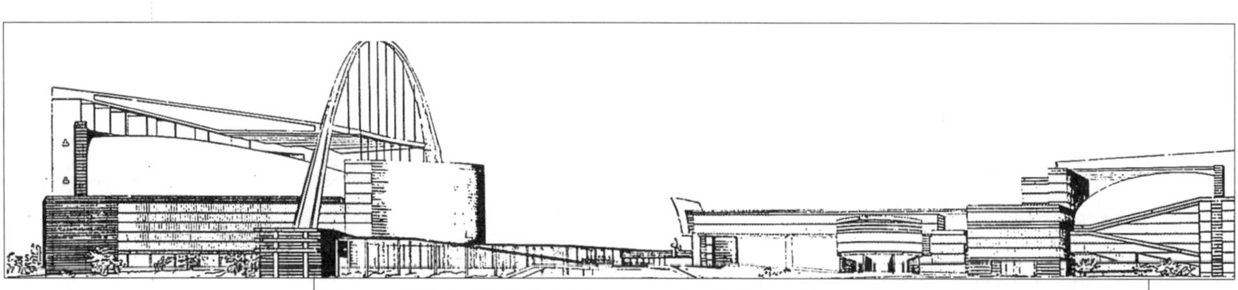

433. 르 꼬르뷔제. 소비에트 궁의 계획안, 1931. 대형 홀의 천장은 와이어 케이블에 매달려 있으며 이 케이블은 열린 공간 속으로 높이 솟아 있는 포물선형태의 콘크리트 아치에 매달려 있다. 이 계획안은 이 당시 르 꼬르뷔제의 가장 진보적인 프로젝트였다. 매달린 천장과 자유로운 볼트에 대한 아이디어를 이 프로젝트에서 얻었다고 웃존은 시인했다.

표면이 중심에서 항상 같은 거리에 있는 이 나무공을 통해 복잡한 비계작업을 피할 수 있었고, 하나의 가동 거푸집을 가지고 작업할 수 있었다. 따라서 우리 시대의 복잡한 볼트를 개발하는데 옛 방식이 큰 역할을 하였음을 알 수 있다. 신 왕조(테베의 라마세움)의 이집트인들이 가동 거푸집을 이용하여 배럴 볼트(굽지 않은 벽돌을 쌓아올려가며 만든 볼트)를 만들었다는 것은 이미 쵸이시로부터 배운 바 있다.

434. 요른 웃존. 구에 기초를 두고 있는 쉘볼트의 형태 성립과정. 볼트를 형성하도록 조립될 수 있는 기성 부재의 구조를 결정하는데 간단한 기초가 된 것은 규칙적인 구의 표면이였다.

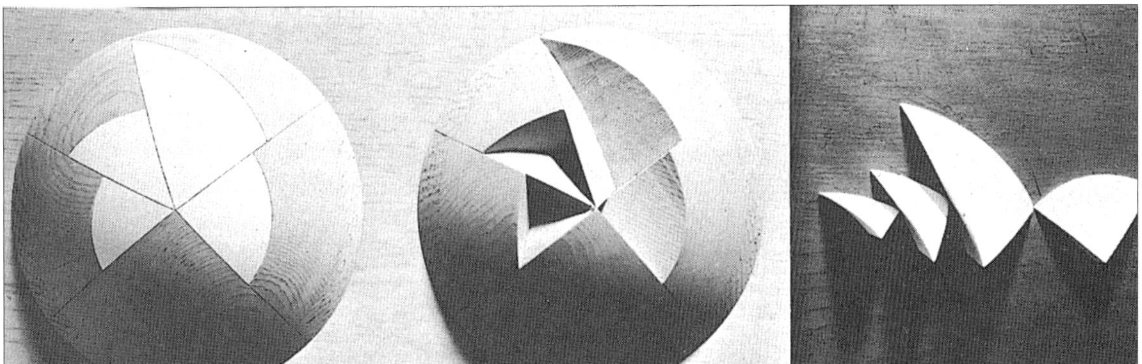

435. 요른 웃존. 오렌지를 자르는 것처럼 쉽게 볼트의 여러 단편들을 잘라낸 방식을 보여주는 나무공.

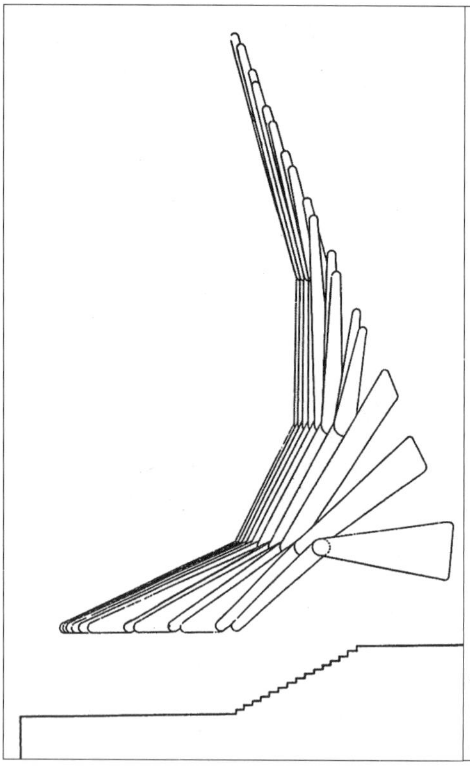

436. 요른 웃존. 시드니 오페라 하우스의 대형 볼트 내에 매달려 있는 유연하고 부채같은 유리 커튼 월 드로잉, 1957.

437. 요른 웃존. 날고 있는 도둑 갈매기의 날개 사진.

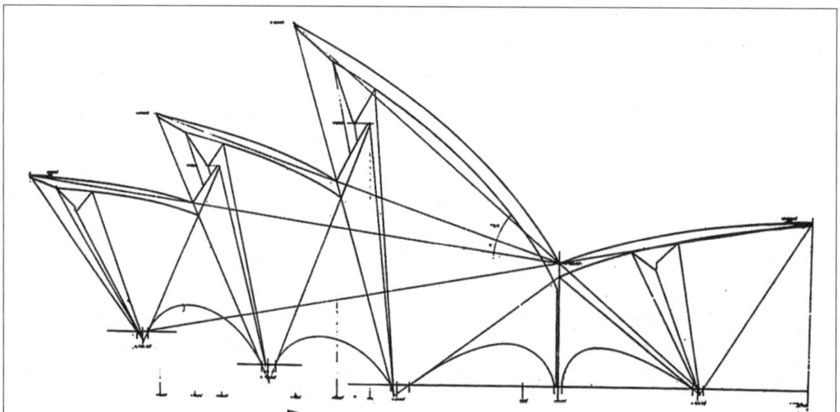

438. 요른 웃존. 시드니 오페라 하우스, 1957. 쉘볼트의 모든 날개부분은 한점에서 만난다.

1963년 6월에 쓴 편지에서, 웃존은 자신의 방법론이라고 지적한 공간 기하학을 통해 "쉘 콘크리트 구조에 흔히 사용되는 육중한 비계를 쓰지 않고 가동 거푸집만을 사용하여 조립부재들을 구축할 수 있었는지"를 설명하고 있다. 또한 구체의 단편을 사용함으로써 작업도면을 단순화 시켰다. "북극점에서 서로 교차하는 큰 원들을 구체 위에 새겼기 때문에 구(球)의 체계에 따라 모는 치수의 정확한 크기를 파악할 수 있다.(**도판. 434**) 이를 통해 하나의 오렌지를 같은 크기의 여러 조각으로 자르는 것처럼 간단하게 그 해결책을 찾을 수 있었다." 복잡한 굴곡의 수직 · 수평 단면을 그려내는 것이 얼마나 어려운가를 보여주는 실례로 케네디 국제 공항에 사리넨이 설계한 T.W.A. 빌딩 쉘을 언급했다. 이 도면은 컴퓨터로 계산되어야 하는 것이었다.

오페라 하우스를 다룬 두 번째 책(1962)의 표지에 구(球)에서부터 볼트가 나오게 된 수학적 과정을 보여주었고 뒷표지에는 처음 오페라 하우스를 빠르게 스케치한 그림이 실려 있다. 이 그림들을 통해, 모든 것이 두 극점(상상의 즉각적인 기록과 그것의 실제적인 발전과정)을 중심으로 돌고 있다는 것을 알 수 있다. 683쪽 06줄 Fifth Edition

이러한 과정은 결코 순탄하지 않았다.

쉘은 처음에는 상상의 세계에서 그려졌다. 현대 건축의 열성적인 옹호자인 덴마크 엔지니어 오베 아럽이 쉘을 건설할 수 있는 방법을 찾았지만, 최선을 다했음에도 불구하고 그 해결책을 찾지 못한 채 포기하고 말았다.

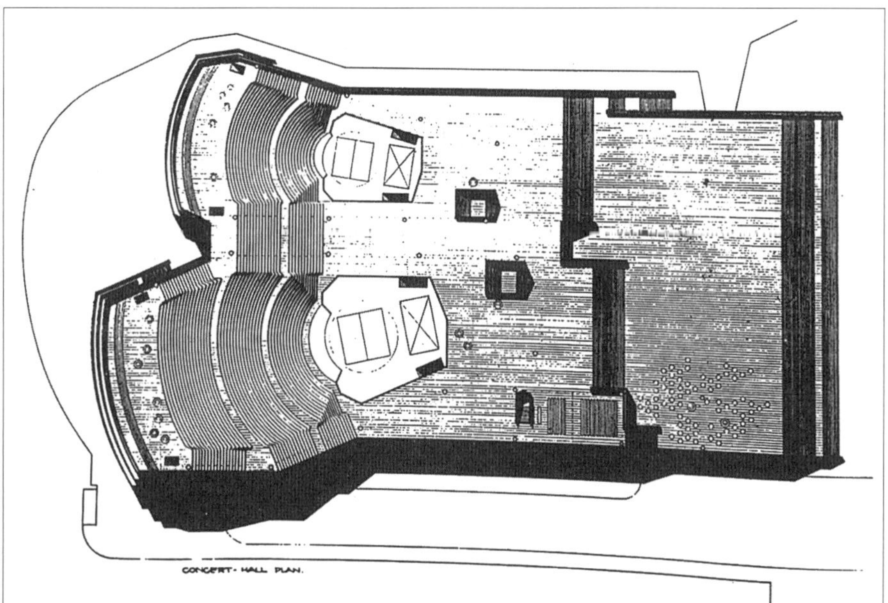

439. 요른 웃존. 시드니 오페라 하우스, 1957. 3500석의 홀과 1200석의 홀을 포함한 지상층 평면.

그 해결책은 1961년 5월에서 10월 사이에 웃존의 사무실에서 나왔다. 이때 그는 2차원적인 도판에서 3차원적인 모형으로 전환했다. 그가 언급하기를, 1914년 르 꼬르뷔제가 몇 개의 지지체와 수평적인 콘크리트 슬래브로 이루어진 '도미노 주택'개념(도판. 312)을 발견한 것처럼 그 자신 역시 최종적인 형태에 도달하게 되었다고 했다.

일부는 스웨덴에서, 나머지 일부는 건설현장에서 조립이 가능한 조립 부재를 이용하여 높은 쉘을 캡(shoes)으로 연결한 후, 리브(rib)를 구성할 수 있도록 함으로써 건설이 가능하게 되었다.

왜 이런 과정을 거쳤을까? 왜 이처럼 돈과 시간을 투여해야 되는가? 그 이유는 바로 상상력은 표현의 권리를 요구하기 때문이다. 이 표현의 권리를 지켜나가려는 굽힐 줄 모르는 끈기를 통해 현대 건축의 새로운 장이 열린 것이다.

예술적 의욕과 물리적 법칙 사이의 상호작용은 모든 예술창조의 근본이 된다. 시간에 따라 변화하는 것은 건설 방법이다.

Fifth Edition 684쪽 20줄

오페라 하우스의 천장과 볼트 사이에는 "기능적" 관계가 결여되어 있다고 비판하는 사람도 있다. 그러나 메달린 나무 천장은 볼트와 매우 다른 기능을 수행한다. 볼트는 단일 축(軸)을 따라 서있는 것이 아니라 마치 꽃에 벌이 달려드는 모양으로 형성되어 5,000명의 관중을 홀로 끌어들이고 있다.

가벼운 천장은 계획대로 자유롭게 메달려 있다. 천장의 굴곡진 표면은 복잡한 음향설계를 고려한 형상을 보여주고 있으며, 대량 생산된 나무판들이 실린더형을 기본으로하는 기하학적 형태에 따라 조립되어 있다.

한 대담에서 웃존이 언급했듯이, 매달린 천장 개념은 시드니 오페라 하우스와는 많이 다르기는 하지만, 초기 방식에 해당되는 르 꼬르뷔제의 국제 연맹관(1931)까지 거슬러 올라갈 수 있다. 르 꼬르뷔제가 설계한 대규모 홀의 천장은 높이 솟아있는 포물선형 콘크리트 아치로 조여진 강철 케이블에 매달려 있다.(도판. 433)

1966년 새 정부가 출범하여 공식적인 정부 건축가의 이름하에 6명의 고문 건축가로 이루어진 위원회가 구성되었다. 그 역시 이 위원회에 참여해줄 것을 제안받았다.

이후에 일어난 일은 1966년 3월 9일자 "뉴 사우스 웨일즈 의회의 논쟁"(pp. 4,008, 4,019~4,032)에 잘 기록되어 있다.

시드니 오페라 하우스를 둘러싼 국회의 논쟁은 6년 동안 웃존의 건축주이자 전 공공 토목부장관이였던 리얀 씨의 용기있는 옹호론에서부터 시작되었다. "이 프로젝트는 매우 중요하고 가치가 있음에도 불구하고 정치적인 논쟁의 수준으로 전락된 점은 매우 유감스럽다. … 건축에 새로운 원리를 정착시키고 전 세계 전문가들의 열띤 관심을 끈 새로운 공학 기술을 널리 알릴 수 있게 한 것도 바로 이 프로젝트이다. 만일 원래의 디자인에 따라서 이 프로젝트가 실제로 완벽하게 지어진다면, 이 일은 우리 나라가 자랑스러워 해야하고, 또한 분명히 자랑스러운 사업이 될 것이다. … 6년 동안 대규모 프로젝트의 책임자였던 본인의 경험에 비추어볼 때 이 점은 분명히 말할 수 있다."(p. 4,019)

685쪽 17줄 Fifth Edition

웃존은 음향에 대한 기존 지식만으로는 이 프로젝트를 감당하기가 어렵다는 점을 알게 되었다. 리얀 씨가 말하기를 "나는 뉴욕의 링컨 센터에서 이 문제가 크게 대두되었던 것을 잘 알고 있다. 완성해야 할 복합 건물의 첫 번째 단위에 해당되는 필하모닉 홀의 방음천장은 처음 지어질 당시, 충분한 실험을 거치지 않았기 때문에 백만 달러가 넘는 경비를 들여 3차례나 개조했다."(p. 4,024) "다른 건물과 비교해 볼 때 시드니 오페라 하우스는 비용이 많이드는 편이 아니다. 링컨센터의 경비가 좌석당 5,500파운드인데 비해 시드니 오페라 하우스의 경비는 좌석당 4,400파운드이다."(p. 4,031)

시드니 오페라 하우스는 대단히 중요한 사례이다. 예전에는 천재적인 건축가들이 미처 관여하기 이전에 무시당하거나 거절당하는 경우가 대부분이었다. 앞서 언급한 것처럼, 담합의 결과로 제네바 국제 연맹관을 다른 사람들이 짓도록 하는 명령이 내려진 1927년에 르 꼬르뷔제에게도 마찬가지 결과가 일어났다. 미국 건축가들이 뉴욕의 UN건물에 대한 르 꼬르뷔제의 스케치를 접수했을 때에도 비슷한 상황이 벌어졌다. 모든 사람이 그러한 결과를 판단할 수 있었던 것이다.

시드니 오페라 하우스의 경우는 상황이 약간 달랐다. 폭넓은 안목을 가진 심사위원의 영향력이 있었기 때문에 웃존은 시드니 오페라 하우스의 현상 설계에 당선될 수 있었다. 그러나 그가 이프로젝트를 거의 끝내갈 무렵에, 새로운 정당이 정권을 잡게 되어 건물의 경비를 최소로 줄이고 모든 디테일들을 간소화 하도록 위원회를 설치하여 건물 완성작업을 관여하도록 결정했다.

굴곡진 목재 방음 천장은 일종의 기본 시험 모델을 주장한 웃존의 요구때문에 사라지게 되었다.(**도판**. 432) 엄밀히 말해 대규모 건물이 세워지기 전에 음향 실험을 요구한 사람은 웃존만이 아니었다. 베를린의 심포니 홀이나, 뉴욕의 링컨 센터(리얀 씨의 주장에 따르면)에서도 이러한 실험이 요구되었다. 쉘을 보호하는 유리벽의 감각적인 굴곡(**도판**. 436)이 평평하게 바뀌게 된 것이다.

자신의 작품에 대해서 책임감을 느끼는 모든 건축가들은 이러한 큰 변화에 대해 당연히 거세게 항의를 한다. 미리 설정된 프로그램에 따라 모든 디테일이 만들어진 건물이 이미 완성 단계에 도달한 마지막 순간에 프로그램상의 변화를 겪게 되어서는 안 된다.

시드니 오페라 하우스에 결국 무슨 일이 일어났을까? 애초에 오페라 하우스로 디자인된 대규모 홀은 갑자기 콘서트홀이나 영화관으로 변했다. 무대 장치는 사라졌으며 아름다운 베니어판 멀리온은 콘크리트로 대체될 것이다. 소규모 홀(**도판**. 432)이 이제 오페라 하우스로 사용될 것이다. 이는 프로젝트상의 약간의 변화에 지나지 않는 것이었다.

Fifth Edition 686쪽 26줄

역사가들의 의견은 정치가들의 의견과 매우 다르다. 우리 시대에서 가장 훌륭한 건물들 중의 하나인 이 건물의 진정한 특성을 끝까지 옹호하는 것이 바로 그들의 도덕적인 의무이다.

오늘날에 와서, 핀란드에서 이탈리아에 이르기까지, 건축에서 조각적인 특징과 내부공간은 동시에 발전되는 현상이 보편적으로 나타나고 있다. 훌륭한 내부 공간을 가진 베를린 필하모닉 홀에서 한스 샤로운은 건물에 공간적 표현과 조형적 표현을 동시에 주기 위해서는 각각 다른 방식이 필요하다는 것을 보여주었다. 가우디가 했던 것처럼 그는 건물 대지 옆에 위치한 아틀리에에서 2차원적인 도면이 아니라 조각적인 모델을 가지고 연구했다. 샤로운 조차도 조형적인 볼륨과 훌륭한 내부공간을 동시에 만들어내는 일을 완벽하게 이루어내지는 못했다. 르 꼬르뷔제의 롱샹교회나 웃존의 시드니 오페라 하우스의 예를 통해서 이 작업이 얼마나 어려운 것인지 알 수 있다.

형태의 종류에 상관없이, 즉 그것이 피라미드나 파르테논, 판테온이던 상관없이, 건축은 항상 기하학적 비례와 밀접한 관계가 있다. 고도의 기하학적 형태나 유기적 형태(후기 바로크의 경우)에 이러한 사실을 적용할 수 있으며, 현대 건축에도 여전히 유효하다. 핀스틀린의 표현주의적 도면과 웃존이 만든 유기적인 형태를 서로 비교해 볼 때, 이 두 사람이 상당히 다른 두 가지 성향을 보여주고 있음을 알 수 있다. 시드니 오페라 하우스가 지닌 진정한 비밀은 영원한 건축 법칙, 즉 건축과 기하학의 긴밀한 연관성을 다루고 있다는 점이다.

687쪽 15줄 Fifth Edition

역사가들이 잊지 말아야 할 또 다른 측면은 기념비적 건물의 내 · 외부공간에는 항상 차이점이 있다는 것이다. 가장 유명한 사례로, 역사상 모든 도움 건축물의 출발점이 된 하드리안의 판데온(1세기 초반)을 들 수 있다. 내부공간에서 볼 때, 단계적인 우물 천장과 큐폴라는 구조적 시스템을 나타내는 것처럼 보이지만, 이것은 아치와 기둥으로 된 실제 구조 체계에 의해서 지지되는 파사드에 지나지 않는다. 판테온에서 이루어지 혁신은 콜롯세움에 사용된 수직 벽체 대신에 아치와 기둥이 둥근 천장을 만드는데 사용되었다는 점이다. 심지어 콜롯세옴의 계단 부분에 실현된 대담한 구조적 직립체도 형식적으로 부조(浮彫)에 의해 덮여 있다.

비록 내 · 외부 공간을 다루는 웃존의 방식이 매우 다르게 보일지라도, 본질적으로 원리상의 차이점은 없다. 그는 새로운 방식을 적용하여 분리된 두 가지 의도를 하나로 통합했다. 독특한 대지 앞으로 돌출한 형태의 둥근 쉘과 함께 건물의 전체 외관은 항구로 들어오는 배와 전체 도시를 생생하게 상징하고 있다. 그는 이 날개 아래에 오페라하우스와 콘서트 홀의 기능적인 내부공간을 채워넣은 것이다.

시드니 오페라 하우스에 대한 새로운 평가에서 가장 실망스러운 것은 무엇일까? 새로운 정부의 아마추어적인 오해 때문에 원래 건축주가 명시한 요구항목을 바탕으로 건축가가 의도한 것이 바뀌게 된 우리 시대 최초의 작품이 바로 시드니 오페라 하우스이다. 이러한 현상은 건축 분야를 맹렬히 공격하는 어떤 것과 관련이 있다. 건축가는 예술가로 받아들여져야 한다. 거의 완성 단계에 와서 대작의 프로그램을 바꾸는 일은 한심한 일이 아닐 수 없다.

모든 일을 그만 두고 덴마크로 돌아간 그의 선택이 이해된다.

시드니 오페라 하우스는 전체적이 맥락, 특히 인간의 목적을 충족시켜주었다는 측면에서 평가되어야 한다. 이 건물의 유일한 목표는 청중들이 페스티발을 준비할 수 있도록 하는 것이었다.

성소보다 높은 곳에 위치한 그리스 템포이 극장을 방문하는 모든 사람들은 먼저 꾸불꾸불하게 나있는 신성한 길을 따라 오랫동안 천천히 올라가야 한다. 극장에 이르게 되면, 풍경의 장엄함을 먼저 만끽하게 된다. 이보다 규모는 작지만, 시드니 오페라 하우스 역시 유사한 방법을 시도하였다. 아즈텍이나 마야 문명의 기념비에 사용된 것만큼 넓은 계단을 통해 서로 다른 높이의 단들을 느긋하게, 그리고 우아하게 거슬러 올라갈 수 있도록 되어 있다.(**도판**. 428) 웃존은 다음과 같이 말하고 있다. "이 건물에서는 휴식시간 동안 모든 홀과 로비가 개방될 수 있도록 되어있기 때문에, 로비를 따라 이동하는 청중은 항구 위로 넓게 펼쳐진 풍경과 함께 쉘에 대한 감동을 느낄 수 있을 것이다." 에로 샤리넨은 시드니 오페라 하우스가 우리 시대의 걸작품들 중의 하나가 될 것이라는 것을 처음부터 인식하고 있었다.

Fifth Edition 688쪽 27줄

기존 상황과의 조화: 취리히 극장, 1964

Empathy with Situation : The Zurich Theater, 1964

제 3세대의 특성들 중의 하나는 경관과 건축 환경을 중요시한다는 점이다. 환경과 건축은 가능한 한 강하게 서로 상호작용해야 된다. 시드니 오페라 하우스의 경우, 높이 솟은 건물과 넓게 펼쳐진 광활한 바다와 하늘을 서로 조화롭게 함으로써 이러한 상호작용을 이루고 있다.

1964년, 요른 웃존은 취리히 극장(**도판**. 440)의 현상 설계에 당선되었다. 이 건물의 상황은 시드니 오페라 하우스의 상황과 완전히 달랐다. 취리히 극장의 경우, 고정되고 정적인 기존 환경내에 새로운 건물을 보완하는 동시에 도시의 결정적인 정점을 만들고 교육시설들(고등학교, 대학교, 기술학교, 의과 대학, 그리고 그외 수많은 시설들)이 밀집하게 마구 들어서있는 넓은 구역에 하나의 중심점을 만든다는 차원에서 건축과 환경의 상호작용을 추구하였다. 그러나 이 극장의 대지는 이러한 정점으로서의 역할을 하기에는 부적합하였다. 차량이 통과할 수 있도록 만들어지고, 가장 중요한 직통 도로 하나에 의해 둘러싸여져 있는 개방적인 광장이 이 지역의 중심을 이루고 있을 뿐이다. 게다가 공공 화장실과 간이 건물이 들어서있는 볼품없는 녹지가 광장의 한 가운데에 배치되어 있었다. 이 넓은 광장의 축 위에 칼 모세르의 우아한 미술관(1910)이 서있다. 산이 위치한 쪽으로 후경을 이루는 곳에 고등학교(1839)가 서있다. 이 고등학교는 베를린에 있는 쉥켈의 건축 아카데미가 추구하는 전통을 훌륭히 따르고 있다. 흩어져 있는 이 지구에 결속력과 장중함을 주기 위해 미술관과 고등학교 사이에 있는 녹지 위에 새로운 극장을 세우려는 계획이 추진된 것이다.

단 한 채의 건물로 어떻게 이러한 목적을 이룰 수 있을까?

액체는 결코 만져지지 않는다. 액체는 손가락 사이를 빠져나가며 특정한 온도를 만나면 에너지 작용을 통해 갑자기 형태와 모양을 갖게 된다. 도시계획에서도 이와 유사한 현상이 나타난다.

취리히 극장의 대지는 50만명이 사는 도시의 한 특정한 땅이 갖는 특정한 경우로만 한정할 수 있는 곳이 아니다. 각각 매우 다른 환경을 이루고 있지만, 곳곳이 다시 결속력을 되찾고 잃어버린 공동체 의식의 파편들을 발견하려는 우리 시대의 대표적인 모습을 보여주고 있다. 취리히 극장의 경우, 분명한 것은 거대하고 새로운 건물보다 훼손된 환경을 치유할 수 있는 건물을 더 필요로 한다는 점이다.

689쪽 27줄 Fifth Edition

건축적 순수성을 지켜야 된다는 제약이 없을 경우에만 기존 환경내에서 설계하는 것이 정당화 될 수 있다. 취리히에서 해결해야 하는 점은 시드니에서처럼, 우주를 향해 안테나를 세우는 것이 아니라, 예술적인 상상력을 잃지 않으면서 도시의 순수한 분위기에 화합하는 것이 필요하다는 점이다. 웃존의 건물은 교묘하게 점증하는 여러 수평적 단들로 이루어진 경사지 위에 서있다. 현상 설계의 심사위원장은 이 경사지를 일컬어 "조직화된 지붕을 가진 평평한 부조(浮彫)와 같은 건물을 위한 카페트"라고 불렀다. 조각적인 지붕은 시드니 오페라 하우스의 저층 부분에 이미 등장한 것과 같은 유기적인 모양의 굴곡을 보여주면서 언덕을 따라 조금씩 상승하고 있다. 지붕의 다양한 외형은 넓은 스팬에서 보통 발생하는 정역학을 고려해서 나온 디자인이다. 취리히 극장은 이 굴곡들이 윗부분의 표면에 나타나고 있다.(도판. 441) 넓은 스팬은 내부공간을 자유롭게 구성함과 동시에 로버트 마일라트의 다리처럼 내적인 탄성력(표현적인 율동감)을 자아낸다. 넓은 스팬의 형태가 건물 전체에 구조적인 중추를 제공하고 있는 것이다.

수평면이 더 작은 규모로 줄어드는 로비에는 시드니 오페라 하우스처럼 로비 공간 전체를 가로지르며 상승하는 계단이 있다. 이 계단은 웃존의 표현대로 "관객들이 배우가 되는" 곳으로 '첫 장면'을 연출하고 있다. 이 극장에서 관객들을 끌어모으는 요소는 높이 솟아있는 볼트가 아니라 "(현상 공모의 심사위원장의 말을 빌리면) 깊이감

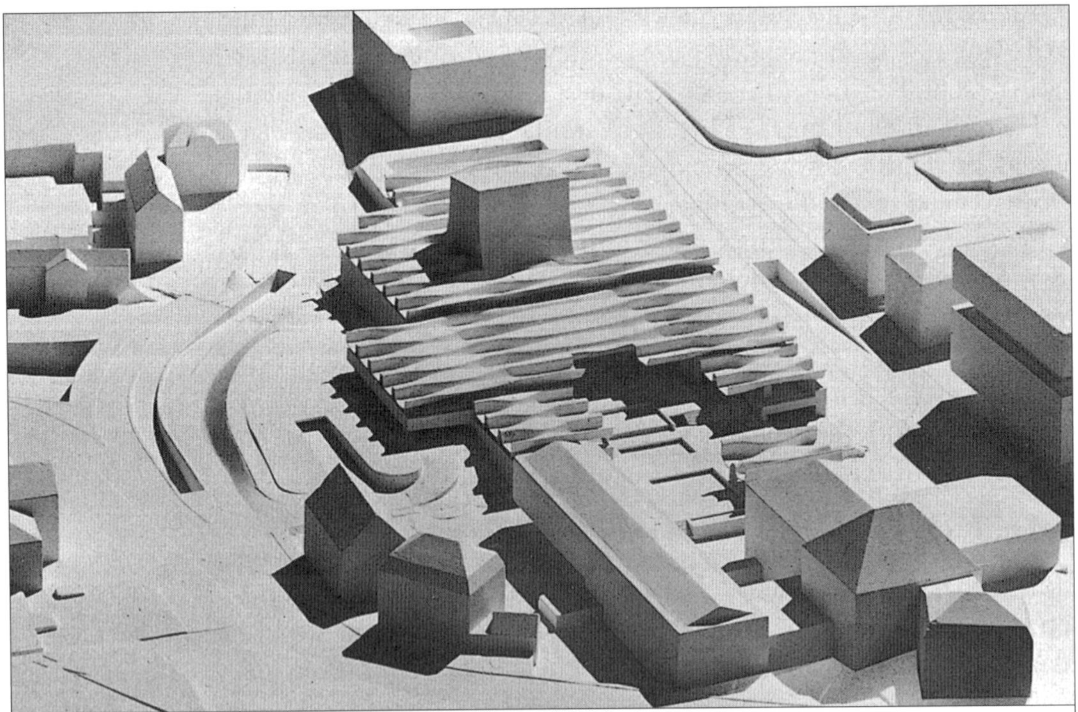

440. 요른 웃존. 취리히 극장의 모형. 1964. 건물은 수평적인 일련의 단형 면으로 경사지를 거슬러 올라가고 있다. 이 결과 건물은 구조화된 지붕이 있는 평평하고 부조같은 모습을 하고 있다.(심사위원들의 언급)

441. 취리히 극장, 1964. 입면의 모습을 보여주는 모형 사진. 거의 유기적 형태를 띠고 있는 보는 특이하게도 넓은 스팬을 가능하게 하고 기둥을 줄이는 중요한 역할을 하고 있다. 이를 통해 고도로 자유로운 내부공간을 구성할 수 있었다.

있게 구성된 통로"이다.

그는 사람들의 반대나 찬성에 아랑곳하지 않고 시드니 오페라 하우스의 경우처럼 취리히 극장에도 가변 무대를 사용하지 않았다. 건물 프로그램에서 요구하는 조건이 부분적으로는 이런 결과를 낳았다고 할 수 있다. 이 두 건물에서 웃존은 "깊게 파여진 쉘(웃존의 표현)" 모양을 띠도록, 마치 원형 경기장과 같은 공연 공간을 만든 것이다.

제 3세대들 중에, 기존의 주어진 상황과 조화를 이루면서 자신의 표현 의지를 꾸준히 지켜나가는 경향을 보여준 건축가는 웃존만이 아니었다. 그 예로, 수평적으로 층이 져있는 헬싱키 시립극장(1959)을 설계한 티모 펜틸라를 들 수 있다. 이 극장(설계 당시에 스물 여덟살에 불과했음)은 실제 바위를 부분적으로 잘라내고 그 곳에 무대를 만들었다.

우리는 취리히 극장에서 모든 디테일들이 완벽할 정도로 정교하게 다루어지지는 않았다는 것과 넓은 간격의 보 때문에 최소한의 지지체만으로 극장의 구조가 유지되고 있는 것을 발견할 수 있다. 이 두 가지 사항이 의미하는 것은 바로 건물의 구성이 매우 자유롭다는 점이다. 691쪽 25줄 Fifth Edition

건물의 모든 디테일이 고정되어 있다는 것은 결코 우연의 발상이 아니다. 폭발적인 인구 증가의 압력에 가장 큰 영향을 받는 도시계획에서, 역동적인 구성에도 불구하고 지어져야만 할 것을 파괴하지 않도록 계획하려는 경향이 증가하고 있다.

이러한 경향은 많은 대규모 건물에서도 나타난다. 필라델피아의 건축가인 루이스 칸의 건물은 기본 개념을 손상시키지 않으면서, 동시에 확장이 가능하도록 계획되어진 것으로 유명하다. 르 꼬르뷔제는 연속적이고 무한하게 뻗어나가는 나선 형태를 통해 이루어진 현대미술관을 연구할 때 처음으로 이 아이디어를 활용했다. 웃존의 경우, 건물은 확실한 경계를 가지고 있다. 따라서 그의 건물에서 나타나는 융통성은 내부공간 구성에서 발견된다.

조화될 수 없는 정반대 개념이 아니라 상보적인 단일체로서, 항존성과 변화를 서로 결합하려는 경향이 그 어느 때보다 강하게 대두되고 있다.

익명의 고객과의 공감
Sympathy with the Anonymous Client

Fifth Edition 692쪽 11줄

개별적인 영역과 집단적인 영역간의 관계는 수세대 동안 중요하게 다루어진 문제이지만, 지금에 와서는 그 해결책이 더욱 절실하게 요구되고 있다. 건축 형태에서 이 관계를 표현해내는데 성공한 사람은 매우 드물다. 덴마크의 요른 웃존의 건물들 중에는 두 개의 주택 프로젝트가 여기에 포함된다고 할 수 있다. 하나는 엘라노어 근처에 있는 63채의 킹고 하우스(1956)이며, 나머지 하나는 이보다 규모가 작은 프로젝트로서 해외에서 돌아온 덴마크 사람들을 위해 코펜하겐에서 50㎞ 떨어진 프레덴스보그 근처의 주택 프로젝트이다.(**도판**. 442, 443, 444)

대지계획의 측면에서 볼 때, 이 두 프로젝트는 뛰어난 감각을 보여주고 있다. 땅의 경사에 의해 생긴 미세한 변화를 수용할 수 있도록 의도적인 배치가 시도되었다. 이 주택들은 마치 나비의 날개처럼 서로 연결되어 있다. 이와 동시에 개별주택들을 유동성있게 설계했기 때문에 프라이버시 역시 최대로 보장되도록 되어 있다.

이 두 프로젝트의 주택들은 자주 채택되어온 L자형 지상층 평면을 바탕으로 하고 있지만, 그 처리방식은 개별적인 방식을 따르고 있다. 공동벽의 길이를 최소로 하는 방식으로 배치하였다.(**도판**. 444) 개별 주택의 대지를 사각형으로 만들어, 한 쪽에는 바깥마당을 두어 공동벽의 길이를 줄이고자 했다. 주택의 사적인 바깥마당을 생각해 볼 때 이 마당을 파티오(역주: 스페인식 주택의 안뜰)라고 부를 수는 없을까?

프레덴스보그 프로젝트를 자세히 관찰해보면, 웃존이 공간을 어떻게 구성해 나갔는지 잘 알 수 있다. 그는 정원의 각벽을 직사각형 모양으로 오려내어 정원이나 다름없는 풍경을 사적인 영역으로 자유롭게 흘러들어 오도록 처리했다.(**도판**. 443) 수술에는 정확한 절개가 가장 중요하다. 이 점은 건축가의 경우도 마찬가지이다. 아주 작은 정원이 보여주는 소규모의 풍경보다는 건물 주변의 풍경들이 드 넓게 드러나고 있다. 비록 매우 다른 방식으로 구성되기는 했지만, 19세기 초에 지어진 런던의 브룸스베리 광장도 이와 같은 개념을 실현한 것이다.

코펜하겐 건축 아카데미에서 웃존의 지도교수로 재직했던 스틴 에일러 라스무센

442. 요른 웃존. 코펜하겐 근처에 있는 프레덴스보그주택 단지. 공동 회관에서 바라본 유동적인 단독주택의 배열. 웃존은 주택의 경계를 형성하는 벽을 네모꼴로 구멍냄으로써 사적 영역과 공적 영역사이의 관계성을 연출하였다.

443. 프레덴스보그 주택단지, 1962. 네모난 개구부를 통해 본 주택의 모습.

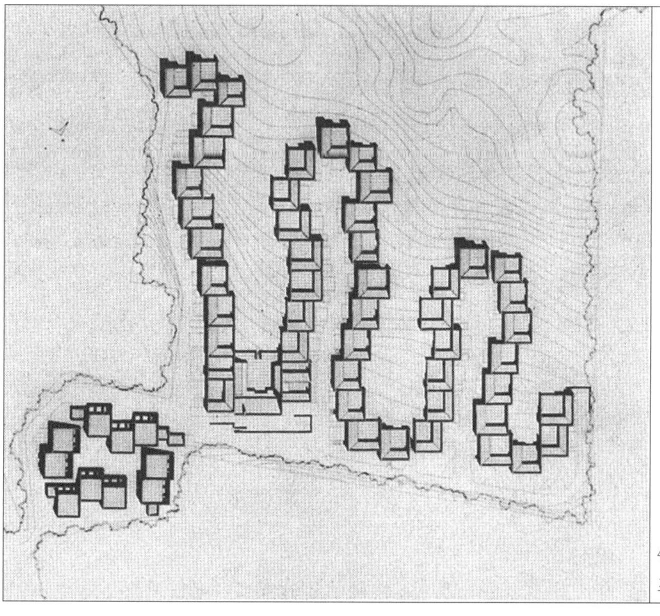

444. 프레덴스보그 주택단지의 평면, 1962. 공동 회관은 긴 루프 꼭대기의 좌측에 있다.

은 웃존의 이중적인 능력을 높이 평가한다고 말한 적이 있다. 즉, 웃존은 완전히 기계화된 수단을 가지고 기념비적인 프로젝트의 공간구성을 하고, 가능한 한 최소한의 수단을 통해 사회적인 프로젝트에서 요구되는 공간구성을 해낼 수 있는 인물이었다.

상상력과 실행

Imagination and Implementation

Fifth Edition 694쪽 12줄

웃존은 그 자신의 고유한 개성을 통해 극도로 복잡한 우리 시대를 훌륭하게 반영하고 있다. 창조적인 모든 예술가들이 언제나 가장 중요하게 여겨온 '표현의 권리'를 건축분야에도 같은 비중으로 적용한 인물이다.

요른 웃존은 몇몇 사람만이 소유한 공간적 상상력과 이 상상력을 사실적으로 표현하는 능력을 겸비한 인물이다. 이러한 상상력의 이면에는, 2차원적인 도면에서 벗어나 3차원적인 조각적 형태에 도달하려는 열망이 숨어 있다. 실물 크기의 모델작업은 그의 작품활동에서 중요한 역할을 하였다. 미스 반 데 로에의 스튜디오에서도 실물 크기의 강철 종단면도의 목재 모형을 제작하였다. 이 모형을 통해 치수에 따른 변화를 살펴볼 수 있었다. 앞서 언급했듯이, 웃존은 쉘형태의 볼트가 갖는 공간적 작용을 확인하기 위해 미스보다 더 자주 '3차원적인 작업'을 시도했다.

표현의 우수성은 언제나 현대 기술의 가능성을 통해 얻어져야 한다. 이 말은 중요한 의미를 담고 있다. 즉, 창조적인 작업을 기계에 종속시키는 것이 아니라, 창조적인 작업 과정에서 기계를 하나의 수단으로 이용해야 된다는 것이다. 19세기에 등장한 구조적 합리성은 건축의 창조적 핵심인물들이 안주할 수 있었던 유일한 피난처였다. 오늘날은 이와 같은 구조적 합리성과는 상당히 다른 무언가를 필요로 한다. 산업생산은 강력한 힘을 발휘하고 있다. 건축 뿐만 아니라 모든 분야에서 공업생산에 의한 단순하고 기계적인 표준화가 요구되고 있다.

제 1세대와 2세대들의 경우, 그들의 상상력을 실행에 옮기는 작업은 매우 어려웠지만 오늘날의 경우보다는 덜 복잡했다. 제 3세대의 경우, 창조적인 상상력은 모든 구조 부재의 공장 생산과 긴밀하게 연관되어 있다. 우리는 기계를 잘 이용하여 생산품의 합리적인 측면만을 취하지 않도록 해야 한다.

일본의 고대 건축은 마음 가짐(철학)에서 우러나며, 기술이 건축에 영향력을 미친 것이 아니라, 바로 이러한 마음가짐이 기술생산에 영향을 미쳤던 것이다. 오늘날, 우리는 모든 것에 영향력을 발휘할 수 있을 정도로 생명력 넘치는 철학을 전혀 갖지 못하고 있다.

이러한 철학을 대신하는 어떤 것이 필요하다. 막연하게 여겨질지 모르지만, 인간성을 향한 열정이 필요한 것이다. 우리는 모든 관심을 이 방향으로 돌려야 한다. 생산을 더 이상 기계적인 시각에서만 바라보면 안 된다. 인간적인 관점이 영향을 미치는 방식으로 기계를 다루어야 한다. 또한 예전에 인간의 손에 의해 직접 만들어진 것처럼 기계 생산품 역시 인간적인 분위기에 근거한 것이 되어야 한다. 무엇보다도 중요한 것은 예전의 자유로움이 상상력과 만날 수 있도록 오늘날의 생산능력을 이용하는 것이다. 여기서 자유로움이란, 주택의 경우는 기초에서 지붕에 이르기까지의 모든 디테일들을 융통성있게, 그리고 기념비적인 건물의 경우는 가장 복잡한 형태들이라 할 지라도 현대적인 방법으로 해결해나갈 수 있도록, 건물 구성요소들의 조립화가 가능하도록 변형하는 것을 의미한다.

형태적인 측면이나 그 의미적인 측면에서 선구자적인 사례는 바로 시드니 오페라 하우스의 볼트라 할 수 있다.

주

1. Zodiac, X, 114.
2. 같은 책, 115페이지.
3. 같은 책, 116페이지.
4. 같은 책, 117페이지.

근대 건축을 위한 국제 회의(CIAM)와 현대 건축의 성립

The International Congresses for Modern Architecture (CIAM) and the Formation of Contemporary Architecture

Fifth Edition 696쪽 05줄

근대 건축을 위한 국제 회의(CIAM)는 대규모 공식적인 건축 조직의 주 임무라 할 수 있는 직업의 권위를 보호하기 위해 창설된 것은 아니다. CIAM의 목적은 중요한 건축 사업을 조정하는 관 주도하의 건축 집단에서 이루어지는 적대적인 알력에 대항하여 현대 건축의 존재 권리를 확고히 하는 일이다. 그 목표는 한 명의 개인에 의해 해결될 수 없는 문제들을 다루는 일이다. 이것이 바로 르 꼬르뷔제가 CIAM의 목적을 간략하게 정의한 것이다.

1928년 2월, 필자는 헬렌 드 망드로 부인으로부터 한 통의 편지를 받았다. 그 편지에는 그녀가 곧 취리히를 방문하겠다는 내용이었다. 그녀의 방문목적은 보드주에 있는 제네바 호수에서 북쪽으로 몇 킬로미터 떨어진 곳에 위치한 그녀의 라 사라즈 저택에서 새로운 이 활동과 관련된 건축가들의 모임을 주선하기 위해서였다. 그녀는 이미 파리에서 르 꼬르뷔제나 다른 친구들(샤로, 구에프레키안 등)과 함께 이 모임의 가능성에 대해 논의한 바 있었다. "회의"라는 용어를 사용한 이유는 "함께 일한다"란 그 원뜻 때문이었다. 이 회의의 성격은 참가자들이 각자의 전문 분야에 대한 의견을 제안하는 것이 아니라 서로 협력하는 것이다.

젊은 건축가들로 이루어진 국제 조직이 결성되는데는 다음과 같은 세 가지 상황의 도움이 되었다. 첫번째는 '예술가의 집'을 창설하여 젊은 화가들의 모임을 가능하게 한 헬렌 부인의 적극적인 태도였다. 그녀는 유럽의 중심에 위치한 이 중립지에서 모임을 열고자 벨기에, 독일, 프랑스, 네덜란드, 이탈리아, 오스트리아, 스페인, 스위스 등지로부터 젊은 건축가들을 초대했다.

두 번째 상황은 제네바 국제연맹관 현상공모로 야기된 스캔들이었다. 이 현상공모의 당선자는 르 꼬르뷔제였다. 모든 측면에서 그의 계획안은 다른 작품들보다 뛰어났다. 파리의 아카데미 데 보자르 교수인 아리스티드 브리앙의 술책으로 결국 국제 연맹에서 가장 영향력있는 정치가가 아카데미풍으로 된 작품만을 수용하겠다는 뜻을 밝히게 된 것이다. 따라서 르 꼬르뷔제의 계획안은 당연히 거부되었고, 현대 건축이 실질적인 피해를 입게 되었다. 제네바의 상황이 다시는 되풀이 되지 않도록 하기 위해 건축 개념의 자유를 옹호하고 필요할 때는 그 자유를 지켜나가는 일을 할 수 있는 새로운 조직(CIAM)이 필요했던 것이다.

가장 결정적인 영향을 준 세 번째 상황은 여러 나라에서 도움받을 길 없었던 고립된 건축가들에게 이론적인 근거를 제공하고, 그들이 특수한 문제에 부딪힐 때 그들의 접근방식을 방어해 줄 수 있는 전문적인(직업적인)도움이 필요했다는 것이다.

1928년, 라 사라즈에서 열린 제 1차회의는 비록 열띤 토론은 없었지만 소규모 국제 그룹이 선언문을 공식적으로 발표하는 계기를 제공했다. 이 선언문의 초반부는 현대 건축의 근간(根幹)을 규정하고 있다. 회의가 끝날 무렵, 르 꼬르뷔제는 긴 도면을 그려 중세의 영주가 묻혀있는 고딕 성당의 벽 위에 걸었다. CIAM의 나아갈 방향을 도표화 한 이 도면은 르 꼬르뷔제의 전집의 제 1권에 다시 실렸다.▼1 그 당시, 현대 건축의 위력이 언젠가는 관(官)의 반대나 방해를 극복하여 국가의 중심세력으로 인정될 날이 올 것이라고 기대하는 이 집단의 의도는 터무니없는 이상주의로 받아들여졌다.

유명한 스승이자 건축가인 취리히의 교수 칼 모세르가 이 회의에서 CIAM의 초대 회장으로 선출되었다.

2차 회의는 1929년 프랑크푸르트에서 열렸다. 그 당시 프랑크 푸르트의 주택 · 계획 · 건물국의 국장직을 맡고 있던 에른스트 메이가 모임을 주선했다. 697쪽 28줄 Fifth Edition

"저소득층 주택"이란 주제하에서 모든 회원들이 동일한 스케일로 그린 도면들이 그의 사무실 벽면에 걸렸다.(이 도면들은 1930년 스튜트가르트에서 호프만이 발행한 『Die Wohnung für das Existenzminimum』에 다시 실렸다.) 동일한 스케일과 동일한 표현기법을 사용하는 시스템은 CIAM의 모든 회의가 준수해야 되는 규칙이 되었고, 논의대상을 서로 비교할 수 있게 되었다.

2차 회의에서 그로피우스, 알토, 호세 루이 서트가 처음으로 모습을 나타냈다.

제 3차 회의는 빅토르 부르조와의 주도하에 1930년 부뤼셀에서 열렸다. 이 회의의 주제는 "대지계획의 합리적 방법론"이었다.(출판: Rationelle Bebauungsweisen, 호프만, 스튜트가르트, 1930년). 이 당시의 활발하게 개진된 주제는 저층주택과 엘리베이터가 없는 아파트, 고층아파트 등을 어떤 지역을 계획할 때 상대적인 장점이 있는가를 논의하는 것이었다. 모든 강연자(특히 그로피우스, 르 꼬르뷔제, 노이트라 등) 들이 이 주제에 대해 연설해야만 했다.

칼 모세르 교수는 젊은 사람이 그 자신의 뒤를 잇기를 바랬기 때문에 암스테르담 도시개발국의 젊은 책임자인 코넬 반 에스트렌이 회장으로 선출되었다. 건축가가 아니라 도시계획가가 선출되었다는 것은 CIAM이 나아갈 방향을 암시하고 있다.

모스크바에서 4차 회의를 열기 위해 소련의 주택 · 건설협회 최고관리가 초대의 뜻을 전달했다.

Fifth Edition 698쪽 12줄

1932년 말, 반 에스트렌과 필자는 열흘 동안 지속된 모스크바 예비모임의 참석을 제의받았다. 서로 우호적인 태도로서 4차 회의의 프로그램을 정했고, 1933년 6월에 개최하기로 결정했다. 이 4차 회의는 가장 큰 규모로 열릴 예정이었다. 만약 이 4차 회의가 실제로 모스크바에서 열렸다면 매우 중요한 사건이 되었을 것이다. 왜냐하면 러시아가 도시계획에 큰 관심을 가지고 있었기 때문이다. 그러나 몇 달 후, 회의가 지연될 것이라는 소식이 모스크바로부터 들려왔다. 우리는 곧 이러한 조치가 내려진 이유를 이해하게 되었다. 즉 스탈린이 지배하는 러시아가 아방가르드를 내몰기 시작한 것이었다.

회의에 필요한 모든 자료가 이미 준비된 상태였기 때문에 필자는 파리의 세브르가(街)에 있는 르 꼬르뷔제의 스튜디오에서 긴급회의를 소집했다. 일을 어떻게 처리해 나갈 것인가? 마르셀 브로이어는 배 안에서 회의를 열자고 제안했다. 르 꼬르뷔제는 그 즉시 자신이 알고 있는 그리스 선박회사의 책임자에게 전화를 걸었다. 결국, 4차 회의는 마르세이유와 아테네 사이를 항해하는 "파리 II"위에서 열렸다. 즉, **4차 회의는 아테네에서 열렸다**고 할 수 있다.

부뤼셀 회의는 도시계획에 대한 연구가 주된 관심사였다. 암스테르담에서 얻은 경험을 토대로 반 에스트렌은 표준화된 상징체와 표현 기법을 사용한 세 가지 유형의 계획안을 발표하고 개발하는 임무를 맡았다.

1. 주로 주거용도, 산업용도, 오락용도로 정해진 지역을 표시하는 기호가 사용된 토지이용계획
2. 교통망
3. 도시와 도시지구간의 관계

4차 회의에서 제출된 모든 계획안은 암스테르담 도시계획에서 끌어온 이 세 가지 사항에 기본을 두고 있으며, 각 계획안들은 동일한 기호로 표시되었고 동일한 스케일로 설계되었다. 따라서 각 계획안들이 다루고 있는 여러 문제들을 한 눈에 볼 수 있었다.

대도시와 소도시의 상대적인 구조를 이해하는 것이 이 도면의 의도였다. 이 당시 만해도 두 가지 유형의 도시구조 사이에서 나타나는 차이점을 통찰하고 있었던 사람은 없었다. 런던과 파리, 디트로이트, 로스앤젤레스, 아테네, 로마, 바르샤바, 마드리드, 취리히 등을 포함한 33개의 도시를 분석하였다. 이 도시들의 주 기능인 주거 · 사무 · 오락 · 교통부문을 한 눈에 인식하고 비교할 수 있었다.

이 작업은 CIAM의 여러 회의중에서 가장 흥미롭고 결실있는 일이었으며 오랫동안 그 여파가 지속되었다. 훌륭한 연구 작업이 미리 준비되었다. 여러 그룹이 33개의 도시를 분석적으로 비교하는 일이 가능해졌으며 이를 토대로 **아테네 헌장**에서 발표한 현대도시 계획원리를 규정되었다.

CIAM소속 영국 단체의 책임자로 웰스 코츠가 처음 모습을 나타냈다. 페르낭 레제, 모홀로 나기, 제구엥, 크리스찬 제르보, 장 바도비치 등과 같이 관심있는 수많은 화가와 시인, 예술가들이 함께 참석했다. 이들은 메마른 전문가 집단의 분위기를 부드럽게 했다.

서트는 포괄적인 책인 『**우리의 도시는 계속 생존할 수 있는가?(하버드대학 출판부, 1942)**』에서 4차 회의의 결과를 집대성했다. 아테네 헌장의 모든 텍스트는 장 지로두의 서문이 실린 『**아테네 헌장(파리, 1943년)**』라는 제목으로 프랑스에서 발행되었다. 이 책은 장 프티에 의해 1957년 파리에서 재출간되었다. 완벽한 영어 원문은 『**에키스틱스(Ekistics)제 16권(1963년 10월)**』, p.263~267에 실려 있다.

암울한 여러 해의 그늘 속에서 제 5차 회의가 1937년 파리에서 열렸다. 지금까지도 확실한 해결책이 없는 "하우징과 레크레이션"이란 주제가 이 회의의 주 테마였다. 르 꼬르뷔제는 『**주거와 여가공간**』라는 제목의 책자(파리, 1938)에 이 회의의 자료를 모아서 실었다. 6차 회의는 1939년 미국에서 열기로 결정했다. 1937년, 그로피우스와 브로이어는 미국의 하버드 대학으로부터 초빙되었고, 모홀로 나기는 시카고 대학으로부터 초빙되었다. 1년 후 필자 역시 하버드로부터 연락받았다.

700쪽 05줄 Fifth Edition

그러나 이후, 전쟁이 시작되었고 6차 회의는 10년 동안 지연되었다. 전쟁 동안, 여러 CIAM단체들이 서로 분리되었고, 또한 독자적인 활동도 펼쳤다. 뢴베르그 홀름과 월터 그로피우스, 리처드 노이트라, 호세 루이 서트, 그리고 필자 등이 뉴욕에 모여 "구제사업과 전후 계획을 위한 CIAM 총회"(노이트라가 회장으로 선출되었다.)를 결성했다. 네덜란드에서는 로테르담 재개발 준비 사업을 통해 비밀리에 만남이 진행되었고, 이 사업은 후에 이들의 의견에 따라 진행되었다. 영국에서는 근대건축 연구단체, 즉 MARS.(영국 CIAM 단체가 채택한 이름)를 중심으로 활동을 했다. 이 회원들은 '전후(戰後) 도시 계획의 발전'과 '새로운 계획 법규 준비작업'의 주도적인 역할을 맡았다.

Fifth Edition 700쪽 28줄

1947년, 영국 남·서부에 위치한 소도시인 브리지워터에서 제 6차 회의를 개최한 측도 바로 MARS 그룹이었다. 마지막 회의가 있은지 10년이 지났기 때문에 CIAM의 목표를 다시 규정하고 와해된 관계를 다시 결속시키는 일이 필요했다.

CIAM의 통상적인 관례는 무너졌다. 각 나라의 상황을 설명하기 위해 여러 CIAM 단체에 속한 개별회원들의 작품이 전시되었다. 아르헨티나 대표 회원인 페라리 하르도이의 표현을 빌리자면, 완전히 서로 분리된 그룹 안에서 "아이디어의 전개"가 평행선을 긋는 것을 보고 많은 회원들이 몹시 놀란 표정을 지었다고 한다. 본인의 저서인 『**신 건축 10년(취리히, 1951)**』는 이 회의의 결과 보고서라 할 수 있다.

미학에 관한 논의가 브리지워터 회의에서 처음 대두되었다. 이전까지는 이 문제는 회피되고 있었다. 그 중에 특히 두 가지 접근방식이 눈에 띄었다. 리처드가 이끄는 MARS 그룹은 "거리의 인간"이라는 관점에서 미학 문제를 다루어야 한다고 주장했다. 한스 아럽과 필자는 건축가, 화가, 조각가들 사이의 관계성에 중점을 두고 있었다. 잇따른 논의에 대한 짧은 설명이 필자의 저서인 『**Architecture, You and Me(하버드 대학의 출판부, 1958)**』에 실려있다.(pp. 70~78)

이 회의에서 호세 루이 서트가 회장으로 선출되었다.

제 7차 회의는 이탈리아 단체에서 준비하여 1949년 베르가모에서 개최되었다. 이 회의에서는 프리젠테이션 주제의 선택을 완전히 개방했다. 프랑스 단체인 ASCORAL(건축개선을 위한 건설자 회의)와 르 꼬르뷔제가 개발한 "CIAM 그리드"▼2의 형식내에서 프리젠테이션이 이루어져야 된다는 항목만 규정되어 있었다. 이 "C.I.A.M. 그리드"는 1949년 『**오늘의 건축**』 지(誌)의 특별부록으로 출판되었다.

모든 단체들은 그리드의 형식내에서 다양한 도시 문제들을 분석했다. 이 분석들은 차례대로 검토되었다. 신도시 개발문제와 새로운 커뮤니티 센터 개발문제가 특히 중요하게 다루어졌다. 이러한 분석적인 접근 방식은 지금까지 회피된 미학 문제가 열띤 논쟁을 일으켰다. 예술의 관계성과 "거리의 인간"에 중점을 둔 두 견해가 맞서자, 스탈린주의 예술 접근 방식을 주장하는 폴란드의 입장을 따르는 측에서 다른 견해를 강력하게 제기했다. 이 토론의 내용도 『Architecture, You and Me(pp.79~80)』에 요약되어 있다.

제 8차 회의는 MARS 그룹이 다시 주도하였으며, 1951년 런던 근처의 호데스돈에서 열렸다. 아테네 헌장의 근간을 이루는 주거, 사무, 교통, 오락의 네 가지 개념이 도시 분석에 유용하다는 것이 처음으로 입증되었다. 그러나 지금의 입장에서 보면, 도시의 정신을 이해하는데 이 네 가지 개념은 부족한 점이 없지 않다. 영국 단체가 "도시의 심장"이란 주제를 제안했다.

701쪽 32줄 Fifth Edition

이 8차 회의는 도시계획의 사회적인 측면을 더욱 강조하는 CIAM의 마지막 시기를 시사하고 있었다. 우선 도시 센터 형성에 초점이 맞추어졌으며 그 뒤의 회의에서는 인간 정주지에 대해 논의가 집중되었다.

8차 회의에서 중요하게 다루어진 사항들 중의 하나는 도시 센터를 부흥하는데 있어서 보행자의 권리가 도시계획의 중요한 요소가 되어야 한다는 것이다.(이 회의에서는 찬디가르에 관한 최초의 스케치가 전시되었다.) 이 회의의 결과는 티르휘트와 서트, 로저스 등의 편집하에 『**도시의 심장(런던, 밀라노, 1952)**』이란 제목의 책자로 발간되었다. 9차 회의는 1953년 ASCORAL의 주도하에 "인간 정주지"라는 주제로 프로방스에서 열렸다. 동물학자들에게 "정주지(habitat)"란 동물이 서식하고 번식하는 장소를 의미하며 식물학자에게는 독특한 식물이 무성하게 자라는 곳을 의미한다. 이 회의에서는 인간의 주거지역이 주택의 네 벽 밖으로 확장된 영역으로 여겨졌으며 가족 구성원과 공동체 구성원간의 다양한 관계를 이해하려는 시도가 이루어졌다.

CIAM은 일종의 아방가르드 운동이었다. 예술분야의 아방가르드 운동이 보통 단명으로 끝난 반면, CIAM은 25년 동안이나 지속되었다. 계속해서 이 운동을 이끌어 나갔던 CIAM의 창시자들은 이제 대규모 프로젝트를 맡고 있으며 그 시대의 엄청난 요구들을 대면하고 있다. 그들은 주도권을 젊은 세대들에게 물려주고자 했지만, 그들의 은퇴는 이 당시에 받아들여지지 않았다. 그러나 10차 회의는 젊은 건축가들의 모임인 '팀 텐(Team X)'에게 맡겨졌다. 이들은 노장 지도자들과 협력하여 모임을 이끌어 갈 것이다. 이 단체의 회장으로 바케마가 선출되었다.

구세대에서 젊은 세대로의 전환을 준비한 '팀 텐'은 1956년 듀브로프닉에서 열린 10차 회의의 회의방식을 준비했다.

Fifth Edition 703쪽 01줄

10차회의의 주된 활동은 개인의 공간적 관계성을 자세히 기술하게 될 '정주지 헌장'의 윤곽을 잡는 것이었다. 이러한 공간 관계의 설정에 고려되어야 하는 것은 인간 생활의 주기와 공동체내의 대인관계, 방해받지 않는 조용한 생활의 필요성, 자연과의 유대감 등이었다. 오늘날의 고립화된 개인은 수동적인 방관자의 위치에서 공동체 생활의 적극적인 참여자의 위치로 전환되어야 한다. 정치적 측면은 문제의 일부분일 뿐이다.

보통 사용되는 용어인 '마을, 도시, 거대 도시'보다 르 꼬르뷔제는 "인간 집결지(the human agglomeration)"라는 일반적인 표현을 제안했다. 계속되는 변화와 끊임없는 성장속에서, 현대의 집결지는 예전의 도시와 매우 다른 양상을 보여주고 있다. 새롭게 등장하는 정주지에서 자급자족할 수 있는 정착지를 찾을 수는 없을 것이다. 그러나 이러한 정주지에서는 특징없는 '스프롤 현상(역주: 도시가 무계획적으로 불규칙하게 확산되어가는 현상)'보다는 이 회의에서 명명된 "도시 배열(urban constellations)"을 발견할 수 있을 것이다.

서트와 하버드 대학의 그의 동료들은 '정주지 헌장'을 공식화하는 임무를 맡았다. 미국의 대규모 대학이 요구하는 바쁜 일정과 회의에서 주장된 다양한 의견을 정리하지 못한 상태에서 자료를 만들 수 없었기 때문에 이 헌장에 관한 조항을 활자화하지 못했다. 그러나 이미 공식화된 사항들은 활자화 될 수 있고 또한 활자화 되어야만 한다. 기존의 모든 CIAM지도자들은 듀브로프닉에서 사임했으며, 새로운 지도자들이 새로운 분위기로 출발할 수 있도록 "CIAM"이란 오래된 명칭을 버리자는 제안이 대두되었다. 그러나 불행히도 이 제안은 받아들여지지 않았다.

CIAM의 마지막 회의에서 르 꼬르뷔제가 젊은 건축가들에게 보낸 편지에는 다음과 같은 글귀가 있다. "동지 여러분, 전환기의 시대를 대비합시다!"

CIAM은 현대 건축의 대규모 건물들이 처음 지어졌던 때와 함께 존재했었다.

CIAM이 미친 주된 영향은 회원들 각자의 '확신'을 키워주었다는 점이다. 자신들이 하는 일에 강한 자신감을 가지고 있었기 때문에 보수없이도 대규모 프로젝트를 기꺼이 맡았다. CIAM은 재정적인 기반을 전혀 가지고 있지 못했다. 일반적인 기초를 설정하려는 여러 개인들의 모임이 바로 CIAM이었다. 차츰 회원들은 비교 · 분석 방법을 사용하거나 동일한 기호나 동일한 스케일의 도면을 통해 연구함으로써 해결되지 못한 문제들을 파헤쳐갔다. CIAM의 불문율 중의 하나는 다른 사람의 작품에 대한 비평 때문에 회원들이 회의의 주제에서 벗어나는 일이 없도록 참가자들의 개별적인 작품을 전시하는 일을 금지했다는 점이다. 근대 건축의 위대한 선구자들도 이 규율을 따랐다는 점이 CIAM정신의 독특함이다.

CIAM은 임원들에 의해서 이끌어져 갔다. 회장인 서트와 부회장인 월터 그로피우스와 르 꼬르뷔제, 사무국장인 기디온(필자), 그리고 22개국에서 온 대표자들로 임원진이 구성되었다. 저명한 대표자들을 몇몇 열거해 보면 다음과 같다. 벨기에의 빅토르 부르조와, 본 스티넨, 브라질의 라이디, 니마이어, 독일의 에르네스트 메이, 휴고 헤링, W. 헤베브란트, H. 샤로운, 영국의 맥스웰 프라이와 J. M. 리처즈, P. 스미슨, W. 호웰, 프랑스의 G. 칸딜리스, J. 프뢰베, E. 페랑, 네덜란드의 C. 반 에스트렌, B. 머켈바흐, A. 본 아이크, R. B. 바케마, 이탈리아의 E. N. 로저스, L. B. 벨지오고소, I. 가르델라, E. 페레수티, G. 테라니, 일본의 K. 마에까와, 겐조 당게, J. 사까꾸라, 폴란드의 S. H. 시르쿠스, J. 솔탄, 스웨덴의 S. 마르켈리우스, G. 자이덴블라트, 스위스의 W. 모세르, M. E. 헤펠리, R. 스타이거, A. 로드, 미국의 R. J. 노이트라, 모홀리 나기, 마르셀 브로이어, K. 뢴베르그 홀름 등이다.

CIAM은 유명하던 아니던 상관없이 협력할 수 있는 사람은 누구든지 초빙했다. 결과적으로 창조적인 건축가들 대부분이 CIAM 회의에서 중요한 역할을 맡았다. CIAM은 위기의 순간에 시작하여 큰 명성을 얻게된 시기이자 현대 건축의 전성기라 할 수 있는 시기에 종말을 고했다.

건축은 더 이상 건축주들이 요구하는 것만을 정확히 지으려는 수동적이고 사업가적인 전문가들의 관심정도에만 머물지는 않게 되었다. 적극적으로 삶을 다루고, 삶의 형태를 만들어 나갈 수 있는 용기가 건축분야에도 나타나기 시작했다. 건축은 아이들과 여자, 남자의 요구사항에서 비롯되는 친근하고도 실질적인 질문에서 시작된다. "당신은 어떤 삶을 살아갈 것인가? 당신이 참아야만 하는 상황에 대한 책임이 우리에게 있는가? 당신이 자신있게 내놓을 만한 삶을 영위할 수 있도록, 주택 뿐만 아

Fifth Edition 705쪽 07줄

니라 해당 지역을 정돈하는데 우리가 어떤 계획안을 내 놓아야 하는가?"라는 물음이 제기되고 있다.

이러한 질문의 밑바탕을 살펴보면, 현대건축이 도덕적인 문제에서부터 출발했음을 알 수 있다. 건축은 한정된 전문역역에서 그 모습을 드러내었다. 그리고 건축가는 전문가로서의 '눈가리개'를 벗어버림으로써 그 자신의 영향력을 크게 확장시키고 있다. 건축은 상당히 복합적인 활동이라 할 수 있다. 미학적 감성과 실질적인 행위라는 두 영역 사이의 경계지역에서 이루어지는 활동이다. 건축을 '복합적인 활동'으로 보는 것은 무엇보다도 우리 시대의 생활을 표현하는 주변환경이 건축을 통해 이루어지기를 바라는 우리의 소망 때문일 것이다.

근대의 화가들은 일반인들이 일상적이고 반(半) 자동적인 관찰로서 결코 인식하지 못하는 대상들 사이의 관계를 연구함으로써 우리의 시각적인 경험의 폭을 넓혔다. 현대 건축가들 역시 대중들의 이해의 폭을 넓힐 수 있기를 바라고 있다. 그러나, 그들은 자신들의 작품이 널리 이해된다는 확신을 얻을 때까지 기다리지를 못했다. 반(半) 예술적이고 반(半) 도덕적인 일시적 감정에 따라 그 감정에 부합하는 쉘이나 구조를 현대인의 생활에 제공하려 했다. 현대 건축이 현대적인 삶을 위한 새로운 환경(setting)을 제공할 수 있지만, 바로 그 환경에서 시작된 삶에 다시 영향을 미치고 있다. 이와 같은 새로운 주변환경(atmosphere)은 그 환경 속에 살아가고 있는 사람들의 개념에 따라 변하고 발전하고 있다.

창조적인 예술도 과거에는(어떤 측면에서 현대도 마찬가지로) 개념적 발전이 감성적 성숙을 능가하는 사람들에 의해 저항을 받았다. 그 위상을 확고히 하기 위해서 현대 건축이 싸워나가야 했던 것은 감성과 지성 사이에 생기는 단절 때문에 생겼다. 만일 다른 학문분야가 통일되고 보편적인 견해에 도달하는 것을 건축이 기다리지 못했더라면 이 싸움은 결코 승리로 이끌어질 수 없었을 것이다. 건설가, 사회학자, 경제학자, 정치 이론가들 중에 누구도 아직 자신들의 모든 목적을 달성하지 못하고 있다. 반면에 건축가들은 새로운 삶의 유형이 가진 윤곽을 잡기 위해서 이용할 수 있는 모든 수단을 동원해서 작업하고 있다. 때때로 건축가들은 완전히 만족스러운 결론을 가져다 줄 것 같지 않은 원시적인 수단을 사용하기도 한다.

많은 나라들이 우리가 논의하고 있는 발전과정에 기여를 했다. 네덜란드와 프랑스, 독일, 스웨덴, 영국, 그밖의 여러 나라에 퍼진 새로운 운동의 파장을 관찰하거나, 각 나라들이 어떠한 노선을 취하고 각 노선이 어떠한 위험성을 가지고 있는지를 살펴보는 것은 흥미로운 일일 것이다. 또한 건축이 안고 있는 문제를 해결하는데 환경과 전통이 어떠한 영향을 가했는지를 지적하는 것도 흥미로운 작업일 것이다. 나라마다 가지는 이러한 차이점은 피상적인 중요성보다 더 깊은 의미를 가진다. 현대건축을 보편적인 신조, 즉 어디에 옮겨심든지간에 가지고 있던 모든 가치를 잃지 않는 특정 형태들의 집합체로 받아들였던 나라들은 건축적 파산상태에 빠져들었다. 근대건축은 널리 사용될 수 있는 장식수단 이상의 가치와 의미를 가지는 것이다. 우리 시대에서는, 보편적인 경향을 나타내지 않는 생산물이 너무 많은 반면 필요사항과 관습, 재료면에서 지역적인 차이가 무시된 실제 생활의 문제에 너무 많은 관심이 집중되어 있다. 알바 알토의 주도하에서 핀란드는, 자연환경이 가지는 독특한 상황을 반영해서 나온 해결책들이 어느 정도까지 건축에 보편적으로 기여하는지를 보여주었다.

주

1. 르 꼬르뷔제의 전 작품집(취리히, 1937)제 1권, 175페이지.

2.CIAM그리드는 메트릭스 형태를 띤다. 주요 헤드는 주거와 사무, 오락, 교통이 차지하고 옆쪽과 윗쪽에는 지역과 건물의 볼륨, 미학적, 경제적, 사회적 조건들, 법률 등에 해당하는 헤드들이 있다. 재료들은 적절한 위치에 배치되어 있다.(모든 사각형을 채울 필요는 없다.)

7장

CITY PLANING IN THE NINETEENTH CENTURY

19세기 도시계획

- 푸른나무의 지배: 런던의 정원
- 블룸스 버리 정원 광장
- 대규모 주택단지 개발: 레젠트 공원
- 가로가 지배적인 것이 된다: 파리의 개조계획 1853 ~ 68

19세기 초

Early Nineteenth Century

우리는 다시 한 번 19세기로 되돌아가야만 한다. 현재의 상태가 어떻게 초래되었는가를 이해할 수만 있다면 오늘날 도시계획 분야에서 요구되는 것을 평가할 수 있을 것이다.

Fifth Edition 708쪽 06줄

건축 분야에서 보편적인 태도를 가장 필요로 하는 것은 바로 도시계획 부문이다. 폭넓은 조사, 미래를 내다보는 관점이 없다면 도시의 질서는 생성될 수 없을 것이다. 일관된 세계관에 도달할 수 없는 시대에서는 단순한 결합 이상의 도시계획을 실행할 수 없다. 생활 전체를 포괄하는 보편적인 태도를 잃어버린 시대에는 수많은 전문가들이 있어도 도움이 되지 않는다.

반대로 보편적 태도가 결여된 전문가들은 진정한 상호관계를 파악하지 못한다. 그들의 작업이 가치있고 정확하다 하더라도, 그 결과는 제한적이며 균형을 잃은 것이 될 것이다. 어떤 하나의 작업이 다른 것을 희생시키면서 지나치게 강조될 때, 그 결과는 유해한 것이 될 수도 있다. 전문가들에게 의존하는 시대는 성공적인 도시계획을 할 수 없다. 이러한 시대에는 책을 너무 자세히 읽으려고 첫 10페이지도 채 못 넘기는 사람들의 경우와 유사한 일이 일어난다. 그러한 사람은 너무 세부적인 사항에 집착하여 전체 의미를 보지 못하게 된다. 요즘의 상황이 이와 비슷하다. 많은 양심적인 도시계획 단체들과 도시계획, 도시행정분야에서 훈련을 받은 전문가들이 있음에도 불구하고 도시계획의 방향은 놀라울 정도로 결여되어 있으며, 극히 분명한 불편사항조차 제거하지도 못하는 형편이다.

백년에 걸쳐 도시계획분야에서 혼란만이 있었기 때문에 이러한 재난을 피할 수 없게 되었다. 규제 그 자체도 규제를 만든 사람들의 특성을 내포하기 때문에, 그것 하나만으로는 해결책이 될 수 없다. 새로운 보편적인 비전이 필요하다.

19세기 같은 시대로부터 도시계획(town planning) 문제에 대한 새로운 해결책을 기대하기는 어렵다. 자유방임주의 정신과 전문가들이 주도한 19세기(특히, 19세기 후반)는 진정한 의미의 도시계획을 할 여유도 없었다. 도시계획이란 그 본질상 폭넓은 비전과 예견에서 비롯되는 결과물이다.

19세기의 많은 개인적인 생활 양식의 매력이 가까운 미래에는 더 잘 이해될 것이라는 것은 의문의 여지가 없다. 그러나 19세기 도시계획은 이러한 재평가에 포함되지는 않을 것이다. 도시계획에 대한 우리의 관심은 세 가지 질문으로 압축될 수 있다. 고도로 발전된 **후기 바로크 시대의 도시계획 기술**이 19세기 동안에도 계속되었는가? 그 후 무엇이 후기 바로크 도시계획을 대신했는가? 마지막으로 20세기에는 어떤 새로운 해결책을 제시해야 하는가?

보편적인 비전이 오랜 전통에 의존하던 시대에는 도시계획이 당연한 것으로 생각되었다. 18세기의 해결책을 살펴볼 때, 공간을 느끼는 방법이나 그 통찰력과 관련하여 흥미로운 것이 많다. 놀라울 정도로 질적 수준이 높은 많은 계획들이 무명의 건축가나 이론가들이 내놓은 것들이었다. 18세기의 보편적인 비전에서 나온 해결책들이 그 해결책의 대상이 되었던 사회(혹은 어떤 한 사회의 이상)가 사멸한 후에도 유효했다는 점과 더 나아가 설계자들이 예측하지 못한 환경의 변화가 일어난 후에도 여전히 유효했다는 점을 주목해야 한다. 그러나 한 시대의 비전이 전문가들의 영향을 강하게 받은 때에 나온 해결책은 그 시대의 요구마저도 충족시키지 못하는 경우가 있었다.

후기 바로크 시대는 외부 공간을 지배하는 장대한 힘을 보여주었다. 이 시대는 한 건물과 다른 건물 사이의 다양한 상호관계와 건물과 자연, 즉 구조물과 유기체 사이의 상호관계를 완전히 이해한 시대였다. 709쪽 26줄 Fifth Edition

바로크 도시계획의 출발점이된 사회생활로 인하여 그들의 관심은 궁전 주거지와 대도시의 아름다운 광장의 공간적 처리를 연결하는 것에 제한되었다.

후기 바로크 도시계획은 두 개의 절대주의의 표현이었다. 그 첫 번째 것은 반(反)종교개혁 운동에 의해 생성되었고, 두 번째 것은 전제군주에 의해 생성되었다. 이 시대의 모든 위대한 건축물은 교회, 전제군주, 혹은 왕이나 교회가 국가를 통치하는데 도움을 준 사람들을 위한 것이었다.

일반 사람들의 주거는 이러한 계획에 포함되지 않았으며, 이와 관련하여 어떠한 문제도 제기되지 않았다. 민중은 국가의 보이지 않는 토대와 지주였지만, 새로 건축된 모든 건물은 의심할 여지 없이 지배계급을 위한 것이었다. 루이 14세의 위대한 군사 기술자였던 보방과 같이 많은 경험과 폭넓은 비전을 가지고 있던 사람들은 일반 사람들에게 그러한 부담을 지우는 이러한 제도의 위험성을 감지하고 있었다. 그러나 보방은 왕국의 십일조 계획안(1770)▼1에서 "쓰레기로 잘못 불려지는 민중도 (신성한) 왕이 관심을 가져야 하는 가치있는 존재이며, 이러한 민중은 그 수나 국가에 제공하는 봉사 정도로 볼 때 매우 중요한 존재이다." 라고 주장했다. 그는 이러한 주장 때문에 왕의 총애를 상실하게 되었다. 귀족과 성직자 계급도 민중들과 마찬가지로(수입의 10분의 1까지) 세금을 내야 한다는 그의 제안은 당시의 체제내에서는 받아들일 수 없는 것이었다.

따라서, 대중과 관련지어 생각해볼 때 대도시는 모든 것이 무시된 주택들의 단순한 집합체를 제공하는데 그치고 있었다. 다른 한 편으로, 역사적 판단에 근거하여 살펴볼 때 19세기의 대도시들의 역할을 18세기의 대도시들은 전혀 하지 못했다는 것이다. 18세기의 도시는 그 시대 지배 세력의 관심이나 주목을 받지 못했다. 루이 14세가 베르사유궁전 계획을 시작한 이후, 광장의 건설이나 거대한 교통로를 제외하고는 도시계획은 완전히 무시되었다.

445. 메르시에르, 파리의 경관 에칭, 1786.

대중들에게 영향을 미치는 모든 것들이 무질서하게 방치되거나 단지 일시적으로 정리되는 정도였다. 혼란과 불결함, 주택에 대한 소홀한 접근방법, 도시 거주자들의 꽃과 녹색식물에 대한 갈망과 관련한 희비극이 1786년의 동판화에 잘 나타나 있다 (도판. 445). "화뷰"이란 제목의 동판화는 메르시에르의 파리의 묘사라는 책에 실려 있다. 이 책은 디데로트에게 깊은 감명을 주었고, 그는 이 책을 "거리에서 생각하고, 큰 도로에서 씌여진 것이다."라고 묘사했다. 그 동판화는 파리의 일반 주택의 5층에 세들어 사는 한 사람이 불행하게도 '공중정원'에서 아래의 더러운 오물 속으로 빠지는 광경을 묘사하고 있다. 그러나 이러한 주택도 거주하는 사람들은 적었고, 19세기에 등장한 혼잡한 슬럼과는 비교할 수 없다.

베르사유궁전(1668~84)과 바스에 위치한 랜스도운 크레센트(1794)▼2사이의 1세기 동안, 주거지는 자연과 직접 연결되었다. 이러한 직접적인 접촉은 처음에는 전제군주, 그 다음에는 귀족계급, 그리고 그 다음에는 이름없는 부유한 시민들에 의해서 향유되었다. 18세기의 자연과 주거를 연결시키려는 노력의 증대는 아마도 루소의 "자연인"에 대한 예찬의 영향도 컸을 것으로 생각된다. 711쪽 04줄 Fifth Edition

주거가 녹색식물과 면하려면 공간이 필요하다. 이러한 공간은 과거의 성벽 도시에서는 불가능했다. 그러나 17세기에 보방은 무기의 새로운 발달에 대비하여 파리를 보호하고자 방어선을 멀리 도시 외곽으로 이동시켰다. 이렇게 하여 18세기의 파리의 광장이 성장할 수 있는 공간이 생겨난 것이다.

18세기 후반, 남과 북 모두에서 바로크 건축가들이 건축과 녹지의 연계를 유지하는데 많은 노력을 기울였다는 사실이 기억날 것이다. 이러한 도시계획의 새로운 경향은 계속되었고 19세기에 들어와서도 오랫동안 지속되었다. 도시계획은 어느 시대에서나 건축관련부문 중에 가장 마지막 형태를 취하는 부문이라는 바로 그 이유 때문에, 건축과 녹지의 연계는 산업화의 영향이 19세기의 일상생활을 완전히 변화시킬 때까지 계속되었다. 그러나 초기부터 슬럼 주변에서 성장한 산업도시는 이러한 전통의 흔적을 볼 수 없다.

나폴레옹 1세의 리볼리 가(街)

The Rue de Rivoli of Napoleon I

나폴레옹 1세가 리볼리 가를 설계하기 위해 제국주의 양식의 창시자인 페리시에

르와 폰테인에게 그 설계를 위임했을 때는, 기존 상황이 이미 설계의 윤곽을 이루고 있는 상태였다.

아직까지도 파리에서 가장 아름다운 가로라 할 수 있는 나폴레옹 1세의 리볼리 가(街)는 일종의 거리 회랑은 아니다. 그 한 쪽만이 건물의 벽이며, 이 벽은 튈레리 궁의 정원과 접해 있으며 더욱 중요한 사실은 가로수 길에 접해 있다는 점이다. 그 가로수 길은(마리에트의 18세기 판화에 잘 나타나 있듯이) 루이 14세 통치기간 중에 만들어진 것으로, 처음에는 궁중 마굿간과 접해 있었다(**도판. 446**). 이러한 마굿간 부지에 리볼리 가가 형성된 것이다.

Fifth Edition 714쪽 14줄

리볼리 가의 출발점이라 할 수 있는 콩코드 광장은 루이 15세와 16세 때 건축된 것이며, 센강의 다리는 프랑스 혁명이 시작된 1790년에 건축된 것이다.

루이 14세는 공원을, 루이 15세는 광장을, 그리고 나폴레옹 1세는 가로를 각각 건축하였다. 나폴레옹이 가로의 건설을 명령한 것은 그 당시의 건설 프로그램에 있어서 전형적인 순서였다(이것은 그의 집정관 시대인 1801년의 일이었다.). 그 가로는 부유한 시민을 위한 것으로서, 이들은 가로가 건설되기 이전에 이미 그 모습을 드러내고

446. 르 노트르가 계획한 뛰레리궁과 정원. 마리에뜨의 동판화. 오른 쪽의 가로수 길은 현재에도 남아 있으며 리볼리 가의 한쪽 면을 경계지우고 있다.

447. 리볼리 가, 파리, 1825년경. 나폴레옹 1세를 위해서 페르시에르와 폰테인이 콩코드 광장쪽을 향하도록 리볼리 가의 일부분을 만들었다. 길 건너편의 나무들을 향해 한 줄로 열지어 있는 주택들은 영국의 조지 4세에 가서 레젠트로 하여금 곧바로 레젠트 공원 테라스를 개발할 수 있게 했다.

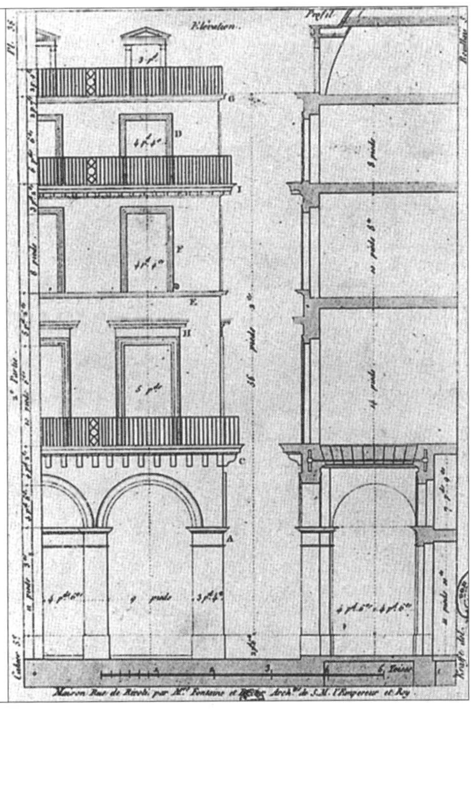

448. 페르시에르와 폰테인. 리볼리 가에 있는 주택의 입면, 1806. 아름답고 통합된 이 파사드는 1세기 후에 오스망이 대로를 만드는 데 기초가 되었다. 상점들은 아케이드뒤로 물러나 있다. 따라서 이 나폴레옹1세 거리는 적어도 원리상으로 이미 영국인들이 선호하지 않았던 주거와 상업기능의 결합을 보여주고 있다.

449. 리볼리 가, 루브르쪽으로 바라본 모습, 1840.

있던 왕실 정원을 전망할 수 있었다.

상업지구의 가로와 주거지구의 가로를 완전히 분리하여 건축하는 영국의 수법과는 아주 대조적으로, 리볼리 가는 두 가로가 하나로 합쳐져 있다.▼3 연속되는 열주 형식의 아케이드는 구매객들이 날씨를 피할 수 있으며, 동시에 가게의 전면으로 인해 가로의 위엄이 손상되지 않도록 하고 있다. 간판이나 식료잡화점은 이 거리에 설치될 수 없었다. 이러한 아케이드는 17세기의 보스게 광장의 전통을 계승한 것이다.

페르시에르와 폰테인은 주어진 새로운 과제를 수행하기 위해 요구사항에 적합한 원만한 형태를 사용했다.**(도판. 448)** 주택 전체가 반복적인 구성 단위로 취급되었다는 것은 말할 필요도 없다. 가로의 전체 효과를 유지하기 위해, 아주 약간의 엑센트만 주었다. 1층 기둥의 아치는 정확히 일직선상에 나란히 서있다. 2층과 4층과 다락층(attic)의 발코니는 연속되어 있고 벽면은 매끈한 평단면으로 처리되었다.

Fifth Edition 715쪽 03줄

나폴레옹 1세 시대의 리볼리 가는 후기 바로크 전통의 한 부분이다.**(도판. 447)** 단일형태로 열지어 서있는 주택들은 아담 형제가 1768년 테임즈 강의 제방을 전망할 수 있는 화려한 아델피 테라스를 건축했던 것처럼 자유로운 전망을 즐길 수 있도록 했다. 이러한 발전 단계에 있어서, 리볼리 가는 존 나쉬와 그의 고용주인 섭정 황태지에게 영감을 주었고, 그 결과물로 레젠트 공원과 그 테라스 계획이 나온 것이다.

이후 몇 번에 걸친 리볼리 가(街)의 확장계획(마지막 계획은 오스망의 파리 관통도로의 일부로서 완성됨)으로 인해 거리의 전체성격이 변하여 19세기에 탄생된 "끝없는 거리"로 나타나게 된 것이다.(도판. 449)

주

1. 1708년 런던에서 "왕국의 십분지일세를 위한 제안, 일반세(A Project for the Royal Tythe:or General Tax:,…by the famous Monsieur Vauvan)"라는 제목으로 출판되었다.
2. 157페이지 참조
3. 같은 무렵에 건축된 런던의 Bloomsberry지역에도 이와같은 "분리된 건축"이 나타나고 있다.

푸른 나무의 지배: 런던의 정원

The Dominance of Greenery: The London Squares

런던의 정원 광장에서 우리는 중세 시대 이후 처음으로 중·상류층 계급들의 건축활동에 의해 이루어진 도시 형태를 볼 수 있다. 이러한 계급들은 지금도 확신에 찬 주거양식을 만들어가고 있다. 15세기 플랑드르 지방의 도시처럼, 19세기 초기의 이러한 런던의 광장들도 무분별한 건축행위에 의해 파괴되지 않았다면, 중산층의 사람들이 자신들의 생활을 담는 하나의 구조를 준비하기 시작할 때 가졌던 확신을 우리에게 보여 줄 수 있었을 것이다.

광장 발전의 진정한 본질을 이해하기 위해서는 무엇보다도 영국인의 안락함에 대한 집착을 기억해야 한다. 특히 가정에서의 안락이라 할 수 있는 벽난로 앞의 안락의자에서 타인의 방해를 받지 않고 프라이버시를 유지하는 여러 가지 안락함에 대한 요구를 기억해야 한다. 이와 같은 강한 요구가 18세기에 처음으로 나타난 것은 아니다. 그 시기가 언제부터인지, 그리고 얼마나 일찍 주거에 영향을 미쳤는지 알기 위해서는 넓은 공간을 차지하는 환경과 배치를 보여주는 초기 영국인의 장원주택과 유럽대륙의 장원주택을 비교해 보아야 한다. 런던의 정원 광장이 그 특이한 형식을 취하게 된 것은 이러한 안락함과 프라이버시에 대한 욕구에서 비롯되었다. 사실, 런던의 발전이 어떤 규칙을 따르고 있다고 가정한다면, 그 규칙(영국에서 존중되고 있는 많은 불문율들이 그러하듯이)은 사생활을 침해 당해서는 안 된다라는 민주적인 주장에 뿌리를 두고 있다고 할 수 있다. 즉, 도시의 주거지역은 가능한 한 녹지안에 융합되어야 하며 그러한 주거지역은 특히 눈에 띄지 않아야 한다는 것이다.

Fifth Edition 716쪽 31줄

런던은 명확한 축을 무시한 채 발전되었다. 런던의 성장은 대토지 소유자, 국왕, 귀족계급, 교회의 분할적 영향력에 의해 좌우되고 있었다. 파리같이 측량을 쉽게 할 수 있는 지표가 되는 축이 없기 때문에 위치 확인이 어렵다. 그러나, 런던 그 자체가 분해되면서 생긴 무수히 많은 작은 구획들은 인간적 규모 이상으로 과대성장한 많은 도시 이주민들을 받아들일 수 있는 피난처가 되었다.

바로크 시대에 추구되었던 포괄적인 통일은 17세기 영국에서는 받아들여지지 않았다. 1666년 런던 대화재 이후, 런던을 종합적으로 재건하려는 크리스토퍼 렌의 통합계획안은 겨우 3일간의 검토 후에 찰스 2세에 의해 거부당했다.(**도판. 450**) 바로 이 시기에 베르니니는 성 바오로성당 전면의 광장을 계획했으며, 르 노트르는 베르사유

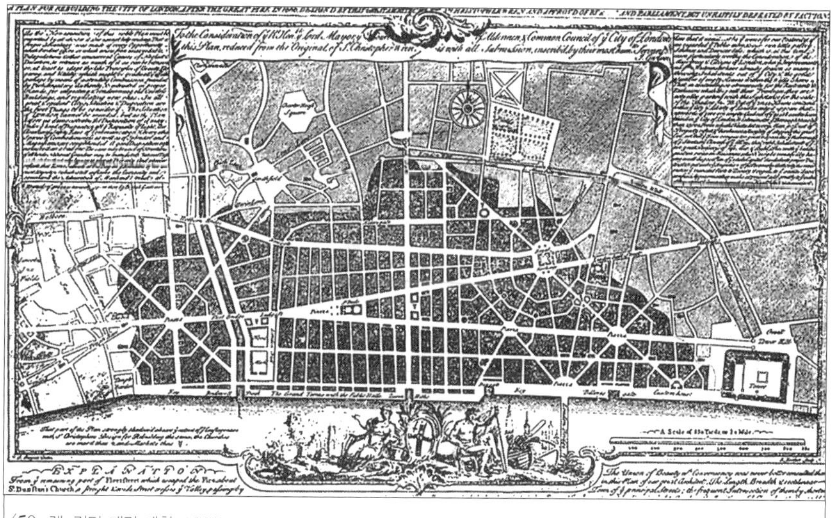

450. 렌. 런던 재건 계획. 1666.

궁전의 정원을 계획하고 있었다! 렌의 전체계획(그 성격상 반은 바로크 형식이고, 반은 르네상스 형식인)은 너무나 완벽하게 되어 있었기 때문에 실행할 수 없었다. 더욱이 일반적인 보통의 계획보다 더 근본적이라는 이유 때문에 거부당한 것이다. 렌의 계획은 그 축이 6개의 소실(消失)지역을 가로질음으로해서 그 토지 소유자들의 동의를 얻을 수가 없었기 때문에 받아들여지지 못했다는 것이 당시의 일반적인 생각이었다. 그러나 바로크나 르네상스식 수법에 의해 축을 설계하는 것을 가로막은 것은 복잡한 소유권 문제만은 아니라, 축에 대한 내적인 반감 때문이기도 했다. 이러한 반감은 체계적인 관련을 맺고 있는 테라스와 광장, 가로들의 배열을 방해하기도 했다. 이러한 배열은 이와 같은 거대한 부지내에서 손쉽게 달성될 수 있는 것이었다. 왕과 베드포드 공작은 코벤트 가든 지구에서 이와 같은 계획을 무시했다. 블룸스버리의 사우스앰톤 백작도 마찬가지였다. 광장들이 한 지역에 비합리적으로 흩어져 있고 분리되어 있지만, 상호간에 완전히 분리되지 않은 이러한 방식은 폴 클레의 그림이나 동양의 융단 모양처럼 보인나.

1887년에 출판된 건축사전에 의하면 "광장이란 토지의 한 구획으로서, 그 안에 울타리가 있는 정원을 가지고 공공도로에 의해 둘러싸여 각 측면의 주택에 접근성을 주고 있는 것"이라고 정의하고 있다. 그 간결함에도 불구하고, 이 정의는 런던 광장의 본질을 훌륭하게 표현한 문구라 할 수 있다. 718쪽 08줄 Fifth Edition

이 정의는 "토지의 한 구획"에서 시작되며, 그 다음에는 본질적인 특징으로 울타리가 있는 정원을 강조한다(울타리가 있는 것은 광장의 주인이 열쇠를 가진 거주자들만을 위한 것이기 때문이다.). 마지막으로 다양하게 광장을 둘러싸고 있는 주택들을 언급하고 있다. 그러나 광장의 형태를 구분하고 있지는 않다. 광장의 형태는 사각, 삼각, 규칙적 혹은 불규칙적인 것이 될 수 있다. 하나의 광장이 인접한 또 다른 광장이나 넓은 길, 가로, 크레센트(역주: 영국의 초승달 모양의 광장이나 거리)등과 특별한 관계가 있어야 한다는 규칙은 없다.

17세기와 18세기의 런던의 광장들은 도시계획가들에게 있어 매우 중요한 것이었다. 석조 건물 집단과 가로망 아래에서 사라졌던 전원적인 경관이 광장 속에 처음으로 만들어졌던 것이다. 생명이 있는 육체가 얇은 옷을 통해 따뜻하게 빛나듯, 블룸스버리의 주거지 개발에 의해 사라졌던 과거의 정원이 그 모습을 다시 드러낸 것이다.

451. 여왕의 광장, 블룸스버리, 런던, 1812. 1800년경, 런던 광장 한 가운데에 있는 개방공간은 자유롭게 심어진 나무와 잔디로 조성되었다. 이 공간은 시대의 요청에 따라 자연스럽게 대두된 울창한 정원의 출발점이다. "블룸스버리 광장의 동쪽에 위치한 여왕의 광장은 꽤 넓은 면적을 확보하고 있으며 멋진 주택으로 삼면이 둘러싸여져 있고, 중앙에 널찍한 정원을 가지고 있다.… 예전에는 북쪽면에 헴스테드와 하이게이트의 장관이 펼쳐졌었다." 엑크만의 미술 박물관,1812년 9월)

근대 건축가들은 그들이 수목에 대해 관심을 쏟고 있다는 것을 자랑스러워 한다. 사실 근대 건축가들은 때때로 수목 주위에 주택을 짓기도 한다. 가장 훌륭한 런던의 광장의 경우 기존의 전원 풍경 속에 전체 지구가 건축적으로 구성되어 있다. 이 점에서 광장의 예지를 엿볼 수 있다.

런던의 모든 광장에서 나타나는 주요 구성요소는 잔디와 플라타너스가 있는 **중앙 정원**이다(**도판**. 451). 처음에 심어졌을 때는, 열지어 서있는 나무들이 한적하고 낭만적인 정원의 효과를 만들지는 못했다. 그와 같은 그림은 일종의 푸른 나무들로 이루어진 벽을 필요로 한다. 이러한 벽은 이웃으로부터 개인의 프라이버시를 지켜줄 뿐만 아니라 허파와 눈을 즐겁게 하는 기분좋은 녹지를 제공한다. 각 광장에 딸린 정원은 주택의 경우처럼 정리된 하나의 단위로 다루어지고 있다. 여기서 정원을 나누어 자기의 작은 몫으로 가지려는 어리석은 행동은 없으며, 햇볕이 나는 날 풀 위에서 기지개를 편다든지 혹은 자기 집앞의 녹색 잔디밭에서 테니스를 하는 것과 같이 주민들이 일상생활에서 이용할 수 있는 그런 곳이다. 그리고 이와 같은 모든 정원들은 토텐헴 코트 로(路)나 옥스퍼드 가(街)와 같은 교통로에서 도보로 5분거리 이내에 위치한다.

초기의 몇몇 이러한 지역들은 결코 정원을 위한 장소가 아니었다. "원래 이러한 열린 공간들은 과거에도 그랬는지 모르지만, 결코 심미적인 기쁨을 주거나 건강에 유익한 장소는 아니었다. 왜냐하면 17세기 유럽의 모든 도시들에서 볼 수 있는 열린 공간은 각종 오물을 버리는 장소로 이용될 수밖에 없었기 때문이다. 광장의 주민들이 이러한 열린 공간에 울타리를 치고, 청소하고 미화할 것을 당국에 신청할 때에만 이러한 일들이 없어지는 것이다. 세인트 제임스 광장(1726년)이 이러한 시도를 한 첫 번째 광장이었다."▼2

이러한 광장 주변의 주택들은 될 수 있는 한 눈에 띄지 않아야 한다는 주거지역에 관한 불문율에 의해 영향을 받았다. 주택들은 병렬적으로 연속해서 세워졌고, 이러한 방법은 런던의 신설 지역에서 50년 이상 적용되었지만, 싫증나거나 시대에 뒤떨어진다는 느낌은 주지 않았다. 눈에 띄는 모든 것들은 배제하고 가능한 한 분할을 적게 하면서 유연하고도 연속적인 표면을 만든 것이다. 치장벽토를 바르지 않은 벽돌이 건축재료로 사용되었고, 그 주변조건에도 아주 잘 어울렸다. 평평한 벽돌면은 런던의 안개와 습기에 손상되지 않았으며, 대신에 연기가 잘나는 해포석(海泡石) 담배 파이프처럼 시간이 지남에 따라 부드러워지고 독특한 풍격을 가진다. 풍화가 일어나지 않는 곳과 쉽게 바를 수 있는 곳에만 약간의 페인트를 사용했을 뿐이다. 또한 페인트는 두 짝 여닫이창의 내측, 출입구의 가느다란 장식 쇠시리, 주택의 박공벽 등 손쉽게 낡은 부분을 수리할 수 있는 곳에만 사용되었다. 나쉬가 런던의 크레센트 공원에 치장벽토를 사용한 부분은 영국의 전통과는 약간 다른 유럽 대륙의 성향을 엿볼 수 있다.

Fifth Edition 721쪽 11줄

런던의 광장은 어떻게 생겨났을까? 이 질문에 대한 답은 영국의 건축적 유산을 더 잘 이해하는데 도움이 될 것이다. 런던에 녹지를 만드려는 욕구는 고딕 시대까지 거슬러 올라간다. 15세기의 링컨 법학원(역주: 변호사 임명을 전담하는 런던의 4개 법학원 중의 하나)의 중정은 잔디를 깔아 산책로로 바꾸었다. 그 시기에는 도시 교외에 위치했던 무어필드는 활쏘기 시합과 다른 스포츠를 즐기는 여가공간으로 사용되었다. 17세기초에는 대중적인 공원중에 가장 중요한 하이드 파크(당시는 런던 외곽에 있었으며 국왕의 소유지였다.)가 일반에게 개방되었다.▼3

17세기에 최초의 광장이 건축되었다. 이러한 광장은 다양한 귀족 토지 소유자들이 그들 자신의 토지 일부를 건물로 둘러싸려는 욕구에서 시작되었다. 이러한 건축물들은 바로크 가로(street)형식 보다는 바로크 네 거리 광장(place) 형식을 따르고 있다. 1630년경에 베드포드 백작은 7에이커의 땅을 건설용지로 양도하였다. 그 결과, 최초의 런던 광장인 코벤트 가든이 선보였다. 이 광장(결코 완전한 것은 아니지만)

452 그로스베너 광장, 메이페어, 18세기 초. "도로에 의해 둘러싸여진 폐쇄적인 정원"이 있는 땅의 일부분에 광장이 있으며, 광장에서 주변의 주택으로 곧장 접근할 수 있다.

은 파리의 보스게 광장(1612)과 닮았다고들 한다. 이 두 광장은 전형적인 17세기의 네 거리 광장을 보여주며, 장방형으로서 아케이드가 설치되어 주택 1층 부분이 연결되어 있다. 물론 이 두 광장은 일반인들에게도 개방되었다. 잔디나 수목은 없다. 이 광장들이나 기타 이와 유사한 열린 공간에 "피아짜(piazza)"란 명칭이 붙은 것을 보면 이탈리아로부터 기원됐다는 것을 알 수 있다

라이체스터 백작은 베드포드 백작의 선례를 따랐다. 그의 저택 전면에 위치한 라이체스터 광장은 똑같은 원칙으로 1635년에 설계되었다. 그 광장은 오늘날에는 상업 중심지로 남아있지만, 그 외관은 완전히 변했다. 1665년, 사우스앰톤 백작은 "품위있는 광장, 즉 피아짜라고 부를만한 작은 도시"를 건설하였고,▼4 그곳은 곧 상류층 주거지가 되었으며, 그 후에, 블룸스버리 광장이 되었다. 이외에도 몇 개의 다른 광장이 연이어 조성되었다. 1681년의 소호 광장과 1684년의 세인트 제임스 광장, 1695년의 그로스베너 광장(메이페어: 런던 하이드 파크 동쪽의 고급 주택지)가 바로 그런 광장들이다.(도판. 452, 454)

위의 간결한 설명으로부터 17세기 후반의 런던은 파리와는 달리 상류 계급의 주거지로써 매력을 끌었다는 결론을 내릴 수 있다. 더욱이, 런던의 광장들은 프랑스와 이탈리아의 광장처럼 상호 연결되어 있지 않고, 넓은 지역에 산재해 있다. 722쪽 31줄 Fifth Edition

453. 블룸스버리 구역에 있는 광장. 원래 블룸스버리는 교외였지만, 교통구역과 주거 구역이 잘 분리되어 있음을 알 수 있다. 이로 인해 오늘날에도, 런던의 극심한 교통 혼잡에서 한 발짝만 움직이면, 주택들이 풍요로운 대지와 친밀하고도 직접적으로 접촉할 수 있다.

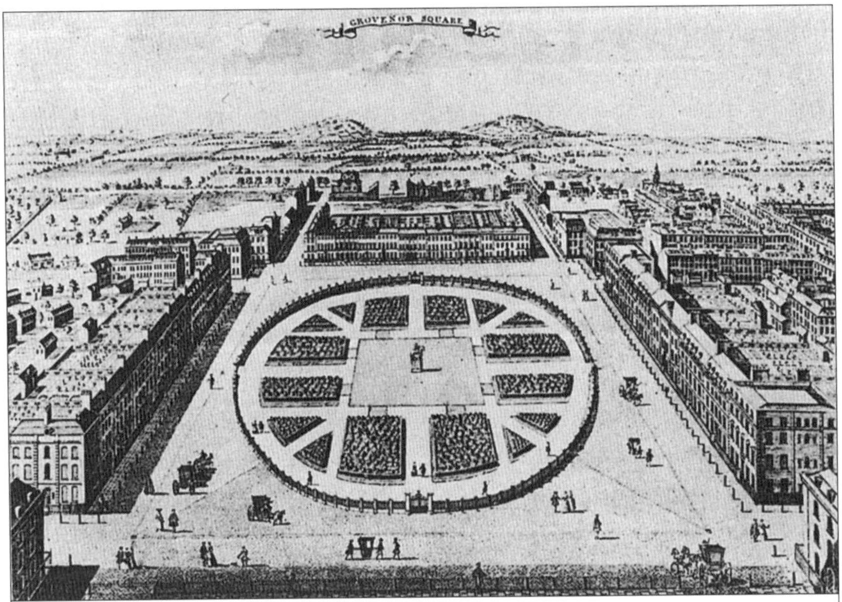

454. 그로스베너 광장, 런던, 1695년 착공. 탁트인 공간의 중앙에 세워진 18세기의 광장. 이 공간의 폐쇄된 한 구역은 형식적인 정원으로 할당되어 있다.

18세기에는 건설 활동이 더욱 활발해졌다. 이 세기에 총 15개의 광장이 모습을 드러냈다.▼5 이러한 건축활동은 17세기의 광장을 '완성'하는데 어느 정도 도움이 되었다. 그로스베너 광장과 하노버 광장은 1720년에 완공되었고 버컬리 광장은 1730년 무렵에 완공되었다. 1770년 무렵부터는 더욱 광장 건설활동이 더욱 활발하였다. 1770년경, 아담 형제가 테임즈 강위의 제방에 아델피 테라스를 건축했으며, 1774년에는 멘체스터 광장, 1775년에는 베드포드 광장, 1778년에는 포틀랜드 광장, 1790년에는 피츠로이 광장이 건설되었다. 가장 거대한 건설 활동은 바스 시(市)를 중심으로 우드 1세가 등장한 1730년경에 시작하여 1767년 건설된 로열 크레센트를 들 수 있다. 이 작업이 중요한 것은 각종 광장과 크레센트와의 상호 관계이다. 이 상호 관계는 프랑스 도시계획에서 사용된 축 개념보다 더 미묘한 것이었다. 이렇게 신중하게 고려된 상호관계는 18세기 말 런던에도 나타났다.

주

1. 런던은 당시 자치도시였으며 국왕으로부터 독립되어 있는 도시였다. Wren이나 다른 어떤 건축가라 할지라도 런던을 Royal Palace 주변과 연결시켜 조직화하는 유럽 대륙식 개념을 적용하려 하지 않았다. Wren이 강조한 것은 – 르네상스에서도 사용되었었던 기법이었다. – 도시의 중심지인 증권 거래소 건물을 강조했다. 주요도로는 이 지점으로부터 런던의 전 구간을 관통하여 바깥쪽으로 방사되고 있다. St. Paul 성당은 두 개의 주간선도로의 합류점에 있는 시의 문 옆에 서있다. 같은 식으로, 20년 후에 Rainaldi는 쌍둥이 교회를 Piazza del Polpo에 면하도록 건축하였다.
2. 5W. R. Davidge, "The Planning of London," Journal of the Royal institute of British Architects, 3월 10일, 1934, p. 443.
3. Steen Eiler Rasmussen의 London, the Unique City(New York, 1937), pp. 86, 92.
4. The Builder, 7월 28일, 1885, p. 349.
5. The Report of the Royal Commission on London Squares(London, 1928).

블룸스버리 정원 광장
The Garden Squars of Bloomsbery

높은 수준의 도시계획을 이루고자 한 런던에 광장(square)과 네 거리광장(place), 그리고 크레센트(crescent) 등의 조화로운 상호관계가 이루어진 시기는 1755년과 1850년 사이였다.▼1 블룸스버리와 같은 부지에는 질서있는 모든 형태의 열린 공간(직사각형, 원형, 정사각형, 타원형)이 집적되어 새로운 복합 유기체를 형성하였다. 그 중에는 후기 바로크 양식을 원래의 방식그대로 받아들이면서도 런던 특유의 조건과 완벽하게 조화를 이룬 것도 볼 수 있다.

블룸스버리의 발전은 루이 14세가 궁전을 베르사유로 이전할 계획을 세우기 시작할 때부터, 그리고 멘체스터와 같은 거대 산업도시가 성장하던 시기에 이르기까지 한 세기 반 동안 계속되었다. 그것은 지속적으로 완벽성을 추구하면서 오랫동안 도시 개발에 착수한 훌륭한 본보기라 할 수 있다. 블룸스버리의 건축적 구성을 보면, 성 베드로 성당 앞의 기념비적인 바로크 형식의 광장과 그 이후에 건설된 콩코드 광장의 경우처럼, 그 형식에 있어서 매우 다양한 것들이 조합된 모습을 보여주고 있다. 이 두 광장이 전체적으로 기념비적 조화를 이루고 있다는 점에서 인상깊지만, 블룸스버리도 그 대열에 들어갈 수 있는 광장이다. 블룸스버리가 비록 이름없는 초라한 형식을 취하고는 있지만, 이러한 형식은 시간을 초월하는 효과를 발휘하고 있다. 더 나아가 교차광장(places), 광장(square), 테라스 등과 같은 더 큰 단위들이 결합됨으로써 지금까지도 인간적인 측면이 고려된 훌륭한 지역을 이루고 있다.

블룸스버리는 그 각 부분들이 시종일관 단순하고 민주적인 구조를 가지고 있어서 어떤 종류의 기념비적인 손질도 어울리지 않는다. 베드포드 가(街)와 몬테규 가(街)의 비교적 작은 저댁(블룸스버리의 시발점이 되는 건축물)들도 이러한 블룸스버리의 통일성에 조금도 방해가 되지 않는다. 그러나 19세기 초, 대영 박물관 건물은 이러한 규모에서 크게 벗어난 것이었다. 지금의 런던 대학과 다른 여러 사무실 건물들과 같은 거대한 건물들이 이전의 블룸스버리의 전체적인 통일감을 상당히 해치고 있다. 주변을 압도하는 300피트 높이의 타워는 마치 폭탄처럼 앞으로 돌출되어 그 아래에 위치한 블룸스버리 지역의 평온함과 결합력을 깨뜨리고 있다.

그러나, 딱 한 가지 좋은 용도로 이용되고 있다. 즉, 블룸스버리를 내려다 볼 수 있는 조망을 제공하는 것이다. 더 이상 전망의 확장을 불가능하게 설계되었기 때문에 광장 내부의 어떤 곳에서도 전체적인 상호 관계를 볼 수 없고, 단지 상공에서만 건물

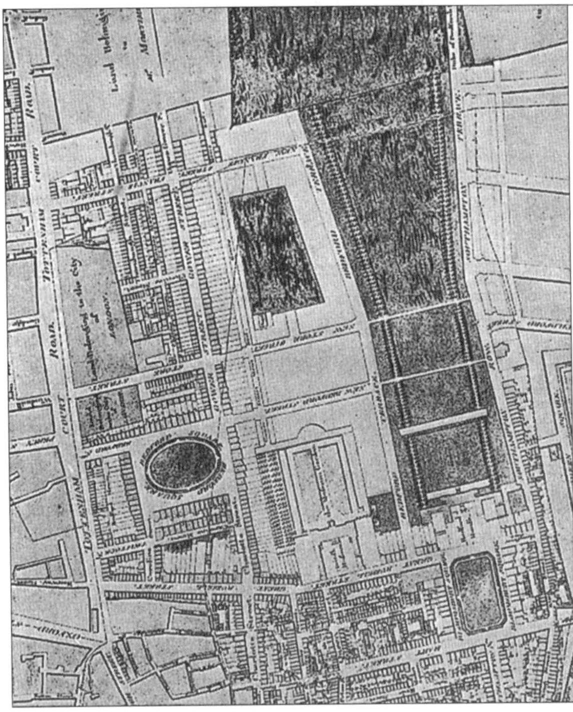

455. 18세기 말의 블룸스버리. 1795년도 지도의 일부분. 이 지구가 대대적으로 개발되기 바로전에 있었던 원래의 경계가 이 지도에 나타나 있다. 발전시기에도 이 지역은 대부분 베드포드공작의 땅이었다.

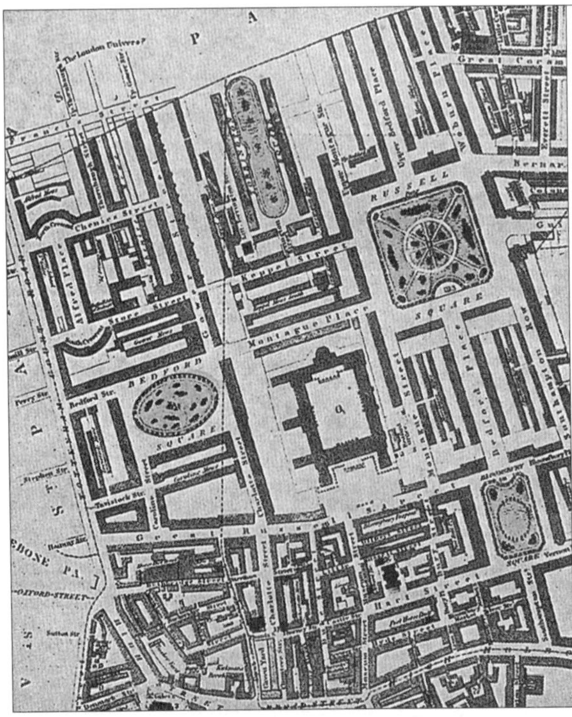

456. 1828년의 블룸스버리. 제임스 윌드가 작성한 지도, N.R. 헤위트가 제작한 동판화. 광장이 강조되어 있다는 점에서 전체 계획은 후기 바로크 전통을 보여주고 있지만 자유롭고 비형식적으로 계획된것이 특징이다. 정교하지만 자유롭게 구성되어 있다는 점에서 볼 때 이 계획은 경직된 프랑스의 축보다는 동양의 카페트모양과 파울 클레의 그림과 더 유사하다.

과 열린 공간 사이의 균형된 조화를 볼 수 있을 뿐이었다. 각 거주자들이 프라이버시와 자유를 평등하게 느낄 수 있도록 균형이 잘 잡혀 있다.(**도판**. 457)

블룸스버리와 경계를 이루는 대로(大路)인 홀보른과 남쪽의 뉴 옥스퍼드 가, 서쪽의 토텐헴 코트 역시 타워에서 쉽게 식별이 된다. 블룸스버리 그 자체는 동쪽으로 그레이인의 정원과 그 너머의 광장까지 뻗어 그 끝은 멀리서 희미하게 보이는 정도이다. 이 지역 최초의 경계는 1795년의 지도(**도판**. 455)▼2에서 볼 수 있듯 토텐헴 코트 도로와, 뉴 도로, 사우스앰톤 거리, 홀보른 가(街) 였다. 이 지도는 블룸스버리가 베드포드 백작의 소유지였고 베드포드 광장이 가장 눈에 잘 띄던 시대라 할 수 있는 전성기 이전의 블룸스버리의 경계를 보여주고 있다.

블룸스버리 지역의 시작은 왕정 복고 시대로 거슬러 올라간다. 나중에 블룸스버리 광장으로 이름이 바뀐 사우스앰톤 광장은 1667년에 블룸스버리에 위치한 도시저택인 베드포트의 축을 따라 사우스앰톤 백작이 건설하였다. 양식적인 중정과 매우 넓은 토지와 정원이 딸린 베드포드 저택이 이 광장을 지배했다. 블룸스버리 광장에서 볼 수 있는 주택이나 수목이 없고 잔디만 있는 녹지는 프랑스의 네 거리 광장(places)과 이탈리아의 광장(Piazza)같이 귀족 거주지를 위한 것이었다. 베드포드 저택은 새로운 건설 활동이 매우 활발하게 진행된 18세기 말에도 여전히 존재했다.

457. 블룸스버리: 러셀과 베드포드, 블룸스버리, 그리고 근처의 광장을 공중에서 본 모습. 건물과 열린 광장사이의 조화와 광장들 사이의 관계를 알려면 공중에서 바라보는 방법밖에 없다.

새로운 광장들 중의 최초의 것은 베드포드 광장이었다. 이 광장은 베드포드 저택과 어느 정도 거리를 두고 있으며, 블룸스버리 광장과 직각의 축상에 위치하고 있다. 1795년의 지도를 보면, 그것은 고립된 상태로, 나무도 없이 주변과 완전히 독립된 위치를 차지하고 있었다. 1775년경에 완성된 이 품위있는 타원형의 광장은 건축가의 이름과 관련이 있는 몇 개 안 되는 광장들 중의 하나이다. 그 건축가의 이름은 토마스 레버톤이다.▼3 베드포드 가문과 친척인 도시저택 몬터규 저택도 1795년의 지도에 모습을 드러내고 있다. 이 저택은 베드포드 저택을 닮았을 뿐만 아니라, 중정의 양식도 같다. 1753년, 베드포드 광장에 대영 박물관이 자리를 잡았다.

이러한 과정을 거쳐, 18세기 말 블룸스버리는 눈에 띄는 세계의 지점을 갖게 되었다. 즉, **블룸스버리 광장**과 **베드포드 광장**, 정원이 딸린 **대영 박물관**이 그 예이다.

블룸스버리의 개발에 결정적인 단계는 19세기 첫 25년 동안에 일어났다. 베드포드 공작 5세가 1800년 그 자신의 저택을 블룸스버리 광장에서 철거할 때 숲과 가로수길도 같이 제거했다. 바로 그 부지에 매우 훌륭하게 정리된 주택군을 가진 베드포드 광장이 형성되었다.**(도판. 458)** 정원이 남아 있던 부분도 주택 부지로 개발되었다. 새로운 건축군의 한복판에서 잘려진 형태 그대로 보전되어 있는 정원의 중심부분에 규

458. 베드포드 가로. 블룸스버리 광장에서 러셀 광장까지, 1880년 착공. 고도로 정제되고 오래된 전통에 의해 나온 중립적인 건축물들이 일직선을 이루고 있는 이 가로는 유럽풍의 긴 거리가 아니라 두 장소를 연결해주는 짧은 연결로이다.

모가 매우 크고 당당한 러셀 광장이 위치하고 있다.

베드포드 공작 5세가 직접 이 계획을 실현한 것은 아니다. 그는 땅을 투자자이자 건설자인 제임스 버톤에게 임대하고, 버톤이 러셀 광장을 계획 · 설계하였다(1800~14).▼4 이 작업과 동시에 러셀 광장을 개방화 할 수 있는 여러 가로(케펠 가, 몬터규 광장, 사우스앰톤 거리)공사를 수행했다. 버톤은 커다란 열린 공간들을 적절히 배치하려 노력하면서 계속 동쪽으로 작업을 확대해 갔다. 그는 블룸스버리 광장과 러셀 광장 사이에 놓인 베드포드 광장에 위치한 주택 뒤쪽의 땅에 잔디와 관목을 심었다. 주택 뒤쪽의 뮤즈(mews: 마구간을 개조한 아파트의 뜻이 있지만, 여기서는 마구간 건물로 사용되었음.)는 낮은 건물이었기 때문에 조망에 방해가 되지 않았고, 주택의 맨 마지막 열의 개구부는 마주보는 녹지와 평행으로 연결되어 있어서 개방감을 줄 수 있었다는 점에서 그 결과는 매우 만족스러웠다.

1820년 이후, 이 지역에서 행해진 그의 공사는 토마스 큐비트(1788~1855)에게 넘어갔다. "큐비트는 그 당시 32세에 불과했으나, 이미 그레이인 도로에 큰 사무실을 가지고 있는 이름있는 사람이었다. 그는 전에는 결코 하지 않았던 일(즉, 영구적인 공동체적 기반 위에 모든 동업자를 고용하는 일)을 실행하였다. 그는 이 조직을 운영하기 위해 기회만 좋으면 어디든지 땅을 사서 주택을 지었다."▼6 큐비트는 매우 긴 장방형 형식을 이용하여 1827년 토링톤 광장을 완성시켰다.▼7이러한 형식은 양쪽 주택들의 프라이버시를 위해 충분한 거리를 유지하면서도, 땅을 전혀 낭비하지 않는 방식이었다. 그렇게 큰 명성은 없는 사람이었지만, 이 사람의 의도는 공사 완료 1년 후인 1828년의 지도에 잘 나타나고 있다. 이 지도를 보면 이미 울타리의 중앙 축을 따라 가로수가 줄지어 심어져 있으며(**도판**. 456), 중앙 정원은 지금까지도 이 지역 내에서 가장 매력적인 장소로 손 꼽히고 있다.▼8

729쪽 11줄 Fifth Edition

모든 면에서 독특한 블룸스버리 지역은 18세기의 건축적 전통이 스며들어 있다. 이 시대의 도시계획을 특징짓는 섬세함과 상상력이 계승되고 있으며, 19세기 초의 자연주의적인 조경 정원과 매우 훌륭하게 결합되어 있다. 기본 구성단위는 단독주택이었다. 이 주거지는 전문직을 가진 중상류층 계급과 근처의 그레이인에 근무하는 변호사와 판사, 소설가들, 그리고 다른 유사한 지적 업종에 종사하는 사람들을 위해 설계되었다. 주택의 열은 마치 정원 광장처럼 같은 성질의 단위로 처리되었다. 여기서도 어떤 공간을 사적으로 처리하고, 어떤 공간을 공적으로 처리할 것인가가 훌륭하게 구분되고 있다.

459. 블룸스버리 지구,우범 광장, 열지은 주택들, 1825~30년경.

이 건축은 농가에서 흔히 찾아볼 수 있는, 특정한 시대에 속하지 않는 초시간성과 유행에 대한 독립성을 가지고 있다. 이 건물의 모든 세부적인 부분 역시 외견상 매우 얇은 슬레이트나 주철 발코니에서부터 내부 계단의 우아한 곡선에 이르기까지 세련되게 처리되어 있다. 때때로 발코니에는 작은 천개(天蓋)모양의 차양이 걸려 있다. 이 차양은 얇은 주철의 격자세공 작업으로 이루어져 있으며 그 솜씨가 아주 정교하여 금속이 아니라 나무로 디자인한 것처럼 보일 정도이다.

개별 주택의 1층 평면은 18세기 말의 관습을 따르고 있다. 주택 중심부에는 건물의 전체 높이를 관통하면서 채광창으로 빠져나가는 곡선의 계단이 넓은 공간을 차지하고 있다. 1768년에 아델피 테라스에서 아담 형제가 처음 사용한 이러한 수법은 외벽을 막지 않기 위한 것이었다. 이를 통해, 모든 방은 직사광을 받을 수 있다. 방 자체는 지나치게 크지도 않고, 너무 작지도 않으면서 완전한 균형을 이루고 있다. 그 방의 규모가 인간적인 규모라는 것은 확실하다.

거리의 먼지에 노출된 지하의 하인 숙소가 위치한 것을 보면 가끔 무정하고 냉담했다는 생각이 든다. 분명 그것은 평면 계획상의 결정이 될 수 있다. 그렇기는 하지만, 당시 유럽 대륙에서 천장 다락방 층에도 사람을 빼곡하게 넣던 것에 비하면 오히려 인간적이라 할 수 있다.

나중에 유럽 대륙의 투자가들에 의해 불행한 결과를 낳은 광정(光井)이 다행히도 이러한 주택들에는 사용되지 않았다. 앞뒤의 넓은 공간 때문에 뒷 마당에 개구부가 있든, 거리에 개구부가 있든, 모든 방에 완전한 양의 빛이 들어올 수 있다. 그리고 주택의 뒷쪽으로 어느 정도 떨어져 있는 단층의 마구간과 조련사 숙소를 위치시킴으로써 개방적인 조망에는 방해가 되지 않았다. 이러한 높은 주택과 정원 뒤쪽의 낮은 마구간의 조합은 16세기 말에 나타났다. 1860년대까지는 가끔 이런 조합을 이중으로 하여 2열로 서있는 주택 뒷부분 사이의 보통 공간을 두 배로 늘리기도 했다. 주택과 주택 사이의 큰 거리를 차지하고 있는 것은 하나의 마구간을 형성하는 이중의 마차 창고(마차전용 통로로 사용되기도 한다.)이다.

이와 같은 런던 지역은 르네상스 시대까지 거슬러 올라가는 건축적 경험을 계승·응집시켰다. 그럼에도 불구하고, 이들 지역은 도시 구조를 혼란스럽게 한 후기 유럽 대륙의 주거지처럼, 건축 사업의 산물이었다. 차이가 있다면 통제의 차이 뿐이었다. 파리 개조에 종사한 건설업자들은 오스망의 요구에 따라 파사드를 지어야만 했다. 통제된 것은 오직 그것 뿐이었다. 파사드 배후는 전혀 통제의 손길이 미치지 않았다. 건축업자들은 재빠른 수법으로 최대의 이익을 올리고 있었다. 그들의 손에서 건축물의 파사드는 파사드로, 그리고 광정(光井)은 광정으로 각각이 서로 관계없는 별개의 요소로 처리되었다. 런던에서는 토지 소유자인 지주들에 의해서 매우 신중하게 통제되었다. 이러한 지주(地主)들은 건물을 수백년이란 숫자로 생각하는 버릇이 있었다. 임대해준 토지와 그밖의 모든 것은 99년 정도의 기간에 그들 손으로 돌아오는 것이었다. 그들의 토지가 파괴적으로 개발될 수도 있다는 것을 매우 잘 알고 있었기 때문에, 계약시 토지 이용에 통제를 가했던 것이다. 731쪽 11줄 Fifth Edition

또한 지주들의 관리자는 이러한 통제가 제대로 되지 않을 경우 유지· 보수 공사를 해주어야 했다.

런던의 거리를 거닐다 보면, 가끔 도시의 다양하고도 기대하지 않은 곳▼9에서 1830년대와 1860년대 사이에 건설된 광장을 만나게 된다. 거의 잘 알려지지 않은 장소 속에 있는 이러한 광장들(예를 들면, 1840년경에 건설된 로이드 광장)중 어떤 것은 저속득층 사람들을 위해 건설되었다. 비록 블룸스버리보다는 공사가 단순하게 이루어졌지만, 이러한 광장들 역시 인간 생활에 적합한 방식으로 건설되었다.▼10 사우스 켄싱톤의 광장과 같은 광장들은 해당 지역에 비해 상대적으로 면적은 작지만, 그 계획은 상당히 자유롭고 유기적인 형태로 조성되었음을 알 수 있다.(도판. 460) 그 위치나 조화의 측면은 접어두고라도, 이 광장들 모두는 공간의 조형적 모델을 만들기 위해 노력한 도시 계획의 산물이라 할 수 있으며, 바스와 에딘버러와 같은 도시의 18세기 전통을 계승하고 있음을 알 수 있다. 또한 매력적이고 안정감을 주는 통일성이 이루어져 있으며, 매우 자유롭게 형성된 단지설계를 통해 도시 구조에 유입될 수 있는 어떤 활력을 엿볼 수 있다.

1860년 이후 주택을 다룸에 있어서, 특히 건축적 특성은 분명히 퇴보했다. 이때까

460. 켄싱톤, 런던, 1830~40. 공중에서 본 모습. 면적면에 볼때는 비교적 평범하지만 이 켄싱톤 광장에는 계획상 적절한 자유로움이 있으며 발전과정의 마지막에 등장하는 새로운 유기적 형태가 나타나고 있다.

지 신중히 처리되었던 전면은 화려해지기 시작했고 창문은 세부장식이 너무 과다하여 부담스럽게 처리되었으며, 전체 주택은 개별적인 부분으로 그리고 상충되는 부분으로 분해되기 시작했다. 이외에도 또 다른 영향도 미치기 시작했다. 작은 정원이 딸린 두 가구 연립형식의 교외 주택들이 획일적으로 처리된 광장의 자리를 대신하였다. 또한 다른 지역과 구별이 되지 않을 정도로 무차별적인 혼재가 심화되었고, 마치 상자처럼 끝없이 열지은 작은 집들로 구성된 주거지는 큰 도로를 따라 더욱 확산되어 갔다. 그 자체로 황폐해진 주거지는 모든 포괄적인 도시 계획들이 파멸하게된 원인이 되었다.

주

1. The Report of the Riyal Commission on London Squares(1928)에서는 건축활동이 최고조에 이른 시기를 1800년에서 1850년대로 잡고 있다. "광장의 발전에 따른 건축 활동은 19세기초에 정점에 다다랐다. 1850년까지 사실상 유명한 광장은 모두 완성되어 있었다"

2. 런던 대학, The Bloomsberry Site(c. 1933), Eliza Jefferies Davis가 쓴 소책자. Cf. 또한 London Topographical Record(런던 지형도 기록), XVII, p 78.

3. 그러나 이것을 Leverton의 업적으로 돌리는 것에 대해 이의가 제기되어 왔다. John Summerson, Journal of the Royal Institute of British Architects, 3월 6일, 1939, p. 440. 참조

4. 이러한 건설연도는 John Summerson의 연구에서 밝혀졌다. 이전의 문헌-예를 들면, Henry Clutton의 "The Squares of London" Builder, 7월 28일, 1855, p. 349-에서는 건설연도가 1804년으로 되어있다.

5. 분할된 North and South crescent와 Alfred Place(이 North and South crescent을 연결시키는 폭넓은 연결로)는 그가 이룩했던 해결책의 일부를 보여준다.

6. Summerson, Journal of the Royal Institute of British Architects, 3월 6일, 1939, p. 442.

7. Summerson에 따르면 1827년에 완료되었다고 한다. 그러나, Davis(London Topographical Record(런던 지형학 기록), XVII, 92)에 따르면 1829년에 완료되었다고 한다.

8. Cubitt은 거대한 건축 단위의 건설에 있어서 선구자였으며, 대규모의 공사를 시공하여 성공적으로 공사를 완료하는 몇 안되는 계약자 중 한 사람이었다. 그러나 더 흥미로운 것은 비록 그가 후기 바로크 전통에 따라 가로, 광장(square), 교차광장(places)을 건설하였지만 그럼에도 불구하고 새로운 잠재성과 명확히 연결시키고 있다는 것이다. 1839년에 그는 토목 학회의 회원이 되었다. 그가 학회의 회보에 기고한 두 논문중의 하나는 "주철 대들보의 강도에 대한 실험"이란 제목을 붙인 논문이다. 그가 말년에 이르렀을 때, 수정 궁전 전시회(Cristal Palace Exhibition)가 추진되었지만 그 성공이 의심받게 되자 그 전시회를 성공으로 이끌기 위해서 할 수 있는 모든 일을 했으며 필요한 기금을 제공했다.

9. 1858년에 Building News는 새로운 공사현황을 보도했다. "현재 런던 교외에서 10개의 새로운 광장의 공사가 진행되고 있다." 거기에는 상류계급 주거지가 있는 Kensington 광장, Leinster 광장, Bayswater 광장, Princess 광장과 Norfolk 광장 등이 포함되어 있다. 이러한 광장 모두는 Bayswater와 Paddington에 있다.(Building News, 5월 7일, 1858, p. 479)

10. Christopher Hussey, "Georgian London, the Lesser-Known Squares" Country Life, LXXXV(1월 28일과 3월 4일, 1939), 91~94, 224~225, 참조.

대규모 주택단지 개발: 레젠트 공원

Large - scale Housing Development: Regent's Park

Fifth Edition 734쪽 03줄

블룸스버리의 최종적인 발전 단계 동안, 존 나쉬는 메러번 공원을 위한 건물과 정원 설계를 의뢰받았다. 이 공원은 런던 북쪽 외곽에 있는 국왕 소유의 공원으로서 큰 부정형의 목초지였다. 섭정 황태자(The Regent)는 그것을 주거지 목적으로 개발하길 원했지만 건물이 밀집하는 것을 바라지는 않았다. 그는 특히 도시 거주자들의 접근이 쉬운 새로운 대공원을 만들고 싶어했다. 나쉬는 1812년에 첫 번째 계획안을 내놓았다.(**도판. 464**). 몇 번의 수정을 거친 후에 나온 이 계획안은 1820년대에 실행되었다. 그 결과가 바로 레젠트 공원과 테라스였다.

나쉬는 계획상의 목표를 세 가지로 두고 있었다. "첫 번째는 국왕의 수입을 가능한 한 최대로 확보하는 것이며, 두 번째는 대 도시에 어떤 아름다움을 더하는 것이며, 나머지 세 번째는 대중의 건강과 편의를 도모하는 것이었다."▼1 또한 자연에 접하는 대규모의 복합건물을 자유롭게 배치하였다. 그것은 런던 광장의 전례를 따랐다기 보다는 베르사유에서 시작하여 바스의 크레센트와 몇몇 영국 도시의 배열을 통해서 계속 발전된 흐름을 따른 것이었다.

레젠트 공원은 아담스 형제의 포틀랜드 광장(1778)의 축을 따라 놓여 있다. 레젠트 공원과 포틀랜드 광장을 런던 중심부의 피카딜리 서커스와 연결하는 레젠트 가(街)역시 나쉬의 작품이다. 레젠트 공원의 테라스 주택 공사가 시작되던 해인 1820년경에 장대한 런던의 상업 가로인 레젠트 가가 완공되었다. 이 두 가지는 나폴레옹의 리볼리 가(街)의 상대물에 해당된다. 나쉬는 그 자신의 '파크 크레센트'를 1812년 포틀랜드 광장 끝에 설치하는 작업을 시작했다.(**도판. 461**) 그러나 그 시기가 아직 무르익지 않았다. 나폴레옹은 여전히 건재했고, 상업적인 상황도 불안정했으며, 부도도 자주 일어났다. 그러나 1825년 무렵에 가서, 모든 것이 제대로 정비되었고 신흥 부유층도 등장하였다.

레젠트 파크 지역에 주거지가 건설된 것도 바로 이러한 신흥 부유층을 위해서였다. 부유하지만 무명의 이러한 계층은 산업의 발달과 식민지 무역의 발달, 그리고 전쟁에서의 영국의 승리▼2 등을 기반으로 부를 축적한 계층이었다. 그들은 나쉬가 설계한 장대한 저택을 살만한 능력이 있었다. 1825년 파크 크레센트로부터 시작되어 길게 늘어서있는 테라스 주택들이 거의 하룻밤새에 새로운 모습을 더해갔다. 이러한 주택들은 거대한 가재의 집게발처럼 레젠트 공원을 둘러싸고 있다. 대부분의 주택들은 공원을 둘러싸고 있는 도로에서 적당히 후퇴하여 도로와 분리되도록 도로와 주택 사이의 지반이 높은 토지위에 세우졌다. 그 지반 높이로 인해 높이 솟아있지 않으면서도 공원을 내려다 볼 수 있었다.

파크 크레센트에서 다시 한 번 각 주택들이 하나의 단위(대체로, 50호 정도의 분리된 주거로 구성되는 단위)의 일부로 다루어졌다.(도판. 462) 그러나 전체적인 효과를 겨냥한 이러한 노력도 블룸스버리의 경우와 같은 완벽한 결과를 이루지는 못했다. 높고 폭이 좁은 테라스는 기념비적인 성격을 의식적으로 강조하는 형태를 취하고 있다. 이런 테라스를 보면, 바스의 로열 크레센트가 떠오르지만, 벽기둥이 있는 중앙 부분을 잘보면, 그것이 19세기 형식에서 유래되었음을 알 수 있다.

735쪽 11줄 Fifth Edition

우리들에게 보다 더 중요한 것은 공원과 테라스 건설작업이 실제로 행해졌다는 사실보다 나쉬의 최초의 계획안(1812년)이다. 이 계획안은 불행히도 실현되지 못했다. 그 계획안에서 오늘날 우리가 아주 중요하게 여기는 상상력의 대담성과 외부 공간의 대담한 처리를 볼 수 있다. 섬머슨의 자서전에 나와 있는 그 계획안에 관한 간단한 문구를 읽어보면 그의 사상이 갖는 독창성과 성숙정도를 알 수 있다.▼3 그 개념

461. 존 나쉬. 파크 크레센트, 1812년 착공. 개별 주택들은 유니트를 구성하는 한 부분으로 다루어 지고 있으며, 통합되어 디자인된 파사드를 앞에 두고 하나의 반원형 블록을 형성하고 있다.

의 대담성은 몇 가지 인상적인 디테일에 잘 나타나고 있다.

첫째, 나쉬는 공원의 북쪽에 두 개의 커다란 반원형 크레센트를 지을 계획을 했다. 이 두 개의 크레센트는 녹색식물의 바다 한가운데 마치 두 개의 거대한 반쪽 실린더처럼 서있다. 또한 공원의 중심에 이중의 원을 놓고 싶어했다. 그 원의 동심형 고리에 있는 주택들은 한 집은 안쪽으로, 한 집은 바깥쪽으로 서있어서 서로 마주보며 서있는 형상을 보여준다.[4] 그러나 더욱 흥미로운 것은 공원의 동쪽을 연속적인 테라스로 둘러막는 것이다. 그는 오늘날에도 매우 대담한 것으로 여겨질 정도로 배치의 자유성이 돋보이는 거대한 복합 건물군을 공원에 밀어 넣는 계획을 세운 것이다. 주출입구가 있는 남동쪽 모퉁이에는 그가 러셀 광장보다 더 큰 규모로 계획된 넓은 광장이 공원의 공지와 연결되어 있다.[5] 이 광장의 짧은 위쪽 가까이에 하나의 긴 건물이 광장과 평행하게 약간 후퇴된 상태로 배치되어 있다. 그리고 그 건물과 직각으로, 공원 길이의 절반까지 비 대칭적으로 뻗어있는 하나의 테라스가 배치되어 있다.(도판. 464)

Fifth Edition 738쪽 11줄

이렇게 한 눈으로 전체를 볼 수 없는 방식으로, 앞 · 뒤로 돌출하고 후퇴하는 복합 건물에 의해 외부 공간을 유기적으로 조직하는 것은 이 시대에서는 실현되지 못했다. 그러나, 나쉬의 최초의 계획안에 나타난 자연과 접촉하는 거대한 건물 단위들을 자유롭게 배치하는 수법은 20세기 모험의 전조라 할 수 있다. 프란세스코 보로미니가 17세기 후반에 내 · 외부공간의 상호 관입을 달성하고자 건물 경계를 확장시켰던 것처럼, 나쉬 역시 도시계획 분야에서 우리가 아직도 더 연구해야 하는 공간 조직화에 대한 자유로움에 근접하였음을 알 수 있다.

도시계획에 있어서 근본적으로 필요한 것은 토지의 통제와 관련하여 토지소유자

462. 존 나쉬. 레젠트 공원근처에 있는 대규모 주택단지.

463. 존 나쉬. 레젠트 공원의 테라스.

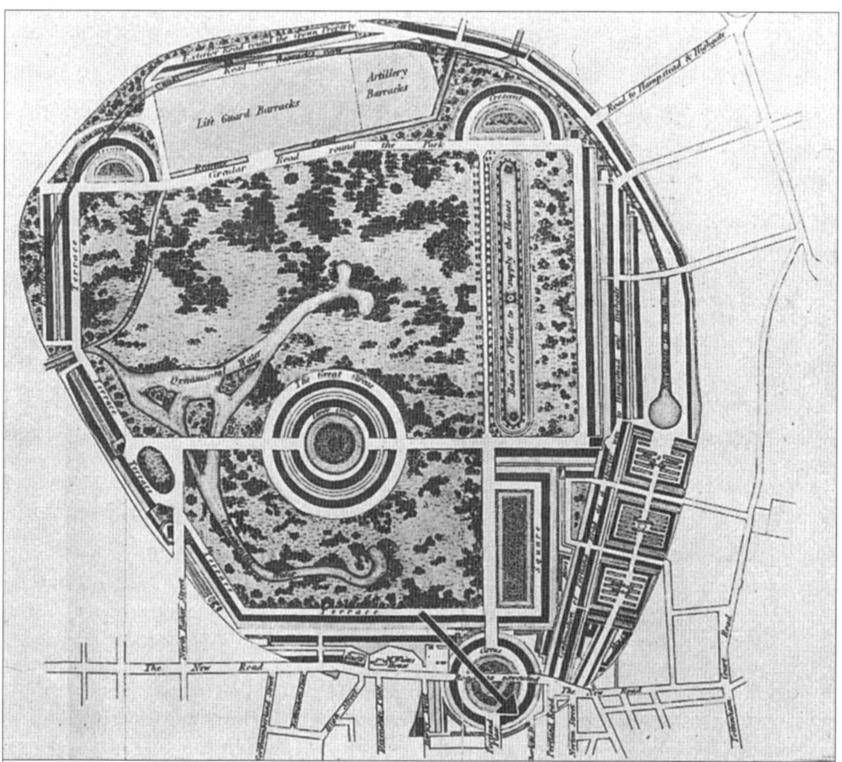

464. 존 나쉬. 레젠트 공원내에 이루어진 주택 개발 계획, 1812. 계획된 대로 실행되지 못한 이 평면은 개방 공간내에 세워진 대규모 건물 단지의 자유로운 구성을 보여주는 하나의 에세이라 할 수 있다. 이 평면은 런던 광장의 사례대신 베르사이유 궁전에서 시작되어 바스 크레센트나 몇몇 영국 도시의 배치를 거쳐 오늘날까지 계속되는 경향을 따르고 있다.

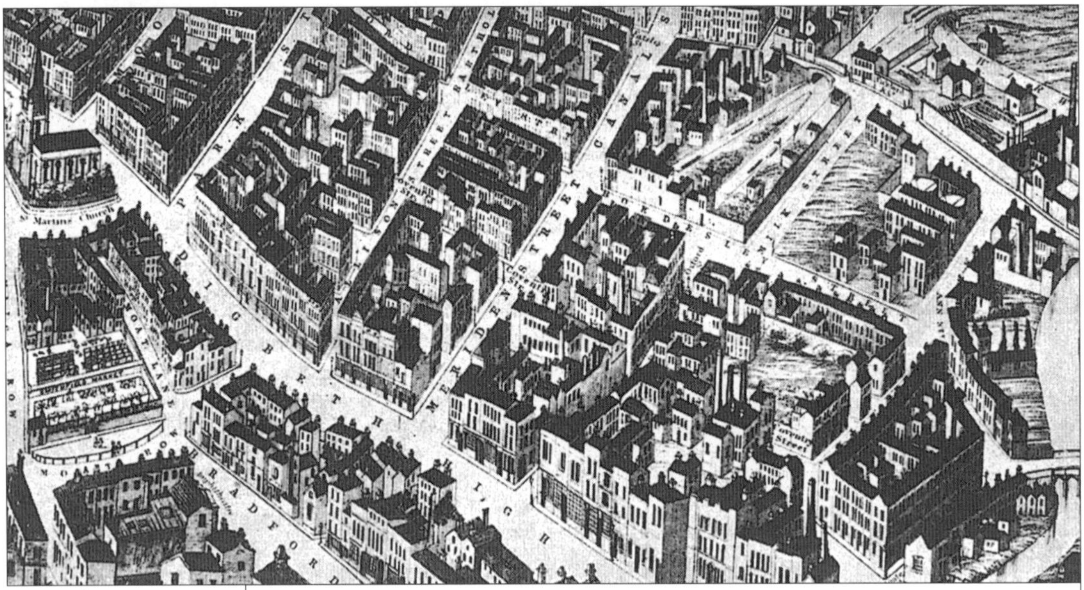

465. 버밍햄의 모습, 1850. 19세기 초반 산업화의 극심한 영향을 견뎌야 했던 도시들이 겪었던 양상들이 이 블룸스버리 광장에는 전혀 나타나 있지 않다. 산업화가 도시 형태에 가한 파괴적인 영향은 블룸스버리를 공중에서 바라볼 때에만 관찰된다. 주거지역과 공업지역은 혼잡스럽게 섞여 있으며 뒷마당은 굴뚝과 공장 때문에 숨막히는 공간이 되어 버렸다.

의 의견이 흩어지지 않도록 하나의 통제기관이 유지될 필요가 있다는 것을 알게 되었다. 그러나, 이러한 통제 기관 역시 도시계획에 관한 능력을 가져야 한다는 것 또한 그 기관의 유지만큼이나 중요할 것이다. 20세기에 이르러 거대한 주거블록이나 상업 블록이 아름다운 후기 바로크 광장(예를 들어, 버클리 광장)에 침투하여 모든 것을 파괴시키고 있다. 상업 블록만이 범죄자는 아니다. 런던 대학은 계속해서 런던의 가장 귀한 지역을 훼손하여 볼품없는 지역으로 만들고 있다. 런던은 유럽 대륙과 미국의 영향에 의해 블룸스버리를 만들 정도의 규모감을 점점 상실하고 있는 듯하다.

주

1. W. R. Davidge, "The Planning of London", Journal of the Royal Institute of British Architects, 1934, 3월 10일, 1934, p. 443.
2. 런던 금융가들에 의해 보내진 정찰자는 모든 웰링턴의 군사 작전에 항상 뒤따라 다녔으며, 전서구를 이용해서 중요한 모든 사실을 보고했다고 한다.
3. John Summerson, John Nash, Architect to george IV(London, 1935), p. 113.
4. Summerson은 이 거대한 2중의 원이 완전히 Nash의 독창적인 생각이 아니라는 것을 발견했다. 그는 1794년의 한 계획안에서 "명확히 Nash 계획의 원형이었던것"을 발견했다. (Journal of the Royal Institute of British Architects, vol. XLVI, 3월 6일, 1939, pp. 444~445). 이것은 무명의 건축가의 작품이었다. 이 사실은 도시계획이 오늘날에 있어 산업 설계처럼 누구에게나 손이 닿을 수 있는 거리에 있음을 나타내고 있다. Summerson은 이 거대한 2중의 원이 완전히 Nash의 독창적인 생각이 아니라는 것을 발견했다. 그는 1794년의 한 계획안에서 "명확히 Nash의 계획의 원형이었던것"을 발견했다. (Journal of the Royal Institute of British Architects, vol. XLVI, 3월 6일, 1939, pp. 444~445). 이것은 무명의 건축가의 작품이었다. 이 사실은 도시계획이 오늘날에 있어 산업 설계처럼 누구에게나 손이 닿을 수 있는 거리에 있음을 나타내고 있다.
5. Nash의 계획에서 주요 출입구는 현재에도 그렇듯이 공원의 남쪽에 있다. 그것은 원형의 형태를 가지고 있으며 Portland Place에서도 이같은 형태가 쓰였다. 그러나 단지 남쪽의 절반인 Park Crescent(1812~1819)가 완성되었을 뿐이다.

가로가 지배적인 것이 되다: 파리의 개조계획, 1853~68
The Street becomes Dominent: The Transformation of Paris, 1853~68

런던의 광장들은 철도보다 앞서 건설되었다. 한편, 파리의 개조계획은 철도시대가 한참 유행이던 시기에 발생했다. 런던의 광장들은 혼잡한 통과교통 도로를 제거하고 사람이 살아가는데 필요한 것을 담으려는 의도에서 설계되었다. 그래서 이 당시, 파리보다 세 배나 규모가 큰 런던의 교통은 블룸스버리 지역과 거리를 둔 상태에서 순환하고 있으며 많은 다른 도시의 교통도 이와 유사했다. 주거지는 교통노선과 체계적으로 분리되어 있었기 때문에 손상되지 않았다.

나폴레옹 3세 때의 파리의 상황은 아주 달랐다. 한 가지 요소가 나머지 모든 것을 지배했다. 그것은 바로 끝없이 뻗어나가는 "포탄 대로"라고 불리는 가로였다. 19세기 후반의 대도시, 즉 산업 시대의 거대도시는 1850년에서 1870년 사이의 파리의 전형적인 모습이었다. 이 시대의 어떤 도시에서도 산업 발전에 따른 변화가 이와 같은 추진력으로 진행된 곳은 없었다.

19세기 전반의 파리
Paris in the First Half of the Nineteenth Century

파리의 커다란 지도가 상 클로드에 있는 나폴레옹 3세의 서재 벽에 걸려 있다. 그 자신의 손으로(오스망은 "그 자신의 위엄 있는 손으로"라고 말하는 걸 좋아하지만) 파리를 개조하려는 계획에 직접 관여했다. 여기서 제안된 변화되어야 할 것들은 빨간색, 파란색, 녹색으로 표시되었다. 그 순서는 녹색에서 빨간색으로 갈수록 더 시급한 일이었다. 녹색으로 된 부분은 대부분이 실행되지 못했다. 740쪽 02줄 Fifth Edition

원본과 한 장의 사본을 뺀 나머지 사본은 불에 타버렸다. 남아 있는 한 장의 사본은 프랑스 역사가에 의해 베를린 성(城)의 서고에서 발견되었다.▼1 이 사본은 프러시아 군주가 1867년에 열린 파리 대박람회(제 2 제정 시대의 절정기에 개최됨)에 방문했을 때 증정받은 것이다. 이 사본은 원본과 동일하지 않다. 그 사본에는 몇몇 공사(예를 들어, 리볼리 가의 확장공사)는 이미 실현된 것처럼 그려져 있지만(**도판. 466**), 17년이라는 짧은 기간 동안에 응집된 광대한 도시계획의 아이디어를 잘 보여주고 있다.

얼핏 보면, 도시 중심부에 밀집된 채 뒤죽박죽 되어 있는 주택들 사이를 십자 형태

로 가로지르는 두꺼운 선들은 도시계획을 위한 것 뿐만 아니라, 방어가 어려운 지형을 위한 참호 형식의 방어체계를 나타내는 것임을 알 수 있다. 사실은 내부의 적을 염두에 두고 세워진 방어체계라 할 수 있다. 프랑스의 한 권위자에 따르면,▼2 1827년과 1852년 사이의 25년 동안 중요한 사건이 일어날 때 마다(아홉번) 파리의 가로와 골목길에 급조된 바리케이드가 등장했다고 한다. 이 때문에 과감한 치료법이 필요했으며, 넓고 중단없는 가로들은 초기 폭동을 진압하는데 필요했던 것이다.

그러나 역사는 이성적 계획에 의하여 직선으로 발전하지 않기 때문에 이러한 제 2 제정 시대의 가로나 대로는 방어상 효과적이지 못했다. 나폴레옹을 쓰러뜨렸던 적들은 그의 수도 내부가 아닌 다른 곳에서 들어왔던 것이다.

742쪽 03줄 Fifth Edition

대도시의 급속한 성장(도시의 증가와 인구의 폭발적 증가)은 19세기 도시화의 두드러진 특징이다. 이러한 성장의 대부분은 19세기 후반에 일어났다. 19세기 후반은 새로운 상태를 충족시키기 위해 생활을 어떤 방식으로 조직해야 할 것인지에 대한 대안이 분명하지 않았던 시기였다. 이러한 급속한 성장속도와 불확실성은 그 다음 시대의 도시계획가들이 직면한 가장 어려운 과제였다. 우리는 이미 19세기 중엽의 도시계획에 분명하게 나타나고 있는 사회적 무질서는 그 시대의 감정과 사고방식의 분리와 관계가 있다고 언급한 바 있다.

도시의 수와 인구의 증가, 그리고 산업의 확장 등은 서로 얽혀있는 현상이다. 런던이 19세기에 대도시로 발전한 현상은 파리보다 약 반 세기 앞서며, 영국의 산업화와 프랑스의 산업화 역시 반 세기의 차이가 있다.

프랑스 혁명의 결과로 파리 인구는 십만명 정도 감소하였다. 그러나, 이 최초의 감소 이후에, 인구는 1801년과 1808년 사이에 50만에서 100만 이상으로 두 배가 늘었다. 루이 필리페가 지배하던 18년 동안, 단 4,150만 프랑이 파리 가로 계획에 쓰여졌다. 이것은 평균적으로 1년에 50만 달러 이하의 비용을 사용했다는 것이다. 같은 기간이라 할 수 있는 1831년에서 1848년 사이의 18년 동안 인구는 75만에서 100만 이상으로 증가하였다.

루이 필리페 치하에서 지사로 재직했던 렘부토 백작의 방침은 파리 시민들에게 "물과 공기와 녹음"을 주는 것이었다. 그의 노력이 완벽하게 성공했다고는 말할 수 없다. 왜냐하면 그 노력의 결과로 2만명이나 되는 물 운반인들이 파리의 거리를 돌아

←
466. 나폴레옹 3세가 제작한 파리 지도. 황제 자신이 직접 고안한 파리 재건 계획안.

다니고 있었으며, 그들은 물을 공급하기 위해 센강에 의존하고 있었기 때문이다. 일반적으로 이 불로뉴 귀족의 업적은 그렇게 높은 평가를 받지 못하고 있다. 프랑스 역사가들은 그를 예비 현금 보유액을 초과할 우려가 있는 일은 결코 하지 않는 소시민적인 태도 일관한 인물로 생각하고 있다.▼3 한편 영국의 한 권위자는 그를 오스망의 선구자, 즉 근대 파리의 건설자로서 오스망에 앞서 활동했던 사람으로 평가하기도 한다.▼4

Fifth Edition 742쪽 30줄

렘부토(처음에는 나폴레옹 1세 시대 치하에서 지사를 했다.)는 분명 온후한 사람이었다. 재치 있고 생각이 깊고 사회적 양심을 가지고 있으며, 그의 주변 사람들을 아꼈던 인물로서, 자연에 대한 사랑은 각별했다. 나폴레옹 1세하에서 스위스 발레 현(縣)의 지사였던 그는 불로뉴의 주조용 포도나무를 이 지역의 계곡에 들여왔으며, 포도나무에 대한 교환으로 불로뉴 지방에 발레 현의 소나무를 기증하였다. 센 현에서 지사로 재임한 15년 동안(7월 군주정권의 몰락과 함께 그의 임기도 끝났다.)그는 생 데니 대로(大路)와 누벨 대로(大路)의 노면을 평평하게 깎고 포장하였다. 그리고 이 대로변에 수목을 심어 현재의 경관을 갖게 하였다.

렘부토는 불행한 사람들인 죄수, 병자, 정신병자, 가난한 사람들을 위한 시설을 더욱 인간적인 곳으로 만들기 위해 꾸준히 노력했다. 그의 이름은 모범 감옥인 마짜, 라리보와지에 병원, 살페트리에 등과 연관이 있다. 살페트리에서 정신병자를 다루는 야만적인 방법과 기구들은 그의 노력에 의해서 변했다. 그는 운동장을 만들고, 광장과 공원에 공공 벤치를 설치하였다. 그 이전에는 광장과 공원에는 단지 임대용 의자만이 있었을 뿐이었다.

간단히 말해, 렘부토는 결코 터무니 없는 사람도 아니었으며, 그렇다고 근대 파리를 만든 사람도 아니었다. 오스망이 제 2 제정을 상징하는 인물이듯이, 그는 7월 군주정권을 상징하는 전형적인 인물이었다. 웅장한 규모의 업적을 달성하려면, 그러한 업적에 매달리고 그 수행을 위한 수단을 제공할 수 있는 정권하에서만 가능한 것이다. 오스망이 루이 필리페의 아래에 있었다면 그는 평생 지방의 지사로 남아 있었을 것이며, 그의 재능을 표출할 수 있는 어떤 탈출구도 발견하지 못했을 것이다.

유겐 오스망의 "3가지 계획"

The "Trois Réseaux of Eugéne Haussmann

여러 시대에 걸쳐, 여러 분야의 **유럽중심지**는 **파리**였다. 모든 시대의 주도적 정신은 상떼 샤펠에서 리볼리 가(街)에 이르기까지 기념비적인 건축물에서 구체화되었다. 그러나 이러한 훌륭한 유산들도 완전히 무질서한 파리의 중앙에 위치했으며, 각각의 기념비적인 건축물도 혼잡한 도로에 의해서 둘러싸여져 고립되어 있었다. 나폴레옹 3세 집권 하에서 센 현의 지사를 지낸 유겐 오스망(1809~91)의 정력적인 노력에 의해 이러한 상황은 완전히 바뀌었다. 그의 염원은 파리의 장대한 전통에 훌륭한 구조를 제공하는 것이었다. 동시에 파리를 산업시대에 적응하는 최초의 대도시로 만들고자 했다.

우리는 이미 나폴레옹 3세가 오스망을 등용하기 앞에 파리 개조의 윤곽을 결정했다는 사실을 언급했었다. 그는 자신의 계획안 중 몇 가지를 실제로 실행하기 시작했다. 실행된 계획안은 리볼리 가의 확장과 스트라스부르그 대로(시작점인 동문은 당시 한창 건축되고 있었다.), 보와 드 불로뉴의 준비작업, 그랑 홀(1830년대말 이후, 이러한 건축물에 대한 요구가 있었다.) 등을 들 수 있다.▼5

그러나, 나폴레옹은 이러한 기획에 성공하지 못했다. 예를 들면, 그는 런던의 하이드 파크처럼 강이 보와 드 불로뉴를 통과하여 흐르도록 하려 했다. 오스망이 그 장소에 도착했을 때, 나폴레옹 부친의 소유지에서 일하던 정원사겸 풍경화가의 지시로 이 새로운 강의 아랫 부분이 이미 파헤쳐지고 있었다. 오스망은 강물이 어느 한 부분에서는 위로 흘러야 한다는 것을 발견했다. 그 늙은 정원사는 "실수를 한게로구만, 그게 아니라면 수평고르기를 잊은거구."라고 말했다.▼6 그래서 계획된 강을 두 개의 높이가 다른 호수로 대체할 수밖에 없었다. 리볼리 가의 확장계획 측량에 있어서도 위의 비슷하게 기초적 법칙이 무시되었고, 그 결과 나중에 심각한 문제에 봉착하게 되었다. 대규모 시장의 출현은 무척 고무적이었다. 우리는 이미 최초의 석조 파빌리온이 파괴되어야 했던 이유에 대해 언급했었다.

744쪽 21줄 Fifth Edition

나폴레옹 3세는 이러한 문제와 관련하여 정치분야에서 했던 것과 비슷하게 행동하였다. 그는 거대한 계획을 구상했지만, 심각한 문제가 발생하면 언제나 양보를 하여 최초의 방침을 바꾸려 했다. 기존 방침을 가장 헐 값에 팔아버리는 이같은 시도는 시작부터 그의 정권 기반을 침식했다. 그는 사태가 원만할 때는 오스망이 파리를 이끄는 것을 허용했지만, 오스망이 정치적 폭풍의 중심이 되는 순간은 모든 면에서 그를 배제했다. **오스망의 정력과 결단**이 없었다면, 파리의 개조는 결코 17년이라는 짧은 기간 동안에 완성될 수 없었을 것이다.

1853년과 1869년 사이에 오스망은 "특별지출"로 25억 프랑을 썼다. 이것은 루이 필리페 치하에서 사용된 돈보다 40배나 많았다. 그 비용의 대부분(거의 15억 프랑)은 밀집된 주거지를 통과하여 새로운 가로를 건설하는 계획에 따라 행해진 가로의 건설과 해체에 너무 쉽게 지출되었다. 오스망시대의 파리는 19세기의 완전히 변화된 조건에 적응하는 도시였다.(**도판. 467**)

Fifth Edition 745쪽 20줄

그의 계획 이면에 있는 근본적인 목적(그가 임기를 시작할 때 시의회에 통보했던 것처럼)은 시가전에 대한 두려움에 의해 큰 영향을 받았다.▼7 첫 폭동은 그의 취임 직전인 1852년에 발생하였다.

이러한 목적의 첫 번째는 "거대한 건축물과 궁전, 병영 등이 눈을 더욱 즐겁게 해주고, 행사 때 접근이 더욱 쉽고, 폭동 때는 쉽게 방어를 할 수 있도록 장애물을 제거하는 것"이었다.

그 두 번째는 "전염병에 감염된 골목길과 전염병의 발원지를 체계적으로 파괴하여 파리를 건강한 도시로 개선하는 것"이었다. 파리의 중심부에는 이러한 무서운 골목길들이 무질설하게 펴져 있었다. 아트게▼8는 이러한 골목길들 중(이러한 골목길에는 낭만파 시인인, 제라르 드 네르발이 목을 매 자살했던 곳도 있다.) 상당수를 사진으로 촬영했다. 오스망은 결코 이러한 지역을 깨끗이 하는데 성공하지 못했고, 파리의 중심부는 여전히 불량한 상태로 남아 있었다.

그 세 번째는 "공기와 빛, 그리고 군대의 순환을 가능하게 해줄 거대한 대로를 만

467. 오스망의 파리 재건 계획. 알팡이 제작한 지도.

들어 공공의 평화를 보장하는 것이다. 이러한 독창적인 조합을 통해 많은 사람들의 평화가 개선되고, 폭동의 가능성은 줄어들 것이다." 이러한 견해는 제 2제정이 넓은 가로를 건축하기 위해 그렇게 애썼던 것에서 분명하게 나타나고 있다.

오스망의 네 번째 원칙은 "관통 도로를 건축하여 철도역과의 연계를 쉽게 하는 것이다. 이러한 관통 도로는 여행자들로 하여금 상업 중심지와 위락 중심지를 직선으로 갈 수 있게 하여 지체와 혼잡, 사고등을 막아 줄 것이다." 여기에서 교통 문제는 중요한 고려사항이었다.

746쪽 14줄 Fifth Edition

오스망의 계획은 세 부분(그 자신의 용어를 빌리자면, 세 가지 계획)으로 나뉘어 실시되었다. 이 세 개의 계획은 지형학적 단위로 구성된 것이 아니다. "제 1", "제 2", "제 3"이라고 구분한 것은 재정지원방법의 차이 때문이었다. 그래서 제 3차 계획 부분의 공사가 제 1차 혹은 제 2차 계획지역내에 속할 수 도 있으며 제 1차, 제 2차 계획이 끝나기 전에 제 3차 계획이 완료될 수도 있었던 것이다.▼9

제 1차 계획은 오스망이 취임했을 때 한참 진행 중이었다. 제 1차 계획은 리볼리 가의 연장을 위한 법령(1849)에 의해 어떤 어려움없이 국가와 파리 시(市) 모두로 부터 재정지원을 받았다. 이 법령 하에서의 주요 작업은 콩코드 광장에서 바스티유까지 리볼리 가를 확장하는 것이었다. 파리에 도시를 가로지르는 동서 관통 도로를 제공한 이 공사는 1854~55년에 실행되었다.

오스망은 리볼리 가에서부터 공사를 시작하였다. 처음에는 마르상 전시관에 이르는 먼 곳에서부터, 그 다음에는 루브르 궁에 이르는 곳까지 해체와 건설을 조금씩 진행했다. 57개의 주택들을 해체하고, 그 다음에는 20개 이상의 주택들을, 그 다음에는 172개의 주택들(리볼리 가의 양편에 위치한 로열 궁과 루브르 궁을 깨끗하게 하기 위해)을 제거했다. 이러한 관계하에 근처에 건설된 완전히 새로운 시장(市場)을 생각해보면, 새로운 거리가 아니라 새로운 지구가 조직되었다고 말할 수 있을 것이다.▼10

리볼리 가는 모든 파리 폭동의 시작점인 시청사로 이어져 있다. 시청사의 전면에 있는 혼잡한 좁은 가로들은 깨끗이 제거되었다. 그 자리에는 샤뜨레 광장(**도판. 469**)이 건설되었고 곧 이어 세바스토폴대로와 연결되었다(1858).

제 1차 계획은 불로뉴 공원을 상류사회를 위한 레크레이션 장소로 개조하는 것도 포함되어 있다. 이와 관련하여 롱샹 경마장을 건축하였고 보와 드 불로뉴에 이르는 장대한 접근로인 랭 페라트리스(지금의 포쉬 대로)가 건설되었다(**도판. 471**). 오스망은 건축가가 제안한 것보다 3배나 더 큰 400 피트의 거대한 넓이로 랭 페라트리스를 건설하였다.

Fifth Edition 747쪽 30줄

제 2차 계획에서는 파리 시에서 공사비용의 대부분(4분의 3)을 책임져야 했다. 1858년, 3월 18일자의 법령은 비용이 1억 8천만 프랑을 초과하지 않고, 그 모든 작업이 10년내에 완료된다면 국가가 나머지 부분을 지불해야 한다고 되어 있다. 이러한 특별 법령은 "1억 8천만 프랑의 법령"이라고 알려져 있다.

제 2차 계획에 의해 남북 교통로는 더욱 확장되었다. 오스망은 세바스토폴 대로를 센 강을 가로질러 좌측 강뚝의 일 드 라 시떼와 라틴 콰르트와 이어지도록 건설하였다. 거기서 다시, 생 미셸 대로와 연결되었다.(**도판. 470**) 그 확장으로 인해 일 드 라 시떼는 행정 중심지로 변화되었다. 벵세네 공원(1860년, 불로뉴 공원에 대응하는 동쪽의 숲)이 노동자 계급을 위한 공원으로 바뀔 수 있었던 것은 위의 법령에 의해 재정적 지원이 가능했기 때문이었다. 이 계획의 또 하나의 공사로, 동쪽으로 연결되는 관통로를 들 수 있다. 노동자 계급 주거지를 광대한 직선의 도로와 결합시키는 계획에 따라 1858년 이후까지 계속되었고, 다른 어떤 지구에서보다도 더욱 신중하게 실행되었다. 그 계획에 의해 위험한 폭동이 일어날 마지막 가능성이 사라진 것이다. 이러한 계획의 결과로 시청은 거의 공중에 떠 있는 것처럼 보였다. 주변과 고립된 상태로 어떤 관련도 없는 상태로 변한 것이다. 나폴레옹의 병영은 시청의 안전을 위해 그 옆에 세워졌다.

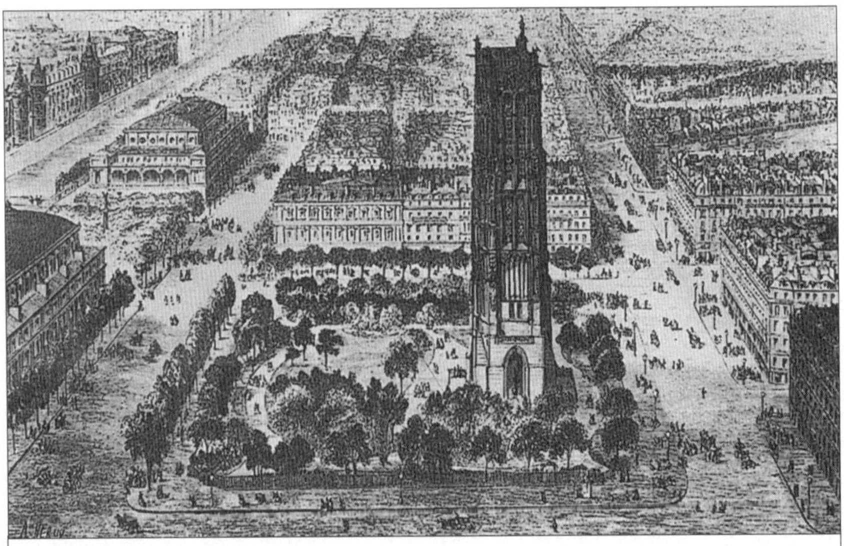

468. 투르 생 – 자크 광장, 1855. 런던의 광장들을 모방하려는 나폴레옹 3세의 노력중에 하나. 교통망의 한 가운데에 광장이 세워졌다는 것이 큰 특징이다.

마지막 단계는 1854년에 결정된 리볼리 가의 확장공사였다. 파리의 횡단 교통로는 이 확장에 의해 완성되었다. 리볼리 가는 정부가 가장 민감하게 생각하는 곳(시청과 루브르 궁)을 연결하면서, 끝없이 직선으로 뻗어나가는 최초의 가로가 되었다. 이 도로는 그 이후에 파리의 경관을 결정하는 중요한 도로가 되었다.

동서 교통로인 리볼리 가는 남북 교통로인 세바스토폴 대로와 합류하게 되었다. 세바스토폴 대로는 오스망이 나폴레옹의 스트라스보르 대로를 확장시킨 것이다. 파리의 대 교차점을 만든 이 공사는 모두 인구 밀도가 높은 지구에서 실행되었다.

749쪽 10줄 Fifth Edition

오스망은 그가 '파리의 서쪽 경계'라 불렀던 지구에 관심을 돌렸다. 강력한 저항이 있었음에도 불구하고, 말레쉐르베 대로는 마들렌느에서부터 지반을 깍아내어 만들어졌다. 이 공사에는 루이 필리페 시대에 건축된 몇 개의 호화주택의 해체계획도 포함되어 있었다. 제 2차 계획의 마지막 부분인 이 대로는 1861년 8월 14일 화려한 행렬과 행사와 더불어 개통되었다.

오스망은 이 개통식을 기회로 하여 그동안 "재산이 많은 사람들의 습관"을 방해하기 시작한 것과 관련하여 그에게 쏟아진 많은 불평에 대한 해명을 할 수 있게 되었다. 그는 다소 신랄하게 상인, 상점주인, 노동자들도 많은 인내심을 가지고 세바스토폴 대로의 건설작업에 필요한 "매우 불리한 철거"를 당하고 있다고 말했다.

제 2차 계획은 파리 시에 주변 일부 교외지역을 통합하는 1859년 6월 16일자 법령

469. 샤틀레지역.

선포가 중요한 전기(轉機)로 작용했다. 이렇게 하여 파리의 전체 영역이 절반이상 증가하게 되었다. 통합은 파리시의 미래를 위해서 필수적인 것이었지만, 이로 인해 오스망은 즉각적인 예상을 할 수 없게 되었을 뿐만 아니라 더 광범위한 작업을 수행해야하는 상황에 처하게 되었다. 파리 교외의 18개 지구공동체 사회는 그들의 혼란스러운 건물 집합체들과 소홀히 다루어진 가로망 체계화 함께 통합되어야 했다. 엄청난 추가 비용은 피할 수 없었다. 1억 6천만 프랑의 예산 초과가 있었다. 한편, 나폴레옹과 오스망은 단순한 통합에만 그치지 않았다. 그 당시, 이와관련한 특별한 언급은 없었지만, 오스망은 어떤 지구 계획개념을 가지고 있었던 것 같았다. 그의 회고록에 따르면, 전체 셍네토와즈 현(縣)을 단일 지구 단위로 처리하고 싶어했다. 이렇게 함으로써 외부의 작은 지구공동체 사회에 대한 통제를 확실히 하고, 더 나아가 거대한 도시의 발전 과정에 대한 통제를 확고히 하려 한 것이다.

Fifth Edition 750쪽 21줄

녹지대는 성채의 선을 따라 파리 주위의 모든 곳에 설치될 예정이었다. 1859년 6월, 황제에 의해 채택된 이 계획은 성채 너머에 있는 250미터 넓이의 땅과 성채에 딸린 부지를 이용하는 것이었다. 그 부지는 군사상의 제한을 받고 있었기 때문에 토지가가 매우 낮았다. 황제는 이러한 땅을 대로(大路)로 바꾸어 새로운 교외의 시민과 인접한 지구공동체 사회의 시민들에게 산책로가 있는 "광대한 초목"을 제공하고 싶어했다. 이 녹지대는 동쪽과 서쪽에 있는 두 개의 대공원인 불로뉴 공원과 벵셍네 공원을 연결하여 파리 시를 완전히 에워싸는 형태를 보여줄 것이다.

그러나 나폴레옹이 이탈리아 전투 최전선으로 떠나자, 참사원(慘事院)은 그의 계

470. 생 - 미셸 대로, 1869.

획을 좌절시킬 기회를 얻게 되었다. 모든 근시안적 정치가들과는 화해할 수 없는 적이었던 오스망은 그때 상황을 다음과 같이 말하고 있다. "파리 중산층이나 갖는 좁고 편협한 생각으로 가득찬 한 부르조아(참사원 의장인 바로쉬)가 우리의 위대한 작업에 반대를 했고," 전체 계획안을 좌절시켰다.▼11

751쪽 18줄 Fifth Edition

파리는 결코 녹지대를 갖지 못했다. 이탈리아에서 돌아온 후, 나폴레옹은 이런 근시안적 조치를 고칠 기회를 얻고 했지만, 결국 그 기회는 오지 않았다. 이 지구의 공원이 완성되었더라면 7, 8층짜리 임대주택군의 건설은 방지할 수 있었을 것이다. 이런 거대한 건물들(사실상 광대한 슬럼에 해당됨)은 파리 재 계획과 관련하여 원래의 성채보다 더 방해가 되었다.

제 3차 계획은 완전히 파리 시에 의해 지원되어야 했다. 대의원들은 파리시의 건설이나 재정지원에 관하여 더 이상 관여하지 않으려 했다. 오스망은 고립되었다. 오스망은 이러한 작업의 재정적인 지원을 위해 신용 대부 기구를 혼자힘으로 조작할 수 밖에 없었다. 이러한 그의 활동은 그를 실각시키려한 의원들의 빌미가 되었다. 제 3차 계획의 전체 비용은 그가 자리를 사임하는 시점까지 완전하게 조달되지 못했다.

오스망의 17년 동안의 계획을 위해 보편적인 지출액을 초과하는 8억 프랑 정도가 소요되었다. 그 총 비용은 새로운 세목(稅目)에 의한 것도 아니며, 기존 세금을 올려서 조달된 것도 아니었다.

그러면 파리는 하루 하루 더욱 번영하고 있었던 것인가? 파리의 인구는 아주 무서

471. 랭페라트리 거리(현재의 포쉬 거리), 1862. 오스망은 불로뉴 대로로 향하는 접근로를 400피트에 달하는 폭으로 해야 된다고 주장했다. 건축가가 원래 제안한 폭은 이것의 1/3에 불과했다.

운 속도로 성장했다. 거의 20년만에 인구가 두 배로 늘었다. 실제로 걷어들인 세금 외에도 5, 6억 프랑의 추가 세금이 더 징수된 것이다. 공사 비용은 파리시의 세입증가에 의한 연간 배당금으로 지불될 수도 있었다. 즉 시간 이외에는 어떤 것도 이 계획에 영향을 미치는 것은 없었다.

2개의 공원(남쪽의 몽수리 공원과 북쪽의 뷔트 - 쇼몽 공원)은 제 3차 계획에 의해 건설되었다. 두 공원은 쓸모가 없이 버려진 지구을 변화시킨 것이다. 뷔트 - 쇼몽공원은 버려진 채석장이었지만 인기 있는 공원이 되었다.

교외는 더 많은 가로를 필요로 했다. 파리로 통하는 가로가 확장되었고 새로운 교차 도로가 만들어졌다. 이런 식으로, 교외에 대한 예산은 예산평가액의 두 배로 증가하였다.

오스망은 마치 그가 소비할 시간이 없다는 것을 알고 있는 것처럼 빠르게 파리 개발을 추진하였다. 서쪽에는 새로운 도시계획을 위한 들판이 있었다. 오래된 통행세

472. 리샤르 - 르노와르 대로, 1861~63. 오래된 운하를 덮으려는 오스망의 계획. 비록 그림으로만 존재하는 것이지만, 규칙적이며 끝없이 펼쳐진 도로면 이면에는 엄청난 무질서가 도사리고 있다.

관문이 파리시의 서쪽 끝에 자리잡고 있었다. 그 너머로 전원이 펼쳐져 있다. 샹젤리제 지구는 통행세 관문에 이어져 있다. 통행세 관문 뒤에 있는 원형의 네 거리 광장 안에 에트왈의 승리의 아치가 서있다. 1830년대 이래로 지금까지 샹젤리제는 나름대로 능력있다고 생각하는 모든 파리장들이 거닐고 싶어하는 장소이다.

오스망은 이 지구 내에서 자유롭게 작업할 수 있었다. 에트왈 광장에서부터 이어지는 12개의 가로를 위한 공지가 있었다. 여기서 건물의 철거는 필요하지 않았다. 그의 적들은 이러한 가로들이 전원으로 이어져 있어서 농사지역인 파시를 해치고 있다고 비난하였다. 그러나 다시 한 번 오스망의 예견이 증명되었다. 1900년대의 파리가 바로 이 지역에 들어선 것이다.

파리를 관통하는 각종 거리를 상호 연결시키는 계획은 오스망의 생각을 사로잡았다. 그래서 그는 여행자들이 북쪽과 동쪽의 철도역에서 도시의 중심부인 오페라와 그랑 대로로 갈 수 있도록 라파예트 가를 5 킬로미터의 길이로 확장해야 한다고 주장했다. 753쪽 34줄 Fifth Edition

지금은 오페라 가와 나폴레옹 가가 오스망의 도시계획에 있어서 대표작으로 손꼽히고 있다. 그 자체로도 화려한 가로이지만, 그 외에도 몇몇 주요한 간선도로 사이의 연결로의 기능도 하고 있다. 이러한 가로를 통해 리볼리 가와 센 강의 반대쪽 제방은 그랑 대로(大路)와 파리의 북쪽지역과 직접 연결된다.

오스망의 계획 중에 동시대의 사람들이 가장 나쁘게 생각한 것은 이와 같은 비교적 짧은 가로들이었다. 그들이 보기에, 그것은 단지 프랑세 극장과 오페라 하우스를 연결하는 기능밖에는 없는 것처럼 보였다. 그리고 누가 같은 날 저녁에 두 곳에 참석하고 싶어하겠는가? 그러나, 현실은 이 가로가 없었더라면 파리에서 20세기의 순환교통로는 불가능했을 것이다.**(도판. 473)**

오스망은 그 도로의 시작과 끝 부분만을 건설했을 뿐이다. 도로의 시작과 끝부분 사이에는 그 이후 오랜 세월동안 정리되지 않았던 가로망들이 들어섰다. 1879년, 오페라 가(街) 전체가 교통로로만 이용되도록 개통되었다. 이것은 오스망이 공직을 떠난 지 오랜 세월이 지난 후인 제 3공화정 시대에 일어났다.

만약 우리가 오스망이 철저하게 신봉했던 제 2제정과 그 자신에 걸맞는 특별한 기

473. 오페라 거리. 오페라에서 루브르와 리볼리 가사이. 엄청난 반대에도 불구하고 수행된 오스망의 대작. 나중에 가서 이 도로가 교통망으로 사용될 것이라고 예측한 사람은 거의 없었다.

념비적 건축물을 선택한다면, 그것은 바로 이 가로와 오페라 하우스가 될 것이다. 오페라 하우스의 웅장한 계단실은 본래 목적에 도움이 된 것도 아니었고, 오이겐 황후를 따라다니는 수행원들을 위한 배경이 된 것도 아니었다. 제 2제정의 절정기인 1861년에 설계된 오페라 하우스는 1875년이 되어서야 완공되었다. 그럼에도 불구하고, 그것은 제 2제정의 일시적인 영광을 가장 순순하게 표현한 건축물로 남아 있다.

광장, 대로, 정원, 식물
Squares, Boulevards, Gardens, and Plants

754쪽 30줄 Fifth Edition

우리는 17세기 이후의 건물군과 자연과의 상호관계에 대해 언급했고, 18세기 이후의 광장과 녹지와의 상호관계에 대해서도 언급했다. 파리의 개조계획과 관련하여, 여러 가지 다른 질문들이 전면에 등장하는 것도 사실이지만, 광대한 아스팔트와 석조건물의 땅으로 변하는 도시를 구하려한 위대한 노력을 간과해서는 안 된다. 이러한 업적을 논함에 있어서, 정원이 딸린 광장 계획과 오래된 공원과 새로운 공원들, 그리고 유원지 등을 구별할 필요가 있다.

런던에서 망명자로서 은신 생활을 했던 루이 나폴레옹은 영국의 광장과 공원에 큰 감명을 받았다. 그가 권좌에 올랐을 때, 파리에도 이와 비슷한 열린 녹지 공간(나무와 관목이 심어진 거대하고 낭만적인 공원과 광장)을 만들고 싶었다. 이와 같은 공원과 광장은 파리에 잘 알려져 있지 않았다. 또한, 도시계획의 관점에서, 파리의 광장은 한 가지 중요한 점에서 런던의 광장과 달랐다. 런던의 광장은 교통과 고립되어 있지만, 파리의 광장들은 단지 가로의 확장에 불과한 정도였다. 예를 들어, 아르 에 메띠에르 광장은 투르 생 자크 주변을 둘러싸는 세바스토폴 대로를 확장한 것에 불과하다.(도판. 468) 주택들은 이들 가로를 따라 직선으로 연속해서 배치되어 있으며, 그 배치결과 보도나 차도를 위한 자유공간이 없다.▼[12] 런던과는 달리 이러한 광장들에서 파생된 소공원은 소음과 교통의 분진 한가운데에 자리잡을 수밖에 없었다.

그 직후, 수년간의 도시계획의 혁신에서 교통의 한가운데에 녹지를 가진 광장을 배치하는 수법만큼 널리 모방된 것은 없었다. 특히 그것들이 일반대중에게 개방되어 있다는 사실은 사람들을 즐겁게 해주며 완전히 새로운 것이었다. 영국의 조경 원예학자이자, 영국 조경 원예학에 큰 영향을 미친 저서를 남긴 로빈슨은 오스망의 작업에 대한 당시의 반응을 이렇게 표현하고 있다. "방문객들은 광장의 신선함과 그 완전한 유지상태에 충격을 받았고, 광장 안에서 책을 읽고 일을 하거나 놀면서 앉아 있는

474. 튈르리의 대형 계단. 임페리얼 볼, 1860.

많은 사람들을 보게 되었다." 그는 또한 대중들에게 개방된 광장의 사회적 중요성을 인식하였다. "우리가 소수의 특권층을 위한 광장을 유지하고 광장 안에 식물이 아주 적어 식물의 흔적조차 찾아볼 수 없지만, 그들은 광장을 우리의 공원처럼 개방하였고 아주 다양하고 풍부한 식물로 광장을 장식했다."▼13

Fifth Edition 757쪽 01줄

대로는 글자그대로 성채도시 성벽 위의 보도를 의미한다. 이 단어는 독일어의 'Bollwerk'에서 유래된 것이다. 파리 최초의 대로는 1670년에 루이 14세에 의해서 개통되었고 생 드니 문에서 바스티유까지 확장되었다. 이 대로는 보방이 평평하게 다진 고대 성벽에 위치하고 있으며, 산책자를 위한 정원처럼 잘 정돈된 보도였으며 대량의 교통을 위한 도로로 건설된 오스망의 대로와는 달랐다.

"파리가 지금은 모든 도시들 중에 가장 우아하며, 가장 공기가 좋고, 가장 아름다운 도시가 아니라 하더라도, 장래에는 그런 도시가 될 저력을 충분히 가지고 있다. 파리의 아름다움은 그 대부분이 정원과 나무에서 비롯된다." 이것이 화려함의 최고 정점에 달한 새로운 파리의 대로를 접한 로빈슨의 인상이다(1869). 그리고 그는 계속 말을 이었다. "산니가 미나리아재비(buttercup)에 의해 돋보이듯이, 건물을 눈에 띄

475. 완전히 자란 나무를 옮겨 심는데 사용되는 나무 뽑아내는 기계. 이러한 장치를 사용해서 하룻밤사이에 32년생 나무들이 가로에 옮겨심었다.

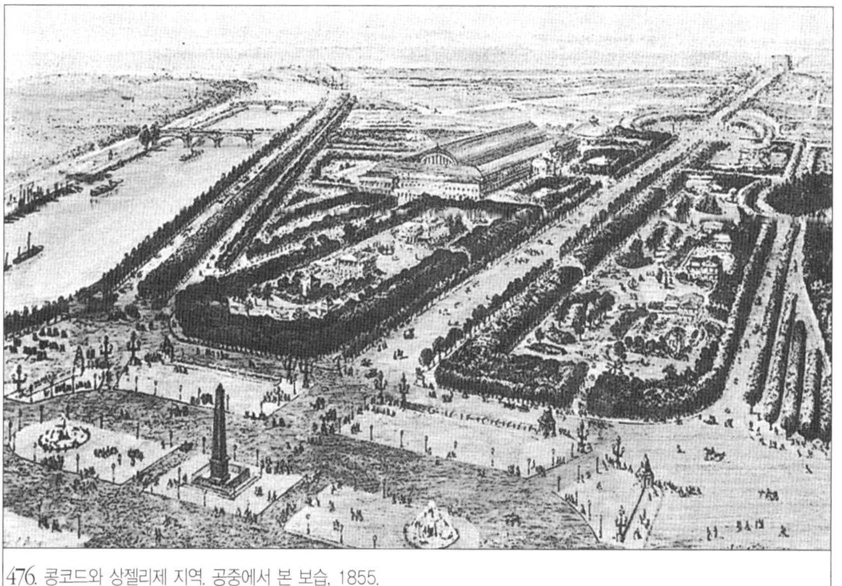

476. 콩코드와 상젤리제 지역. 공중에서 본 모습, 1855.

477. 내한성의 아열대 식물: 비간디아. 거대한 잎을 가진 인상적인 이 식물은 알팡이가 들여 온 것으로 넓은 간격을 두고 심어져 있다.

게 하고 건물 주위에 나있는 잘 정비되어 길게 늘어서있는 나무들의 도움으로 대로가 부드럽고 활력이 넘치지 않는다면 하얀 돌로 만들어진 새로운 대로는 어떻게 되었을까?… 파리에서 볼 수 있는 공공을 위한 원예학은 우리가 갖지 못했던 중요성을 가지고 있다. 그것은 가로 건설자들에게 나무를 심도록 만들고, 작은 정원을 최고로 멋있고 예쁜 정원으로 만들어 극빈한 노동자들에게도 초목의 모든 매력을 선사하고 있다."▼14

이러한 대로의 건설속도는 놀랄만한 것이었다. 그것들은 단지 하룻밤 사이에 건설된 것처럼 느껴졌다. 30년된 나무의 나뭇잎들이 풍성하게 매달린 채 거대한 대로를 따라 늘어서있다. 실제로, "정원사나 도시 건축가들은 불과 몇날 사이에 그늘을 드리우는 가로를 만들라는 요구를 받기도 했다."▼15 그들은 그들 자신이 발명한 수목기중기를 사용하여 이 특별한 임무를 완성할 수 있었다. 이 수목기중기는 2륜 짐수레를 이용한 것으로서, 단순하고 정교한 방법으로 30피트나 되는 나무를 옮겨심을 수

있었다.(**도판.** 475)

녹지를 가진 광장처럼, 도시 중심부로 이어지는 수목이 늘어선 가로들이 모든 지역으로 전파되었다. 그것들은 어떤 비전 없이 몰아가던 도시계획의 문제점들을 해결한 대표적인 사례라 할 수 있다.

조직가로서 오스망의 폭넓은 재능은 오늘날에도 그가 장대한 계획속에 대규모로 진행한 공원체 계속에 잘 나타나고 있다. 공원은 그 경계내에 작은 산과 계곡, 호수, 시내 등을 포함하고 있다. 이는 낭만적인 목적을 위해 자연을 모방한 영국의 조경 정원에서 영향을 받은 것이었다. 공원은 파리에 부족했던 신선한 공기를 주는 장소가 되었다. 공원은 산책자를 위해 설계되었다. 휴일의 노동자, 일요일의 산책자들은 영지 내에서 사색에 잠겨 산책하고 있는 영주처럼 넓은 길을 따라 신선한 공기를 마실 수 있었다. 공원의 넓은 조망과 많은 초목들은 사람들이 보고 즐기기 위해서 만든 것이다. 그리고 이전의 공공 정원에서 볼 수 없었던 식물들도 가져다 심었다.

이 결과, 원예학에서 탁월한 능력을 보여주었던 영국이 이제는 역으로 영국정원에 적합한 "새로운 유형의 식물"을 어떻게 심을 것인가를 파리로부터 배우게 되었다. 이러한 새로운 식물들은 내한성의 아열대종 식물이었다.(**도판.** 447) 이 식물들은 쟝 알팡드와 그의 협력자들이 발견했고 그들에 의해 아주 다양한 종들이 유럽으로 들어왔다. 이 식물들은 아주 크고, 튼튼하며, 빠르게 성장한다. 그 중 어떤 식물들은 10~12피트 높이까지 자란다(켄타우루스 바빌로니우스), 팜파초(지네리움 아르젠티움)와

478. 불로뉴 대로, 1853-58.

같은 식물들은 "커다란 잎사귀와 급속한 성장력"으로 유명한 식물들이다. 또한 보통의 담배나무 같은 유형(니코티아나 마크로필라)은 "성장 속도가 매우 빠르며, 비옥한 토양에서 대단히 훌륭하게 자란다."▼16 그 식물들의 커다란 잎과 장대한 풍모는 보통 식물과는 달리 대단히 먼 거리에서도 잘 보이며, 공간이 넓은 잔디밭에 심어졌을 때 특히 잘보인다.▼17

Fifth Edition 761쪽 14줄

파리의 동쪽과 서쪽에 있는 대공원인 불로뉴 공원(1853~1858, **도판. 478**)과 벵세네 공원(1857~64, **도판. 479**)은 파리 지도에서 보면 마치 두 개의 허파처럼 보인다. 만약 오스망의 생각이 정확히 실행되었다면, 이 두 개의 공원은 요새지대 주위의 넓은 녹지대에 의해 상호 연결되었을 것이다. 각 공원은 약 2,000에이커의 땅을 포함하고 있다. 재조직된 이전의 기존 공원들 이외에도, 파리 중심부의 몽소 공원과 남쪽의 매력적인 몽수리 공원, 북쪽의 노동자 계층을 위한 뷔트 - 쇼몽이 이 두 공원에 추가되어야 했다. 그 시대의 기호에 맞추기 위해, 이 공원들은 일반 대중을 위한 여가장소로서 대단히 큰 규모로 설계되었다. 산책자를 위한 공원의 다음 발전단계는 이로부터 30년 이상이나 지난 뒤에 출현한 시카고 남부의 공원같은 '운동장' 같은 계통의 공원에 이르러 겨우 완성되었다.

479. 벵세네 대로, 그라벨레 고원에서 부터, 1857-64.

기술적 문제로서의 도시
The City as a Technical Problem

오스망은 생산과 관련하여 19세기 신념의 상징으로 우뚝 서 있다.

보로미니가 작은 교회를 세우는데도 거의 30년이라는 세월이 걸렸다. 루이 14세는 프랑스 부(富)의 전부를 수중에 넣었음에도 불구하고 베르사유궁을 짓는데 일생이 걸렸다. 그러나 오스망은 단 17년만에 강한 의지와 선견지명으로 장대한 19세기의 도시를 창조한 것이다. 그 작업의 속도는 대도시를 생성한 산업적 팽창의 속도와 산업적 팽창 사업을 반영한다고 할 수 있다.

오스망은 산업시대의 도시와 연관된 문제를 해결하기 위해 처음으로 면밀하게 통합된 기술자 조직을 구성했다.▼18 그는 계획의 수행과 관련하여 기존 부서에서는 거의 협조를 받지 못했다. 그 당시는 도시계획가도 없었고 건축가도 거의 도움이 되지 못했다. 건축가들은 심지어 오스망이 계획한 규모에 적응조차 못했다. 많은 경우, 오스망은 그들이 작업한 것을 돌려보내면서 규모 확장을 주장해야 했다. 그는 제 2제정시대는 불행하게도 '새로운 시대'의 문제를 해결할 수 있는 단 한 명의 예술가도 배출하지 못했다고 체념한 듯이 말했다. 그가 행정부에 취임했을 때 거의 손을 대지 않고 그대로 둔 유일한 부서는 바로 예술원 회원이나 이름있는 직원을 가진 건축국 정도였다. 그가 안고 있는 문제는 그의 계획이 너무 기발하고 너무 광범위해서 이들이 따라갈 수 없었다는 점이다. 앙리 라브로스테가 말했듯이, 그들은 시대와 동떨어진 훈련을 받은 관계로 생각이 미치지 못했다. 현실감이 너무 없었기 때문에 설계 비용도 계산하지 못했다. "예술가로서, 그들은 비용에 관심이 없었다. 그들은 일반적으로 명세서를 검토하는데 필요한 신중하고 세밀한 주의력을 가지지 못했고 견적서를 작성하는 지식도 없었다고 말할 수 있다."▼19 견적서나 명세서 같은 것은 오스망이 이 두 목적을 위해 만든 두 개의 전문 위원회에 위임되어야 했다. 이들 건축가들은 도시계획에 포함된 새롭고 절박한 실제문제를 이해하지도 못했다. 그들은 단지 타인이 지정한 대지에 건축되는 단독 건물 정도만 설계할 수 있도록 훈련 받았을 정도였다.

오스망은 다른 분야에서 그의 조력자를 찾아야 했다. 어쨌든 그에게 있어서 건물은 단지 '생활의 장식(decor de la vie)'에 불과했다. 처음부터 그는 그 자신의 작업을 도시 공공 사업의 기술적인 문제로 간주하여 어려운 작업은 그의 가장 긴밀한 조력자인 기술자들에게 의뢰했다. 이런 사람들 대부분이 채용 당시 이름이 거의 알려지지 않은 기술자들이었다. 그러나 그의 선택은 훌륭했다. 그의 조력자들은 그와 같이 성장했고 그의 작업을 도울 수 있었다. 오스망은 욘느의 지사를 거쳐, 나중에는 보르도의 지사를 지냈다. 그는 이 남부 지역의 유능한 사람들을 알고 있었고 조력자를 이곳에서 발굴했다. 오랜 세월동안 조그만 지방도시에서 직위가 낮은 기술자로 일했던 벨그랑은 우수한 방법으로 파리의 거대한 하수도 시스템을 구축하였고, 욘느와 드위에 있는 저수지에서 물을 끌어와 역사상 처음으로 파리에 적정한 물을 공급하는 수도관이 건설된 것이다. 벨그랑은 전형적인 발명가였다. "천재"였던 그는 항상 "자기의 독창적인 계획을 여러 각도에서 수정했다."

교량과 고속도로 관련부서의 수석 기술자이자 감리 책임관으로서, "비록 그가 가장 유능한 협력자를 선정했다고 할지라도, 자기가 관심을 갖고있는 계획과 관련있는 일은 직접 처리했다." 오스망이 말했듯이, 이런 특성은 "의심할 여지없이 그가 낮은 지위에서 오랫동안 일해왔기 때문이었다."▼20

Fifth Edition 764쪽 03줄

나폴레옹의 정원사 겸 풍경화가는 불로뉴 공원에서 저지른 큰 실수로 인해 해고되었다. 오스망은 그를 대신하는 인물로 정원사이자 엔지니어인 쟝 알팡드를 채용했다. 보르도 지사 재임 시절 도로교량과의 기술자로 일하고 있던 그를 발굴한 것이다. 오스망은 그를 "예술을 이해할 줄 아는" 기술자로 인식했다. 공원 녹지부의 부장에 임명된 그는 파리에 있는 과거의 유원지를 새롭게 변화시켰다. 부로그뉴 공원과 벵세네 공원, 샹젤리제, 몽소 공원, 뷔트 - 쇼몽 공원, 몽수리 공원 등이 그 예이다. 파리에서 실현된 콩팥 모양의 보도 체계는 그의 기술력을 반영하고 있다.

오스망은 그의 표현을 빌리자면 "오른손과 왼손"을 알팡드에게 배속시켰다. 그 오른손과 왼손은 바로 다비우드와 바리에-데샹이다. 젊은 건축가인 다비우드(1878년, 트로카데로를 지은 건설자)가 보기 드물 정도의 명석한 두뇌를 가진 인물로 명성을 얻게 된 것에는 알팡드 밑에서 오랫동안 훈련을 받은 것도 중요한 작용을 했다. 바리에-데샹은 아주 훌륭한 원예가로서, 알팡드에 비해 명성은 나지 않았다.(이 점에서 1889년 대박람회 사무총장이 된 알팡드와 대조가 된다.)▼21

오스망은 이미 한 사람의 기술자와 한 사람의 조경 정원사를 발굴했지만, 파리의 구간을 관통하는 가로 노선을 계획할 수 있는 인물이 더 필요했다. 이번에 그는 파리시에 고용된 전문가들 중에서 조력자를 찾아낼 수 있었다. 그가 바로 측량 책임자인 M. 데샹이었다. 오스망은 나중에 "파리 계획은 M. 데샹에 의한 것이었다"라고 그의 공적을 찬양했나. 교외 지역이 1859년 추가로 통합될 때, 새로운 시의 부서로서 파리

계획국을 만들어 데샹을 국장에 임명했다. 데샹과 그의 부하 기술자들은 전체 계획을 위한 스탭으로서 계획 수행에 폭 넓은 책임을 지고 있었다.

이들 세 개의 국(상 · 하수도국, 공원녹지국, 파리계획국)은 오스망의 작업에 중요한 역할을 하였다. 이러한 일은 프랑스에서만 가능했던 것이었다. 그 무렵 프랑스에는 에콜 폴리테크닉에서 탁월한 이론적 배경과 함께 기술자들을 체계적으로 훈련시켰기 때문에 이러한 사람들이 배출될 수 있었던 것이다. 산업발전에 의한 변화에 적응하는 최초의 대도시 개조계획이 바로 이런 기술자들을 통해 실행된 것이다.

오스망의 근대적 재정지원 방법의 사용
Haussmann's Use of Modern Methods of Finance

765쪽 11줄 Fifth Edition

도시계획의 기술적인 측면이 체계적으로 정확하게 조직된 것은 이전에는 결코 없었다. 오스망은 신용거래와 재정지원에 대해 이와 비슷한 통제를 시도해야했다. 그러나 국회(이 점에서는 좌우양당의 의견이 일치했다.)는 그의 계획을 반대했고, 토지소유자들도 마찬가지였다(정부는 토지소유자들의 권한을 인정하겠다고 공약했었다.). 이러한 주변환경 속에서 계획을 추진하기 위해서는 오스망측에서 복잡한 재정지원과 관련하여 특별한 전문가가 필요했다. 그가 이미 완성한 작업에 의해 지가가 올랐기 때문에, 계속해서 새로운 신용대부를 통한 재원을 찾아야 했다.

이러한 활동 가운데, 오스망은 입법부에 대해 국가를 곤궁하게 하기보다는 부유하게 하는 엄청난 효과가 있는 "특별 지출"(당국이 현명한 관리를 하고 있는 한)부문을 국가의 예산부문으로 인가해야한다고 주장하면서 국회를 설득하려고 노력했다. 이것이 바로 그의 '생산적 지출 이론(theorie des depenses productives)'이다. 그의 견해는 그렇게 필요하지 않은 지출도 "세입의 전체적인 증가"로 이어진다면 정당화될 수 있다는 것이었다. 그는 계속해서 "대체로 경제적 비난에 부딪치게 되지만 '생산적 지출'은 위험 발생률이 거의 없다. 그 이유는 생산적 지출이 선택적이고, 다른 지출보다 삭감이 더 쉽기 때문이다"▼22라고 말했다.

오스망은 파리의 시청(일명 오텔 드 빌)을 통해 통치했다. 파리 시의회는 그가 말했듯이, 나폴레옹에 의해 임명되었기 때문에 "의결상의 지장"을 받지 않았다. '1억 8천만 프랑의 법령'이 1858년 제정되고 난 이후, 그는 자신의 통제하에 '파리 공공사업기금(la caisse des travaux de Paris)'을 설립하였다. 이 기금은 그의 거대한 작업을 가능하게 한 재정적 도구였다. 그러나 회계감사원이 아직도 세입과 지출에 대한 최후의 결정권을 가지고 있었다. 이 감사원의 위원들은 루이 필리페 집권 하에서 임명되었다. 1868년, 그들은 오스망이 직접 한 유가증권 은행(Crédit Mobilier)에게 대부받은 것과 관련하여 불리한 보고를 했다. 1869년 3월, 이 보고서로 인해 그의 예산 초과 지출▼23은 하원에서 회의 안건으로 다루어지기도 했다.

Fifth Edition 766쪽 16줄

오스망은 159만 프랑의 승인을 받지 않은 채무에 대해서 공공사업기금형태로 유지해 온것을 시인하였다. 그러나 곧 그런 은폐된 돈을 포기하기로 약속한다. 그리고 이러한 독단적인 관습을 버리겠다고 약속했다. 아돌프 디르의 격렬한 반대에도 불구하고, 하원은 이 일을 조정하는데 필요한 법률을 통과시켰고 상원은 110 대 1로 이 법안을 승인하였다.▼24 그러나 이 기금은 정리되어야 했다. 이는 오스망의 행동이 자유롭지 못하게 되었다는 것과 그의 몰락이 시작되고 있음을 뜻한다. 그는 그의 작업을 계속할 다른 방법을 찾을 수 있다고 생각했기 때문에 사임하지는 않았다. 그러나, 정치적 상황은 그에게 좋지 않은 쪽으로 흘렀다. 새로운 선거에서 공화당이 승리하였고, 정권을 유지하려고 노력한 황제는 '제정과 자유주의와의 조화(concilier l'empire et le libe ralisme)'를 제안한 에밀 올리버를 수상으로 임명했다.

시청의 독재자였던 오스망은 자유주의 제정의 허상을 명확히 알고 있었다. "아 그래! 의회에 의한 제정! 그것이 바로 내가 온 신념을 다해 배척한 것이지..결코 거기에 참여할 생각은 없어. 난 그것이 우리를 틀림없이 재난으로 이끌 것이라고 확신하네."▼25 나폴레옹 3세는 오스망의 사직을 받아들였고, 1870년 1월 사임했다. 같은 해 제 2 제정이 몰락했다.

그가 누구보다도 중산층 소시민 계급을 보호했음에도 불구하고, 중산층 계급은 그를 실각시켰다. 심지어 주택에 대한 보상 가격을 결정하는 토지 수용 위원회도 주택 소유자로 구성되어 있었다. 수용소 금언중의(Maxime du Camp)의 한 일화가 그 상황을 잘 설명하고 있다. 그가 어떤 신흥부자에게 어떻게 지금과 같이 부유해졌는지 물어봤을 때, 그 사람은 "나는 토지를 몰수당했어요." 라고 간단히 대답했다.

그러나, 중산층 소시민들은 그들 자신의 평화를 방해했다는 이유로 오스망을 용서할 수 없었다. 그가 달성한 업적은 다수의 의지에 반(反)하여 이루어진 것이기었기 때문이다.

가로의 기본 단위

The Basic Unit of the Street

오스망의 파리를 고찰하기 위해 전형적인 **아파트**를 살펴보고 그것이 어떻게 사용되었는지 알아보자.

세바스토폴 대로(1860)에 면해 세워진 전형적 형태의 아파트(**도판**. 480, 481)는 1층이 상점이고, 중 이층이 있으며, 세 개의 주요층과 두 개의 지붕밑층으로 구성되어 있다. 세 개의 주요층은 동일 평면으로 되어 있다. 이 아파트는 중상류층을 위한 것이었다. 세 개의 창문이 있는 부부침실은 모서리 공간을 차지하고 있다. 침실 왼쪽으로 거실이 있고, 오른쪽으로 식당이 있다. 오른쪽을 따라서 더 나가면 다른 침실들이 있다. 거의 빛이 안 드는 육아실도 있다. 부엌과 하인이 쓰는 방은 좁은 광정(光井)에 면해 있다. 767쪽 17줄 Fifth Edition

이러한 좁은 광정은 이 당시 유럽 대륙의 주택에서 가장 나쁜 특성 중의 하나였다. 그 후에도 같은 형태는 계속되었다.

지붕밑층은 이 건물에서 가장 인구밀도가 높은 과밀한 부분이었다. 여기에는 일반적으로 하인, 야간의 노숙자, 저소득층을 위한 숙박시설이 위치하여 침대 옆에 바로 침대가 놓이고, 사용공간은 최소로 제한되었다.

1860년대 당시는 균일한 파사드를 사용하여 매우 다양한 일상 생활의 모든 기능들이 서로 소용돌이치고 있는 한 건물을 둘러싸는 형태로 처리되었다. 상업시설은 1층을 차지했고, 그 시설은 대부분이 중이층까지 확장되어 각종의 상점과 관련있는 직업실로 이용되었다. 세 개의 주요 층은 부유한 사람에게 양도되었고, 지붕밑층은 혼잡한 슬럼공간이 되었다.

이전에는 생산시설을 주거지와 결합시키는 것이 지극히 당연한 것이었지만 이러한 결합은 대도시에서는 실행될 수 없었다. 이런 유형의 아파트는 산업사회에서 반드시 엄격히 분리되어야 하는 기능들을 인공적으로 결합시킨 형태를 보여주고 있다. 산업화 시대에 주거, 노동, 교통을 혼합하는 것은 불합리한 일이었다. 끝이 없이 일직선으로 이어지는 가로는 비인간적이었으며, 가로 옆에 세워진 주택들 역시 비인간적이었다.

이러한 혼합에 대해 비난받을 사람은 오스망뿐이 아니다. 똑같은 현상이 모든 나라에서 일어났다. 그 현상 뒤에는 19세기 특유의 과오라 할 수 있는 가용 자원을 통제하지 못한 무능력이 존재한다.

부자들을 위해 더욱 좋은 방과 최고의 대지가 할애되었다. 그러나 독가스가 창문 밖에서 멈추지 않듯이 전체적인 무질서는 이런 화려한 주거지에서도 피할 수 없는 것이었다. 이러한 주거지는 공기가 없는 대량 교통의 도로 한가운데에 서있었고, 자연환경으로부터 차단되어 있을 뿐만 아니라, 모든 소음과 소란에 노출되어 있었다.

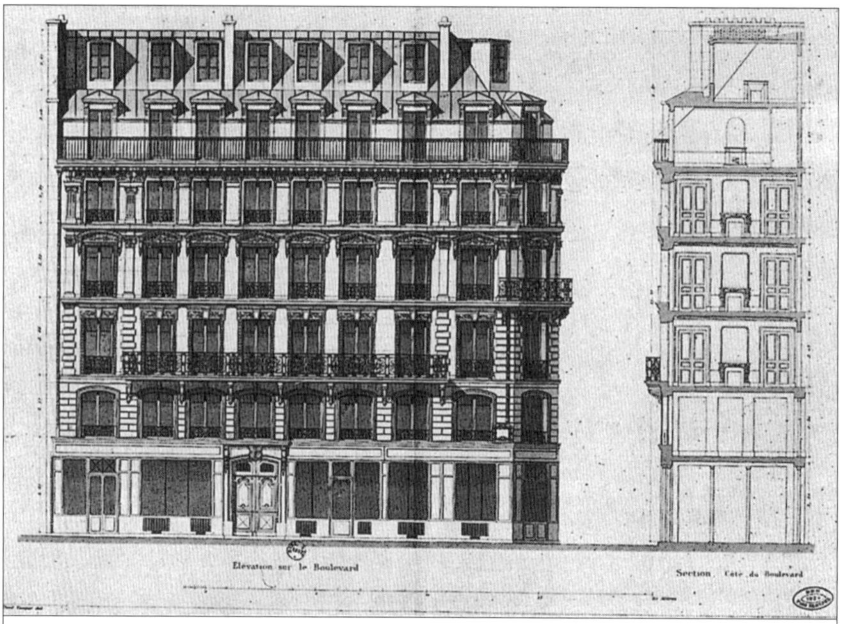

480. 세바스토폴 대로변에 서있는 아파트, 1860. 파사드와 단면. 이 당시의 전형적인 아파트(지상층에는 상점이 있고 그 위의 아파트에는 중산층이 살고 지붕밑에는 하인들이 거주하는 복합건물). 오스망이 개발한 거리의 기본 유니트. 초창기에 이미 가능했지만 산업시대에 가서도 이루어지지 않았던 기능의 복합화가 이 건물에서 제시되고 있다.

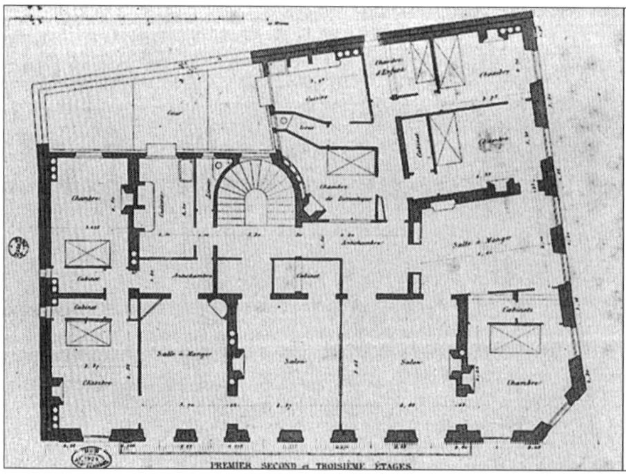

481. 아파트, 볼바르드, 세바스토플, 1860. 제2, 제3, 제4 평면도.

만약 산업시대에서 일상생활의 다양한 기능들을 분명하게 분리할 수 없다면, 이 사실 한 가지만으로도 대도시는 사형선고를 받은 것과 다름없다고 할 수 있다.

한편, 파사드에 어떤 기교도 부리지 않았다는 점에서 그의 현명함을 엿볼 수 있다. 그는 아무런 논의 없이, 파리 전체에 획일적인 파사드를 시도했다. 이 파사드는 나폴레옹 1세 때의 리볼리 가(街)에 사용한 것과 비슷한 것으로서, 주철 발코니의 선에 의해 강조되는 높은 프랑스식 창문을 특징으로 한다. 그가 사용한 눈에 띄지 않으면서도 조심성있게 처리된 르네상스식 형상은 바로크 건축을 대표하는 통일성의 기미를 느낄 수 있게 한다. 이러한 파사드와 더불어 전체적인 통일성이 돋보이는 것을 보면, 오스망의 거대한 재건축 계획이 1850년대와 그 이후에 실행된 어떤 것보다 더 훌륭한 계획이었음을 알 수 있다.

가로의 규모
The Scale of the Street

오스망의 파리의 재조직계획은 프랑스인들이 축을 존중하는 성향을 잘 보여주고 있다. 가능한 한, 그는 "장대한 전경"을 도입하려 노력했지만, 대부분 실패했다.▼26 매우 긴 가로는 대로의 앞에 서있는 건물을 하늘빛 원경 속에 드러나는 것을 방해했다. 세바스토폴 대로가 시작되는 장소인 동문(Gare de l'Est)은 사람들이 이 대로의 끝에 도달하기 전부터 그 위치가 잘 드러나지 않는다. 전경을 지배하는 것은 광장이나 단독 건물이 아니라 가로(街路)였다. 이러한 파리의 가로들은 때때로 3마일에 달할 만큼 긴 것도 있다. 이것은 건축역사에 있어서 새로운 현상이라 할 수 있다.(수십 년 후 L.A.의 도시 가로들이 30마일 이상으로 확장되는 것을 볼 수 있다.)

770쪽 01줄 Fifth Edition

대로(大路)는 바로크의 가로수길(avenue)에서 발전된 것이다. 바로크의 사상은 집과 무관한 수목이 심어진 긴 가로를 만들고자 했다. 19세기에 들어와 이러한 사상이 받아들여졌고, 변형되었다. 이러한 사상은 획일적인 아파트에 의해 구획된 끝없는 가로수길로 재현된 것이다.

우리는 이 기간(17년 동안)에 매우 다양한 형태의 건물들이 파리에 들어선 것을 잊기 쉽다. 거대한 박람회장과 교회, 학교, 시장, 국립 도서관 등이 있다.▼27 비록 이러한 건축물들중에는 19세기 건축의 역사에서 간과될 수 없는 수많은 건축물들이 있지만, 파리의 새로운 전경이 가로에 의해 지배되는 이유로 해서 간과되기도 한다.

동시대의 대부분 사람들에게, 오스망은 도시의 미래를 저당잡고 법률에 개의치 않는 위험한 파괴자로 생각되었다. 나폴레옹 1세 때의 리볼리 가 확장 계획을 제외한 모든 그의 계획들은 상식에서 벗어난 것이었다. 그가 만약 이미 존재하고 있는 가로를 확대하는 것에만 몰두했다면 어떤 저항도 받지 않았을 것이다. 그러나, 그는 새로운 가로를 만들 때마다 기존 사물의 안정된 기반을 해치고 소유권에 대한 무관심을 보여주었다. 이러한 새로운 발전과 함께, "우리가 환상이라 부르는 것에 빠진 것은 우리가 상상의 세계에 빠져있다는 것이며, 재정적 파산으로 나아가고 있다는 것을 의미한다."▼28 이 말은 오스망과는 달리 루이 필리페 집권 하에서 정치 경력을 시작하여 제 3공화정 집권하에서 1870년 이후까지 계속해서 정치세계에서 활동한 역사가이자 오스망의 가장 신랄한 적이었던 아돌프 디에르의 표현이다.

도시의 조직화를 주로 기술적 문제로 여겼던 오스망은 주로 교통과 수송문제에 몰두했다. 이 시기는 철도시대 이전이었고, 자동차가 도시의 가로에 커다란 부담이 되지 않던 시기였다. 그와 같은 비전이 없던 동시대 사람들은, 반혁명적 수단을 전혀 필요로 하지 않는 교외에까지 도시 중심부를 통해 들어오는 새로운 교통노선에 대한 그의 열정을 이해할 수 없었다. "산책하는 사람들이 마들렌느에서 에트왈까지 가는데 최단거리의 길로 걸어갈 필요가 있을까? 산책자들은 그와 반대로 산책로를 연장시켰으면 했다. 똑같은 가로를 위, 아래로 왕복하면서 서너 번 도는 것도 바로 그러한 이유 때문이다."▼29

이 표현은 무의식적으로 디에르가 던진 비판의 토대로 나타난다. 디에르가 이해한 도시계획은 산책자를 위한 입장을 바탕으로 하고 있었다. 그러나 오스망은 산업시대의 요구를 지향하고 있었다. 도시계획을 대규모 수송문제로서 접근하면서 비롯된 최초의 결과는 시야의 범위를 벗어나면서 펼쳐진 끝없는 가로였다.

오스망은 교통에 대한 그의 편견으로 주거문제를 뒷전에 두는 경향이 있었다. 그가 만든 대로는 도시를 해체해버렸다. 알팡드의 웅대한 저서인 『**파리의 산책(파리, 1867~73)**』에 담긴 동판화에서 묘사된 것을 보면 주택은 부차적인 것이었다. 예를 들어, 리샤르-르노와르 대로(**도판**. 472)는 중앙부분이 잔디로 덮여있고 나무가 심어져 있는 넓은 고속도로를 보여주고 있지만, 도로변에 서있는 아파트의 일률적인 파사드 뒤에는 무질서가 숨겨져 있다.▼30 이 가로가 알팡드의 도시 조감도의 중심을 차지하고 있으며, 이에 면하지 않은 주택은 과밀한 혼란 속에서 세워져 있다. 오스망은 이러한 파사드를 보든 무질서를 숨길 수 있는 일종의 작은 옷장문으로 이용했다. 도시

생활의 여러 측면들이 교통문제에 의해 희생을 강요당한 것이다.

수송 문제만을 고려하여 주거 문제를 무시하는 착오는 지금은 쉽게 분별할 수 있지만 오스망이 활동하던 시대의 사회적 · 산업적 발전단계에서는 대도시 주택문제의 해결책에 대한 어떤 실마리도 발견되지 않았다.

772쪽 16줄 Fifth Edition

오스망의 후기 비판가들은 그의 작업을 심미적으로 평가하는데만 관심을 가졌다. 이것은 분명히 어려운 일이며, 그가 건축한 "오직 직선적이고 편리한"▼31 통행로를 르네상스 대가들이 건축한 "리드미컬하게 굴곡진 심미학적 구성"과 비교한다고 해서 평가가 더 쉬워지는 것도 아니다. 오스망 그 자신은 축을 존중하는 쪽에 속하지만, 거대한 작업규모는 어떤 것도 불가능하게 만들었다. 가로가 도시를 가로지르는 거대한 교통량을 위한 간선도로로 될 때, 그 가로는 "지배적 건축물의 일부로서, 유기적 통일성"을 가질 수 없다. 오스망이 맨사드(이중 경사지붕)와 노틀담 사원과 관계를 끊었다고 비난하는 것은 그가 이룬 파리의 개조를 무시하는 것이다.

"에트왈 광장을 둘러싸고 있는 주택들의 벽이 무너져서 이 광장이 원형이라는 것을 느낄 수 없다"▼32라는 말은 사실이다. 또한 "17세기와 18세기의 프랑스 건축가들에 의해 확립된 단어인 네 거리 광장(place)의 의미를 생각할 때 그것을 네 거리 광장이라 부르는 것은 옳지 못하다"라는 것도 사실이다. 그러나 이것은 단지 정의에 대한 논쟁일 뿐이다. 어쨌든 이것은 오스망의 계획에 있는 특별히 실패도 아니고, 그의 계획적인 특징도 아니다.

보기 흉하게 만들어진 광장은 19세기의 일반적인 모습이었고, 이 사실은 공간을 형성하는 바로크 시대의 능력을 총체적으로 잃어버렸다는 것을 반영한다.▼33 그러나 런던은 거기서 제외된다.

오스망의 작업은 건축이 매우 불안정한 상태에 처했던 시대에 실행되었다. 그가 희망할 수 있는 최선의 것은 가로 전면에 될 수 있는 한 전체적인 분위기에 방해가 되지 않는 특성을 부여하는 것이었다. 그러나 그 당시에는 이것만 해도 상당한 업적이었다. 그가 살던 시대의 어느 누구도, 혹은 19세기 후반의 어느 누구도 일률적인 파리의 파사드가 주는 확실하고도 불쾌하지 않은 중도적인 성격을 이루지 못했다. 결국, 그의 작업과 관련한 어떤 심미적인 평가도 작업에 나타나는 일시적인 사실을 과도하게 강조하는 경향이 있었다. 모든 것이 "비단 모자와 같은 매끄러움"을 가지고 "은행장과 여점원"의 예술적 기준을 반영하고 있다 할지라도, 중요한 문제를 건드리지는 못했다. 오스망은 사실상 대도시(수백만명의 시민이 있는 수도)를 기술적인 문제로 접근한 최초의 사람이었다. 그러므로 건축가와는 관계가 그리 깊지 않았지만, 전문 기술인과는 밀접한 협조를 유지했던 것이다.

오스망의 선견지명: 그의 영향

Haussmann's Foresight: His Influence

Fifth Edition 773쪽 20줄

오스망은 도시 교통문제를 해결하기 위해 특별한 노력을 기울였지만, 그의 노력은 그 시대의 현실적인 요구와는 너무나 거리가 먼 진보적인 노력이었다. 그가 82살의 나이로 서거한 이후 거의 한 세대가 지난 후에야, 자동차 유입으로 인한 이러한 문제가 더욱 긴급하고 복잡한 것으로 등장하였다.

오스망의 작업은 또 다른 면에서 미래를 예상했다. 모든 위대한 도시계획가들은 그들이 어떠한 희생을 치르더라도, 오직 미래에 입증할 수 있는 사업을 시도하려했다. 센 현(縣)의 지사였던 그 역시 예외는 아니었다. 그는 대중들의 일반적인 요구를 뛰어넘는 선견지명적인 계획을 위해 재난 속으로 뛰어들어갔다. 그의 파리 교외 지구인 벵뢰의 통합 작업은 정말 천재만이 할 수 있는 솜씨 그 자체였다.

앞서 언급했듯이 그 사업은 제 2제정 때에 시작되어 그가 시청을 떠날 때까지도 완료되지 않았다. 그의 의도는 많은 사람들에게 도시 외곽에서 살 수 있는 기회를 주자는 것이었다. 그러나, 이것은 사업의 범위를 미리 예측할 수 없는 사업이었다.▼34 그의 '공공사업기금'으로부터 "불법 대부"는 범위가 계속 확장되던 교외지구의 작업을 재정적으로 지원하기 위해 사용되었다. 단지 산책자의 규모만을 인정했던 비판가들은 이와 같이 아직 태어나지 않은 세대를 위해 의도된 그의 계획을 이해할 수 없었다. 그들은 지평선상에 명확히 펼쳐지는 이러한 도로들이 "지출" 중에서도 가장 "생산적"인 지출이 될 것이라는 것과 미래의 파리 생활공간을 개방적으로 이끌 것이라는 것을 예측하지 못했다.

교외의 가로망이 발전하던 시기에 교외지구의 인구가 258,000명에서 368,000명으로 증가했다는 것은 그에게는 별 의미없는 것이었다. 그의 시대 이후, 파리의 인구는 70%이상 증가하였고, 교외의 인구는 800%가까이 증가하였다.▼35 파리 외곽 지구에서의 이러한 인구 성장은 그 자신조차 예상하지 못한 정도까지 그의 계획이 옳았음을 증명하고 있다. 똑같은 현상이 대부분의 다른 대도시에서도 일어났다.

이 후, 파리 주변지구의 확장은 무질서하게 진행되었다. 그의 계획을 발전시켜, 주거지와 산업지를 신중하게 분리해야한다는 요구를 수용할 수 있는 능력을 가진 사람은 아무도 없었다. 급격히 도시로 팽창한 마을의 무질서한 혼잡함과 전원지방에 불규칙적으로 산재되어있는 작은 주택들, 그리고 새로운 산업중심지들은 퇴보해가는 세기, 즉 생활을 지배하면서도 그 생활에 직접적인 영향을 미치지 못한 무능한 세기에 발생한 것들이다.[▼36]

오스망의 광범위한 활동이 그가 확고하게 신봉했던 정권에 의해 주어진 독재적인 권력만을 기반으로 하는 것은 아니었다. 그는 그 자신이 말했듯이 그전에는 결코 완성되지 않았던 일을 성취하려는 강한 진취적 기상과 억제할 수 없는 강한 충동을 가진 '격동적인 세대'에 속한 인물이었다.

오스망의 적들은 그를 비웃으며 '시의회의 루이 14세'라 불렀지만, 그 비난 속에는 동시대 사람들이 인식한 것 이상의 어떤 진실이 있었다. 확실히, 그의 작업은 루이 14세의 거대한 계획안들에 내재된 개념상의 통일성을 결여하고 있다. 이 안들은 거의 해결할 수 없을 정도로 '구성적 사실(constituent facts)'과 '일시적 사실들(transitory facts)'이 혼재되어 있던 19세기의 분열된 특성을 잘 보여주고 있다. 한편 선견지명과 그 추진력은 대단했지만, 다른 한편에서 보면 그의 시대가 갖는 불확실성을 반영하는 일종의 위험한 편법도 담겨 있었다. 775쪽 07줄 Fifth Edition

그러나 오스망의 작업에서 볼 수 있는 장대한 규모는 정말 압도적이었다. 그는 대담하게 문명 세계의 중심지로 수백년 동안 존경받은 대도시의 전체적인 양상을 바꾸려했다. 그와 동시에 모든 문제를 적극적으로 나서서 해결하면서 새로운 파리를 건설하려 한 것은 규모면에서 있어서 지금까지도 그 어느 것과 비교할 수 있는 것이 없다. 센 현의 한 지사가 보여준 굽하지 않는 용기 또한 그 어느 누구의 용기와도 비교될 수 없다. 그는 어떤 단체도 그의 계획을 방해하지 못하게 했다. 파리 개조를 위해 직접 뛰어든 것이다.

오스망의 직접적인 영향은 엄청났다. 산업화 이후 발전된 거의 모든 도시들에서 파리의 개조계획, 특히 제 1차 계획의 초기 업적을 모방한 세부적인 것들을 접할 수 있다. 모든 다른 도시들도 세바스토폴 대로와 동문(東門)처럼 주요 가로가 중앙 역의 축(軸)을 향하고 있다. 파리의 대로는 완전히 파괴된 요새의 선을 따라 건설된 기념비적인 가로들 속에서 잘 나타나고 있다. 그러나 모방된 것은 단지 세부적인 것들이었다. 어느 누구도 그와 같은 힘을 가지고 도시의 새로운 문제에 대해 전체적인 공격을 시도한 사람은 없었다.

주

1. Andr Morizet, Du vieux Paris au Paris moderne(Paris, 1932), p. 130.
2. Morizet, p. 133.
3. Morizet, pp. 104 그 이후.
4. O. F. Abbott, " A Maker of Modern Paris" Contemporary Review(London), no. 873(1938년 9월), pp. 350~356.
5. Cf. Horeau의 설계에 대한 설명, p. 231.
6.Georges-Eug ne Haussmann의 회고록, M moires(Paris, 1890~93), 111.122.
7. 이러한 정책은 E.M. Bouillat, Georges-Eug ne Haussmann(Paris, 1901), pp. 8~9.에 요약되어 있다.
8. 초기 사진작가 중 한사람
9. Haussman, op. cit., III, 55.
10. Cf. pp. 230 이후로.
11. Haussmann, 앞서 말한 책중에, II, 233.
12. 주택의 블록 체제가 가지고 있는 단점들은 직선의 도로에 대한 비판자인 Camillo Sitte에 의해 20년 후에 인식되었다. Camillo Sitte, City Planning According to Artistic Principles, George and Christiane Collins 번역판(New York, 1965), p. 179. 원제:Der St dtebau nach seinen k nstlerschen Grunds tzen(Vienna, 1889).
13. W. Robinson, The Parks, Promenades, and Gardens of Paris(London, 1869), pp. 82, 85.
14. Robinson, 앞서 말한 책에서, pp. 1, 2.
15. Robinson에 의해서 인용된 douward Andr 의 말, 앞서 말한 책중에, p. 551.
16. Cf. W. Robinson, 앞서 말한 책중에서, "화훼 정원을 위한 아열대 식물"에 관한 장, pp. 182이후, 그리고 XI 장 "아열대 정원을 위한 내한성 식물", p. 210.
17. Alphand와 그의 휘하에 있던 정원사들이 아열대 식물을 선택한 이유와 20세기초까지도 유럽정원에서 일반적으로 사용된 이유가 바로 여기에 있다. 그 이후 이들 식물은 잊혀진 것 같이 보였으나 오늘날 우리는 아열대 식물들의 매력과 활발한 성장을 재발견 하고 있다.
18. Haussmann은 이러한 부원들이 모집된 방법에 대해서 그의 회고록(M moires)에서 생생한 설명을 하고있다. VII권, IV, VIII, IX, XI, XIV~XVI 장
19. Hausmann, 앞서 말한 책 중에서, III, 511.
20. Haussman, op. cit., III, 118~119.
21. 파리의 각종 공공정원을 장식하고 있는 식물을 선택한 사람은 Barillet였다.
22. Hausmann, 앞에서 말한 책중에, II, 265.
23. 첫 번째 도로망에는 7천만 프랑의 예산 초과가 있었고, 두 번째 도로망에는 2억 3천만 프랑의 예산 초과가 있었으며, 세 번째 도로망에는 1억 8천만 프랑의 예산 초과가 있었다. Haussmann의 도시계획가로서의 장점(가능한 한 가장 짧은 시간에 계획을 실행해서 어느 정도 웅장한 규모로 건설하는 능력)때문에 바로 이런 재정적 결과가 나왔다.
24. Morizet, 앞서 말한 책중에서, p. 298.에 이 에피소드에 대한 좋은 설명이 있다.
25. Haussmann, 앞서 말한 책중에서, II, 537.
26. Haussmann, 앞서 말한 책 중에서.
27. Haussmann은 파리의 변화시기에 세워진 인상적인 건물의 목록에 대해 언급했다. 회고록(M moires), II, 524~528.
28. Morizet, 앞서 말한 책중에서, p. 279.에서 인용
29. Morizet, 앞에서 말한 책중에서 , p. 297. 에서 인용
30. Haussmann은 Boulevard Richard-Lenoir(1861~63)를 운하와 연결시키려 했다. 나무들은 운하의 꼭대기에 심어졌다.
31. 이 부분과 다음 부분의 인용문은 Elbert Peets, "Famous Town Planners: Haussmann," Town Planning Review, XII, no. 3(1927년 6월), 187~188에서 발췌한 것임.
32. Haussmann 자신이 그의 부하 건축가의 작업이나 완전히 규모에 맞지 않는 작은 주택앞의 식수에 대해서 이러한 결점을 시인했다.
33. 이러한 논지는 저자의 Sp tbarocker und romantischer Klassizismus(Munich, 1992)에서 독일의 몇몇 광장에 관련되어 언급되어 있다.
34. 최종비용은 3억 6천만 프랑이 넘었다. - 이 목적에 할당된 비용보다 무려 1억 6천만 프랑이 초과하였다.
35. The Columbia Encyclopedia, 1964.
36. 세느현 의회의 의원이었던 Henri Sellier가 쓴 Les Banlieues urbanies(Paris, 1920) 참조. Sellier는 어떻게 고층 연속주택의 거대한 집합체가 때론 하수도 시설이 없이 비포장된 마을의 도로를 따라 오래된 농가의 중심지에 건축되었는지, 그리고 그것들이 어떻게 위생시설도 없는 인구 밀도가 높은 슬럼지역으로 변해갔는지에 관해 생생하게 묘사하고 있다.
Duguet 교수가 Hygeine 위원회에 제출한 보고서에 의하면 세느 현에서 결핵으로 인해 굉장히 높은 사망률을 보여주고 있다. 프랑스의 다른 지방에서 매일 결핵으로 죽은 사람이 백명이었는데, 세느 현에서는 매일 150명이 죽었다.(Revue des deux mondes, 7월 15일, 1923, p. 444. 참조.)
1860년대 이후에 발생한 미국 도시들의 무질서한 성장은 전통의 부족에 기인한다고 말한다. 그러나, 도시 역사가 2000년이나 되는 파리의 교외 지역에서도 이러한 비슷한 무질서는 일어났다. 그것은 둘 다 같은 이유에서였다.

8장 CITY PLANNING AS A HUMAN PROBLEM

인간적 문제와 도시계획

• 암스테르담과 도시계획의 부활

19세기 후반
The Late Nineteenth Century

Fifth Edition 778쪽 02줄

1870년 이래로 대도시들은 부정적인 측면이 더욱 두드러지는 지금의 상황으로 끊임없이 '발전'했다. 언제쯤에야 시간과 건강의 막대한 낭비를 멈출 지, 인간의 신경조직에 대한 무의미한 공격을 끝낼 지, 그리고 품위있는 생활 수준에 이르지 못한 이러한 실패가 언제쯤에야 치료될는 지 아무도 모른다.

도시는 낡은 기계처럼 단순히 버릴 수 있는 것이 아니다. 도시는 우리의 운명에서 대단히 중요한 역할을 하고 있다. 그러나 도시에 의해 오용되어온 삶이 이제 그 복수를 해야하는 상황에 처한 것도 분명한 사실이다. 근본적으로 임시방편적이고 사람들로 하여금 휩쓸리게 하는 이 도시는 곧 그 한계가 더욱 좁아질 것이다. 그 작업이 이성에 의해 완성될 지 아니면 맹목적인 재앙에 의해 완성될 지 아무도 예측할 수 없다.

비록 성공을 거두지는 못했지만 변화와 개혁에 대한 시도는 오랫동안 계속되었다. 일찍이 1883년, 예술 협회(1851년 런던 대박람회를 조직한 기구)는 런던 중심부를 재건축하는 방안과 빈민들을 위한 임대주택의 제공 방안에 관한 수필을 공모하고 1,200파운드의 상금을 걸었다.

유럽 대륙에서는 오스망의 작품을 퇴보적이고 쉽게 모방하는 행위에 대해 일찍부터 반대했다. 1889년에 비인의 도시계획가인 **카밀로 지테**(1843~1903)는 40년 전의 수공업자들처럼, 치료법은 중세시대 방법으로의 회귀를 통해 발견할 수 있다고 제안했다.▼1

지테는 중세도시의 유기적 성장 속에서 현대 도시를 인간화 할 수 있는 방법을 발견하였다. 그는 북쪽과 남쪽, 로마, 고딕, 르네상스, 바로크 양식의 각 도시들을 세밀하게 분석했다. 그 도시들의 설계에 표현되어 있는 성공적인 열린 공간의 조직화에 관심이 많았다. 그는 중세도시에서 가로가 광장으로 들어가는 방법과 시장 광장과 교회, 혹은 시장 광장과 시청 사이의 관계 등의 경우같은 도시적 유기체의 모든 요소들을 자유롭게 잘 고려한 균형상태에서 이와 같은 조직화를 발견한 것이다.

모든 사람이 느꼈듯이, 카밀로 지테 역시 도시 건설의 원칙이 아리스토텔레스의 다음 말 속에 요약되어 있다고 생각했다. '도시는 그 도시의 거주민들을 보호함과 동

시에 그들을 행복하게 해주는 방향으로 건설되야 한다.'

오늘날 우리들 대부분은 도시 발전에 의해 일어난 예술적인 문제는 기술적 문제만큼이나 중요하다는 지테의 진보적 신념에 대해 공감하고 있다.

카밀로 지테의 의도는 최상의 것이었다. 그는 전형적인 19세기 후반의 도시가 가지고 있던 단조로움과 예술적 무기력이란 문제를 극복하려 애썼다. 그는 이러한 결점을 명확히 보았지만, 그 해결책으로 제시한 방법들은 단지 완화책에 불과했다. 광장의 중앙을 깨끗이 하는 것, 모든 조각상들과 기념물들을 모서리에 배치하는 것, 정원을 혼잡한 공공 장소보다는 아파트 블록의 중정에 배치하는 것, 거리의 소음으로부터 공원을 분리시키기 위해 높은 벽을 건축하는 것 등, 이러한 모든 것들은 피상적인 개혁들이었다.

이러한 제안은 도시계획가가 자기 시대와 충분히 접촉하지 못했음을 보여준다. 그는 단지 그의 중세적인 노래를 근대 산업의 소음에 비효율적으로 겨룬 음유시인에 불과했다. 780쪽 01줄 Fifth Edition

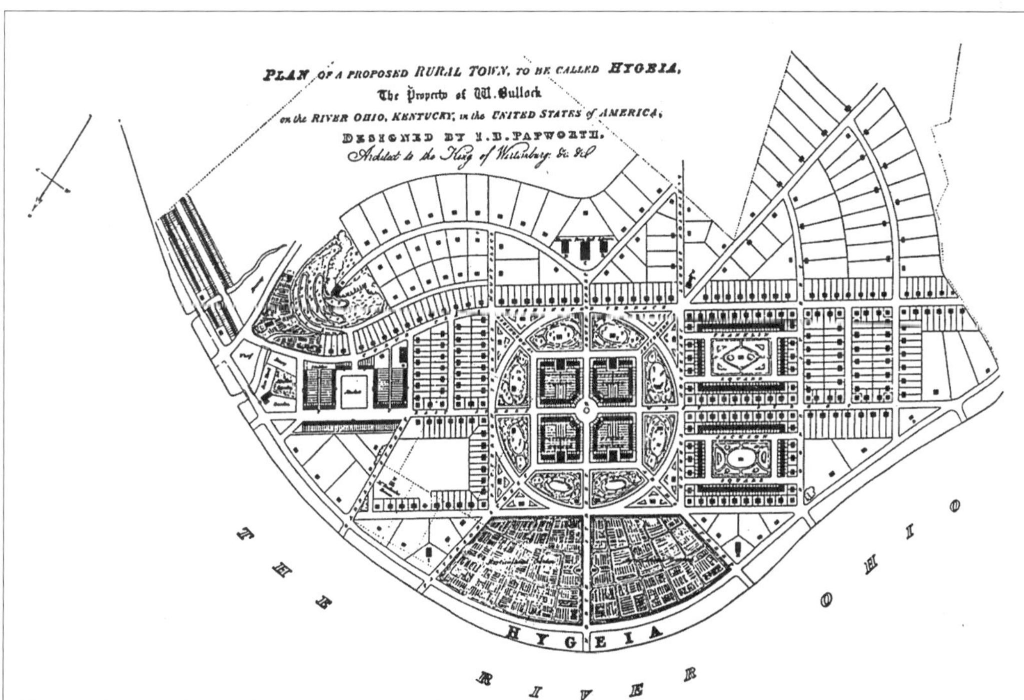

482. J. B. 펩워드. 오하이오 강변에 조성된 농촌 마을 "하이지아"

19세기 후반, 이 도시계획가는 통속적인 화가들처럼 전원시를 쓰는데 너무 열중한 나머지 길을 잃어버리게 되었다. 따라서 어떤 작업도 그 당시에 필요한 규모로 수행되지 못했다. 생활은 다른 궤도를 따라 움직이고 있었다.

1,900년 무렵의 창조적인 예술가들인 바그너와 가르니에, 베를라헤 등은 도시화의 문제에 대해 어떤 태도를 취했을까? 그 대답을 통해 우리는 그 시대의 도시계획에 대한 능력이 어느 정도였는지 알 수 있다.

Fifth Edition 780쪽 14줄

오토 바그너(1841~1918)는 19세기의 산업에 대해 희망적인 태도를 가졌던 세대에 속하는 사람이었다. 그는 그 당시 성장의 최고조에 달해 있던 **대도시의 번영이 심각하게 위협받을 수 있다는 것을 결코 생각하지 못했다.**

바그너가 그의 사상을 형성하기 시작할 때, 지테의 영향은 최고조에 달해 있었다. 또한 같은 무렵 도시 주거지 문제에 대한 해결책으로 전원도시가 제안되었다. 초기부터 그는 전원도시가 주요도시의 주택 문제를 해결하지는 못할 것이라고 생각했다. 그로부터 많은 세월이 지난 후에, 대중들은 바그너의 생각이 옳았음을 인정하지 않을 수 없었다.

바그너의 많은 작품들에서 분명하게 드러난 건축적 비전과 활력도 도시계획의 분야로 들어오자 일종의 마비상태에 빠진 것처럼 보였다. 일상적인 우연함과 혼란한 도시발전을 피하려는 노력으로 비인 전역에 대한 상세계획안을 작성하였다.(**도판. 483**)▼2 그의 전체계획안을 보면, 중심부에는 상당히 큰 규모의 열린 공간("공기를 위한 중심지")이 설치되었다. 그러나 전체적으로 이 계획안은 아주 형식적이었고, 오스망의 파리 계획안보다 더 정적(靜的)이었다. 그의 설계를 지배하는 구성 단위는 폐쇄적인 5층 아파트 블록으로서, 그 당시 모든 유럽대륙의 대도시들의 기본적인 요소였다. 바그너는 이런 종류의 계획에 대해 어떤 다른 대안도 생각하지 못했다. 19세기 후반의 도시계획은 모든 가능성을 다 써버려 탈진한 상태였고, 다른 새로운 해결책을 찾지 못하고 있었다. 실질적인 문제와 조화를 이루는 공간조직의 능력을 상실한 것이다.

그러나 이 시기에 주민들의 요구가 근대도시의 도시계획을 지배해야 한다는 인식은 표면화되기 시작했다. 오토 바그너는 이러한 사실을 확실하게 인식한 최초의 사람이라 할 수 있다. 그의 주요 관심사는 일반대중을 위한 건강한 환경을 창조하는 것

483. 오토 바그너. 비엔나 지구 계획안, 1910년경.

이었다. 대도시에 거주하는 여러 유형의 사람들을 인정하면서 그들 각각의 여러 유형에 대한 요구를 인식한 사람이었다. 그는 또한 일반 도시주민들의 주거 요구는 환경에 따라 변한다는 것도 알고 있었다.

바그너는 미래의 도시 성장을 위해 필요한 이러한 지역은 지역 공동체가 소유해야 한다고 주장했다. 오직 그러한 방법에 의해서만 도시 지가를 통제할 수 있고, 그 발전도 통제할 수가 있었다.(암스테르담은 이미 이러한 체제를 채택하고 있었다.)

바그너는 대도시를 병들게 한 원인을 정확히 알고 있었다. "이제 더 이상, 과거에서처럼 혐오스러운 고리대금업에 의한 대도시의 발전과 더불어 피상적인 예술적 결과를 수반하는 맹목적인 우연의 과정에 도시 확장을 맡겨 두어서는 안 된다."

30년 이상이 지난 1933년▼3, 아테네에서 열린 CIAM역시 이와 유사한 언급을 하였다.

"현재, 가장 시급한 문제는 각 도시가 도시 프로그램을 확립하여 그 실현을 위해 필요한 법을 수립하는 일이다."

8 에베네저 하워드와 전원도시

Ebenezer Howard and the Garden City

Fifth Edition 782쪽 13줄

전원도시 사상은 19세기 후반의 많은 주택 문제에 대한 만병통치약처럼 제안되었다. 그 계획의 핵심은 지역 공동체가 토지를 통제하고, 지가(地價) 상승에 따른 모든 이윤은 투기 근절을 위해 지역 공동체에 반환되어야 한다는 것이었다.

그에 의해 체계가 세워진 전원도시 사상은 실제로 행해진 형식과는 큰 차지를 보여주었다. 1898년, 그의 저서인 『**내일, 실질적인 개혁을 향한 평화로운 행로(Tomorrow, A Peaceful Path to Real Reform)**』가 출판되었다. 그 제목이 가리키듯이, 그가 의도한 것은 보잘것 없는 작은 성취 정도가 아니었다. 적어도 산업 혁명의 모든 악을 제거하고, 슬럼지역과 과밀한 산업 지구를 없애고자 했다. 이러한 것들은 특히 지주를 포함한 모든 집단의 저항이 있으면 이룰 수 없는 것들이었다. 그 자신의 사상에 동조하는 정당이 권력을 잡을 때까지 기다리지 않았고, 지가의 완전한 재평가를 통해 새로운 형태의 공공의 부를 창조하고자 했다.▼4

산업 인구의 농촌 지방으로의 이주와 토지의 식민지 개척, 손상되지 않은 전원적 조경 속에 공장 설치 등과 관련된 내용을 보면 프랭크 로이드 라이트의 "브로드에이커 시티(Broadacre City)"가 생각난다.

에베네저 하워드가 전원도시에 대한 구상을 갖게 된 것은 런던 법원에서 전문 속기사로 일하고 있을 무렵부터였다. 1898년, 그가 친구로부터 미국에서 출판된 지 얼마 안 된 벨라미의 『**과거를 돌이켜보며(Looking Backward)**』를 읽었던 시기였다. 그는 그 책을 읽고 나서, 그 책의 영국 출판을 추진하기 위해 노력을 했다. 이 책에는 협동조합적인 원리를 기반으로 조직된 미국 도시 전체의 사실적인 그림들이 들어 있었다. 그 책으로부터 큰 영향을 받은 "하워드는 비록 규모는 훨씬 작지만, 벨라미의 주장을 시험할 수 있는 그 자신의 제안을 내놓았다. 그 규모를 간단히 살펴보면, 개인 기업에 의해 산업지와 주거지, 농업지 등을 가진 전혀 새로운 도시를 건축하는 것이었다."▼5

이것이 바로 **전원 도시 사상**의 출발점이었다. 이 사상은 협동조합적으로 조직된 사회가 안고 있는 일반적인 문제와 같은 토양에서 생겨난 것이었다.

하워드는 그의 도시를 일련의 동심원으로 계획하였다. 그 중심부는 공유지 주위에 모여 있는 공공건축군으로 구성되어 있다. 중심부와 가장 바깥 쪽의 원사이에 있는 중간지대는 폭이 400피트이고, 나무와 녹색식물이 심어져 있는 원형의 커다란 가로수 길로 구성되어 있다. 또한 가장 바깥의 원은 농업지대이다. 제조업을 위한 지역은 훗날을 생각해 다른 것으로부터 떨어진 자리에 위치하고 있다. 중앙의 원형공원에는 비교적 큰 공공건물들이 정원에 둘러싸인 채 각각 넓은 토지를 차지하고 있다. 그 공공건물들은 시청, 콘서트 홀, 강연장, 극장, 도서관 등이다. '수정궁(Crystal Palace)'라 명명된 건물이 중앙공원과 휴양지를 둘러싸고 있다. 그 건물은 판매를 위해 산업 제품들을 진열할 수 있도록 공원쪽으로 열린 유리 아케이드 형식을 취하고 있다. 그 일부는 일종의 '겨울 정원'으로(좋지 않은 날씨에 이용할 수 있는 위락시설로) 이용된다.▼6 그가 말했듯이, 이 계획안은 하나의 다이어그램에 불과했고, 선택된 부지에 필연적으로 의존할 수밖에 없는 그런 계획안이었다. 이 안(案)의 근본 사상은 이미 르네상스 시대에 발전한 것이었다. 그것은 여러 형태로 반복・발전되었고, 19세기 초의 여러 제안들도 하워드의 개념과 크게 다르지 않았다.

1827년 영국의 건축가인 팹워드는 소위 "촌락 도시(rural town)"를 제안했다.▼7 결국 실현되지 못한 정주지 계획인 그의 하이지아(Hygeia, 도판. 482)는 켄터키 주의 오하이오 강에 건설될 예정이었다. 그는 정원으로 넓은 면적을 할애하고 지역적인 규제를 통해 그 중심에 지역 공동체를 위한 공공건물을 세울 계획이었다. 전체 개념은 존 나쉬의 후기 바로크 시대 도시적 전통과 매우 흡사하다.

하워드는 그 자신의 목가적 전원도시를 현실과 무관한 고립된 현상으로 취급했다고 한다. 그러나, 그는 과밀한 도시는 "더 이상 그 역할을 할 수 없게 되었고" 미래의 대도시는 다른 형태로 건설되어야 한다는 것을 잘 알고 있었다.

앞서 언급한 그의 책 끝부분에서 "비교적 간단한 문제에서 출발해야 한다. 하나의 작은 전원도시는 일종의 작업모델로 건설되어야 하고, 그 다음에는 일단의 도시들이 건설되어야 한다. 이 일이 완성되고, 더욱이 훌륭하게 이루어진다면 런던의 재건축은 필연적으로 이런 식의 전원도시 형태를 따를 것이다." 라고 말하고 있다.

그러나 대체로 그러하듯이, 실천과 이상은 매우 달랐다. 전원도시의 "수정궁"을 결코 나타나지 않았다.▼8 반 세기 동안 주장된 그 최고의 결과는 협동조합에 의한 새로운 교외 정착지의 창조와 더 좋은 농촌계획의 도입이었다.▼9 그의 사상 대부분은 1940년대 후반과 50년대의 영국 신도시 운동 속에서 부분적으로 부활하기 전까지는 784쪽 19줄 Fifth Edition

작은 정원이 있는 소규모 주택군의 건설 정도로 퇴보하였다.

"도시와 농촌이 결합하는 곳"인 전원도시의 본래 사상이 실패할 수밖에 없었던 이유는 쉽게 이해할 수 있다. 단순히 부분적인 해결책만으로는 실현이 불가능하다. 도시의 모든 분야에 걸쳐 근대생활의 전체구조를 포함하는 규모 위에 수립된 계획, 즉 미리 용의주도하게 계산된 종합적인 계획만이 하워드의 의도를 실현하는 것이다.

페트릭 게데스와 아르투로 소리아 마타

Patrick Geddes and Arturo Soria y Mata

Fifth Edition 785쪽 05줄

1900~1920년 사이의 도시계획 표준 편람을 보면, 19세기의 계획방식들이 여전히 변하지 않고 심지어 약국의 처방전처럼 반복되고 있다는 사실에 놀랄 것이다. 우리는 동서 교통로(traffic street)와 "남북가로(avenue)"의 종단면과 횡단면의 규모를 결정하는 방법과 열린 공간이 석조 건물의 바다 속에 삽입되는 방법에 대한 상투적인 연구 방법 등을 엿볼 수 있다. 관료들은 혼란스러운 전반적인 상황을 이해하지 못했던 것처럼 보인다.

과도기의 도시계획 전문가들은 무력해 보였다. 그들은 명령이 주어질 때는 역할을 수행할 수 있었지만, 그들 자신이 새로운 명령을 창조해 낼 수는 없었다. 눈이 흐리지 않았던 몇몇 아웃사이더들만이 도시계획의 무질서를 일반인들도 의식할 수 있도록 했고, 새로운 방향을 위한 토대를 만들었다. 여기 그 네 명의 이름이 있다.

전원도시의 옹호를 통해 환경의 인간화에 대한 길을 제시한 하워드는 의회의 속기사였다. 상 뗄리아는 그 자신의 미래적 도시계획 연구로 인해 전문가들로부터 몽상가라고 비웃음받았다. 그럼에도 불구하고 그는 교통을 도시구조의 구성적 요소로 제시한 최초의 사람이었다.

그리고, 한 사람의 생물학자와 한 사람의 고속도로 기술자가 도시계획의 새로운 방향을 결정하는 데 필요한 결정적 명령을 내릴 준비를 하고 있었다. 앞을 내다보는 탁월한 비전을 가지고 있던 그들은 자신들의 생각이 실현되기까지 매우 오랜 시간 동안을 기다려야 했다. 그들이 바로 스코틀랜드의 생물학자이자 헉슬리의 문하생이었던 페트릭 게데스(1854~1932)와 스페인의 고속도로 기술자인 아르투로 소리아 마타(1844~1920)였다.

페트릭 게데스는 인간 집촌(集村)을 생활 현상, 그것도 모든 생활 현상에 관심을 가진 생물학자의 눈으로 바라보았다. 그의 가장 잘 알려져 있는 저서인 『**진화하는 도시**(Cities in Evolution)』[▼10]의 신판(新版)은 그의 또 다른 유명한 저서인 『**도시 전시회**(Citics Exhibition)』에서 발췌한 인용문들이 포함되어 있다. 『**도시 전시회**』에는 도시의 유기적 발전을 그림 형태로 보여주었고, 그 주제에 대해 상세히 설명하고 있다. 도시는 도시가 자리잡고 있는 조경으로부터 분리될 수 없으며 단지 지리학적 상황과 기후학적 · 기상학적 사실, 경제학적 기반, 역사적 유산의 측면을 통해서만 이해될 수 있다. 그 책의 서론에 담긴 한 문장은 그가 도시계획을 어떻게 보고 있는가를 잘 보여주고 있다. "따라서, 도시계획은 단순한 다이어그램이 아니다. 도시계획은 인간이 문명의 역사를 기록한 상형문자와 같은 체제로 되어 있다. 그 외견상의 혼란이 복잡해질수록, 그것을 해독하는데 드는 비용은 더 많아질 것이다."[▼11]

겸손하게 자신을 게데스의 "진정한 사도"라고 표현했던 르 위스 멈포드는 게데스의 사상을 꾸밈없이 더욱 발전시켰고, 게데스의 가장 훌륭한 몇 가지 사상을 그 자신의 책인 『**인간의 조건**(The Condition of Man)』에 실었다. 우리는 거기서 게데스가 어떻게 사회학을 생물학으로부터 발전되는 것으로 인식하고, 도시의 발전을 보여주기 위해 그 사상을 어떻게 사용했는지 알 수 있다.[▼12]

에딘버러의 "전망대(Outlook Tower)"에서 살고 있던 스코틀랜드 출신의 게데스는 풍부하고 미묘한 도시계획의 실행을 위해 인도에서 긴 세월을 보냈다. 그는 지방주의적이면서 동시에 세계주의적인 사람이었고, 사후 1세대 이후에야 비로소 인정받은 인물이었다. 우리가 "게데스의 스코틀랜드는 전 유럽을 포함하고, 그의 유럽은 세계를 포함하고 있다." 라는 멈포드의 말을 읽을 때면 자연스럽게 제임스 조이스의 『**젊은 예술가의 초상**(Portrait of the Artist as a Young Man)』에서 나오는 한 구절을 생각하게 된다. 조이스(책의 주인공인 스티븐 데달루스)는 그 자신의 위치를 명확히 하고 있다. 즉, 엄격하게 지방화된 개인의 상황에서 시작하여 아일랜드와 유럽, 세계, 그리고 우주로 이동하는 움직임을 볼 수 있다.

고속도로 기술자였던 아르투로 소리아 마타는 완전히 다른 관점에서 출발했다. 그는 실무자였다. 전차가 거의 최면적인 매력을 발산하던 시기인 1882년, 그는 수송을 도시계획의 가장 중요한 요소로 보았다. 그의 출발점은 전차 궤도였다. 궤도 양편에 주거지역과 산업지역을 배치했다. 786쪽 30줄 Fifth Edition

그는 마드리드의 한 교외지역에서 그렇게 큰 규모는 아니었지만 적당한 규모로 그 자신의 꿈을 실현했다. 1930년대에 이르러서야 그의 선형도시 사상이 러시아에서 채택되었다. 르 꼬르뷔제는 고속도로 주변의 생 디의 개발 계획에 이 선형도시 개념을 채택하였다. 그러나, 선형도시의 경향이 지배적인 것으로 받아들여진 시기는 연속된 도시화 지역의 발전(보스턴에서 워싱턴에 이르는)이 이루어진 1960년대였다. 이러한 발전은 항상 그 발전에 따른 위험성도 안고 있다.

토니 가르니에의 산업도시, 1901~04

Tony Garnier's Cite Industrielle, 1901~04

Fifth Edition 787쪽 11줄

1898년 토니 가르니에라는 한 청년이 메디치 저택에서 로마 대상을 수상하였다. 거의 같은 시기에 프랭크 로이드 라이트는 시카고의 교외지역에 그의 초기 주택을 건축하였고, 에베네저 하워드는 활발하게 전원도시 계획을 추진시키고 있었다. 로마 대상의 요구 사항을 만족시키기 위하여, 가르니에는 파리 아카데미에 키케로(역주: 로마 정치가이자 철학자)의 고도(古都)인 터스컬럼 재건축 계획안을 작성해서 보냈다. 그러나, 그전의 수상자인 앙리 라브로스테의 경우처럼, 그가 행한 작업 역시 종전의 수상자들의 작품과는 성격이 달랐다. 이 로마 대상의 수상자는 하나의 완전한 도시계획(종합적인 배치계획 뿐 아니라 모든 건물내부 평면계획에 이르는 도시계획)에 열중하였다. 그의 '산업 도시'는 약 35,000명의 주민을 위한 계획이었다.(도판. 484)

그 종합배치계획은 1901년에 전시되었고, 세부 계획은 1904년에 전시되었다. 그의 모든 개념은 1917년이 되어서야 책으로 출간되었다.▼13 이 책의 영향은 프랑스에만 국한되지 않았고, 새로운 해결책을 찾던 모든 곳으로 파급되었다.

동시대 사람들이 세부적인 사항에 지나치게 몰두하였다면, 가르니에는 이러한 세부적인 사항에 그치지 않고 도시를 전체적인 시각으로 다루는 우아한 발전형태를 선보였다. 그가 설계한 주택, 학교, 철도역, 병원 등도 상당한 진전을 이룬 작품들이다.

건축은 건축물에서 시작해서 도시계획으로 끝난다. 그의 작업 역시 이 두 가지에 기초를 두고 있다. 그의 '산업도시'는 사회적 요구에 대한 폭넓은 이해를 기반으로 하고 있다. 설계는 교통과 같은 특정한 문제나 전원도시의 옹호자들의 관심을 끌었던 특정한 주택건설문제 중 어느 한 가지 문제에 지나치게 집중하지 않았기 때문에 그 균형이 유지되었다. 그는 도시의 모든 기능들 사이의 유기적 상호관계를 추구하였다.

→
484. 토니 가르니에. 산업도시, 1901~04. 전체 지도. 35,000명의 거주자를 위한 계획안

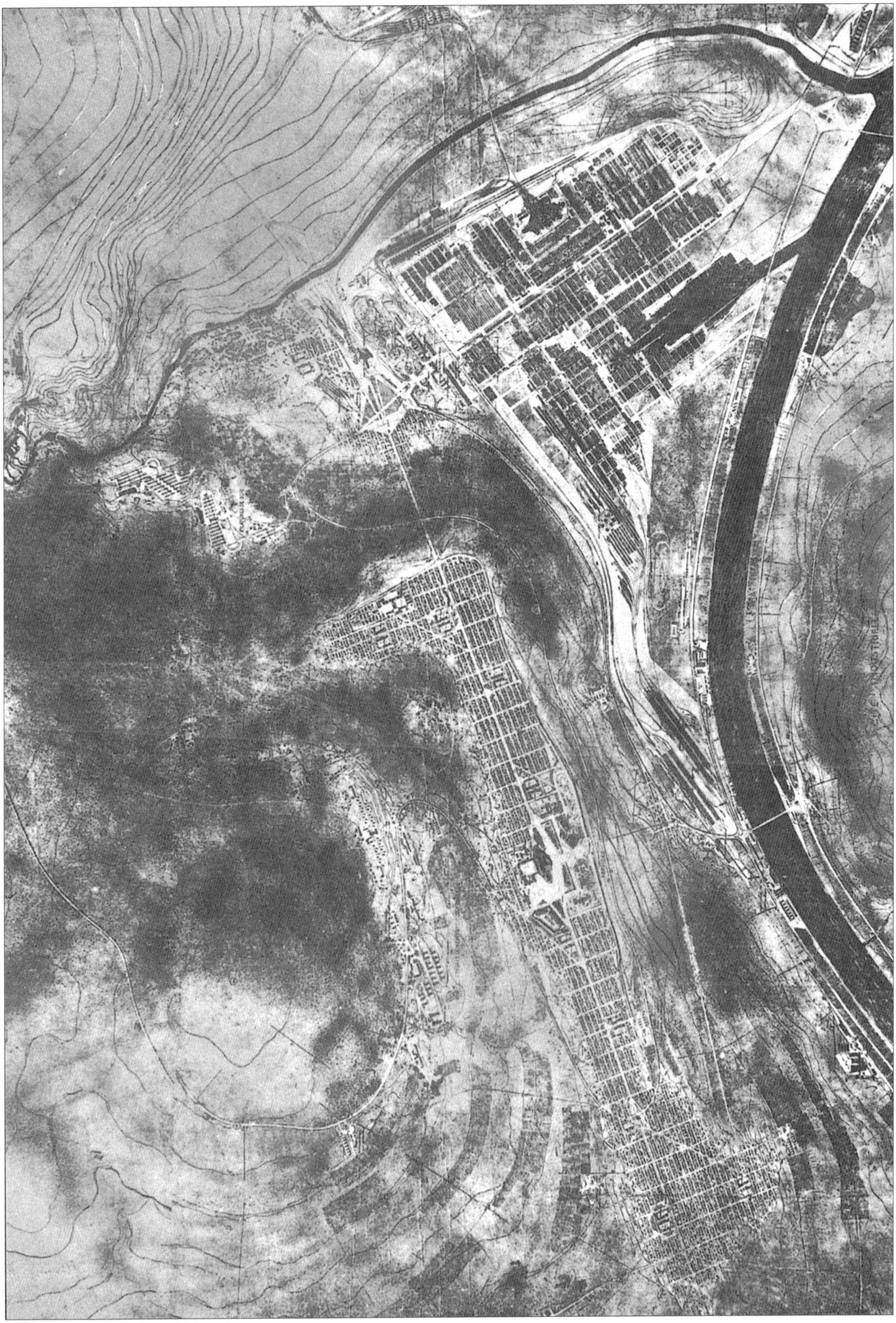

철근 콘크리트는 가르니에가 선택한 건설재료였다. 이 재료의 잠재력은 특히 전통적으로 재료사용에 예민한 프랑스 건설가들에 의해 1900년 무렵 세상에 알려졌다. 이 재료가 프랑스 아카데미가 선발한 한 젊은 건축가를 매혹시킨 것은 당연한 일이었다. 이 철근 콘크리트를 통해 그 어떤 재료보다 더 적절하게 산업시설과 공공 시설, 일반 대중을 위한 생활시설 등에 적합한 구조를 만들고자 한 그 자신의 의도를 실현한 것이다.

'산업도시' 계획에서는 노동, 주거, 여가, 교통 등과 같은 도시의 여러 기능들이 분

485. 토니 가르니에. 주택과 정원. 대부분의 교통망은 주택에서 멀리 떨어져 있다. 공동 정원이 있는 연립주택을 사용함으로써 주거에서 발생되는 여러문제를 해결하려는 시도가 엿보인다.

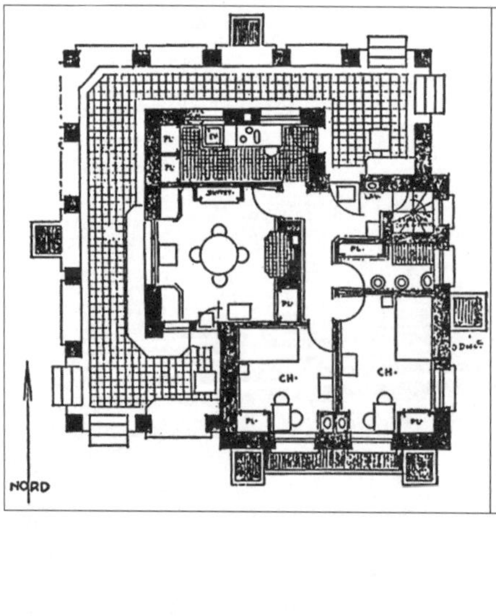

486. 토니 가르니에. 산업도시, 1901~04. 주택 유닛의 평면: 테라스

명하게 구분되고 있다. 산업지역은 개발제한구역(green belt)에 의해 원래의 도시와 분리되었으며, 이는 이후의 소리 마타의 사상을 더욱 급진적으로 발전시킨 개념을 토대로 하는 러시아 선형도시 계획에서 나타난 것과 같다. 토니 가르니에의 대규모 의료단시는 외진 언덕의 경사지 위의 부지에 자리잡고 있으며, 남쪽을 향하고 있다.

가르니에의 길게 뻗은 형태의 도시 중심에는 시민회관, 고등학교 지구, 대단히 잘 완비된 운동경기장 등이 위치하고 있다.▼14 이와 같은 스포츠 지역은 열린 전원(country)과 인접해 있으며, 그 전원은 확장가능성은 물론 좋은 전망도 제공하고 있다.

간선철도 교통은 지하도를 통해 도시 종착역으로 들어간다.(도판. 201) ('산업도시'의 여러 건물들처럼, 이 종착역 역시 그 당시로 보아 상당히 진보적인 것이었다. 단순하게 처리된 기능적인 외관은 진실로 혁신적인 것이었다.) 그는 시험비행장 이외에도 자동차 경주장으로 사용될 수 있는 스피드웨이까지도 그의 계획에 포함시켰다. 789쪽 78줄 Fifth Edition

도시의 부지는 동서(東西)로 길게 늘어선 대지에 의해 분할되어 있기 때문에 주택들의 실(室)에 적합한 향을 얻기 쉽게 되어 있다. '도시'의 기본 단위라 할 수 있는 이러한 구획들은 가로 30미터, 세로 150미터로 되어있다. 이와 같은 도시구조는 도시의 새로운 외관을 형성하고 있다는 점에서 중앙집중식의 르네상스 설계방식과는 상당

487. 토니 가르니에. 산업도시. 1901~04. 오픈 테라스와 지붕이 덮힌 베란다가 있는 학교. 근린주택지구를 만들기 위해서 주변의 개방공간과 주택을 섞어놓으려는 시도가 이루어졌다.

히 다름을 알 수 있다. 부지불식간에 여기서도 선형도시의 원칙이 부분적으로 실행되고 있다.

한 세대 이후의 도시학자들은 회랑(回廊)형식의 거리를 피하고 주거지역을 대량 교통도로로부터 분리하기 위하여 이와 유사한 배치를 채택하였다. 가르니에는 그 자신이 하는 일을 정확히 알고 있었다. "사람들은 가로와 무관하게 도시의 가로를 횡단한다"(**도판**. 485)▼15 '산업도시'에서는 오스망 시대의 폐쇄형 가구(街區)나 광정(光井)이 완전히 사라졌다. 주요 도로에 직각으로 배치된 가르니에의 저층주택 가구(옥상에 테라스가 있다.)들 사이에는 공공의 열린 공간이 있다.

Fifth Edition 791쪽 10줄

각각의 주택에는 주거의 중심이 되는 큰 규모의 거실이 있고, 작지만 잘 조직된 침실, 목욕실,부엌 등이 있다.(**도판**. 486) 주택들 사이의 열린 공간은 녹색식물로 가득 차 있다. 저층으로 이루어진 개방적인 평면의 학교(**도판**. 487)는 거리의 각 부분에 배치되어, 주택 주변녹지의 잔디와 관목 등의 확산에 도움을 주고 있다. 후에, 암스테르담의 새로운 교외 지역도 이와 비슷한 형태로 개발되었다.

그의 건물 모델에서 볼 수 있듯이, 그는 고전적인 것에 강하게 끌렸던 인물이었다. 그러나, '산업도시'에 적용된 많은 세부사항들은 이와 같은 고전적인 것에서 탈피한 것들이었다. 평지붕 위에 정원이나 테라스가 있는 주택들(도판. 488)은 근대적인 구조방식과 지중해 문화의 오랜 전통을 훌륭하게 결합한 것임을 잘 보여주고 있다.

그의 계획안은 리옹에서 부분적으로 실현되어, 병원, 가축 방목장, 운동 경기장,

488. 토니 가르니에. 산업도시. 1901~04. 밖으로 개방된 계단과 옥상정원이 있는 철근 콘크리트 주택. 철근 콘크리트를 사용하여 나중에 다시 나타나게 될 문제점들의 해결에 이용했다.

주거지구등이 건설되었다.▼16

그의 계획은 노동, 주거, 교통, 여가 등과 같은 도시의 서로 다른 여러 기능들을 분명하게 분리하고 있다. 그는 각각의 기능에 적합한 공간을 할당하였고, 후에 어느 한 기능의 요구가 증내되더라도 다른 기능들을 방해하지 않도록 계획하였다. 녹지가 있는 그의 긴 주택 가구는 학교와 더불어 주거에 필요한 서비스를 갖춘 근린지구 단위를 형성하고 있다. 모든 건물들의 설계도면은 건설과 배치계획의 디테일한 부분까지 완벽하게 이루어져 있다. 여기서 나타나는 미래를 내다보는 그의 개발방식은 놀라울 정도이다. 그가 주재료로 사용한 철근 콘크리트는 학교, 철도역, 위생시설, 주거지역 등의 건설에 필요한 새로운 해결책을 제공하는데 큰 역할을 했다.

'산업도시'는 미래 도시계획에 가장 많은 공헌을 한 사람들 대부분에게 직접적인 영향을 미쳤다. 가르니에의 계획이 현대적인 방법에 그 뿌리를 두고 있다는 점에서 그 영향력을 쉽게 이해할 수 있다. 당시의 도시 개발은 가끔 예측하지 못한 과정을 밟기도 했다. 잃어버렸던 도시계획의 본질이 로마의 젊은 유학생에 의해 다시 회복된 것이다.

793쪽 01줄 Fifth Edition

489. 르 꼬르뷔제. 페삭 주거단지, 보르도 근처, 1926.

주

1.Camillo Sitte가 쓴 Der Sta¨dtebau(Vienna, 1889)의 영역판인 City Planning According to Artistic Principles, George and Christiane Collins 번역(New York, 1965)

2. Otto Wagner, Die Groszsadt, eine Studie u¨ber diese(Vienna, 연도 없음) 참조. 이러한 연구는 1890년대의 것이다.

3. pp. 698~700 참조.

4. Dugald Macfayden, Sir Ebenezer Howard and the Town Planning Movement(Manchester, 1933), p. 29.

5. Macfayden, p. 20.

6. Ebenezer Howard, Garden City of Tomorrow(London, 1899), p. 23.

7. Cheltenham의 대부분은 도시계획가로서의 그의 능력을 상징하는 곳으로 남아있다.

R. P. Ross Williamson, "John Buonarroti Papworth, Architect to the King of Wurtemburg," Architectural Review, vol. LXXIX, 1936. 또한 R. G. Thwaites, Early Western Travels, 1748~1846(Cleveland, 1904~07), vol. XIX, 참조. Bullock의 "Sketch of a Journey through the Western States of North America" 앞에 나오는 지도

8. 1903년에 건설된 그 최초의 모델인 Letchworth은 계획인구의 반 밖에 끌어들이지 못했다.

9. 예를 들면, Peter Behrens의 1918년의 계획; Rotterdam에서의 Vreewyke의 전원도시; Radburr, 1929년의 New Jersey, 자동차 교통과의 분리; 그리고 1932년의 Zurich 부근의 Neubu¨hl.

10. 1915년에 초판 발행;Jaqueline Tyrwhitt에 의해 편집된 개정판은 런던에서 1949년에 출판됨.

11. Patrick Geddes, Cities in Evolution, 개정판, (London, 1949), p. 170.

12. Lewis Mumford, The Condition of Man(New York, 1944), pp. 382~390.

13. Garnier, tude pour la construction des villes(Paris, 1917).

14. 이것은 다소 이상하다. 그 당시는 프랑스는 스포츠에 거의 관심이 없었다.

15. 이것을 완전히 글자그대로 받아들일 수는 없지만, 1900년대의 소규모 교통에 도움을 준것은 확실하다. Garnier의 설계에는 확실히 장래의 해결책의 기원이 존재한다.

16. Garnier, Les Grands Travaux la ville de Lyon(Paris, 1924) 참조.

암스테르담과 도시계획의 부활

Amsterdam and the Rebirth of Town Planning

우리는 1830년과 1850년 사이의 도시계획의 상황을 살펴보기 위해 런던을 중심으로 살펴보았다. 1850년과 1870년 사이의 상황의 예로 들었던 것은 파리였다. 그리고 1900년과 1930년대 사이의 예는 암스테르담이다. 이 짧은 기간 동안에 급진적인 발전을 한 몇 몇 도시가 있다. 1920년대 후반의 프랑크푸르트도 그 예중의 하나라 할 수 있으며, 비록 통합적인 방식으로 시행되지는 않았지만, 건축활동이 활발히 일어난 곳인 로테르담도 그 예라 할 수 있다. 아우트가 빈민층을 위해 신중하게 계획한 아파트를 짓고(1919년 이후), 반 티엔이 근대 유럽 도시의 특별한 요구에 더욱 신중하게 접근하기 위해 고층의 슬라브형 아파트를 지은 곳(1930년 이후)도 바로 로테르담이다.

794쪽 01줄 Fifth Edition

암스테르담은 1900년 이후 파괴되지 않은 상태로 도시계획의 전통을 보여주고 있는 몇 안 되는 현대 도시들 중의 하나이다. 이와 같이 중단되지 않은 건축 활동은 우리가 언급하고자 하는 목적에 특히 중요하다. 왜냐하면 중단없는 건축활동이 일어난 곳에서는 오랜 기간의 발전과정을 관찰할 수 있을 뿐만 아니라, 세계곳곳으로부터 여러 사례들을 수집할 필요가 없기 때문이다. 암스테르담은 이 시대에 적용되고 있는 주요 사조(思潮)를 연구하는데 가장 적합한 도시이다.

암스테르담의 도시계획은 '실제로 가능한 영역'안에서 이루어졌다. 거기에는 어떠한 변덕스러운 개발도 없었고, 유토피아적인 계획도 없었으며, 오직 꾸준한 진보만이 있었다. 우리는 그러한 작업의 이면에 담긴 작업방식을 분석적이라고 부를 수 있을 것이다. 그것은 1820년 무렵, 영국에서 계속된 대담한 투자를 싫어하는 네덜란드인의 기질에 적합한 것이었다. 암스테르담에서는 진보도 실수도 모두 느린 발전단계 속에서 일어났다.

암스테르담의 인구는 오랫동안 안정적으로 유지되었지만, 1875년에 갑자기 증가하였다. 이러한 증가는 암스테르담에 북해로 가는 출구가 된 운하가 개통된 이후 일어났다. 1875년과 1900년 사이에 인구는 거의 두 배로 증가하였고, 1900년과 1920년 사이에는 거의 50%의 인구증가가 있었다. 전쟁 기간을 제외한 이 두 번째 기간에 엄청난 건축활동이 이루어졌다.

어떤 계급을 위해서 이러한 건축활동이 발생하였는가? 초기 런던의 광장들과 크레센트는 가장 부유한 중상류층 계급과 신사계급을 위해서였다. 파리에서 오스망의 대로 건축의 주요 대상은 중류층이었다 - 물론 건물의 최상층에는 때때로 슬럼 같은 아파트에 가난한 사람들이 밀집해 살고 있었다. 암스테르담에서의 건축활동은 중하류층과 노동자 계급에 서비스를 제공하기 위해 실행되었다.

1920년대에 네덜란드를 여행하다 보면, 어디를 가든지 전지역에서 새로운 주택지 건설과 마주치게 되었다. 이러한 주택지 건설은 각각의 특성은 다양하지만, 깨끗한 벽돌 표면을 가지고 있고, 거대한 창문이 있다. 그리고 네덜란드 풍경에 현대 건축의 최상의 인상을 심어주려는 시각적인 의도에서 이 주택지 건설이 시작되었었다. 어느 곳에서도 이렇게 근대 건축이 한 나라의 전체 인상을 변화시키는 기회를 가진 적은 없었다.

Fifth Edition 795쪽 03줄

이러한 전면적인 발전을 위한 원동력은 **1901년의 네덜란드 주택법**으로부터 유래한 것이다. 〈하바드 도시계획 연구저서〉로부터 인용된 말을 따르자면 "이 법은 도시계획 분야에서 채택된 법 중 가장 포괄적인 단일 법안일 것이다. 이 법의 11개 조항은 전국적인 주택 문제를 완전히 처리하기 위해 필요한 항목을 구비하고 있다. 법안 통과 이후 몇몇 수정조항이 만들어졌지만, 이 법의 기본 구조는 그대로 남아 있었고 이 법은 네덜란드에서의 주택에 대한 모든 정부 간섭의 근거가 되었다."▼1 이 법령에 의하면 1만명 이상의 거주민을 가지고 있는 모든 도시들이 도시의 미래의 발전계획을 작성해야만 했다. 기본 계획 뿐만 아니라 상세 계획도 요구되었고 기본 계획은 10년마다 수정되어야만 했다. 토지 수용의 과정 또한 법에 의해 통제되며, 도시가 토지 수용을 쉽게 할 수 있도록 도와주고 있다.

이 법은 북유럽의 국가들이 주택문제를 처리하는데 있어 새로운 단계로 들어가던 시기에 제정되었다. 이 시기까지는 저소득층 가구를 위한 이상적인 주거지는 가끔 대박람회에서 전시되곤 했지만, 이러한 이상적 주거지는 건축활동에서는 정당한 역할을 하지 못했다. 1901년의 네덜란드 주택법은 현명하게도 저소득층 가구를 위한 주택건설을 조장하기 위해 제정된 것이었다.

협동 건축 조합은 국가로부터 아주 쉬운 조건으로 건축 신용대부를 받았다. 그 신용대부는 지역공동사회에 의해 보증이 되어 있다. 그러므로 이 법의 전체적인 경향은 도시가 모든 건축활동에 결정적인 영향력을 행사하게 만들어 주는 것이었다. 동시에 암스테르담은 항상 성공하지는 않았지만 투기가 지가를 올리기 전에 주택 건설 용지를 위한 토지를 취득함으로써 **도시 자체를 거대한 토지소유자로 만들기 위해** 집약적인 노력을 했다. 그리고, 런던에서 지주 귀족들처럼, 암스테르담 시는 토지를 파는 대신 토지를 임대하였다.

많은 도시가 이와 유사한 토지정책을 사용하려는 시도를 했었다. 그러나 암스테르담만이 각 부분이 동질적인 지역 전체의 건설에 실제로 성공해서 지역공동사회의 요구에 부응할 수 있었다. 건설업자들은 소위 "미관을 위한 위원회"의 제재를 따를 수밖에 없었다. 이 위원회는 도시에 균일한 파사드가 건립되는 것을 감시했다. 또한 이 위원회는 클러크(de Klerk)나 1920년대에 기타 암스테르담파 건축가들의 건축활동을 위한 위한 토대를 형성하게 되었다.

토지 임대와 파사드의 성격은 지역공동사회에 의해 철저히 통제되었다. 토지계획을 결정하는 기본계획을 규제하는 법령은 그 이후가 되어서야 제정되었다.

베를라헤의 암스테르담 남부지역 계획
H. P. Berlage's Plans for Amsterdam South

796쪽 14줄 Fifth Edition

1901년의 법령 이외에도, 암스테르담에서는 개인의 창조적인 노력에 의해 이때까지의 틀에 박힌 일상적인 것에서 탈피한 도시계획이 도입되고 있었다. 이러한 활동은 오직 네덜란드의 이 도시에만 국한된 것이 아니라 어느 도시에서나 발견할 수 있었다. 예를 들면, 비엔나의 오토 바그너는 결국은 성공하지 못했지만 시당국과의 오랜, 격한 싸움을 하고 있었다. 반면에, 암스테르담은 암스테르담 남부지역의 개발계획을 H. P. 베를라헤에게 위임함으로써 진정으로 재능있는 한 사람의 건축가에서 놀랄만한 자유를 주었다.(**도판**. 490) 베를라헤는 1902년에 개발에 대한 최초의 계획을 세웠다. 그의 이름을 유럽 전지역에 걸쳐 토론의 대상으로 만들어 놓은 증권거래소 건물이 그때 거의 완성되려고 했었다.

베를라헤는 시당국과 공공사업국(Department of Public Works)으로부터 완전히 독립하여 하나의 주거지역전체—암스테르담 남부지역—를 그 자신이 직접 설계하였다. 그 성과는 우리의 목적에 맞는 이상적인 선례를 제공해주고 있다. 이 시대의 도시계획의 구체적인 수준과 당시에 이룩된 실제의 한계에 대해서 이 이상으로 더 명확하게 고찰할 수 있는 곳은 어느 곳에도 없다. 베를라헤의 개발계획으로부터 나온 결론들은 건축일반에도 아주 밀접하게 적용할 수 있는 것이다.

베를라헤의 계획은 그 당시의 주요한 어려움을 말해주고 있다: 그 시대 특유의 문제들의 해결책에 대해서 새로운 표현방법을 찾지 못했다는 무능력. 우리는 특히 1902년 계획에서(1915년에 완성된 나중의 계획안에서도 어느 정도) 이 때까지의 수십년에 걸친 정해진 방식에서 벗어나려는 베를라헤의 노력과 주거지구를 인간미 넘치는 것으로 한다는 그 목적에 적합한 표현양식을 얻으려는 의욕적인 노력을 느낄 수 있다.

우리가 베를라헤와 같은 훌륭한 건축가도 전형적인 편견의 압도적인 힘으로부터 자유로울 수 없었다는 것을 인식할 때, 1900년의 판에 박은 형식의 공정 도시계획의 상황을 이해할 수 있다. 이것이 베를라헤의 암스테르담 남부지역에 대한 계획을 어느정도 세밀히 고찰해야 할 이유이다.

Fifth Edition 798쪽 12줄

첫눈에 보기에도, 베를라헤의 1902년 계획이 도시 설계라기보다는 뇌의 소용돌이 상태를 그린 것같이 보인다. 타원형으로 꼬불꼬불한 가로는 1860년대 오스망의 공원에서 자주 보이는 곡선을 나타내고 있다.(**도판**. 491) 이러한 특색들은 베를라헤의 최초의 계획안 전체에 보이는 **낭만적인 성격과 조화**를 이루는 것이다.

설계에 영향을 주고 있는 또 다른 것은 강제적이며 인공적인 축, 그리고 전체적인 격자형 체계에 대한 혐오이다. 카밀리오 지테의 교훈은 이러한 음울한 경관에 대한 해결책은 자연적인 성장형태를 가진 중세도시로의 회귀이다 라는 것을 보여주었다.

구체적인 문제는 중산층과 노동자 계급의 임대를 위한 주거지역을 건축하는 일이었다. 그것은 본질적으로 주택건설의 문제였다. 그러나 어떻게 상호 방해됨이 없이 각 주택을 집합시킬 수 있을 것인가? 이러한 문제에 대한 베를라헤의 관심은 계획의 모든 면에 분명히 나타나 있으나 동시에 보편적인 관례에 따른 평범하고 진부한 해결책으로 퇴보하기 싫어하는 혐오가 엿보인다.

실질적으로, 이러한 어려운 문제에 대한 진정한 해결은 그 때 당시에는 불가능했다. 비록 전원도시 사상이 몇 년 전부터 발전하고 있었지만, 베를라헤는 아마 거기에 대해서 들어보지 못했을 것이다. 어쨌든 전원도시는 그의 계획에 관련이 없다. 그는

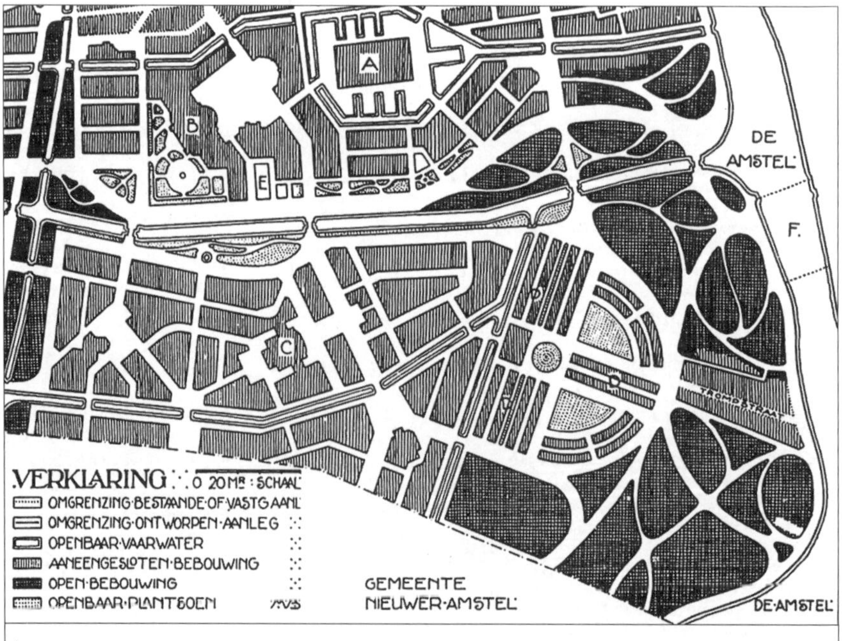

490. H. P 베를라헤. 남부 암스테르담 계획, 1902. 기존 공식을 부수려는 베를라헤의 시도로 야기된 불확실성과 함께 여러 가지 영향들이 서로 뒤섞여 있다는 점이 분명히 드러난다.

다소 인구밀도가 높을 것으로 예상되는 지구를 계획하고 있었다. 도시계획이 취해야만 하는 방향이 불확실한 이러한 시대에서, 베를라헤는 르네상스 방식으로 되돌아가 모든 주요한 가로의 축이 몇 개의 뛰어난 공공건물에 의해 지배되게 했다. 그것 때문에 각 지구에 그 성격을 주어야할 주택군은 오직 배경이 되어 버렸다. 그리고 주택들이 만드는 힘의 중심인 시장, 극장, 강당들은 임의대로 배치되었다. 주택들은 그 전계획을 연결해 주는 인위적인 중추이고 주택들을(결합이나 조합에 의해서) 상호관련 짓는 방법은 조각 그림 맞추기 놀이를 연상시킨다. 결국, 이들 주택은 인간적인 요구에 잘 적응하지 못했다. 또한 주택들은 햇빛의 움직임에 전혀 무관하였다.

이러한 실례는 1900년경에 가장 진보적인 사람들도 인위적인 기념비성으로 향하는 경향이 있다는 것을 보여준다. 여기서 인위적인 사이비적 기념비성이라는 것은, 심지어 도시계획이 도시계획가들에게 백지 위임될 때에도 도시의 조직화와 함께 나타나는 복잡성과 불확실성을 숨기기 위하여 그것이 사용되었기 때문이다.

1915년에 만들어졌던 베를라헤의 암스테르담 남부지역에 대한 두 번째 계획은 단지 개발에 대한 기본적인 골격만을 제공했을 뿐이다.(도판. 492) 시당국은 이번에는 실행의 세부사항을 구체화하지 않고, 도시의 미래의 확장에 대한 광범위한 양상을 포함하는 계획을 요구했던 것이다. 즉 장래에 어떠한 요구가 일어나든지 간에 이를 만족시킬 수 있는 계획을 요구했던 것이다. 베를라헤는 여전히 작업하는데 있어 자유로왔고, 그 부지는 방해물 없는 목초지였으며, 단지 몇 개의 작은 관개용 수로가 지나가고 있을 뿐이었다. 799쪽 14줄 Fifth Edition

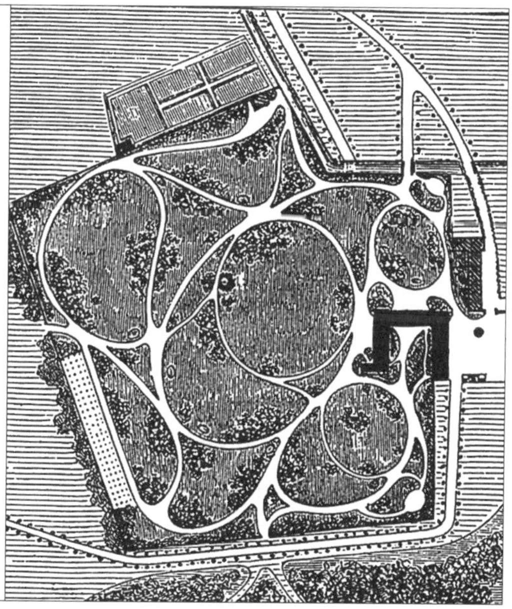

491. 프랑스의 조경 계획, 1869. 강낭콩 모양의 꼬불꼬불한 길은 베를라헤의 1902년 암스테르담 남부 지구계획을 연상시킨다.

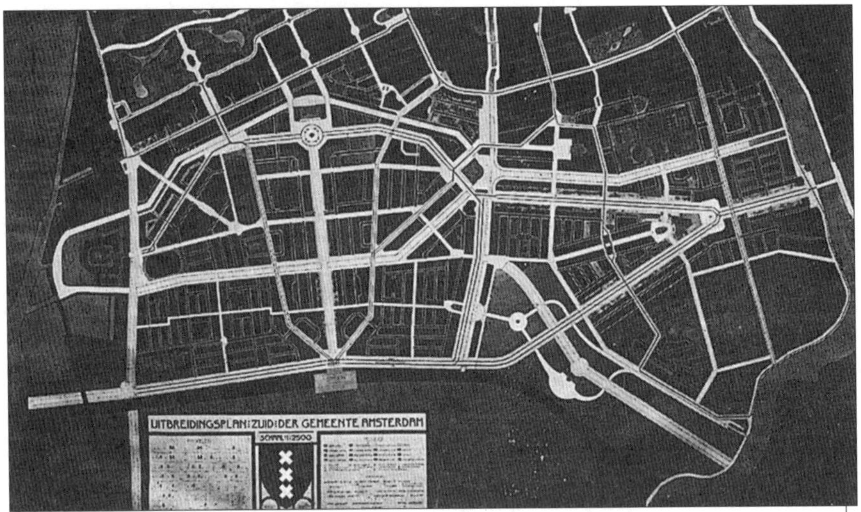

492. H.P 베를라헤. 남부 암스테르담의 최종 계획안, 1915.

베를라헤의 이 지역에 대한 최초의 설계도(아름답게 작성된 도면)는 암스테르담에 있는 공공사업국의 사무실에 걸려 있다. 일반적인 사람들이 느끼는 최초이자, 결정적인 인상은 지도에 나타나 있는 가로망으로부터 유래한다.

이러한 가로망은 아주 지배적이어서 우연히 도면을 보아도 도시 외곽의 미개발 지역을 점유하는 조용한 주거지역이라기보다 오히려 상업 중심지를 다루는 설계도 같이 생각될 정도이다. 가장 현저한 특징은 암스텔 강의 제방으로부터 이어지는 세 개의 가로에 의해 형성된 거대한 Y자형의 가로형태이다. 1915년 계획의 중추는 네덜란드에서는 이례적으로 폭이 넓은, Y자형의 기초가 되는 암스텔란 대로이다.

암스테르담 남부지역—특히 암스텔란의 주위(**도판. 493**)—는 1차 세계대전 이후 소위 암스테르담파의 건축가들에 의해 건설되었다. 이 그룹의 지도자인 드 클러크는 그가 일찍 세상을 뜨기 전에, 이 작업에서 중요한 역할을 했다.(**도판. 496**) 1920년대에 균일한 파사드를 가진 이 지구는 주거지역을 매력적이고 인간생활에 아주 적합하게 만들 수 있는 가능성이 있다는 것을 보여준 가장 유명한 실례였다.

암스텔란은 교통상의 통제 때문에 도로의 폭을 엄청나게 넓게 만든 것도 아니었고 또한 교통상의 통제를 위해 그 가로수나 중앙의 녹지부분을 설치한 것도 아니었다. 그것은 또한 (파리의 리처드 - 르노와르 대로(1861~63)처럼) 수로나 땅이 끊긴 곳을 이어주기 위해서 건설되었던 것도 아니었다.(**도판. 494**) 그 조경은 전에 리처드 - 르노와르 대로에서 도로 아래의 옛날 수로를 계속 활용할 수 있게 하기 위해서 만들어진 채광이나 환기통을 눈에 띄지 않게 하는 풍아한 칸막이 이상의 것이었다. 그 넓은 폭과 녹지대, 이 둘은 모두 거주자들에게 더 많은 공기와 자유를 주어 더 좋은 생활 공

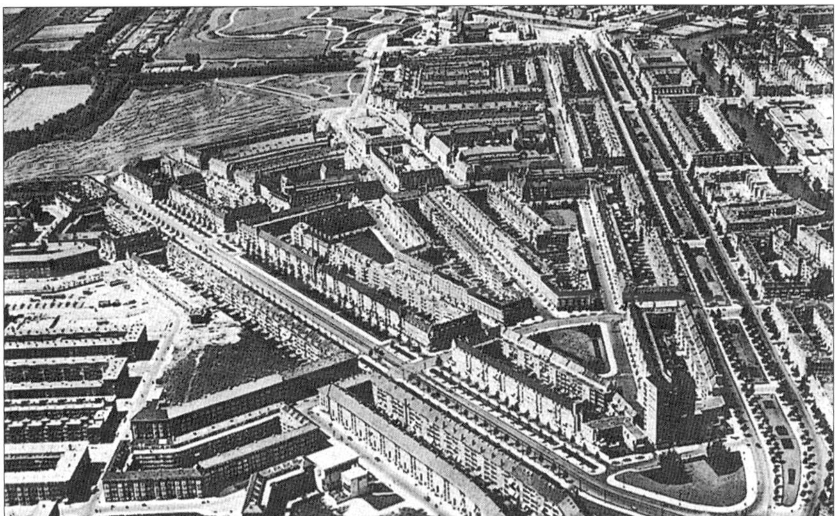

493. 암스테르담 남부 지역. 1930년대의 암스텔란 남북부. 공중에서 본 모습.

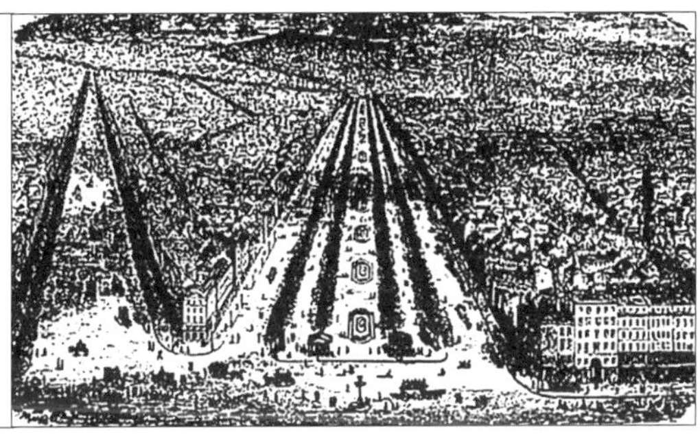

494. 리처드 - 르노와르 대로, 1861~63.

간을 창출하기 위해 의도된 것이었다.(**도판.** 495) 그리고 가로의 파사드는 파사드뒤에 밀집된 주택의 혼잡을 숨기기 위해 옷장의 문으로서 사용되지 않았다. 암스텔란의 정면에 위치해 있는 주택들의 후방에는 잔디와 관목이 심어진 넓은 중정이 있었다.▼2 그러나 1915년의 계획은 전체적으로 암스테르담 남부 지역의 주택건설의 요구를 충분히 조사하고 추진된 것은 아니었다.▼3

베를라헤가 1902년에 전원도시 운동을 알고 있었는지에 대해서는 의심스럽지만, **그는** 1915년에 **전원도시를 단호히 반대하고 있다.** 그 무렵, 그는 주거지의 아파트먼트 블록은—이전의 시대에서처럼—개개의 주택을 상호 종합시킬 수 있는 건축의 창조적인 형식이 출현하기 전까지는 유용한 최고의 수단이라고 서술하였다. 건축 당국은 가로의 통일이 그 부분으로서의 주택을 포함하도록 단일주택 대신에 가로 전체나 가로의 부분을 통제해야 한다. "주택 건설은 점차 대량생산의 작업으로 되어가고 있다. 블록 형식의 건물은 다시 활용되어야만 한다. 더욱이 해결책을 제공하기 위해서 이

전보다 더 광범위하게 사용되어야만 한다."▼4

이 시대에 일반적이었던 음울한 거리 전면에 대해서 뿐만이 아니라 전원도시의 낭만적 이상안에 대한 베를라헤의 반대는 충분히 이해할 만하다. 이 지구에 대한 그의 계획에서 그는 치료책으로서 통일된 외관과 조용하고 눈에 띄지 않는 온건한 배치의 사용을 제안했다. 이러한 것들은 우리가 그의 증권거래소 건물에서 발견할 수

495. 암스테르담 남부 지역. 암스텔란. 거리가 하나의 유닛으로 다루어진 최초의 계획안중의 한 예. 상당히 인간미 넘치고 주택 뒷편에 정원이 펼쳐져 있지만 이곳은 여전히 19세기적인 가로의 모습을 하고 있다.

496. 암스테르담 남부 지역. 암스텔란. 드 클러크가 설계한 아파트, 1923. 이 구역은 암스텔담 학파에 의해서 조성되었으며 특히 이 그룹의 지도자인 드 클락이 이 작업에서 중요한 역할을 했다.

있는 바로 그 특징이다. 그러나 동시에 그의 역사적인 위치도 여기에서 명백해진다. 통일된 외관을 가진 가로를 건설하려는 이 요구는 오스망의 온건한 파사드를 부활시키겠다는 요구이기도 하다. 사실, 베를라헤는 영원히 지나간 역사적 수준을 다시 얻으려고 노력했다. 그러나, 이러한 시도는 새로운 개발을 위해 분위기를 일신시켰다.

암스테르담 남부의 부채꼴 지구를 지나가는 가로에는 원예에 대한 네덜란드인 특유의 노력에 의해서 수목이나 화초가 광범위하게 심어져 있다. 이 계획은 이전 시대의 악몽적 도시계획보다는 더욱 더 인간적이고, 기품이 넘치는 것이었다. 그러나 이 계획은 1900년 이전 시대의 건축처럼, 새로운 생활 개념에 입각하여 진정한 현대적인 표현을 아직까지도 하지 못하고 있다. 그 계획은 단지 가로를 개혁하고 전체의 배치상에서 가로의 중요성을 약화시키는데 성공했을 뿐이다. 그것은 주택에 의해 구분된 가로에 지나지 않았으며, 이러한 종류의 가로는 대도시에서의 거주 문제에 대한 해결책은 아니었다. 이것이 그 지구가 눈에 띄는 웅장함을 가지고 있다는 것을 부인하는 것은 아니다. 누구라도 암스테르담 남쪽 지구를 여행하다 보면 그런 기분이 들 것이다. 그리고 이 시대의 유럽 대륙의 어느 곳에서도 이처럼 녹지와 균일한 주택의 열이 우아하게 결합되어 있지는 않았다.

베를라헤는 정말로 인상적인 가로 체계를 형성시켰고 도시의 전체 지구를 한 단위로 생각하는데 필요한 용기를 보여주었다. 개별적인 주택의 파사드는 사라졌고, 균일한 가로의 벽(마치 표면처럼 처리된 벽)이 그 자리를 차지하였다. 이들 벽은 거리의 모퉁이에서 기념비적인 성격을 띠며 서있었고 그래서 더욱 비난을 받았지만, 결코 평면의 효과를 버리지 않았다.

우리가 그 시대 이후의 발전 개념에서 암스테르담을 다시 본다면, 그 계획이 19세기 도시계획의 주류라는 것을 알게 될 것이다: 그 가로가 전체를 지배한다. 암스텔란은 더욱이 그 계획 전체를 대표하는 것이다. 그러나 개혁은 있었지만 새로운 개념은 없었다.▼5

암스테르담의 종합 확장 계획, 1934

The General Extension Plan of Amsterdam, 1934

804쪽 01줄 Fifth Edition

1934년의 암스테르담의 종합 확장 계획은 공공 사업국에 의해 실행된 공동 업적이었다. 그것은 전체 전문가 부원들의 긴밀한 협동작업을 나타내주고 있다. 그 계획안은 전체로서 오늘날의 세계에 대한 반응으로서 현대예술의 접근법과 유사한 접근방법의 징후를 보여주고 있다.▼6

우리의 주요한 관심은 우리 시대가 자신의 본질을 의식하게 되는 방법이다. 따라서 기술적인 세부사항에 대해서는 대부분 외면해왔다. 그러나 암스테르담의 확장계획의 경우에는 그 계획에 의해 해결되어야만 했던 과제를 모르고서는 그 확장계획의 내부구조에 작용하는 모든 경향을 이해할 수가 없다.

공공사업국에 의해 준비된,[▼7] 암스테르담 시의 미래의 발전을 위한 기본계획(**도판. 497**)은 지역공동사회의 사회적 구조를 결정하는 모든 요소들의 긴밀한 상호 관계에 토대를 두고 있다. 제안된 모든 방법들은 출생률, 사망률, 유입인구수, 유출인구수 등등의 중요한 통계에 그 토대를 두고 있다. 얻기가 더욱 어려웠던 통계에는 지역에서 생활할 수 있는 인구수 계산, 인구변화율과 인구변화의 방향, 경기변동의 가능 진로의 예측 등이 있으며 이러한 통계도 계획에 들어갔다.

Fifth Edition 806쪽 01줄

이런 모든 요소들을 모두 검토해볼 때 암스테르담의 인구는 비록 한 세기 동안에 900,000~1,000,000명까지 증가할 것이지만, 결국은 인구 증가가 멈추게 될 것이라는 결론을 얻을 수 있었다.[▼8] 그러므로, 암스테르담의 확장 계획은 250,000명의 추가적인 거주민들이 1934년과 금세기 말 사이에 수용되어야만 한다는 가정에 토대를 두고 있다.

확장은 건축 목적으로 전환되기 위해서는 수십 년의 준비 기간이 필요한 서쪽으로 계획되었다. 중요지역은 서쪽 외곽의 항구와 선창 너머에 대규모 산업 공장들이 있는 지역이었다. 개발의 남쪽 부분은 조선소와 근처의 산업 공장에서 고용되는 노동자들을 위한 주거지역으로 계획되었다. 그 당시 거기에는 그들의 직장에서 가까운 적당거리 안에 이러한 사람들을 위한 설비가 충분히 정리되지 못했었다. 이 주거지는 1915년의 베를라헤의 암스테르담 남부지역의 경계에까지 뻗쳐 있었다.

이 종합확장계획은 도시 주위의 농촌지대를 파괴하지 않았다. 도시 외곽에 있던 과수원 경영자들은 토지 수용을 당하지 않았으며, 남쪽 경계에 있는 암스텔의 제방위의 자연경관은 그대로 보전되었다.

남서쪽에서는, 극도로 신중하게 계획된 대공원이 개발되었다.(그중 하나가 오스망의 불로뉴 숲과 비슷한 정도의 크기로서 2,135 에이커의 면적을 차지하는 장대한 암스테르담 보쉬이다.) 이 공원체계는 건축 용지에 부적당한 토지를 골라서 그것을 수목지대로 전환시킨 것이다.

주민들의 여가에 대한 요구는 세부적으로 연구되었다. 일반 사람들은 집으로부터 4분의 1마일 이상 떨어진 공원을 이용하지 않는다는 것이 밝혀졌다. 두 공원 사이의 최대 거리는 그러므로 2분의 1마일로 제한되었다. 즉 이러한 계획은 의식적으로 인간적 규모, 산책자의 규모에 조화되어 있는 것이다. 그것은 르 꼬르뷔제가 도시계획에서의 근본적인 요구사항으로 주장했던 "현관의 계단 주변에 있는 운동장"의 방향으로 향하는 것이었다.

497. 암스테르담 남부지역의 마스터 플랜, 1934. 과학적 조사 수치에 토대를 둔 미래의 발전을 위한 기본 계획. 도시 확장을 고려한 이 계획은 경직된 구조로 다루어 지지 않고 유동적인 것으로 의도되었으며, 전체적인 윤곽만을 보여주도록 되어 있다.

Fifth Edition 807쪽 05줄

심미적 관점에서 본다면, 이 계획은 그 새로운 도시 구조 때문에 중요했다. 이전의 과밀한 주택집단의 연속적인 확산은 도처에서 다양한 규모의 녹지대에 의해 분리되었다.

250,000명의 추가적인 주민들은 **1만호의 주거로 된 주거 단위의 건설에 의해 수용**되도록 계획되었다.(**도판**. 498) 각 주거는 평균적으로 3.5명의 주민들을 수용하게 된다.

미래의 인구 구성과 미래의 주민 요구를 예측하는 방법은 네덜란드에서는 아주 일찍부터 발달되었다. 1920년에, 로테르담 시는 필요한 주택의 수와 그 주택에 수용되는 사람들의 종류, 그리고 그들이 원하는 주택의 종류를 정확히 결정하기 위해 신중하게 차별화된 방법을 사용하였다.[▼9] 암스테르담 확장계획에 있어서 1주거당 3.5명의 주민을 수용한다는 결정은 이러한 조사의 결과에 의해서 이루어졌다. 계획 당국은 주민들의 다양한 요구, 전체적으로 인구에서 각 유형의 비율이 얼마를 차지하는가 뿐만 아니라 어떤 다른 범주의 주민들이 수용되어져야 하는가를 알 수 있었다.

1만호의 대단위 주거의 건설은 이러한 다양한 요구들을 반영하고 있다. 대다수(6,500개)의 주거는 두 개의 방과 한 개의 부엌을 가지고 있다. 1,500개의 주거는 세 개의 방을, 1,100개의 주거는 네 개의 방을 가지고 있다. 450개의 주택은 6명의 자녀가 있는 가족들을 위해 설계되었고, 260개의 주택은 특히 노인들의 요구를 충족시키기 위해 설계되었다.

개인 기업과 협동 조합이 이러한 대주거 단위를 실제적으로 건설하였다. 그러나 시 당국은 평면, 파사드에 대해 통제를 하였으며, 각 유형–두 개, 세 개, 네 개의 방, 기타 등등–의 주택들이 배치될 장소를 결정하였다. 개인 기업과 협동 조합은 1만호의 주거 전체가 유기적 통합성을 유지하도록 시당국에 의해 승인된 부지에 건물을 건설하여야만 했다.

도시계획은 예비조사를 토대로, 한 지구의 인구를 구성하게 될 사람들의 요구에 의해 통제되어야만 한다. 암스테르담 확장 계획에서는 연속적으로 줄지은 4층 주택이 가장 많이 쓰여지고 있다. 200㎥의 단위용적을 가지는 각각의 아파트로 구성되어 있는 이러한 열들은 그 끝 부분이 개방되어 있어서, 폐쇄된 블록이 되지 않았다.(**도판**. 498) 8층 주택과 같은 고층 건물은 이때 당시에는 드물었다.[▼10] 남향의 1층 주택은 과거의 네덜란드 전통을 따라 노인들을 위해 계획되었다. 각 주택 형식 사이의 높이, 배치, 공간에 있어서의 차이는 배치계획 속에서 예기치 못했던 상호균형관계를 확립시켜 주고 있다.

우리기 도시의 비교적 작은 몇몇 부분을 조금 더 성실히 고찰한다면 이 작업의 특

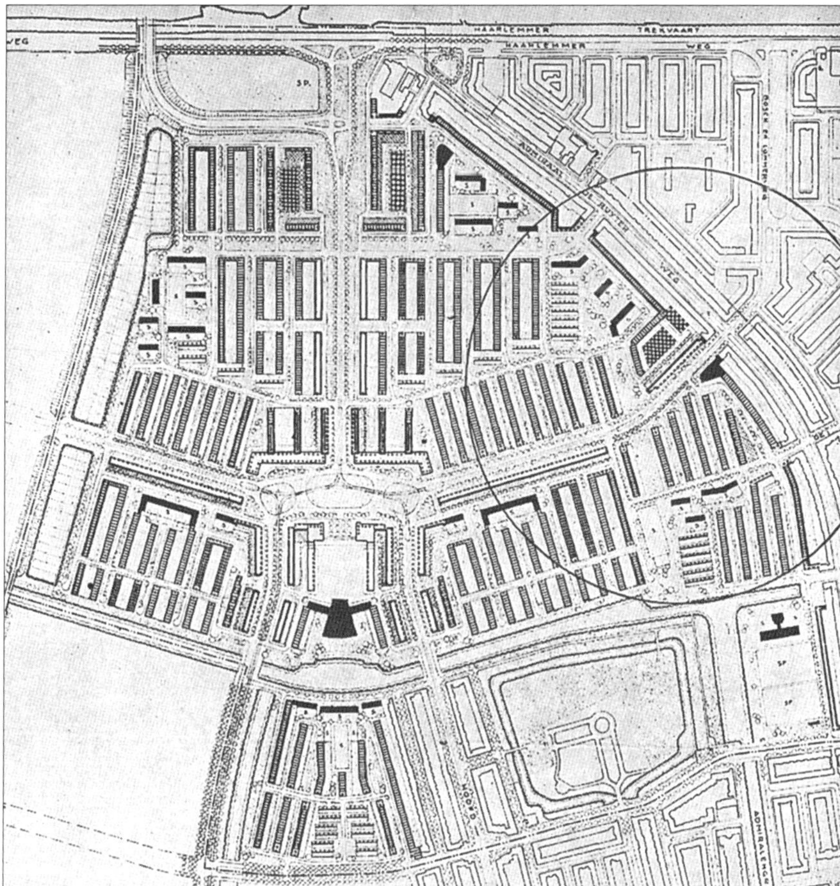

498. 암스테르담, 마스터 플랜 보쉬 앙 롬메르 지역, 모형의 일부분. 전체적인 확장 계획안의 단일 유니트. 35,000명의 주민을 수용. 모형에 나타난 근린 지구 유닛은 개방공간과 정원을 가장 경제적으로 이용하도록 되어 있다.

별한 성격을 이해하는데 도움이 될 것이다. 이러한 이론적 연구는 계획의 실질적인 실행에 있어서 대체 어떤 효과가 있는 것일까?

먼저 여기서는 암스테르담 서쪽 지역의 작은 한 지구를 살펴보아야만 한다.▼11 거기에는 각종의 건물이 혼합해서 서있고 남쪽 외곽 지역에는 학교가 있다. 이 지구의 확장계획에서는 3~4층의 주거블록이 요구되었다.(**도판**. 499) 건축가들(각종 주거블록을 담당한 건축가들)은 주거블록을 교통로에서 직각으로 놓고 널찍한 배치계획을 제안했다.(**도판**. 501) 그들은 주거블록의 남쪽이나 끝부분에 충분한 공간을 주어 그 공간에 노인들의 비교적 작은 주거지를 배치시켰다. 이 배치계획은 전체 설계에 완전히 적합하게되었고, 그 효과는 건물의 양호한 방위에 의해서 강화되었다. 변화된 환경에 쉽게 조화할 수 있는 것이 바로 유연성 있는 기본 계획의 주요 장점 중 하나이다.

저소득층 계급을 위해 700개의 아파트를 제공하기로 했던 계획은 여러 개의 협동 건축 조합에 의해서 실행되었다. 협동 건축 조합 중 하나인 **"헷 웨스텐(Het Western)"** 조합은 1937년에 건축가인 메르켈바흐와 카르스텐에 의해서 설계된 208개의 아파트를 건축하였다.(**도판**. 500)

이 두 사람의 건축가는 주민들에게 가능한 한 최대의 편의를 제공하려고 노력했었다.(**도판**. 502) 거실의 전면에는 넓은 프랑스식 창이 있어서, 여름에 창문을 활짝 열 수 있으며, 이사 가기에 편하다. 협동 조합은 또한 정원과 놀이터를 보수하였다. 주거지 전체에 걸쳐 각 아파트가 실제의 모든 요구에 적합하게 만들어졌다는 인상을 받는다. 이러한 사실은 208개의 아파트가 건립되었을 때 쏟아져 들어왔던 신청서로부터 분명히 알 수 있다.

주거지와 사 생활의 상호관계

Interrelation of Housing and Activities of Private Life

Fifth Edition 810쪽 10줄

주거지는 프라이버시 이상의 것을 제공해야만 한다. 주거지는 공원, 운동장, 학교, 레크레이션 센터, 상점, 상업지에 대한 접근성을 제공해야만 한다. 이러한 요구는 항상 인식되어져 왔지만, 문제는 이러한 요구들이 분리되어 해결되었고, 전체 체계 내에서는 해결되지 않았다는 것이었다. 이때까지의 도시계획은 주거와 다른 활동들과의 상호관계를 신중히 예측된 방법으로 다루지 못했다. 암스테르담 서부지역 개발에서 19세기의 혼란한 모든 방법들은 버려졌고, 사전에 이런 모든 활동이나 이들 복잡한 상호관계에 대한 대책이 준비되어 있었다. 그리고 예비 조사와 계산에 의해서 요구가 있으면 언제든지 변화할 수 있는 유연성 있는 계획을 만들어냈다.

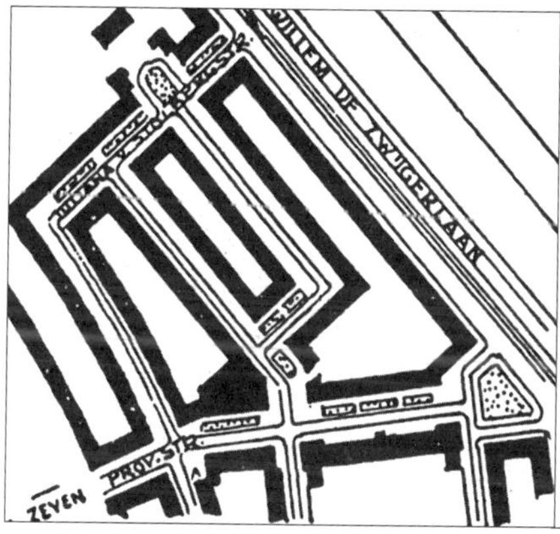

499. 암스테르담 서부 지역의 마스터 플랜, "헷 웨스텐"에 관한 제안. 이러한 제안들은 그대로 정확하게 받아들여 지지 않는다. 헷 웨스텐"이 대규모 유닛과 조화를 이루게 된다면 건축가들은 자신들의 개념을 어느정도 자유롭게 개발할 수 있다.

500. 메르켈바흐와 카르스텐. 저가의 주거단지. 암스테르담 서부지역("헷 웨스텐"), 1937. 1934년도 계획안에서 실제로 지어진 부분.

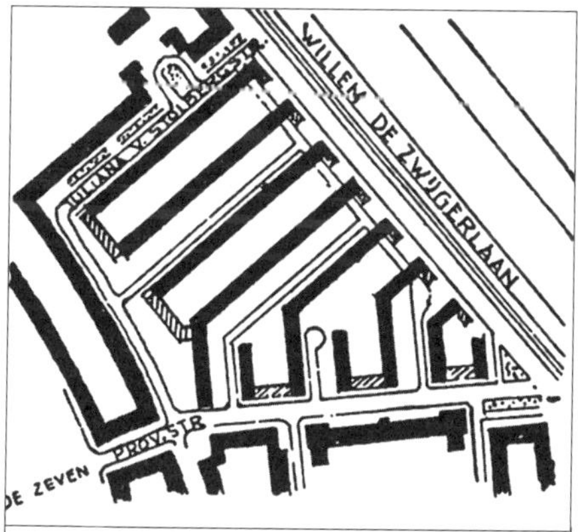

501. "헷 웨스텐"의 건축 실무자들에 의한 마스터 플랜의 변동사항.

502. 메르켈바흐와 카르스텐. 저가의 주거단지. 암스테르담 서부지역 "헷 웨스텐". 거실과 아이들과 부부를 위한 두 개의 침실, 부엌, 발코니, 샤워실이 배치된 아파트. 네덜란드는 저렴한 임대료로 높은 생활수준을 보장하는데 성공했다. 로테르담에 지어진 아우트의 아파트에 사용된 방식. 즉 이용 가능한 공간을 최대한도로 활용하려는 세심한 방식은, 암스테르담의 이 아파트에서 사용된 방식과 유사하다.

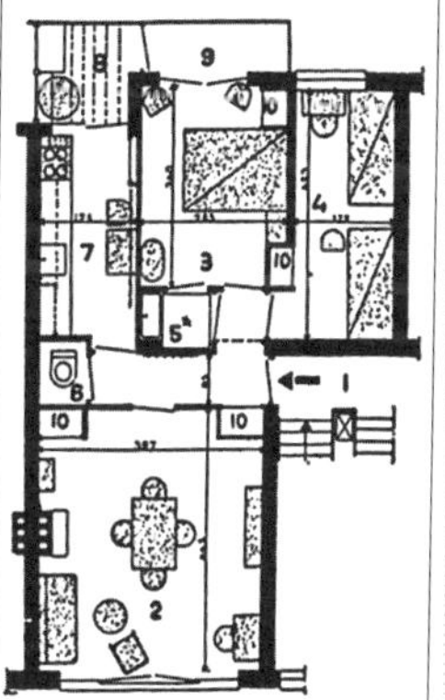

도시계획가의 작업은 경우에 따라서 기능들을 합치거나 분리시킴으로써, 지구내의 다양한 기능들이 상호 간섭하는 것을 피해야 하는 것이다. 이와 같이 도시계획가들은 주거지의 도로에서 간선도로를 분리하여 통과 교통에 사용하지 않고 주거전용의 것으로 한다. 또한 그들은 한 지역에 상점을 집중시킴으로써 사무실의 불규칙적인 분산을 막을 수도 있다. 학교, 놀이터, 운동장과 같은 것들을 주택의 열과 잘 연관시켜서 경제생활과 양립할 수 있는 최대한도까지 녹지를 도시내부에 관통시킬 수도 있다.

이러한 계획은 도시 구조의 변화를 가져온다. 근대 주택의 평면은 형식적이 아닌 유연성 있게 되어 왔다. 근대도시의 계획도 같은 경향을 따른다.

네덜란드에서 이러한 목적을 달성하기 위한 모든 방법들은 아주 신중하게 실행되어야만 했다. 토지는 아주 고가여서 극대로 절약해서 사용해야만 했다: 모든 집에는 측량을 위한 말뚝이 설치되어야 하며, 정밀한 기술적 서비스가 이루어져야만 했고, 녹지와 열린 공간에는 수십 년의 준비작업이 필요했다. 이러한 모든 요소들은 지가의 상승에 공헌하게 된다.

게다가, 임대료는 아주 낮은 수준에서 고정되어 있다. 이러한 상황에서는 천재의 자유로운 비행을 위한 공간이 없게 된다. 조심스럽게 한 단계, 한 단계씩 올라가는 발전만이 가능한 것이다.

이러한 개발에서의 네덜란드의 경험은 다른 나라의 동시대 건축가들의 경험과 면밀히 대조되고 검토되었다. 도시계획 당국은 이런 면밀히 연구된 자료나 그 도시의 설계를 지도하는 자료를 저장하는 정보센터였다. 실행된 결과에 의해서 이들 전문가들이 채택한 방법은 계속적으로 정당화되었다.

때때로 암스테르담의 주택이 너무 밀집해 있다든가, 더 넓은 열린 공간과 더 많은 개개인의 자유가 필요하다든가 하는 반대의 소리가 있었다. 하지만 이 계획은 전체로서 계획가의 힘을 넘어서 보다 자유로운 설계를 할 수 있는 환경 하에서 효과를 나타내고 있다. 암스테르담의 공무원 중 한 사람이 말했듯이, "이러한 계획을 만든 것은 실제로는 건축가가 아니라 사회였다."

Fifth Edition 812쪽 22줄

대규모 도시의 발전계획에 있어서 필요한 기술 부원들은 오스망에 의해서 1850년대 파리 개조 기간 동안에 처음으로 조직되었다. 그때 이후로 이러한 종류의 기술 부원들이 다루는 임무는 변화되었다. 그 임무에는 가로, 간선도로, 공원, 하수도, 상수도 등등 주민들에게 서비스를 제공하는 기술적 문제 뿐만이 아니라 각각의 시민들을 위해 통합된 생활을 촉진하는 방법도 포함되었다. 그 이후 시대의 개발의 초점은 개인이었으며 또한 도시 전체 생활과 개인 활동의 상호 관계에 그 초점이 맞추어졌다.

암스테르담 확장 계획은 계속적인 도시성장을 전제로 하였다. 그리고 도시를 인간화하기 위한 그 계획은 아무리 인구가 증가해도 도시의 한계를 확장함으로써 증가 인구를 처리할 수 있을 것이라는 확신과 결합되어 있다. 위성도시는 계획되어지지 않았다. 1만호의 대주거 단위와 35,000명의 주민들은 도시 성장이 계속되는 한 계속적으로 도시와 결합되어야 한다.

이러한 계획을 실현시키는 꾸준한 과정 속에서, 실제적으로 작용하는 조건-즉 계산에 의해 가까운 미래에 가장 일어날 확률이 많다고 생각되는 조건만이-이 고려되었던 것이다. 채택된 모든 방법들은 결과라는 그 이후의 경과에 의해 정당화되었다. 강이 한 장소에 위치하며 그 하상을 변화시키듯이, 생활은 원래의 계획에 살을 붙이고 원래의 계획을 변화시켰다.

네덜란드의 대중적인 교통차량인 자전거의 유효범위가 확장계획의 규모에 대한 기본단위를 구성하고 있을 지도 모른다. 그러므로 다른 나라에는 이러한 것이 적합하지 않을 지도 모른다. 그러나 비록 그것이 사실일지라도, 암스테르담에서 달성된 업적의 가치는 결코 감소되지 않는다. 중요한 것은 구체적인 개발의 성공이 아니라 이러한 개발에서 사용된 방법들이다. 런던이나 뉴욕과 같이 암스테르담보다 열 배나 큰 도시도 있었지만, 이러한 도시들은 계획의 방법에 있어서 암스테르담보다 한참 뒤떨어져 있다. 아직도 고립된 부분에만 수술을 가하여 병에 걸린 대도시의 몸체를 회복시키려는 시도는 계속되고 있다. 슬럼지역이 여기저기에서 선택되고, 재건축이 실행되고 있었지만, 도시 전체의 무질서는 단지 증가하고 있을 뿐이다. 조사와 통계가 충분하지 않았던 것이다. 그들 도시는 오늘날의 도시가 취해야 할 발전방향에 대한 종합적인 이해나 비전에 의해서 뒷받침되어야만 한다. 813쪽 09줄 Fifth Edition

암스테르담 계획에서는 도심부의 슬럼을 깨끗이 제거하기 위한 시도는 포함되어 있지 않았다. 그 계획은 오직 외곽에 새로운 도시를 건설했을 뿐이다. 계획의 자유와 유연성은 회랑이나 격자형 가로 체계에 의해 절망적으로 제한되지 않았다. 1934년에 암스테르담 확장계획 속에서 시·공간의 개념(현대도시계획의 기초)을 이미 느낄 수 기 있다.

주

1. Richard Ratcliff in Mabel U. Walker의 Urban Blight and Slums(Cambridge, 1938), p. 398(Havrad 도시계획 연구저서의 vol. XII). Ratcliff는 건설 기준, 주택과 인구조사, 부적당한 구조물의 폐쇄 및 파괴, 토지수용, 도시계획, 슬럼 제거와 재개발, 국가와 시정부에 의한 재정지원 등의 사항이 슬럼 지역과 황폐지역에 미치는 효과를 조사했다.

2. J. J. P. Oud는 Tusschendiyken 주거지 계획(1919)에서 apartment 블록을 인간화시키기 위한 방법으로 내부의 중정을 처음으로 사용하였다.

3. 나중에 건축가들은 이 계획(그 당시는 보통으로 보였지만)이 교통의 요구에 대해서는 전혀 신경 쓰지 않았다고 지적했다. 그래서 Amsrellaan이 광장으로 열려 통하기 직전에 주요 간선도로(Rjin Straat)가 Amsrellaan을 가로지른다.

4. 이 말은 1915년 계획, "Memoir van Toelichting." Gemeenteblad van Amsterdam, 3월 9일, 1915. 의 서문에서 인용한 것이다.

5. 베를라헤는 네델란드에서 도시계획의 성장과 발전에 엄청난 영향을 미쳤다. 그는 그 자신이 여러 개의 네델란드 도시에 대한 광범위한 계획을 세웠다. 그 도시는 Hague(1908), Rotterdam(1914), Utrecht(1921) 등이었다. 그는 Rotterdam의 Mercatorplain과 같은 기념비적 성격의 몇몇 광장을 건축하였다. 베를라헤의 60세 생일을 기념하여 출판된 논문집 Dr. H. P. Berlage en zihn werk(Rotterdam, 1916) 속의 K. P. de Bazel가 쓴 논문 참조.

6. 암스텔담 공공사업국에 의해 1934년 11월 발행된 두 권의 책 참조. 그 책의 제목은 Algemeen utibreidungsplan이다. 이 책과 지도를 보면 계획에 대해 완전히 이해할 것이며 계획 속에서 사용된 방법들을 완전히 이해 할 수 있을 것이다. 이 책은 모든 도시계획가들의 필독서이다.
영문 참고 서적으로는, Town Planning Review(Liverpool), vol. XVII, no1(1936년 6월) 과 Architectural Review(London), vol. LXXXIII(1938년 6월)에 Arthyr Korn가 쓴 "A New Plan for Amsterdam"이 있다.

7.이 종합계획은 시에 의해 요구되어, 공공사업국이 준비를 했으며, Amsterdam 시의회가 확장을 위한 기본 계획을 승인하였다. 조사, 계획, 실행도 똑같은 순서로 도시, 공공사업부, Amsterdam 시의회에 의해 이루어졌다. 몇몇 다른 도시에서는 상황이 아주 달랐다. 예를 들면, New York에서 1929년의 New York과 그 교외에 대한 광범위한 지역 조사는 도시에 관심을 가졌던 개인 시민 단체에 의해 이루어졌으며, 공무적인 성격이 전혀 없었다.

8. D. T. Delfgaauw, "A Study of the Future Growth of Population in Amsterdam", Journal of the Town Planning Institute(London), 1933년 2월, pp. 79~80.(1960년대에 인구는 약 870,000명이었다.)

9.Van Tijen의 Rotterdam에서의 경험으로 이런 고층의 건물들이 네덜란드의 습관에는 맞지 않는 것이 명백해져 고층 건물의 사용이 억제되었다.

10. Van Tijen's experience with them at Rotterdam revealed that they did not suit Dutch habits, and this discouraged their use.

11. 자세한 내용은, Tijdschrift voor volkshuisvesting en stedebouw(Amsterdam). vol. XVII, no. 9(1937년 9월) 참조

9장

SPACE – TIME IN CITY PLANNING

도시계획의 시 · 공간

- 파괴인가 혹은 변화인가?
- 도시계획의 새로운 규모
- 변화하는 도시 개념

도시계획에 대한 오늘날의 태도
Contemporary Attitude toward Town Planning

현대 도시계획가의 일반적인 태도란 대체 어떤 것일까? 도시계획가는 무엇을 달성하기 위해 노력하는가? 어떤 개념으로부터 그는 작업을 진행하는가? 이러한 질문들은 우리의 주제를 고려해볼 때 매우 중요하다. 왜냐하면 도시계획은 무엇보다도 인간적인 문제가 자장 중요하기 때문이다. 그것은 결코 기술적이고 경제적인 문제만은 아니다. 도시계획은 현대의 생활 개념을 완전히 이해하지 않고서는 결코 만족스럽게 수행될 수 없는 것이다.

Fifth Edition 816쪽 10줄

건축의 영역에 있어서 도시계획처럼 보편적인 견해의 영향을 강하게 받는 부문은 없다. 현재로서는 도시계획의 아주 작은 부분만을 형태나 구조 속에 표현할 수 있다. 주어진 제안속에 어떤 견해 가 관계있다 하더라도 그것은 명확하게 강조되는 것이 아니라 어렴풋하게 나타날 뿐이다. 그러나 견해가 눈에 보이듯이 명확히 나타나지 않는 경우에도 근대적인 건물을 지탱하는 숨겨진 철골의 골조처럼, 도시라는 유기적 조직체를 통일하는 방향으로 작용을 한다. 도시계획에서 이러한 유기적 통합이 없을 때에는, 불완전하게 설계된 건물에 버팀벽이 필요로 하듯이, 도시계획은 항상 인위적인 편법에 의존하게 된다.

미래의 도시계획가들은 기술적 한계를 넘어 더욱 전진해야 할 것이다. 인간 생활의 통합을 회복하는 것이 작업에 있어서 가장 중요한 일이다. 현대적 태도의 대표자는 네덜란드인인 반 에스테렌▼1 이다. 그는 암스테르담 시의 수석 건축가로서 1929년에서 1960년까지의 종합 확장 계획을 실행하였다. 우리는 그와의 대화를 통해 한 도시계획가의 정신에 대한 개별적인 고찰을 할 수 있을 것이다.

에스테렌에 따를 것 같으면, 도시계획가는 원래 건축과 관계가 없다고 한다. 또한 도시는 재정적 투기의 대상이 아니며, 러시아의 공식적인 태도처럼 도시가 생산 도구들중의 하나도 아니다. 그는 도시가 어떻게 생겼고, 또한 어떻게 현재의 성장단계에 도달했는가를 발견하기 위해 노력했다. 그는 도시의 부지(이것은 특히 네덜란드에서는 아주 특별한 중요성을 가진다.)에 대해 될 수 있는 한 많이 알고 싶어했고, 도시와 주변지역과의 관계, 그리고 도시와 국토전체와의 관계를 알고 싶어했다. 무엇보다도 그는 도시에 수용될 여러 범주에 속하는 사람들의 생활방식을 연구했다. 그는 그들이 젊은지, 늙은지, 결혼을 했는지, 독신인지, 아이가 많은지, 아이가 적은지를 알고자 했다. 이러한 사람들이 일하는 곳과 그들이 선택하는 교통, 주거지와 산업지 사이의 거리를 고려해야 했다. 또한 도시의 도로와 주거지와의 관계를 통제해야하며, 도시를 더 이상 가로와 축이라는 일원적인 선형의 관점이 아니라 인구 밀도의 관점에서 생각을 했다. 그의 도시에 대한 접근방법은 이러한 인구밀도에 의해 좌우된다. 예를 들어, 암스테르담 확장 계획에서 인구밀도는 헥타아르당 110~550명이었다.

도시계획가의 당면과제는 그 계획이 현재의 조건에 적합하도록, 더 나아가 가능한 미래의 조건에도 적합하도록 광범위한 조사를 통해 수립되는 것이다. 그러나 그는 융통성 없는 결정적인 방식으로 계획을 수립하면 안 된다. 그는 각 부분을 예측할 수 없는 여러 변화들을 충족시키는 방법으로 다루어야만 한다. 목표와 기존의 현실, 그리고 희망과 모든 사실들 사이에는 활기찬 상호관계가 존재해야 한다. 주거, 노동, 여가의 기능들을 강제적으로 딱딱하고 최종적인 배치와 일치시키려는 시도를 해서는 안 된다. 기능의 최종적인 형태를 환경들의 상호작용에 맡겨두고, 단지 종합적인 분포를 시도해야 한다. 그러나 이러한 배치가 우연히 개발되도록 방치해서는 안 된다. 그의 목적은 모든 특별한 조건에 가장 적합한 형태를 찾는 것이어야 한다. 그는 어떤 기능을 제공해야 하는지 알아야 한다. 그의 임무는 현재의 가능성과 조건으로부터 전체를 창조하는 것이다.

도시계획의 토대는 바로 지금의 생활개념이다. 그것이 없이는 도시계획가가 직면하는 엄청난 실질적인 문제들 속에 질서를 가져올 수 없다. 이러한 생활 개념은 여러 방법으로 모형화되고 표현되고 있다. 예를 들면, 현대의 교통은 우리의 공간 감각을 훈련시켜주며 예민하게 만든다. 혼잡한 가로를 건너는 도시 주거자들은 그들의 뒤에서 무슨 일이 일어나고 있는지 알고 있는 것처럼 보인다. 이러한 시 · 공적 의식은 바로크 시대에는 알려지지 않은 것이었다. 그것은 일종의 원시적 감각을 재발전해온 일레라 할 수 있다. 817쪽 32줄 Fifth Edition

현대 도시계획은 좀 더 복잡한 방식으로 발전되어야 하며, 이전보다 더 세밀한 관계망을 고려해야 한다. 제도판상의 단순한 이차원적인 도시계획(이전 세기의 방법)은 충분하지 않으며, 바로크 시대의 삼차원적인 도시계획도 역시 충분하지 않다. 현대 도시계획가는 다른 접근방법을 취해야만 한다. 도시계획은 모든 '구성적 요소'를 신중하며 살아있는 조화를 이루는 방향으로 이끄는 것이어야 한다. 예를 들어, 계획가가 묘지나 시장의 적절한 위치를 정할 때는 그 지역의 대조적인 성격을 마치 손끝으로 벨벳이나 금강사를 만지듯이 명확히 인지하는 것처럼, 거의 감각적으로 계획을 검토할 수 있어야 한다.

현대도시(지금까지 단지 그 일부분만 실현되었다.)에는 공간적인 것 이상의 상호관계가 존재하고 있다. 이러한 미묘한 가치들이 바로 도시의 매력과 관련있는 요소들이며 지역 공동사회가 다양한 기능을 적절하게 통합하기 위해 의존해야 하는 요소들이다. 어떠한 '구성 요소'(심지어, 기술적이고 산업적인 요소들도)도 다른 요소들을 희생하면서 모든 것을 지배할 수는 없다. 기술적이고 산업적인 요소들은(19세기처럼) 개발을 복잡하게 만드는 것이 아니어야 하며, 난관을 극복하는데 도움을 주는 것이어야 한다. 도시는 이런 방식을 통해 정적인 상태에서 유기적 조직체의 자유로운 균형상태로 발전할 수 있는 것이다.

주

1. Van Eesteren은 건축가로서 훈련을 받았지만, 어려서부터 도시계획에 전념할 결의를 굳혔다. 그는 여행장학금을 그 당시의 주도적 유럽 예술가들과 접촉하는데 사용했다. 우리가 이미 언급했듯이, 그는 반 도에스부르그밑에서 일하였다. 청년시절 데 스틸 그룹의 회원과 같은 근대 건축가들에게서 받은 훈련은 그의 발전을 위한 토대가 되었다.

파괴인가 혹은 변화인가?
Destruction or Transformation?

우리는 지금까지 건설, 회화, 건축 등(상호 완전히 독립적인 분야들)의 다양한 영역 속에서 방법상의 동일성이 어떤 방식으로 일어났는가를 지적하고자 했다. 앞서 현대 건축을 기능적 관점이나 사회학적 유형의 관점에서 설명할 수 있다고 언급했다. 그러나 이러한 설명만으로는 충분하지가 않다. 그것은 단지 지식적인 측면에서 언급한 것이다. 또한 현대 건축의 토대를 이루는 감정의 특성을 내포하고 있지 않으며, 그 특성을 밝히지도 못하고 있다. 도시계획 역시 마찬가지이다. 도시는 본질적으로 항상 사회·정치·경제적 이익의 집합체였기 때문에 도시구조의 변화를 인식하기가 어렵다. 우리가 잘 알고 있듯이, 때때로 도시구조의 변화는 외부 압력에 의해 독립적으로 진행되기도 했다. 예를 들어, 과거의 도시들은 전쟁(무기의 발전)에 의한 외부 공격으로부터 방어하기 위해 그 도시 구조를 바꿀 수밖에 없었다.▼1

현대 도시는 예외없이 외부의 위험보다는 내부에서 나타난 해악에 의해 더욱 크게 위협받고 있다. 그것은 바로 기계가 가져온 재난이다. 도시는 서로 다른 기능들의 혼합과 진보하는 기계화, 자동차의 범람, 무질서 상태 등의 이유로 산업 기계에 의해 좌우되고 있다. 도시를 이런 상황으로부터 구하기 위해서는 그 구조의 변화가 뒤따라야 한다. 전쟁 도구에 의해 그 구조가 변화한 것처럼 산업화에 의한 구조의 변화도 그것이 재난을 통해 나타나든가, 통찰을 통해 수행되든 간에 피할 수 없는 현실이다. 도시는 변화해야 한다. 그렇지 않으면 파멸의 길을 갈 수밖에 없다. 또한 우리의 문명 역시 도시와 더불어 멸망할 것이다. 819쪽 08줄 Fifth Edition

건설과 건축에 대해 논해온 것처럼, 도시 형성이 감정적으로 조절되는 범위내에서 우리 시대 도시의 구조와 그 형성 경향과의 관계를 찾기 위해 그 형성과정을 살펴보고자 한다. 도시구조의 변화에 대한 저항은 개인적인 이해 관계와 감정적인 원인에서 비롯된다. 한 지역의 발전에 있어서 완전한 자유만으로는 충분하지 않다. 심지어 토지 이용에 대한 국가의 권위가 절대적인 나라에서조차도 권력을 잡은 사람들이 현대의 예술적 개념에 마음이 움직이지 않는다면 계획은 여전히 19세기의 사상을 따를 것이다.

혼란한 기능들의 혼재가 심했던 19세기부터 계승되어온 대도시는 사멸해야 하는지 아니면 그렇게 되지 말아야 하는지에 대한 문제가 대두되고 있다. 그 한 견해로 거대도시는 해체되어야 한다는 것이다. 또 다른 의견으로, 거대도시는 해체되기 보다는 우리 시대의 구조와 특성에 따라 변화되어야 한다는 것이다.

도시의 분열을 어떤 식으로 완수할 것인가에 대하여 여러 의견들이 있다. 세부적인 면에서는 차이가 있지만, 한 가지의 공통된 경향이라 할 수 있는 유기적인 것에 관한 관심은 중요한 의미를 갖고 있다. 그 주장은 바로 문명의 해악에 대한 자기방어로서 우리 시대에 강력하게 대두되고 있다. 이러한 제안들 사이의 차이점은 유기적 발전 실현방법 정도이다.

Fifth Edition 820쪽 05줄

그 제안들 중의 하나는 거대하게 부풀려진 도시에 인구를 집중시키기보다는 나라 전체를 1~2에이커의 토지로 나누어 인구를 재분산해야 한다는 것이다. 이러한 지방분산은 도시 거주자에서 어떤 하나의 독립적인 산업화된 농촌단위에서 생활하는 농촌 거주자로의 변화를 야기할 것이며, 산업과 농업 사이의 균형을 유지해줄 것이다. 이것은 도시라는 개념의 완전하고 의식적인 파괴를 뜻한다. 또한 직업의 차별화로 인해 작은 규모의 자급자족적인 토지 소유자들이 지배권을 갖게 되어 우리 문명의 뿌리깊은 직업의 차별화를 없애려는 것이다. 이러한 계획은 프랑스의 유토피아적 경제학자인 샤를르 푸리에의 사상까지 거슬러 올라간다. 그는 현존하는 산업 체제에 반대하여 각 개인이 자기의 최대 만족을 찾을 수 있는 사회적 · 유기적 생활을 통해 인간 본성의 완전한 발전을 성취할 수 있기를 바랬다. 푸리에는 농업이 주요 산업이 되는 지방분산적인 사회생활을 구상했다. 그의 사상이 발전된 1820년대 이후, 많은 사회 사상가들은 산업화에 의해 파생된 해악에 대처하기 위한 노력으로 그의 견해를 따랐다. **브로드에이커 시티**를 저술한 프랭크 로이드 라이트는 이와 유사한 성향의 20세기 이론가들중 가장 유명한 사람이었다. 그는 그 자신이 인정했듯이, 랄프 보르소디[▼2]의 실험과 사상에 근거하여 자신의 계획을 세웠다.

자급자족적 단위가 경제생활에 있어서 특별한 위치를 차지한다는 것은 명백하지만, 정치 체제와 상관없이 우리 문화에 근간으로 자리잡은 차별화된 조직을 이러한 원시적 형태의 사회가 대체할 수 없다는 것 또한 명백한 사실이다. 자급자족적 사회는 농촌을 농촌도 아니고 도시도 아니면서 이 둘의 한계를 모두 가지고 있는 버림받은 잡종으로 변화될 수도 있다. 어쨌든, 농업을 주요 산업으로 하면서 거주민들을 작은 지역 공동사회의 일원으로 만들려는 제안은 오늘날의 해결책이 요구하는 문제와는 거리가 있는 것이다.

도시는 파괴될 필요가 없으며 변화되어야 한다는 것에 반대하는 관점 역시 인간이 자연으로부터 분리될 수 없기 때문에, 결국 도시는 현재의 형태로 지속할 수 없다는 의견과 같다고 볼 수 있다. 그러나 이러한 관점 역시 도시는 현대적이며 지나가는 현상 이상의 것이란 사실도 지적하고 있다. 도시는 많은 다른 시대로부터 나온 문화의 산물이다. 따라서 도시의 생 · 사는 현재의 생활이나 조건에 의해 결정될 수 있는 것이 아니다. 도시는 산업화 시대 이후 오용되었다는 그러한 이유만으로, 혹은 도시의 전체 구조가 기술적 생산품인 자동차의 침입으로 무기력해졌다는 그런 이유만으로 파괴될 수는 없다. 이 문제는 좀 더 폭넓은 시야를 가지고 검토해야 하며, 다른 여러 가지 문제도 함께 바라볼 수 있도록 더 확장되어야만 한다. 도시가 모든 사회와 문명과 관련있는가? 도시라는 집합체는 처음에는 방어를 위해, 나중에는 생산을 위해서 발생되었는가? 혹은 도시라는 제도는 인간 그 자신의 심원한 욕구에서 발생하였는가? 도시는 우리가 라디오, 텔레비전, 자동차와 같은 기계적 발명품들을 통해 그 어려움을 극복해야만 하는 발전단계상의 일시적 현상에 지나지 않는 것일까? 아니면 도시는 기계화의 방해에도 불구하고 인간과 인간의 접촉에 근거한 영속적인 현상인가?

현재 거대도시의 상태가 비인간적이며, 이런 식으로 계속될 수는 없다고 주장하는 사람들도 옳다.

여기서 중요한 문제는 이러한 견해 역시 도시의 종말을 전제로 하는 가이다. 오늘날 거대 도시에서 볼 수 있는 통제 불가능한 무질서는 도시란 체제 그 자체를 파괴하지 않고는 제거할 수 없는 것일까? 도시가 계속된 인간 문명의 요소라고 믿는 사람들은 도시의 전체구조가 현재 생활의 욕구와 요구에 조화되지 않을 때는 도시의 존재가 위협받는다고 생각한다. 분명히, 소규모적인 방법만으로는 어떤 도움이 되지 않는다. 그리고 이 부분에 있어서는 라이트의 생각이 분명히 옳았다. 이러한 소규모적인 방법들은 회복에 대한 진정한 희망을 주지 않으며 단지 도시 존재를 인공적으로 연장시키는 정도에 도움을 줄 뿐이다. 가로를 더욱 더 많은 신호등으로 자르고, 슬럼을 제거하여 새로운 건축물을 세운다고 해서 긍정적인 결과를 얻을 수 있다고 볼 수는 없다. 현존하는 슬럼을 파괴한다고 해서 오늘날의 운영 불능에 빠진 기계적인 도시 그 이상을 만들 수는 없다.

오스망이 파리의 개조를 시작했을 때—당시의 어느 한 사람이 말했듯이—그는 도시의 몸체를 무단정치의 일격으로 잘라 도시의 본체에 파고 들어갔던 것이다. 분명히 그는 날카로운 칼날을 뽑아서, 혼잡지구를 통과하는 직선의 통과교통로를 만들었 822쪽 15줄 Fifth Edition

던 한 번의 저돌적인 공격으로 교통문제를 해결했다. 우리 시대에서는, 좀 더 영웅적인 행동이 필요하다. 우리가 해야할 첫 번째 일은 고정된 건축한계선을 가지고 자동차 교통이나 보행자나 주택이 혼합되어 있는 회랑을 없애는 것이다. 현대도시의 근본적인 구조는 모든 세 가지 부분에 대한 자유의 회복을 요구하고 있다. 교통에 대한 자유, 보행자에 대한 자유, 주거지와 산업지에 대한 자유. 이러한 것은 교통, 보행자, 주거지와 산업지를 분리함으로서 달성될 수 있다.

오스망의 무한히 연속되는 가로는 건축학적 특징일 뿐만 아니라 르네상스 시대에 태어난 예술적 비전에 대한 개념, 즉 시각상의 원근법 그 자체에 속한다. 오늘날, 자동차의 출현에 의해 지향되고 있는(기술적 고려에 기초를 둔) 상황에서는 우리의 시대에서 생겨난 예술적 비전, 즉 시간 · 공간의 측면에서 도시를 바라보아야 한다.

Fifth Edition 822쪽 34줄

도시는 인간의 요구에 따라 형성되어야 한다. 도시속에서 인간의 권리가 회복되어야 한다. 거대한 건물 집합체를 자연환경 속에 배치하는 전통은 우리의 건축적 유산에서부터 나온 것이다. 그 전통은 루이 14세의 베르사유 궁으로부터 런던의 광장에 이르고 있다. 1850년, 오스망의 파리 계획안은 런던의 광장과는 대조적으로 교통과 주거 기능을 서로 혼합되도록 했지만, 런던의 광장은 현명하게도 인간이 주거와 더불어 자연과의 친밀한 교제와 조용함을 원한다는 것을 반영하는 것이었다. 현대의 건축과 도시계획분야에서는 자연이라는 장대한 옥외로부터 분리될 수 없다는 과거의 요구가 부활되고 있다.

이를 어떻게 달성할 수 있는가? 우리가 도시는 대량의 석조건물 이상의 존재가 되어야 한다는 법칙과 도시가 중세처럼 소규모로 생명력있는 토양과 연결되어야 한다는 법칙, 또는 바로크 후기에서처럼 녹색식물의 혼합에 의해 도시가 살아있는 토양과 연결되어야 한다는 법칙들처럼 도시 생활의 영원한 법칙을 어떻게 실현 시킬 수 있을까?

현대 도시계획가의 태도를 간단히 설명하면서, 우리는 기본적인 요구사항으로서 도시계획가는 보편적인 생활 개념을 채택하여 현대의 예술적 방법을 통해 그 생활 개념의 표현을 고려할 수 있어야 한다고 언급했었다. 보편적인 통일성은 우리가 의식하지 못한 상태로 모든 기술적 · 공학적 · 사회적 · 심미적 문제들의 토대를 이루고 있다.

주

1. Lewis Mumford의 The Culture of Cities(New York, 1938). 이 책은 도시구조의 변화에 관한 한 사회적, 정치적, 경제적 발전에 토대를 두고 있다. 특히 도시의 성장에 대한 무기와 방어의 영향을 지적하고 있다. 그의 최근의 저서인 The City in History(New York, 1963)에서도 마찬가지였다.

근대건축 국제회의(CIAM)의 후원하에서 준비된 책(Can Our Cities Survive? J. L. Sert 편집, Harvard University Press, 1942)은 18개 나라의 주요 도시계획가들이 만든 원칙에 근거한 현대 도시의 생활조건에 대한 종합적인 분석적 연구를 포함하고 있다.

2. Ralph Borsodi는 소지주단위와 산업화된 가내 생산(조그만 트랙터, 소규모의 노동 절약적 기계, 등등으로)을 통해서 지방분산(분배주의)이라는 계획을 처음에는 오하이오 주, 데이튼에서 1935년 이후에는 뉴욕으로부터 차로 한시간 거리내에 있는 New York주, Suffern근처의 Bayard Lane에서 자기의 계획을 실현시켰던 경제 고문이었다. John Chamberlain의 "Blueprints for a New Society: Borsodi and the Chesterbelloc", New Public, 1940년 1월 참조.

Borsodi의 저서, This Ugly Civilization(New York, 1929)은 전체 공장과 산업체제에 대한 공격의 내용을 담고 있다. Flight from City(New York, 1933)에서 Borsodi는 음식 통조림에서 옷을 만드는 것에 이르기까지 모든 기능을 수행할 수 있는 소규모의 자급자족적 지역공동사회에 대해 이야기 하고 있다.

도시계획의 새로운 규모
The New Scaie in City Pianning

1930년대의 미국 공원도로
The American Parkway in tne Thirties

Fifth Edition 823쪽 19줄

우리는 19세기에서 보았듯이 건축에 앞서 건설이 가끔 무의식적으로 그 시대의 진정한 구성력을 표현했다는 사실을 발견했다. 기술자는 전문적인 분야에서 도시의 재조직화에 자주 관계하였기 때문에, 미래 개발과 관련하여 도시계획가 보다 더 근접한 경우도 있었다. 그들이 1920년대와 1930년대 초에 개발한 미국의 공원도로(우연하게도, 유럽에서는 동시대 건축과 관련하여 녹색식물에 대한 관심을 쏟고 있었다.)는 전체적으로 현대도시의 한 요소이자 우리 시대의 비전에서 생성된 것임을 보여주었다.

"공원도로"에 대한 정의는 명확하지 않다.▼1 후바드 교수가 지적했듯이, "공원도로의 명확한 법적 정의는 공원을 통과하는 도로가 있는 폭이 좁은 공원을 뜻한다. 그것은 주로 교통을 위해 존재하지만, 대부분의 경우 유흥을 위한 교통을 위해 존재한다"▼2 이러한 의미에서 공원도로는 새로운 것이 아니다.▼3 그러나, 현대도시와의 관계에 있어서, 1930년대 초에 개발된 현대적 공원도로는 분명히 보통의 법적 정의와는 다르다. 미래도시의 한 요소로서 교통과 보행자의 권리가 회복되어 있다. 공원도로는 두 기능을 서로 분명히 분리시킴으로써 각자에 완전한 자유를 주어 이 두 기능을 조화시킨 것이었다. 이러한 분리로부터 공원도로의 기본 원칙이 생겨난 것이다. 즉 거기서는 행동의 자유가 방해받지 않으며, 모든 지점에서 교통은 간섭이나 방해없이 유지되도록 되어 있다. 이러한 교통의 안정적 흐름을 유지하기 위해, 직접 교차는 허용되지 않고 도로와 인접한 토지의 소유자는 직접적인 접근권을 가질 수 없다. 교차점에 집중되는 상반된 교통 흐름은 우회도로나 도로를 연결하는 클로버형 교차로를 이용하도록 되어 있다. 전통적이든 우연이든, 초기의 공원도로들은 뉴욕이란 한 특정지역에서 1930년대의 대규모 공원체계로서 창조되었다는 것은 흥미로운 일이다. 1858년,▼4미국의 위대한 조경건축가인 오름스테드 1세는 뉴욕의 센트럴 파크 계획에서 바위를 깍아 노면을 만들어 교차 교통 차량을 위한 지하도로를 건설한 적이 있다.(도판. 503)

여기까지는 공원도로가 유럽의 경사없는 고속도로인 자동차 도로(autostrade)와 동일하다고 말할 수 있다. 그러나 공원도로는 유럽의 고속도로처럼 군사적인 목적을 위해 설계된 것이 아니며, 또한 위험스러울 정도로 전원지방을 직선으로 관통하는 도로도 아니다. 또한 철도처럼 직접적이고 빠른 대중교통수단을 제공하는 것도 아니다. 그 대신, 조경속에 완전히 동화되어 등고선을 따라 오르내리는 형태로서 지형을 따라 설치된 고속도로이다.▼5 이 도로는 전원지방에 설치되어 완만한 녹색 경사지 속에 홈이 파여져 있는 것처럼 보이며 인접 토지와 자연스럽게 동화되어 눈으로 볼 때 자연과 조경 건축을 구분할 수 없을 정도이다. 중앙에는 차량의 반대쪽 움직임을 분리하기 위해 녹지대를 설치하였다. 이 녹지대는 도로의 진로에 따라 넓어지기도 하고 좁아지기도 한다. 때때로 차선은 교량 부근에서는 합류되고, 그 아래로 지나갈 때는 결합과 분리를 계속하면서, 노선 사이에 식수대(植樹帶)를 둔 상태로 흘러간다. 공중에서 본 조망은 이러한 초기 공원도로의 거대한 범위와 평면적인 선형의 아름다움, 그리고 우아한 연속적인 곡선을 보여주지만, 자동차 운전대를 잡아야만 그러한 것들이 진정으로 무엇을 의미하는 지를 알 수 있다. 위험한 속도를 내게 하는 충동을 주는 끝없는 직선로의 비인간적인 강압이 없으면서도 예기치 않은 교통 신호와 교차교통으로부터의 해방과 전방진행의 방해로부터의 해방 등이 그 주요 특징이다. 공원도로가 경사지 사이의 지형에 조화를 이루고 있으며, 분리되어 있는 녹색의 식수대는 반대쪽 교통 흐름의 위험을 방어하면서 운전자에게 심리적 안정감을 준다. 더욱이 노면을 전원지방의 구조에 적합하게 함으로써, 즉 도로의 오르막과 내리막, 그리고 곡선의 부드러운 회전, 그리고 교차하는 도로나 교량의 아래를 지나는 곳에서 서행에 앞서 눈이 확 트이는 개방감 등은 운전자로 하여금 합리적인 속도를 유지할 수 있도록 제한 효과도 얻고 있다. 운전자에게 자유가 주어진 것이다. 오랫동안 굴곡선을 그리며 움직이는 경사를 차를 타고 오르내리는 것은 토양 위를 떠다니는 것이 아니라 토양에 접촉하고 있는 기분과 높은 산의 옆면을 타고 아무도 손대지 않은 눈을 따라 스키를 타고 빠르게 움직이는 듯한 기분을 느끼게 한다.**(도판. 504, 505)**

또 다른 부분에서는, 기술적 차이가 있기는 하지만 넓은 도로를 연결하는 교량의 거대한 접속을 통해 강이나 섬을 가로지른다.**(도판. 506)** 이러한 교량들과 그 위의 도로, 그리고 셀 수 없을 정도로 많은 단일 클로버형 교차로나 삼중 클로버형 교차로에서 나타나는 근대적 조각들은 거대한 규모의 가능성 역시 우리 시대 고유의 것이라는 것을 증명하고 있다. 베르사유의 성에 나있는 창문으로 광활하게 펼쳐진 자연 공간을 한 눈에 다 볼 수 있던 시대에는 가능했지만, 우리 시대의 정신으로부터 탄생한 많은 창작품의 경우처럼, 공원도로의 의미와 그 아름다움은 한 번의 관찰로서는 쉽게 눈에 들어오지 않는다. 그것은 교통의 법칙이 규정하는대로 안정된 교통흐름을 따라 나아가는 직접적인 행동에 의해서만 알 수 있는 것이다. 이러한 우리 시대의 826쪽 01줄 Fifth Edition

시 · 공간감은 한 손으로 운전대를 잡고, 언덕을 따라 오르내리락 하면서 고가도로 밑을 빠져나와 경사로를 오르면서 거대한 교량을 건너 운전 할때에만 분명하게 느낄 수 있는 그런 감각이다.

Fifth Edition 831쪽 03줄

1880년대 후반, 새로운 잠재성이 건축에 도입된 곳은 시카고였다. 그러나 공원도로 창조와 관련된 공적은 뉴욕에 있다고 할 수 있다. 300마일 이상의 공원도로가 2차 세계대전 이전에 거대도시 지역에 건설되었다. 초기의 공원도로들은 도시 외곽에서 끝났다. 그 공원도로들 중의 하나인 헨리 허드슨 공원도로(1934~1937)는 웨스트체스트 공원 체계와 연결되어 있었고, 맨해튼 서쪽 지역을 따라 아래로 거의 섬 끝부분까지 13마일 정도로 확장되었다.(도판. 508) 다른 쪽에 있는 롱 아일랜드 체계의 노던 스테이트 공원도로(1931~34)는 열린 공간을 통해, 강을 따라, 강을 건너, 그리고 몇몇 공원을 지나 맨해튼 동쪽 입구까지 이어진 주 간선도로이다.(도판. 507) 여기서부터 이스트 강 옆을 따라 맨해튼 남쪽 끝부분까지 이어져 허드슨 공원도로와 만나게 된

503. F. L. 오름스테드. 센트럴 파크의 육교, 뉴욕시티, 1858. 미국의 유명한 조경 건축가인 오름스테드가 사용한 초기의 이 육교는 그렇게 훌륭한 것이 아니였다. 현재의 교통 혼잡 때문에 이 육교가 필요했던 것 뿐이다.

504. 메리트 공원도로, 코네티컷, 1939. 공원도로 배치의 모범이 되는 유기적인 레이아웃의 걸작품. 농촌 지형에 적합한 노면 사용, 교통로의 세심한 배치. 차량동선과 보행자 동선의 분리. 교차로의 육교등.

505. 메리트 공원도로, 코네티컷, 1939. 육교가 포함된 사진.

506. 트리보로 다리로 접근되는 랜달 섬, 토끼풀, 뉴욕 시티, 1936. 섬과 연결되는 넓은 차도가 나있는 이러한 다리와 잎이 한 개 혹은 세 개 나있는 수많은 클로바의 근대적 조각을 통해, 대규모 스케일의 가능성이 우리시대에 내재되어 있었음을 알 수 있다. 움직임을 다루는 방식과 구조에 표현된 시공간 개념.

507. "프레첼," 그랜드 센트럴 공원도로와 그랜드 센트럴 공원도로 확장 부분, 유니언 유료 고속도로, 인터보로 공원도로, 퀸대로, 뉴욕시티등이 만나는 교차지점, 1936~37. 주요 교통로를 교차시키고 분활하는 1930년대의 문제가 매우 정교하고도 조직적으로 해결된 사례.

508. 헨리 허드슨 공원도로를 포함하는 웨스트 사이드 개발. 1934~37. 1930년대의 공원도로는 도시를 통과하지 못하고 도시 주위만를 에워싸도록 되어 있다. 그래서 Westcher공원의 줄기로서 북쪽 교외에서부터 뻗어나오는 헨리 허드슨 공원도로는 섬의 끝부분에 이를 때 까지 맨해튼의 허드슨 강변을 누비고 있다.

다.(도판. 508) 이와 같이 두 개의 공원도로들은 맨해튼 반도 전체를 둘러싸고 있다. 이 공원도로들은 맨해튼 동쪽이나 서쪽지역에서부터 반대편까지 가거나, 월 스트리트에서 반도 남쪽 끝까지 갈 때 지하철을 이용하는 것보다 더 빨리 갈 수 있는 유일한 도로였다. 몇 개의 새로운 레크레이션 센터와 그것들을 연결하는 고속도로가 있는 이러한 거대한 원주형 공원도로는 새로운 규모로서 도시의 선구자가 되었다.

그러나 도시 그 자체의 문제는 거의 손대지 않았다. 그 당시 공원도로는 도시의 거대한 몸체가 시작되는 곳에서 끝이 나 있었다. 공원도로는 도시가 유연성 없는 구조로 되어 있고 도시 그 자체 속에서 견고히 연결되어 움직일 수 없었기 때문에 도시를 관통할 수 없었다. 그는 공원과 공원도로에 대한 작업에서 오스망처럼 정열과 정력을 보여주었다. 그 당시 뉴욕 공원 위원회 위원이었던 로버트 모세스는 자신의 계획이 실행되고 있을 때 "계획가는 도시 한계 내에서 교통문제를 처리하려고 하기 때문에 연속적으로 계획을 만들어내고 있었다." 하지만 이러한 모든 계획은 쓸모가 없었다고 지적했다. "어떤 안들은 비실용적이었으며, 다른 안들은 너무 정교했고, 또 다른 안들은 너무 비용이 많이 드는 통행권(right of way)을 제안했기 때문에 창문 밖으로 던질 수밖에 없었다."▼8 공원도로는 도시라는 유기적 조직체와 떨어져 고립된 도로가 아니다. 공원도로는 단지 회랑과 고정된 작은 블록을 가지고 있는 기존 도시의 규모와는 다른 규모를 가지고 있었다. 그러나 그 도로는 도시에 대한 접근성을 향상시키지는 못했다. 반드시 변화해야 하는 것은 바로 도시의 실질적인 구조였다.

832쪽 07줄 Fifth Edition

왜 공원도로를 새로운 도시 형태의 한 요소라고 할 수 있는가? 그 이유는 공원도로가 초기 도시의 기본적 법칙을 만족시켜주고 있기 때문이다. 공원도로는 차량 교통의 기능과 보행자 교통의 기능을 분리하고 있는 것이다. 동시에 고속도로는 전원을 통과하지만 전원과는 관계없는 고립된 궤도라는 개념에 치명적 타격을 가했다. 공원도로는 환경의 일부분, 자연의 일부분으로 여겨지고 있다. 무엇보다도 중요한 것은 공원도로를 따라 서 있는 모든 건물에 규제를 가하는 것일 것이다. 주유소의 수를 제한하고, 주유소를 옆길에 배치하는 것을 제한하며, 모든 주거지와 상업지, 주택, 공장 등을 공원도로의 경계를 따라 건설하는 것을 금지하는 것▼9처럼, 이 모든 건물을 통제하였다. 토지소유자들은 그들이 공원도로에 직접 접근할 수 없다는 것이 시민권의 침해를 의미하는 것은 아니라는 사실을 이해하게 되었고, 또한 그러한 직접적인 접근이 넓은 의미에서 지역공동 사회나 자신들에게 무익하다는 것도 인식하였다. 대부분의 주민들이 이러한 진리를 인식할 때만이 도시의 혼란스런 상태에 대한 공격이 가능한 것이다. 결국, 공원도로는 회랑(回廊)의 파괴라는 미래 도시의 개발에 있어서 첫 번째로 필요한 선구자의 역할을 하게 된 것이다. 주택들 사이를 달리는 대량 교통을 위한 도시 가로의 장소는 더 이상 필요없으며, 도시 가로들의 존재를 어떻게 해서든 허용해서는 안 된다. 공원도로는 교통과 주거의 완전한 분리를 첫 번째로 실현시켰다. 공원도로는 필요한 외과수술에 의해 인공적으로 팽창한 도시가 정상적인 크기로 감소되는 시대를 예견하고 있다. 공원도로는 도시 고속도로의 선구자이며, 적절한 설계와 배치를 한다면 자동차와 도로를 도시라는 실질적인 도시유기체에 결합하는 것을 가능하게 할 것이다. 이 두 가지가 바로 도시 전체의 구성적 요소가 될 것이다. 자동차와 도로는 초기 공원도로가 조경지를 통과했듯이 미국 주택의 평면처럼 유연하고 평이하게 도시를 통과할 수 있을 것이다.

열린 공간 속의 고층건물

High-rise Building in Open Space

Fifth Edition 833쪽 04줄

도시가 사라질 것이라고 믿는 사람들과 도시 구조를 변화시킴으로써 도시를 보전하려 노력한 사람들 모두는 현재의 복잡한 무질서가 계속되어서는 안 되며, 아스팔트위에서 영원히 살 수도 없다는 것에 동의하는 사람들이다. 유럽에서 현대의 도시화 문제에 대한 해결책을 찾기 위해 창조적인 노력을 한 현대 도시계획가들의 계획안들은 그들이 도시의 존재가 계속될 것이라는 신념을 가지고 있다는 것을 보여주고 있다. 물론 그들은 과밀 지구에서 녹색식물로 둘러싸인 주거지를 만들려면 공원같은 열린 공간에 고층 건축물들을 집단적으로 집중시켜야 한다는 신념을 가지고 있다. 단지 이러한 방법에 의해서만 빛과 공기를 유입할 수 있는 인동거리를 확보할 수 있다는 것이다. 이러한 사람들이 가지고 있는 기본 원칙은 정원과 레크레이션 장소로 사용할 수 있는 자유로운 열린 공간을 얻고자 고층 건축물에 거대한 주거 단위를 응집시키는 것이었다.

독일의 경우, 1920년대 초에 슬래브 형태의 8~12층의 주거단지가 출현했다. 인동간격이 상당히 넓게 유지되면서도 동일 면적의 과밀 저층주택군들과 같은 인구밀도를 가지고 있었다.

월터 그로피우스와 마르셀 브로이어▼10에 의해 처음 계획된 이런 유형(**도판**. 509)은 도시구조를 변화시키는 중요한 요소라는 것이 증명되었다. 가로를 따라 연이어 늘어선 주택의 열을 해체하고, 그 대신에 공원을 사이에 두고 공공도로와 직각으로 배치함으로써 주동(柱棟)을 서로 평행하게 배치한 것이다. 이런 종류의 슬래브형 아파트의 첫 실현은 네덜란드 건축가인 반 티엔이 로테르담에 2, 3개의 방을 가진 저가

(低價)의 9, 10층짜리 아파트 주동을 2개 지은 1934년에 이루어졌다.

이러한 건물들은 기껏해야 2, 3층 높이의 건물들이 들어서 있던 로테르담 외곽지구에 위치하고 있다. 첫 번째 주동인 베르그폴더(1933~34)는 강철구조를 되어 있으며 인구밀도가 높은 지역에 건축되었다. 플라슬란(1937~38; **도판. 511**)은 우리가 미래의 도시를 예상하듯이 열린 공간에 둘러싸인 공원과 인공호수 근처에 위치하고 있다. 이러한 유형의 건물(**도판. 510**)은 암스테르담 확장계획에서도 볼 수 있다.(1934)

거의 같은 시기에 르 꼬르뷔제는 그 자신의 가장 우아하고 인간적인 도시계획안

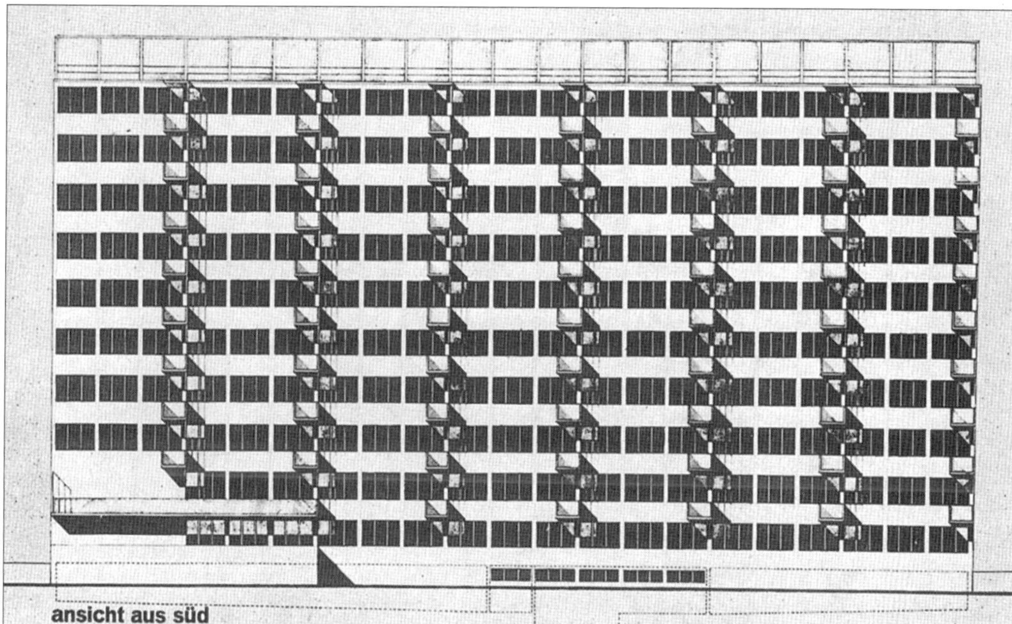

509. 월터 그로피우스. 슬래브형 단위 블록, 1930. 이러한 종류의 슬래브형 블록들은 1924년 독일에서 서로 평행하게 열지은 형태로 제안된 것이다. 이러한 슬래브형 블록은, 서로 바짝 붙어 있는 기존의 3층, 4층, 5층짜리 건물보다 동일 밀도당 외부공간 면적이 더 넓다.

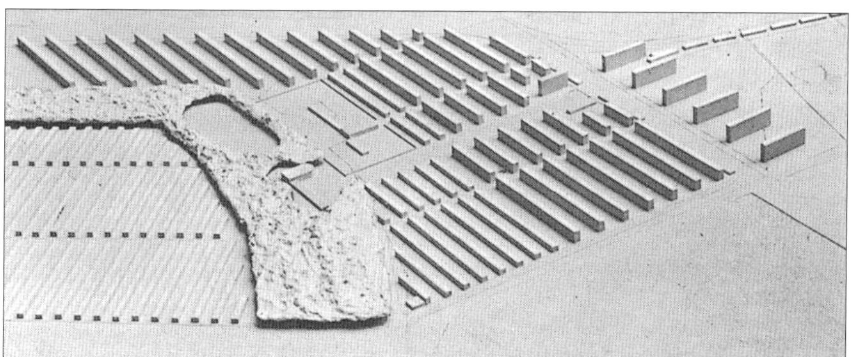

510. 월터 그로피우스. "헤셀호스트" 주거 단지 모형, 베를린, 1929. 실험적인 형태를 만들고 한계 범위를 밝히기 위해 슬래브형 건물이 사용된 연구 작업. 독일에서 행해진 이러한 1920년대의 레이아웃은 1934년의 암스테르담 확장 계획에 영향을 미쳤다.

중의 한 계획안에 슬래브형 주동을 적용하였다. 이 계획안의 대상지는 모로코의 네모르스라는 작은 식민지 도시였다. 이 주동들은 경사지 위에 자유롭게 위치하고 있다. 텍톤 그룹에 의해 이와 비슷한 슬래브형 주동들(1936~38)이 영국 런던의 하이트 포인트에 화려한 규모로 건축되어 있다.(**도판.** 512) 하이트 포인트 계획에서 주택은 개인 공원에 의해 둘러싸여져 있으며 개인 공원과 주택을 직접 접촉시킨다는 과거의 영국 전통이 회복된 것이다.

이같이 폭이 좁은 아파트들은 그 당시 큰 반대에 부딪쳤다. 그 이유는 건물 형태가 새로운 공간개념을 표현한 것이었기 때문이다. 첫 10년 동안, 이 건물의 경쾌하고 개방적인 특성은 땅에 고착된 육중하고 질량감있는 주거동에 익숙한 일반대중들에게는 매우 이상하게 보였다.

511. 반 티엔, 플라슬란, 로테르담, 1937~38. 공원과 인공호수에 인접해 있기 때문에 이 슬래브형 단위 건물은 미래도시 형태를 예고하면서 넓은 외부공간에 의해 둘러싸여져 있다.

묵직한 질량감을 느낄 수 없는 이러한 건물들은 묵직한 볼륨에만 반응을 보인 사람들에게는 견고치 않게 보였다. 결국, 이런 건물들은 감정적 요인으로 인해 늦게 받아들여진 것이다. 그로피우스가 반세(베를린, 1931)에 세우려 했던 네 동(棟)의 슬래브형의 고층주택(7층에 지붕이 있는 테라스, 식당, 테라스 정원이 있는 주택)은 정치적인 반대에 의해 건설이 중단된 것도 이러한 맥락에서 이해할만 하다.▼11 만약 건설되었다면, 이 형식의 건물들이 살기 좋은 형태였음을 보여줄 수 있었을 것이다. 정신적인 측면에서 이런 유형의 건물들은 비록 상상력이 풍부한 조형적 처리가 부족하기는 하지만 마르세유에 위치한 르 꼬르뷔제의 유니테 다비타시옹의 선례라 할 수 있다.

837쪽 10줄 Fifth Edition

그로피우스가 1935년 영국에 갔을 때, 멕스웰 프라이와 함께 흥미있는 계획을 시도했다. 윈저궁 근처에 있는 글로체스터 공작의 오래된 소유지를 주거지로 개발할 예정이었다. 보통 그러하듯이, 예비 계획은 공원같은 조경의 "귀족"적 풍취를 없애고 토지를 단독가구용 소주택지로 분할하는 것이었다. 그러나 그로피우스의 대안은 반시 프로젝트처럼 자유로운 공원용지를 보전한 고층건물 프로젝트였으며, 그 대안은 서류상으로만 남게 되었다.▼12

512. 하이포인트 아파트, 런던, 텍톤그룹의 작업. 슬래브형 단위 블록과 어느 정도 유사한 이 건물은 넓은 공원내에 대규모 건물을 배치시키는 영국의 전통을 따르고 있다.

1960년 무렵, 슬래브형 고층아파트는 전 세계적으로 받아들여졌다. 아주 예외적인 경우에는 이 고층건물이 낮은 주동과 공간적 균형관계를 형성하면서 도시 미관으로 통합되었다. 이 고층건물의 폭넓은 확산은 이런 유형의 건물들이 외진 지역에 주로 세워졌다는 것을 의미한다. 전원도시의 개념처럼, 이 역시 시골지역을 파괴하였다.

인구밀도가 매우 높은 지구의 문제에 대한 또 다른 해결책인 지그재그 블록이 르 꼬르뷔제에 의해 실행되었다. 1922년, "3,000,000명의 현대 도시"라는 그의 계획안은 파리의 살롱 도통네에 전시되었다. 이 계획안을 파리에 적용하기 위한 근린 계획(Plan Voisin)은 1925년 그의 '신 정신 전시관'에 전시되었고, 이러한 아이디어는 그의 저서 『**방사형 도시(La Ville radieuse)(볼로뉴, 1935)**』에서 더욱 발전되었다. 약 150피트의 유리벽면으로 덮인 필로티 위에 서 있는 아파트 군을 녹지 속에 지그재그형으로 배치하고 있다. 모든 계획안들은 보 · 차 교통을 분명하게 분리하였고, 십자형 마천루 속에 상업지를 이루고 있는 도시 중심지와 주거지역을 분명하게 분리하였다.

르 꼬르뷔제는 모스코바와 스톡홀름에서 리오 데 자네이로에 이르기까지 항상 도시들의 재조직화를 위한 설계안을 제안했다. 그는 때때로 특정의 도시(예를 들면, 알

513. 미시간호수 근처의 개방공간안에 세워진 고층 아파트, 시카고, 1929년경. 인간의 주거지를 공원으로 둘러싸려는 바로크적 열망은 지금에 와서도 매우 필요한 것이다. 1929년 대공항 이전에 세워진 이 고층 아파트는 미시간 호수의 풍경을 안고 있고 개방공간으로 둘러싸여있다.

제와 같은 도시)에서는 그 부지를 직접 보고 멋진 영감을 얻곤 했다. 알제(역주: 알제리의 수도)를 위한 계획에서 토지의 자연적인 등고선을 이용하여 서로 다른 수평면들을 대담하게 조합하였고, 그러한 수평면들 위에 도로와 건축물을 세우자고 제안하였다.▼13 그러나 항상 그의 사상은 파리로 되돌아왔다. 또 한 번 그는 급진적인 새로운 사상을 가지고 파리로 돌아왔다.

838쪽 12줄 Fifth Edition

1937년 파리에 대한 계획안에서, 그는 도시계획의 새로운 규모가 어떻게 주거지역의 재조직화에 도움이 되는가를 보여주었다. 르 꼬르뷔제와 피에르 쟌느레는 포보르 생 앙뜨엥에 위치한 파리 동부의 한 지역을 대상으로 했다. 그곳은 당국이 불량지구▼14라고 이름 붙인 불량지구였다. 그들이 가장 먼저 시도한 것은 교통문제에 대한 해결책을 슬럼제거의 해결책과 연결한 것이었다. 그들의 계획안은 지구 경계내의 낡은 가로 체계만을 제거했기 때문에 즉시 실행될 수도 있었다. 낡은 가로체계를 제거하여, 1880년대 시카고의 초기 마천루 높이 정도로 자유롭게 솟아오른 건물군들로 대체할 작정이었다.▼15

이러한 건물들은 녹지 공간에 자유롭게 배치되었다. 건물들의 긴 익벽은 태양의

514. 르 꼬르뷔제. 정원 한가운데에 있는 고층건물: 부에노스 아이레스 계획안. 시카고 아파트의 경우에서는 지방의 재정적 상황 때문에 야기되었던 것이 이 프로젝트에서는 하나의 원리로 제시되었다.

위치와 부지 조건에 따라 각도를 바꾸었다. 런던 광장을 논한 결론부분에서 1812년 존 나쉬의 실현되지 못한 계획안인 레젠트 파크 주거지 개발에 대해 언급했었다. 그 계획은 진보적인 것으로써, 도로에서 안쪽으로 들어간 건물군을 건축하였고 이러한 건물군은 한 눈에 다 들어오는 것이 아니었다. 이 계획안은 20세기의 개발을 향한 전조가 되었다. 우리는 그때 르 꼬르뷔제의 "불량지역 no. 6"와 같은 계획안들을 생각하고 있었다.(**도판.** 515, 516)

이와 같이 거대한 지그재그형 아파트 건물들은 보행자가 자유로이 다닐 수 있도록 1층 부분이 필로티 위에 건축되었다. 고층 건물의 집중배치를 통해 보호되는 열린 공간은 조경, 육아시설, 극장, 스포츠 시설 등을 위해 이용된다. 심지어 건물에 의해서 점유된 대지의 12% 정도도 레크리에이션을 위해 사용할 수 있으며, 1947~52년의 유니떼 다비타시옹에서 그가 처음으로 멋지게 실현했듯이 건물의 평평한 옥상은 운동장과 일광욕실로 바뀌었다.

Fifth Edition 840쪽 18줄

각각의 아파트는 그 크기가 매우 다양했다. 1929년의 프랭크 로이드 라이트의 그리 흔하지 않은 마천루 아파트 계획에서와 마찬가지로, 건물들은 내부계단을 가진 2층형 복층식 아파트였다. 방의 높이는 약 7피트인데 이것은 오래된 휴먼 스케일을 따른 것이었다. 르 꼬르뷔제는 스위스에서 그리스의 섬에 이르기까지 농가(農家)의 방 높이는 항상 7피트 길이로 일정하다는 것을 발견하였다. 단위주거의 각 부분은 이 높이로 만들어졌으나 어떤 부분의 공간은 분할되지 않아 최대 높이가 2층분의 높이인 14피트에 이른다.

유니떼 다비타시옹은 복층 지향적이고 중앙 회랑에 의해 접근되기 때문에 초기 작품인 "불량지구 no. 6"보다 좀 더 복잡했다.(**도판.** 326) 그러나 이 아파트 역시 슬래브형 고층주택 범주에 들어간다. 그는 이 건물 이후에도 1952~53년 낭뜨 레게와 1956~58년 베를린에 이와 비슷한 건물을 지었다. 사회학자인 P. 숑바르 드 로웨도 마르세유와 낭트에서 건물과 주민간의 상호관계를 연구하기 위해 이러한 유니테를 이용하였다.▼16

보행자를 위한 자유
Freedom for the Pedestrian

지금은 르 꼬르뷔제의 초기 고층 아파트 단지 계획이 정밀할 정도로 너무 획일적

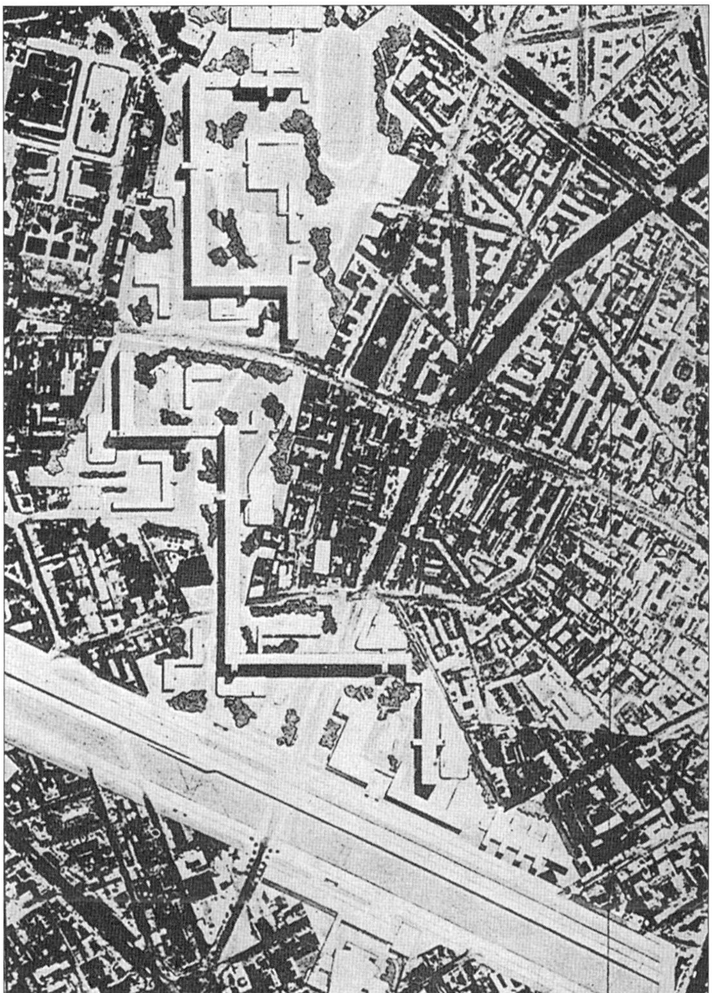

515. 르 꼬르뷔제. "불량지구, no. 6," 1937. 슬래브형 건물들이 강조되어 있고 개방공간이 있는 이 대규모 슬럼 재개발 프로젝트는 결코 현실화되지 않았다.

516. 르 꼬르뷔제. "불량지구, no. 6," 지그재그 형태의 아파트 블록.

인 모습을 띄고 있는 것처럼 모르지만, 다음 두 가지 면은 매우 중요하다. 이러한 고층 슬래브형 건물들은 좁은 도시의 가로 경계를 따라서 성장하는 것이 아니라, 항상 자유 공간으로 둘러싸인 조각적 존재물로 서 있다는 점이다.(이러한 자유는 같은 시대의 혼잡한 맨해튼 마천루에 대한 의식적인 반발이었다.) 이와 같은 초기 계획들의 두 번째 중요한 공헌은 보행자 교통과 차량 교통을 신중하게 분리했다는 점이다.

1925년 파리 대박람회에 출품된 인접 계획(Plan Voisin)과 1937년 파리를 위한 불량지구 계획에서, 모든 고속도로를 고가도로로 계획하였다. 1961년 베를린 중심부 재건축을 위한 국제 경쟁대회에 제출된 그의 출품작은 운터 덴 린덴(Unter den Linden, **도판**. 517) 가로 전체를 따라 연결되는 방해 받지 않는 구역을 제안하고 있다. 그러나 이번에는 차량이 아니라 보행자들이 열린 하늘아래에서 통행권을 부여받았고, 빠르게 움직이는 교통의 매연과 혼란에서 자유롭게 된 것이었다.

르 꼬르뷔제의 파리를 관통하여 동서(東西) 고가 고속도로의 꿈은 실현하기 매우 어려운 것이었다. 이 계획이 너무 극단적이라는 점 때문만은 아니었다. 오스망의 관

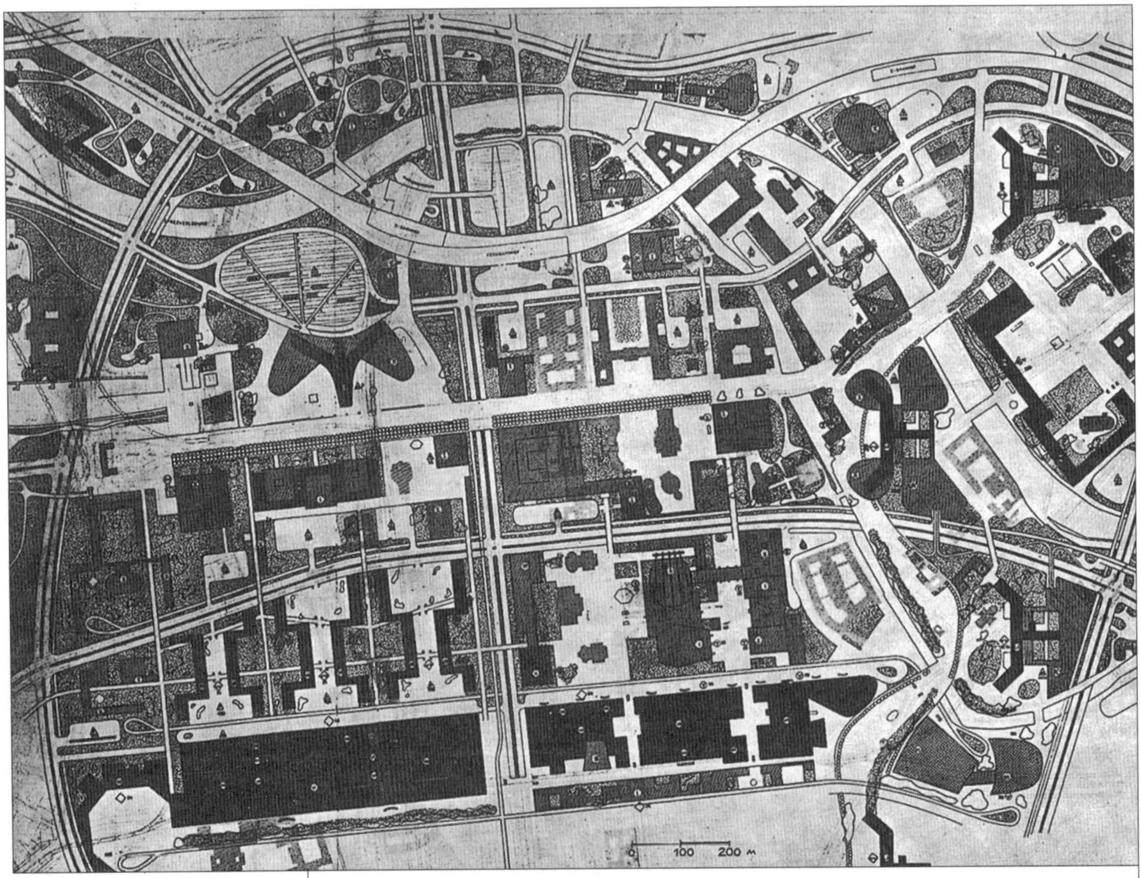

517. 르 꼬르뷔제. 베를린 도심재개발의 국제 현상공모에 출품된 프로젝트, 1961. 운터 덴 린덴 전부가 보행자용 산책로로 되었다.

통 도로(percement)처럼 시대를 너무 앞서는 것도 아니었다. 사실 이 계획은 오스망의 계획과 유사하였고, 그 이후 시대의 요구에 적합하도록 한 것 뿐이었다. 그러나 상황은 변했다. 르 꼬르뷔제가 제안한 고속도로의 폭이 앞서 지적했듯이 오스망이 그의 부하 건축가가 제안한 도로폭을 세 배로 확대한 포쉬 가(街, 오스망이 계획한 도로 중 가장 넓은 도로임)의 넓이와 같다(120미터)는 것은 묘한 일치라 할 수 있다. 오스망은 파리 개조를 실행할 때, 어떤 건축가도 "신 시대"와 조화를 삶을 살고 있지 않다고 신랄하게 비판한 적이 있었다. 거의 1세기 후의 파리 상황은 완전히 뒤바뀌었다. 그 시대의 요구와 기회에 부응하는 건축가는 있었지만, 시대의 요구와 기회에 부응하는 오스망과 같은 지도적인 공무원이 없었던 것이다.

주요 계획의 실행에 적합한 설계자를 택하는 것은 지배계급의 직관에 달려 있다. 19세기 이래로 도시와 지방 정부를 책임진 사람들의 질이 매우 낮았다. 클라우디우 퍼티 같은 사람을 발견하기란 매우 어려운 일이었다. 그가 프랑스의 재건축 장관으로 재직할 때, 르 꼬르뷔제가 마르세유에 유니테 다비타시옹 건설을 추진하고 있었다(유니테 다비타시옹은 새로운 주거지를 위한 일종의 통합적 요소로 간주되었다.) 퍼티가 프랑스 중심부에 위치한 피르미니의 시장이 되었을 때, 그는 르 꼬르뷔제에게 이 작은 산업도시를 위한 확장계획의 설계를 의뢰했다. 르 꼬르뷔제는 유스 호스텔과 유니테 다비타시옹이 통합된 하나의 스타디움을 건설하려했다. 지하주차장을 포함하여 300대를 주차할 수 있는 주차공간을 가진 이 스타디움은 르 꼬르뷔제가 세상을 떠나기 전에 건설되었다. 또한 르 꼬르뷔제는 교회(1963)▼7를 설계하였으며, 이 건물의 거대한 포물선 형식은 샹디갈의 국회의사당 빌딩의 타워를 생각나게 한다.

공원도로 체계의 규모와 조화를 이루는 새롭고도 더 큰 규모의 도시계획은 여전히 미래의 도시 창조에 필수적인 것이다. 이러한 규모는 우리 시대의 시 · 공간 개념과 밀접한 관계가 있다.

시민 회관: 록펠러 센터 1931~39

The Civic Center: Rockefeller Center, 1931~39

미래의 대도시는 아테네의 아고라, 포로 로마노, 중세의 성당 광장처럼 지역공동체 사회의 초점이 되고 대중이 합류하는 장소인 시민회관이나 공공장소와 같은 성격을 가져야 할 것이다. 최초의 중요한 시민회관은 1931~39년에 건립된 뉴욕의 록펠러 센터로서, 이 거대한 건물들은 그 이후에도 증축을 계속하여 여러 측면의 시설로 이용되고 있다.(도판. 518) 이 센터의 활동은 고도로 차별화된 현대 사회 생활의 요구를 표현하는 고층 건물들에 집중되어 있다. 이 건물들은 자유로운 배치 형태로 열린 공간인 록펠러 광장을 둘러싸고 있다. 이 광장은 겨울 동안 스케이트장으로 사용되었다. 1940년경 이런 유형의 개발은 극히 예외적인 것이었다. 우리 시대의 새로운 개념을 고려해 볼 때 우리가 완성된 건축물에 대해 언급할 기회는 그리 많지 않다.

Fifth Edition 845쪽 25줄

록펠러 센터는 처음에는 맨해튼 중심가 5, 6번 가(街), 48, 51번 가(街)사이에 서 있는 14동의 건물군으로 구성되어 있었다. 거의 세 개의 도시 가구(街區, 면적 12 에이커)에 이르는 이 부지는 뉴욕의 바둑판 모양의 격자 형태에서 잘라내어 만든 것이다. 몇 개의 건물이 추가되었지만 모든 건물들은 그 당시 완전히 새로운 독립적인 방식으로 조직되었다. 록펠러 센터는 공원도로나 다른 기술적인 대공사에서 발견되는 대규모의 볼륨을 현대도시에 처음으로 도입한 것이다. 록펠러 센터의 건물들은 통합된 단위로 다루어졌으며, 새롭고 창조적인 조형적 요소로 받아들여졌다.

먼저, 이러한 조형적 요소들이 무엇이며 건축적으로 어떤 의미를 가지고 있는지 생각해 보아야 한다. 시카고의 1880년대 사무실 건물들은 15~20층 정도로서, 기품과 힘, 그리고 규모감을 엿볼 수 있었다. 이러한 건물들은 가끔 U자형의 중정식 평면을 가진 개방적인 평면계획을 통해 모든 장소에 빛을 유입될 수 있도록 조직되어 있었다.▼[18] 뉴욕의 초기 마천루들은 이러한 특성들이 결여되어 있었다. 초기 마천루들은 시카고의 사무소 건물들과는 달리 극단적으로 높은 타워였을 뿐이었다. 어떤 것이 이후의 발전에 이루어져야 하는가를 가장 순수하게 보여준 루이스 설리반은 "뉴욕의 저층 건축물들은 우리의 예술과 문명에 대한 비관적인 부정 속에서 절망적으로 퇴보되고 있다."라고 지적했다. 뉴욕의 마천루들은 높은 탑들의 과대한 사용 속에 길을 잃어버린 것이었다. 즉, 거기에는 거짓된 역사적 회상이 복잡하게 혼재되어 있고, 주변환경이 철저하게 무시되며, 도시의 전체 구조에 미치는 마천루들의 효과도 무시되었다.

1916년 뉴역의 지역지구제 법안이 통과된 이후, 혼란스럽던 건축 발전 상황이 '건축선 후퇴'와 같은 지역지구제의 적용법령 등으로 인해 어느 정도 제자리를 찾아가는 것처럼 보였지만, 근본적으로 새로운 건축형태를 탐구하기까지는 그 진정한 질서는 달성되지 않았다. 그러한 형태는 일반적이지 않은 높이에 대한 요구와 그 내적 필연성을 충족시킨 고층건물의 새로운 형태라 할 수 있다. 이러한 변화는 마천루가 출현한지 40년이 지나서야 발생했다. 여기서, 이러한 형태가 어떤 과정을 거치면서 여러 도시에서 난계적으로 발전되었는지에 관해서는 설명할 수 없다.▼[19] 우리는 단지

518. 록펠러 센터, 뉴욕 시티, 1931~39. 공중에서 본 모습. 풍차의 날개처럼 다양한 건물들이 가장 높은 건물(R.C.A 빌딩)에서부터 퍼져나가고 있다. 건물들이 보여주는 슬래브형 형태는,새로운 상황이나 영향력이 반영되지 않은 채 고딕의 탑이나 관행적인 4층 건물의 상층부를 모방해서 나온 이전의 고층빌딩 형식에 반대되는 경향을 보여준다. →

1931~32년에 건축된 R.C.A. 빌딩(**도판. 519**)에 나타난 새로운 형태의 출현에 대해서만 언급할 수 있을 뿐이다. 이 건물의 선구자적인 역할을 한 건물은 1930년에 뉴욕에 건축된 레이몬드 후드의 데일리 메일 빌딩이었다.

1939년 뉴욕시 안내서에 따르면, "거대하고 폭이 넓은 평평한 북쪽과 남쪽의 전면들과 거의 끊어지지 않는 전체 건물, 그리고 그 얇은 두께" 등으로 인해 '슬래브(Slab)'란 별명을 붙였다고 한다.▼20 이 슬래브 건물은 다른 어떤 시대에도 실현하지 못한 하나의 거대한 장방형을 형성하면서 부지 위에 서있다. 이러한 모양은 모든 장소에 적절한 빛을 주기 위해 단순히 기술적 · 경제적 고려에서 자연스럽게 생겨난 것이다. 레이몬드 후드는 이를 다음과 같이 설명하고 있다. "중심부에 승강기와 서비스 시설을 집중시켜 그 주위에 각 층 마다 27피트 폭의 밝은 공간이 둘러싸도록 했다. 이 폭은 경험적인 것을 바탕으로 하며, 적절한 일조와 공기를 건물의 모든 부분에 최대한으로 제공할 수 있는 범위이다."▼21 그 결과물(공간과 토지를 가장 효율적으로 이용할 수 있도록, 수학적 계산을 바탕으로 탄생한 거대한 슬래브)은 우리시대에 적합한 형태였다. 이 건물은 입체파 화가에 의해 허공에서 춤추는 평 · 단면 속에 사용된 요소나 마일라트같은 엔지니어들이 콘크리트 슬래브로 교량을 건설할 때 사용한 것과 같은 기본적인 요소를 사용하고 있다. 이러한 기본 요소는 다른 방법으로는 불가능했던 해결책을 제시한 것이다. 이집트의 오벨리스크나 고딕 성당의 탑이 그 시대에 있어서 중요한 표현물이었던 것처럼, 마천루 슬래브 형태 역시 이 시대를 표현하는 매우 중요한 형태라 할 수 있다.

Fifth Edition 848쪽 25줄

R. C. A. 빌딩의 벽은 중단됨이 없이 850피트의 높이까지 솟아 있다. 이러한 규모가 되면, 대규모 건물에는 적합하지 않은 디테일들 때문에 망치지 않았다 하더라도, 그 '건축적 형태'가 결정적인 중요성을 갖지는 않는다. 벽의 강력함과 그 힘은 커튼월에 의해 표현되었고, 그 창문은 섬유의 구성에서 나타나는 이랑 무늬처럼 단순한 홈 정도로 여겨졌다.

후드가 설명했듯이, 심지어 커튼 월의 셋백도 실무적인 고려에서 비롯된 것이라는 점에서는 부분적으로 정당화 될 수 있었다. 그는 "우리는 건물의 모든 부분에 일조와 공기를 제공하는 원칙을 세웠다. 각 승강기 샤프트가 끝나는 곳마다, 우리는 건물의 코아 부분에서 외벽까지 동일한 27피트 길이를 유지하기 위해 건물을 후퇴시켰다."▼22 여기서 놀라운 것은 일반적으로 수평적 감각과 관계가 있는 수평면이 수직적 감각으로 처리되었다는 점이다. 이런 거대한 높이가 얇은 구조와 결합될 때, 그 표면에는 부유상내의 감각이나 공중을 선회하는 감각이 발산된다는 것을 깨달을 수 있

519. 슬래브형 고층 빌딩: R.C.A빌딩, 록펠러 센터, 뉴욕, 1931~32. 70층,850피트 높이에 달하는 이 슬래브는, 최적의 작업 환경을 만들기 위해 승강기와 설비 공간이 배치된 코아를 중심으로 27피트의 일사길이를 유지한다는 원리에 기초를 두고 있다.

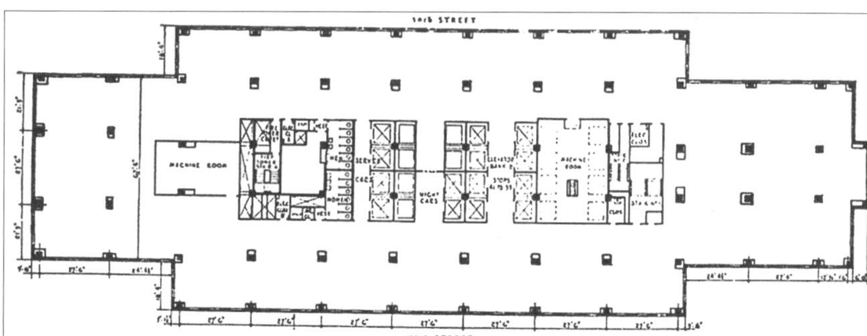

520. R.C.A빌딩, 록펠러 센터, 평면도.

다. 그리고 사실, 커튼 월의 거대한 표면과 전체 골조는 감지할 수 없지만, 바람에도 유연하게 흔들리고 있다.

Fifth Edition 849쪽 11줄

배치도에서는 새로운 것이나 중요한 것을 찾기 어렵다. 그 평면도는 어떤 것도 보여주지 않는다. 도시의 여느 다른 곳처럼 격자형 가로가 그 부지를 관통하고 있다. 건물군의 집단적 구성을 위한 최초의 계획에도 어떤 특별한 해결책이 나타나 있지는 않다. 그것은 완전히 관습적인 것이었다. 서로 다른 회사들에 의해 이루어진 많은 계획안들 중에 한 가지 안(案)은 다섯 개의 주요 건물로 구성된 이상적인 피라미드 형태의 건물을 건축하려는 시도를 보여주었다. 공간적인 관점에서 이것은 중앙집중적 단위를 의미한다. 그러나 최종 계획안은, 그 이전 시대의 개념에 익숙해져 있던 사람들에게 어딘가 공격적이고 당혹스러운 모습으로 비춰졌음에 틀림없다.▾[23] 미국의 고딕식 교회로 유명한 한 건축가는 발아하는 무정형의, 입방체형의 버섯들이 집합해 있는 것처럼 보인다고 공격했다. 이는 파리의 오페라 극장을 건축한 샤를르 가르니에가 1889년 대박람회 때 에펠탑의 건축을 반대했던 것과 유사하지 않은가? 그는 이 거대하고, 무시무시한 철제 구조물이 파리의 스카이라인을 영원히 파괴할 것이라고 주장했던 인물이었다.

이와 같은 발전과정을 거쳐 나타난 최종 형상(충분한 채광을 위한 최적 기준인 72피트의 단위로부터 광장 주변 볼륨들의 조직화에 이르기까지, 새로운 규모로서 개방적인 계획이 처음 실현된 형상)은 건축기술적 비젼이 아니라 변화하는 요구에 맞추어 설계하려는 노력에 의해 이루어진 것임에 분명하다. 이렇게 함으로서 프랭크 로이드 라이트가 1890년대에 시카고의 작은 주택에서 성취한 단독 주택의 널찍한 평면계획▾[24]을 도시계획에서도 성취할 수 있게 된 것이다.

록펠러 센터의 최초의 열네 동(棟) 건물은 6번가를 향해 비교적 밀집하게 배치되어 있다. 거대한 뮤직홀과 센터 극장이 있는 라디오 시티나 방송 스튜디오를 포함한 70층짜리 슬래브형 R. C. A. 빌딩도 포함되어 있다. 건물들은 동쪽의 5번가를 향해 그렇게 높지 않은 밀도를 이루고 있다. 이곳에는 가장 낮은 건물, 즉 외국인이 사용하는 비교적 작은 6층 건물이 있다. 좁은 전면을 가진 건물들은 가로를 따라 세워져 있기 때문에, 북쪽의 거리를 따라 들어오면 그 배후에 록펠러 센터의 더 높은 부분이 눈에 띄어 일련의 절단된 구조의 효과가 강하게 나타난다. 바로 옆에 41층의 인터내셔널 빌딩은 약간 한 쪽으로 치우쳐 진곳에 자리잡고 있다. 그 배후지는 열린 공간인 광상에 의해 낮은 건물과 분명하게 분리되어 있으며, 또한 가느다란 슬래브형 건물인 R. C. A. 빌딩이 서있다. 남쪽을 향해 걸어가면 높이와 깊이가 서로 다른 규모를 느낄 수 있으며, 시간에 따라 기록되는 시각적 충격과 유사한 연속적인 인상을 받게 된다. 광장의 깊이감과 높게 치솟은 R. C. A. 빌딩, 그 속을 관통하는 좁은 가로, 그리고 또 다른 36층 건물의 넓은 측면의 일부를 대하게 된다.

건물들의 구체적인 배열이나 배치는 공중에서만 보고 이해할 수 있다. 조감도를 보면 각종 높이의 건물들 중 가장 높은 R. C. A. 빌딩을 중심으로 마치 풍차의 날개처럼 전개되고 있다는 것을 알 수 있다. 또한 서로 다른 건물들에 가능한 한 최소의 그림자를 드리우도록 여러 볼륨의 건물들 중 몇 개의 건물은 인접건물들과 나란하게, 또 어떤 건물들은 직각으로 배치되어 있음을 알 수 있다. 이는 매우 합리적인 방법이다. 가장 큰 세 개의 건물들이 각각 다른 방향과 다른 높이로서있는 록펠러 광장을 지나 건물들 중앙으로 이동하면 새롭고 익숙하지 않은 건물들 사이의 상호관계를 인식할 수 있다. 한 곳에서 한 번에 이러한 상호관계를 파악할 수는 없다. 이와 같이 단순하고 거대한 슬래브들은 그 다변성으로 인해 상호간에 합리적인 연결이 불가능하다는 것도 느낄 수 있다. 남쪽의 36층 슬래브의 자유로운 정위(定位, 1938년 완공)에 의해 수평면의 결정적인 힘이 작용하여 공간으로는 분리되어 있지만, 관찰하는 사람의 눈에는 무의식적으로 결합되어 있는 것처럼 보인다. 이렇게 잘 계산된 질량으로부터 우리 시대의 시 · 공간 개념 고유의 새로운 환상적인 요소를 인식하게 된다. 다른 수평면들 사이에서 시각적으로 달성되는 상호관계는 완전히 둘러싸여진 건축물의 볼륨들에 아주 새로운 효과를 준다. 그 효과는 반사면이 있는 회전하는 구형의 물건이 모든 방향과 모든 차원에서 소용돌이치는 빛을 반사시키는 무도장의 효과와 유사하다고 할 수 있다.

이러한 복합 건물군은 르네상스 시대의 단일 시점을 전제로 한 것이 아니라, 우리 시대의 다방면적인 접근방식을 전제로 한 것이다. 그 차이는 볼로냐의 두 귀족 가문인 아시넬리 가문과 가리센다 가문의 경사진 두 개의 타워와 같은 13세기 구조물(도판. 521)과 비교해보면 알 수 있다. 이러한 귀족들의 개인 요새는 하늘로 장대하게 솟아 있지만 한 눈에 다 들어온다. 관찰자는 건물 상호간의 관계에 대한 불확실성을 느낄 수가 없다. 반면에 중앙 축에 제한되어 있는 조망은 이러한 건물들에는 록펠러 센터와 같은 유기적 조직체의 필수적인 특성이 없음을 보여준다. 거기에는 여러 가지의 대칭성들이 이용되었지만, 그것은 전반적인 심미적 중요성과는 상관 없다. 그러나 이 복합 건물군은 현대의 과학적 연구와 현대 회화에서 이룩한 것과 유사한 시 · 공간 개념에서 이해되어야 한다.

851쪽 18줄 Fifth Edition

움직임을 1/100,000초의 정지된 부분으로 고정 · 분석할 수 있는 에드거톤의 스트로보(역주: 급속히 움직이는 물체를 정지한 것처럼 관측. 촬영하는 장치)연구에서, 전체의 움직임은 연속적인 요소로 분리되어 나타나고 있다.(도판. 523) 록펠러 센터에서 인간의 눈도 이와 비슷한 기능을 한다.(도판. 522) 개개의 조망을 눈에 담아 다른 모든 조망들을 상호 관련짓고 시간적 연속과 결합시킨다. 이런 과정을 통해 건물 부피와 표면의 장대한 역할을 이해할 수 있으며 다방면에서 건물의 중요성을 인식할 수 있다.

록펠러 센터는 여러 가지 많은 활동들을 수용하고 있다. 이 센터를 계획하는데 있어 최초의 동기가 된 여가와 오락은 뮤직 홀과 극장, 방송 스튜디오, 나이트 클럽 등이 있는 라디오 시티에서 제공된다. 국제무역은 5번가에 있는 건물들에서 이루어진다. 신문사들은 연합통신 본부에 있으며, '타임 & 라이프 빌딩'처럼 연합통신도 그 건물의 이름이 되었다. 그밖에, 다양한 사무실과 시설들이 있으며, 지하 쇼핑 센터과 6층(3층은 지하로 되어 있다)의 주차장 건물이 있다(1939).

분명히 이와 같은 상업적 구성이 센터를 구성하는 것이 아니기 때문에 반대될 수도 있다. 이 건물은 사적인 의도에 의한 개인적 기업활동의 산물이다. 레이몬드 후드가 말했듯이, 손익계산에 근거한 사적 투자에 의해 실행된 것이다. 경제적 사정으로 인해, 오페라를 위한 새로운 대지가 될 수도 있는 곳에 세계에서 가장 큰 뮤직 홀이

521. 아시넬리탑과 게리센다탑, 볼로냐, 13세기. 볼로냐 지방의 두 귀족 집안이 가지고 있는 경사진 이 탑들은, 매우 높지만 한 눈에 인식될 수 있는 귀족의 사적요새이다.

들어선 것이다. 거기서는 매일 밤 잘 훈련된 무희들이 아름다운 각선미를 보이면서 세계 최대의 쇼를 연출하고 있다. 뉴욕 중심가의 혼잡한 중앙에 있는 록펠러 센터는 녹색식물에 의해 둘러싸여 있는 것이 아니라, 가로와 교통에 의해 갇혀 있다고 할 수 있다. 더구나, 인접지역 전체(5번가, 교회, 모든 주변 건물등)를 지배(사실은 짓누르고 있다.)하고 있다.

그러면, 도심지 지구(루이스 설리반이 전염병 발원지로 인식한 "미국 건축의 흑사병 지역"인 월 스트리트와 브로드웨이)와는 어떻게 다른가?

522. 록펠러 센터. 포토 몽타주. 록펠러 센터와 같은 새로운 도시적 규모의 시설들은 시공간 개념하에서만 효과적으로 인식되며 한눈에 모두 들어오지 않는다. 건물들 간의 상호 관계를 느껴보기 위해서는 에드거톤의 고속사진과 같은 시각을 가져야한다.

그 차이는 오직 한 가지 뿐이다. 록펠러 센터는 본래부터 가지고 있던 도시계획의 새로운 규모가 바로 그 차이이다. 그것은 현대 교량이나 공원도로에서 나타나는 규모와 관계가 있다.

록펠러 센터가 계획됐을 때, 저명한 비판가들은 도시 중심지에 위치할 지도 모를 이 센터로 인해 도시의 혼잡이 더욱 가중될 것이라면서 반대했다. 이 교통 혼잡의 위협을 제거하기 위해 가로의 폭을 15피트 확장할 것을 제안했다. 그러나 이것은 거의 도움이 되지 못했다. 진정 변화되어야 할 것은 도시의 전체구조였다. 공원도로와 록펠러 센터는 뉴욕이라는 거대한 몸체에서 고립되어 새로운 성장을 하는 것과 같은 작은 시작에 불과할 뿐이었으며 그것은 마치 오래된 나무에서 새싹을 피우는 것과 같았다.

그러나 올바른 방향의 새로운 작은 나무가지가 성숙한 나무의 전체 모양과 구조를 변화시킬 수 있다는 것을 잊어서는 안 된다. 록펠러 센터는 도시 규모에 있어서 시대를 앞서고 있었다. 변화되어야 하는 것은 록펠러 센터가 아니라 뉴욕시 그 자체이다. 전체도시가 교량과 공원도로의 새로운 규모를 수용할 때, 이 센터는 녹색식물 속에 들어서게 될 것이다. 그때가 올 때까지 록펠러 센터는 개인이 아닌 전체 지역

523. 에드거톤. 골프채의 고속 사진. 움직임을 1/100,000초의 정지된 부분으로 고정하여 분석할 수 있는 에드거톤의 스트로보 연구에서, 전체의 움직임은 시간과 공간을 이해시키면서 연속적인 요소로 분리되어 나타나고 있다.

공동사회의 이익을 위해 도시구조가 변화되어야 한다는 것을 상기시키는 것으로 남아 있어야 할 것이다.

뉴욕은 지하와 지상의 격심한 기계화, 맨해튼의 마천루 그늘 속의 황폐지구, 토지가격의 극심한 변동, 빠르고 폭발적인 인구변화 등을 모두 겪고 있다. 수목 둘레를 감은 쇠고리처럼 수목이 점점 크게 자람에도 불구하고 그 쇠고리는 여전히 고정되어 변치 않고 있다. 나무가 자라면 자랄수록, 쇠고리는 단단해지고 유연성을 잃게 된다. 도시 역시 나무처럼 이러한 조건하에서 완전히 변형된다고 해서 놀랄 필요는 없다. 도시의 유기적 발전을 방해하는 부적당한 규모의 가로체계를 가지고 있기 때문에, 나무가 죽든지 쇠고리가 부서지든지 둘 중의 하나일 것이다.

그러나 이런 모든 결점을 안고 있었던 1930년대의 뉴욕은 대중을 위한 여가센터와 공원도로체계, 그리고 적절한 규모 아래 도심의 뼈대를 창조해야하는 몇몇 문제들에 대처하려는 적극적인 의도를 보였다.

여러 가지 볼륨들을 공간적인 상호균형 관계 속에 끌어들인 1930년대 뉴욕 개발업자들의 희망에 넘친 정신적 발전은 최근까지도 이와 필적할 만한 것이 없다는 점에서 가볍게 무시될 수 없다.

U.N. 빌딩(1947)의 최종 형태는 퇴보 단계에 있다고 생각할 수밖에 없다. 1960년대의 거대한 문화 중심지였던 링컨 센터는 극장, 오페라 하우스, 공연장, 그리고 여러 개의 관련 시설을 가지고 있다. 이 건물은 불행히도 19세기 후반의 관습으로 절망적인 퇴보를 한 건물이었다.

록펠러 센터가 앞장 서서 여러 가지 볼륨들을 새로운 공간관계 속에 배치했다는 것은 역시 놀라운 일이다. 1960년대에, 전보다 더 많은 수의 사무실이나 아파트를 집단화하는 문제가 제기될 때면 언제나, 뉴욕의 국제무역센터처럼 하나의 거대 구조물이나 혹은 두 개의 독립적이고 극단적으로 높은 동일한 크기의 타워안으로 집어넣곤 했다. 그러한 복합 건축물은 6개월 정도면 사라져버리는 "박람회 건축물"과 같은 것이었다.

미래에 대한 가능성과 재난의 위험은 뉴욕의 도시구조 속에서 손댈 수 없을 정도로 얽혀 있다. 도시의 근본적인 변화는 결코 도시계획가 혼자 힘으로 달성될 수 없는 것이다. 인간 상호관계의 가장 뚜렷한 상징인 현대도시는 사람들로 하여금 미발견의 영역을 깨닫게 해준 과학이나 예술의 발전과 인간적인 관리의 여러 방법들이 대립되지 않을 때에만 제대로 존립할 수 있다.

주

1. Hubbard 교수는 Harvard 도시계획 연구 저서 중 vol. XL인 그의 저서 Parkways and Land Values(Cambridge, 1937)에서 이러한 정의의 혼란에 대해서 언급했다. "공원도로란 무엇인가? 그것이 나무로 꾸며진 대로, 가로, 고속도로와 어떻게 다른가? 이러한 용어들은 정확하게 사용되지 않았고 관습적으로 다른 장소에서 다른 사물의 명칭을 구체화하는데 사용되었다. 단지 특별히 제한된 지식으로 다른 도시의 공원도로에서 습득되어진 것을 한 도시의 '공원도로'에 적용하는 것이 가능해졌다."

2. 같은책, p. xii.

3. 하우스만에 의해서 파리를 둘러싸고 Bois de Boulogne와 Bois de Vincennes를 연결하기 위해 계획된 녹지대, 1890년대 초에 시카고의 남쪽 공원 체계를 연결하기 위한 대로, 1883년에 Cleveland 교수가 이룩한 Minneapolis에서의 공원화된 차도의 설계, 이러한 모든 것들이 공원도로의 범주에 속한다. 교차 교통의 혼잡을 피하기 위하여 다른 도로의 밑으로 한 도로가 지나가게 하는 생각은 교차가로나 철도에 사용되었으나 이 생각은 19세기에 확립된 관습이었다.

4. Third Annual Report of the Board Commissioners of the Central Park(New York, 1860)

5. New York 정북 방향에 있는 Westchester County(1913~1925)에서 최초의 완전한 공원도로 체계의 여러 개의 지선이 강의 진로를 따라 건설되었다는 것은 우연한 일이 아니다. Jay Downer, "Principles of Westchester's Parkway System", Civil Engineering, IV(1934), 85; Stanley W. Abbott, "Ten Years of the Westchester County Park System" Parks and recreation, XVI(1933 3월), 307 이후.

6. Connecticut을 지나서 New York의 Hutchison River Parkway와 연결되어 있는 Merritt Parkway는 유기적 설계의 걸작품이다. 주립 고속도로 위원회는 1931년에 도로 설계에 착수하라는 허가를 받았다. 불행하게도, 대부분의 공원도로에서처럼 고가도로를 아름답게 꾸미는데 사용되었던 건축적 세부적인 수법은 계획의 높은 수준보다 많이 낮았다.

7. 거대한 Central Park 확장(1937)과 Triborough Bridge(1936)에 의해서

8.Robert Moses, "The Comprehensive Parkway System of the New York Metropolitan Region," Civil Engineering, IX, no. 3(1939년 3월), 160.

9. 특히, 영국에서 새로운 고속도로를 따라 건립되는 주택과 공장의 리본 모양의 개발은 전원지방에 재난적인 효과를 가져다 주었다.

10. 이러한 유형은 한 건축평론지(Bavwelt, 1924)에서 주최한 저가주택 설계 경쟁 대회에 참가한 Marcel Breuer의 계획안에 의해서 일반에게 처음으로 소개되었다. 이러한 건축물은 Walter Gropius의 신중한 조사와 비교연구에 의해, 특히 1929년 Berlin 근교의 Haselhost에 세운 3천호의 저가주택계획에 대한 경쟁 대회에 출품한 그의 작품에 의해서 대중적이 되었다. 그의 출품물은 세가지 다른 단계들(저층 주택, 중층주택, 고층주택)을 보여주고 있으며 각각의 배치방법을 비교하고, 각각의 효과성을 계산하여 비교하여 일등상을 획득했다. 그는 같은 수의 주택 단위를 2층이나 5층으로 짓는 것보다 12층으로 지을 때 빛이 가장 잘들며 가장 경제적이라는 사실을 보여주었다. Cf. Walter Gropius, "Das Ergebnis des Reichsforschungswettbewerbes," Bauwelt, 1929, no. 8, pp. 158 이후로.

11. S. Giedion 저, Gropius, Work and Teamwork(New York, 1954), p. 81. 참조

12. 같은 책, pp. 206~207.

13. 같은 책, pp. 206~207.

14. Le Corbusier는 Des Canons des Munitions?(Paris, 1938), pp. 67~82에서 그의 생각을 말하고 있다.

15. 건물의 높이가 지구의 인구밀도를 결정한다. Le Corbusier는 헥타아르당 800명의 인구밀도를 선호하였다. 그러나 이것은 미래도시에는 다소 고밀도로 생각된다. 이 시대의 대부분 유럽 계획안에서, 특히 Le Corbusier의 계획안에서, 현재의 인구수준은 미래에도 똑같을 것이라는 신념을 볼 수 있다. 그러나 이러한 신념은 그 이후의 상황과는 맞지 않는 낙관적인 견해였다.

16. P. Chombart de Lauwe, Famille et Habitation, 2 vols.(Paris, 1960)

17. Le Corbusier, OEuvre complè te, VII, 130~139.

18. Marquette Building의 평면도(1891), 도판. 230.

19. 예를 들면 Graham, Probst, White가 설계한 시카고의 Civic Opera House(1928~29)는 세개의 평판형의 익벽이 있었지만 새로운 공간 관계는 없었다. Holabird와 Root가 설계한 Daily News Building(1929)은 상층이 짧고 굵은 둔각의 T자형으로 건축되었다. 이러한 건물들은 중세적 영향을 엿볼 수 있는 탑들의 횡포를 제거하려는 단계에 있는 건물들이다.

20. Federal Writers의 계획, New York City Guide(New York, 1939), p. 336.

21. Raymond Hood, "The Design of Rockefeller City," Architectural Forum, 1932년 1월, p. 5. Rockefeller Center는 세 개의 건축회사에 의해 실행되었다. 그 회사들은 Reinhard & Hofmeister; Corbett, Harrison and MacMurray; Hood and Fouilloux였다.

22. Architectural Forum, 1932년 1월, p. 5.

23. 건축적 형태는 전혀 혁명적이지 않지만, 이 계획은 여론을 불러일으켰다. Herald Tribune지나 Times지의 칼럼은 사설이나 독자들의 편지에 의해 이 계획에 대한 토론으로 가득차게 되었다. Pencil Points는 아래와 같은 제목으로 기사를 실었다. "The Functionalist Design for Radio City Has Aroused Public Integration"(1931년 5월)

24. 우리는 여기에서 Rockefeller Center의 그간의 역사에 대해서 언급할 수는 없다. 그 역사는 Metropolitan Opera의 새 부지를 찾기 위한 조사로부터 시작하였는데 1929년 경제 대공황 때문에 이 조사는 도시내 라디오와 극장 도시의 새 부지를 찾는 조사로 변화되었다. Frederick Lewis Allen, "Radio City: Cultural Center?" Harper's Magazine, 1932년 4월과 "Look at Rockefeller Center," Harper's Magazine, 1938년 10월 참조

변화하는 도시 개념
Changing Notions of the City

도시와 국가
City and State

Fifth Edition 856쪽 24줄

현대도시의 문제를 평가할 때는 언제나 간략하게나마 역사를 통한 도시 구조의 변화를 검토해야 한다.

도시와 국가의 상호관계에 대한 개념은 기원전 3,000~4,000년 전에 세워진 최초의 메소포타미아 도시국가까지 거슬러 올라간다. 이러한 도시 국가들은 사제의 지배하에 형성된 상호 의존적인 공동체 사회였다. 폴리스(polis)의 개념(자유민의 지역공동사회)은 기원전 이오니아에서 처음 대두되었고, 그 후에 그리스 본토에서 나타났다. 폴리스와 함께 민주적 여론을 형성하는 최초의 중심지인 아고라가 등장했다. 여기서 비롯해서 도시와 국가의 분리할 수 없는 통일이 시작된 것이다.

로마 시는 그 이름이 바로 최초의 세계 제국의 이름이 되었다. 전체 로마 제국은 신구 도시의 망상조직으로 구성되었다.

그리스의 도시와 상반되는 중세 시대의 "자유도시"는 소규모의 수공업 산업의 성장에 기반을 두고 있다. 도시의 자치 정부는 식량을 생산하는 근처의 마을을 포함하는 범위로 확장되었다. 그래서 중세 시대의 도시 이름에는 가끔 도시의 주변 지역을 지칭하는 단어가 사용되었다. 심지어 베른, 프라이부르그, 루체른, 쥬리히 등과 같은 이름들은 오늘날에도 도시와 도시 주변 지역(洲, 또는 縣) 모두를 가르키는 말로 사용되고 있다.

르네상스 시대에 가장 수준높은 문화적 발전은 개인주의적인 이탈리아 도시국가에서 시작되었다.
놀랍게도, 18세기 절대주의는 19세기에 일어날 도시의 정치적 퇴보를 대비하고 있었다. 프랑스 혁명은 한 단계 더 발전하여 이러한 상황에 대비하였다. 프랑스 혁명은 "노동의 자유선언"에 의해 길드제도를 없애버렸다(1791).

우리가 오늘날의 어려움의 근원을 찾는다면, 19세기에서 찾을 수 있을 것이다. 국제 시장을 위한 생산이 경제적 자립성에 기반을 둔 도시의 원래 개념을 약화시킨 시기가 바로 19세기였다. 그러나, 이 당시도 도시의 유기적 독립성이 자동차에 의해 산산히 부서진 것은 아니었다. 또한 사람들의 유입이 거대도시를 창출한 상태도 아니었다.

더 이상 닫힌 유기체가 아닌 도시

The City : No Longer an Enclosed Organism

건축역사에 있어서, 도시 계획(도시 설계)은 매 시대마다 항상 늦게 출현했다. 보통 한 시대가 도시계획을 할 수 있을 정도로 성숙하려면 몇 세기가 필요했다. 도시계획은 한 시대의 생활 양식이 확실하여 계획적으로 즉시 변형할 수 있을 때 그 전성기를 맞는다.

857쪽 27줄 Fifth Edition

현재의 상황도 이러한 규칙에서 벗어난 것은 아니다. 우리는 시대의 정점에 서 있지도 않고, 종말의 근처에 서있지도 않다. 우리는 새로운 전통을 이룰 출발점에 서 있다.

이러한 과도기의 순간은 역사상 유래를 찾아볼 수 없을 정도의 규모를 가진 새로운 도시 조직 속으로 우리를 몰고 가고 있다.

또 다른 사실이 현재의 상황을 특징짓고 있다. 유럽은 더 이상은 건축적 발전의 중심지가 아니다. 도시 경계는 더욱 더 넓게 확장되고 있다. 도시화 문제는 세계적인 문제가 되었으며 정부에 의해 멈출 수도 없다. 우리는 거대 도시의 연속적인 확산과 농촌 인구의 감소에 직면하고 있다.

역사를 통해 볼 때, 도시는 원래 자급자족적인 유기체였지만 지금은 자급자족적 유기체로서의 도시 개념은 그 정당성을 잃고 있다. 이전 시대의 단순한 해결책은 현대도시생활과 관련있는 모든 현상이나 복잡한 생활의 요구에 적합하지 않다. 직업의 차별화, 산업 조직, 교통 등은 기능간의 복잡한 상호관계와 규모의 엄청난 확대를 요구하고 있다.

도시계획에서 아직까지도 구체화되고 있지 않은 광범위한 상호관계가 도시의 전통적 개념을 파괴시켰다. 계속 변화하고 계속 확장되는 경계는 독립적인 단위들을 파괴시켰으며, 이전의 용어(마을, 도시, 거대도시)를 무용지물로 만들었다. 1953년 프로방스에서 열린 CIAM 회의에서, 르 꼬르뷔제는 이러한 부적절한 명칭을 대신하여 '인간 집촌(人間集村, human agglomeration)'이란 개념을 제안했다.

도시 유기체의 구조는 더욱 급진적으로 변하고 있다. 2차 세계대전 이후 발생한 현상에 대해서는 예측이 불가능하다. 1차 세계 대전이 끝날 무렵, 실업과 기아 등과 같은 심각한 위기의 도래를 예측할 수 있었다. 그러나 지금은 그와 반대 현상이 일어났다. 번영과 근로자의 부족, 급속한 인구증가, 생활 수준의 향상 등으로서, 모든 논리적 예상을 뒤엎고 일본이나 서독과 같은 패전국들이 전후 엄청난 발전을 이룬 것이다.

뉴욕, 런던, 도쿄처럼 1천만을 넘는 '인간 집촌'과 비교하면 파리(외곽지역 포함)는 상대적으로 인구 규모의 증가는 덜했다. 그러나 프랑스의 지방은 계속 인구를 파리에 빼앗겼다. 파리는 스웨덴의 스톡홀름처럼 비교적 큰 지방 도시와 지방 지역에 새로운 생활을 유입하고 지방에 특별한 권한을 줌으로써 인구 감소를 막으려 했지만, 결국 프랑스를 흡수하는 결과를 낳고 있다.

유럽 중심지인 파리의 거대한 인구 누적은 전원지방의 심각한 빈곤화를 초래했다. 이 문제는 극동지역에서 더욱 심각하게 나타나고 있다.

Fifth Edition 859쪽 07줄

우리는 19세기의 혼란스러운 거대도시를 인간화하기 위해 어떤 시도가 지속적으로 시도되고, 그러한 시도가 어떤 실망을 주었는지 살펴보았다. 전원도시, 선형도시, 위성도시, 그리고 최근의 결코 끝나지 않는 하나의 실험도시인 "신도시" 등이 그 예이다. 대영제국은 정부 보조하에 1945년 이래 런던 주변에 20개의 신도시를 세웠다. 스웨덴, 캐나다, 독일, 프랑스, 소련 역시 매우 다양한 수의 주민을 위한 신도시를 건설했다.

미국은 이런 식의 개발을 가장 늦게 따랐다. 1930년대 뉴딜 시대 동안, 세 개의 "개발제한지역이 있는 도시들"이 등장하였다. 또한 뉴저지 주의 레드번에서는 독특한 시도가 있었다. 이곳에서는 보행자를 차량 교통과 성공적으로 분리시킨 새로운 개발이 실행되었다. 이런 종류의 개발은 그 당시 호응을 얻지 못했다. 1964년 무렵 몇 개의 신도시를 계획하였고 각 신도시는 35,000~250,000명의 주민을 수용할 계획이었다.

한 지역을 2,000~5,000명이 사는 근린지구로 나눔으로서 만족스럽고도 친밀한 인간 환경을 조성하려는 시도도 있었지만, 그렇게 성공적이지는 못했다. 이러한 근린지구 단위들은 도시를 재개발하려는 목적에 비해 규모가 너무 작은 것으로 간주되었다. 근린지구 단위는 현대의 차별화된 사회의 요구를 만족시키지 못했다. 초등학교를 지구 중심에 위치시키는 것이 모든 주민의 요구에 부응하는 것은 아니었다.

연속성과 변화

Continuity and Change

인간 본성에 있어서, 변화의 경향과 연속성에 대한 욕망은 함께한다. 필자는 『**예술의 기원**(The Beginning of Art, The Eternal Present, vol. I)』에서, 예술과 관련하여 다음과 같은 문제를 제기한 적이 있었다. 도대체 인간본성의 무의식 세계로 내몰린 것은 무엇인가, 그리고 내부의 평형상태를 회복하기 위해서 무엇을 다시 일깨워야 하는가?

이 문제들은 인간 거주지의 문제와 똑같다. 생활 그 자체처럼, 예술 역시 변화와 연속성 사이의 긴장관계 속에 존재하며, 전자나 후자 중 그 어느 하나가 항상 전면에 선다. 오늘날, 변화에 대한 요구는 냉혹하다. 이는 과도기에 종종 일어나는 징후이다.

모든 도시계획은 대도시로의 전례없는 인구 유입 때문에 역동적이어야 한다. 오늘날 세계인구는 2%의 성장률을 보여주며, 특히 도시인구는 4% 이상의 성장률을 기록하고 있다. 우리는 이러한 상황 앞에 무기력하게 서있을 뿐이다. UN도 전세계 발전의 파괴적인 관점을 강조하는 것 이상의 어떤 조치를 취하지 못하고 있다. 도시 유기체 내에서 이와 같은 인구 성장과 교통 혼란은 전혀 다른 생활방식과 급진적 변화에 대한 요구가 존재한다는 것을 의미한다.

이러한 상황에 대처할 제안들(지하도시, 철골 발판 위에 지상 높이 세워진 공중도시)은 끝없이 쌓여 가고 있으며, 복잡한 도시 유기체를 이전의 전통적인 2차원적 격자무늬 형식보다 더욱 조직적으로 배열하려는 제안들도 있다. 그러나 필요한 것은 도시구조에 대한 완전히 새로운 태도이다. 현대의 계획가들은 가장 이질적인 요구들도 동시에 만족시켜야 하며 이러한 요구들이 상호작용 하는 "역동적인 장(場)"도 창조해야 한다는 것을 잘 알고 있어야 한다. 20세기 초에 제안된 경직된 "종합 계획

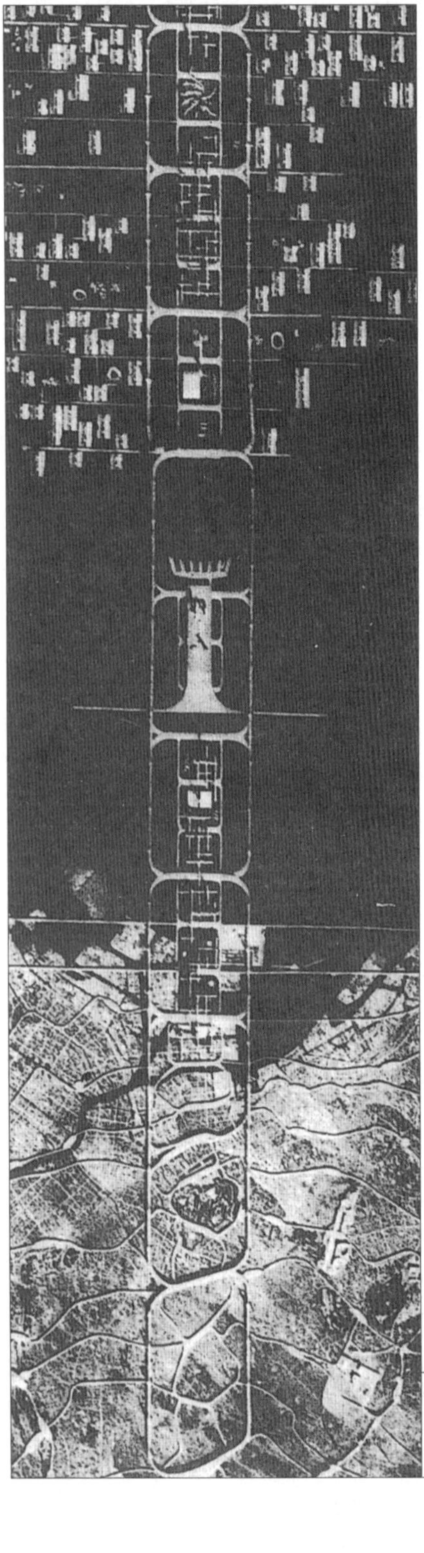

525. 겐조 당게. 도쿄만위의 건설 계획안 디테일. 이 계획안에는 거대 구조물과 군집형태가 서로 결합되어 있다. 거대 구조물은 연속적인 교통로와 각각 상이한 높이에 배치된 여타 시설들, 즉 간혹 굴곡지기도 하고 거대 구조물을 대담하게 연결하기도 하는 대규모 사무소 건물들의 군집형태가 이루는 연속적인 체계로 구성되어 있다.

←
524. 겐조 당게. 도쿄만위의 건설 계획안, 1960. 얕은 만위를 도시가 직선적으로 뻗어 나가게 될 것이다. 중앙 교통망을 이루는 엄청난 거대 구조물은 4., 5년계획하에 완성될 것이다.

(master plan)"에 대신하는, 변화를 허용하고 미래의 개방적인 가능성을 수용하는 융통성있는 "종합 프로그램(master program)"이 제안되고 있다. 칸딜리스, 요식, 우즈 등이 제안한 베를린의 '자유 대학(Free University)' 계획이 바로 그 좋은 예이다. 이 계획은 일종의 삭업들만을 제공하고 그 나머지 모든 곳을 미래의 개발을 위한 공지로 남겨 놓았다.

이러한 시점에서는 변화에 대한 요구를 어떻게 충족할 것인가를 보여줄 수 있을 뿐이다. 모든 가능성들은 순환하여 서로를 관통하고 있다. 체계적인 표현이라고 하기에는 아직 이르다. 전체 발전을 포함하는 포괄적 경향이라 할 수 있는 '열린 계획(open planning)'이란 이름 정도만 붙일 수 있을 정도이다. 미래는 이와 같은 '열린 계획'이 어떤 형태로 실현될 것인가를 알 수 있겠지만, 이미 우리는 그러한 형태의 일부를 보고 있다.

도시계획은 2차원에서 3차원의 도시계획으로 이동하고 있다. 2차원적 계획은 단일 수평면에 조성된 도시의 개념을 의미한다. 도시 부지가 평탄하지 않을 수도 있지만(로마는 일곱 개의 언덕 위에 세워진 도시였으며, 그리스와 이탈리아는 언덕 도시였다.), 모든 경우 도시는 땅을 따라 확장된다. 지금 2차원적 계획은 3차원적 계획에 자리를 내주고 있다. 요른 웃존의 수평면적인 관계의 강조(**도판**. 428)는 이러한 방향을 암시하고 있다. 도시화는 지하나 지상의 수평면적 조직화로 발전하고 있는 것이다. 862쪽 22줄 Fifth Edition

교통과 변화의 활력은 피할 수 없는 자연의 진리처럼 도시계획의 일부가 되었다. 이러한 활력은 긍정적인 형태의 창조라 측면에서 현대 도시계획과 통합되어야 한다. 역사는 이러한 상황에 대한 전형적인 예나 유사한 예를 보여주고 있다. 동시적이면서 상충적인 기능들을 조화롭게 하는 문제가 최근 세대의 작업이다. 두 가지 개념이 이러한 세대들의 어휘에 등장하기 시작했다. 즉, "거대구조물(megastructure)"와 "집단 형태(group form)"가 그 예이다.

'거대구조물'이란 많은 요구와 기능을 포함하는 대규모의 구조 체계로 구성되어 있다. 최초의 '거대구조물'은 겐조 당게의 도쿄 만(灣)의 건설계획안(**도판**. 524, 525)이다. 이 계획에는 여러 가지 상이한 수평면들이 서로 방해하지 않는 교통흐름을 연출하고 있다.▼1

'집단 형태'는 건물들 사이의 관계들로 구성되어 있다. 개별적인 건축의 중요성은 집단 형태의 중요성에 종속된다.(**도판**. 526) 이것은 그 세대의 어휘 창조자 중의 한 사

526. 마키 후미히코. 도쿄 지구의 재개발 계획, 1964. 이 계획안과 젊은 건축가들의 여러 작품들을 지배하는 원리는, 군집형태를 만들기 위해서, 일체로 된 개별 건물들에 적용되어 있지 않고 있다. 군집형태에서 나타나는 건물들사이의 관계는 여타의 단일 구조물보다 더 강하게 인식된다. 이러한 방식은 백화점이나 여러 상점, 그리고 넓은 보행로로 연결되는 아파트로 이루어진 복합 단지에 적용된다.

람이며, 하바드에서 공부한 일본 건축가인 후미히꼬 마끼가 주장한 것이다.[▼2] 마끼는 도쿄의 일부 지구를 위한 제개발 계획안을 제시했다. 당게의 도쿄만 건설계획안은 이 두 가지 개념('거대구조물'과 '집단형태')을 모두 포함하고 있다.

개체와 집단의 영역
The Individuai and Collective Spheres

Fifth Edition 863쪽 18줄

개인의 자유와 도시의 질서라는 두 가지 개념은 모든 민주주의의 기본이다. 개인의 권리와 지역 공동사회의 권리는 상호 대립한다.

이 둘 사이의 균형은 아직까지 발견되지 않았다. 그러나 로테르담의 건축가이자 계획가인 바케마는 이에 대한 명확한 태도를 취하고 있다. "우리는 무명의 고객을 위해, 개체 존중의 입장에서 건축하여야 한다." 네덜란드 CIAM 그룹인 OPBOUW와 함께 그는 1950년대 초 로테르담 근처의 알렉산더 폴더 지구를 위한 일련의 프로젝트를 선 보였다.[▼3] 30,000명의 주민을 위한 이 거주지는 각 개인의 개별적인 존재감이 느껴지도록 설계되었다.

요른 웃존은 가장 간단하면서도 가장 설득력 있는 방식으로, 1962년 덴마크의 프레덴스보그 주거단지 프로젝트에서 개체와 집단의 영역 관계를 표현했다.(**도판. 442~444**)

개인의 영역과 공공사회의 영역에 대한 정의는 개발도상국에서 더욱 중요하다. 개발도상국의 생활 수준은 서구 수준보다 매우 낮기 때문이다. 심지어 새로운 계획에서도 이들은 끝없이 동일하며 연속적으로 지어진 집에 살게 된다. 서트와 뷔너의 침보트(태평양의 페루에 있는 광산도시)계획은 이러한 관습적인 태도를 급진적으로 파괴하였다. 이 계획은 개별적인 파티오(역주: 스페인식 중정)를 가진 몇 개의 매우 단순한 주택형식으로 구성되어있으며, 각 주택은 어디나 작은 광장같은 열린공간을 구성하도록 조직되어 있다. 친밀한 개인적 삶과 공동사회의 삶이 상호 결합된 하나의 통합체를 이루고 있다.(도판. 527)

개체와 집단의 영역의 연결을 관찰할 수 있는 또 하나의 장소는 바로 대학 기숙사이다. 대학 기숙사는 그 형식에 있어서 큰 변화를 겪어왔다. 수도원같은 단일 건물안에 균일한 방을 집합시킨 것에서부터 도시 공간의 복잡한 구성요소에 이르기까지 다양했다. 알토의 M.I.T. 대학원생 기숙사 계획(1947~49)은 휘어진 벽돌 파사드를 가진 침실과 공부방 단위의 변화있는 설계를 보여주고 있지만, 여전히 하나의 구조물 속에 수용되어 있다.(도판. 397) 월터 그로피우스가 설계한 하크니스 대학원 센터는 복도를 통해 옥외로 직접 연결되는 일련의 익벽으로 전개되어 있다.(도판. 304)

서트가 하바드 대학에 설계한 기혼 학생을 위한 기숙사 건물이 바로 피바디 테라스란 이름의 기숙사이다. 이 기숙사는 그 주변의 일부를 둘러싼 슬럼을 제거할 경우

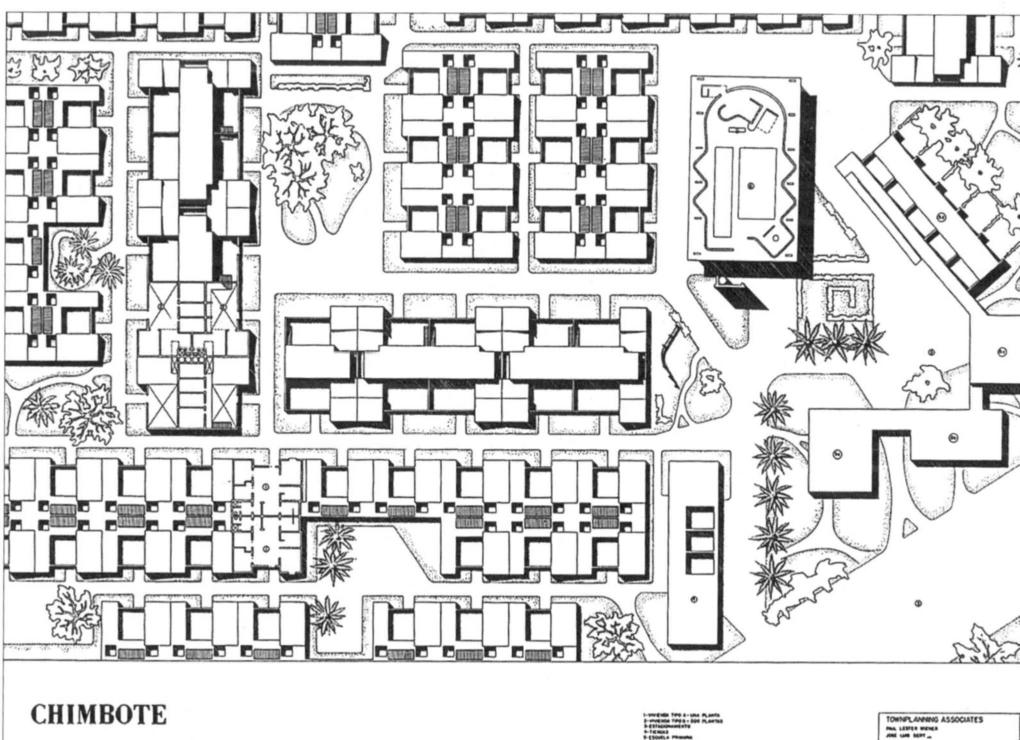

527. J. L. 서트와 P. L. 비너. 침보트의 새로운 광산 도시계획안. 페루, 1949. 여러 가지 평범한 건물 유형과 소규모의 사적 공간(파티오)이 있는 각 주택들이 넓은 공공 영역내에서 구성되어 있다. 사적영역과 공적 영역이 동일한 중요성을 부여받고 있다.

528. 찰스 강변의 피바디 테라스, 1964. 여러 가지 건물 유형을 보여주는 항공사진. 사진의 전경에는 펏남 거리에서 접근되는 차고가 있다.

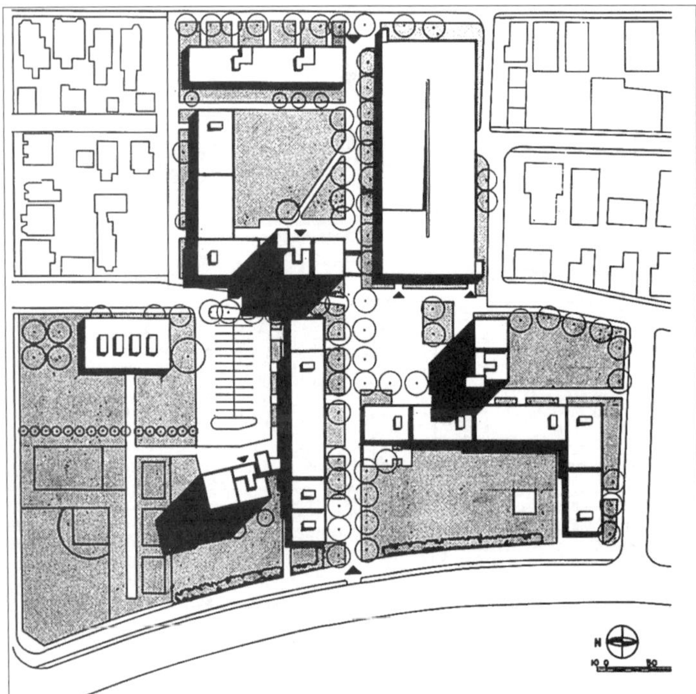

529. 피바디 테라스, 1964. 평면도. 사진 앞부분, 즉 찰스 강 옆에는 메모리얼 차도가 있고 측면에는 Putnam거리가 있다.

530. 피바디 테라스, 1964. 13층높이의 탑을 자른 단면도. 음영을 통해서 승강기로 연결되는 각층과 옆 건물로 연결되는 브리지를 보여주고 있다.

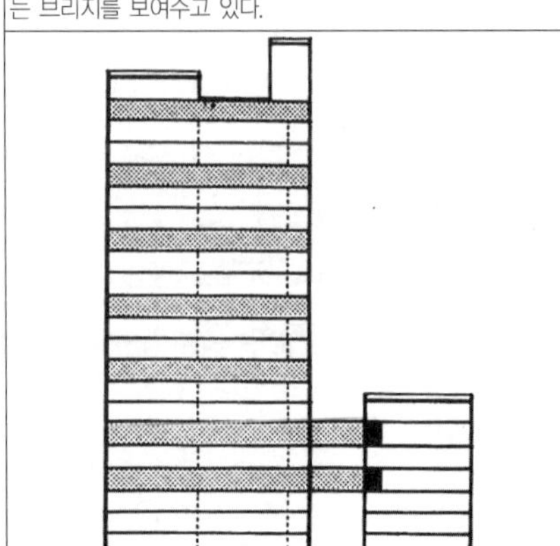

곧 바로 캠브리지 시의 중요한 일부가 되도록 처음부터 신중하게 계획된 것으로서, 기숙사 발전의 제 3단계에 접어든 건물이라 할 수 있다. 서트의 건물들은 찰스 강을 따라 건설된 주변의 죠지아 양식의 기숙사들과 강한 대조를 이루고 있다. 그의 건물에서 볼 수 있는 높은 벽의 뒷부분은 도시를 향하고 있는 반면에, 개방형식의 중정은 강을 향하고 있다.

865쪽 22줄 Fifth Edition

피바디 테라스는 서로 다른 위치에 배치되어 있는 3개의 고층 건물군으로 이루어져 있다. 이러한 건물들은 L자형의 익벽이나 서로 다른 높이의 단일 저층건물들과 조화를 이루면서 그 사이에 다양한 형식의 열린 공간들이 조성될 수 있도록 되어있다.(도판. 528) 오늘날 도시 주거지역의 집단화를 이루는데 있어서 어려움 중의 하나는 3, 4층을 걸어서 올라가는 건물과 10층의 승강기 설치 건물들 사이에 매개역할을 할 수 있는 건물이 없다는 점이다. 이 계획에서 고층 건물들의 승강기는 두 가지 기능을 수행하고 있다. 승강기는 고층 건물들과 7층 건물에 사용되며, 7층 건물은 다리로 연결되어 있다.(도판. 530) 이를 통해 5층까지 걸어 올라가야 하는 건물에 의지하

531. 피바디 테라스, 1964. 중앙 광장.

지 않고도 매개적인 역할을 하는 건물을 설계 속에 통합한 것이다.

이러한 상이한 각종 높이의 건물들을 집단화함으로써, 제한된 부지에 1,500명을 위한 주거를 비인간적으로 누적시키는 위험을 극복했다. 건물이 차지하는 면적은 해당 부지의 1/3정도에 불과했다.

또한 외부세계와의 관계도 신중하게 고려되었다. 푸트남 가로에서 주변지역의 주택들과 규모가 비슷한 3층 주택들의 첫 번째 열을 볼 수 있다. 이 주택들에 직각으로 저층의 건물들이 서있고, 이 건물들은 중앙의 고층 건물과 연결되어 L자형의 아파트 단지를 형성하고 있다. 그 중앙에는 나무를 심은 정원이 있으며, 그 정원의 사면(四面)에는 350대의 차를 주차시킬 수 있는 주차장 벽이 둘러싸고 있으며 두 개의 열을 이루는 나무들이 있는 보행자 산책로가 있다. 이 산책로는 전체 복합건물을 가로질러 찰스 강을 따라 나있는 메모리얼 드라이브(역주: 공원이나 숲속에 나있는 차도)로 곧장 뻗어 있다.(**도판**. 528)

연속적인 주택 단위와 자유롭게 연관되어 있는 또 하나의 다른 L자형의 구조물이 강을 면하고 있고, 이 구조물은 분수가 있는 직사각형의 녹지 공간을 형성하고 있다. 또한 이 구조물은 다행스럽게도 이전부터 신중하게 보전된 높은 녹색 식물 울타리에 의해 소음이 많은 메모리얼 드라이브로부터 분리되어있다.(**도판**. 529)

이러한 두 개의 건물 집합체 사이에는 일종의 중앙 광장이 있다.(**도판**. 531), 지역 공동사회의 모든 기능은 이 광장 주변에서 일어나고 있다. 이처럼 서로 다른 여러 종류의 주거단위 집합체가 작지만 살아있는 도시 근린지구를 이룬 것이다.

대지의 수평면에서 공간을 제한하기 위해 많은 주의를 기울였지만, 완전히 주위가 둘러 막혀진 지역은 만들지 않았다. 모든 곳에서 건물을 통과하거나 건물들 사이를 지나갈 수 있는 개구부가 설치되었다. 자주 거론되는 현대 주거 건물들의 획일성 역시 다행스럽게도 극복되었다. 가능한 한 개인의 자유와 시각적인 다양성을 허용하면서, 신중하게 계획된 통일성 있는 복합체를 이룬 것이다.

서트의 변화있는 파사드 처리방식은 벽체에 활력을 불어넣기 위한 방법들 중의 하나였다. 벽의 균일한 구조를 파괴하는 이러한 처리방식은 1931년 르 꼬르뷔제의 건설되지 못한 알제 마천루 계획안(**도판**. 85)에서 처음 나타난 이래 계속 이용되고 있다. 벽을 거대한 볼륨을 가진 구조물이나 유리 커튼으로 생각하는 사람들에게는 이상하게 생각될 수도 있다. 피바디 테라스의 파사드 변화는 결코 독단적인 것이 아니었다. 이러한 파사드들은 방들의 여러 가지 방위, 즉 각 방의 향(向)이나 전망을 고려한 합리적 결론에서 비롯된 것이다. 예를 들면, 찰스 강을 면하고 있는 서쪽의 방들은 여름의 무더운 오후로부터 주의 깊은 보호가 필요하다.

변화와 연속성의 징후

Signs of Change and Constancy

868쪽 26줄 Fifth Edition

연속적인 변화에 의해 도시계획가들에게 부과된 요구는 변화의 가능성을 계획속에 연결시켜 변화나 증설이 필요하게 되어도 원래의 건물을 그대로 남길 수 있게 도시를 설계하고 싶다는 광적인 열망을 불러 일으켰다.

변화를 창조적 요소로서 이용한다는 것은 미래지향적인 몇몇 대학교의 관심사였다. 예를 들면, 1964년 봄, 하바드 대학교 도시설계학과의 박사과정 대학원생들(마끼, 졸탄, 튀르휘트 등의 지도하에 있던 학생들)에게 다음과 같은 과제가 주어졌다. 발티모어와 와싱톤 사이에 인구 50,000의 신도시를 이후의 성장에 의해 초기 지역 공동사회의 구조를 파괴하지 않으면서 어떻게 건설할 수 있을까?

결정된 목표를 향해 나가는 연구의 초기단계에는 항상 문제의 한 쪽면만 과하게 강조되기 쉽다. '집단 형태'의 경우도, 개개 건물과 그 기능간의 관계가 과하게 강조되기도 한다. 고고학자들은 아테네의 아크로폴리스 사원들의 상호관계를 묘사하기 위해 "그룹 디자인"이란 용어를 사용했다. 파르테논도 그룹 디자인의 일부이기 때문에, 그 것이 단독으로 떨어져 있을 때에는 그 형태의 완전성은 약해질 수밖에 없다. 건물들의 관계가 아주 명확하거나 복잡하다고 해서 이전 세기 건물들의 뚜렷한 기념비성을 가지고 있다고 말할 수는 없다.

우리 시대의 산물인 광기어린 변화 옆에는 인간성의 다른 구성요소가 존재한다. 그것은 연속성에 대한 욕구이다. 이러한 욕구는 도시 중심지에 대한 요구의 가면 뒤에 존재한다. 샹디갈의 수도(**도판**.VII)와 브라질리아의 '삼권 광장(the Place of Three Powers, **도판**. III, IV)는 도시 심장부에 존재하지 않으며 도시의 상부에 존재한다. 건설되지 못한 보스턴의 벡 베이 센터(**도판**. 306), 소도시인 사이나조키의 커뮤니티 센터(**도판**. 422), 헬싱키의 커다란 시청사 건물(**도판**. 425)등은 우리 도시의 부족한 커뮤니티 센터를 대신할 수 있는 상업 중심지를 설계하려한 많은 노력들의 몇몇 예인 것이다.

주

1. 좀더 자세한 사항은 The Japan Architect, 1961년 4월과 Robin Boyd, Kenzo Tang(New York, 1962년) 참조

2. Fumihiko Maki, Investigation in Collective Form(St. Louis: Washington University Press, 1964). 저자와 그의 친구들은 에세이인 "Collective Form: Three Paradigms"와 "Linkage in Collective Form"에서 이 개념을 설명하였다.

3. S. Giedion, Architecture, You and Me(Havard University Press, 1958)속에 설명되어 있음

10장

IN CONCLUSION

결론

우리가 이 책에서 할 수 있는 것은 서로 이어 맞추면 우리 시대의 모습을 드러낼지도 모를 몇몇 단편들을 골라내는 일 뿐이다. 현 단계에서 가능한 일은 여기저기 고립된 상태로 흩어져 있는 양상들에서 표면에 드러나지 않은 내재된 것을 발견하는 것일지도 모른다. 철저하게 포괄적으로 분석하려는 것은 헛된 일일 것이다. 아직은 이런 방식으로 분석할 때가 아니다.

Fifth Edition 872쪽 08줄

이 책에서는 논의 대상이 건축과 건축에 관련된 분야로 한정했다. 건축이 왜 시대의 정신적 경향을 반영하고 이로 말미암아 일반적 지표 역할을 할 수 있는지 앞에서 지적했다. 과학자들이 특정한 현상들의 내적 과정을 밝히기 위해 그 현상들을 따로 분리한 것처럼, 우리도 건축을 따로 분리하여 한정된 유기체로 바라보았다. 확정적이며 영원한 건축 법칙을 만드는 것이 우리의 관심사는 아니다. 또한 진보와 퇴보가 반복되는 폐쇄적인 주기를 표로 작성하거나 이 주기가 다른 문화권에서도 반복되는지를 밝히는 것도 우리의 목적은 아니다.

앞에서 논의된 여러 시대들 가운데에서 주 관심사는 건축적 유기체내의 성장과 변화, 특히 '구성적 사실들(constituent facts)'의 발전과정이었다. 바로 이러한 구성적 사실들이 건축의 진정한 역사를 이루는 밑바탕인 것이다. 건축을 그 자체로서 완결된 하나의 유기체로 분리하여, 건축의 본성과 성장과정을 이해할 때 비로소 다른 분야나 비슷한 성격의 분야와 건축 사이의 관계를 조사하고 규정할 수 있을 것이다.

다른 측면으로 화제를 돌리기전에 제기해야 하는 근본적인 질문이 하나 있다. 즉 기하학적 형태와 유기적 형태 사이의 관계성(합리성과 비합리성의 관계성)에 대한 논의가 필수적이다. 데카르트 이후 항상 합리성의 원리가 우위를 차지했다. 비록 몇 세기가 지나서야 그 빛을 발했지만, 데카르트는 기계화의 문을 열었다. 전 세계의 기계화는 그의 사상에 뿌리를 두고 있다고 할 수 있다. 전 세계는 순전히 합리적인 정신만을 강조함으로써 우리가 처하게 된 곤경을 인식하고 있다. 우리는 다시금 논리와 합리성의 한계를 의식하게 되었다. 형태의 원리는 경직된 논리보다 더 심오하고 가치있는 요소에 의해 좌우된다는 것을 다시 한 번 생각하게 되었다. 세상 일은 단순하지 않다. 더욱이 우리의 바램과 상관없이 지난 모든 과거와의 고리를 갑자기 끊어 버릴 수도 없다. 과거는 우리 속에 계속해서 살아 있다.

우리가 건축 분야에서 해야 할 일은 유기성을 주도적인 위치로 부각시키고 합리성을 보조적인 위치로 격하시키는 방식을 통해 합리성과 유기성을 서로 결합하는 방법을 찾는 것이다.

건축에서 유기성의 한계

On the Limits of the Organic in Architecture

873쪽 09줄 Fifth Edition

건축에서 유기적인 접근 방식이 갖는 한계는 어디까지일까? 이 의문에 대한 정확한 답변을 할 수는 없을 것이다. 비록 수많은 입장들이 가능하고 유효하지만, 건축의 여러 한계를 쉽게 결정지을 수는 없다.

건축은 까다로운 법칙을 준수해야하는 엄격한 예술이다. 이는 건축을 구성하는 재료는 물론 건축이 취하는 형태에도 적용된다.

건축에서는 완벽한 자유가 허용되지 않는다. 건축은 모든 시대마다 변함없는 규칙의 힘이 영향력을 발휘하는 특정한 한계내에서 이루어진다. 건축의 본질은 바로 이러한 규칙의 한계속에서 훌륭하게 일할 수 있는 길을 찾는 것이다. 그러나 처음부터 기하학적 틀과 유기적 형태 사이의 관계는 건축의 발전과정 속에 내재되어 있었다. 기하학적 체계는 영원한 삶의 상징물인 피라미드처럼 최초의 거대한 석재 건축물의 기본 원리였다. 곧이어 건축은, 플라톤이 변하지 않고 보편적이라고 규정한 기하학적 형태에 더 가까이 가게 되었다.

인류는 여러 가지 다양한 방식으로 각 시대마다 새로운 양상을 띠면서 항상 사각형과 원형, 이 도형들과 관련된 입방체, 피라미드, 원기둥, 반원기둥(톨로스/ 역주: 고대 그리스 · 로마시대의 원형 건축물,앱스, 볼트 등), 구체, 반구체(쿠폴라)등을 선호했다.

건축은 실제로 지어질 때 여러 부분들 시이의 통합이 이루어져야 한다. 여러 부분들이 단순히 결합되어 있는 것을 하나의 통합체로 변형시키는 '공간적 관계성'을 얻기 위한 많은 방법들 중의 하나는 '비례체계나 단순한 모듈'을 사용하는 것이다. 즉 1차원, 2차원, 3차원에 모두 사용될 수 있는 특정한 도구를 이용하는 것이 그 방법 중의 하나라 할 수 있다.

건축의 근본은 비례와 기하학적 형태와 깊은 관련이 있다. 그러나 기하학적 구조물만은 아니며, 영원한 법칙에 의해서만 이루어지는 것도 아니다. 건축은 식물처럼 연약한 인간을 위해 존재한다. 따라서 특정한 인간적 측면과 식물과 같은 특성도 중요하게 고려되어야 한다.

정확하게 그 의미를 밝히기가 매우 어려운 비합리적인 무의식과 유기성이라는 개념은 서로 밀접한 관계가 있다. 프랭크 로이드 라이트는 결코 자신의 유기성 개념에 대해 정확하게 언급하지 않았다. 안토니 가우디와 비슷한 시기에 활동한 라이트의 스승이었던 루이스 설리반은 이 개념에 대해 비교적 자세히 언급했다. 1900년경에 쓰여진 것으로서, 건축가가 직접 쓴 책 중에서 가장 훌륭하다고 할 수 있는 **『유치원 차트(Kindergarten Charts)』**에서 설리반은 유기성을 "현실의 완전한 포착"이란 정의했다.

Fifth Edition 874쪽 15줄

안토니 가우디(1852~1926)는 현대 건축에서 유기적 경향의 발판을 마련한 사람이다. 가우디는 완벽한 시공자가 지니는 확실한 직감과 모험적이며 조각적인 상상력을 서로 결합한 인물이었다. 그는 자신의 지역사회에 베어있는 풍부한 문화유산인 고딕과 바로크, 무어양식의 아줄레코 등을 받아들였다. 이와 동시에 작품을 통해 건축의 새로운 조각적 몰딩을 표현하려고 했다. 그러나 20세기 초반은 이러한 가우디의 의도가 실현되기에는 아직 이른 시기였다.

그의 선구자적인 재능은 바르셀로나의 구엘 공원과 같은 곳에서 그가 자유로운 표현을 최대로 구사할 때(1900~1914) 가장 뚜렷하게 드러났다. 비합리적이고 꾸불꾸불한 면들은 마욜리카 도자기 조각의 바래지 않는 색채를 나타내며 빛나고 있다. 깨진 광택 타일 조각으로 이루어진 모자이크에서 피카소나 브라크보다 10년을 더 앞서는 꼴라쥬 기법을 이용했다.

가우디의 재능을 사람들에게 처음으로 알린 사람은 르 꼬르뷔제였다. 그는 국제연맹관 현상공모 관계로 마드리드에 머물던 1928년, 가우디의 재능을 인식하게 되었다. 4년 후, 바르셀로나에서 CIAM 회의가 열릴 당시, 꼬르뷔제는 순전히 합리적인 건축 해석에 몰입해 있든 시기에 예술적 힘을 인상적으로 심어주었다. 그러나 가우디의 폭풍과 같은 천재적 능력에도 불구하고 20세기 건축은 그의 노선을 따라갈 수 없었다. 20세기 건축은 화가들에게서 처음 발견되는 새로운 공간 개념으로의 이행을 완성해야만 했고, 가우디가 마지막 작품을 완성한 지 10년이 지나서야 새로운 건축 세대들이 그가 중시했던 문제들을 다시 거론할 수 있게 된 것이다.

정치와 건축

Politics and Architecture

875쪽 06줄 Fifth Edition

사회발전과 건축 사이의 관계도 고려해야 한다. 이는 종종 너무 단순한 문제로 받아들여지기도 한다. 역사적인 공간은 많은 차원을 가지고 있다. 이러한 공간은 여러 측면에서 조명되어야 한다. 역사적 현상을 해석하는데 있어서, 관찰자는 하나의 입장만을 생각할 수는 없다. 근대 물리학의 경우처럼, 정확한 인과율이나 정확한 측정법을 역사적 공간에 적용할 수는 없다.

뉴튼의 이론을 공격할 당시, 물리학자들은 원인과 결과 사이에 생기는 이 불확실성을 "반인과율"이라 불렀다. 입자의 세계에 적용되는 이 반인과율은 역사적 세계에도 적용된다. 정치적 사건이나, 감성과 지성을 개발하는 인간 활동분야 사이의 상호의존관계는 결정적인 법칙이나 단일 원인에 의해서만 좌우되는 것이 아니다. 비합리적인 요인이 항상 개입되기 마련이다.

미리 확정된 견해란 있을 수 없다. '구성적 사실들'로 이루어진 작품과 아주 좋지 못한 영향력을 미치는 작품이 동일한 경제 구조내에서 등장한다. 18세기와 19세기 초반에 인간적이며 도시적인 가치의 측면에서 가장 훌륭한 성과를 거둔 주택 개발의 주역은 투기업자들이었다. 그러나 19세기 후반의 투기업자들은 도시를 인간의 존엄성을 무시한 절망적인 주거지역으로 가득 채우면서 도시 구조 자체를 파괴했다.

미래에 도움이 될 힘들로 가득찬 작품과 혼란스럽고 퇴폐적인 작품들이 동일한 정치적인 구조속에, 그리고 같은 시기와 같은 나라에서 동시에 등장할 수 있다. 예를 들어, 1880년대와 1890년대에 투기업자들은 시카고에 대규모 사무소와 백화점을 세웠지만, 같은 시기와 동일한 경제 구조하의 뉴욕에서 세워진 대규모 사무소 건물들은 뉴욕을 "미국건축의 종양지대"로 만들 정도로 형편 없었다.

상상의 세계와 실제 세계 사이에 교류가 이루어졌던 몇몇 특정한 시대에서만 통합된 문화가 존재해왔다는 것을 알고 있다. 이 시대에는 정신이 다른 영역에 침투해 들어갔으며 현실이 단순히 살아남기 위한 투쟁의 장만은 아니었다. 인류가 행복을 누린 시절이었다. 그러나 이러한 시절은 자주 나타나지 않았으며, 아쉽게도 단기간에 끝났다. 페리클레스가 이끌던 아테네나 아우구스투스가 통치한 전성기의 로마가 그 예이다. 그러나 위대한 정신을 소유한 신하들이 아우구스투스와 같은 황제를 탄생시켰는지, 아니면 황제의 개인적인 영향력으로 신화의 창조력이 발굴될 수 있었는지에 관한 의문이 역사가들 사이에서 일어나고 있다.

Fifth Edition 876쪽 15줄

인간에게 가능한 가장 멋진 삶이 펼쳐질 수 있음을 증명한 시기는 바로 지적, 감성적, 정치 · 문화의 통합이 이루어진 짧은 시기였다. 현재 우리는 그렇게 수준 높은 삶의 질을 바랄수 없는 상황에 처해 있다. 우리는 사소한 것부터 먼저 다듬어 가야 한다. 무질서한 세계에 감성적, 지적, 정치적으로 통합된 문화를 확립하려고 하기에 앞서, 현재의 감성과 지성이 어느 정도 서로 관련되어 있고 모든 문화현상의 중요한 개념이라 할 수 있는 지성적 방법론과 감성적 방법론 사이의 유사성에 얼마나 가까이 근접해 갈 수 있는 지를 먼저 이해하려는 과정이 필요하다.

과학과 예술은 인간 정신에서 개척되지 않은 부분을 개발하여 인간의 의식을 넓히는 활동이다. 모든 과학자와 예술가들은 전통의 긴 연속선에서 일부가 되기 마련이다. 그러나 창조적인 인물만이 전통의 한계를 뛰어넘어, 알려지지 않고 누구도 본 적이 없으며 느껴본 적도 없는 것들을 개발하면서 앞서 갈 수 있다. 창조적인 인간은 누구나 가질 수도 있는 직관과 상상력, 신비한 영감 등을 통해 의식 세계에 드러나지 않는 새로운 세계를 개척할 수 있다. 이런 세계는 외부적인 권력에 간섭을 받지 않으면서 독립적이면서도 직접적으로 그 본질적인 양상이 펼쳐진다는 점에서 실제 세계와 구별된다. 어떠한 통제나 지배권도 개척되지 않은 영역에 이르는 길을 열 수 없기 때문에, 이 세계는 자유로움속에서만 전개된다.

창조적인 정신은 항상 자연적 · 사회적인 환경과도 깊은 관계가 있다. 이 정신은 밀폐된 캔 속에서 자라지 않는다. 창조적인 정신은 굶주림이나 사랑, 자존심과 같은 근본적인 욕구의 영향을 받는다. 창조적인 정신은 좋은 상황은 물론 나쁜 상황으로부터도 영향을 받는다. 아주 좋지 못한 상황은 창조적인 노력의 결실을 보기도 전에 그 노력을 무산시키는 반면, 아주 좋은 상황은 창조적인 정신이 빠르게 전개될 수 있도록 촉진시키기도 한다.

그러나 창조적인 발전이 이루어 질수 있는 상황을 확보하는 것보다 더 중요한 일은 창조적인 발전의 진짜 구조를 이해하는 것이다. 즉 우리 시대의 심연 속에 어떠한 종류의 발전이 이루어지고 있는가를 알아내는 것이 중요하다. 서로 상이한 감성과 지성의 영역에서 발전의 기초를 이루는 것이 어떤 접근 방법인지를 알지 못하고서는 이러한 창조적인 발전이 성립한 것을 이해할 수 없다.

여기에 와서, 우리의 통찰력은 매우 한정되어 있다. 자신들의 전문분야에만 몰두하고 한정된 연구를 하는 사람들에 의해 나온 사실들과 원리들 사이의 장벽은 '방법론적인 원리'에 대한 관심 부족의 결과를 낳았다. 관심 부족이 너무 심하여 방법론상의 원리들이 종종 전혀 필요없는 것으로 여겨지기도 한다. 결국 그 종류와 상관없이 생물학에서 음악에 이르는 상이한 분야들의 방법론상의 비교 연구는 실제로 전혀 없었다. 창조적인 연구의 기초를 이루는 접근 방식은 "자동기술(ecriture automatique, 역주: 초현실주의자들의 문체기술)"를 형성한다. 상이한 여러 원리들이 문화의 선입관(일종의 방법론상의 독자성)과 얼마나 가까이 접근해 있는지를 분명하게 함으로써, 그러한 정신을 객관적으로 바라볼 수 있는 길을 제시한다.

877쪽 24줄 Fifth Edition

한 시대의 사회적 · 정치적 발전은 그 시대의 구조를 결정짓는 근본적인 요인이다. 건축과 환경에 미친 사회적 질서의 영향력을 다룬 광범위한 문학작품도 있었다. 그러나, 비록 덜 명확하고 당대에서 좀처럼 드러나지는 않지만, 인간 생활에 미치는 영향력이 문화의 현 상태와 더 깊은 관계를 맺고 있는 또 다른 요인을 더 강조하고 싶다. 이 요인이 바로 감성의 영향력이다.

실제적인 문제에 미치는 감성의 영향력은 때때로 중요하게 여겨지지 않고 있지만, 인간의 모든 문제에 침투해 있을 뿐만 아니라, 그 문제의 기초를 이루고 있다. 소련이나 미국이나 할 것 없이 모든 나라의 현 도시들에서 나타나는 혼란은 사회적 · 경제적 상황의 결과로만 설명될 수 없다. 모스크바의 도시 정비와 뉴욕 슬럼가의 정화에서 퇴보하는 감성과 진보하는 기술 사이에 빚어지는 갈등과 균형상실을 한결같이 발견할 수 있다. 사회적 · 경제적 충동에 의해 행동이 조장되지만 인간의 모든 행위는 특정한 감성적 상황에 의해 영향을 받으며 무의식적으로 이루어진다. 예외없이, 직업의 종류에 상관없이, 즉 노동자, 예술가, 상인, 과학자 할 것 없이 모든 인간은 자신의 직업과 정신적이며 감정적인 관련을 맺고 산다.

정치나 정부도 마찬가지이다. 모든 정치적 체계는 자신의 행동을 통해 정신적이며 감성적인 자질을 드러내는 개인들에 의해 이루어진다. 이 체계가 혼란에 빠지는 순간, 감성적 방법론과 지성적 방법론 사이의 분열에 의해 개인들의 정신적 중추는 붕괴된다. 이러한 현상의 결과로 바로 우리 시대의 상징체라 할 수 있는 환경에 적응하지 못하는 인간이 등장하게 된 것이다.

이미 오래전부터 이러한 상황을 사방에서 인식할 수 있었으며, 인식의 순간에 그러한 단절을 치유할 수도 있었을 것이다. 이 당시까지만 해도, 새로운 예술수단 중에서 가장 단순한 것을 찾는 것보다는 가장 어려운 과학 이론을 발견하는 것이 더 쉬웠다. 오늘날의 교육은 학문적인 전문화(專門化)에 그 초점이 맞추어지고 있다. 반면에 감성 교육은 무시되고 있다. 사고하는 능력은 개발되고 있지만 느끼는 능력은 개발되지 않은 채 방치되고 있다. 지적인 능력이 개발된 사람은 매우 어려운 과학적 연구를 수행할 수 있지만, 감성적 반응의 폭을 넓히는 새로운 예술적 수단에 직면했을 때 이들은 당황한다. 왜냐하면, 이들 중 대부분이 느낌의 세계에서 의존할 수 있는 수단을 이용하는 훈련을 사고하는 훈련만큼 받지 못했기 때문이다. 지식과 느낌은 서로 단절되고 있다. 결국, 오늘날에 와서 우리는 사고하는 것보다 느끼는 것이 더 어렵다는 기이한 모순에 빠져 있다.

Fifth Edition 878쪽 27줄

감성과 지성 사이에 평형이 유지되던 시대는, 느끼는 훈련이 중요하다고 주장할 필요도 없었다. 독자적으로 진행되면서도 감성교육은 사고하는 행위와 분리할 수 없는 통합체를 이루었다. 감성은 자유와 같은 것이었다. 자유가 존재 할때는 그 자유가 당연한 것으로 여겨지고 모든 행위에 그 자유가 배어 있다. 따라서 자유를 구태여 언급할 필요가 없다고 생각한다. 그러나 자유가 억압되는 순간에, 자유의 운율이 상실되거나 자유의 활력이 박탈된 삶이 펼쳐진다. 그리고 사람들은 결국 자유가 상실되었음을 자각하게 된다.

미래의 예측이나 미지의 것의 개척, 그 어떤 것이든지 과학과 예술은 우리 시대의 진정한 지평과 진정한 존재를 반영한다. 과학과 예술은 진정한 도덕적 힘이다. 즉 과학과 예술은 후세대들이 현대의 외부세계에서 발생하는 공포가 언제쯤 사라지게 될 것인지를 알 수 있도록 해준다.

우리는 더 자세한 논의를 펼칠 수도 있다. 인간관계와 관련된 전세계의 무질서를 어떻게 설명할 수 있을까? 인간 생활의 가장 근본적인 법칙과 관련된 혼란을 어떻게 설명할 수 있을까? 현대의 혼란을 야기시킨 지금까지의 여러 가지 원인들 중에 잊어서는 안 될 중요한 것이 하나 있다. 그것은 실용적인 지식이 실용적인 지식과 비교될 수 있을 만한 감성 수준을 통해 재흡수되고 인간화되지 못했다는 점이다.

실제 외부세계의 구성을 보면, 현실은 모든 인간을 파괴할 만한 힘을 가지고 있다. 매일매일 더 많은 사람들을 억누르고, 새로운 문화의 존재가 인식되자 마자 그 문화를 위협하는 이러한 현실이 우리 시대의 진정한 모습이 될 수는 없다.

그렇다면 위협스러운 이 현실은 무엇일까? 이 현실은 우리 시대의 창조적인 인물들이 사용한 접근방식과 상반되는 것이다. 이 현실의 에너지와 물질적인 힘은 무모하게 단순화된 방편들에 의해 비롯된 우리 시대의 다원적이며 복잡한 문제들을 대처하려는 헛된 시도로 낭비되고 있다.

19세기는 생산 수단이 기계화되었고, 인간 관계에 무질서를 가져온 무제한적인 생산이 목적이 되어버린 상태에 이르렀다. 20세기에 와서는 파괴의 수단이 체계화되고 무제한적인 권력이 목적이 되어버린 상태에 도달했다.

19세기의 건축 파사드는 여러 가지 다양한 형태와 양식에서 축출된 것이지만, 그 양식들이 어떤 신념의 표상으로 사용되지는 않았다. 그 뒤에 숨겨진 것을 위장하면서 단순히 피막의 기능만 했을 뿐이다. 마찬가지로 20세기의 인류는 다양하고도 많은 정치구조를 가지고 있다. 이 구조들 대부분은 현대의 심연속에 흐르고 있는 유기성에 대한 지속적인 열망을 드러내고 있지 않다. 심지어 어떤 구조들은 이 열망과 모순된 방향을 취하기도 한다. 이러한 정치적 구조는 정치적 권력 자체가 중요해졌다는 사실을 은폐하는 방향으로만 작용하는 것은 아니다.

사회적 무질서는 산업혁명이 낳은 유산으로 우리에게 넘겨졌다. 우리는 불균형적인 이 사회에서 질서를 회복하기 위해 이 세계의 사회적 상황을 변모시켜야 한다. 그러나 이러한 작업만으로 불충분하다는 것은 역사를 통해 알 수 있다. 한 세기 이상 지속된 감성과 지성 사이의 분열에서 비롯된 결과라 할 수 있는 적응하지 못하고 표류하는 현대 인간을 사회 · 정치적 변화만을 통해 치유할 수 있다고 믿는 것은 치명적인 오류일 것이다. 오늘날, 분열된 사람들은 사방에서, 모든 계층에서, 고용자와 피고용자 사이에서, 신분의 높고 낮음에 상관없이 급증하고 있다. 사람들의 행동에는 내적 분열이 드러나고 있다.

19세기말, 당시의 가장 영향력있는 정치적 사상가들 중의 한 사람이 산업사회의 핵심적인 요소인 노동의 분화가 자신이 만들어낸 어구인 "노동의 통합(the integration of labor)"으로 바뀌어야 한다고 주장했다. 사전에 따르면 "통합한다(to integrate)"라는 말의 의미는 "여러 가지 상이한 부분들을 모아 하나의 전체를 만든다"는 것이다. 이와 같은 '노동의 통합'은 절실하지만, 그것은 하나의 징조에 불과하기 때문에 충분한 것은 아니다. 모든 것의 배후에는 개별적인 인간이 있다. 통합되어야 하는 것은 바로 개별 인간이다. 야만적인 상태에 빠지지 않고 자신의 내적 본성을

880쪽 07줄 Fifth Edition

통합함으로써, 개인의 감성적 · 지성적 출구로서 극복할 수 없는 지평의 차이로 인해 더 이상 분리되는 일은 발생하지 않을 것이다. 이러한 사실을 인식시키고 극복하려는 시도는 현대에서 성취해야할 중요한 임무, 즉 정신에 의해 창조된 것을 인간화하는 임무와 밀접한 관계가 있다. 여기서, 인간화란 것은 감성적으로 재흡수한다는 것을 의미한다. 만일, 서로 분리되지 않은 감성 방법과 사고 방식을 가진 통합된 개인을 먼저 재창조하지 못한다면 조직화나 계획과 관련된 모든 논의는 쓸데없는 일이 될 것이다.

Fifth Edition 880쪽 26줄

우리는 여전히 현대 문명의 실험 단계에 살고 있다. 모든 사람의 존재는 위협받고 있다. 그러나 이와 동시에, 다른 활동 분야에서 접근 방법론상의 유사성이 드러나고 있다. 각 분야에서 독립적으로 전개되지만 이 접근 방법론들은 현대인의 지성과 감성에서 중요한 역할을 할 모든 것의 기초가 될 수 있다. 우리 시대는 고유한 힘을 통해 무의식적으로 현대의 치명적인 병폐를 치유하는 방향으로 계속되고 있는 것 같다.

예상하지 못한 어떤 사건들이 상황을 변화시킬 수 있으며 단절되고 표류하는 모든 노력들이 갑자기 내적 견실함과 융화될 수도 있다. 우리 시대는 바로 이 순간에 현실을 극복하고 정복할 수 있을 것이다.

오랫동안 그 출처가 의심스럽게 여겨졌지만 지금에 와서 친필로 여겨지고 있는 한 편지에서, 철학자 플라톤은 자신의 교리를 적어놓은 진술은 없으며, 그 진술을 쓰지도 않을 것이라고 말했다. 그럼에도 불구하고 그가 말한 것처럼, 그의 교리들은 결코 사라지지 않을 것이다. 이러한 교리와 유사한 것들을 수없이 접촉함으로써, 마치 "번쩍이는 불꽃이 섬광에 의해서 피어오르고 밝은 불길로 훨훨 타오르듯이" 그의 교리는 인간의 정신 속에서 갑자기 떠 오를 것이다. 우리의 문화적 의식이 형성되는 것도 이와 마찬가지일 것이다. 문화적 의식은 갑자기 생길 수도 있다. 그러나 만일, "그의 교리와 유사한 것들을 흡수"할 자세가 없고, 정신적 변화를 위한 강한 의지를 갖지 않고, 미래를 내다보는 준비를 게을리 한다면, 문화적 의식은 생기지 않을 것이다.

도판목록

ILLUSTRATIONS

찾아보기

(찾아보기란의 쪽수는 원전(Fifth Edition)의 INDEX 쪽수와 동일하다.)

Space,
Time and
Architecture

by S.Giedion

공간 시간 건축

김경준 옮김